METALL
HANDWERKLICHE
GRUND
KENNTNISSE

**Technologie
Technische Mathematik
Technische Kommunikation – Arbeitsplanung**

Von

Christof Braun / Manfred Einloft / Reiner Haffer
Hans Meier / Rainer Möller / Gunter Offterdinger / Siegfried Pietrass
Klaus-Dieter Schumacher / Jochen Timm / Erich Zeh

6. korrigierte Auflage

Mit vielen Beispielen, Übungen und
zahlreichen mehrfarbigen Abbildungen

HANDWERK UND TECHNIK – HAMBURG

Autoren und Verlag danken den genannten Firmen und Institutionen für die Überlassung von Vorlagen bzw. Abdruckgenehmigungen folgender Abbildungen:

AEG-Elektrowerkzeuge, Winnenden, S. 1.1; 5.3; 166.4; 193.1; 216.1, 2a; 432 – Alzmetall GmbH & Co., Altenmarkt/Alz, S. 66.3; 180.2; 245.1 b – Arbeitsgemeinschaft Deutsche Kunststoff-Industrie (AKI), Frankfurt/Main, S. 18.1, 3; 19.1 – AVM Computersysteme Vertriebs GmbH & Co. KG, Berlin, S. 148.2 – Gebhard Balluff GmbH, Neuhausen, S. 225.1 oben – Berkefeld-Filter Anlagenbau GmbH, Celle, S. 236.1 oben – Boeder AG, Flörsheim, S. 146.1a – Christof Braun, Dortmund, S. 2.1; 3.1; 9.3; 10.2; 16.2; 17.1; 20.1 – Brigitte International, Hachenburg, S. 133.3 – Carl Cloos Schweißtechnik GmbH, Haiger, S. 237.1 – Computer Connections Deutschland GmbH, Duisburg, S. 164.3 unten – DE-STA-CO Metallerzeugnisse GmbH, Steinbach/Ts., S. 168.3 – Deutsches Kupfer-Institut, Düsseldorf, S. 100.2; 104.1 – Deutsches Museum, München, S. 144.1a, b – DEWE Mugele & Schöfmann Werbung GmbH, Stuttgart, – IBM Fotoservice -, S. 143.3a; 146.2c; 161.1 – Dia-Archiv Jörg Seeger, Stuttgart, S. 234.2 Mitte – Diener GmbH Werkzeugfabrik, Bietigheim-Bissingen, S. 78.2; 82.1 – Edel Stanzmaschinen GmbH, Stuttgart, S. 86.2 – Eisele Sägesysteme GmbH, Köngen/N., S. 61.3; 166.1 – ELIN UNION AG, A-Wien, S. 112.1 – EPSON Deutschland GmbH, Düsseldorf, S. 143.3b – ERSA Ernst Sachs KG GmbH & Co., Wertheim, S. 208.1 – Fachverlag Michael Kohl, Frankfurt/Main, S. 64.2, 3; 65.1, 2, 3a), 4; 67.4; 68.2 – Fachversand Pulvermetallurgie, Hagen, S. 38.4 – Feindt und Kunkel Messtechnik GmbH, Aschaffenburg, S. 127.5; 128.2 – Festo AG & Co., Esslingen, S. 170.1; 172.1, 2; 174.3; 179.1 rechts; 201.3; 234.2 oben – Georg Fischer GmbH Rohrleitungssysteme, Albershausen, S. 94.3; 103.b – FRIATEC Aktiengesellschaft Bereich Gebäudetechnik, Mannheim, S. 98.1 – FRIWEG Werkzeug GmbH & Co. KG, Hamburg, S. 345 – Geberit GmbH, Pfullendorf, S. 245.1 a – Alfons W. Gentner Verlag GmbH + Co. KG, Stuttgart, S. 57.1; 62.1; 64.1 – Glaser, Groß-Umstadt, S. 40.3 – GLOBUS Infografik GmbH, Hamburg, S. 418.1 – Reiner Haffer, Dautphetal, S. 33.1; 34.3; 35.2; 36.4; 37.1, 4; 38.1; 39.2; 114.1, 2; 115.2; 118.1, 2; 119.1; 120.4; 121.1; 2, 4; 124.3; 127.1, 2, 3; 128.3; 129.1, 2, 3; 134.1; 136.3, 4; 137 3, 4, 5; 390.1; 407.2 – Hagen & Behr GmbH, Kronberg/Ts., S. 65.3b) – Hahn und Kolb GmbH & Co., Stuttgart, S. 61.2; 174.1 – Hamburger Abendblatt, Hamburg, S. 162.3 – Hamburger Hochbahn AG, Hamburg, S. 140.1 – HANSA-Metallwerke AG, Stuttgart, S. 168.2 – Josef Haunstetter, Sägenfabrik, Augsburg, S. 60.3c – Werner Hayen, Hamburg, S. 144.2 Mitte und rechts unten; 146.1d; 147.1; 148.1; 222.1, 3; 225.2; 240.2 unten; 244.1; 351.1 – Theodor Heimeier GmbH, Erwitte, S. 242.2 oben – Foto Heinzmann, Meisterstudio für Industrie + Werbefotos, Esslingen am Neckar, S. 44.2; 47.1; 48.1; 49.1; 50.1, 51.2; 53.1; 56 unten; 71.2; 72.1; 75.1; 76.1, 2 – Henkel KGaA, Düsseldorf, S. 19.3 – Hewlett Packard GmbH, Böblingen, S. 144.2 rechts oben; 146.1b – Hoerbiger Pneumatic GmbH, Schongau, S. 173.3 – Hoesch Hohenlimburg GmbH, Hagen, S. 21.1, 2 – Ideal-Standard, Bonn, S. 36.1 – Intel GmbH, Feldkirchen, S. 144.1 c – Kaeser Kompressoren GmbH, Coburg, S. 191.1; 216.2 c – Kiesel GmbH, Aichwald, S. 45.1 – Klaeger & Müller GmbH, Stuttgart, S. 43.3a – Klöckner-IONON, Leverkusen, S. 10.1 – KM-kabelmetal Aktiengesellschaft, Osnabrück, S. 16.1; 105.2 – KOMET GmbH, Besigheim, S. 73.3 – Chr. Kraus GmbH & Co., Fürth, S. 113.1 – Kress Elektrik GmbH+Co., Elektromotorenfabrik, Bisingen, S. 8.1; 9.2 – Krupp Widia, Essen, S. 19.2 – KUKA Schweißanlagen + Roboter GmbH, Augsburg, S. 162.2 – Legris GmbH, Mörfelden-Walldorf, S. 175.1; 235.1 unten – Liebherr-Mischtechnik GmbH, Bad Schussenried, S. 231.3 oben – Locitite Deutschland GmbH; München; S. 99.1 – Logitech GmbH, Germering, S. 143.3 c; 144.2 links unten – MAN Heiztechnik GmbH, Bremen, S. 161.2. – Mannesmann Dematic AG, Wetter, S. 166.2 – Mannesmann Rexroth GmbH, Lohr am Main, S. 233.a, b – Marley Werke GmbH, Wunstorf, S. 18.2 – Mauser Werke Oberndorf GmbH, Oberndorf, S. 128.1 – MBB Förder- und Hebesysteme GmbH, Werk Hoykenkamp, Delmenhorst, S. 168.1 – Hans Meier, Bad Segeberg, S. 237.2 oben – Messer-Griesheim GmbH, Frankfurt/Main, S. 107.2 a); 108.1 oben; 109.1, 2; 110.2 oben; 111.1; 234.2 unten; 235.1 Mitte; 260.1 – Metabowerke GmbH & Co., Nürtingen, S. 2.2; 60.4 links und Mitte; 66.1, 2; 167.1 – Willy Meyer + Sohn GmbH, Hemer, S. 37.2 – Microsoft GmbH, Unterschleißheim, S. 143.1; 144.2 oben links – Mitutoyo Messgeräte GmbH, Neuss, S. 118.3; 120.1, 2; 123.2; 124.1, 4; 125.2 – Rainer Möller, Lübeck, S. 238.2 rechts; 239.1 Mitte; 243.2 Mitte – MÜPRO GmbH, Hofheim-Wallau, S. 245.1 c – Nefit Faso Wärmetechnik GmbH, Duisburg, S. 218.2 – Nordlicht Atelier und Bildvertrieb, Henstedt-Ulzburg, S. 300.2 – Gunter Offterdinger, Niefern-Öschelbronn, S. 166.3; 195.1, 2; 196.1, 2, 5; 197.3; 198.2, 3, 4; 199.2; 200.2, 3; 202.1, 3; 204.1, 2; 205.1; 206.3; 209.2; 210.1; 227.1 unten – Paul Ferd. Peddinghaus, Gevelsberg, S. 85.1 links – Perkeo-Werk GmbH + Co., Schwieberdingen, S. 103.1a, c – Pfaff silberblau Hebezeugfabrik GmbH, Augsburg, S. 333.2, 334 – Philips, Hamburg, S. 144.2 rechts; 146.1a – PNEUMATEX Vertriebs-Gesellschaft mbH, Bad Kreuznach, S. 230.2 oben – Queens-Hotel Kassel, S. 140.3 – Ernst Reime GmbH & Co. KG, Nürnberg, S. 70.2 – Reinhard Solartechnik GmbH, Weyhe, S. 15.3; 16.3 – REMS-Werk Christian Föll & Söhne GmbH & Co., Maschinen- und Werkzeugfabrik, Waiblingen, S. 43.3b, c; 60.4 rechts; S. 69.1, 4, 5; 70.3; 88.1 – Rheinische Braunkohlenwerke AG, Köln, S. 6.1 – RK AMSLER Prüfmaschinen AG, CH Merishausen/Schaffhausen, S. 13.2 – Röchling Haren KG, Haren, S. 217.1; 223.2 unten – Röhm GmbH, Sontheim, S. 70.1 – Sandvik Belzer GmbH, Wuppertal, S. 59.3; 60.3a, d, e, 63.2 – Schlenker-Maier, Joh. GmbH & Co., Schwenningen, S. 212.a, b, c – Schmid & Wezel Maschinenfabrik, Maulbronn, S. 182.2 – Ludwig Schmitz GmbH & Co. KG., Haan, S. 243.2 – Seagate Technology GmbH, München, S. 146.2b; 147.3 – Seppelfricke Gebr. GmbH & Co., Gelsenkirchen, S. 235.1 oben – Siemens AG, Erlangen, S. 186.2 – Stiebel Eltron GmbH & Co KG, Holzminden, S. 176.1 – Karl Stolzer GmbH & Co. Maschinenfabrik, Achern, S. 61.1; 229.1 – struers-metallografische Geräte, Düsseldorf, S. 11.1; 14.1; 30.2, 3 – Tandberg Data GmbH, Dortmund, S. 146.2d; 164.3 oben – Technolit GmbH, Großenlüder, S. 107.3 b) – Texas Instruments Deutschland GmbH, Freising, S. 255.1 – THYSSEN KRUPP STAHL AG, Duisburg, S. 14.3 – Jochen Timm, Hamburg, S. 238.2 links; 240.1; 243.1 – TRUMPF GmbH & Co. Maschinenfabrik, Ditzingen, S. 82.1 – Vaillant J. GmbH & Co., Remscheid, S. 220.2 – VAW Vereinigte Aluminium-Werke AG, Bonn, S. 15.4 – Verlag des Deutschen Verbandes für Schweißtechnik e.V., Düsseldorf, S. 98.1 – Verlag Stahleisen GmbH, Düsseldorf, S. 13.1; 14.2, 4; 15.1, 2 – Viessmann Werke GmbH & Co., Allendorf (Eder), S. 186.1; 434.1 – Weiler Werkzeugmaschinen, Herzogenaurach, S. 74.3 – Max Weishaupt GmbH, Brenner und Heizsysteme, Schwendi, S. 35.3 – WILO-Werke GmbH & Co., Dortmund, S. 13.3 – Witt Gastechnik GmbH & Co. Produktions- und Vertriebs KG, Witten, S. 107.1; 230.2 Mitte – Zinkberatung e.V., Düsseldorf, S. 233.1c

Für die Unterstützung bei der Erstellung dieses Werkes und für die Überlassung von Unterlagen seien herzlich bedankt:
Friedrich-Ebert-Schule, Esslingen
Max-Eyth-Schule, Kirchheim
Fa. Dangel, Oberlenningen
Fa. Heindel, Denkendorf

Die technischen und grafischen Zeichnungen wurden nach Vorlagen ausgeführt durch Dipl.-Ing. Manfred Appel, Planungs- u. Ing.-Büro, 22175 Hamburg, und Dipl.-Ing. A. Schilling, AS PROJEKT, 21339 Lüneburg.

Umschlaggestaltung: Harro Wolter, Hamburg, mit Fotografien von IBP Installationsbedarf Deutschland GmbH, Gießen

Die Normblattangaben werden wiedergegeben mit Erlaubnis des DIN Deutsches Institut für Normung e.V. Maßgebend für das Anwenden der Norm ist deren Fassung mit dem neuesten Ausgabedatum, die bei der Beuth GmbH, Burggrafenstraße 4-10, 10787 Berlin, erhältlich ist.

ISBN 3.582.03200.0

Alle Rechte vorbehalten.
Jegliche Verwertung dieses Druckwerkes bedarf – soweit das Urheberrechtsgesetz nicht ausdrücklich Ausnahmen zulässt – der vorherigen schriftlichen Einwilligung des Verlages.

Verlag Handwerk und Technik GmbH., Lademannbogen 135, 22339 Hamburg; Postfach 63 05 00, 22331 Hamburg;
E-Mail: info@handwerk-technik.de; Internet: www.handwerk-technik.de – 2003
Satz und Layout: Satz • Bild • Grafik Marohn, 44143 Dortmund
Druck und Bindung: Offizin Andersen Nexö Leipzig – ein Betrieb der INTERDRUCK Graphischer Großbetrieb GmbH

Vorwort

Das völlig neu erstellte Werk „**Metallhandwerkliche Grundkenntnisse**" wendet sich an alle Lehrlinge im Metallhandwerk und Auszubildende in Industrieberufen, die verstärkt handwerkliche Tätigkeiten verrichten. Es vermittelt die theoretischen Ausbildungsinhalte des ersten Lehrjahres und ist in die Teile
- **Technologie,**
- **Technische Mathematik und**
- **Technische Kommunikation - Arbeitsplanung**

gegliedert, was der Struktur der Kenntnisprüfung entspricht. Es enthält in Anlehnung an die KMK-Rahmenrichtlinien und die Lehrpläne der Bundesländer die Lerngebiete, die aufgrund der Neuordnung der handwerklichen Metallberufe für eine berufsfeldbreite metallhandwerkliche Grundbildung definiert sind:
- **Werkstofftechnik**
- **Fertigungs- und Prüftechnik**
- **Informationstechnik**
- **Steuerungstechnik**
- **Elektrotechnik**
- **Maschinen- und Gerätetechnik**
- **Technische Kommunikation - Arbeitsplanung**

Das Buch wird damit den veränderten Anforderungen gerecht, die sich aufgrund der Weiterentwicklung der Technik an eine zukunftsorientierte metallhandwerkliche Grundbildung ergeben. Es handelt sich jedoch nicht nur um inhaltliche Anpassung an die geänderten Anforderungen, sondern anhand konkreter Aufgabenstellungen aus der Praxis werden Problemlösungen entwickelt, die es den Schülern erleichtern, Problemlösungsstrategien zu entwickeln und somit ihre Handlungskompetenz zu erweitern. Auf diese Weise wird das Buch der Zielsetzung der Neuordnung gerecht, selbständiges Planen, Durchführen und Kontrollieren von handwerklichen Kenntnissen und Fertigkeiten beim Lehrling zu fördern.

In der **Technologie** werden mit Hilfe von konkreten Fertigungs-, Montage-, Prüf- und Steuerungsaufgaben Zusammenhänge offen gelegt, Querbezüge aufgezeigt und der Kompromisscharakter der Technik betont, d.h., begründete Entscheidungen nachvollziehbar dargestellt. Die handlungsorientierte, fächerübergreifende Vorgehensweise wird dadurch verstärkt, dass die technologischen Inhalte - wo es erforderlich ist - mathematisch durchdrungen werden und durch Querverweise zur Technischen Mathematik auf weitere Anwendungsbeispiele hingewiesen wird.

Die **Technische Mathematik** ermöglicht die Vertiefung und Anwendung der mathematischen Inhalte, die zumeist schon im Teil Technologie integriert sind. Ausgehend von Fragestellungen aus der beruflichen Praxis und Erfahrungswelt der Schüler werden systematische Lösungsschritte aufgezeigt, Formeln hergeleitet und allgemeine Lösungsalgorithmen entwickelt. Übungsaufgaben aus der metallhandwerklichen Praxis und Querverweise zwischen den Teilen Technische Mathematik und Technologie sind eine weitere Grundlage für einen integrativen, handlungsorientierten Unterricht.

In der **Technischen Kommunikation - Arbeitsplanung** wird ebenfalls von existierenden Bauteilen und -gruppen ausgegangen, wobei das Zeichnungslesen und die damit gewonnenen Erkenntnisse hinsichtlich Form, Größe und Funktion für Arbeitsplanungen im Vordergrund stehen, ohne jedoch die Schulung der zeichentechnischen Fähigkeiten zu vernachlässigen. Zusätzliche Fotos, perspektivische Darstellungen und Anordnungspläne erleichtern die Analyse der Bauteile und -gruppen.

Durch die vielen Beispiele aus der metallhandwerklichen Praxis und die methodische Vorgehensweise ermöglicht das Buch „**Metallhandwerkliche Grundkenntnisse**" eine enge Verzahnung von Theorie und Praxis.

Zu jedem Kapitel sind Übungsaufgaben vorhanden, die das Gelernte vertiefen, seine Anwendung erfordern, Problemlösungen verlangen und damit eine Kontrolle des Lernerfolges erlauben.

Die einzelnen Lerngebiete sind in sich abgeschlossen, um sowohl den Lehrplänen der einzelnen Bundesländer zu entsprechen als auch den pädagogischen Entscheidungen der jeweiligen Lehrkraft Rechnung zu tragen. Der Umfang des Buches ergibt sich aus der Zielsetzung, den Lehrplänen möglichst aller Bundesländer gerecht zu werden und sie voll auszuschöpfen. Dadurch besitzt die Lehrkraft Auswahlmöglichkeiten und Auswahlbeispiele für ihre Entscheidungen.

Frühjahr 1995   Autoren und Verlag

Inhaltsverzeichnis

TECHNOLOGIE

1	**Werkstofftechnik**	1
1.1	Einteilung, Kenngrößen und Einteilung von Werkstoffen	1
1.1.1	Kenngrößen aus dem Zugversuch	2
1.1.2	Anforderungen bei der Fertigung	4
1.1.3	Werkstoffe und Umwelt	5
1.1.4	Einteilung von Werkstoffeigenschaften	7
1.1.5	Einteilung der Werkstoffe	9
1.2	Aufbau und Gewinnung der Werkstoffe	9
1.2.1	Metallische Werkstoffe	9
1.2.1.1	Eisenmetalle	13
1.2.1.2	Nichteisenmetalle	15
1.2.2	Nichtmetalle	17
1.2.2.1	Kunststoffe	18
1.2.2.2	Verbundwerkstoffe und Keramik	19
1.2.3	Hilfsstoffe	19
1.3	Werkstoff- und Halbzeugnormung von Metallen	20
1.3.1	Halbzeugnormung	21
1.3.2	Normung von Eisenwerkstoffen	22
1.3.3	Normung von Nichteisenmetallen	27
1.4	Änderung von Werkstoffeigenschaften	29
1.4.1	Einfluss von Umformverfahren	29
1.4.2	Wärmebehandlungsverfahren	30
2	**Fertigungs- und Prüftechnik**	33
2.1	Urformen	33
2.1.1	Sandgießen	33
2.1.2	Kokillengießen	36
2.1.3	Druckgießen	37
2.1.4	Sintern	37
2.2	Umformen	40
2.2.1	Biegen	40
2.2.2	Handwerkliches Umformen von Feinblechen	44
2.2.3	Schmieden	50
2.3	Trennen	57
2.3.1	Spanen	57
2.3.1.1	Sägen	57
2.3.1.2	Feilen	62
2.3.1.3	Bohren, Senken und Reiben	64
2.3.1.4	Gewindeschneiden	69
2.3.1.5	Drehen und Fräsen	70
2.3.2	Zerteilen	78
2.3.2.1	Scherschneiden	78
2.3.2.2	Messer- und Beißschneiden	87
2.4	Fügen	90
2.4.1	Lösbare und unlösbare Verbindungen	90
2.4.2	Verschiedene Möglichkeiten der Kraftübertragung	91
2.4.3	Schraubenverbindungen	92
2.4.3.1	Grundlagen	92
2.4.3.2	Gewinde	94
2.4.3.3	Ausgewählte Schraubenverbindungen	95
2.4.4	Stiftverbindungen	95
2.4.5	Verbindungen zwischen Welle und Nabe	96
2.4.6	Klebverbindungen	97
2.4.6.1	Klebstoffarten	97
2.4.6.2	Herstellen einer Klebverbindung	97
2.4.6.3	Weitere Anwendungsbereiche und Merkmale des Klebens	99
2.4.6.4	Unfallverhütung	99
2.4.7	Löten	100
2.4.7.1	Herstellen einer Weichlötverbindung	100
2.4.7.2	Hartlöten	105
2.4.7.3	Vor- und Nachteile des Lötens	105
2.4.7.4	Unfallverhütung und Brandschutz	105
2.4.8	Schweißen	106
2.4.8.1	Stoßarten und Nahtformen	106
2.4.8.2	Gasschmelzschweißen	107
2.4.8.3	Lichtbogenhandschweißen	110
2.5	Prüftechnik	114
2.5.1	Toleranzen	116
2.5.2	Funktion und Auswahl von Messgeräten	118
2.5.2.1	Strichmaßstäbe	118
2.5.2.2	Messschieber	118
2.5.3.3	Messfehler	122
2.5.3.4	Maßbezugstemperatur	122
2.5.3.5	Indirektes Messen mit dem Taster	123
2.5.2.6	Messschraube	123
2.5.2.7	Messuhr	125
2.5.2.8	Winkelmesser	125
2.5.2.9	Schmiege	126
2.5.3	Funktion und Auswahl von Lehren	127
2.5.3.1	Lehren im Einsatz	127
2.5.3.2	Grenzlehrdorne und Grenzrachenlehren	128
2.5.4	Richtungsprüfgeräte	130
2.5.4.1	Richt- und Schlauchwaagen	130
2.5.4.2	Nivelliergerät	132
2.5.4.3	Lot	133
2.5.4.4	Entfernungsmesser	133

2.6	**Planung einer Fertigungsaufgabe**	134
2.6.1	Grobplanung	134
2.6.2	Bereitstellen der Halbzeuge	136
2.6.3	Fertigen der Einzelteile	136
2.6.3.1	Sägen	136
2.6.3.2	Entgraten und Anfasen	137
2.6.3.3	Biegen	137
2.6.3.4	Schweißen	138
2.6.3.5	Bohren	138
2.6.3.6	Drehen	139
2.6.4	Zusammenbau	139
3	**Informationsverarbeitung**	**140**
3.1	**Computer in der Berufs- und Erfahrungswelt**	140
3.2	**Hardware und Software für die Informationsverarbeitung**	141
3.2.1	Hardware programmierbarer Systeme	142
3.2.1.1	Eingabeeinheiten	143
3.2.1.2	Verarbeitungseinheiten	144
3.2.1.3	Ausgabeeinheiten	146
3.2.1.4	Datenspeicher	146
3.2.1.5	Kommunikationsgeräte	148
3.2.2	Betriebssysteme	148
3.3	**Anwenderprogramme**	150
3.4	**Programmieren von Verarbeitungseinheiten**	152
3.4.1	Algorithmus	152
3.4.2	Beschreibungsformen und systematische Lösungsschritte	153
3.4.3	Graphische Darstellungen	154
3.4.4	Programmiersprachen, ein Überblick	155
3.5	**Programmieren einer Tabellenkalkulation**	156
3.5.1	Übersetzung in die Syntax einer Tabellenkalkulation	156
3.5.2	Programmtest	157
3.5.3	Allgemeine Vorgehensweisen beim Entwickeln von Programmen	157
3.6	**Möglichkeiten der weltweiten Datenkommunikation**	158
3.7	**Auswirkungen der Informations- und Kommunikationstechniken**	161
3.8	**Der Umgang mit Programmen und Daten**	163
3.8.1	Nutzen von Programmen	163
3.8.2	Datensicherung	163
3.8.3	Datenschutz	165
4	**Steuerungstechnik**	**166**
4.1	**Steuern und Steuerkette**	166
4.2	**Eine verbindungsprogrammierte Steuerung wird untersucht**	168
4.2.1	Pneumatische Steuerungen	168
4.2.1.1	Druckluftversorgung und -aufbereitung	169
4.2.1.2	Eingabebauteile	170
4.2.1.3	Verarbeitungsbauteile	172
4.2.1.4	Stellglieder und Ausgabebauteile	173
4.2.1.5	Stromventile	175
4.2.2	Pneumatischer Schaltplan	175
4.3	**Ein verbindungsprogrammierter Schaltplan entsteht**	176
4.4	**Elektrische und elektropneumatische Steuerungen**	179
4.4.1	Eingabebauteile	179
4.4.2	Verarbeitungseinheit	181
4.4.3	Ausgabebauteile (Aktoren)	185
4.5	**Programmierte Steuerungen**	186
4.5.1	Geräte und Programmierung	186
4.5.2	Merkmale des SPS-Einsatzes	187
4.6	**Die Wirkungsweise von Ablaufsteuerungen**	188
4.6.1	Prozessabhängige Ablaufsteuerungen	188
4.6.2	Zeitgeführte Ablaufsteuerungen	189
4.7	**Steuerungstechnische Ausführungsformen im Überblick**	190
4.8	**Regeln und Regelkreis**	191
5	**Elektrotechnik**	**195**
5.1	**Elektrizität als Energieform**	195
5.2	**Grundzusammenhänge im elektrischen Stromkreis**	195
5.2.1	Aufbau und Darstellung des Stromkreises	195
5.2.2	Elektrische Vorgänge in Werkstoffen	196
5.2.3	Elektrische Spannung	197
5.2.4	Elektrischer Strom	199
5.2.4.1	Strom und Stromrichtung	199
5.2.4.2	Stromarten	199
5.2.4.3	Stromstärke	200
5.2.4.4	Wirkungen des elektrischen Stromes	201
5.2.5	Elektrischer Widerstand	203
5.2.6	Die Abhängigkeit des Stromes von Spannung und Widerstand	204
5.2.6.1	Das Ohmsche Gesetz	204
5.2.6.2	Überlastung und Kurzschluss im Stromkreis	205

5.2.7	Mehrere Verbraucher im Stromkreis	206
5.2.7.1	Parallelschaltung	207
5.2.7.2	Reihenschaltung	207
5.3	**Elektrische Leistung und Arbeit**	**208**
5.3.1	Elektrische Leistung	208
5.3.2	Wirkungsgrad	208
5.3.3	Elektrische Arbeit	211
5.4	**Unfallgefahr durch elektrischen Strom**	**211**
5.4.1	Schutzmaßnahmen gegen elektrischen Schlag	211
5.4.2	Umgang mit Elektrogeräten - Unfallverhütung	213
5.4.3	Sofortmaßnahmen bei Unfällen	214
6	**Maschinen- und Gerätetechnik**	**216**
6.1	**Hauptgruppen und Betrachtungsebenen**	**217**
6.2	**Energiefluss**	**222**
6.2.1	Übersetzen von Kräften	222
6.2.2	Wandeln von Energie	224
6.2.3	Speichern von Energie	225
6.2.4	Wirkungsgrad	227
6.3	**Stofffluss**	**229**
6.3.1	Speichern von Stoffen	229
6.3.2	Leiten von Stoffen	231
6.3.3	Führen/Leiten von Stoffen	232
6.3.4	Koppeln/Fügen	234
6.3.5	Steuern/Regeln des Stoffflusses	235
6.3.6	Trennen von Stoffen	236
6.3.7	Wandeln von Stoffen	237
6.4	**Informationsfluss**	**238**
6.4.1	Verbinden/Trennen	239
6.4.2	Speichern von Informationen	240
6.4.3	Wandeln von Signalen	241
6.4.4	Anzeigen	243
6.5	**Stützen/Tragen**	**244**

TECHNISCHE MATHEMATIK

1	**Grundlagen für technische Berechnungen**	**247**
1.1	Umformen von Bestimmungsgleichungen	247
1.2	Größenwert, Zahlenwert, Einheit	249
1.2.1	Umgang mit Zahlenwert, Einheit und Größenwert	249
1.2.2	Umrechnen von Einheiten	253
1.3	Taschenrechner	255
1.4	Lösen von Textaufgaben	256
1.5	Dreisatz, Verhältnis	258
1.5.1	Gleiche Verhältnisse	258
1.5.2	Umgekehrte Verhältnisse	260
1.6	Prozentrechnung	262
1.7	Der Satz des Pythagoras	263
1.8	Winkelfunktionen	266
1.9	Graphische Darstellungen	269
1.9.1	Entwicklung einer graphischen Darstellung	269
1.9.2	Lesen einer graphischen Darstellung	270
1.9.3	Beispiele für graphische Darstellungen	271
2	**Berechnung fertigungs- und prüftechnischer Größen**	**274**
2.1	Längen	274
2.1.1	Gestreckte Längen	274
2.1.2	Umfänge an Blechteilen	276
2.1.3	Rand-, Mitten- und Lochabstände	278
2.2	Flächen	282
2.3	Volumen	286
2.4	Masse	289
2.5	Höchstmaß, Mindestmaß, Toleranz	292
2.6	**Bewegungen**	**293**
2.6.1	Geradlinige Bewegung	293
2.6.2	Kreisförmige Bewegung	296
2.6.3	Ungleichförmige Bewegung	299
2.7	**Kräfte**	**300**
2.7.1	Beschleunigungs- und Gewichtskräfte	300
2.7.2	Kräfte sind gerichtete Größen	302
2.7.3	Zusammensetzung von Kräften	303
2.7.4	Kräftezerlegung	308
2.8	**Berechnungen an einfachen Maschinen**	**311**
2.8.1	Hebel	311
2.8.2	Rolle und Flaschenzug	315
2.9	**Reibung und Reibkraft**	**317**
2.10	**Arbeit**	**320**
2.11	**Leistung und Wirkungsgrad**	**321**
2.11.1	Leistung	321
2.11.2	Wirkungsgrad	322
2.12	Druckwirkungen	324
2.12.1	Flächenpressung	324
2.12.2	Druck durch Gewichtskraft	325
2.12.3	Hydraulik/Pneumatik	328
2.12.4	Kraftübersetzung	333
2.12.5	Kolbengeschwindigkeit	335
2.12.6	Luftverbrauch	336
3	**Berechnen elektrischer Größen**	**339**
3.1	**Der elektrische Stromkreis**	**339**
3.1.1	Das Ohmsche Gesetz	339
3.1.2	Mehrere Verbraucher im Stromkreis	340
3.2	**Elektrische Leistung und Arbeit**	**342**
3.2.1	Elektrische Leistung	342
3.2.2	Elektrische Arbeit	343

TECHNISCHE KOMMUNIKATION – ARBEITSPLANUNG

1	**Grundlagen der Technischen Kommunikation**	345
1.1	**Technische Unterlagen (Überblick)**	345
1.2	**Fotografische Darstellung**	345
1.3	**Produktbeschreibung**	345
1.4	**Explosionsdarstellung - Montage und Demontage**	346
1.5	**Gesamtzeichnung - Montage und Demontage**	347
1.6	**Stückliste - Teileübersicht**	348
1.7	**Teilzeichnung - Fertigung**	349
1.8	**Schriftfeld**	349
1.9	**Linienarten und Linienbreiten**	350
1.10	**Normschrift**	350
1.11	**Zeichengeräte und ihre Anwendung**	351
1.12	**Maßstäbe**	351
1.13	**Papierformate**	352

2	**Darstellung in Ansichten**	353
2.1	**Projektionsmethoden**	354
2.1.1	Pfeilmethode	354
2.1.2	Projektionsmethoden 1 und 3	355
2.2	**Entwicklung der Ansichten in der Projektionsmethode 1**	356
2.3	**Zeichnen in Ansichten**	358
2.4	**Übungen zur Raumvorstellung**	362
2.5	**Geometrische Grundkörper, Halbzeuge, Profile**	363
2.6	**Prismatische Werkstücke**	364

3	**Maßeintragungen**	365
3.1	**Grundlagen**	365
3.2	**Kennzeichen**	366
3.3	**Anordnung der Maße**	367
3.4	**Maßbezugsebenen und Maßbezugslinien**	369
3.5	**Zylindrische Werkstücke**	371
3.6	**Werkstücke mit schiefen Flächen und Rundungen**	373

4	**Geometrische Grundkonstruktionen**	375
4.1	**Streckenteilung**	375
4.2	**Lot**	375
4.3	**Winkel- und Kreisteilungen**	376
4.4	**Kreisanschlüsse und Tangenten**	377

5	**Besondere Angaben in Teilzeichnungen**	378
5.1	**Toleranzangaben**	378
5.2	**Systeme der Maßeintragung**	381
5.3	**Maßketten, Hilfsmaße**	381
5.4	**Teilungen**	382
5.5	**Bemaßung von Fasen und Senkungen**	382
5.6	**Eintragung von Oberflächenbeschaffenheiten**	383
5.7	**Eintragung von Schweißsymbolen**	384

6	**Perspektivische Darstellungen**	385
6.1	**Erstellen einer Perspektive**	385
6.2	**Unterschiedliche Perspektiven**	386

7	**Auswahl von Normteilen**	388

8	**Darstellung im Vollschnitt**	390
8.1	**Grundlegendes**	390
8.2	**Darstellungsregeln**	390
8.3	**Werkstücke, die mit einer Schnittdarstellung eindeutig dargestellt sind**	395
8.4	**Analyse von Schnittzeichnungen als Grundlage für Arbeitsplanungen**	397

9	**Gewindedarstellungen und Senkungen**	399
9.1	**Außen- und Innengewinde bzw. Bolzen- und Muttergewinde**	399
9.2	**Bemaßung von Gewinden**	401
9.3	**Verschraubungen und Senkungen**	**402**

10	**Halbschnitt, Teilschnitt und besonderer Schnittverlauf**	407
10.1	**Halbschnitt**	407
10.2	**Teilschnitt**	409
10.3	**Besonderer Schnittverlauf**	410

11	**Skizzen**	413
11.1	**Werkstücke**	413
11.2	**Unterstützende Erläuterung**	414
11.3	**Darstellungen und Berechnungen**	415
12	**Graphische Darstellungen**	417
12.1	**Diagramme**	417
12.2	**Pläne**	420
12.2.1	Schalt- und Funktionsplan	420
12.2.1.1	Pneumatischer Schaltplan	420
12.2.1.2	Elektrischer Schaltplan	423
12.2.1.3	Funktionsplan	426
12.3	**Darstellungen von Handlungsanweisungen**	429
12.3.1	Montageanleitung und Anwenderinformation	429
12.3.2	Verstehen und Erläutern von technischer Anwenderinformation	430
Sachwort		435

1 Werkstofftechnik

Bild 1 Winkelschleifer

Ein Winkelschleifer (Bild 1) besteht aus vielen verschiedenen Einzelteilen. Damit er seine Funktion erfüllen kann, müssen die einzelnen Bauteile ganz bestimmten Anforderungen genügen. Kräfte wirken auf die Bauteile der Maschine. Geeignete Werkstoffe der einzelnen Teile halten den Anforderungen sicher stand. Um für einen bestimmten Zweck ein geeignetes Material herauszufinden, ist es wichtig, die verschiedenen Eigenschaften der Werkstoffe zu kennen.

Für das Gehäuse sind z. B. folgende Forderungen von Bedeutung:

Anforderung:	Gewünschte Eigenschaft:
● Es soll auch bei unsanfter Behandlung **nicht** sofort **zu Bruch** gehen.	hohe Bruchfestigkeit
● Leichte Handhabung, z. B. durch ein **geringes Gewicht** ist gewünscht.	geringe Dichte
● Die einzusetzenden Werkstoffe sollen **gut zu bearbeiten sein**, um kostengünstig fertigen zu können.	gute Bearbeitbarkeit
● Ein **elektrisch isolierender** Gehäusewerkstoff verhindert, dass bei einem Defekt das Gehäuse unter Spannung steht. (Bei metallischen Gehäusen sind entsprechende Schutzmaßnahmen erforderlich, siehe Kap. 5)	geringe elektrische Leitfähigkeit

In Frage kommen deshalb z. B. faserverstärkte schlagfeste Kunststoffe (s. Kap. 1.2.2.2).

> **Überlegen Sie**:
> Welche Einzelteile des Winkelschleifers müssen ebenfalls schlagfest sein?

Bei der Beurteilung von Werkstoffen sind auch die Auswirkungen auf unsere Umwelt zu berücksichtigen. **Umweltbelastungen** können auftreten:
● bei der **Förderung** und **Gewinnung** der Rohstoffe,
● bei der **Herstellung** von Werkstoffen,
● bei der **Verarbeitung** von Werkstoffen zu Werkstücken,
● beim **Einsatz** dieser Werkstücke und
● bei der **Entsorgung** der nicht mehr benötigten Produkte.

1.1 Eigenschaften, Kenngrößen und Einteilung von Werkstoffen

Eine Wandhalterung für den Winkelschleifer (Bild 2) soll durch Biegen gefertigt werden. Für die Halterung werden zwei Flacheisen (16 mm x 5 mm) im Schraubstock gebogen und dann mit einem Stahlblech durch Schweißen verbunden.

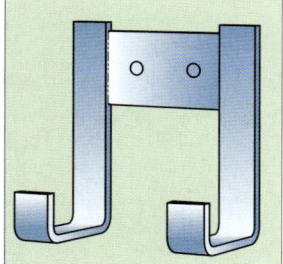

Bild 2 Wandhalterung

elastisch – plastisch

Wendet man beim Biegen eine geringe Kraft (z. B. 50 N) auf, wird das Flacheisen zunächst leicht verbogen. Das Material federt zurück, sobald es wieder losgelassen wird. Es ist also nicht bleibend verformt worden. Dieses Verhalten wird **elastisch** genannt.

Nun wird der Stahl bis zum beabsichtigten Winkel mit der notwendigen Kraft gebogen. Nachdem die Kraft nicht mehr wirkt, ist festzustellen, dass der Werkstoff auch jetzt etwas zurückgefedert ist. Der überwiegende Teil der Gesamtbiegung bleibt diesmal bestehen. Der Werkstoff wurde **plastisch** verformt. Das leichte Zurückfedern des Werkstoffs zeigt, dass ein kleiner Teil der Verformung elastisch war. Beim Biegen um einen bestimmten Winkelbetrag muss das berücksichtigt werden. Um einen Winkel von 90° zu erhalten, muss ca. 95° gebogen werden. Im Gebrauch sollen sich Werkstücke, wie

1 Werkstofftechnik
1.1 Eigenschaften, Kenngrößen und Einteilung von Werkstoffen

die Wandhalterung, natürlich nicht mehr plastisch verformen. Die Beanspruchung darf also nicht zu groß werden. Manche Werkstoffe sind wenig elastisch, wie z. B. Weichkupfer. Federstahl dagegen ist sehr elastisch.

> Elastizität ist die Fähigkeit eines Körpers, seine ursprüngliche Form wieder einzunehmen, wenn die Beanspruchung nicht mehr wirkt.

zäh – spröde

Wenn der Werkstoff für obige Biegeaufgabe keine ausreichende Verformbarkeit hat, kann es sein, dass das Material beim Biegen bricht. Der Werkstoff ist zu **spröde**. Oft entstehen erst unmerklich Risse, die sich ausbreiten und zum Bruch führen. Gut verformbare Werkstoffe sind zäh. Ein zäher Werkstoff lässt sich verformen, ohne gleich zu Bruch zu gehen. Wie stark er sich verformen lässt, beschreibt eine andere mechanische Eigenschaft, die **Dehnbarkeit**. Glas z. B. ist ein spröder Werkstoff, Baustahl dagegen ist sehr zäh.

> Zähigkeit ist die Fähigkeit eines Werkstoffs, sich unter Belastung bleibend zu verformen.

hart – weich

Die Antriebswelle des Winkelschleifers ist mit einem Kugellager gelagert. Die Laufflächen der Kugeln müssen dem hohen Druck der Kugeln standhalten. Es dürfen keine bleibenden Eindrücke entstehen, sonst ist das Lager zerstört. Die Oberfläche von weichen Werkstoffen wird leichter beschädigt als die von harten. Spröde Werkstoffe sind meist auch hart, zähe sind verhältnismäßig weich. Die Härte einiger Werkstoffe lässt sich durch unterschiedliche Verfahren verändern (siehe Kap. 1.4). Die Werkstoffprüfung kennt verschiedene genormte Härteprüfverfahren um Stoffhärten vergleichen zu können (vergl. Tabellenbuch).

> Härte ist der Widerstand eines Körpers gegen das Eindringen eines anderen Körpers.

1.1.1 Kenngrößen aus dem Zugversuch
Festigkeit

Eine Hängerkupplung soll im Einsatz der Zugbelastung standhalten (Bild 1). Der Werkstoff muss die Zugkraft aushalten, ohne sich wesentlich zu verändern oder gar zu brechen. Diese Eigenschaft nennt man **Festigkeit**.

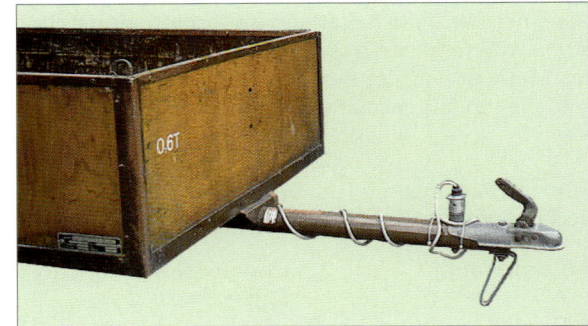

Bild 1 Zug an einer Hängerkupplung

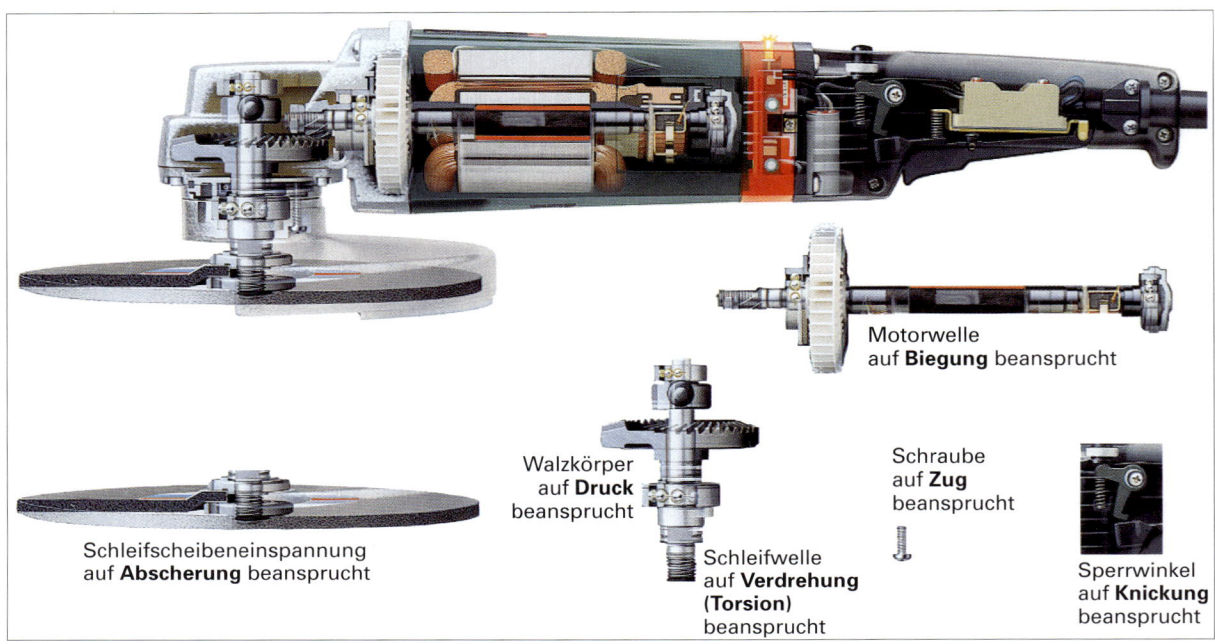

Bild 2 Beanspruchungsarten

1 Werkstofftechnik   1.1 Eigenschaften, Kenngrößen und Einteilung von Werkstoffen

Festigkeit ist die Fähigkeit eines Werkstoffs, einer Belastung standzuhalten, ohne zu brechen.

Je nach Art der Beanspruchung (Bild 2, Seite 2) wird zwischen **Zug-, Druck-, Biegefestigkeit** usw. unterschieden. Für die Werkstoffprüfung wurden genormte Prüfverfahren entwickelt. Damit lassen sich Festigkeiten der Werkstoffe vergleichen.

Versuch:

Runder Stahl von 20 mm Durchmesser wird mit einer Zugprüfeinrichtung in die Länge gezogen, bis das Material reißt. Ist, wie hier, eine elektronische Messeinrichtung vorhanden, kann direkt von der Prüfmaschine ein **Kraft-Verlängerungs-Diagramm** erstellt werden. Ist dies nicht der Fall, wird z. B. anfangs je 0,2 mm Verlängerung die aufgewendete Kraft in ein Versuchsprotokoll eingetragen. Aus den gewonnenen Zahlenpaaren wird dann das Schaubild von Hand gezeichnet.

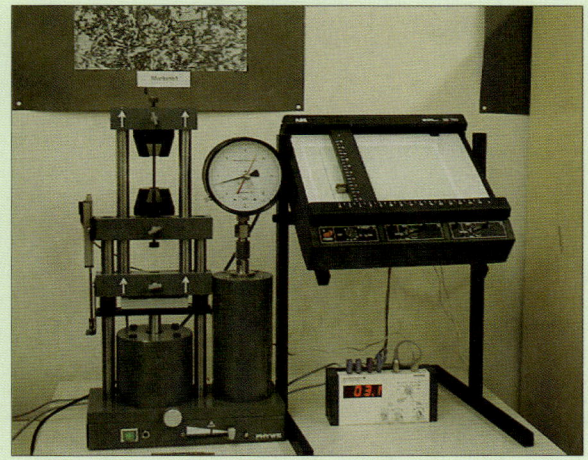

Zugprüfeinrichtung

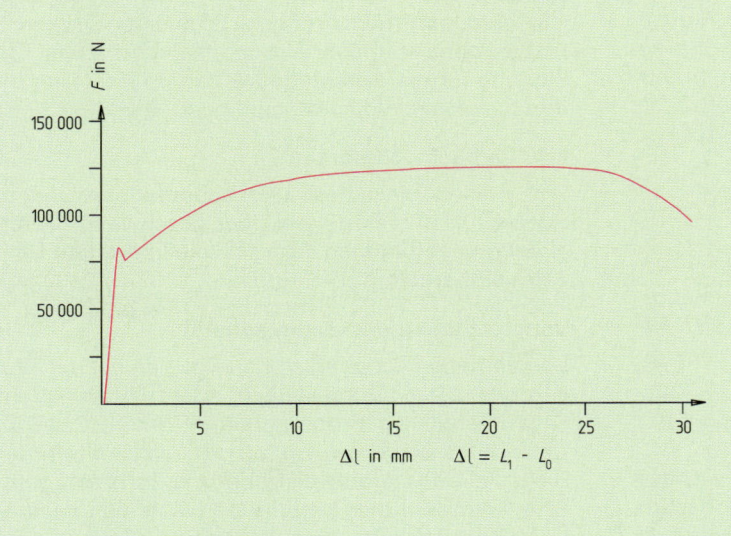

Kraft-Verlängerungs-Diagramm
Zugversuch nach DIN 50143/DIN 50146

$\Delta l = L_1 - L_0$

Versuchsprotokoll:
Zugversuch nach DIN 50143/146
d_0 20mm

F in N	L_1 in mm
0	100
43000	100,2
63000	100,4
83000	100,6
76000	100,8
75500	101,0
76500	101,2
77000	101,4
78000	101,6
80000	101,8
83000	102,0
92000	103,0
100000	104,0
103500	105,0
110000	106,0
111000	107,0
115000	108,0
118000	109,0
120000	110,0
121000	111,0
122000	112,0
123000	114,0
124000	116,0
125000	118,0
125500	120,0
123000	122,0
121000	124,0
120000	126,0
105000	128,0
96000	130,0

Elastisches Verhalten

Bei Versuchsbeginn ändern sich Kraft und Verlängerung im gleichen Verhältnis (proportional). Würde der Versuch hier abgebrochen und das Material entlastet, wäre die Probe wieder genauso lang wie vor dem Versuch. Dies ist der elastische Bereich des Werkstoffs.

Plastisches Verhalten

Bei höheren Kräften bzw. größeren Verlängerungen weicht die Kurve (Graph) vom bisher geraden Verlauf deutlich ab. Kraft und Verlängerung sind nicht mehr proportional. Bei einer Entlastung der Probe stellt man eine bleibende Verlängerung fest. Trotzdem federt das Material etwas elastisch zurück. Im

1 Werkstofftechnik

1.1.2 Anforderungen bei der Fertigung

Diagramm lässt sich der jeweilige Anteil der elastischen und der plastischen Verlängerung durch eine Parallele zur Anfangsgeraden bestimmen (Bild 1).

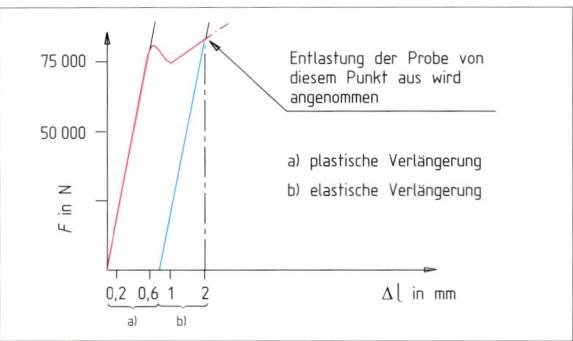

Bild 1 Bleibende Verlängerung

Einige Werkstoffeigenschaften und Kennwerte lassen sich aus dem Kraft-Verlängerungs-Diagramm ablesen.

Streckgrenze

Ein Bauteil darf im Einsatz nicht so stark belastet werden, dass es sich plastisch verformt. Die Belastungsgrenze ist bei allgemeinen Baustählen bzw. Grundstählen durch die **Streckgrenze** festgelegt. Im Kraft-Verlängerungs-Diagramm liegt diese Grenze am Übergang vom elastischen in den plastischen Bereich. Sie ist durch ein Auf und Ab des Kurvenverlaufs gekennzeichnet. Eine Probe mit größerem Querschnitt würde bei gleichem Material mehr aushalten (bei doppelter Querschnittsfläche etwa die doppelte Kraft). Das Verhältnis von Kraft F zu Querschnittsfläche S heißt **Spannung** σ.

$$\sigma = \frac{F}{S}$$

Die **Streckgrenzenspannung** R_e wird berechnet, indem die höchste Kraft vor dem ersten Abfall der Kurve durch den Anfangsquerschnitt der Probe geteilt wird.

Mindestzugfestigkeit

Die höchste Belastung, der die Probe standhält, lässt sich durch den höchsten Punkt der Kurve bestimmen. Zur Bestimmung der Zugfestigkeit wird die Bruchspannung ermittelt, d. h., die größte im Versuch auftretende Kraft muss durch den Ausgangsquerschnitt geteilt werden. Die **Mindestzugfestigkeit** R_m ist die Spannung, die der Werkstoff ohne Bruch aushalten muss. Sie ist bei den Metallen einer der wichtigsten Werkstoffkennwerte, der durch einen genormten Versuchsablauf ermittelt wird (vergl. Seite 3). Nach diesem Kennwert zum Vergleich von Werkstoffen werden viele geometrische Abmessungen, wie z. B. der Durchmesser einer Anhänger-kupplung (Bild 1, Seite 2) für eine bestimmte zulässige Zugkraft festgelegt.

Bruchdehnung

Nach Zerreißen der Probe sind die beiden Probenhälften entspannt und nicht mehr elastisch verformt. Werden beide Teile zusammengelegt, kann man durch Messen der Verlängerung den rein plastischen Verformungsanteil bestimmen. Eine längere Probe würde sich sicher stärker verlängern als eine kurze. Die **Bruchdehnung** ist die plastische Verlängerung nach dem Bruch auf die **Ausgangslänge** bezogen. Sie wird in % angegeben.

> **Überlegen Sie:**
> Werden die Abmessungen der Probe in obigem Versuch verändert, ergibt sich ein anderes Kraft-Verlängerungs-Diagramm. Welchen Einfluss haben solche Veränderungen, wenn die Spannung und die Dehnung in einem Schaubild aufgetragen werden? Erstellen Sie für den obigen Versuch ein Spannungs-Dehnungs-Diagramm.

1.1.2 Anforderungen bei der Fertigung

Verschiedene Fertigungsverfahren stellen unterschiedliche Anforderungen an den Werkstoff. Gießen, Umformen, Trennen, Schweißen usw. verlangen ganz spezielle Werkstoffeigenschaften. Die Eignung für ein bestimmtes Verfahren lässt sich oft durch einfaches Ausprobieren beurteilen.

Löt- und Schweißbarkeit

Will man Bauteile fest und dauerhaft verbinden, werden diese z. B. gelötet oder geschweißt. Durch eine Probeverbindung lässt sich die **Lötbarkeit** bzw. **Schweißbarkeit** grob beurteilen.

Verformbarkeit und Schmiedbarkeit

Das Verhalten des Werkstoffs zeigt sich bei der Biegeprobe. Das vorgesehene Material wird im Schraubstock zur Probe gebogen (Bild 1, Seite 5). Dabei lässt sich erkennen, ob der Werkstoff an der Biegestelle Risse aufweist oder gar zu Bruch geht. Eine Grenze für die Umformung bildet die maximale **Verformbarkeit** eines Werkstoffs. Bei weiterer Verformung würde das Material zu Bruch gehen. Bei einer Formgebung durch Pressendruck oder Hammerschläge ist die **Schmiedbarkeit** eine geforderte Eigenschaft. Sie lässt sich durch eine Ausbreitprobe (Bild 2, Seite 5) beurteilen, die mit kaltem oder auch auf Schmiedetemperatur erwärmtem Material durchgeführt wird. Baustahl ist im Vergleich zu Gusseisen gut schmiedbar. Aluminium und Kupfer sind durch Schmieden meist besser verformbar als Stahl.

1 Werkstofftechnik 1.1.3 Werkstoffe und Umwelt

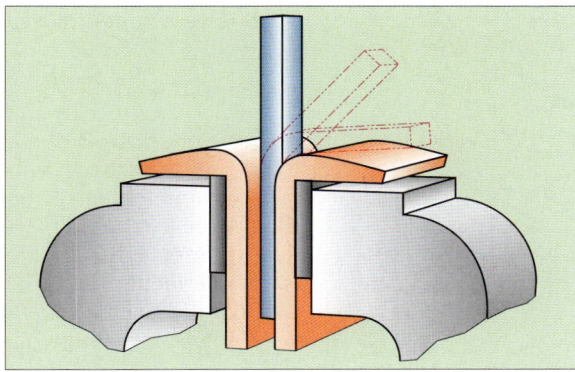

Bild 1 Biegeprüfung

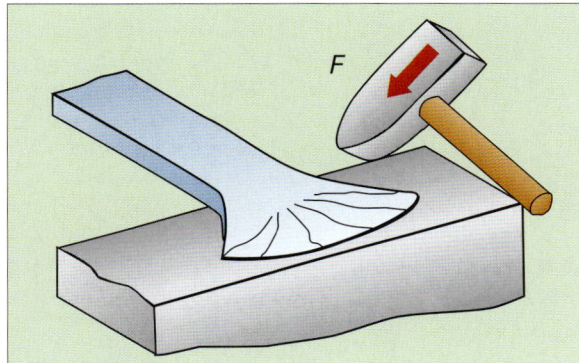

Bild 2 Ausbreitprüfung

Gießbarkeit

Viele Maschinenteile, z. B. auch das Gehäuse für den Winkelkopf des Winkelschleifers (Bild 3), sind Gussteile. Sie werden durch spezielle Maschinengießverfahren hergestellt. Werkstoffe, die sich im geschmolzenen Zustand gut in Formen gießen lassen und dort weitgehend gleichmäßig erstarren, haben eine gute **Gießbarkeit**.

Bild 3 Winkelkopfgehäuse

Zerspanbarkeit

Die **Zerspanbarkeit** eines Werkstoffs ist einfach zu beurteilen. Mit der Säge werden von dem Stoff einige Späne abgetrennt. Bei schlecht zerspanbaren Stoffen lässt sich nur wenig Volumen abtragen. Sehr weiche Stoffe, wie z. B. Blei, sind auch schlecht zerspanbar, weil sich das Material mehr wegdrückt, als dass es gezielt abgetrennt werden kann.

1.1.3 Werkstoffe und Umwelt
Korrosionsverhalten

Jährlich verrosten Stahlteile von großem Geldwert. Rostanfällige Werkstoffe müssen durch Oberflächenbeschichten geschützt werden, z. B. durch Lackieren, Verchromen, Verzinken oder einfach Einölen. Dadurch wird der Sauerstoff der Luft oder des Wassers von der Oberfläche fern gehalten, denn Sauerstoff reagiert mit Eisen zu Rost. Chemische Prozesse können einen Werkstoff zerstören oder seine Oberflächen unter dem Einfluss von **Luft, Wasser** und **schwachen Säuren und Basen** verändern. Man spricht von Korrosion. Viele Nichteisenmetalle und deren Legierungen sind sehr korrosionsbeständig. Durch Legieren mit Chrom und Nickel wird auch Stahl weniger korrosionsanfällig (Nichtrostende Stähle).

> Die chemische Beständigkeit von Werkstoffen gegen Einflüsse der Umgebung nennt man Korrosionsbeständigkeit

Verhalten zur Umwelt

Umwelteinflüsse können die Zerstörung von Bauteilen bewirken. Dabei stellen die Werkstoffe selbst auch direkte Gefahren für die Gesundheit dar.
Lange Zeit wurde ohne Kenntnis der Gefahr der Werkstoff Asbest eingesetzt. Seit Asbestfasern als krebserregend bekannt sind, werden mit hohen Kos-

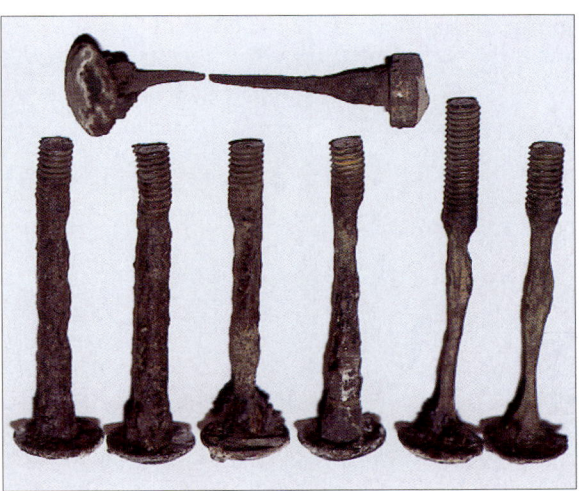

Bild 4 Rostschäden

1 Werkstofftechnik 1.1.3 Werkstoffe und Umwelt

ten betroffene Gebäude und Anlagen saniert. Deshalb sind umweltgefährdende Produkte letztendlich auch teuer. Für Schäden durch ein Produkt haftet der Hersteller (**Produkthaftung**). Er muss nachweisen, dass seine Produkte keine Umweltgefahr darstellen. Zur Eignung von Werkstoffen und Hilfsstoffen für einen Fertigungsprozess gehören deshalb neben wirtschaftlichen Überlegungen auch Umweltaspekte. **Gefahrstoffe** sind in der Gefahrstoffverordnung und in DIN-Sicherheitsdatenblättern aufgeführt. Die Gefährdung ist durch eine vorgeschriebene Kennzeichnung auf der Verpackung abzulesen (Bild 2). Gesundheitsschädliche **Stäube** und **Abgase** sind direkte Gefahren bei der Produktion. Sie müssen gefiltert bzw. abgesaugt werden. **Lager-** und **Transportprobleme** sind bei der Entscheidung für einen Werkstoff ebenfalls zu berücksichtigen. Können z. B. giftige Dämpfe entstehen, wenn im Lager oder auf dem Transport ein Brand ausbricht? Für solche Fälle muss Vorsorge getroffen werden. Durch gesetzliche Auflagen und Kontrollen wird versucht, die Verursacher von Umweltschäden zur Verantwortung zu ziehen (**Verursacherprinzip**).

Recyclingverhalten
Abgenutzte und verbrauchte Werkstücke bzw. Werkstoffe müssen entsorgt werden. Dies ist vom Hersteller ebenfalls zu bedenken. Weiteres Anwachsen der Müllberge kann nur vermieden werden, wenn schon in der Planungsphase alle Folgen einer Werkstoffauswahl bedacht werden. Eine konsequente **Müllvermeidung** ist nur beschränkt möglich. Deshalb ist das **Recyclingverhalten** (Möglichkeit der Wiederverwertung) eine wichtige Werkstoffeigenschaft.

Rohstoffe sparen
Die Rohstoffförderung aus der Erde verändert Landschaften z. B. durch Tagebaugruben oder Abraumhalden (Bild 1). Ein sparsamer Umgang mit Rohstoffen ist umweltschonend.

Bild 1 Tagebau

Bild 2 Kennzeichnung von Gefahrstoffen

1.1.4 Einteilung von Werkstoffeigenschaften

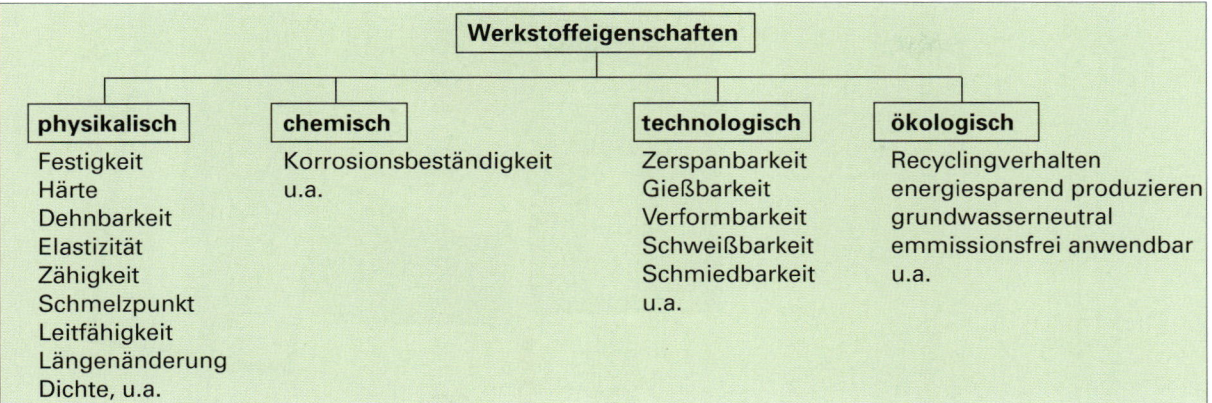

Bild 1 Eigenschaften von Werkstoffen

Werkstoffeigenschaften lassen sich unter verschiedenen Gesichtspunkten in Gruppen zusammenfassen (Bild 1). Wird ein Werkstück durch einwirkende Kräfte besonders stark beansprucht, dann sind die **physikalischen Eigenschaften** des Werkstoffes von besonderer Bedeutung, z. B. seine **Festigkeit**.

Ebenfalls zu den physikalischen Eigenschaften gehören Stoffkonstanten (vergl. Bild 2 und Tabellenbuch), die den Einsatz beeinflussen.

Bei den **chemischen Eigenschaften** sind vor allem die chemischen Veränderungen durch Korrosion von Bedeutung. Die **technologischen Eigenschaften** beschreiben das Verhalten eines Werkstoffs bei der Verarbeitung und seine Eignung für ein bestimmtes Fertigungsverfahren. Die **ökologischen Eigenschaften** sind für die Umweltverträglichkeit des Produkts und für Vorgänge bei der Fertigung wichtig.

Stoff	Dichte ρ in $\frac{kg}{dm^3}$	Längenausdehnungs- koeffizient α in $\frac{1}{K}$	elektrische Leitfähigkeit $\varkappa$ in $\frac{m}{(\Omega \, mm^2)}$	Schmelzpunkt in °C	Siedepunkt in °C
Aluminium	2,7	0,000024	34,69	660	2270
Blei	11,3	0,000029	4,76	327	1750
Cu-Sn-Legierung	ca. 8,7	0,000018		ca. 950	2300
Cu-Zn-Legierung	ca. 8,5	0,000018		ca. 900	2300
Eisen	7,8	0,000011	7,69	1535	2880
Gusseisen	ca. 7,25	0,000011		ca. 1200	2500
Kupfer	8,93	0,000017	55,87	ca. 1083	2300
Plexiglas	1,18		10^{-15}		
Porzellan	ca. 2,4	0,0000045	$8,3 \cdot 10^{-15}$	ca. 1600	
Stahl niederlegiert	ca. 7,85	0,000012	ca. 2,5	ca. 1500	2500
Stahl hochlegiert	7,8...8,0	0,000011...0,000016		ca. 1450	2500
Zink	7,13	0,000029	16,0	419,5	3535
Zinn	7,28	0,000027	8,7	231,8	2275

Bild 2 Stoffkonstanten verschiedener Werkstoffe

1 Werkstofftechnik
1.1.5 Einteilung der Werkstoffe

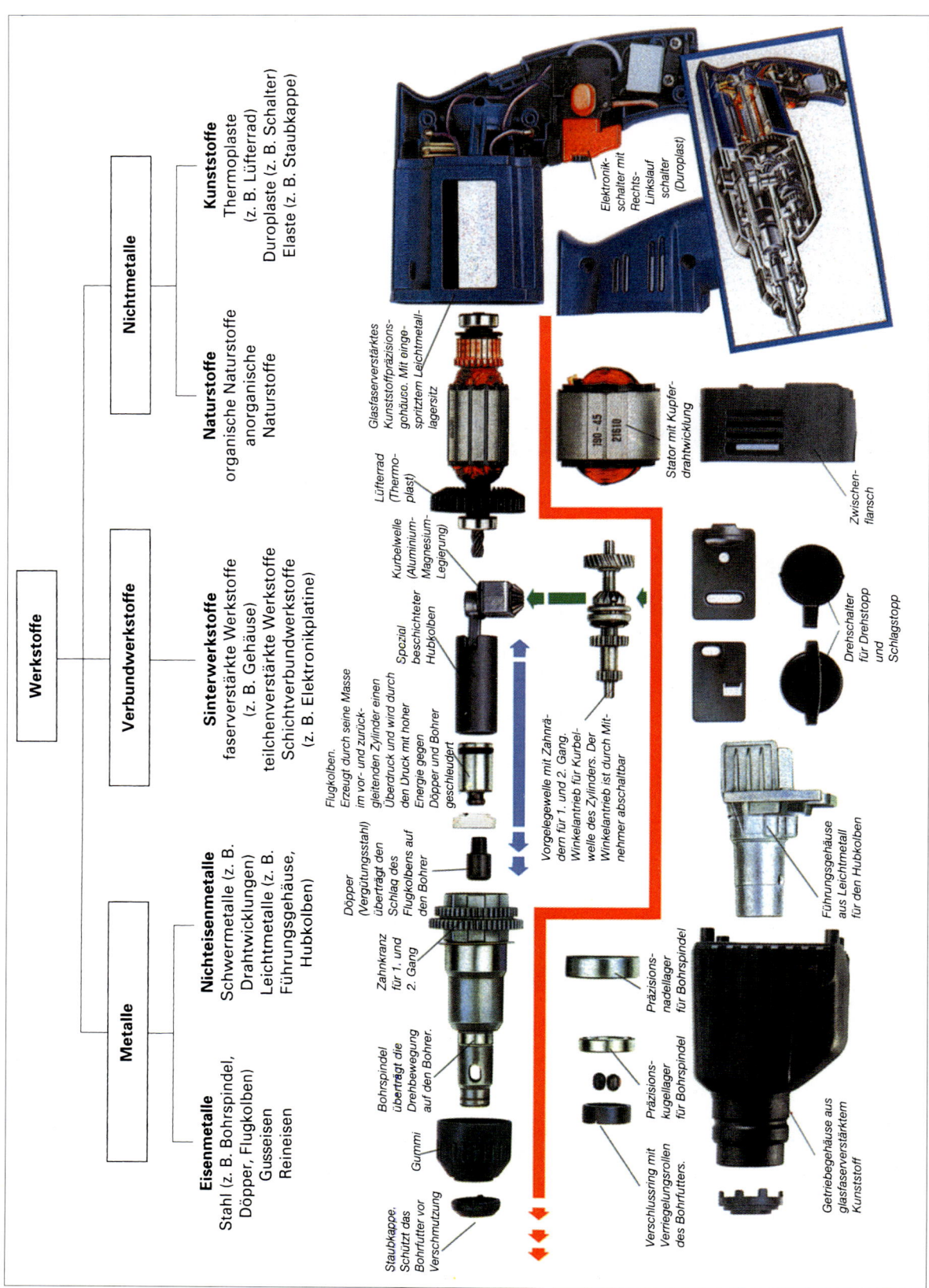

Bild 1 Mögliche Einteilung der Werkstoffe

1.1.5 Einteilung der Werkstoffe

Einzelne Bauteile aus unterschiedlichen Materialien werden z. B. zu Geräten, wie dem Bohrhammer, zusammengebaut. Die Werkstoffe sind auf verschiedene Art und Weise einzuteilen. Dies kann z. B. nach Verwendungszweck, Aussehen, bestimmten Eigenschaften, Aggregatzustand (fest, flüssig, gasförmig) usw. geschehen. In der Fertigungstechnik ist es üblich, von der Grobeinteilung **Metall – Nichtmetall** auszugehen (Bild 1, Seite 8). **Verbundwerkstoffe** sind in einer Zwischengruppe angeordnet. Sie können aus Metallen und auch aus Nichtmetallen bestehen. Kennzeichnend ist, dass mindestens zwei verschiedene Stoffe im Verbund zusammenwirken und damit einen Werkstoff mit neuen Eigenschaften bilden. Die Metalle werden in **Eisenmetalle** und **Nichteisenmetalle** (NE-Metalle) aufgeteilt. Die Nichtmetalle sind nach **Naturstoffen** und **Kunststoffen** unterschieden, wobei die Grenze nicht deutlich zu ziehen ist. Das liegt daran, dass einerseits einige Kunststoffe den Naturstoffen „nachgebaut" sind und andererseits Naturstoffe künstlich veredelt werden können.

Übungen

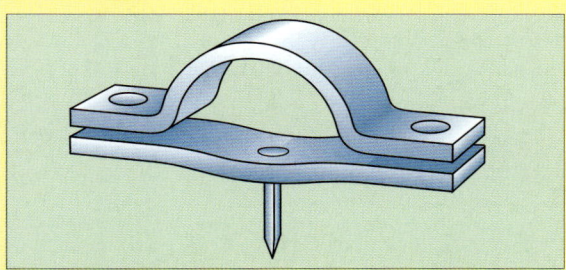

Bild 1 Rohrschelle

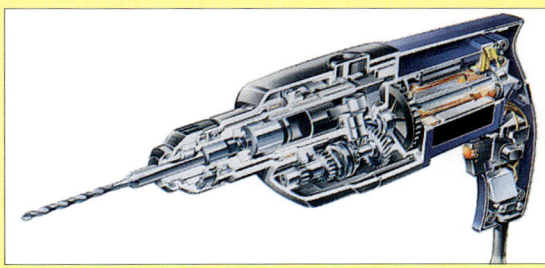

Bild 2 Bohrhammer

1. Welche technologischen Eigenschaften müssen bei der Auswahl eines Werkstoffs für eine Rohrschelle (Bild 1) beachtet werden?
2. Welche Eigenschaften sind für die Einzelteile des Bohrhammers (Bild 2 und Seite 8) von Bedeutung?
3. Unterscheiden Sie die Eigenschaften Festigkeit und Härte.
4. Unterscheiden Sie elastisches und plastisches Werkstoffverhalten.
5. Mit welchen Eigenschaften hängt die Zerspanbarkeit eines Werkstoffs zusammen?
6. Mit welchen Eigenschaften hängt die Schweißbarkeit eines Werkstoffs zusammen?
7. Welche Umweltbelastungen können bei der Rohstoffgewinnung für Werkstoffe auftreten?
8. Mit welchen chemischen Eigenschaften hängt die Umweltgefährdung durch Werkstoffe im Falle eines Brandes zusammen?
9. Erklären Sie das Verursacherprinzip und die Produkthaftung.
10. Was ist ein Verbundwerkstoff?

1.2 Aufbau und Gewinnung der Werkstoffe

1.2.1 Metallische Werkstoffe

Versuch: Kristallisation von Benzophenon

Auf dem Projektor steht in einem Glasschälchen ein Stoff (Benzophenon), der durch eine Wärmelampe verflüssigt wurde. Der Abkühlvorgang lässt sich auf der Projektionswand verfolgen. Es bilden sich von außen nach innen Kristalle, die so lange wachsen, bis sie zusammenstoßen. Der Stoff ist erstarrt.

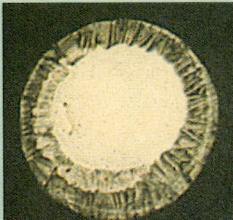
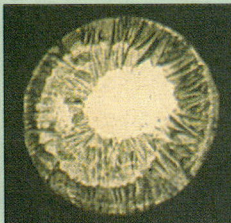
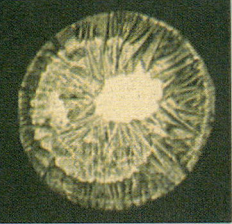

1.2 Aufbau und Gewinnung der Werkstoffe

1.2.1 Metallische Werkstoffe

Kristallbildung bei Metallen

Bei dem Versuch auf Seite 9 ist ein Stoff erstarrt, der zwar kein Metall ist, sich aber beim Erkalten ähnlich verhält. Der innere Aufbau der kleinsten Teilchen (Atome, Moleküle) ist im festen Zustand bei den Metallen regelmäßig geordnet.

Eine solche Anordnung nennt man **Kristall**. Bei der Erstarrung einer Schmelze bilden sich Kristalle wie im Versuch. Jedes Metall hat seine eigene typische Kristallform. Der regelmäßige Aufbau hat oft einen Würfel als Grundstruktur. Solche Kristallgitterformen nennt man **kubisch** (lat. kubus = Würfel; Bild 1). Zunächst bilden sich **Kristallkeime,** dann folgt das **Keimwachstum,** bis die Kristalle aneinander stoßen. Der Stoff ist fest geworden. Er besteht aus vielen meist sehr kleinen Kristallen (Körnern). Die Anordnung und Verteilung der Körner nennt man **Gefüge**. Bei sehr großen Kristallen kann man das Gefüge, wie im Versuch, direkt beobachten.

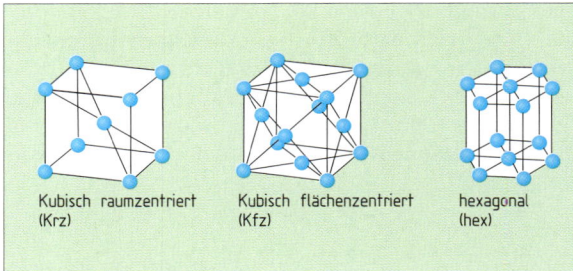

Bild 1 Kristallgitterformen

Versuch: Abkühlungsverhalten von Zinn

In einem Porzellantiegel werden ca. 100 g reines Zinn mit einem Gasbrenner so lange erwärmt, bis das Zinn flüssig geworden ist. In regelmäßigen Abständen, z. B. alle 10 s, wird beim Abkühlen die Temperatur gemessen und notiert. Der Zusammenhang von Temperatur und Zeit wird graphisch dargestellt.

Die Schmelze kühlt zunächst gleichmäßig ab. Bei einem bestimmten Wert ändert sich die Temperatur eine Zeit lang nicht. Man beobachtet, dass die Schmelze bei dieser Temperatur erstarrt. Danach sinkt die Temperatur weiter ab.

Zeit t in s	Temperatur T von Zinn in °C
0	300
15	291
30	281
45	273
60	264
75	256
90	248
105	241
120	234
135	227
150	227
165	227
180	227
195	227
210	227
225	227
240	227
255	227
270	227
285	227
300	227
315	227
330	226
345	226
360	226
375	225
390	224
405	223
420	222
435	222
450	220
465	213
480	206
495	200
510	194
525	188
540	183
555	177
570	172

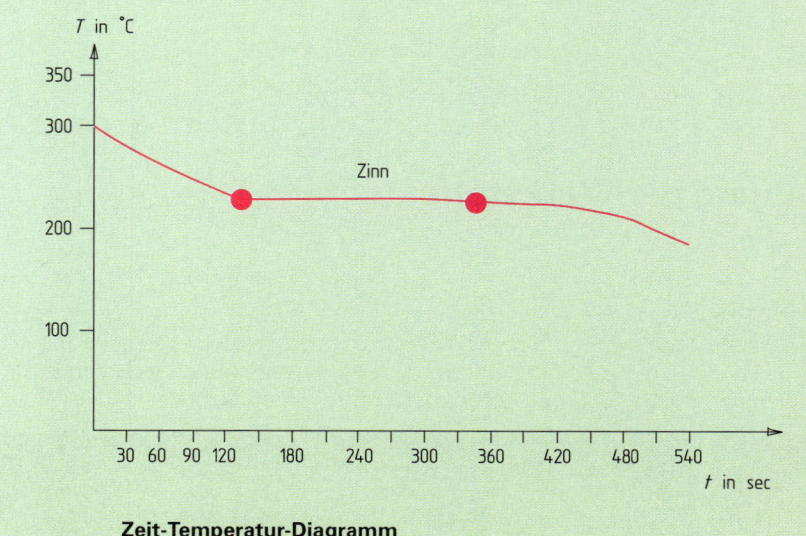

Zeit-Temperatur-Diagramm

Trägt man die Messwerte in ein Koordinatensystem mit der Zeitachse als Abszisse und der Temperaturachse als Ordinate ein, so erhält man im Zeit-Temperatur-Diagramm die Abkühlungskurve

Bild 2 Abkühlungsversuch Zinn

1.2 Aufbau und Gewinnung der Werkstoffe 1.2.1 Metallische Werkstoffe

Abkühlungsverhalten eines reinen Metalls (Bild 2, Seite 10)

Beim Erstarren wird Energie frei, die als Wärme abgegeben werden kann, ohne dass die Restschmelze weiter abkühlt (exotherme Reaktion). Es ergibt sich ein **Haltepunkt** im Temperaturverlauf. Beginnt man den Abkühlungsversuch bei noch höheren Temperaturen in der Dampfphase, stellt sich am Siedepunkt (Übergang Dampfphase/Flüssigphase) auch ein Haltepunkt ein. Bei Erwärmung hingegen muss an den Haltepunkten Wärmeenergie zugeführt werden, ohne dass sich die Temperatur erhöht.

Gemeinsame Merkmale von Metallen

In Metallen sind einige Elektronen nicht fest an das Metallatom gebunden (Metallbindung). Diese **freien Elektronen** können durch geringe elektrische Kräfte (elektrische Spannung) verschoben werden. Daher sind Metalle gute elektrische Leiter (Ladungstransport = Strom, vergl. Kap. 5 Elektrotechnik). Auch Wärmebewegung und damit Wärme-energie wird in Metallen leicht übertragen.

> Metallische Werkstoffe leiten **gut elektrischen Strom**.
>
> Metalle leiten **Wärmeenergie gut** weiter.

Bei Fertigungsverfahren sind Eigenschaften von Bedeutung, die sich durch die kristalline Struktur ergeben. Größe, Art und Verteilung der Kristalle (Gefügeaufbau, z. B. Bild 1) sind hierbei wichtig.

- Man kann Metalle **gießen**. Sie behalten die Form, die sie beim Erstarren einnehmen, weitgehend bei (Schwindung vergl. Kap. 2.1 Urformen).
- Metalle lassen sich **umformen**. Durch äußere Kräfte können Bindungskräfte der Kristalle so überwunden werden, dass der Zusammenhalt nicht aufgehoben wird (elastisches bzw. plastisches Verhalten vergl. Kap. 1.1 und Kap. 2.2 Umformen).
- Metalle werden **getrennt**, wenn äußere Kräfte die Bindungskräfte ganz aufheben. Die Kristalle werden dabei durchtrennt oder Korngrenzen werden aufgerissen.

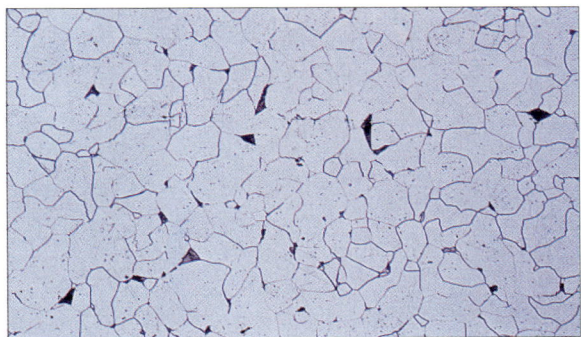

Bild 1 Schliffbild unlegierter Baustahl

Legierungen

Bild 2 Weichgelötete Kupferrohre

Weichlote, wie sie z. B. für Rohrverbindungen (Bild 2) oder bei Klempnerarbeiten verwendet werden, sind Legierungen aus verschiedenen Metallen, die aus einer gemeinsamen Schmelze entstanden sind. Verschiedene Arten der Kristallbildung treten bei Legierungen auf. Wird der zulegierte Stoff in den Grundkristall eingebaut, dann spricht man von **Mischkristallen** (Bild 3). Dabei können Atome des Legierungsmetalls Gitterplätze im Grundgitter einnehmen oder Lücken füllen. Ein **Kristallgemisch** (Bild 4) entsteht, wenn die Bestandteile unterschiedliche Kristallarten bilden.

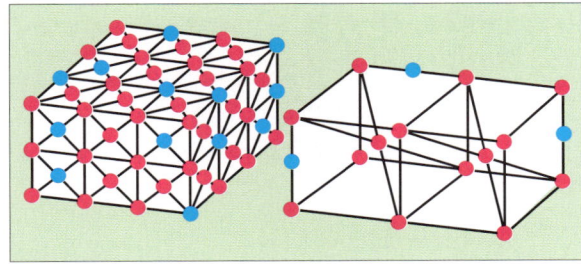

Bild 3 Mischkristalle

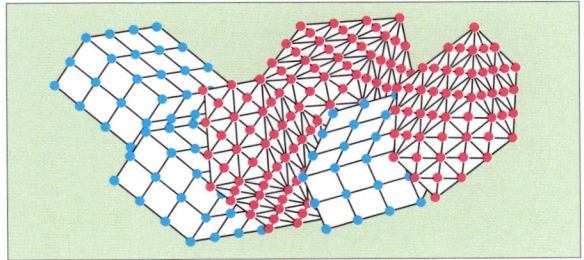

Bild 4 Kristallgemisch

1.2 Aufbau und Gewinnung der Werkstoffe   1.2.1 Metallische Werkstoffe

Legierungen erstarren häufig nicht, wie reine Stoffe, plötzlich bei einer bestimmten Temperatur, sondern sie werden innerhalb eines Temperaturbereichs fest. Ihre Schmelzbereiche liegen manchmal tiefer als die Schmelzpunkte der beteiligten Stoffe. Solche Legierungen bilden bei der Erstarrung Körner, die aus zwei Kristallstrukturen nebeneinander bestehen (Bild 1).

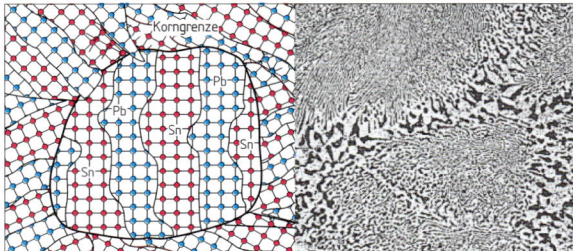

L-Sn 60 Pb (ca. 60% Zinn, Rest Blei), Weichlot für elektrisch leitende Verbindungen.
Lot erstarrt fast wie ein reiner Stoff mit einem Haltepunkt bei ca. 183 °C.

Bild 1 Zinn-Blei-Weichlot (Sickerlot)

Versuch: Abkühlungsverhalten von Zinn-Blei-Legierungen

In Porzellantiegeln werden Zinn- und Bleikörner im Verhältnis 80:20 (L4); 60:40 (L3); 40:60 (L2); 20:80 (L1) abgewogen und gemischt. Jede Zusammensetzung wird wie im Versuch auf Seite 10 untersucht.

Es ergeben sich die gezeigten Abkühlungskurven. Auffällig ist, dass einige Kurven neben Haltepunkten im Verlauf abknicken. Bei diesen **Knickpunkten** beginnt die Kristallisation, die beim Haltepunkt abgeschlossen ist. Diese Legierungen erstarren also in einem Temperaturbereich.

Untersucht man das Abkühlungsverhalten von unterschiedlichen Blei-Zinn-Legierungen wie im Versuch, kann man aus den Abkühlungskurven ein **Zustandsdiagramm** erstellen (Bild 2). Dazu müssten genau genommen alle denkbaren Zusammensetzungen untersucht werden. Das Zustandsschaubild liefert Informationen über das Legierungsverhalten und die Kristallbildung der Legierungen. Die verschiedenen Kristallisationszustände können bei unterschiedlichen Zusammensetzungen und Temperaturen abgelesen werden. Die Legierung mit 60 % Sn hat eine Zusammensetzung, die ungefähr der „Kerbe" im Diagramm entspricht. Bei dieser Zusammensetzung hat die Legierung die niedrigste Schmelztemperatur.

Zeit t in s	Temperatur ϑ von L_1	L_2	L_3	L_4	Zeit t in s	Temperatur ϑ von L_1	L_2	L_3	L_4
0	350	330	270	270	435	192	181	181	190
15	341	321	263	266	450	188	182	181	189
30	331	312	255	262	465	185	182	181	188
45	321	304	249	258	480	183	182	181	187
60	312	295	242	253	495	183	182	181	186
75	302	287	236	248	510	183	182	181	185
90	294	279	229	242	525	183	182	181	183
105	285	270	224	237	540	183	182	181	182
120	276	263	218	232	555	182	182	181	181
135	268	256	213	226	570	175	182	181	181
150	264	249	207	221	585	170	182	181	181
165	263	243	203	216	600	166	182	181	181
180	262	238	198	211	615	161	182	180	181
195	259	233	193	207	630		181	180	181
210	256	228	188	205	645		181	180	181
225	253	224	184	203	660		180	179	181
240	250	221	181	202	675		179	178	181
255	246	218	181	201	690		176	175	181
270	242	215	181	199	705		171	170	181
285	238	212	181	199	720		167	167	181
300	233	209	181	198	735		163	163	180
315	229	206	181	197	750			160	180
330	224	203	181	196	765				179
345	219	200	181	196	780				178
360	215	197	181	195	795				173
375	210	193	181	194	810				168
390	205	190	181	193					
405	200	187	181	192					
420	195	183	181	191					

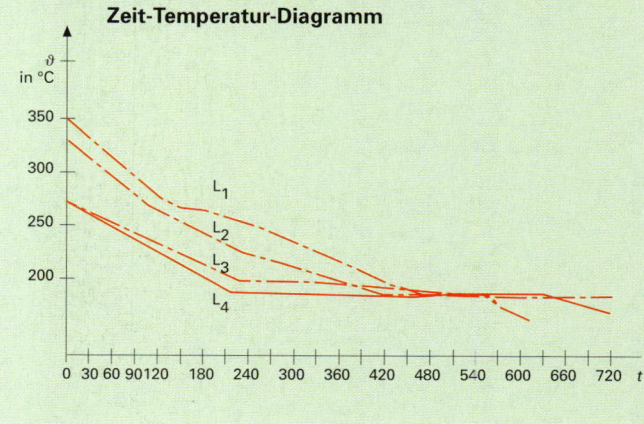
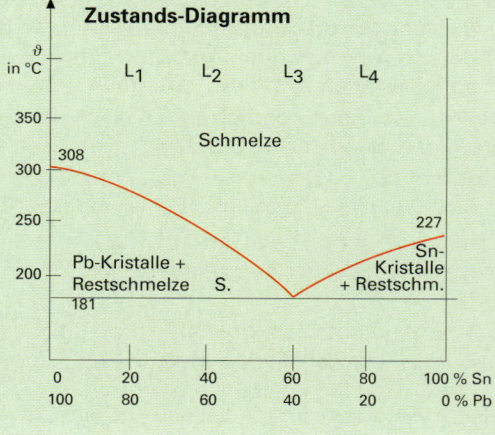

Bild 2 Versuch zum 2-Stoff-System Sn-Pb

1.2.1 Metallische Werkstoffe

1.2.1.1 Eisenmetalle

Eisenwerkstoffe werden heute zu einem großen Anteil wiederverwendet (recycelt). Schrott ist zu ca. 55 bis 60 % der Rohstoff für die Stahl- und Gusseisenerzeugung. Der Rest wird aus Erzen gewonnen. Eisenerze sind chemische Verbindungen des Eisens vor allem mit dem Sauerstoff. Ihr Eisenanteil beträgt 30 % bis 70 %.

Roheisen und Eisenschwamm

Bei der Roheisenerzeugung muss in einem chemischen Prozess dem Eisenerz der Sauerstoff entzogen werden (**Reduktion**). Dies geschieht im Hochofen (Bild 2) zu **Roheisen** oder in der Direktreduktionsanlage (Bild 1) zu **Eisenschwamm**. Beide enthalten neben vielen anderen Verunreinigungen 3 bis 5 % Kohlenstoff. Sie sind technisch unbrauchbar und müssen weiter behandelt werden, um daraus verwendbare Werkstoffe zu machen.

Bei ca. 1100 °C wird das Eisenerz direkt durch vorbeiströmende reduzierende Gase vom Sauerstoff befreit. Es entsteht ohne flüssige Phase ein poröser Eisenschwamm mit 85 bis 95 % Eisengehalt.

Bild 1 Direktreduktionsanlage

- Das giftige und brennbare **Gichtgas** wird aufgefangen
- Eisenerze, Koks und weitere Zuschläge zur Bindung der Schlacke
- CO steigt im Schacht auf und bindet den Sauerstoff aus dem Eisenerz zu Kohlendioxid (CO_2)
- Verbrennungsluft wird eingeblasen (unvollständige Verbrennung zu Kohlenmonoxid CO)
- Flüssiges Roheisen und die darauf schwimmende Schlacke wird abgelassen

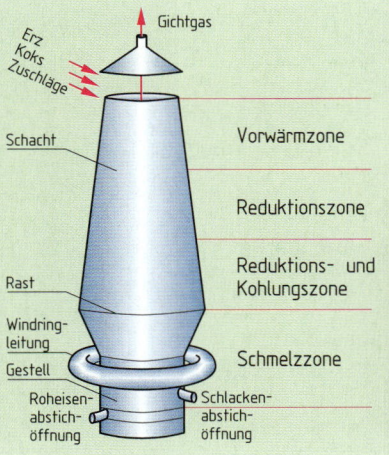

Bild 2 Hochofenanlage

Gusseisen

Das Gehäuse einer Brauchwasserpumpe (Bild 3) ist aus Gusseisen gefertigt. Ein geeigneter Werkstoff muss sich gut vergießen lassen, d. h., er muss
- dünnflüssig sein, um die Form gut auszufüllen
- einen niedrigen Schmelzpunkt haben, um den Energieaufwand gering zu halten
- gleichmäßig erstarren, damit das Gefüge fest wird und das Gussteil den Belastungen standhält.

Kohlenstoff senkt die Schmelztemperatur von Eisen und macht die Schmelze dünnflüssig.

> Gusseisen ist eine Eisen-Kohlenstoff-Legierung, die 2 bis 5 % Kohlenstoff enthält.

Die Herstellung von Gusseisen erfolgt im **Gießereischachtofen** (Kupolofen), der ähnlich aufgebaut ist wie der Hochofen. Das Gießereiroheisen wird mit

Bild 3 Brauchwasserpumpe

1.2.1 Metallische Werkstoffe 1.2.1.1. Eisenmetalle

Koks erneut aufgeschmolzen. Durch Zuschläge werden die unerwünschten Bestandteile des Roheisens in der Schlacke gebunden. Kohlenstoff bildet im Gusseisengefüge als Graphit eigene Bestandteile. Graphit ist weich und verformbar. Durch diese Einlagerung wird die Zugfestigkeit von Gusseisen beeinträchtigt. Je nach Form der Einlagerung wird unterschieden zwischen **Lamellengraphit** und **Kugelgraphit** (Bild 1).

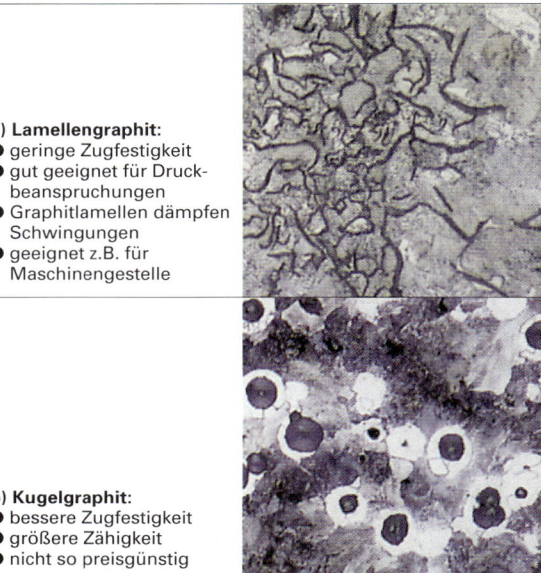

Bild 1 Gusseisen

Das nur gering belastete Pumpengehäuse besteht aus Gusseisen mit Lamellengraphit, da dies der preisgünstigere Werkstoff ist.

Stahl

Eine Großhalle wird z. B. in Skelettbauweise aus gewalzten Stahlträgern (Halbzeuge) gefertigt (Bild 2), die anschließend teilweise ausgemauert und verkleidet werden. Geeignete Profile lassen sich schnell zu einem tragenden Skelett zusammenfügen. Die Träger können je nach Bedarf miteinander verschraubt, vernietet oder verschweißt werden.

Zur Stahlerzeugung muss das Roheisen oder der Stahlschrott von unerwünschten Stoffen gereinigt werden. Gleichzeitig wird der zu hohe Kohlenstoffanteil herabgesetzt.

> Stahl ist eine Eisen-Kohlenstoff-Legierung mit bis zu 2 % Kohlenstoff.

Beim Reinigungsprozess für die Stahlerzeugung werden die unerwünschten Stoffe verbrannt. Luft oder heute meist reiner Sauerstoff (Sauerstoffblasverfahren, Bild 3) wird in das aufgeschmolzene Metallbad geblasen. Die Verunreinigungen verbrennen mit dem Sauerstoff. Die Verbrennungsrückstände sind in der Schlacke gebunden, die sich auf der flüssigen Stahlschmelze absetzt. Da die Verbrennung eine Temperaturerhöhung bewirkt, ist es nötig, zum Kühlen festen Schrott zuzuführen.

Bild 3 Sauerstoffblasverfahren

Der Rohstahl kann zu Stahlblöcken, in **Kokillen** gegossen (Bild 4), oder im **Stranggussverfahren** (Bild 1, Seite 15) verarbeitet werden. Dabei wird Stahl direkt nach dem Erstarren ausgewalzt. Halbzeuge aus preisgünstigen Massenstählen, wie sie für die Werkhalle benötigt wurden, sind meist auf diese Weise erzeugt.

Um höherwertige Stähle zu erhalten, muss eine genaue Zusammensetzung eingehalten werden.

Bild 2 Halle in Stahlskelettbauweise

Bild 4 Kokillenguss

1.2.1 Metallische Werkstoffe　　　　　　　　1.2.1.2. Nichteisenmetalle

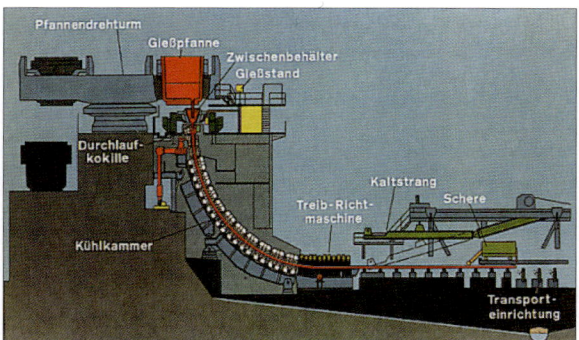

Bild 1 Stranggus

Mit Hilfe von elektrischem Strom wird beim **Elektro-Lichtbogen-Verfahren** (Bild 2) meist ausschließlich Schrott eingeschmolzen. Je nach geforderter Zusammensetzung werden ausgewählte Schrottpakete eingesetzt. Der Sauerstoff für die Verbrennung der Verunreinigungen kommt überwiegend aus der Umgebung. Durch eventuell zugefügte Legierungselemente erhält der Stahl die endgültige Zusammensetzung.

Bild 2 Elektro-Lichtbogen-Verfahren

1.2.1.2 Nichteisenmetalle

In vielen Bereichen werden außer Eisen auch andere Metalle eingesetzt, um den gewünschten Anforderungen zu entsprechen. Beim Bau einer Solaranlage (Bild 3) werden unterschiedliche Nichteisenmetalle verwendet.

Forderungen an den Rahmen sind z. B.:
- Formstabilität
- geringes Gewicht
- Korrosionsbeständigkeit
- Preisgünstigkeit

Aluminium

Der Rahmen ist aus Aluminiumprofilen zusammengesetzt. Im Leichtbau für Luft- und Raumfahrt sowie im Fahrzeugbau werden zur Gewichtsersparnis viele Teile aus Aluminium und Aluminiumlegierungen gefertigt. An Fassaden und im Fensterbau wird Aluminium wegen seiner Witterungsbeständigkeit

Bild 3 Solaranlage

eingesetzt. In der Elektrotechnik schätzt man die gute Leitfähigkeit von Aluminium. Bei Freileitungen hat Aluminium das Kupfer weitgehend verdrängt. Kupfer leitet zwar besser, ist aber teurer und hat eine größere Dichte.

Eigenschaften von Aluminium sind z. B.:
- geringe Dichte
- korrosionsbeständig, bildet dichte Oxidschicht
- gute Festigkeit
- gut formbar
- zerspanbar, lötbar, schweißbar
- hohe elektrische Leitfähigkeit
- hohe Wärmeleitfähigkeit

Bild 4 Elektrolyse

Aluminium ist das häufigste Metall auf der Erde. Trotzdem ist es noch nicht sehr lange ein Gebrauchsmetall. Zur Herstellung des Aluminiums sind große Mengen elektrischer Energie nötig. Ausgangsstoff für die Aluminiumgewinnung ist das Mineral **Bauxit,** das im Tagebau gewonnen wird. Nach physikalischer und chemischer Aufbereitung entsteht daraus ein trockenes Pulver aus reinem Aluminiumoxid, die **Tonerde.**
In **Elektrolyseöfen** (Bild 4) wird die Tonerde aufgespalten in Aluminium und Sauerstoff. Für eine Ton-

ne Aluminium werden 14000 kWh elektrische Energie benötigt. So viel elektrische Energie verbraucht eine Durchschnittsfamilie in drei Jahren. Wegen der hohen Energiekosten ist Aluminiumrecycling in der industriellen Anwendung selbstverständlich.

Die Festigkeit von Aluminium wird durch Legieren mit anderen Stoffen gesteigert. Diese Stoffe bilden je nach Legierung beim Erstarren schwer verformbare Mischkristalle oder feine Kristallgemische. Die legierten Aluminiumwerkstoffe werden eingeteilt in **Knetlegierungen** für die Umformung und **Gusslegierungen** mit guten Gießeigenschaften.

Kupfer

Der Sonnenkollektor ist mit dem Wasserspeicher durch Kupferrohre verbunden.

Forderungen an die Rohre sind z. B.:
- wasser- und gasdicht
- Korrosionsbeständigkeit
- leicht zu verbinden
- für Trinkwasser geeignet
- gut formbar

Heizungs- und Brauchwasserleitungen werden häufig aus Kupferrohren und Rohrverbindern aus Kupfer (Fittings) zusammengelötet (vergl. Kap. 2.4.7). Die Elektroinstallation benötigt Kupfer als Leiterwerkstoff, da Kupfer eine sehr gute elektrische Leitfähigkeit hat. Dem Wetter ausgesetzte Flächen z. B. an Dächern und Fassaden können in Kupfer ausgeführt werden. An der Oberfläche bildet sich ähnlich wie beim Aluminium eine dichte Schicht, die weitere Korrosion verhindert. Erkennbar ist die Oxidschicht an der Farbe, leicht bräunlich schwarz oder grün (Patina oder Grünspan, Bild 2).

Eigenschaften von Kupfer sind z. B.:
- Korrosionsbeständigkeit
- weich- und hartlötbar
- für Trinkwasser zugelassen
- gut verformbar

Kupfer ist teuer, vergleicht man es mit Aluminium oder Stahl. Die Erze haben nur einen relativ geringen Kupfergehalt (höchstens 5 %). Es lohnt sich deshalb die Rückgewinnung aus kupferhaltigen Abfällen (Recycling) ganz besonders. Bei der Kupferverhüttung fallen als Nebenprodukte Eisen, Schwefel und auch rentable Mengen an Edelmetallen wie Gold und Silber an.

Wie beim Aluminium unterscheidet man zwischen Knet- und Gusslegierungen. Legierungen auf Kupferbasis sind teilweise unter eigenen Namen bekannt. Wegen des goldenen Aussehens werden **Kupfer-Zink-Legierungen** (Messing) z. B. für Armaturen und Beschläge verwendet. Es ist weniger korrosionsanfällig als Kupfer. Noch beständiger ist

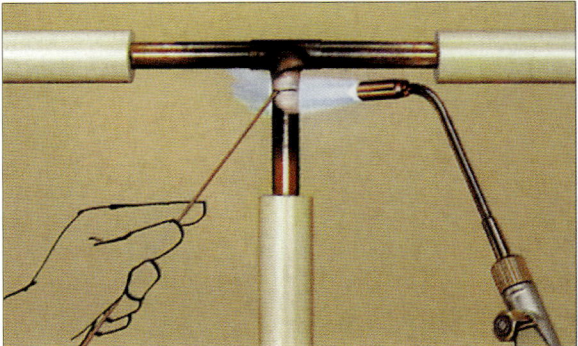

Bild 1 Brauchwasserleitungen

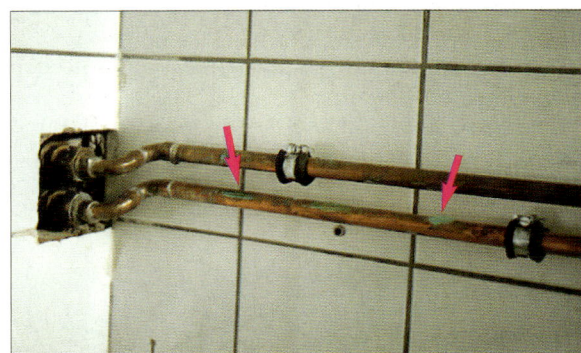

Bild 2 Oxidierte Kupferteile

eine **Kupfer-Zinn-Legierung** (Bronze). **Kupfer-Zinn-Zink-Gusslegierungen** nennt man Rotguss. Auch Lagermetalle (Werkstoffe für Gleitlager) und Lote sind oft Kupferlegierungen.

Zink

Beim Einbau der Solaranlage in die Dachfläche müssen die Wasserabläufe auf dem Dach berücksichtigt werden. Entsprechend geformte Profilbleche werden unter die Ränder der Dachziegeleindeckung geschoben. Die andere Seite des Profils überdeckt den Rand des Sonnenkollektors (Bild 3). Damit ist gesichert, dass hier kein Regenwasser in das Gebäude läuft.

Bild 3 Abdeckung durch Zink und Bleibleche

Forderungen an die Profilbleche sind z. B.:
- Korrosionsbeständigkeit
- gut zu verbinden
- gut formbar

Zur Abdeckung und für Abläufe verwendet man häufig Zinkwerkstoffe, wie hier bei den seitlichen Anschlüssen der Solaranlage.

Eigenschaften von Zink sind z. B.:
- Korrosionsfestigkeit
- weichlötbar
- gut verformbar

Zink wird mit geringen Anteilen Titan, Aluminium und Kupfer zu **Titanzink** legiert. Damit wird die Wärmedehnung herabgesetzt und die Festigkeit verbessert. Der Werkstoff wird besonders gut biegbar und auch besser lötbar. Bleche aus Titanzink werden für Bedachungen und zur Herstellung von Dachrinnen, Regenfallrohren, Einlaufblechen und Kappleisten eingesetzt.
Weiter gibt es Guss- und Knetlegierungen mit Aluminium und Kupfer. Zinklegierungen sind sehr korrosionsbeständig und deshalb wetterfest.
Als metallischer Überzug schützt eine Zinkschicht auch Stahlteile vor dem Rosten (Feuerverzinkung oder galvanische Verzinkung).

Blei

Der untere Anschluss der Solaranlage (Bild 3, Seite 16) ist aus Blei, das bei der Montage den Dachziegeln angepasst wurde. Das Blei ist sehr gut plastisch formbar und kann leicht durch Andrücken in die gewünschte Form gebracht werden. Dabei ist es dehnbar und sehr korrosionsbeständig. Bleibleche werden wie Titanzink im Bautenschutz bei Isolierarbeiten z. B. an Balkonen oder Terrassen bzw. vom Dachdecker verwendet. Besonders dann, wenn schwierig formbare Wasserabläufe zu verwirklichen sind. Bleibleche werden von Hand oder mit leichten Hammerschlägen an Ort und Stelle der notwendigen Form angepasst. Als **Lagermetall** und Werkstoff für Akkumulatoren wird Blei eingesetzt. Wegen der großen Dichte von Blei werden Platten, Kugeln u. ä. zum Beschweren benutzt (z. B. Ausgleichen von Unwuchten bei Rädern). Auch als **Strahlenschutz** eignet sich Blei, da es sehr gut Strahlung absorbiert. Da Blei sehr giftig ist, sind bei der Verarbeitung und der Anwendung besondere Vorschriften (**Gefahrenstoffverordnung, Unfallverhütungsvorschriften**) zu beachten, die z. B. bei den Berufsgenossenschaften erhältlich sind.

Weitere NE-Metalle

Viele weitere Nichteisenmetalle werden als Legierungselemente oder Beschichtungen eingesetzt. **Chrom** und **Nickel** wird in rostfreien Stählen oder als Überzug verwendet. **Molybdän** und **Wolfram** machen Werkzeugstähle warmfest und sorgen für günstige Verschleißeigenschaften. Zinn-beschichtetes Stahlblech (Weißblech) wird zu Konservendosen verarbeitet. **Titan**zusätze verbessern die Eigenschaften von Aluminium- und Zinkwerkstoffen.

Kontaktkorrosion:

> **Versuch:**
>
> Ein blankes Stück Kupferrohr wird mit Salzwasser angefeuchtet und anschließend fest in Aluminiumfolie eingewickelt.
> Am nächsten Tag hat sich die Alufolie teilweise aufgelöst.

Bild 1 Elektrochemische Korrosion

Beim Einsatz verschiedener Metalle ist darauf zu achten, dass sich zwischen den Metallen keine Feuchtigkeit sammeln kann. Sonst besteht auch bei korrosionsbeständigen Metallen Korrosionsgefahr. Zwischen verschiedenen Metallen ist eine elektrische Spannung zu messen (z. B. ca. 2 V zwischen Cu und Al). Wenn durch Feuchtigkeit ein Strom fließen kann, wird eines der Metalle zersetzt (elektrochemische Korrosion).

1.2.2 Nichtmetalle

Neben den Metallen gibt es viele nichtmetallische Werkstoffe, die auch in Metallberufen Verwendung finden. **Keramik**-Scheiben werden als Dichtung in Auslaufventilen (Wasserhähnen) verwendet. Als Sanitärobjekte werden keramische Formteile aus Porzellan gebrannt. **Kunststoffe** und **Verbundwerkstoffe** können in einigen Bereichen Keramik und Metall ersetzen. Für bestimmte Einsatzgebiete ist es möglich, ganz neue Werkstoffe zu entwickeln, die den geforderten Eigenschaften nahe kommen. Viele die-

1.2.2 Nichtmetalle
1.2.2.1 Kunststoffe

ser Neuentwicklungen, z. B. aus der Raumfahrt, sind heute schon selbstverständlich (Beschichtungen von Töpfen und Pfannen).

1.2.2.1 Kunststoffe

Eine spezielle Gruppe von Werkstoffen sind die Kunststoffe. Ihre Eigenschaften werden gezielt der speziellen Anwendung angepasst. Aus Kunststoffen kann man Rohre und Schläuche in beliebiger Länge fertigen. Auch Formteile werden daraus hergestellt. An vorgeformten Rohren können durch Umformen unter Wärmeeinfluss Veränderungen vorgenommen werden. So entstehen z. B. die Steckmuffen der gezeigten Abwasserrohre (Bild 2).

Bild 1 Rohre und Schläuche

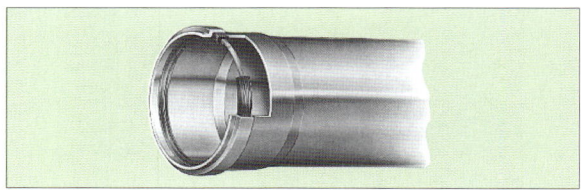

Bild 2 Steckbare Kunststoffrohre

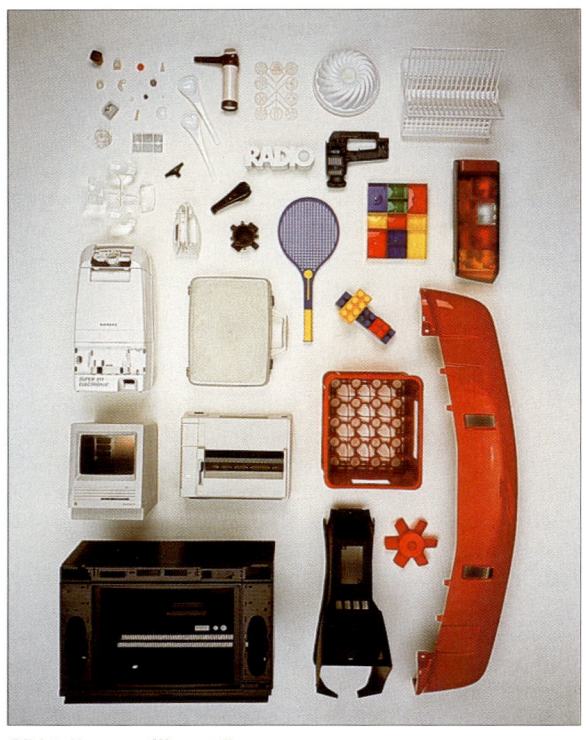

Bild 3 Kunststoffformteile

Erdöl, aber auch **Kohle** und **Erdgas** sind Ausgangsstoffe für die meisten Kunststoffe. Diese sind aus fadenförmigen Riesenmolekülen (Makromolekülen) aufgebaut. Ihre Struktur ist filz- oder netzartig. Dadurch ergeben sich ihre speziellen Eigenschaften. Manche Kunststoffe spalten bei der chemischen Aushärtung ein Gas ab, das sie vor dem Erhärten aufschäumen lässt. In andere können Gase einge-

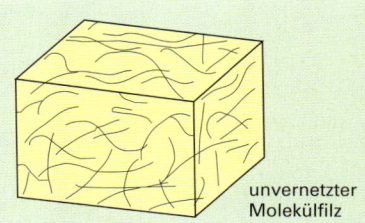
unvernetzter Molekülfilz

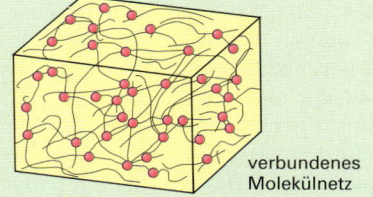
verbundenes Molekülnetz

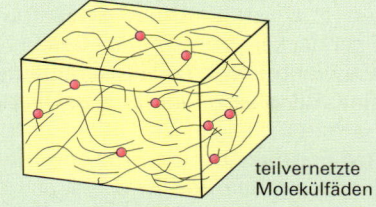
teilvernetzte Molekülfäden

Thermoplaste:
Thermoplaste (Thermomere) werden bei Erwärmung immer wieder zäh fließend. Bei höherer Temperatur ist ihre Anwendung durch die Erweichungsgefahr begrenzt. Bei tiefen Temperaturen neigen sie zum Verspröden.

Duroplaste:
Duroplaste (Duromere) behalten ihre einmal eingenommene Form auch bei Erwärmung. Bei noch höheren Temperaturen zersetzt sich der Stoff. Diese Eigenschaften hängen vom Vernetzungsgrad der Makromoleküle ab. Unvernetzt ist der Werkstoff thermoplastisch, stark vernetzt ist er duroplastisch.

Elaste:
Gummiartige Elaste (Elastomere) entstehen bei einer Teilvernetzung. Sie werden bei hohen Temperaturen schmierig, können aber nicht mehr umgeformt werden.

Bild 4 Unterschiedlich vernetzte Kunststoffe

1.2.3 Hilfsstoffe

blasen werden. So entstehen **Schaumstoffe** als Dämm- oder Polstermaterial. Fluorchlorkohlenwasserstoffe (FCKWs), die früher als Treibmittel verwendet wurden, sind heute wegen ihrer schädlichen Wirkung auf die Ozonhülle der Erdatmosphäre in Deutschland für diesen Zweck verboten.

Bei sonst sehr unterschiedlichen Eigenschaften ist allen Kunststoffen gemeinsam, dass sie **schlechte Leiter** für elektrischen Strom und Wärme sind. Sie lassen sich nahezu beliebig einfärben. Bei Raumtemperatur sind sie sehr stabil und werden durch Umwelteinflüsse kaum abgebaut. Hohe Temperatur zerstört ihren chemischen Aufbau. Die Zerfallsprodukte stellen teilweise eine erhebliche **Umweltbelastung** dar (vergl. Kap. 1.1.3). Trotzdem steigt ihr Einsatz ständig, da ihre positiven Eigenschaften und ihr Preis die Entscheidung für diese Werkstoffe begünstigen.

1.2.2.2 Verbundwerkstoffe und Keramik
Verstärkte Verbundwerkstoffe

Verbundwerkstoffe kombinieren die positiven Eigenschaften unterschiedlicher Werkstoffe. Kunststoffe werden beispielsweise durch **Glasfaser-, Kohlefaser-** oder **Metalleinlagen** verstärkt (Bild 1). Auch Papier- oder Textileinlagen werden verwendet. Platinen für Steuerungselektronik sind aus solchen Stoffen gefertigt. Auch Stahlbeton oder Spanplatten gehören zu dieser Werkstoffgruppe.

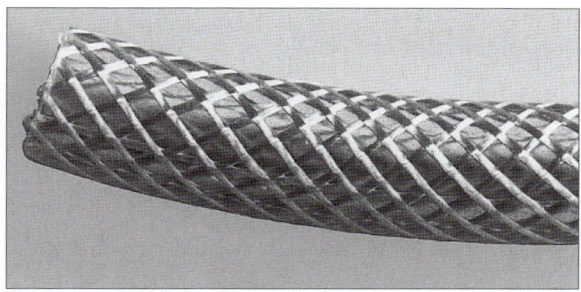

Bild 1 Hochdruckschlauch mit Glasfasergewebeeinlage

Sinterverbundwerkstoffe

Eine weitere Untergruppe der Verbundwerkstoffe bilden Sinterwerkstoffe. Durch Sintern lassen sich z. B. zähe metallische Grundstoffe mit harten keramischen Teilchen verbinden. Dabei werden die Ausgangsstoffe pulverisiert und gemischt, dann zu Rohteilen gepresst (vergl. Kap. 2.1.4). Im Sinterofen verbacken die Pulverkörner zu einem mehr oder weniger porösen Werkstoff. Auf diese Weise gefertigte Schneidstoffe (z. B. für die Schneide eines Steinbohrers) werden sehr dicht gepresst. Sie sind sehr hart und temperaturbeständig. Filter (Bild 2) stellt man aus groben Pulvern her, die nicht sehr dicht gepresst werden.

Keramische Werkstoffe

Das Brennen keramischer Werkstoffe ist ebenfalls ein Sintervorgang. Ausgangsmaterialien sind Karbide, Nitride, Oxide, Boride und Silicate (Verbindungen mit C, N, O, B, SiO_2). Keramik ist meist sehr hart und spröde. Die Oberflächen lassen sich durch Glasieren einfärben sowie dicht, glatt und hart machen.

1.2.3 Hilfsstoffe
Kühl- und Schmierstoffe

Schmierstoffe vermindern die Reibung zwischen gleitenden Bauteilen, schützen Oberflächen und leiten Wärme ab. Diese Aufgaben erfüllen bei geringen Gleitgeschwindigkeiten z. B. **Fette**. Bei höheren Geschwindigkeiten kommen dünnflüssigere (niedrigviskose) **Öle** zum Einsatz. Gute Schmierstoffe enthalten oberflächenaktive Zusätze, die gefährdete Oberflächen gut gegen Verschleiß schützen. Es gibt natürliche und künstliche (synthetische) Schmierstoffe. Sie müssen druckstabil und bei hohen Temperaturen beständig sein. Sie sollen nicht schäumen und dürfen nur wenig Luft und Wasser aufnehmen.

Kühlstoffe leiten die Reibungswärme ab, die z. B. beim Zerspanen entsteht (vergl. Kap. 2.3.1). Dadurch wird eine Zerstörung der Bauteile durch Überhitzung verhindert. **Wasser** kann große Wärmemengen aufnehmen, deshalb kühlt es gut. Leider fördert es auch die Korrosion. Kühlschmierstoffe sind deshalb **Emulsionen**, Gemische aus Öl und Wasser. Sie lassen sich durch das Mischungsverhältnis dem Anwendungsfall (mehr Kühlen oder mehr Schmieren) anpassen.

Bild 2 Gesinterte Formteile

Bild 3 Fräsen mit Kühlschmiermittel

1.3 Werkstoff und Halbzeugnormung von Metallen

Andere Hilfsstoffe

Schleif- und **Polierstoffe** kann man in fest gebundener Form (z. B. Schleifkörper) als Werkzeuge einsetzen. Als Pulver gemischt mit Flüssigkeiten bzw. mit Druckluft, werden sie ebenfalls angewendet. Beim Löten sind **Flussmittel** eingesetzt, die für chemisch reine Oberflächen sorgen. Zum Entfernen von Fettresten und Schmutz werden auch weniger aggressive **Reinigungsmittel** benutzt, z. B. schwache Säuren und Laugen.

> Schmierstoffe, Kühlemulsionen und viele andere Hilfsstoffe dürfen nicht in die Kanalisation gelangen. Beim Wechsel sind die Entsorgungsvorschriften zu beachten, um eine Wasserbelastung zu vermeiden (vergl. Kap. 1.1.3). Sie werden gesammelt und in speziellen Anlagen gereinigt.

Übungen

1. Beschreiben Sie das Verhalten eines reinen metallischen Werkstoffs (z. B. Zinn) bei der Erstarrung der Schmelze und Abkühlung bis auf Raumtemperatur.
2. Skizzieren Sie die Grundform eines kubisch raumzentrierten und flächenzentrierten Kristalls.
3. Wie lässt sich ein Zustandsdiagramm für ein unbekanntes 2-Stoff-System (alle möglichen Legierungszusammensetzungen für zwei Metalle z. B. Cu – Zn) aufstellen?
4. Beschreiben Sie die unterschiedlichen Eigenschaften von Gusseisen mit Lamellengraphit und Kugelgraphit.
5. Wie lassen sich bei der Stahlerzeugung unerwünschte Bestandteile aus der Schmelze entfernen?
6. Unterscheiden Sie die Herstellung von Stahl und die von Aluminium.
7. Warum wird in der Wasserinstallation hauptsächlich Kupfer verwendet?
8. Welche Vorteile bieten Kunststoffe in der Installationstechnik?
9. Welche Kunststoffarten werden aufgrund ihres Verhaltens bei Erwärmung unterschieden?
10. Welche Bedeutung hat die Vernetzung der Makromoleküle für die Eigenschaften der Kunststoffe?

1.3 Werkstoff- und Halbzeugnormung von Metallen

Bild 1 Stahlskeletthalle

Zum Bau eines Skeletts für eine Fabrikhalle werden Stahlteile mit unterschiedlichen Querschnitten verwendet. Die Querschnittsformen werden im Walzwerk hergestellt (Bild 1, Seite 21). Handelsüblich sind Längen von ca. 6 m. Besonders genaue Formen erhält man, wenn die Querschnitte im letzten Arbeitsgang durch ein Gegenprofil gezogen werden (Bild 2, Seite 21). Für das Walzwerk sind diese Profilstangen das Endprodukt, für den Verarbeiter jedoch das Ausgangsmaterial. Solche Profile sind Halbfertigprodukte. Sie heißen **Halbzeuge**. Typische Halbzeuge sind U-, L-, **I**-Profile, Rohre, Bleche, Bänder. Die Abmessungen und die Lieferformen sind **genormt**. Die Werkstoffe, aus denen sie gefertigt sind, werden ebenfalls nach Norm angegeben. So besteht eine Vergleichsmöglichkeit zwischen verschiedenen Anbietern und es können Profile unterschiedlicher Hersteller nebeneinander verwendet werden. Bei Reparaturen können die Austauschteile auch von anderen Herstellern sein.

1.3 Werkstoff- und Halbzeugnormung von Metallen

1.3.1 Halbzeugnormung

Bild 1 Walzprofile

Bild 2 Gezogene Profile

Das Deutsche Institut für Normung gibt die **DIN-Normen** heraus, die in Zusammenarbeit von Produzenten und Anwendern in Fachnormenausschüssen erarbeitet werden. DIN-Normen gelten nur in Deutschland. Der internationale Handel braucht aber internationale Normen. Im europäischen Bereich sind so die **EN-Normen** entstanden, weltweit die **ISO-Normen** (bei uns DIN EN und DIN ISO).

1.3.1 Halbzeugnormung

Die Abmessungen, Lieferformen und Bezeichnungen der verschiedenen genormten Halbzeuge lassen sich in Tabellenbüchern nachschlagen, wenn die Normblätter nicht zu Verfügung stehen.

Kaltgewalztes Band und Blech zum Kaltumformen DIN EN 10130: 1991-10				
Werkstoff-Nummer	Kurzzeichen	Zugfestigkeit in N/mm^2	Streckgrenze in N/mm^2	Bruchdehnung in %
1.0330	DC01	270 ... 410	280	28
1.0347	DC03	270 ... 370	240	34
1.0338	DC04	270 ... 350	210	38

Kaltgewalztes Band und Blech (Allgemeine Baustähle) DIN 1623 T2 (2.86)				
Werkstoff-Nummer	Kurzzeichen	Zugfestigkeit in N/mm^2	Streckgrenze in N/mm^2	Bruchdehnung in %
1.0037 G	St37-2G	360 ... 510	215	20
1.0036 G	St37-2G			
1.0116 G	St37-2G			
1.0144 G	St44-2G	430 ... 580	245	18
1.0050 G	St50-2G	490 ... 660	295	14
1.0570 G	St52-2G	510 ... 680	325	16
1.0060 G	St60-2G	590 ... 770	335	10
1.0070 G	St70-2G	690 ... 900	365	6

Beispiel: Blech DIN 1623 – 2 x 100 – St37-2G
Dicke 2 mm, Breite 1000 mm

Bild 4 Bleche und Bänder

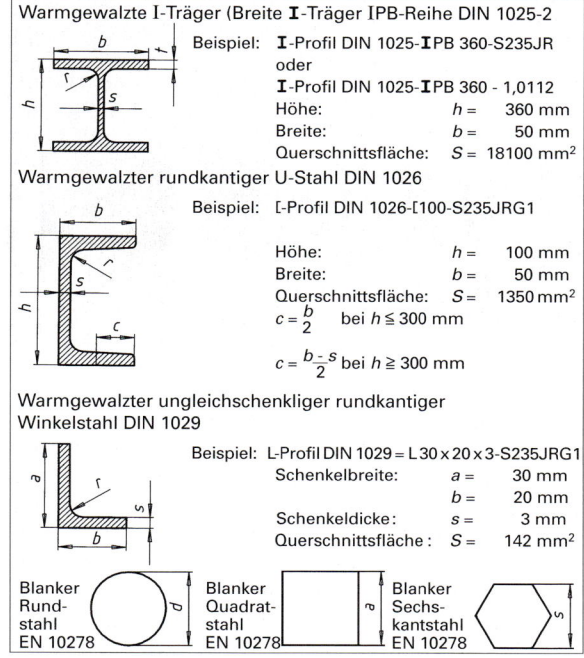

Warmgewalzte I-Träger (Breite I-Träger IPB-Reihe DIN 1025-2
Beispiel: I-Profil DIN 1025-IPB 360-S235JR
oder
I-Profil DIN 1025-IPB 360 - 1,0112
Höhe: h = 360 mm
Breite: b = 50 mm
Querschnittsfläche: S = 18100 mm^2

Warmgewalzter rundkantiger U-Stahl DIN 1026
Beispiel: [-Profil DIN 1026-[100-S235JRG1
Höhe: h = 100 mm
Breite: b = 50 mm
Querschnittsfläche: S = 1350 mm^2
$c = \frac{b}{2}$ bei $h \leq 300$ mm
$c = \frac{b-s}{2}$ bei $h \geq 300$ mm

Warmgewalzter ungleichschenkliger rundkantiger Winkelstahl DIN 1029
Beispiel: L-Profil DIN 1029 = L 30 x 20 x 3-S235JRG1
Schenkelbreite: a = 30 mm
                  b = 20 mm
Schenkeldicke: s = 3 mm
Querschnittsfläche: S = 142 mm^2

Blanker Rundstahl EN 10278
Blanker Quadratstahl EN 10278
Blanker Sechskantstahl EN 10278

Bild 3 Formstahl

Überlegen Sie:
- Suchen Sie mit einem Tabellenbuch die Nummern der Normblätter für folgende Profile heraus: Blanker Rundstahl, Kaltgewalztes Band und Blech, kaltgezogenes Stahlrohr, T-Profil aus Aluminium, gezogenes blankes Kupferrohr für Wasserinstallation
- Was bedeutet die Bezeichnung [– Profil DIN 1026 – [120
- Welche Breite hat ein Stahlträger mit der Bezeichnung I-Profil DIN 1025-I140

1.3 Werkstoff- und Halbzeugnormung von Metallen
1.3.2 Normung von Eisenwerkstoffen

1.3.2 Normung von Eisenwerkstoffen

Eisenwerkstoffe sind
- **Stahl**, wenn sie einen Kohlenstoffgehalt bis zu 2% aufweisen.
- **Stahlguss**, wenn Stahl in Formen gegossen wird.
- **Gusseisen**, wenn sie 2,06%...5% Kohlenstoffgehalt aufweisen und gegossen werden.

Stahlsorten werden unterschieden in
- **unlegierte Stähle**, wenn die Beimengungen festgelegte Grenzen nicht überschreiten (Seite 23; Bild 1).
- **legierte Stähle**, wenn die genannten Grenzen überschritten werden.

Edelstähle sind Stähle, deren Gehalt an Phosphor und Schwefel von 0,02 % nicht überschritten wird und deren Zusammensetzung in engen Grenzen festgelegt ist. Die übrigen Stähle werden als **Qualitätsstähle** bezeichnet. Schlechtere Stahlqualitäten, die **Grundstähle**, haben keine Bedeutung mehr.

Für eine Bestellung von Halbzeugen aus Stahl sind neben der Benennung, der Menge und der normgerechten Profilbezeichnung auch Angaben über die Art und die Beschaffenheit des Werkstoffs notwendig. Die meisten der verwendeten Halbzeuge können in verschiedenen Stahlsorten geliefert werden.

Die Normung der Stähle und Gusseisensorten wird derzeit auf europäischer Ebene angeglichen. Vielfach gibt es schon neue DIN EN-Normen, die sich in den Betrieben noch durchsetzen müssen. Die früheren DIN-Normen sind in der Praxis noch gut bekannt und werden weiterhin angewendet, auch wenn sie nicht mehr gültig sind.

Stahl und Stahlguss

Grundsätzlich gibt zwei Bezeichnungsweisen, einmal ein Werkstoffnummernsystem nach DIN EN 10027-2 (Bild 1), das weitgehend der nicht mehr gültigen DIN 17007 entspricht, zum anderen ein Kurznamensystem mit Buchstaben und Zahlen nach DIN EN 10027-1.

Übersetzungstabellen für Bezeichnungen nach Nummern und nach Kurzzeichen liegen in den meisten Betrieben vor. In Tabellenbüchern sind die Werkstoffnummern oft parallel angegeben.

Die siebenstelligen Nummern werden in drei Abschnitte unterteilt. In der ersten Stelle bedeutet eine 1, dass es sich um Stahl handelt. Nach einem Punkt folgen an Stelle 2 und 3 eine Stahlgruppennummer. Stellen 4 bis 7 sind Zählnummern, aus denen sich keine weiteren Rückschlüsse ziehen lassen.

1. ☐☐☐☐
   Sortennummer
   gebildet aufgrund der chemischen Zusammensetzung bestimmter Erzeugnis- und Verwendungsbedingungen.
   1. und 2. Stelle: **Sortenklasse**
   2. und 3. Stelle: **Zählnummern**

Sortenklassen

00 bis 07 (Grundstähle) unlegierte Qualitätsund stähle; allgemeine Baustähle;
90 bis 97: sonstige, nicht für eine Wärmebehandlung bestimmte Baustähle

08 bis 09 legierte Qualitätsstähle mit besonderen physikalischen Eigenschaften oder
98 bis 99: für verschiedene Anwendungsbereiche

10 bis 19: unlegierte Edelstähle; Stähle mit besonderen physikalischen Eigenschaften; Bau-, Maschinenbau- und Behälterstähle; Werkzeugstähle

20 bis 29: legierte Edelstähle; Werkzeugstähle; Unterteilung nach chem. Zusammensetzung

30 bis 39: legierte Edelstähle; verschiedene Stähle; Schnellarbeitsstähle; Wälzlagerstähle; Werkstoffe mit besonderen physikalischen oder magnetischen Eigenschaften

40 bis 49: legierte Edelstähle; chem. beständige Stähle; nichtrostende Stähle mit Unterteilung nach chem. Zusammensetzung; hitzebeständige oder hochwarmfeste Werkstoffe

50 bis 84: legierte Edelstähle; Bau-, Maschinenbau- und Behälterstähle; Unterteilung nach chem. Zusammensetzung

85: legierte Edelstähle; Nitrierstähle

87 bis 89: legierte Edelstähle; nicht für eine Wärmebehandlung beim Verbraucher bestimmte Stähle; hochfeste schweißgeeignete Stähle

Beispiele: 1.0037 S235JR
1.0050 E295
1.0570 S355J2G3
1.0503 C45
1.1625 C80W2
1.1201 C45R
1.7131 16MnCr5
1.7225 42CrMo4
1.2363 X100CrMoV5-1
1.4401 X5CrNiMo17-12-2

Bild 1 Bezeichnung von Stählen nach DIN EN 10 027-2

1.3 Werkstoff- und Halbzeugnormung von Metallen   1.3.2 Normung von Eisenwerkstoffen

Al	Aluminium	0,10 %
B	Bor	0,0008 %
Bi	Bismuth	0,10 %
Co	Kobalt	0,10 %
Cr	Chrom	0,30 %
Cu	Kupfer	0,40 %
Mn	Mangan	1,65 %
Mo	Molybdän	0,08 %
Nb	Niob	0,06 %
Ni	Nickel	0,30 %
Pb	Blei	0,40 %
Se	Selen	0,10 %
Si	Silicium	0,50 %
Te	Tellur	0,10 %
V	Vanadium	0,10 %
W	Wolfram	0,10 %
	Sonstige[1]	0,05 %

Bild 1 Grenzgehalte nach DIN EN 10020 für die Einteilung in unlegierte und legierte Stähle

[1] Für C Kohlenstoff, Ph Phosphor, S Schwefel, N Stickstoff gelten jeweils besondere Grenzen (siehe Einzelnormen der Stähle)

Pos. 1: Erzeugnisart, Anwendung oder vorangestellter Buchstabe
Pos. 2: Eigenschaften, Zahlenangaben von Kennwerten oder Kohlenstoffkennzahl
Pos 3: Kennzeichnung der Legierungselemente, chemische Symbole und Zahlenangaben
Pos. 4: Zusatzsymbole Gruppe 1
Pos. 5: Zusatzsymbole Gruppe 2
Pos. 6: Zusatzsymbole ohne Gruppenbezeichnung
Pos. 7: Behandlungszustand oder Überzugsart

Bild 2 Aufbau des Bezeichnungssystems

Zusatzsymbole Gruppe 1 (Auswahl):
E: eingeschränkter Schwefelgehalt
M: Feinkornstahl, themomechanisch gewalzt
O: Feinkornstahl, vergütet
G: andere Merkmale folgen

Zusatzsymbole Gruppe 2 (Auswahl):
C: besondere Kaltumformbarkeit
H: für hohe Temperaturen
L: für tiefe Temperaturen
M: thermomechanisch gewalzt
N: normalgeglüht oder normalisierend gewalzt
O: vergütet
X: Hoch- und Tieftemperatur

Zusatzsymbole ohne Gruppenbezeichnung (Auswahl):
+C Grobkornstahl
+F Feinkornstahl

Zusatzsymbole für Stahlerzeugnisse (Auswahl):
+A weichgeglüht
+C kaltverfestigt
+CR kaltgewalzt
+QT vergütet
+Z feuerverzinkt

Bild 3 Bedeutung der Zusatzsymbole

Die Bezeichnungen der Kurznamen in Verbindung mit DIN 17006-100 unterscheidet insgesamt 7 Positionen mit Hauptsymbolen und verschiedenen Zusatzsymbolen (Bilder 2 und 3). Bei Stahlguss wird vor die Bezeichnung ein „G" gesetzt. Die Systematik des Kurznamensystems lässt sich am besten anhand von Beispielen deutlich machen. Die folgenden Beispiele sind in fünf Untergruppen aufgeteilt:

- Bezeichnung nach Anwendung und Festigkeitseigenschaften (unlegierter Stahl, Qualitätsstahl)
- Bezeichnung nach Kohlenstoffgehalt (unlegierter Stahl, Qualitäts- oder Edelstahl)
- Bezeichnung der Zusammensetzung durch chemisches Kurzzeichen und Kennzahlen (niedrig legierter Stahl mit weniger als 5% Legierungselementen, Edelstahl)
- Bezeichnung der Zusammensetzung durch chemisches Kurzzeichen und Prozentzahlen (hochlegierter Stahl mit mehr als 5% Legierungselementen, Edelstahl)
- Bezeichnung der Zusammensetzung durch Prozentzahlen der Legierungselemente in festliegender Reihenfolge (Schnellarbeitsstahl, Edelstahl)

Bezeichnung nach Anwendung (Kennbuchstabe) und Festigkeitseigenschaften (unlegierter Stahl)

S275JR

S	275	JR				

Hauptsymbole:
S: für allgemeinen Stahlbau
275: Streckgrenze 275 N/mm²
Zusatzsymbole Stähle:
JR: Zähigkeitsangabe
Kerbschlagarbeit[2] 27 J bei 20°C
Zusatzsymbole für Stahlerzeugnisse:
ohne Angabe

S235JRG2

S	235	JRG2				

Hauptsymbole:
S: für allgemeinen Stahlbau
235: Streckgrenze 235 N/mm²
Zusatzsymbole Stähle:
JR: Zähigkeitsangabe
Kerbschlagarbeit 27 J bei 20°C
G2: Güteklasse 2
Zusatzsymbole für Stahlerzeugnisse:
ohne Angabe

[2] Die Kerbschlagarbeit ist ein Werkstoffkennwert aus dem Kerbschlagbiegeversuch nach DIN 50115-4 und DIN EN 10045-1

1.3 Werkstoff- und Halbzeugnormung von Metallen — 1.3.2 Normung von Eisenwerkstoffen

E360+A

E	360				+A

Hauptsymbole:
E: Maschinenbaustahl (engl. **E**ngineering)
360: Streckgrenze 360 N/mm²
Zusatzsymbole Stähle:
ohne Angabe
Zusatzsymbole für Stahlerzeugnisse:
+A: weichgeglüht

E295G2

E	295	G2			

Hauptsymbole:
E: Maschinenbaustahl
295: Streckgrenze 295 N/mm²
Zusatzsymbole Stähle:
G2: Güteklasse 2
Zusatzsymbole für Stahlerzeugnisse:
ohne Angabe

P265GH

P	265	G	H		

Hautsymbole:
P: Druckbehälterstahl
265: Streckgrenze 265 N/mm²
Zusatzsymbole Stähle:
G: andere Merkmale folgen
H: für hohe Temperaturen
Zusatzsymbole für Stahlerzeugnisse:
ohne Angabe

GP240GH

GP	240		G	H	

Hauptsymbole:
G: Stahlguss
P: für Druckbehälter
240: Streckgrenze 240 N/mm²
Zusatzsymbole Stähle:
G: andere Merkmale folgen
H: für hohe Temperaturen
Zusatzsymbole für Stahlerzeugnisse:
ohne Angabe

Bezeichnung nach Kohlenstoffgehalt (unlegierte Stähle)

C45+QT

C	45				+QT

Hauptsymbole:
C: Kennzeichen für Kohlenstoff
45: Kohlenstoffkennzahl (45/100 → 0,45% C)
Zusatzsymbol für Stahlerzeugnisse:
+QT: vergütet

C60E

C	60		E		

Hauptsymbole:
C: Kennzeichen für Kohlenstoff
60: Kohlenstoffkennzahl (60/100 → 0,60% C)
Zusatzsymbole Stähle:
E: eingeschränkter Schwefelgehalt

Bezeichnung nach der Zusammensetzung mit chemischen Symbolen und Kennzahlen für die Anteile, die mit Multiplikatoren (Bild 1) gebildet werden (niedrig legierte Stähle mit weniger als 5% Legierungsbestandteilen)

16MnCr5+C

	16	MnCr5			+C

Hauptsymbole:
16: Kohlenstoffkennzahl (16/100 → 0,16% C)
Mn: 1. Legierungselement Mangan
Cr: 2. Legierungselement Chrom (< 1%)
5: Kennzahl für 1. Legierungselement
 (5/4 → 1,25% Mn)
Zusatzsymbol für Stahlerzeugnisse:
+C: kaltverfestigt

Multiplikator 4	Multiplikator 10	Multiplikator 100
Chrom (Cr)	Aluminium (Al)	Kohlenstoff (C)
Kobalt (Co)	Kupfer (Cu)	Phosphor (P)
Mangan (Mn)	Molybdän (Mo)	Schwefel (S)
Nickel (Ni)	Tantal (Ta)	
Silicium (Si)	Titan (Ti)	
Wolfram (W)	Vanadium (V)	

Bild 1 Multiplikatoren für niedriglegierte Stähle

1.3 Werkstoff- und Halbzeugnormung von Metallen | 1.3.2 Normung von Eisenwerkstoffen

42CrMo+QT

| | 42 | CrMo4 | | | +CT |

Hauptsymbole:
42: Kohlenstoffkennzahl (42/100 → 0,42% C)
Cr: 1. Legierungselement Chrom
Mo: 2. Legierungselement Molybdän (<1%)
4: Kennzahl 1. Legierungselement (4/4 → 1% Cr)

Zusatzsymbol für Stahlerzeugnisse:
+QT: vergütet

G17CrMoV5-10

| G | 17 | CrMoV5-10 | | | |

Hauptsymbole:
G: Stahlguss
17: Kohlenstoffkennzahl (17/100 → 0,17%C)
Cr: 1. Legierungselement Chrom
Mo: 2. Legierungselement Molybdän
V: 3. Legierungselement (< 1%)
5: Kennzahl 1. Legierungselement (5/4 → 1,25% Cr)
10: Kennzahl 2. Legierungselement (10/10 → 1,0% Mo)

Bezeichnung nach der Zusammensetzung mit chemischen Symbolen und Prozentgehalten (ohne Multiplikatoren) für die Anteile (hochlegierte Stähle)

X100CrMoV5-1

| X | 100 | CrMoV5-1 | | | |

Hauptsymbole:
X: Kennbuchstabe für hochlegierten Stahl
100: Kohlenstoffkennzahl (100/100 → 1,0% C)
Cr: 1. Legierungselement Chrom
Mo: 2. Legierungselement Molybdän
V: 3. Legierungselement Vanadium (<1%)
5: Gehalt 1. Legierungselement (5% Cr)
1: Gehalt 2. Legierungselement (1% Mo)

GX23CrMoV12-1

| GX | 23 | CrMoV12-1 | | | |

Hauptsymbole:
G: Stahlguss
X: Kennbuchstabe für hochlegierten Stahl
23: Kohlenstoffkennz. (23/100 → 0,23% C)
Cr: 1. Legierungselement Chrom
Mo: 2. Legierungselement Molybdän
V: 3. Legierungselement Vanadium (<1%)
12: Gehalt 1. Legierungselement (12% Cr)
1: Gehalt 2. Legierungselement (1% Mo)

Bezeichnung von Schnellarbeitsstählen mit Prozentzahlen des Gehalts an Wolfram, Molybdän, Vanadium, Kobalt in dieser Reihenfolge.

HS18-1-2-10

| HS | | 18-1-2-10 | | | |

Hauptsymbole:
HS: Schnellarbeitsstahl
18: 18% Wolfram
1: 1% Molybdän
2: 2% Vanadium
10: 10% Kobalt

HS2-9-1-8

| HS | | 2-9-1-8 | | | |

Hauptsymbole:
HS: Schnellarbeitsstahl
2: 2% Wolfram
9: 9% Molybdän
1: 1% Vanadium
8: 8% Kobalt

Gusseisen

Kurzzeichen für Gusseisenwerkstoffe nach DIN EN 1560 bestehen aus maximal 6 Positionen, die aber nicht alle belegt sein müssen (Bild 1). Wie beim Stahl ist auch hier ein Nummernsystem eingeführt, das insgesamt 9 Stellen aufweist.

Ähnlich der Stahlnormung ist bei den Kurzzeichen zwischen Angaben nach mechanischen Eigenschaften und nach chemischer Zusammensetzung zu unterscheiden. Letzere ist mit der Bezeichnung von hochlegierten Stählen vergleichbar, wobei die Angabe des Kohlenstoffgehaltes entfallen kann. Auch hier sollen wieder einige Beispiele genannt werden, die mithilfe eines Tabellenbuchs oder des Normblattes nachvollzogen werden können.

Pos. 1: Vorsilbe EN für europäisch genormten Werkstoff
Pos. 2: Zeichen für Gusseisen GJ
Pos. 3: Zeichen für die Grafitstruktur:
L: lamellar, S: kugelig, M: Temperkohle, N: graphitfrei (Temperkohle), Y: Sonderstruktur
Pos. 4: Mikro- oder Makrostruktur:
A: Austenit, F: Ferrit, P: Perlit, M: Martensit, L: Ledeburit, Q: abgeschreckt, T: vergütet, B: nicht entkohlend geglüht, W: entkohlend geglüht
Pos. 5: Zeichen für Klassifizierung durch mechanische Eigenschaften oder durch chemische Zusammensetzung
Pos. 6: Zeichen für zusätzliche Anforderungen

Bild 1 Aufbau des Bezeichnungssystems

Gusseisen mit lamellarer Graphitstruktur

EN-GJL-200

EN	GJ	L		-200	

EN-GJ: europäisch genormtes Gusseisen
L: Graphitstruktur lamellar
-200: Zugfestigkeit 200 N/mm²

EN-GJL-HB235

EN	GJ	L		-HB235	

EN-GJ: europäisch genormtes Gusseisen
L: Graphitstruktur lamellar
-HB235: Brinellhärte 235

Gusseisen mit kugelförmiger Graphitstruktur

EN-GJS-600-3

EN	GJ	S		-600	-3

EN-GJ: europäisch genormtes Gusseisen
S: Graphitstruktur kugelförmig
-600: Zugfestigkeit 600 N/mm²
-3: Bruchdehnug ≥ 3%

EN-GJS-400-18U-LT

EN	GJ	S		-400	-18U-LT

EN-GJ: europäisch genormtes Gusseisen
S: Graphitstruktur kugelförmig
-400: Zugfestigkeit 400 N/mm²
-18: Bruchdehnung ≥ 18%
U angegossenes Probestück
-LT: für tiefe Temperaturen

Temperguss

EN-GJN-HV350

EN	GJ	N		HV350	

EN-GJ: europäisch genormtes Gusseisen
N: graphitfrei (Temperkohle)
-HV350: Vickershärte 350

EN-GJMW-360-12S

EN	GJ	M	W	-360-12S	

EN-GJ: europäisch genormtes Gusseisen
M: martensitisch
W: entkohlend geglüht
-360 Zugfestigkeit 360 N/mm²
-12: Bruchdehnung ≥ 12%
S: getrennt gegossenes Probenstück

1.3 Werkstoff- und Halbzeugnormung von Metallen   1.3.3 Normung von Nichteisenmetallen

Legiertes Gusseisen

EN-GJL-XNiMn13-7

EN	GJ	L		XNiMn13-7

EN-GJ: europäisch genormtes Gusseisen
L: Graphitstruktur lamellar
X: Bezeichnung nach chemischer Zusammensetzung
Ni: 1. Legierungselement Nickel
Mn: 2. Legierungselement Mangan
13: Gehalt 1. Legierungselement (13% Ni)
-7: Gehalt 2. Legierungselement (7% Mn)

EN-GJN-X300CrNiSi9-5-2

EN	GJ	N		X300CrNiSi9-5-2

EN-GJ: europäisch genormtes Gusseisen
N: graphitfrei (Temperkohle)
X: Bezeichnung nach chemischer Zusammensetzung
300: Kohlenstoffkennzahl (300/100% = 3%C)
  Cr: 1. Legierungselement Chrom
  Ni: 2. Legierungselement Nickel
  Si: 3. Legierungselement Silicium
9: Gehalt 1. Legierungselement (9% Cr)
-5: Gehalt 2. Legierungselement (5% Ni)
-2: Gehalt 3. Legierungselement (2% Si)

1.3.3 Normung von Nichteisenmetallen

Für die Bezeichnung von Nichteisenmetallen sind ebenfalls europäische Normen in der Entwicklung; es liegen z. B. für Aluminium, Kupfer und Magnesium bereits EN-Normen vor. Wie bei den Eisenwerkstoffen gibt es eine Bezeichnung nach Werkstoffnummer und nach Werkstoffkurzzeichen. Bisher war die Bezeichnung von NE-Metallen nach DIN 1700 genormt.

Die neue Bezeichnung beginnt mit **EN-** (europäische Norm) gefolgt von zwei Buchstaben. Der erste Buchstabe bezeichnet das **Basismetall** (Bild 1), der zweite Buchstaben bezeichnet die **Art der Legierung** (Bild 2). Bei der numerischen Bezeichnung folgen drei- bis fünfstellige Zahlenkombinationen und evtl. ein Kennbuchstabe. Beim Kurzzeichen werden nach dem Basismetall die Legierungsmetalle mit ihren jeweiligen Gehalten angegeben.

Aluminium

Knetlegierungen sind nach DIN EN 573 genormt. Die numerische Bezeichnung ist vierstellig. Die erste Stelle gibt den Legierungsstoff an (Bild 3), die drei übrigen Stellen sind Zählstellen zur Unterscheidung. Bei den entsprechenden Kurzzeichen werden nach dem Zeichen Al für das Basismetall der Reinheitsgrad bei Reinaluminium bzw. die chemischen Zeichen für die Legierungselemente in der Folge der höchsten Gehalte angegeben. Bei Gehalten ab 1% wird die Prozentzahl direkt hinter das chemische Kurzzeichen geschrieben.

A: Aluminium oder Aluminiumlegierung
C: Kupfer oder Kupferlegierungen
M: Magnesium oder Magnesiumlegierungen

Bild 1 Buchstaben für Basismetalle

B: Blockmetall
C: Gusslegierung
M: Vorlegierung
W: Knetlegierung

Bild 2 Buchstaben für Art der Legierung

1: Reinaluminium
2: Legierung mit Kupfer
3: Legierung mit Mangan
4: Legierung mit Silicium
5: Legierung mit Magnesium
6: Legierung mit Magnesium und Silicium
7: Legierung mit Zink
8: Legierung mit sonstigen Elementen

Bild 3 Legierungsgruppen bei Aluminium

Bezeichnungsbeispiel Aluminiumlegierung

a) Numerisch

EN-AW 2024

EN	A	W	2	024	

EN-: Europäische Norm
A: Aluminium oder Aluminiumlegierung
W: Knetlegierung
2: Legierung mit Kupfer
024 Zählnummer

b) Kurzzeichen

EN-AW AlCu4Mg1

EN	A	W	Al	Cu4	Mg1

EN-: Europäische Norm
A: Aluminium oder Aluminiumlegierung
W: Knetlegierung
Al: Basismetall Aluminium
Cu4: 4% Kupfer
Mg1: 1% Magnesium

1.3 Werkstoff- und Halbzeugnormung von Metallen | 1.3.3 Normung von Nichteisenmetallen

S:	Sandguss
F:	Feinguss
K:	Kokillenguss
D:	Druckguss
F:	Herstellungszustand
Hxxx:	kaltverfestigt (gefolgt von 2 od. 3 Ziffern)
Ox:	weichgeglüht (gefolgt von einer Ziffer)
Txxxx:	wärmebehandelt (gefolgt von bis zu 4 Ziffern)
W:	lösungsgeglüht

Bild 1 Aluminiumlegierungen, Gießverfahren und Behandlungszustand

	Numerisch	Kurzzeichen	Zugfestigkeit in N/mm²	Streckgrenze in N/mm²	Bruchdehnung in %
EN-AW	3103	AlMn1	90...130	≥ 35	≥ 21
EN-AW	2024	AlCu4Mg1	≥ 220	≥ 140	≥ 13
EN-AW	6060	AlMgSi	≥ 120	≥ 60	≥ 14
EN-AW	1200	Al99	65...95	≥ 20	≥ 26
EN-AB	10970	Al99,9			
EN-AC	71000	AlZn5Mg	190	120	4
EN-AC	42000	AlSi7Mg	140	80	2

Bild 2 Aluminiumlegierungen, Gießverfahren und Behandlungszustand

Gusslegierungen werden nach DIN EN 1706 entsprechend gekennzeichnet. Die numerische Bezeichnung ist in dieser Norm jedoch fünfstellig. Nach der numerischen Angabe oder dem Kurzzeichen können noch Angaben zum Gießverfahren und zum Behandlungszustand folgen (Bild 1).

An die numerische Bezeichnung kann bei Aluminiumlegierungen zur Verdeutlichung das Kurzzeichen in eckigen Klammern angefügt werden (z. B. EN-AW 2024 [Al Cu4 Mg 1]).

Kupfer

Bei Kupferlegierungen folgt nach den Buchstaben „EN" zunächst die Nummer der europäischen Norm, nach der dieser Werkstoff genormt ist. Nach dem Bindestrich folgt dann, wie bei Aluminium, entweder eine numerische Angabe oder ein Kurzzeichen. Knetlegierungen sind nach DIN EN 12163 (Stangen), 12165 (Vormaterial für Schmiedestücke) und 12167 (Profile und Rechteckstangen) genormt, Gusslegierungen und Blockmetalle nach DIN EN 1982.

Bei der numerischen Bezeichnung folgt der Buchstabe C (Kupfer) für den Basiswerkstoff und der Buchstabe für die Art der Legierung. Die dreistellige

A od. B:	Reinkupfer
C od. D:	niedriglegiertes Kupfer < 5% Legierungsbestandteile
E od. F:	Kupfersonderlegierungen >5% Legierungsbestandteile
G:	Kupfer-Aluminium-Legierungen
H:	Kupfer-Nickel-Legierungen
J:	Kupfer-Nickel-Zink-Legierungen
K:	Kupfer-Zinn-Legierungen
L od. M:	Kupfer-Zink-Legierungen (2-Stofflegierung)
N od. P:	Kupfer-Zink-Blei-Legierungen
R od. S:	Kupfer-Zink-Legierungen (Mehrstofflegierungen)

Bild 3 Kupferlegierungen, Legierungsgruppen

Zahlenangabe hat nur die Aufgabe der Unterscheidung. Die Legierungmetalle sind dem an Position 6 folgenden Buchstaben zu entnehmen (Bild 3).

Die Bezeichnung nach Kurzzeichen entspricht der Bezeichnung beim Aluminium, jedoch entfallen die beiden Buchstaben davor.

Im Anschluss an Werkstoffnummer oder Kurzzeichen folgt Gießverfahren bzw. Behandlungszustand bei Knetlegierungen.

Bezeichnungsbeispiel Kupferlegierung

a) Numerisch

EN 12165-CW617N

EN	12165	C	W	617	N

EN:	Europäische Norm
12165:	Nummer der Norm
C:	Kupfer oder Kupferlegierung
W:	Knetlegierung
617:	Zählnummer
N:	Legierung mit Zink und Blei

b) Kurzzeichen

EN 12165-CuZn40Pb2

EN	12165	Cu	Zn40	Pb2

EN:	Europäische Norm
12165:	Nummer der Norm
Cu:	Basismetall Kupfer
Zn40:	40% Zink
Pb2:	2% Blei

1.4 Ändern von Werkstoffeigenschaften

	Nume-risch	Kurz-zeichen	Zug-festig-keit in N/mm²	Streck-grenze in N/mm²	Bruch-deh-nung in %
EN 1982-	CC040A	Cu-C	≥ 150	≥ 40	≥ 25
EN 1982-	CB750S	CuZn33Pb2	≥ 180	≥ 70	≥ 12
EN 1982-	CC480K	CuSn10	≥ 250	≥ 130	≥ 18
EN 1982-	CC333G	CuAl10Fe5Ni5	≥ 600	≥ 250	≥ 13

Bild 1 Kupfergusslegierungen, Bezeichnungsbeispiele und Kennwerte

	Nume-risch	Kurz-zeichen	Zug-festig-keit in N/mm²	Streck-grenze in N/mm²	Bruch-deh-nung in %
EN 12163-	CW023A	Cu-DLP	≥ 250	≈ 220	≥ 8
EN 12163-	CW101C	CuBe2	≥ 420	≥ 140	≥ 25
EN 12163-	CW500L	CuZn5	≥ 240	≈ 60	≥ 20
EN 12163-	CW509L	CuZn40	≥ 340	≈ 260	≥ 18
EN 12163-	CW453K	CuSn8	≥ 390	≈ 260	≥ 35
EN 12165-	CW101C	CuBe2	≈ 450	≈ 200	≈ 20
EN 12165-	CW617N	CuZn40Pb2	≈ 350	≈ 140	≈ 15
EN 12167-	CW101C	CuBe2	≥ 410	≈ 190	≈ 40
EN 12167-	CW509L	CuZn40	≥ 440	≈ 300	≈ 10

Bild 2 Kupferknetlegierungen, Bezeichnungsbeispiele und Kennwerte

Kennbuchstabe für die Herstellung und Verwendung	
G	Guss (allgemein)
GD	Druckguss
GK	Kokillenguss
GZ	Schleuderguss
GC	Strangguss
Gl	Gleitmetall (Lagermetall)
Lg	Lagermetall
Kennzeichen für die Zusammensetzung	
Al	Aluminium
Mg	Magnesium
Pb	Blei
Sn	Zinn
Ti	Titan
Cu	Kupfer
Ni	Nickel
Si	Silicium
Zn	Zink
Kurzzeichen für Behandlungszustand, Zugfestigkeit, Oberflächenbeschaffenheit	
H	Hüttenwerkstoff
F	Festigkeitszahl
bei Leichtmetallen:	
ka	kalt ausgelagert
wa	warm ausgelagert
g	geglüht und abgeschreckt
wh	gewalzt (walzhart)
zh	gezogen (ziehhart)

Bild 3 Werkstoffnormung von Nichteisenmetallen nach DIN 1700 (teilweise zurückgezogen)

Übungen

1. Warum sind Normen bei Halbzeugen wichtig?
2. Welche Normen sind in Deutschland gültig, und wie entstehen sie?
3. Nach welchen DIN-Normen sind Winkelprofile aus Stahl genormt?
4. Unterscheiden Sie Stahlträger mit **I**-, **I**PE- und **I**PB-Profil.
5. Bestimmen Sie die Maße für folgende Formstähle: **I** 80 DIN 1025, L 30 x 20 x 3 DIN 1029, T 30 EN 10 055 .
6. Unterscheiden Sie zwischen Stahl, Stahlguss und Gusseisen.
7. Unterscheiden Sie zwischen legiertem und unlegiertem Stahl.
8. Was sind Edelstähle?
9. Erklären Sie die Bezeichnungen S235JR, E335, P355GH.
10. Warum ist es sinnvoll, bei der Bezeichnung von Stahl die Streckgrenze und nicht die Mindestzugfähigkeit anzugeben?

1.4 Ändern von Werkstoffeigenschaften

Versuch:
Ein Eisendraht wird gebogen. Versucht man, ihn an der gleichen Stelle zurückzubiegen, wird dies nur schwer gelingen. An anderer Stelle biegt er sich leichter zurück. Wird weiter hin und her gebogen, geht der Draht schließlich zu Bruch.
Durch die Verformung wird die Anordnung der Atome stark gestört. Deshalb biegt sich der Draht an einer weniger gestörten Stelle leichter zurück. Durch das Biegen hat sich die Werkstoffeigenschaft an der Verformungsstelle verändert. Er ist fester, härter und spröder geworden. Wird trotz der eingetretenen Versprödung weiter hin und her gebogen, geht der Draht zu Bruch. Das gesamte Kristallgefüge ist in Unordnung geraten.

1.4.1 Einfluss von Umformverfahren

Ein Kristall, der sich beim normalen Erkalten aus der Schmelze bildet, ist nicht ideal gleichmäßig aufgebaut. Es treten **Kristallbaufehler** (Bild 3) auf.

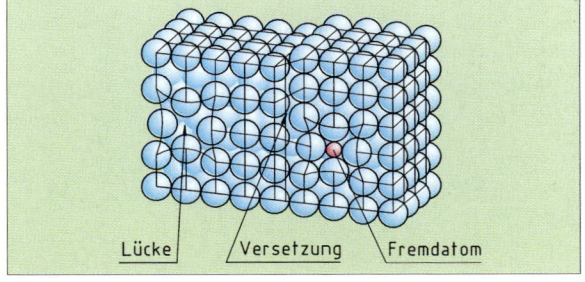

Bild 3 Kristallbaufehler

1.4 Ändern von Werkstoffeigenschaften   1.4.2 Wärmebehandlungsverfahren

In der Nähe von Fehlern sind die Atomabstände größer oder kleiner als sie eigentlich sein sollten. Verspannungen treten auf. Wenn nun äußere Belastungen dazu kommen, kann hier leichter eine Verschiebung der Atome auftreten, als in anderen Kristallbereichen. Baufehler begünstigen also die Verformung. Überlagern sich die Spannungsfelder, da es zu viele Unregelmäßigkeiten im Kristall gibt, wird die Verformung nicht mehr begünstigt.

Jede Verformung bringt die Regelmäßigkeit der Kristalle weiter in Unordnung (neue Baufehler). Muss ein Werkstoff bei der Fertigung stark verformt werden, kann es notwendig werden, die Fehler im Gefüge herabzusetzen bevor weiter verformt wird. Dies geschieht durch Erwärmen. Bei höherer Temperatur ist die Bewegung der Atome so groß, dass vorhandene Fehler von selbst wieder „ausheilen". Warmumformverfahren wie z. B. Schmieden und Warmwalzen nutzen dies aus.

1.4.2 Wärmebehandlungsverfahren

Bild 1 Maschinenmeißel

Ein Meißel für einen pneumatischen Hammer ist stumpf. Nach dem Anschleifen stumpft er im Einsatz sofort wieder ab. Er ist offensichtlich weich geworden. Die Werkstoffeigenschaften haben sich durch die Wärmeentwicklung beim Nachschleifen verändert. Ein Schliffbild des Werkstoffs zeigt ein Gefüge wie in Bild 2. Bei einem neuen Meißel zum Vergleich ist ein anderes Gefüge (Bild 3) unter dem Mikroskop zu erkennen. Das Gefüge des stumpfen Meißels hat sich offensichtlich verändert. Will man den Meißel wieder schneidfähig machen, muss die Gefügeänderung rückgängig gemacht werden.

Dazu bringt man den Meißel auf eine Temperatur von ca. 800 °C und schreckt ihn anschließend in Wasser ab. Nun ist der Werkstoff wieder hart. Das Schliffbild zeigt wieder ein Gefüge wie im Bild 3.

Nun wird er nochmals auf ca. 200 °C erwärmt und nach einiger Zeit langsam abgekühlt (er wird angelassen, vergl. S. 32). Beim erneuten Anschleifen muss darauf geachtet werden, dass der Meißel nicht zu sehr erwärmt wird, sonst ist er wieder weich.

Diese Änderung der Eigenschaften durch Wärmeeinfluss kann man nur erklären, wenn die möglichen Stahlgefüge bekannt sind und die Bedingungen, bei denen sie entstehen.

Bild 2 Schliffbild 1

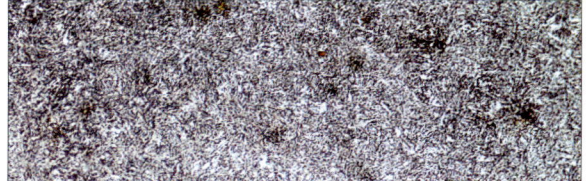

Bild 3 Schliffbild 2

Eisen-Kohlenstoff-Diagramm

Für die Legierungen aus Eisen und Kohlenstoff, zu denen auch Stahl gehört, gilt das Eisen-Kohlenstoff-Diagramm (vergl. Zustandsdiagramme Kap. 1.2). Da Stahl nicht mehr als 2 % Kohlenstoff enthält, ist nur die linke Seite dieses Zustandsdiagramms vereinfacht dargestellt. Bei Eisenwerkstoffen ist zu beachten, dass sich bei unterschiedlichen Temperaturen verschiedene Kristallformen bilden (Bild 1, Seite 31). Aus der Stahlschmelze kristallisiert zuerst ein kubisch raumzentrierter Mischkristall (Mk). Bei tieferen Temperaturen, je nach Kohlenstoffgehalt, wandelt sich dieser Kristall in eine kubisch flächenzentrierte Gitterzelle um (γ – Mk). Bei Temperaturen unter 723 °C ist wieder ein kubisch raumzentrierter Kristall stabil (α – Mk). Weiterhin tritt schon bei geringen Kohlenstoffgehalten im Gefüge die Eisen-Kohlenstoff-Verbindung Fe_3C auf. Bei Raumtemperatur liegt bei Stahl ein Kristallgemisch aus α – Mk und Fe_3C vor. Kristallite, bei denen Ferrit und Zementit geordnet nebeneinander liegen (vergl. Pb-Sn Legierung Kap. 1.2), heißen **Perlit**. Stähle, die nur aus Ferrit und Perlit bestehen, heißen **untereutektoid**. Stähle, die nur aus Perlit und Zementit bestehen, heißen **übereutektoid**. Eutektoider Stahl mit 0,83 % Kohlenstoff ist rein perlitisch.

Glühen

Der Gitteraufbau ist durch Wärmeeinfluss gezielt zu beeinflussen. Beim Glühen wird das Gefüge, das durch eine Vorbehandlung in Unordnung geraten ist, zum Teil oder völlig neu geordnet. Die üblichen Temperaturen lassen sich aus dem Diagramm für die verschiedenen Glühverfahren entnehmen.

1.4 Ändern von Werkstoffeigenschaften   1.4.2 Wärmebehandlungsverfahren

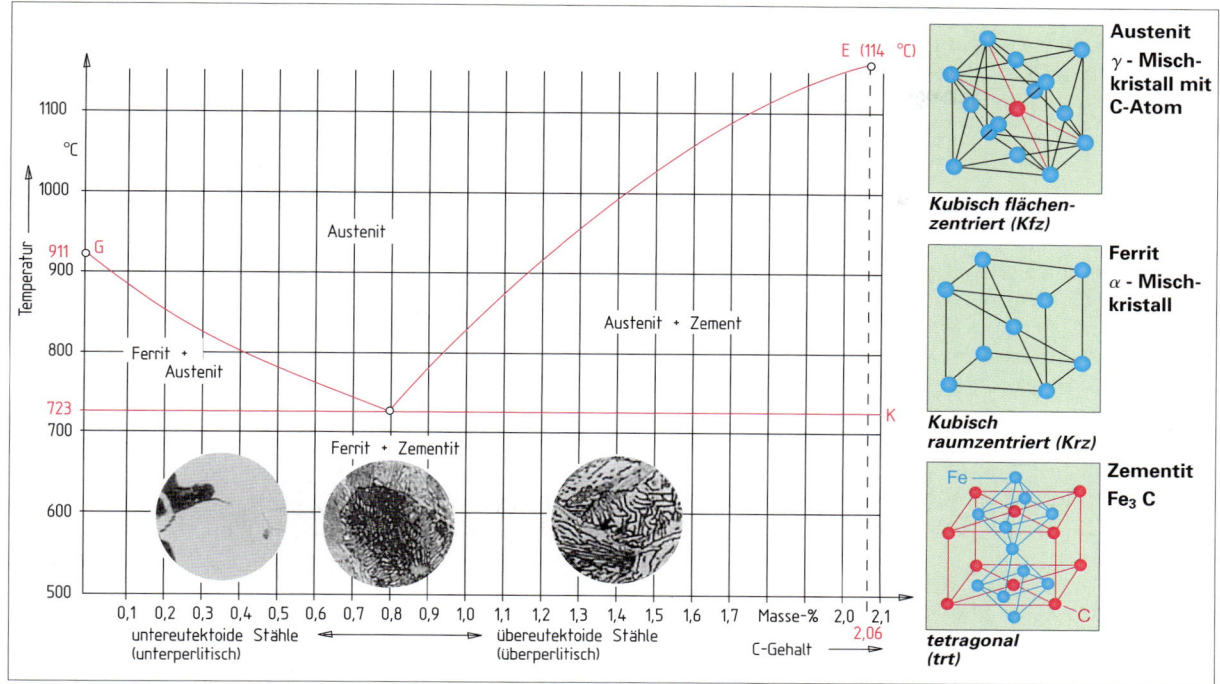

Bild 1 Eisen-Kohlenstoff-Diagramm

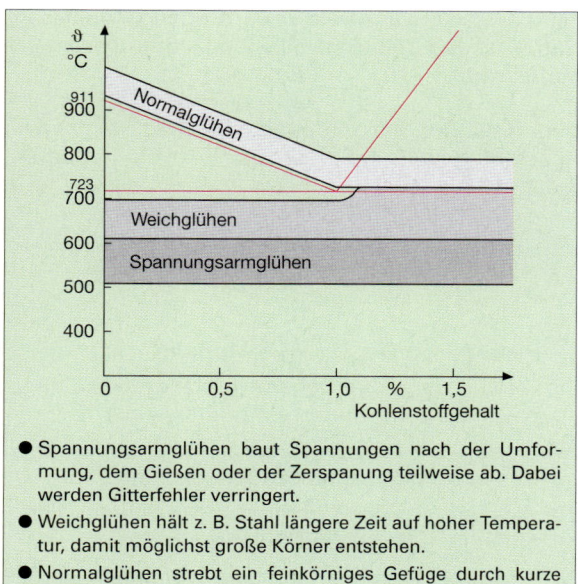

- Spannungsarmglühen baut Spannungen nach der Umformung, dem Gießen oder der Zerspanung teilweise ab. Dabei werden Gitterfehler verringert.
- Weichglühen hält z. B. Stahl längere Zeit auf hoher Temperatur, damit möglichst große Körner entstehen.
- Normalglühen strebt ein feinkörniges Gefüge durch kurze Haltezeit an.

Bild 2 Glühbereiche für unlegierte Stähle

Glühen nennt man das langsame Erwärmen, dann Halten auf Glühtemperatur mit anschließendem langsamen Abkühlen.

Überlegen Sie:
Warum entstehen beim Weichglühen große Körner?

Härten

Folgende Voraussetzungen im Stahlgefüge machen das Härten durch Wärmebehandlung möglich: Im kubisch flächenzentrierten Mischkristall des Eisens (Austenit) kann sehr viel Kohlenstoff gelöst sein. Im kubisch raumzentrierten Gitter des Ferrits, der bei Raumtemperatur im Gefüge vorkommt, ist weniger Platz für Fremdatome. Wird langsam abgekühlt, ist bei der Umwandlung genügend Zeit, den Kohlenstoff aus den sich bildenden Ferritkristallen zu drängen. Erfolgt die Abkühlung jedoch schneller, so werden Kohlenstoffatome im kubisch raumzentrierten Ferritgitter festgehalten (Bild 2, Seite 30).

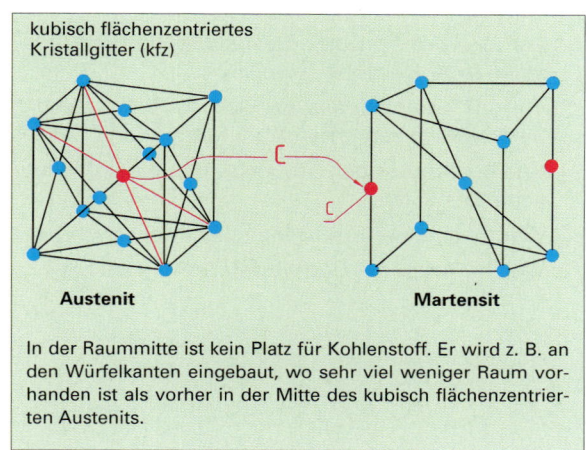

In der Raummitte ist kein Platz für Kohlenstoff. Er wird z. B. an den Würfelkanten eingebaut, wo sehr viel weniger Raum vorhanden ist als vorher in der Mitte des kubisch flächenzentrierten Austenits.

Bild 3 Kohlenstoff im Eisengitter

1.4 Ändern von Werkstoffeigenschaften — Übungen

Die Folge ist ein erhebliches Verspannen des Kristallgitters. Diese verspannte Gitterform des Ferrits wird **Martensit** (Bild 3, Seite 31) genannt. In diesem Härtegefüge ist eine Verschiebung der Atome auf den Gleitebenen stark behindert. Das macht den Werkstoff hart und spröde.

Je nach Kohlenstoffgehalt und Abkühlungsgeschwindigkeit lassen sich unterschiedliche Härtesteigerungen erreichen. Unlegierter Stahl wird beim Härten auf eine Temperatur im Austenitbereich gebracht, damit sich der Kohlenstoff im Gitter verteilen kann. Dann wird in Wasser oder in Öl abgeschreckt. Legierungszusätze können die kritische Abkühlgeschwindigkeit, die gerade noch zur Martensitbildung führt, verändern. So gibt es legierte Stähle, die schon bei der relativ langsamen Abkühlung an der Luft ein Härtegefüge bilden.

> Beim Härten wird Stahl auf eine Temperatur im Austenit-Bereich erwärmt, eine Zeitlang auf Temperatur gehalten und nachfolgend rasch abgekühlt.

Überlegen Sie:
Was geschieht, wenn ein unlegierter gehärteter Stahl (wie der des Meißels) auf eine Temperatur von ca. 800 °C erhitzt wird und dann langsam abkühlen kann?

Anlassen

Durch die rasche Abkühlung, die zur Ausbildung des Härtegefüges notwendig ist, wird der Werkstoff auch spröde. Abhilfe schafft hier ein nochmaliges Erwärmen auf ca. 200 bis 400 °C. Die Beweglichkeit der Atome ist bei erhöhter Temperatur größer. Durch Umordnung ohne Gitterumwandlung erfolgt ein Abbau der Spannungsspitzen. Ein Teil der Härtesteigerung geht verloren. Die Zähigkeit wird allerdings wesentlich verbessert. Durch unterschiedliche Anlasstemperaturen und -zeiten lassen sich Härtegrad und Zähigkeit je nach Bedarf verändern.

> Anlassen ist das Erwärmen und Halten eines Stahls auf einer Temperatur von 200 bis 400 °C mit nachfolgender langsamer Abkühlung.

Überlegen Sie:
Was würde geschehen, wenn die Anlasstemperatur über 750 °C liegen würde?

Vergüten

Das Wärmebehandlungsverfahren Vergüten wird bei Stählen angewendet, die hart und doch zäh sein sollen, wie z. B. Kurbelwellen an Kraftfahrzeugmotoren. Nach dem Härtevorgang wird auf eine höhere Temperatur erwärmt als beim normalen Anlassen. Damit ist die Zähigkeit des Werkstoffs wesentlich verbessert.

> Vergüten nennt man das Härten eines Stahls mit nachfolgendem Anlassen bei einer Temperatur von 500 bis 700 °C.

Übungen

1. Ein Spiralbohrer ist nach dem Einsatz blau verfärbt und abgestumpft. Ist es sinnvoll, ihn neu anzuschleifen?
2. Warum wird ein Kupferrohr an der Verbindungsstelle einer Hartlötung weich?
3. Warum lässt sich kalt gezogenes Rohr schlecht biegen? Wie kann man Abhilfe schaffen?
4. Wie beeinflusst der Gefügeaufbau eines Metalls seine Festigkeit?
5. Warum sind verformte Metalle härter als vorher?
6. Welche Arten der Glühverfahren kennen Sie?
7. Beschreiben Sie den Härtevorgang.
8. Welche Vorgänge bei der Kristallumwandlung bewirken beim Härten eine Härtesteigerung?
9. Warum führt Härten ohne nachfolgendes Anlassen zum Versagen des Werkstoffs?
10. Was ist Vergüten? Unterscheiden Sie das Vergüten vom Härten mit Anlassen.
11. Welche Wärmebehandlungsverfahren kommen möglicherweise bei den Einzelteilen des Winkelschleifers (Kap. 1.1) zum Einsatz?

2 Fertigungs- und Prüftechnik

2.1 Urformen

Beim Urformen werden meist flüssige Werkstoffe („formlose Stoffe") in Formen gegossen. Nach Erstarren des Werkstoffs entstehen dann feste Körper. Jedoch müssen die formlosen Stoffe nicht flüssig sein, sondern können nach DIN 8580 z. B. auch pulverförmig oder plastisch vorliegen. Beispielhaft werden im Folgenden einige Urformverfahren dargestellt.

2.1.1 Sandgießen

Der im Bild 1 dargestellte Türgriff wird aus G-AlSi12 durch Gießen hergestellt.

Bild 1 Türgriff

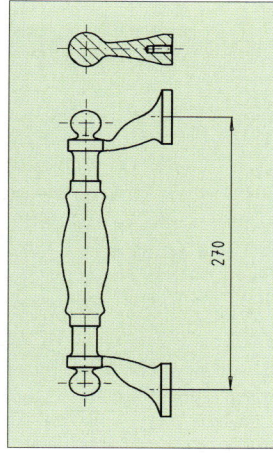

Bild 2 Zeichnung des Türgriffs

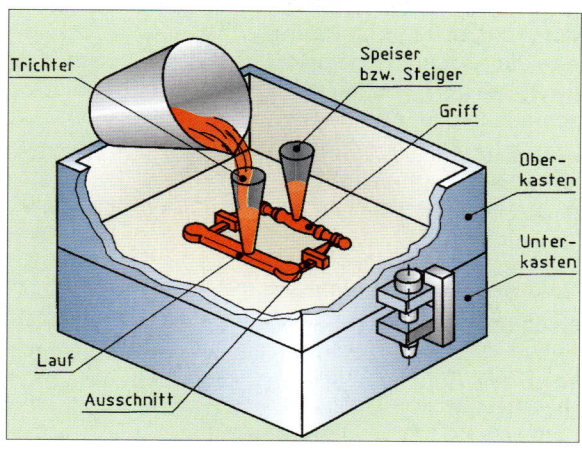

Bild 3 Prinzip des Sandgießens

Beim Sandguss (Bild 3) werden meist zwei Sandformhälften aufeinander gesetzt. Sie bilden zusammen den Formhohlraum. Durch den Einguss wird das flüssige Metall in die Sandform gegossen. Nachdem das Metall abgekühlt und erstarrt ist, wird die Sandform zerstört. Die Form kann nur einmal benutzt werden. Deshalb sind Sandformen „verlorene Formen". Der Abguss hat im Wesentlichen die Form des fertigen Werkstückes.

Wie entsteht die Sandform?

Von der zweiteiligen Form wird zuerst die untere Formhälfte (Unterkasten) erstellt (Bild 4). Zur Herstellung des Formhohlraumes ist ein Modell erforderlich. Das Modell für den Türgriff ist geteilt, es besteht aus zwei Hälften. Der Former setzt den Formkasten, der den Formsand aufnehmen soll, und die Modellhälfte für den Unterkasten auf den Aufstampfboden. Dann wird der Formsand in den Formkasten gefüllt und mit einem Stampfer verdichtet. Der Formsand besteht meist aus Quarzsand und Bindemittel.

Der Unterkasten wird gewendet. Der Former legt die zweite Modellhälfte auf die erste. Stifte im Oberkastenmodell zentrieren sich in Bohrungen des Unterkastenmodells und sorgen für eine genaue Lage der beiden Modellhälften zueinander. Für Lauf, Eingusstrichter und Speiser werden zusätzliche Modelle eingeformt. Vor dem Füllen des Oberkastens mit Formsand ist die Formteilung mit Trennmittel zu versehen. Dadurch verbinden sich die beiden Sandformhälften nicht miteinander. Anschließend füllt der Former den Oberkasten ebenfalls mit Formsand und verdichtet ihn (Bild 5).

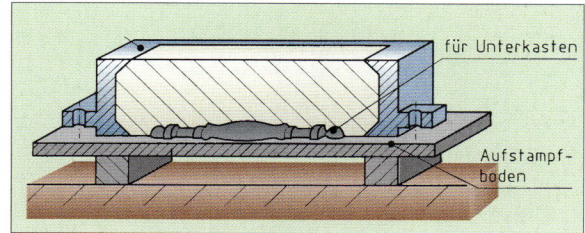

Bild 4 Formen des Unterkastens

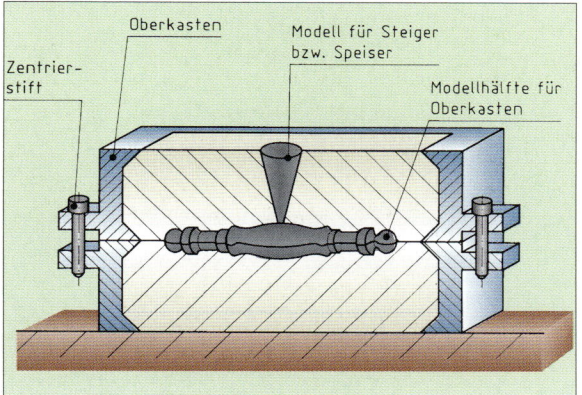

Bild 5 Formen des Oberkastens

2.1 Urformen — 2.1.1 Sandgießen

Nach dem Abheben des Oberkastens vom Unterkasten werden die beiden Modellhälften für den Griff sowie die Modelle für Lauf, Trichter und Speiser aus den Formkästen entnommen. Im Unterkasten werden die Anschnitte geformt, damit später das flüssige Metall vom Trichter durch den Lauf über die Anschnitte in die Form fließen kann.

Abschließend wird der Oberkasten auf den Unterkasten gesetzt und das flüssige Metall in die Sandform gegossen (Bild 3, Seite 33).

Volumenabnahme während des Abkühlens

Nach dem Füllen der Form kühlt das Gießmetall ab, wobei das Volumen des Gusswerkstoffes kleiner wird. Die Abnahme des Metallvolumens erfolgt in drei Phasen:

1. Phase:

Von der Gießtemperatur bis zur Erstarrungstemperatur gibt das flüssige Metall Wärme ab. In Einguss- und Speiserkanal (Bild 1) sinkt der Metallspiegel ab. Das Volumen nimmt ab.

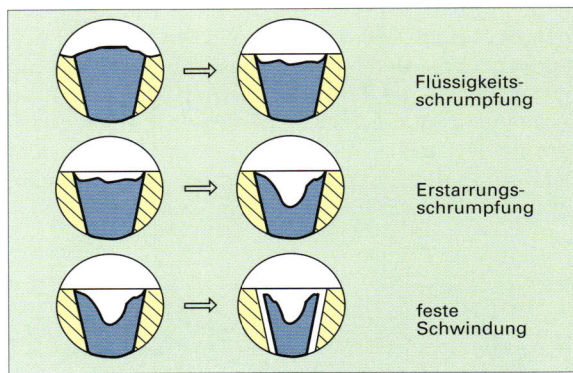

Bild 1 Schrumpfungsphasen am Speiser der Sandform

2. Phase:

Während der Erstarrung erfolgt der Übergang vom flüssigen in den festen Aggregatzustand. Das Volumen nimmt weiter ab. Die Erstarrung beginnt an der Oberfläche des Gussteils, weil dort der Wärmeentzug am größten ist. Am Trichter und Speiser der Form ist die Volumenabnahme deutlich zu erkennen. Durch die Abgabe von flüssigem Metall an das Gussstück entstehen dort trichterförmige Einfallstellen.

3. Phase:

Das Gussteil kühlt von der Erstarrungstemperatur bis auf Raumtemperatur ab. Die dabei entstehende Abnahme des Metallvolumens wird als „feste Schwindung" bezeichnet.

Nach dem Erstarren des Gussteils wird die Form zerstört. Von dem Gussstück (Bild 3) müssen noch das Eingusssystem und die Speiser abgetrennt werden.

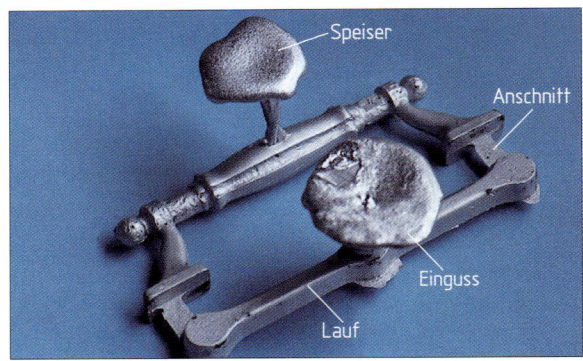

Bild 3 Türgriff mit Eingusssystem und Speisern

Wie muss das Modell für den Türgriff aussehen?

Aufgrund des Form- und Gießprozesses ergeben sich Anforderungen an die Modellgestaltung.

- Das Modell muss sich leicht einformen und aus der Sandform entnehmen lassen. Daher wird zuerst die Modellteilung bestimmt. Durch sie wird festgelegt, welche Bereiche im Ober- bzw. Unterkasten geformt werden. Bei dem Türgriff liegt die Modellteilung in der Mitte (Bild 4).

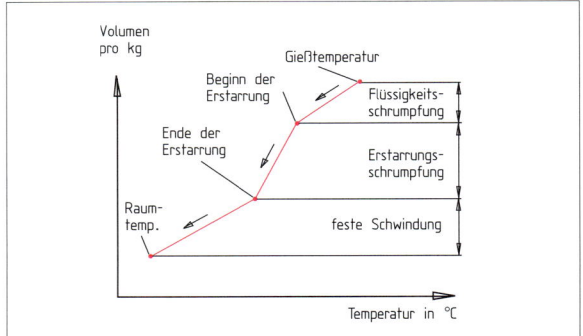

Bild 2 Volumenabnahme zwischen Gieß- und Raumtemperatur

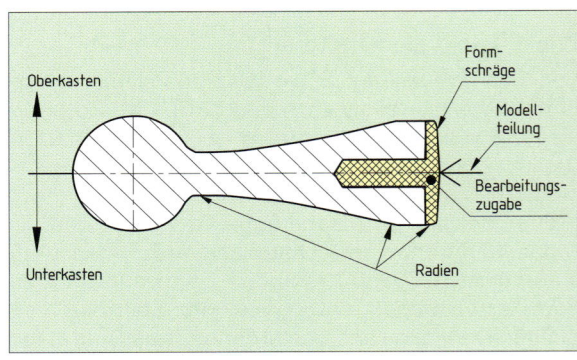

Bild 4 Modellriss für den Türgriff

2.1 Urformen — 2.1.1 Sandgießen

- Die Übergangsradien am Modell (Bild 4) vereinfachen das Entformen. Der Sand kann nicht in scharfkantigen Ecken hängen bleiben. Die Radien begünstigen in der Sandform das Fließen des Metalls.
- Formschrägen erleichtern das Herausnehmen des Modells aus der Sandform.
- Der Abguss wird an einigen Stellen spanend bearbeitet. Um den Betrag der Bearbeitungszugaben muss das Modell größer als der einbaufertige Griff sein (Bild 4 Seite 34).
- Beim Abkühlen des Gussteils von der Erstarrungstemperatur auf Raumtemperatur verringert sich das Metallvolumen. Es schwindet. Deshalb muss das Modell um den Betrag der festen Schwindung größer als der Abguss hergestellt werden. Das Schwindmaß (Bild 1) gibt an, um wie viel Prozent das Gussteil kleiner als die Form ist.

Richtwerte für Schwindmaße	
Gusswerkstoff	Schwindmaß
Gusseisen mit Lamellengraphit	1 %
Stahlguss	2 %
Temperguss weiß (GTW)	1,6%
Temperguss schwarz (GTS)	0,6%
Aluminium-Gusslegierungen	1,2%
Magnesium-Gusslegierungen	1,2%
Cu-Sn-Gusslegierungen	1,5%
Cu-Zn-Gusslegierungen	1,2%
Cu-Sn-Zn-Gusslegierungen	1,3%

Bild 1 Schwindungstabelle nach DIN 1511

Aufgrund der dargestellten Anforderungen wurde das geteilte Modell (Bild 2) hergestellt.

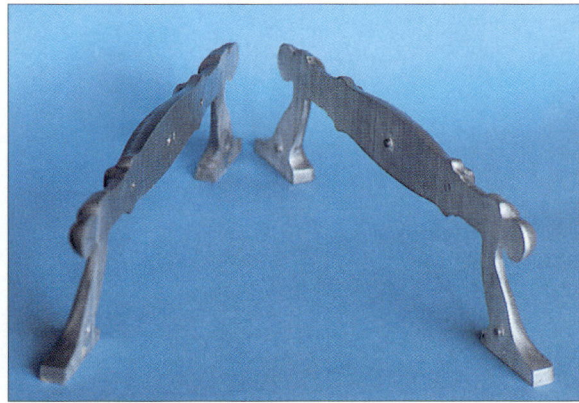

Bild 2 Türgriffmodell

Aufgabe:
Am Türgriff soll der Mittenabstand der beiden Flansche 270 mm betragen. Welchen Mittenabstand muss das Modell haben, wenn als Gießwerkstoff Al Si 12 gewählt wird?

Für Aluminiumlegierungen ergibt sich aus der Tabelle ein Schwindmaß von 1,2 %. Bei der „festen Schwindung" nimmt die Länge somit um 1,2 % ab. Der Abstand beträgt bei Raumtemperatur nur noch 98,8 % des Modellmaßes:

98,8 % ≙ 270 mm
100 % ≙ ? mm

$1\ \% \ \triangleq \dfrac{270\ \text{mm}}{98{,}8\ \%}$

$100\ \% \ \triangleq \dfrac{270\ \text{mm} \cdot 100\ \%}{98{,}8\ \%}$

Modellmaß = 273,3 mm

In allgemeiner Form lautet die Formel:

$$\text{Modellmaß} = \frac{\text{Werkstücklänge} \cdot 100\ \%}{100\ \% - \text{Schwindmaß}}$$

Die in Sandformen gegossenen Werkstücke (Bild 3) besitzen die typischen narbigen Gussoberflächen. Durch die geteilten Formen haben die Gussteile Grate, die beseitigt werden müssen. Die Formen werden nach dem Abgießen zerstört.

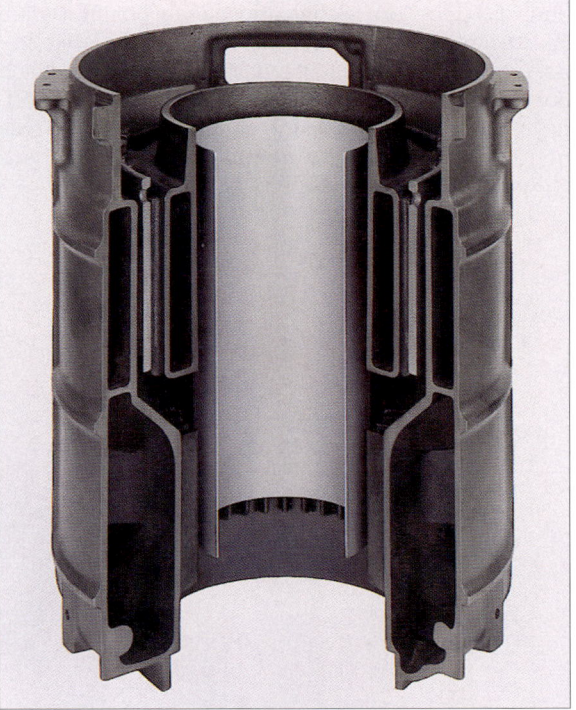

Bild 3 Im Sandguss hergestellter Einsatz eines Heizkessels (Schnittdarstellung)

2.1.2 Kokillengießen

Von dem Einhandhebelmischer (Bild 1) werden pro Jahr über 50000 Stück hergestellt. Der Batteriekörper besteht aus Cu Zn 38 Al (Messing). Bei den großen Stückzahlen würden beim Sandguss für das Erstellen der Sandformen und das Aufbereiten des Sandes hohe Kosten entstehen. Aus diesem Grunde werden die Batteriekörper in geteilten Dauerformen (Kokillen) aus Kupfer-Beryllium-Legierungen gegossen (Bild 2). Die Kokille ist so zu teilen, dass sich das Gussteil problemlos entformen lässt. Wie beim Sandguss muss der Formhohlraum um den Betrag der Schwindung größer als das Gussteil sein.

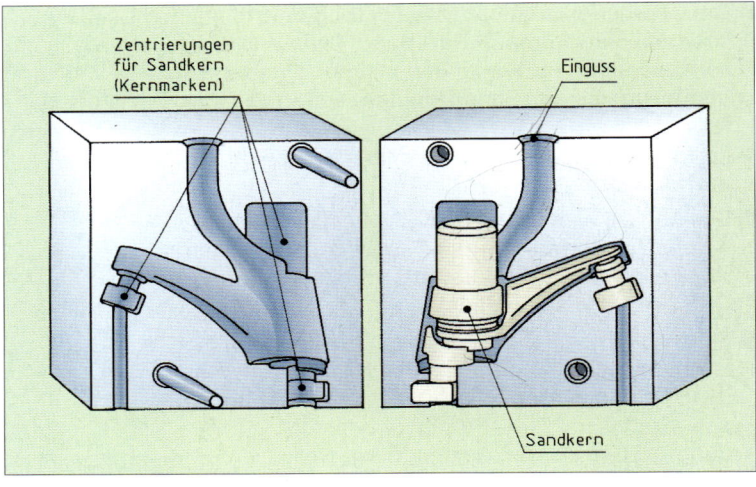

Bild 2 Kokille für Batteriekörper

Die innere Kontur der Batteriekörper ist im Vergleich zu der äußeren recht kompliziert (Bild 3). Sie wird mit Hilfe eines Sandkernes (Bild 4) geformt. Sandkerne bestehen meist aus einem Quarzsand-Kunstharz-Härtergemisch. Der Kern erhält seine Form in einem Kernkasten aus Metall, Holz oder Kunststoff, in den das Sandgemisch eingefüllt wird. Durch die chemische Reaktion von Kunstharz und Härter wird der Kern fest, er härtet aus.

In der Kokille sind Kernlagerungen (Bild 2) vorhanden, die den Kern sicher und genau positionieren. Im Anschluss an das Kerneinlegen und Schließen der Kokille wird das flüssige Metall eingefüllt. Nach der Erstarrung der Schmelze wird die Kokille geöffnet und das Gussteil entformt. Bevor der Prozess neu beginnt, muss die durch das Gießen aufgeheizte Kokille abgekühlt werden.

Der Sandkern wird durch Rütteln zerstört oder mit Wasser unter hohem Druck aus dem Gussteil gespült. Vom Gussteil (Bild 1, Seite 37) muss noch das Eingusssystem getrennt werden, bevor der Batteriekörper spanend vom Drehen bis zum Polieren weiterbearbeitet wird. Abschließend wird der Batteriekörper verkupfert, vernickelt und verchromt.

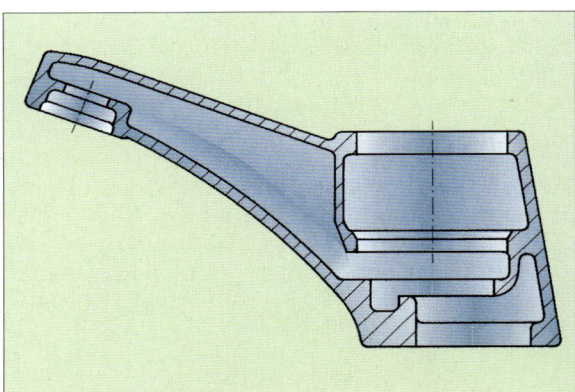

Bild 3 Batteriekörper im Schnitt

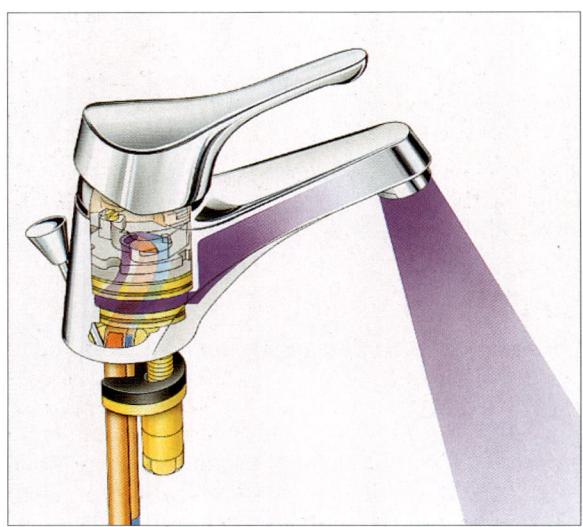

Bild 1 Einhandhebelmischer

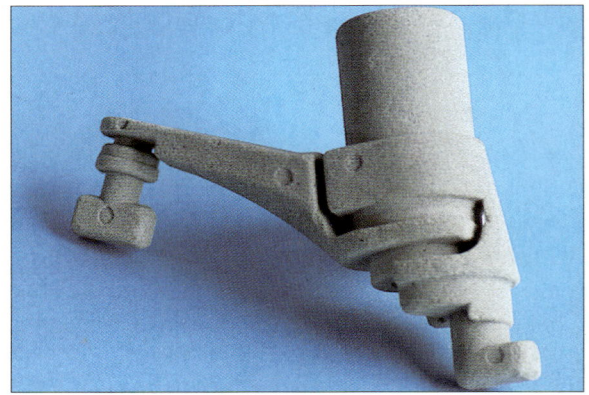

Bild 4 Sandkern für Batteriekörper

2.1 Urformen

2.1.3 Druckgießen

Beim Kokillengießen wird das flüssige Metall in Dauerformen gegossen. Kokillengussteile weisen im Allgemeinen engere Toleranzen und bessere Oberflächenqualitäten als Sandgussteile auf.

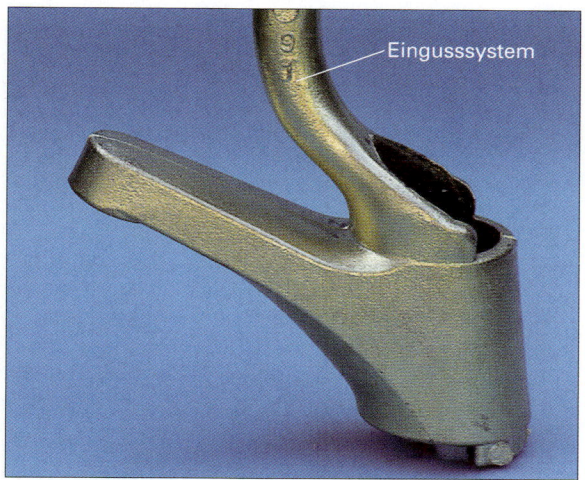

Bild 1 Batteriekörper mit Eingusssystem

2.1.3 Druckgießen

Das Scheinwerfergehäuse (Bild 2) wird in großen Stückzahlen aus einer Aluminiumlegierung hergestellt. Als Gießverfahren wird Druckgießen gewählt. Beim Druckgießen werden Nichteisenmetall-Legierungen unter hohem Druck in geteilte Dauerformen vergossen (Bild 3). Durch den hohen Druck entsteht in der Form eine hohe Fließgeschwindigkeit der Schmelze. Die Form wird sehr schnell gefüllt, so dass auch die dünnen hohen Kühlrippen mit flüssigem Metall gefüllt sind, bevor die Schmelze erstarrt.

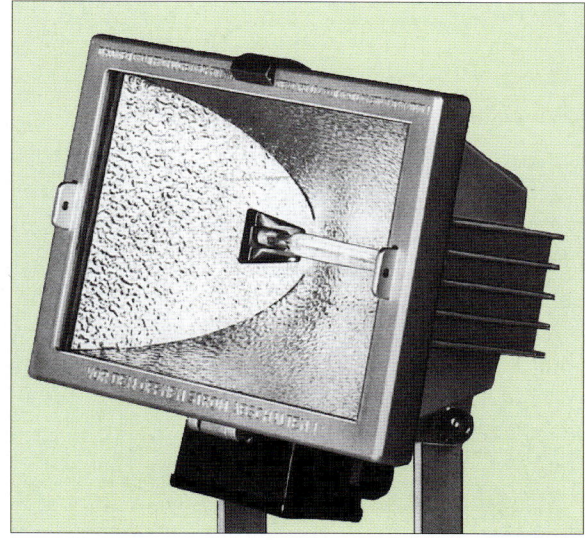

Bild 2 Halogen-Scheinwerfergehäuse

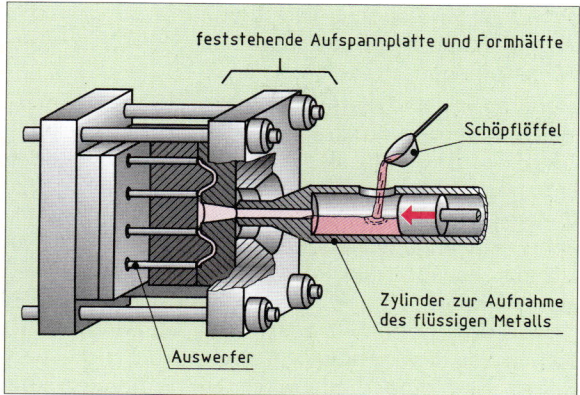

Bild 3 Druckgießen nach dem Kaltkammerverfahren

Das Scheinwerfergehäuse wird in einer Zweifachform gegossen, d. h., in der Form sind Formhohlräume für zwei Gehäuse vorhanden, die bei jedem Schuss gefüllt werden. Nach dem Erstarren des Gussteils wird die Druckgießform geöffnet, wobei ein Auswerfersystem das Druckgussteil (Bild 4) aus der Form drückt.

Beim Druckgießen können sehr gute Oberflächenqualitäten und enge Maßtoleranzen erzielt werden. Oft sind die Druckgussteile nach dem Entfernen des Ausgusssystems und der Überläufe einbaufertig. Wegen der hohen Kosten für die Dauerform und die Druckgießmaschine ist das Druckgießen nur bei entsprechend hohen Stückzahlen wirtschaftlich.

Bild 4 Abguss von zwei Scheinwerfergehäusen

2.1.4 Sintern

An die Hartmetallschneide des Bohrers (Bild 1, Seite 38) und die Gleitlagerbuchse in einer Handbohrmaschine werden ganz unterschiedliche Anforderungen gestellt. Während die Hartmetallschneide hart und verschleißfest sein muss, soll die Gleitlagerbuchse gute Gleiteigenschaften besitzen. Beide Teile werden mit dem Urformverfahren Sintern hergestellt. Durch die jeweils gewählten Werkstoffe

2.1 Urformen — 2.1. Sintern

und die entsprechende Verarbeitung lassen sich mit dem gleichen Urformverfahren so unterschiedliche Werkstoffeigenschaften erzielen.

Metallpulver sind die Ausgangsstoffe für das Sinterteil. Sie werden durch Mahlen, Zertrümmern oder Zerstäuben von flüssigem Metall in Wasser oder Luft hergestellt. Die entsprechende Mischung der Metall- und Nichtmetallpulver bestimmt entscheidend die Eigenschaften des gesinterten Werkstückes. Für die Hartmetallschneide werden Pulver aus Wolfram-, Titan-, oder Tantalcarbiden sowie Nickel- bzw. Cobaltpulver gewählt. Die Metallcarbide besitzen große Härte und Sprödigkeit. Nickel und Cobalt sind gute Bindemittel. Für Sintergleitlager werden z. B. Pulvermischungen aus Eisen-Kupfer-Kohlenstoff mit Zusätzen von Graphit bevorzugt.

Zur Formgebung wird das gemischte Pulver in ein geschlossenes, dreiteiliges Werkzeug eingefüllt (Bild 2). Ober- und Unterstempel pressen das Pulver in der Matrize mit Pressdrücken zwischen 2000 und 6000 bar zusammen. Dabei vermindert sich sein Volumen auf 20 bis 50 % des Ausgangsvolumens. Je höher der Pressdruck ist, umso dichter wird das geformte Teil.

Die Hartmetallschneide wird mit sehr hohem Druck gepresst, um ein möglichst dichtes und hartes Gefüge zu erreichen. Hingegen erfolgt die Formung der Gleitlagerbuchse mit weniger Druck, damit Porenräume (10 bis 30 % des Volumens) bestehen bleiben. Vor der Auslieferung und nach dem Sintern werden diese Porenräume mit Öl getränkt. Im Betrieb erwärmen sich Lager und Öl. Das Öl dringt in den Spalt zwischen Lager und Welle. Dadurch besitzt das Lager in der Handbohrmaschine eine selbstschmierende Wirkung und braucht nicht gewartet zu werden.

Nach dem Pressen besitzen die Werkstücke eine geringe Festigkeit, die lediglich ausreicht, um sie weiterzuverarbeiten. Sie können mit den Fingern zerdrückt werden. Die aus „verkrallten" Pulverkörnchen (Bild 3) bestehenden Werkstücke werden gesintert, damit sie ihre endgültige Festigkeit erhalten. Dazu werden sie in Sinteröfen erhitzt. Bleibt die Sintertemperatur unterhalb der Schmelztemperatur des niedrigst schmelzenden Metalls, verbacken die Pulverteilchen zu einem neuen Gefüge (Bild 4). Überschreitet die Sintertemperatur den Schmelzpunkt des niedrigst schmelzenden Metalls, umfließt dieses die anderen Bestandteile, womit ein Legieren verbunden ist.

Sinterteile mit engeren Toleranzen wie die Gleitlagerbuchse werden nach dem Sintern durch erneutes Pressen kalibriert (Bild 1, Seite 39). Dadurch wird eine hohe Form- und Maßgenauigkeit sowie Oberflächenqualität erzielt.

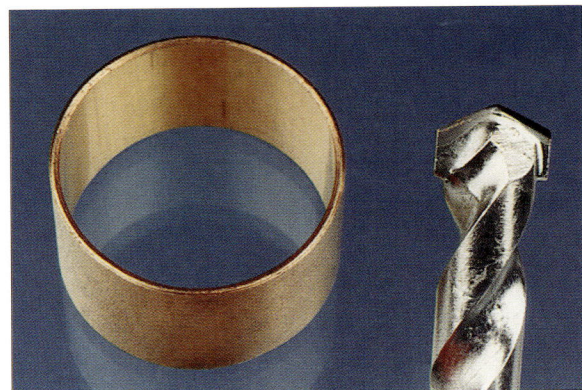

Bild 1 Gleitlagerbuchse und Hartmetallschneide als Sinterteile

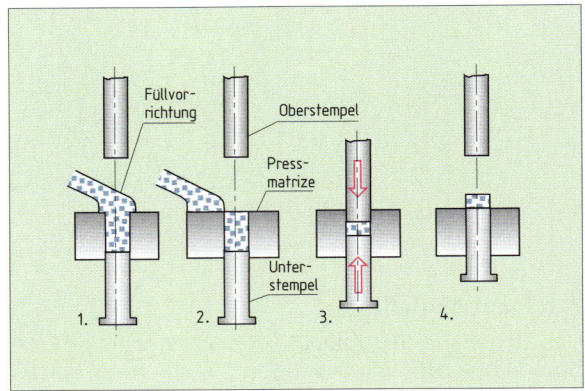

Bild 2 Pressen des gemischten Pulvers

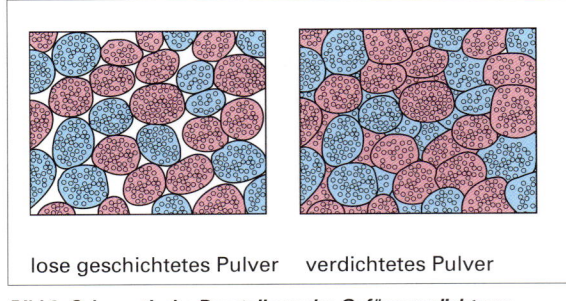

lose geschichtetes Pulver · verdichtetes Pulver

Bild 3 Schematische Darstellung der Gefügeverdichtung

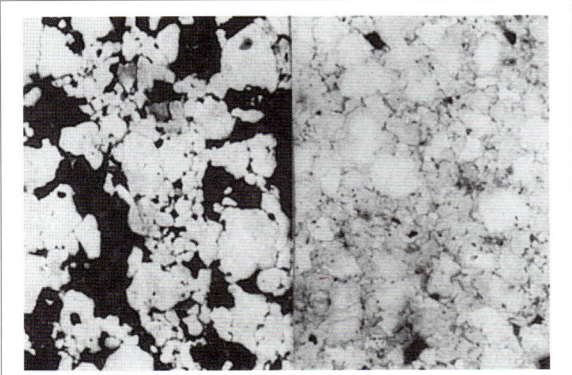

Bild 4 Gefüge vor und nach dem Sintern

2.1 Urformen — 2.1.4 Sintern

Durch Sintern können metallische und nichtmetallische Pulver bzw. deren Mischungen zu Werkstücken mit unterschiedlichsten Eigenschaften (Bild 2) geformt werden. Es können auch Werkstoffe miteinander verbunden werden, die sich im Schmelzfluss nicht oder nur unwirtschaftlich herstellen lassen. Die Porosität der Sinterteile kann geändert werden. Es ergeben sich keine Werkstoffverluste durch Einguss- und Speisersysteme wie beim Gießen.

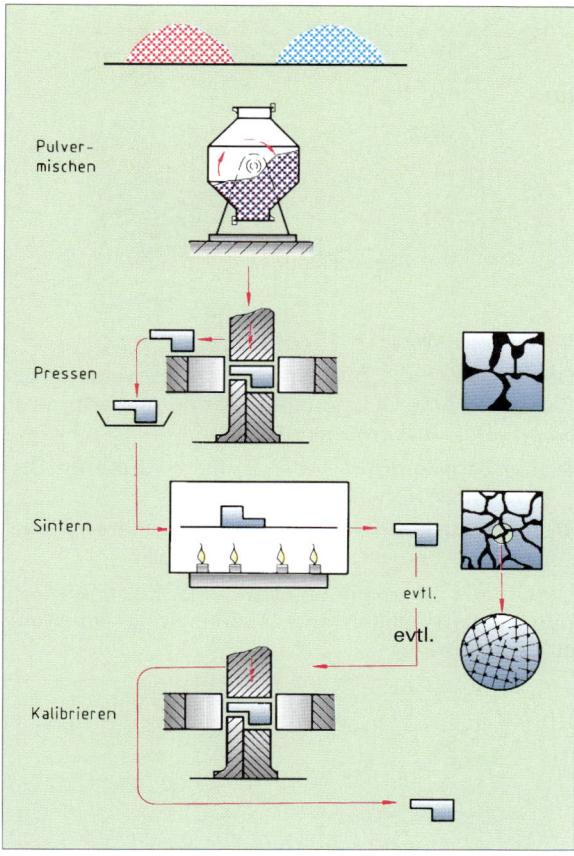

Bild 1 Schematische Darstellung der Sinterteilherstellung

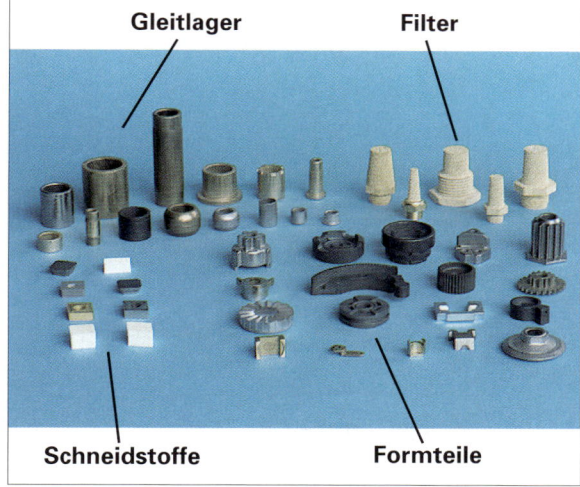

Bild 2 Sinterteile

Übungen

Sandgießen

1. Was wird unter dem Begriff „verlorene Form" verstanden?
2. Welche Aufgabe hat das Modell bei der Herstellung einer Sandform?
3. Während welcher Abkühlungsphase nimmt das Metallvolumen am meisten ab?
4. Um welche Beträge muß das Modell größer als das Gussteil sein?
5. Unterscheiden Sie die Schwindmaße von Aluminiumlegierungen, Gusseisen und Stahlguss.
6. Es soll ein Hohlzylinder von 200 mm Außendurchmesser, 80 mm Innendurchmesser und 60 mm Höhe aus einer CuZn-Legierung gegossen werden. Welche Maße muss das Modell dafür haben?

Kokillengießen

1. Was ist eine Kokille?
2. Woraus besteht ein Sandkern?
3. Warum müssen Kokillen gekühlt werden?
4. Vergleichen Sie die Oberflächenqualitäten und Toleranzen des Kokillengusses mit denen des Sandgusses (nach Möglichkeit anhand vorliegender Gussteile).

Druckgießen

1. Welche Vorteile bietet das Druckgießen gegenüber dem Kokillengießen?
2. Unter welchen Bedingungen ist das Druckgießen wirtschaftlich?

Sintern

1. Unterscheiden Sie Pressen und Sintern.
2. Durch welche Maßnahmen lässt sich der Porenraum bei Sinterteilen ändern?
3. Woraus bestehen Hartmetalle?
4. Warum lassen sich Aluminium und Wolfram sintern, jedoch nicht legieren?

2.2 Umformen

2.2.1 Biegen

Als Geländer an einem Treppenaufgang dient ein Handlauf aus Stahlrohr (Bild 1). Mit Hilfe von zwei angeschweißten Konsolen aus Flachstahl soll das Rohr an der Betonbrüstung angeschraubt werden. Das Geländer ist nach Bauplan (vergl. Bild 2) anzufertigen. Die dabei zu verwendenden Halbzeuge sind in die gewünschte Form zu biegen.

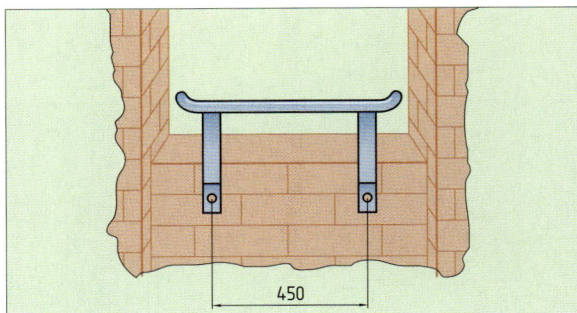

Bild 1 Geländer

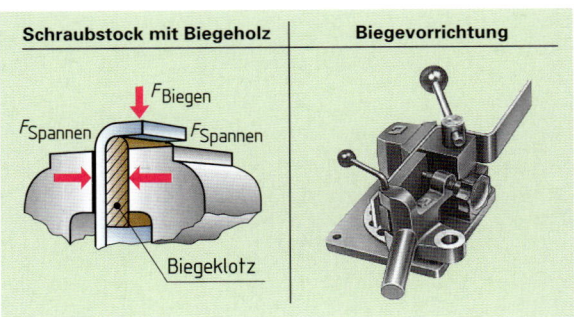

Bild 3 Biegeverfahren

Der abgewinkelte Teil des Flachstahls weist an der Biegezone eine Querschnittsveränderung auf (vergl. Bild 4). Die Umformung bewirkt:

- eine **Streckung** des Werkstoffs im **äußeren Biegebereich** – er wird **gedehnt** – und
- eine **Stauchung** des Werkstoffs im **inneren Biegebereich** – er wird **zusammengedrückt**.

Durch das Strecken entsteht eine Einschnürung, durch das Stauchen eine Ausbuchtung am Werkstückquerschnitt.

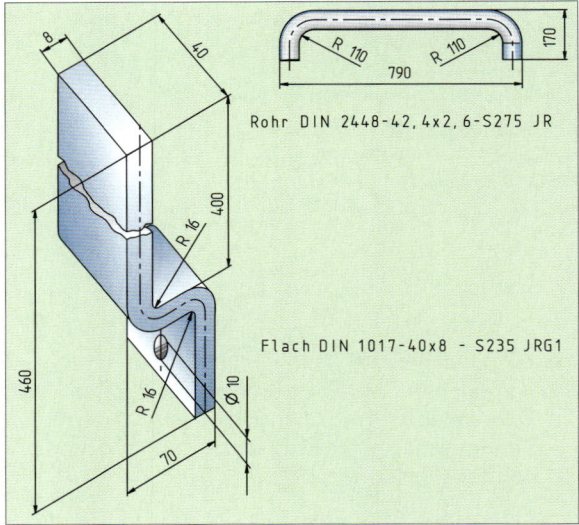

Bild 2 Wandkonsole zur Befestigung des Handlaufs

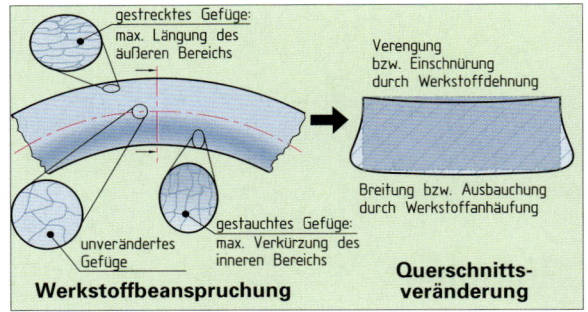

Bild 4 Ursache der Querschnittsänderung

Damit die abgewinkelte Form des Werkstücks erhalten bleibt, muss der Werkstoff plastisch umformbar sein. Nur bestimmte Werkstoffe (vergl. Bild 5) besitzen diese Eigenschaft.

Vorgänge beim Biegen von Flachstahl

Der Flachstahl für die **Konsole** kann im Schraubstock unter Hammerschlägen umgebogen werden. Damit der vorgegebene Radius von 16 mm an der Biegestelle erreicht werden kann, muss die Biegekante des Schraubstocks einen entsprechenden Radius aufweisen. Da die Schraubstockbacken meist scharfkantig ausgebildet sind, ist über einen Biegeklotz zu biegen. Vielfach finden jedoch Biegevorrichtungen Anwendung: Der Biegeaufwand wird geringer und die Biegegenauigkeit größer.

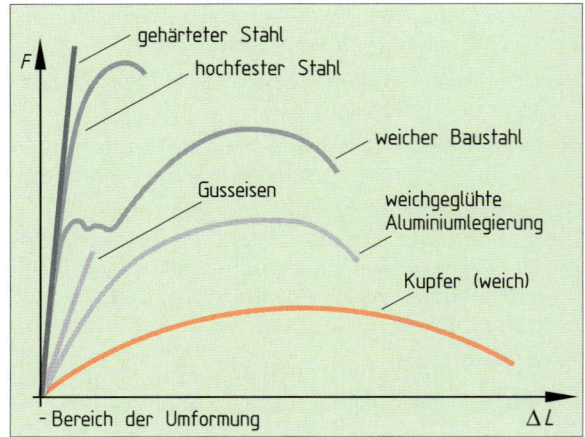

Bild 5 Umformbarkeit verschiedener Werkstoffe

2.2 Umformen　　　　　　　　　　　　　　　　　　　　　　　　　　　　2.2.1 Biegen

Der Werkstoff in der Mitte (Schwerpunktslinie) des Teils wird beim Biegen nicht beansprucht (vergl. Bild 4, Seite 40) und erfährt dadurch keine Längenänderung. Er befindet sich in der neutralen Zone (neutrale Faser).

Um den Baustahl S235JRG1 (St 37) (zur Herstellung der Konsolen) bleibend umzuformen, ist der Werkstoff über den elastischen Bereich (vergl. Bild 1) hinaus zu biegen. Wird dabei die Bruchdehnung im äußeren Biegebereich überschritten, bilden sich an der Biegestelle Risse. Das Teil kann auseinanderbrechen.

Diese Gefahr besteht vor allem bei Werkstücken mit kleinen Biegeradien und großem Biegewinkel an dicken Blechen. Hier ist die Dehnung bzw. Stauchung besonders groß!

> Die Dehnung bzw. Stauchung des Werkstoffes beim Biegen ist umso größer, je:
> - kleiner der Biegeradius,
> - größer der Biegewinkel und
> - größer die Blechdicke ist.

Bestimmte Mindestbiegeradien dürfen nicht unterschritten werden. Für den Flachstahl (Breite 40 mm, Dicke 8 mm) zur Herstellung der Konsole ist ein Radius von mindestens 16 mm erforderlich. Es handelt sich hierbei um einen Erfahrungswert (Bild 2).

Der elastisch verformte Bereich des Teils bewirkt, dass der Werkstoff nach dem Biegevorgang etwas zurückfedert (vergl. Bild 1, Seite 42).

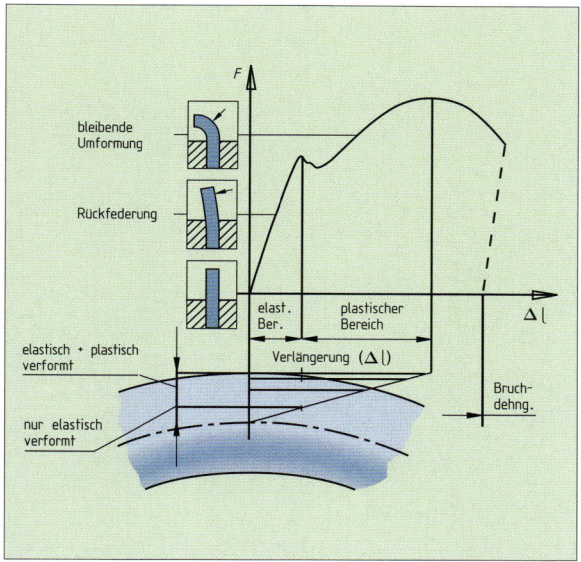

Bild 1 Elastische und plastische Verformung im gestreckten Bereich

Werkstoff	Blechdicke in mm									
	1	1,5	2,5	3	4	5	6	7	8	10
Stahl bis R_m=390N/mm²	1	1,6	2,5	3	5	6	8	10	12	16
Stahl bis R_m=490N/mm²	1,2	2	3	4	5	8	10	12	16	20
Stahl bis R_m=640N/mm²	1,6	2,5	4	5	6	8	10	12	16	20
Reinaluminium (kaltverfestigt)	1,0	1,6	2,5	4	6					
AlCuMg-Leg. (ausgehärtet)	2,5	4	6	10						
CuZn-Leg. (kaltverfestigt)	1,6	2,5	4	6						
Kupfer (weichgeglüht)	1,6	2,5	4							

Bild 2 Mindestbiegeradien für Biegewinkel α < 120°

Die Rückfederung wird umso größer, je geringer die plastische Umformung an der Biegestelle ist. Dies ist besonders zu beachten bei:

- großem Biegeradius und Biegewinkel bei geringer Blechdicke und
- höherer Festigkeit des Werkstoffes.

Die Winkel an der Konsole sind daher etwas größer als 90° zu biegen. Das Teil wird geringfügig überbogen.

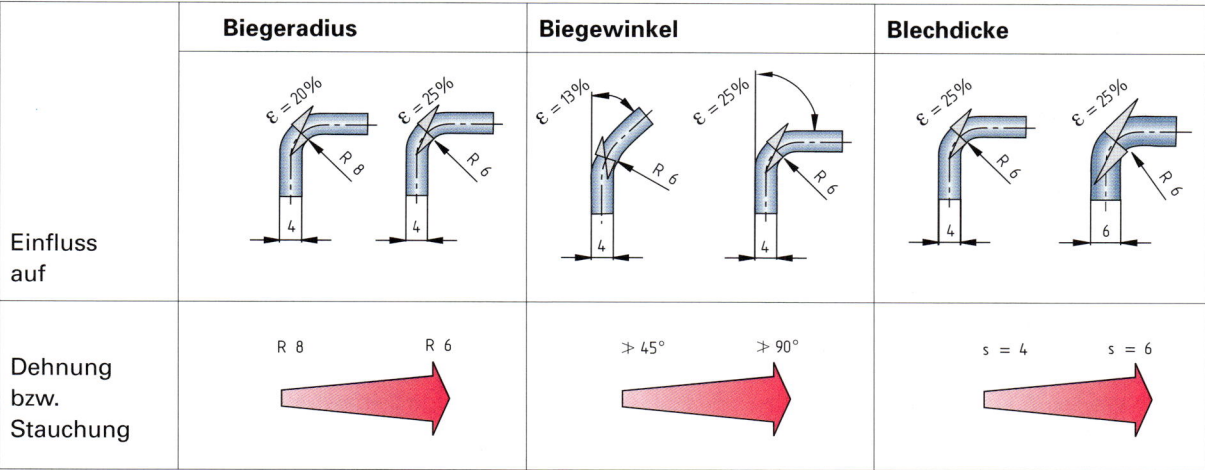

Bild 3 Einflüsse auf Dehnung und Stauchung beim Biegen

2.2 Umformen — 2.2.1 Biegen

Aufgabe:
Die gestreckte Länge der Konsole ist zu berechnen!

Lösung:

$L = \ell_1 + 2 \cdot \ell_2 + \ell_3 + \ell_4$ = 384 mm

$\ell_1 = 400 \text{ mm} - 16 \text{ mm}$

$\ell_2 = 2 \cdot \dfrac{d_m \cdot \pi}{4}$

$d_m = 2 \cdot \left(R + \dfrac{s}{2}\right) = 2 \cdot \left(16 \text{ mm} + \dfrac{8 \text{ mm}}{2}\right)$ = 40 mm

$\ell_2 = 2 \cdot \dfrac{40 \text{ mm} \cdot \pi}{4}$ = 63 mm

$\ell_3 = 70 \text{ mm} - 2 \cdot 16 \text{ mm} - 2 \cdot 8 \text{ mm}$ = 22 mm

$\ell_4 = 460 \text{ mm} - 400 \text{ mm} - 8 \text{ mm} - 16 \text{ mm}$ = 36 mm

$L = 384 \text{ mm} + 63 \text{ mm} + 22 \text{ mm} + 36 \text{ mm}$ = 505 mm

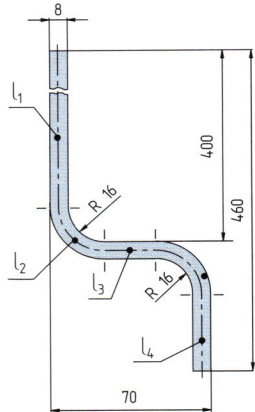

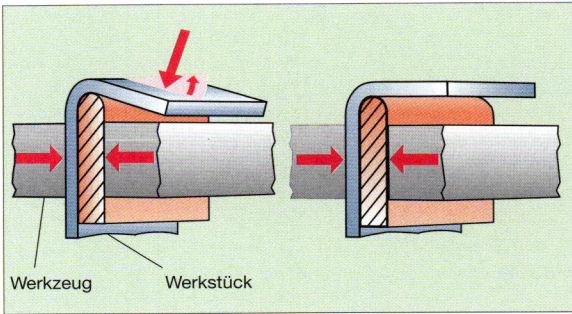

Bild 1 Rückfederung beim Biegen

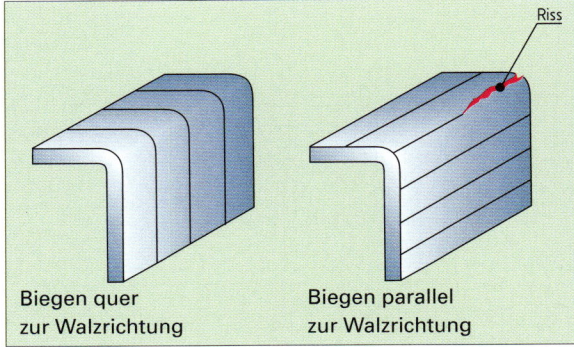

Bild 2 Gefahr der Rissbildung beim Biegen parallel zur Walzrichtung

Vor dem Biegen ist der Flachstahl in entsprechender Länge abzuschneiden. Die Ausgangslänge des Teils muss bestimmt werden. Da die äußeren und inneren Biegebereiche beim Umformen Längenänderungen aufweisen, wird von der neutralen Zone der Schwerpunktslinie ausgegangen.

Länge der neutralen Zone = gestreckte Länge des Biegeteils bzw. des Halbzeugs.

Die neutrale Zone (vergl. Aufgabe) setzt sich aus Geraden und Kreisbögen zusammen. Die Summe ihrer Teillängen ergibt die gestreckte Länge des Biegeteils. Der Flachstahl muss nach ihrer Berechnung eine Länge von ca. 505 mm aufweisen.
Gebogen wird das Halbzeug nach Möglichkeit quer zur Walzrichtung.
Das Werkstück ist dadurch höher belastbar, die Gefahr einer Rissbildung verringert sich.
Dem Biegen setzt der Werkstoff einen Widerstand entgegen, der mit entsprechender Biegekraft überwunden werden muss. Dieser Widerstand ist z. B. abhängig von:
- dem Werkstoff (vergl. Bild 5, Seite 38)
- dem Werkstückquerschnitt (vergl. Bild 4, Seite 40)
- der Werkstofftemperatur (vergl. Kap. 2.2.3 Schmieden)

Biegen von Rohren

Für den **Handlauf** muss das Stahlrohr an den Enden gebogen werden. Der Rohrwerkstoff unterliegt dabei den gleichen Einflüssen wie der Flachstahl:
- der äußere Biegebereich wird gestreckt und
- der innere gestaucht.

Aufgrund meist geringer Rohrwanddicken bilden sich:
- auf seiner Außenseite Einschnürungen, auch Risse und
- auf seiner Innenseite Einknickungen bzw. Wellen.

Der Rohrquerschnitt wird dadurch stark verändert. Dies muss aus optischen Gründen (z. B. Handlauf) und technischen Gründen (z. B. Wasser- oder Heizungsrohre) vermieden werden.

Dabei ist:
- der Biegeradius entsprechend des Rohrdurchmessers und seiner Wandstärke nach Erfahrungswerten festzulegen und
- das Rohr eventuell durch Hilfsmittel in seiner Form zu halten.

2.2 Umformen 2.2.1 Biegen

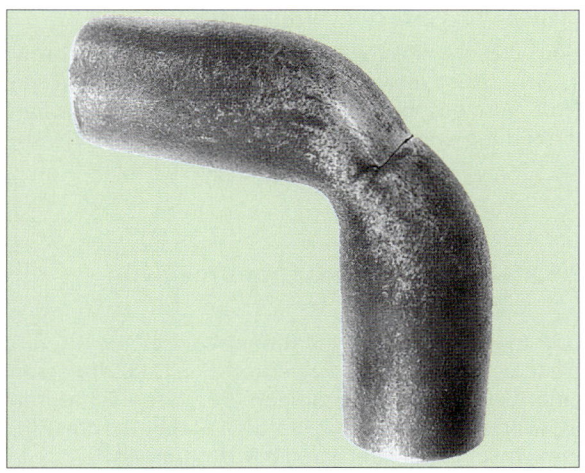

Bild 1 Mögliche Querschnittsveränderung beim Rohrbiegen

Dies kann geschehen z. B. durch:
- Auffüllen des Rohrhohlraumes mit eingepresstem Sand,
- Spannen eines Feilklobens an der Biegestelle senkrecht zur Biegerichtung und
- Verwendung von Biegesegmenten mit eingearbeiteter Passform des Rohres.

Um kostengünstig fertigen zu können, setzt man meist Maschinen ein. Das maschinelle Biegen bedingt wesentlich kürzere Fertigungszeiten als das Biegen von Hand. Für den Handlauf ist daher eine Rohrbiegemaschine vorteilhaft einzusetzen. Dabei wird die notwendige Biegekraft mit einer Hand-Hydraulik auf das Biegesegment übertragen. Segmente gibt es für unterschiedliche Biegewinkel (Bögen) und Rohrdurchmesser.

Im Bereich der Heizungs- und Installationstechnik finden z. B. Rohre aus Stahl und Kupfer Verwendung.

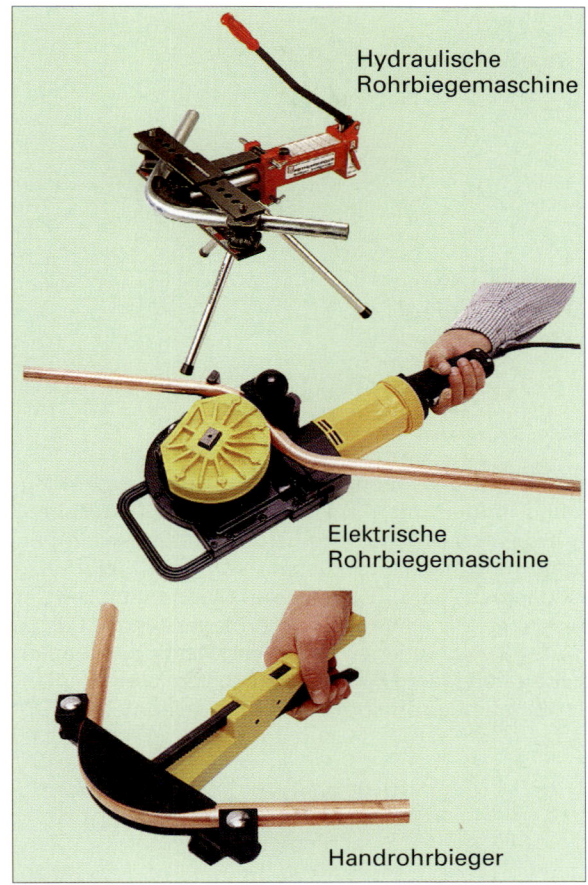

Bild 3 Rohrbiegevorrichtungen

Auf Baustellen werden **Stahlrohre** auch von Hand im Schraubstock gebogen. Um das Rohr leichter verformen zu können, wird es im Biegebereich auf eine Temperatur von 800 bis 900° (vergl. Schmieden) erwärmt.

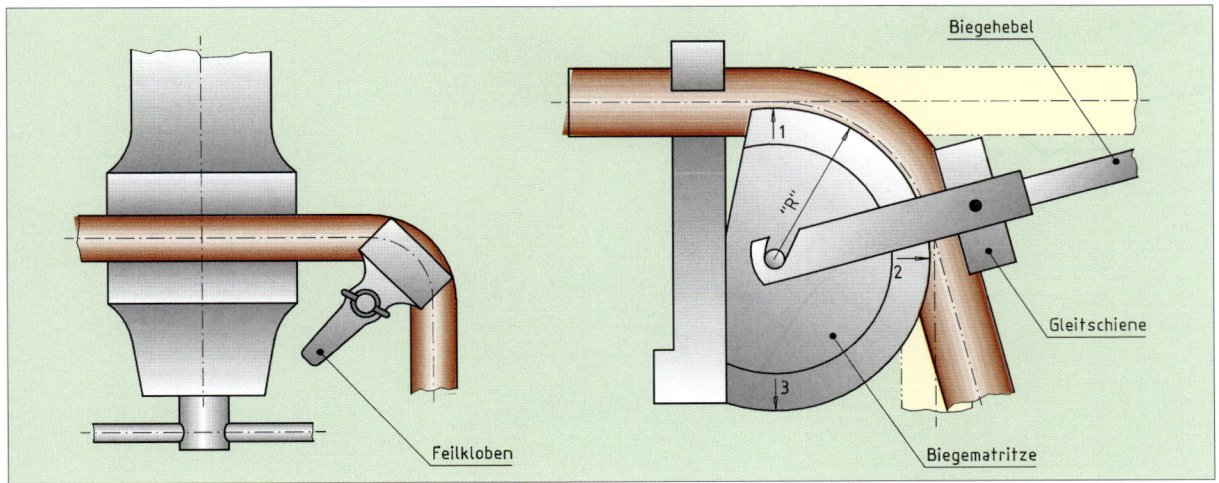

Bild 2 Verhinderung von Querschnittsveränderungen

2.2 Umformen — 2.2.2 Handwerkliches Umformen von Feinblechen

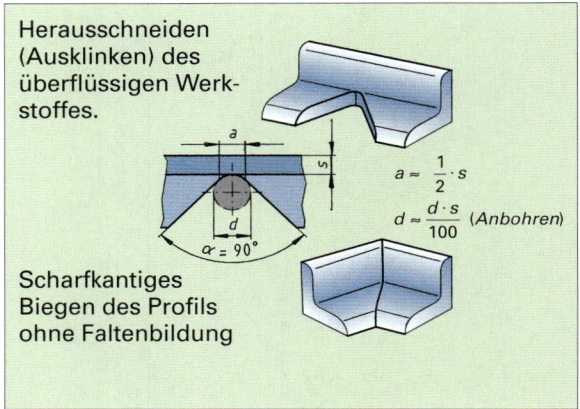

Herausschneiden (Ausklinken) des überflüssigen Werkstoffes.

$a \approx \frac{1}{2} \cdot s$

$d \approx \frac{d \cdot s}{100}$ (Anbohren)

Scharfkantiges Biegen des Profils ohne Faltenbildung

Bild 1 Biegen eines L-Profils

Kupferrohre können in kaltem oder warmem Zustand umgeformt werden. Das Biegen von Rohren mit kleinem Durchmesser (z. B. Ölleitungsrohre) erfolgt meist in kaltem Zustand von Hand. Nachteilig ist dabei die geringe Form- und Maßgenauigkeit der Biegung. Mit einem Handrohrbieger (vergl. Bild 3, Seite 43) (Handbiegevorrichtung) lassen sich Radien genau herstellen. Für die unterschiedlichen Radiengrößen gibt es entsprechende Biegesegmente.

Biegen von Formstahl: Winkelstahl

Wird z. B. Winkelstahl gebogen, so kann der schmale Schenkel (vergl. Bild 1) den gestauchten Werkstoff nicht aufnehmen. Es entstehen Falten. Die Faltenbildung wird verhindert, indem man den Schenkel vor dem Biegen an der Biegestelle freispart.

2.2.2 Handwerkliches Umformen von Feinblechen

Der im Bild 2 dargestellte **Rinnenwinkel** aus Kupferblech soll vorhandene kastenförmige Dachrinnen an einer Gebäudeecke verbinden. Er muss nach deren Sondermaßen gefertigt werden. Dabei ist der Rinnenwinkel gleichfalls wie die Kastenrinnen:

- auf seiner vorderen Seite mit einem **Wulst als Blechabschluss** auszubilden und
- auf der hinteren Seite mit einer Rinnenkante zu versehen. Sie dient als Versteifung der Rinnenwandung und zum Einhängen des Traufstreifens.

Der Rinnenwinkel ist aus zwei kastenförmigen Stücken herzustellen, dann am Stoß zu vernieten und dichtzulöten.

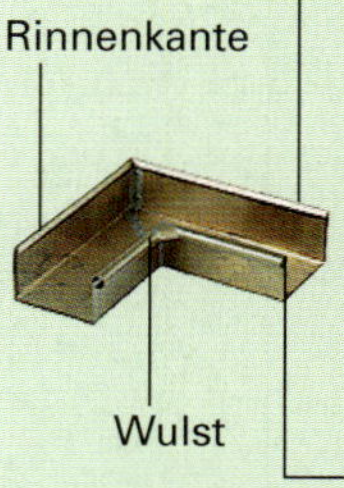

Kanten:
Biegen von Blech längs einer geraden Linie mit kleinem Biegeradius.
Werkzeuge z. B.:
- **Holzhammer:** weiche Hammerbahn verringert die Gefahr der Blechabscherung.
- **Polierstock:** oder Umschlageisen

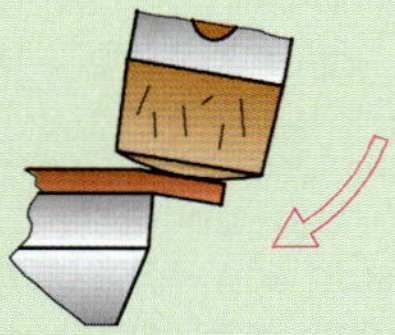

Mit Holzhammer das Blech an der Abkantlinie leicht anschlagen.
- Kleine Abweichungen lassen sich leicht korrigieren.
- Blech verzieht sich nicht so stark.

Wulsten:
Zylindrisches oder konisches Umbiegen des Blechrandes.
Werkzeuge z. B.:
- Biegen über Draht
- Wulstmaschine

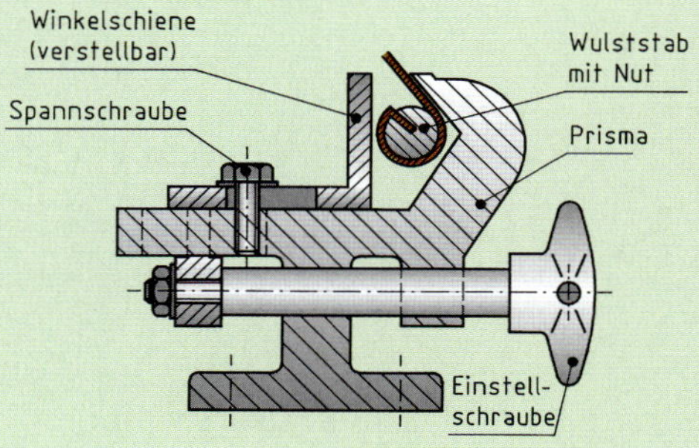

Wulststab nimmt in Längsnut den Blechrand auf. Durch Drehen des Stabes wird das Blech zwischen Prisma und Winkelschiene umgeformt.

Bild 2 Umformtechniken zur Herstellung des Rinnenwinkels

2.2 Umformen — 2.2.2 Handwerkliches Umformen von Feinblechen

Kanten

Zuerst muss der Blechzuschnitt in Rinnenform gebracht werden. Die Seitenflächen sind mit kleinem Biegeradius anzubiegen. An den Biegelinien entstehen Biegekanten.

Das Abkanten des Zuschnitts kann von Hand oder maschinell erfolgen. Bei Handarbeit wird das Blech meist mit dem Holzhammer über die Kante z. B. des Umschlageisens oder des Polierstocks gebogen. Kurze Biegekanten lassen sich mit der Falzzange (Maulbreite 40 bis 80 mm) oder Deckzange (Maulbreite 120 bis 200 mm) herstellen (vergl. Bild 1).

Einfach und schnell erfolgt das Kanten auf der Schwenkbiegemaschine (Abkantmaschine). Auch längere Abkantungen lassen sich so form- und maßgenau herstellen.

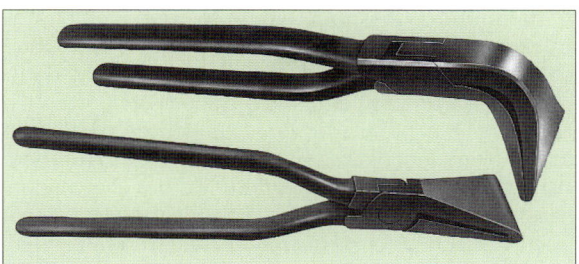

Bild 1 Falzzangen

Weitere Blechumform- und Verbindungstechniken

Ein **Schiebestück** (Bild 1, Seite 47) verbindet das Regenfallrohr mit dem gusseisernen Standrohr der Kanalisation. Durch seine trichterförmige Form kann es leicht gegen das Fallrohr verschoben werden. Dies erleichtert die Montage und gleicht geringfügige Längenunterschiede aus. Eine am Umfang angebrachte Sicke bewirkt, dass das Schiebestück im Muffengrund sicher aufsitzt.

Das Schiebestück ist herzustellen.

Wulsten

Der vordere Blechrand der Rinne ist in seiner gesamten Länge zylindrisch umzubiegen. Es entsteht ein Wulst. Er dient hauptsächlich zur Versteifung des Rinnenrandes, als Tropfkante, auch als Verzierung.

Umbiegen kann von Hand (Biegen über Draht) oder maschinell erfolgen. Schneller und gleichmäßiger ist die Herstellung mit der Wulstmaschine.

Weitere Möglichkeiten der **Randversteifung** sind:
- **Dreikante**: Anbiegen eines Dreikantes am Blechrand mit Schwenkbiegemaschine
- **Umschläge**: Blechrand wird ein- oder mehrmals umgebogen und
- **Drahteinlagen** (vergl. Bild 2), der Blechrand ist um einen Draht zu biegen.

Dieses Verfahren ist in seiner Arbeitsdurchführung sehr aufwendig und daher teuer. Es wird meist für Randabschlüsse im Bereich des Kunstgewerbes und der Haushaltsartikel (z. B. Kuchenformen) angewandt.

Runden

Der Zuschnitt ist dabei längs einer geraden Linie kreisförmig auszubilden – zu runden (vergl. Bild 1 Seite 47).

Kleinere Blechzuschnitte für zylindrische Teile lassen sich von Hand mit Hilfe eines Holz- oder Gum-

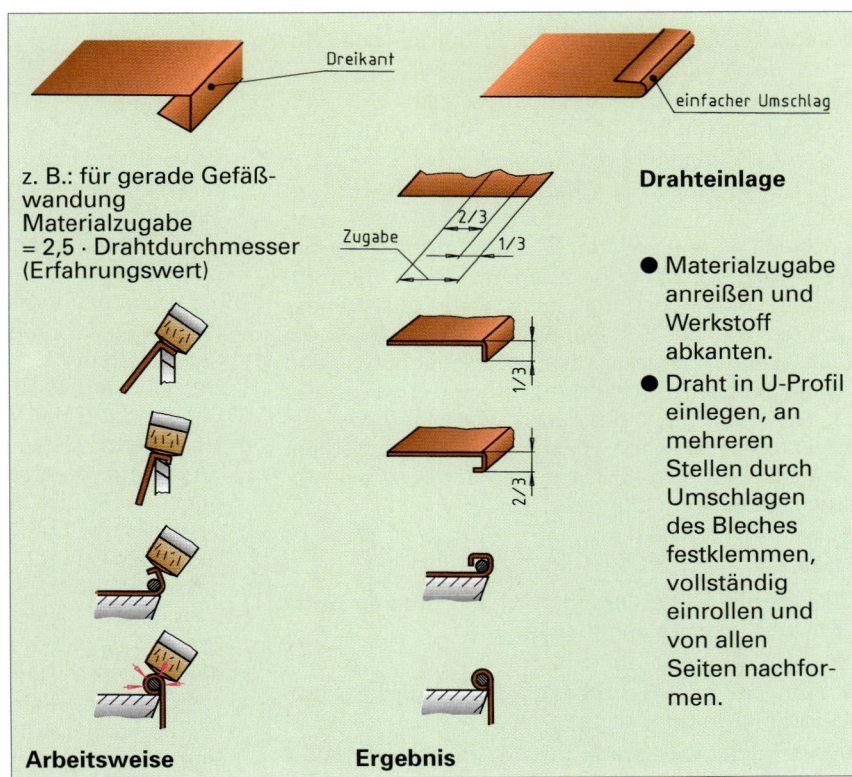

Bild 2 Randversteifungen

2.2 Umformen — 2.2.2 Handwerkliches Umformen von Feinblechen

mihammers z. B. über ein Rohr, die Richtstange oder den Sperrhaken runden. Ihre gewölbte Oberseite formt das Blech. Die Krümmung wird dabei nicht exakt. Es folgt ein langwieriges Ausrichten.
Konische Blechteile können z. B. auf dem Trichtersperrhaken, Flachstäbe (vergl. Schmieden) auf dem Ambosshorn gerundet werden. Mit der Rundbiegemaschine lassen sich das zylindrische Rohr, aber auch konische Blechteile, leicht runden. Walzen biegen das Blech um.

Falzen

Durch einen Falz (vergl. Bild 1, Seite 48) lässt sich das gerundete Rohr einfach und schnell verbinden. Eine Falzverbindung hat gegenüber anderen Verbindungstechniken (Schweißen, Löten) weitere Vorteile wie:
- zusätzliche Versteifung des Blechteils in Längsrichtung,
- keine Spannungen und Verzug durch Wärmeeinwirkung,
- der Korrosionsschutz von beschichteten Blechen an der Verbindungsstelle bleibt erhalten und
- es entstehen keine giftigen Dämpfe durch Verdampfen der Beschichtung, z. B. des Zinks.

Die Art des Falzes wird bestimmt z. B. durch:
- die Form der zu verbindenden Blechteile (z. B. Rumpffalznaht an Schiebestück; Bild 1, Seite 45)
- Lage der Falzverbindung (z. B. Rumpf- oder Bodenfalznaht) und
- Forderung an die Verbindungsstelle (z. B. verschiebbar durch Schiebefalz oder wasserdicht durch doppelten Stehfalz).

Das Schiebestück ist über das Regenfallrohr zu stecken. Damit der Falz hierbei nicht behindert, wird eine außenliegende, flache Rumpffalznaht gewählt. Sie ist nach außen durchzusetzen. Die Rohrenden können dadurch nicht mehr auseinander springen. Bei der Herstellung des Zuschnitts ist die Falzzugabe zu berücksichtigen. Sie ist abhängig von der geforderten Überlappungsbreite (für Längsfalze ca. 10 x Blechdicke) des Falzes. Vorteilhaft wird die Falzverbindung schon vor dem Runden vorbereitet (vergl. Bild 1, Seite 48). Die Verbindung lässt sich dadurch einfacher ausführen.

Sicken

Die rillenartige Vertiefung wird am unteren Ende des Schiebestücks angebracht.
Sie dient als:
- Versteifung des Blechteils durch zusätzliche Werkstoffumformung,
- Anschlag bzw. Begrenzung (z. B. im Steigrohr) und
- in manchen Fällen auch als Verzierung.

Wird die Sicke von Hand ausgebildet, ist als Auflage für das Rohr der Sickenstock zu verwenden. Er ist auf der einen Seite mit Rillen unterschiedlicher Größe, auf der anderen mit hervorstehenden Radien versehen. Für Sicken an größeren Rohrdurchmessern schlägt man den Werkstoff von innen mit dem Sickenhammer in die Rille des Sickenstocks. Bei kleineren Rohrdurchmessern kann der Hammer nicht mehr im Rohr bewegt werden.
Die Sicke ist dann vorteilhaft mit dem Kornsickenhammer an der Kornsicke des Sickenstocks von außen anzulegen.
Die Arbeiten sind dabei sehr aufwendig und langwierig – sie erfordern eine große Handfertigkeit.
Die Sicke für das Rohr lässt sich wesentlich leichter, schneller und genauer auf der Sickenmaschine herstellen. Sich gegenläufig drehende Formwalzen drücken sie in den Werkstoff.

Die **Kaminhülse mit Kapsel** (Bild 1, Seite 49) dient z. B. zum Schließen von nicht genutzten Kamindurchbrüchen.

Die **Kapsel** besteht aus zwei Teilen:
- Ronde als Boden bzw. Rohrabdeckung und
- zylindrisch geformtes Rohr – zum Einfügen in die Hülse.

Der Boden ist mit dem Rohr zu verbinden!

> **Überlegen Sie:**
> Welche Verbindungstechniken schlagen Sie vor?
> Welche Probleme können dabei entstehen?

Es wird eine Falzverbindung – Bodenfalz – gewählt. Er ist formschön und bei dünnem Blech einfach herzustellen.
Zuerst ist am Rohr ein kleiner Rand (Bord bzw. Bördel) von ca. 3 mm nach außen abzuwinkeln. Er dient als Vorbereitung für die nachfolgende Verbindungstechnik (z. B. Falzen, Löten, Schweißen), auch als Randversteifung.
Der Rohrrand wird **ausgebördelt** bzw. **geschweift**. Dabei erfährt der Werkstoff in seinem Randbereich eine sehr starke plastische Umformung, eine **Streckung**. Damit er sich dabei nicht wellt oder gar bricht, muss dies allmählich erfolgen.
Bei einem zu breiten Bord besteht die Gefahr einer zu starken Dehnung, eventuell Rissbildung im äußeren Randbereich. Allgemein wählt man Ränder von 5 bis 10 mm Breite.
Um den ausgebördelten Rohrrand ist dann der Boden zu falzen. Der Bodenrand muss dazu hochgestellt, **eingebördelt** werden. Dabei verkürzt sich seine Randlänge. Durch **Stauchen** wird der überschüssige Werkstoff zum Rand hin in den Bord eingearbeitet.

2.2 Umformen 2.2.2 Handwerkliches Umformen von Feinblechen

Runden: kreisförmiges Ausbilden von z. B. Zuschnitten mit großem Rundungsradius zu zylindrischen oder konischen Rohren.

Werkzeuge z. B.:
- Holzhammer
- Sperrhaken oder Rohr

Blechränder mit Holzhammer anrunden, dann Blech (mit beiden Händen) über Unterlage biegen, bis gewünschte Rundung erreicht ist.

auf Rohr

auf Sperrhaken

Falzen: formschlüssige Verbindung von dünnem Blech (bis ca. 1 mm Dicke), wobei die Blechränder ineinander gedrückt werden.

Werkzeuge z. B.:
- Falzhammer
- Falzmeißel
- Sperrhaken, Rohrstange

Falzzugabe am Zuschnitt anreißen, diese dann ab- bzw. umkanten, einhängen und zuschlagen, durchsetzen, glätten und sichern (vergl. Bild 1, Seite 48).

Sicken: geradlinige, rillenartige Vertiefungen im Blech, wobei der Werkstoff z. B. aus Mantelfläche des Rohrs hinein- bzw. herausgedrückt wird.

Werkzeuge z. B.:
- Sickenhammer
- Kornsickenhammer
- Sickenstock

Mit dem Sickenhammer ist das Blech an die Rille des Sickenstocks allmählich anzulegen. Dabei ist das Rohr stetig zu drehen.

große Rohrdurchmesser

kleine

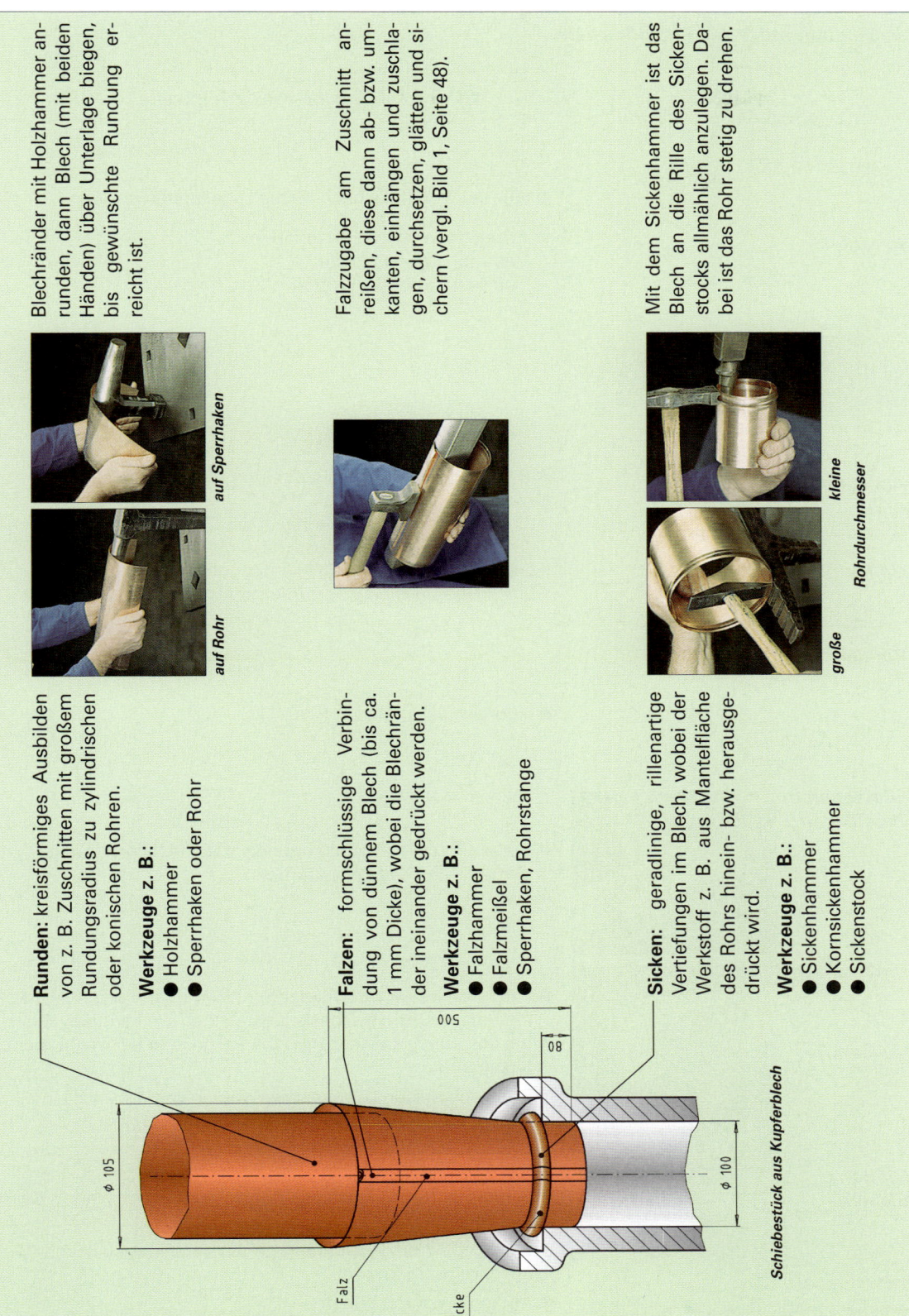

Schiebestück aus Kupferblech

Falz

Sicke

Bild 1 Umform- und Verbindungstechniken zur Herstellung eines Schiebestücks

2.2 Umformen 2.2.2 Handwerkliches Umformen von Feinblechen

Beispiel: Rohr mit 8 mm Rumpffalznaht

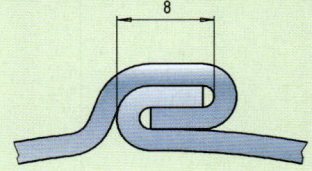

Falzzugabe z = 3 x Falzbreite b

Regel: "z" = 3 · 8 mm = **24 mm**

- Falz soll von links nach rechts zugekantet werden

- Anzeichnen von 2 Falzzugaben
  – einmal auf Innenseite,
  – einmal auf Außenseite des Zuschnitts

1. Anreißen

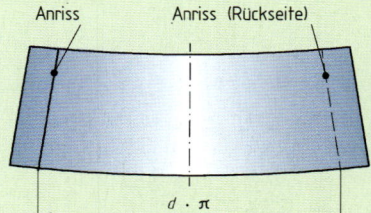

2. Abkanten

Umkanten

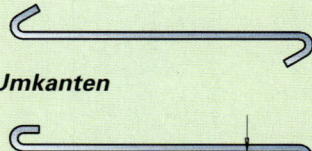

3. Runden

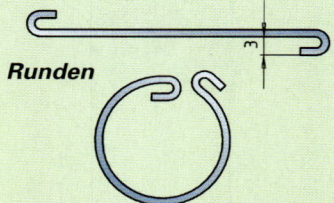

- Biegen der Zugaben bis zu einem Winkel von ca. 135°
Beachte:
– Biegungen sind gegenläufig auszuführen, damit Falz nach dem Runden eingehakt werden kann.
– Zudrücken der Zugaben – die Zugabeseite soll von der Blechseite noch 2 bis 3 mm entfernt sein.

- Runden (vergl. Bild 1, Seite 47)

4. Einhängen u. Zuschlagen

- Einhängen der Falzteile und leichtes Zuklopfen mit der glatten Bahn des Falzhammers.

5. Durchsetzen

- Falz nach **innen Durchsetzen** mit Handhammer. Als Unterlage dient z. B. die scharfe Kante eines dreikantigen Sperrhakens. Blech knickt durch. Die Falzteile gehen nicht mehr auseinander.

- Falz nach **außen Durchsetzen** mit Falzmeißel – als Unterlage dient die Rohrstange.

6. Glätten u. Sichern

- Schließen und Glätten des Rohrfalzes mit der glatten Bahn des Falzhammers.
- Sichern der Falzverbindung gegen Verschieben durch Körnereinschlag, Niet
- Abdichten durch Löten

Bild 1 Arbeitsgänge für Anfertigung eines Rohrfalzes

2.2 Umformen — 2.2.2 Handwerkliches Umformen von Feinblechen

Schweifen bzw. Ausbördeln

Abwinkeln des Rohrrandes durch **Dehnen** bzw. **Strecken** des Werkstoffes.
Die Werkstoffdicke nimmt zum Rand hin ab.

In Randbreite Rohr mit Hammerfinne von der Innenseite bearbeiten, dabei drehen. Durch schräge Hammerhaltung auf ca. 3/4 Randbreite streckt sich der äußere Blechrand stärker. Je nach Verformung ist das Rohr weiter abzuwinkeln. Mit Schlichthammer werden verbleibende Wellen und Unebenheiten ausgeglichen.

Werkzeuge z. B.:
- Schweif- bzw. Schlichthammer (um Werkstoff zu strecken)
- Polierstock

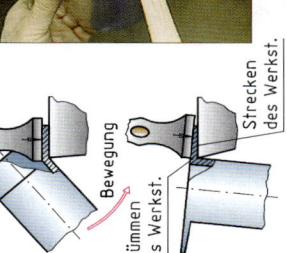

Einbördeln

Rechtwinkeliges Abwinkeln bzw. Einbördeln des Bodenrandes durch **Stauchen** des Werkstoffs. Der Bord längt sich dabei, der Werkstoffquerschnitt verdickt sich zum Rand hin geringfügig.

Nach dem Anreißen ist der Bördelrand des Bodens unter stetigem Drehen anfangs leicht anzuknicken (Korrekturen sind noch möglich), dann stufenweise fertigbördeln, wobei die Hammerbahn in Richtung Blechrand gezogen wird.
Borde und Boden sind auszurichten.

Werkzeuge z. B.:
- Holz- oder Kunststoffhammer (um den Werkstoff nicht zu strecken)
- Bördel- oder Umschlageisen

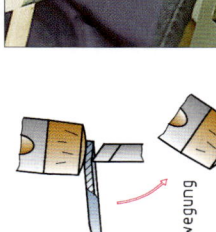
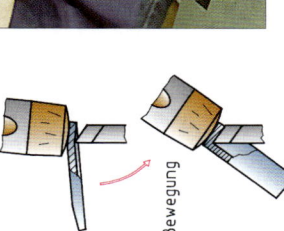

Falzen (Bodenfalz)

Formschlüssige Verbindung von Bord des Bodens zu Schweifrand des Rohrmantels.
Der Werkstoff wird dabei gestaucht.

In den geschweiften Rand des Rohrs wird der Boden (Luft 1 bis 2 mm) eingepasst, geheftet und eventuell ausgerichtet. Nachfolgend ist der Falz stufenweise zu schließen und auszurichten.

Werkzeuge z. B.:
- Hand- bzw. Schlichthammer
- Polierstock

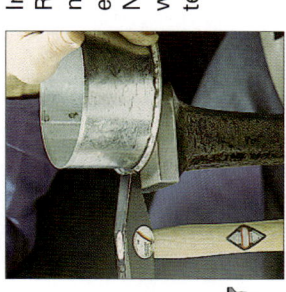
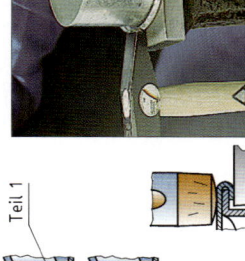
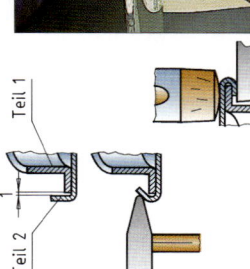
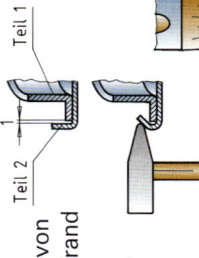
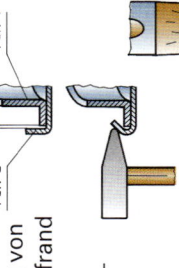

Kaminhülse aus verzinktem Stahlblech

Teil 1 Rohr
Teil 2 Boden

Kapsel aus verzinktem Stahlblech

Bild 1 Umform- und Verbindungstechniken zur Herstellung einer Kapsel

Damit der Falz vollständig geschlossen werden kann, muss der Innendurchmesser des gefertigten Bords kleiner als der ausgebördelte Rand des Rohres sein.

Rohr und Boden werden ineinandergepasst, dann gefalzt (vergl. Bodenfalz). Der Werkstoff wird dabei weiter gestaucht.

Zum Schluss ist die Kapsel an ihrem Rohrrand (vergl. Bild 1, Seite 49) zusätzlich zu verengen bzw. stauchen (Einziehen). Sie kann dann leichter in die Hülse eingeführt werden.

Überlegen Sie:
- Durch welche Blechumformverfahren ist die Hülse zu fertigen?
- Mit welcher Verbindungstechnik wurden die Rohrenden der Hülse verbunden?

2.2.3 Schmieden

Schmiedeeiserne Gartentüren, Fenstergitter, auch einzelne Elemente wie Rosetten, verzierte Gitterstäbe oder Ähnliches sind heute fertig im Handel zu beziehen. Sie sind preisgünstig, weil sie in großer Stückzahl industriell gefertigt werden. Will der Kunde eigene Ideen verwirklicht wissen, so muss das Teil in teurer Handarbeit speziell hergestellt werden. So auch die Gartentüre (Bild 1), die komplett durch Schmiedearbeiten zu fertigen ist.

Die Teile sind einzeln zu schmieden. Sie werden dann zusammengesetzt, miteinander vernietet, verklammert oder verschweißt.

Das Halbzeug z. B. für die einseitig ausgespritzten Längsstäbe ist ein Quadratstahl. Durch Schmieden erfolgt seine Formänderung spanlos. Das Halbzeug kann dabei in kaltem Zustand belassen oder erwärmt werden. Da sich der Werkstoff bei hoher Temperatur leichter umformen lässt, wird meist mit Hilfe von Wärme geschmiedet. Durch entsprechende Druckkräfte (Hammerschläge) erfolgt die Formgestaltung des Werkstoffs. Er wird dabei plastisch umgeformt. Schmiedbare Werkstoffe sind außer Stahl (mit geringem Kohlenstoffgehalt) z. B. auch Kupfer- und Kupferknetlegierungen und Aluminium- und Aluminiumknetlegierungen.

Im Vergleich zur spanenden Formgebung (vergl. Kap. 2.3.1) ergeben sich beim Schmieden Vorteile, wie:

- **Werkstoffersparnis**, da die Formänderung (z. B. Spitze) des Quadratstahles ohne Spanabfall erfolgt,
- **Zeitersparnis**, da selbst komplizierte Formen (vergl. Schnecke) schnell, meist mit einfachen Handwerkszeugen hergestellt werden können, und

Bild 1 Gartentor

- **höhere Festigkeit** der Teile, da der Faserverlauf beim Umformen nicht unterbrochen wird. Der Werkstoff passt sich lediglich der veränderten Werkstückkontur an (vergl. Gesenkformen).

Zum **Schmieden** sind spezielle Einrichtungen notwendig, wie z. B.:

- Schmiedeherde oder -öfen zur Erwärmung auf Schmiedetemperatur und
- verschiedene Hämmer, Amboss und Hilfsmittel für die Umformung der Werkstücke – auch Maschinenhämmer, Pressen, Gesenke.

Die **Erwärmung** des Halbzeuges (Quadratstahl) erfolgt:

- langsam auf Rotglut. Die inneren und äußeren Bereiche des Werkstückquerschnittes erfahren dadurch eine gleichmäßige Erwärmung. Somit werden Spannungsrisse verhindert. Dann aber
- schnell auf Schmiedetemperatur.

Mit zunehmender Temperatur nimmt die Festigkeit des Werkstoffes ab. Er lässt sich dadurch leichter formen. Der notwendige Kraftaufwand zum Schmieden wird geringer. Bei zu hoher Temperatur verbrennt jedoch der Werkstoff und wird unbrauchbar. Schmieden bei zu niedriger Temperatur führt zu einer Verhärtung des Werkstoffes.
Er wird spröde und bricht.

2.2 Umformen — 2.2.3 Schmieden

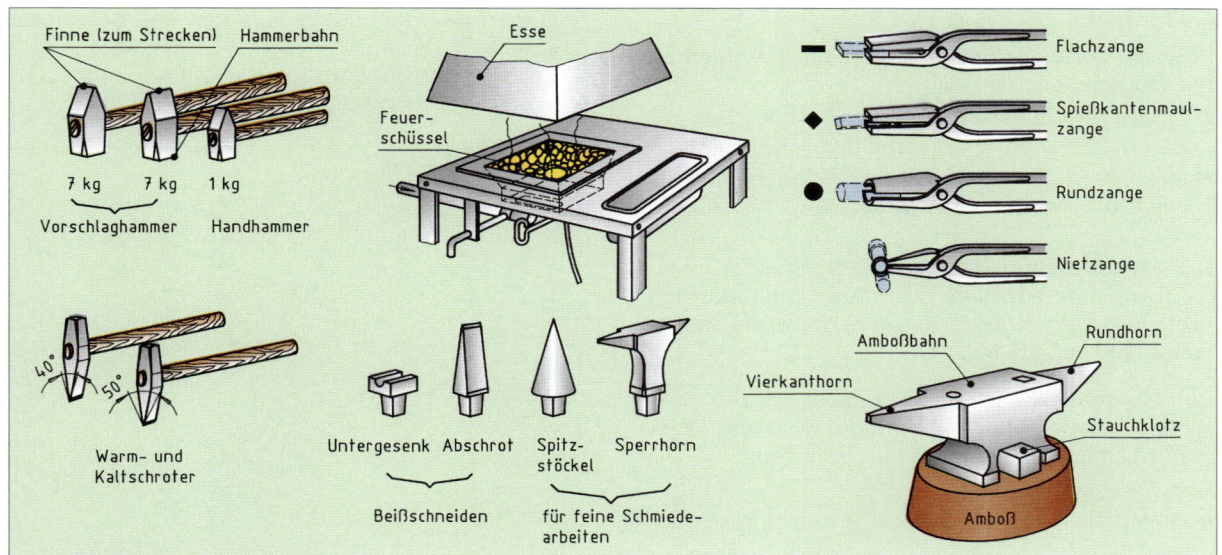

Bild 1 Schmiedeeinrichtung

Die Anfangs- und Endschmiedetemperaturen sind je nach Werkstoff unterschiedlich. Für den Quadratstahl aus S235JR (St 37) mit ca. 0,2 % C ist der Schmiedebereich (vergl. Bild 2) zwischen 1150 (gelb) und 850° (hellrot).

Zunehmender Kohlenstoffgehalt verkleinert den Schmiedetemperaturbereich. Der Stahl lässt sich schlechter Schmieden. Ist im Stahl Schwefel enthalten, so besteht die Gefahr des Rotbruches – ein Brechen in erwärmten Zustand.

Das **Umformen** des Halbzeugs kann mit einfachen Werkzeugen, z. B. Schmiedehammer, geschehen.

Die von Hand erzeugten Druckkräfte werden über die Hammerbahn auf das Werkstück übertragen. Der Werkstoff verdichtet sich dabei geringfügig unter der Druckfläche. Aufgrund der guten Bildsamkeit bei Schmiedetemperatur wird er hauptsächlich seitlich weggedrückt. Das Teil ändert seine Form.

Während des Schmiedens verbindet sich die Werkstoffoberfläche mit Sauerstoff. Es entsteht eine spröde, leicht abblätternde Zunderschicht bei Stahlwerkstoffen. Sie muss vollständig entfernt werden. Den dadurch entstehenden Werkstoffverlust nennt man Abbrand.

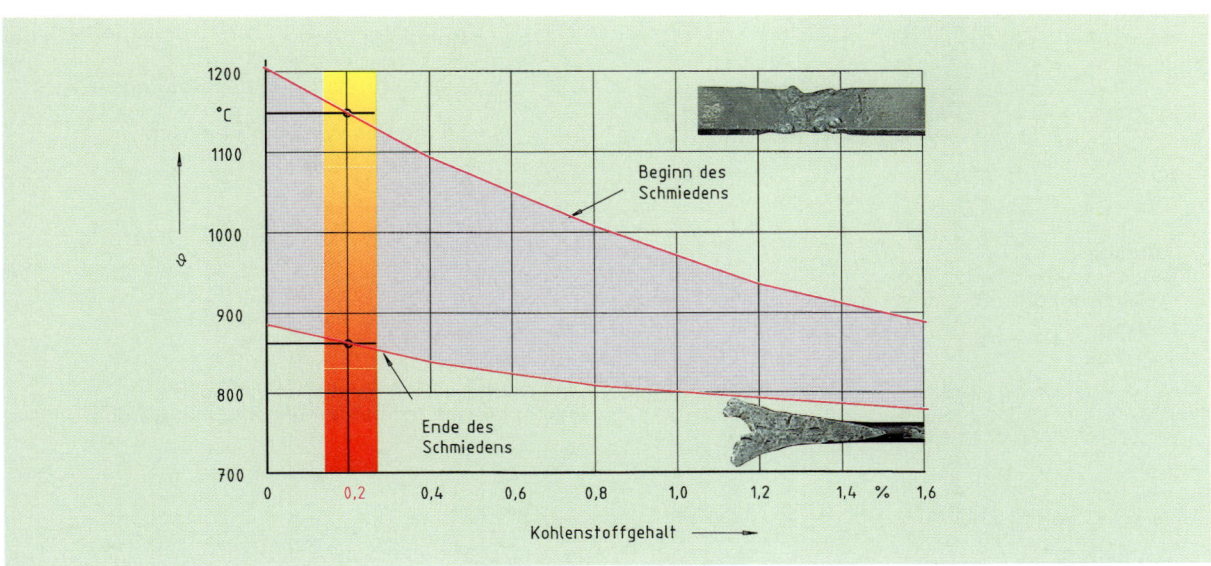

Bild 2 Schmiedebereich unlegierter Stähle

2.2 Umformen — 2.2.3 Schmieden

Freiformen

Beim Freiformschmieden erfolgt die Formgebung mit Werkzeugen, die:

- nicht die Form des Werkstückes besitzen, wie z. B. Hammer und Amboss (vergl. Bild 1, Seite 51),
- teilweise die Form des Werkstückes beinhalten, wie z. B. Hammer und Gesenk (vergl. Bild 1, Seite 51).

Die verschiedenen Formen der Schmiedeteile für die Gartentüre erfordern bestimmte Schmiedetechniken, wie z. B.: Strecken, Breiten, Absetzen, Spalten (vergl. Bild 1, Seite 53).

Der Quadratstahl ist einseitig auszuspitzen. Zwischen Hammerbahn und Amboss wird der Werkstoff zu einer Vierkantspitze geschmiedet.

Dies geschieht durch:

- leichte Neigung von Halbzeug und Hammer gegen den Amboss und
- zusätzliches Drehen des Halbzeugs um 90° bei jedem Hammerschlag.

Der Werkstoff streckt sich dadurch im Schmiedebereich in Längsrichtung. Sein Querschnitt wird zur Spitze hin kleiner, die geschmiedete Form dafür länger. Der Zuschnitt des Quadratstahles muss entsprechend bemessen werden. Da der Werkstoff lediglich umgeformt wird, entspricht das Volumen der Spitze einem bestimmten Teilvolumen des Halbzeugs.

Volumen des Rohlings = Volumen des Schmiedeteils.

Die Länge des Rohlings kann somit errechnet werden (vergl. Rohlängenberechnung).

Bild 1 Umformen des Werkstücks durch Freiformschmieden

Glühende Teile und sprühende Funken können Verbrennungen an Haut oder der Kleidung verursachen, unsachgemäßer Umgang mit schweren Teilen und Werkzeugen zu Quetschungen am Körper führen.

Rohlängenberechnung

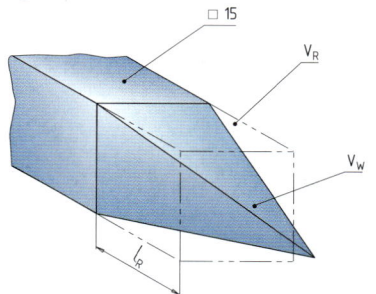

V_R : Volumen des Rohlings in m³

V_W : Volumen des Werkstückteils in m³

l_R : Rohlänge in mm

A_R : Querschnittsfläche des Rohlings in mm

l_W : Länge des Werkstücks in mm

$$V_R = V_W$$

Aufgabe:
Berechnen Sie die Rohlänge l_R für die pyramidenförmige Spitze des Längsstabes. Die Spitzenhöhe soll 60 mm betragen!

Lösung:

$V_R = V_W$

$V_W = \frac{1}{3} \cdot l^2 \cdot h = \frac{1}{3} \cdot (15\text{ mm})^2 \cdot 60\text{ mm} = 4500\text{ mm}^3$

$V_R = A \cdot l_R$

$A_R \cdot l_R = V_W; \quad l_R = \frac{V_W}{A}$

$A_R = l^2 = 15\text{ mm} \cdot 15\text{ mm} = 225\text{ mm}^2$

$l_R = \frac{4500\text{ mm}^3}{225\text{ mm}^2} = \underline{\mathbf{20\text{ mm}}}$

In der Praxis kann **für diesen Fall** auch mit einer verkürzten Formel gerechnet werden:

$l_R = \frac{l_W}{3}$

$l_R = \frac{60\text{ mm}}{3}$

$\underline{l_R = 20\text{ mm}}$

2.2 Umformen 2.2.3 Schmieden

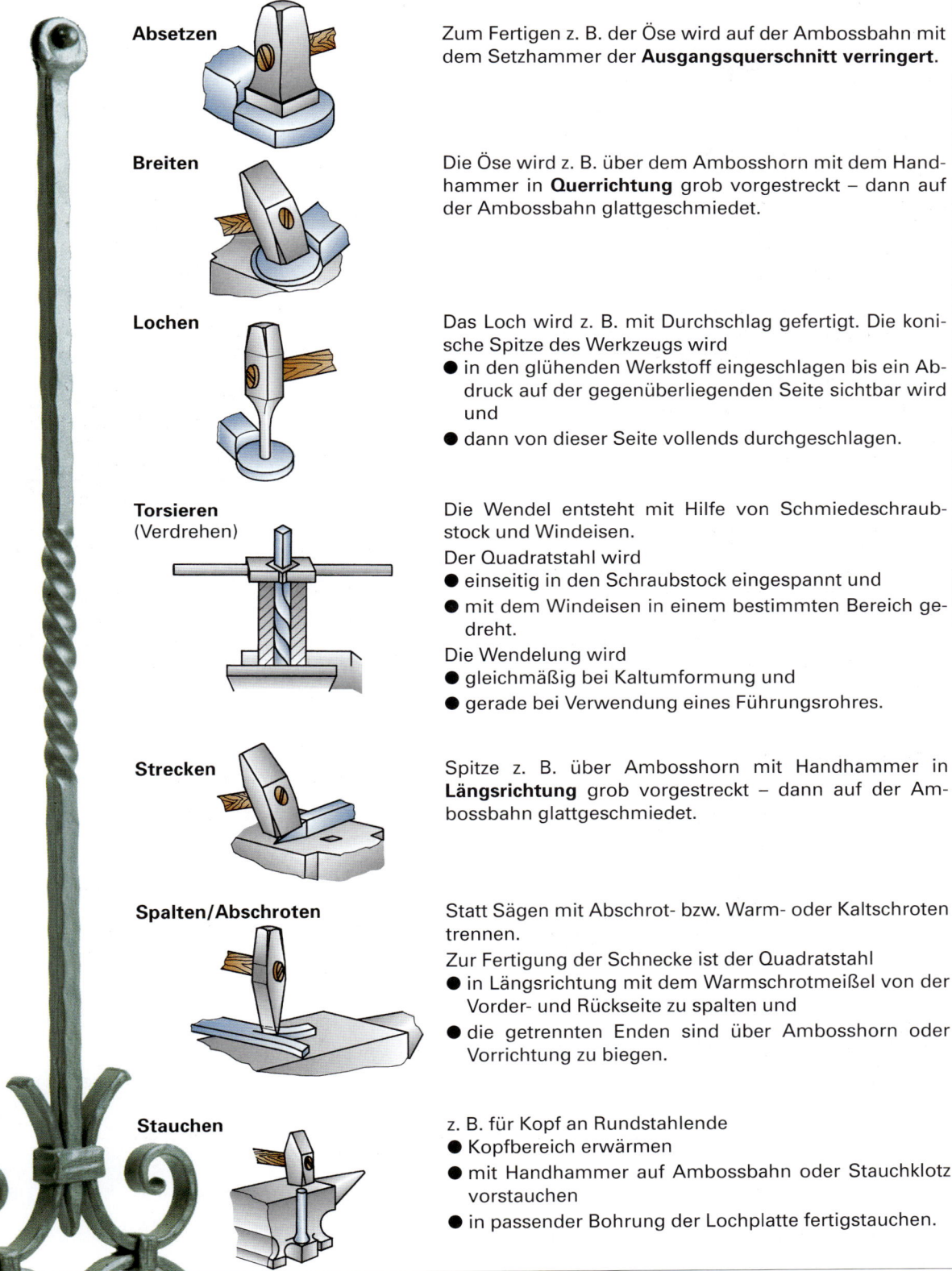

Absetzen — Zum Fertigen z. B. der Öse wird auf der Ambossbahn mit dem Setzhammer der **Ausgangsquerschnitt verringert**.

Breiten — Die Öse wird z. B. über dem Ambosshorn mit dem Handhammer in **Querrichtung** grob vorgestreckt – dann auf der Ambossbahn glattgeschmiedet.

Lochen — Das Loch wird z. B. mit Durchschlag gefertigt. Die konische Spitze des Werkzeugs wird
- in den glühenden Werkstoff eingeschlagen bis ein Abdruck auf der gegenüberliegenden Seite sichtbar wird und
- dann von dieser Seite vollends durchgeschlagen.

Torsieren (Verdrehen) — Die Wendel entsteht mit Hilfe von Schmiedeschraubstock und Windeisen.
Der Quadratstahl wird
- einseitig in den Schraubstock eingespannt und
- mit dem Windeisen in einem bestimmten Bereich gedreht.

Die Wendelung wird
- gleichmäßig bei Kaltumformung und
- gerade bei Verwendung eines Führungsrohres.

Strecken — Spitze z. B. über Ambosshorn mit Handhammer in **Längsrichtung** grob vorgestreckt – dann auf der Ambossbahn glattgeschmiedet.

Spalten/Abschroten — Statt Sägen mit Abschrot- bzw. Warm- oder Kaltschroten trennen.
Zur Fertigung der Schnecke ist der Quadratstahl
- in Längsrichtung mit dem Warmschrotmeißel von der Vorder- und Rückseite zu spalten und
- die getrennten Enden sind über Ambosshorn oder Vorrichtung zu biegen.

Stauchen — z. B. für Kopf an Rundstahlende
- Kopfbereich erwärmen
- mit Handhammer auf Ambossbahn oder Stauchklotz vorstauchen
- in passender Bohrung der Lochplatte fertigstauchen.

Bild 1 Schmiedetechniken

2.2 Umformen — 2.2.3 Schmieden

Unfallverhütungsvorschriften müssen beachtet werden, z. B. ist:
- geschlossene Kleidung zu tragen, sodass Funken die Haut nicht verbrennen können,
- die Kleidung mit Lederschürze vor Brandlöchern zu schützen,
- der Stiel von Hand- und Vorschlaghammer auf festen Sitz zu prüfen und
- eine gut greifende Zange für ein sicheres Halten des Werkstückes zu verwenden. Die Zange soll dabei das Werkstück umschließen.

Gesenkformen

Das Gesenkschmieden erfolgt durch Formwerkzeuge (Gesenke). Sie bestehen aus einem Ober- und einem Untergesenk, eingebaut in eine Schmiedepresse. In das Untergesenk wird der glühende Rohling eingelegt. Durch das Schließen des Werkzeugs verformt sich der Werkstoff plastisch und legt sich an der Formwandung an. Das Werkstück entspricht dann der Innenform des Werkzeugs. Da die Herstellkosten für das Werkzeug sehr hoch und der Betrieb der Maschine teuer ist, eignet sich dieses Verfahren nur für Großserien- bzw. Massenproduktion, wie z. B. Maulschlüssel und Blechscherenköpfe.

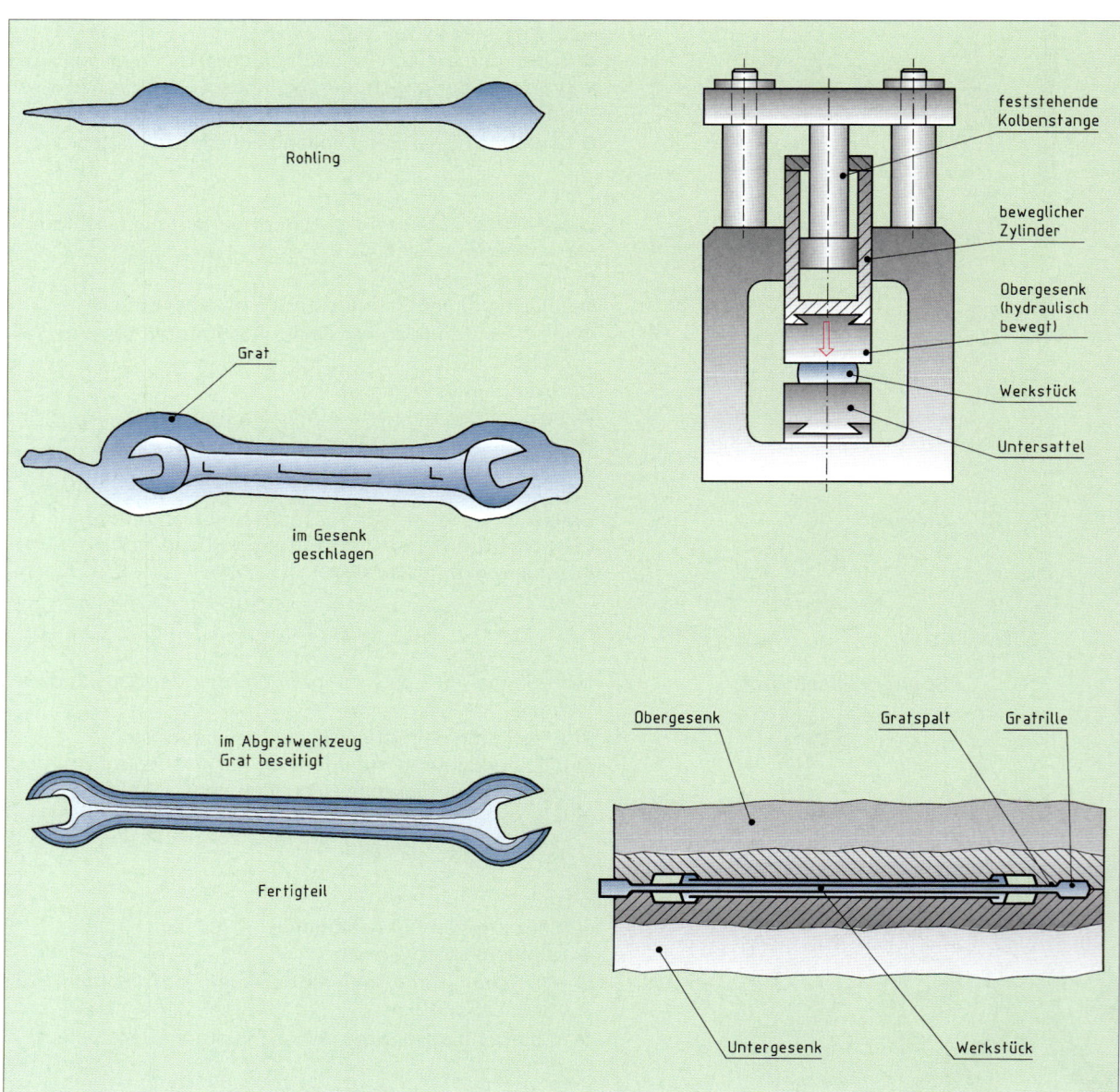

Bild 1 Gesenkwerkzeug in hydraulischer Schmiedepresse

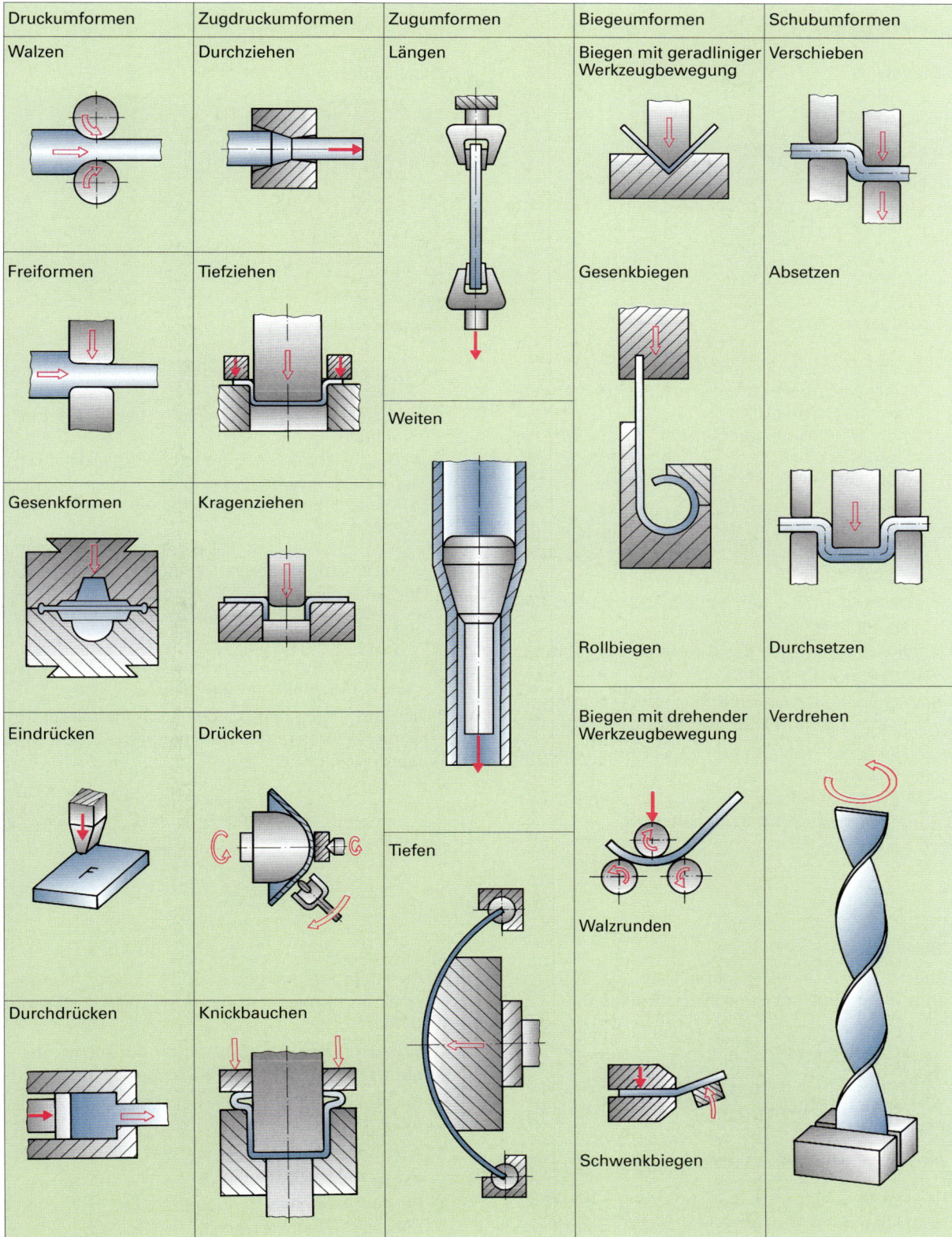

Bild 1 Einteilung der Umformverfahren nach DIN 8582

Übungen

Biegen

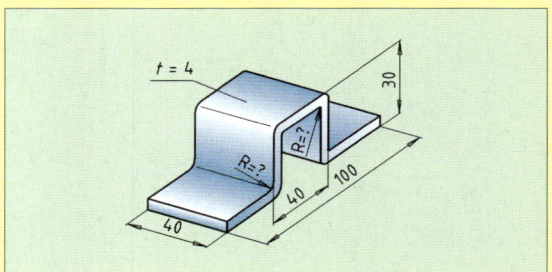

Lasche aus S235JRG1

1. Bestimmen bzw. berechnen Sie:
   a) die Normbezeichnung für das zu verwendende Halbzeug.
   b) die Mindestbiegeradien der Lasche für diesen Werkstoff.
   c) Die Zuschnittslänge des Halbzeugs.
2. a) Erklären Sie den Begriff: „neutrale Zone".
   b) Warum wird in der Berechnung der gestreckten Länge von dieser Zone ausgegangen?
3. Beschreiben Sie den Arbeitsablauf beim Biegen der Lasche.
4. Wie verändert sich das Gefüge des Werkstoffes in den Biegebereichen?
5. Was versteht man unter elastischer und plastischer Verformung des Werkstoffes?
6. a) Welche Probleme entstehen beim Biegen von Rohren?
   b) Wodurch kann man beim Rohrbiegen den Kreisquerschnitt beibehalten?

Blechumformung

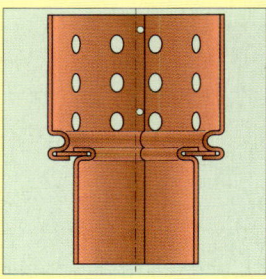 

Kiesfanggitter aus Kupfer

1. a) Aus wieviel Teilen besteht das Kiesfanggitter?
   b) Welche geometrische Form haben die Einzelteile.
2. a) Beschreiben Sie die Herstellungsverfahren für die jeweiligen Einzelteile.
   b) Welche Verbindungstechniken wurden angewandt?
3. a) Nennen Sie Vorteile einer Falzverbindung gegenüber anderen Verbindungstechniken.
   b) Welche Probleme können sich bei einer Umformung (z. B. Schweifen, Sicken) an der Falzverbindung ergeben?
4. Aus welchem Grund werden Randversteifungen an Blechteilen angebracht?
5. Welche zusätzliche Randversteifung könnte im oberen Bereich des Kiesfanggitters gewählt werden?

Schmieden

Die Schneide eines Flachmeißels aus unlegiertem Werkzeugstahl ist nachzuschmieden.

Meißel von Pressluftschlagmaschine

1. a) Welche Schmiedetechnik ist anzuwenden?
   b) Nennen Sie die notwendigen Schmiedewerkzeuge.
2. Ermitteln Sie aus Bild 2, Seite 49 die Anfangs- und Endschmiedetemperatur für den Werkstoff C110.
3. Wie wirkt sich der Kohlenstoff- und Schwefelgehalt auf die Schmiedbarkeit des Stahls aus?
4. Beschreiben Sie den Arbeitsablauf für diese Arbeitsaufgabe.
5. Aus welchen Gründen werden Meißel durch Schmieden hergestellt?
6. Beschreiben Sie den Unterschied zwischen Frei- und Gesenkformen.

2.3 Trennen

2.3.1 Spanen
2.3.1.1 Sägen

Bild 1 *Sägen von Rohren*

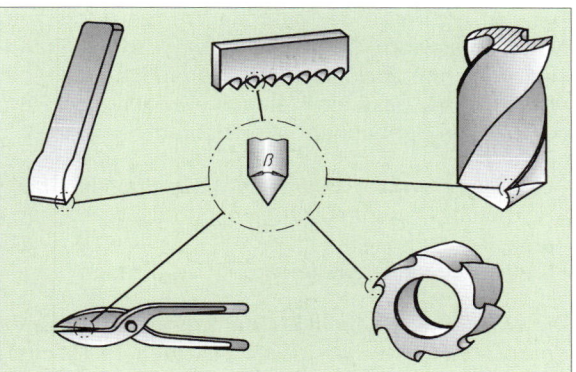

Bild 2 *Keilförmige Werkzeugschneide*

Auf der Baustelle sind vorgefertigte Teile und Halbzeuge zur Montage abzulängen. In der Installationstechnik sind z. B. Rohre abzusägen.

Sägen ist ein spanendes Fertigungsverfahren. Die Grundform der Schneide ist ein Keil. Viele Werkzeuge für unterschiedlichste Fertigungsverfahren besitzen einen Schneidkeil: Meißel, Bohrer, Drehmeißel, Fräser usw. (vgl. Bild 2). Die folgenden Ausführungen am Beispiel Sägen gelten somit für **alle spanabhebenden Werkzeuge** mit **keilförmiger Werkzeugschneide**.

Das **Sägeblatt** (vgl. Bild 3) besteht aus vielen Schneidkeilen. Drei **Werkzeugwinkel** beeinflussen die Spanabnahme:

- **Freiwinkel** α (alpha), begrenzt durch Schnitt- und Freifläche,
- **Keilwinkel** β (beta), begrenzt durch Frei- und Spanfläche und
- **Spanwinkel** γ (gamma), begrenzt durch Spanfläche und Senkrechte auf Schnittfläche.

> Die Winkelsumme am Schneidkeil beträgt somit stets 90°. Es gilt:
> $$\alpha + \beta + \gamma = 90°.$$

Dringt der Schneidkeil in den Werkstoff ein, wird Material zuerst zusammengedrängt, dabei elastisch und plastisch verformt, dann abgetrennt und an der Spanfläche nach oben weggeschoben. Der **Zerspanvorgang** erfordert Kraft. Der Schneidkeil wird beansprucht und dadurch abgenutzt oder sogar beschädigt. Die Erfahrung zeigt, dass Schneiden mit einem großen **Keilwinkel** Beanspruchungen besser aufnehmen. Die Schneidkeile müssen nicht so schnell nachgeschliffen werden (z. B. beim Meißel und Bohrer).

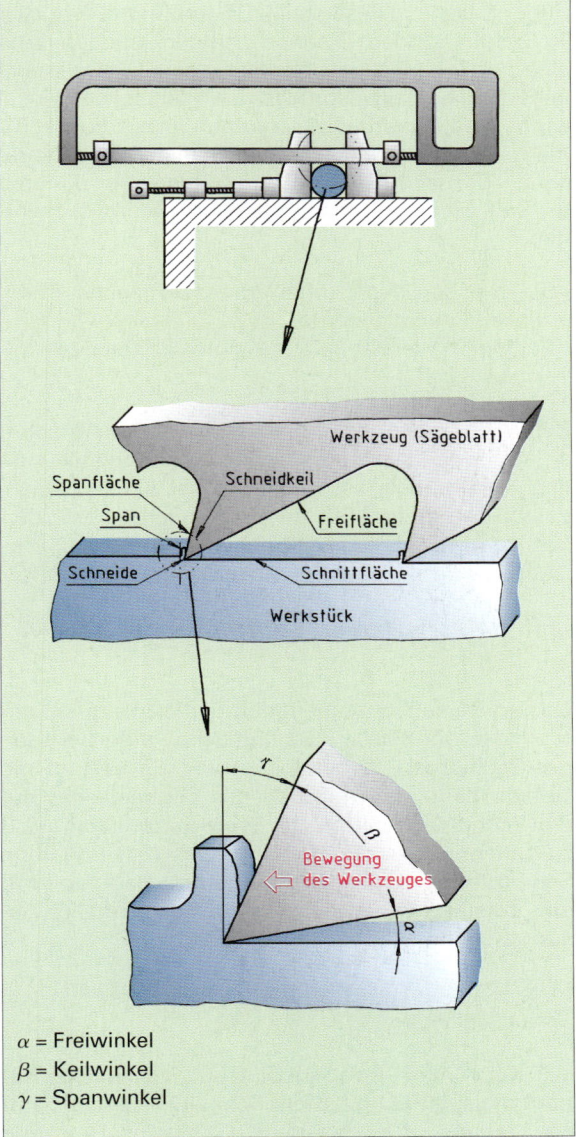

α = Freiwinkel
β = Keilwinkel
γ = Spanwinkel

Bild 3 *Werkzeugwinkel und Zerspanvorgang*

2.3.1. Spanen   2.3.1.1. Sägen

Die Zeit, während der sich ein Werkzeug bis zum Nachschleifen im Eingriff befindet, wird als **Standzeit** bezeichnet. Beispiele (z. B. Holzspalten mit einer Axt) belegen, dass ein kleiner Keilwinkel das Trennen und die Spanabnahme erleichtert.

> Große Keilwinkel β erhöhen die Stabilität der Schneide. Dadurch werden längere Standzeiten erzielt.
> Kleine Keilwinkel β erleichtern das Trennen.

Die **Wahl eines Keilwinkels** stellt somit immer einen Kompromiss zwischen langer Standzeit und leichter Spanabnahme dar. Die Größe des Keilwinkels wird im Wesentlichen von den Werkstoffeigenschaften beeinflusst. Ein Werkstoff mit vergleichsweise geringer Härte und Festigkeit (z. B. Kupfer im Vergleich zu Stahl) setzt dem Trennen und der Spanabnahme einen geringen Widerstand entgegen. Die Schneide wird weniger beansprucht. Ein kleiner Keilwinkel kann gewählt werden. Bei harten Werkstoffen ist für die geforderte Stabilität der Schneide ein entsprechend großer Keilwinkel erforderlich. Die dadurch große Kraft zum Trennen muss hingenommen werden.

> Bei weichen Werkstoffen kann ein kleiner Keilwinkel β genutzt werden.
> Bei harten Werkstoffen ist ein großer Keilwinkel β erforderlich.

Bei der Spanbildung (vgl. Bild 1) wird der Werkstoff an der Spanfläche der Schneide umgelenkt und nach oben weggeschoben. Es ist offensichtlich, dass umso mehr Kraft zur Spanabnahme erforderlich ist, je stärker das Material umgelenkt wird. Dies ist bei kleinen Spanwinkeln der Fall.

> Ein großer Spanwinkel γ erleichtert die Spanabnahme.

Nach der Spanabnahme federt der Werkstoff an der Werkstückoberfläche (Schnittfläche) aufgrund seines elastischen Verhaltens zurück. Es besteht die Gefahr, dass die Freifläche des Schneidkeiles auf der Schnittfläche reibt. Der **Freiwinkel** ist so groß zu wählen, dass die **Reibung** zwischen Frei- und Schnittfläche möglichst gering wird. Dadurch wird eine zu starke Erwärmung und ein zu schnelles Abstumpfen der Schneide vermieden.

> Um Reibung zu vermindern, ist der Freiwinkel α erforderlich.

Der **Keilwinkel bei Sägeblättern** (vgl. Bild 2) beträgt meist **50°**. Er gibt dem Schneidkeil ausreichende Stabilität. Bei gegebenem Keilwinkel werden Frei- und Spanwinkel durch die Stellung des Keils

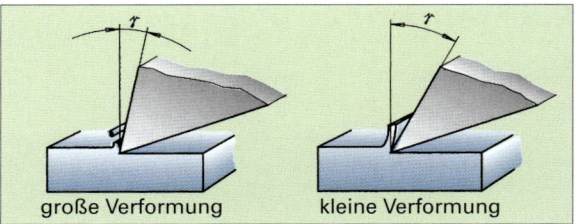

Bild 1 Spanbildung bei unterschiedlichen Spanwinkeln

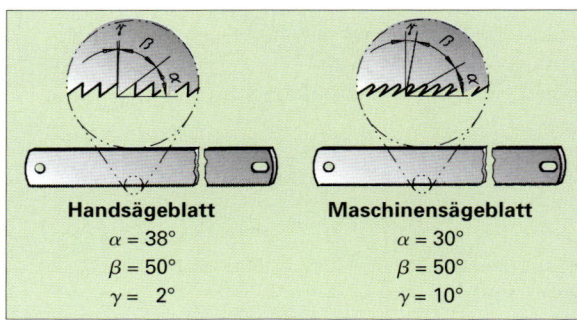

Bild 2 Schneidkeile von Sägeblättern

Handsägeblatt: $\alpha = 38°$, $\beta = 50°$, $\gamma = 2°$
Maschinensägeblatt: $\alpha = 30°$, $\beta = 50°$, $\gamma = 10°$

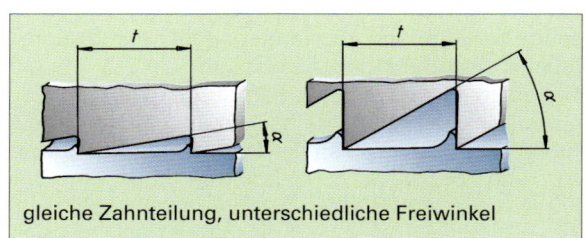

Bild 3 Freiwinkel und Spanraum

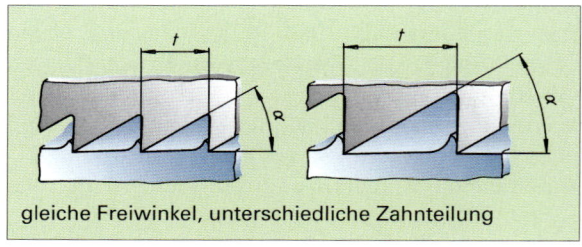

Bild 4 Zahnteilung und Spanraum

festgelegt. Der **Freiwinkel** ist bei Hand- und Maschinensägeblättern mit **38°** bzw. **30°** ungewöhnlich groß. Hierdurch ergibt sich ein großer Spanraum (vgl. Bild 3). Die Zahnlücken können somit während des Zerspanvorganges die Späne besser aufnehmen und aus der Schnittfuge führen.

Sägeblätter unterscheiden sich in der **Zahnteilung t** (vgl. Bild 4). Neben dem Freiwinkel bestimmt die Zahnteilung die Größe des Spanraumes. Wenn bei weichem Material ein großes Spanvolumen pro Hub abgenommen wird, ist ein großer Spanraum und somit eine grobe Zahnteilung (z. B. 16 Zähne pro inch)[1] erforderlich.

---
[1] 1 inch = 25,4 mm, wird häufig noch als Zoll bezeichnet

2.3.1. Spanen

2.3.1.1. Sägen

Nur wenn mehrere Zähne gleichzeitig im Eingriff sind, kann die Säge ruhig und gleichmäßig geführt werden. Dies ist erforderlich, damit keine Zähne ausbrechen. Je kürzer die Schnittfuge, desto feiner muss die Zahnteilung sein. Zum Sägen von Rohren und Profilen muss somit selbst bei weichen Werkstoffen eine feinere Zahnteilung gewählt werden (vgl. Bild 1).

> Aufgrund des größeren Spanraumes eignet sich eine grobe Zahnteilung für weiche Werkstoffe und lange Schnittfugen.
> Eine feine Zahnteilung ist bei harten Werkstoffen und kurzen Schnittfugen erforderlich.

Bei einem großen **Spanwinkel** dringt der Schneidkeil tief in den Werkstoff ein und es entsteht ein dicker Span. Um diesen abzutrennen, ist eine große Kraft erforderlich. Von Hand kann nur eine begrenzte Kraft aufgebracht werden. Somit ist bei Handsägeblättern ein kleiner Spanwinkel ($\gamma = 2°$) zu wählen. Sägemaschinen erbringen größere Kräfte. Der Spanwinkel bei Maschinensägeblättern ($\gamma = 10°$) ist deshalb größer.

> Schneidkeile an Sägeblättern haben einen kleinen Spanwinkel und einen großen Freiwinkel.

Damit das Sägeblatt nicht festklemmt, muss die Sägefuge breiter als die Dicke des Sägeblattes werden. Hierzu werden Sägeblätter z. B. geschränkt oder gewellt. Handsägeblätter sind meist gewellt (vgl. Bild 2).

> Sägeblätter schneiden frei, wenn die Sägefugenbreite größer ist als die Sägeblattdicke

Sägen von Hand

Zum Sägen von Hand werden oft **Handbügelsägen** verwendet (vgl. Bild 3).

Um **Handsägearbeiten** richtig durchzuführen, ist folgendes zu beachten:
- Es ist ein Sägeblatt mit geeigneter Zahnteilung zu wählen (vgl. Bild 1, Seite 60).
- Die Sägezähne müssen in Schnittrichtung zeigen. Über die Spannmutter ist das Sägeblatt so zu spannen, dass es nur noch wenig federt. Zu leicht gespannte Sägeblätter ergeben ein ungenaues Anschneiden. Sie klemmen leicht in der Sägefuge und neigen deshalb zu Zahnausbrüchen.
- Die Schnittlinie ist anzureißen (vgl. Bild 2, Seite 60).

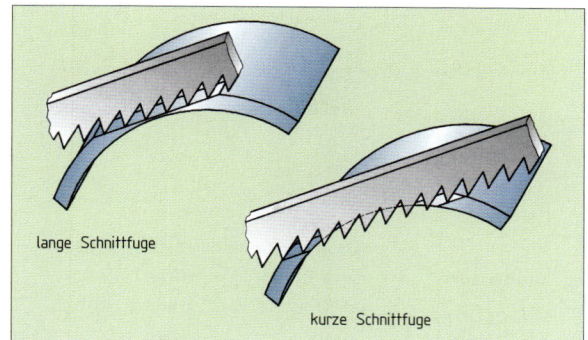

Bild 1 Sägen von Rohren

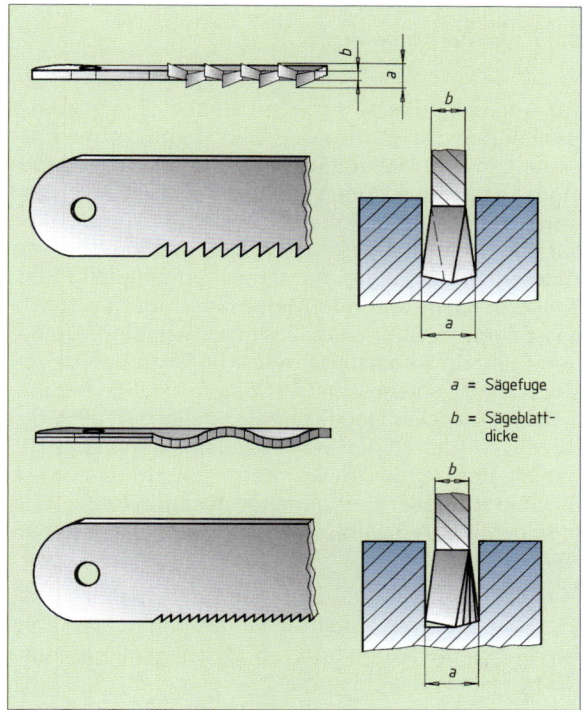

a = Sägefuge
b = Sägeblattdicke

Bild 2 Freischneiden durch Schränken und Wellen

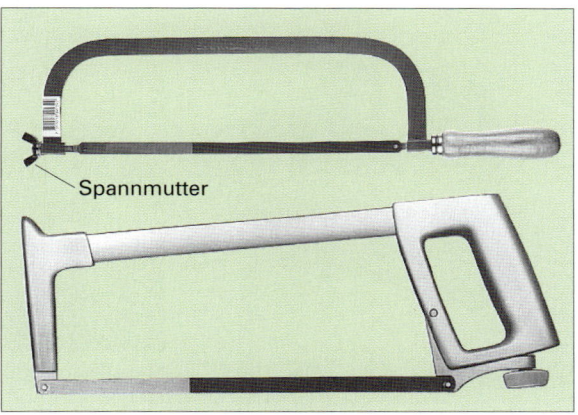

Bild 3 Handbügelsägen

2.3.1. Spanen 2.3.1.1. Sägen

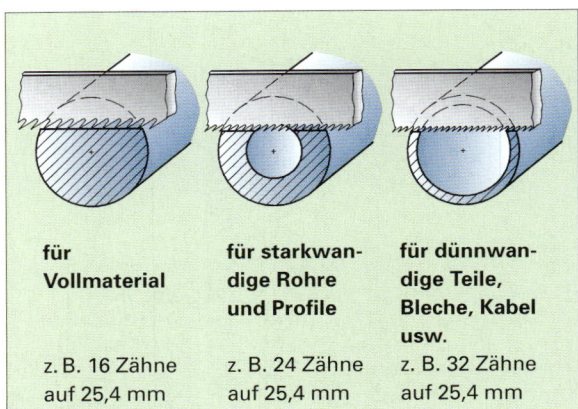

Bild 1 Wahl der Zahnteilung

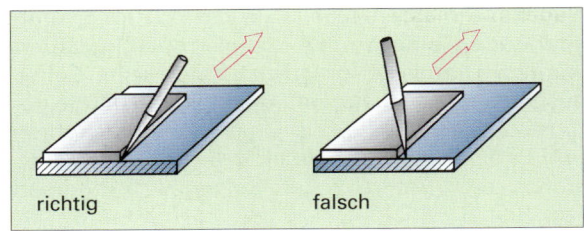

Bild 2 Anreißen der Schnittlinie

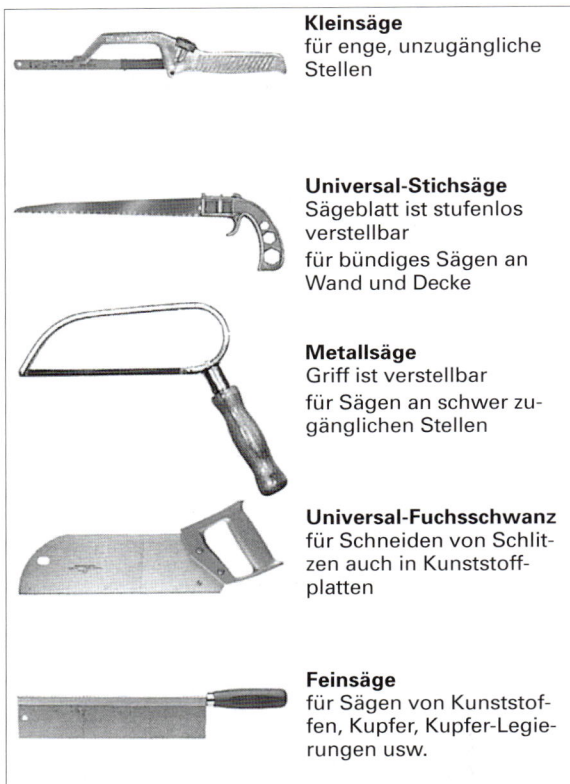

Bild 3 Handsägen

Für unterschiedliche Arbeiten stehen verschiedene **Handsägen** zur Verfügung. Bild 3 zeigt eine Auswahl. Um den vielfältigen Anforderungen bei Montage und Reparaturarbeiten gerecht zu werden, muss ein Werkzeugkoffer eine entsprechende Vielfalt von Handsägen enthalten. Die Arbeit wird oft erleichtert, wenn Sägen für schwer zugängliche Stellen (z. B. Kleinsäge und Metallsäge) und für bündiges Sägen (z. B. Stichsäge) vorhanden sind. Da neben Stahl oft Kunststoffe oder Kupfer zu bearbeiten sind, sind entsprechende Sägen (z. B. Fuchsschwanz und Feinsäge) bereitzustellen. Nach Möglichkeit werden Sägen verwendet, bei denen das Sägeblatt über einen Elektromotor angetrieben wird. Es kann schneller und genauer gesägt werden. Bild 4 zeigt eine Auswahl von **elektrisch betriebenen Handsägen**.

Mit **Rohrsägen** lassen sich Rohre rechtwinklig sägen. Durch Einsatz entsprechender Sägeblätter können auch Kunststoffe und z. B. Bleche aus Stahl und NE-Metallen gesägt werden.

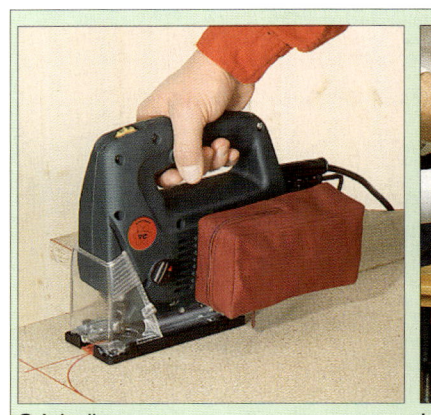
Stichsäge

Handkreissäge

Rohrsäge

Bild 4 Elektrisch betriebene Handsägen

2.3.1. Spanen 2.3.1.1. Sägen

Sägen mit Maschinen

Die Antriebe von Sägemaschinen erbringen große Kräfte. Ein gleichmäßiger Bewegungsablauf ist sichergestellt. **Hub-**, **Band-** und **Kreissägemaschinen** unterscheiden sich in der Schnittbewegung. Auch hierdurch wird ihr jeweiliger Einsatz bestimmt (siehe Kap. 2.6 Planung einer Fertigungsaufgabe).

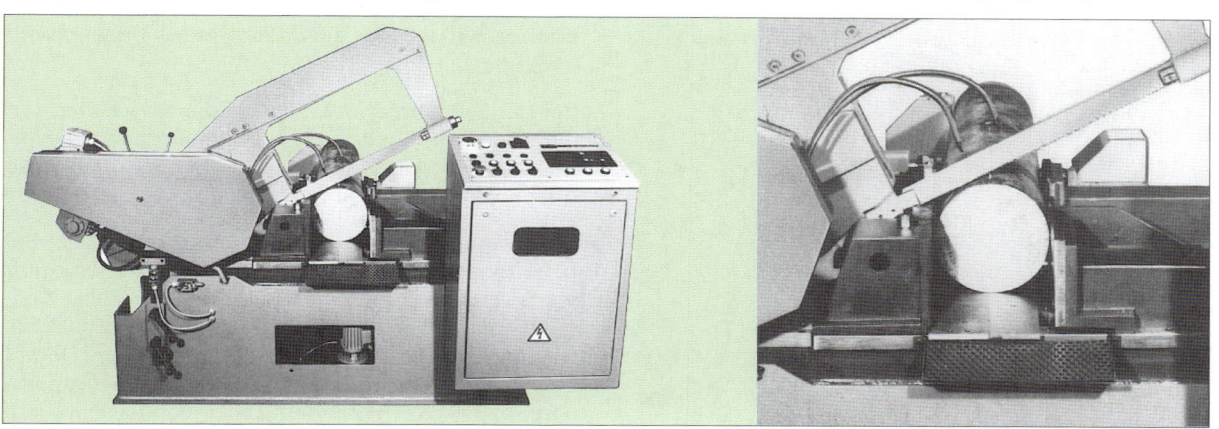

Bild 1 Hubsägemaschine
Das Werkzeug führt eine geradlinige Schnittbewegung durch. Am Ende jeden Arbeitshubes wird die Bewegung abgebremst und erfolgt dann in Gegenrichtung als Leerhub. Dabei werden keine Späne abgenommen.

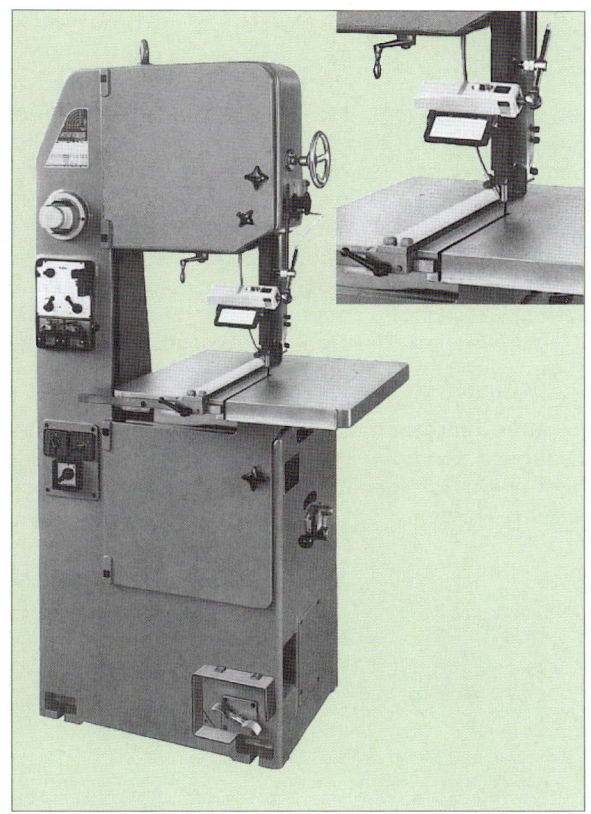

Bild 2 Bandsägemaschine
Ein Sägeband läuft über zwei Scheiben. Die Zerspanung erfolgt mit einer geradlinigen Bewegung. Es können auch Durchbrüche ausgesägt werden.

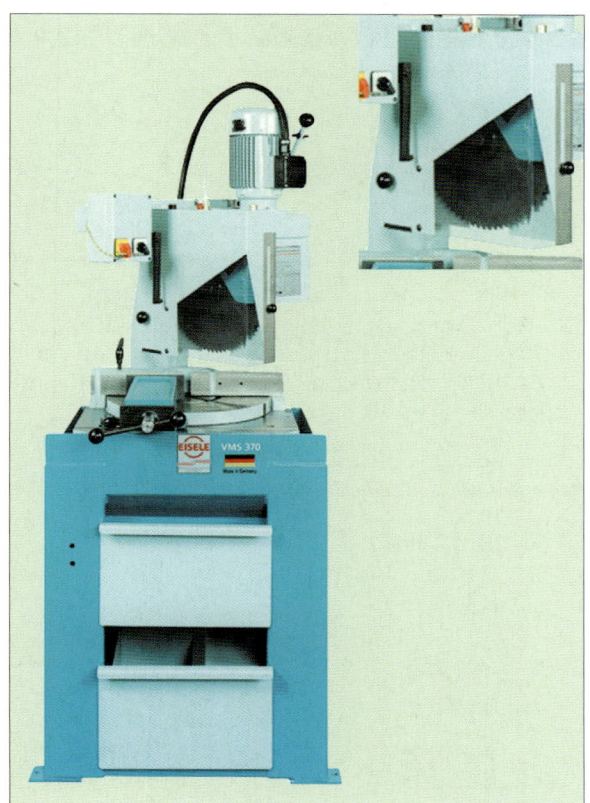

Bild 3 Kreissägemaschine
Das Sägeblatt führt eine kreisförmige Schnittbewegung durch. Maschine und Werkzeug sind sehr robust gebaut. Kreissägemaschinen eignen sich besonders für das Ablängen großer Querschnitte und bei Massenfertigung.

2.3.1.2 Feilen

Bild 1 Renovieren eines Badezimmers

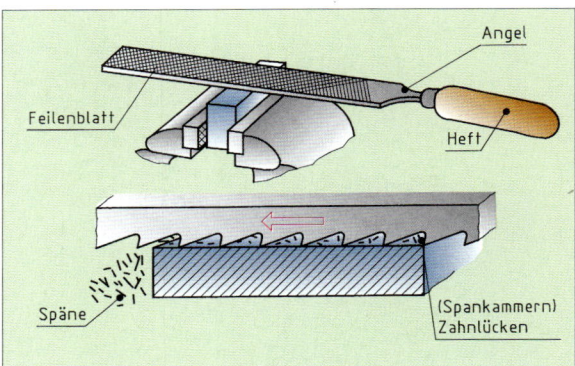

Bild 2 Spanabnahme durch Feilen

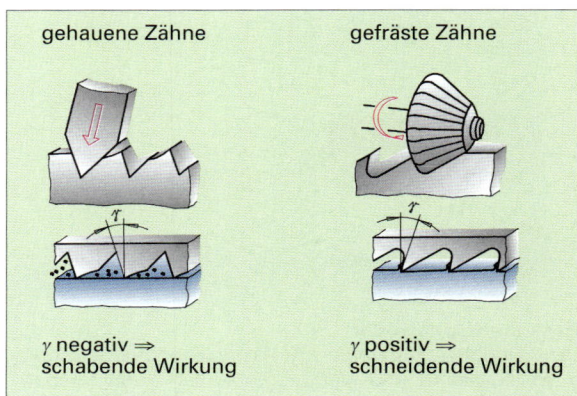

Bild 3 Schneidkeile von Feilen

Gefeilt wird z. B. bei Arbeiten auf Baustellen, um durch Nacharbeiten eine Montage zu ermöglichen oder zu erleichtern. Es sind unterstützende Arbeiten, um z. B. nach dem Absägen eines Rohres den Grat zu entfernen, wenn das Blech für einen Schaltkasten einzupassen ist oder ein Badezimmer renoviert wird (vgl. Bild 1).

Bei der **Spanabnahme** dringen die Schneidkeile in den Werkstoff ein und heben Späne ab. Diese sammeln sich in den Zahnlücken und werden teilweise über die Werkstückkanten abgeführt (vgl. Bild 2).

Die **Schneidkeile von Feilen** unterscheiden sich. Bei **gehauenen Feilen** ergibt sich nach Bild 3 ein **negativer Spanwinkel** γ. Somit lassen sich nur kleine Späne abtrennen. Die gehauene Feile wirkt schabend. Sie eignet sich für harte Werkstoffe, wie z. B. Stahl und Grauguss. **Gefräste Feilen** haben einen **positiven Spanwinkel** γ und damit schneidende Wirkung. Sie können vorteilhaft bei weichen Werkstoffen, wie z. B. Aluminium, Kupfer, Zinn, Zink, Blei und Kunststoffen eingesetzt werden.

> Ein negativer Spanwinkel am Schneidkeil ergibt eine schabende, ein positiver Spanwinkel eine schneidende Wirkung.

Ein **Feilenblatt** (vgl. Bild 4) besteht aus hinter- und nebeneinander liegenden Schneidkeilen. Die Schneidenreihe bezeichnet man als Hieb. Bei **einhiebigen Feilen** verläuft die Schneidenreihe wegen der verbesserten Spanabfuhr schräg oder bogenförmig. Spanteiler bewirken, dass nur schmale Späne entstehen. Die Anwendung einhiebiger Feilen ist auf weiche Werkstoffe begrenzt (z. B. Aluminium). **Kreuzhiebfeilen** besitzen kreuzweise verlaufende Ober- und Unterhiebe. Es entstehen viele kleine Schneidkeile. Dadurch bilden sich auch kleine Späne. Kreuzhiebfeilen eignen sich z. B. für Stahl und Grauguss. **Raspeln** haben einzelne, zahnartige Erhöhungen. Holz, Leder und Kork können hiermit bearbeitet werden.

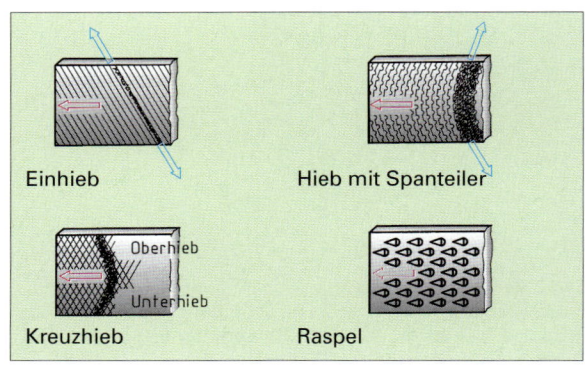

Bild 4 Hiebarten

2.3.1 Spanen 2.3.1.2 Feilen

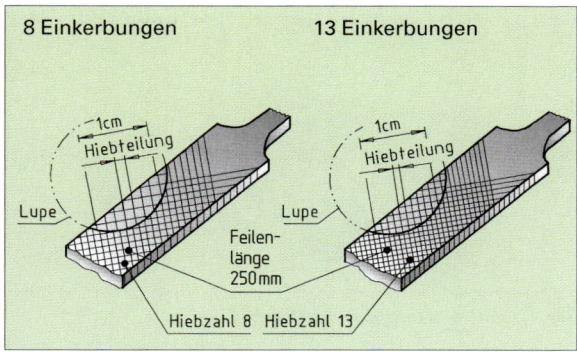

Bild 1 Hiebteilung und Hiebzahl

Der Abstand zwischen hintereinander liegenden Feilenzähnen wird als **Hiebteilung** bezeichnet. Die **Hiebzahl** gibt die Anzahl der Hiebe (Einkerbungen) je cm Feilenlänge an (vgl. Bild 1). Ein kleiner Abstand zwischen Feilenzähnen bedeutet eine große Anzahl von Hieben je cm Feilenlänge.

Eine hohe Oberflächenqualität wird durch **Schlichten** erzielt. Hierbei sind möglichst viele Zähne im Eingriff und es wird wenig Spanvolumen abgenommen. Wenn mit meist hohem Kraftaufwand eine große Spanabnahme erfolgt, spricht man von **Schruppen**.

Es werden deshalb entsprechend der Hiebzahl folgende Feilen unterschieden:

- **Feinschlichtfeilen** mit einer Hiebzahl von 35 ... 70
- **Schlichtfeilen** mit einer Hiebzahl von 15 ... 35 und
- **Schruppfeilen** mit einer Hiebzahl von 5 ... 15.

Um durch Feilarbeiten unterschiedliche Werkstückgeometrien fertigen zu können, müssen die **Feilenquerschnitte** entsprechend gestaltet werden (vgl. Bild 2). Ecken können mit Dreikant- und Halbrundfeilen hergestellt werden. Für eine Nacharbeit an Flächen bieten sich flachstumpfe und flachspitze Feilen an.

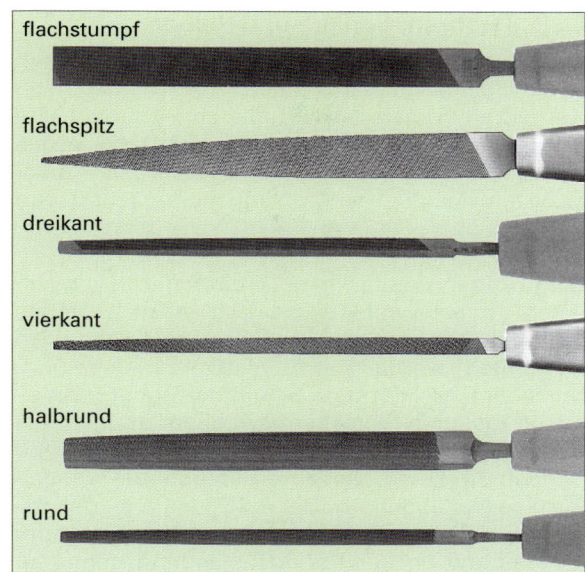

Bild 2 Feilenquerschnitte

> Bei der Wahl einer Feile sind die geeignete Hiebart und Hiebzahl sowie der richtige Feilenquerschnitt festzulegen.

Werkstücke werden meist im Schraubstock gefeilt. Zum **Spannen** der Werkstücke stehen für die unterschiedlichsten Aufgaben entsprechende Hilfsmittel zur Verfügung. Bild 3 zeigt eine Auswahl.

Schutzbacken vermeiden, dass das Werkstück beim Spannen beschädigt wird. Für unterschiedliche Anwendungen gibt es Schutzbacken aus Aluminium, Holz oder Kunststoff.

Bleche zu feilen ist oft schwierig, wenn nur ein kleiner Teil des Werkstücks im Schraubstock gespannt wird und das Blech dadurch federt. Ein Spannwinkel verhindert dies, da er das Blech auf der gesamten Länge spannt.

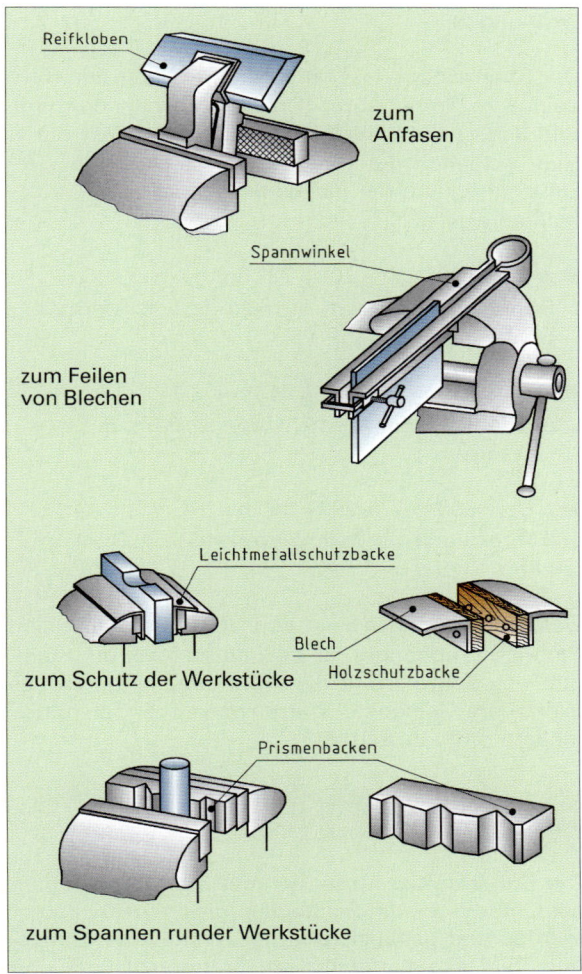

Bild 3 Hilfsmittel zum Spannen im Schraubstock

2.3.1.3 Bohren, Senken und Reiben

In der Installationstechnik werden häufig Rohre mit Sammelbefestigungen montiert. Die Rohrschellen werden an vorgefertigte Profile angeschraubt und das gesamte Montagesystem an der Decke befestigt. Bei der Fertigung der Einzelteile des Montagesystems und bei der Montage muss gebohrt werden.

Zum Bohren werden meist **Spiralbohrer** verwendet. Sie haben zwei Werkzeugschneiden, an denen die Spanabnahme erfolgt. Die erforderlichen **Bewegungen** werden vom Werkzeug ausgeführt. Durch eine kreisförmige Schnittbewegung und eine ge-radlinige Vorschubbewegung dringen die Hauptschneiden stetig in den Werkstoff ein und trennen Späne ab. Diese werden über die wendelförmige Nut abgeführt. Der Bohrer wird an den Fasen im Bohrloch geführt. Diese sind schmal, um die Reibung an der Bohrlochwandung gering zu halten. Eine vereinfachte Darstellung des Spiralbohrers zeigt die **keilförmige Werkzeugschneide** (vgl. Bild 2).

Der **Spanwinkel** γ ist durch die Steigung der Wendelnut im Spiralbohrer (Drallwinkel) gegeben (vgl. Bild 3). Der **Freiwinkel** α von ca. **7°** entsteht durch Hinterschleifen der Hauptschneide. Über die Winkelsumme kann der **Keilwinkel** $\beta = 90° - \alpha - \gamma$ berechnet werden:

- z. B. $\beta = 90° - 7° - 10° = \mathbf{73°}$ bei
  Bohrertyp H für harte Werkstoffe, z. B. Marmor, Stein

- z. B. $\beta = 90° - 7° - 19° = \mathbf{64°}$ bei
  Bohrertyp N für normale Werkstoffe, z. B. Stahl, Gusseisen

- z. B. $\beta = 90° - 7° - 27° = \mathbf{56°}$ bei
  Bohrertyp W für weiche Werkstoffe, z. B. Aluminium, Kupfer

Der **Spitzenwinkel** σ ist von den verschiedensten Einflüssen abhängig. Er beeinflusst z. B. die Stabilität des Bohrers und die Wärmeabfuhr durch das Werkzeug. Geeignete Spitzenwinkel können Tabellen entnommen werden.

> Aus Erfahrung wird für Stahl der Spitzenwinkel σ mit 118° festgelegt.

Die **Bohrerspitze** muss symmetrisch angeschliffen sein, damit beide Schneiden gleich beansprucht werden und genaue Bohrungsdurchmesser entstehen. Bild 4 zeigt fehlerhafte Bohreranschliffe und deren Auswirkungen.

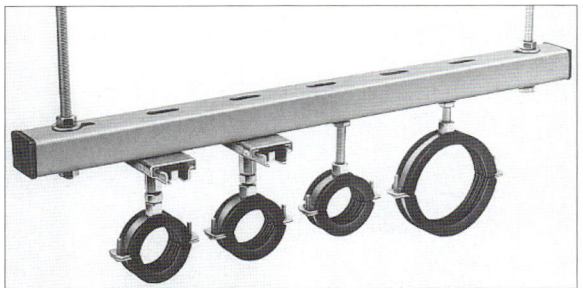

Bild 1 Sammelbefestigung für Rohre

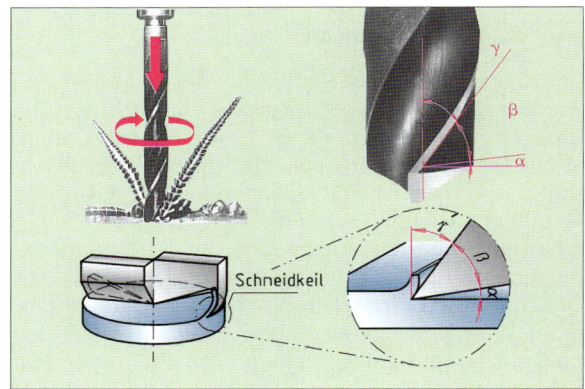

Bild 2 Bewegungen und keilförmige Werkzeugschneide am Spiralbohrer

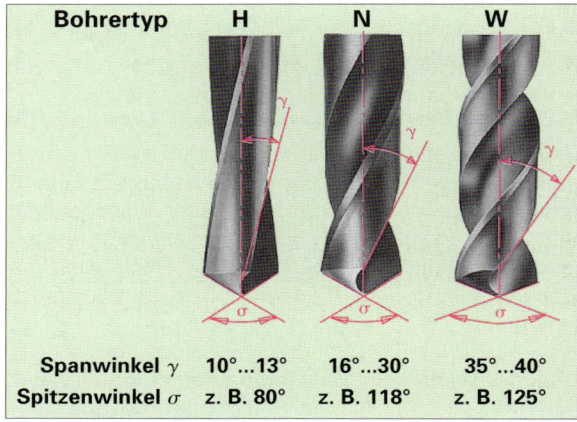

Bohrertyp	H	N	W
Spanwinkel γ	10°...13°	16°...30°	35°...40°
Spitzenwinkel σ	z. B. 80°	z. B. 118°	z. B. 125°

Bild 3 Spiralbohrertypen

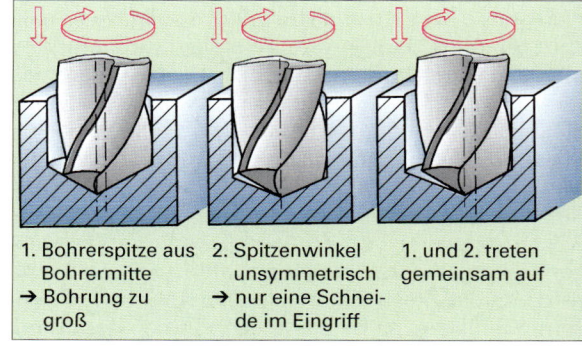

1. Bohrerspitze aus Bohrermitte
→ Bohrung zu groß

2. Spitzenwinkel unsymmetrisch
→ nur eine Schneide im Eingriff

1. und 2. treten gemeinsam auf

Bild 4 Fehlerhafte Bohranschliffe

2.3.1 Spanen   2.3.1.3 Bohren, Senken, Reiben

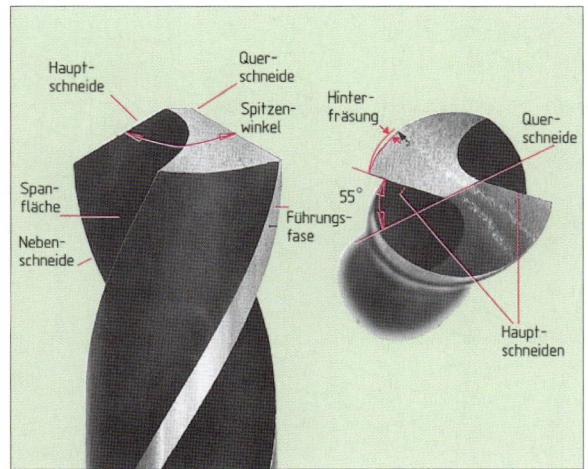

Bild 1 Bezeichnungen am Spiralbohrer

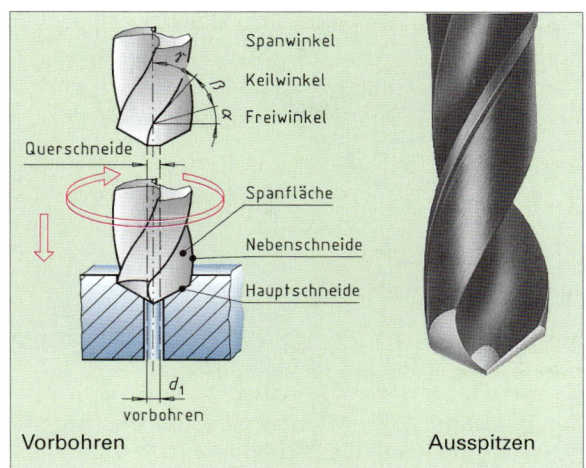

Bild 2 Maßnahmen zur Verringerung der Vorschubkraft

Beim Anschleifen der Bohrerspitze entsteht eine **Querschneide**. Sie ist bei einem Spitzenwinkel von 118° um 55° gegen die Hauptschneide verdreht. Die Querschneide hat eine schabende Wirkung und erhöht die erforderliche Vorschubkraft. Durch Ausspitzen des Spiralbohrers oder durch Vorbohren wird diese Wirkung der Querschneide und damit die erforderliche Vorschubkraft verringert.

Zum **Bohren von Blechen** (vgl. Bild 3) wird die Spitze des Spiralbohrers in besonderer Weise geschliffen. Der Spiralbohrer dringt nicht mehr so leicht in den Werkstoff ein. Unrunde Bohrungen mit Grat werden vermieden. Gleiche Ergebnisse werden auch mit Schälbohrern erzielt. Diese haben mit dem üblichen Spiralbohrer keine Ähnlichkeit mehr.

Zum **Bohren von Holz- und Kunststoffplatten** (vgl. Bild 4) wird der Zentrumsanschliff verwendet. Die Schneidenecken sind hervorgehoben und beteiligen sich sofort am Spanen. Beim Bohren von z. B. Sperrholz entsteht nur ein kleiner Grat, der leicht zu entfernen ist.

> Für spezielle Anwendungsfälle werden Spiralbohrer in besonderer Weise angeschliffen.

Schleiffehler (vergl. Bild 4, Seite 64) wirken sich auf die Genauigkeit der Bohrung und die Standzeit des Bohrers aus. Fehlerhafte Bohreranschliffe führen zu einem großen Verschleiß des Bohrers an den Hauptschneiden, der Querschneide, den Fasen und besonders an den Schneidenecken. Der Bohrer ist dann an der Freifläche so weit nachzuschleifen, bis der Verschleiß am Bohrer beseitigt ist. Um Schleiffehler zu vermeiden, sollte der Anschliff zumindest mit **Schleiflehren** (vergl. Bild 4, Seite 127) geprüft werden. **Schleifeinrichtungen** liefern einen genauen Anschliff für spezielle Anwendungsfälle, z. B. Bohren von Blechen oder Holz- und Kunststoffplatten.

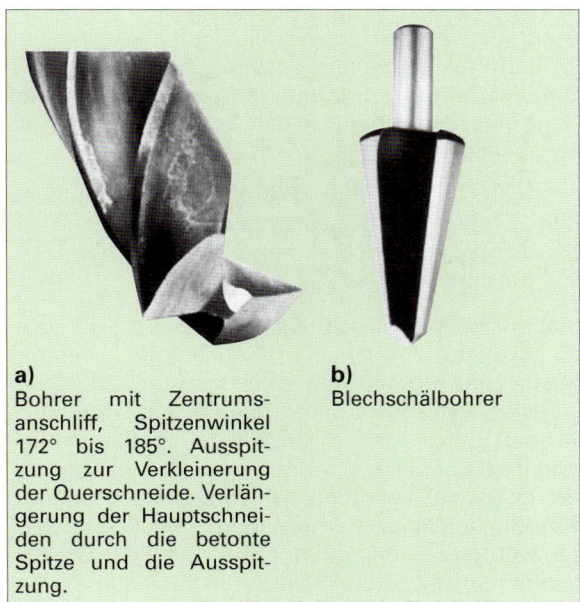

a) Bohrer mit Zentrumsanschliff, Spitzenwinkel 172° bis 185°. Ausspitzung zur Verkleinerung der Querschneide. Verlängerung der Hauptschneiden durch die betonte Spitze und die Ausspitzung.

b) Blechschälbohrer

Bild 3 Bohrer zum Bohren von Blechen

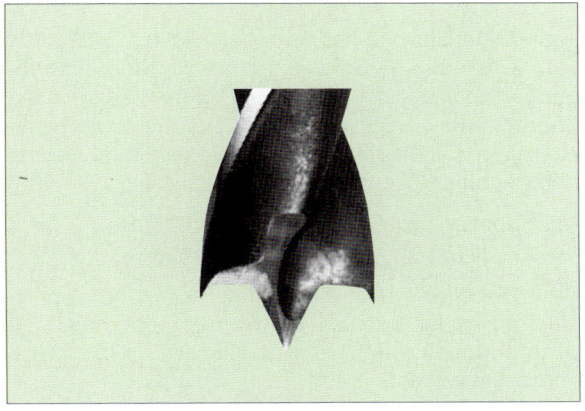

Bild 4 Bohreranschliff zum Bohren von Holz- und Kunststoffplatten

2.3.1 Spanen — 2.3.1.3 Bohren, Senken, Reiben

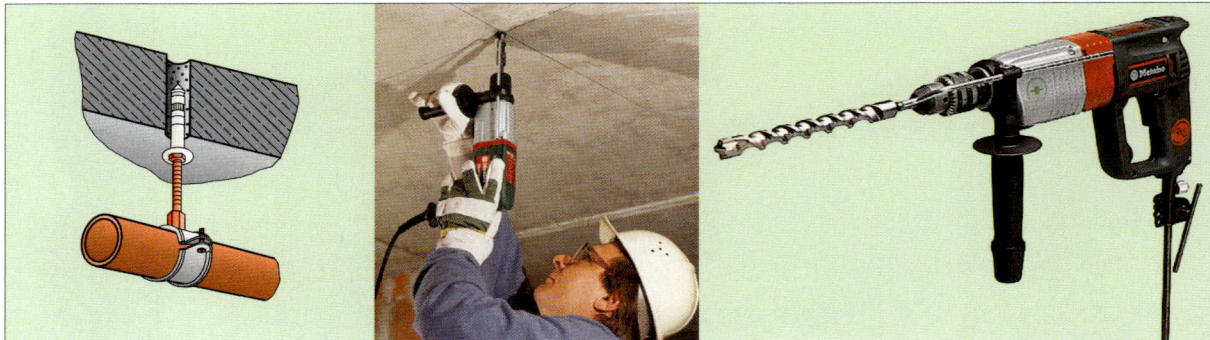

Bild 1 Schlagbohrmaschine für Montagearbeiten

Zur Befestigung von Rohren sind für das Montagesystem Löcher in die Betondecke zu bohren. Hierzu verwendet man **Schlagbohrmaschinen** oder Bohrhämmer. Dabei entsteht kein Span, sondern der Werkstoff wird zertrümmert (Bild 1).

Im Bild 1 ist erkennbar, dass alle Maßnahmen zur **Unfallverhütung** ergriffen wurden. Der Arbeiter trägt eine Schutzbrille, einen Schutzhelm und Arbeitshandschuhe.

Ansonsten werden meist **Handbohrmaschinen** (vgl. Bild 2) verwendet. Mit Zubehör eignen sie sich auch zur Montage von Schrauben und zum Rühren z. B. von Mörtel.

Stationäre **Bohrmaschinen** (vgl. Bild 3) mit leistungsfähigen Antrieben erbringen hohe Drehmomente und ermöglichen einen gleichmäßigen Bewegungsablauf während des Zerspanvorganges. An der Bohrmaschine werden die geeignete **Umdrehungsfrequenz n** in Umdrehungen pro min und der geeignete **Vorschub f** in mm pro Umdrehung eingestellt. Wegen der geringeren Werkstofffestigkeit werden z. B. bei Aluminium eine höhere Umdrehungsfrequenz und ein größerer Vorschub als bei Stahl gewählt. Die Schnittdaten sind Tabellen zu entnehmen.

In die Gelenklasche des Stahlgelenks aus C45E (Ck 45) (vergl. Bild 1, Seite 67) sind Schraubendurchgangslöcher mit $d = 8{,}4$ mm zu bohren. Es wird ein Bohrer aus HSS (=Hochleistungs-Schnellarbeitsstahl, ein hochlegierter Werkzeugstahl) verwendet und mit einer Emulsion kühlgeschmiert.

Aus Tabellen ergeben sich folgende Daten:
$v_c = 30$ m/min und $f = 0{,}09$ mm.

Da in Tabellen meist die Schnittgeschwindigkeit v_c angegeben ist und an Bohrmaschinen meist die Umdrehungsfrequenz einzustellen ist, muss diese berechnet werden:

$$n = \frac{v_c}{d \cdot \pi} = \frac{30\,\text{m}}{\text{min} \cdot 0{,}0084\,\text{m} \cdot \pi} = \underline{\underline{1137/\text{min}}}$$

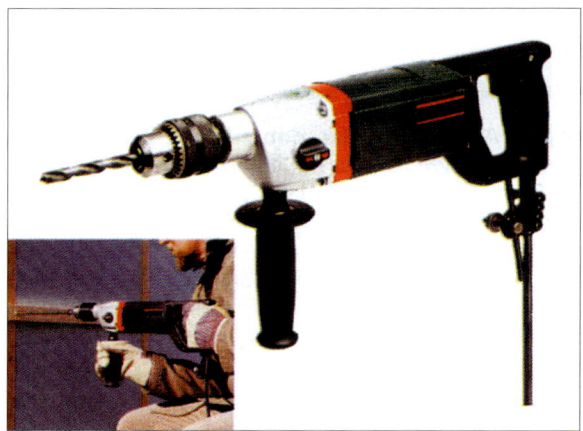

Bild 2 Handbohrmaschine

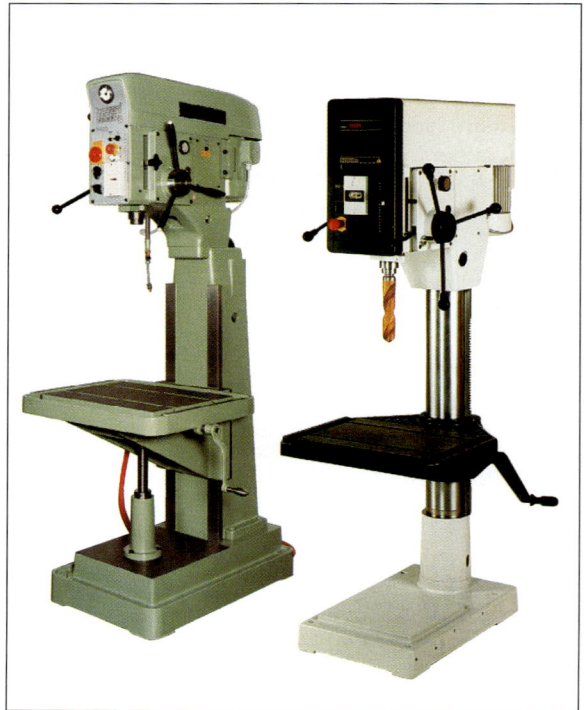

Bild 3 Stationäre Bohrmaschinen

2.3.1 Spanen

2.3.1.3 Bohren, Senken, Reiben

Fertigungsauftrag

Gelenkgabel und Gelenklasche des Stahlgelenkes sind über den Bolzen beweglich verbunden. Der Bolzendurchmesser beträgt 20 mm. Damit die Funktion sichergestellt ist, müssen die Bohrungen in der Gelenkgabel und der Gelenklasche maß- und formgenau erstellt werden.

1. Arbeitsschritt: **Bohren**

Der Bohrungsmittelpunkt wird **angerissen und gekörnt** (vgl. Bild 2).
Um Unfälle zu vermeiden, ist das **Werkstück** sicher zu **spannen**. Meist erfolgt dies im Maschinenschraubstock. Wenn hohe Kräfte auftreten, wird dieser auf dem Bohrmaschinentisch befestigt.
Die **Bohrer** sind **auszuwählen**. Dazu sind der Bohrertyp und der Bohrerdurchmesser festzulegen:
Gelenklasche und Gelenkgabel werden aus Ck 45 gefertigt. Für Stahl wird Bohrertyp N gewählt. Da anschließend noch gerieben wird, wird eine Bohrung mit einem Durchmesser von 19,6 mm gefertigt.
Beim Bohren ist auf ausreichende **Kühlschmierung** zu achten. Hierdurch wird Reibung vermindert und Wärme aus dem Zerspanbereich abgeleitet.
Wegen der hohen Schnittgeschwindigkeiten beim Bohren ist die Kühlwirkung wichtiger als die Schmierwirkung. Man verwendet deshalb **wassermischbare** Kühlschmierstoffe. Die Fähigkeit des Wassers, die Wärme gut abzuführen, wird mit der Schmierfähigkeit von Ölen kombiniert. Das Öl wird hierzu in kleinsten Tröpfchen im Wasser verteilt (Kühlschmier-Emulsion). Wegen der gesundheitlichen Gefahren für Haut und Atemwege sind die Angaben und Empfehlungen des Herstellers unbedingt zu beachten.

2. Arbeitsschritt: **Senken**

Abschließend wird gesenkt. **Senker** (vgl. Bild 3) sind ein- oder mehrschneidige Werkzeuge. Sie werden zum Entgraten scharfer Kanten an Bohrungen und zum Versenken von Schraubenköpfen genutzt. Zum Entgraten verwendet man Kegelsenker mit einem Spitzwinkel von 60°. Mit 90° werden Schraubenköpfe und mit 75° Nietköpfe versenkt. Flachsenker (oft auch als Zapfensenker bezeichnet) werden zum Versenken der Köpfe von Schrauben mit Innensechskant benötigt. An der Bohrmaschine ist eine niedrigere Umdrehungsfrequenz als beim Bohren einzustellen.

> Um Verletzungen an scharfkantigen Bohrungen zu verhindern, werden Bohrungen stets gesenkt.

3. Arbeitsschritt: **Reiben**

Werden höhere Anforderungen an Maßgenauigkeit, Formgenauigkeit und Oberflächengüte einer Bohrung gestellt (z. B. bei der Bolzenverbindung), so ist diese noch zu reiben.

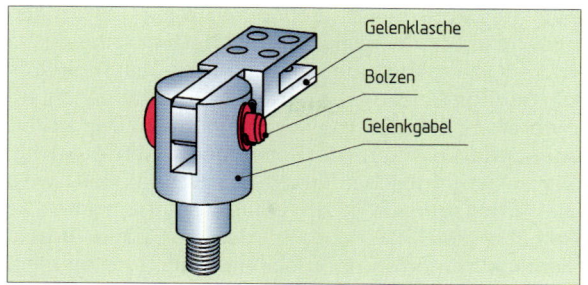

Bild 1 Stahlgelenk

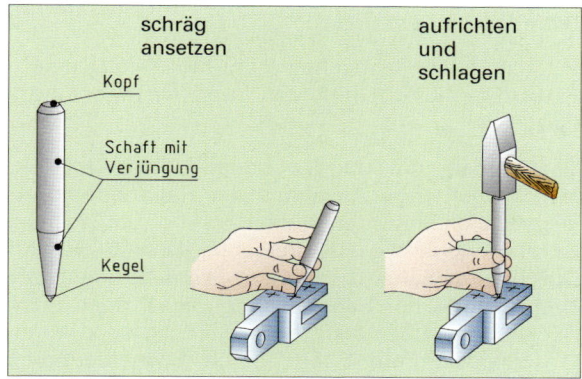

Bild 2 Bohrungsmittelpunkt körnen

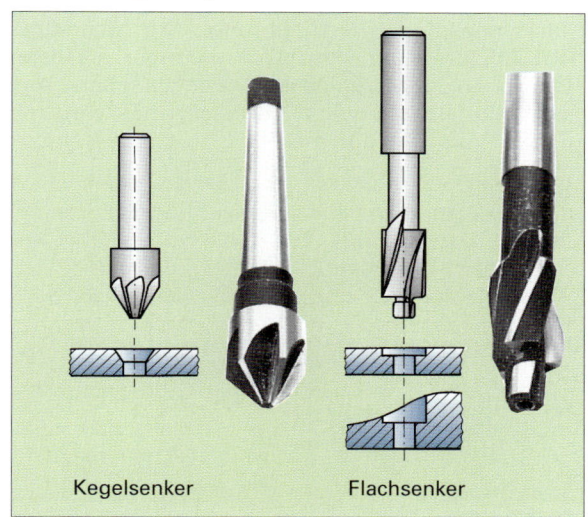

Bild 3 Senkerarten

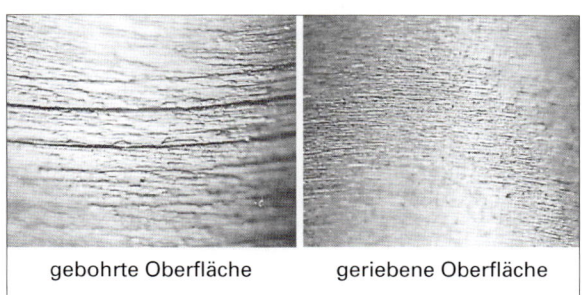

Bild 4 Oberflächengüte von Bohrungen

2.3.1.3 Bohren, Senken, Reiben

Eine **Reibahle** besitzt Schneiden mit einem meist negativen Spanwinkel (vgl. Bild 1). Die Schneidkeile wirken schabend und es entstehen kleine Späne. Die geringe Reibzugabe verteilt sich zudem noch auf mehrere Schneiden (zwischen 6 und 12). Das zu zerspanende Volumen pro Schneide ist somit gering. Durch die ungleiche Teilung der Schneidkeile wird die Arbeitsqualität noch weiter erhöht. Hätte die Reibahle gleiche Teilung, würden die Späne voraussichtlich immer an der gleichen Stelle und an allen Schneiden gleichzeitig abbrechen. In die Vertiefungen könnten die Zähne einhaken und sogenannte Rattermarken erzeugen.

> Durch Reiben entstehen Bohrungen mit hoher Oberflächengüte und Maß- und Formgenauigkeit.

Das **Reiben von Hand** verlangt Übung und Geschick. Der **lange Anschnitt** der Handreibahle erleichtert das Einführen in die Bohrung. Der Nachteil ist aber, dass die Handreibahle deshalb nur für **Durchgangslöcher** verwendet werden kann. Die Drehrichtung der Schnittbewegung ist auch beim Rückhub beizubehalten. Beim Zurückdrehen könnten eingeklemmte Späne einen Schneidenbruch verursachen.

Beim **Reiben mit der Bohrmaschine** übernimmt die Maschinenspindel die Führung. Die Schnittgeschwindigkeit liegt wesentlich niedriger als beim Bohren. An der Maschine ist eine entsprechend kleine Umdrehungsfrequenz einzustellen. Es wird mit großem Vorschub gerieben.

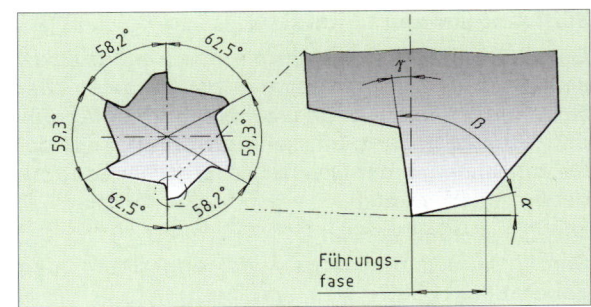

Bild 1 Schneidkeile der Reibahle

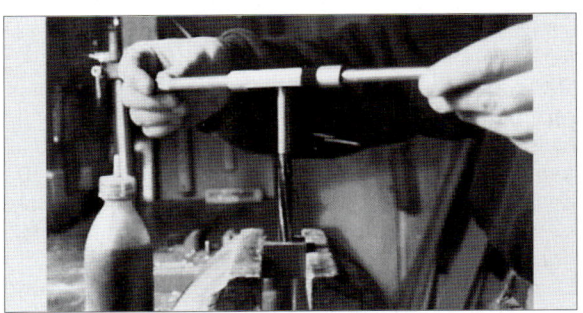

Bild 2 Reiben einer Bohrung von Hand und anschließendes Prüfen der Bohrung mit einem Grenzlehrdorn

Werkstoff	Reiben	Flachsenken	Bohren
unlegierter Stahl	4...12	6...14	25...32
legierter Stahl	4...10	8...10	16...20
CuZn-Legierung	10...20	25...30	32...40
Al-Legierung	8...20	20...25	40...50

Bild 4 Richtwerte für v_c in m/min für Werkzeuge aus HSS

Werkstoffe	v_c in $\frac{m}{min}$	f in mm bei ø 7 mm	f in mm bei ø 10 mm	Kühlschmierung
unleg. Baustähle bis 750 N/mm²	25...32	0,09	0,11	Emulsion
CuZn-Legierung zäh (CuZn37, CuZn40)	32...40	0,18	0,22	Emulsion
Al-Leg. bis 11% Si	40...50	0,18...0,22	0,25	Emulsion
Mangan-Hartstahl	3	0,05	0,07	trocken
Kunststoff, weich Thermoplaste	32	0,18...0,22	0,25	Wasser
Kunststoffe mit Füllstoffen (Glasfaser)	16	0,22	0,28	Luft

Bild 5 Richtwerte für Schnittgeschwindigkeit und Vorschub beim Bohren, Bohrer HSS

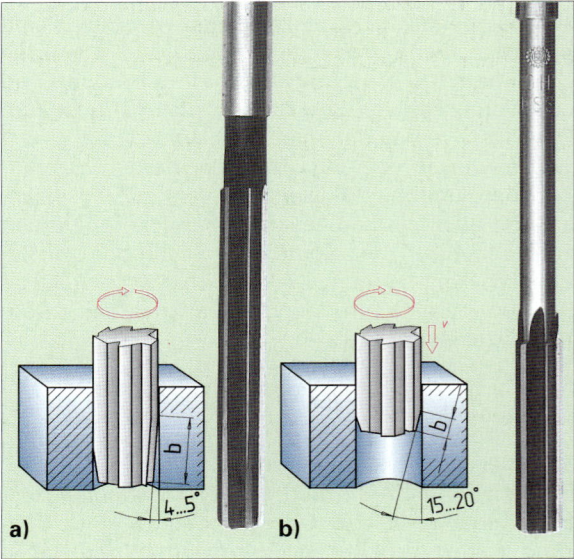

Bild 3 Handreibahle (a) und Maschinenreibahle (b)

2.3.1.4 Gewindeschneiden

Die Gewindeherstellung erfolgt bei Massenfertigung maschinell und bei Einzelfertigung und Montagearbeiten häufig von Hand. Bild 1 zeigt das für die Installationstechnik typische Rohrgewindeschneiden. Auf Rohre werden besonders genormte Gewinde (Whitworth-Rohrgewinde) geschnitten. Ansonsten verwendet man meist metrische ISO-Gewinde.

Gewindeschneiden von Hand

Die **Werkzeuge** zum Gewindeschneiden sind der **Gewindebohrer** und das **Schneideisen**. Mit ihnen werden Innengewinde und Außengewinde hergestellt.

Die **Winkel am Schneidkeil** richten sich nach dem zu bearbeitenden Werkstoff. Für weiche Werkstoffe erhält der Schneidkeil einen größeren Spanwinkel zur besseren Spanabnahme. Die Anzahl der Schneiden wird verringert. Die Spanräume werden hierdurch vergrößert (vgl. Bild 3).

Der Zerspanvorgang erfolgt am Anschnitt des Werkzeuges. Wie beim Reiben ist beim **Innengewindeschneiden** von Hand ein langer Anschnitt erforderlich. Um die Zerspankraft beim Gewindeschneiden zu verringern, wird die Zerspanarbeit meist auf drei Gewindebohrer verteilt (Gewindebohrersatz, vgl. Bild 4).

Beim **Außengewindeschneiden** von Hand wird das vollständige Gewinde in einem Arbeitsgang gefertigt. Die ersten beiden Gewindegänge des Schneideisens werden kegelförmig ausgeführt und übernehmen die Zerspanung. Die weiteren Gewindegänge glätten das Gewinde (vgl. Bild 6).

Rohrgewinde werden mit **Gewindeschneidkluppen** (vgl. Bild 5) gefertigt. Deren Schneidbacken sind verstellbar. Die Spanabnahme kann somit auf mehrere Arbeitsgänge verteilt werden. Hierdurch wird der erforderliche Kraftaufwand geringer. Die Fertigung wird erleichtert, dauert dafür aber länger. Bei elektrischen Gewindeschneidkluppen (vgl. Bild 1) wird die erforderliche Kraft über einen Elektromotor aufgebracht.

Bild 1 Rohrgewindeschneiden

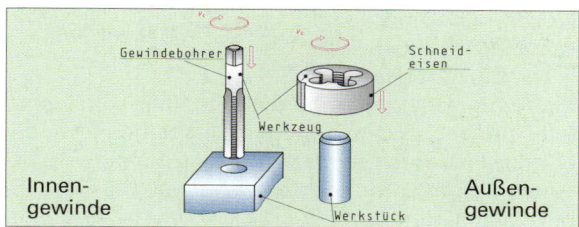
Bild 2 Schneiden von Gewinden

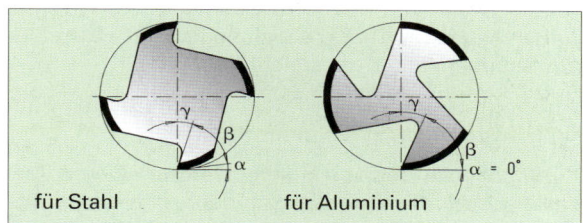
Bild 3 Schneidkeile an Gewindebohrern

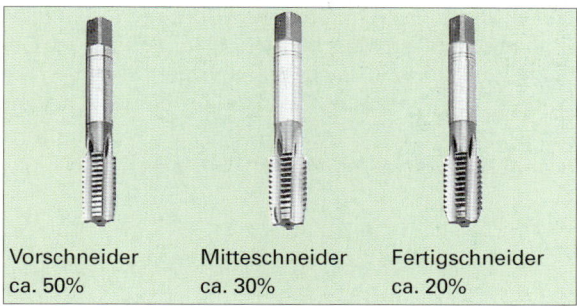
Bild 4 Gewindebohrsatz

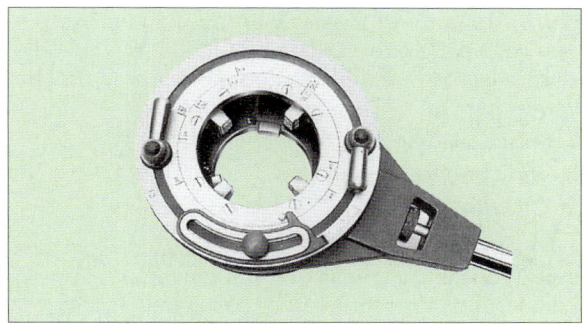
Bild 5 Verstellbare Gewindeschneidkluppe

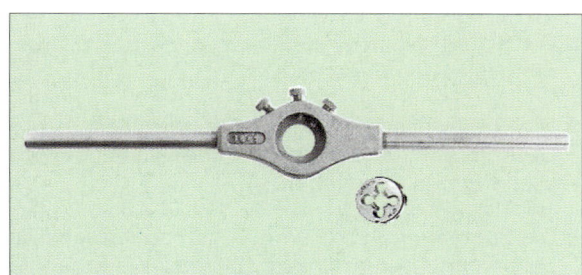
Bild 6 Schneideisen mit Schneideisenhalter

2.3. Trennen — 2.3.1.5 Drehen und Fräsen

Maschinelles Gewindeschneiden

Innengewinde werden meist mit der Bohrmaschine geschnitten. Hierzu ersetzt ein **Gewindeschneidapparat** das Bohrfutter. Der Rücklauf mit umgekehrter Drehrichtung erfolgt automatisch.

Alle **Maschinengewindebohrer** haben einen kurzen Anschnitt und schneiden das Gewinde in einem Arbeitsgang.

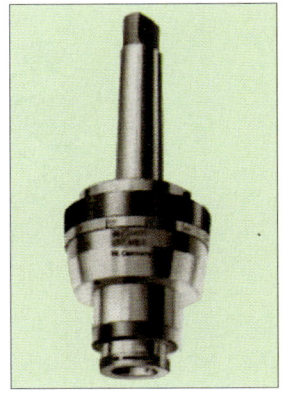

Bild 1 Gewindeschneidapparat

Man unterscheidet geradgenutete, linksspiralgenutete und rechtsspiralgenutete Maschinengewindebohrer. Eine Rechtsspirale führt die Späne wie bei einem Spiralbohrer nach oben heraus. Dies ist z. B. bei einem Grundloch erforderlich. Um das geschnittene Gewinde nicht zu beschädigen, ist es oft zweckmäßig, wenn die Späne in Schneidrichtung abgeführt werden. Mit einem Schälanschnitt und einer Linksspirale wird dies erreicht (vgl. Bild 2).

Außengewinde werden in der Einzelfertigung häufig auf **Drehmaschinen** gefertigt.

Für das **Schneiden von Rohrgewinden** wurden spezielle **Gewindeschneidmaschinen** entwickelt. Das Werkstück wird in einem Spannfutter befestigt und führt die Schnittbewegung aus. Bis zu einer gewissen Größe (z. B. Schneiden von Rohrgewinden bis 4 Zoll) haben diese Maschinen noch ein günstiges Gewicht und können leicht transportiert werden. Sie können somit auch auf Baustellen eingesetzt werden.

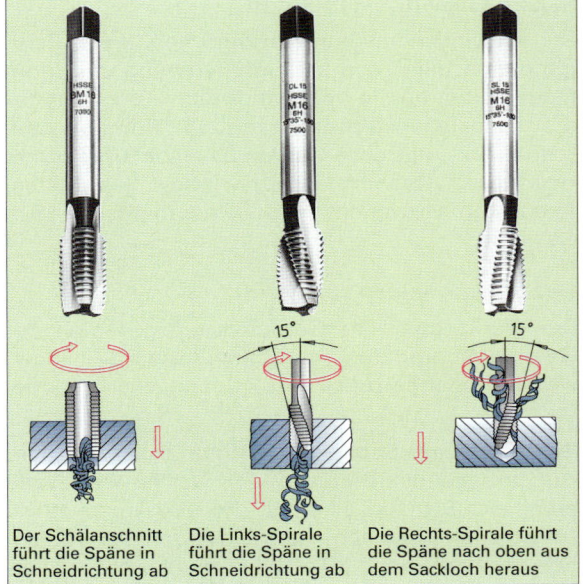

Der Schälanschnitt führt die Späne in Schneidrichtung ab

Die Links-Spirale führt die Späne in Schneidrichtung ab

Die Rechts-Spirale führt die Späne nach oben aus dem Sackloch heraus

Bild 2 Maschinengewindebohrer

Bild 3 Gewindeschneidmaschine

2.3.1.5 Drehen und Fräsen

Bewegungsabläufe beim Drehen und Fräsen

Beim Drehen und Fräsen werden die zum Abtrennen der Späne erforderlichen Kräfte durch die Werkzeugmaschine erzeugt. Zu beobachten sind drei Bewegungen:

- **Schnittbewegung**,
- **Vorschubbewegung** und
- **Zustellbewegung**.

Die Bewegungen werden vom Werkzeug oder Werkstück ausgeführt. Die Schnittbewegung erfolgt kreisförmig. Vorschub- und Zustellbewegung verlaufen geradlinig.

An der Maschine müssen somit drei Größen eingestellt werden:

- Die **Schnittgeschwindigkeit** v_c, sie wird im Allgemeinen in m/min gemessen.

- Die Größe des **Vorschubes** f, er wird in mm pro Umdrehung oder als **Vorschubgeschwindigkeit** v_f in mm/min angegeben.

- Die **Zustellung** a_p, sie wird in mm gemessen. Die Zustellung bestimmt, wie tief das Werkzeug in das Werkstück eindringt.

2.3 Trennen — 2.3.1.5 Drehen und Fräsen

Mit zwei **Stahlgelenken** wird eine Abdeckplatte aus Aluminium beweglich festgehalten. Die Einzelteile sind mit geeigneten Verfahren zu fertigen. Gelenkgabel und Gelenklasche werden unter anderem durch **Drehen** und **Fräsen** hergestellt.

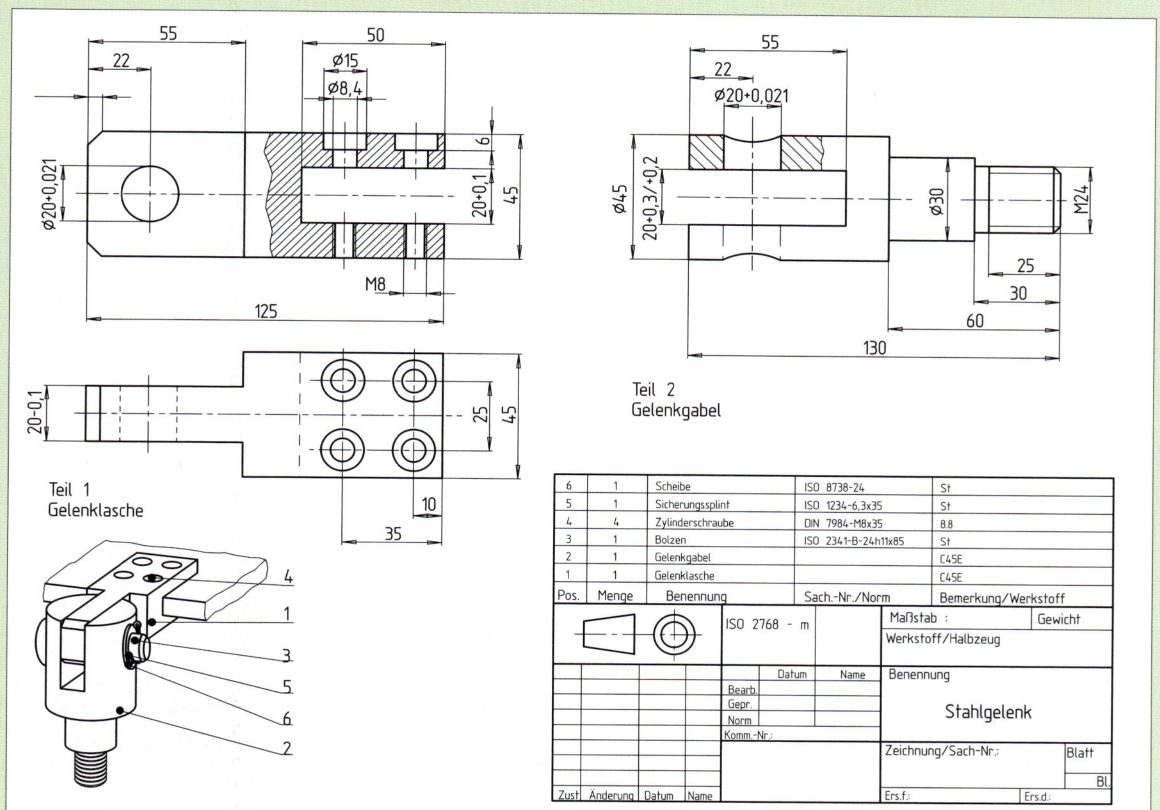

Bild 1 Stahlgelenk für Abdeckplatte

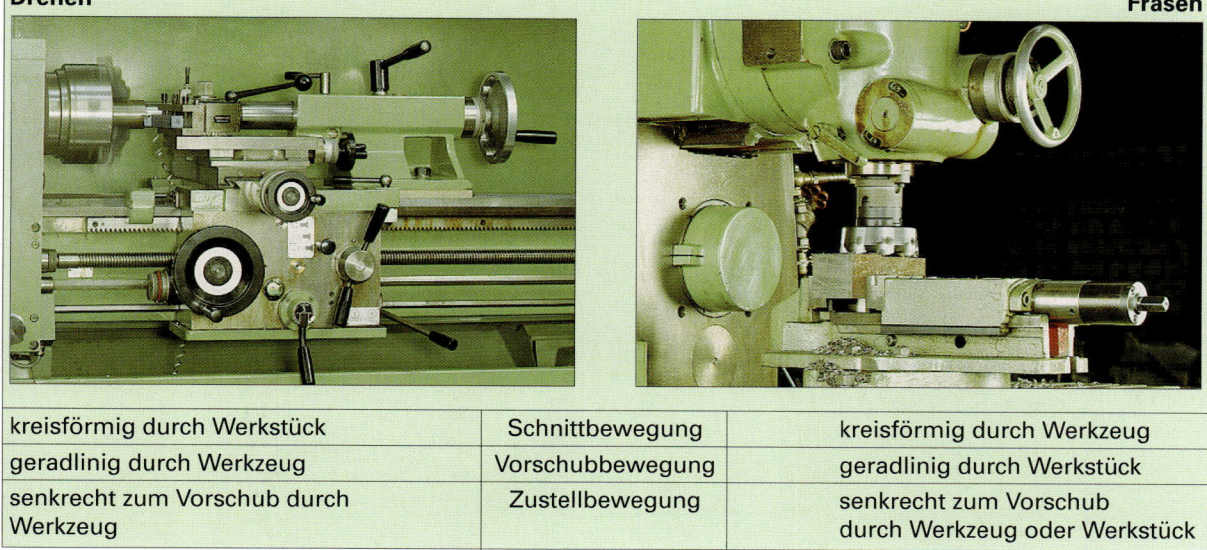

Drehen	Schnittbewegung	Fräsen
kreisförmig durch Werkstück	Schnittbewegung	kreisförmig durch Werkzeug
geradlinig durch Werkzeug	Vorschubbewegung	geradlinig durch Werkstück
senkrecht zum Vorschub durch Werkzeug	Zustellbewegung	senkrecht zum Vorschub durch Werkzeug oder Werkstück

Bild 2 Bewegungsabläufe beim Drehen und Fräsen

2.3. Trennen ## 2.3.1.5 Drehen und Fräsen

Die Bewegungsabläufe beim Zerspanvorgang unterscheiden sich bei den verschiedenen Dreh- und Fräsarbeiten. In Bild 1 sind beispielhaft Längsrunddrehen und Querplandrehen sowie Stirnfräsen und Umfangsfräsen dargestellt.

- Beim **Längsrunddrehen** wird der Durchmesser eines Drehteiles verändert, und beim **Querplandrehen** werden Stirnflächen erzeugt.
- Beim **Stirnfräsen** wirken die Schneiden an der Stirnseite des Fräsers. Meist wird das Stirnfräsen dem Umfangsfräsen vorgezogen, da eine größere Spanabnahme möglich ist.
- Die Bewegungsabläufe beim **Umfangsfräsen** sind von den Richtungen der Schnitt- und Vorschubbewegung abhängig.

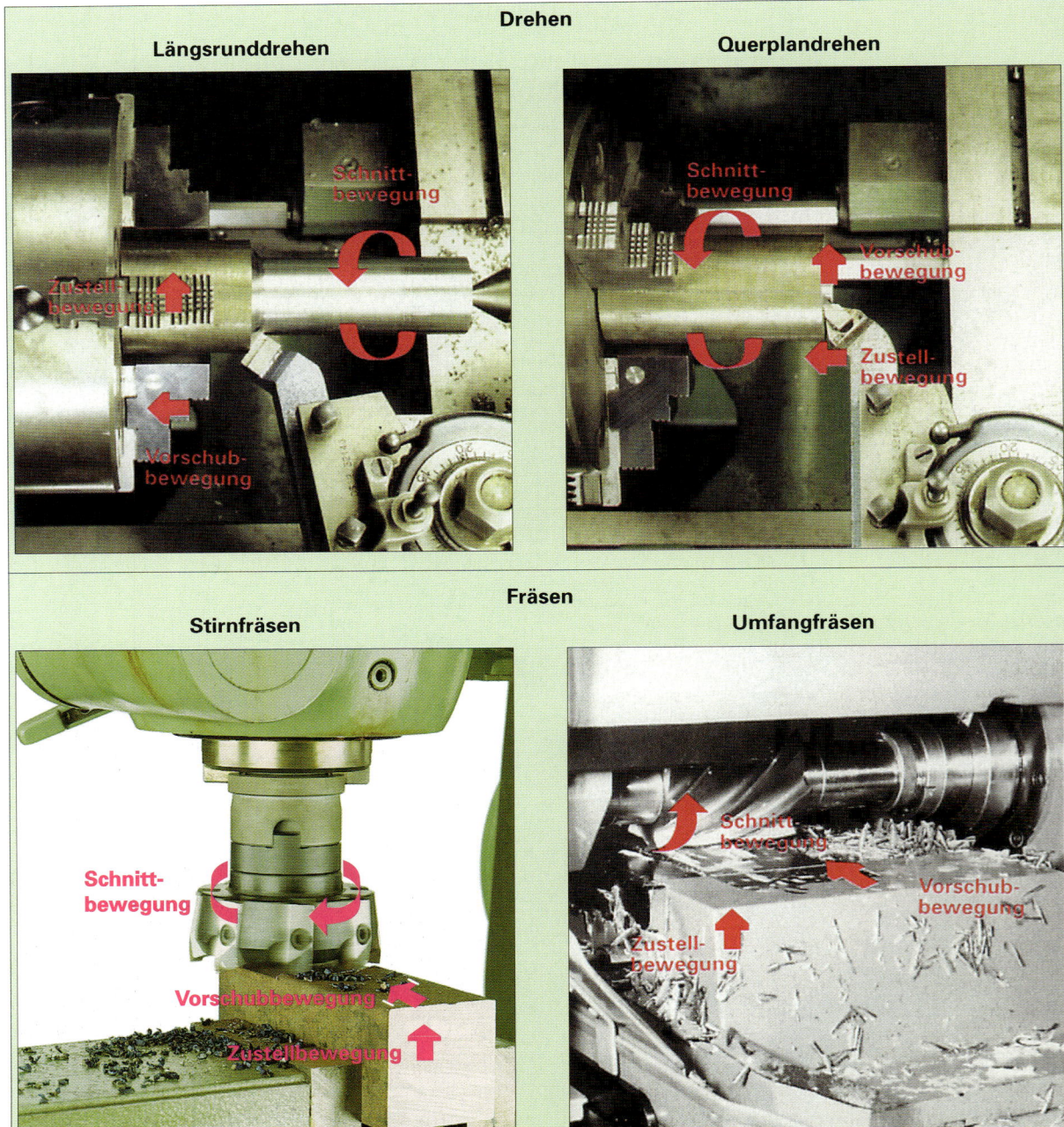

Bild 1 Bewegungsabläufe bei verschiedenen Dreh- und Fräsarbeiten

2.3. Trennen — 2.3.1.5 Drehen und Fräsen

Beim Umfangsfräsen werden Gleich- und Gegenlauffräsen unterschieden. Beim **Gleichlauffräsen** sind die Bewegungen gleichgerichtet, beim **Gegenlauffräsen** sind Schnitt- und Vorschubbewegung entgegengesetzt.

Schnitt-, Vorschub- und Zustellbewegung bewirken zusammen eine stetige Spanabnahme.
Durch unterschiedliche Bewegungsabläufe beim Zerspanvorgang lassen sich verschiedene Konturen erzeugen.

Zerspanvorgang beim Drehen und Fräsen

Drehmeißel und Fräser besitzen **keilförmige Schneiden**. Drehmeißel sind einschneidige und Fräser mehrschneidige Werkzeuge.
Beim Zerspanvorgang dringt der Schneidkeil aufgrund der Bewegungsabläufe in den Werkstoff ein. Der Spanwerkstoff wird zuerst zusammengedrängt, anschließend abgetrennt und dann nach oben weggeschoben. Dabei entstehen unterschiedliche **Spanarten**.

Bei einem kleinen Spanwinkel wird der Werkstoff stärker umgeformt, so dass der Spanwerkstoff zerbricht. Es bildet sich ein **Reißspan**. Bei größeren Spanwinkeln bildet sich letztlich ein zusammenhängender Span, ein **Fließspan**. In den Zwischenstufen sind einzelne Spanteile mehr oder weniger stark verschweißt, es bildet sich ein **Scherspan**.

Neben dem Spanwinkel beeinflussen die Werkstoffeigenschaften und die Bewegungen der Werkzeugschneide die Spanbildung. Bei hohen Schnittgeschwindigkeiten werden eher Fließspäne erzeugt. Spröde Werkstoffe ergeben meist einen Reißspan.

Durch ausreichende **Kühlschmierung** wird die Reibung zwischen Span und Werkzeug verringert und Wärme abgeleitet. In Kühlschmier-Emulsionen schweben Öltropfen in Wasser. Hierdurch wird gekühlt **und** geschmiert. Die Standzeit der Werkzeugschneide wird erhöht, da der Verschleiß verringert wird. Es kann somit mit höheren Schnittgeschwindigkeiten gearbeitet werden und es werden höhere Oberflächengüten erzielt. Die Wahl des Kühlschmiermittels ist vom Werkstoff abhängig.
Bei dem Einsatz von Kühlschmiermitteln sind die **Herstellerangaben** zur **Hautverträglichkeit** unbedingt zu beachten.

Standzeit und Oberflächenqualität werden von den Winkeln an der keilförmigen Schneide beeinflusst und durch ausreichende Kühlschmierung verbessert.

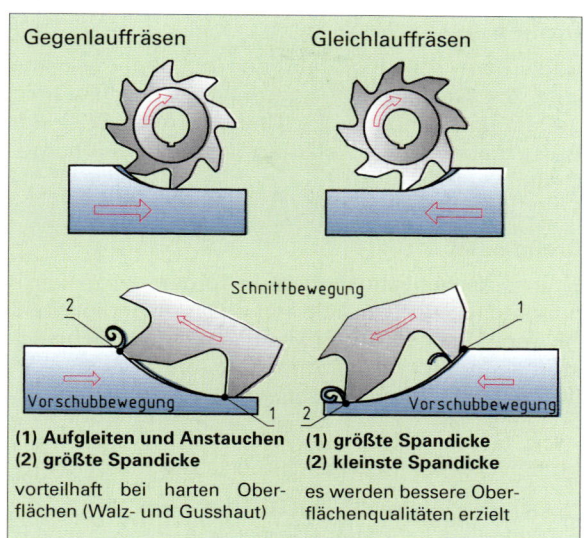

Bild 1 Spanbildung beim Umgangsfräsen

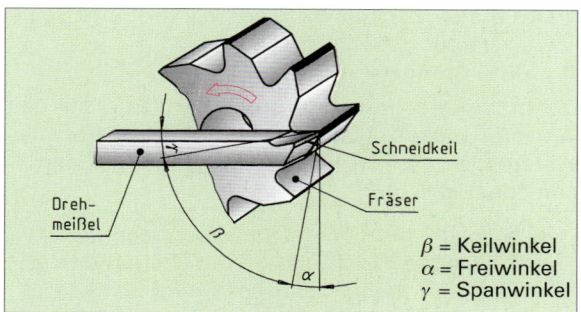

β = Keilwinkel
α = Freiwinkel
γ = Spanwinkel

Bild 2 Keilförmige Schneiden am Drehmeißel und Fräser

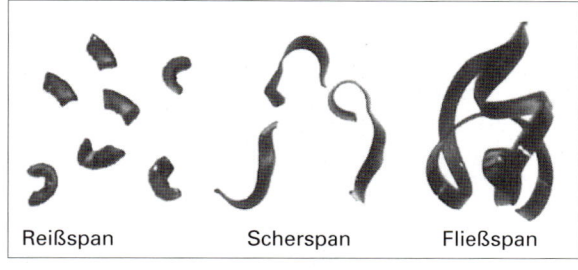

Bild 3 Spanarten

Bild 4 Kühlschmierung

2.3. Trennen — 2.3.1.5 Drehen und Fräsen

Drehen

Nach dem Ablängen auf der Hubsägemaschine wird die **Gelenkgabel** gedreht und anschließend gefräst und gebohrt. Die zylinderförmige Seite der Gelenkgabel wird vollständig durch Drehen hergestellt.

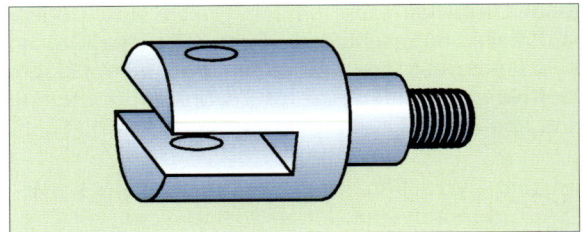

Bild 1 Gelenkgabel

Drehmeißel

Eine wirtschaftliche Fertigung fordert kurze Fertigungszeiten und deshalb hohe Geschwindigkeiten. An den Werkstoff des Schneidkeiles – den **Schneidstoff** – werden deshalb hohe Anforderungen z. B. bezüglich Härte und Verschleißfestigkeit gestellt.

> Als Schneidstoffe für Drehmeißel verwendet man vorwiegend verschleißfeste Hartmetalle.

Die Größen der **Winkel an der Schneide** sind Tabellen zu entnehmen. Durch die Wahl der Winkel sollen folgende Ziele erreicht werden:
- **Optimaler Zerspanvorgang** mit großem Spanwinkel und
- **größte Standzeit** mit großem Keilwinkel.

Der praxisgerechte Kompromiss berücksichtigt den Werkstoff des Werkstückes, den Schneidstoff des Werkzeuges und die Art der Zerspanung (Schruppen oder Schlichten).

> Die Auswahl des Drehmeißels ist neben dem zu bearbeitenden Werkstoff von der Dreharbeit und der Fertigungsstufe (Schruppen oder Schlichten) abhängig.

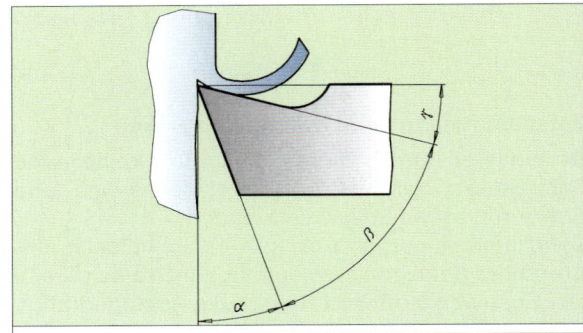

Frei-winkel α	Keil-winkel β	Span-winkel γ	für
12°	53°	25°	weiche Werkstoffe z. B. Al-Leg.
10°	70°	10°	feste Werkstoffe z. B. Stahl
8°	97°	-15°	harte und spröde Werkstoffe z. B. Hartguss

Bild 2 Winkel am Schneidkeil

Drehmaschine

Im Dreibackenfutter (1) wird das Werkstück gespannt. Der Werkzeugschlitten (2) bewegt den Stahlhalter mit dem Werkzeug. Im Reitstock (3) werden Werkzeuge wie Bohrer und Reibahle aufgenommen. Bei langen und dünnen Werkstücken dient der Reitstock als Gegenhalter.

Die verschiedenen Dreharbeiten und Zerspanbedingungen erfordern unterschiedliche Geschwindigkeiten. Diese werden mit Hilfe von Getrieben eingestellt. Im Schlosskasten (4) wird die geradlinige Vorschubbewegung eingestellt.

Heute werden vermehrt Drehmaschinen mit **numerischer Steuerung** eingesetzt. Eine Eingabestation (Bildschirm mit Tastatur) ersetzt Schalter und Handräder. Eine solche **CNC-Maschine** wird „durch Zahlen" (numerisch) gesteuert. Die erforderlichen Daten werden im Dialog mit der Steuerung eingegeben. Meist kann das so erstellte CNC-Programm durch Simulation am Bildschirm vor der eigentlichen Bearbeitung geprüft werden. CNC-Maschinen sind bei kompliziert geformten Werkstücken schon in der Einzelfertigung wirtschaftlich.

Bild 3 Drehmaschine

2.3. Trennen
2.3.1.5 Drehen und Fräsen

Zur Herstellung der Gelenkgabel sind die geeigneten **Drehmeißel auszuwählen**:

Die Drehmeißel unterscheiden sich im **Eckenwinkel** ε (epsilon), im **Einstellwinkel** κ (kappa) und in der Lage der Schneide.

- Es ist offensichtlich, dass ein großer Eckenwinkel die Stabilität der Schneide erhöht. Drehmeißel zum Schruppen besitzen deshalb meist relativ große Eckenwinkel.
- Bei einem Einstellwinkel über 90° können rechtwinklige Absätze gedreht werden.
- Durch die Lage der Schneiden beim abgesetzten Seitendrehmeißel und beim abgesetzten Eckdrehmeißel ergibt sich der jeweilige Einsatz zum Querplandrehen und Längsrunddrehen.

  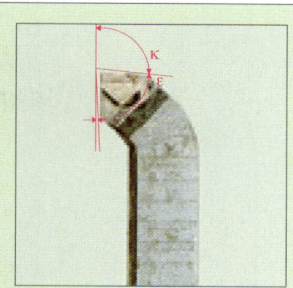

Querplandrehen mit abgesetztem Seitendrehmeißel

  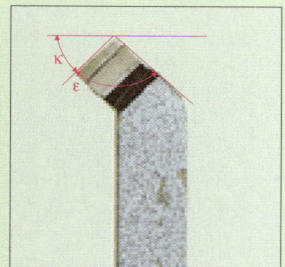

Längsrunddrehen (Schruppen) mit gebogenem Drehmeißel

 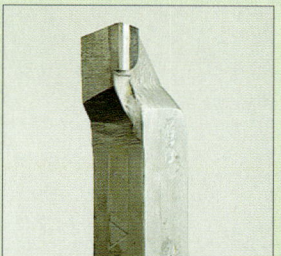 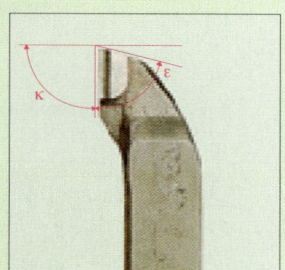

Längsrunddrehen (Schlichten) mit abgesetztem Eckdrehmeißel

Bild 1 Auswahl des Drehmeißels

Fräsen

Die Gelenklasche ist prismatisch (eckig) auszuformen. Das geeignete maschinelle Fertigungsverfahren ist das Fräsen. Fräser sind mehrschneidige Werkzeuge mit keilförmigen Schneiden. Die zur Herstellung geeigneten Fräser sind auszuwählen (vgl. Bild 1, Seite 76).

- Zuerst wird der prismatische Grundkörper der Gelenklasche mit einem Messerkopf auf Maß gefräst. Mit dem **Messerkopf** (Fräskopf mit eingesetzten Schneidplatten) wird die Werkstückoberfläche durch die an der Stirnseite liegenden Schneiden erzeugt. Diese Fräsarbeit wird als **Stirnfräsen** bezeichnet.
- Zur Aufnahme der Gelenklasche in der Gelenkgabel sind Ecken mit einem Walzenstirnfräser auszufräsen.
  Ein **Walzenstirnfräser** hat Schneiden am Umfang und an der Stirnseite. An der Spanbildung sind Haupt- und Nebenschneiden beteiligt. Da hier Stirnfräsen und Umfangsfräsen (siehe Bild 1, Seite 72) kombiniert werden, bezeichnet man dieses Verfahren als **Stirn-Umfangs-Fräsen**.

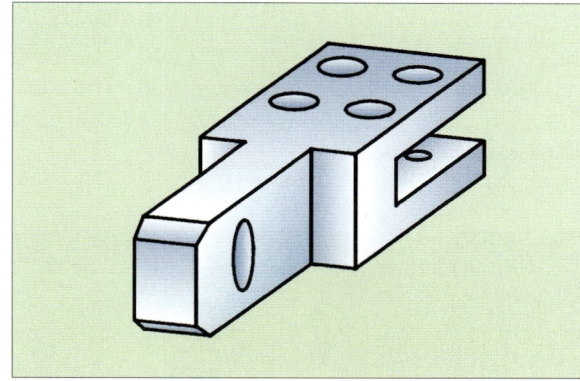

Bild 2 Gelenklasche

- Die Nut zur Aufnahme und Fixierung der Aluminiumplatte ist mit einem Schaftfräser herzustellen. Der **Schaftfräser** eignet sich durch seine Bauweise besonders für tiefe Nuten. Zur Fertigung unterschiedlicher Formen stehen entsprechende Fräser zur Verfügung. Auch hier liegt ein **Stirn-Umfangs-Fräsen** vor.

2.3. Trennen 2.3.1.5 Drehen und Fräsen

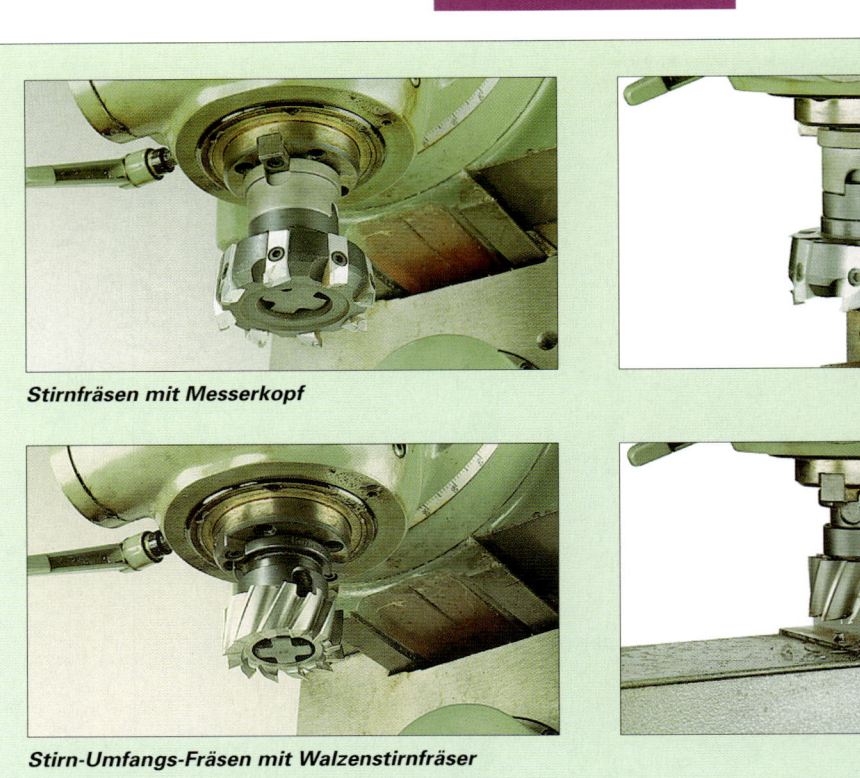

Stirnfräsen mit Messerkopf

Stirn-Umfangs-Fräsen mit Walzenstirnfräser

Stirn-Umfangs-Fräsen (Nutfräsen) mit Schaftfräser

Bild 1 Auswahl des Fräsers

Bild 2 Fräsmaschine

Fräser lassen als mehrschneidige Werkzeuge eine hohe Zerspanleistung zu.

Fräsmaschine

Die Frässpindel (1) nimmt das mehrschneidige Werkzeug auf und führt die kreisförmige Schnittbewegung aus. Auf dem Werkstücktisch (2) wird das Werkstück aufgespannt. Er lässt sich längs und quer bewegen und bewirkt damit üblicherweise den Vorschub. Zur Zustellung ist der Werkstücktisch auch in der Höhe verstellbar.

2.3.1 Spanen — Übungen

Übungen

Sägen
1. Skizzieren Sie eine keilförmige Werkzeugschneide und bestimmen Sie die drei Werkzeugwinkel.
2. Erläutern Sie die Wahl des Keilwinkels in Abhängigkeit von Standzeit und Werkstofffestigkeit.
3. Erklären Sie den Einfluss des Spanwinkels auf die Spanabnahme.
4. Warum vermeidet ein Freiwinkel ein zu schnelles Abstumpfen der Schneide?
5. Warum eignet sich eine feine Zahnteilung bei harten Werkstoffen und kurzen Schnittfugen?
6. Wie unterscheiden sich Hub-, Band- und Kreissägemaschinen in ihrem Bewegungsablauf?

Feilen
7. Beschreiben Sie anhand des Zerspanvorganges die schabende Wirkung eines negativen Spanwinkels.
8. Wann werden einhiebige Feilen, Kreuzhiebfeilen und Raspeln eingesetzt?
9. Welchen Einfluss hat die Hiebzahl auf die Spanabnahme?

Bohren, Senken und Reiben
10. Wodurch unterscheiden sich die Bohrertypen H, N und W in den Winkeln am Schneidkeil?
11. Weshalb muss die Bohrerspitze symmetrisch angeschliffen sein?
12. Welche Bewegungen werden vom Bohrer ausgeführt?
13. Welche Vorteile haben stationäre Bohrmaschinen?
14. Worin unterscheiden sich die Geschwindigkeiten beim Bohren, Senken und Reiben?
15. Wann werden Kegelsenker und Flachsenker eingesetzt?
16. Erklären Sie den Zweck des Reibens.
17. Beschreiben Sie den Zerspanvorgang beim Reiben.

Gewindeschneiden
18. Stellen Sie einen Arbeitsplan für das Schneiden eines Innengewindes M10 auf.
19. Vergleichen Sie Gewindebohrer für Stahl und Leichtmetall.
20. Erläutern Sie die Zerspanung durch einen dreiteiligen Gewindebohrersatz.
21. Mit welchen Werkzeugen können Rohrgewinde geschnitten werden?

Drehen und Fräsen
22. In welcher Maßeinheit werden die drei Bewegungen zur Spanabnahme angegeben?
23. Worin unterscheiden sich die Bewegungsabläufe beim Drehen und Fräsen?
24. Worin unterscheiden sich Längsrunddrehen und Querplandrehen?
25. Worin unterscheiden sich Stirnfräsen und Umfangsfräsen?
26. Welcher Schneidstoff wird bei Drehmeißeln vorwiegend verwendet?
27. Tragen Sie in einen skizzierten Drehmeißel in Draufsicht Einstell- und Eckenwinkel ein.
28. Welche Ziele sollen durch die Wahl der Winkel an der Schneide erreicht werden?
29. Beschreiben Sie die Aufgaben der wichtigsten Bauteile einer Drehmaschine.
30. Beschreiben Sie das Stirn-Umfangs-Fräsen mit dem Walzenstirnfräser und dem Schaftfräser.
31. Welche Auswirkungen haben die unterschiedlichen Bewegungsabläufe beim Gleichlauf- und Gegenlauffräsen?

Übergreifende Übungen
32. Mit der Gestaltung der Schneidkeile werden höchste Standzeit und optimale Zerspanung angestrebt. Erklären Sie anhand der Werkzeugwinkel, dass diese Ziele nicht gemeinsam erzielt werden können.
33. Nennen Sie mehrschneidige Werkzeuge. Weshalb können damit große Schnittleistungen erzielt werden?
34. Zur Spanabnahme sind Schnitt-, Vorschub- und Zustellbewegung erforderlich. Bestimmen Sie an einem selbst gewählten Beispiel die Form der Bewegungen und legen Sie fest, ob diese vom Werkzeug oder Werkstück durchgeführt werden.
35. Die zur Spanabnahme erforderlichen Bewegungen können geradlinig oder kreisförmig sein. Weshalb ist es vorteilhaft, wenn eine Bewegung kreisförmig ist?
36. Hochmoderne Werkzeugmaschinen erlauben hohe Geschwindigkeiten und große Spanabnahme. Welche Auswirkung hat diese Entwicklung auf Werkzeugwinkel und Schneidstoff?
37. Sie sollen einen Arbeitsplan aufstellen. Welche Hilfsmittel unterstützen Sie?
38. Fragen zum Stahlgelenk (vergl. Bild 1, Seite 71):
    a) Überprüfen und erläutern Sie die normgerechte Bezeichnung der Zylinderschraube mit Innensechskant.
    b) Mit welchem Spiralbohrer wird in die Aluminiumplatte gebohrt?
    c) Suchen Sie nach Möglichkeiten, den Bolzen gegen axiales Verschieben zu sichern.
    d) Wie tief wird die Senkung in der Gelenklasche ausgeführt?
    e) Wie kann sich die Fertigung der Gelenkgabel und Gelenklasche bei Massenfertigung ändern?
39. Erstellen Sie einen vollständigen Arbeitsplan zur Fertigung von Gelenkgabel und Gelenklasche (Bild 1, Seite 71).

2.3.2 Zerteilen
2.3.2.1 Scherschneiden

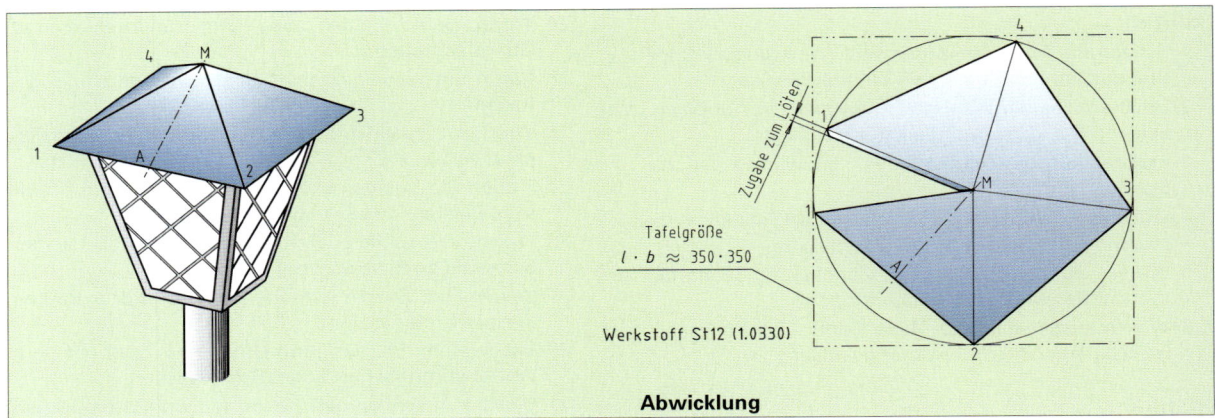

Bild 1 Außenleuchte

Witterungseinflüsse haben die Haube einer Außenleuchte zerstört. Sie soll neu gefertigt werden. Als Haubenwerkstoff ist verzinktes Stahlblech von 1 mm Dicke zu verwenden. Zuerst sind folgende Arbeiten durchzuführen:

- aus einem vorhandenen Blechstreifen von 350 mm Breite ist eine Platte von gleichfalls 350 mm Länge abzutrennen,
- aus ihr ist die Abwicklung nach Bild 1 herauszutrennen und
- eine Aussparung (Bild 1) anzubringen, damit das Dach pyramidenförmig ausgebildet werden kann.

Werden die Arbeiten mit der Handsäge ausgeführt, so wird das Blech spanend getrennt. Ihre Anwendung ist nicht vorteilhaft, da:

- die Gefahr besteht, dass ihre Schneiden in das dünne Blech einhaken und unter Umständen ausbrechen können,
- durch die Schnittbewegung des Werkzeugs das Blech verbogen werden kann,
- durch geringe Führung des Sägeblattes die Anrisslinie nicht genau eingehalten werden kann. Es entsteht meist eine unsaubere Schnittfuge und Schnittfläche.
- die notwendigen Sägehübe viel Zeit erfordern.

Mit **spanlosen Fertigungsverfahren** lassen sich dünne Bleche leichter, genauer und schneller trennen als mit Sägen. Dabei wird der Werkstoff zwischen Schneidkeilen **zerteilt** (vgl. Bild 2).

Zerteilen ist ein Trennen des Werkstoffes, ohne dass sich Späne bilden.

Scherschneiden von Hand

Handblechschere

Für das Zerteilen von Blechen werden im Bereich der Installationstechnik und des Metallbaus vielfach Scheren eingesetzt. Sie unterscheiden sich in Form, Größe, sowie in der Krafteinleitung: z. B. von Hand oder maschinell. Auf Baustellen werden meist Handblechscheren verwendet. Sie lassen sich für dünne Bleche vorteilhaft einsetzen, um z. B. geringfügige Korrekturen an den Zuschnitten auszuführen.

Auch zur Herstellung der Abwicklung für die Laternenhaube können Handblechscheren verwendet werden (vgl. Bild 2).

Diese Scheren bestehen aus zwei kurzen Schneiden mit entsprechend ausgebildeten Schneidkeilen. Sie bewegen sich während des Schneidvorganges aneinander vorbei.

Scherschneiden ist ein Trennen des Werkstoffes, bei dem sich zwei Schneiden aneinander vorbei bewegen.

- aus Qualitätsstahl z. B. C60
- Schneiden gehärtet auf 54-56 HRC
- Länge ca 250...350 mm

Bild 2 Handblechschere – Idealschere

2.3.2 Zerteilen — 2.3.2.1 Scherschneiden

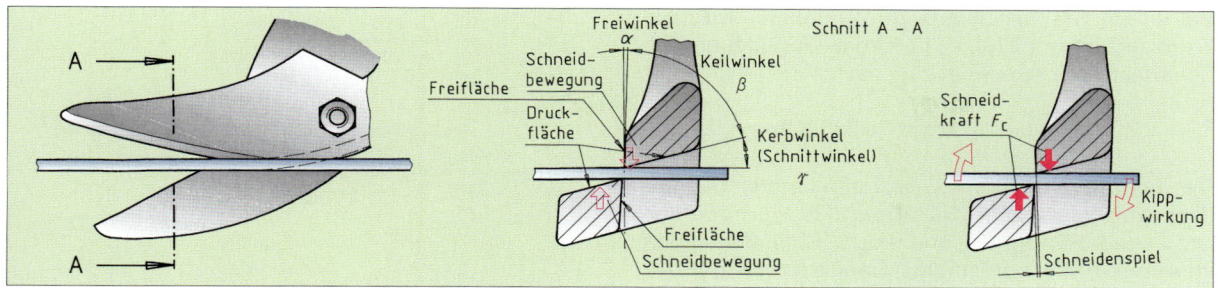

Bild 1 Winkel und Kräfte am Schneidkeil der Handblechschere

Winkel am Schneidkeil

Die **Größe des Schneidkeiles** (vgl. Kap. 2.3.1.1 „Sägen") beeinflusst in hohem Maße die notwendige Schneidkraft und den Verschleiß der Schneiden. Als vorteilhaft haben sich **Keilwinkel** von 75 ... 85° erwiesen. Sie verleihen der Schneide bei der Bearbeitung unterschiedlicher Werkstoffe ausreichende Stabilität. Zur Verringerung der Reibung an der Freifläche der Schneiden und Schnittfläche des Werkstücks wird die Schneide hinterschliffen. Der **Freiwinkel** beträgt ca. 2°.

Die Summe aus Keilwinkel und Freiwinkel ist kleiner als 90°. Von der Druckfläche der Schneiden zum Werkstück bilden sich dadurch **Kerbwinkel** aus. Somit berühren zu Beginn des Schneidvorganges (vgl. Bild 1) lediglich die Schneidkanten (Linienberührung) den Werkstoff. Die Schneiden können leichter eindringen, die Schneidkraft wird geringer.

Schneidenspiel

Da sich die Schneiden beim Zerteilen aneinander vorbei bewegen (vgl. Bild 1), wirken die Schneidkräfte seitlich versetzt gegeneinander. Das Blech kippt über die Schneidkeile ab und muss mit der Hand abgestützt werden. Dieses Abkippen wird verstärkt durch einen großen Schneidenabstand, das Schneidenspiel. Dieses Spiel ist daher so klein wie möglich zu halten. Bei Handblechscheren ist praktisch kein Spiel vorhanden. Damit die Schneiden aber nicht auf ihrer gesamten Länge aneinander reiben, werden sie mit einem **Hohlschliff** ausgestattet und vorgespannt. Die Schneiden berühren sich dann lediglich an der jeweiligen Schnittstelle.

Scherwiderstand

Die Schneiden der Schere müssen den Widerstand des Werkstoffes beim Zerteilen überwinden. Dieser Scherwiderstand ist abhängig von der Scherfestigkeit des zu bearbeitenden Werkstückwerkstoffs. Die Größe der Scherfestigkeit lässt sich näherungsweise aus der Zugfestigkeit berechnen:

Für **Stahl** gilt: $\tau_{aB} \approx 0{,}8 \cdot R_m$
Scherfestigkeit: τ_{aB} in N/mm²
Zugfestigkeit: R_m in N/mm²

> Die erforderliche Schneidkraft ist umso größer, je höher die Scherfestigkeit des Werkstoffes ist.

Werkstoffe z. B.	τ_{aB} in $\frac{N}{mm^2}$
Stahl bei $R_m = 410 \frac{N}{mm^2}$	328
Kupfer	212
Aluminium	185
Blei	24
Titanzink	182

Schneidkraft für 1mm² Querschnittsfläche

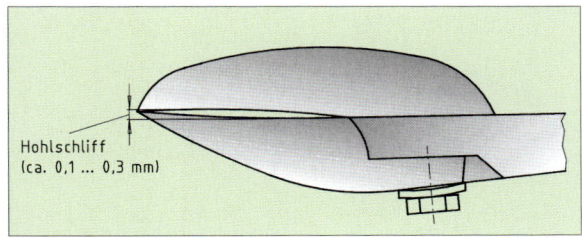

Bild 2 Hohlschliff

Bild 3 Scherwiderstand

2.3.2 Zerteilen — 2.3.2.1 Scherschneiden

Bei einem Stahlblech aus St 12 (1.0330) wird die Zugfestigkeit mit 270 ... 410 N/mm² angegeben. Die Scherfestigkeit errechnet sich nach:

$\tau_{aB} = 0{,}8 \cdot R_m = 0{,}8 \cdot 410\ \text{N/mm}^2 = \mathbf{330\ N/mm^2}$

Das bedeutet, dass pro Quadratmillimeter Schnittfläche des Blechs eine Kraft bis zu 330 N erforderlich ist. Lange Handgriffe und kurze Schneidenlänge vermindern die notwendige Handkraft. Es gilt das **Hebelgesetz** (Bild 1):

Hand**kraft** · **Hebelarm** der Griffe = Schneid**kraft** · **Hebelarm** der Schneiden

$F_H \cdot \ell_H = F_C \cdot \ell_C$

Die Handkraft errechnet sich aus:

$F_H = \dfrac{F_C \cdot \ell_C}{\ell_H}$ Kraft F in N, Hebelarm ℓ in mm

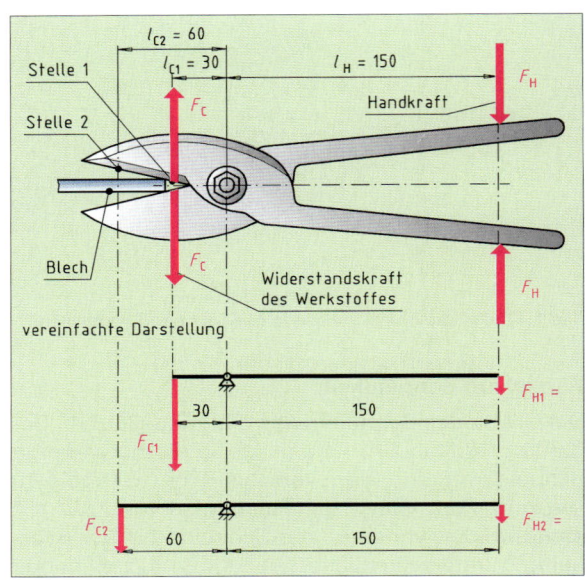

Bild 1 Hebelgesetz beim Scherschneiden

Aufgabe:

Der Widerstand des Werkstoffes beträgt 450 N. Der Hebelarm der Schneide (Lastarm) wird mit 30 mm bzw. 60 mm angenommen, der Hebelarm des Griffes (Kraftarm) mit 150 mm (vgl. Bild 1). Welche Handkräfte sind zum Trennen des Bleches notwendig?

Scherstelle 1

$F_{H1} = \dfrac{F_{C1} \cdot \ell_{C1}}{\ell_H}$

$F_{H1} = \dfrac{450\ \text{N} \cdot 30\ \text{mm}}{150\ \text{mm}}$

$F_{H1} = 90\ \text{N}$

Scherstelle 2

$F_{H2} = \dfrac{F_{C2} \cdot \ell_{C2}}{\ell_H}$

$F_{H2} = \dfrac{450\ \text{N} \cdot 60\ \text{mm}}{150\ \text{mm}}$

$F_{H2} = 180\ \text{N}$

Die durch konstante Handkraft mögliche Schneidkraft an den Schneiden ist über die Schneidenlänge nicht gleich. Die Handkraft muss umso größer sein, je weiter die Scherstelle (Scherstelle 2) vom Drehpunkt entfernt ist.

Für gleichbleibenden Werkstoffwiderstand und Kraftarm gilt:

> Kleinerer Schneidenabstand bedeutet geringere Handkraft – größerer Schneidenabstand bedeutet höhere Handkraft.

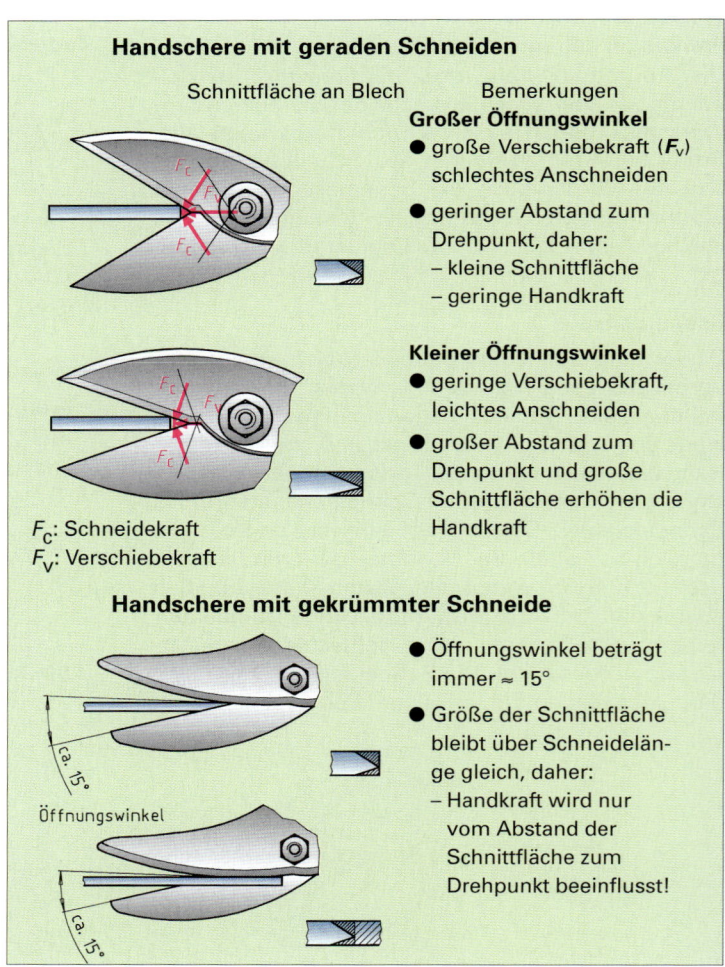

Bild 2 Handscheren mit gerader und gekrümmter Schneide

2.3.2 Zerteilen   2.3.2.1 Scherschneiden

Für geringe Handkraft bei kleinem Schneidenabstand muss die Schere weit geöffnet werden. Es entsteht ein großer Öffnungswinkel. Beim Anschneiden des Bleches greifen die Schneiden nicht, sondern verschieben den Werkstoff. Da die Griffe bei großem Öffnungswinkel zudem weit auseinanderstehen, lässt sich die Schere schlecht in der Hand halten. Ein kleinerer Öffnungswinkel bewirkt eine geringe Verschiebekraft. Der längere Hebelarm der Schneiden und die größer werdende Schnittfläche (vgl. Bild 1, Seite 85) erhöhen jedoch die notwendige Handkraft. Eine gleichbleibende Schnittfläche über die gesamte Schneidenlänge lässt sich durch eine gebogene Schneide der Schere erreichen. Dabei beträgt der Öffnungswinkel an jeder Stelle der Schneide ca. 15° (vergl. Bild 2, Seite 80).

In jedem Fall soll die erforderliche Handkraft 200 N nicht überschreiten. Die Schnittfläche an der Schnittstelle muss daher klein sein. Stahlbleche bis etwa 1,5 mm Dicke können mit Handscheren leicht zerteilt werden.

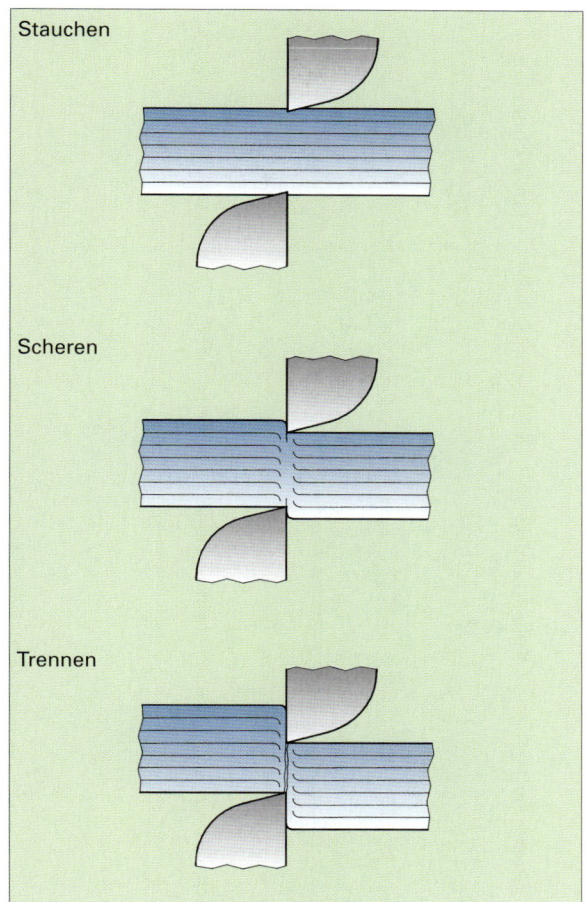

Bild 1 Phasen des Schneidvorgangs

Scherschneidvorgang

Das Eindringen der Schneiden bzw. das Zerteilen des Werkstoffes erfolgt beim Scherschneiden in folgenden Phasen (Bild 1):

- **Stauchen:** Der Werkstoff wird an seiner Ober- und Unterseite zusammengedrückt und eingekerbt.
- **Scheren:** Dringen die Schneiden weiter in den Werkstoff ein, so wird ein Teil der Werkstofffasern zerschnitten. Es entstehen dann Risse in der Scherzone.
- **Trennen:** Diese Risse führen zum Trennen des Werkstoffes. Er bricht an der Schnittstelle auseinander.

Die Schneiden der Handschere zerteilen den Werkstoff fortlaufend entlang der Schneide. Man spricht von einem **ziehenden Schnitt**. Aufgrund ihrer kurzen Schneiden muss die Handschere für lange Schnitte mehrmals nachgeschoben werden.

Die Phasen des Schneidvorganges sind an der Schnittfläche des Werkstoffs zu erkennen. Die Größe von Scherfläche zu Trennfläche ist von der Werkstoffeigenschaft abhängig:

- weicher Werkstoff ⇒ große Scherfläche, kleine Trennfläche
- harter Werkstoff ⇒ geringe Scherfläche, große Trennfläche

Auch entsteht an der Schnittfläche ein Grat, der bei zu großem Schneidenspiel stark ausgeprägt sein kann.

Daraus entstehen:
- Probleme bei weiteren Arbeitsgängen, z. B. beim Löten mit Lötspalt und Lotfluss (vgl. Kap. 2.4.4 „Löten") und
- Unfallgefahren, z. B. Schnittwunden.

Vorbereitende Arbeiten zur Herstellung der Laternenhaube

Für die Herstellung der Abwicklung der Laternenhaube (vgl. Bild 1, Seite 78) sind folgende Arbeiten auszuführen:
- **Anreißen** der Schnittlinien und
- Auswahl der richtigen Handscheren.

Für **gerade Anrisslinien** eignen sich Reißnadel und Stahlmaßstab. Die Stahlreißnadel mit gehärteter Spitze bildet eine Einkerbung auf der Blechplatte ab, die gut sichtbar ist. Kerben sind zu vermeiden bei:

- Biegekanten, denn durch ihre Kerbwirkung kann der Werkstoff beim Umformen oder beim Gebrauch brechen,

2.3.2 Zerteilen   2.3.2.1 Scherschneiden

Fertigungsverfahren z. B.	Abschneiden	Ausklinken	Beschneiden	Einschneiden	Kreisschneiden	Lochschneiden
Zeichnerische Darstellung						
Bedeutung	meist ein langer, gerader Schnitt	zwei aufeinander zulaufende Schnitte	ein oder mehrere Schnitte	ein oder mehrere Schnitte, kein Abfall	Schneiden einer Außenkreisform	Schneiden einer Innenkreisform
Bevorzugte Scherenart	*Durchlaufschere*	**Ideale Schere** *Gerade Schere*	*Gerade Schere*			*Lochschere*
Besonderheiten	• Beide Schnittteile sind verwendbar, ohne dass größere Richtarbeiten durchgeführt werden müssen. • Handhaltung der Schere über Blech – **keine Verletzungsgefahr.**	• Schere mit langen Schneiden, daher ist wenig nachzuschieben. • Bei längerem Schnitt werden die Bleche gleichermaßen nach unten und oben verschoben. • Hand gerät zwischen die Bleche – **Verletzungsgefahr.**	• Schere mit kurzen Schneiden. • Sie ist universell einsetzbar. • Abfallstreifen erfährt unter Umständen eine größere Biegung. • Handhaltung der Schere über Blech – keine Verletzungsgefahr.			• Schere mit kurzen, schmalen Schneidbacken, daher für kleine Radien bzw. Löcher vorteilhaft einsetzbar. • Abfallblech läuft über festen Schneidbacken nach oben ab. Es verbiegt sich stark. • Handhaltung der Schere über Blech – keine Verletzungsgefahr.

Bild 1 Auswahl von Handblechscheren

2.3.2 Zerteilen / 2.3.2.1 Scherschneiden

- dünnwandigen Blechen, um ihre Festigkeit zu erhalten und
- beschichteten Blechen, damit keine Korrosion entsteht.

Für diese Anwendungsbereiche eignen sich Reißnadeln aus CuZn oder Bleistifte. Da die Abwicklung (Bild 1, Seite 78) aus verzinktem Stahlblech herzustellen ist und in einem weiteren Arbeitsgang gebogen werden muss, wird zum Anreißen ein Bleistift verwendet.
Die geeigneten Handscheren sind auszuwählen!

Scherenarten

Bild 1, Seite 82 zeigt eine Auswahl verschiedener Handblechscheren.

> **Überlegen Sie:**
> Welche Scheren lassen sich für die notwendigen Schneidarbeiten einsetzen?

Bei den nun folgenden Schneidarbeiten muss der Anriss des zu verwendenden Bleches immer gut sichtbar sein. Nur so ist ein maßgenauer, sauberer Schnitt möglich. Der linke Anriss der Ausklinkung wird durch die obere Schneide der Schere verdeckt. Um auch bei solchen Fällen maßgenaue Schnitte zu ermöglichen, gibt es Scheren mit unterschiedlich angeordneten Schneiden: **rechte** und **linke** Scheren.

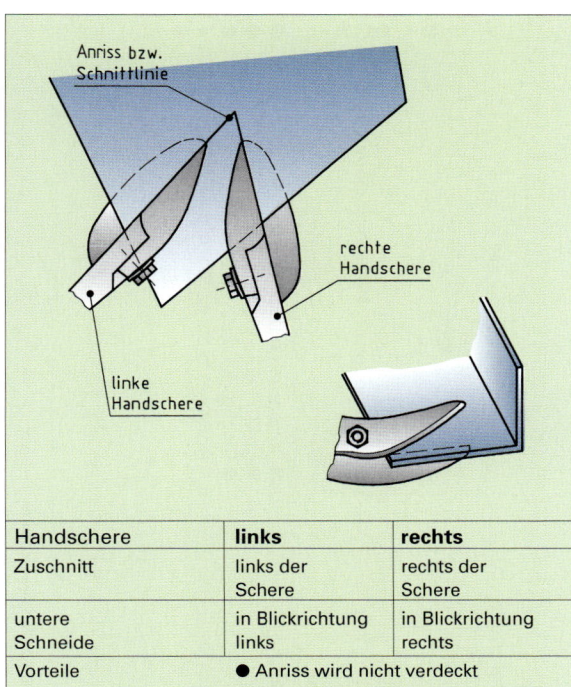

Handschere	links	rechts
Zuschnitt	links der Schere	rechts der Schere
untere Schneide	in Blickrichtung links	in Blickrichtung rechts
Vorteile	● Anriss wird nicht verdeckt ● Zuschnitt bleibt eben	

Bild 1 Einsatz von linken und rechten Scheren

Um beim Zurechtschneiden der Bleche Verletzungen der Hände zu vermeiden, sind **Unfallverhütungsvorschriften** zu beachten, z. B.:

- nach der Bearbeitung der Bleche müssen die Schnittgrate entfernt werden,
- beim Transportieren oder Verladen von Blechen, beim Aufräumen von Blechabfällen sind Schutzhandschuhe zu tragen,
- beim Durchschneiden der Bleche ist Vorsicht geboten, da Blechabfälle abspritzen können und
- die Schere muss immer vollständig nachgeschoben werden, da sonst bei Kreis- und Lochschnitten „Fleischhaken" auftreten.

Scherschneiden mit Maschinen

Elektrische Handschneidwerkzeuge zum Zerteilen

Elektrische Handschneidwerkzeuge zerteilen den Werkstoff entweder spanlos oder spanend (vgl. Bild 1, Seite 84).
Das Scherprinzip gleicht dem der Handblechschere. Dabei wirken maschinell angetriebene Schneidkeile gegeneinander.
Die Werkzeuge werden für unterschiedliche Werkstoffe verwendet, wie z. B.: Stahl, Nichteisenmetalle, Kunststoffe.
Im Gegensatz zu Handblechscheren ergeben sich Vorteile wie:

- schnelles Schneiden durch hohe Schnittgeschwindigkeit,
- Trennen von größeren Blechdicken durch hohe Schneidleistung und
- geringer Kraftaufwand des Bedieners durch handliche Maschinen.

Für die Herstellung der Abwicklung der Laternenhaube (vgl. Bild 1, Seite 78) können auch Elektrohandwerkzeuge verwendet werden. Sie sind nach der Arbeitsaufgabe bzw. ihrem Anwendungsbereich auszuwählen (vgl. Bild 1, Seite 84). Die Elektrohandschere eignet sich besonders z. B. für Feinbleche und gerade Schnittlinien. Sie könnte somit verwendet werden.

Maschinenscheren

Für längere Schnitte, dickere Bleche (vgl. Bild 1, Seite 85) eignen sich Handscheren nicht. Durch die geringe Schneidenlänge der Scheren wird:

- die Schneidkante nicht gerade und
- der zum Schneiden notwendige Zeit- und Kraftaufwand groß.

Die jeweilige Schnittlänge ist in einem Hub auszuführen! Es sind Maschinenscheren einzusetzen. Sie verfügen über die notwendige Schneidenlänge (z. B. bis 7 m) und Schneidkraft.

2.3.2 Zerteilen — 2.3.2.1 Scherschneiden

Elektrowerkzeuge zum Trennen von Blechen	spanlos	spanend	
	Blechschere	Plattenschere	Nibbler
Beschreibung	• Ein bewegtes Obermesser arbeitet gegen ein feststehendes Untermesser • Hubzahl bis 4100 $\frac{1}{min}$ • Arbeitsgeschwindigkeit 8 … 12 $\frac{m}{min}$	• Ein bewegtes Stößelmesser arbeitet gegen ein feststehendes Untermesser • Hubzahl bis 700 $\frac{1}{min}$ • Arbeitsgeschwindigkeit ca. 5 $\frac{m}{min}$	• Stempel bewegt sich gegen Schneidmatrize und „nagt" sich durch den Werkstoff • Hubzahl bis 1400 $\frac{1}{min}$ • Arbeitsgeschwindigkeit ca. 1,3 $\frac{m}{min}$
Qualität des Schnittteils	Blech verformt sich an der Schnittkante	• verwindungsfreier Schnitt, daher keine Verformung der Bleche • es entsteht an der Schnittspur ein zusammenhängender Abfallspan	• verwindungsfreier Schnitt, keine Verformung der Bleche • es entstehen an der Schnittspur viele kleine Späne
Anwendung	• unbegrenzte Schnitte • große Radien bzw. Kurven • Blechdicke: Stahl bis ca. 2,5 mm Aluminium bis ca. 4,5 mm	• unbegrenzte Schnitte • große Radien bzw. Kurven • Blechdicke: Stahl bis ca. 6,5 mm Aluminium bis ca. 10 mm • Abschneiden von Rohren	• auch für kleinste Radien (uneingeschränkte Beweglichkeit) • komplizierte Innen-Außenformen • für Schnitte an gewölbten bzw. gekrümmten Blechen • Blechdicke: Stahl bis ca. 1,5 mm Aluminium bis ca. 2,5 mm • Abschneiden von Rohren

Bild 1 Elektro-Handwerkzeuge

2.3.2 Zerteilen
2.3.2.1 Scherschneiden

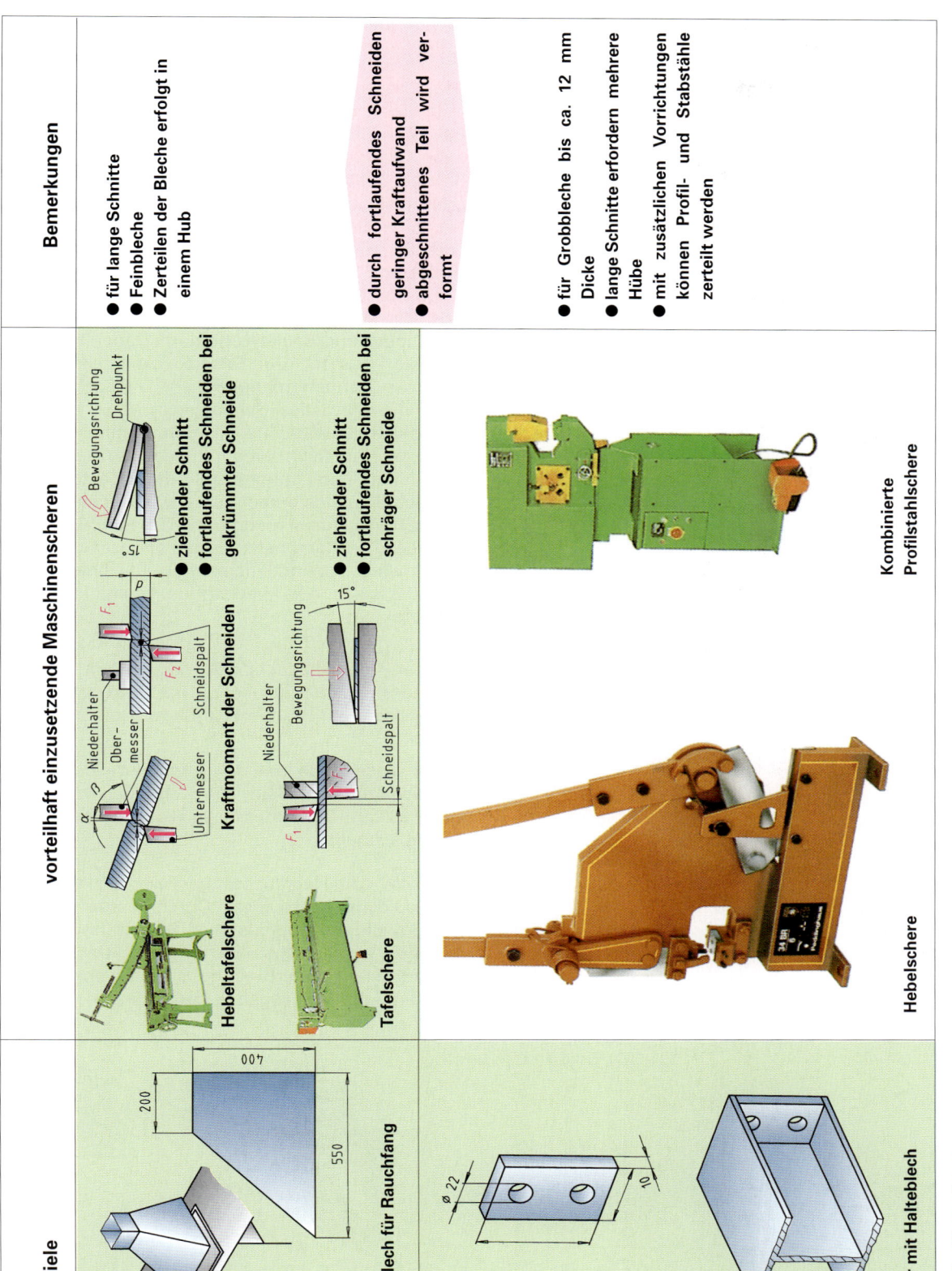

Bild 1 Maschinenscheren

2.3.2 Zerteilen

2.3.2.1 Scherschneiden

Der Antrieb der Scheren erfolgt dabei:
- von Hand mit Hilfe eines langen Hebelarmes oder
- maschinell, z. B. mit Kurbeltrieb oder hydraulisch.

Durch zusätzliche Vorrichtungen (Profilmesser) an Hebel- bzw. Profilstahlscheren können auch Profil- und Stabstähle (Rund-, Vierkantstahl bis ca. 30 mm) zerteilt werden.

Lochstanze

Die Träger mit den Halteblechen (Bild 1 Seite 85) sollen mit der Wand verschraubt werden. Hierzu sind zwei Lochungen mit 22 mm Durchmesser in die Bleche einzubringen.

Werden die Durchbrüche spanend hergestellt, so sind die Bohrungen jeweils:
- anzureißen
- vorzubohren
- aufzubohren mit 22 mm und zu entgraten.

Spanlose Fertigungsverfahren wie die Lochstanze (vgl. Bild 1) stellen die Lochung in einem Hub her. Sie ist z. B. eine weitere Arbeitsstelle der kombinierten Profilstahlschere (Bild 1 Seite 85).
Ihre wesentlichen Elemente sind:
- ein senkrecht beweglicher Schneidstempel (z. B. 22 mm Durchmesser) und
- eine fest im Maschinengestell verschraubte Schneidplatte (Matrize).

Der Werkstoff wird zerteilt, wenn sich die Schneidkeile dieser Elemente aneinander vorbei bewegen. Ein Schneidspalt verhindert, dass die Schneiden dabei beschädigt werden. Der Durchbruch der Schneidplatte ist daher um ca. 1/10 der Blechdicke größer als der Stempeldurchmesser ausgebildet. Mit einer Suchvorrichtung wird die vorgesehene Lochung der Halteplatte genau nach Anriss ausgerichtet und der Schneidstempel auf den Werkstoff aufgesetzt. Die Bewegung des Schneidstempels gegen Werkstück und Schneidplatte kann dann von Hand oder maschinell erfolgen. Dabei wird der Werkstoff gelocht. Der Schneidvorgang ist gleich wie beim Trennen mit der Schere. Die Lochung hat dann die Form des Schneidstempels – eine geschlossene Schnittkante. Als Schnittabfall entsteht dabei eine runde Scheibe mit gleichem Durchmesser. Sie fällt nach unten aus. In die Lochstanze lassen sich Schneidelemente unterschiedlicher Durchmesser und Querschnittsform einbauen. Die Leistung der Maschine setzt hierbei Grenzen. Umfang des Loches (Schnittlinienlänge), Blechdicke und Scherfestigkeit des Werkstoffes beeinflussen die Schneidkraft.

> Die erforderliche Schneidkraft wird mit zunehmender Schnittlinienlänge, Blechdicke und Scherfestigkeit des Werkstoffes größer.

Daher lassen sich mit der Lochstanze der Profilstahlschere (Bild 1 Seite 85) Lochungen von höchstens 25 mm Durchmesser in bis zu 10 mm dicke Bleche schneiden.

Mit Hilfe von Handlochzangen werden in dünne Bleche Löcher bis ca. 5 mm Durchmesser geschnitten. Sowohl Stempel als auch Schneidring (Matrize) sind auswechselbar. Lochungen an Dachrinnen, z. B. für eine Nietverbindung, sind mit speziell geformten Handlochzangen auszuführen.

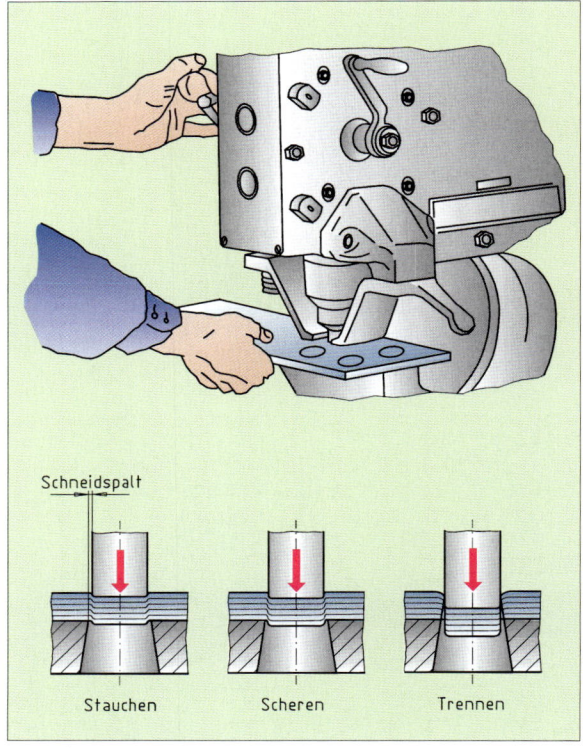

Bild 1 Maschinelle Lochstanze

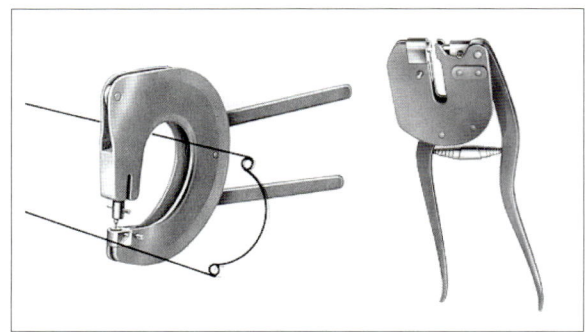

Bild 2 Handlochzangen

2.3.2.2 Messer- und Beißschneiden

Messerschneiden

Dichtringe werden im Bereich der Heizungs- und Installationstechnik verwendet, z. B. bei:

- Rohrverbindungen der Wasserinstallation
- Anschlüssen von Armaturen: Standbatterien, Hebelmischern, Ventilen

Um Unebenheiten, Riefen, Winkelversatz von Dichtflächen ausgleichen zu können, bestehen sie aus Werkstoffen mit geringer Festigkeit, wie z. B. Hartpapier, Hartgummi, Kunststoffen und Kupfer. Als Kaufteil sind die Dichtungsringe in allen gängigen Größen erhältlich. Sondergrößen müssen jedoch speziell, vielfach vor Ort, aus Platten ausgeschnitten werden. Dies soll einfach und schnell erfolgen. Vorteilhaft wird hierzu das **Locheisen** verwendet. Ein Schneidwerkzeug mit einer Schneide. Sein Schneidkeil ähnelt einem Messer (vgl. Bild 3). Das **Locheisen** wird mit Hammerschlägen gegen den Werkstoff bewegt, der auf einer festen Unterlage aufliegt. Die beiden Flächen des Schneidkeiles drängen dabei den Werkstoff auseinander (vgl. Bild 4).

> Keilschneiden mit einer Schneide ist ein Messerschneiden. Der Werkstoff wird dabei durch den Schneidkeil auseinandergedrängt.

Die zum Trennen aufzubringende Schneidkraft und der Verschleiß der Schneide werden von der Größe des Keilwinkels beeinflusst (vgl. Handscheren).

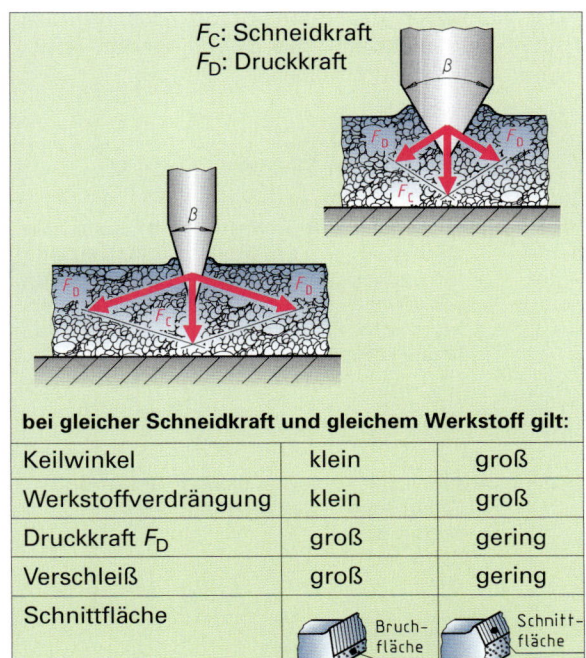

F_C: Schneidkraft
F_D: Druckkraft

bei gleicher Schneidkraft und gleichem Werkstoff gilt:

Keilwinkel	klein	groß
Werkstoffverdrängung	klein	groß
Druckkraft F_D	groß	gering
Verschleiß	groß	gering
Schnittfläche	Bruchfläche	Schnittfläche

Bild 4 Kräfte am Schneidkeil

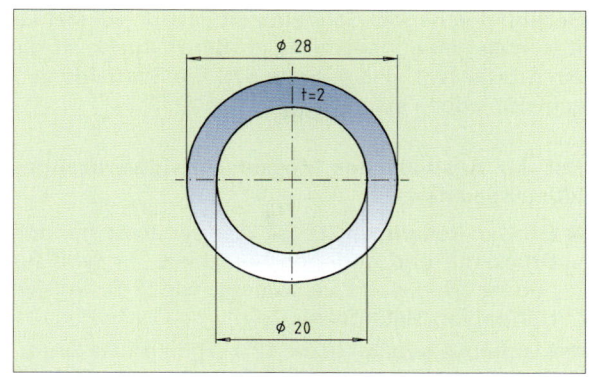

Bild 1 Dichtungsring, Werkstoff: Hartpapier

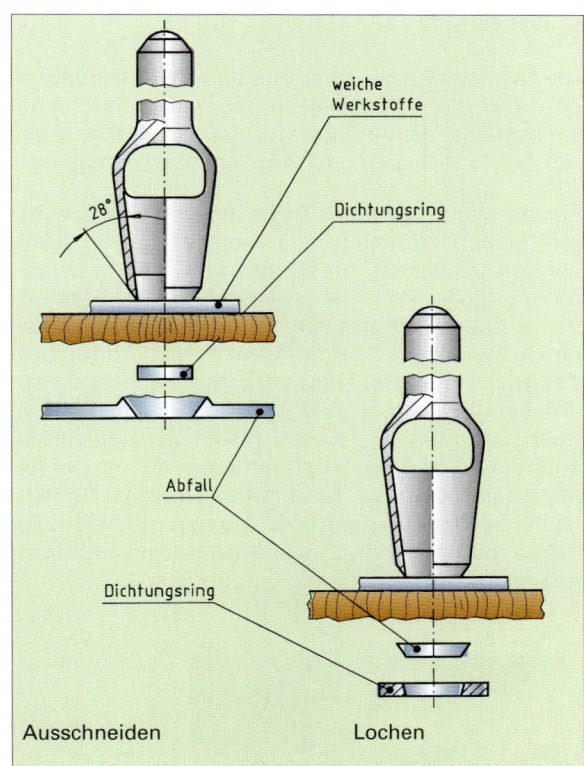

Ausschneiden   Lochen

Bild 2 Messerschneiden

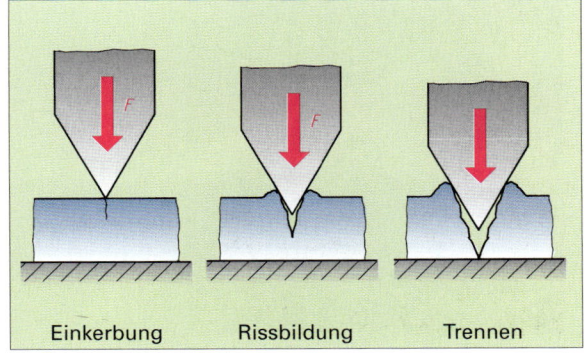

Einkerbung   Rissbildung   Trennen

Bild 3 Zerteilvorgang

2.3.2 Zerteilen — 2.3.2.2 Messer- und Beißschneiden

Bei entsprechender Schneidkraft bewirkt ein kleiner Keilwinkel eine wesentlich größere Druckkraft als ein großer (vgl. Bild 4, Seite 87). Die Schneide verschleißt jedoch schneller.

Bei der Auswahl des Messerschneidwerkzeuges ist zu beachten:

- **Großer Keilwinkel** (β ca. 20°) bedeutet geringe Druckkraft und geringen Verschleiß. Er wird für härtere Werkstoffe verwendet, wie z. B. Kupfer, Hartpapier, Metallfolien.
- **Kleiner Keilwinkel** (β ca. 12°) ergibt große Druckkraft und größeren Verschleiß. Er wird für weichere Werkstoffe verwendet, wie z. B. Gummi, Textilien.

Die Schneide des Locheisens darf beim Durchdringen des Werkstückwerkstoffes nicht beschädigt werden. Als Unterlage ist eine ebene Platte aus Hartholz, Pressspan oder Ähnlichem zu verwenden.

Für die Herstellung des Dichtrings ist eine Scheibe aus einer Hartpapierplatte auszuschneiden. Dazu werden Locheisen mit 28 mm und 20 mm Durchmesser verwendet. Die senkrechte innere Schneidfläche des Werkzeugs zum Ausschneiden ergibt eine rechtwinklige Schnittfläche an der Außenform des Dichtrings. Die schräge Schnittfläche entsteht am Abfallstück (vgl. Bild 2, Seite 87). Wird mit einem Locheisen (ø 20 mm) dieser Art gelocht, so entsteht die schräge Schnittfläche an der Innenform des Dichtrings. Ist eine rechtwinklige Schnittfläche der Lochung gefordert, so muss die Schneidfläche auf der Werkzeugaußenseite senkrecht ausgebildet sein.

Rohrabschneider

Bei Gas-, Wasser- oder Heizungsinstallationen werden Rohre aus verschiedenen Werkstoffen verwendet, wie z. B. Kupfer, Stahl, Kunststoff und Guss.

Sind sie abzulängen, dann soll:
- dies einfach und schnell, auch auf Baustellen, durchgeführt werden können und
- die Schnittfläche rechtwinklig sein, damit das Rohr stirnseitig (am gesamten Umfang) in der Muffe anliegt.

Handsägen sind dabei Grenzen gesetzt. Durch die geringe Führung ihres Sägeblattes sind rechtwinklige Schnittfugen schwer möglich.
Zum Trennen von Rohren verwendet man **Rohrabschneider** (vgl. Bild 1,). Das wesentlichste Teil dieses Werkzeuges ist ein keilförmig ausgebildetes Schneidrad. Dieses wird gegen das Rohr gepresst, dann eine Kreisbewegung ausgeführt. Der Werkstoff wird an der Schnittstelle zur Seite gedrängt (vgl. Bild 4, Seite 87). Durch stetiges Nachstellen der Spindel dringt das Rad tiefer in den Werkstoff ein. Das Rohr wird zerteilt.
Das Schneidrad ist sehr verschleißgefährdet. Deshalb sind für unterschiedliche Rohrwerkstoffe Schneidräder mit entsprechenden Keilwinkeln einzusetzen. Werkstoffe mit geringer Festigkeit, z. B. Kunststoffe, bedingen einen kleinen Keilwinkel; Werkstoffe mit größerer Festigkeit, z. B. Stahl, einen großen Keilwinkel. Für die gängigsten Werkstoffe gibt es deshalb spezielle Rohrabschneider.

> Der Keilwinkel des Schneidrades des Rohrabschneiders muss auf den zu trennenden Rohrwerkstoff abgestimmt sein.

Werkstoff	Kupfer	Stahl (schwarz verzinkt)	Kunststoff	Guss
Bearbeitung	● Leicht zu trennen (z. T. ohne Schraubstock)	● schwer zu trennen (Spannmöglichkeit muss vorhanden sein)	● problemloses Trennen (bis ≈ ø 100 mm ohne Spannvorrichtung)	● sehr schwer zu trennen (großer Verschleiß der Schneidrädchen) **besser Sägen**
Probleme	● Gratbildung	● sehr starke Gratbildung bei dicker Rohrwandung	● Gratbildung sehr gering	● kein Grat
Nacharbeit mit Rohrinnenfräser				

Bild 1 Rohrabschneider

2.3.2 Zerteilen — 2.3.2.2 Messer- und Beißschneiden

Beißschneiden

Beim **Beißschneiden** bewegen sich **zwei keilförmige Schneiden** aufeinander zu. Zangenförmige Trennwerkzeuge wie Kneifzange, Seitenschneider, Hebelvorschneider und Bolzenschneider arbeiten nach diesem Prinzip. Sie unterscheiden sich in Größe, Gestaltung und Einsatzmöglichkeit. Über lange Hebelarme können größere Zerteilkräfte leicht aufgebracht werden. Dennoch eignen sich diese Werkzeuge nur für kleine Werkstoffquerschnitte. Größere Querschnitte kann man z. B. kalt- oder leichter warmabschroten. Es wird dabei ein Schrotmeißel und ein Abschrot verwendet. Ihre Keilwinkel sind der Werkstofffestigkeit anzupassen. Bei Erwärmung verringert sich die Festigkeit des Werkstoffes. Somit kann beim Warmabschroten ein kleinerer Keilwinkel gewählt werden.

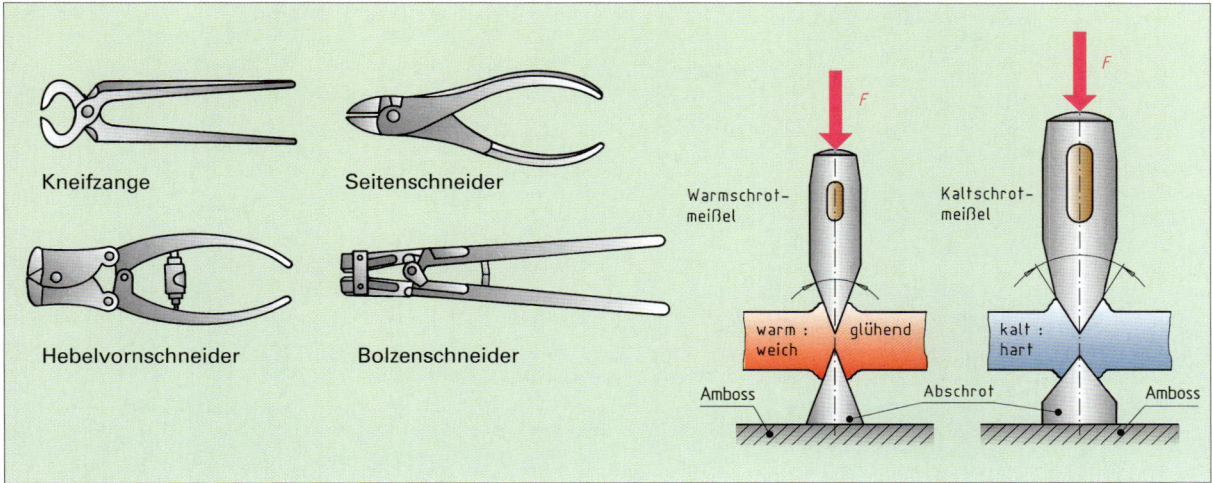

Bild 1 Beißschneiden

Übungen

Zuschnitt für ein kegelförmiges Dach einer Haube mit Blechverwahrung:

Bild 2 Zuschnitt für Haube mit Blechverwahrung

1. a) Warum wird für die Haube beschichtetes Stahlblech verwendet?
   b) Welche Arbeitsmittel sind zum Anreißen des Dachzuschnittes erforderlich? Begründen Sie Ihre Antwort.
   c) Nennen Sie die Fertigungsverfahren für dessen Herstellung.
   d) Bestimmen Sie Handblechscheren für die notwendigen Schneidarbeiten.
   e) Beschreiben Sie die Arbeitsdurchführung.
   f) Auf welche Unfallgefahren ist dabei zu achten?
   g) Wie kann die notwendige Schneidkraft gering gehalten werden?
   h) An der Schnittfläche zeigt sich ein starker Grat. Wodurch könnte dieser verursacht worden sein?

2. a) Mit welchem Elektro-Handwerkzeug wäre der Zuschnitt für das Dach vorteilhaft herstellbar?
   b) Nennen Sie Grenzen des Einsatzes von Elektro-Handwerkzeugen.

3. a) Worin unterscheidet sich das Scherschneiden vom Messer- und Beißschneiden?
   b) Nennen Sie zu jedem Verfahren Anwendungsmöglichkeiten.

2.4 Fügen

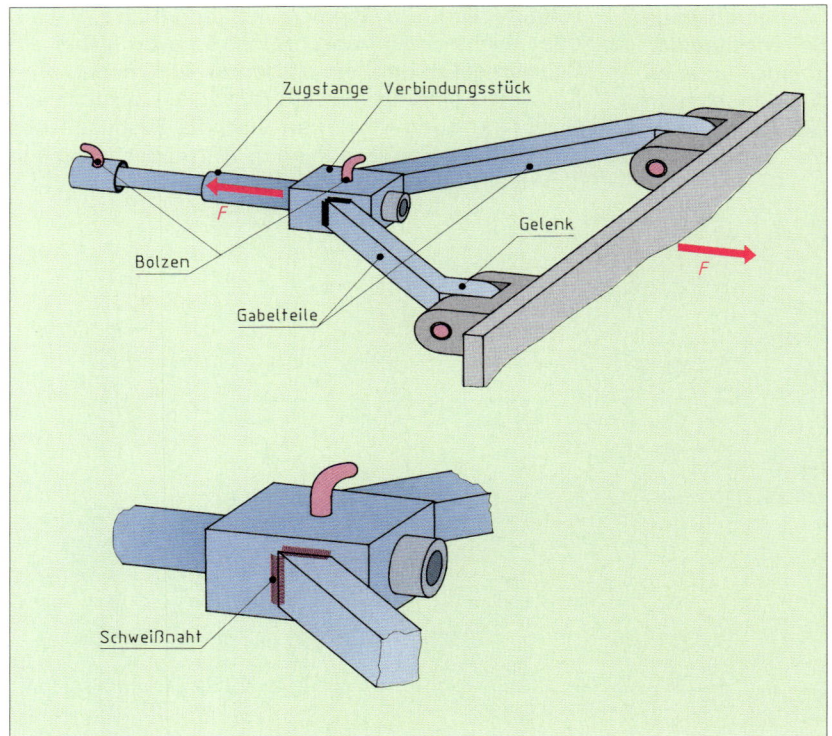

Bild 1 Kraftübertragung an einer Anhängergabel

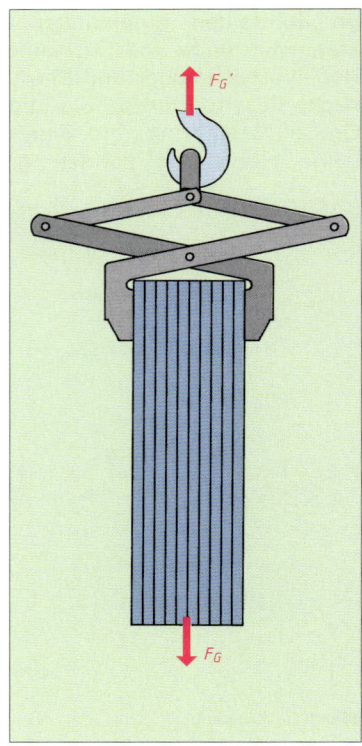

Bild 2 Kraftübertragung an einer Scherenzange

Fahrzeuge, Maschinen und Anlagen sind aus einzelnen Bauteilen zusammengesetzt (vgl. Bild 1). Die Teile sind durch unterschiedliche Fügeverfahren verbunden.

2.4.1 Lösbare und unlösbare Verbindungen

Die Pumpen einer Heizungsanlage müssen auswechselbar sein. Um einen Austausch zu ermöglichen, sind sie mit den Rohrleitungen verschraubt, also **lösbar** verbunden.

> Bei lösbaren Verbindungen können die einzelnen Teile ohne Beschädigung ausgebaut werden.

Lösbare Verbindungen sind auch vorteilhaft, wenn Fahrzeuge, Maschinen oder Anlagen umgerüstet werden, z. B. beim Montieren eines Dachgepäckträgers oder beim Befestigen eines Maschinenschraubstocks zum Bohren.
Wasserleitungsrohre müssen nicht wieder getrennt werden. Sie können unlösbar verbunden sein. Unlösbare Verbindungen werden unter anderem durch Schweißen, Löten und Kleben hergestellt.

> Beim Zerlegen unlösbarer Verbindungen wird die Fügestelle oder das Verbindungselement zerstört.

Überlegen Sie:

Welche lösbaren und unlösbaren Verbindungen kennen Sie aus Ihrem Ausbildungsbetrieb?

Einteilung der Verbindungsarten nach der Lösbarkeit:

Bezeichnung	Beschreibung	Beispiel
Lösbare Verbindungen	Die Bauteile werden durch Schrauben, Stifte, Bolzen, Keile u. a. verbunden. Die Teile lassen sich ohne Beschädigung demontieren und wieder zusammenfügen.	Bolzen in Bild 1
Unlösbare Verbindungen	Die Teile sind z. B. durch eine Schweiß-, Löt- oder Klebnaht gefügt. Bei der Demontage wird die Fügestelle zerstört.	Schweißnähte in Bild 1

2.4.2 Verschiedene Möglichkeiten der Kraftübertragung

In den meisten Fällen werden an den Fügestellen Kräfte von einem Bauteil auf ein anderes übertragen. Je nach Art dieser Kraftübertragung lassen sich die Fügeverfahren in drei Gruppen einteilen:

● **Formschlüssige Verbindungen**

In Bild 1, Seite 90 ist die Anhängergabel eines LKW dargestellt. Die Zugkraft des Motorwagens wird durch einen Bolzen von der Zugmaschine auf den Hänger übertragen. Durch den Bolzen wird eine formschlüssige Verbindung hergestellt. Die Größe der übertragbaren Kraft hängt maßgeblich von der Querschnittsgröße des Bolzens ab. Formschlüssige Verbindungen liegen auch zwischen der Zugstange und der Gabel sowie in den Gelenken vor.

● **Stoffschlüssige Verbindungen**

Die Gabelteile sind mit dem Verbindungsstück verschweißt. Somit überträgt der Schweißwerkstoff die Zugkraft. Die Schweißnaht bewirkt eine stoffschlüssige Verbindung.

Stoffschlüssige Verbindungen entstehen z. B. auch beim Löten von Kupferrohren oder beim Kleben von Aluminiumprofilen.

● **Kraftschlüssige Verbindungen**

In Bild 2, Seite 90 ist eine Scherenzange dargestellt. Bei dieser Zange wird der Block durch Reibungskräfte an den Berührungsflächen gehalten. Es liegt eine kraftschlüssige Verbindung vor.

Reibungskräfte sind in vielen Baueinheiten von Fahrzeugen, Maschinen und Anlagen festzustellen. In vielen Fällen sind Reibungskräfte unerwünscht, z. B. bei einem Lager. Reibung führt unter anderem zum Verschleiß an Bauteilen. Deshalb wird in diesen Fällen die Reibungskraft durch Schmierung möglichst klein gehalten. In anderen Fällen nutzt man Reibungskräfte z. B. bei Bremsen, Kupplungen oder bei Schraubenverbindungen.

Formschlüssige Verbindungen	Die Teile sind durch ein zusätzliches Element (z. B. einen Bolzen) verbunden, oder sie besitzen Formflächen, die ineinander greifen (z. B. Schraubenschlüssel und Schraubenkopf).	**Nabenverbindung** lösbar 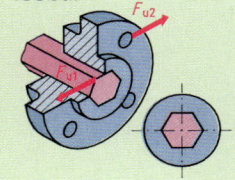	**Falzverbindung** unlösbar 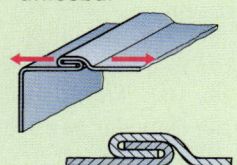
Stoffschlüssige Verbindungen	Ein Zusatzwerkstoff haftet an den Oberflächen oder verbindet sich mit den Grundwerkstoffen der Bauteile.	**Lötverbindung** bedingt lösbar 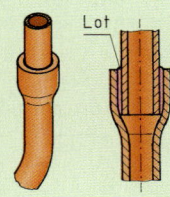	**Schweißverbindung** unlösbar 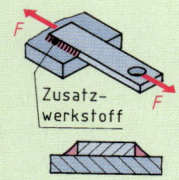
Kraftschlüssige Verbindungen	An den Berührungsflächen der Bauteile wirken Reibungskräfte. Sie übertragen äußere Kräfte.	**Kegelverbindung** lösbar 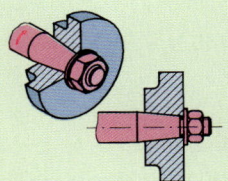	**Klemmverbindung** lösbar 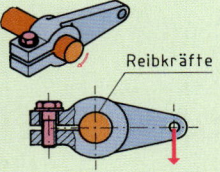

2.4.3 Schraubenverbindungen

2.4.3.1 Grundlagen

Die Konsole (vgl. Bild 1) soll mit Schrauben an den **I**-Trägern der Hallenwand befestigt werden.
Für die Montage werden vier Sechskantschrauben für Stahlkonstruktionen (DIN 7990) der Größe M 16 mit Sechskantmuttern und Unterlegscheiben gewählt.

Montage einer Schraubenverbindung

Die Werkzeuge für die Montage der Schraubenverbindung (z. B. Schraubenschlüssel oder Schraubendreher) bilden mit dem Schraubenkopf (oder der Mutter) eine formschlüssige Verbindung. Das Werkzeug muss deshalb die richtige Größe haben. Nur so ist gewährleistet, dass
- keine Unfälle durch das Abrutschen des Werkzeugs entstehen und
- der Schraubenkopf bzw. das Werkzeug nicht beschädigt wird.

Aus den gleichen Gründen muss der Schraubendreher den Formflächen des Schraubenkopfes angepasst sein.

Die Schraubenkraft F_S hängt
- von der Handkraft und
- von der Hebellänge ab, an der die Handkraft wirkt (vgl. Beispiel).

Beide Größen werden in **dem Drehmoment M** zusammengefasst:

$$M = F \cdot \ell$$

F : Kraft in N
ℓ : Hebellänge in m
M: Drehmoment in N m

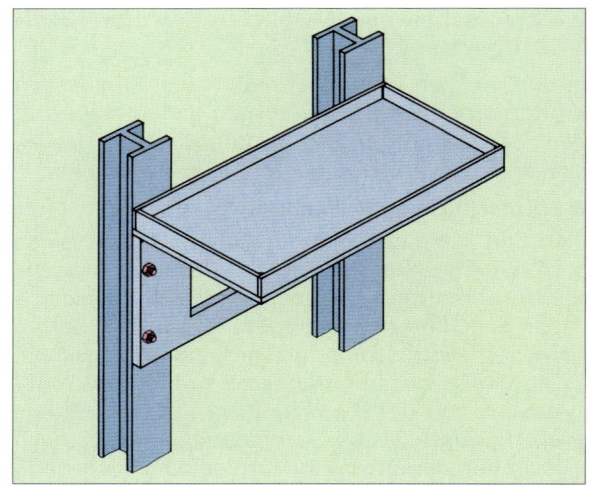

Bild 1 Wandkonsole

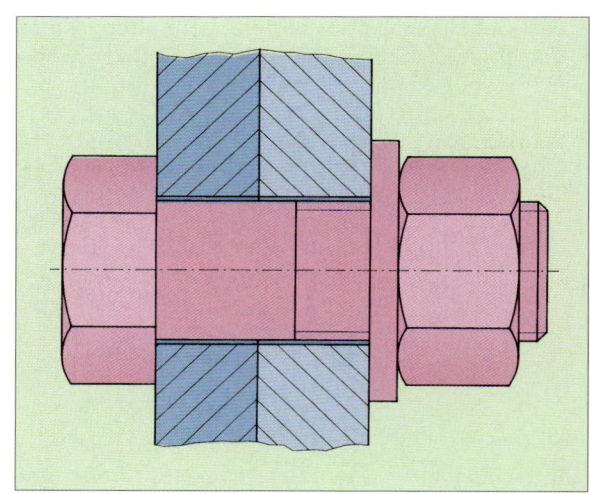

Bild 2 Sechskantschraube

Beispiel:
In welchem Fall wird das größere Drehmoment und damit auch die größere Schraubenkraft erzielt?

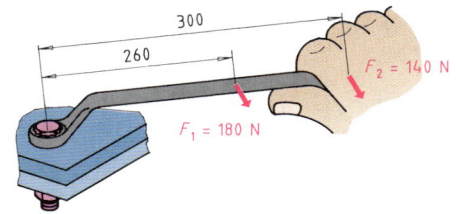

$F_1 = 180$ N; $\ell_1 = 0{,}26$ m $F_2 = 140$ N; $\ell_2 = 0{,}3$ m
$M_1 = F_1 \cdot \ell_1$ $M_2 = F_2 \cdot \ell_2$
$M_1 = 180$ N $\cdot$ 0,26 m $M_2 = 140$ N $\cdot$ 0,3 m
$\underline{M_1 = 46{,}8 \text{ Nm}}$ $\underline{M_2 = 42{,}0 \text{ Nm}}$

(Weitere Aufgaben: TECHNISCHE MATHEMATIK S. 311)

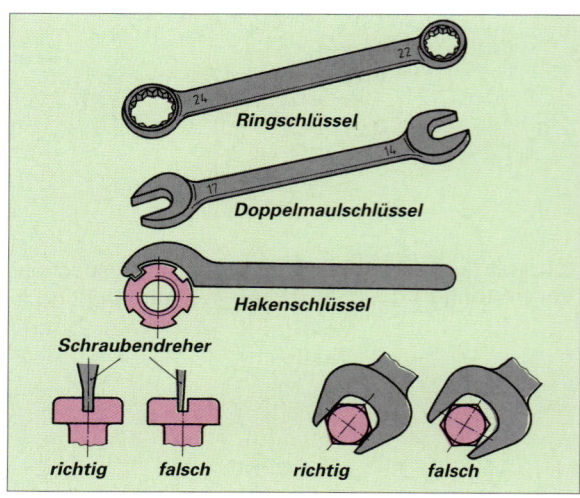

Bild 3 Richtige Auswahl von Schraubendreher und Schraubenschlüssel

2.4.3 Schraubenverbindungen

2.4.3.1 Grundlagen

Ein vereinfachtes **Modell** (vgl. Bild 1) verdeutlicht, wie aus dem Drehmoment die Schraubenkraft entsteht:

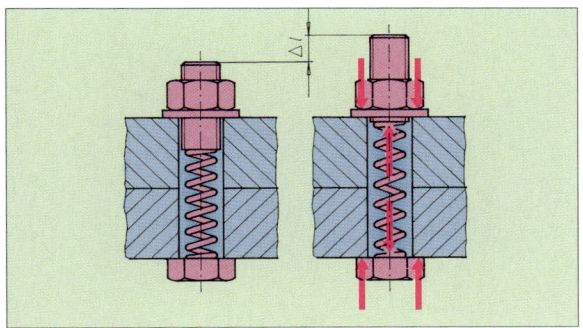

Bild 1 Verlängerung der Schrauben beim Anziehen
In dieser Abbildung ist der Schraubenschaft gedanklich durch eine Feder ersetzt worden

- Bei der Montage wird die Mutter zunächst bis zur Unterlegscheibe aufgeschraubt. Danach ist eine weitere axiale Bewegung der Mutter zum Schraubenkopf nicht mehr möglich.
- Eine Drehbewegung der Mutter durch das am Schraubenschlüssel wirkende Drehmoment führt deshalb zu einer Dehnung des Schraubenschaftes. Dies wird an der geänderten Schraube in Bild 1 deutlich. Eine Rechtsdrehung der Mutter führt zu einer Längenänderung der Feder.
- Die Zugkraft, die den Schraubenschaft (bzw. die Feder) dehnt, wirkt über den Schraubenkopf und die Mutter als Normalkraft auf die Bauteile.
- Die Normalkraft bewirkt an den Berührungsflächen der Bauteile eine Reibkraft, wenn eine äußere Kraft angreift (vgl. Bild 2).

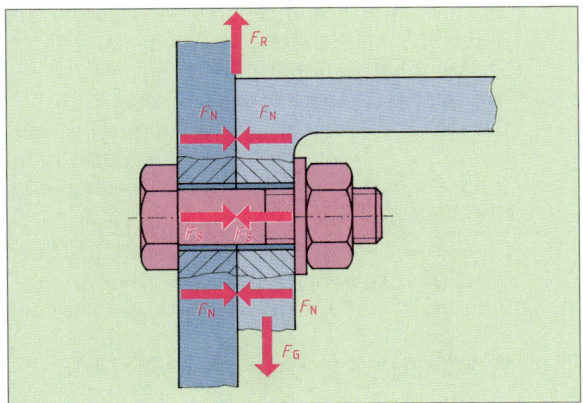

Bild 2 Kräfte an der Wandkonsole

Kraftübertragung an einer Schraubenverbindung

Die Schraubenverbindungen an der Konsole wirken kraftschlüssig. Kraftschluss bedeutet, dass die Gewichtskräfte F_G der Konsole durch Reibungskräfte auf die **I**-Träger übertragen werden. Dies geschieht an den Berührungsflächen zwischen Konsole und **I**-Träger. Folgender Kraftfluss stellt sich bei korrekter Montage ein:

Durch die Mutter entsteht bei der Montage in der Schraube eine Zugkraft F_S. Mit dieser Kraft wird die Konsole gegen den **I**-Träger gepresst ($F_S = F_N$). Dabei entsteht die Reibkraft F_R zwischen den Berührungsflächen. Die maximale Reibkraft muss größer als F_G sein, um die Konsole bei jeder Belastung in ihrer Lage zu halten.

Die Montage der Schraubenverbindung ist leichter, wenn die Bohrungen etwas größer sind (≈1 mm) als der Schraubendurchmesser.

Auch das Fertigen der Bohrungen ist in diesem Fall einfacher, weil die Toleranzen für die Bohrungsabstände größer gewählt werden können. Da die Schraubenverbindungen nicht form- sondern kraftschlüssig wirken, kann dieser Vorteil genutzt werden.

Mutternarten, Unterlegscheiben

An manchen Montagestellen ist es aus Platzgründen nicht möglich, einen Schraubenschlüssel anzusetzen. Deshalb sind in diesen Fällen spezielle Werkzeuge erforderlich. Die Formflächen an den Muttern sind diesen Bedingungen angepasst, z. B. bei der Nutmutter (vgl. Bild 3). Die Kronenmutter kann mit einem Splint gesichert werden, die Hutmutter verdeckt das Gewindeende.

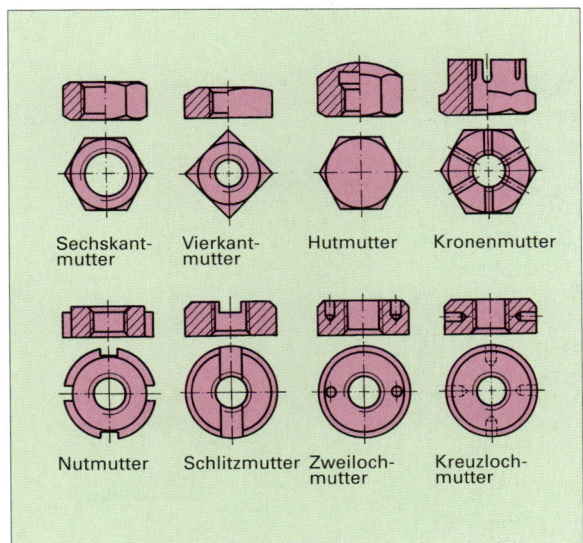

Bild 3 Genormte Mutterformen

Unterlegscheiben gleichen Unebenheiten der Werkstückoberfläche aus. Außerdem vergrößern sie die Berührungsfläche mit dem Werkstück. Dadurch verteilt sich die Schraubenkraft auf eine größere Fläche (TECHNISCHE MATHEMATIK S. 326). Das ist bei weichen Werkstoffen wichtig.

2.4.3 Schraubenverbindungen — 2.4.3.2 Schraubenverbindungen im Rohrleitungsbau

Schraubensicherungen

Durch Schwingungen oder Erschütterungen können Schraubenverbindungen gelöst werden. In diesen Fällen ist eine Schraubensicherung erforderlich.

Mit Schraubensicherungen werden unterschiedliche Zielsetzungen verfolgt:
- Bei der Felgenbremse eines Fahrrades ist der Bowdenzug mit Hilfe einer Schraube an der Bremse festgeklemmt. Wenn sich die Mutter durch Erschütterungen beim Fahren etwas löst, rutscht der Draht durch; die Bremse ist nicht mehr funktionsfähig. Deshalb muss durch die Schraubensicherung die Lage der Sechskantmutter gesichert werden. Dafür ist z. B. eine selbstsichernde Mutter oder eine Klebnaht in den Gewindegängen geeignet.
- Beim Kranhaken (vgl. Bild 2) wird die Gewichtskraft der Last über die Gewindegänge und die Mutter auf die Traverse übertragen. In diesem Fall ist keine Schraubenkraft erforderlich, die über das Gewinde erzeugt wird. Deshalb ist die Mutter lediglich gegen Abdrehen zu sichern. Dafür ist z. B. eine Kronenmutter mit Splint geeignet.

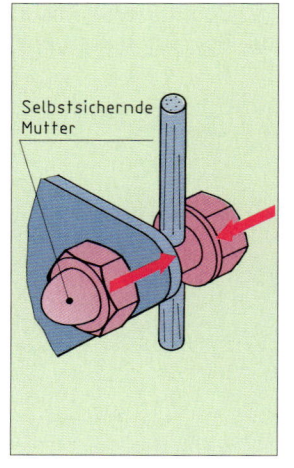

Bild 1 Klemmvorrichtung mit selbstsichernder Mutter

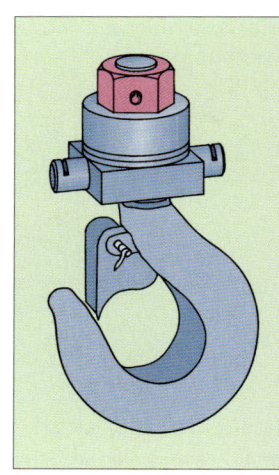

Bild 2 Befestigung eines Kranhakens

Überlegen Sie:
Warum ist bei der Bremse keine ausreichende Sicherung durch eine Kronenmutter mit Splint möglich?

2.4.3.2 Gewinde

Für die verschiedenen Aufgabenstellungen und Anforderungen der Schrauben und Spindeln wurden entsprechende Gewindearten entwickelt.

Verwendungs-bereich	Beispiel	Gewindeart, Kommentar
Befestigen **Befestigen, Einstellen**		**Spitzgewinde** **Metrisches ISO-Gewinde,** z. B. M 24 x 3,0 Befestigungsschrauben mit diesem Gewinde kommen in unterschiedlichen Ausführungen, z. B. im Stahlbau, im Maschinen- und Fahrzeugbau zum Einsatz. **Metrisches Feingewinde,** z. B. M 24 x 1,5 Bei diesem Gewinde ist die Steigung relativ klein. Es eignet sich z. B. zum Befestigen (und auch zum Einstellen des Lagerspiels) bei Wälzlagern.
Verbinden und Dichten bei Rohren		Für diesen Aufgabenbereich werden **Whitworth-Rohrgewinde** (mit Zollmaßen) verwendet. Zwei Gewindearten sind zu unterscheiden: • Befestigungsgewinde (DIN ISO 228-1), z. B. G 3/4 Außen- und Innenwände sind zylindrisch. Die Dichtwirkung erzielt eine durch die Montage zusammengepresste Dichtung • **Rohrgewinde** (DIN 2999-1), z. B. R 3/4 Das Außengewinde ist kegelig (z. B. R 3/4), das Innengewinde zylindrisch (z. B. Rp 3/4). Bei der Montage entsteht durch das kegelige Gewinde eine große Flächenpressung.

2.4.3.3 Ausgewählte Schraubenverbindungen

Verwendungs-bereich	Beispiel	Gewindeart, Kommentar
Bewegen, Positionieren		**Trapez-gewinde** / **Kugel-gewinde** Um Werkzeugschlitten zu bewegen, sind relativ große Steigungen sinnvoll. Diese Forderung wird mit den angegebenen Gewindeprofilen am besten erreicht.

2.4.3.3 Ausgewählte Schraubverbindungen

	Stiftschraube	**Innensechskant-schraube**	**Gewindestift**	**Blechschraube**
Spezifische Merkmale	Die Stiftschraube hat an beiden Enden Gewindezapfen, die unterschiedlich lang sind. Das Ende mit dem kurzen Gewinde wird in das Werkstück geschraubt.	Der Schraubenkopf kann im Werkstück versenkt werden, weil die Formflächen für das Werkzeug als Innensechskant ausgeführt sind.	Gewindestifte haben über ihre ganze Länge ein Gewinde. Zum Anziehen dient ein Schlitz oder ein Innensechskant.	Blechschrauben formen sich ihr Muttergewinde selbst.
Bemerkung	Das Lösen der Verbindung erfolgt durch die Mutter. Dadurch wird das Gewinde im Bauteil geschont (z. B. Zylinderkopfbefestigung).	In vielen Anwendungsfällen sind versenkte Schraubenköpfe erforderlich: ● teils aus Sicherheitsgründen, ● teils um die Funktion der Bauteile sicherzustellen.	Mit Gewindestiften werden Maschinenteile, wie z. B. Lagerbuchsen oder Stellringe gegen Verdrehen und axiales Verschieben gesichert.	Die Bohrung im Blech muss dem Kerndurchmesser entsprechen.

2.4.4 Stiftverbindungen

In Bild 1 ist der Auflagetisch einer Blechschere dargestellt. Auf dem Tisch ist eine Anschlagleiste befestigt, die rechtwinklig zu den Schermessern angeordnet ist. Der Anschlag erleichtert das Ausrichten der Bleche.

Die Leiste sollte so an dem Tisch befestigt sein, dass
● sich ihre Lage durch die ständige Nutzung nicht verändert und
● nach einer Demontage die winklige Position leicht zu finden ist.

Bei kraftschlüssigen Verbindungen (z. B. mit Schrauben) müssen die Anschlagleisten ausgerichtet werden. Außerdem können sich die Leisten unter Umständen verschieben, wenn z. B. die Schrauben nicht richtig montiert werden.

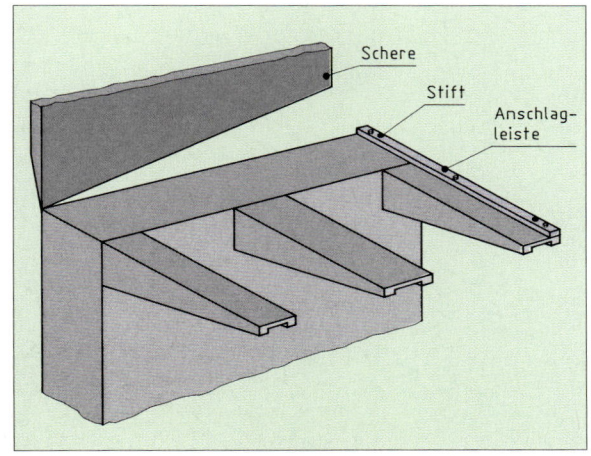

Bild 1 Auflagetisch einer Blechschere

2.4.4 Stiftverbindungen

Die angegebenen Forderungen lassen sich durch Stiftverbindungen erfüllen, z. B. durch zwei Zylinderstifte. Sie ermöglichen eine genaue Lagefixierung, weil sowohl die Stifte als auch die Bohrungen mit kleinen Toleranzen hergestellt werden und eine hohe Oberflächengüte besitzen (vgl. Bild 1).

> **Überlegen Sie:**
> Warum ist die Leiste zusätzlich durch Schrauben zu sichern?

Für unterschiedliche Anwendungsbereiche gibt es verschiedene Ausführungsformen (vgl. Bild 2).

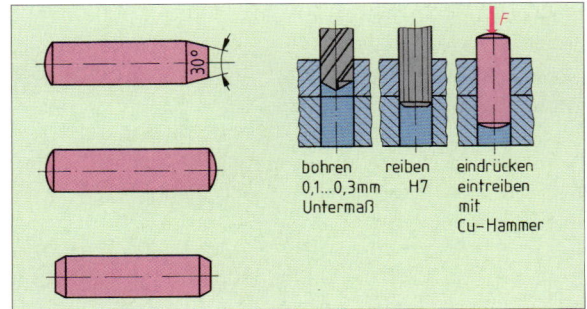

Bild 1 Zylinderstifte

	Kerbstift (Zylinderstift)	**Kegelstift**	**Spannstift**
Spezifische Merkmale	Am Umfang sind drei um 120° versetzte Kerben eingewalzt. Dadurch entstehen Wülste, die sich beim Eintreiben teils plastisch, teils elastisch verformen.	Dieser Stift eignet sich für Teile, deren Lage sehr genau fixiert sein muss. Die Verbindung ist teuer.	Vor dem Eintreiben hat der Spannstift Übermaß. Bei der Montage wird er zusammengedrückt. Er presst sich deshalb an die Bohrungswand.
Herstellung der Bohrung	Bohren	a) Bohren (in Stufen oder mit dem Kegelbohrer) b) Reiben	Bohren
Wiederverwendbarkeit nach einer Demontage	Kann mehrmals wiederverwendet werden.	Beliebig oft.	Kann mehrmals wiederverwendet werden.
Belastbarkeit	Der volle Querschnitt des Stiftes steht zur Kraftaufnahme zur Verfügung.		Der Querschnitt ist durch die Kreisringform verkleinert.

Bild 2 Stiftarten

2.4.5 Verbindungen zwischen Welle und Nabe

Verbindung	**Passfederverbindung**	**Keilverbindung**	**Pressverbindung**
	F_U: Umfangskraft	F: Montagekraft F_N: Normalkraft	
Anmerkungen	Bei hohen Umdrehungsfrequenzen ist es wichtig, dass die aufmontierten Teile (Kupplungen, Riemenscheiben u. a.) rund laufen. Durch einen unrunden Lauf wird bei manchen Teilen die Funktion beeinträchtigt (z. B. bei Zahnrädern). Es entstehen Fliehkräfte, die auf die Lager wirken und sie vorzeitig zerstören können.		
Rundlauf	Nicht beeinflusst, weil die Passfeder an der oberen Seite Spiel hat.	Beeinflusst, weil der Keil durch die Montagekräfte die Mittenlage des Rades oder der Scheibe verändert.	Nicht beeinflusst, weil die elastischen Verformungen gleichmäßig am Umfang wirken.
Kraftübertragung	formschlüssig	kraftschlüssig	kraftschlüssig

2.4.6 Klebverbindungen

An einer Abwasserleitung aus Kunststoffrohren ist nachträglich ein Anschluss erforderlich. Dafür ist ein Sattelstück an der bestehenden Leitung zu befestigen (vgl. Bild 1, Seite 96). Die Teile können durch eine Klebnaht verbunden werden. Voraussetzung ist allerdings, dass sie aus einem Kunststoff gefertigt sind, der sich gut kleben lässt (Tabelle Bild 1).

Die Ursache für die schlechte Klebneigung einiger Kunststoffe ist in Bild 2 dargestellt. Der Kleber zieht sich zu Halbkugeln zusammen, nachdem er auf der Oberfläche aufgetragen wurde. Eine flächendeckende Beschichtung mit Kleber ist so nicht möglich.
Die Rohre der Abwasserleitung und das Sattelstück sind aus PVC gefertigt. PVC läßt sich nach Tabelle Bild 1 gut kleben.

> Durch Kleben lassen sich sowohl gleichartige als auch unterschiedliche Werkstoffe stoffschlüssig miteinander verbinden.

2.4.6.1 Klebstoffarten

Bei der Auswahl des Klebers sind mehrere Einflussgrößen zu beachten:
- die Werkstoffpaarung,
- die Zeit, in der der Kleber aushärten soll,
- die Temperatur, der die Klebverbindung ausgesetzt ist.

Für die unterschiedlichen Anforderungen stehen entsprechende Kleber zur Verfügung. Bei der Auswahl sind die Angaben des Klebstoffherstellers zu beachten.
Kleber lassen sich nach der Art des Aushärtens in folgende Gruppen einteilen:

Einkomponentenkleber
Diese Kleber enthalten alle Bestandteile, die zum Aushärten erforderlich sind. Das Aushärten in der Klebnaht wird bei den einzelnen Arten sehr unterschiedlich eingeleitet, z. B. durch Wärme, durch UV-Licht, durch Luftfeuchtigkeit (bei den sogenannten Sekundenklebern) oder durch Verdampfen eines Lösemittels.

Zweikomponentenkleber
Bei den Klebern dieser Gruppe sind die Bestandteile (Klebstoff und Härter) getrennt. Vor dem Auftragen auf die Klebflächen werden die beiden Komponenten gemischt. Dabei ist zu beachten, dass der Kleber nach dem Mischen nur noch eine bestimmte Zeit verarbeitbar ist (Topfzeit). Das Aushärten lässt sich meist durch eine Temperaturerhöhung wesentlich beschleunigen.
Für das vorliegende Beispiel empfiehlt der Rohrhersteller einen Einkomponentenkleber, der durch Verdampfen des Lösemittels aushärtet.

Gut klebegeeignete Kunststoffe	PVC, Polystyrol, ABS, Polyacrylate, Polycarbonate, Polyurethane, Duroplaste einschließlich glasfaserverstärkter Kunststoffe
Weniger klebegeeignete Kunststoffe	Weich-PVC, Polyamide, Gummi und synthetischer Kautschuk, spezielle Copolymere
Nicht oder nur nach Vorbehandlung klebegeeignete Kunststoffe	Polyolefine, Polyfluorolefine, Polyacetale, Siliconharze

Bild 1 Klebneigung von Kunststoffen

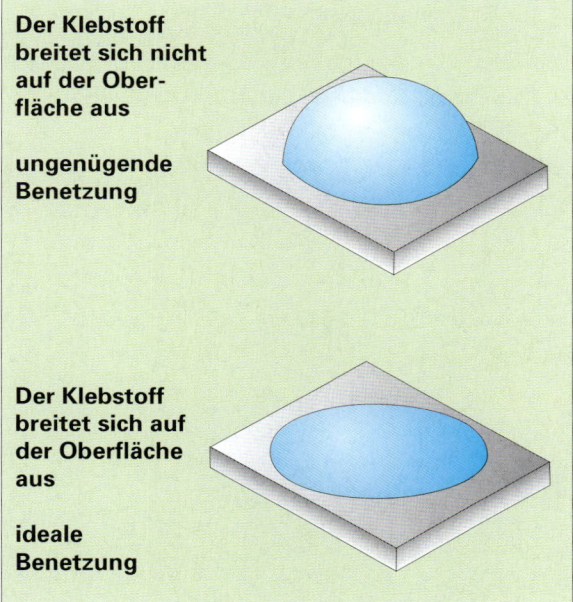

Bild 2 Ausbreitung eines Tropfens auf einer Oberfläche

2.4.6.2 Herstellen einer Klebverbindung

Bevor das Sattelstück an die Abwasserleitung geklebt werden kann, sind vorbereitende Arbeiten auszuführen:

- Die Lage des Abzweiges ist am Hauptrohr zu markieren. Dabei sind die Klebfläche und die Abzweigöffnung zu kennzeichnen.
- Die Öffnung im Hauptrohr muss ausgeschnitten und der Lochrand entgratet werden.

Öl-, Fett- und Schmutzschichten verhindern den Kontakt des Klebers mit der Oberfläche. Die Haftkraft des Klebers am Bauteil – auch **Adhäsionskraft** genannt – ist kleiner. Deshalb sind die Klebflächen sorgfältig zu reinigen. Bei metallischen Flächen sind zusätzlich die Oxidschichten zu entfernen.

2.4.6 Klebverbindungen
2.4.6.2 Herstellen einer Klebverbindung

1. Klebefläche und Lage der Abzweigöffnung markieren

4. Angezeichnete Klebfläche und Sattelstück reinigen

2. Loch in das Rohr schneiden

5. Gereinigte Klebfläche mit Klebstoff einstreichen

3. Lochrand entgraten

6. Klebstoffwulst mit Reinigungsvlies abwischen

Bild 1 Arbeitsschritte zum nachträglichen Einbau eines Abzweigs in einer Rohrleitung

2.4.6 Klebverbindungen

2.4.6.4 Unfallverhütung

Das Säubern kann bei dem Kunststoffrohr z. B. mit einem Reinigungsvlies und unter Verwendung eines Reinigers durchgeführt werden. Metallische Oberflächen werden oft durch Schmirgeln, Bürsten oder Sandstrahlen gereinigt.

Beim Kleben sind die Verarbeitungsrichtlinien für den Kleber genau zu beachten. Bei dem betrachteten Beispiel gibt der Klebstoffhersteller folgende Hinweise:

- **Verarbeitungstemperatur**: Bei 20 °C müssen die Teile innerhalb von 4 Minuten zusammengefügt werden. Bei höheren Temperaturen ist die Zeit kürzer. Der Kleber sollte unter 5 °C nicht verarbeitet werden.
- **Auftragen des Klebers**: Der Kleber muss auf beide Teile aufgetragen werden.
- **Aushärten des Klebers**: Die Teile dürfen während der ersten fünf Minuten nicht bewegt werden.

Das Sattelstück wird während des Aushärtens durch zwei Schlauchbinder in seiner Position gehalten.

2.4.6.3 Weitere Anwendungsbereiche und Merkmale des Klebens

- Im Metallbau werden z. B. Türen, Fenster und Fassaden geklebt.
- Schraubenverbindungen lassen sich durch Kleben dauerhaft gegen Lösen sichern.

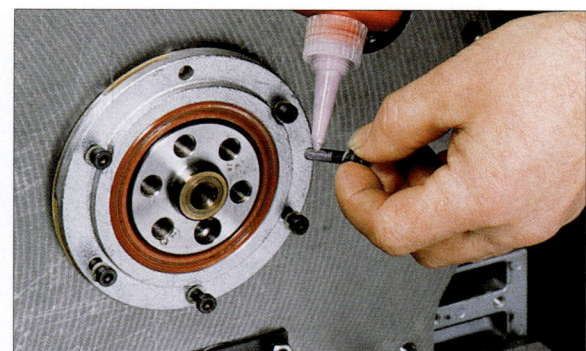

Bild 1 Auftragen des Klebstoffs vor dem Einschrauben

- Im Kraftfahrzeugbau sind z. B. Brems- und Kupplungsbeläge durch Kleben mit dem metallischen Träger verbunden.
- In der Installationstechnik werden Kunststoffrohre als Trinkwasserleitungen und als Heizungsrohre eingesetzt. Die Verbindungen werden geklebt.
- Klebnähte können gas- und wasserdicht hergestellt werden.
- Die Bauteile werden bei der Montage nicht durch hohe Temperaturen belastet.

- Die Wärmebeständigkeit der Klebstoffe liegt je nach Klebstoffart zwischen 60 °C und 400 °C.
- Die Festigkeit der Klebverbindung nimmt im Laufe der Zeit ab.
- Klebnähte können nicht alle Beanspruchungsarten aufnehmen, z. B. schälende Beanspruchung (vgl. Bild 2).

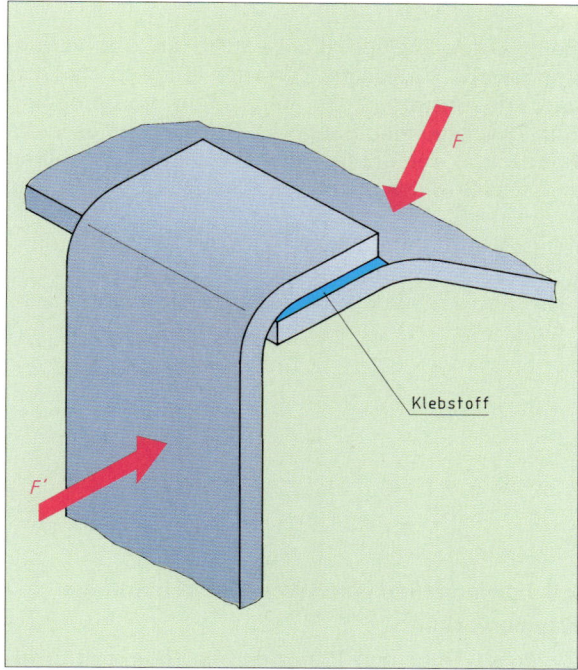

Bild 2 Schälende Beanspruchung einer Klebeverbindung

2.4.6.4 Unfallverhütung

- Das längere Einatmen von Lösemitteldämpfen kann gesundheitsschädlich sein. Deshalb ist beim Verarbeiten und beim Aushärten dieser Kleber unbedingt für ausreichende Belüftung zu sorgen.
- Die Dämpfe von Lösemitteln und von Reinigern sind feuergefährlich. Sie können mit der Luft explosive Gemische bilden. Deshalb darf beim Verarbeiten und beim Aushärten nicht gleichzeitig gelötet oder geschweißt werden. Aus dem gleichen Grund besteht auch Rauchverbot. Die Verbote gelten auch für Nebenräume. Die oben angeführte Belüftung ist auch wegen der Brandgefahr wichtig.
- Beim Umgang mit Klebstoffen (Chemikalien) können die Hände, evtl. die Augen und die Atmungsorgane gefährdet sein.
- Die Haut wird besonders angegriffen, wenn sie Risse aufweist, deshalb sollen Klebarbeiten mit Handschuhen durchgeführt werden.

2.4.7 Löten

Beim Verlegen einer Trinkwasserleitung aus Kupferrohren (Außendurchmesser: 22 mm, Wandstärke: 1 mm) sind u.a. Fittings für Verzweigungen und Richtungsänderungen in die Leitung einzusetzen. Die Verbindungen werden gelötet. An einem Beispiel (Fügen eines T-Stücks) soll die Vorbereitung und die Durchführung der Lötarbeit näher betrachtet werden.

Beim Löten bleiben die Bauteile an der Verbindungsstelle im festen Zustand, lediglich das Lot wird geschmolzen. Es füllt einen vorbereiteten Spalt zwischen den Bauteilen. Dabei dringt es in die Randzonen der Bauteile ein **(Diffusion)** und bildet mit dem Grundwerkstoff eine Legierung (vgl. Bild 1).

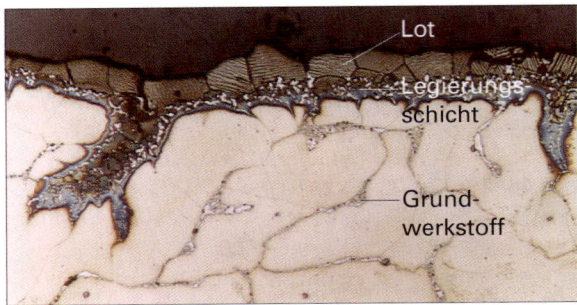

Bild 1 Diffusionszonen einer Lötnaht

> Durch Löten werden metallische Bauteile stoffschlüssig verbunden.
> Das Lot ist ebenfalls ein Metall oder eine Metalllegierung.

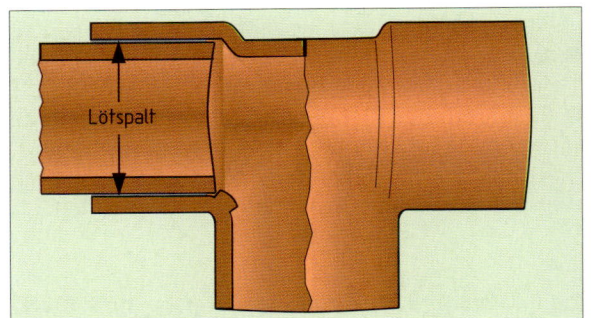

Bild 2 Kapillarlötfitting

2.4.7.1 Herstellen einer Weichlötverbindung
Kapillarwirkung

Zwischen Rohr und Fitting ist ein Ringspalt erforderlich, der das flüssige Lot aufnimmt. Deshalb ist der Bohrungsdurchmesser der Fittings etwas größer als der Außendurchmesser des Rohres. Das Lot wird nicht nur durch die Schwerkraft in den Spalt gezogen. Beim Löten an senkrechten Leitungen steigt das Lot sogar gegen die Schwerkraft nach oben. Dieser Effekt wird als **kapillarer Fülldruck** bezeichnet. Er ist auch aus anderen Bereichen bekannt:

Bei einem Löschpapier steigt z. B. Tinte ebenfalls gegen die Schwerkraft nach oben. Bei einem Öldocht ist die gleiche Wirkung zu beobachten.

In Bild 3 ist der Zusammenhang zwischen der Spaltbreite und der Steighöhe der Flüssigkeit dargestellt. Der kapillare Fülldruck ist technisch nur nutzbar, wenn die Spaltbreite in einem bestimmten Bereich liegt.

Bei einem unrunden Rohrende ist die richtige Spaltbreite nicht gewährleistet. Deshalb ist bei weichen Kupferrohren eine **Kalibrierung** erforderlich (vgl. Bild 4). Mit Hilfe entsprechender Kalibrierringe und -dorne werden Rundheitsabweichungen beseitigt. Der Dorn ist auf den Bohrungsdurchmesser, der Ring auf den Außendurchmesser des Rohres gearbeitet.

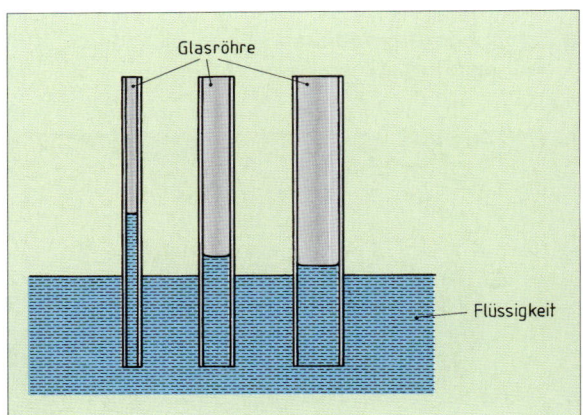

Bild 3 Die Steighöhe hängt vom Durchmesser ab

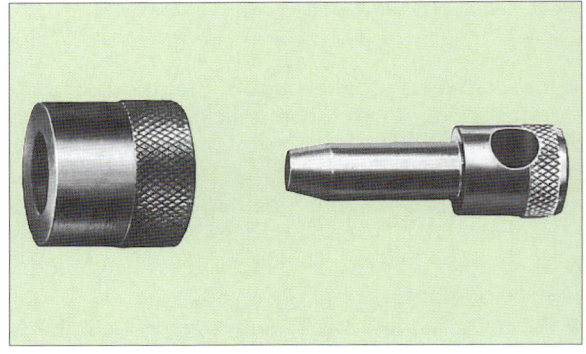

Bild 4 Kalibrierring und Kalibrierdorn

2.4.7. Löten
2.4.7.1 Herstellen einer Weichlötverbindung

Flussmittel

Lötnähte erreichen ihre volle Festigkeit nur, wenn das Lot mit dem Grundwerkstoff eine Legierung bildet. Die Legierungsbildung ist nur möglich, wenn die Oberflächen metallisch rein sind. Deshalb sind die Fügeflächen vor dem Löten durch Schmirgeln, Bürsten o. ä. sorgfältig zu reinigen. Beim Erwärmen der Lötstelle oxidieren die Fügeflächen. Es entstehen sogenannte Oberflächenfilme, die die Legierungsbildung ebenfalls verhindern. Sie werden durch **Flussmittel** beseitigt.

> Flussmittel beseitigen Oberflächenfilme und verhindern ihre Neubildung, wenn die Oberflächen ausreichend vorgereinigt sind.

Jedes Flussmittel hat einen bestimmten Temperaturbereich, in dem es Oxide lösen kann (Wirktemperaturbereich). Dieser Bereich muss auf die Arbeitstemperatur des Lotes abgestimmt sein (vgl. Bild 1).

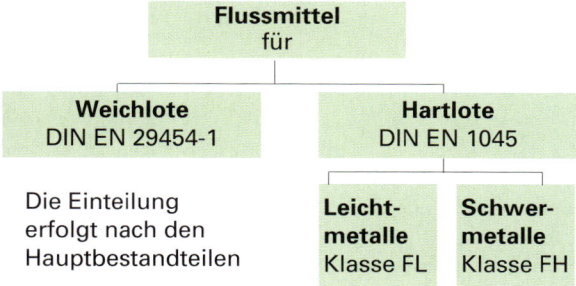

Die Einteilung erfolgt nach den Hauptbestandteilen

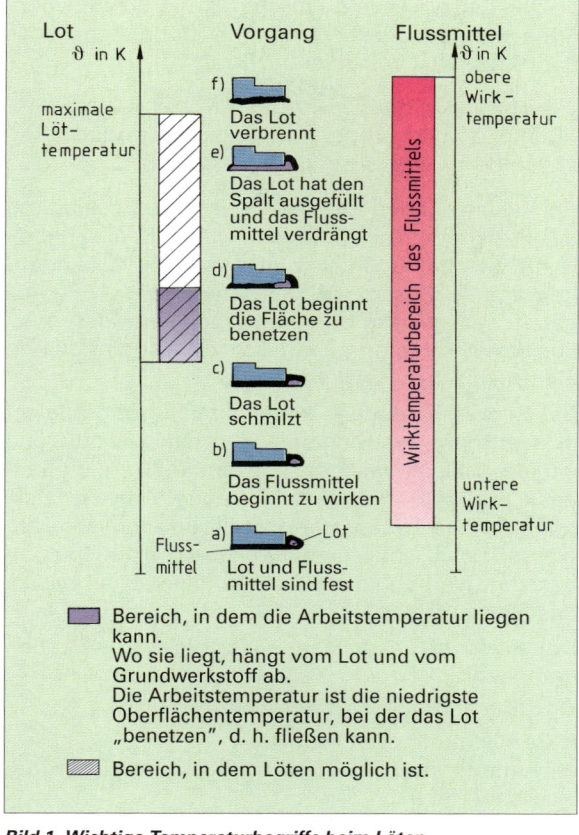

Bild 1 Wichtige Temperaturbegriffe beim Löten

Bezeichnung eines Flussmittels für ein **Weichlot**:

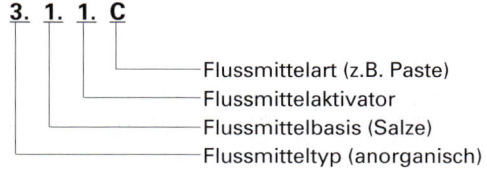

Bezeichnung eines Flussmittels für ein **Hartlot**:

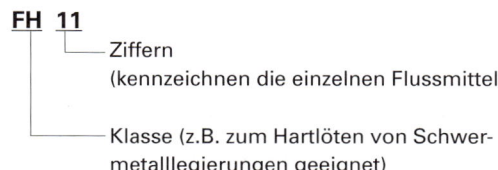

Flussmittel zum Hartlöten			Flussmittel zum Weichlöten				
Norm-zeichen	Wirktempera-turbereich	Wirkung der Rückstände (Anwendungen)	Norm-zeichen	Flussmittel-typ	Flussmittel-basis	Flussmittel-Aktivator	Wirkung der Rückstände (Anwendung)
FH11	550°C...800°C (für Schwermetalle)	Allgemein korrodierend. Rückstände, z.B. durch Waschen oder Beizen entfernen (Kupfer-Aluminium-Legierungen)	3.2.2.	an-organisch	Säuren	andere Säuren	korrodierend (Klempnerarbeiten)
			3.1.1.	an-organisch	Salze	mit Ammoni-umchlorid	korrodierend (Klempnerarbeiten)
FH 21	750°C...1100°C (für Schwermetalle)	Allgemein nicht korrodierend. Rückstände können mechanisch oder durch Beizen entfernt werden. (Vielzweckflussmittel)	2.1.2.	organisch	wasser-löslich	mit Halogenen aktiviert	bedingt korrodierend
FL 10	>550°C (für Leichtmetalle)	Allgemein korrodierend. Rückstände z. B. durch Waschen oder Beizen entfernen.	1.1.1.	Harz	Kolo-phonium	ohne Aktivator	nicht korrodierend (Elektrotechnik)

Bild 2 Ausgewählte Flussmittel

2.4.7. Löten
2.4.7.1 Herstellen einer Weichlötverbindung

Je wirkungsvoller ein Flussmittel die Oberflächenfilme beseitigt, desto größer ist die Gefahr, dass das Flussmittel korrodierend wirkt.

> Viele Flussmittel verursachen Korrosion an den Bauteilen und an der Lötnaht. Sie sind deshalb nach dem Löten sorgfältig zu entfernen.

Bei verschiedenen Lötarbeiten ist eine Beseitigung des Flussmittels nicht möglich, weil z. B. die Lötstelle nicht mehr zugänglich ist. Für diese Verbindungen gibt es Flussmittel, bei denen die Korrosionsgefahr sehr niedrig oder sogar ausgeschlossen ist. Für das Weichlöten eignet sich z. B. Kolophonium, ein organisches Harz.

Bei Rohrverbindungen kann das Flussmittel leicht in das Rohrinnere ablaufen und hier korrodierend wirken. Deshalb wird das Flussmittel bzw. die Lötpaste nur am Rohrende aufgetragen. Weichlötflussmittel für die **Trinkwasserinstallation** müssen kaltwasserlöslich sein, damit sie durch eine Spülung beseitigt werden können. Diese Eigenschaft besitzt das **Flussmittel 3.1.2**.

Der **Flussmittelbehälter** muss folgende Angaben enthalten:
- Name und Anschrift des Lieferers
- Bezeichnung des Produkts
- Nummer nach ISO 9454 und Flussmittelkennzeichnung
- Chargennummer
- Herstellungsdatum
- Einzelheiten über die Einhaltung rechtlicher Verordnungen zu sicherheitstechnischen Aspekten
- Bei Verwendung für die Gas- und Wasserinstallation **Prüfzeichen des DVGW** (Deutscher Verein des Gas- und Wasserfaches). Evtl. mit der Angabe besonderer Eigenschaften, z. B. „Rückstände sind kaltwasserlöslich".

Lote
Weichlote sind nach DIN EN 29453 und Hartlote nach DIN EN 1044 genormt.
Bezeichnung eines **Weichlotes**:

S-Sn97 Cu3

Kupfer, Masseanteil 3% (kann zwischen 2,5% und 3,5% liegen)
Zinn, Masseanteil ca. 97%

Bezeichnung eines **Hartlotes**[1]:

CP 105

3-stelliges Nummernsystem
Kupfer-Phosphor Hartlot

---
[1] Um die **chemische Zusammensetzung** und den **Schmelzbereich** anzugeben, kann dieses Lot nach DIN EN ISO 3677 auch wie folgt bezeichnet werden: **B-Cu92PAg-645/825**

Bei der Auswahl eines Lotes sind folgende Punkte zu berücksichtigen:

a) Schmelzpunkt des Grundwerkstoffes
Bei einem Werkstück aus Aluminium mit einem Schmelzpunkt von 659 °C ist ein Lot mit einem noch niedrigeren Schmelzpunkt erforderlich.

Vom Schmelzpunkt des Lotes hängt die Arbeitstemperatur an der Lötstelle ab. Danach werden zwei Lötverfahren unterschieden:
- Weichlöten (unter 450 °C)
- Hartlöten (über 450 °C)

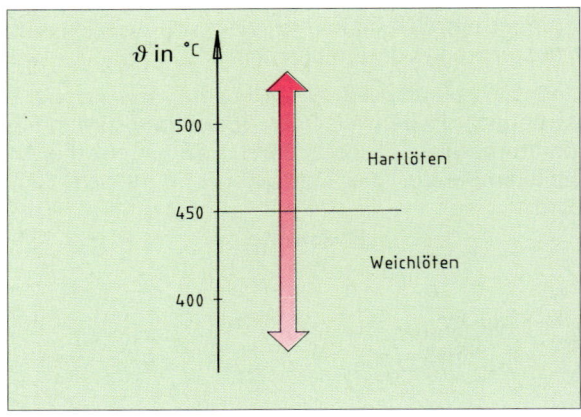

Bild 1 Arbeitstemperaturen

Kupferrohre können hart- oder weichgelötet werden. Dennoch besteht in dem hier betrachteten Beispiel nicht die freie Wahl zwischen diesen beiden Lötverfahren. Eine Vorschrift des Zentralverbandes Sanitär Heizung Klima (ZVSHK) schreibt für **Trinkwasserleitungen** aus Kupfer bis 28 × 1,5 mm verbindlich das **Weichlöten** vor. Hartgelötete Kupferrohre besitzen ein schlechtes Korrosionsverhalten, da bei Temperaturen über 400 °C an den Wandungen Oxidfilme entstehen. Diese Filme begünstigen die Lochkorrosion, d.h., an diesen Stellen kann später leicht ein Rohrbruch auftreten. Deshalb ist für Trinkwasserleitungen aus Kupferrohr bis 28 × 1,5 mm generell das Arbeiten mit hohen Temperaturen nicht erlaubt, auch nicht zum Warmbiegen oder zum Weichglühen.

Für **Trinkwasserleitungen** sind Lote verboten, die giftige Schwermetalle enthalten, z. B. Blei, Cadmium u.a. Für das vorliegende Beispiel wird nach Tabelle das Lot S-Sn97Cu3 gewählt.

b) Festigkeit des Lotes
Große Festigkeitswerte lassen sich durch Lote mit einem hohen Schmelzpunkt (900 °C) erreichen. Bei hohen Temperaturen dringt das Lot verhältnismäßig tief in die Oberflächen ein und bildet hier eine Legierungsschicht. Außerdem ist bei diesen Loten die Festigkeit des Lotwerkstoffes größer als bei Loten mit einem niedrigen Schmelzpunkt.

2.4.7. Löten 2.4.7.1 Herstellen einer Weichlötverbindung

Wärmequellen

Flussmittel verlieren bei zu langer Erwärmung (ca. 4 min) ihre Wirksamkeit. Deshalb muss die Wärmequelle in der Lage sein, die Löttemperatur in hinlänglich kurzer Zeit zu erreichen.

Folgende Wärmequellen erfüllen diese Bedingung:

Brenner	Bemerkungen	Bild
Weichlöten		
Propan-Luft-Brenner	Die Anlage besteht aus der Gasflasche, dem Schlauch und dem Brenner. Der Brenner kann mit Selbstzündautomatik ausgerüstet werden. Die Flammentemperatur liegt je nach Brenner und Einstellung zwischen 1200 °C und 2000 °C.	
Elektrisches Widerstandslötgerät	Bei diesem Gerät wird elektrische Energie in Wärme umgesetzt. Die Wärme wird durch eine Zange, die an dem Rohr befestigt wird, übertragen. Die Zangenbacken sind dem Rohrdurchmesser angepasst. Das Verfahren eignet sich für Lötarbeiten in bewohnten Räumen, da keine offene Flamme benötigt wird.	
Lötkolben	Lötkolben werden meist durch eine eingebaute Wärmequelle (elektrisches Heizelement oder Brenner) auf die erforderliche Temperatur gebracht. Die Wärme wird beim Andrücken des Kolbens auf die Lötstelle übertragen. Die Kolbengröße hängt von dem Wärmebedarf der Lötarbeit ab.	
Hartlöten		
Acetylen-Sauerstoff-Brenner	Für diese Anlage sind Acetylen- und Sauerstoffflasche, Schläuche und Brenner erforderlich. Zum Löten wird nicht die Schweißdüse verwendet, sondern eine Mehrlochdüse, mit der eine bessere Wärmeverteilung am Werkstück zu erreichen ist.	

Für die vorliegende Lötarbeit wird ein Propan-Luft-Brenner gewählt.

2.4.7. Löten

2.4.7.1 Herstellen einer Weichlötverbindung

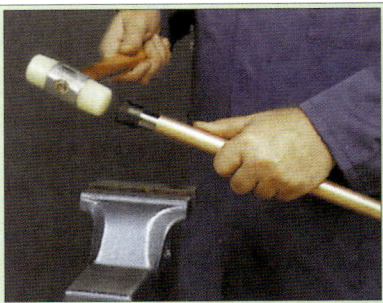

1. Rohrende bei weichen Kupferrohren **kalibrieren**: Voraussetzung für Kapillarlötspalt!

2. Rohrende außen und Fitting innen **metallisch blank machen** mit z. B. Kunststoffvlies bzw. Innenbürste.

3. **Nur** Rohrende mit Flussmittel bestreichen. Dadurch gelangt kein unverbrauchtes Flussmittel in das Rohrinnere.

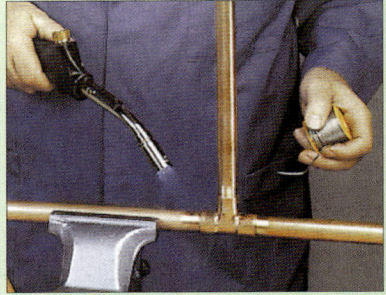

4. Rohrende bis zum Anschlag in das Fitting schieben und in der Streuflamme **gleichmäßig** erwärmen.

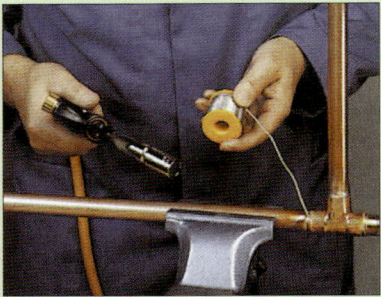

5. **Ohne direkte Flammeneinwirkung** Lot so lange am Lötspalt abschmelzen, bis Lötring sichtbar wird.

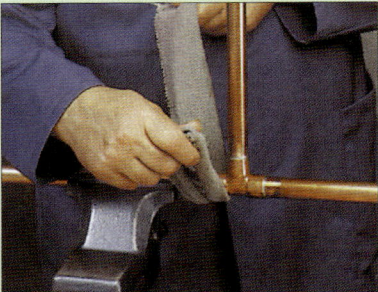

6. Mit feuchtem Lappen säubern, d. h. **Flussmittelreste entfernen**.

Bild 1 Die Arbeitsgänge beim Weichlöten

Erwärmen der Lötstelle

Das flüssige Lot erstarrt auf einer kalten Oberfläche relativ schnell. Eine **Benetzung** der Oberfläche und die damit verbundene Legierungsbildung ist unter diesen Umständen nicht möglich. Deshalb müssen die Bauteile im Bereich der Lötstelle erwärmt werden.

Die Mindesttemperatur der Bauteile muss so hoch sein, dass das flüssige Lot gerade noch die Oberfläche benetzt.

Die Temperatur, bei der eine Benetzung noch möglich ist, wird als **Arbeitstemperatur** bezeichnet. Beim Löten sollte diese Temperatur überschritten werden, um sicher zu sein, dass das Lot auch fließt. Allerdings darf die Temperatur nicht beliebig hoch gewählt werden. Oberhalb der **maximalen Löttemperatur** verbrennt das Lot, außerdem verliert das Flussmittel seine Wirksamkeit.

Das Lot darf nicht in der offenen Flamme geschmolzen werden. Dabei besteht die Gefahr, dass das Lot zu stark erwärmt wird und verbrennt.

> Beim Weichlöten muss das Lot durch das erwärmte Bauteil geschmolzen werden.

Die richtige Temperatur lässt sich beim Weichlöten durch Antupfen des Lotes an das erwärmte Rohr kontrollieren. Wenn das Lot schmilzt, ist die Arbeitstemperatur erreicht oder überschritten.

Bei der richtigen Temperatur ist gleichzeitig ein leichtes Verdampfen des Flussmittels zu beobachten.

Beim Erwärmen ist auf den richtigen Abstand der Brennerflamme und auf ein gleichmäßiges Vorwärmen am Umfang zu achten.

Der Lötspalt ist gefüllt, wenn:

- sich bei waagerechter Lage ein Löttropfen bildet oder
- bei senkrechter Lage eine Hohlkehle entsteht.

2.4.7.2 Hartlöten

Hartlötverbindungen sind fester als Weichlötverbindungen. Es ist möglich, die Festigkeitswerte von Stahl zu erreichen und zu überschreiten (vgl. Bild 1). Hartlötverbindungen können höheren Temperaturen ausgesetzt werden und sind vorteilhafter, wenn die Verbindung stark korrosionsgefährdet ist. In der Installationstechnik ist das Hartlöten deshalb für einige Bereiche zwingend vorgeschrieben:

- Heizungsanlagen mit Betriebstemperaturen über 110 °C,
- Gasinstallationen und
- Heizölinstallationen

Daneben gibt es Einsatzgebiete z. B. im Metall-, Fahrzeug-, Maschinen- und Anlagenbau.

Herstellen von Hartlötverbindungen

a) Installationstechnik

Bei der Herstellung einer Hartlötverbindung gibt es viele Gemeinsamkeiten mit dem Weichlöten. Folgende Unterschiede sind zu beachten:

- Wenn Bauteile aus Kupfer mit phosphorhaltigen Loten (L-Ag2P, L-CuP6) gefügt werden, ist kein Flussmittel erforderlich. Der freiwerdende Phosphor zerstört die Oxidschicht. Beim Fügen anderer Werkstoffe (z. B. Messing) mit diesen Loten ist dagegen ein Flussmittel zuzugeben.
- Als Wärmequelle kommt ein Acetylen-Sauerstoffbrenner in Frage. Die Brennergröße ist nach der Rohrgröße zu wählen.
- Rohre und Fittings werden auf dunkle Rotglut vorgewärmt. Danach wird das Lot mit der Flamme geschmolzen.

b) Bauklempnerei

Im Bereich der Bauklempnerei werden Rinnen, Regenfallrohre, Abdeckungen und Ähnliches gelötet. Dabei kommt sowohl das Weichlöten als auch das Hartlöten zum Einsatz. In Bild 2 ist eine Dachrinne dargestellt, die durch Hartlöten gefügt wurde.

2.4.7.3 Vor- und Nachteile des Lötens

Vorteile:
- Durch Löten können alle Metalle gefügt werden.
- Die Löttemperaturen sind teilweise erheblich niedriger als beim Schweißen. Dadurch werden vielfach negative Eigenschaftsänderungen (z. B. Härtesteigerung, verbunden mit einer größeren Sprödigkeit) vermieden. Auch der Wärmeverzug ist kleiner.
- Lötverbindungen sind dicht (Installationsbau); sie leiten elektrischen Strom (Elektrotechnik).

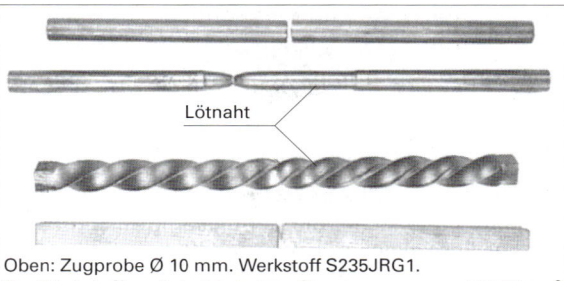

Oben: Zugprobe Ø 10 mm. Werkstoff S235JRG1.
Der Werkstoffbruch trat bei einer Spannung von ca. 410 N/mm² ein.
Unten: Torsionsprobe. Vierkantstab 10 mm · 10 mm.
Werkstoff: S235JRG1. Drehmoment: ca. 80 Nm.
In beiden Fällen wurde das Silberhartlot L-Ag40Cd verwendet.

Bild 1 Gelötete Proben vor dem Löten und nach der Prüfung

Bild 2 Hartgelötete Dachrinne

Nachteile:
- Die Festigkeitswerte sind meist niedriger als beim Schweißen.
- Lötverbindungen sind korrosionsanfällig, weil das Lot und die Bauteile meist aus unterschiedlichen Metallen bestehen.
- Wegen der geringen Spalttoleranzen muss die Werkstückvorbereitung genau sein.
- Flussmittel sind fast immer erforderlich

2.4.7.4 Unfallverhütung und Brandschutz

- Beim Löten sind Schutzkleidung und eine Schutzbrille zu tragen.
- Flussmittel sind aggressive Stoffe, die zu Verätzungen der Haut führen. Deshalb ist ein sorgfältiger Umgang mit diesen Stoffen geboten.
- Brenngase können explodieren, wenn das entsprechende Mischungsverhältnis mit Sauerstoff vorliegt. Deshalb soll der Brenner sofort nach dem Öffnen des Ventils gezündet werden.
- Wenn in der Nähe brennbarer Stoffe gelötet werden muss, sind die erforderlichen Brandschutzmaßnahmen zu ergreifen.
- Die Dämpfe von Loten und Flussmitteln sind gesundheitsschädlich. Deshalb ist der Arbeitsplatz gut zu belüften.

2.4.8 Schweißen

Bei der Installation einer Heizungsanlage ist ein Flansch mit einem Rohr zu verbinden (vgl. Bild 1a). Die Verbindung darf unlösbar sein.
Die Anschlussseite des Flansches ist den Rohrmaßen angepasst. Die einfachste Verbindung ist in diesem Fall ein **Stumpfstoß** (vgl. Bild 1b). Die relativ kleine Fügefläche, die bei diesem Stoß vorliegt, lässt aus Festigkeitsgründen eine Kleb- oder Lötnaht nicht zu.

> Beim Schmelzschweißen werden die Bauteile in der Fügezone bis in den flüssigen Bereich erwärmt. Dabei verbindet sich der Werkstoff beider Bauteile mit dem Zusatzwerkstoff, der meistens erforderlich ist. Nach dem Erstarren sind die Teile durch die Schweißnaht unlösbar verbunden.

Für unterschiedliche Aufgabenstellungen sind entsprechende Schweißverfahren entwickelt worden. Im Bereich der Installationstechnik, des Metallbaus und des Karosseriebaus stehen folgende Schmelzschweißverfahren im Vordergrund:

- Gasschmelzschweißen
- Schutzgasschweißen
- Lichtbogenhandschweißen

Die Schmelztemperaturen der Werkstücke müssen beim Schweißen (ungefähr) gleich hoch sein. Das ist meist nur bei gleichartigen Werkstoffen möglich. Die Schweißeignung der Stähle ist unterschiedlich. Wenn der Kohlenstoffgehalt über 0,25 % C liegt, härtet der Stahl in der Schweißzone bei zu schneller Abkühlung. Die Härtesteigerung bedingt eine unerwünschte Abnahme der Zähigkeit (vgl. Kap. 1.1).

> Stähle mit niedrigem Kohlenstoffgehalt (< 0,25 %) und guten Zähigkeitswerten sind gut schweißbar.

2.4.8.1 Stoßarten und Nahtformen

Durch die Lage der Werkstücke vor dem Schweißen ist die Stoßart festgelegt (vgl. Bild 2). Bei einem Stumpfstoß aus dickwandigen Werkstücken kann die Naht nicht voll durchgeschweißt werden. Deshalb ist die Nahtform der Werkstückdicke anzupassen (vgl. Bild 3).

> **Überlegen Sie:**
> Welche Nahtform ist bei dem Flansch zu wählen?

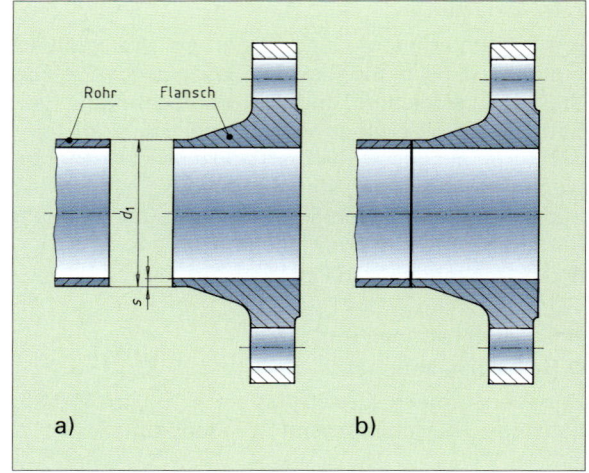

Bild 1 Vorschweißflansch mit Stumpfstoß

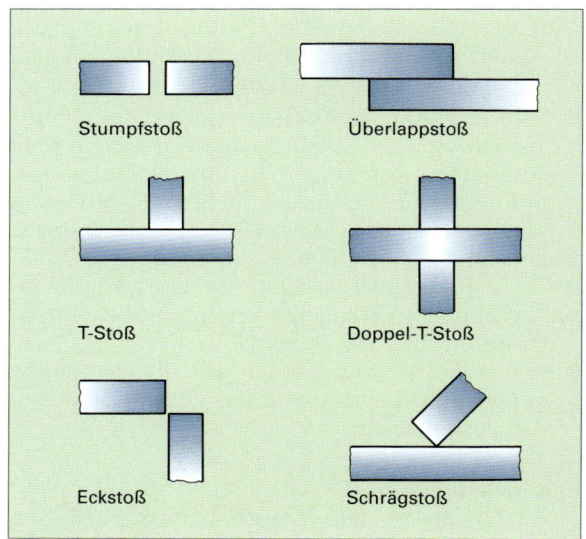

Bild 2 Stoßarten

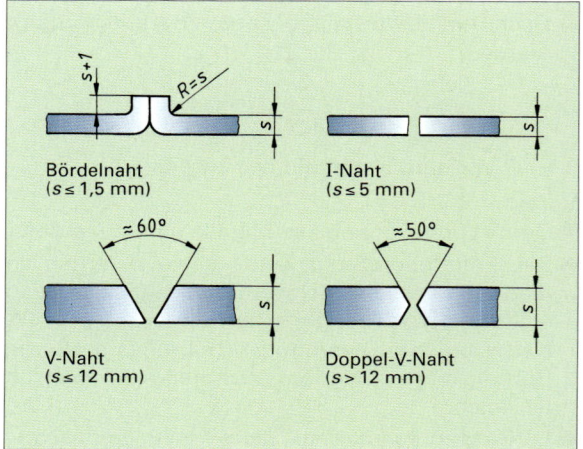

Bild 3 Nahtformen

2.4.8.2 Gasschmelzschweißen

Das Gasschmelzschweißen bietet in der Installationstechnik verschiedene Vorteile, die zu einer weiten Verbreitung geführt haben, z. B.:
- Zum Gasschweißen ist keine elektrische Energie erforderlich. Die Wärme wird durch das Verbrennen des mitgeführten Gases geliefert.
- Die auf das Werkstück wirkende Wärme lässt sich den Wandstärken und den Schweißbedingungen anpassen. Das ist bei dünnwandigen Teilen wichtig, bei denen leicht zu viel Werkstoff geschmolzen wird.

Für die vorliegende Aufgabe wird das Gasschmelzschweißen gewählt.

Schweißgase
Sauerstoff

Zum Verbrennen des Brenngases ist Sauerstoff erforderlich. Da die Luft nur zum Teil aus Sauerstoff besteht (21 % Sauerstoff, 79 % Stickstoff), lässt sich die Verbrennungsgeschwindigkeit – und damit die Flammentemperatur – durch reinen Sauerstoff erheblich steigern. Diese Möglichkeit wird beim Schweißen genutzt.

Acetylen als Brenngas

Als Brenngas wird beim Gasschweißen fast ausschließlich Acetylen verwendet. Das Gas besteht aus Kohlenstoff (C) und Wasserstoff (H).

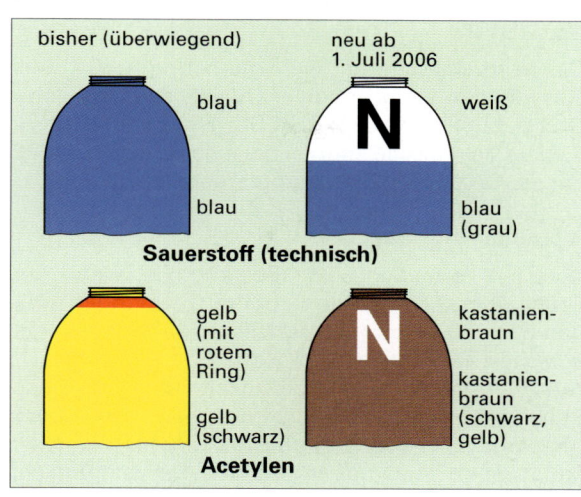

Bild 2 Farbkennzeichnung von Gasflaschen

Es hat folgende Vorteile:
- Ein hoher Heizwert und eine große Verbrennungsgeschwindigkeit führen zu einer hohen Flammentemperatur (3200 °C).
- Das Gas lässt sich kostengünstig herstellen.

Den Vorteilen steht ein **Nachteil** gegenüber:
- Bei Drücken über 2 bar zersetzt sich das Gas explosionsartig.

Gasflaschen

Beide Gase werden in Gasflaschen gespeichert und transportiert.

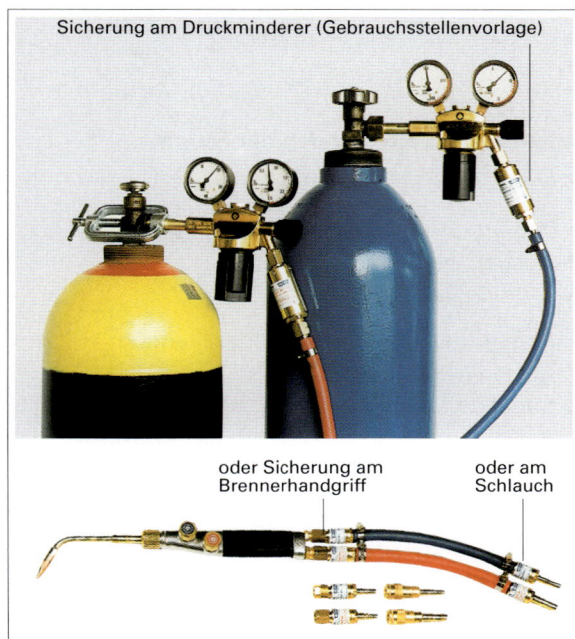

Bild 1 Umfallsicheres Aufstellen von Gasflaschen und mögliche Einbauweisen von Flammenrückschlagsicherungen

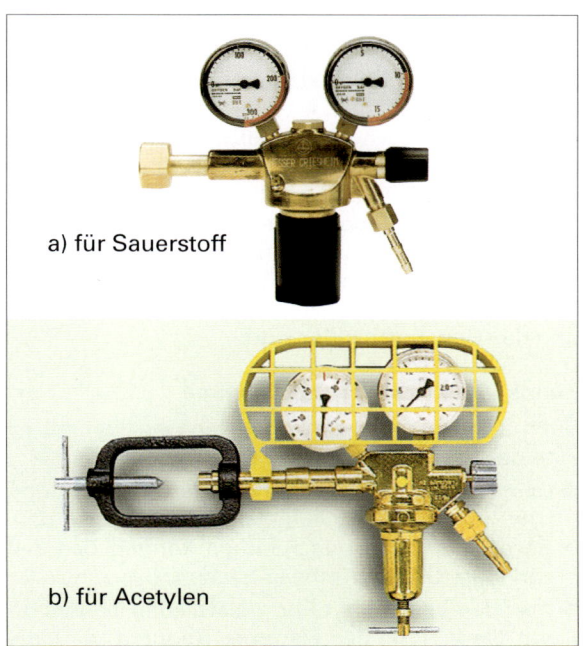

Bild 3 Druckminderer

2.4.8.2 Gasschmelzschweißen

Sauerstoff

Die Normalflasche hat ein Volumen von 50 l. Das Gasvolumen steigt erheblich, wenn das Gas unter Druck abgefüllt wird (TECHNISCHE MATHEMATIK S. 338). In der Flasche können bei einem Druck $p = 200$ bar ca. 10 000 l Sauerstoff untergebracht werden.

Acetylen

Acetylen zerfällt in seine Bestandteile, wenn der Druck über 2 bar steigt. Größere Gasmengen können deshalb nur durch zusätzliche Maßnahmen gespeichert werden.

Acetylen wird in einer Flüssigkeit (Aceton) gelöst. Ein Liter Aceton nimmt bei atmosphärischem Druck ungefähr 25 l Acetylen auf. Die Aufnahmefähigkeit steigt, wenn der Druck erhöht wird. Das ist möglich, weil bei gelöstem Acetylen keine Explosionsgefahr besteht.

Die Gasmenge, die in einer bestimmten Zeit von der Flüssigkeit aufgenommen oder abgegeben werden kann, hängt davon ab, welche Flüssigkeitsoberfläche zur Verfügung steht. Um diese Oberfläche zu vergrößern, wird die Flasche mit einer porösen Masse gefüllt, die das Aceton aufnimmt. Durch diese Maßnahme wird gleichzeitig verhindert, dass Flüssigkeitströpfchen bei der Gasentnahme mitgerissen werden.

Der Flaschendruck wird bei beiden Gasen durch **Druckminderer** auf den Arbeitsdruck gesenkt (vgl. Bild 3, Seite 107).

Brenner

Im Brenner muss das Acetylen mit Sauerstoff vermischt werden. Dafür ist das Injektorprinzip geeignet. Ein Brenner, der nach diesem Prinzip arbeitet, ist in Bild 1 dargestellt.

Die unterschiedlichen Blechdicken erfordern beim Schweißen unterschiedliche Wärmemengen, d. h., verschiedene Gasmengen, die in einer bestimmten Zeit verbrennen. Die Gasmenge lässt sich durch Austauschen des Brennereinsatzes den verschiedenen Aufgaben anpassen. Beim Auswechseln der Einsätze ist darauf zu achten, dass die Dichtflächen und das Gewinde sauber sind.

Zünden und Abstellen der Flamme

Beim Zünden und beim Abstellen der Flamme ist eine bestimmte Reihenfolge einzuhalten:

- Das leicht brennbare Acetylen darf nicht unnötig bzw. unkontrolliert aus dem Brenner strömen. Besonders in kleinen Räumen können dadurch zündbare Gasgemische entstehen.
- Acetylen verbrennt ohne zusätzlichen Sauerstoff mit stark rußender Flamme. Dadurch wird die Umgebung belastet und der Brenner verschmutzt.

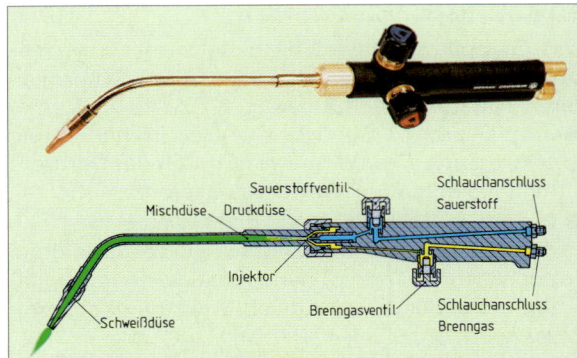

Der Sauerstoff tritt mit einem Druck von $p = 2,5$ bar in den Brenner. Durch den verkleinerten Querschnitt steigt die Strömungsgeschwindigkeit erheblich. Dadurch sinkt der Druck. Am Ende der Düse ist der Gasdruck niedriger als der Luftdruck – es ist ein Unterdruck entstanden, durch den das Acetylen angesaugt wird (Injektorprinzip). Beide Gase vermischen sich und strömen durch den Schweißeinsatz zum Mundstück.

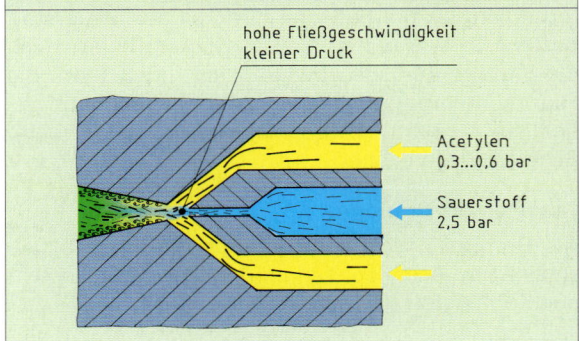

Bild 1 Injektorbrenner/Injektorwirkung

Arbeitsfolge beim Zünden der Flamme:

1. Sauerstoffventil etwas öffnen, 1/4 bis 1/2 Umdrehung.
2. Acetylenventil etwa 1/2 Umdrehung öffnen.
3. Gasgemisch zünden.
4. Flamme einstellen.

Arbeitsfolge beim Abstellen der Flamme:

1. Acetylenventil schließen.
2. Sauerstoffventil schließen.

Wenn die Brenngeschwindigkeit größer ist als die Strömungsgeschwindigkeit des Gases, schlägt die Flamme in den Brenner und unter Umständen in die Schlauchleitung zurück.

Beide Teile können dabei zerstört werden. Der Flammenrückschlag kann durch einen fehlerhaften Brenner oder durch falsche Handhabung – auch beim Zünden und Abstellen der Flamme – verursacht werden.

2.4.8. Schweißen

2.4.8.2 Gasschmelzschweißen

Einstellen der Schweißflamme

Das flüssige Schweißbad kann mit Sauerstoff, Acetylen und der umgebenden Luft in Berührung kommen und diese Gase lösen. Damit ändern sich unbeabsichtigt die Werkstoffeigenschaften. Die Reaktionen lassen sich unterbinden, wenn die Gase im Verhältnis 1 : 1 gemischt werden. Bei diesem Mischungsverhältnis verbrennt das Acetylen nur unvollständig. Der noch benötigte Sauerstoff wird der Luft entzogen. Damit ist sichergestellt, dass weder der reine Sauerstoff noch der Luftsauerstoff mit der Schmelze reagieren. Die Schweißflamme ist in diesem Fall **neutral** eingestellt.

Ein Sauerstoffüberschuss in der Flamme führt zu unerwünschter Oxidation (Verbrennung) des Werkstoffs im Oberflächenbereich.

Nur bei wenigen Arbeiten, z. B. beim Schweißen von CuZn (Messing), wird diese Flammeneinstellung gewählt. Durch die Oxidation wird hier eine Schutzschicht auf der Schmelze gebildet, die das Ausdampfen von Zink (Schmelzpunkt: 419 °C) verhindert.

Acetylen besteht zum Teil aus Kohlenstoff. Deshalb führt Acetylenüberschuss zur Aufkohlung des Werkstoffes. Dadurch wird die Festigkeit und die Härte gesteigert, gleichzeitig sinkt die Zähigkeit. Dies ist meistens unerwünscht.

Mit Acetylenüberschuss wird bei Gusseisen und bei Leichtmetallen geschweißt. Gusseisen hat einen hohen C-Anteil, der beim Schweißen durch Verbrennen leicht gesenkt werden kann. Bei Leichtmetallen, z. B. bei Aluminium, lassen sich einmal gebildeten Oxide nicht wieder lösen. In beiden Fällen ist deshalb eine besonders sauerstoffarme Flamme vorteilhaft.

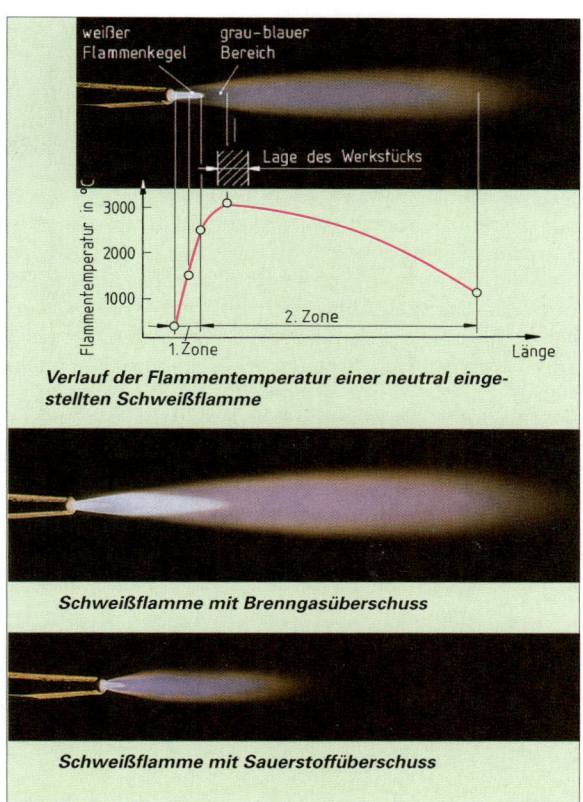

Bild 1 Schweißflammen

Schweißrichtungen

Beim Gasschweißen sind zwei Arbeitstechniken zu unterscheiden:

- Nachlinksschweißen
- Nachrechtsschweißen

Dünne Bleche können beim Schweißen leicht durchbrennen. Deshalb wird eine Brennerhaltung gewählt, bei der die Flamme nicht voll auf die Schweißstelle wirkt, sondern sich auch auf die Blechränder vor der Naht verteilt (vgl. Bild 2 a). Nachteilig ist, dass das flüssige Schweißgut durch die Flamme in die noch nicht aufgeschmolzene Unterseite (Wurzel) gedrückt wird. An diesen Stellen kann die Schweißnaht fehlerhaft sein.

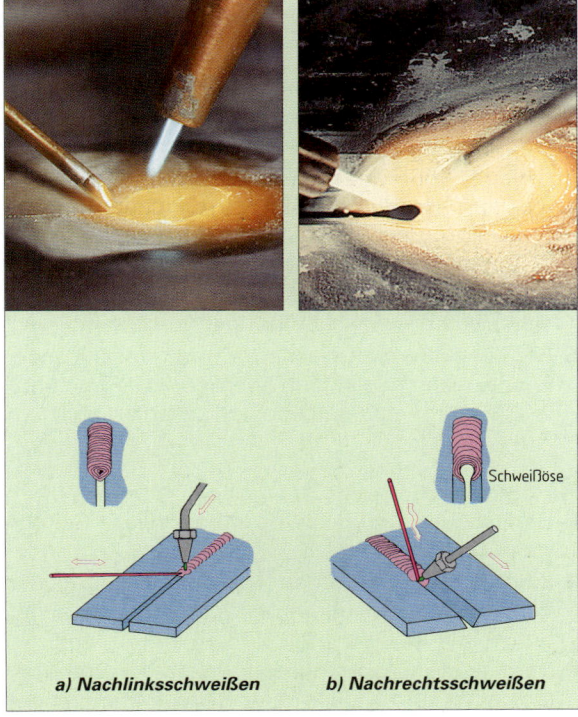

Bild 2 Schweißrichtungen

2.4.8. Schweißen

Der Schweißstab wird vor der Flamme geführt und von Zeit zu Zeit in das Schmelzbad getaucht. Der Brenner führt eine leicht pendelnde Bewegung aus. Das Verfahren wird als **Nachlinksschweißen** bezeichnet. Es kommt bei Blechen bis 3 mm Stärke zur Anwendung.

Beim **Nachrechtsschweißen** ist die Flamme auf die Schweißnaht gerichtet (vgl. Bild 1 b). Dadurch wird die Wärme auf die Schweißstelle konzentriert. So kann die Schweißnaht auch bei dickeren Blechen bis zur Wurzel durchgeschweißt werden. Dies wird durch eine gut sichtbare Schweißöse angezeigt. Die Flamme ist – im Gegensatz zum Nachlinksschweißen – so gerichtet, dass sie dem Vorlaufen des Schweißbades entgegenwirkt.

Beim Nachrechtsschweißen wird der Brenner geradlinig geführt, der Schweißstab kreisförmig.

Unfallverhütung

- Beim Umgang mit Gasflaschen ist große Sorgfalt erforderlich, da sie bei unsachgemäßer Behandlung explodieren können.
- Schlagartige Belastungen sind zu vermeiden.
- Beim Transport dürfen die Flaschen nicht gerollt und nicht geworfen werden.
- Das Flaschenventil ist durch eine Schutzkappe zu sichern.
- Die Lage der Gasflaschen ist zu sichern, z. B. durch eine Kette.
- Bei Acetylenflaschen darf nur in stehender oder schräg liegender Stellung (Flaschenkopf oben) Gas entnommen werden. Bei liegenden Flaschen fließt Aceton bei der Gasentnahme aus.
- Der Flaschendruck nimmt bei steigenden Temperaturen zu. Deshalb ist starke Wärmeeinwirkung (z. B. durch die Sonne) zu vermeiden.
- Wenn die Schläuche Transportwege kreuzen, sind sie gegen Beschädigungen zu sichern.
- Bei der Sauerstoffflasche darf das Anschlussgewinde nicht geschmiert werden, da Sauerstoff mit Öl oder Fett explosionsartig reagiert.

Für den **Mitarbeiter** gilt:
- Handschuhe und schwer entflammbare Schutzkleidung tragen.
- Zum Schutz der Augen vor der Strahlung der Schweißflamme und vor Spritzern muss der Schweißer eine Schutzbrille tragen.
- Der Flaschensauerstoff darf wegen der Brandgefahr nicht zum Kühlen oder Reinigen verwendet werden.

2.4.8.3 Lichtbogenhandschweißen

Bei der Fertigung einer Stütze (Kapitel 2.6) sind verschiedene Schweißverbindungen herzustellen, z. B. zwischen dem Führungsrohr und den Fußstützen. Für diese Aufgabe bietet das Lichtbogenhandschweißen

Vorteile:
- Beim Lichtbogenhandschweißen ist die Abschmelzleistung an der Elektrode und am Werkstück größer als beim Gasschmelzschweißen. Das ist bei den Wandstärken der vorliegenden Bauteile erwünscht.
- Das Verfahren ist leicht zu handhaben.

Der Lichtbogen wird zwischen der Elektrode und dem Werkstück gezündet. Im Lichtbogen wird elektrische Energie in Wärmeenergie umgesetzt. Dabei lassen sich Temperaturen bis 4 000 °C erreichen.

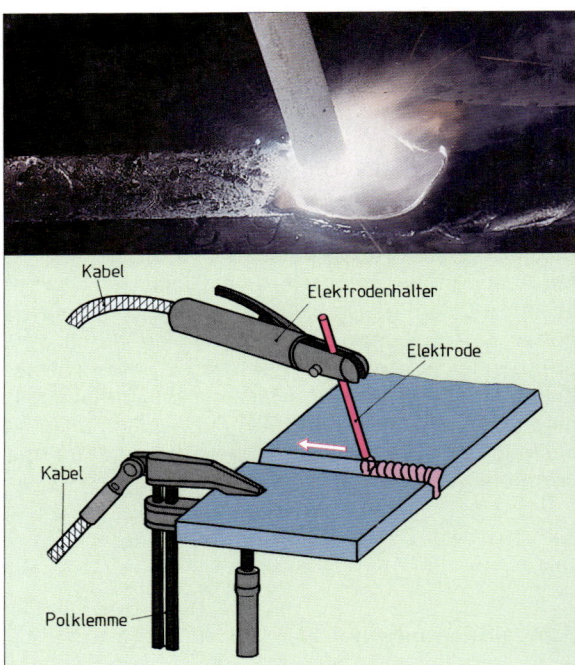

Bild 1 Lichtbogenhandschweißen

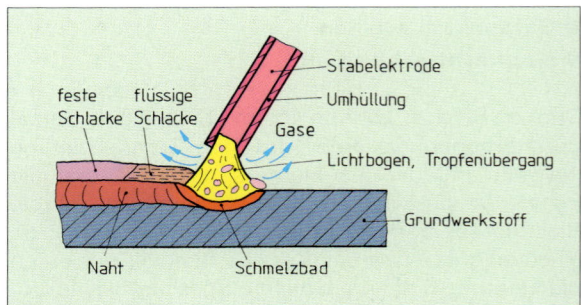

Bild 2 Abschmelzvorgang beim Lichtbogenhandschweißen mit umhüllter Stabelektrode

2.4.8. Schweißen

2.4.8.3 Lichtbogenhandschweißen

Zum Zünden des Lichtbogens setzt der Schweißer die Elektrode kurzzeitig auf das Werkstück. Dadurch entsteht ein Kurzschluss, d. h., die Stromstärke ist sehr hoch. Deshalb muss die Elektrode wieder abgehoben werden. Dabei bildet sich der Lichtbogen, über den der Stromfluss erhalten bleibt. Der Abstand zwischen der Elektrode und dem Werkstück sollte beim Schweißen etwa dem Elektrodendurchmesser (Kernstabdurchmesser) entsprechen.

> **Überlegen Sie:**
> Der elektrische Widerstand des Lichtbogens wird größer, wenn der Abstand zwischen Elektrode und Werkstück vergrößert wird. Wie verändert sich der Schweißstrom, wenn der Elektrodenabstand
> a) vergrößert
> b) verkleinert wird?
> Welche Folgen hat der veränderte Schweißstrom für die im Lichtbogen umgesetzte Wärmeenergie?

Zum Schweißen sind beide Stromarten (Gleich- und Wechselstrom) geeignet. Beim Wechselstrom ändert sich ständig die Stromrichtung. Dadurch brennt der Lichtbogen unruhiger. Verschiedene Elektroden (und Werkstoffe) sind nicht zum Schweißen mit Wechselstrom geeignet. Deshalb sind die Angaben der Elektrodenhersteller zu beachten.

Schweißmaschinen

Die hohe Spannung des Stromnetzes (220 V bzw. 380 V) ist aus Sicherheitsgründen beim Schweißen nicht erlaubt. Deshalb werden Schweißmaschinen eingesetzt, die Gleich- oder Wechselstrom mit den geforderten Werten zur Verfügung stellen. Drei verschiedene Typen sind zu unterscheiden:

Schweißmaschine	Kennzeichen, Bemerkung	Bild
Schweißtransformator	Das Gerät liefert Wechselstrom. Aus Sicherheitsgründen darf bei dieser Stromart die Spannung höchstens 70 V betragen. Mit diesem Transformator wird die Netzspannung in die wesentlich kleinere Schweißspannung umgewandelt, die mögliche Stromentnahme vergrößert. Der Transformator ist ein preiswertes Gerät, das im Betrieb wartungsarm ist. Es kann je nach Typ an 230 V oder auch an 400 V angeschlossen werden.	
Schweißgleichrichter	Beim Schweißgleichrichter wird zunächst mit einem Transformator die Spannung reduziert (auf höchstens 100 V) und der Strom vergrößert (bis 500 A). Dann wandelt ein Gleichrichter den Wechselstrom in Gleichstrom. Gleichstrom ist für alle Elektroden geeignet. Der Energiebedarf ist gegenüber dem Schweißtransformator größer, auch die Anlagekosten sind höher.	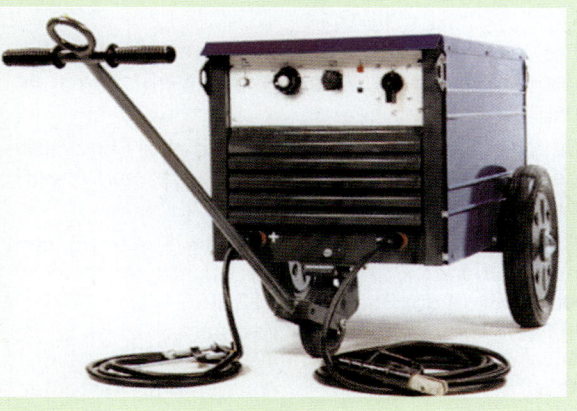

2.4.8. Schweißen

2.4.8.3 Lichtbogenhandschweißen

Schweißmaschine	Kennzeichen, Bemerkung	Bild
Schweißumformer	Die Maschine liefert Gleichstrom, der von einem Generator erzeugt wird. Der Generator wird von einem eingebauten Motor angetrieben. Die Spannung ist auf 100 V begrenzt, der Schweißstrom erreicht 400 A. Die Anschaffungs- und Betriebskosten sind gegenüber den anderen Geräten höher.	

Elektroden

Die Elektroden setzen sich aus dem Kernstab und der Umhüllung zusammen. Der Kernstab liefert den Zusatzwerkstoff, der für die Schweißnaht benötigt wird. Die Umhüllung hat mehrere Funktionen:

- Sie enthält Stoffe, die beim Schweißen verdampfen. Der dadurch entstehende Gasmantel schützt die Schweißstelle gegen die Luft ab. Bei freiem Zutritt der Luft verbinden sich ihre Bestandteile (Sauerstoff und Stickstoff) mit dem Metall.
- Ein anderer Teil der Umhüllung schmilzt und sammelt sich an der Oberfläche des flüssigen Schweißgutes (Schlacke). Sie bindet unerwünschte Bestandteile (z. B. Phosphor) des Schweißgutes. Außerdem schützt die Schlacke die Schweißnaht vor der Luft und wirkt beim Abkühlen isolierend (Durch zu schnelle Abkühlung entstehen unter anderem Spannungen im Bauteil).
- Durch Eisenpulver in der Umhüllung kann die Abschmelzleistung erhöht werden. Legierungsbestandteile verändern die Zusammensetzung der Schweißnaht.

Die Zusammensetzung der Elektrodenhülle muss dem Grundwerkstoff und der Schweißaufgabe angepasst sein.

Bei dem betrachteten Beispiel sind zwei Schweißlagen erforderlich: zuerst ist die Wurzel und danach die Decklage zu schweißen.

Bei der weiteren Festlegung der Elektrode sind noch folgende Punkte zu berücksichtigen:
- Werkstoff der Bauteile: S235JRG1 (USt 37-2)
- Nahtart: Kehlnaht
- Schweißstromart: Wechselstrom
- Schweißposition: waagerecht, horizontal

Für das Beispiel werden folgende Elektroden gewählt:

a) für die **Wurzellage**:
EN 499 - E 38 2 RB 1 2

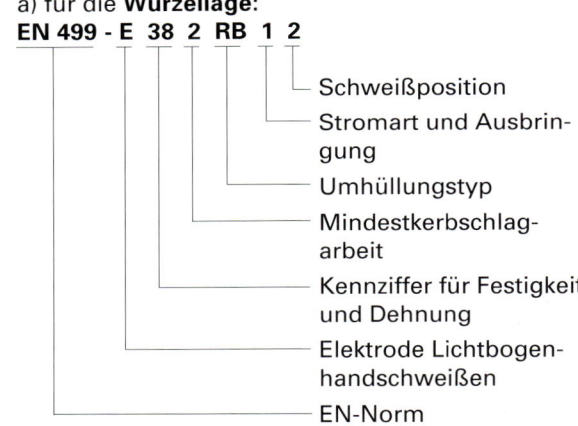

b) für die **Decklage**:
EN 499 - E 42 0 RC 1 1

Bezeichnung nach bisher gültiger DIN 1913:
a) für die **Wurzellage**:
DIN 1913 - E 43 43 RR(B)7

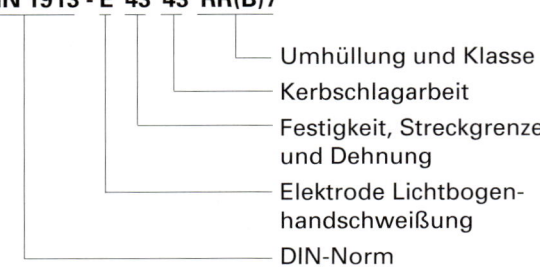

b) für die **Decklage**:
DIN 1913 - E 51 22 RR6

2.4.8 Schweißen — 2.4.8.3 Lichtbogenhandschweißen

Überlegen Sie:
Prüfen Sie mit Hilfe Ihres Tabellenbuches die Gütewerte des Schweißgutes nach.

Der Hersteller gibt an, dass die gewählten Elektroden mit Gleich- und Wechselstrom sowie für alle Schweißpositionen (außer bei Fallnähten) geeignet sind.
Für das Schweißen der Wurzel sind nach vorliegenden Erfahrungen Schweißelektrodendurchmesser von 2,5 oder 3 mm geeignet. Es stehen Elektroden von 2,5 mm Durchmesser zur Verfügung.
Der Schweißstrom, der am Schweißtransformator einzustellen ist, hängt vom Kernstabdurchmesser ab:
- Je größer der Drahtdurchmesser ist, desto größer ist das Volumen, das zu schmelzen ist.
- Je größer das Volumen ist, desto größer muss der Schweißstrom sein.

Der Elektrodenhersteller empfiehlt, den Schweißstrom zwischen 70 A und 90 A zu wählen. Gewählt wird ein Strom $I = 80$ A.
Wenn keine Herstellerangaben bekannt sind, lässt sich der Schweißstrom nach folgender Faustformel berechnen:
$I = (40\ A\ ...\ 50\ A) \cdot d \qquad d$: Kernstabdurchmesser

Unfallverhütung
- Schutzkleidung tragen, da die Augen und die Haut vor der ultravioletten Strahlung und vor Wärmeeinwirkungen zu schützen sind.
- Der Stromkreis kann durch den menschlichen Körper geschlossen werden. Die Schweißzange soll deshalb nicht unter den Arm geklemmt werden.
- Der Schweißraum ist gut zu be- und entlüften.
- Der Schweißplatz ist so abzuschirmen, dass er von außen nicht eingesehen werden kann.

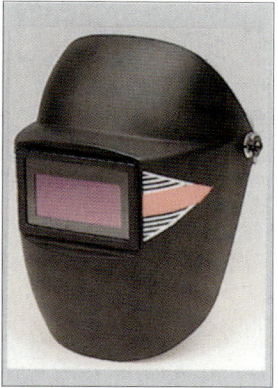

Bild 1 Elektrooptischer Schweißerschutzhelm

Übungen

1. a) Suchen Sie je drei Beispiele für lösbare und unlösbare Verbindungen.
   b) Werden die äußeren Kräfte bei diesen Verbindungen form-, stoff- oder kraftschlüssig übertragen?
2. Beschreiben Sie die wesentlichen Merkmale von form-, stoff- und kraftschlüssigen Verbindungen.
3. Warum ist bei der Montage von Schraubenverbindungen auf die richtige Größe des Schraubenschlüssels (bzw. des Schraubendrehers) zu achten?
4. Eine senkrechte Rohrleitung wird mit Schellen an der Wand befestigt. Welche Kräfte wirken nach der Montage an der Schelle?
5. Welche Aufgaben erfüllen Unterlegscheiben bei einer Schraubenverbindung?
6. Welche Schraubenverbindungen können mit einem Splint gesichert werden? Begründen Sie Ihre Wahl.
7. Wie wird die Dichtwirkung beim Anschluss eines Fittings erzielt?
8. Welche Aufgaben erfüllen Stiftverbindungen?
9. Nennen Sie verschiedene Ausführungsformen der Stifte und ihre Anwendungsgebiete.
10. Nennen Sie die Unterschiede zwischen einer Passfeder- und einer Keilverbindung.
11. Welche Werkstoffe können durch Klebstoffe verbunden werden?
12. Wodurch härten Einkomponenten-, wodurch Zweikomponentenkleber?
13. Beschreiben Sie das Herstellen einer Klebverbindung. Beachten Sie dabei die Unfallverhütungsvorschriften.
14. Nennen Sie die wichtigsten Merkmale der Klebverbindungen.
15. Welche Werkstoffe können durch Löten verbunden werden?
16. Erläutern Sie den Begriff „kapillarer Fülldruck".
17. Wann und warum müssen die Rohrenden vor dem Löten kalibriert werden?
18. a) Welche Aufgaben übernehmen Flussmittel beim Löten?
    b) Welche Bedeutung hat diese Aufgabe für die Lötnaht?

2.5 Prüftechnik

19. Wie werden Flussmittel gekennzeichnet?
20. Wofür eignen sich folgende Flussmittel: 3.1.1., 1.1.1., FH11, FH21?
21. Unterscheiden Sie Hart- und Weichlöten hinsichtlich des Lotschmelzpunktes und der Festigkeit. Nennen Sie Anwendungsbeispiele.
22. Schlüsseln Sie folgende Bezeichnungen auf:
    a) S-Pb70Sn30 b) S-Pb69Sn30Sb1 c) L-CuP8 d) L-Ag12
23. Nennen Sie Lote, die für Trinkwasserleitungen a) geeignet und b) nicht geeignet sind. Begründen Sie Ihre Meinung.
24. Welche Wärmequellen kommen beim Löten zum Einsatz? Stellen Sie die Besonderheiten der einzelnen Geräte dar.
25. Was verstehen Sie unter folgenden Begriffen:
    a) Arbeitstemperatur
    b) Maximale Löttemperatur
26. Beschreiben Sie das Herstellen einer Hartlötverbindung. Wählen Sie ein geeignetes Beispiel, nach Möglichkeit aus Ihrem Arbeitsbereich. Beachten Sie die Unfallverhütungsvorschriften.
27. Nennen Sie Vor- und Nachteile des Lötens.
28. Wie entsteht beim Schweißen eine stoffschlüssige Verbindung?
29. Skizzieren Sie je drei verschiedene Stoßarten und Nahtformen.
30. Warum wird beim Gasschweißen eine Sauerstoffflasche mitgeführt?
31. Welche Besonderheiten kennzeichnen Acetylen?
32. Beschreiben Sie das Zünden und Abstellen einer Gasflamme. Begründen Sie dabei die Arbeitsfolge.
33. Wann und warum soll die Gasflasche nicht neutral eingestellt sein?
34. Bei welchen Schweißarbeiten wird „nach links", bei welchen „nach rechts" geschweißt? Begründen Sie Ihre Meinung.
35. Nennen Sie Unfallverhütungsvorschriften, die beim Schweißen zu beachten sind.

2.5 Prüftechnik

Eine Bauschlosserei stellt unter anderem Drahtseilbahnen (Bild 2) für Spielplätze her. Vor der Auslieferung des Drahtseilbahnwagens (Bild 1) wird z. B. geprüft, ob er die geforderte Funktion erfüllt (**Funktionsprüfung**). Weiterhin wird z. B. festgestellt, ob bei allen Schrauben Unterlegscheiben verwendet wurden und die Blechoberfläche nicht beschädigt ist (**Sichtprüfung**). Am Beispiel des Drahtseilbahnwagens werden im Folgenden weitere Prüfverfahren dargestellt, die im Rahmen der Fertigung der Einzelteile zum Einsatz kommen.

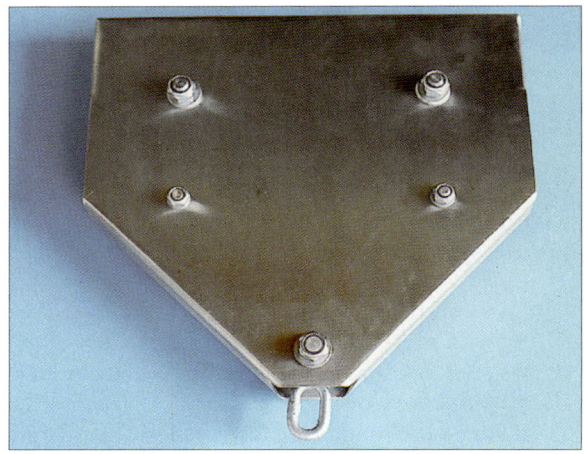

Bild 1 Drahtseilbahnwagen

Bild 2 Drahtseilbahn

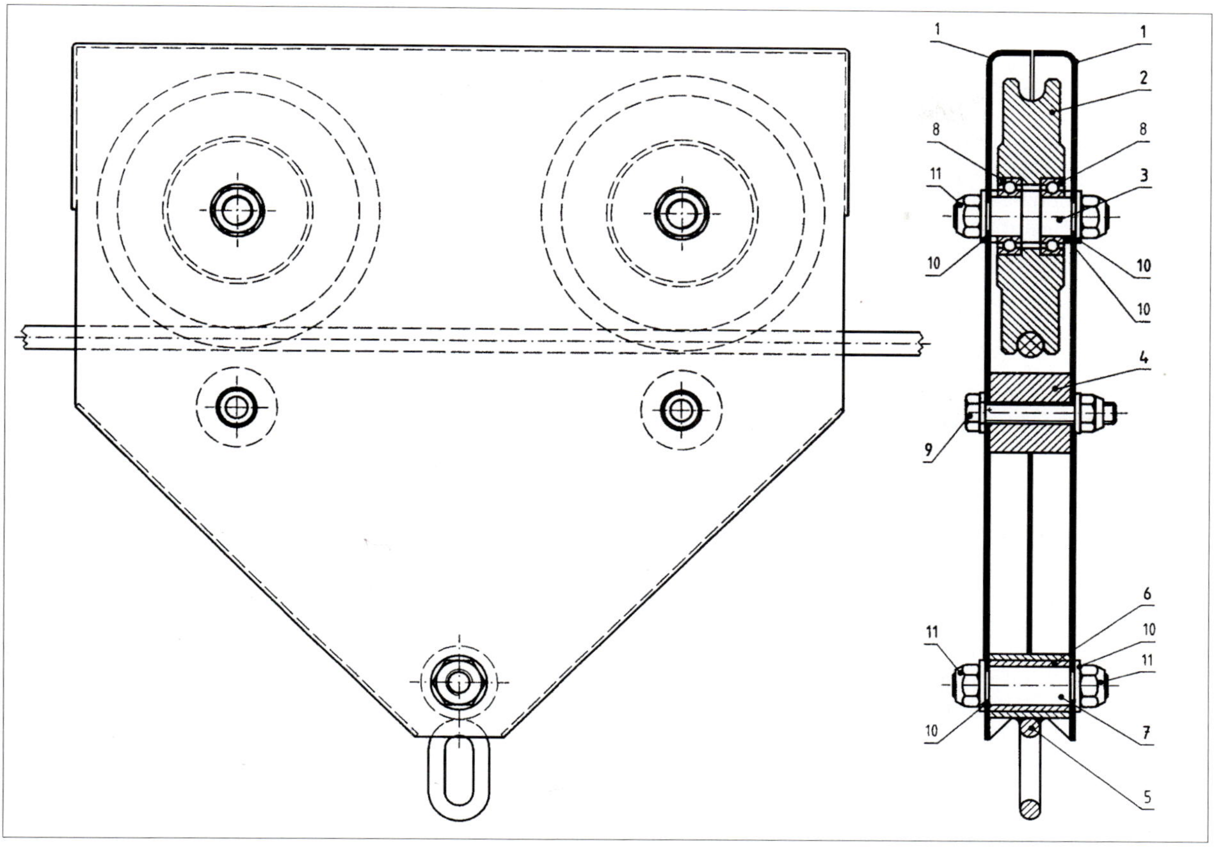

2.5 Prüftechnik

Bild 1 *Gesamtzeichnung des Drahtseilwagens*

Die Gesamtzeichnung des Drahtseilbahnwagens ist in Bild 1 dargestellt. Die Seitenansicht ist im Schnitt (siehe Technische Kommunikation Kap. 8) gezeichnet. Auf diese Weise ist die Funktion der Einzelteile besser zu erkennen. Zusätzlich sind die Bauteile nochmals auf dem Foto (Bild 2) wiederzufinden.

> **Überlegen Sie:**
> Ordnen Sie die Einzelteile des Fotos (Kennzeichnung durch Buchstaben) den Positionsnummern der technischen Zeichnung zu.

Die beiden Seitenteile (Pos. 1) nehmen die Seilrollenbolzen (Pos. 3), die Sechskantschrauben (Pos. 9) für die Distanzrohre und den Gelenkbolzen (Pos. 7) auf.
Mit Hilfe der Sechskantmuttern (Pos. 10 und 11) wird der Drahtseilbahnwagen zusammengeschraubt. Damit sich der Wagen leicht auf dem Seil verschieben lässt, sind Rillenkugellager zwischen den sich drehenden Seilrollen (Pos. 2) und den Seilrollenbolzen montiert. Die Kugellager besitzen nach außen hin eine Dichtscheibe, sodass das Schmierfett nicht austreten und Verunreinigungen nicht eindringen können. Im Schaukelgelenk sitzt eine Kunststoffbuchse (Pos. 6), die ein leichtes Schwin-

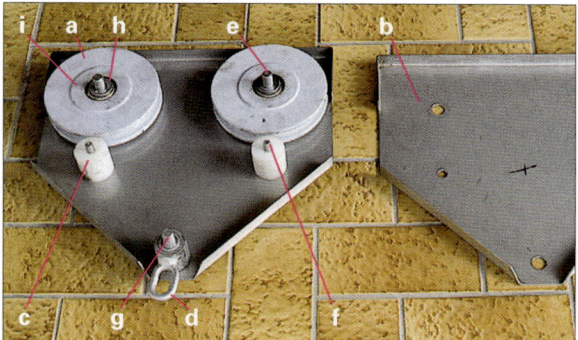

Bild 2 *Bauteile des Drahtseilbahnwagens*

gen auf dem Gelenkbolzen ermöglicht und ein Festrosten verhindert.

> **Überlegen Sie:**
> 1. Welche Aufgabe hat das Distanzrohr (Pos. 4)?
> 2. Ist das Drehen des Distanzrohres im montierten Zustand möglich?
> 3. Entscheiden und begründen Sie, ob sich das Distanzrohr drehen muss.
> 4. Welche Bauteile des Drahtseilbahnwagens drehen sich, wenn der Wagen auf dem Seil verfährt?

2.5 Prüftechnik

2.5.1 Toleranzen

In der Zeichnung (Bild 1) besitzt das Seitenblech ein Maß von 380 ± 2 mm. Das **Nennmaß N** (380 mm) ist das auf der Zeichnung angegebene Maß ohne Berücksichtigung der weiteren Angaben (Bild 2). Hinter dem Nennmaß sind die beiden **Abmaße** (±2) angegeben. Sie geben die zulässige Maßabweichung in Bezug auf das Nennmaß an. Das **obere Abmaß es** (+2) ist der Abstand zwischen dem **Höchstmaß** G_s und dem Nennmaß. Das **untere Abmaß ei** (-2) ist die Differenz zwischen **Mindestmaß** G_i und Nennmaß. Der Konstrukteur hat damit festgelegt, dass das Fertigmaß des Bauteils (**Istmaß**) zwischen dem **Mindestmaß** 378 mm und dem **Höchstmaß** 382 mm liegen muss. Besitzt das Seitenblech lediglich eine Breite von 370 mm, schleifen die Seilrollen an dem Seitenteil und die Funktionsfähigkeit ist nicht mehr gewährleistet. Wird das Maß 382 mm weit überschritten, kann zu großer Verschnitt entstehen, weil die geplanten Zuschnitte nicht mehr aus der Blechtafel geschnitten werden können. Damit steigen die Herstellungskosten.

> Das Fertigmaß des Bauteils (Istmaß) muss zwischen Höchstmaß und Mindestmaß liegen. Alle Maße zwischen diesen beiden Grenzmaßen gewährleisten die Funktion des Bauteils.

Die **Maßtoleranz T** ist die Differenz zwischen dem Höchst- und Mindestmaß. Je kleiner die Maßtoleranz gewählt wird, umso größer werden einerseits der fertigungs- und messtechnische Aufwand und damit auch die Herstellungskosten. Andererseits sind die Toleranzen für den Seilrollenbolzen im Bereich der Kugellager (Bild 3) sehr klein. Damit wird sichergestellt, dass die Kugellager einwandfrei funktionieren. Damit sowohl die Fertigungskosten möglichst niedrig und trotzdem die Funktion des Bauteils gewährleistet ist, gilt folgender Grundsatz:

> Toleranzen sind so groß wie möglich und so klein wie nötig zu wählen.

Die Seitenbleche sind durch Kanten (vgl. Kapitel 2.2.2) geformt. Das Maß für die gekanteten Stege (Schnitt A - A) beträgt 22 -0,5. Bei dieser Angabe ist das obere Abmaß nicht ausdrücklich angegeben, es ist 0, d. h., das Istmaß darf zwischen 21,5 mm und 22 mm liegen.

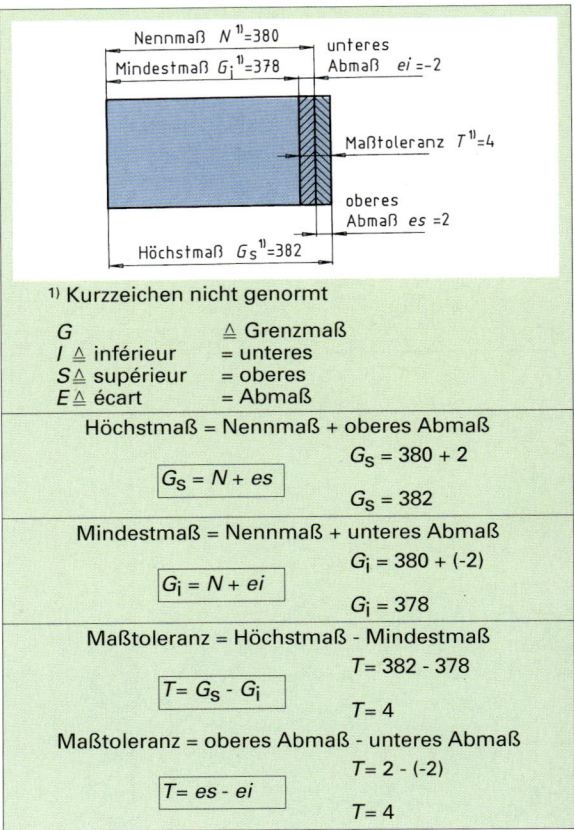

[1] Kurzzeichen nicht genormt

G ≙ Grenzmaß
I ≙ inférieur = unteres
S ≙ supérieur = oberes
E ≙ écart = Abmaß

Höchstmaß = Nennmaß + oberes Abmaß
$G_s = N + es$
$G_s = 380 + 2$
$G_s = 382$

Mindestmaß = Nennmaß + unteres Abmaß
$G_i = N + ei$
$G_i = 380 + (-2)$
$G_i = 378$

Maßtoleranz = Höchstmaß - Mindestmaß
$T = G_s - G_i$
$T = 382 - 378$
$T = 4$

Maßtoleranz = oberes Abmaß - unteres Abmaß
$T = es - ei$
$T = 2 - (-2)$
$T = 4$

Bild 2 Grenzmaße, Abmaße, Maßtoleranzen

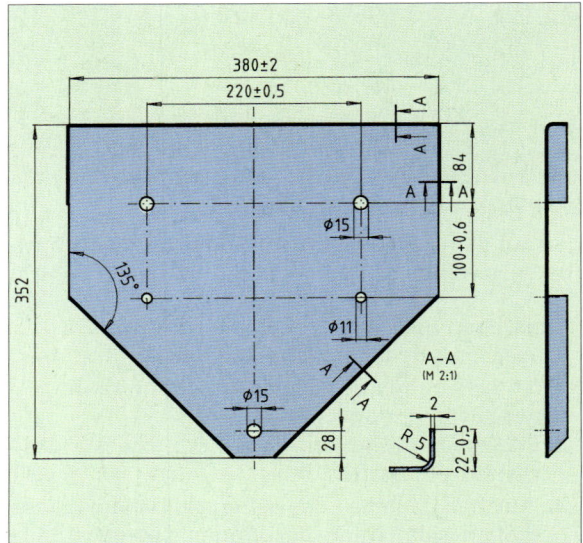

Bild 1 Seitenblech, Genauigkeitsgrad grob

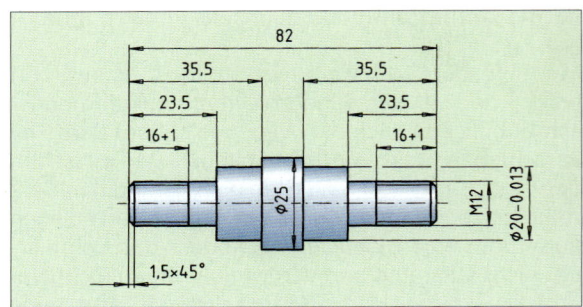

Bild 3 Seilrollenbolzen, Genauigkeitsgrad mittel

2.5 Prüftechnik
2.5.1 Toleranzen

Überlegen Sie:
1. Aus welchen Gründen hat der Konstrukteur das Maß 22 -0,5 gewählt?
2. Bestimmen Sie Nennmaß, Höchst- und Mindestmaß, oberes und unteres Abmaß sowie die Maßtoleranz für die Höhe der gekanteten Stege.
3. Ermitteln Sie für den Mittenabstand von Seil- und Distanzrolle Nennmaß, Höchst- und Mindestmaß, oberes und unteres Abmaß sowie die Maßtoleranz.
4. Wie groß sind bei dem Seilrollenbolzen für die Maße Ø 20 - 0,013 und 16 +1 die Nennmaße, die Höchst- und Mindestmaße, die oberen und unteren Abmaße sowie die Maßtoleranzen.

Allgemeintoleranzen

Für einige Maße des Seilrollenbolzens und des Seitenbleches (z. B. 352 mm) sind keine Abmaße angegeben. Das bedeutet jedoch nicht, dass diese Maße genauestens einzuhalten sind, sondern es kommen die Allgemeintoleranzen (Bild 1) zur Anwendung.

> Für alle Zeichnungsmaße ohne Toleranzangabe gelten die Allgemeintoleranzen.

Die Tabelle (Bild 1) gibt die Abmaße in Abhängigkeit von der Größe des Nennmaßes und dem Genauigkeitsgrad an. Aufgrund der **Funktion** des Bauteiles ist der erforderliche **Genauigkeitsgrad** festzulegen. Der Seilrollenbolzen erfordert einen höheren Genauigkeitsgrad (mittel) als das Seitenblech (grob). **Größere Nennmaße** (z. B. 352 mm Seitenteilhöhe) besitzen **größere Toleranzen** als kleinere (z. B. 2 mm Blechdicke).
Das Istmaß für die Höhe des Seitenbleches (352 mm) muss beim Genauigkeitsgrad grob aufgrund der Abmaße von ±1,2 mm zwischen dem Mindestmaß 350,8 mm und dem Höchstmaß 353,2 mm liegen. Würden die gleichen Abmaße für die Blechdicke gelten, dürften sie zwischen 0,8 mm und 3,2 mm schwanken. Das ist unsinnig, weil z. B. bei 0,8 mm Blechdicke das Seitenteil den Beanspruchungen nicht mehr standhalten würde. Sinnvoll hingegen ist die Toleranz, die sich aufgrund der Allgemeintoleranzen ergibt. Danach darf die Blechdicke zwischen dem Mindestmaß 1,8 mm und dem Höchstmaß 2,2 mm schwanken.

- **Je gröber der Genauigkeitsgrad, umso größer sind die Abmaße bzw. Toleranzen.**
- **Je größer das Nennmaß, umso größer sind die Abmaße bzw. Toleranzen.**

Überlegen Sie:
1. Legen Sie eine Tabelle nach folgendem Muster für alle Maße des Seitenteils und des Seilrollenbolzens an.

Maß- angabe in mm	Nenn- maß N in mm	unteres Abmaß ei in mm	oberes Abmaß es in mm	Mindest- maß G_i in mm	Höchst- maß G_s in mm	Maß- toleranz T in mm
82	82	- 0,8	0,8	81,2	82,8	1,6
28						

2. Legen Sie für die mit X und Y gekennzeichneten Maße Mindest-, Höchstmaße und Maßtoleranzen fest.

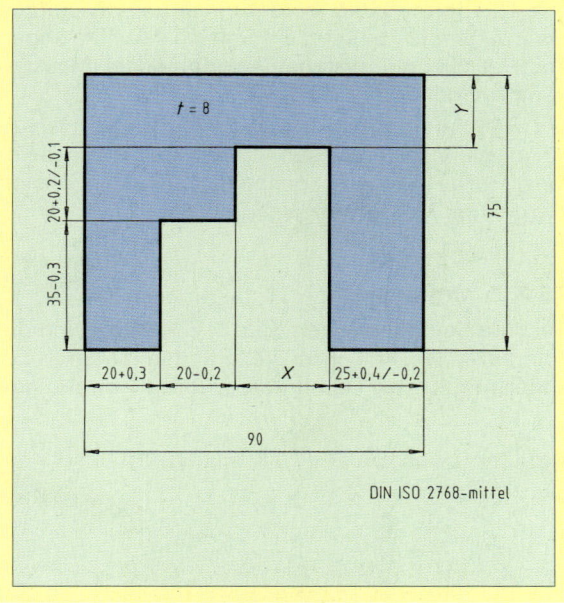

Genauig- keitsgrad	Nennbereich in mm							
	ab 0,5 bis 3	über 3 bis 6	über 6 bis 30	über 30 bis 120	über 120 bis 400	über 400 bis 1000	über 1000 bis 2000	über 2000 bis 4000
	Grenzabmaße für Längenmaße in mm							
f (fein)	± 0,05	± 0,05	± 0,1	± 0,15	± 0,2	± 0,3	± 0,5	± 0,8
m (mittel)	± 0,1	± 0,1	± 0,2	± 0,3	± 0,5	± 0,8	± 1,2	± 2
C (grob)	± 0,2	± 0,3	± 0,5	± 0,8	± 1,2	± 2	± 3	± 4
V (sehr grob)	–	± 0,5	± 1	± 1,5	± 2,5	± 4	± 6	± 8

Bild 1 Allgemeintoleranzen für Längen DIN ISO 2768-1 : 1991-06

2.5.2 Funktion und Auswahl von Messgeräten

Durch **Messen** wird ein **Messwert**, z. B. eine Länge oder ein Winkel, ermittelt. Das geschieht durch Vergleich mit einer Maßverkörperung. Das sind z. B. definierte Abstände auf einem Strichmaßstab oder Winkelmesser. Die Auswahl der Messgeräte richtet sich vor allem nach Messwert (z. B. Länge oder Winkel), der Form, Größe und Genauigkeit der Werkstücke.

2.5.2.1 Strichmaßstäbe

Stahlmaßstab, **Gliedermaßstab** und **Rollbandmaße** (Bild 1) besitzen meist **Millimeterteilungen**, manchmal sind sie auch in halbe Millimeter unterteilt.

Für die Außenmaße des Seitenbleches kann beim **Anreißen** und auch beim **Nachmessen** ein **Stahlbandmaß** eingesetzt werden. Bei den vorhandenen Toleranzen von 2,4 mm und größer ist die Millimeterteilung ausreichend fein genug. Es kann mit hinreichender Genauigkeit ermittelt werden, ob z.B. das Istmaß zwischen den Grenzmaßen 350,8 mm und 353,2 mm liegt (Bild 2).

Der **Gliedermaßstab** wird für Längenmessungen bis 2 m genutzt. Es kann ein Spiel in den Führungen der Holzglieder entstehen, wodurch die Messgenauigkeit gemindert wird.

Mit **Rollbandmaßen** können Entfernungen bis zu 50 m gemessen werden. Das Band muss beim Messen ausreichend gespannt sein, ansonsten werden die Messergebnisse zu groß.

2.5.2.2 Messschieber

Bei dem Seilrollenbolzen (Bild 3, Seite 116) sind die Toleranzen wesentlich kleiner. Für den mittleren Zylinder mit 25 mm Durchmesser und 11 mm Länge

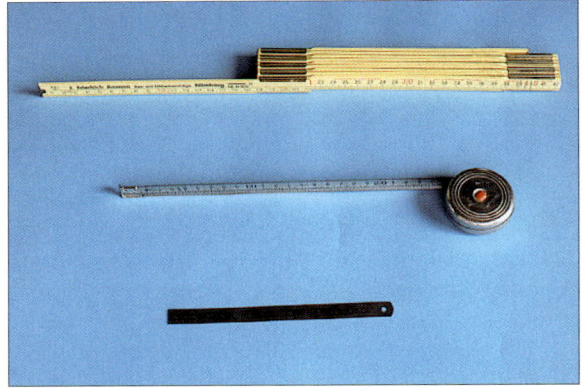

Bild 1 Stahlmaßstab, Gliedermaßstab und Rollbandmaß

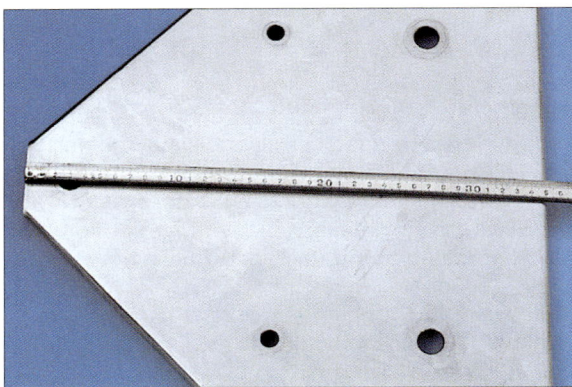

Bild 2 Messen mit dem Rollbandmaß (Stahlmaßstab)

ergeben sich aufgrund der Allgemeintoleranzen folgende Grenzmaße: 24,8 mm und 25,2 mm bzw. 10,8 mm und 11,2 mm. Für die Durchmessererfassung ist das Stahlbandmaß ungeeignet. Es ist ein Messgerät erforderlich, das den Durchmesser sicher erfasst und auch Teile des Millimeters, z. B. 1/10 mm oder 1/20 mm misst.

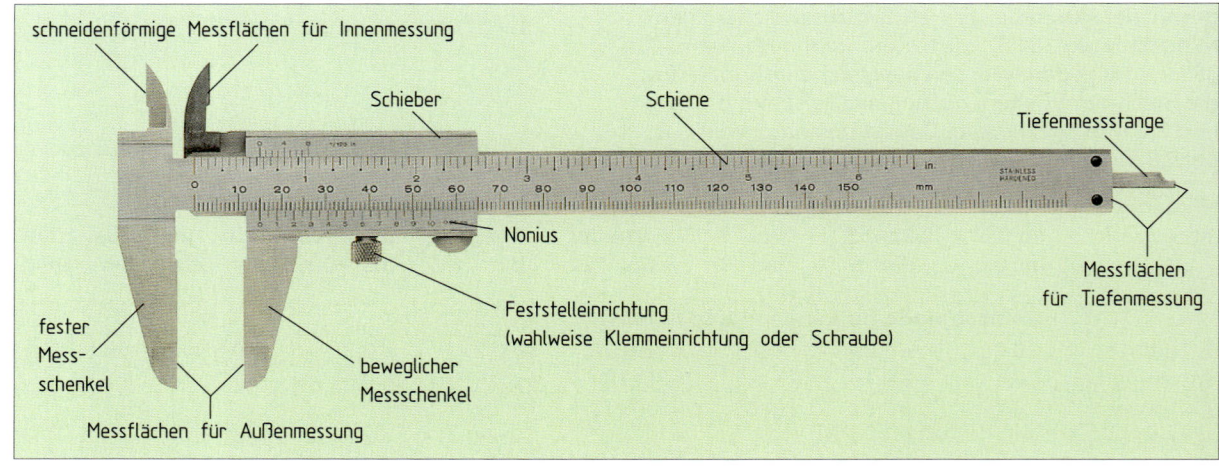

Bild 3 Benennungen am Messschieber

2.5.2 Funktion und Auswahl von Messgeräten 2.5.2.2 Messschieber

Der Messschieber erfüllt diese Forderungen:
- Die beiden Messschenkel (Bild 1) erfassen das Werkstück wesentlich genauer als der Strichmaßstab, bei dem durch falsches Anlegen das Messergebnis leicht verfälscht werden kann.
- Mit Hilfe des Nonius (Bild 2) ist es möglich Millimeter so zu teilen, dass Maße in 1/10 mm- bzw. 1/20 mm-Schritten abgelesen werden können.

Auf dem beweglichen Messschenkel des Messschiebers ist der **Nonius** angebracht. Er ist z. B. 19 mm lang und in 10 gleiche Teile (10er Nonius) geteilt. Somit beträgt der Abstand von einem zum anderen Noniusstrich 19 mm : 10 = 1,9 mm. Wenn der erste Noniusstrich (Nullstrich) mit einem Strich auf der Hauptskale der Schiene übereinstimmt (fluchtet), beträgt der Abstand zwischen den Messschenkeln immer ganze Millimeter.

Wird der bewegliche Messschenkel um 0,1 mm verschoben (Bild 3), fluchtet der „1er-Strich" des Nonius mit der Hauptskale. Dann beträgt der Abstand zu den ganzen Millimetern 1/10 mm = 0,1 mm. Wenn der „2er-Strich" mit einem Strich der Hauptskale übereinstimmt, beträgt der Abstand 0,2 mm, beim „3er-Strich" 0,3 mm usw.

Der Nonius, mit dem 1/20 mm abgelesen werden können, arbeitet nach dem gleichen Prinzip (Bild 4).

> **Überlegen Sie:**
> Wie groß ist der Teilstrichabstand beim 1/20 mm-Nonius?

Im Installations- und Heizungsbereich werden oft Rohre und Gewinde in **Inch (Zoll)** angegeben und gemessen (**1″ = 25,4 mm**). Dafür besitzen die Messschieber im oberen Bereich der Schiene eine **Inch-Skalierung**. Der dazugehörende Nonius befindet sich am oberen Teil des Schiebers (siehe Bild 3, Seite 116). Das Inch-Maß wird als Bruch (z. B. 3/8″) oder als gemischter Bruch (z. B. 1 3/4″) angegeben. Bei der Hauptskale beträgt die Entfernung zwischen zwei Strichen 1/16″ (Bild 5). Soll die Ablesegenauigkeit der Zoll-Maße kleiner als 1/16″ sein, kommt der Zoll-Nonius zum Einsatz.

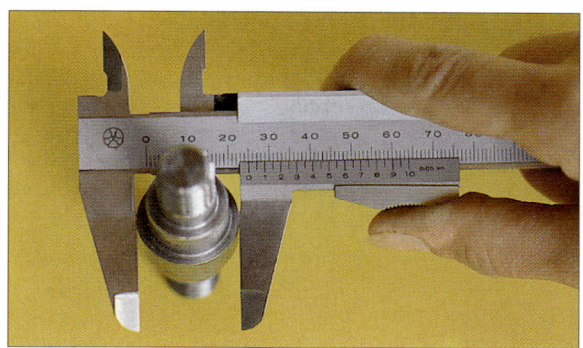
Bild 1 Messen mit dem Messschieber

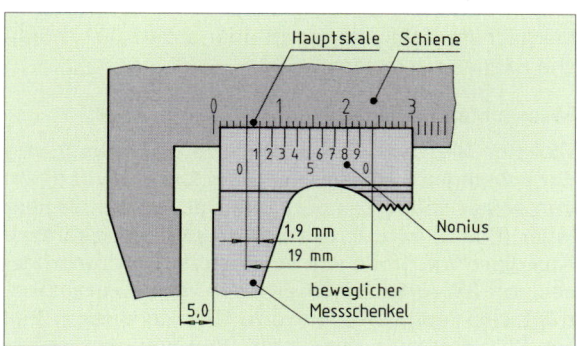
Bild 2 Aufbau des 1/10mm-Nonius

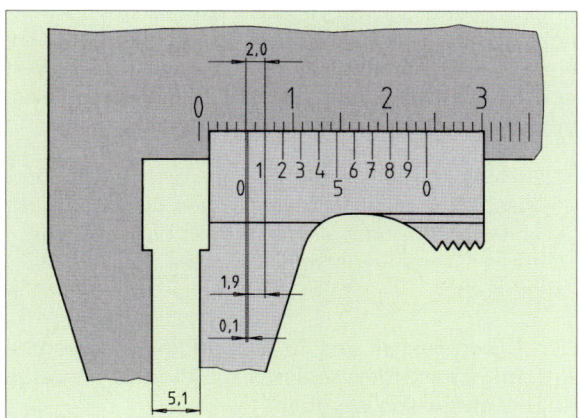
Bild 3 Funktion des 1/10mm-Nonius

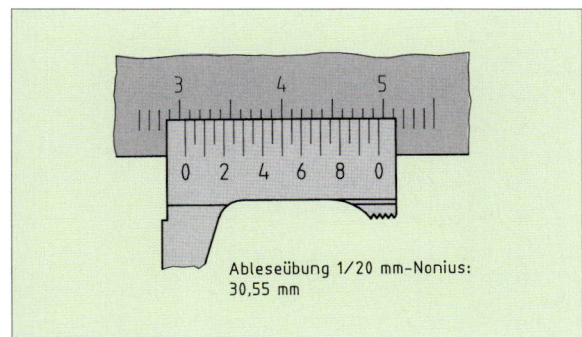
Bild 4 Aufbau des 1/20mm-Nonius

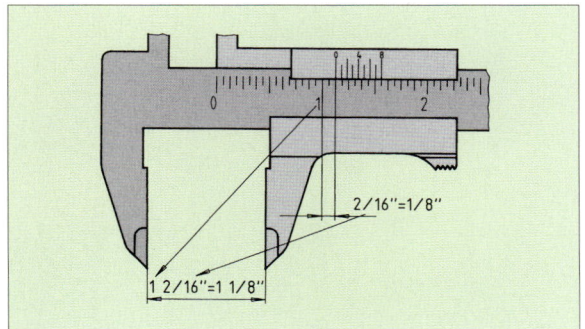
Bild 5 Ablesebeispiel in Inch

2.5.2 Funktion und Auswahl von Messgeräten — 2.5.2.2 Messschieber

Messschieber mit Rundskale (Bild 1) oder mit Ziffernanzeige (Bild 2) besitzen eine Ablesegenauigkeit von 1/100 mm. Das Ablesen der Messwerte ist mit diesen Messschiebern wesentlich einfacher und es geht schneller. Bei der digitalen Anzeige kommt es kaum zu Ablesefehlern, trotzdem können Messfehler wie beim normalen Messschieber entstehen (siehe Kapitel 2.5.2.3).

Bei der Ziffernanzeige wird die kleinste ablesbare Maßänderung (z. B. 1/100 mm) als **Ziffernschrittwert** bezeichnet. Bei Skalen, einschließlich der Rundskalen, heißt der Wert **Skalenteilungswert**. Bei den Nonien wird er **Nonienwert** genannt. Es ist immer die Maßänderung, die erforderlich ist, damit die nächste Ziffer angezeigt oder die nächst mögliche Skalierung erreicht wird.

Messschieberauswahl

Welcher Messschieber einzusetzen ist, hängt von der jeweiligen Form des Werkstückes und vor allem von seiner Toleranzangabe ab. Das Kunststoffgleitlager (Bild 3) wird in das Schaukelgelenk gepresst. Aus diesem Grunde soll es einen Außendurchmesser von 28 +0,15/ +0,05 erhalten. Die Toleranz beträgt also lediglich 1/10 mm. Wird in diesem Fall ein Messschieber mit einem Nonienwert von 1/10 mm ausgewählt, fällt in den Grenzbereichen die Entscheidung schwer, ob das Istmaß noch innerhalb oder schon außerhalb der Toleranz liegt. Bei einem Ziffernschrittwert oder Skalenteilungswert von 1/100 mm entsteht dieses Problem nicht. Daher gilt für Messungen folgender Grundsatz:

> Der Nonienwert, Skalenteilungswert oder Ziffernschrittwert eines Messgerätes sollte so gewählt werden, dass sicher erfasst werden kann, ob das Istmaß zwischen Mindest- und Höchstmaß liegt.

Der Durchmesser des Kunststoffgleitlagers sollte z. B. mit einem Messschieber mit digitaler Anzeige (Bild 4) gemessen werden.

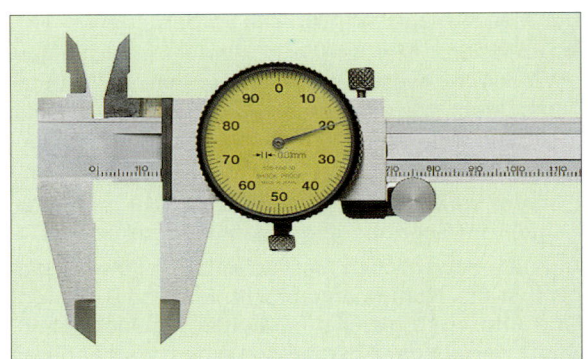

Bild 1 Messschieber mit Rundskale

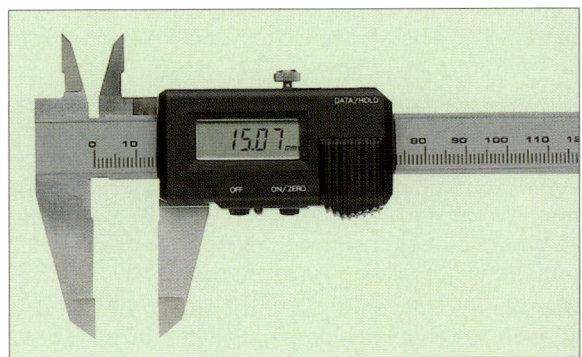

Bild 2 Messschieber mit Ziffernanzeige (digitale Anzeige)

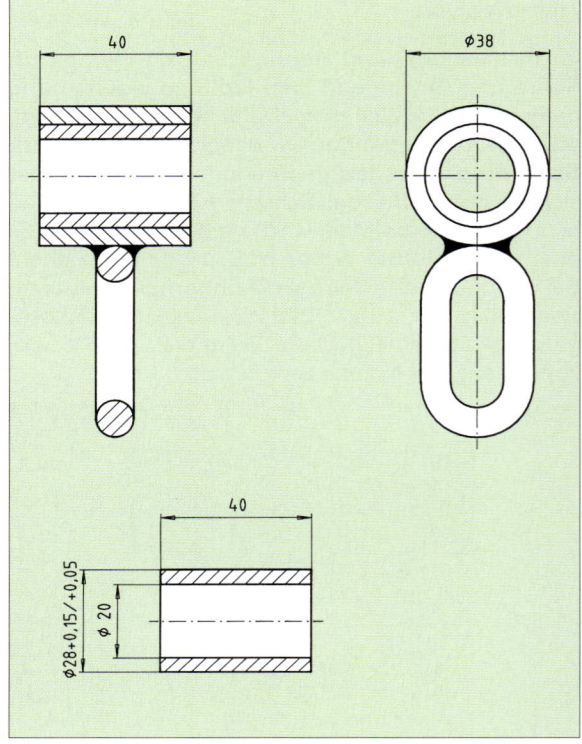

Bild 3 Gleitlager aus Kunststoff für Schaukelgelenk

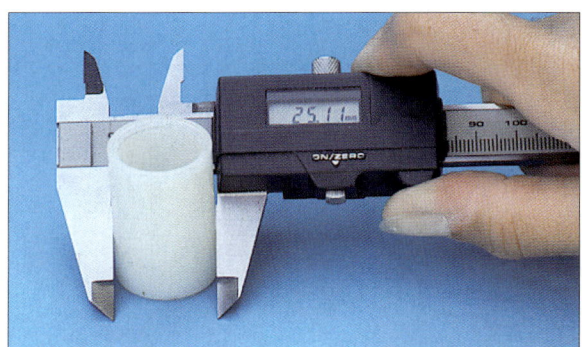

Bild 4 Messen mit dem Messschieber mit Ziffernanzeige

2.5.2 Funktion und Auswahl von Messgeräten   2.5.2.2 Messschieber

> **Überlegen Sie:**
> Welche Skalenteilungswerte wären bei folgenden Maßen erforderlich?
> - Höhe der Abkantung am Seitenblech (22-0,5)
> - Mittenabstand der Seilrollen (220 ±0,5)
> - Bohrungsdurchmesser der Seilrollenlagerung im Seitenblech ø 15 (DIN ISO 2768-C)

Mit Messschiebern können **Außen-** (Bild 4, Seite 120), Innen- (Bild 1) und **Tiefenmessungen** (Bild 2) durchgeführt werden.

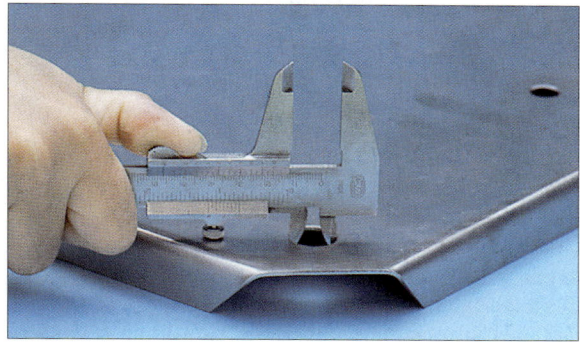

Bild 1 Innenmessung

Zum Messen des **Mittenabstandes** (220 ± 0,5) der beiden Seilrollenlagerungen gibt es zwei Möglichkeiten (Bild 4). Der Mittenabstand ist nicht direkt abzulesen, sondern es können nur die Kontrollmaße (Bild 3) bestimmt werden. Dabei überlagern sich die Toleranzen von Bohrungsdurchmessern und Bohrungsabstand. Folgende Maße werden gemessen:

Bild 2 Tiefenmessung

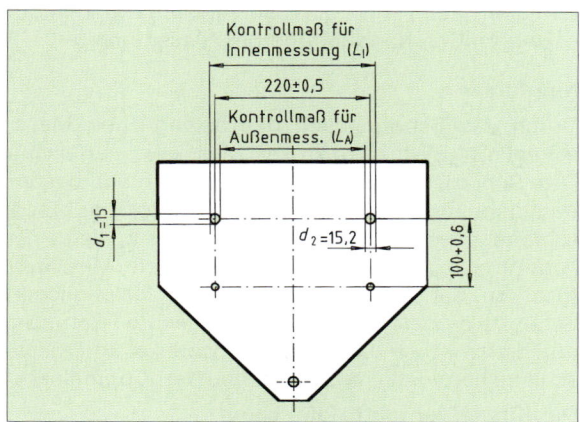

Bild 3 Kontrollmaße ℓ_I für Innen- und ℓ_A für Außenmessung

Kontrollmaß für die Außenmessung: ℓ_A = 204,8 mm
Linker Bohrungsdurchmesser: d_1 = 15,0 mm
Rechter Bohrungsdurchmesser: d_2 = 15,2 mm

Zur Berechnung des Mittenabstandes a müssen die beiden halben Bohrungsdurchmesser (Radien) zu dem Kontrollmaß addiert werden:

$$a = \ell_A + \frac{d_1}{2} + \frac{d_2}{2} = \ell_A + \frac{d_1 + d_2}{2}$$

$$a = 204{,}8 \text{ mm} + \frac{15{,}0 \text{ mm} + 15{,}2 \text{ mm}}{2}$$

$$\underline{a = 219{,}9 \text{ mm}}$$

Das Istmaß liegt zwischen den beiden geforderten Grenzmaßen.

> **Überlegen Sie:**
> 1. Bestimmen Sie die Grenzmaße für das Kontrollmaß der Außenmessung.
> 2. Ermitteln Sie für das Kontrollmaß der Innenmessung Höchst- und Mindestmaß.
> 3. Stellen Sie die Formel für den Bohrungsmittenabstand a bei der Innenmessung in Abhängigkeit vom Kontrollmaß ℓ_I und den Bohrungsdurchmessern (d_1 und d_2) auf.

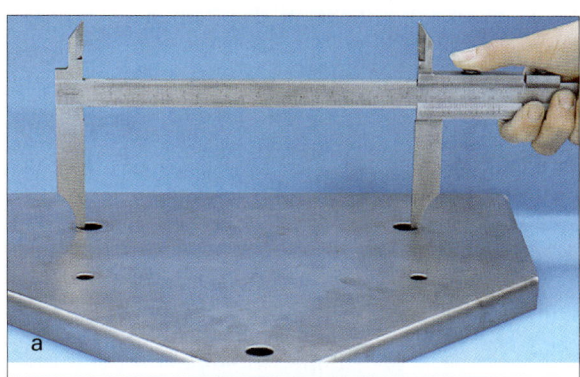

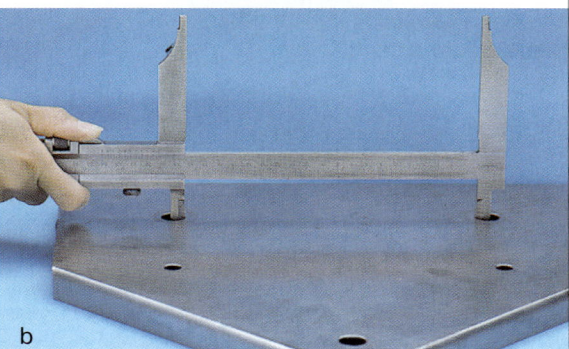

Bild 4 Messen des Bohrungsabstandes a) als Innen- b) als Außenmessung

2.5.2.3 Messfehler

Wenn ein Werkstück an der gleichen Stelle mit zwei verschiedenen Messschiebern gemessen wird und dabei die Messergebnisse nicht gleich sind, kann das mehrere Gründe haben.

Ist z. B. der feste Messschenkel um 0,1 mm abgenutzt, werden alle Messergebnisse 0,1 mm kleiner als beim neuen Messschieber. Da dieser Unterschied bei jeder Messung mit dem abgenutzten Messschieber auftritt, handelt es sich um einen **systematischen Messfehler**.

Den systematischen stehen die **zufälligen Messfehler** gegenüber, die nicht bei jeder Messung eintreten. Sie haben ihre Ursache meistens in der unsachgemäßen Handhabung des Messgerätes.

Kippfehler

Durch das Schrägstellen des beweglichen Messschenkels (Bild 1) wird der Messwert verfälscht. Das Schrägstellen oder Kippen geschieht besonders dann, wenn das Werkstück weit von der Messschiene zwischen den Messschenkeln liegt. Es kommt zu einer Hebelwirkung, weil die Messkraft dicht an der Messschiene auf den beweglichen Schenkel eingeleitet wird. Eine schlechte Führungsqualität zwischen beweglichem Schenkel und Messschiene begünstigt das Entstehen des Kippfehlers.

Der Kippfehler wird klein, wenn
- eine gute Führung vorhanden ist,
- das Werkstück dicht an der Schiene gemessen wird,
- keine zu große Messkraft wirkt.

Parallaxe

Bei Messschiebern mit Nonien, aber auch z. B. bei Gliedermaßstäben können fehlerhafte Messwerte ermittelt werden, wenn beim Ablesen der Blick schräg auf die Skale gerichtet ist (Bild 2.). Je kleiner das Maß t ist, um so geringer ist die Gefahr, dass dieser Messfehler Δx eintritt, der als **Parallaxe** bezeichnet wird. Bei dünnen Stahlbandmaßen oder bei dem Messschieber in Bild 3 entsteht dieser Messfehler nicht.

2.5.2.4 Maßbezugstemperatur

Bauteile dehnen sich beim Erwärmen aus. Ein Werkstück aus Stahl von 1 m Länge wird bei einer Temperaturerhöhung um 10 K um ca. 1/10 mm länger. Es entstehen verschiedene Messwerte, wenn z. B. die Messung eines Werkstückes direkt nach der spanenden Bearbeitung oder erst später, wenn es wieder abgekühlt ist, erfolgt. Ähnliche Probleme entstehen, wenn sich das Messgerät z. B. durch intensive Sonneneinstrahlung erwärmt hat.

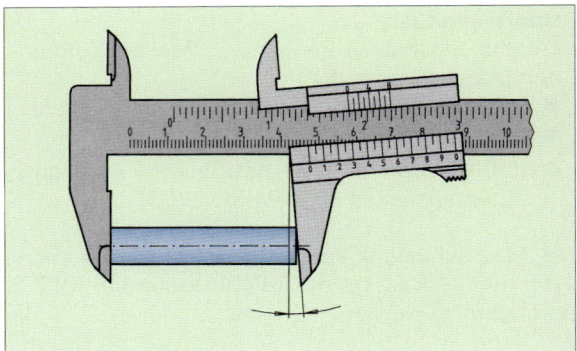

Bild 1 Kippfehler beim Messschieber

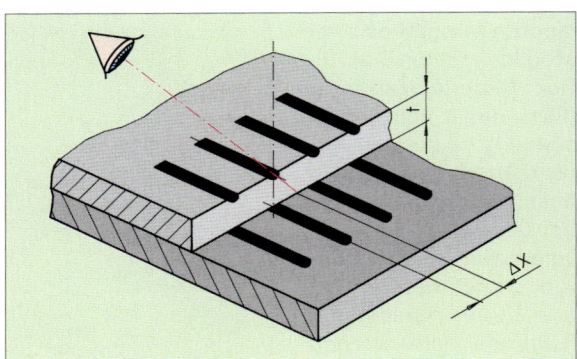

Bild 2 Ursache für die Parallaxe

Bild 3 Messschieber mit parallaxfreier Ablesung, weil Nonius und Messschiene in einer Ebene liegen

Überlegen Sie:
Entsteht beim Messen mit dem zu warmen Messschieber ein zu großer oder zu kleiner Messwert?

Um die Vergleichbarkeit der Messungen zu gewährleisten, ist durch Norm eine Maßbezugstemperatur von 20 °C bzw. 293 K festgelegt. Das gilt sowohl für die Werkstücke als auch für die Werkzeuge.

2.5.2.5 Indirektes Messen mit dem Taster

Der Innendurchmesser der Seilrolle von 35 mm (siehe auch Bild 4, Seite 128) kann nicht direkt mit dem Messschieber erfasst werden, wie das bei den bisherigen Messungen der Fall war. Das Abtasten des Innendurchmessers erfolgt mit einem **Innentaster** (Bild 1). Anschließend wird die Entfernung der beiden Tastflächen mit dem Messschieber gemessen. Eine Messung, bei der ein Hilfsmittel (z. B. Taster) die Länge erfasst, und erst danach die „gespeicherte" Länge gemessen wird, heißt indirektes Messen, im Gegensatz zu dem direkten Messen ohne zwischengeschaltetes Hilfsmittel.

> **Überlegen Sie:**
> 1. Unterscheiden Sie systematische und zufällige Messfehler.
> 2. Wie schätzen Sie die Genauigkeit einer indirekten Messung im Vergleich zu einer direkten ein?

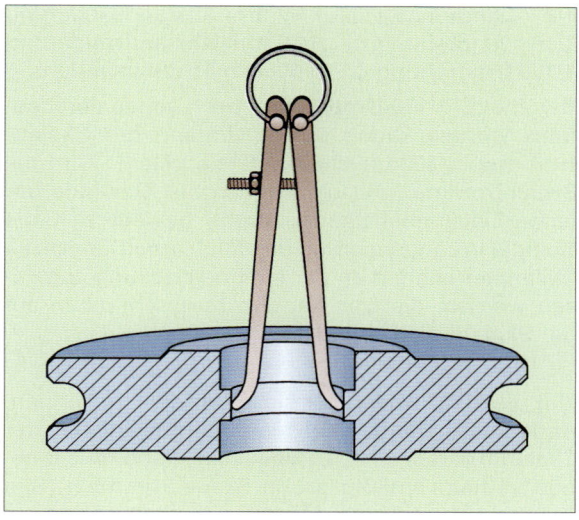

Bild 1 Erfassen des Durchmessers mit dem Taster

2.5.2.6 Messschraube

Für die Aufnahme der Rillenkugellager ist der Seilrollenbolzen (Bild 3) mit 20−0,013 **sehr eng toleriert**. Das Maß kann mit dem Messschieber nicht hinreichend genau überprüft werden, weil der Nonienwert mit 0,1 mm zu groß ist, um sicher zu erfassen, ob das Istmaß zwischen 19,987 und 20,000 mm liegt. Zusätzlich können Kippfehler auftreten.

Für diese Messung muss das erforderliche Messgerät
- einen Skalenteilungswert oder Ziffernschrittwert besitzen, der 0,01 mm beträgt bzw. kleiner ist und
- das Maß ohne Kippfehler erfassen.

Eine **Messschraube** (Bild 2) erfüllt diese Anforderungen.

Das Erreichen des geforderten Skalenteilungswertes wird anhand des Funktionsmodells einer Messschraube (Bild 4) beschrieben. Die Gewindesteigung (Abstand von zwischen zwei Gewindespitzen) beträgt 1 mm. Bei einer Umdrehung der Messspindel wird der Abstand zwischen Messspindel und Messamboss um 1 mm verändert.

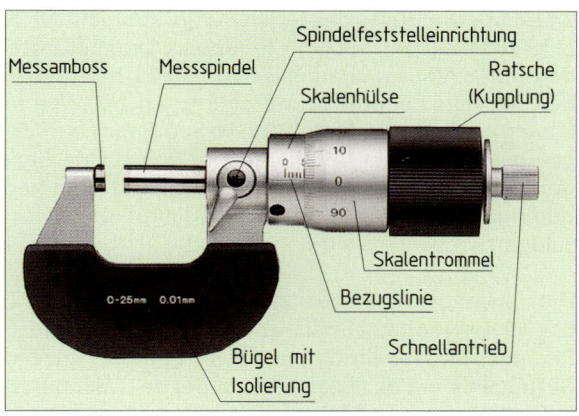

Bild 2 Benennungen an der Messschraube

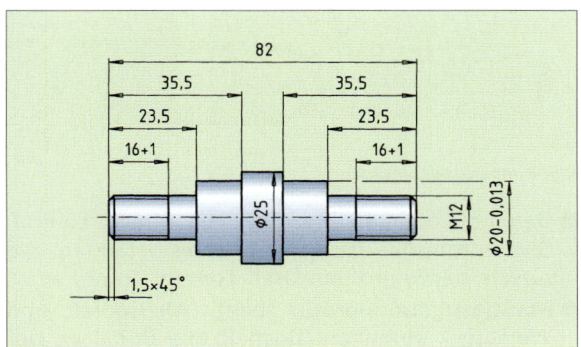

Bild 3 Seilrollenbolzen

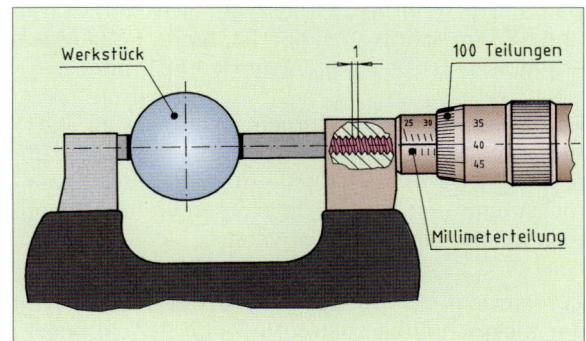

Bild 4 Funktionsmodell einer Bügelmessschraube

2.5.2 Funktion und Auswahl von Messgeräten — 2.5.2.6 Messschraube

1/2 Umdrehung ≙ 1/2 mm Abstandsänderung
1/10 Umdrehung ≙ 1/10 mm Abstandsänderung
1/100 Umdrehung ≙ 1/100 mm Abstandsänderung

Damit eine 1/100-Umdrehung auch genau durchgeführt werden kann, ist der Umfang der **Skalentrommel** in 100 gleiche Abstände geteilt. Wird die Skalentrommel und damit auch das Gewinde um einen Teilstrichabstand gedreht, bewegt sich die Spindel in Längsrichtung um 1/100 mm. Die ganzen Millimeter können an der Millimeterteilung abgelesen werden, die sich bei den Messschrauben auf der **Skalenhülse** befindet.

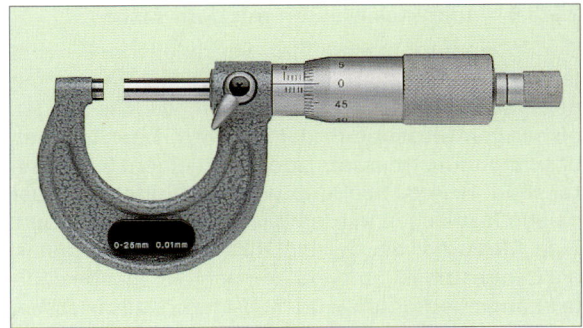

Bild 1 Bügelmessschraube mit 0,5 mm Spindelsteigung

Um die 1/100 Millimeter sicher ablesen zu können, darf der Abstand zwischen zwei Teilstrichen der Skalentrommel nicht zu klein sein. Dadurch entstehen verhältnismäßig große Skalentrommeln (Bild 2, Seite 121), die beim Messen unpraktisch sind.

Die Skalentrommel kann halb so groß werden, wenn nur die Hälfte der Striche untergebracht wird, d. h. statt 100 nur noch 50 Teilungen. Da aber trotzdem eine Ablesegenauigkeit von 1/100 mm gefordert ist, darf bei einer Umdrehung nur ein Weg in Längsrichtung von 50·1/100 mm = 0,5 mm zurückgelegt werden. Die Spindel besitzt somit eine Steigung von 0,5 mm. Es müssen zwei Umdrehungen durchgeführt werden, um einen Millimeter zurückzulegen.

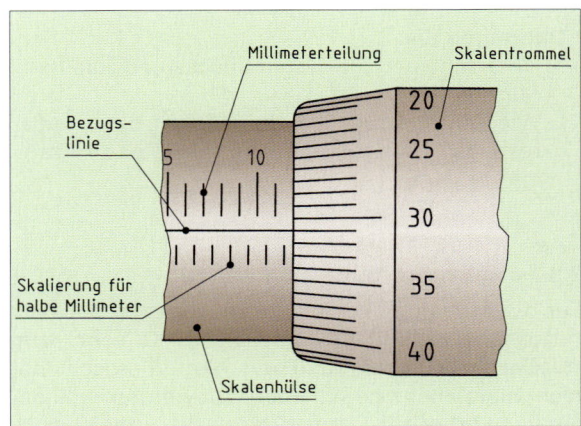

Bild 2 Ablesebeispiel an einer Bügelmessschraube

Die Skalentrommel besitzt eine Skalierung von 0 bis 49 Hundertstel Millimeter (Bild 1). Im Bild 2 fluchtet der 31er Strich der Skalentrommel mit der Bezugslinie auf der Skalenhülse. Bei der Millimeterteilung steht die Skalentrommel zwischen 11 mm und 12 mm. Trotzdem heißt das Messergebnis nicht 11,31 mm. Denn die Trommel muss zweimal gedreht werden, um den Weg von 11 mm nach 12 mm zurückzulegen. Ob die Trommel innerhalb der ersten Millimeterhälfte (0 mm bis 0,5 mm) oder schon in der zweiten Hälfte (0,5 mm bis 1,0 mm) steht, lässt sich mit Hilfe der Skalierung für halbe Millimeter unterhalb der Bezugslinie bestimmen. Da der Strich für halbe Millimeter zwischen 11 mm und 12 mm schon zu sehen ist, beträgt das Messergebnis 11,5 mm + 31/100 mm = 11,81 mm.

Für die Messung des Durchmessers von 20 -0,013 mm eignet sich eine Messschraube mit einem Ziffernschrittwert von 1/1000 mm (Bild 3). Für Innenmessungen mit kleinen Toleranzen werden Innenmessschrauben (Bild 4) gewählt.

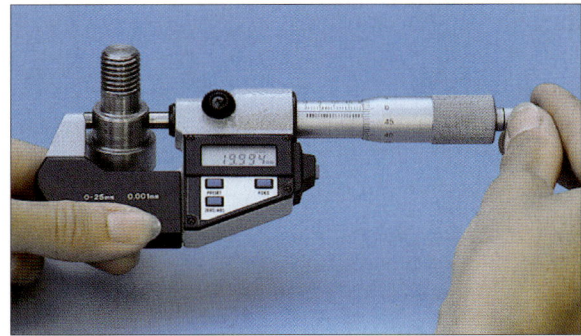

Bild 3 Bügelmessschraube mit digitaler Anzeige

Bild 4 Innenmessschraube

Zur Vermeidung von **Messfehlern** beim Messen mit der Messschraube sollten folgende Regeln beachtet werden:

- Damit die optimale Messkraft zum Einsatz kommt, Skalentrommel über die **Ratsche** betätigen. Sie rutscht bei zu großem Drehmoment durch.
- **Maßbezugstemperatur** beim Messgerät und Werkstück einhalten. Deshalb die Bügel an der Kunststoffisolierung anfassen.

2.5.2.7 Messuhr

Eine Messuhr kann z. B. zur Rundlaufprüfung des Seilrades (Bild 1) eingesetzt werden. Die Messuhr wird in einer Halterung so festgeklemmt, dass ihr Messbolzen auf der Lauffläche aufsitzt. Durch langsames Drehen des Rades erfolgt die Prüfung. Bei unrundem Lauf verändert der Messbolzen seine Stellung. Diese Bewegung wird durch Zahnrad- und Zahnstangentriebe in eine Drehbewegung des Zeigers umgewandelt. Das ist neben dem Nonius- und Messschraubenprinzip eine weitere konstruktive Möglichkeit, Millimeter weiter zu unterteilen. Der Skalenteilungswert (Bild 2) ist meist 1/100 mm.

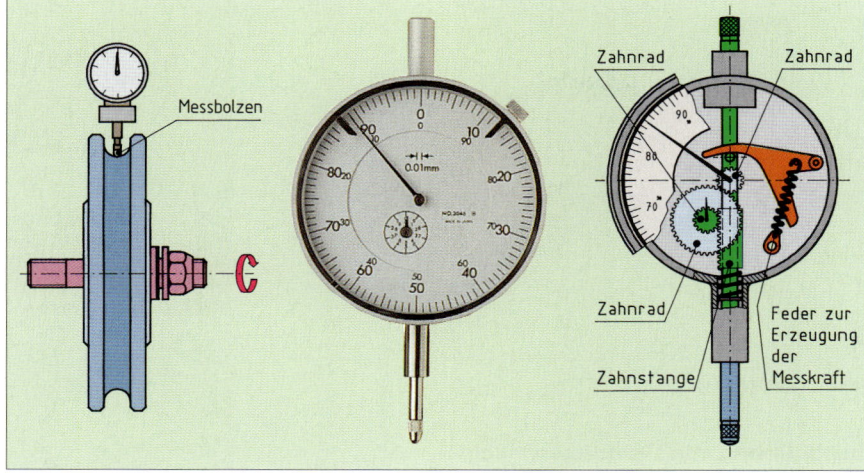

Bild 1 Rundlaufprüfung *Bild 2 Messuhr*

2.5.2.8 Winkelmesser

Die unteren, gekanteten Stege des Seitenbleches stehen in einem Winkel von 135° zu den senkrechten Seiten (Bild 3). Da der Winkel mit keinen weiteren Toleranzangaben versehen ist, gelten die **Allgemeintoleranzen** (Bild 4). Die Winkelabmaße sind vom Genauigkeitsgrad, aber nicht von der Größe des Winkels, sondern vom Nennmaß des kürzesten Schenkels abhängig. Der kürzeste Schenkel beträgt im Beispiel 184 mm. Daraus ergibt sich beim Genauigkeitsgrad grob ein oberes Abmaß von 15′ (Gradminuten) und ein unteres von -15′.

Wie groß eine Gradminute ist, geht aus der folgenden Winkelunterteilung hervor:
Vollwinkel   = 360°
Rechter Winkel = 90°
1° = 60′ (Gradminuten)
1′ = 60″ (Gradsekunden)

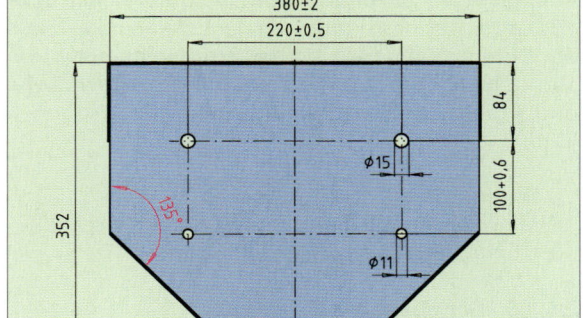

Bild 3 Seitenblech

Die Toleranz beträgt 30′ = 1/2° = 0,5°. Zur groben Winkelmessung werden vorrangig Gradmesser (Bild 1, Seite 124) eingesetzt. Der Universalwinkelmesser (Bild 2, Seite 124) besitzt einen Nonius mit einem Nonienwert von 5′. Ein Lupe erleichtert das Ablesen.

Genauig-keitsgrad	Nennbereich für kürzeren Schenkel in mm				
	bis 10	über 10 bis 50	über 50 bis 120	über 120 bis 400	über 400
	Grenzabmaße für Winkelmaße in Grad				
f (fein)	± 1°	± 30′	± 20′	± 10′	± 5′
m (mittel)					
C (grob)	± 1°30′	± 1°	± 30′	± 15′	± 10′
V (sehr grob)	± 3°–	± 2°	± 1°	± 30′	± 20′

Bild 4 Allgemeintoleranzen für Winkelangaben DIN ISO 2768-1: 1991-06

Überlegen Sie:
1. Wieviel Gradsekunden haben
   a) 1°, b) 0,1°, c) 0,2°, d) 0,25°, e) 0,178°?
2. Wieviel Grad sind
   a) 30′, b) 45′, c) 100′, d) 50′30″ e) 123′55″?

2.5.2 Funktion und Auswahl von Messgeräten — 2.5.2.8 Winkelmesser

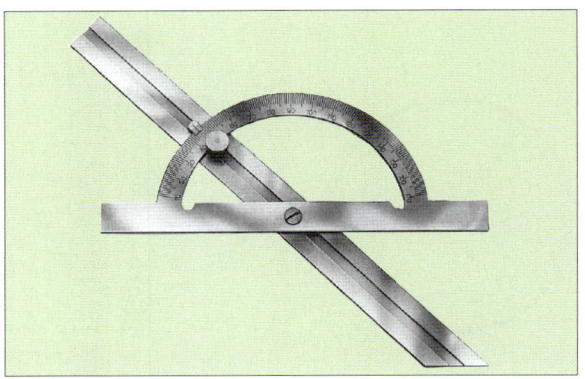

Bild 1 Gradmesser

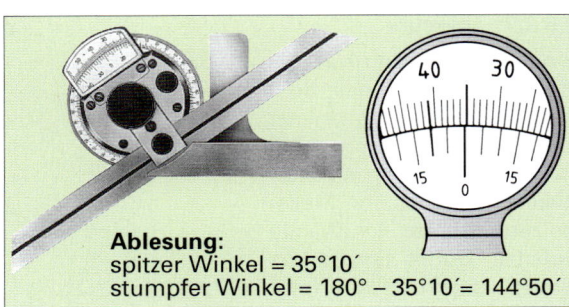

Ablesung:
spitzer Winkel = 35°10′
stumpfer Winkel = 180° − 35°10′ = 144°50′

Bild 2 Universalwinkelmesser

Bestimmung von Gehrungswinkeln

Bevor die Einzelteile für einen Gartenzaun (Bild 3) zugeschnitten werden, sind die Gehrungswinkel β und γ in ihrer Größe zu bestimmen und mit dem Winkelmesser anzureißen. Für die untere linke Ecke des Gartenzaunes ergibt sich der Eckenwinkel α aus der Differenz von 90° und der Straßensteigung von 15°, d. h., $\alpha = 75°$. Da die beiden Gehrungswinkel β und γ gleich sind, muss $\beta = \frac{\alpha}{2}$ sein,
d. h., $\beta = \gamma = 37{,}5°$.

> **Überlegen Sie:**
> Wie groß sind die Gehrungswinkel für die anderen Ecken des Gartenzaunes anzureißen?

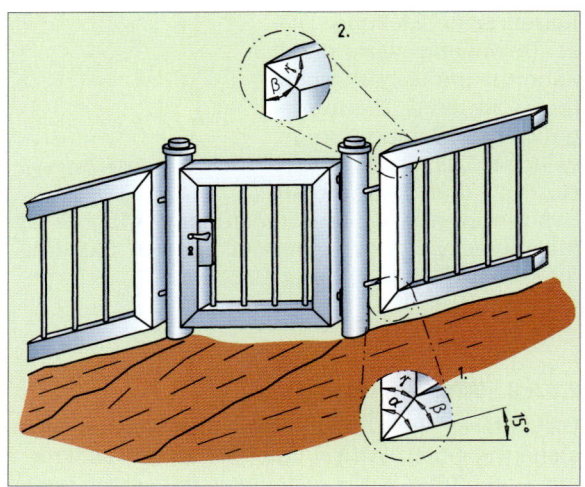

Bild 3 Gehrungswinkel

2.5.2.9 Schmiege

Die Einzelteile für den Rahmen aus Winkelstahl (Bild 4) müssen auf Gehrung abgesägt werden. Weil die Fertigung solcher Rahmen in der Bauschlosserei öfters geschieht, liegt ein Muster für den Gehrungswinkel vor. Mit der Schmiege (Bild 5) wird der Gehrungswinkel von dem Muster abgenommen. Das Anziehen einer Schraube im Drehpunkt der Schmiege ermöglicht das Einstellen des beweglichen Schenkels auf beliebige Winkel. Die Gehrungswinkel können auf dem abzusägenden Winkelstahl mit Hilfe der eingestellten Schmiege (Bild 6) angerissen werden.

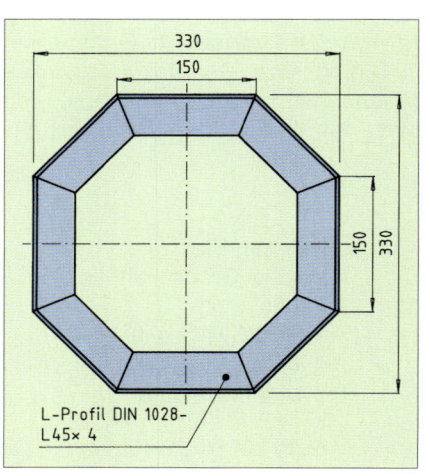

Bild 4 Rahmen aus Winkelstahl

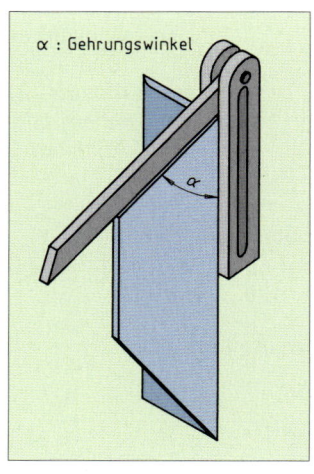

Bild 5 Übernahme des Gehrungswinkels mit der Schmiege

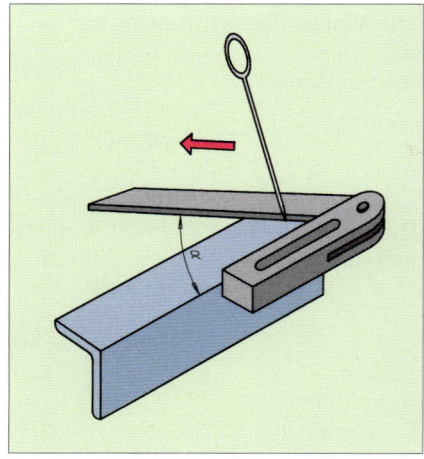

Bild 6 Anreißen des Gehrungswinkels mit der Schmiege

2.5.3 Funktion und Auswahl von Lehren

In der Prüftechnik gibt es neben dem Messen das **Lehren**. Mit ihm wird festgestellt, ob ein Maß oder eine Werkstückform den Anforderungen entspricht. Die Winkeligkeit des Seitenteils wird z. B. mit dem **Flach- oder Anschlagwinkel** (Bild 1) geprüft bzw. gelehrt. Dabei wird kein Istmaß ermittelt, sondern der Prüfer entscheidet, ob das Seitenteil die Form des Rechten Winkels besitzt oder davon abweicht. Aufgrund dieser Feststellung wird entschieden, ob das Werkstück in die Bereiche „**Gut**", „**Nacharbeit**" oder „**Ausschuss**" einzuordnen ist.

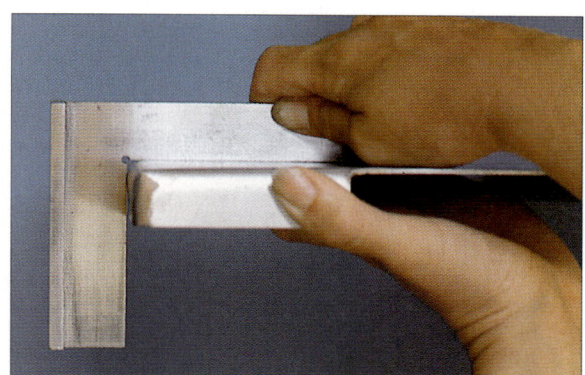

Bild 1 Prüfen bzw. Lehren der Winkeligkeit

2.5.3.1 Lehren im Einsatz

Haarlineal

Die Ebenheit einer Fläche wird nach dem spitz zulaufenden Haarlineal gelehrt. Ist die Fläche eben, liegt das Lineal so auf der Berührungsfläche auf, dass kein Lichtspalt zwischen Werkstück und Werkzeug zu sehen ist.

Schleiflehre

Das Anschleifen von Spiralbohrern kann mit Schleiflehren kontrolliert werden. Die Schleiflehre ermöglicht die Prüfung der wichtigsten Winkel an der Bohrerschneide.

Bild 2 Haarlineal

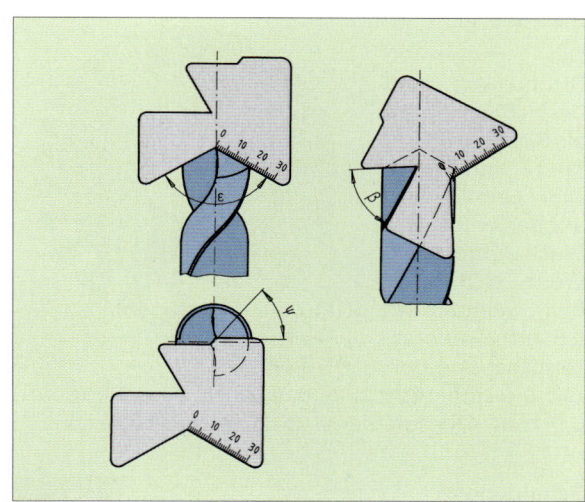

Bild 4 Schleiflehre

Rundungslehre

Innen- und Außenradien können mit der Rundungs- bzw. Radiuslehre geprüft werden. Auch hier wird nach dem Lichtspaltverfahren gelehrt.
Rundungslehren sind in verschiedenen Sätzen zusammengefasst, z. B.:
  1 bis 7 mm
 7,5 bis 15 mm
15,5 bis 25 mm.

Lochlehre

Die Bestimmung der Durchmesser von Bohrern, Fräsen, Niete, Bolzen usw. erfolgt schnell mit Lochlehren. Dazu werden die Teile in die passenden Bohrungen der Schablone gesteckt und die Durchmesser abgelesen.

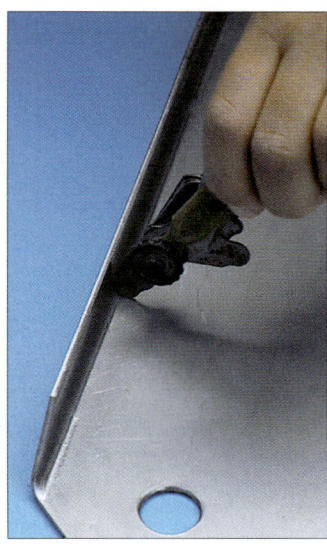

Bild 3 Rundungslehre

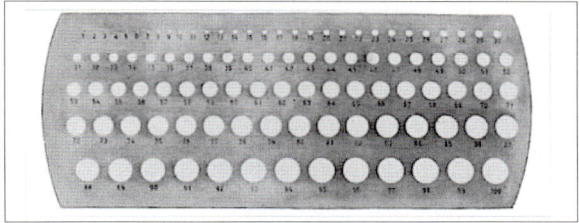

Bild 5 Lochlehre

2.5.3 Funktion und Auswahl von Lehren

2.5.3.1 Lehren im Einsatz

Fühllehre

Der Abstand oder das Spiel zwischen eng aneinander liegenden Bauteilen kann mit einer Fühllehre annähernd bestimmt werden. Die Blechstreifen haben eine Dicke zwischen 0,05 mm und 1 mm. Fühllehren müssen vorsichtig eingesetzt werden, weil sich sonst die dünnen Streifen leicht verbiegen.

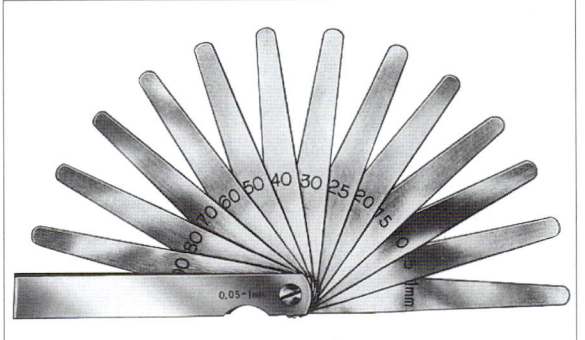

Bild 1 Fühllehre

Blechlehre

Die genormten Blechdicken sind bei Blechlehren als Spalte am Umfang verkörpert. Die Lehre wird auf das entgratete Blech aufgesteckt. Wenn sich z. B. der Schlitz mit 0,5 mm aufstecken lässt und der mit 0,4 mm nicht, hat das Blech eine Dicke von 0,5 mm. Ablesefehler sind fast ausgeschlossen.

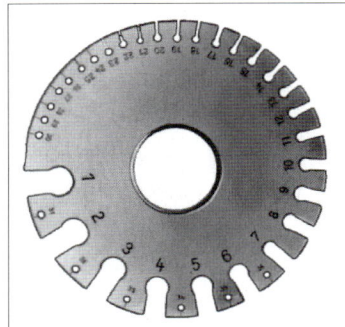

Bild 2 Blechlehre

Schablone

Mit einer Schablone als Formlehre wird z. B. überprüft, ob das Profil der Seilrolle in der geforderten Weise gefertigt ist. Die Schablone verkörpert die ideale Kontur. Mit ihr wird von dem Seilrollenprofil gleichzeitig dessen Mittigkeit, Radius, Tiefe und Breite gelehrt.

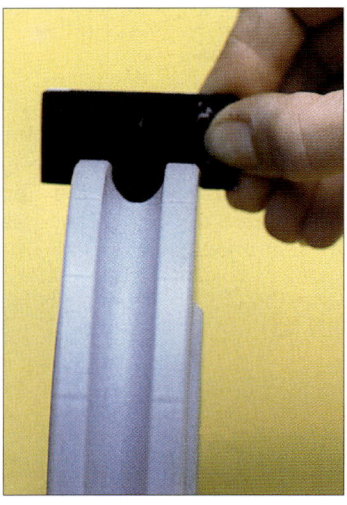

Bild 3 Schablone

2.5.3.2 Grenzlehrdorne und Grenzrachenlehren

Der Bohrungsdurchmesser der Seilrolle (Bild 4) ist für die Aufnahme der Rillenkugellager mit 42+0,039 eng toleriert. Der Bohrungsdurchmesser ist „Gut", wenn er nicht größer als das Höchstmaß 42,039 mm und nicht kleiner als das Mindestmaß 42,000 mm ist. Ob das der Fall ist, kann auch ohne Messen beurteilt werden. Dazu sind zwei Prüfzylinder erforderlich, von denen der eine 42,039 mm und der andere 42,000 mm Durchmesser besitzt. Der Bohrungsdurchmesser liegt innerhalb der Toleranz, wenn folgende Bedingungen zutreffen:

- Das **Mindestmaß ist überschritten**, d. h., der Prüfzylinder lässt sich mit dem Mindestmaß in die Bohrung einführen.
- Das **Höchstmaß ist unterschritten**, d. h., der Prüfzylinder lässt sich mit dem Höchstmaß **nicht** in die Bohrung einführen.

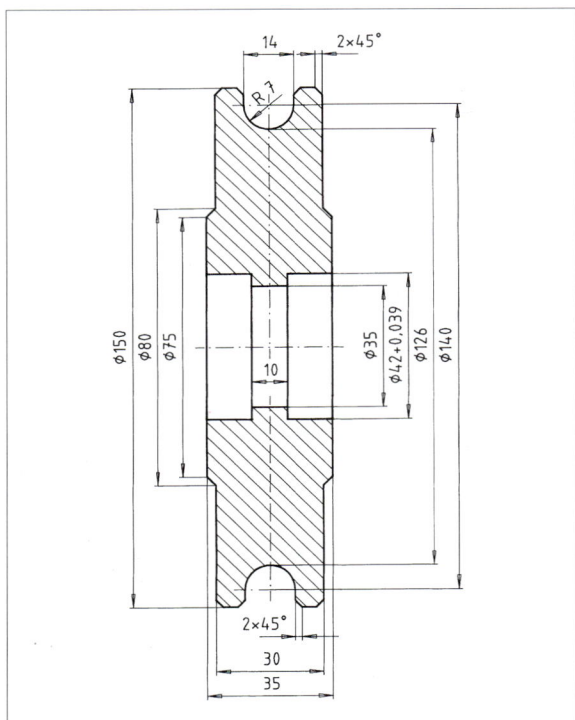

Bild 4 Seilrolle

Aus dieser Überlegung heraus entstanden die **Grenzlehrdorne** (Bild 5), die an jedem Ende einen Prüfzylinder besitzen.

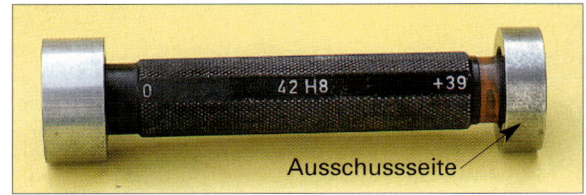

Bild 5 Grenzlehrdorn

2.5.3 Funktion und Auswahl von Lehren   2.5.3.2 Grenzlehrdorne und Grenzrachenlehren

Der Zylinder mit dem **Mindestmaß** ist die **Gutseite**. Sie muss aufgrund ihres Eigengewichtes in die Bohrung gleiten (Bild 1a). Der Zylinder der **Ausschussseite** besitzt das **Höchstmaß**. Er darf nicht in die Bohrung passen, sondern nur anschnäbeln (Bild 1b). In der Praxis ist die Ausschussseite **rot** gekennzeichnet und der Zylinder ist an dieser Seite **kürzer**.

Überlegen Sie:
1. Welche Maße muss die Grenzrachenlehre erhalten?
2. Besitzt die Gutseite das Höchst- oder das Mindestmaß?

Die beiden Seiten der Grenzrachenlehre sind folgendermaßen gekennzeichnet:
- Die Ausschussseite ist **rot**.
- Die Prüfflächen der Ausschussseite sind **angeschrägt**.
- Die Abmaße sind an beiden Seiten angegeben.

Bei dem Einsatz der Grenzrachenlehre (Bild 3) darf die Lehre keinesfalls mit einer zusätzlichen Kraft auf die Welle aufgedrückt werden, weil dadurch die Lehre aufgebogen und das Prüfergebnis verfälscht werden kann.

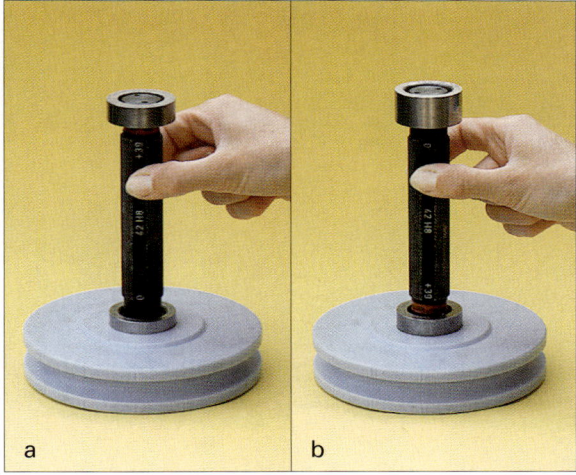

Bild 1 Lehren mit Grenzlehrdorn

Das Lehren mit Grenzlehren ist gegenüber dem Messen vorteilhaft, wenn Werkstücke mit
- Normmaßen in großen Stückzahlen und
- engen Toleranzen
- schnell und sicher überprüft werden sollen,
- ohne dass die Istwerte erfasst werden müssen.

Der Seilrollenbolzen soll im Bereich der Rillenkugellager einen Durchmesser von 20 −0,013 erhalten. Die Überprüfung des Durchmessers ist mit einer **Grenzrachenlehre** (Bild 2), möglich.

Bei der spanenden Bearbeitung ist der Istwert des Werkstückes oft sehr wichtig, um die entsprechenden Zustellungen vornehmen zu können. Daher wird dort zunehmend gemessen anstatt zu lehren. In Endkontrollen kann das Lehren bevorzugt werden.

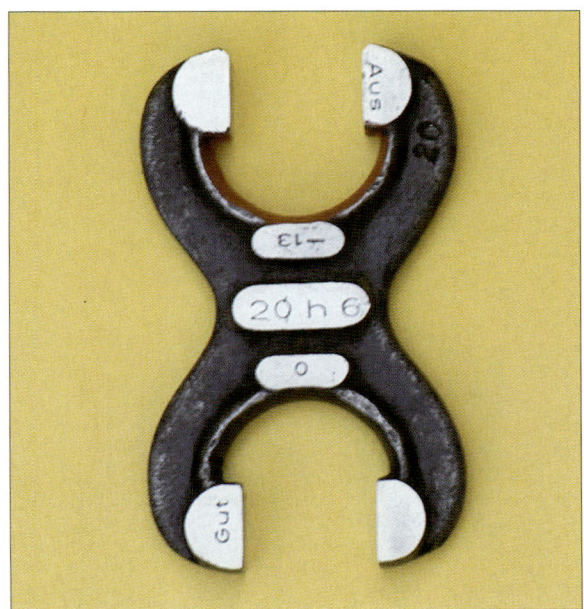

Bild 2 Grenzrachenlehre

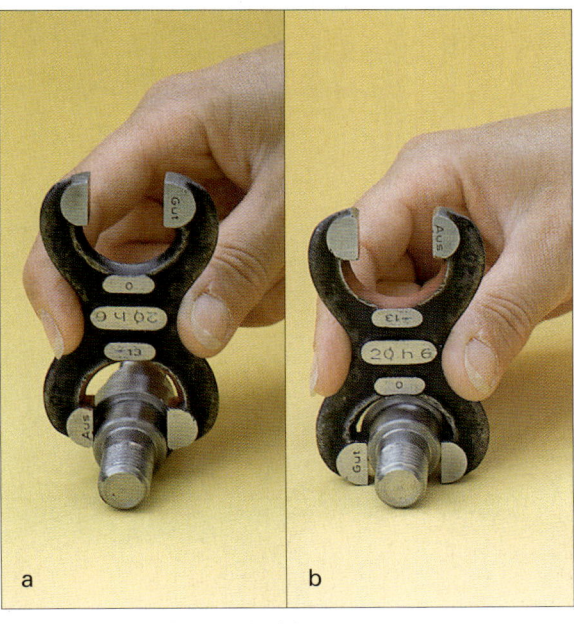

Bild 3 Lehren mit Grenzrachenlehren

2.5.4 Richtungsprüfgeräte

Richtungsprüfgeräte ermöglichen dem Gesellen auf der Baustelle die richtungsgenaue Montage von Bauteilen.

2.5.4.1 Richt- und Schlauchwaagen

Bei einem Einfamilienhaus verlegt der Installateur die Rohrleitungen für Kalt- und Warmwasser. In der Dusche soll nach dem Fliesen ein Einhandhebelmischer für Handbrausen, wie er in Bild 1 dargestellt ist, montiert werden. Die Einbaumaße für die Rohre sind dem Bild 1 zu entnehmen. Alle Rohre der Wasserversorgung müssen **waagerecht bzw. senkrecht** montiert werden. Vor dem Montieren der Winkelanschlüsse für die Armatur ist deren Position auf der Wand anzuzeichnen. Dabei ist wichtig, dass die beiden Winkelanschlüsse waagerecht zueinander montiert werden.

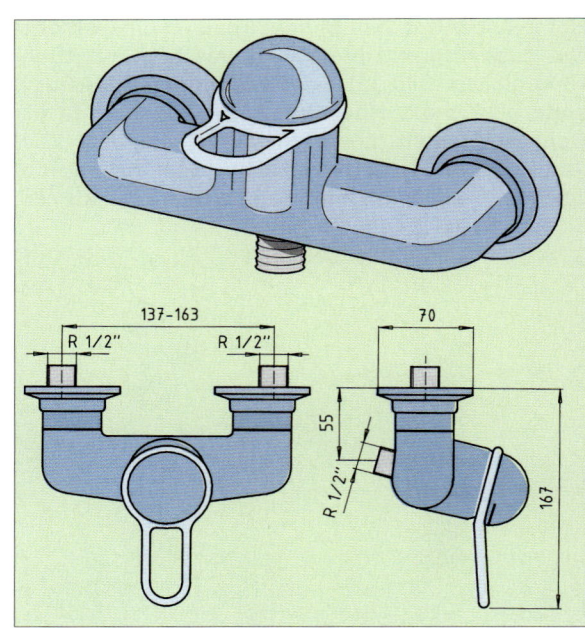

Bild 1 Armatur für Handbrausen mit Einbaumaßen

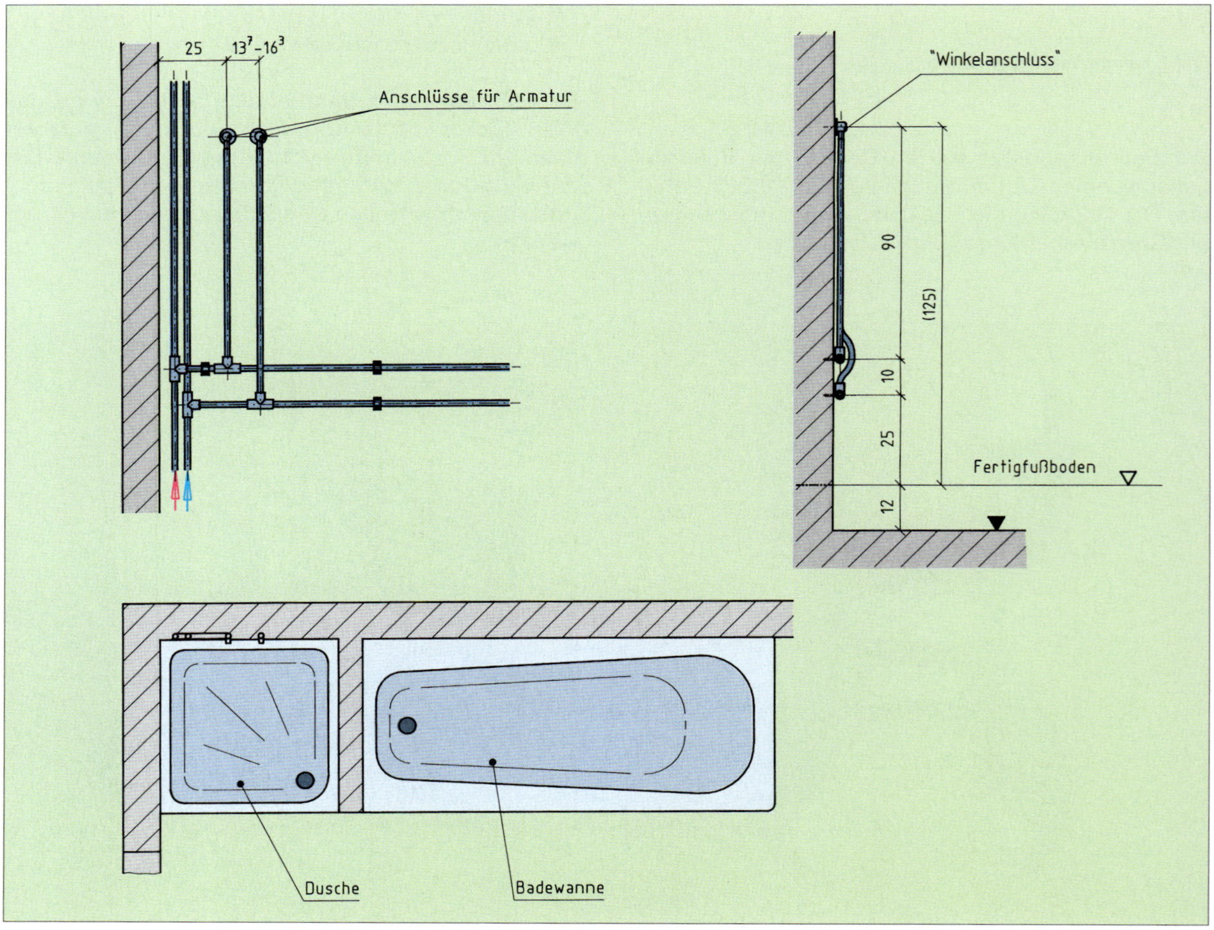

Bild 2 Einbausituation für Kalt- und Warmwasserversorgung der Dusche

2.5.4 Richtungsprüfgeräte 2.5.4.1 Richt- und Schlauchwaagen

Mit Hilfe der **Richt- oder Wasserwaage** kann ein waagerechter Strich auf der Wand gezogen werden, auf dem anschließend der Mittenabstand der Winkelanschlüsse von 150 mm eingezeichnet wird (Bild 1). In die Richtwaage ist ein leicht gekrümmtes Glasröhrchen eingebaut (Bild 2), das nicht vollständig mit einer Flüssigkeit gefüllt ist. Es wird Libelle genannt. Die Gasblase wandert in der Libelle immer auf den höchsten Punkt, weil sie gegenüber der Flüssigkeit die niedrigere Dichte besitzt. Liegt die Richtwaage waagerecht, muss sich die Blase zwischen den beiden mittleren Strichen befinden. Zur Bestimmung der Senkrechten ist an der Richtwaage eine zweite Libelle eingebaut, die zur ersten in einem Winkel von 90° steht. Mit ihrer Hilfe ist es möglich, die senkrechte Lage der Rohre in der Dusche festzulegen (Bild 1).

Bei unsachgemäßer Handhabung der Richtwaage kann sich die Lage der Libelle in der Richtwaage verändern und es können **Messfehler** entstehen. Zur Genauigkeitsüberprüfung der Richt- bzw. Wasserwaage wird sie auf eine saubere, ebene Unterlage gelegt, die nicht unbedingt waagerecht sein muss (Bild 3a). Danach wird die Richtwaage an die gleiche Stelle in umgekehrter Position gelegt (Bild 3b). Bei funktionsgenauer Wasserwaage muss sich die Gasblase in der Libelle an der gleichen Stelle befinden. Ist das nicht der Fall, muss die Lage der Libelle über Schrauben nachjustiert werden.

Ein weiterer Messfehler tritt auf, wenn zur Vergrößerung des Messbereiches ein **Richtscheit** verwendet wird und die Anlageflächen von Richtwaage und -scheit unsauber sind (Bild 4).

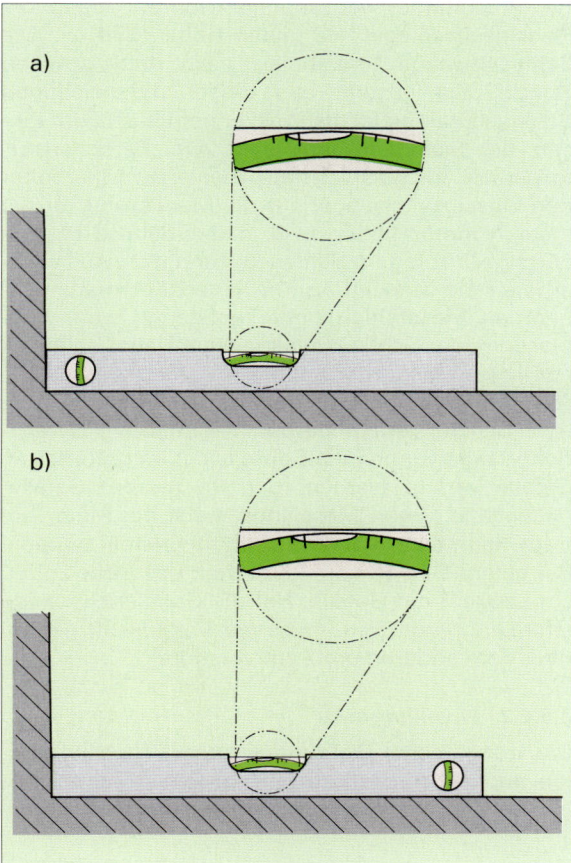

Bild 3 Überprüfen der Richtwaage

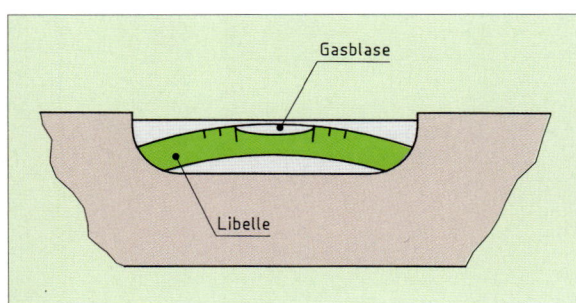

Bild 1 Beispiel für den Einsatz der Richt- bzw. Wasserwaage

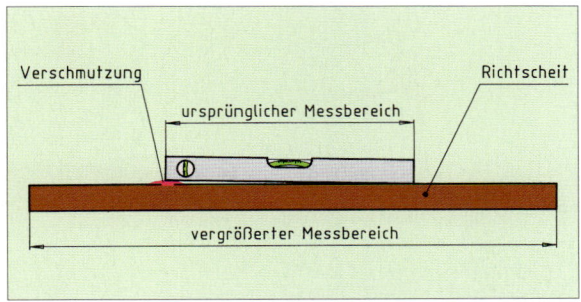

Bild 2 Libelle der Richtwaage

Bild 4 Verwendung eines Richtscheits und mögliche Messfehler

2.5.4 Richtungsprüfgeräte

2.5.4.2 Nivelliergerät

In einer Firma ist ein neuer Duschraum mit zehn nebeneinander liegenden Duschen zu installieren, deren Armaturen alle auf der gleichen Höhe liegen. Die Verwendung von Richtwaage und Richtscheit wird dann problematisch, weil sich bei einer Länge von 9 bis 10 m Messungenauigkeiten im Zentimeterbereich ergeben können. Damit die Armaturen der ersten und zehnten Dusche auf der gleichen Höhe liegen, wird an der ersten Dusche die Höhe eingemessen und mit einem Strich auf der Wand markiert. Die Höhe der letzten Armatur wird mit Hilfe einer **Schlauchwaage** bestimmt (Bild 1).

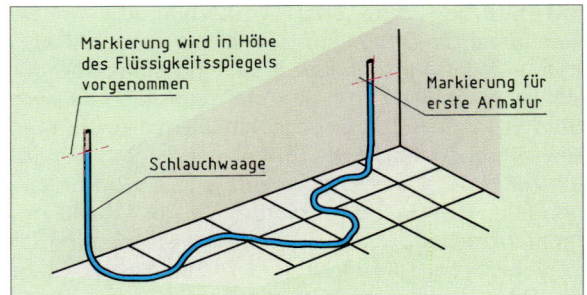

Bild 1 Anwendungsbeispiel für Schlauchwaagen

Bei miteinander verbundener Röhren liegen die Flüssigkeitsspiegel auf einer Höhe (Bild 2). Die Schlauchwaage funktioniert nach dem gleichen Prinzip. Sie besteht aus einem durchsichtigen Schlauch, der meist mit Wasser gefüllt ist. Zum Einsatz der Schlauchwaage sind zwei Personen erforderlich. Im Beispiel muss der erste Mitarbeiter den Flüssigkeitsspiegel auf die Markierung für die erste Armatur halten bzw. einpendeln. Steht die Flüssigkeit ruhig im Schlauch, kann der zweite Mitarbeiter die Markierung für die letzte Armatur vornehmen. **Messfehler** können entstehen, wenn Luftblasen in der Schlauchwaage sind. Daher sollte sie vor ihrem Einsatz daraufhin kontrolliert werden.

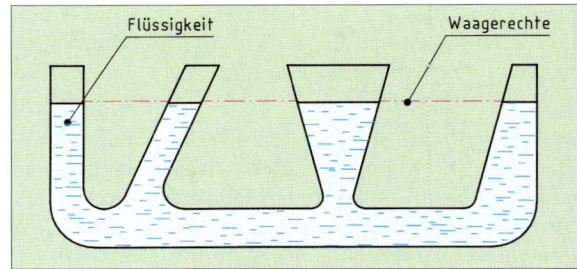

Bild 2 Die Flüssigkeitsspiegel liegen in einer Waagerechten

Abwasserrohre müssen mit entsprechendem Gefälle, z. B. 1:50, verlegt werden. Mit Hilfe der **Gefällerichtwaage** können die Rohre leicht im geforderten Gefälle verlegt werden (Bild 3). An der Gefällerichtwaage, deren Messlänge meist ein Meter beträgt, kann einer von zwei Stiften verstellt werden. Bei einem Gefälle von 1:50 erhält das Rohr auf 50 cm Länge 1 cm Gefälle. Hat die Gefällerichtwaage eine Länge von 1 m, muss der Verstellstift gegenüber dem anderen um 2 cm vorstehen.

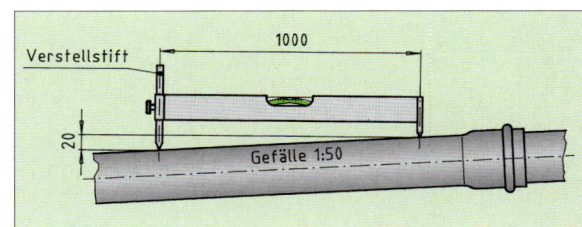

Bild 3 Funktionsprinzip der Gefällerichtwaage

2.5.4.2 Nivelliergerät

Die waagerechte Richtung kann mit Nivelliergeräten auch über größere Entfernungen leicht überprüft werden. Das Nivelliergerät besteht im Wesentlichen aus einem drehbaren Fernrohr, das auf einem Dreifuß waagerecht ausgerichtet wird. Der Höhenunterschied einer Straße (Bild 3) wird durch Anpeilen der Messlatte an zwei Messstellen ermittelt.

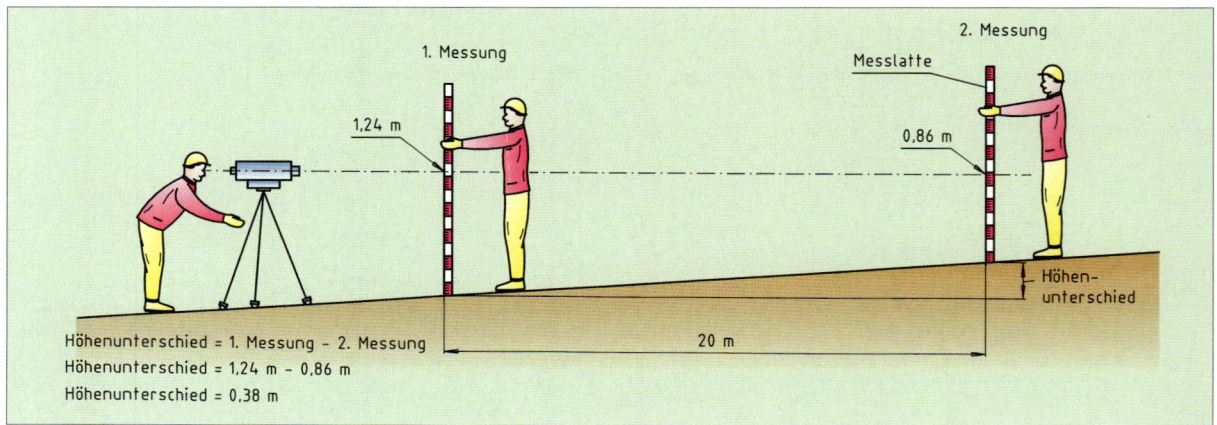

Bild 4 Arbeiten mit dem Nivelliergerät

2.5.4.3 Lot

Regenfallleitungen werden mit Rohrschellen an der Außenwand des Gebäudes befestigt und führen das von den Dachrinnen zugeführte Wasser in eine Grundleitung (Bild 1). Damit das Rohr senkrecht an der Wand befestigt werden kann, müssen die Rohrschellen lotrecht untereinander montiert werden.

Die lotrechte Richtung kann mit einem **Lot** bestimmt werden. Dazu ist zunächst die obere Rohrschelle an der Wand zu befestigen, an die dann das Lot gehängt wird (Bild 2). Das Lot ist ein kegeliges Gewicht, das an einer dünnen Schnur hängt. Da das Lot aufgrund der Erdanziehungskraft mit seiner Spitze zum Erdmittelpunkt zeigt, stellt die Schnur eine **Lotrechte** dar. Messfehler können entstehen, wenn das Lot nicht frei auspendeln kann.

Nachdem das Lot ausgependelt hat, kann die untere Rohrschelle an der Wand befestigt werden. Obere und untere Rohrschelle werden mit einer Schnur verbunden. Sie gibt die Richtung für die Montage der dazwischen liegenden Rohrschellen vor.

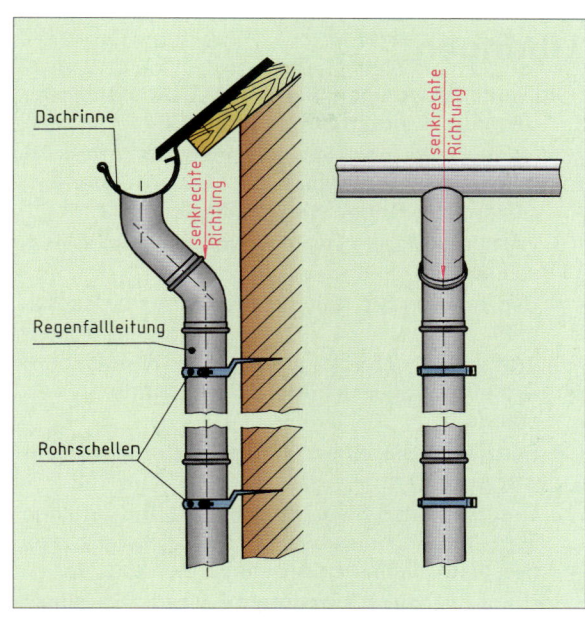

Bild 1 Montagesituation für Regenfallleitung

2.5.4.4 Entfernungsmesser

Mit elektronischen Ultraschallmessgeräten können größere Entfernungen berührungslos (Bild 3) gemessen werden. Die Messungenauigkeiten sind meist kleiner als 1% der Messstrecke.

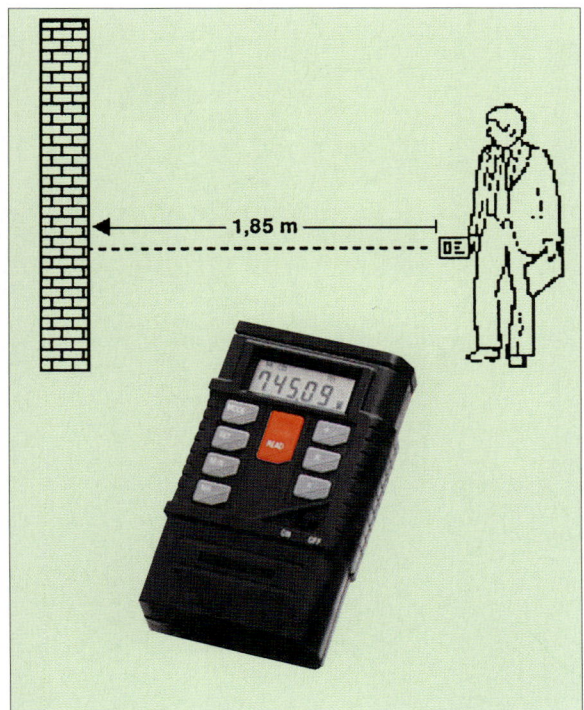

Bild 3 Ultraschall-Entfernungsmessgerät

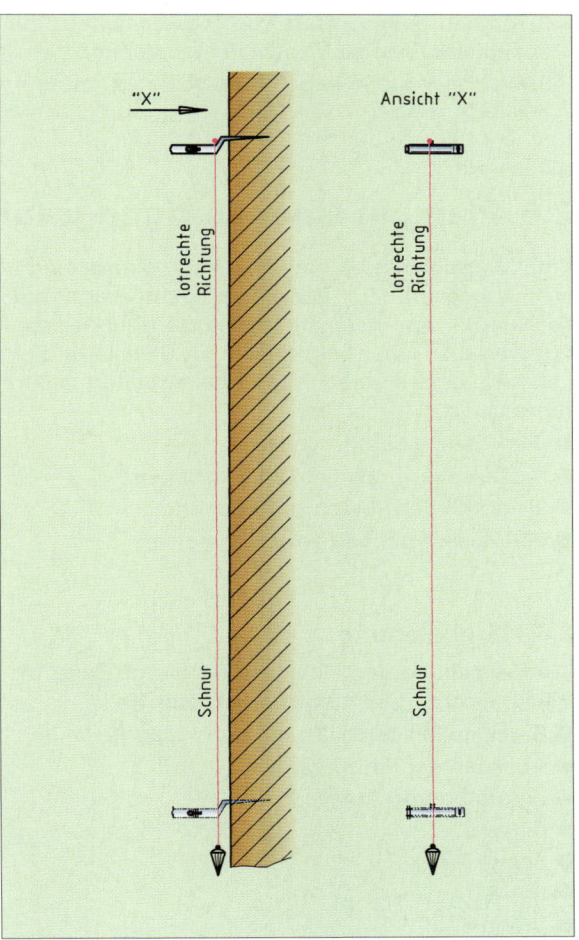

Bild 2 Funktionsprinzip des Lots

2.6 Planung einer Fertigungsaufgabe

Übungen

1. Wann bevorzugen Sie einen Gliedermaßstab gegenüber einem Stahlbandmaß?
2. Nennen Sie drei Messaufgaben aus Ihrem Arbeitsbereich, bei denen Sie Messschieber einsetzen. Begründen Sie Ihre Auswahl.
3. Welche Aufgabe hat der Nonius beim Messschieber?
4. Beschreiben Sie das Funktionsprinzip des Nonius.
5. Was wird unter den Begriffen Nonienwert, Skalenteilungswert und Ziffernschrittwert verstanden?
6. Skizzieren Sie einen Nonius mit den Nonienwerten 1/50 mm.
7. Unterscheiden Sie systematische und zufällige Messfehler und geben Sie hierzu jeweils zwei Beispiele aus Ihrem Arbeitsbereich an.
8. Durch welche Maßnahmen kann die Parallaxe bei Messen verringert, bzw. verhindert werden?
9. Können beim Einsatz von Messschiebern mit digitaler Anzeige Messfehler entstehen?
10. Welche Vorteile haben Messschieber mit digitaler Anzeige?
11. Nennen Sie zwei Messaufgaben, bei denen Sie sich für den Einsatz einer Messschraube entscheiden. Begründen Sie Ihre Entscheidung.
12. Wodurch kann ein Anwender bei der Messschraube aus Aufgabe 13 erkennen, ob das Messergebnis 22,22 mm oder 22,72 mm beträgt?
13. Welche Auswirkung hat beim Messen mit der Messschraube eine zu große oder zu kleine Anpresskraft zwischen Messschraube und Werkstück auf das Messergebnis?
14. Durch welche Maßnahme wird eine konstante Anpresskraft zwischen Messschraube und Werkstück erreicht.
15. Warum besitzen Messschrauben meist Kunststoffplättchen am Bügel?
16. Stellen Sie Messen und Lehren vergleichend gegenüber.
17. Woran erkennen Sie die Ausschussseite eines Grenzlehrdorns?
18. Wie ist die Gutseite einer Grenzrachenlehre gekennzeichnet?
19. Welchen Einfluss haben Luftblasen in der Schlauchwaage auf ihre Anzeigegenauigkeit?

2.6 Planung einer Fertigungsaufgabe

Eine Bauschlosserei hat eine neue Kreissägemaschine gekauft. Zur Bearbeitung längerer Profile soll hierfür eine neue Auflagestütze (Bild 1) gefertigt werden. Daher bekommen ein Geselle und ein Lehrling den Auftrag, folgende Arbeiten auszuführen:

- die Rohteile bereitzustellen,
- die Einzelteile spanend zu bearbeiten,
- sie durch Schweißen zu fügen und
- den Zusammenbau vorzunehmen.

2.6.1 Grobplanung

Die Herstellung der Auflagestütze (vergl. Seite 133, Bild 1) erfordert folgende **Arbeitsschritte**:

- Bereitstellen der Halbzeuge und Normteile
- Absägen der Einzelteile
- Entgraten und Anfasen
- Biegen
- Schweißen
- Bohren
- Drehen
- Zusammenbauen

Bild 1 Auflagestütze

2.6. Planung einer Fertigungsaufgabe

2.6.1 Grobplanung

Grundlage für die **Arbeitsplanung** der Auflagestütze sind Gesamtzeichnung, Einzelteilzeichnungen und Stückliste (Bild 1).
- In der **Stückliste** sind alle Einzelteile aufgeführt.
- Die **Gesamtzeichnung** stellt die Anordnung der Einzelteile zueinander dar.
- In den **Einzelteilzeichnungen** sind die Einzelteile in Form und Größe vollständig erfasst.

Bei den Einzelteilen mit den Positionsnummern 11 bis 14 handelt es sich um **Normteile**, die die Bauschlosserei über den Handel bezieht und die im Lager vorrätig sind. Die Einzelteile mit den Positionsnummern 1 bis 10 werden aus Stahlprofilen hergestellt. Diese vorgefertigten Produkte, die die Schlosserei meist in Längen von 3 m bzw. 6 m einkauft, heißen **Halbzeuge**. Durch entsprechende Weiterbearbeitung entstehen aus den Halbzeugen die Einzelteile (Pos. 1 bis 10) in ihrer Form und Größe. Im Folgenden wird beschrieben, wie die Einzelteile hergestellt und zusammengebaut werden.

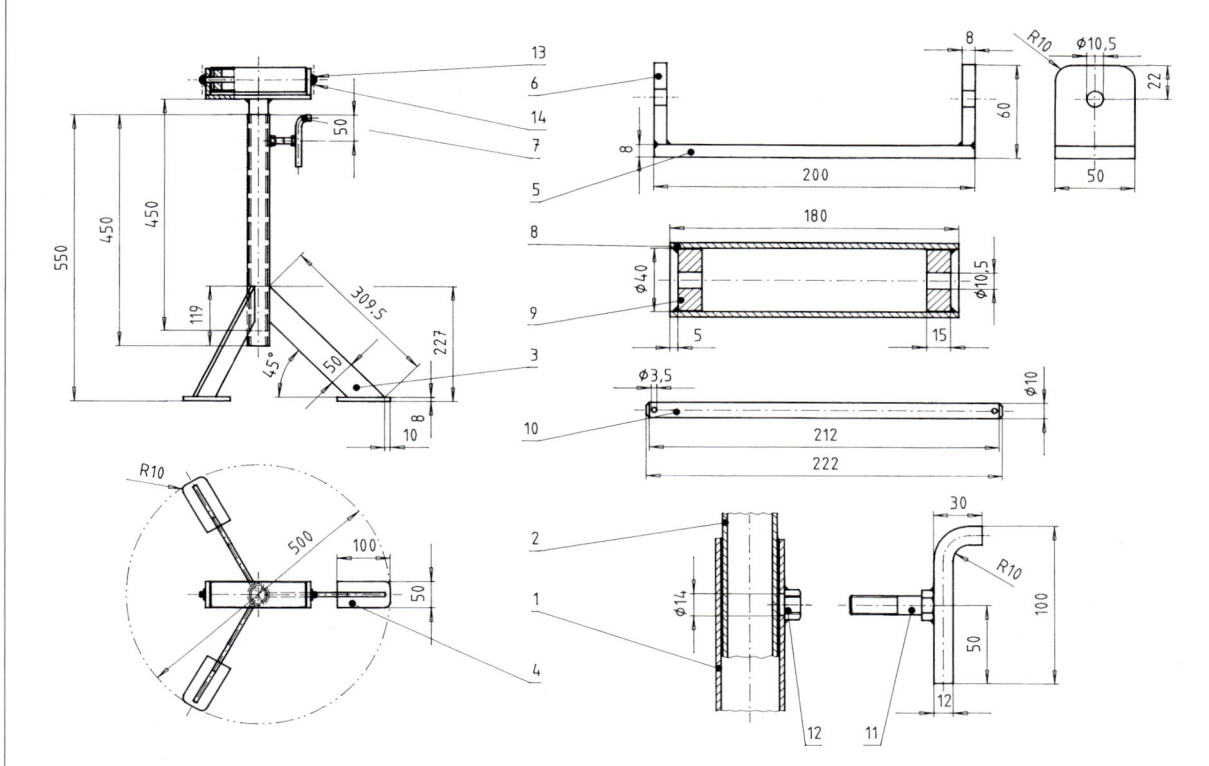

Pos.	Menge	Benennung	Werkstoff
1	1	Führungsrohr	Rohr DIN 2448-S235JRG1-42,4 × 3,2
2	1	Stützrohr	Rohr DIN 2448-S235JRG1-33,7 × 2,9
3	3	Fußstütze	Flach DIN 1017-S235JRG1-50 × 8
4	3	Fußplatte	Flach DIN 1017-S235JRG1-50 × 8
5	1	Rollenführungs-Unterteil	Flach DIN 1017-S235JRG1-50 × 8
6	2	Rollenführungs-Seitenteil	Flach DIN 1017-S235JRG1-50 × 8
7	1	Feststellgriff	Rund DIN 1013-S235JRG1-12
8	1	Rolle	Rohr DIN 2448-S235JRG1-48,3 × 3,6
9	2	Rollenseitenteil	Rund DIN 1013-S235JRG1-15
10	1	Rollenführungsbolzen	Rund EN 10278-S235JRG1-10
11	1	Sechskantschraube	ISO 4010-M12 × 30
12	1	Sechskantmutter	ISO 4032-M12
13	2	Splint	ISO 1234-3,2 × 20-St
14	2	Scheibe	ISO 7089-10-200 HV

Bild 1 Gesamtzeichnung der Auflagestütze mit Stückliste

2.6.2 Bereitstellen der Halbzeuge

Die Einzelteile Pos. 1 bis Pos. 10 werden durch **maßgenaues Ablängen** der in der Stückliste genannten Stahlprofile gefertigt. Bei der Berechnung der **Halbzeuglängen** ist eine **Sägeschnittbreite** von 3 mm zu berücksichtigen. Besonders zu beachten ist außerdem, dass die drei Stützfüße Pos. 3 an beiden Enden mit einem **Gehrungswinkel** von 45° abgesägt werden müssen.

Pos.	Menge	Halbzeug	Zuschnitt	Bemerkung
1	1	Ro 42,4 × 3,2	450	
2	1	Ro 33,7 × 2,9	450	
3	3	Fl 50 × 8	309,5	⏢
4	3	Fl 50 × 8	100	
5	1	Fl 50 × 8	200	
6	2	Fl 50 × 8	52	
7	1	Ru 12	144	
8	1	Ro 48,3 × 3,6	184	
9	2	Ru 40	15	
10	1	Ru 10	222	

Bild 1 Zuschnittliste

Hilfreich für das Zuschneiden der Halbzeuge ist die **Zuschnittliste**, die aus der Stückliste und aus den Maßangaben in den Einzelteilzeichnungen erstellt wird:
Bei Gehrungen bezieht sich die Längenangabe des Zuschnitts auf die längere Seite.
Der Zuschnitt kann symbolhaft dargestellt werden:

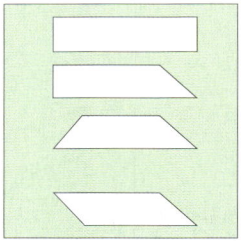

beide Enden rechtwinkelig

ein Ende 45° Gehrung

beide Enden 45° Gehrung trapezförmig

beide Enden 45° Gehrung, parallelogrammförmig

Überlegen Sie:
Überprüfen Sie die ermittelten Halbzeuglängen.

Bild 3 Einspannen und Abmessen der Zuschnittlängen

2.6.3 Fertigung der Einzelteile

2.6.3.1 Sägen

Neben **Handbügelsägen** stehen in dieser Bauschlosserei **Bandsäge-** und **Kreissägemaschine** (siehe Kap. 2.3.1.1) zur Verfügung. Da durch maschinelles Sägen die Teile wesentlich schneller abzulängen sind, entscheidet sich der Lehrling für die Sägemaschinen, wobei noch zu entscheiden ist, welche der beiden Maschinen zu wählen ist.

Weil bei der **Bandsägemaschine** die Führung der Werkstücke meist von Hand erfolgt, muss der Schnittverlauf auf dem Halbzeug angerissen werden. Bandsägemaschinen eignen sich besonders für nicht geradlinige oder abgesetzte Schnittverläufe. Für den Flachstahl sind die Anrisslinien im Bild 2 dargestellt. Da es sich bei den Einzelteilen für die

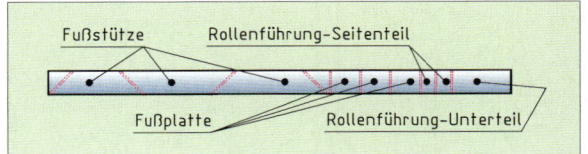

Bild 2 Schnittaufteilung für die Einzelteile aus Flachstahl

Auflagestütze ausschließlich um geradlinige Schnitte handelt, die rechtwinklig oder unter 45° zur Profilachse liegen, können diese problemlos auf der **Kreissägemaschine** durchgeführt werden. Das Anreißen der Einzelteile ist dann nicht erforderlich. Lediglich beim Einspannen werden die erforderlichen Längen abgemessen (Bild 3). Nach dem Schwenken des Sägeblattes (Bild 4), können die 45°-Schnitte vorgenommen werden. Hierbei muss darauf geachtet werden, dass an der „richtigen" Seite gemessen wird.

Überlegen Sie:
Die Kreissägemaschine verfügt über zwei Umdrehungsfrequenzen: 40/min und 80/min. Für welche der beiden sollte sich der Lehrling beim Absägen der Stahlprofile entscheiden, wenn das Sägeblatt aus HSS einen Durchmesser von 270 mm hat?

Bild 4 Sägen der Zuschnitte auf 45° Gehrung

| 2.6.3.2 Entgraten und Anfasen | 2.6.3.3. Biegen |

Die runden Halbzeuge lassen sich ebenfalls schnell und genau auf der Kreissägemaschine sägen. Bei **dünnwandigen Rohren** besteht die Gefahr, dass sie im Schraubstock der Sägemaschine in eine elliptische Form gedrückt werden (Bild 1). Damit dies nicht passiert, sollte das Spannen im Prisma erfolgen (Bild 2).

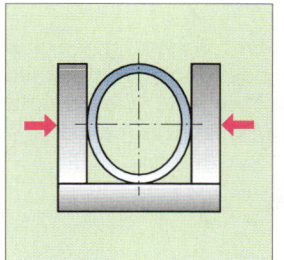
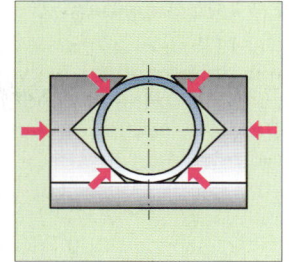

Bild 1 Verformen dünnwandiger Rohre im Schraubstock

Bild 2 Richtiges Spannen dünnwandiger Rohre im Prisma

2.6.3.2 Entgraten und Anfasen

Von den scharfkantigen Graten der abgesägten Teile geht Verletzungsgefahr aus. Daher müssen diese Teile entgratet werden. Zur Schweißnahtvorbereitung müssen z. B. an den Seitenteilen und dem Unterteil der Rollenführung die Kanten für die HV-Naht angefast werden.

Von Hand können die Teile durch **Feilen** entgratet bzw. angefast werden (Bild 3), was jedoch länger dauert und beschwerlicher ist als maschinelles Entgraten.

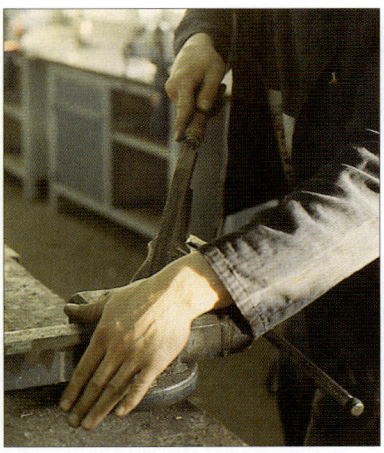

Bild 3 Entgraten und Anfasen mit Feile

Bild 4 Entgraten mit Winkelschleifer

Bild 5 Entgraten mit Bandschleifmaschine

In der Bauschlosserei stehen zum Entgraten sowohl ein **Winkelschleifer** (Bild 4) als auch eine **Bandschleifmaschine** (Bild 5) zur Verfügung. Der Lehrling entscheidet sich für die Bandschleifmaschine, weil die zu entgratenden Einzelteile nicht zu groß und leicht zu handhaben sind. Gleichzeitig können die gesägten Flächen der Bauteile mit der Bandschleifmaschine noch etwas geglättet und die Radien an den Einzelteilen mit den Positionsnummern 4 und 6 hergestellt werden. Handelt es sich hingegen um größere, schwerere zu entgratende Bauteile wie z. B. ein zusammengeschweißtes Treppengeländer, ist der Winkelschleifer zu bevorzugen.

2.6.3.3 Biegen

Mit dem Feststellgriff wird das Stützrohr im Führungsrohr festgeklemmt. Dadurch kann die Höhe der Auflagerstütze auf die jeweiligen Bedürfnisse eingestellt werden. Bevor der Feststellgriff mit der Sechskantschraube verschweißt wird, muss er gebogen werden.

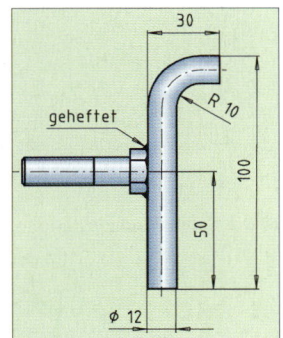

Bild 6 Feststellgriff

Überlegen Sie:
Planen Sie das Biegen des Feststellgriffes mit Hilfe des Kapitels 2.2.1 unter Beachtung der folgenden Fragestellungen:

1. Ist **Kaltbiegen** möglich bzw. **Warmbiegen** erforderlich?
2. Skizzieren Sie, wie der Rundstahl beim Biegen zu **spannen** ist.
3. Beschreiben Sie das Biegen des Feststellgriffes in **Einzelschritten** unter Angabe der einzusetzenden **Werkzeuge** und **Hilfsmittel**.

2.6.3.4 Schweißen

Damit kein zu großer Wärmeverzug auftritt, werden die miteinander zu verbindenden Schweißteile zunächst geheftet und anschließend geschweißt. Das ist beispielsweise an der Rollenführung in Bild 1 dargestellt.

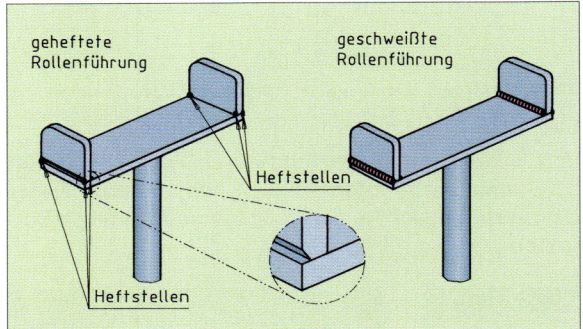

Bild 1 Geheftete und geschweißte Rollenführung

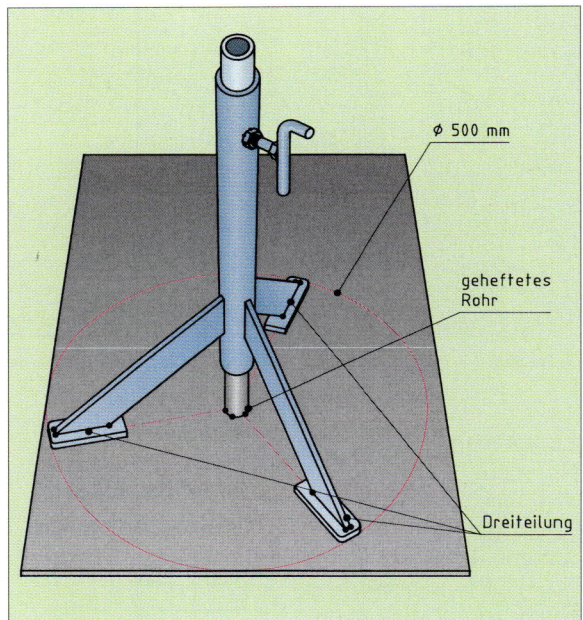

Bild 2 Schweißvorrichtung

Die Bohrungen in den beiden Seitenteilen der Rollenführung (Pos. 6) müssen in einer Richtung liegen (fluchten), damit sie den Rollenführungsbolzen (Pos. 10) aufnehmen können. Durch das Verschweißen der Seitenteile mit dem Unterteil entstehen Wärmespannungen in der Rollenführung, die zu deren Verzug führen können. Aus diesem Grunde ist es nicht ratsam, die beiden Seitenteile vor dem Schweißen zu bohren.

Damit Führungsrohr (Pos. 1), Fußstützen (Pos. 3) und Fußplatten (Pos. 4) leicht zueinander auszurichten und zu heften sind, wird eine einfache Schweißvorrichtung (Bild 2) gebaut. Dazu ist auf einer Stahlplatte mit dem Zirkel ein Kreis von 500 mm Durchmesser anzureißen und mit einer Dreiteilung zu versehen. Ins Zentrum des Kreises wird ein Rohr (DIN 2448-St 35 - 33,7 x 3,2) senkrecht zur Stahlplatte geheftet. Mit Hilfe des Feststellgriffes wird das Führungsrohr in der Höhe festgeschraubt. Die Fußplatten und Fußstützen können dann aufgrund der Dreiteilung des Kreises ausgerichtet, geheftet und schließlich geschweißt werden.

2.6.3.5 Bohren

In die Einzelteile für die Auflagestütze sind insgesamt sieben Löcher zu bohren. Außer in den Rollenseitenteilen werden alle anderen Bohrungen auf einer Ständer- oder Säulenbohrmaschine (vgl. Kap. 2.3.1.3) hergestellt.

> **Überlegen Sie:**
> Planen Sie das Anreißen der Bohrungen sowie das Spannen auf der Ständerbohrmaschine.

Vor dem Bohren der Löcher Ø 10,5 muss der Lehrling die **„richtige"** **Umdrehungsfrequenz** des HSS-Bohrers und den **Vorschub** an der Säulenbohrmaschine einstellen.
Vor dem Festlegen der Umdrehungsfrequenz ist die **Schnittgeschwindigkeit** zu bestimmen. Den Angaben der **Werkzeughersteller** oder **Tabellenbücher** (Bild 3) kann die Schnittgeschwindigkeit entnom-

Werkstoff	Zugfestigkeit	Schnittge-schwindigkeit	Vorschub s in mm je Umdrehung bei Bohrerdurchmesser d in mm							
	R_m in N/mm²	v_c in m/min	2,5	4	6,3	10	16	25	40	63
unlegierte Baustähle	bis 700	30...35	0,05	0,06	0,12	0,18	0,25	0,32	0,4	0,56
unlegierte Baustähle	über 700	20...25								
legierte Stähle	bis 1000									
Gusseisen	bis 250	15...25	0,08	0,12	0,2	0,28	0,38	0,5	0,63	0,85
Gusseisen	über 250	10...20	0,06	0,1	0,16	0,22	0,3	0,4	0,5	0,7
CuZn-Legierung, spröde	-	60...100	0,08	0,12	0,2	0,28	0,38	0,5	0,63	0,85
CuZn-Legierung, zäh	-	35...60	0,06	0,1	0,16	0,22	0,3	0,4	0,5	0,7
Al-Legierung bis 11% Si	-	30...50	0,08	0,12	0,2	0,28	0,38	0,5	0,63	0,85

Bild 3 Schnittgeschwindigkeiten beim Bohren

2.6.3.6 Drehen

men werden. Für den betrachteten Fall (Werkzeug: HSS-Bohrer, Werkstück: S235JR) gibt die Tabelle eine wirtschaftliche Schnittgeschwindigkeit von 30 bis 35 m/min an. Der Lehrling entscheidet sich für 32 m/min. Der Vorschub beträgt laut Tabelle 0,18 mm. Da die Bohrmaschine die Vorschübe 0,1 mm, 0,2 mm und 0,3 mm zur Verfügung stellt, fällt die Wahl auf 0,2 mm Vorschub.

Schneller als die Berechnung der Umdrehungsfrequenz mit Formel und Taschenrechner ist ihre Bestimmung mit Hilfe eines Diagramms (Bild 1). Es wird eine Umdrehungsfrequenz von rund 1000/min abgelesen und an der Bohrmaschine eingestellt.

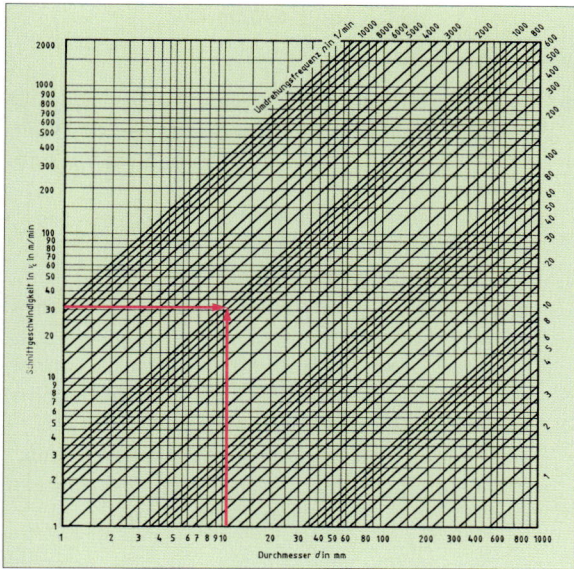

Bild 1 Bestimmen der Umdrehungsfrequenz mit Diagramm

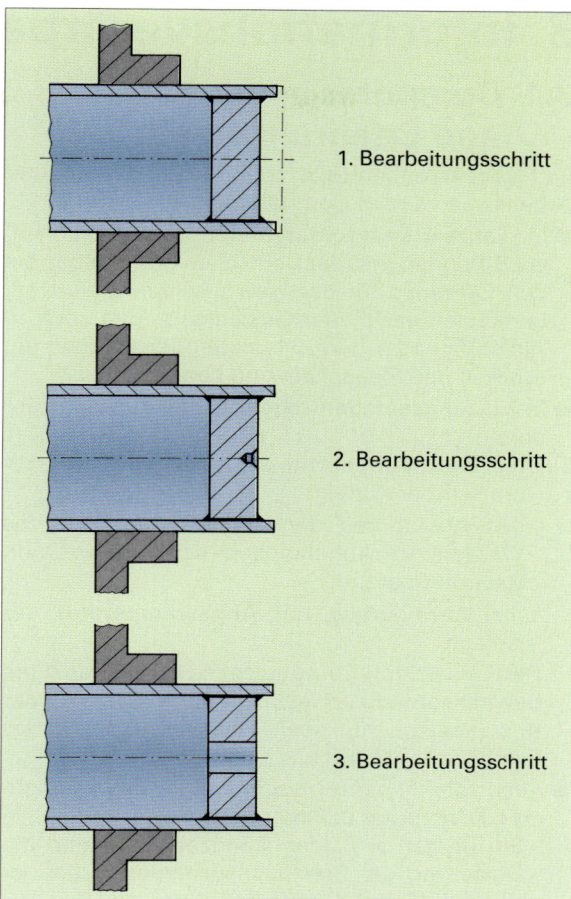

Bild 2 Bearbeitungsschritte beim Drehen der Rolle

Überlegen Sie:
1. Welchen Durchmesser würden Sie für die Bohrung im Führungsrohr wählen?
2. Welche Umdrehungsfrequenzen sind bei den anderen Bohrungen einzustellen?
3. Welche Arbeiten sollten durchgeführt sein, bevor die Löcher in den Rollenführungsbolzen gebohrt werden?

2.6.3.6 Drehen

Bei der geschweißten Rolle (Bild 2) sind auf der Drehmaschine die Stirnseiten zu bearbeiten und die Bohrungen zur Aufnahme des Rollenführungsbolzens herzustellen. Durch das Bohren auf der Drehmaschine fluchten die beiden Lagerungen, wodurch sich die Rolle leicht auf dem Rollenführungsbolzen drehen lässt. Im Bild 2 sind die einzelnen Bearbeitungschritte für das Drehen der Rolle dargestellt.

Überlegen Sie:
1. Geben Sie für die Rolle (Pos. 8) zu jedem in Bild 2 dargestellten Bearbeitungsschritt an,
   a) welche Bearbeitung vorgenommen wird,
   b) welche Werkzeuge eingesetzt werden,
   c) welche Schnittgeschwindigkeiten, Vorschübe und Umdrehungsfrequenzen zu wählen sind
2. Skizzieren und benennen Sie für das Drehen des Rollenführungsbolzens die einzelnen Bearbeitungsschritte und bestimmen Sie die Werkzeuge und Schnittdaten.

2.6.4 Zusammenbau

Beschreiben Sie den schrittweisen Zusammenbau der geschweißten Baugruppen nach folgendem Muster:

Nr.	Arbeitsschritt	Werkzeuge
1		
2		

3 Informationsverarbeitung

3.1 Computer in der Berufs- und Erfahrungswelt

Im täglichen Leben (Bild 1) und in der Berufs- und Arbeitswelt werden Computer eingesetzt:

- In **Fahrkartenautomaten** von Straßenbahnen, U-, S-Bahnen und der Deutschen Bahn zeigen sie den Fahrpreis für den gewünschten Zielort an, berechnen nach jeder Geldeingabe den noch zu zahlenden oder den zu erstattenden Geldbetrag, drucken den Fahrschein und geben ihn aus.
- In **Heizungsanlagen regeln** Computer unter anderem:
  - die **Raumtemperatur** auf einen voreingestellten Temperaturwert,
  - das Abstimmen der **Vorlauftemperatur** des Wassers in Abhängigkeit von Außen- und Raumtemperatur,
  - die Verringerung der **Abgastemperatur** der Anlage.

  Der Einsatz von Computern in Heizungsanlagen bewirkt somit Energieeinsparung und neben der Kosteneinsparung auch eine Verringerung des Schadstoffausstoßes.
- Auch die Kraftfahrzeugindustrie setzt zunehmend Computer in **Pkw** und **Lkw** ein:
  - Sie passen z. B. den **Zündzeitpunkt** und die Dosierung der **Benzineinspritzmenge** den jeweils vorliegenden Bedingungen an. Die Verbrennung wird verbessert. Die Abgaswerte werden verringert.
  - **Antiblockiersysteme** (ABS) verhindern beim Abbremsen das Blockieren der Räder auf nasser oder glatter Straße.
  - **Antischlupfregelungen** (ASR) verhindern u. a. das Durchdrehen der Räder beim Beschleunigen.
  - **ESP**-Systeme unterstützen die Stabilität des Pkw bei Kurvenfahrten oder schnellem Richtungswechsel.
- In Hotels werden häufiger **elektronische Schließsysteme** verwendet. Der Gast erhält zu Beginn seines Aufenthaltes eine Schlüsselkarte. Auf dieser befindet sich neben der Zimmernummer auch das Datum der Abreise. Die Lesegeräte des Schließsystems sind mit einem Computer verbunden. Passt die Karte zu dem betreffenden Zimmer und ist das Ende des Aufenthaltes noch nicht erreicht, so liefert der Computer das Signal zum Öffnen der Zimmertür. Das Auswechseln der Schließanlage oder einzelner Schlösser wegen verlorener Schlüssel entfällt.

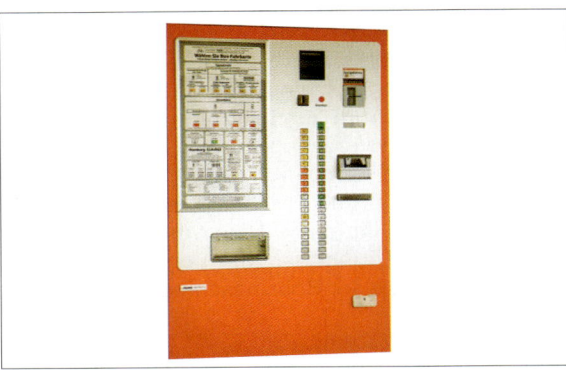

Bild 1 Fahrkartenautomat

- Das Internet besteht aus einem System weltweit miteinander verbundener und miteinander kommunizierender Computer. Dieses System wird u. a. genutzt für
  - das Beschaffen von Informationen,
  - den Austausch von Nachrichten,
  - den Versand elektronischer Post,
  - das Erledigen von Bankgeschäften am heimischen PC (Homebanking),
  - das preiswerte Telefonieren in entfernte Länder,
  - das Unterhalten per Tastatur und Bildschirm (Chat) mit anderen Personen,
  - das Kaufen und Verkaufen in virtuellen Läden,
  - das Versteigern und Ersteigern von Waren oder das Handeln mit Aktien (Ecommerce).

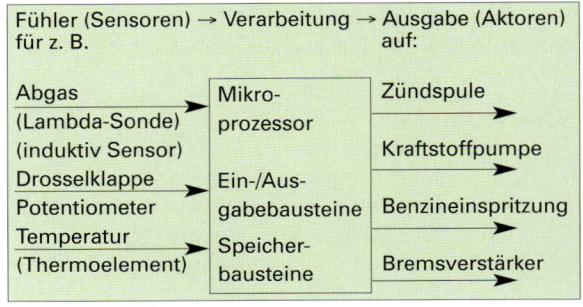

Bild 2 Informationsverarbeitung im Kfz

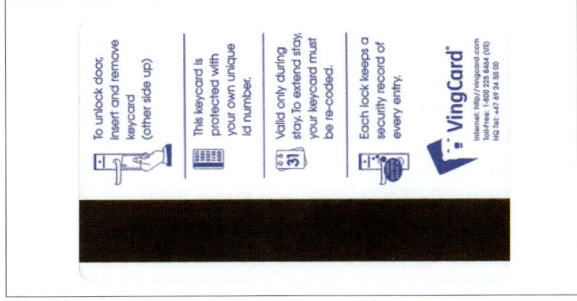

Bild 3 Schlüsselkarte

3 Informationsverarbeitung 3.2 Hardware und Software für die Informationsverarbeitung

Überlegen Sie:
- Nennen sie weitere Anwendungen von Computern in Ihrem beruflichen und privaten Umfeld.
- Welche Konsequenzen ergeben sich für Sie durch den Einsatz von Computern in den oben genannten Bereichen?

Der Einsatz von Computern in Haushaltsgeräten, Geräten der Unterhaltungselektronik, Diagnosegeräten, Überwachungseinrichtungen, Medizintechnik, Verwaltung, Banken, im Rahmen von Datennetzen, der mobilen Kommunikation über Handys oder der Hausleittechnik (EIB) beeinflusst unser Leben.

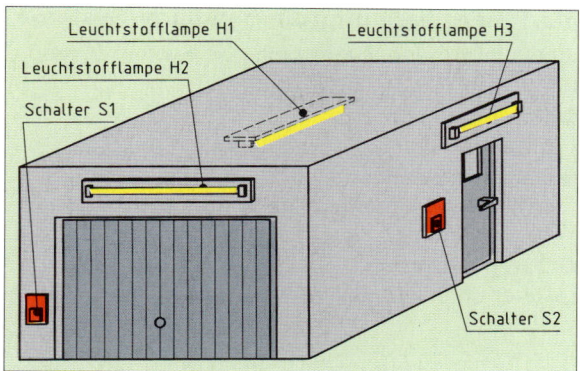

Bild 1 Garagenbeleuchtung

Schalter S1	Schalter S2
nicht betätigt	nicht betätigt
nicht betätigt	betätigt
betätigt	nicht betätigt
betätigt	betätigt

Bild 2 Schaltzustände

3.2 Hardware und Software für die Informationsverarbeitung

Das Beispiel der **Beleuchtungsanlage** für eine Garage (Bild 1) zeigt nachfolgend die Aufgliederung eines informationsverarbeitenden Systems:

Der Garagenbesitzer möchte die Beleuchtung seiner Garage so nutzen, dass er die drei Leuchtstofflampen **entweder** mit dem Schalter in der Nähe des Tors **oder** mit dem Schalter in der Nähe der seitlichen Tür ein- bzw. ausschalten kann.

Die **Eingabeeinheit** besteht aus den zwei **Schaltern** S1 und S2. Über sie erfolgt die Information ‚Licht AN' bzw. ‚Licht AUS'. Jeder Schalter besitzt die zwei Schaltzustände **betätigt** oder **unbetätigt**. Damit ergeben sich für die **Eingabe** insgesamt **vier** unterschiedliche Schalterkombinationen (Bild 2).

Die **Verarbeitungseinheit** für die Schalterkombinationen besteht aus der vom Elektroinstallateur vorgenommenen **Verdrahtung** (**Verbindung**) der Schalter S1 und S2 mit den Leuchtstofflampen H1, H2 und H3 (Bild 3). Je nach Schalterstellung sind die Lampen an oder aus. Eine **Änderung** der Verdrahtung führt zu einer geänderten Informationsverarbeitung, d. h., die Betätigung der Schalter S1 und S2 hat ein anderes Verhalten der Leuchtstofflampen am Ausgang zur Folge als bisher.

Die Leuchtstofflampen H1, H2 und H3 sind die **Ausgabeeinheit** dieses informationsverarbeitenden Systems. Sie leuchten bei Stromfluss.

Informationsverarbeitende Systeme bestehen im Allgemeinen aus
- **Eingabeeinheit** (z. B. Schalter),
- **Verarbeitungseinheit** (z. B. Verdrahtung) und
- **Ausgabeeinheit** (z. B. Lampen).

Werden statt der zwei in Bild 3 miteinander verdrahteten Wechselschalter zwei einfache Schalter und eine **programmierbare Steuerung**, z. B. eine SPS (vgl. Kap. 4.5) verwendet, so ist die Verdrahtung nach Bild 4 vorzunehmen.

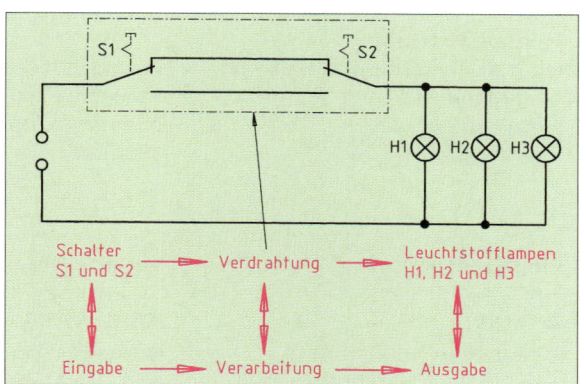

Bild 3 Schaltplan der Garagenbeleuchtung

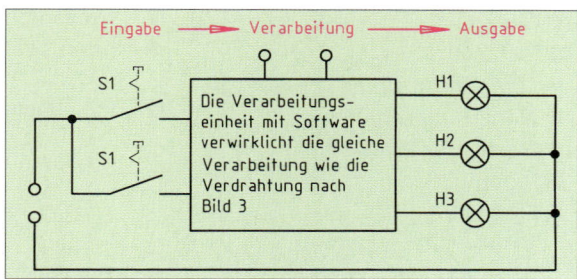

Bild 4 Speicherprogrammierbare Steuerung

Aus der Zeichnung dieser Schaltung kann die Funktion der Steuerung nicht mehr entnommen werden. Die **Verarbeitung** erfolgt durch das in der Verarbeitungseinheit **gespeicherte Programm**. Es kann die gleiche Verarbeitung wie in Bild 3 bewirken oder z. B., dass die Leuchtstofflampen H1, H2 und H3 leuchten, wenn **entweder** die beiden Schalter S1 **und** S2 **gleichzeitig geöffnet** (nicht betätigt) **oder geschlossen** (betätigt) sind.

3.2 Hardware und Software für die Informationsverarbeitung

3.2.1 Hardware programmierbarer Systeme

Jedes informationsverarbeitende System (Computer) arbeitet nach dem Prinzip:
- **Daten aufnehmen**
  (über unterschiedliche Eingabegeräte)
- **Daten verarbeiten**
  (Art der Verarbeitung abhängig von der Aufgabenstellung)
- **Daten ausgeben**
  (über unterschiedliche Ausgabegeräte)

In der Übersicht (Bild 1) sind einige Beispiele für die Gliederung in Eingabe, Verarbeitung und Ausgabe von informationsverarbeitenden Systemen zusammengefasst.

Überlegen Sie:
Suchen Sie weitere Beispiele zum E-V-A-Prinzip aus dem Betrieb oder dem täglichen Leben. Ordnen Sie diese entsprechend Bild 1.

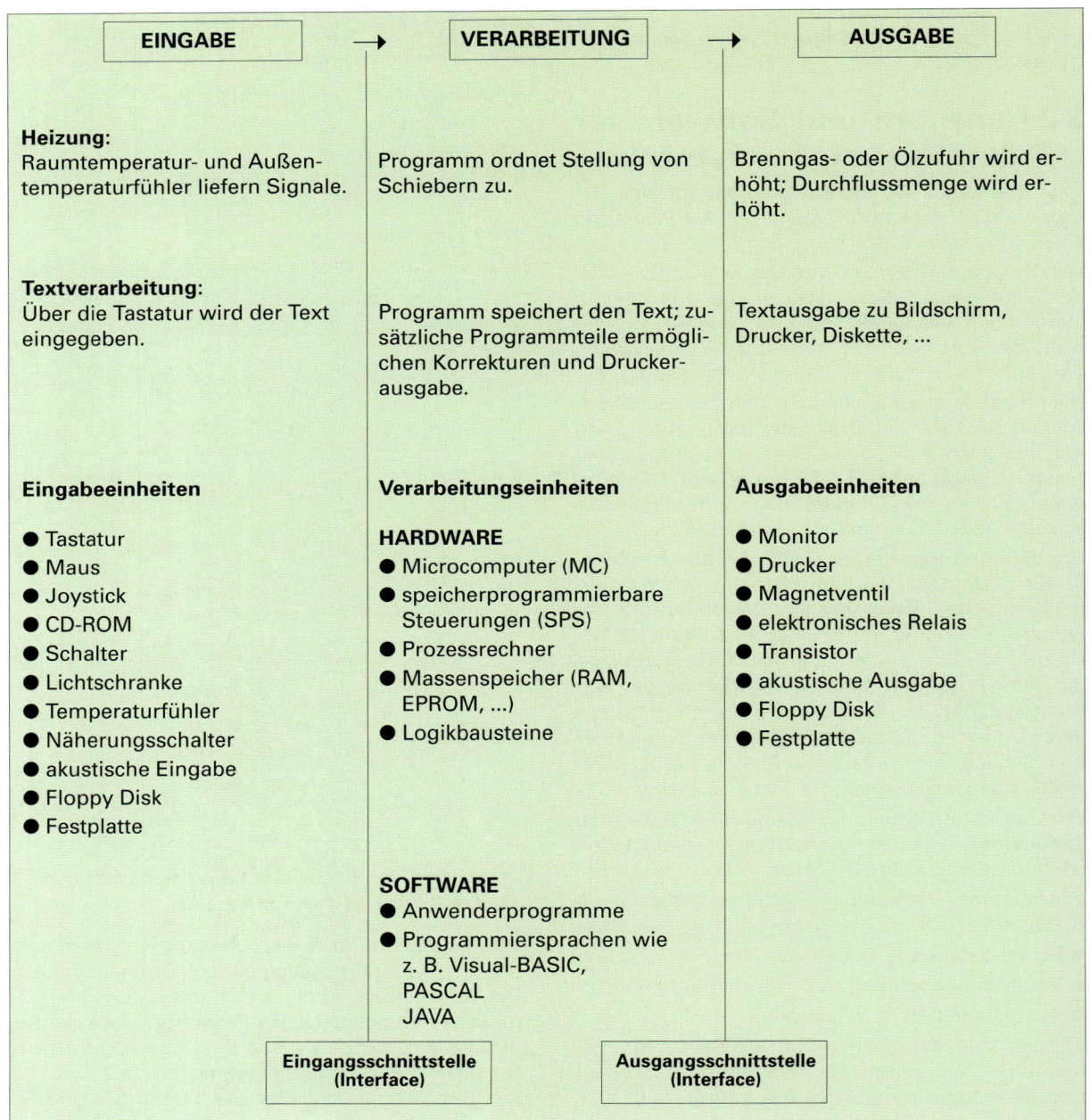

Bild 1 E-V-A-Prinzip

3.2 Hardware und Software für die Informationsverarbeitung   3.2.1 Hardware programmierbarer Systeme

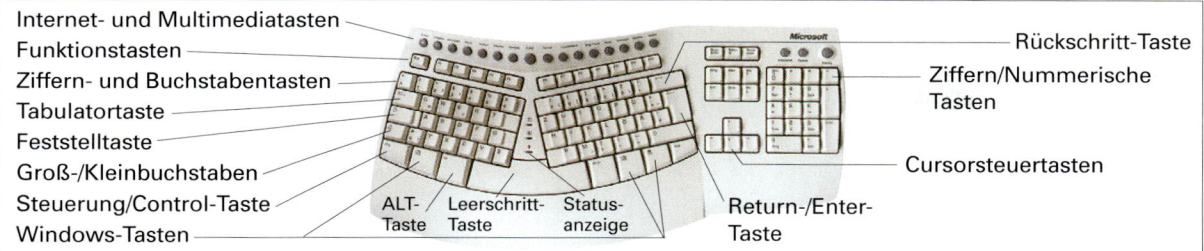

Bild 1 Ergonomisch gestaltete Rechnertastatur mit Internet- und Multimediatasten

3.2.1.1. Eingabeeinheiten

Eingabeeinheiten ermöglichen die Kommunikation (Verständigung) des Menschen mit der Verarbeitungseinheit oder die Aufnahme physikalischer Größen, wie z. B. Temperatur, Druck usw.

Tastatur

Das meistverbreitete Eingabegerät ist die Tastatur (Bild 1). Durch sie werden von Hand Zahlen, Texte oder Befehle eingegeben.
Eine besondere Bedeutung haben unter anderem die nebenstehend genannten Tasten bzw. Tastenkombinationen.

Datenspeicher

Umfangreiche Programme und Datenbestände werden über besondere Datenspeicher eingegeben (vgl. Kapitel 3.2.1.4).

Überlegen Sie:
Nennen Sie weitere Eingabegeräte. Geben Sie ihre jeweiligen Einsatzmöglichkeiten an.

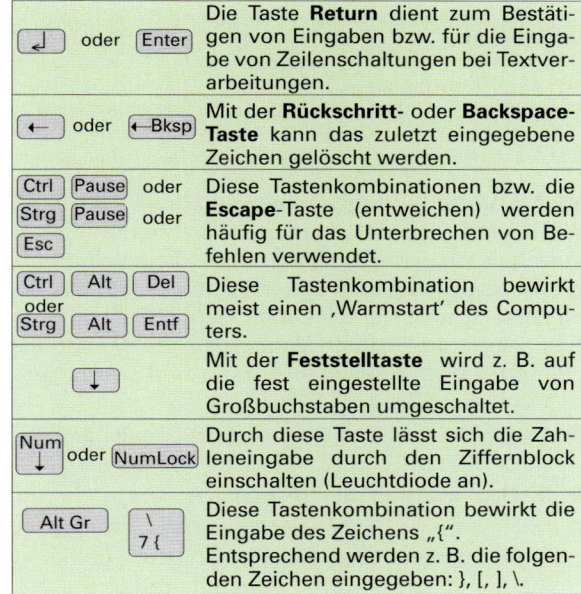

Bild 2 Ausgewählte Tasten

Balkencodeleser	Magnetkartenleser	Maus	Codeschloss

Die als Balkencode verschlüsselte Artikelnummer wird mit dem Lesegerät erfasst und an die Verarbeitungseinheit der Kasse gesendet.	Mit dem Einsatz dieser Lesegeräte z.B. in Supermärkten wird dem Kunden bargeldloser Zahlungsverkehr ermöglicht.	Mit der Maus steht eine benutzerfreundliche und tastaturunabhängige Eingabeeinheit zur Verfügung. Auf dem Bildschirm befindet sich der Mauscursor, z. B. ein Pfeil. Durch das Verschieben der Maus wird der Pfeil auf die gewünschte Bildschirmposition bewegt. **Ein Bildschirmobjekt wird dem Mauscursor zugeordnet und durch das Betätigen einer Maustaste ausgewählt.**	Eine Geheimzahl wird über die Tastatur eingegeben. Dies bewirkt, dass sich die Türe öffnen lässt. Die Geheimzahl kann jederzeit geändert werden. Bei normalen Schließsystemen müsste z. B. bei Verlust eines Schlüssels das gesamte System ausgetauscht werden.

Bild 3 Beispiele für weitere Eingabeeinheiten

3.2 Hardware und Software für die Informationsverarbeitung 3.2.1 Hardware programmierbarer Systeme

1946	1973	2000

1946 wurde der ENIAC gebaut. 18000 Röhren, 500000 Lötstellen, 200 kW Leistung und 135 m² Standfläche waren nötig, um 350 Multiplikationen zweier 10stelliger Zahlen in 1 Sekunde durchzuführen. Mit diesem Computer wurden die MERCURY-Raketenexperimente berechnet.	1973 war der erste wissenschaftliche Taschenrechner zum Preis von 2000,00 DM zu kaufen. Mit diesem Gerät wurden die Kurskorrekturen der APOLLO-Mondflüge berechnet. Die Rechnerleistung ist vergleichbar mit der eines heutigen nicht programmierbaren Taschenrechners. Leistungsaufnahme ca. 10 W.	Diese 128-Bit-Verarbeitungseinheit besitzt eine Taktrate von 800 MHz und eine Leistungsaufnahme von 26,2 W. Sie besteht aus etwa 29,1 Millionen Schaltern (Transistoren) und verfügt über einen internen Speicher (L2-Cache) von 256 KByte.

Bild 1 Entwicklung speicherprogrammierter Verarbeitungseinheiten

3.2.1.2 Verarbeitungseinheiten

Die rasche Entwicklung speicherprogrammierter Verarbeitungseinheiten ist in Bild 1 beispielhaft für die Zeit zwischen 1946 und 2000 aufgezeigt. Ein Ende dieser Entwicklung ist noch nicht absehbar.

Alle programmierbaren Verarbeitungseinheiten arbeiten nach dem gleichen Prinzip und unterscheiden sich nur durch

- die **Größe** des Rechenspeichers (Speicherkapazität),
- die **Organisation** des Rechenspeichers,
- das Zusammenfassen vieler einzelner einfacher Logikbausteine zu leistungsfähigen, kleineren und damit komplexeren **Baueinheiten** und
- die Länge der **Ausführungszeiten** für die Befehle des Prozessors.

Die **Eingabeeinheiten** eines Computers senden die Signale an die **Verarbeitungseinheit**. Über **Eingabeschnittstellen**, auch **Interfaces** genannt (Bild 3, Seite 143), werden die gesendeten Informationen übertragen und angepasst.

Die Verarbeitungseinheit bearbeitet die eingegebenen Daten nach den durch ein **Programm** festgelegten Anforderungen und Befehlen. Das Programm legt fest, an welche **Ausgabeeinheit** die Daten zu senden sind. Über die **Ausgabeschnittstellen** (Interface) werden sie z. B. an Monitor oder Drucker gesendet (Bild 2).

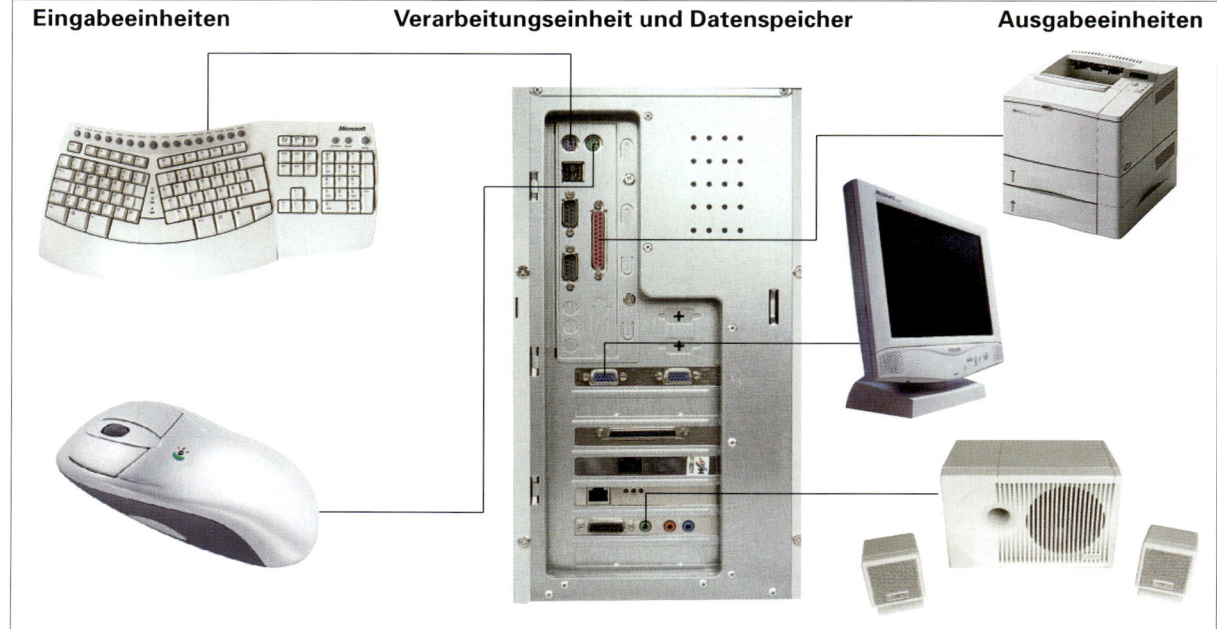

Bild 2 Aufbau einer Computeranlage

3.2 Hardware und Software für die Informationsverarbeitung 3.2.1. Hardware programmierbarer Systeme

Grundsätzlicher Aufbau einer Verarbeitungseinheit

Prozessor

Der Prozessor, z. B. **Pentium III/1 GHz** oder **Athlon 1,2 GHz**, ist der Hauptbestandteil einer **Verarbeitungseinheit**. Sämtliche Arbeitsschritte erfolgen über ihn. Er erkennt Befehle, führt sie aus, wählt Speicherstellen aus, rechnet oder trifft Entscheidungen aufgrund vorliegender Rahmenbedingungen. Er ist über ein **Leitungssystem**, auch **Bussystem** genannt, verbunden mit

- dem Festwertspeicher (Flash-EPROM[1]),
- dem Schreib-Lese-Speicher (RAM[2]) und
- den Eingabe-Ausgabe-Einheiten.

Das **EPROM** enthält das Grundprogramm für den Prozessor. Es wird beim Start des Computers wirksam, gibt eine Meldung auf dem Monitor aus, greift auf das Diskettenlaufwerk, die Festplatte oder das CD-ROM-Laufwerk zu und lädt das Betriebssystem in das RAM.

Der Prozessor benutzt das **RAM** für Programme und Daten. Die im RAM gespeicherten Daten gehen beim Ausschalten des PCs verloren.

Zur Anpassung des Informationstransportes zwischen dem Prozessor und den Eingabe-Ausgabe-Einheiten werden Ein- bzw. Ausgabebausteine verwendet. Sie dienen als Schnittstellen (Interfaces). Werden Schnittstellen für weitere Eingabe-Ausgabe-Einheiten benötigt, so lassen sich Interfacekarten in die freien Steckplätze der Computerplatine einsetzen.

Taktgeber

Der Taktgeber wirkt z. B. mit 133 MHz direkt auf den Prozessor und die Speicherbausteine. Hierdurch bestimmt er die Arbeitsgeschwindigkeit.

Das **Bussystem** besteht aus

- dem Adressbus,
- dem Datenbus und
- dem Steuerbus.

Der Mikroprozessor nutzt den **Adressbus**, z. B. 32 parallele Leitungen, zur Anwahl der Speicherstellen (Adressen) von EPROM, RAM oder Ein-Ausgabe-Bausteinen.

Über den **Datenbus**, z. B. 32 parallele Leitungen, sendet und empfängt der Prozessor Befehle und Daten.

Flash-EPROM	RAM
(**E**rasable **P**rogramable **R**ead **O**nly **M**emory) löschbarer und neu programmierbarer Nur-Lese-Speicher	(**R**andom **A**ccess **M**emory) Schreib-Lese-Speicher Universeller schneller Datenspeicher.
• Nichtflüchtiger Speicher. • Dateninhalt kann elektrisch gelöscht werden. • Nach dem Löschen kann der Speicher neue Programme oder Daten aufnehmen.	• Jede Speicherstelle einzeln adressierbar. • Beliebig oft lesbar oder überschreibbar. • **Flüchtiger Datenspeicher:** Bei Ausfall der Versorgungsspannung sind die Daten verloren.

Bild 1 Speicherbausteine

Über den **Steuerbus** legt der Mikroprozessor z. B. fest, ob er lesend oder schreibend auf das RAM zugreifen will.

Bit und Byte

Über die Leitungen von Adress-, Daten- und Steuerbus werden **digitale 0-** oder **1-Signale**[3], auch **Bit** genannt, gesendet. 8 Bit werden zusammengefasst und als **1 Byte** bezeichnet. Für 2^{10} Byte = 1024 Byte wird die Kurzschreibweise 1 **KByte** mit dem großgeschriebenen Buchstaben **K** verwendet.

2^{10} Byte	= 1024 Byte	= **1 KByte**
2^{20} Byte	= 1024 · 1024 Byte	= 1024 KByte
		= **1 MByte**
2^{30} Byte	= 1024 · 1024 · 1024 Byte	= 1024 MByte
		= **1 GByte**

Bild 2 Einheitenbezeichnungen für Speicherbausteine

> **Überlegen Sie:**
> - Ein PC hat einen Arbeitsspeicher von 640 KByte. Wieviel Byte sind das?
> - Rechenanlagen werden z. B. mit einem RAM-Speicher von 128 MByte ausgeliefert. Wie groß ist die Anzahl der speicherbaren Informationseinheiten?

---

[1] **E**rasable **P**rogrammable **R**ead **O**nly **M**emory: löschbarer programmierbarer Nur-Lese-Speicher
[2] **R**andom **A**ccess **M**emory: wahlfreier Zugriffsspeicher
[3] Meistens entspricht dem 0-Signal eine Spannung von 0 Volt und dem 1-Signal eine Spannung von 5 Volt.

3.2 Hardware und Software für die Informationsverarbeitung 3.2.1 Hardware programmierbarer Systeme

3.2.1.3 Ausgabeeinheiten

Monitor	Drucker	Ziffernanzeige	Sound- und Sprachausgabe

Dem Nutzer wird bei der Eingabe bzw. Veränderung von Daten oder der Auswahl von Programmen eine Sichtkontrolle seines Tuns ermöglicht.	In der betrieblichen Praxis werden auch Thermo-, Tintenstrahl- oder Nadeldrucker eingesetzt. Sie dienen zum Ausdruck von Rechnungen, Manu-skripten, Formularen, Betriebsanleitungen oder Zeichnungen.	Die Werkstückabmessungen werden erfasst, in der Verarbeitungseinheit aufbereitet und als Zahlenwert in der Einheit Millimeter angezeigt.	Ist im PC eine Soundkarte eingebaut, so kann sie zusammen mit den angeschlossenen Lautsprecherboxen für die Ausgabe von Audiosignalen genutzt werden.

Bild 1 Beispiele für Ausgabeeinheiten

Ausgabeeinheiten bilden das **Ende** des Verarbeitungsprozesses programmierbarer Systeme. Sie

- **zeigen** die Ergebnisse der Verarbeitungseinheit in einer dem Menschen verständlichen Form an, z. B. durch **Text**, **Bild** oder **Sprache**.
- **ändern** ihren jeweiligen **Zustand** in der von der Verarbeitungseinheit festgelegten Weise. Ein Spannzylinder wird z. B. in die vordere oder hintere Endlage gefahren oder die Schranke eines Parkhauses wird geöffnet oder geschlossen.

Umfangreiche Programme und Datenbestände werden auf besondere Datenspeicher ausgegeben.

> **Überlegen Sie:**
>
> - Welche weiteren Einsatzbereiche sehen Sie für die im Bild 1 abgebildeten Ausgabegeräte?
> - Nennen Sie für unterschiedliche Beispiele (Heizungsanlage, Computerspiel, Textverarbeitung usw.) Bauelemente, und ordnen Sie diese nach dem E-V-A-Prinzip.

3.2.1.4 Datenspeicher

Zum Laden und Sichern von Programmen und Daten dienen Laufwerke mit passenden Datenträgern (Bild 2).

Floppy-Disk (flexible Magnetscheibe)	Hard-Disk (Festplatte)	Compact-Disk (optisch lesbare feste Platte)	Data Cartridge (Magnetband)
• kurze Lade- und Speicherzeit, • preiswert, • Formatierung erforderlich, • besondere Behandlungsregeln beachten, • eingesetzt für Datenaustausch, Datensicherung.	• sehr kurze Lade- und Speicherzeit, • fest in den Rechner eingebaut, • empfindlich gegen Stoßbelastungen, • für die Aufnahme großer Datenmengen geeignet.	• sehr kurze Ladezeiten, • vielfaches der Speicherkapazität von Disketten, • als CD-R oder CD-RW in besonderen Laufwerken brennbar bzw. wieder beschreibbar, • preiswert, • unempfindlich.	• preiswert, • lange Lade- und Speicherzeit, • eingesetzt für die Datensicherung. (vgl. auch Kap. 3.6)

Bild 2 Datenträger und Laufwerke

3.2 Hardware und Software für die Informationsverarbeitung   3.2.1 Hardware programmierbarer Systeme

Floppy-Disk-Laufwerke

Rechenanlagen sind im allgemeinen mit Diskettenlaufwerken für 3½ Zoll-Disketten ausgestattet. Die Disketten werden zum Speichern von Daten, als Sicherheitskopie, zum Datenaustausch oder zum Installieren neuer Programme eingesetzt. Sie bestehen aus Kunststoffscheiben mit einer dünnen **magnetisierbaren Schicht**, auf der die Informationen gespeichert sind, sowie aus einer festen Schutzhülle.

Disketten sind vor dem erstmaligen Gebrauch zu **formatieren**. Das hierfür benötigte Formatierprogramm ist Bestandteil des **Betriebssystems** (Kap. 3.2.2). Beim Formatieren wird die magnetische Schicht in **Spuren** und jede Spur in **Sektoren** eingeteilt (Bild 2). Außerdem werden einige Sektoren für das Inhaltsverzeichnis reserviert. Durch die Numerierung der einzelnen Sektoren wird dem Betriebssystem ein gezielter Zugriff auf die Diskette ermöglicht.

Die auf einer Diskette speicherbare Datenmenge ergibt sich aus der Anzahl der Spuren, der Anzahl der Sektoren pro Spur und der Anzahl der speicherbaren Informationen pro Sektor ab.

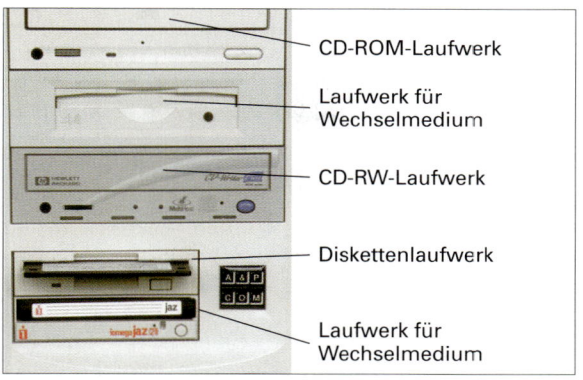

Bild 1 Laufwerke

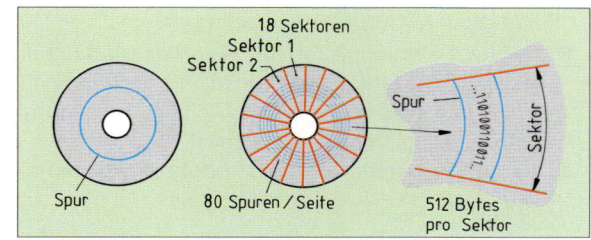

Bild 2 Einteilung einer 3½"-HD-Diskette

Es gilt: genutzte Seiten · Spuren pro Seite · Sektoren pro Spur · Byte pro Sektor = Speicherkapazität

Festplattenlaufwerke

Anwenderprogramme und Programmiersprachen benötigen häufig ein Mehrfaches der auf einer Diskette zur Verfügung stehenden Speicherkapazität. Auch sollen die Informationen möglichst unmittelbar von der Computeranlage zur Verfügung gestellt werden. Deshalb sind in den Computeranlagen Festplatten eingebaut. Sie werden in Formaten von 1" bis 3½" hergestellt und können z. B. 4,3 GByte, 30 GByte oder 73 GByte[1] speichern.

CD Laufwerke

CD-Laufwerke werden zum Lesen von CDs genutzt. Ihr Nachteil ist, dass nur der lesende, aber nicht der schreibende Zugriff auf die CD möglich ist. Deshalb werden Sie auch als **CD-ROM-Laufwerke**[2] bezeichnet. CDs haben unter anderem:

- niedrige Herstellungskosten von nur einigen €.
- Speicherkapazitäten von 650 oder 700 MByte.
- höhere Datensicherheit gegenüber Disketten.

CDs werden z. B. für das **elektronische Auskunftssystem** der Deutschen Bahn genutzt. Im KFZ-Gewerbe dienen sie z. B. zum Speichern von Ersatzteilkatalogen, Reparaturleitfäden, technischen Daten oder Service-Plänen.

In **CD-Brennern** lassen sich **CD-Rs**[3] einmalig beschreiben (brennen). Diese CDs sind in handelsüblichen CD-Laufwerken lesbar.

CD-RWs[4] lassen sich mehrfach beschreiben und wieder löschen. Hierfür sind allerdings besondere **CD-RW-Laufwerke** erforderlich. Im Allgemeinen können diese CDs in handelsüblichen CD-Laufwerken nicht gelesen werden.

Bild 3 3,5"-Hard-Disk mit 73 GByte

---

[1] Im Gegensatz zu der Zuordnung bei Speicherbausteinen verwenden die Computerhersteller für Disketten und Festplatten die Abkürzung **1 MByte** für **10³ KByte** und **1 GByte** für **10⁶ KByte**. Es gilt: 1 MByte = 1000 KByte = 1000 · 1024Byte = 1 024 000 Byte.
[2] **CD:** **C**ompact **D**isc; **ROM:** **R**ead **O**nly **M**emory (nur lesen)
[3] **CD-R:** **C**ompact **D**isc **R**ecordable (beschreibbar)
[4] **CD-RW:** **C**ompact **D**isc **R**e-**W**riteable (wiederbeschreibbar)

3.2 Hardware und Software für die Informationsverarbeitung

DVD
DVD-Laufwerke stellen eine Weiterentwicklung der CD-Laufwerke dar. Es gibt sie z. B. als DVD-RAM- und DVD-ROM-Laufwerke. DVDs können z. B. 10 GByte speichern.

Überlegen Sie:
- Wie groß ist die Speicherkapazität einer zweiseitigen 3½"-Diskette mit 80 Spuren pro Seite und 18 Sektoren pro Spur, wenn jeder Sektor 512 Byte enthält?
- Für das Speichern einer Seite dieses Buches einschließlich der Bilder werden etwa 9 MByte an Speicherplatz auf einer Festplatte benötigt. Wie viele Buchseiten lassen sich auf einer Festplatte mit 73 GByte etwa speichern?
- Welche Datenkapazität hat eine Festplatte, zu der im LBA-Modus folgende Werte angegeben sind: 1024 Byte pro Sektor, 3300 Spuren, 255 Seiten und 63 Sektoren pro Spur?
- Nennen Sie weitere Einsatzmöglichkeiten von CDs.

3.2.1.5 Kommunikationsgeräte
Eine besondere Bedeutung besitzen Geräte, die eine Verbindung zwischen lokalen Computern oder über das Telefonnetz herstellen. Über sie werden Informationen zwischen den angeschlossenen Computern ausgetauscht.

● **Netzwerkkarte**
Sind PCs in einem lokalen Netzwerk (Intranet) miteinander verbunden und für die Nutzung des Netzes eingerichtet, so können sie neben dem Austausch von Daten z. B. auch gemeinsam Drucker oder Plotter nutzen.
Bei der Angebotserstellung kann von mehreren Arbeitsplätzen gleichzeitig auf die an einem Arbeitsplatz gespeicherten Lagerdaten zugegriffen werden. Zusätzlich ist es möglich, von einem weiteren Arbeitsplatz die Lagerdaten zu aktualisieren. Die Vernetzung der Computer kann auf unterschiedliche Art und Weise erfolgen. Grundsätzliche Netzwerk-Topologien sind z. B. Stern und Bus (Bild 1).

Bild 1 Möglichkeiten der Rechnervernetzung

● **Modem/ISDN-Karte** oder **ISDN-Terminaladapter**
Der Anschluss an das öffentliche Telefonnetz erfolgt analog über Modems mit z. B. 56 KBits/s oder ISDN[1]-Adapter mit z. B. 64 KBits/s.
Hierdurch wird das Versenden und Holen von Daten aus dem Internet, privaten oder firmeneigenen Mailboxen ermöglicht. Faxe werden versandt oder empfangen und Bankgeschäfte vom PC getätigt.

Bild 2 ISDN-Adapter

3.2.2 Betriebssysteme

Betriebssysteme verwalten die angeschlossene Hardware wie Tastatur, Festplatte oder Bildschirm und die auf dem Computer laufenden Programme. Desweiteren bieten sie den Benutzern eine Schnittstelle für die Kommunikation zwischen Mensch und Maschine:

● **Benutzerschnittstelle mit Texteingabe**
Der Computer meldet seine Eingabebereitschaft mit einer Systemanzeige wie z. B. „C:\>". Soll eine bestimmte Anwendung gestartet werden, so muss der Name des Programms über die Tastatur eingegeben und die Eingabe mit der Taste RETURN quittiert werden.

● **Graphische Benutzerschnittstelle**
Um die Handhabung von Computern zu vereinfachen, verfügen sie meist über graphische Benutzerschnittstellen. Diese bieten den Benutzern eine graphische Bedienoberfläche an (Seite 149; Bild 1). Dabei werden Bildsymbole für die Anwenderprogramme verwendet. Der Aufruf einer Anwendung erfolgt durch Anklicken des Bildsymbols mit der Maus.
Die grundsätzliche Funktionsweise von textueller und graphischer Schnittstelle ist gleich. In beiden Fällen bewirkt eine Eingabe, dass das Betriebssystem die Anforderung, z. B. das Laden eines Textverarbeitungsprogramms, ausführt. Die graphische Oberfläche ermöglicht eine einfachere und schnellere Nutzung. Der Benutzer muss sich nicht die Namen der Programme merken.

---

[1] **ISDN: I**ntegrated **S**ervices **D**igital **N**etwork

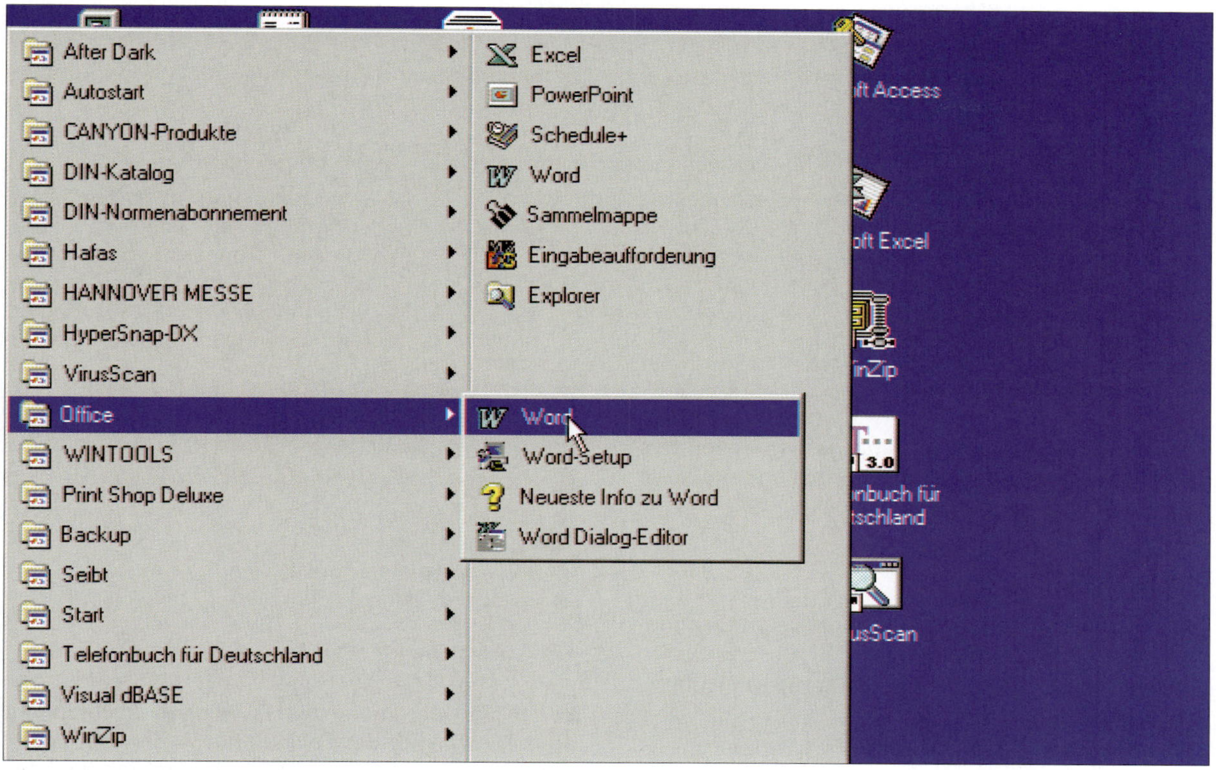

3.2 Hardware und Software für die Informationsverarbeitung — 3.2.2 Betriebssysteme

Bild 1 Graphische Bedieneroberfläche

Sollten die Informationen nicht ausreichen, um das gesuchte Programm zu finden und aufzurufen, stellen graphische Bedienoberflächen Online-Hilfesysteme (z. B. [?]) zur Verfügung. Hierdurch reduzieren sich für einen Anwender die notwendigen Kenntnisse über ein Betriebssystem auf die Beantwortung folgender Fragen:
- Wie starte ich das Betriebssystem?
- Wie beschaffe ich mir die benötigten Hilfeinformationen?

Überlegen Sie:
- Wie wird es erreicht, dass Windows in den Speicher des Rechners geladen wird?
- Wie wird unter Windows die Online-Hilfe aufgerufen?
- Wie können Sie bei Ihrer Textverarbeitung die Online-Hilfe aufrufen?

Schichtenmodell

Das **Zusammenwirken** der **Hardware** eines Computers mit dem **Betriebssystem** und den **Anwenderprogrammen** und **Programmiersprachen** lässt sich vereinfacht als **Schichtenmodell** darstellen.

Das Betriebssystem bildet die erste Schicht auf der Hardware der Rechenanlage. Auf Personalcomputern (PCs) sind Betriebssysteme mit graphischer Bedieneroberfläche wie **WINDOWS** oder **LINUX** besonders verbreitet.
Anwenderprogramme oder Programme für Programmiersprachen greifen nicht unmittelbar auf die Hardware zu, sondern sie nutzen die Funktionen des Betriebssystems. Eine so aufgerufene Betriebssystemfunktion übernimmt dann z. B. das Übertragen eines Textes über die parallele Schnittstelle zum Drucker.

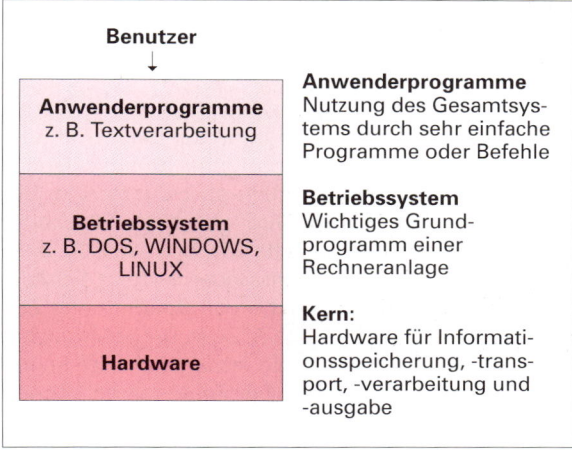

Bild 2 Schichtenmodell eines Rechnersystems

3.3 Anwenderprogramme

Betriebe nutzen neben **Standardprogrammen** auch branchenspezifische **Anwender-** oder **Individualprogramme**.

Standardprogramme	Branchenspezifische Programme	Individualprogramme
● Textverarbeitung ● Tabellenkalkulation ● Datenbank ● Präsentationsgraphik ● Lohn-, Gehaltsabrechnung ● Finanzbuchhaltung	● Heizungsregelung ● Rohrleitungsberechnung ● Angebotserstellung ● SPS-Programmierung ● Robotersteuerung	Sie werden von Softwarefirmen oder Betriebsangehörigen nach den besonderen Anforderungen des Betriebes erstellt. Dies bedeutet höhere Anschaffungskosten als der Einsatz bereits vorhandener Programme.

Bild 1 Einsatzbereiche für Software

Preiswerte Standardprogramme werden besonders häufig für Textverarbeitung, Tabellenkalkulation oder Datenverwaltung (Datenbank) genutzt.

Textverarbeitung

Textverarbeitungsprogramme bieten unter anderem folgende Anwendungen:
- **Texteingabe** über Tastatur, Diskette/Festplatte, Fernübertragung,
- **Textspeicherung** auf Diskette, Festplatte,
- **Prüfen** des Textes auf Rechtschreibfehler,
- **Textausgabe** auf Monitor und Drucker,
- **Textänderungen** durch vereinbarte Befehle wie
  - Löschen, Einfügen, Überschreiben von Buchstaben oder Wörtern,
  - Kopieren oder Verschieben von Textteilen,
  - Einbinden von Graphiken,
  - Trennhilfe am Ende einer Zeile.
- **Gestalten** der Textausgabe z. B. durch **Fettdruck**, *Kursivdruck* oder Unterstreichen,
- **Anzeige** des Druckbildes auf dem Monitor.

Einzelheiten sind den mitgelieferten Handbüchern und eventuellen Lernprogrammen zu entnehmen.

Tabellenkalkulation

Auch wenn die Handhabung und der Befehlsumfang der Tabellenkalkulationsprogramme unterschiedlich ist, arbeiten sie alle nach dem gleichen Prinzip. Der Rechnerspeicher, als Auszug auf dem Bildschirm sichtbar gemacht (vergl. Seite 151, Bild 1 und 2), ist in **Zeilen** und **Spalten** unterteilt. Jedes einzelne **Feldelement** wird durch die Angabe von **Spalten-** und **Zeilennummer** – z.B. **A1** (Spalte A, Zeile 1) – beschrieben. Die einzelnen Feldelemente lassen sich mit Texten oder Zahlenwerten füllen. Die Zahlenwerte können z. B. addiert oder subtrahiert werden.

Textverarbeitung
- Geschäftsbriefe
- Rundschreiben
- Versuchsprotokolle
- Bedienungsanleitungen
- Etikettenaufkleber

Bild 2 Einsatzbeispiele

Es ist sinnvoll, zuerst die Texteingaben vorzunehmen. Hierzu wird der Feldcursor mit den Pfeiltasten oder der Maus auf das Feldelement gebracht, in das der Text geschrieben werden soll. Die Texteingabe wird jeweils mit der Zeilenschalttaste (RETURN) abgeschlossen. Die Zahlenwerte für Artikelanzahl und Einzelpreise sind in weiteren Feldelementen einzutragen.

Um z. B. den Postenbetrag für die Verbindungssets zu ermitteln, sind die **Inhalte** der **Felder B6** (Anzahl: 2) und **C6** (Preis: 34,55 €) miteinander zu **multiplizieren**. Nach der Eingabe der Formel **= B6*C6** in das Feld **D6** führt das Programm die Multiplikation selbständig durch. Das Ergebnis 138,20 wird angezeigt. Jede Änderung der Anzahl oder des Preises bewirkt eine sofortige Neuberechnung nach der eingegebenen Formel.

Wie in Bild 1, Seite 151, dargestellt, wird beim späteren Arbeiten mit der Tabelle nicht die Formel, sondern nur der durch sie berechnete Wert auf dem Bildschirm angezeigt.

Tabellenkalkulation
- Zinsberechnung
- Gehaltsabrechnung
- Volumenermittlung
- Rechnungserstellung
- Auftragskalkulation

Bild 3 Einsatzbeispiele

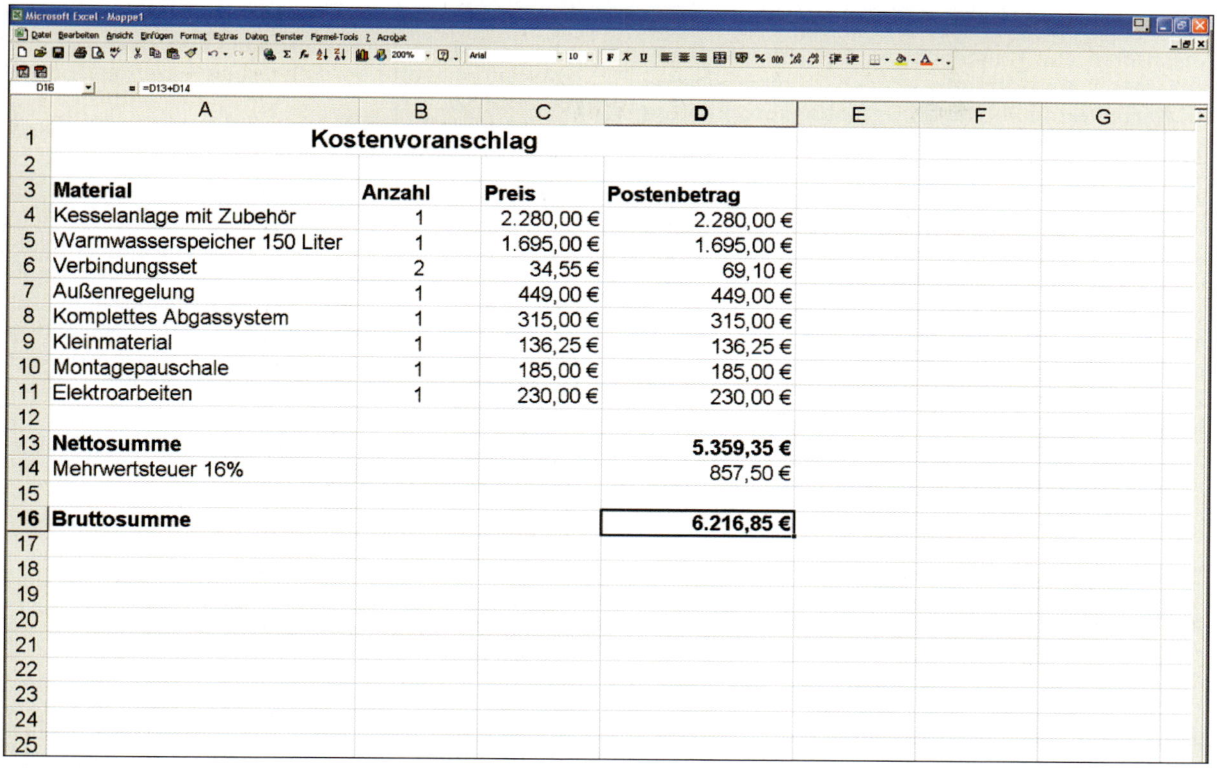

3.3 Anwenderprogramme

Bild 1: Kostenvoranschlag (Werte)

	A	B	C	D
1		Kostenvoranschlag		
2				
3	**Material**	**Anzahl**	**Preis**	**Postenbetrag**
4	Kesselanlage mit Zubehör	1	2.280,00 €	2.280,00 €
5	Warmwasserspeicher 150 Liter	1	1.695,00 €	1.695,00 €
6	Verbindungsset	2	34,55 €	69,10 €
7	Außenregelung	1	449,00 €	449,00 €
8	Komplettes Abgassystem	1	315,00 €	315,00 €
9	Kleinmaterial	1	136,25 €	136,25 €
10	Montagepauschale	1	185,00 €	185,00 €
11	Elektroarbeiten	1	230,00 €	230,00 €
12				
13	**Nettosumme**			5.359,35 €
14	Mehrwertsteuer 16%			857,50 €
15				
16	**Bruttosumme**			6.216,85 €

Bild 1 Prinzip der Tabellenkalkulation

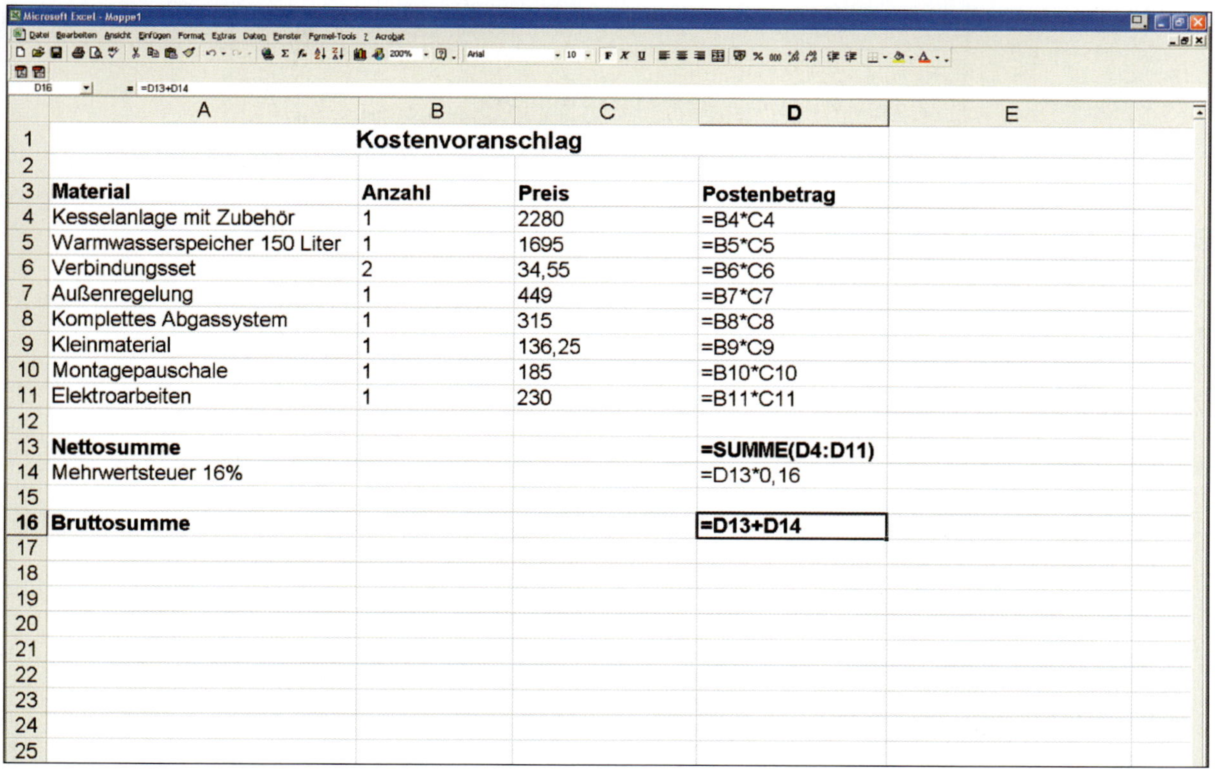

Bild 2: Kostenvoranschlag (Formeln)

	A	B	C	D
1		Kostenvoranschlag		
2				
3	**Material**	**Anzahl**	**Preis**	**Postenbetrag**
4	Kesselanlage mit Zubehör	1	2280	=B4*C4
5	Warmwasserspeicher 150 Liter	1	1695	=B5*C5
6	Verbindungsset	2	34,55	=B6*C6
7	Außenregelung	1	449	=B7*C7
8	Komplettes Abgassystem	1	315	=B8*C8
9	Kleinmaterial	1	136,25	=B9*C9
10	Montagepauschale	1	185	=B10*C10
11	Elektroarbeiten	1	230	=B11*C11
12				
13	**Nettosumme**			=SUMME(D4:D11)
14	Mehrwertsteuer 16%			=D13*0,16
15				
16	**Bruttosumme**			=D13+D14

Bild 2 Anzeige der Formeln

3.4 Programmieren von Verarbeitungseinheiten

3.4.1 Algorithmus

Datenverwaltung

Anschriften von Kundendaten, Artikeldaten, Materiallisten, Lagerbestände werden immer seltener auf **Karteikarten** verwaltet. **Datenbankprogramme** speichern diese Informationen in Dateien.

Eine gut organisierte Datenverwaltung lässt sich für unterschiedliche betriebliche Aufgaben nutzen. Bei Rückfragen, Auftragserteilung, Rechnungserstellung oder Mahnungen kann schnell und gezielt auf diese Daten zuzugriffen werden.

In diesem Fall lässt sich ein Kundenauftrag zügig von Anfrage bis zum Erfassen des Zahlungseingangs abwickeln (Bild 2):

Die Kundenabfrage bewirkt das Speichern der **Kundenadresse** und den Zugriff auf **Artikeldaten**. Während der Informationsbeschaffung wird der eigene **Lagerbestand** kontrolliert und die Liefermöglichkeiten und Preisvorstellungen der **Zulieferer** werden ermittelt. Die vorliegenden Daten für die **Kalkulation** der Materialkosten und über die Arbeitszeitrichtwerte der Facharbeiter werden für ein **Angebot** genutzt.

Die Auftragsvergabe durch den Kunden bewirkt den erneuten Zugriff auf die bereits vorliegenden Daten. Das nicht im Lager vorhandene Material wird beim **Zulieferer** bestellt. Der Termin der Auslieferung des Produktes wird mit dem Kunden vereinbart. Ein Computerausdruck über die erforderlichen Materialien erleichtert dem Facharbeiter für die **Auftragsdurchführung** die Zusammenstellung der Geräte, Werkstoffe und der für die Montage benötigten Werkzeuge.

Die gespeicherten Auftragsdaten werden für die **Rechnung** genutzt, die nach dem Beenden des Auftrages sofort vom Computer geschrieben wird.

Datenverwaltung
- **Stammdaten:**
  – Kundenname
  – Kundenanschrift
  – Artikelnummer
- **Bewegungsdaten:**
  – verkaufte Heizkörper
  – gelieferte Ventile
- **Bestandsdaten:**
  – Lagerbestand

Bild 1 Datenarten

Bild 2 Beispiel für eine gemeinsame Datenbasis

3.4 Programmieren von Verarbeitungseinheiten

3.4.1 Algorithmus

Bei dem Einhandhebelmischer von Bild 3 sind die Dichtringe unter der Kartusche auszutauschen. Für die erforderliche **Demontage** sind folgende Schritte **nacheinander** durchzuführen:

1. Die Eckventile für den Kalt- und Warmwasserzulauf schließen.
2. Die Abdeckkappe L abziehen.
3. Die Schraube M lösen.
4. Den Hebel N abziehen.
5. Die Kappe O abschrauben.
6. Die Schrauben P lösen.
7. Die Kartusche Q abnehmen.
8. Die drei Dichtringe austauschen.

Die **Montage** des Einhandhebelmischers erfolgt in **umgekehrter Reihenfolge**.

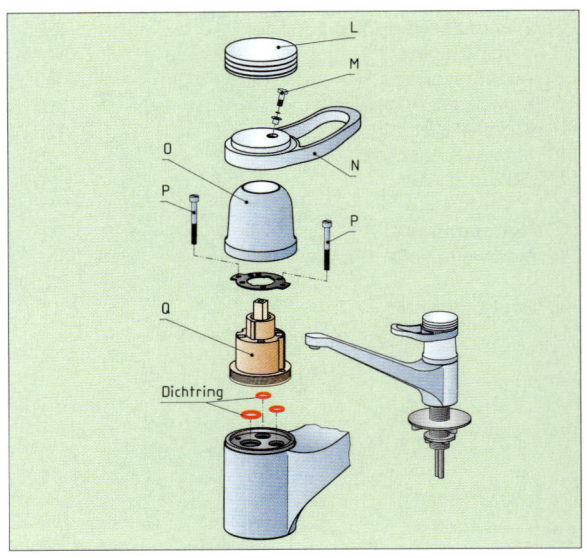

Bild 3 Einhandhebelmischer

Nach dem letzten Arbeitsschritt folgt die Funktionsprüfung. Wenn alle einzelnen Schritte fachgerecht durchgeführt wurden, ist die Armatur wieder dicht.

> Eine Vorgehensweise, die nach einer gewissen Anzahl von Lösungsschritten zu dem geforderten Ergebnis führt, wird in der Informationstechnik als Algorithmus bezeichnet.

Überlegen Sie:
- Nennen Sie weitere Handlungsanweisungen aus ihrem beruflichen Umfeld und beschreiben diese Handlungsanweisungen entsprechend der Darstellung für den Austausch der Dichtringe beim Einhandhebelmischer.

3.4.2 Beschreibungsformen und systematische Lösungsschritte

Werden im Betrieb häufiger Berechnungen durchgeführt, bei denen immer die gleichen Formeln verwendet werden, und ändern sich nur die Zahlenwerte, dann bietet sich der Einsatz eines Computers an. Wenn es kein passendes **Standardprogramm** (vgl. Kap 3.4) gibt, muss eventuell ein Programm selbst geschrieben werden **(Individualsoftware)**. Um ein Programm zu schreiben, bearbeitet der Programmierer grundsätzlich die an dem nachfolgenden Beispiel dargestellten Lösungsschritte (vgl. Kap. 3.5.3).

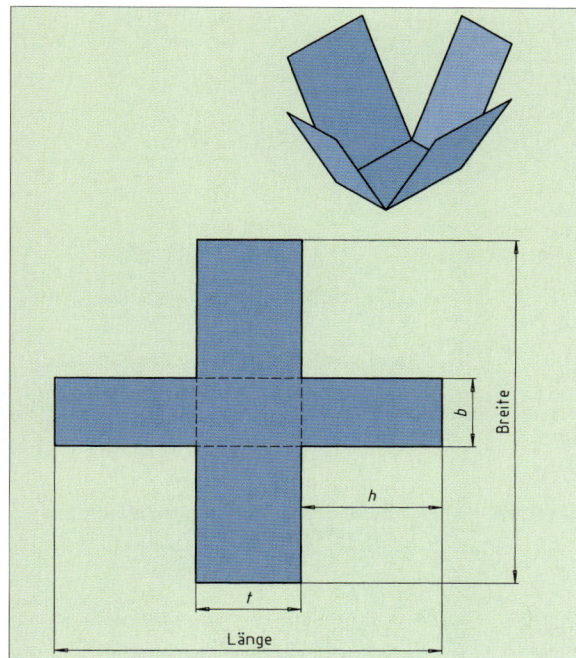

Bild 1 Behälter

[1] Damit die Aufgabenstellung überschaubar bleibt, wird die Berechnung der neutralen Phaser vernachlässigt.

- Fertigen Sie eine Handlungsanweisung für die fachgerechte Anfertigung einer Durchgangsbohrung an.
- Geben Sie eine Handlungsanweisung für die Fertigung einer Schelle an, die aus kaltgewalztem Flachstahl besteht.
- Beschreiben Sie die Arbeitsschritte für die Fertigung der Haube für die Außenlaterne (vgl. auch Kap. 2.3.2.1).

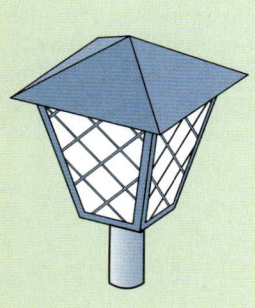

Beschreibung des Problems

Aus Blechtafeln (Werkstoff DC03) sind oben offene Behälter entsprechend Bild 1 anzufertigen.
Hierfür sollen ermittelt werden:
- die erforderliche Tafelgröße,
- das geeignete Tafelformat,
- die Oberfläche des Behälters,
- die Masse des Behälters und
- das Volumen des Behälters.

a) Als Werkstoff für den Behälter sollen Tafeln mit der Werkstoffnummer 1.0347 – Kurzzeichen DC03 – verwendet werden.
b) Blechdicke, Höhe, Breite und Tiefe des anzufertigenden Behälters sind den Anforderungen entsprechend festzulegen oder aus den Unterlagen des Kundenauftrages zu entnehmen[1].
c) Länge und Breite der mindestens benötigten Tafelgröße sind zu berechnen.
d) Unter Berücksichtigung der benötigten Tafelgröße wird ein geeignetes Tafelformat ausgewählt.
e) Die Oberfläche des Behälters wird berechnet.
f) Die Masse des Behälters wird aus der Oberfläche, der Blechdicke und der Dichte ermittelt.
g) Das Volumen wird aus Höhe, Breite und Tiefe berechnet.

Die Schritte a) bis g) werden wiederholt, bis alle Aufträge abgearbeitet sind.

Bild 2 Schriftliche Darstellung der Arbeitsschritte

Problemanalyse und Entwicklung des Algorithmus

Um die Aufgabenstellung in ein Computerprogramm zu übersetzen, werden die einzelnen Arbeitsschritte zunächst schriftlich dargestellt. Das anschließende Übersetzen in eine **Programmiersprache** oder das Übertragen in eine Tabellenkalku-

3.4 Programmieren von Verarbeitungseinheiten 3.4.3 Graphische Darstellungen

lation wird erleichtert, wenn die Arbeitsschritte in kleine und überschaubare Einheiten gegliedert werden (Seite 153, Bild 2).

Aus Seite 153, Bild 2 wird ersichtlich, dass weitere Informationen zu beschaffen sind. Aus den Tabellenbüchern kann die Dichte des Werkstoffes mit 7,85 kg/dm^3 entnommen werden. Auch muss ermittelt werden, welche Tafelformate vom Großhandel angeboten werden. Mithilfe der Tabelle für die Tafelformate für Bleche nach DIN (Bild 1) lassen sich die Länge und Breite der mindestens benötigten Tafelgröße mit den angebotenen Tafelformaten vergleichen. Ein geeignetes Tafelformat ist auszuwählen. Nun sind alle geforderten Werte bestimmbar.

Maßangaben in mm Länge x Breite
500 x 1000
600 x 1200
700 x 1400
800 x 1600
1000 x 2000
1250 x 2500

Bild 1 Tafelformate nach DIN 1541

3.4.3 Graphische Darstellungen

Aufgabenstellungen, die nach einer Abfolge von Arbeitsschritten zu einem Ergebnis führen, lassen sich in die drei Grundstrukturen **Sequenz**, **Auswahl** und **Wiederholung** zerlegen.

Diese werden nach schriftlicher Darstellung – in einem sinnvollen Zwischenschritt vor der Übersetzung in eine Programmiersprache oder eine Tabellenkalkulation – graphisch als **Programmablaufplan** oder **Struktogramm** dargestellt.

Grundstrukturen und ihre Bedeutung	Darstellung durch Text	Symbole für Struktogramme nach DIN 66261	Symbole für Programmablaufpläne nach DIN 66001
Sequenz Die einzelnen Arbeitsschritte werden nacheinander abgearbeitet.	● Zahlenwert für die Höhe h in mm festlegen, ● Zahlenwert für die Breite b in mm festlegen,	Eingabe des Zahlenwertes für die Höhe h Eingabe des Zahlenwertes für die Breite b	Eingabe des Zahlenwertes für die Höhe h Eingabe des Zahlenwertes für die Breite b
zweiseitige Auswahl WENN die Bedingung erfüllt ist DANN Anweisung(en) 1 SONST Anweisung(en) 2.	Wenn die Länge l ≤ 500 mm und die Breite b ≤ 1000 mm beträgt, dann verwende das Tafelformat 500 · 1000 mm², sonst ...	Länge ≤ 500 und Breite ≤ 1000 JA (DANN) / NEIN (SONST) Tafellänge t l = 500 / Tafellänge t l = 600 Tafelbreite tb = 1000 / Tafelbreite tb = 1000	Länge = 500 und Breite = 1000 JA (DANN) — NEIN (SONST) Tafellänge t l = 500 Tafelbreite tb = 1000
Wiederholung mit nachfolgender Bedingungsprüfung WIEDERHOLE die Anweisung(en) BIS die Bedingung(en) erfüllt ist (sind).	Wiederhole die Arbeitsschritte a) bis g) von Bild 2, Seite 151 für die Ermittlung der Daten eines Blechbehälters, bis alle Aufträge abgearbeitet sind.	WIEDERHOLE Ermittlung der geforderten Daten für einen Blechbehälter BIS alle Aufträge abgearbeitet sind	Ermittlung der geforderten Daten für einen Blechbehälter BIS alle Aufträge abgearbeitet sind

Bild 2 Grundstrukturen von Algorithmen und ihre graphische Darstellung

Bedeutung	Symbole für Struktogramme nach DIN 66261	Symbole für Programmablaufpläne nach DIN 66001
Block: Programmbeginn – Anweisung(en) Programmende	Beginn Ermittlung der geforderten Daten für Blechbehälter Ende	Beginn Ermittlung der geforderten Daten für Blechbehälter Ende

Bild 3 Blocksymbol

3.4 Programmieren von Verarbeitungseinheiten   3.4.4 Programmiersprachen, ein Überblick

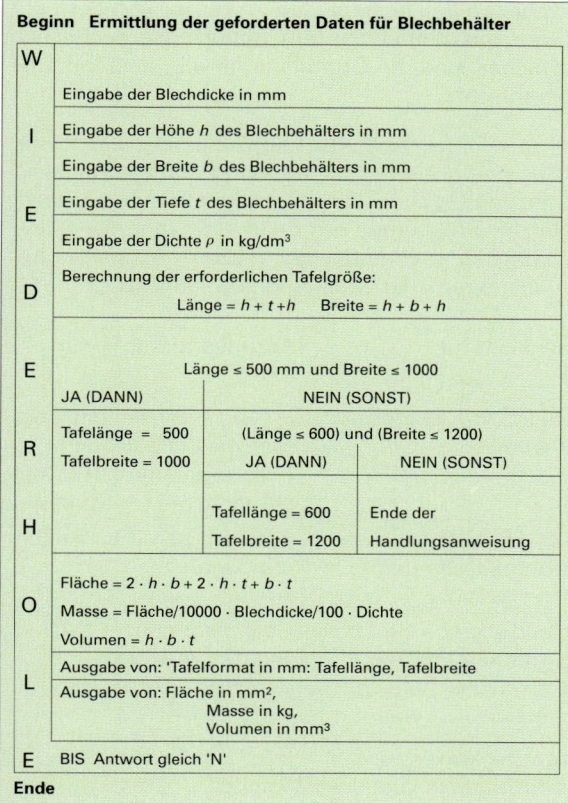

Bild 1 Struktogramm

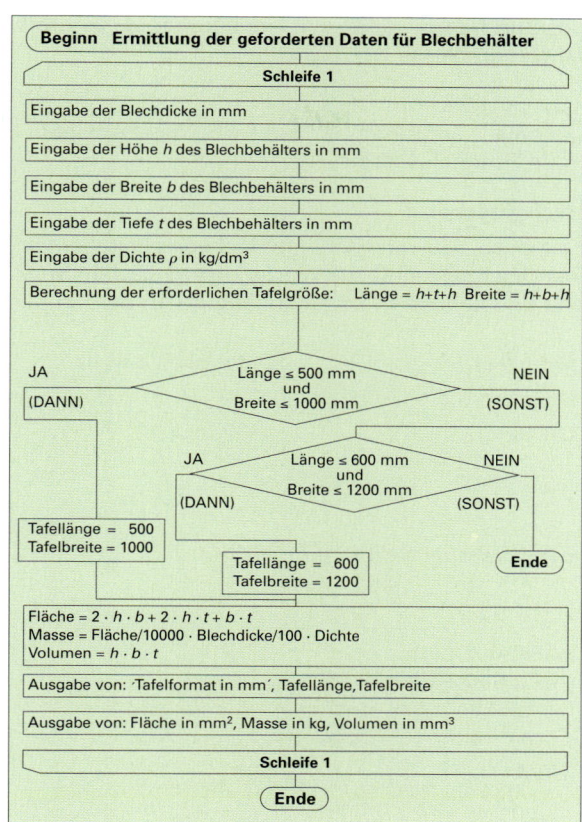

Bild 2 Programmablaufplan

Für die graphische Darstellung von Algorithmen wird noch das Symbol für Anfang und Ende (Bild 3, Seite 152) benötigt.

Aus den schriftlichen Handlungsanweisungen von Bild 2, Seite 153 lässt sich mithilfe der Symbole von Bild 3, Seite 154 und Bild 1 das **Struktogramm** von Bild 1 oder der **Programmablaufplan** von Bild 2 entwickeln.

Damit die Handlungsanweisungen nicht zu umfangreich werden, gelten die nachfolgenden Einschränkungen:

- Die kürzere Seite der Blechtafel wird als Tafellänge bezeichnet und als erste betrachtet.
- Der Algorithmus wird nur für die Tafelformate 500 mm x 1000 mm und 600 mm x 1200 mm dargestellt. Für größere Tafelformate wird die Handlungsanweisung beendet.

Überlegen Sie:

- Ergänzen Sie den Algorithmus von Bild 1 oder Bild 2 für die weiteren in Bild 1, Seite 154 angegebenen Tafelformate.

- Beschaffen Sie sich eine Handlungsanweisung zur Fehlersuche. Stellen Sie Teile dieser Handlungsanweisung unter Verwendung der Symbole von Bild 2 und 3, Seite 154 dar.

- Beschreiben Sie die Handlungsweisung für die Fertigung einer Schelle durch ein Struktogramm oder einen Programmablaufplan.

- Beschreiben Sie die Arbeitsanweisung zur Fertigung der Haube für die Außenleuchte durch ein Struktogramm.

3.4.4 Programmiersprachen, ein Überblick

Wird ein Algorithmus für die Ausführung durch einen Computer entwickelt, muss er in eine für den Computer verständliche Sprache übersetzt werden. Es gibt maschinennahe Sprachen und Hochsprachen.

Maschinennahe Sprachen (Assemblersprachen)

Die verwendeten Anweisungen müssen dem im Computer eingebauten **Prozessor** entsprechen. Maschinennahe Sprachen werden für **zeitkritische** Aufgabenstellungen eingesetzt, z. B. zum Festlegen

3.5 Programmierung einer Tabellenkalkulation 3.5.1 Übersetzung in die Syntax einer Tabellenkalkulation

des Zündzeitpunktes beim Hochdrehen eines Kraftfahrzeugmotors.

> Der Einsatz von Assemblersprachen erfordert genaue Kenntnisse der Hardware des vorliegenden Rechnersystems.

Hochsprachen

Es gibt ca. 150 verschiedene Hochsprachen. Sie verwenden meist einfache Wörter der englischen Sprache und können meist unabhängig von dem in der Rechenanlage eingebauten Prozessor und dem vorhandenen Betriebssystem genutzt werden. Hochsprachen sind die Grundlage für alle Anwendungsprogramme.

> Alle Alltags- und Kunstsprachen besitzen feste Regeln für die Rechtschreibung und die Zeichensetzung (Syntax). Die erwarteten Ergebnisse stellen sich allerdings nur dann ein, wenn die Sinnhaftigkeit (Semantik) der Sätze – Programmanweisungen oder Zeichenfolgen – korrekt ist.

Merkmal Programmiersprache	Entwickelt seit ca.	Entwickelt für	Angewendet z. B. für
C/C++	1972	Erstellen von Betriebssystemen.	In C sind Teile der Betriebssysteme CP/M68K und UNIX programmiert sowie bekannte CAD-Programme.
BASIC/Visual BASIC	1964	Hobbybereich, kleinere mathematische und technische Aufgaben.	Spielprogramme, Ausbildungsbereich.
PASCAL/Delphi (nach Blaise Pascal, 1623 bis 1662)	1970	Ausbildung von Studenten, mathematische, naturwissenschaftliche, technische Aufgaben	Dateiprogramme, CAD-Programme, Textverarbeitungsprogramme.
JAVA	1992	Vernetzte Anwendungen und für unterschiedliche Computersysteme	Internetanwendungen, Applets

Bild 1 Ausgewählte Programmiersprachen

Interpreter und Compiler

Bevor der in einer Hochsprache geschriebene Programmtext (Quellcode) ausgeführt werden kann, muss er in Steueranweisungen für den Prozessor der Rechenanlage übersetzt werden. Hierfür stellen die Softwarehersteller Interpreter- oder Compilerprogramme zur Verfügung.

Der **Interpreter** übersetzt **jede einzelne Programmanweisung** in Steueranweisungen für den Prozessor, die **sofort** ausgeführt werden.
Der **Compiler** übersetzt vor dem Programmstart den **gesamten Programmtext** in Steueranweisungen für den Prozessor, **erst dann** kann das Programm ausgeführt werden.

3.5 Programmierung einer Tabellenkalkulation

3.5.1 Übersetzung in die Syntax einer Tabellenkalkulation

Die graphische Darstellung von Seite 155 wird nun in Anweisungen eines Tabellenkalkulationsprogramms übersetzt. Werden **Rechtschreibung** und **Grammatik (Syntax)** korrekt eingehalten, so ergibt sich das lauffähige Programm von Bild 2.
Ob das Programm den Anforderungen genügt, kann nur durch die Eingabe geeigneter Zahlenwerte **getestet** werden. Nach dem Programmstart und der Eingabe von 0,3 für die Blechdicke, 100 für die Höhe, 200 für die Breite, 80 für die Tiefe und 7,85 für die Dichte ergibt sich die Bildschirmausgabe von Bild 2.

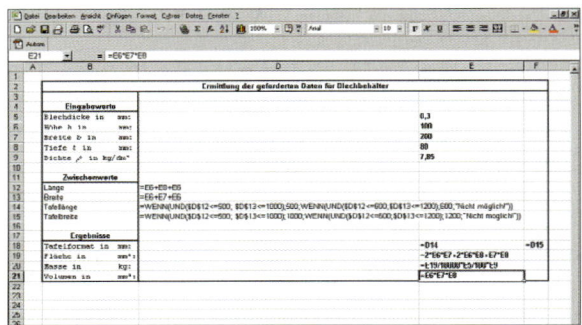

Bild 2 Formelanzeige der Tabellenkalkulation für die Ermittlung der Behälterdaten

3.5.2 Programmtest

Die Programmerstellung ist mit der Eingabe des Programmtextes nicht abgeschlossen. Besonders bei der Eingabe und dem Kopieren von Formeln unterlaufen häufiger Fehler. Deshalb sollte der Nutzer des Tabellenkalkulationsprogramms sofort **Schreib- und Zeichensetzungsfehler,** auch **Syntaxfehler** genannt, korrigieren.

Sinnfehler, auch **Semantikfehler** genannt, lassen sich ermitteln, indem die Ergebnisse der Tabellenkalkulation mit den Ergebnissen der eigenen Berechnung verglichen werden.

Für den Blechbehälter mit den Maßen h = 100 mm, b = 200 mm und t = 80 mm wird neben der Tabellenkalkulation auch eine manuelle Berechnung durchgeführt. Ein Vergleich der Computerlösung mit den Werten der eigenen Berechnung zeigt, ob die Tabellenkalkulation für die getesteten Werte ein korrektes Ergebnis liefert.

Bildschirmausgabe	Eigene Berechnung (Testdaten)
Ermittlung der geforderten Daten für Blechbehälter **Eingabewerte** Blechdicke in mm: 0,3 Höhe h in mm: 100 Breite b in mm: 200 Tiefe t in mm: 80 Dichte ρ in kg/dm³: 7,85 **Zwischenwerte** Länge: 280 Breite: 400 Tafellänge: 500 Tafelbreite: 1000 **Ergebnisse** Tafelformat in mm²: 500 1000 Fläche in mm²: 72000 Masse in kg: 0,16956 Volumen in mm³: 1600000	Länge = 100 mm + 80 mm + 100 mm = 280 mm Breite = 100 mm + 200 mm + 100 mm = 400 mm Aus Bild x, Seite xxx kann entnommen werden, dass das Tafelformat **500 mm · 1000 mm** hinreichend ist. Fläche = 2 · 100 mm · 200 mm + 2 · 100 mm · 80 mm + 200 mm · 80 mm = **72000 mm²** Masse = 72000 mm² · 7,85 kg/dm³ · 0,3 mm = **0,170 kg** Volumen = 100 mm · 200 mm · 80 mm = **1600000 mm³**

Bild 1 *Ergebnisvergleich*

3.5.3 Allgemeine Vorgehensweise beim Entwickeln von Programmen

Soll eine Aufgabenstellung mittels einer selbst erstellten Tabellenkalkulation gelöst werden, so empfiehlt es sich, nach dem in der Tabelle dargestellten **Phasenmodell** vorzugehen.

Phasen der Programmentwicklung	Bedeutung
Beschreibung des Problems *(siehe Seite 153)*	Ein Auftrag wird beschrieben oder übernommen.
Problemanalyse *(siehe Seite 153)*	Der Arbeitsauftrag wird untersucht. Er wird fachlich korrekt mündlich oder schriftlich beschrieben. In dieser Phase sind besonders zu beachten: • Welche **Ergebnisse** werden erwartet? • Welche **Eingabedaten** stehen dafür zur Verfügung? • Wie sind die Eingabedaten zu **verarbeiten**, damit die erwarteten Ergebnisse erzielt werden?
Graphische Darstellung des Algorithmus *(siehe Seite 155)*	Der Arbeitsauftrag wird verfeinert. Es erfolgt die Zerlegung in die drei Grundstrukturen **Sequenz**, **Auswahl** und **Wiederholung**. Für die graphische Darstellung werden die Symbole nach Bild 2 und 3, Seite 154, genutzt.
Übersetzung in eine Tabellenkalkulation *(siehe Kapitel 156)*	Die graphische Darstellung wird in die Schreibweise der Tabellenkalkulation (Bild 1, Seite 156) übersetzt und als Datei auf einer Diskette oder Festplatte gesichert. Bei der Eingabe werden **Syntaxfehler** sofort berichtigt.
Programmtest *(siehe Seite 157)*	Die Kalkulation wird mit Hilfe geeigneter Testdaten auf Semantikfehler überprüft (Bild 1).
Einsatz des Programms	Nach dem erfolgreichen Programmtest kann das Programm, wie geplant, genutzt werden.

Bild 2 *Phasenmodell*

3.6 Möglichkeiten der weltweiten Datenkommunikation

Das Internet ist ein weltweites Datennetz. Es verbindet länderübergreifend Computernetze von Hochschulen, Schulen, Banken, Firmen, Betrieben, Behörden usw. Auch ist eine Vielzahl von Einzelrechnern zeitweise oder auch dauerhaft an das Internet angeschlossen.

Der Zugang erfolgt über Internet-Provider[1] oder Online-Dienste. Diese bieten ihren Kunden einen Internetanschluss über Standleitungen oder Wählverbindungen. Bei der Verwendung von Standleitungen sind die angeschlossenen Rechner dauerhaft mit dem Internet verbunden. Daneben besteht die Möglichkeit, bei Bedarf eine Internetverbindung herzustellen. Hierfür ist neben dem Computer ein Modem oder eine ISDN-Karte erforderlich. Auch benötigt der Benutzer die Rufnummer und die Zugangsberechtigung von Provider oder Online-Dienst.

An Diensten bietet das Internet u.a. an:

- **Electronic Mail (E-Mail)**
  Der Benutzer versendet auf elektronischem Wege Nachrichten. Diese können aus Texten, Bildern, Grafiken und Tönen bestehen. Meist befindet sich eine E-Mail kurze Zeit nach ihrem Versenden im elektronischen Briefkasten des Empfängers. Ist der Briefkasten des Empfängers nicht erreichbar oder überfüllt, wird die E-Mail als unzustellbar gekennzeichnet und an den Absender zurück geschickt.

- **News** (Bild 1)
  In Diskussionsforen, auch als News-Gruppen bezeichnet, können öffentliche Nachrichten zwischen den Internet-Teilnehmern ausgetauscht werden. Diese Foren lassen sich mit einer riesigen Zeitung vergleichen, die Fachartikel, Leserbriefe und Kleinanzeigen enthält.

- **W**orld **W**ide **W**eb (WWW)
  Die Kommunikation zwischen WWW-Benutzern und WWW-Anbietern erfolgt mit speziellen Programmen. Sie werden als Browser bezeichnet. Es gibt Browser, mit denen sich
  – E-Mails lesen, erstellen und versenden
  – News schreiben und lesen
  – WWW-Seiten lesen und erstellen
  – Programme, Treiber und sonstige Dateien auf den eigenen Rechner kopieren
  – Suchanfragen durchführen
  lassen.

[1] Ein Provider bietet seinen Kunden ausschließlich den Zugang zum Internet. Online-Dienste verfügen zusätzlich über eigene Internetangebote.

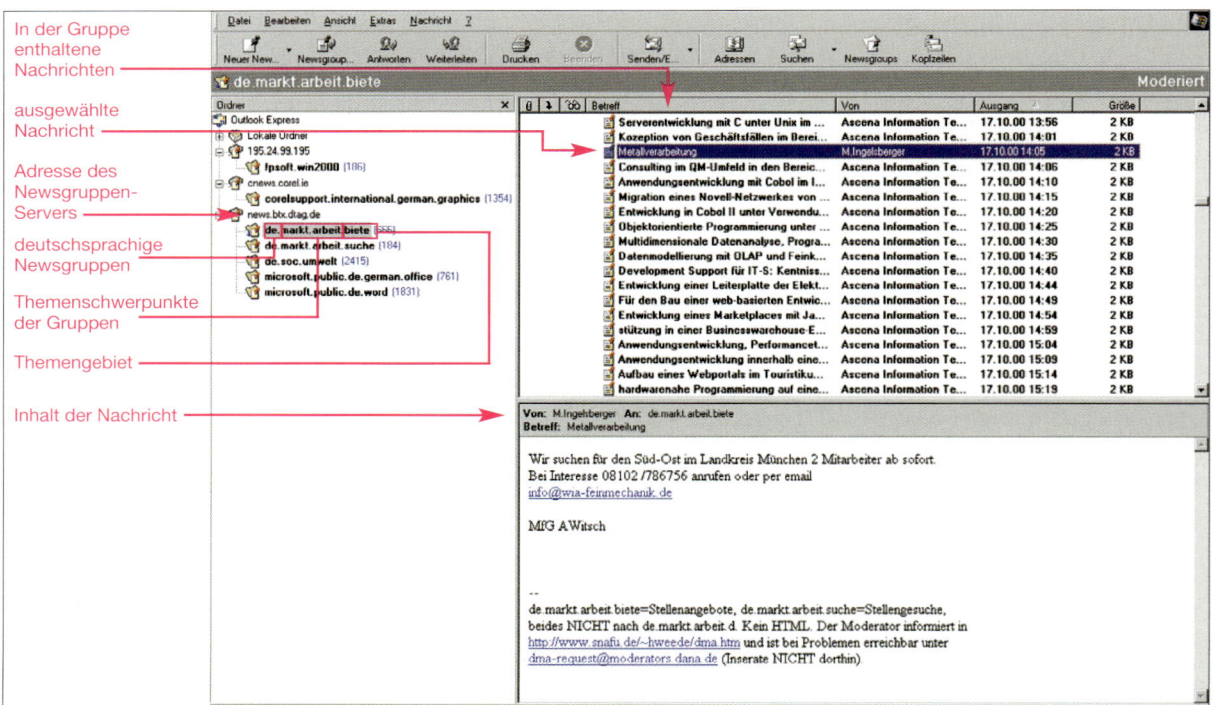

Bild 1 News

3.6 Möglichkeiten der weltweiten Datenkommunikation

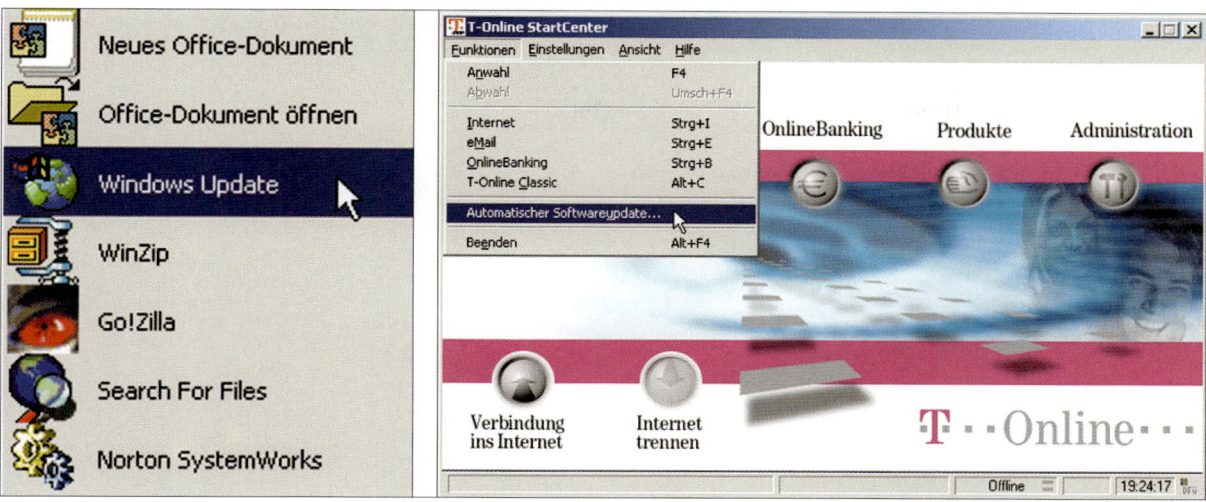

Bild 1 Update über das Internet

Die Hersteller von Anwendungen und Betriebssystemen ermöglichen das Updaten ihrer Programme (Bild 1). Hierfür wird häufig ein Menüpunkt im Anwenderprogramm oder im Betriebssystem angegeben.

Weitere Anwendungen des WWW sind u. a. das Kaufen und Verkaufen von Waren (**E-Commerce**), der Handel mit Aktien (**Online Broker**) oder das Ersteigern und Versteigern von Waren (**Auktionen**).

Suchanfragen

Es werden Informationen zu Absperrventilen benötigt. Neben Fachbüchern und Fachzeitschriften lässt sich auch das Internet für die Informationsbeschaffung nutzen. Um sich nicht in den Weiten des Netzes zu verlieren, ist es sinnvoll, eine Anfrage mit einer **Suchmaschine** durchzuführenm (Seite 160; Bild 1). Diese wird aufgerufen, der gesuchte Begriff eingegeben und die Suchanfrage gestartet.

Besondere Aufmerksamkeit muss auf die **sinnvolle** Wahl des Suchbegriffs verwendet werden. Ist er zu allgemein gehalten, ergeben sich gegebenenfalls mehrere 1000 Hinweise. Wurde er zu speziell gewählt, kann sich als Ergebnis „0 Hinweise" ergeben.

Sachgerechter Umgang mit dem Internet

Wird mit einem PC eine Internetverbindung hergestellt, ist der Rechner für die Dauer der Verbindung ein Bestandteil des Internets. Damit ist es geübten Programmierern möglich, auf die Festplatte des PCs zuzugreifen. Alle zwischen Rechnern im Internet ausgetauschten Daten sind abhörbar. So ermöglicht z. B. der unverschlüsselte Versand der eigenen EC- oder Kreditkartennummer deren Nutzung durch unbefugte Personen.

Deshalb sollten folgende Regeln beim Umgang mit dem Internet beachtet werden:

- Passworte und Geheimzahlen für den Zugang zum Provider, zum Online-Dienst oder auch zum eigenen Bankkonto werden nicht auf der Festplatte des PCs gespeichert.

- Homebanking wird nur dann durchgeführt, wenn die Bank oder Sparkasse bei allen Zugriffen auf das eigene Konto ein geeignetes Sicherungsverfahren zur Verfügung stellt.

- E-Mails, die nur für Sender und Empfänger lesbar sein sollen, sind geeignet zu verschlüsseln. Sender und Empfänger vereinbaren eine sehr lange, nur ihnen bekannte Zahlenfolge. Diese wird dann zum Verschlüsseln und Entschlüsseln der Daten genutzt. Mit ihr übersetzt der Sender den Text. Er schickt die verschlüsselten Daten über das Internet an den Empfänger. Dieser übersetzt die Daten in den Originaltext zurück.

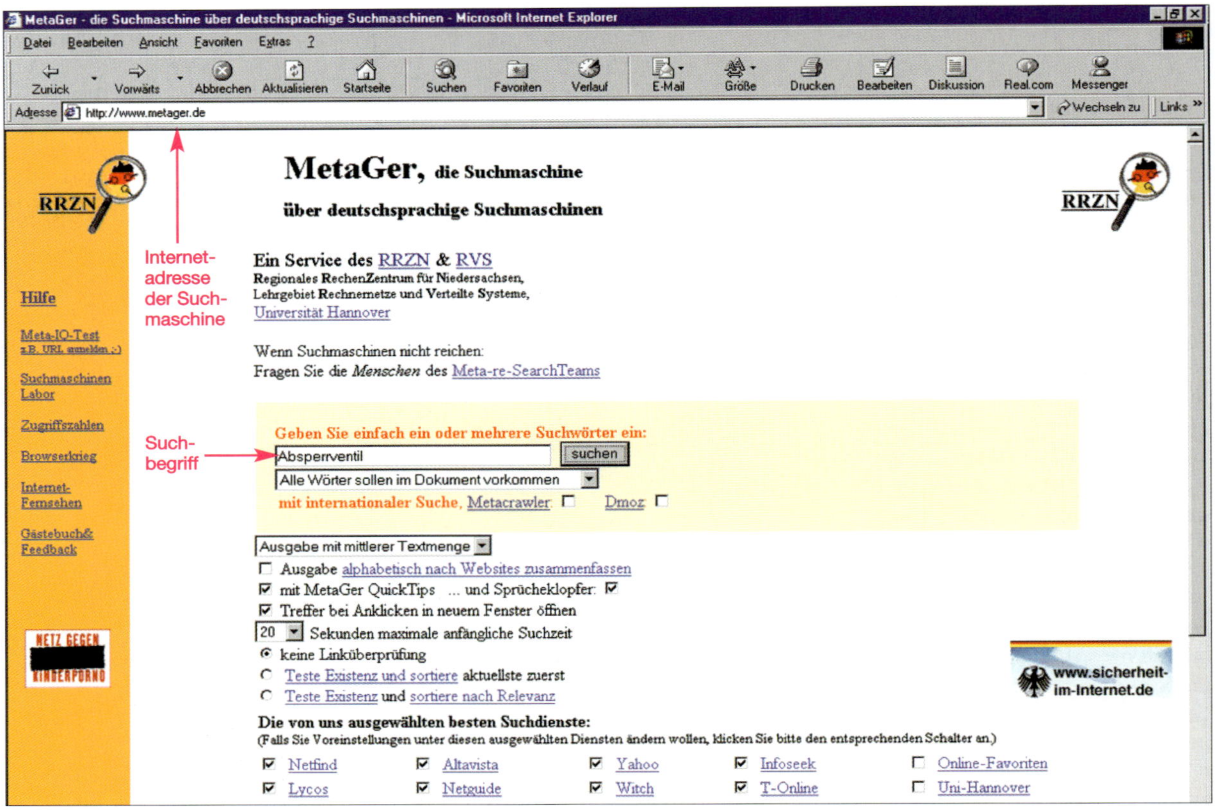

3.6 Möglichkeiten der weltweiten Datenkommunikation

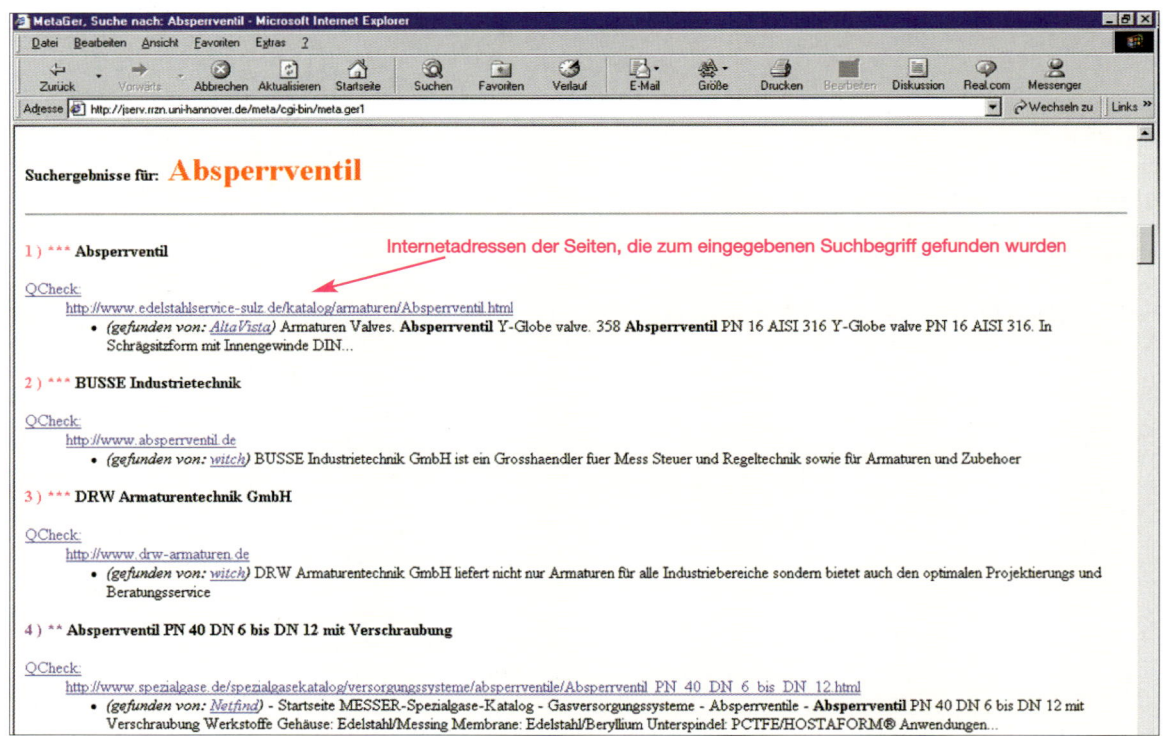

Bild 1 Suchanfrage

Bild 2 Antwort auf eine Suchanfrage

3.6 Möglichkeiten der weltweiten Datenkommunikation

3.7 Auswirkungen der Informations- und Kommunikationstechniken

Durch den Einsatz von Computern wird unser Alltag und vor allem die Berufs- und Arbeitswelt permanent verändert.
Kunden fordern z. B. von den Fahrzeugherstellern:
- neue Produkte
  Sie sind nach sehr kurzer Entwicklungszeit sehr schnell auf dem Markt anzubieten
- individuelle Ausstattung und Farbgebung.
  Auf besondere Kundenwünsche wird schnell, flexibel und mit kürzesten Lieferfristen reagiert.

Dies bedeutet, umfangreiche Informationen in sehr kurzen Zeiträumen zu bearbeiten. Nur mit dem Einsatz programmierbarer Systeme und der Nutzung dieser Systeme durch qualifizierte und kompetente Fachkräfte ist dies leistbar.
Graphische Bedieneroberflächen vereinfachen die Handhabung von PCs. Spracheingabe (Bild 1) und Sprachausgabe ermöglichen den Einsatz von Computern z. B. für die Zugangskontrolle oder in Verkehrssystemen. Auch wird der fortschreitende Einsatz von Computern durch folgende Entwicklungen gefördert:
- Die Kosten für anzuschaffende Hardware verringern sich stetig.
- Die Miniaturisierung der Hardware erschließt weitere Anwendungsbereiche im beruflichen und privaten Umfeld. Als Beispiel seien Notebooks und Handys genannt. Mit ihnen können mobile Internetverbindungen hergestellt werden.
- Durch neu entwickelte Prozessoren und kleinere Festplatten mit größerer Speicherkapazität wird die Leistungsfähigkeit von Computern ständig erhöht.
- Das Angebot an preiswerter und einfach handhabbarer Anwendersoftware nimmt ständig zu.

Bild 1 Spracheingabe

> Preiswerte Hardware und Software begünstigen den umfassenden Einsatz von Computern im beruflichen und privaten Umfeld.

Auch im **Werkstattbereich** werden zunehmend programmierbare Systeme genutzt, z. B. **speicherprogrammierbare Steuerungen** (vgl. Kap. 4.5) und programmierbare Testgeräte. Bei der Installation einer Heizungsanlage muss der Geselle z. B. eine Computersteuerung einbauen und nach den Wünschen des Kunden programmieren (Bild 2), z. B. Heizzeiten, Raumtemperatur und Nachtabsenkung.

Arbeitsbelastung und Arbeitsplatz

Durch den Einsatz von Rechnern haben sich umfangreiche betriebliche Veränderung ergeben. Gesellen müssen mit hochwertigen, teuren Maschinen, Programmen und Materialien umgehen. Dies

Bild 2 Einstellung der Computersteuerung einer Heizungsanlage

verlangt von ihnen ein sehr hohes Maß an **Verantwortungsbewusstsein**. (Seite 162; Bild 1).
Eine zügige und störungsfreie Auftragsabwicklung ist nur gewährleistet, wenn alle Mitarbeiter bereit sind, gemeinsam im Team zu arbeiten.
Kooperationsfähigkeit. Des weiteren ist die Bereitschaft zum ständigen Meinungsaustausch – **Kommunikationsfähigkeit** – über Probleme bei der zu lösenden Aufgabe gefordert.

3.7 Auswirkungen der Informations- und Kommunikationstechnik

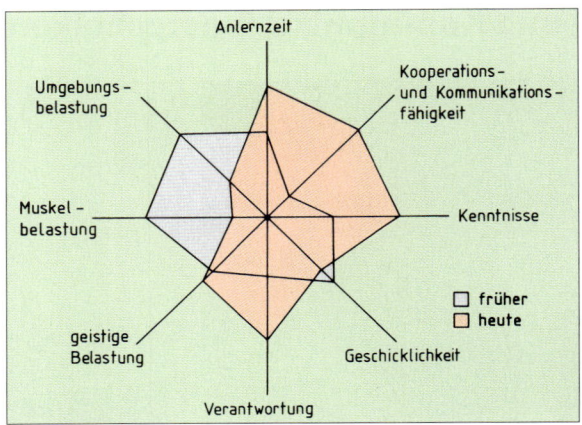

Bild 1 Veränderung der Qualifikationsanforderungen

Bild 2 Bildschirmarbeitsplatz

Die moderne Arbeitswelt verlangt den teamfähigen und verantwortungsbewusst handelnden Gesellen.

Wegen der immer längeren Verweilzeiten an Bildschirmarbeitsplätzen im privaten und beruflichen Umfeld muss der Einrichtung von Bildschirmarbeitsplätzen (Bild 2) besondere Beachtung geschenkt werden. Es sind die entsprechenden Richtlinien zu beachten.

Lebenslanges Lernen

Das Beispiel der Heizungsinstallation zeigt, dass abhängig von der technischen Entwicklung und den verwendeten Materialien heute ganz andere Anforderungen an den Gesellen oder Facharbeiter gestellt werden als noch vor einigen Jahren. Vielfach bringen Neuentwicklungen andere Materialien und Arbeitsmethoden in die betriebliche Praxis. Berufliche Fort- und Weiterbildung verbessert die Möglichkeiten, einen angemessenen Arbeitsplatz einzunehmen oder zu erhalten (Bild 3).

Lebenslanges Lernen verbessert die beruflichen Chancen erheblich.

Bild 3 Jobs mit Zukunft

3.8 Der Umgang mit Programmen und Daten

Beim Einsatz von Computern werden **Programme** und **personenbezogene** oder **betriebliche Daten** wie Namen, Anschriften, Preise oder Lagerbestände auf Bändern, Festplatten oder Disketten gespeichert. Hierdurch wird der schnelle Zugriff auf diese Daten oder der Austausch der Daten möglich. Gleichzeitig besteht aber auch die Gefahr des Missbrauchs, indem z. B. Programme, betriebliche Daten oder personenbezogene Daten unerlaubt von anderen Betrieben oder betriebsfremden Personen genutzt werden.

Beim Umgang mit Programmen und Daten sind die in den Kaufverträgen beschriebenen Nutzungsbedingungen, die betrieblichen Zugriffsbedingungen (Datensicherung) und gesellschaftliche Anforderungen beim Umgang mit personenbezogenen Daten (Datenschutz) zu berücksichtigen.

3.8.1 Nutzen von Programmen

Ohne Betriebssysteme und Anwenderprogramme lassen sich Computer in der betrieblichen Praxis oder dem privaten Umfeld nicht nutzen. Der Herstellungsaufwand für Programme kann durchaus mehrere Millionen Euro betragen. Deshalb schließen die Hersteller mit den Käufern **Lizenzverträge** über die Einzel- oder Mehrfachnutzung eines Softwareproduktes ab. Hierdurch verpflichtet sich der Käufer, die Software nur im Sinne des Vertragstextes zu nutzen.

In einer seit dem 1. Januar 1993 gültigen EG-Richtlinie für Computerprogramme ist festgeschrieben, dass bereits das **Kopieren von Programmen** oder der **Besitz unerlaubt kopierter (nicht lizenzierter) Versionen eines Programmes unter das Urheberrecht fällt und somit straf- und zivilrechtlich verfolgt wird.**[1]

3.8.2 Datensicherung

Betriebliche Programme und Daten sind betriebliche Investitionen, die vor
- Datenverlust bei Beschädigung oder Zerstörung von Datenträgern,
- Missbrauch und Veränderung der Daten durch unberechtigte Benutzer,
- Verfälschung oder Löschung durch ‚Virenprogramme'

gesichert werden sollten.

...

1. Diese ... Lizenz-Vereinbarung ... gibt Ihnen die Berechtigung, eine Kopie ... auf einem Einzelcomputer ... zu benutzen, ...

2. URHEBERRECHT – Die SOFTWARE ist Eigentum von ... oder deren Lieferanten und ist durch Urheberrechtsgesetze ... gegen Kopieren geschützt. ... Sie dürfen weder die Handbücher des Produktes noch anderes schriftliches Begleitmaterial zur SOFTWARE kopieren.

...

4. WEITERE BESCHRÄNKUNGEN – Sie dürfen die SOFTWARE weder vermieten noch verleihen, ...

Bild 1 Auszug aus einem Lizenzvertrag

Artikel 1 Absatz 3
Computerprogramme werden geschützt, wenn sie individuelle Werke in dem Sinne darstellen, dass sie das Ergebnis einer eigenen geistigen Schöpfung ihres Urhebers sind. Zur Bestimmung der Schutzfähigkeit sind keine anderen Kriterien anzuwenden.

Artikel 7 Absatz 1
... sehen die Mitgliedstaaten ... geeignete Maßnahmen[1] gegen Personen vor, die eine ... Handlung begehen:

a) Inverkehrbringen einer Kopie eines Computerprogramms, wenn die betreffende Person wusste oder Grund zu der Annahme hatte, dass es sich um eine unerlaubte Kopie handelt.

Bild 2 Auszug aus der EU-Richtlinie zum Rechtsschutz von Computerprogrammen

Datenmissbrauch und Datensicherung

Betriebliche Daten sind gegen unerlaubten Zugriff durch Dritte zu schützen. Die Verwaltung von Dateien sollte so organisiert sein (Bild 1, Seite 164), dass die Mitarbeiter nur auf die von ihnen benötigten Daten zugreifen können. Dies wird durch geeignete Anwenderprogramme erreicht. Durch die Abfrage von **Passwörtern** kontrollieren sie die Art der Berechtigung von Mitarbeitern beim Zugriff auf die betrieblichen Datenbestände.

---

[1] So entstehen z. B. je illegal kopiertem Programm ca. 500,00 € an Abmahngebühren.
Bei zivilrechtlicher Verfolgung kommen Gerichtskosten und Entschädigungen mit einem Mindeststreitwert von 2500,00 € je Programm hinzu.
Die strafrechtlichen Verurteilungen können bis zu 3 Jahren Haft betragen.

3.8 Der Umgang mit Programmen und Daten

3.8.2 Datensicherung

Bild 1 Organisation der Zugriffskontrolle

Datenverlust

Damit die Gefahr des Verlustes von Programmen und Daten ausgeschlossen wird, sind diese zu sichern. Dies bedeutet, die Dateien z. B. auf Diskette oder Band zu kopieren. Nach der erstmaligen Sicherung von Programmen und Daten ist nur noch eine regelmäßige Sicherung der neuen Daten notwendig. Abhängig vom Umfang der sich ändernden Daten führt der Betrieb tägliche, wöchentliche oder monatliche Datensicherung durch.

Für das Sichern von Programmen und Daten auf Disketten und das Zurückschreiben dieser Dateien von der Diskette stellt bereits das Betriebssystem einfache Befehle zur Verfügung.

Wenn der Betrieb häufig umfangreiche Datensicherung durchführen muss, so lassen sich spezielle Geräte (Bild 3) und Sicherungsprogramme mit komfortabler Bedienerführung einsetzen. Neben Bandlaufwerken können für die Datensicherung auch DVD-RAM oder CD-RW eingesetzt werden.

Sorgfältige Datensicherung schützt vor Störungen bei der betrieblichen Datenverarbeitung.

Datenverlust durch Virenprogramme

Virenprogramme können das Arbeiten mit Datenverarbeitungsanlagen z. B. durch
- das Verändern von Programmen oder Daten,
- das Verändern des Inhaltsverzeichnisses oder
- das Löschen von Dateien

unmöglich machen.

Die Gefährdung durch Virenprogramme ist einschränkbar, wenn
- ausschließlich Originalprogramme verwendet werden,
- die Dateien regelmäßig mit einer aktuellen Version eines Virensuchprogramms kontrolliert werden,
- bei Feststellen von Viren z. B. alle veränderten Dateien gelöscht und die Sicherungskopien zurückgeschrieben werden,

Bild 2 Zugriffssicherung

- Mails unbekannter Herkunft nicht geöffnet werden,
- aus dem Internet übertragene Programme vor dem ersten Programmstart mit einem aktuellen Virenscanner überprüft werden,
- bei Text- und Tabellenkalkulationsdateien unbekannter Herkunft die Makrofunktion nicht aktiviert wird.

Die Datensicherung umfasst alle Arten der Vorsorge gegen den Verlust, die Veränderung oder die missbräuchliche Nutzung von Daten.

Bild 3 Bandlaufwerk

3.8.3 Datenschutz

Neben den frei zugänglichen personenbezogenen Daten gibt es personenbezogene Daten, die den besonderen Bedingungen des Datenschutzes unterliegen (Bild 1). Beim Speichern von und Arbeiten mit personenbezogenen Daten mit Hilfe der EDV (Bild 2) werden die im **Grundgesetz** verankerten **Persönlichkeitsrechte** berührt.

Freie Daten	Personenbezogene Daten
Telefonbuch	Personalakte
Adressbuch	Einkommen
	Krankenakte
	Steuerbescheid

Bild 1 Zuordnung von Daten

Speicherung personenbezogener Daten	
im öffentlichen Bereich	im nichtöffentlichen Bereich
Einwohnermeldeamt	Arbeitgeber
Wohnungsamt	Gewerkschaften
Bundespost	Banken und Sparkassen
Sozialamt	Versicherungen
Arbeitsamt	Ärzte und Krankenhäuser
Bundeswehr	Versandhandel
Finanzamt	
Kraftfahrzeug-bundesamt	

Bild 2 Beispiele für staatliche und private Datenerfassung

Der Versandhandel besitzt meist Informationen über das Einkommen und die Kreditwürdigkeit, Ärzte und Krankenhäuser besitzen Unterlagen mit dem aktuellen Gesundheitszustand und zu den bisherigen Arbeitsunfähigkeiten.

Um z. B. dem unbefugten Zugriff oder der unbefugten Weitergabe derartiger personenbezogener Daten vorzubeugen, wurden das **Bundesdatenschutzgesetz** und die **Landesdatenschutzgesetze** verabschiedet. Hieraus leiten sich unter anderem die folgenden Auswirkungen ab:

- Bei der Datenerhebung ist der Bürger nur dann zur Auskunft verpflichtet, wenn eine entsprechende Rechtsgrundlage ihn hierzu verpflichtet.
- Fragen, zu denen keine Auskunftspflicht besteht, müssen als solche gekennzeichnet werden.
- Bürger können die Richtigkeit und Zulässigkeit der Speicherung bei einer staatlichen Datenerhebung schriftlich hinterfragen und kontrollieren lassen. Sind die Daten nicht korrekt erfasst oder gespeichert, so besteht das Recht auf Änderung oder Löschung. Hiervon sind allerdings die Daten bei Behörden wie dem Bundeskriminalamt ausgenommen.
- Die Einhaltung der Gesetze wird durch Datenschutzbeauftragte überwacht. Es gibt Bundes-, Landes- und Betriebsdatenschutzbeauftragte.
- Die Bundes- und Landesdatenschutzbeauftragten überwachen den Umgang mit personenbezogenen Daten in öffentlichen Einrichtungen von Bund, Ländern und Gemeinden. Sie nehmen die Interessen der Bürger im Rahmen des Datenschutzgesetzes wahr.
- In Betrieben, in denen mehr als fünf Mitarbeiter mit personenbezogenen Daten arbeiten, sollen Betriebsdatenschutzbeauftragte sicherstellen, dass auch in den Betrieben die Bestimmungen des Datenschutzes eingehalten werden.

Die Datenschutzgesetze sollen den Missbrauch beim Umgang mit personenbezogenen Daten verhindern.

Übungen

1. Für welche Aufgaben werden in Ihrem Betrieb oder in der privaten Umgebung Computer eingesetzt?
2. Wie heißt die kleinste Informationseinheit in der Informationstechnik? Erklären Sie diese an einem selbstgewählten Beispiel.
3. Erklären Sie die Begriffe „Hardware" und „Software".
4. Nennen Sie typische Ein- und Ausgabegeräte der Informationstechnik. Beschreiben Sie deren Verwendung.
5. Nennen Sie Speicher der Informationstechnik.
6. Aus welchen grundlegenden Elementen ist ein Microcomputer aufgebaut?
7. Erklären Sie die Begriffe ROM, EPROM, RAM.
8. Wie unterscheiden sich „Floppy Disk" und „Hard Disk"?
9. Beschreiben Sie die wichtigsten Aufgaben des Betriebssystems.
10. Was geschieht beim Formatieren einer Diskette?
11. Welche Aufgabe hat die Datensicherung und welche Möglichkeiten hierzu kennen Sie?

4 Steuerungstechnik

In der betrieblichen Praxis sind viele verschiedene Steuerungen im Einsatz, z. B., beim
- Ein- oder Ausschalten der Kreissägemaschine (vgl. Bild 1),
- Betätigen des Handtasters eines Hubwerkes, um eine Last zu heben oder zu senken (vgl. Bild 2) oder
- Einstellen des Schweißstromes an einem Schweißtransformator (vgl. Bild 3).

Bild 1 Kreissägemaschine

Bild 2 Hubwerk

Bild 3 Schweißtransformator

Die Wirkungsweise einer Steuerung ist von außen oft nicht zu beobachten, weil sie im Inneren der Maschine abläuft. Nur über die Wirkung der Maschine oder der Anlage ist sie dann zu erkennen. Am folgenden Beispiel eines Handbohrschraubers soll eine Steuerung erklärt werden.

4.1 Steuern und Steuerkette

Der Handbohrschrauber dient zum Befestigen von Schraubverbindungen bei Montagearbeiten (vgl. Bild 4). Der Handbohrschrauber (vgl. Bild 1, Seite 167) besteht im Wesentlichen aus
- dem Gehäuse mit Getriebe und Spindel,
- dem Elektromotor,
- dem EIN-AUS-Taster und
- dem Akkumulator.

Bild 4 Bohrschrauber

4 Steuerungstechnik 4.1 Steuern und Steuerkette

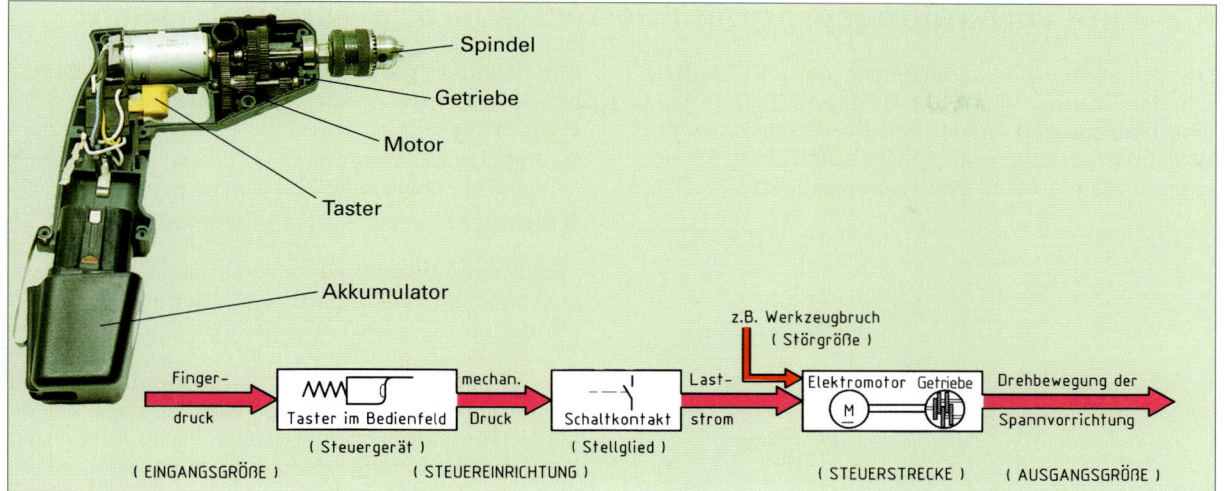

Bild 1 Steuerkette

Zwischen diesen Bauteilen besteht ein **Wirkungszusammenhang** (vgl. Bild 1):
- Der Benutzer gibt durch Fingerdruck über den Taster den Steuerbefehl (**Eingangsgröße**).
- Durch den Taster wird ein elektrischer Kontakt (**Stellglied**) betätigt, der den Stromkreis vom Akkumulator zum Elektromotor schließt. Der Elektromotor läuft an.
- Das Getriebe überträgt die Drehbewegung des Motors auf die Spindel (**Ausgangsgröße**). Der Handbohrschrauber (**Steuerstrecke**) ist in Betrieb.

Dieser Wirkungszusammenhang zwischen **Eingangsgröße** und der **Ausgangsgröße** wird **Steuern** genannt.
Vom Elektromotor gibt es keine Rückwirkung auf den Taster (vgl. Stromkreis in Bild 2). Störungen, wie z. B. einen Werkzeugbruch, kann die Steuerung daher nicht erfassen und auch nicht verarbeiten. Nur der Bediener kann sie erkennen und darauf reagieren, indem er z. B. den Handbohrschrauber ausschaltet. Dies unterscheidet eine Steuerung von einer Regelung (vergl. Kap. 4.8.).

> In einer Steuerung hat die Ausgangsgröße **keine** Rückwirkung auf die Eingangsgröße.
> Der Wirkungsablauf ist offen.

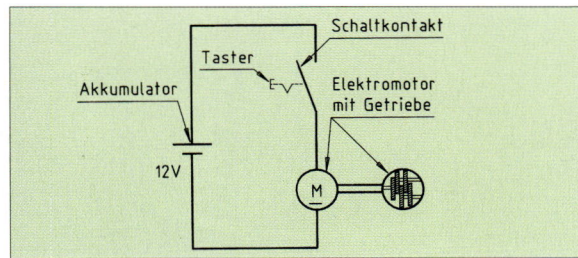

Bild 2 Stromkreis der Steuerkette

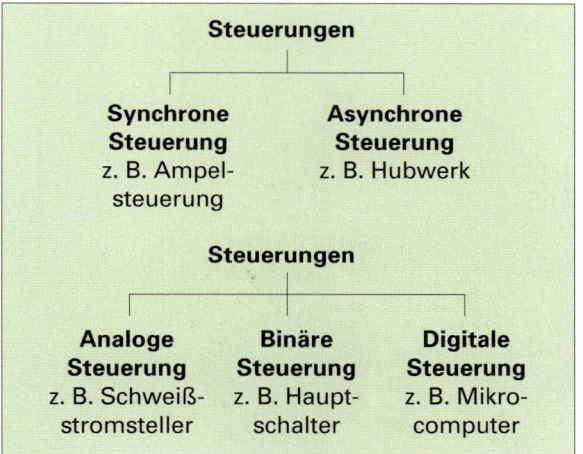

Bild 3 Mögliche Unterscheidungsmerkmale für Steuerungen

Weitere Unterscheidungsmerkmale von Steuerungen sind (vgl. Bild 3):
- Bei **asynchronen Steuerungen** ist eine Änderung der Ausgangssignale nur durch eine Änderung der Eingangssignale zu erreichen, wie z. B. beim Hubwerk in Bild 2, Seite 166.
- Bei **synchronen Steuerungen** werden die Eingangssignale zeitgleich (synchron) zu einem Taktsignal verarbeitet, wie z. B. bei der Ampelsteuerung an einer Straßenkreuzung.
- In **binären Steuerungen** werden binäre Signale (EIN – AUS, Spannung – keine Spannung) verarbeitet.
- **Analoge Steuerungen** arbeiten mit stetig wirkenden Signalen, wie z. B. beim Einstellen des Schweißstroms an einem Schweißtransformator (vgl. Bild 3, Seite 166).
- In **digitalen Steuerungen** werden digitale Signale verarbeitet, wie z. B. in einem Mikrocomputer.

4.2 Eine verbindungsprogrammierte Steuerung wird untersucht

Der praktische Einsatz bestimmt Art und Umfang von Steuerungen. Im Montagelift (vgl. Bild 1) wirkt eine **hydraulische** Steuerung. Der Wasserfluss der Waschtischarmatur (Bild 2) wird durch einen Sensor und ein Magnetventil **elektrisch** gesteuert.

Das bedeutet, die verwendete **Energie** zum Betreiben einer Steuerung kann unterschiedlich sein, z. B.:
- **Druckluft** in pneumatischen Steuerungen,
- unter **Druck** stehende bzw. bewegte **Flüssigkeit** (z. B. Öl) in hydraulischen Steuerungen oder
- **Elektrizität** in elektrischen Steuerungen.

> Ein Steuerungsaufbau mit Druckschläuchen oder elektrischen Leitungen wird verbindungsprogrammierte Steuerung genannt.

Die Wirkung einer verbindungsprogrammierten Steuerung kann nur geändert werden, wenn bei einer pneumatischen oder hydraulische Steuerung die **Verschlauchung** oder bei einer elektrischen Steuerung die **Verdrahtung** geändert wird.

4.2.1 Pneumatische Steuerungen

In vielen Bereichen der betrieblichen Praxis, in Werkstätten und Einrichtungen sind pneumatische Steuerungen eingesetzt. Die Spannvorrichtung in Bild 3 wird z. B. durch **Druckluft** gesteuert.
- Die Druckluft transportiert die **Steuerungsinformation**, z. B. Druck liegt an: Start des Spannvorgangs.
- Zudem liefert die Druckluft die **Energie** für die **Betätigung** des Spannzylinders durch das Verfahren des Kolbens im Zylinder.

Der einfache, wartungsarme und betriebssichere Aufbau von Druckluftsteuerungen ist der Grund für ihren verbreiteten Einsatz. Feuchtigkeit und Staub beeinträchtigen nicht die Funktion. Auch unter stärkeren umweltbedingten Belastungen ist ein Betrieb möglich.

> Die Druckluft in einer pneumatischen Steuerung transportiert die Information und die Energie.

Bild 1 Hydraulischer Montagelift

Bild 2 Elektrisch gesteuerte Waschtischarmatur

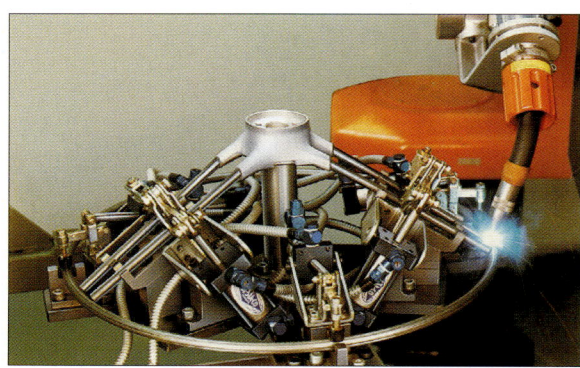

Bild 3 Pneumatischer Spannzylinder

4.2.1 Pneumatische Steuerungen   4.2.1.1 Druckluftversorgung und -aufbereitung

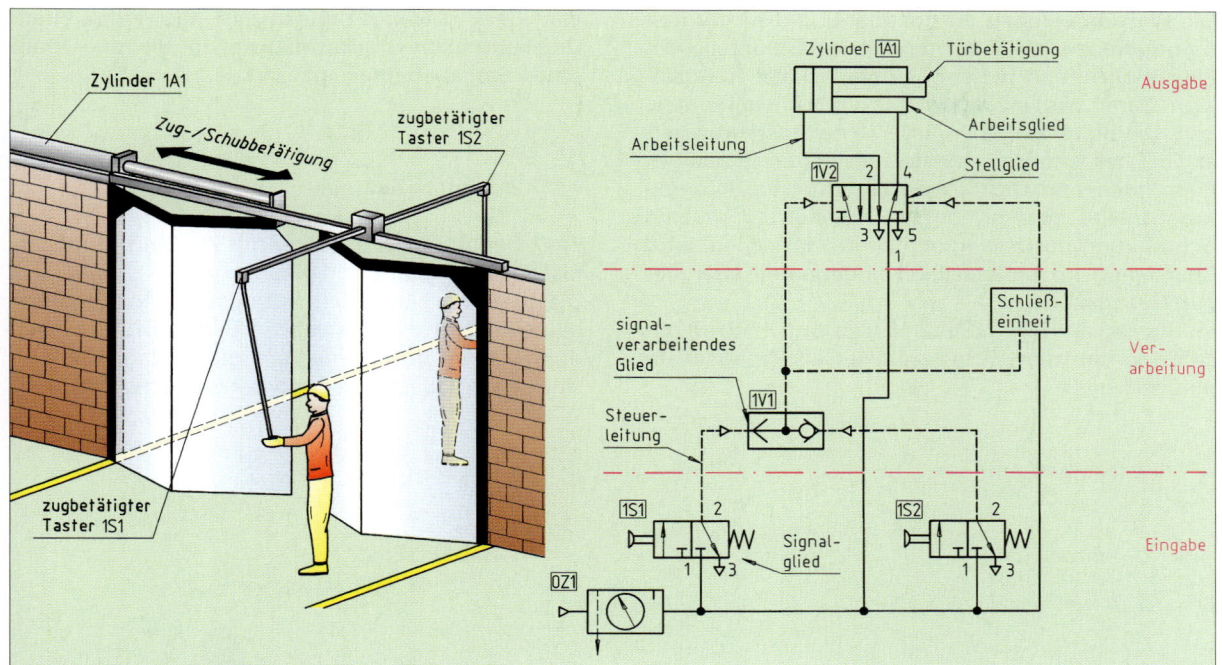

Bild 1 Pneumatische Türbetätigung mit Schaltplan

Viele Steuerungen, wie z. B. die pneumatische Türbetätigung mit Schließeinheit (vgl. Bild 1), lassen sich mit einer einfachen Auswahl von pneumatischen Grundbauelementen aufbauen. Die Tür lässt sich öffnen, wenn der zugbetätigte Taster 1S1 oder 1S2 geschaltet wird. Anhand dieser Türbetätigung soll der grundsätzliche Aufbau einer pneumatischen Steuerung untersucht werden. Der dazugehörige Schaltplan zeigt die notwendigen Bauelemente.
Sie können ihre Wirkung nur erfüllen, wenn eine **Druckluftversorgung** vorhanden ist.

4.2.1.1 Druckluftversorgung und -aufbereitung
Damit sich die Tür öffnen lässt (vgl. Bild 1), ist Druckluft von ca. 6 ... 12 bar[1] (600 ... 1200 kPa) erforderlich. Dazu dient eine Druckluftaufbereitungsanlage (vgl. Bild 2). Sie besteht aus dem Verdichter, dem Druckkessel und der Wartungseinheit.
Vereinfacht dargestellt ist der **Verdichter** ein von einem Elektromotor angetriebener Kolben. Die anliegende Umgebungsluft wird während der Abwärtsbewegung des Kolbens angesaugt. Das Einlassventil ist geöffnet. Das Austrittsventil schließt aufgrund des höheren Drucks im pneumatischen Rohrleitungsnetz. Verdichtet der Kolben in der Aufwärtsbewegung die Luft, öffnet das Austrittsventil. Die Druckluft strömt in das pneumatische Leitungsnetz. Währenddessen ist das Einlassventil geschlossen. Dieser Vorgang des Verdichtens wiederholt sich, solange der Elektromotor antreibt.

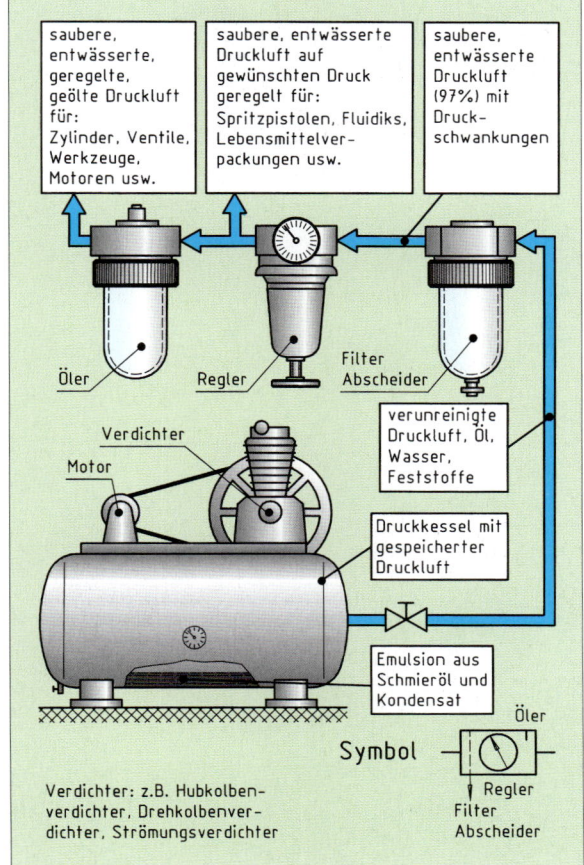

[1] 1 bar = 100 kPa

Bild 2 Druckluftaufbereitung

4.2.1. Pneumatische Steuerungen

Die **Wartungseinheit** entzieht der Luft die **Verunreinigungen**, wie z. B. Feuchtigkeit und Staubteilchen. Feuchtigkeit führt in der Pneumatikanlage zu Korrosion. Daher wird sie durch Wasserabscheider entzogen. Die Staubteilchen würden einen stärkeren Verschleiß herbeiführen, feinste Luftfilter entfernen sie. Führungen und Dichtungen der Druckluftaufbereitungsanlage sind so besser geschützt. Um eine Schmierung der bewegten Teile zu erreichen, wird über einen im Luftkreislauf eingebauten **Öler** der Luft Öl zugesetzt.

Im Schaltplan (Bild 1, Seite 169) ist die Druckluftversorgung und die Wartungseinheit als Ersatzschaltbild dargestellt.

Von der Wartungseinheit wird die aufbereitete Druckluft über Druckschläuche an die pneumatischen Eingabebauteile geführt.

4.2.1.2 Eingabebauteile

Eingabebauteile, z. B. **Taster mit Zugbetätigung**, erfassen das Signal zum Öffnen der Tür.
Die Vielfalt weiterer Betätigungsarten für Eingabebauteile zeigt die Auswahl in Bild 1. Die Entscheidung für eine bestimmte Betätigung hängt vom Einsatz und von der Bedienung der Steuerung ab.

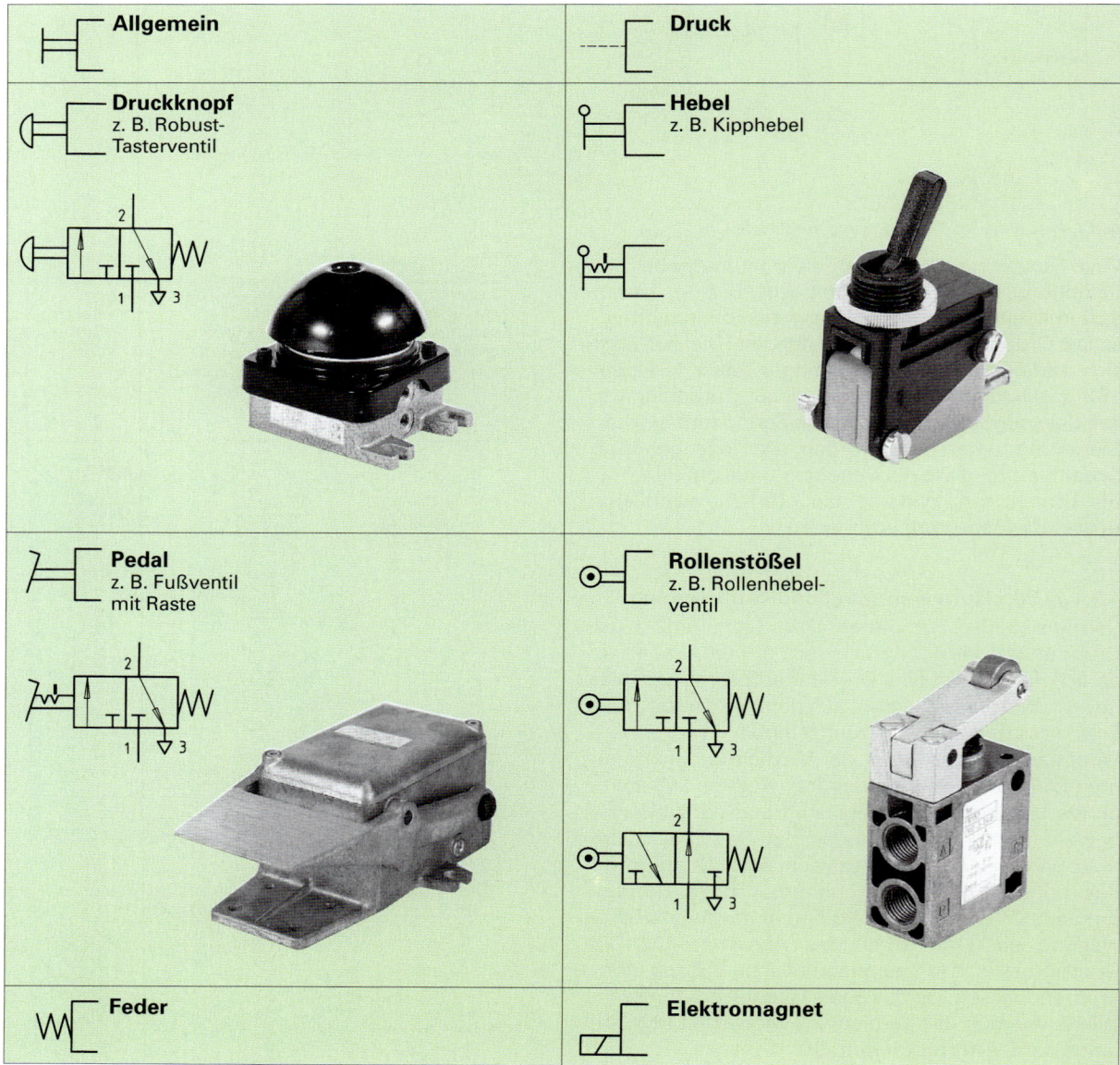

Bild 1 Ausgewählte Betätigungsarten

4.2.1. Pneumatische Steuerungen

4.2.1.2 Eingabebauteile

Schaltet der Benutzer z. B. den Taster 1S1, wird die Druckluft an das **Verarbeitungsbauteil** (in Bild 1 rot gekennzeichnet) weitergeleitet. Der Druck der Luft ist das **Schaltsignal**. Das Druckluftsignal wird durch die zugbetätigten Taster 1S1 oder 1S2 mechanisch zu- oder abgeschaltet.

Das Wirkprinzip des pneumatischen Eingabebauteils zeigt Bild 2:

Bohrungen mit unterschiedlichen Durchflussrichtungen leiten die Druckluft. Sie geben den Fluss der Druckluft, vereinfacht **Signalfluss** genannt, frei oder sperren ihn. Im unbetätigten Zustand ist der Anschluss **2**, das ist der Signalausgang, drucklos. Eine Verbindung zur Außenluft ist über den Rückluftausgang **3** gegeben (blau gekennzeichnet). Damit ist der beim Anschluss **1** anliegende Druck gesperrt.

Bei Betätigung des Tasters unterbricht der Stößel (grau gekennzeichnet) die Verbindung von 2 nach 3. Anschließend öffnet der Stößel das Ventil über die Feder. Der Druck am Anschluss 1 wird am Ausgang 2 wirksam (rot gekennzeichnet), hier steht nun ein Drucksignal zur Verfügung. Bei Rücknahme der Betätigung verschieben die Druckfedern den Stößel in die Ruhe- bzw. Ausgangsstellung.

Diese Funktion haben beide im pneumatischen Schaltplan Bild 1, Seite 169, zu sehenden Türbetätigungs-Taster 1S1 und 1S2. Aus dem Wirkprinzip ist ein vereinfachtes Schaltsymbol mit der technischen Bezeichnung **Handbetätigtes 3/2-Wegeventil in Sperr-Nullstellung** abgeleitet (vgl. Bild 3).

Die im 3/2-Wegeventil eingezeichneten Pfeile erklären
- die **Verbindungen** innerhalb der unterschiedlichen Schaltstellungen sowie
- die **Durchflussrichtung** der Druckluft.

Die Angabe **3/2** kennzeichnet die **drei** Anschlüsse und die **zwei** möglichen Schaltstellungen.
Darüber hinaus sind weitere Angaben möglich. So können z. B. die Durchflussrichtung in der Ruhestellung, die Art der Entlüftung und die Rückstellung gekennzeichnet sein.

> Pneumatische Eingabebauteile stellen Drucksignale für die weitere Verarbeitung in der Steuerung zur Verfügung.

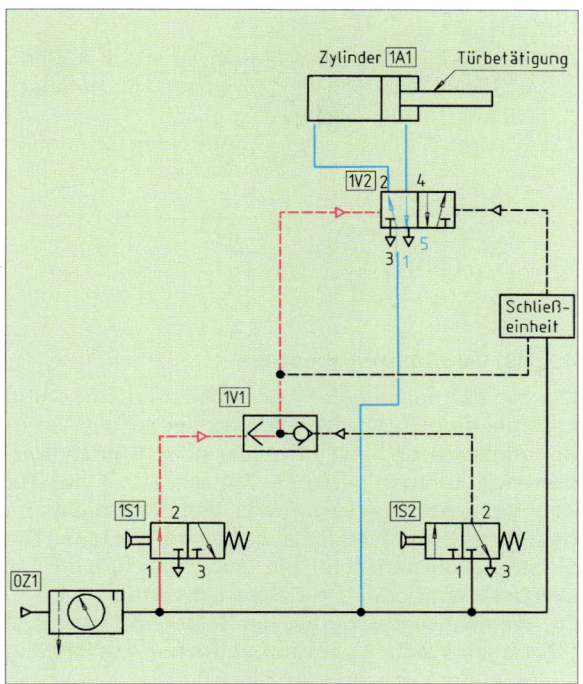

Bild 1 Türsteuerung bei Zugbetätigung von 1S1

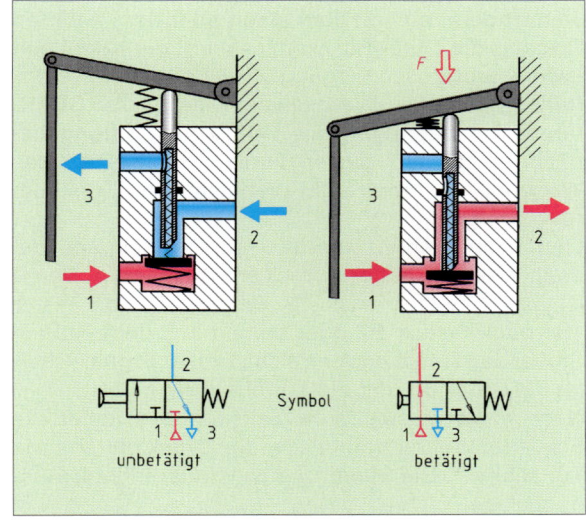

Bild 2 Wirkprinzip 3/2 Wegeventil (zugbetätigter Taster)

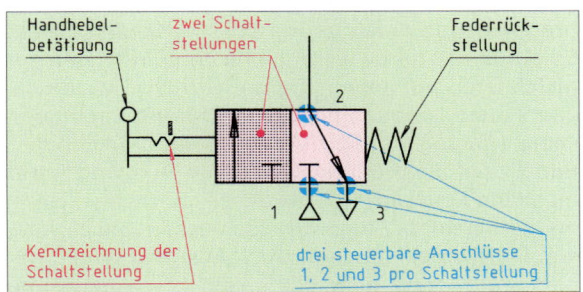

Bild 3 Schaltsymbol des 3/2 Wegeventils

4.2.1 Pneumatische Steuerungen — 4.2.1.3 Verarbeitungsbauteile

Überlegen Sie:
1. Beschreiben Sie den Weg der Druckluft in Bild 1, Seite 172, wenn der Zugtaster 1S2 betätigt wird.
2. Erklären Sie die Funktion der beiden Schaltersymbole und versuchen Sie, eine Bezeichnung anzugeben.
3. Beschreiben Sie den Weg der Druckluft, wenn die beiden Schalter betätigt sind.

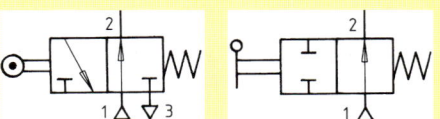
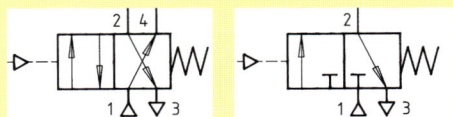

4.2.1.3 Verarbeitungsbauteile

Die von den Tastern 1S1 bzw. 1S2 der Türsteuerung kommenden Druckluftsignale wirken auf die Verarbeitungsbauteile, auch **Steuer-** oder **Signalverarbeitende Glieder** genannt. Zunächst soll **nur für den Vorgang des Türöffnens** die Wirkungsweise des Verarbeitungsbauteils betrachtet werden. Die Grundausführungen für die Verarbeitung sind das **Wechselventil** oder das **Zweidruckventil**.

Die wahlweise Betätigung der Taster 1S1 oder 1S2 führt beim **Wechselventil in einfacher Ausführung** zu folgender Wirkung (vgl. Bild 1):
Die bewegliche Kugel in den Bohrungen des Gehäuses verschiebt sich durch die Druckluft.
Je nachdem, ob von dem einen **oder** dem anderen Eingang die Druckluft wirkt, schließt die Kugel den jeweils drucklosen Eingang.
Daher wird das Wechselventil auch als **ODER-Ventil**, seine Wirkung als **ODER-Verknüpfung** bezeichnet. Wegen dieser Funktionsweise ist das Wechselventil bzw. ODER-Ventil für die Türsteuerung geeignet.
Liegen an beiden Anschlüssen Drucksignale an, dann wirkt der höhere Druck am Ausgang A. Damit ist gewährleistet, dass bei Betätigung von Taster 1S1 oder Taster 1S2 oder beiden in jedem Fall ein Signal den Ausgang A erreicht. Dieses Signal schaltet die Druckluft und die Tür öffnet sich.
Nach einer einstellbaren Zeitspanne schaltet die Schließeinheit automatisch die Druckluft ab. Die Tür schließt. Die Steuerung ist wieder in ihrer Ausgangslage.

Das **Zweidruckventil** ermöglicht eine weitere grundlegende Verknüpfung von Druckluftsignalen. Es öffnet nur dann, wenn an beiden Eingängen **zugleich** Druckluft anliegt. Daher wird das Zweidruckventil auch „pneumatisches **UND-Ventil**" genannt, seine Wirkung als **UND-Verknüpfung** bezeichnet.
Bild 2 zeigt die Wirkungsweise. Am Ausgang A tritt nur dann Druckluft (rot gekennzeichnet) aus, wenn an den beiden Eingangsanschlüssen gleichzeitig ein Drucksignal anliegt. Am Ausgang wirkt der niedrigere Druck oder das später kommende Eingangssignal.

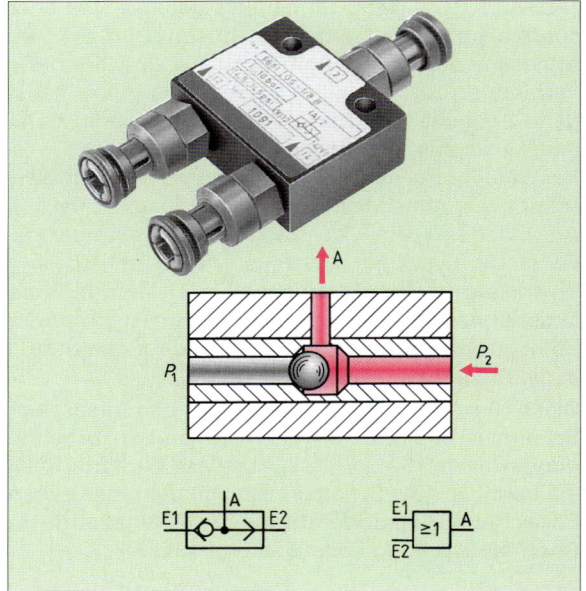

Bild 1 Wechselventil (ODER-Ventil)

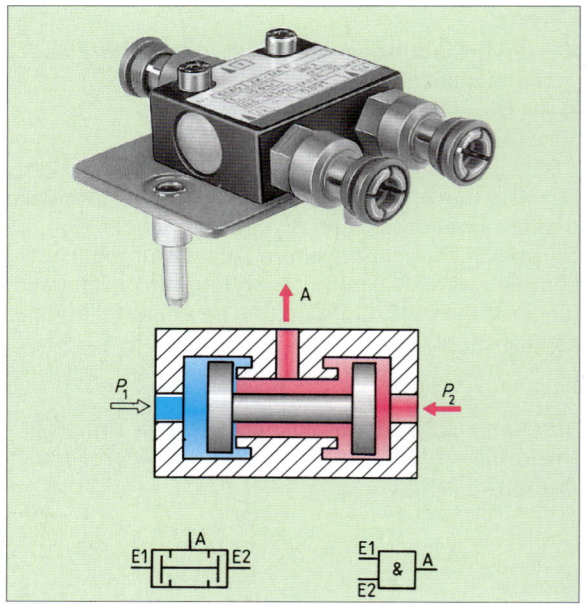

Bild 2 Zweidruckventil (UND-Ventil)

4.2.1 Pneumatische Steuerungen   4.2.1.4 Stellglieder und Ausgabebauteile

Auch mit pneumatischen Schaltern (Eingabebauteile) lassen sich ODER- und UND-Verknüpfungen herstellen (vgl. Bild 1). In vielen praktischen Anwendungen wird aber darauf verzichtet, da sich die Signalgeschwindigkeit der Druckluft verringert und Druckabfälle eintreten können.

> Wechselventil und Zweidruckventil sind pneumatische Verarbeitungseinheiten.

Überlegen Sie:
1. Wie wird die Druckluft geschaltet, wenn in Bild 1a der Schalter 1S1 betätigt wird?
2. Beschreiben Sie den Weg der Druckluft, wenn in Bild 1b beide Schalter 1S1 und 1S2 betätigt sind.
3. In die Schaltung 1b ist ein dritter Schalter so einzufügen, dass nur dann, wenn alle Schalter betätigt sind, ein Steuersignal am Ausgang vorhanden sein soll.

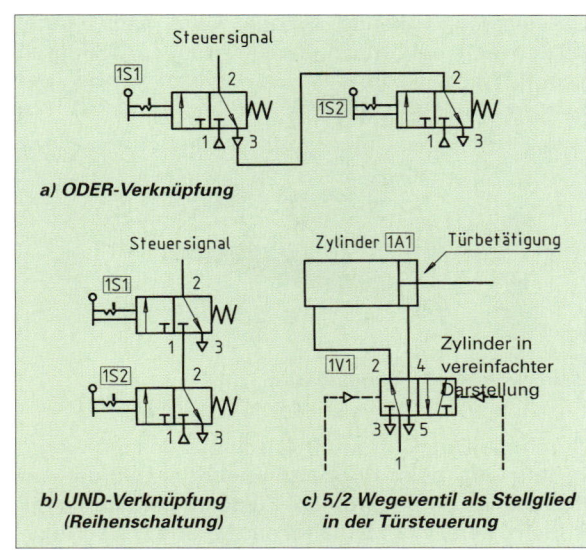

Bild 1 Verknüpfungen

4.2.1.4 Stellglieder und Ausgabebauteile

Jedes Ausgabebauteil (auch **Antriebsglied** genannt), wird meist durch ein **Stellglied** angesteuert. Bei der Türbetätigung wirkt das vom ODER-Ventil kommende Druckluftsignal auf das Stellglied, hier ein **5/2-Wegeventil**. Dieses Ventil besitzt zwei Schaltstellungen (vgl. Bild 1c). Es benötigt zum Umschalten von einer Schaltstellung in die andere nur einen kurzen Druckimpuls über den entsprechenden Steueranschluss. Die neue Schaltstellung bleibt so lange erhalten, bis der andere Steueranschluss einen Druckimpuls erhält, z. B. nach einer einstellbaren Zeit von der Schließeinheit, um die Tür zu schließen.

Für die Türbetätigung sind Kräfte erforderlich. Sie sollen die Tür öffnen oder schließen. Hierzu dient ein Ausgabebauteil. Dies ist in der Pneumatik hauptsächlich der druckluftbetätigte Zylinder. Es wirken Kräfte von 15 ... 50000 N. Zwei Grundausführungen, der einfachwirkende und der doppeltwirkende Zylinder (vgl. Bild 2) sind im Einsatz.

Beim **einfachwirkenden Zylinder** ist der Kolben durch die **Federkraft** im eingefahrenen Zustand (vgl. Bild 2a). Schaltet das 3/2-Wegeventil als Stellglied Druckluft auf den Zylinder, so fährt der Kolben aus und die Feder wird gespannt. Wird die Betätigung des 3/2-Wegeventils zurückgenommen, fährt der Kolben durch die **Federrückstellung** wieder in seine Ausgangslage zurück. Die Druckluft von Ausgang A entweicht über den Rückluftausgang.

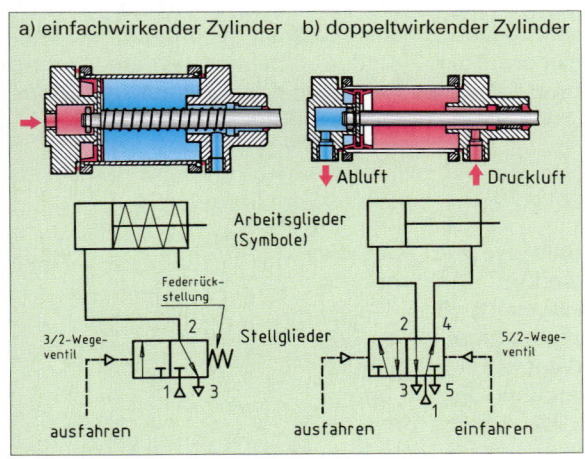

Bild 2 Ansteuerung von Zylindern

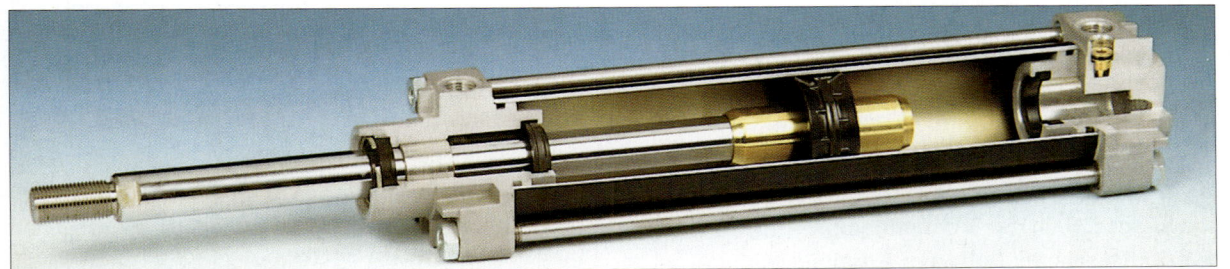

Bild 3 Doppeltwirkender Zylinder

4.2.1 Pneumatische Steuerungen   4.2.1.4 Stellglieder und Ausgabebauteile

Der einfach wirkende Zylinder wird dann eingesetzt, wenn bei Druckluftausfall ein Zurückfahren des Kolbens erforderlich ist, wie z. B. bei der Spannvorrichtung (vgl. Bild 1).

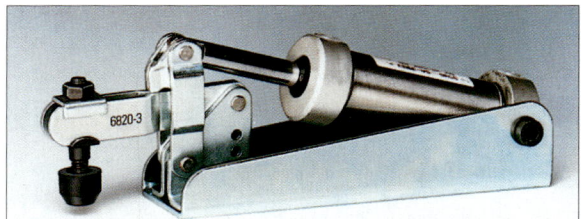

Bild 1 Senkrecht-Pneumatikspanner

Durch die Druckluft am P-Anschluss des 5/2-Wegeventils wird beim **doppeltwirkenden Zylinder** der Kolben im eingefahrenen Zustand gehalten (vgl. Bild 2 b, Seite 173). Schaltet das betätigte 5/2-Wegeventil als Stellglied die Druckluft auf den Zylinder, so fährt der Kolben aus. Ein Druckluftimpuls auf den anderen Steueranschluss des 5/2-Wegeventils bewirkt die Einfahrbewegung des Kolbens. Die im Zylinder vorhandene Druckluft kann über den Rückluftausgang entweichen.

Der doppeltwirkende Zylinder wird eingesetzt, wenn auch nach einem Druckluftausfall der Kolben im augenblicklichen Zustand verharren soll. Dies ist z. B. beim pneumatischen Scherenhubtisch der Fall (vgl. Bild 2).

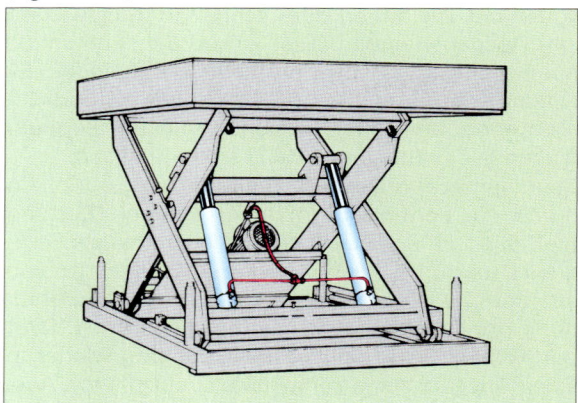

Bild 2 Pneumatik-Scherenhubtisch

> Einfachwirkende Zylinder und doppeltwirkende Zylinder sind die hauptsächlich eingesetzten pneumatischen Ausgabebauteile.

Wenn das Ausgabebauteil über ein Stellglied (vgl. Bild 2c, Seite 173) angesteuert wird, liegt eine **indirekte Ansteuerung** vor. Der Vorteil dieser Ansteuerung liegt z. B. in der Trennung von
- **Arbeitskreis** mit **höherem Arbeitsdruck** und
- **Steuerkreis** mit **niedrigerem Steuerdruck**.

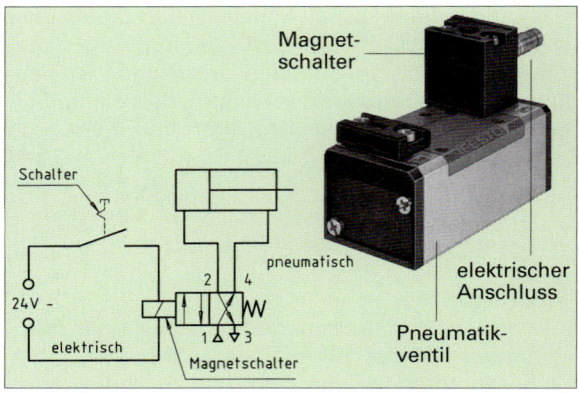

Bild 3 Indirekte Ansteuerung mit elektrischem Steuerkreis

In den Betrieben findet man immer seltener rein pneumatische Steuerungen. Da die Stellglieder auch durch **elektrische Magnetschalter** (vgl. Kap. 5.2.4.4) die Pneumatikzylinder betätigen können, ist ein **elektrischer Steuerkreis** mit einem **pneumatischen Arbeitskreis** möglich (**elektropneumatische Steuerung**; Bild 3).

Über den betätigten Kontakt wird der elektrische Magnetschalter aktiv. Das Magnetventil schaltet das 4/2-Wegeventil, und dieses gibt hierdurch die Druckluft zum Ausfahren des Kolbens im Zylinder frei. Der Kolben bleibt ausgefahren, solange der elektrische Schalter eingeschaltet bleibt. Beim Ausschalten wird durch die Federrückstellung die ursprüngliche Schaltstellung eingenommen, die Ventilanschlüsse 2 und 4 erhalten das umgekehrte Druckluftsignal, der Kolben des Zylinders fährt ein. Diese elektrische Ansteuerung ist häufig zu finden.

> Bei der indirekten Ansteuerung trennt das Stellglied den Arbeitskreis vom Steuerkreis

Teilweise wird auch die **direkte Ansteuerung** eingesetzt. Bild 4 zeigt ein handbetätigtes 5/2-Wegeventil als Eingabebauteil. Es ist unmittelbar (direkt) über die Druckluft an einen doppeltwirkenden Zylinder (Ausgabebauteil) angeschlossen.

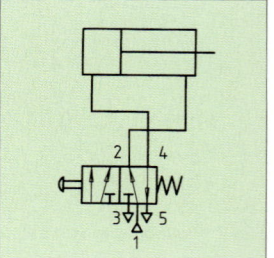

Bild 4 Direkte Ansteuerung

> Bei der direkten Ansteuerung wirkt das Eingabebauteil direkt auf das Ausgabebauteil.

> **Überlegen Sie:**
> Die Türsteuerung in Bild 1, Seite 169 ist **nur für das Öffnen** in eine direkte Ansteuerung umzuändern. Beschreiben Sie die notwendigen Veränderungen.

4.2.1.5 Stromventile

Bei der Türbetätigung sind zusätzliche Forderungen zu erfüllen. So kann z. B. ein **einstellbar langsames** Öffnen oder Schließen der Tür erforderlich sein. Diese Aufgabe erfüllen **Drosselventile** und Drosselrückschlagventile. Über Stellschrauben (vgl. Bild 1) lässt sich der Leitungsquerschnitt stufenlos verringern. Als Folge verringert sich die Verfahrgeschwindigkeit des Kolbens im Zylinder. Bei **Drosselrückschlagventilen** (vgl. Bild 1b) wirkt das Drosselventil nur in **einer** Verfahrrichtung des Kolbens. Damit ist z. B. ein schnelles Ausfahren und ein langsamer Rücklauf möglich.

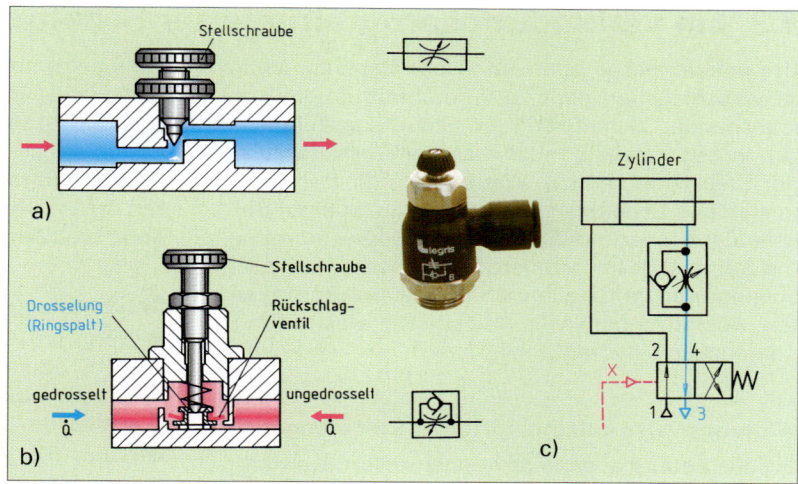

Bild 1 Drossel- und Drosselrückschlagventil

Um eine **konstante Kolbenkraft** und damit eine gleichmäßige Verfahrbewegung zu erhalten, muss die aus dem Zylinder ausströmende Luft gedrosselt werden. Diesen Zweck erfüllt die **Abluftdrosselung** (vgl. Bild 1c).

4.2.2 Pneumatischer Schaltplan

Der pneumatische Schaltplan erfasst die Bauelemente und ihre Verschlauchung. Meist geordnet nach Eingabebauteilen, Verarbeitungsbauteilen und Ausgabebauteilen erfolgt eine lageunabhängige Darstellung (vgl. Bild 2). Bestimmte Vereinbarungen sind zu beachten:

- Die **Bauteile** sind in ihrer **Ruhestellung** zu zeichnen, d. h., die Stellung, die sie druckbeaufschlagt ohne Betätigung eines Eingabebauteils einnehmen.
- Die **Steuerleitungen** sind als **Strichlinien** zu zeichnen.
- Die **Arbeitsleitungen** sind als **Volllinien** zu zeichnen.
- Die **Anschlussbezeichnungen** sind zur Montageerleichterung oder Fehlersuche in den Schaltplan einzutragen (1 für **Druckanschluss**; 3, 5 für **Abluft**; A, B, C für **Signalanschlüsse**; X, Y, Z für **Steueranschlüsse**).

Bis auf wenige Abweichungen gleichen die Schaltpläne von pneumatischen Steuerungen den hydraulischen. Die Schaltzeichen der **Hydraulik** lassen sich an den **Pfeilen im Signalfluss** erkennen. Sie sind im Gegensatz zur Pneumatik **ausgefüllt** gezeichnet. Die pneumatischen und hydraulischen Steuerungen funktionieren in gleicher Weise mit ähnlichen Bauteilen. Unterscheidende Merkmale sind die hydraulische Druckerzeugung durch eine Pumpe und die Rückführung des Drucköls.

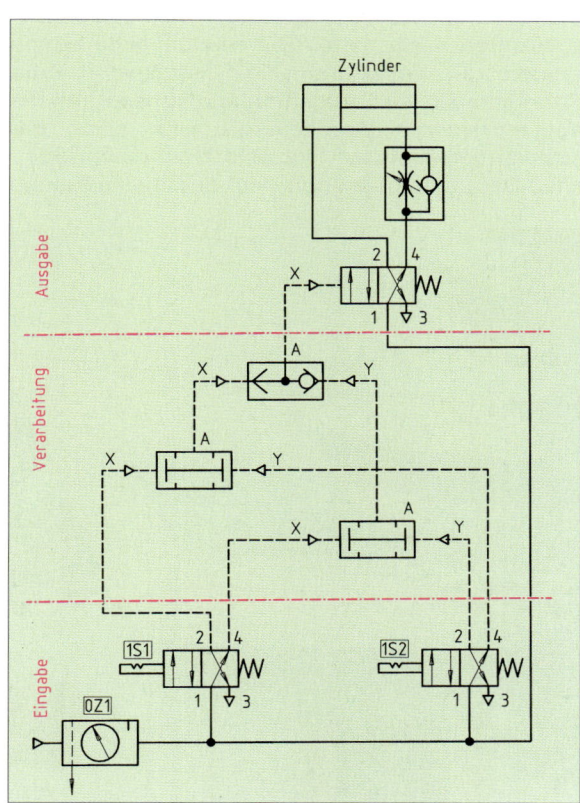

Bild 2 Lageunabhängiger Pneumatikschaltplan

Überlegen Sie:
1. Beschreiben Sie die Funktion der Steuerung in Bild 2 für alle vorkommenden Schalterbetätigungen.
2. Welche Schalterbetätigungen führen in der Steuerung in Bild 2 dazu, dass der Zylinder ausfährt?

4.3 Ein verbindungsprogrammierter Schaltplan entsteht

Um pneumatische oder elektrische Bauteile richtig zu verschlauchen oder zu verdrahten, ist ein entsprechender Schaltplan der Steuerung hilfreich. Um ihn zu erstellen, muss man die Wirkungsweise der Steuerung kennen. Wie man zu einem funktionsfähigen Schaltplan gelangen kann, soll am Beispiel der Steuerung einer Warmwasserversorgung mit Sonnenkollektoren verdeutlicht werden. Dieser Lösungsweg ist für alle **verbindungsprogrammierten** Ausführungsformen (elektrisch, elektronisch, pneumatisch, hydraulisch) gleich.

Wirkungsweise kombinatorischer Steuerungen

Die aus Sonnenenergie gewonnene Wärme ergänzt den Energiebedarf für die Warmwasserbereitung eines Wohnhauses:
Das Dach des Hauses (vgl. Bild 1) ist mit Sonnenkollektoren ausgestattet. Die einstrahlende Sonne erwärmt die Kollektoren; die Flüssigkeit in ihren Rohrleitungen wird aufgeheizt und transportiert die aufgenommene Wärmeenergie über einen geschlossenen Kreislauf (vgl. Bild 2) zu einem Speicher. Der Energietransport wird durch eine Pumpe mit Elektromotorantrieb gesteuert. Über einen Wärmetauscher gibt die Flüssigkeit Wärmeenergie an das Kaltwasser im Speicher ab.

Die **Wirkungsweise** (Funktion) der Steuerung dieser Anlage lässt sich z. B. durch **Text** oder **Zeichnung** (vgl. Bild 2) beschreiben.

Beschreibung durch Text

- **Wenn** die Temperatur im **Sonnenkollektor** z. B. **35 °C** überschreitet, **dann** wird der Temperaturschalter **1S1** (auch Sensor 1S1 genannt) **geschlossen**.
- **Wenn** die Temperatur im **Speicher** z. B. **28 °C** überschreitet, **dann** wird der Temperaturschalter **1S2** (auch Sensor 1S2 genannt) **geöffnet**.
- Nur **dann, wenn** der Sensor **1S1 geschlossen** ist **und** der Sensor **1S2 nicht geöffnet** ist, soll der **Pumpenmotor 1M1** (auch Aktor genannt) eingeschaltet sein und der Wärmetransport erfolgen.
- Bei allen anderen Schaltzuständen der Sensoren 1S1 und 1S2 soll der Pumpenmotor 1M1 ausgeschaltet sein.

Bild 1 Schema einer Sonnenkollektoranlage mit Vakuum-Röhren-Kollektoren

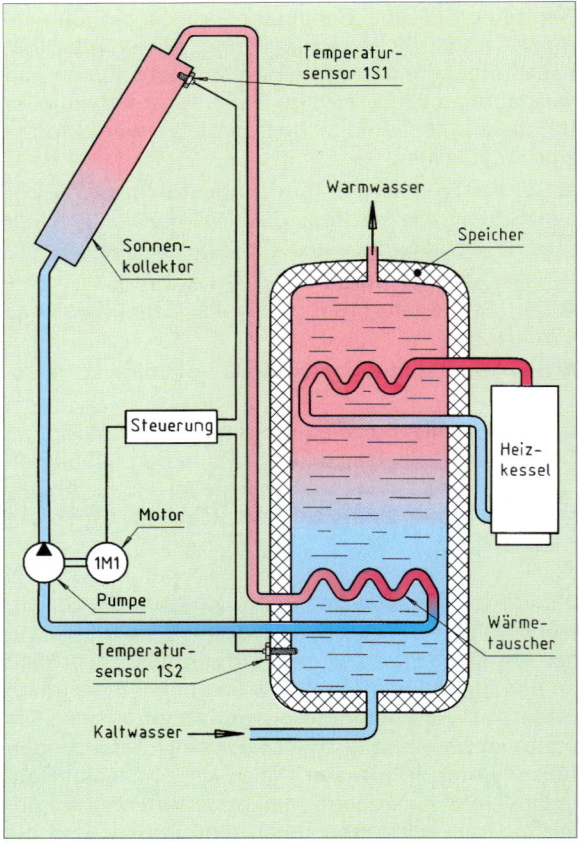

Bild 2 Warmwasserversorgung mit Sonnenkollektoren

4.3.1 Funktionstabelle, Funktionsgleichung und Logikplan

In kombinatorischen Steuerungen werden die Eingangssignale der Sensoren erfasst, und durch schaltungstechnische Verknüpfungen gelangen die zugeordneten Ausgangssignale an die Aktoren.

Aus der Aufgabenbeschreibung dieser Steuerung soll nun ein verbindungsprogrammierter Schaltplan entstehen. Er ist die Grundlage der funktionsfähigen Steuerung.

Funktionstabelle, Funktionsgleichung und Logikplan

Durch die oben getroffene Festlegung, wie sich die einzelnen Schalterstellungen der Sensoren auf den Betrieb des Pumpenmotors auswirken sollen, ist die Wirkungsweise der Steuerung eindeutig bestimmt. Daraus kann die Funktionstabelle entwickelt werden.

Beschreibung durch Funktionstabelle

Die Funktion der Steuerung lässt sich eindeutig und kürzer beschreiben, wenn alle bei dieser Steuerung vorkommenden Verknüpfungen durch WENN...-UND...-DANN...-Beziehungen in Form einer Funktionstabelle (vgl. Bild 1) erfasst werden.

Die Funktionstabelle beschreibt die möglichen Schaltzustände der Sensoren sowie die dazugehörigen Aktorenzustände.

Oftmals wirken mehr als zwei Sensoren und mehr als ein Aktor in einer Steuerung. Daher ist es sinnvoll, eine verkürzte Schreibweise für die Schaltzustände wie in Bild 2 zu nutzen.
Eine solche Kennzeichnung der Schaltzustände bezeichnet man auch als **digitale** Darstellungsweise. Wendet man sie auf die Funktionstabelle in Bild 1 an, dann ergibt sich die vereinfachte Tabelle in Bild 3, auch **Wahrheitstabelle** genannt. Sie beschreibt die Steuerungsaufgabe in gleicher, aber noch mehr verkürzter Weise.

Zeile	Wenn	und...	dann...	Bemerkung
0	Temperatursensor **1S2 nicht betätigt**	Temperatursensor **1S1 nicht betätigt**	bleibt Pumpenmotor 1M1 **ausgeschaltet.**	Temperatur im Speicher niedriger als 28 °C und im Sonnenkollektor niedriger als 35 °C.
1	Temperatursensor **1S2 nicht betätigt**	Temperatursensor **1S1 betätigt**	wird Pumpenmotor 1M1 **eingeschaltet.**	Temperatur im Speicher niedriger als 28 °C und im Sonnenkollektor höher als 35 °C.
2	Temperatursensor **1S2 betätigt**	Temperatursensor **1S1 nicht betätigt**	bleibt Pumpenmotor 1M1 **ausgeschaltet.**	Temperatur im Speicher höher als 28 °C und im Sonnenkollektor niedriger als 35 °C
3	Temperatursensor **1S2 betätigt**	Temperatursensor **1S1 betätigt**	bleibt Pumpenmotor 1M1 **ausgeschaltet.**	Temperatur im Speicher höher als 28 °C und im Sonnenkollektor höher als 35 °C

Bild 1 Funktionstabelle

Sensordarstellung	Aktordarstellung
Sensor	Aktor
unbetätigt wird mit **0** gekennzeichnet, z. B. Temperatur am Sensor 1S1 < 35 °C.	**unbetätigt** wird mit **0** gekennzeichnet, z. B Pumpenmotor M1 ausgeschaltet.
betätigt wird mit **1** gekennzeichnet, z. B. Temperatur am Sensor 1S2 > 28 °C.	**betätigt** wird mit **1** gekennzeichnet, z. B. Pumpenmotor M1 eingeschaltet.

Bild 2 Digitale Darstellungsweise

Zeile	Sensoren		Aktor
	Sensor 1S2	Sensor 1S1	
0	0	0	0
1	0	1	1
2	1	0	0
3	1	1	0

Bild 3 Verkürzte Funktionstabelle

Die Funktionstabelle ist die allgemeine Darstellung für kombinatorische Steuerungen.

4.3.1 Funktionstabelle, Funktionsgleichung und Logikplan

nach DIN 5474	Beschreibung
1S2 ∧ 1S1 = 1A1	Wenn Sensor 1S2 UND Sensor 1S1 betätigt sind, dann wird der Ausgang 1A1 aktiviert.
1S2 ∨ 1S1 = 1A1	Wenn der Sensor 1S2 ODER der Sensor 1S1 betätigt ist, dann wird der Ausgang 1A1 aktiviert.
$\overline{1S1}$ = 1A1	Wenn NICHT Sensor 1S1 betätigt ist, dann wird der Ausgang 1A1 aktiviert

Bild 1 Verknüpfungssymbole

Beschreibung durch Funktionsgleichung

Die vereinfachte Funktionstabelle soll in eine solche Beschreibung überführt werden, nach der die Schaltung der Steuerung installiert werden kann. Hierfür werden zunächst die Begriffe `UND´, `ODER´ und `NICHT´ durch **Verknüpfungssymbole** ersetzt (vgl.Bild 1).

Die Aussage z. B. der Zeile 0 der Funktionstabelle lautet bisher:
`WENN Temperaturschalter 1S2 **nicht betätigt** UND Temperaturschalter 1S1 **nicht betätigt** sind, DANN bleibt der Pumpenmotor 1M1 **ausgeschaltet**´.

Dieser Satz wird textlich verkürzt. Aus `**nicht betätigt**´ wird `**nicht**´. Die Schreibweise verändert sich weiter:

WENN NICHT 1S2 UND NICHT 1S1, DANN NICHT 1M1

Aus dieser Zeile entsteht unter Verwendung der vereinbarten Symbole die folgende Funktionsgleichung:

$\overline{1S2} \wedge \overline{1S1} = \overline{1M1}$

Ersetzt werden können laut Bild 1:
- das Wort NICHT durch das Symbol ‾
- das Wort UND durch das Symbol ∧ und
- das Wort ODER durch das Symbol ∨.

Beispiel für die Zeile 1:
NICHT 1S2 UND 1S1 bewirkt, dass Pumpenmotor 1M1 **eingeschaltet** wird.
$\overline{1S2} \wedge 1S1 = 1M1$

Beispiel für die Zeile 2:
1S2 UND NICHT 1S1 bewirkt, dass Pumpenmotor 1M1 **ausgeschaltet** bleibt.
$1S2 \wedge \overline{1S1} = \overline{1M1}$

Aus dem Beispiel der Zeile 0 ist ersichtlich, dass auch die Fälle erfasst werden müssen, bei denen alle Sensoren nicht betätigt sind ($\overline{1S1}$, $\overline{1S2}$). Dies ist auch bei allen anderen Lösungen unbedingt zu beachten!

Beschreibung durch Logikplan

Mit den Verknüpfungssymbolen entstand für die Steuerung die Funktionsgleichung. Daraus lässt sich ein Logikplan entwickeln. Die **Logiksymbole** (vgl. Bild 2) stellen jetzt die logische Verknüpfung dar.

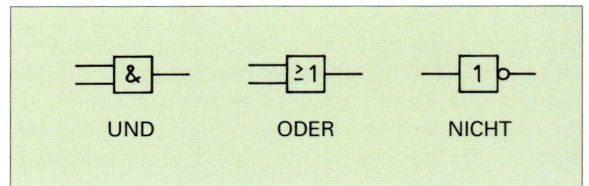

Bild 2 Logiksymbole für Verknüpfungen

Für die Pumpenmotorsteuerung ergibt sich der Logikplan in Bild 3. Er stellt die **graphische** Lösung für die unterschiedlichen technischen Ausführungsformen dar. Dies können

- pneumatische,
- hydraulische oder
- elektrische bzw. elektronische Steuerungen sein.

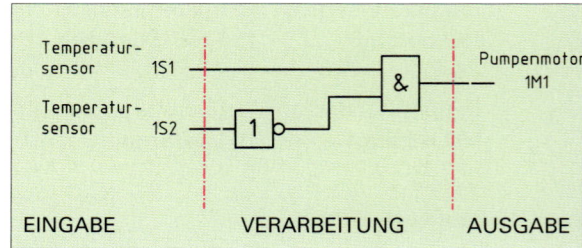

Bild 3 Logikplan

> Funktionstabelle, Funktionsgleichung und Logikplan beschreiben die Wirkweise pneumatischer, hydraulischer und elektrischer Ausführungen von kombinatorischen Steuerungen.

Der aus dem Logikplan zu entwickelnde elektromechanische bzw. elektronische Schaltplan ist in Kap. 4.4 dargestellt.

Überlegen Sie:

1. Überführen Sie die Zeile 3 der Funktionstabelle in Bild 3, Seite 177 in die entsprechende Funktionsgleichung.

2. Beschreiben Sie mit den Worten „Wenn...und...Dann..." die Zeile 3 der Funktionstabelle.

4.4 Elektrische und elektropneumatische Steuerungen

In Werkstätten und Betrieben sind neben pneumatischen und hydraulischen Steuerungen häufig auch elektrische Steuerungen zu finden. Elektrische Bauteile steuern z. B. Heizungs- und Belüftungsanlagen, Bearbeitungsmaschinen und Anlagen und Geräte für die Reparatur und Produktion. Steuerungen mit elektrischen Eingabebauteilen und elektrischen Verarbeitungsbauteilen haben Eigenschaften wie z. B.:

- geringer Raum- bzw. Platzbedarf,
- geringer Energiebedarf,
- geringe Wartungskosten und
- hohe Verarbeitungsgeschwindigkeit der elektrischen Steuerungssignale.

Um elektrische Steuerungen in ihrer Funktion begreifen zu können, sind Kenntnisse über ihre Bauteile erforderlich.

4.4.1 Eingabebauteile

Die Eingabebauteile, häufig auch als **Sensoren** bezeichnet, bestimmen den Bedienungskomfort und die Sicherheit von Maschinen und Anlagen.

Sowohl einfache **Endlagenschalter** als auch umfangreiche **Sensorsysteme** sind Eingabebauteile (vgl. Bild 1). Die Übersicht der Eingabebauteile in einem Kraftfahrzeug (vgl. Bild 2) zeigt die vielfältigen Einsatzmöglichkeiten. Die Bestimmung des Schaltverhaltens von Sensoren und Schaltern ist für die richtige Auswahl hilfreich.

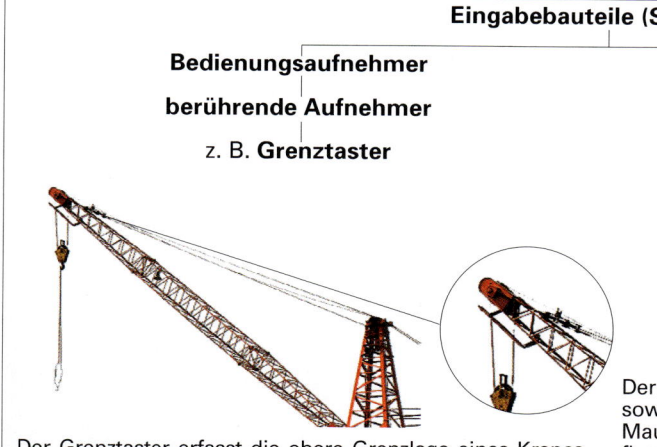

Der Grenztaster erfasst die obere Grenzlage eines Kranes. Erreicht der rollengelagerte Kranhaken die mechanische Endlage, so wird über eine Hebelbetätigung der Grenztaster ausgelöst. Damit wird die Hebebewegung abgeschaltet.

Der Metallsuchsensor erkennt Sanitär- und Heizungsrohre sowie elektrische Leitungen unter Putz, in Beton und im Mauerwerk. Metalle und stromführende Leitungen beeinflussen das Magnetfeld des Metallsuchsensors. Der Sensor (Eingabebauteil) gibt das Signal, z. B. einer Wasserleitung, an die Signallampe weiter. Der Installateur erkennt somit den Verlauf der Leitung.

Bild 1 Eingabebauteile

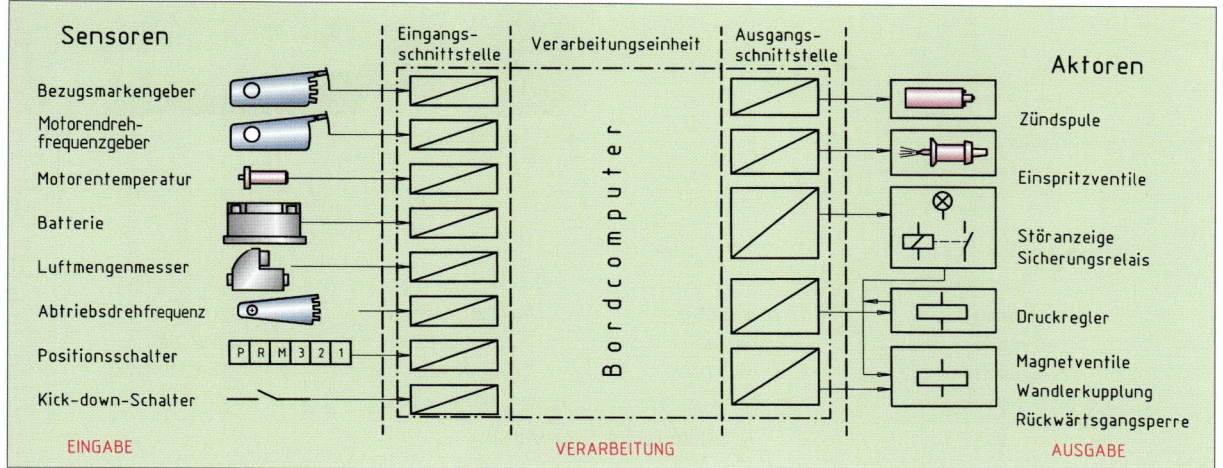

Bild 2 Sensoren im Kraftfahrzeug (Auszug)

4.4 Elektrische und elektropneumatische Steuerungen

4.4.1 Eingabebauteile

Bedienungsaufnehmer

Taster sind Eingabebauteile, die das Signal so lange weitergeben, wie die Kraft auf den Taster wirkt, wie z. B die Hupe in einem Kraftfahrzeug (vgl. Bild 1). Sobald der Fingerdruck von der Taste zurückgenommen wird, öffnet eine Feder im Taster den Schaltkontakt. Das Hupensignal wird unterbrochen. Elektrische Eingabebauteile mit **Raste** verhalten sich anders. Die Raste wirkt als mechanischer **Speicher**. Bei Betätigung wird ein elektrisches Signal weitergegeben. Erst ein **erneutes** Betätigen bringt diesen Schalter in seinen ursprünglichen Zustand zurück, wie z. B. der EIN-AUS-Schalter der Säulenbohrmaschine (vgl. Bild 2).

Rückmeldeaufnehmer

In der modernen Steuerungstechnik bestimmen elektronische Rückmeldeaufnehmer den Bedienungskomfort. Die Steuerung nutzt diese Sensoren als **Fühler** zur Umwelt. Sensoren erfassen nahezu alle physikalischen Größen. Eine Auswahl der Umwandlungsmöglichkeiten zeigt das Bild 4.

> Die Sensoren als elektrische Schalter setzen physikalische Größen, wie z. B. Strahlung, Wärme, Kraft und magnetische Energie in elektrische Schaltsignale um.

In Bild 3 ist eine Türsicherungs-Lichtschranke in einem Omnibus dargestellt. Das Prinzip der Lichtschranke erfüllt folgende Funktion:

Die Strahlung der Lichtquelle wirkt über den Reflektor auf einen Strahlungssensor in der Türsteuerung. Die Steuerung verarbeitet das ankommende Schaltsignal des Sensors zum Schließen der Tür. Ein Unterbrechen der Lichtstrecke, d. h., wenn jemand die Tür durchschreitet, führt zu einer Verdunklung am Sensor. Über die Steuerung wird der Schließvorgang der Tür unterbrochen. Erst, wenn die Türsicherungs-Lichtschranke keine Unterbrechung mehr feststellt, schließt die Tür.

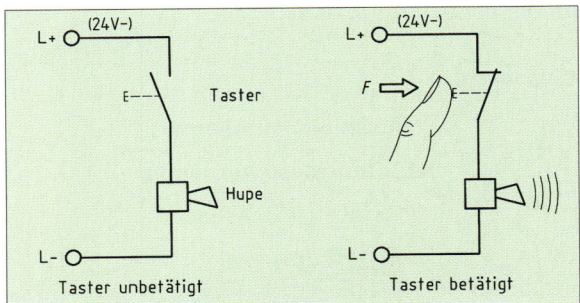

Bild 1 Ein/Aus-Taster

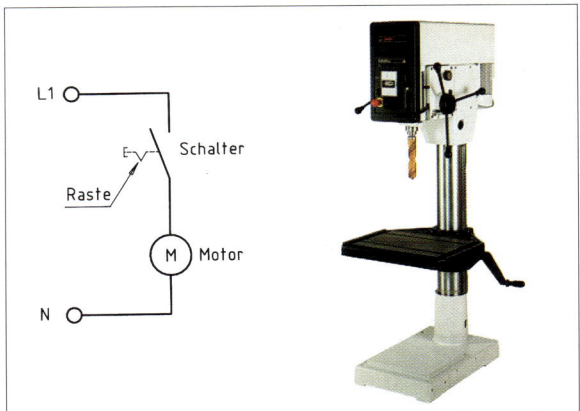

Bild 2 Ein/Aus-Schalter

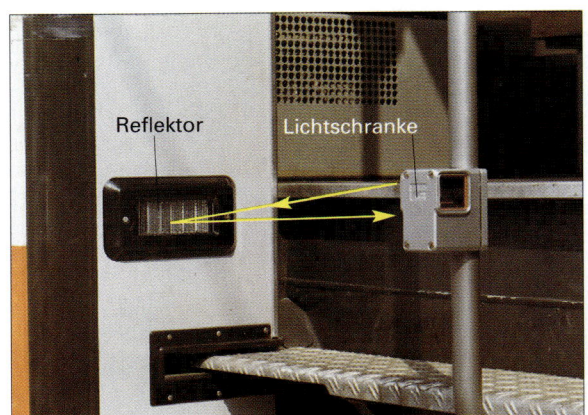

Bild 3 Lichtschranke

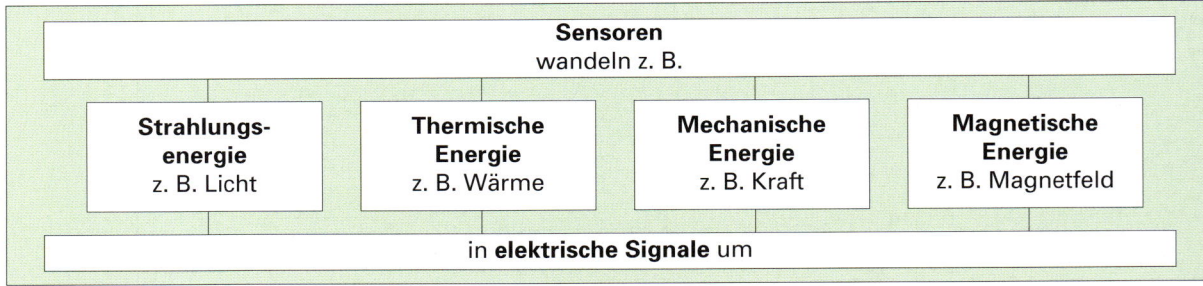

Bild 4 Sensoren

4.4 Elektrische und elektropneumatische Steuerungen

4.4.2 Verarbeitungseinheit

Betätigte bzw. unbetätigte Taster, Schalter oder Sensoren bilden ein Schalt- oder Ausgangssignal. Vereinfacht kann für elektrische Eingabebauteile z. B. gelten:

Sensor/Schalter **unbetätigt** ⇒
  keine Spannung (logisch **0**) am Ausgang

Sensor/Schalter **betätigt** ⇒
  Spannung vorhanden (logisch **1**) am Ausgang

Diese elektrischen Zustände der Schaltsignale liegen als Eingabesignale an der Verarbeitungseinheit an und werden entsprechend der Steuerungsaufgabe verknüpft.

4.4.2 Verarbeitungseinheit

In der verbindungsprogrammierten elektrischen Steuerungstechnik kann die **Signalverarbeitung** auf zwei Arten erfolgen:

- Die **Verdrahtung** von **elektromechanischen Kontakten**.
- Durch elektronische **Logikbausteine**.

Häufig sind Mischformen dieser Ausführungsformen im Einsatz.

Elektromechanische Kontakte

Der **Stromlaufplan** (Bild 1) zeigt die **Funktion** einer elektrischen Steuerung und beschreibt die **Informationsverarbeitung** durch die elektromechanischen Kontakte unabhängig von der örtlichen Lage der einzelnen Bauteile.

Bild 2 zeigt die Grundkontakte von elektromechanischen Schaltgeräten. Sie haben folgende Funktion:

- **Stellt** ein **betätigtes** Schaltgerät eine elektrische leitende Verbindung **her**, wird es **Schließer** genannt.
- **Unterbricht** ein **betätigtes** Schaltgerät eine elektrisch leitende Verbindung, wird es **Öffner** genannt.

Der Schaltzustand eines **Schließers** kann z. B. so gekennzeichnet sein:

- Schaltkontakt **unbetätigt** ⇒ 0
- Schaltkontakt **betätigt** ⇒ 1

Für einen Öffner ist, abhängig von der Steuerungsaufgabe, eine entsprechende Zuordnung festzulegen.

> Der Stromlaufplan stellt die elektrische Steuerung als Schaltplan der elektrischen Kontakte (Schließer und Öffner) dar.

Die Wirkung von Öffner und Schließer soll an der Pumpenmotorsteuerung der Sonnenkollektoranlage (vgl. S. 176) untersucht werden.

Die elektromechanische Signalverarbeitung durch die **UND-Verknüpfung** eines **Schließers** und **Öffners** ist im Stromlaufplan Bild 1 dargestellt.

- Bei Überschreiten der Temperatur von 35 °C im Sonnenkollektor wird der **Schließer** im Temperatursensor **1S1 betätigt**; UND ist der **Öffner** von Temperatursensor **1S2 geschlossen**, wird der Pumpenmotor **1M1 eingeschaltet**. Der Wärmeenergietransport zum Speicher erfolgt.
- Überschreitet die Temperatur im Speicher 28 °C, **öffnet** der Temperatursensor **1S2**. Der Pumpenmotor **1M1 schaltet ab**. Der Wärmeenergietransport zum Speicher wird unterbrochen.

Die Pumpenmotorschaltung oder andere elektromechanische Steuerungen lassen sich mit den Grundverknüpfungen UND, ODER und NICHT ergänzen und/oder erweitern.

Um bei Wartungsarbeiten z. B. die Flüssigkeit im Sonnenkollektorkreis zu entleeren, kann es erforderlich sein, den Pumpenmotor 1M1 mit dem Taster 1S3 unabhängig von den Temperatursensoren 1S1 und 1S2 einzuschalten (vgl. Bild 1). Der Taster **1S3** wird **parallel**, d. h. ODER-verknüpft, zu den Sensoren 1S1 UND 1S2 geschaltet. Damit besteht unabhängig vom Stromweg über 1S1 und 1S2 ein paralleler Stromweg über den Taster 1S3, um den Pumpenmotor 1M1 einzuschalten.

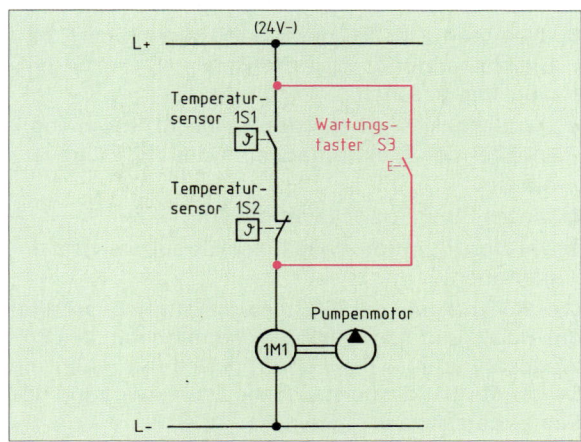

Bild 1 Stromlaufplan mit Wartungstaster

	Kontaktdarstellung	Schaltzeichen
Schließer	⇒ ꜞ	∫
Öffner	⇒ ꜟ	⊬

Bild 2 Grundkontakte

4.4 Elektrische und elektropneumatische Steuerungen — 4.4.2 Verarbeitungseinheit

Die entsprechende Veränderung der Schaltungsfunktion im Logikplan zeigt das Bild 1.

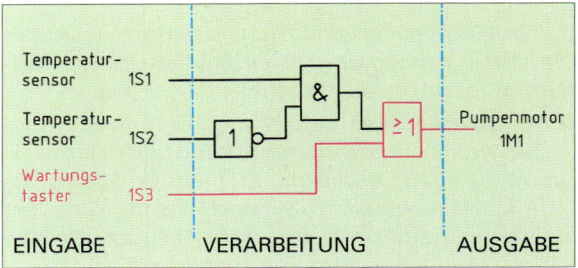

Bild 1 Logikplan zur Schaltung Bild 1, Seite 181

> Mit elektromechanischen Schließern und Öffnern lassen sich die logischen Grundverknüpfungen UND, ODER, NICHT der Steuerungstechnik verwirklichen.

Elektropneumatische Steuerungen

Für Reparatur- und Montagearbeiten wird in der Werkstatt ein Druckluft-Kleinschrauber eingesetzt (vgl. Bild 2). Die einfache Einhandbedienung mit Drehmomentbegrenzung auch für kleine Schrauben und das geringe Gewicht gegenüber einem elektrischen Schrauber sind die Vorteile des pneumatischen Handgerätes.

Der Schaltplan in Bild 3 zeigt, dass das pneumatische Stellglied dieses Schraubers elektrisch angesteuert wird. Die Benutzerin schaltet die Druckluft durch das Betätigen eines elektrischen Fußtasters:

- Über den Taster 1S1 des Steuerkreises (üblich 24 V Gleichspannung) wird das Relais 1K1 im Stromweg 1 eingeschaltet.
- Der Schaltkontakt 1K1 des Relais im Stromweg 2 schaltet den Elektromagneten des 3/2-Wegeventils ein.
- Dieses Stellglied schaltet die Luft.
- Der Druckluftmotor des Kleinschraubers wird angetrieben.

Die Rücknahme der Fußtasterbetätigung schaltet das Relais und damit den Elektromagneten des 3/2-Wegeventils aus. Die Federrückstellung wirkt, die Druckluft wird gesperrt und die Drehbewegung des Schraubers stoppt.

> Ein elektrischer Steuerkreis mit einem pneumatischen Energie- bzw. Lastkreis wird elektropneumatische Steuerung genannt.

Zum Erstellen von Stromlaufplänen elektrischer bzw. elektropneumatischer Steuerungen sind die folgenden Regeln zu beachten. Sie vereinheitlichen die Schaltpläne und erleichtern ein Erkennen der Steuerungsfunktion:

Bild 2 Druckluft-Kleinschrauber

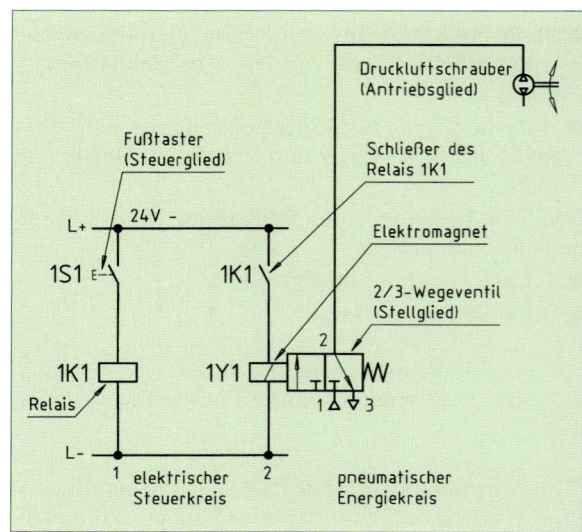

Bild 3 Elektropneumatischer Schaltplan

4.4 Elektrische und elektropneumatische Steuerungen

4.4.2 Verarbeitungseinheit

- Stromlaufpläne sind meist im stromlosen Zustand und die Schalter im mechanisch nicht betätigten Zustand gezeichnet.
- Schaltzeichen und Schaltelemente sind senkrecht angeordnet zu zeichnen.
- Geräte und Bauteile sind im Stromlaufplan zu kennzeichnen.
- Die Stromwege sind geradlinig und im Verlauf parallel zu zeichnen.

Überlegen Sie:
Für die Anlage zum Zusammenpressen von vorgefertigten Holzteilen zu Fensterrahmen dient die folgende elektropneumatische Steuerung. Wie ist der elektrische Steuerkreis zu verändern, wenn zusätzlich zu der Handbetätigung auch eine Fußbetätigung durch einen Taster möglich sein soll?
Forderung: Das Zusammenpressen soll wahlweise durch die Hand- oder Fußbetätigung erfolgen.

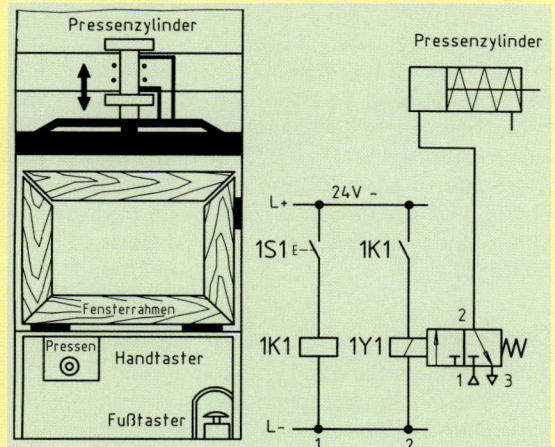

Elektronische Logikbausteine
Elektronische Logikbausteine (vgl. Bild 2) sind Bestandteil mikroelektronischer Steuerungen und Verarbeitungseinheiten. Elektronische Schalter, in diesem Fall **Transistoren**, sind die Bausteine der Logikschaltung.

Abhängig von den Eingangssignalen und der jeweiligen inneren Logikschaltung bildet sich ein elektrisches Ausgangssignal. Wie in Bild 1 vereinfacht dargestellt, verhält sich die Logikschaltung z. B so, dass

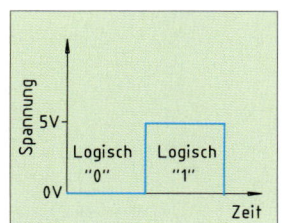

Bild 1 Logische Schaltzustände

- im **gesperrten** Zustand am Ausgang keine Spannung, also **0 Volt** (logisch **0**) anliegt und
- im **leitenden** Zustand am Ausgang eine Spannung von **5 Volt** (logisch **1**) anliegt.

Merkmale elektronischer Logikbausteine
Folgende Merkmale kennzeichnen fast alle elektronischen Standard-Logik-Bausteine (Bild 3):
- Einheitliche Spannungsgrößen an Ein- und Ausgang des Bausteins für die logischen Schaltzustände: **0 V** $\Rightarrow$ **0** und **5 V** $\Rightarrow$ **1**,
- gleiche Baugrößen für unterschiedliche logische Schaltungen im Logikbaustein,
- einfache Handhabung der elektrischen Anschlüsse durch einheitliche Kennzeichnung und Zählrichtung.
- In der Draufsicht ist die Markierung (U-förmige Einkerbung oder ein erhabener Punkt) so zu halten, dass sie aus der Sicht des Betrachters links erscheint. Der dann linke Anschluss (Pin) der vorderen Anschlussreihe ist der Anschluss 1. Gegen den Uhrzeigersinn weitergezählt, ist der Anschluss 7 die Masse GND (engl. **G**r**ou**n**d**) mit 0 V. Der Anschluss 14 ist der + 5 V Anschluss der Betriebsgleichspannung.

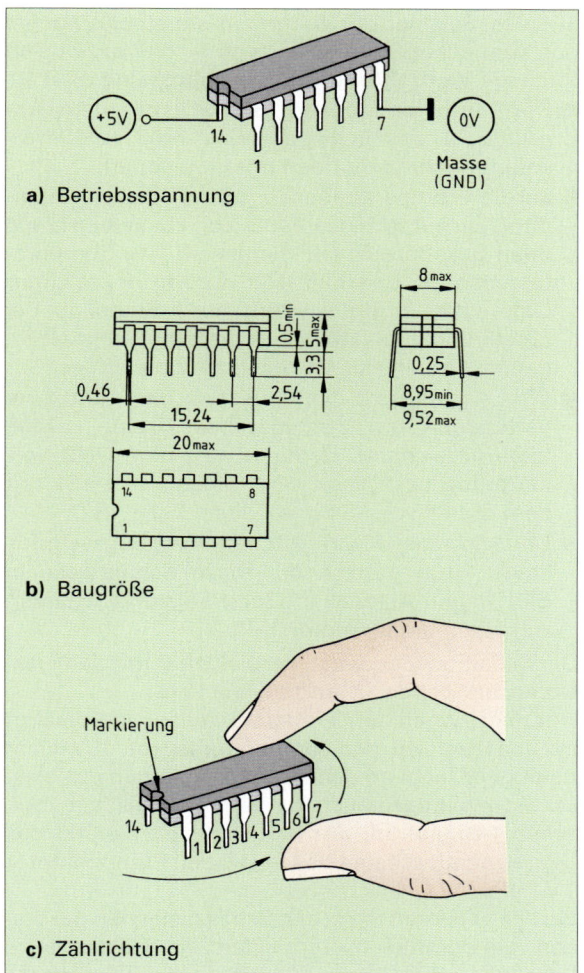

Bild 2 Elektronischer Logikbaustein

4.4.2 Verarbeitungseinheit

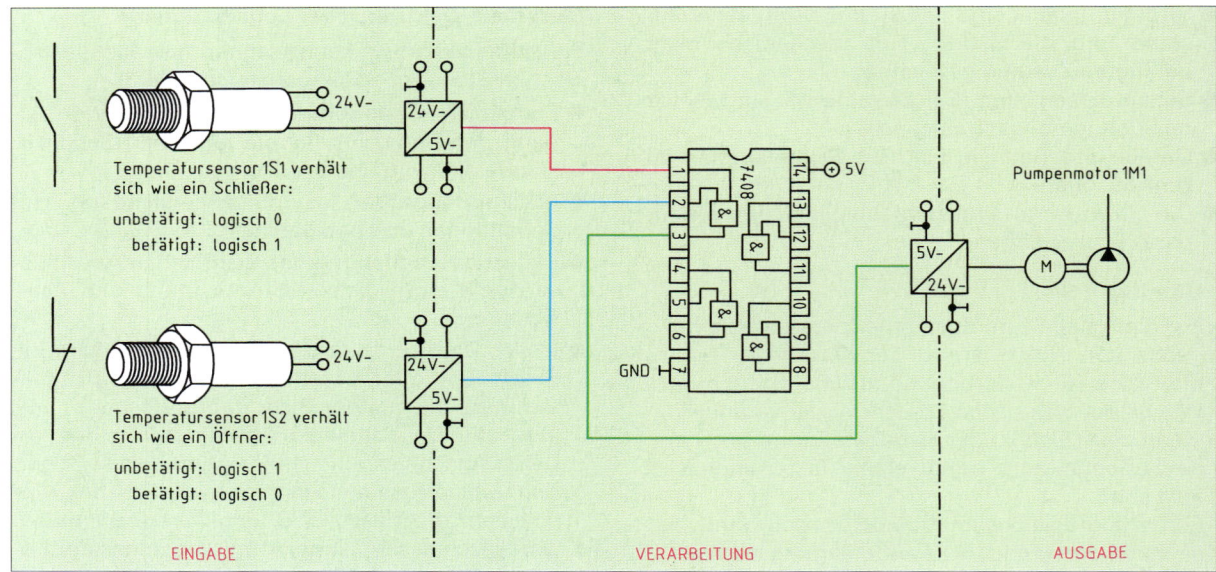

Bild 1 Elektrischer Schaltplan

Für das Beispiel der Pumpenmotorsteuerung bei der Sonnenkollektoranlage (vgl. S. 176) ergibt sich folgende **Verdrahtung der Logikbausteine** (Bild 1):
- Der Temperatursensor **1S1** wird mit dem Anschluss **1** des Logikbausteins **7408** (UND-Verknüpfungen) verbunden (rot gezeichnet).
- Für den Temperatursensor **1S2** wird eine Verbindung zum Anschluss **2** des Logikbausteins **7408** (blau gekennzeichnet) hergestellt. Der Temperatursensor **1S2** verhält sich wie ein unbetätigter Öffner, d.h., er gibt ein logisches **1-Signal** ab. Bei Betätigung gibt **1S2** ein logisches **0-Signal** ab, d.h., er verhält sich wie ein betätigter Öffner.
- Vom Anschluss **2** des Bausteins **7404** führt eine Verbindung zum Anschluss **2** des Bausteins **7408** (blau gezeichnet). Dadurch wird eine **UND-Verknüpfung** des „negierten" Signals von 1S2 mit dem Signal von 1S1 geschaltet (1S1 ∧ 1S2).
- Der Anschluss **3** wirkt auf eine **Ausgangsschnittstelle** (grün gezeichnet). Diese Schnittstelle in Bild 1 kann Aktoren größerer Leistung schalten, z. B. den Pumpenmotor 1M1.

Die Schaltfunktion wirkt, vergleichbar mit den elektromechanischen Kontakten, wie folgt:
Nur dann, wenn der Temperatursensor 1S1 betätigt ist und zugleich der Temperatursensor 1S2 nicht betätigt ist, liegt an den beiden Eingängen des elektronischen Logikbausteins 7408 jeweils ein logisches **1-Signal** an. Die Schnittstelle verstärkt das Signal, damit schaltet das Relais den Pumpenmotor 1M1 ein.
Bei allen anderen logischen Schaltzuständen der beiden Temperatursensoren liefert die elektronische Schaltung ein 0-Signal an die Ausgangsschnittstelle und der Pumpenmotor ist ausgeschaltet.

Mithilfe von entsprechenden Zuordnungen lässt sich eine logische Verknüpfung sowohl elektromechanisch als auch elektropneumatisch oder elektronisch verwirklichen, und jede technische Ausführungsform kann in eine andere überführt werden. In der Praxis ist für die Anfertigung eines Schaltplanes die Tabelle in Bild 1, Seite 185 hilfreich.

> **Überlegen Sie:**
> 1. Übertragen Sie den Logikplan (Bild 1, Seite 182) in eine entsprechende Lösung mit elektronischen Logikbausteinen. Nutzen Sie die Übersicht Bild 1, Seite 185.
> 2. Ein pneumatischer Stempelzylinder kann wahlweise von zwei Betätigungsstellen aus mit dem Handtaster oder dem Fußtaster direkt ausgefahren werden. Überführen Sie die pneumatische Schaltung in einen entsprechenden elektromechanischen und elektronischen Schaltplan.
>
>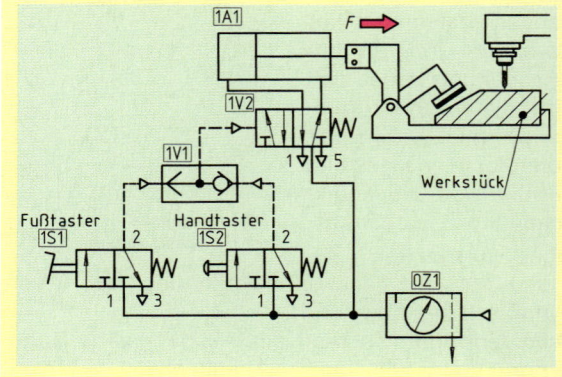

4.4.3 Ausgabebauteile

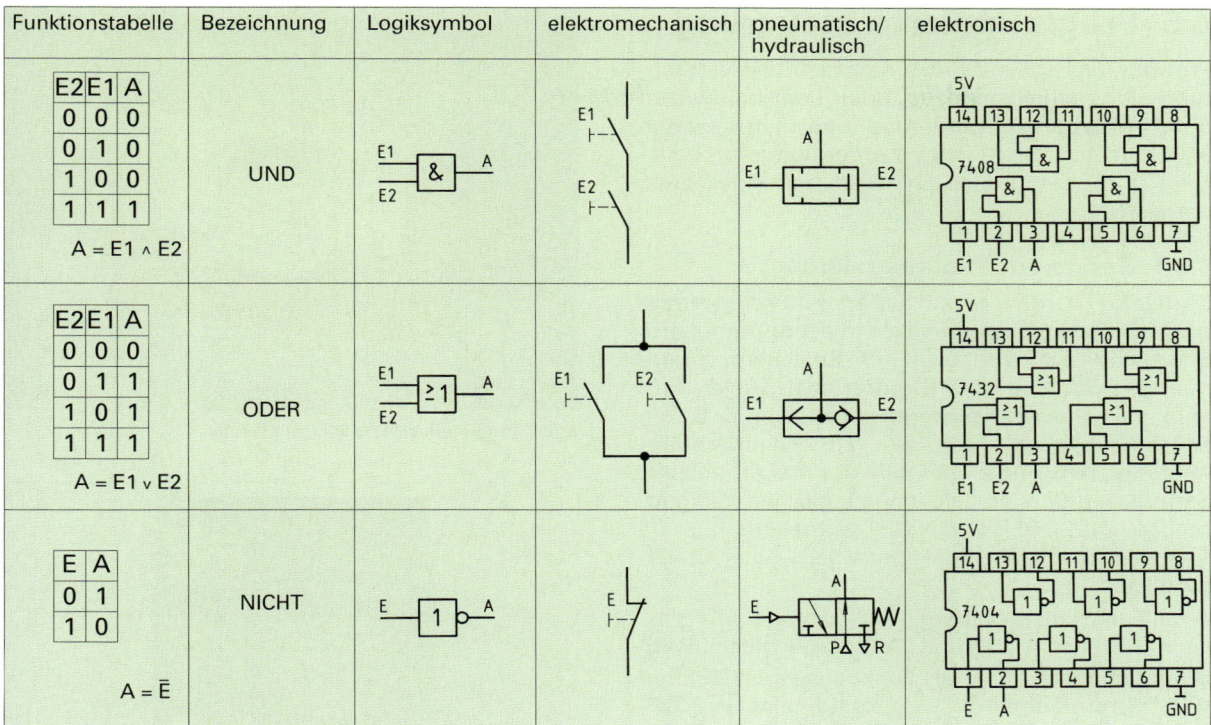

Bild 1 Verknüpfungselemente

4.4.3 Ausgabebauteile (Aktoren)

Aktoren erbringen die geforderte **Wirkung** in einer Steuerung. Zu jedem Betriebszustand der Steuerung muss eine eindeutige Ausgabe der Aktoren sichergestellt sein. In der Praxis lassen sich für die vielfältigen Aufgabenstellungen entsprechende Aktoren einsetzen. Eine Auswahl der großen Bandbreite der Aktorik vermittelt die Übersicht in Bild 2.

Symbol/Bezeichnung	Wirkprinzip	Einsatzbereich
Pneumatikzylinder, Hydraulikzylinder	Elektromagnetisch oder pneumatisch/hydraulisch betätigte Ventile stellen den Zylinder in die Endlagen. Die Kolbenstange bewirkt Kräfte, Momente und Bewegungen. Kraft = Arbeitsdruck · Kolbenfläche	Spannen, Öffnen/Schließen, Verfahren, Positionieren, Verformen, Prägen.
Gleichstrommotor, Wechselstrommotor, Drehstrommotor	Relais oder elektronische Schalter starten und stoppen den Motor durch die Steuerung des Energieflusses. Regeleinrichtungen bewirken die gewünschte Drehfrequenz. Dabei wird die elektrische Energie im allgemeinen in eine **Drehbewegung** umgesetzt. Zusätzliche mechanische Systeme ermöglichen Längsbewegungen.	Antriebsmotore für Werkzeugmaschinen, Stellmotore für Regeleinrichtungen.
Relais mit Signalbauteilen, Verstärker	Das Relais dient als **Schalter** für eine Vielzahl unterschiedlicher technischer Baugruppen. Elektrische Energie wird in mechanische Energie umgewandelt.	Signallampen und Beleuchtung ein- und ausschalten. Schieber öffnen und schließen. Heizungen, Fördermotore usw. ein- und ausschalten.

Bild 2 Auswahl von Aktoren

4.5 Programmierte Steuerung

Programmierte Steuerungen ersetzen die Verdrahtung von Schaltkontakten oder Logikbausteinen durch **Mikroprozessoren** und **Speicherbausteine** (vgl. Kap. 3). In Bild 1 ist eine programmierte Steuerung, z. B. zur Steuerung einer Heizungsanlage, dargestellt.

4.5.1 Geräte und Programmierung

Das **Gerät** (Hardware) und die Art der **Programmierung** (Software) kennzeichnen die programmierte Steuerung. Sie wird auch als **S**peicher**p**rogrammierbare **S**teuerung (**SPS**) bezeichnet. Für die Eingabe des **Steuerungsprogramms** dient z. B. ein Personalcomputer (PC) oder ein Handprogrammiergerät (vgl. Bild 2). Mit Hilfe des Steuerungsprogramms werden die bekannten logischen Verknüpfungen UND, ODER und NICHT festgelegt.
Ausgehend von der Funktionstabelle einer Steuerung kann

- die **Funktionsgleichung** als **A**n**w**eisungs**l**iste (**AWL**)
- der **Logikplan** als **Fu**nktions**p**lan (**FUP**) und
- der **Stromlaufplan** als **Ko**ntakt**p**lan (**KOP**)

programmiert werden.

Um z. B. die **Anweisungsliste** für die Pumpensteuerung der Sonnenkollektoren (vgl. S. 176) zu erstellen, muss zunächst eine eindeutige Zuordnung
- der Sensoren (Temperatursensoren) zu den Eingängen der SPS und
- der Aktoren (Pumpenmotor) zu den Ausgängen der SPS

in einer **Zuordnungsliste** erfolgen (vgl. Bild 4).

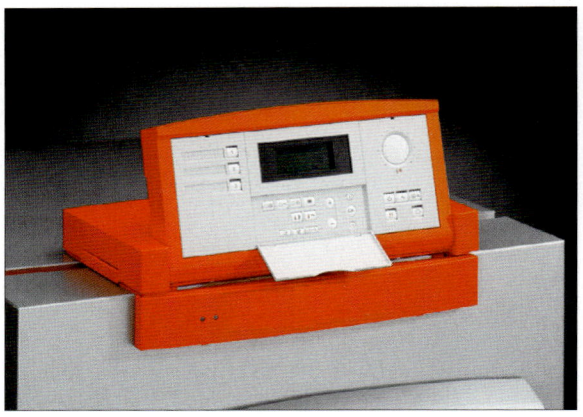

Bild 1 Programmierte Heizungssteuerung

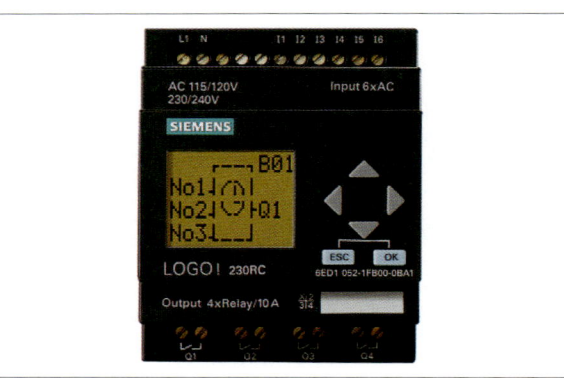

Bild 2 SPS

Aus der Funktionstabelle (Bild 3, S. 177) ergibt sich die **Funktionsgleichung**.
a) für die **Sensoren und den Aktor**:
   1S2 ∧ 1S1 = 1M1
   Da der Temperatursensor 1S2 ein nicht betätigter Öffner ist, liefert er ein logisches **1-Signal**. Bei Betätigung würde er ein logisches **0-Signal** abgeben. Daher wird der Temperatursensor 1S2 von der SPS wie eine UND-Verknüpfung verarbeitet.
b) für die zugeordneten **Ein- und Ausgänge der SPS**:
   E02 ∧ E01 = A01

Sensor	SPS Eingang	Aktor	SPS Ausgang
1S1	E01	1M1	A01
1S2	E02		

Bild 4 Zuordnungsliste

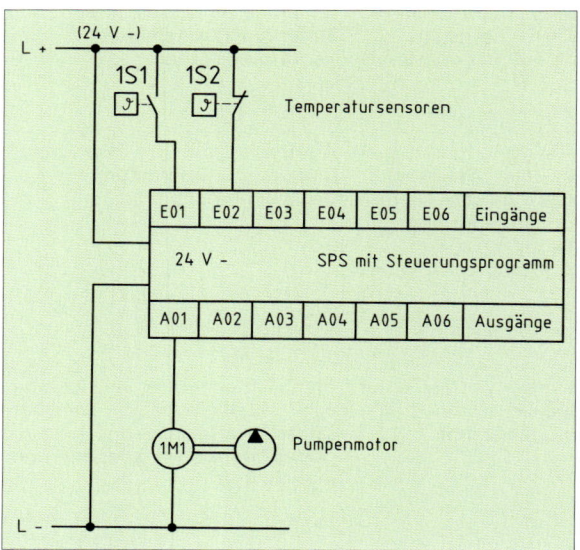

Bild 3 Schaltplan

AWL-Zeile	Operation	Operand
1	U	E02
2	U	E01
3	=	A01
4	PE	(Programmende)

Bild 5 Anweisungsliste

4.5 Programmierte Steuerung

Die entsprechende Anweisungsliste für die Pumpenmotorsteuerung zeigt Bild 5, Seite 186. Die Steuerung kann in Betrieb genommen werden, wenn

a) die Temperatursensoren und der Pumpenmotor gemäß Schaltplan angeschlossen sind und
b) die Programmierung der Anweisungsliste erfolgt ist.

Bild 3 auf Seite 186 zeigt den Schaltplan der Pumpenmotorsteuerung mit SPS.

Die Befehle in der Spalte Operation der Anweisungsliste bewirken die gleichen logischen Verknüpfungen, die in einer verbindungsprogrammierten Steuerung durch die Verschlauchung oder Verdrahtung von Bauteilen erreicht werden. Im folgenden werden einige wichtige Kurzzeichen für die Programmierung erklärt:

U   UND-Verknüpfung, hier gleichzeitig auch „Eröffnung" in der 1. AWL-Zeile für den Operand E02
O   ODER-Verknüpfung
N   NICHT-Verknüpfung
UN UND-NICHT-Verknüpfung
ON ODER-NICHT-Verknüpfung
=   Zuweisung eines Ausgangs (Wenn die und die Bedingungen am Eingang erfüllt sind, dann soll z. B. der Aktor am Ausgang A01 eingeschaltet werden).

4.5.2 Merkmale des SPS-Einsatzes

Zeit, Kosten und Materialeinsatz bestimmen die Entscheidung für die Auswahl der technischen Ausführungsform einer Steuerung. Für den SPS-Einsatz sind folgende Eigenschaften kennzeichnend:

- Eine Verschlauchung bzw. Verdrahtung der Verarbeitung entfällt. Die notwendigen Verknüpfungen von UND, ODER und NICHT erfüllt ein entsprechendes Steuerungsprogramm.

- Veränderungen der Steuerungsfunktion sind bei der verbindungsprogrammierten Ausführung mit erheblichem Aufwand verbunden. Leicht durchzuführen sind sie bei speicherprogrammierbaren Steuerungen, da nur SPS-Programmteile geändert werden müssen. Aufwendungen für neue Verschlauchung bzw. Verdrahtung der Logikverknüpfungen entfallen.

- Je umfangreicher verschlauchte bzw. verdrahtete Verknüpfungen und je mehr Sensoren (Eingänge) und Aktoren (Ausgänge) in einer Steuerung wirken, desto wirtschaftlicher ist der SPS-Einsatz.

Die Übersicht in Bild 1 zeigt die Grundelemente der Verknüpfung und die jeweilige technische Ausführungsform.

> In speicherprogrammierten Steuerungen ersetzen Programme die verschlauchte bzw. verdrahtete Logik.

Bezeichnung Funktionsgleichung	Elektromechanisch	Pneumatisch	Logik- bzw. Funktionsplansymbol	SPS AWL
UND $E01 \wedge E02 = A01$	1S1 (E01), 1S2 (E02), 1K1 (A01)	(A01), (E01), (E02)	E01, E02 → & → A01	U E01 / U E02 / = A01
ODER $E01 \vee E02 = A01$	1S1 (E01), 1S2 (E02), 1K1 (A01)	(A01), (E01), (E02)	E01, E02 → ≥1 → A01	U E01 / O E02 / = A01
NICHT $\overline{E01} = A01$	1S1 (E01), 1K1 (A01)	(A01), (E01)	E01 → 1 → A01	UN E01 / = A01

Bild 1 Grundverknüpfungen

4.6 Die Wirkungsweise von Ablaufsteuerungen

In der technischen Anwendung sind kombinatorische Steuerungen (vgl. Kap. 4.3) sowie prozessabhängige und zeitgeführte Ablaufsteuerungen anzutreffen. Diese Unterscheidung (vgl. Bild 1) ist hilfreich, da spezielle Lösungsansätze bei der Planung und Verwirklichung dieser Steuerungen zu berücksichtigen sind. Um eine eindeutige Einordnung von Ablaufsteuerungen vornehmen zu können, sollen zunächst die typischen Merkmale vorgestellt werden.

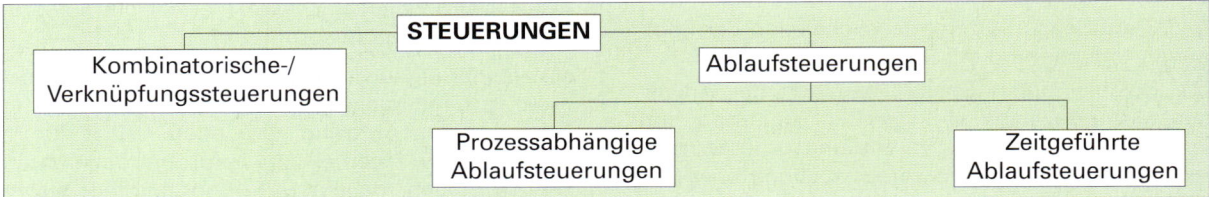

Bild 1 Übersicht der Steuerungsarten

4.6.1 Prozessabhängige Ablaufsteuerung

Die Flüssigkeit in einem Sammelbehälter wird mit einer Tauchpumpe (Bild 2) in einen Tankwagen entleert. Eine **Folge** von bestimmten Schaltungsbedingungen (auch Schritte genannt) steuert diesen Ablauf:

Zu Beginn ist der Sammelbehälter leer. Der Schwimmschalter 1S1 der Tauchpumpe ist **nicht** betätigt. Der Pumpenmotor ist ausgeschaltet. Wird der Sammelbehälter gefüllt, dann treibt der Schwimmer auf und betätigt damit den Schließerkontakt des Schwimmschalters 1S1, und der schaltet den Motor 1M1 der Tauchpumpe ein. Die Pumpe entleert die Flüssigkeit in den Tankwagen.

Sobald der Flüssigkeitsstand im Sammelbehälter unterhalb des Schwimmers liegt, schaltet 1S1 den Motor der Tauchpumpe wieder ab.

Dieser Vorgang kann beliebig oft wiederholt werden.

Bild 2 Tauchpumpe mit Schwimmschalter

Startbedingung:	Die Versorgungsspannung liegt an der Tauchpumpe an.
0. Schritt	Der Sammelbehälter wird gefüllt. Schalter **1S1** ist **nicht** betätigt. Motor **1M1** ist **ausgeschaltet**.
1. Schritt	Der Schwimmschalter wird angehoben und betätigt den Schalter 1S1. **1S1** schaltet den Motor **1M1** der Tauchpumpe **ein**. Der Sammelbehälter wird entleert.
2. Schritt	Der Schwimmer sinkt und betätigt den Schalter 1S1. **1S1** schaltet den Motor **1M1** der Tauchpumpe **ab**.
3. Schritt	Der Startzustand ist wieder erreicht.

Aktor	Sensor	0.	1.	2.	3.= 0. Schritt
	betätigt				Motor 1M1 **ein**geschaltet
Motor 1M1	Schalter 1S1				
	unbetätigt				Motor 1M1 **aus**geschaltet

Bild 3 Prozessabhängige Ablaufsteuerung

4.6 Die Wirkungsweise von Ablaufsteuerungen

Die Dauer des gesamten Entleerungsprozesses hängt im hier betrachteten Beispiel von der Füllmenge und der Förderleistung der Tauchpumpe ab. Bei einer Kransteuerung ergibt sich die Prozesszeit aus den Bewegungsabläufen der einzelnen Folgeschritte, z. B.:

- Anheben der Last,
- Verfahren der Last im Ausleger,
- Drehen bzw. Schwenken des Auslegers und
- Absenken der Last

Bei einer prozessabhängigen Ablaufsteuerung ergibt sich damit die Dauer des gesamten Prozesses aus den Zeiten der einzelnen Folgeschritte. Muss die Last vor dem endgültigen Absenken ein weiteres Mal im Ausleger verfahren werden, dann verlängert sich die Prozesszeit entsprechend.

> Prozessabhängige Ablaufsteuerungen bestehen aus einer Folge von kombinatorischen Steuerungen. Die Dauer eines einzelnen Folgeschritts ergibt sich aus den prozessabhängigen Größen, z. B. Förderleistung der Tauchpumpe. Das Ende eines Folgeschritts löst prozessabhängig den nächsten aus.

4.6.2 Zeitgeführte Ablaufsteuerung

Ein Radarmelder 1S1 mit eingebautem Sender und Empfänger baut vor dem Urinalbecken ein unsichtbares Überwachungsfeld (Empfindlichkeit einstellbar) auf.

Bewegungen in diesem Bereich empfängt der Melder und leitet die Signale an das Steuergerät weiter. Ein Microcomputer wertet die Signale aus und steuert kurz nach dem Wegtreten des Benutzers das Magnetventil 1K1 an. Das Becken wird gespült.

Nach einer **einstellbaren Spüldauer** sperrt 1K1 den Wasserfluss wieder.

> Zeitgeführte Ablaufsteuerungen haben einstellbare Wartezeiten.

Die Steuerung einer Ampelanlage ist z. B. ebenfalls eine zeitgeführte Ablaufsteuerung.

In der Praxis sind meist Mischformen von kombinatorischen Steuerungen mit prozessabhängigen und zeitgeführten Ablaufsteuerungen im Einsatz. Daher dienen die beschriebenen Merkmale nur der grundsätzlichen Unterscheidung.

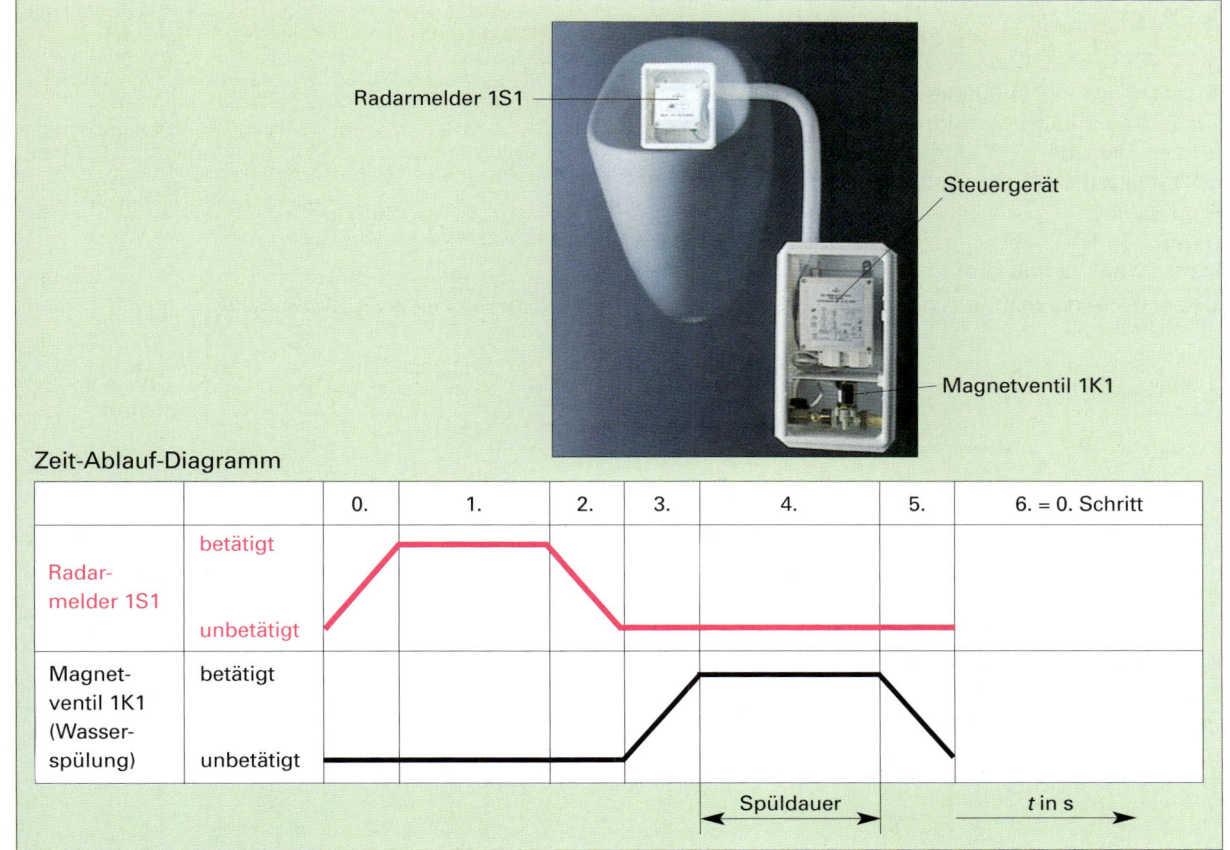

Bild 1 Zeitgeführte Ablaufsteuerung

4.7 Steuerungstechnische Ausführungsformen im Überblick

Für alle angeführten Ausführungsformen (pneumatisch/hydraulisch, elektromechanisch, elektronisch) sind die Lösungsschritte gleich. Die einzelnen Lösungsstufen führen zu einer funktionsfähigen Steuerung. Die Übersicht in Bild 1 stellt diese Vorgehensweise zusammengefasst dar.

Über die grundlegenden Anforderungen hinaus bestehen oftmals weitere Forderungen an eine Steuerung bzw. ein Steuerungsprogramm. Die Auswahl in Bild 2 zeigt mögliche weiterreichende Steuerungsfunktionen.

Allgemein ist festzustellen:

> Eine Steuerung muss sowohl den grundlegenden Anforderungen der Funktion als auch den besonderen arbeitsplatzbezogenen Bediener-, Schutz- und Sicherheitsmaßnahmen entsprechen.

Neben der Steuerungsfunktion tragen
- Kosten,
- räumliche Möglichkeiten,
- Lebensdauer,
- Störanfälligkeit,
- Schalthäufigkeit,
- besondere Umgebungsanforderungen usw.

zur praktischen Entscheidung für eine Steuerungsart bei. Die Übersicht in Bild 3 zeigt in einer Gegenüberstellung der Steuerungsarten die wesentlichen Merkmale.

Praxisorientierte Darstellung eines Steuerproblems		
Digitalisieren	Funktionstabelle erstellen.	
	Entscheidung über die Art der technischen Ausführungsformen treffen. verbindungsprogrammiert: pneumatisch, hydraulisch elektronisch, elektromechanisch	
Codieren	Übersetzen der Schaltfunktion in einen Logigplan. Hieraus lässt sich der Geräteplan erstellen.	
	elektromechanisch	pneumatisch hydraulisch elektronisch
Speichern	Steuerung in elektromechanischer Ausführung aufbauen und verdrahten	Logikbausteine nach Plan auswählen, verdrahten/verschlauchen
Sensoren und Aktoren vereinbarungsgemäß anschließen		

Bild 1 Lösungsschritte

- **NOT-AUS (vergl. Kap. 6.4)**
  z. B. einem Bediener geschieht ein Unfall
- **Arbeitsplatzbezogene Sicherheitsmaßnahmen**
  z. B. das unbefugte Bedienen von Maschinen durch einen Schlüsselschalter verhindern
- **Akustische und optische Störmeldungen**
  z. B. eine Sirene bzw. eine Warnleuchte bei Ausfall der Druckluftversorgung einschalten
- **Stopp-Schalter**
  z. B. bei Werkzeugbruch die Maschine unverzüglich stoppen, um das beschädigte Teil zu entfernen

Die NOT-AUS-Einrichtung ist an jeder Maschine oder Steuerung angebracht, durch die Menschen in Gefahr geraten können oder die Anlage beschädigt werden kann.

Bild 2 Zusätzliche Anforderungen

Ausgewählte Merkmale	Verbindungsprogrammiert			
	pneumatisch	hydraulisch	elektromechanisch	elektronisch
Zuverlässigkeit (Arbeitssicherheit der Elemente)	sehr unempfindlich gegen Umwelteinflüsse		empfindlich gegen Umwelteinflüsse wie Staub, Feuchtigkeit u.a.m.	sehr empfindlich gegen Umwelteinflüsse wie Feuchtigkeit und Störfelder
Platzbedarf	sehr groß	sehr groß	groß	sehr gering
Bausteine	Wegeventile	Wege-/Sitzventile	Schütz/Relais	Transistor/Logikbaustein
Lebensdauer	bei sauberer Arbeitsluft sehr hoch	bei entsprechender Wartung sehr hoch	vom Schaltspiel der Kontakte abhängig	bei niedrigen Umgebungstemperaturen (Kühlung) praktisch unbegrenzt
Wartungsfreundlichkeit	geringer Wartungsaufwand	hoher Wartungsaufwand	geringer Wartungsaufwand	wartungsfrei
Kosten für die Installation einer vergleichbaren umfangreichen Steuerung	hohe Kosten	sehr hohe Kosten der Bauelemente	hohe Kosten	mittlere Kosten

Bild 3 Gegenüberstellung der Steuerungsarten

4.8 Regeln und Regelkreis

In der betrieblichen Praxis werden Maschinen, Anlagen und Geräte von entsprechenden Einrichtungen geregelt. Die Temperatur in Heizungsanlagen, der Luftdruck in Pneumatikanlagen und die Umdrehungsfrequenz in elektrischen Handgeräten sind **Regelgrößen**. Hier ist ständig ein Vergleich des geforderten **Sollwertes** mit dem tatsächlichen **Istwert** notwendig. Daraus erfolgt gegebenenfalls ein Nachstellen (**Regeln**) auf den geforderten Sollwert z. B. der Temperatur, des Drucks oder der Umdrehungsfrequenz. Die Wirkungsweise der Regelung entzieht sich meist der Beobachtung durch den Benutzer. Die Bauelemente sind durch Gehäuse verdeckt.

Am folgenden Beispiel der Druckluftregelung sollen die Zusammenhänge vereinfacht erklärt werden.

Die Druckluftversorgungseinheit (Bild 1) wird z. B. auf Baustellen eingesetzt, um Druckluft-Handgeräte anzutreiben. Sie verdichtet die Umgebungsluft mit niedrigem Druck auf den erforderlichen höheren Arbeitsdruck. Im Druckkessel wird die Druckluft gespeichert und für den Antrieb der Handgeräte bereitgestellt. Der Druck der Luft ist die **Regelgröße**. Die Druckluftversorgungseinheit mit Hauptschalter, druckabhängigem Schalter (Druckwächter genannt) und Motor mit Verdichter ist der **Regelkreis** (vgl. Bild 2). Die Schaltung zeigt, dass der Hauptschalter in Reihe mit dem Druckwächter geschaltet ist. Am Schaltkontakt des Druckwächters ist der Elektromotor angeschlossen, der den Verdichter antreibt.

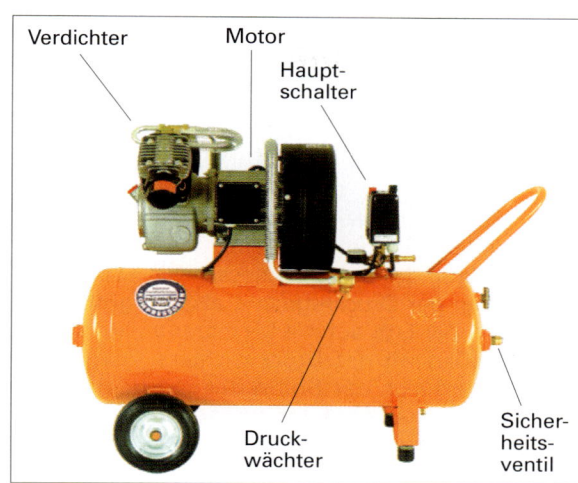

Bild 1 Druckluftversorgungseinheit

Wirkungsweise

Wenn der Hauptschalter eingeschaltet wird, liegt elektrische Spannung am Schaltkontakt des Druckwächters an. Der Druckwächter besteht – vereinfacht – aus einer Membrane mit Druckfeder und Einstellschraube (Bild 3). Der Sollwert des Druckes ist z. B. vom Hersteller auf 10 bar mit Hilfe der Einstellschraube (Druckfeder) eingestellt. Hierdurch wirkt eine entsprechende Kraft auf die Membrane. Ist die Federkraft der Einstellschraube größer als die Gegenkraft, die vom Druck im Kessel ausgeübt wird, dann schließt der Schaltkontakt des Druckwächters (vgl. Bild 3) und schaltet den Elektromotor ein. Der Verdichter wird angetrieben und der Druckkessel mit Druckluft gefüllt. Die komprimierte Luft drückt gegen die Membrane und damit gegen die Einstellfeder. Überwiegt der Druck im Kessel ge-

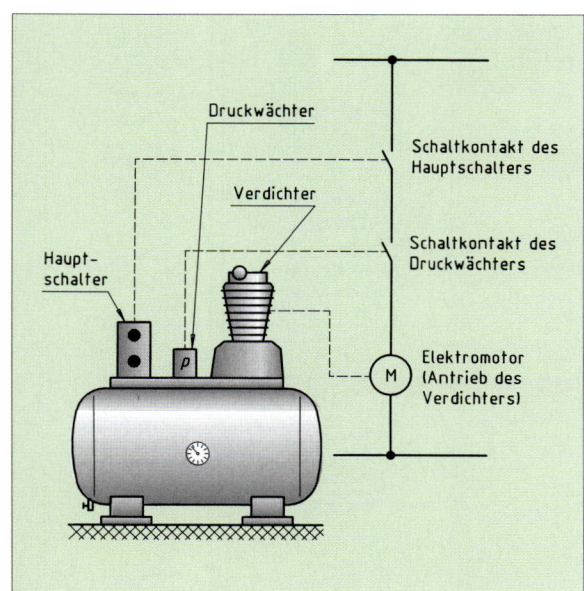

Bild 2 Schaltplan

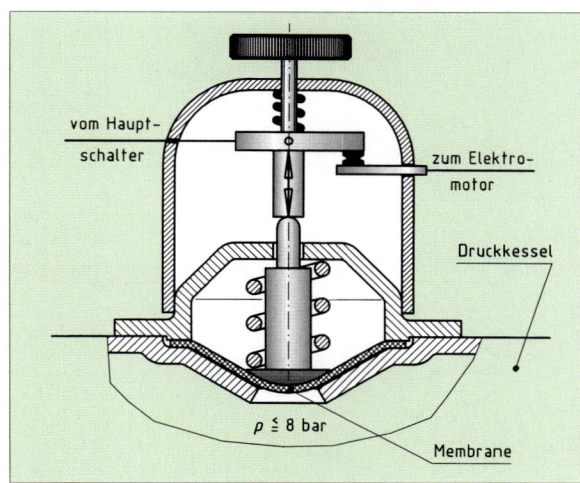

Bild 3 Druckwächter mit Schaltkontakt

4.8 Regeln und Regelkreis

genüber der Kraft der Druckfeder mit Membrane (**Regler**), dann öffnet der Schaltkontakt (**Stellglied**) des Druckwächters (vgl. Bild 3). Der Antriebsmotor des Verdichters wird ausgeschaltet. Der Druck (Regelgröße) hat durch die Wirkung des Druckwächters (Regeleinrichtung mit Regler und Stellglied) den geforderten Sollwert angenommen. Das Manometer zeigt ständig den Druck im Druckkessel an.

Wenn die Druckluftversorgungseinheit z. B. ein entsprechendes Handgerät antreibt, dann fällt mit der Luftentnahme der Druck im Kessel. Die Luftentnahme wirkt in der Druckregelung als **Störgröße**. Die Druckkraft der Luft auf die Membrane wird kleiner als die Federkraft des Druckwächters. Folglich ergibt der Vergleich des Sollwertes mit dem Istwert eine Regeldifferenz. Sie wirkt als Kraft aus dem Zusammenspiel von Druck im Druckkessel und Druckkraft der Einstellschraube und schließt den Schaltkontakt. Der Motor wird wieder eingeschaltet, der Verdichter arbeitet.

Die Aufgabe der Regeleinrichtung besteht darin, den Druck der Luft möglichst gleichbleibend auf dem eingestellten Sollwert zu halten. Hierzu erfasst der Druckwächter ständig die Rückwirkung der Druckveränderung im Kessel. Abhängig vom Erreichen bzw. Unterschreiten des eingestellten Druckwertes wird der Elektromotor und damit der Verdichter ein- bzw. ausgeschaltet.

Dieser Vorgang des Regelns auf den ungefähr konstanten Druck hin wiederholt sich ständig, solange Luft entnommen wird (vgl. Bild 1).

Das eingebaute Sicherheitsventil im Druckkessel soll bei einem Defekt der Regeleinrichtung den Druck begrenzen.

> Eine Regelung erfasst ständig den Istwert, vergleicht ihn mit dem Sollwert und passt rückwirkend über das Stellglied den Istwert an den Sollwert an.
> Der Wirkungsablauf ist geschlossen.

Überlegen Sie:

1. Nennen Sie aus Ihrer betrieblichen Praxis eine Regeleinrichtung. Welche Regelgröße wirkt in der ausgewählten Regeleinrichtung?
2. Worin unterscheidet sich eine Regelung grundlegend von einer Steuerung?

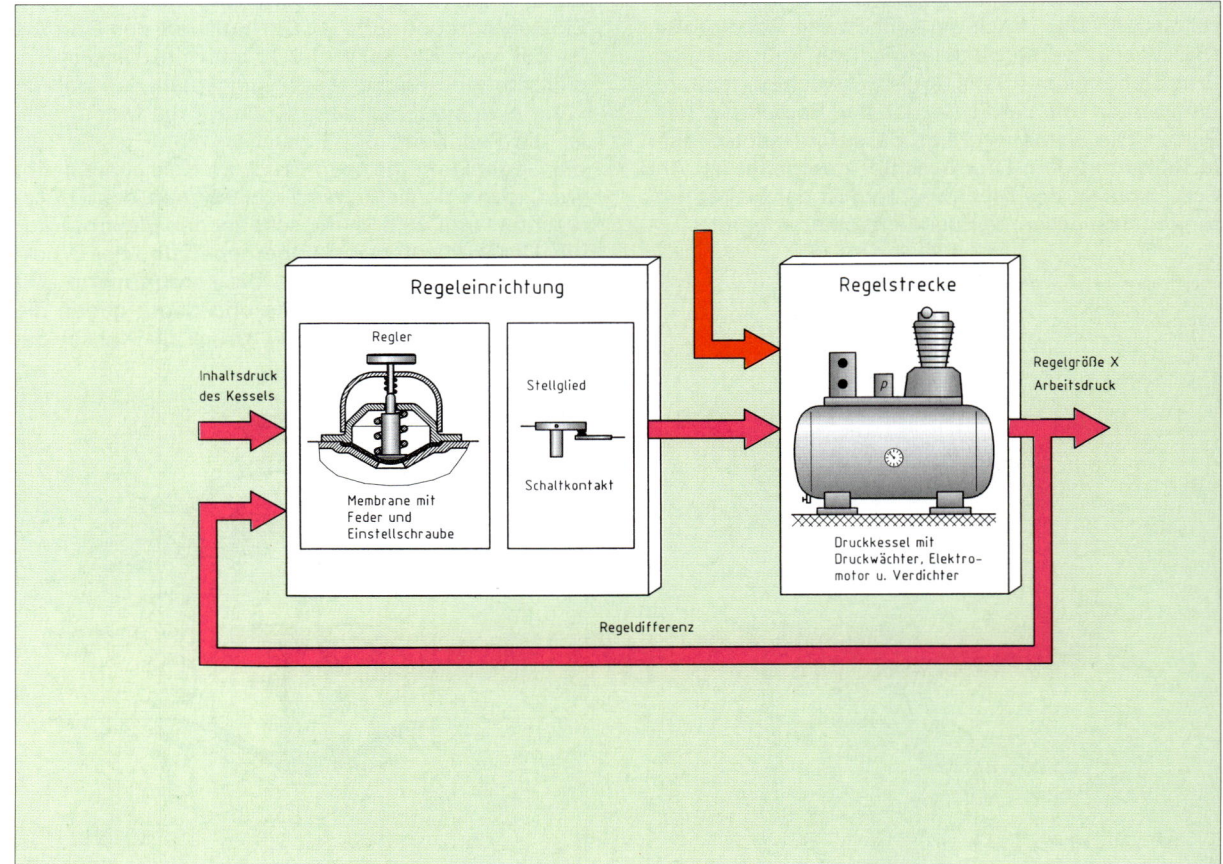

Bild 1 Regelkreis

Übungen

Überlegen Sie:

1. Welche Maschinen und Geräte aus der betrieblichen Praxis kennen Sie, in denen eine Steuerung wirkt?
2. Ordnen Sie dem Trennschleifer die Begriffe Steuereinrichtung und Steuerstrecke zu.

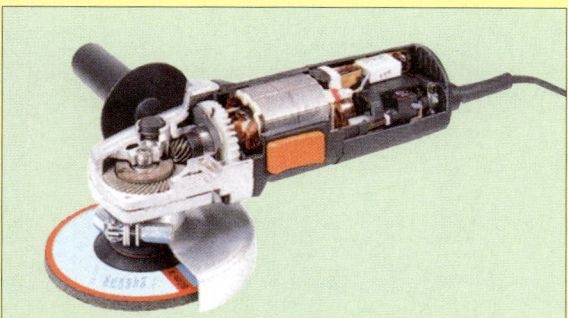

Bild 1 Trennschleifer

3. Wo befindet sich im Hubwerk (Bild 2, Seite 166) das Stellglied, das den Elektromotor einschaltet und damit die Last hebt oder senkt?
4. Nennen Sie für eine Handbohrmaschine und für einen Trennschleifer mögliche Störungen.
5. Vergleichen Sie die Zeichensymbole von Drossel- und Drosselrückschlagventil (Bild 1, Seite 175) und erklären Sie die Wirkung.
6. Beschreiben Sie, an welche Stelle im pneumatischen Schaltplan (Bild 1, Seite 169) die Abluftdrosselung einzufügen wäre.
7. Beschreiben Sie die Funktion der Steuerung in Bild 2 für alle vorkommenden Schalterbetätigungen.
8. Welche Schalterbetätigungen führen in der Steuerung in Bild 2 dazu, dass der Zylinder ausfährt?
9. Wie lautet für die Funktionstabelle (Bild 2) die Funktionsgleichung?
10. Zeichnen Sie für die Funktionsgleichung (Bild 2) den entsprechenden Logikplan.

    $1S1 \cdot 1S2 + 1S3 = 1K1$

1S3	1S2	1S1	1K1
0	0	0	0
0	0	1	0
0	1	0	0
0	1	1	0
1	0	0	0
1	0	1	0
1	1	0	0
1	1	1	1

Bild 2

11. Nennen Sie Beispiele aus der betrieblichen Praxis für die Anwendung von elektrischen Tastern oder Schaltern.
12. Welche Schaltfunktionen haben die Bedienfelder elektrischer Handgeräte (z. B. Bohrmaschine, Winkelschleifer, Stichsägen)?
13. Erstellen Sie für die Pressensteuerung die Funktionstabelle, den Logikplan und den pneumatischen Schaltplan.

    Bedingung: Nur dann, wenn beide Sensoren (Schutzgitterschalter und Teileschalter) zugleich betätigt sind, soll der Zylinder ausfahren und den Rohling lochen.

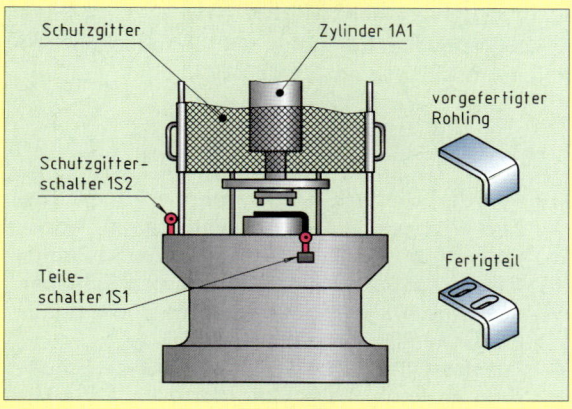

Bild 3

14. Welche physikalische Eingangsgröße wandelt der Sensor des Metallsuchgeräts (vgl. Bild 1, Seite 179) in ein elektrisches Schaltsignal um?
15. In Ölfeuerungsanlagen stellt ein Sensor (Flammenwächter) das Brennen der Flamme fest. Diese Überwachung ist notwendig, da bei einer unvollständigen Verbrennung die Gefahr einer Explosion besteht. Bei einer Störung der Flamme schaltet der Sensor die Ölpumpe aus. Welche physikalische Größe erfasst der Sensor?
16. Die Rufanlage schaltet mit einem Taster eine Klingel ein. Die Klingel soll von einem anderen Ort auch zu betätigen sein. Wie ist der zweite Taster zu dem vorhandenen Taster zu schalten?

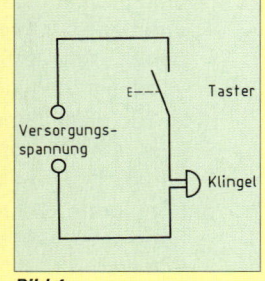

Bild 4

17. Ergänzen Sie den elektrischen Steuerkreis (Bild 3, Seite 182) für den Druckluft-Kleinschrauber so, dass ein zusätzlicher Stoppschalter (mit Raste) jederzeit den pneumatischen Energiekreis abschaltet. Welche Grundverknüpfung liegt bei dieser Ergänzung vor?

Übungen

18. Der Auszug aus einem Pneumatikschaltplan zeigt die Ansteuerung eines doppeltwirkenden Zylinders durch ein 5/2-Wegeventil.
    a) Um bei der Verschlauchung der Schaltung Fehler zu vermeiden, benennen Sie die fehlenden Buchstaben und beschreiben Sie die entsprechenden Funktionen der Anschlüsse am 5/2-Wegeventil.
    b) Wie heißt das Bauteil 1V2?
    c) Welche Wirkung hat das Bauteil 1V2 auf den Pneumatikzylinder 1A1?
    d) Welche Folge hätte ein Vertauschen der Anschlüsse am Bauteil 1V2?

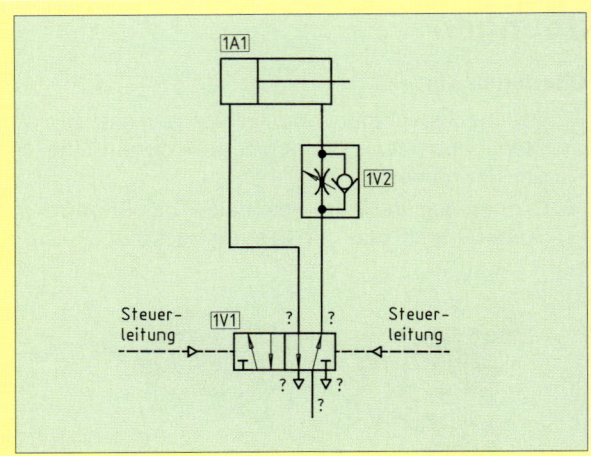

19. Bei der Süßwarenproduktion wird erhitzte Zuckermasse aus einem Behälter in Transportwagen gefüllt. Der Pneumatikzylinder hält im ausgefahrenen Zustand den Schieber geschlossen. Dies geschieht mit einem pneumatischen Druckspeicher.
    Für das Öffnen des Schiebers ist eine Steuerung zu entwickeln. Geforderte Schaltfunktion:
    Der Pneumatikzylinder öffnet den Schieber nur dann, wenn der Handtaster 1S1 betätigt ist und das Schutzgitter geschlossen, d.h., wenn der Endlagenschalter 1S2 ebenfalls betätigt ist.
    Wird die Betätigung des Handtasters 1S1 oder des Endlagenschalters 1S2 zurückgenommen, dann schließt der Pneumatikzylinder den Schieber wieder selbsttätig über den Druckspeicher.
    a) Welche Bauteile sind in dieser Anlage die Signalglieder bzw. das Arbeitsglied?
    b) Erstellen Sie für das Öffnen des Schiebers eine Funktionstabelle. Der Handtaster 1S1 und der Endlagenschalter 1S2 sind die Eingänge. Am Ausgang wirkt ein 3/2-Wegeventil als Stellglied.
    c) Ist für diese Steuerung ein Wechselventil oder ein Zweidruckventil als Steuerglied für das Öffnen des Schiebers erforderlich?
    d) Entwickeln Sie für das Öffnen des Schiebers einen vollständigen pneumatischen Schaltplan.

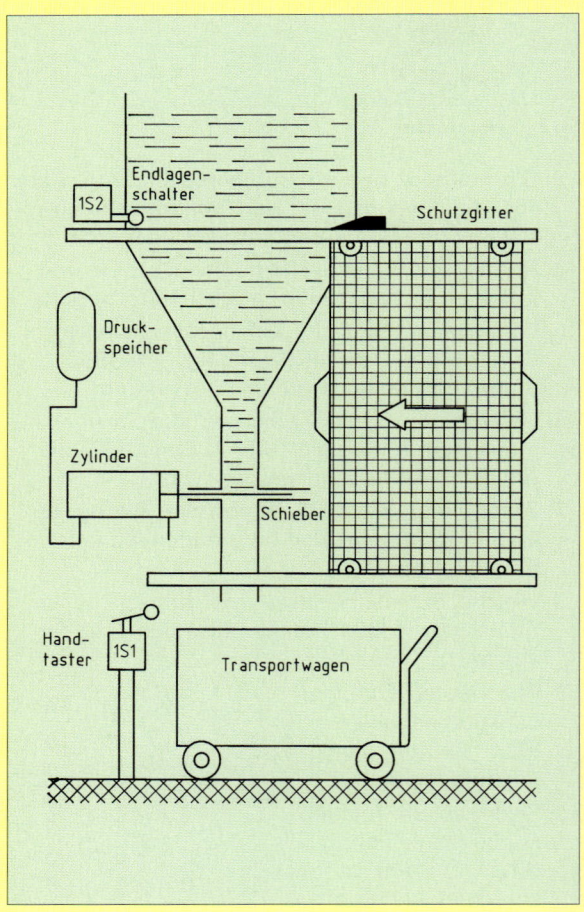

5 Elektrotechnik

5.1 Elektrizität als Energieform

Durch einen Verkehrsunfall bei Glatteis wurde die Einzäunung eines Wohngrundstückes stark beschädigt. Der Zaun besteht aus einer verzinkten Stahlkonstruktion mit aufgeschraubter Holzverblendung. Für die Reparatur sind folgende Arbeitsgänge vor Ort erforderlich:
- Die noch intakten mehrfach verschraubten Holzteile entfernen.
- Den beschädigten Bereich der Stahlkonstruktion heraustrennen.
- Das in der Werkstatt vorgefertigte Stück einsetzen und anschweißen.
- Die unbeschädigten und die neuen Holzteile anschrauben.

> **Überlegen Sie:**
> Welche Werkzeuge bzw. Geräte sind im Blick auf rationelles Arbeiten für diese Reparatur vor Ort erforderlich?

Vor allem Elektrowerkzeuge ermöglichen rationelles Arbeiten und mindern körperliche Anstrengung. Bild 1 zeigt erforderliche Elektrowerkzeuge und -geräte für die genannten Arbeitsgänge. Schrauber, Trennschleifer und Bohrmaschine stellen mechanische Energie zur Verfügung, das Schweißgerät Wärmeenergie, der Flutlichtstrahler Lichtenergie (Strahlungsenergie).

Bild 1 Elektrowerkzeuge und -geräte z. B. für eine Reparaturarbeit

Elektrizität, also elektrische Energie, wird demnach in diese Energiearten umgewandelt. Elektrische Energie wird in chemisch gebundene Energie gewandelt, wenn der Akkumulator des Schraubers nachgeladen wird.
Die oben genannten Geräte müssen sicherheitstechnisch einwandfrei sein, denn:

> Wirkt elektrische Energie auf den menschlichen Körper ein, so kann Lebensgefahr bestehen („elektrischer Schlag").

Deshalb sind beim Umgang mit elektrischer Energie die geltenden Vorschriften zur Unfallverhütung gewissenhaft zu beachten.

5.2 Grundzusammenhänge im elektrischen Stromkreis

5.2.1 Aufbau und Darstellung des Stromkreises

Die Lichtbogenschweißanlage (Bild 2) zeigt den grundsätzlichen Aufbau eines Stromkreises.
Der Erzeuger stellt **elektrische Energie** zur Verfügung, die über die **Leitung** zum **Verbraucher** transportiert und dort z. B. in **Wärmeenergie** umgewandelt wird. Der elektrische Strom transportiert die elektrische Energie, und im Verbraucher bewirkt er deren Umwandlung in die geforderte Energieform. „Erzeuger" und „Verbraucher" sind Kurzformen der Fachausdrücke „Spannungserzeuger" und „Spannungsverbraucher" (vgl. Kap. 5.2.3). Energieerzeuger bzw. -verbraucher gibt es nicht. Eine Energieform lässt sich in eine andere lediglich umwandeln. Auch der Erzeuger im Schweißstromkreis ist ein Energiewandler. Die elektrische Energie, wie sie die Elektroinstallation der Werkstatt anbietet, wandelt er in eine Form, die zum Schweißen geeignet ist.

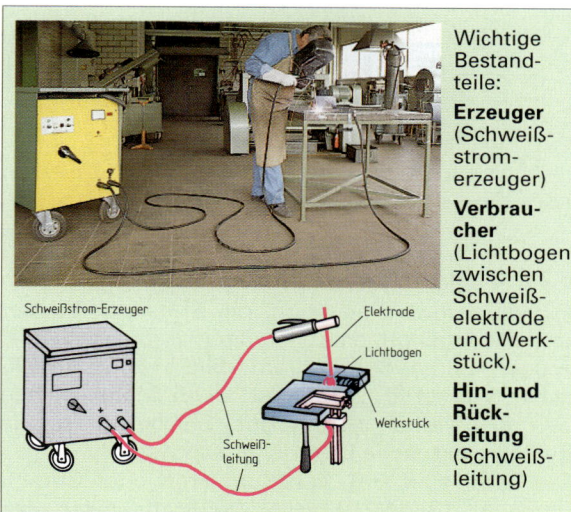

Wichtige Bestandteile:
Erzeuger (Schweißstromerzeuger)
Verbraucher (Lichtbogen zwischen Schweißelektrode und Werkstück).
Hin- und Rückleitung (Schweißleitung)

Bild 2 Stromkreis einer Lichtbogenschweißanlage

5.2 Grundzusammenhänge im elektrischen Stromkreis 5.2.2 Elektrische Vorgänge in Werkstoffen

Bei den meisten Elektrogeräten ist der zugehörige Stromkreis nicht oder kaum erkennbar, weil seine Bestandteile aus Sicherheitsgründen vom Gehäuse umschlossen sind (Bilder 1, Seite 195 und Bild 1). Auch sind Hin- und Rückleitung fast immer durch eine gemeinsame Gummi- oder Kunststoffumhüllung zusammengefasst. Sie bilden die Anschlussleitung des jeweiligen Gerätes. Deren eines Ende führt ins geschlossene Gehäuse zum Verbraucher (Elektromotor oder Glühlampe). Das andere Ende der Anschlussleitung trägt den Stecker und lässt an dessen zwei Stiften Hin- und Rückleitung wieder sichtbar werden. Die Steckdosen und die Leitung der Kabeltrommel verbinden die Geräte schließlich über ein System von Leitungen (**Netz**) mit Erzeugern (Generatoren) in den Kraftwerken.

Mit einem Schalter lässt sich ein Stromkreis einfach und gefahrlos schließen oder unterbrechen.

> **Überlegen Sie**:
> Ordnen Sie in Bild 2 die genannten Bestandteile a ... f den Ziffern in der Abbildung zu.

Stromkreise werden in einem Schaltplan zeichnerisch dargestellt (Bild 3). Dazu dienen genormte Schaltzeichen[1] wie in Bild 4.

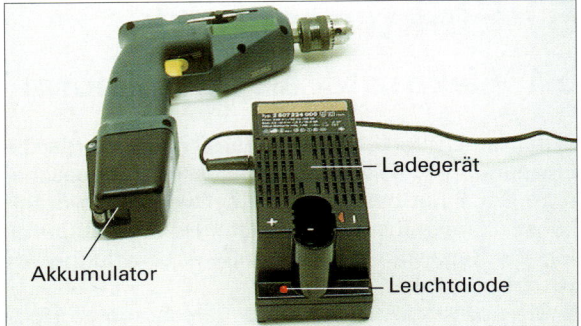

Bild 1 Schrauber

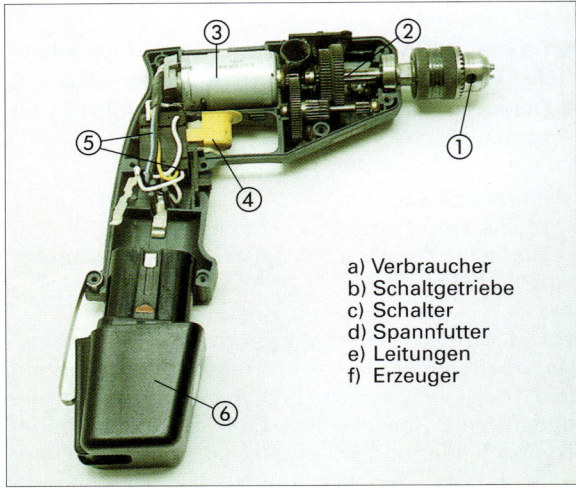

a) Verbraucher
b) Schaltgetriebe
c) Schalter
d) Spannfutter
e) Leitungen
f) Erzeuger

Bild 2 Schrauber (geöffnet, Zuordnungsaufgabe)

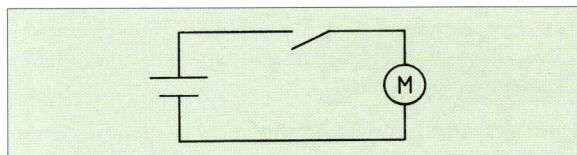

Bild 3 Schaltplan des Akku-Schraubers

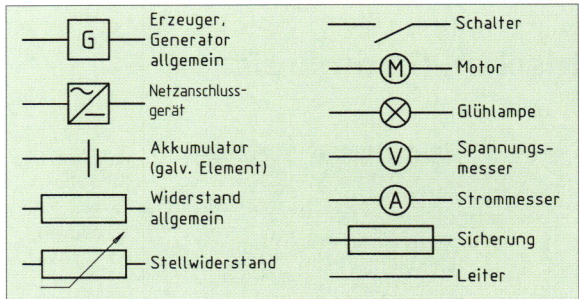

Bild 4 Schaltzeichen nach DIN EN 60617

5.2.2 Elektrische Vorgänge in Werkstoffen

Für die Schweißleitungen, die Stifte der Stecker und die zugehörigen Zuleitungen von Elektrowerkzeugen (Bild 1, Seite 195 und Bild 5) wird **metallischer Werkstoff** verwendet, denn Metalle leiten den elektrischen Strom gut. Solche Werkstoffe heißen **elektrische Leiter** (vgl. Kap. 1.2.1).

Die Leiter sind z. B. von **Kunststoff** oder **Gummi** umgeben (Bild 6). Solche Werkstoffe leiten den

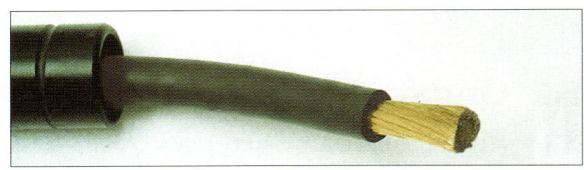

Bild 5 Ein Stück abisolierte Schweißleitung (Querschnitt des Kupferleiters (Litze): 185 mm²)

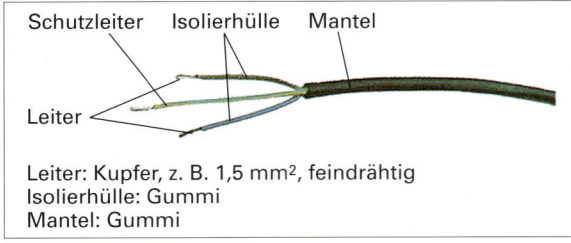

Leiter: Kupfer, z. B. 1,5 mm², feindrähtig
Isolierhülle: Gummi
Mantel: Gummi

Bild 6 Gerätezuleitung

elektrischen Strom nicht oder nur sehr schlecht, sie heißen **elektrische Nichtleiter** oder **Isolierstoffe**.
Die Vorgänge in diesen Werkstoffen sollen im folgenden verdeutlicht und modellhaft veranschaulicht werden.

[1] DIN EN 60617

5.2 Grundzusammenhänge im elektrischen Stromkreis — 5.2.3 Elektrische Spannung

> **Überlegen Sie:**
> Sie gingen über einen Teppich- oder Kunststoffboden und berührten dann einen elektrisch leitenden Gegenstand (Türklinke, Geländer). Oder Sie stiegen nach einer Autofahrt im Sommer auf trockener Straße aus dem Wagen und berührten diesen sogleich am Metall.
> Beschreiben Sie Ihre Erfahrung.

Solche Erfahrungen im Alltag machen deutlich, dass Körper elektrische Energie enthalten können, sie können **elektrisch geladen** sein.
Ein Träger der kleinsten elektrischen Ladung ist das **Elektron**. Es ist Bestandteil des Atoms (Bild 1).
In Metallen gibt es verschiebbare **freie Elektronen** als **frei bewegliche Ladungsträger**. Auch in Wasser gelöste Salze, Säuren und Basen (**Elektrolyte**, z. B. in Akkumulatoren) sowie Gase enthalten unter bestimmten Bedingungen frei bewegliche Ladungsträger, die **Ionen** (ionisierte Gase, z. B. im Schweißlichtbogen).

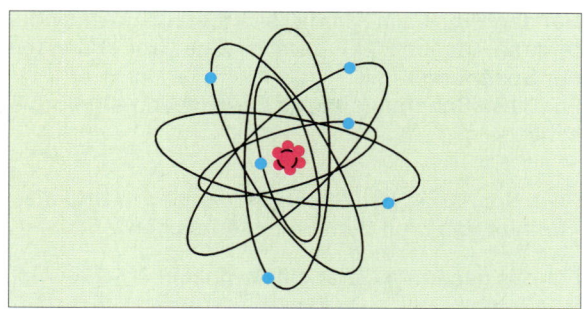

Bild 1 Bohrsches Atommodell. Die Elektronen sind auf kreisförmigen oder elliptischen Bahnen in bestimmtem Abstand vom Atomkern angeordnet.

Leiterwerkstoffe besitzen sehr viele frei bewegliche Ladungsträger je Volumeneinheit (z. B. je cm^3). Nichtleiterwerkstoffe dagegen enthalten je Volumeneinheit (fast) keine frei beweglichen Ladungsträger.

Leiterwerkstoff	Anwendungsbeispiele	Nichtleiterwerkstoff	Anwendungsbeispiele
Alle Metalle; besonders Kupfer, Aluminium, Silber, Gold, Wolfram	Leitungen, Wicklungen, Kontakte	Kunststoffe	Isolierende Gehäuse, Leitungsisolation
Kohle (Graphit)	Kohlebürsten in Elektromotoren	Gummi	Isolation von Gerätezuleitungen
Elektrolyte	Kalilauge z. B. im Akkumulator des Schraubers, verdünnte Schwefelsäure in der Autobatterie	Porzellan	Isolatoren an Freileitungen
		Glas	Beheizte Heckscheibe beim Pkw
		Luft	Leiter von Freileitungen gegeneinander und gegen Erde

Bild 2 Beispiele für Leiter- und Nichtleiterwerkstoffe

5.2.3 Elektrische Spannung

Die Anschlussklemmen mancher Erzeuger tragen die Zeichen + und − ; so z. B. das Ladegerät für den Akkumulator des Schraubers (Bild 1, Seite 196) oder der Schweißstromerzeuger (Bild 2, Seite 195). Die Anschlussklemmen sind elektrisch unterschiedlich geladen. Das führt zu folgender

Modellvorstellung:
Der Erzeuger ändert die normalerweise gleichmäßige Verteilung der Ladungsträger in seinen Leiterwerkstoffen. Auf die eine Anschlussklemme (Pol) „schiebt" er unter Energieaufwand freie Elektronen; sie heißt **Minuspol** (Zeichen −). Der andere Pol enthält dann entsprechend weniger freie Elektronen; er wird **Pluspol** genannt (Zeichen +).
Diese vom Erzeuger erzwungene unterschiedliche Ladung erstrebt aber den Ausgleich, d. h., den Ausgangszustand der gleichmäßigen Verteilung der Ladungsträger.

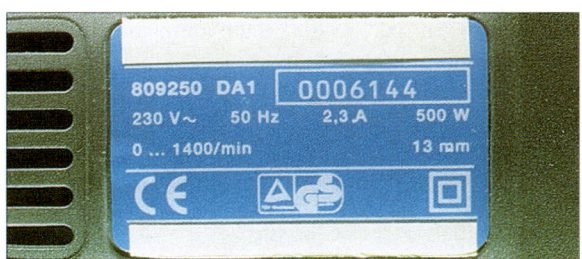

Bild 3 Leistungsschild einer elektrischen Handbohrmaschine

> Das Bestreben, unterschiedliche Ladung auf den Anschlüssen eines Erzeugers oder Verbrauchers auszugleichen, nennt man **elektrische Spannung**.

Weil der Erzeuger die Spannung bewirkt, lautet seine vollständige Bezeichnung **Spannungserzeuger** oder **Spannungsquelle**.
Elektrogeräte tragen auf ihrem Gehäuse ein Leistungsschild (Bild 3). Bei der elektrischen

5.2 Grundzusammenhänge im elektrischen Stromkreis
5.2.3 Elektrische Spannung

Handbohrmaschine findet sich darauf unter anderem die Angabe 230 V. Dies ist eine Größenangabe der Spannung.
Für diese Spannung ist das Elektrowerkzeug vorgesehen.

> Die Spannung hat das Formelzeichen U und die Einheit Volt[1] mit dem Einheitenzeichen V.

Für das genannte Gerät gilt demnach: $U = 230$ V.

Anlage bzw. Gerät	Spannung
Niederspannungsnetz für Haushalte, Handwerks- oder Industriebetriebe	230 V und 400 V
Akkumulator des Schraubers	9,6 V

Bild 1 Beispiele für Spannungen

Spannungen misst man mit dem **Spannungsmessgerät**. Bei der Messung werden seine zwei Anschlüsse mit den Anschlussklemmen des Erzeugers oder des Verbrauchers verbunden (Bild 2).
Elektrische Messgeräte gibt es mit **Skalen-** oder **Ziffernanzeige** (**analoger** oder **digitaler** Anzeige) (Bild 3 und 4).
Für den Gebrauch in der Praxis sind **Mehrbereichsmessgeräte** am besten geeignet (Bild 3 und 4). Mit ihnen können außer der Spannung auch andere elektrische Größen (vgl. Kap. 5.2.4 und 5.2.5) gemessen werden. Mit einem Messbereichsumschalter lässt sich für jeden Messwert ein günstiger Messbereich wählen, der genaues Ablesen möglich macht.

> Beim Messen elektrischer Größen darf der zu erwartende Messwert nicht größer sein als der Endwert des gewählten Messbereiches (z. B. Skalen-Endwert). Andernfalls kann das Messgerät beschädigt werden.

> **Unbedingt beachten:**
> Spannungen von 50 V und darüber können für den Menschen tödlich sein.

(vgl. Kap. 5.4.1)

Berührung mit Netzspannung bedeutet Lebensgefahr. Schadhafte Elektroinstallation oder Elektrogeräte sind sofort zu melden. Schadhafte Anlagen bzw. Geräte nicht benutzen!

> Reparaturen an elektrischen Anlagen und Geräten darf nur eine Elektrofachkraft ausführen.

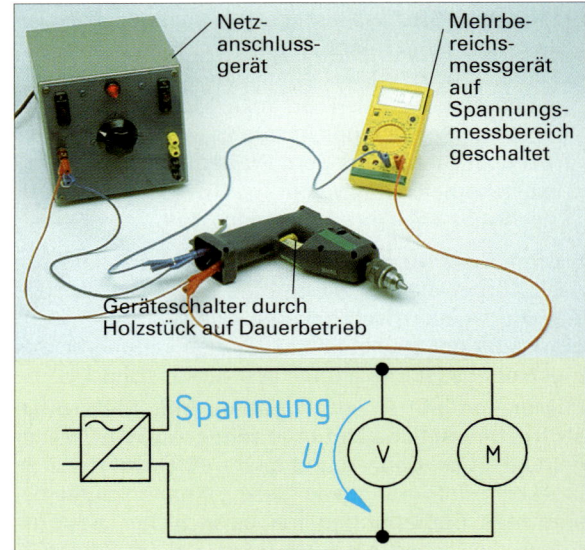

Bild 2 Spannungsmessung am Bohrschrauber

Bild 3 Messgerät mit Skalenanzeige (analoger Anzeige)

Bild 4 Messgerät mit Ziffernzeige (digitaler Anzeige)

---
[1] Volta, italienischer Physiker, 1737 bis 1798

5.2.4 Elektrischer Strom

5.2.4.1 Strom und Stromrichtung

Die Spannung bewirkt im **geschlossenen Stromkreis** die Verschiebung oder gerichtete Bewegung der freien Elektronen (Bild 1).

> Die gerichtete Bewegung von elektrischen Ladungsträgern heißt elektrischer Strom.
> In Metallen ist dies die Fortbewegung der freien Elektronen.

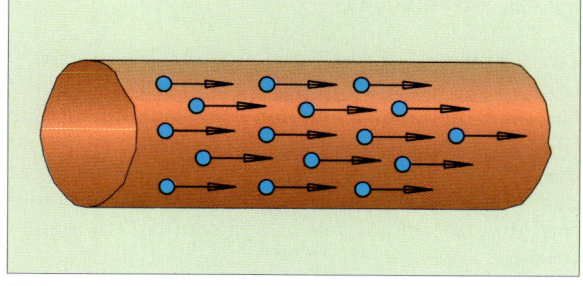

Bild 1 Elektrischer Strom: gerichtete Bewegung elektrischer Ladungsträger

Der Erzeuger sorgt für die Aufrechterhaltung der Spannung und damit des Stromes. Die unterschiedliche Bezeichnung der Anschlussklemmen an bestimmten Erzeugern, wie z. B. am Akkumulator des Bohrschraubers, mit + bzw. mit − bedingt die Festlegung der **Stromrichtung**:

> Der Strom ist im Stromkreis außerhalb des Erzeugers von dessen Pluspol über Leitungen und Verbraucher zum Minuspol gerichtet[1] (Seite 200, Bild 2 und 3).

> Eine Spannung, deren Polarität sich nicht ändert, nennt man **Gleichspannung**, den von ihr bewirkten Strom **Gleichstrom**. (Kennzeichen: — oder ⎓ oder DC[2])
> Eine Spannung, deren Polarität sich ständig ändert, heißt **Wechselspannung**, der entsprechende Strom **Wechselstrom**. (Kennzeichen: ~ oder AC[2])

Der jeweils wichtigste Vorteil:
Elektrische Energie lässt sich nur

- unter **Gleichspannung** (z. B. in chemisch gebundener Form in Akkumulatoren; vgl. Bild 1, Seite 196) speichern.
- mit Hilfe von **Wechselspannung** über große Entfernungen (z. B. über Hochspannungsfreileitungen) transportieren.

5.2.4.2 Stromarten

Durch ihre Konstruktion und ihre Anwendung bedingt, gibt es Erzeuger, die an ihren Anschlüssen

- immer die **gleiche** Polarität (Zuordnung von Plus- und Minuspol) beibehalten. Im Stromkreis bewirken sie demnach stets **gleich** bleibende Stromrichtung.

  Beispiele:
  Elektrische Anlage eines Kraftfahrzeuges, Akkumulator des Schraubers und sein Ladegerät (Bild 1, Seite 196), der Schweißstromerzeuger (Schweißgleichrichter) (Bild 2, Seite 195), entsprechend einstellbares Netzanschlussgerät (Bild 2, Seite 198).

- dauernd ihre Polarität **wechseln** (Plus- und Minuspol dauernd vertauschen). Im Stromkreis bewirken sie daher ständig **wechselnde** Stromrichtung.

  Beispiele:
  Energie, wie sie das Netz bereitstellt, Schweißtransformator (Bild 1, Seite 195 und Bild 3, Seite 202).

Bestimmte Elektrogeräte, z. B. größere Schweißstromerzeuger oder stationäre Elektromotoren, benötigen **Drehstrom**. Er ist keine eigenständige Stromart, sondern ein vorteilhaftes Wechselstromsystem. Es erlaubt unter anderem eine geringere Strombelastung des einzelnen Leiters, da bei Drehstrom drei statt nur zwei Leiter für den Energietransport verwendet werden. Außerdem sind Drehstrommotoren besonders einfach und robust konstruierte Antriebsmaschinen.
Für Drehstrom gibt es besondere Steckdosen und Stecker (Bild 2). Über solche **CEE-Steckvorrichtungen**[3] werden z. B. größere Schweißstromerzeuger oder Drehstrommotoren angeschlossen.

Bild 2 CEE-Steckvorrichtung

---

[1] Diese Festlegung der Stromrichtung heißt **Technische Stromrichtung**. Sie war erfolgt vor der Erkenntnis, dass die Bewegung der freien Elektronen entgegengesetzt erfolgt (**Physikalische Stromrichtung**). Dies ist aber für den hier behandelten Ausschnitt der Elektrotechnik ohne Belang.
[2] **DC**, **AC**: englische Abkürzung für **d**irect **c**urrent = Gleichstrom bzw. **a**lternating **c**urrent = Wechselstrom
[3] **CEE**: Englische Abkürzung für „Internationale **C**ommission für Regeln zur Begutachtung **e**lektrotechnischer **E**rzeugnisse".

5.2.4.3 Stromstärke

Die dem elektrischen Strom zugeordnete physikalische Größe heißt **Stromstärke** oder kurz **Strom**.
Auf dem Leistungsschild der Trennschleifmaschine (Bild 3, Seite 197) findet sich die Angabe 9 A. Das ist die Größenangabe einer Stromstärke. Diese nimmt das Elektrogerät auf, wenn es an 220 V mit seiner maximal zulässigen Belastung (Nennlast) betrieben wird.

> Die Stromstärke hat das Formelzeichen *I* und die Einheit **Ampere**[1] mit dem Einheitenzeichen A.

Für die Trennschleifmaschine gilt demnach: $I = 9$ A.

Gerät bzw. Anlage	Stromstärke	Nennspannung
Glühlampe	0,1 ... 4,5 A	230 V
Heizgerät (z. B. Heizlüfter)	9 A	230 V
Lichtbogen-schweißanlage	20 ... 400 A	20 ... 30 V

Bild 1 Beispiele für Stromstärken

Die Stromstärke misst man mit dem **Strommessgerät** (Bild 2).

> Ein Strommessgerät ist mit seinen zwei Anschlüssen so mit dem Stromkreis zu verbinden, dass der Strom durch das Messgerät fließt.

Auch für Strommessungen empfiehlt sich das in Kap. 5.2.3 genannte Mehrbereichsmessgerät.

Versuch 1: Mit dem eingeschalteten Akku-Schrauber als Verbraucher ist gemäß Bild 3 ein Stromkreis aufgebaut. Das Netzanschlussgerät (Erzeuger) ist auf die Nennspannung des Schraubers $U = 9{,}6$ V Gleichspannung eingestellt. Die beiden Strommessgeräte in der Hin- bzw. Rückleitung zeigen je $I = 1{,}3$ A an.

Folgerung: Die Stromstärke ist an jeder Stelle eines einfachen (unverzweigten) Stromkreises gleich. Im Stromkreis wird demnach kein Strom verbraucht. „Stromverbrauch" ist ein unzulässiger Begriff.

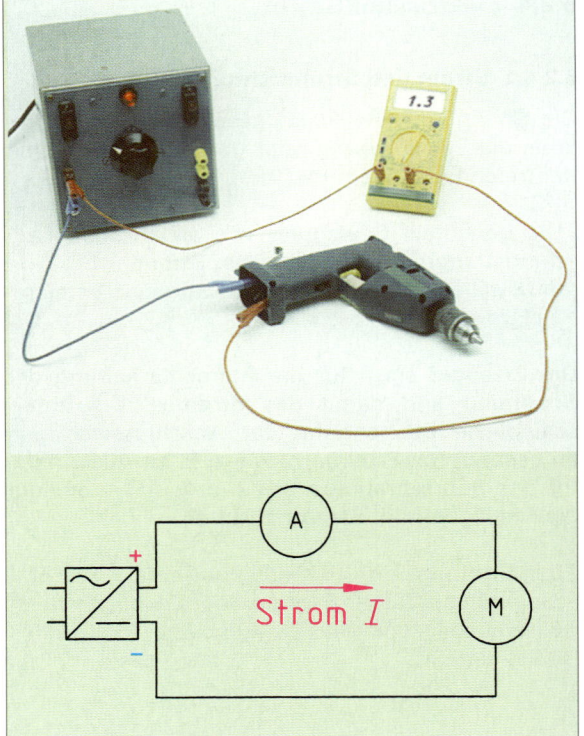

Bild 2 Strommessung am Bohrschrauber

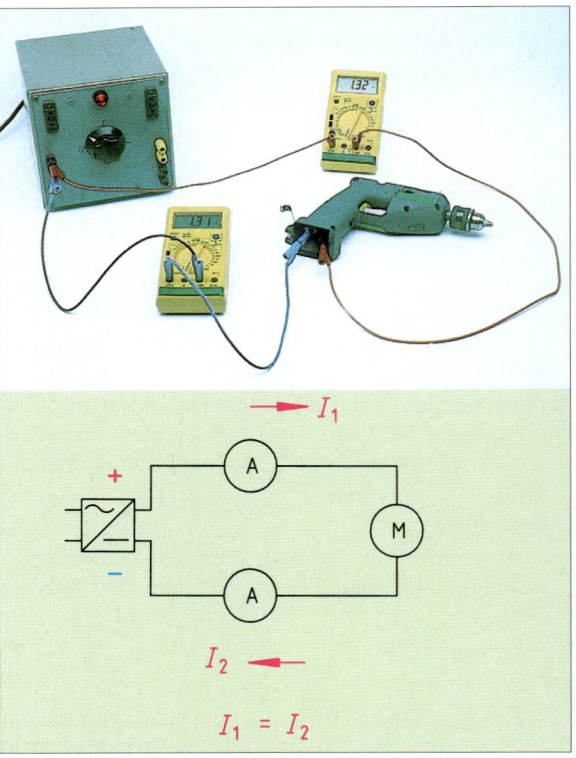

Bild 3 Strommessung in Hin- und Rückleitung

---
[1] Ampère, französischer Physiker, 1775 bis 1836

5.2.4.4 Wirkungen des elektrischen Stromes

Elektrischer Strom verursacht Energieumwandlungen (Kap. 5.1). Diese werden auch als Wirkungen des elektrischen Stromes bezeichnet (vergl. Bild 1).

> **Überlegen Sie:**
> Alle Geräte in Bild 1, Seite 195 nutzen mindestens eine der genannten Stromwirkungen.
> Welche Wirkung des elektrischen Stromes ist bei den einzelnen Geräten geplant?

Wärmewirkung	Jeder stromdurchflossene Leiter wird warm (Stromwärme).
Magnetische Wirkung	Jeder stromdurchflossene Leiter erzeugt ein Magnetfeld.
Lichtwirkung	Leiter, die infolge Stromdurchgang glühen und Gase, in denen Strom fließt, strahlen Licht ab.
Chemische Wirkung	Elektrolyte oder/und darin eintauchende feste Leiter (Elektroden) werden chemisch oder/und physikalisch verändert, wenn Strom in ihnen fließt.

Bild 1 Ausgewählte Wirkungen des elektrischen Stromes

Wärmewirkung

Lichtbogenschweißgerät
Energiewandlung erfolgt im elektrischen Lichtbogen.

Elektrischer Lötkolben (Bild 1, Seite 208).
Energiewandlung erfolgt in einem Heizleiter. Ein solcher ist z. B. in einem Toaster als glühende Wendel zu erkennen. Mit dem oxidationsfesten Werkstoff lassen sich Nutztemperaturen bis etwa 1300 °C erreichen.

Schmelzsicherung
(Schmelzeinsatz)
(vgl. auch Kap. 5.2.6.2.)
Der Schmelzleiter schmilzt bei unzulässig hohem Strom (Wärmewirkung) und unterbricht damit den Stromkreis.

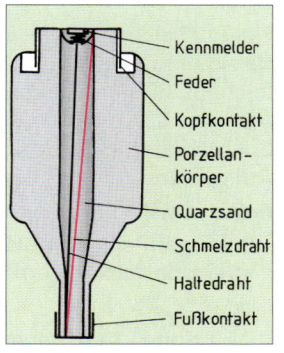

Bild 2 Aufbau einer Schmelzsicherung

Verlustwärme in Leitungen (z. B. Kabeltrommel), in Wicklungen von Elektromotoren (z. B. Trennschleifmaschine) oder Transformatoren (z. B. Schweißgerät).
Ist die Leitung einer stromführenden Kabeltrommel nicht oder kaum abgewickelt, staut sich die Stromwärme, und die Leiterisolation kann Schaden nehmen. Maximal zulässige Belastungen bei auf- und bei voll abgewickelter Leitung nennt im allgemeinen das Leistungsschild der Trommel.
Motorisch betriebenes Elektrohandwerkzeug darf im Einsatz nur gut handwarm werden. Andernfalls ist es überlastet oder defekt.

Lichtwirkung

Glühlampe
Der Strom erhitzt einen Heizleiter (vgl. Wärmewirkung) aus Wolfram fast bis zum Schmelzpunkt (über 3000 °C).
Neben Lichtenergie entsteht vorwiegend Wärme.

Leuchtstofflampe
Die Lichtwirkung entsteht auf ähnliche Weise wie im Schweißlichtbogen (ionisiertes Gas).
Leuchtstofflampen arbeiten wesentlich wirtschaftlicher als Glühlampen.

Leuchtdioden (LED)
Sie geben Lichtstrahlung bestimmter Farben ab (z. B. rot, grün, gelb).

Anwendung:
- Anzeige des Betriebszustandes von Geräten (vgl. Bild 1, Seite 196).
- zu Steuerungszwecken z. B bei Lichtschranken.

Magnetische Wirkung

Magnetventil
Es nutzt die Kraft eines Elektromagneten, um eine Gas- oder Flüssigkeitsströmung zu steuern (Pneumatik- und Hydraulikanlagen).

Bild 3 Magnetventil

5.2.4 Elektrischer Strom — 5.2.4.4 Wirkungen des elektrischen Stromes

Elektromotor

In Bild 1 sind elektrische Leiter bzw. daraus gefertigte Wicklungen zu erkennen, die Eisenteile (Eisenkerne) umgeben. Fließt Strom in diesen Leitern oder Wicklungen, so entsteht seine magnetische Wirkung. Ein Elektromotor enthält also Elektromagnete.

Magnete üben Kräfte aufeinander aus. Diese versetzen den im Ständer gelagerten Läufer in Drehung.

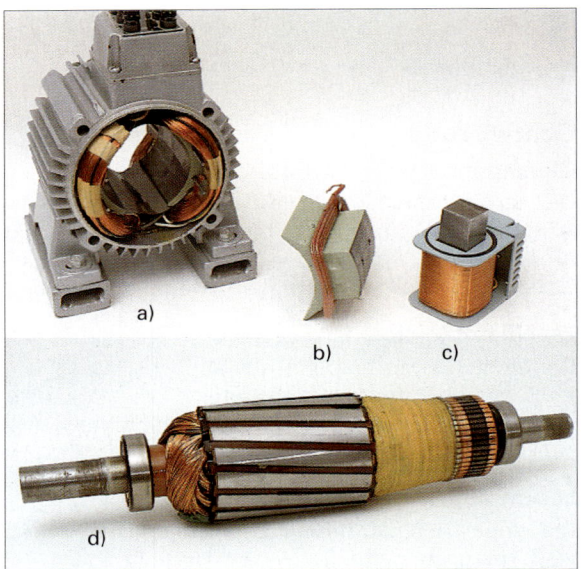

Bild 1 Bestandteile eines Elektromotors
 a) Ständer
 b) einzelne Spule mit Eisenkern, ausgebaut
 c) Experimentierspule mit Eisenkern (zum Vergleich)
 d) Läufer

Relais oder Schütz

Die in Bild 2 schematisch dargestellte **Schütz**-Steuerung nutzt die Kraft eines Elektromagneten (Spule mit Eisenkern) zur Betätigung des Schalterkontaktes. Nach dem gleichen Prinzip arbeitet ein Relais.

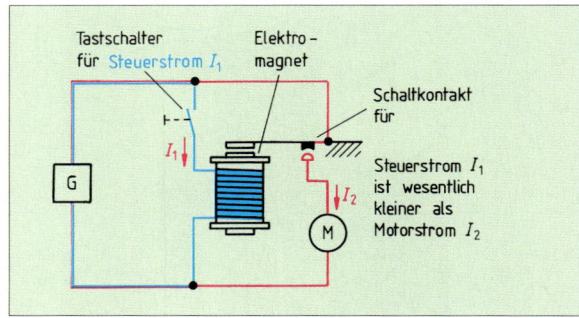

Bild 2 Prinzip einer Schützsteuerung
 Motor ist in Betrieb, solange der Tastschalter betätigt (geschlossen) ist.

Transformator

Nutzt den Magnetismus der Spulenwicklungen auf dem gemeinsamen Eisenkern zum Wandeln von Spannungen und Strömen.

Beispiel:
Energie des Netzes mit $U_1 = 400$ V, $I_1 = 20$ A in der Zuleitung ⓓ und der oberen Wicklung ⓐ gewandelt in elektrische Energie mit $U_2 = 20$ V und ca. $I_2 = 400$ A in der unteren Wicklung ⓐ und den Stromschienen ⓔ.

Bild 3 Schweißtransformator
 a) Wicklung, b) Eisenkern, c) Kühlgebläse, d) Zuleitung vom Netz (z. B. 400V), e) Stromschienen zu den Schweißleitungen

Chemische Wirkung

Fließt Gleichstrom in einer Säure-, Laugen- oder Salzlösung (Elektrolyt; Kap. 5.2.2), wird die Oberfläche z. B. eines eingetauchten Leiters (Elektrode) oder der Elektrolyt chemisch verändert. Elektrische Energie wird in chemische Energie gewandelt.
Auf diesem Vorgang beruht das

- **Galvanisieren**

  Erzeugen eines Metallbelages auf einer Werkstückoberfläche (vernickeln, verchromen etc.)

  oder

  Aufbringen bzw. Verstärken der sehr harten Oxidschicht auf Werkstücken aus Aluminium. Dieser Vorgang heißt **anodisches Oxidieren** (auch elektrisches Oxidieren oder kurz **Eloxieren** genannt).

  Das Verfahren erlaubt zugleich das Einfärben der Oxidschicht. Der Metallbau verwendet eloxiertes Aluminium z. B. als wetter- und korrosionsfeste Fassadenverkleidung.

- **Laden eines Akkumulators**

  z. B. für den Schrauber Bild 1, Seite 196, oder für ein Kraftfahrzeug (Autobatterie). Ein Akkumulator enthält eine Anordnung von Metallen in einem Elektrolyten. Die chemische Veränderung an den Metalloberflächen, die beim Laden entsteht, wird beim Entladen wieder rückgängig gemacht. Chemisch gebundene Energie wird wieder in elektrische Energie gewandelt.

5.2.5 Elektrischer Widerstand

Die Bestandteile eines Stromkreises, die vom Strom durchflossen werden (Erzeuger, Verbraucher, Leitungen, Schalter, Steckverbindungen) hemmen ihn auf seinem Weg; sie setzen dem Strom **Widerstand** entgegen.

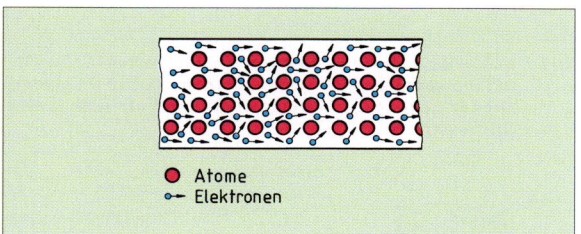

Bild 1 Elektrischer Widerstand in Metallen (Modellvorstellung)

Die Eigenschaft eines Körpers, z. B. eines Drahtes, den Strom mehr oder weniger zu hemmen, wird als **elektrischer Widerstand** bezeichnet. Diese Größe hat das Formelzeichen **R** und die Einheit **Ohm**[1] mit dem Einheitenzeichen Ω.

Geräte bzw. Bauteile	Widerstand
Heizgeräte	24 ... 1000 Ω
Leitungen	1 mΩ ... 5 Ω
Isolierstoffe	> 1 000 000 Ω

Bild 2 Beispiele für Widerstandswerte

Widerstände misst man mit dem **Widerstandsmessgerät**.
Widerstandsmessgeräte werden mit einem Erzeuger betrieben, der meistens in die Messgeräte eingebaut ist. Widerstandsmessungen darf man deshalb nur in spannungsfreien (abgeschalteten) Stromkreisen durchführen. Andernfalls kann das Widerstandsmessgerät beschädigt werden oder die Messwerte sind unbrauchbar. Die Anschlüsse des Widerstandsmessgerätes verbindet man mit den beiden Anschlüssen des Widerstandes (des Verbrauchers).
Meistens sind Widerstandsmessgeräte Bestandteil von Mehrbereichsmessgeräten, an denen außer Spannungs- und Strommessbereichen auch Widerstandsmessbereiche gewählt werden können (vgl. Bild 3, Seite 198 und Bild 4, Seite 198).

Überlegen Sie:
Ein Elektrogerät soll über eine Verlängerungsleitung betrieben werden. Dabei stellt sich heraus, dass diese anscheinend keinen „Durchgang" hat. Welchen „Wert" zeigt das Messgerät an, wenn man den Widerstand eines unterbrochenen Leiters misst?

In Elektrowärmegeräten ist der Widerstand des Heizleiters zusammen mit Spannung und Stromstärke maßgebend für die Wandlung elektrischer Energie in Wärmeenergie (Wärmewirkung des Stromes).
Gleiches gilt aber auch für den vergleichsweise kleinen Widerstand von Leitungen und gegebenenfalls deren Steckverbindungen. Sie sollen sich bei Stromdurchgang möglichst wenig erwärmen. Zu hohe Temperatur zerstört den umhüllenden Isolierstoff der Leiter bzw. die mechanischen Spannelemente der Steckdose oder Kupplung (bei Verlängerungsleitungen). Das kann zu Bränden führen.

Abhilfe bei zu starker Erwärmung:
- Die Belastung verringern.
- Gegebenenfalls Leitung von der Kabeltrommel abwickeln.
- Steckverbindung stets bis zum Anschlag zusammenschieben.
- Zu leichtgängige Steckverbindungen und erst recht solche, die bereits Wärmeschäden aufweisen, von einer Elektrofachkraft auswechseln lassen.

Leitungen und Steckverbindungen müssen einen möglichst kleinen Widerstand haben.

Aber es gilt:

Der Widerstand eines Leiters (einer Leitung) ist umso größer, je größer seine Länge ist.

Das bedeutet z. B., eine unnötig lange (Verlängerungs-) Leitung bewirkt vermeidbare Energieverluste.

Überlegen Sie:
Der Leiterquerschnitt in den meistens etwa 2 m langen Zuleitungen von Elektrohandwerkzeugen beträgt im allgemeinen nur 0,75 mm². Bei der z. B. 50 m langen Leitung einer Kabeltrommel beträgt dieser Querschnitt aber mindestens 1,5 mm².
- Welchen Einfluss hat vermutlich der größere Leiterquerschnitt auf den Widerstand einer Leitung?
- Weshalb genügt der kleine Leiterquerschnitt bei den Gerätezuleitungen?

Der Widerstand eines Leiters (einer Leitung) ist umso kleiner, je größer sein Querschnitt ist.

---
[1] Ohm, deutscher Physiker, 1787 bis 1854

5.2.6 Die Abhängigkeit des Stromes von Spannung und Widerstand

5.2.6.1. Das Ohmsche Gesetz

Dies ist besonders deutlich an Schweißleitungen (Bild 1) oder an den Anschlussleitern einer Kfz-Batterie zu erkennen. Sie müssen einen sehr kleinen Widerstand haben. Bei vorgegebener Länge lässt sich das durch großen Querschnitt (z. B. 185 mm² bei einer Schweißleitung) erreichen.

> Der **Widerstand** eines Leiters hängt auch ab von dessen **Werkstoff** (spezifischer Widerstand).

Bezogen auf 1 m Länge und 1 mm² Querschnitt, haben (bei 20 °C) z. B. Leiter aus Kupfer mit 0,0178 Ω einen wesentlich kleineren Widerstand als Heizleiter aus einer Nickel-Chrom-Eisen-Legierung mit 1,13 Ω.

Für Leitungen ist unter Berücksichtigung der Werkstoffkosten Kupfer der optimale Werkstoff.

Wenn größere Widerstandswerte (z. B. 480 Ω für einen Elektrolötkolben) erforderlich sind, eignen sich besonders Leiter (Heizleiter) aus **Metalllegierungen**. Bei der Anwendung vieler elektrotechnischer Bauelemente ist vor allem deren Widerstandswert maßgebend. Häufig bezeichnet man solche Bauelemente deshalb als „**Widerstand**". Widerstände findet man als Bauteile in elektrischen Anlagen und Geräten. Widerstände, deren Wert man verändern kann, werden **Stellwiderstände** genannt (Bild 2). In einer Glühlampe mit klarem Glaskolben ist deren Widerstand zu sehen: die Glühwendel. Bei einem eingeschalteten Toaster ist dessen Widerstand deutlich erkennbar als rotglühender Draht.

Das Schaltzeichen eines Widerstandes zeigt Bild 4, Seite 196.

Bild 1 Schweißzange für Lichtbogenhandschweißen. Schweißleitung abgeschnitten und Kupferleiter (Litze) freigelegt. Großer Leitungsquerschnitt (185 mm²) für sehr große Stromstärken.

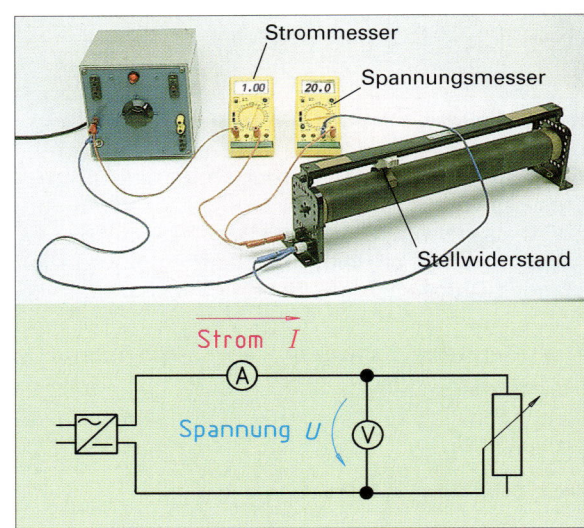

Bild 2 Versuchsaufbau mit Schaltplan zum Ohmschen Gesetz

5.2.6 Die Abhängigkeit des Stromes von Spannung und Widerstand

5.2.6.1 Das Ohmsche Gesetz

Versuch 2: Der in Bild 2 dargestellte Stromkreis ist aufgebaut.

1. Mit Hilfe eines Widerstandsmessers ist der Stellwiderstand zunächst auf 20 Ω eingestellt.
   Das Netzanschlussgerät wird nacheinander so eingestellt, dass der Spannungsmesser die Spannungen 10 V, 15 V und 20 V anzeigt. Die sich jeweils ergebende Stromstärke zeigt der Strommesser an. Alle Messwerte mit Auswertung sind in der folgenden Tabelle zusammengestellt.

Messwerte			Auswertung
Widerstand R in Ω	Spannung U in V	Strom I in A	$\frac{U}{I}$ in $\frac{V}{A}$ = Ω
20	10	0,5	20
20	15	0,75	20
20	20	1,0	20

2. Der Stellwiderstand ist jetzt auf 30 Ω vergrößert. Es folgt die Einstellung von drei Spannungswerten: 8 V, 17 V und 25 V. Die abgelesenen Messwerte der zugehörigen Ströme mit Auswertung zeigt die folgende Tabelle.

Messwerte			Auswertung
Widerstand R in Ω	Spannung U in V	Strom I in A	$\frac{U}{I}$ in $\frac{V}{A}$ = Ω
30	8	0,27	29,63
30	17	0,57	29,82
30	25	0,83	30,12

5.2.6 Die Abhängigkeit des Stromes von Spannung und Widerstand

Folgerung:
Auf der Suche nach einem möglichen Zusammenhang zwischen den drei Größen U, I und R erkennt man in der Tabelle zu Teil 1 des Versuches:
- Die Division der Messwerte von Spannung und Stromstärke ergeben den eingestellten Widerstandswert von 20 Ω.
- Dass hier eine Gesetzmäßigkeit vorliegt, bestätigt eine entsprechende Auswertung der Tabelle zu Teil 2.

> **Überlegen Sie:**
> Weshalb ergeben die letzteren Divisionen den erwarteten Widerstandswert von 30 Ω nur angenähert?

In die Form einer Bestimmungsgleichung gebracht, lautet das in Versuch 2 erkannte Gesetz:

$$R = \frac{U}{I}$$

Spannung U in V
Stromstärke I in A
Widerstand R in Ω

Nach seinem Entdecker, dem deutschen Physiker Georg Simon Ohm, heißt diese Bestimmungsgleichung **Ohmsches Gesetz**.

Das Ohmsche Gesetz sagt z. B. aus:

> Wenn an einem Widerstand (z. B. Verbraucher) eine Spannung von 1 V auftritt und dabei in ihm ein Strom von 1 A fließt, beträgt der Widerstand 1 Ω.

$$1\,\Omega = \frac{1\,\text{V}}{1\,\text{A}}$$

Aufgabe 1:
Der in Versuch 2 verwendete Stellwiderstand wird auf seinen größten Wert eingestellt und mit einem Netzanschlussgerät verbunden. Bei 10 V Spannung zeigt der Strommesser 0,22 A.
Welcher Widerstandswert lässt sich demnach maximal einstellen?

Lösung:

$$R = \frac{U}{I}$$

$$R = \frac{10\ \text{V}}{0{,}22\ \text{A}}$$

$$R = 45{,}45\ \Omega$$

Der maximal einstellbare Widerstandswert beträgt $R = 45{,}45\ \Omega$

5.2.6.2 Überlastung und Kurzschluss im Stromkreis

Sofort nach Anschluss einer Handbohrmaschine an eine Steckdose ist an der Gerätezuleitung nahe der Einführung ins Gehäuse der Maschine ein greller Funke zu sehen, begleitet von einem kurzzeitigen Prasseln. Gleichzeitig fällt die Raumbeleuchtung aus.

Ein Kurzschluss war offensichtlich die Ursache; die Sicherung „flog raus".

Der gleich wieder herausgezogene Stecker zeigt kleine Schmelzstellen an den Stiften. Die Anschlussleitung war offensichtlich schon vorher an der Einführung ins Maschineninnere beschädigt. Eine aufgerissene Gummihülle und abgeschabte Isolation der freiliegenden Leiter sind an dieser Stelle zu sehen. Die beiden Kupferleiter sind jetzt miteinander verschmolzen, der Isolierstoff ist verschmort (Bild 1).

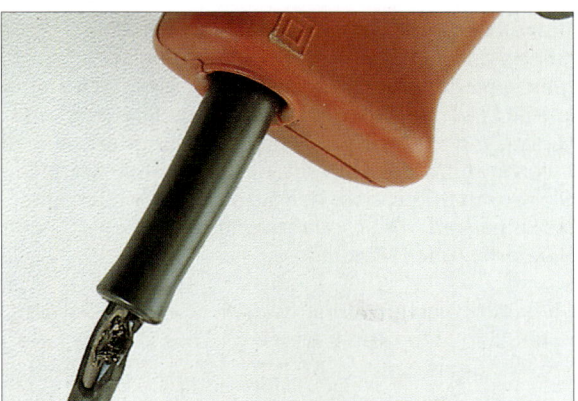

Bild 1 Schadhafte Leitung an einer Bohrmaschine. Lebensgefahr! Leiter liegen frei und sind durch Kurzschlussstrom zusammen mit Isolierstoffumhüllung verschmort.

> **Überlegen Sie:**
> 1. Durch welches Verhalten der Benutzer dieses Elektrogerätes wäre dieser Vorfall zu vermeiden gewesen?
> 2. Welche Gefahren waren gegeben?

Durch die Verbindung von Hin- und Rückleiter in der Gerätezuleitung fließt der Strom nicht durch den Verbraucher, sondern nur vom Erzeuger durch die Leitungen und wieder zurück. Der Stromkreis ist **kurzgeschlossen**, er enthält einen **Kurzschluss**. Hierbei wird dem Strom außerhalb des Erzeugers nur noch der sehr kleine Widerstand der Leitung entgegengesetzt. Nach dem Ohmschen Gesetz hat dies aber eine sehr große Stromstärke zur Folge. Es fließt ein Strom von einigen hundert bis über tausend Ampere. (Zum Vergleich: Große Stromstärken im Schweißlichtbogen liegen z. B. bei 400 A.)

5.2.7. Mehrere Verbraucher im Stromkreis

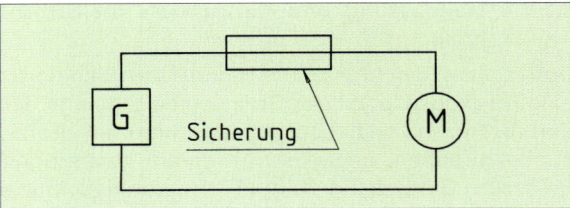

Bild 1 Stromkreis mit Sicherung

Ein Kurzschluss kann daher durch glühende oder schmelzende Stromkreisbestandteile zu unmittelbarer Gefährdung von Menschen führen oder Brände verursachen. Die **Überstromschutzeinrichtung**, gewöhnlich **Sicherung** genannt, verhindert solche Auswirkungen. Sie ist wie ein Schalter in den Stromkreis eingefügt (Bild 1) und unterbricht ihn, wenn die Stromstärke einen vorgegebenen Höchstwert überschreitet.

Die Sicherung hat außerdem den Stromkreis vor Überlastung zu schützen. Diese entsteht durch gleichzeitigen Anschluss zu vieler Geräte an eine Leitung (z. B. über eine Steckdosenleiste); oder Geräte mit zu großem Nennstrom überlasten eine Leitung mit dafür zu kleinem Leiterquerschnitt. Die Sicherung unterbricht den Stromkreis je nach Überlastungsgrad mehr oder weniger verzögert nach Sekunden oder Minuten.

> Überstromschutzeinrichtungen (Sicherungen) schützen den Stromkreis vor Überlastung und Kurzschluss.

Es gibt zwei Arten von Sicherungen: Die **Schmelzsicherung** (Bild 2, Seite 201) und den **Leitungsschutzschalter**, auch **Sicherungsautomat** genannt (Bild 2).
Wirksamer Bestandteil der Schmelzsicherung ist der von Quarzsand umgebene Schmelzleiter kleinen Querschnitts in einem Keramikkörper (**Schmelzeinsatz**). Nach einem Kurzschluss oder Überlastungsfall darf der Schmelzeinsatz nur durch einen **neuen** mit gleichen Nenndaten ersetzt werden.
Im **Leitungsschutzschalter** unterbricht bei unzulässig großer Stromstärke ein Schaltkontakt (Bild 2, Pos. 9) den Stromkreis. Den Kontakt betätigt ein stromwärmegesteuertes Bimetall (Bild 2, Pos. 6) oder ein Elektromagnet (Bild 2, Pos. 2). Mit dieser Überstromschutz-einrichtung kann der Stromkreis wie mit einem Schalter wieder in Betrieb gesetzt werden.

Zur Beachtung:
Eine Sicherung hat den Stromkreis unterbrochen.

> Erst dann wieder einschalten, wenn der verursachende Fehler behoben ist!

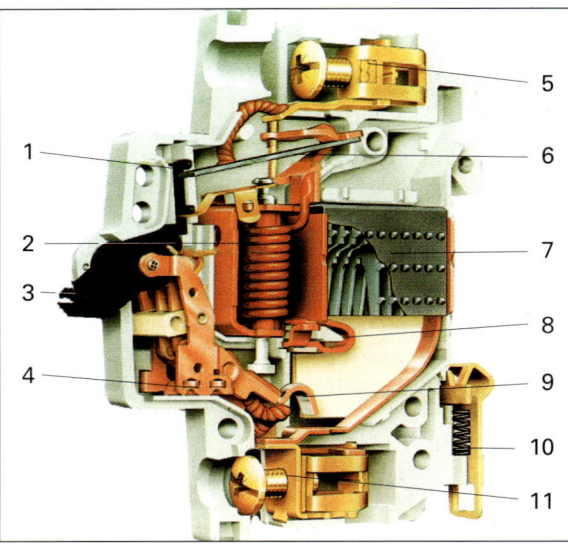

Bild 2: Aufbau eines Leitungsschutzschalters
Pos. 1: Entklinkungsschieber
Pos. 2: Elektromagnet-Auslöser
Pos. 3: Schaltgriff
Pos. 4: Schaltwerk mit Federkraftspeicher zum Ausschalten
Pos. 5: Obere Anschlussklemme
Pos. 6: Verzögerter Thermobimetallauslöser
Pos. 7: Lichtbogenlöschkammer
Pos. 8: Festes Schaltstück
Pos. 9: Bewegliches Schaltstück
Pos. 10: Schnellbefestigungseinrichtung
Pos. 11: Untere Anschlussklemme

Das bedeutet z. B.:
- Steckverbindung zum schadhaften Verbraucher lösen,
- den Stromkreis überlastende Geräte abschalten.

> Alle gegebenenfalls erforderlichen Eingriffe in die Elektroinstallation oder Reparaturen an Elektrogeräten sind ausschließlich Aufgabe einer Elektrofachkraft.

5.2.7 Mehrere Verbraucher im Stromkreis

In einem Stromkreis werden oft mehrere Verbraucher gleichzeitig betrieben. Besonders deutlich erkennbar ist das, wenn an eine Mehrfachsteckdose oder Steckdosenleiste (Bild 3) z. B. eine Handleuchte, das Ladegerät für den Akku eines Schraubers (S. 196, Bild 1), ein Lötkolben (S. 208, Bild 1) angeschlossen sind. Auch die elektrische Christbaumbeleuchtung ist ein Beispiel für mehrere Verbraucher im Stromkreis.

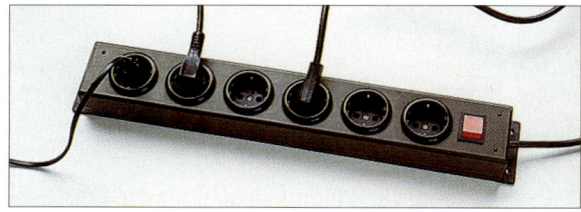

Bild 3 Steckdosenleiste mit drei angeschlossenen Verbrauchern

5.2.7 Mehrere Verbraucher im Stromkreis

5.2.7.1 Parallelschaltung

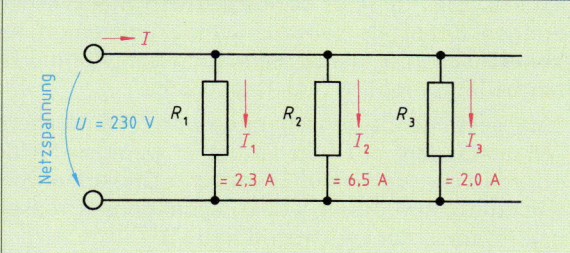

Bild 1

Die Verbraucher- oder Widerstandsschaltung in Bild 1 wird Parallelschaltung genannt (der Schaltplan stellt die Verbraucher parallel zueinander dar).
Für die Spannungen in dieser Schaltung gilt:
Die Spannung ist an allen Widerständen (Verbrauchern) gleich.

$$U = U_1 = U_2 = U_3 \quad \text{(Bild 1: } U = 230 \text{ V)}$$

Wegen der in Bild 1 ersichtlichen Verzweigung des Gesamtstromes in die Teilströme der Verbraucher gilt:
Die Summe der Ströme in den Einzelwiderständen ist gleich dem Gesamtstrom (in der Hin- bzw. Rückleitung).

$$I = I_1 + I_2 + I_3$$

(Bild 1: I = 2,3 A + 6,5 A + 2 A; I = 10,8 A)

Mit Anschluss jedes zusätzlichen Verbrauchers nimmt demnach der Gesamtstrom der Parallelschaltung zu.
Der zusätzliche Anschluss des Schweißgerätes (Bild 1, Seite 195) mit z. B. 12 A Stromaufnahme ergibt mit dann 22,8 A Gesamtstrom bereits eine deutliche Überlastung der Leitung einer Kabeltrommel, die abgewickelt für maximal 16 A zugelassen ist.

> **Überlegen Sie:**
> 1. Weshalb hat der Widerstand R_2 den kleinsten Wert in der Parallelschaltung von Bild 1. Begründung!
> 2. Berechnen Sie mit Hilfe der Angaben in Bild 1 und des Ohmschen Gesetzes den Widerstand R_2.

Mit der Anschlussspannung von U = 230 V und der Stromstärke in der Zuleitung von I = 10,8 A ergibt sich nach dem Ohmschen Gesetz (ersatzweise) der **Ersatzwiderstand** für die drei Widerstände dieser Schaltung:

$$R = \frac{U}{I}; \quad R = \frac{230 \text{ V}}{10,8 \text{ A}}; \quad R = 21,3 \text{ Ω}$$

Der Ersatzwiderstand der Parallelschaltung ist immer kleiner als ihr kleinster Einzelwiderstand. Das bedeutet auch:
Der Ersatzwiderstand wird umso kleiner, je mehr Widerstände (Verbraucher) parallelgeschaltet werden.
Es gilt:

$$\frac{1}{R} = \frac{1}{R_1} + \frac{1}{R_2} + \frac{1}{R_3}$$

Bild 1: Mit R_1 = 100 Ω R_2 = 35,4 Ω und R_3 = 115 Ω

$$\frac{1}{R} = \frac{1}{100 \text{ Ω}} + \frac{1}{35,4 \text{ Ω}} + \frac{1}{115 \text{ Ω}} = 0,047 \frac{1}{\text{Ω}}$$

$$R = \frac{1}{0,047} \text{ Ω} = 21,3 \text{ Ω} \quad \text{(siehe oben)}$$

5.2.7.2 Reihenschaltung

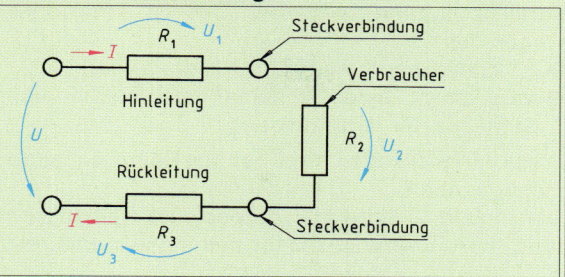

Bild 2

Etwa 30 m von der nächsten Steckdose (230 V) entfernt wird mit einem Heißluftgebläse gearbeitet. Die Entfernung überbrücken die 50 m Leitung einer Kabeltrommel mit 1,2 Ω Leiterwiderstand. Dieser verteilt sich auf die Hin- und Rückleitung mit R_1 = 0,6 Ω bzw. R_3 = 0,6 Ω. Das Heißluftgebläse hat R_2 = 27 Ω Heizleiterwiderstand. Den Schaltplan zeigt Bild 2. (Der zugehörige Gebläsemotor bleibt unberücksichtigt).
Da die Stromstärke in Hin- und Rückleitung gleich ist (vgl. Kap. 5.2.4.3), gilt:
Alle Widerstände (Einzelwiderstände) dieser Schaltung werden vom gleichen Strom I der Reihe nach durchflossen.
Eine solche Anordnung von Widerständen nennt man Reihenschaltung.
Es gilt:

$$I = I_1 = I_2 = I_3$$

Da schon die je 0,6 Ω von Hin- und Rückleitung als Summe den Widerstand der Leitung bilden, ist einzusehen:

Der Gesamtwiderstand der Reihenschaltung ist gleich der Summe der Einzelwiderstände.

$$R = R_1 + R_2 + R_3$$

(Bild 2: R = 0,6 Ω + 27 Ω + 0,6 Ω; R = 28,2 Ω)

> **Überlegen Sie:**
> Berechnen Sie mit Hilfe des umgeformten Ohmschen Gesetzes
> 1. die Stromstärke I dieser Reihenschaltung,
> 2. jeweils die Spannung an den Widerständen R_1, R_2 und R_3.

Messungen oder Ihre Berechnungen zeigen, dass an jedem der drei Teilwiderstände eine entsprechende Teilspannung auftritt.
Addiert man die drei Teilspannungen, so ergeben sich (etwa) 230 V, die an der gesamten Schaltung (am Anfang der Leitung) anliegen. Es gilt:

Die Gesamtspannung einer Reihenschaltung ist gleich der Summe ihrer Teilspannungen.

$$U = U_1 + U_2 + U_3$$

Gemäß Bild 2: U = 4,9 V + 220 V + 4,9 V = 229,8 V)

Die Summe der Spannungen an den Widerständen R_1 und R_3 der Hin- bzw. Rückleitung stellt einen Spannungsverlust (Spannungsfall) U_v = 9,6 V dar. Die am Verbraucher R_2 verfügbare Spannung U_2 beträgt deshalb statt 230 V nur noch etwa 220 V.

Die weitaus meisten Verbraucher im Netz werden in Parallelschaltung betrieben. Das ist erforderlich, wegen der
- gleichen Spannung für die Elektrogeräte,
- Möglichkeit eines voneinander unabhängigen Betriebes der Verbraucher.

Diese Möglichkeiten sind bei der Reihenschaltung nicht gegeben.
Die in Bild 2 Seite 207 dargestellte Reihenschaltung von unerwünschten Leitungswiderständen mit dem Verbraucher ist Bestandteil jedes Stromkreises. Dies bedingt Verluste. Auch Steckverbindungen treten als Teilwiderstände und damit als Verlustquellen in dieser Schaltung auf. Abhilfe ist nur bedingt möglich (vgl. Kap. 5.2.5).

Eine geplante Reihenschaltung von Verbrauchern (Widerständen) am Netz ist nur in wenigen Fällen erforderlich. (Beispiele: Elektrische Christbaumbeleuchtung, Anordnung von Vorschaltgerät (Drossel) und Röhre in der Leuchtstofflampe.)

5.3 Elektrische Leistung und Arbeit

5.3.1 Elektrische Leistung

Auf dem Leistungsschild eines Elektrolötkolbens (Bild 1) steht z. B. **230 V; 750 W**. Bei der Trennschleifmaschine (Bild 1, Seite 195) findet sich die Angabe **500 W** (Bild 3 Seite 197). Diese Angaben benennen jeweils die **Leistung** der genannten Elektrogeräte in **Watt**[1] (vgl. Technische Mathematik Kap. 2.11.1). Beide Geräte erfüllen ihre Aufgabe, indem sie Leistung, z. B. Wärmeleistung oder mechanische Leistung abgeben. Beide Leistungsarten entstehen durch Wandlung elektrischer Leistung, die diese Geräte dem Netz (Erzeuger) entnehmen.
Gesetze und Beispiele vgl. Tabelle S. 210

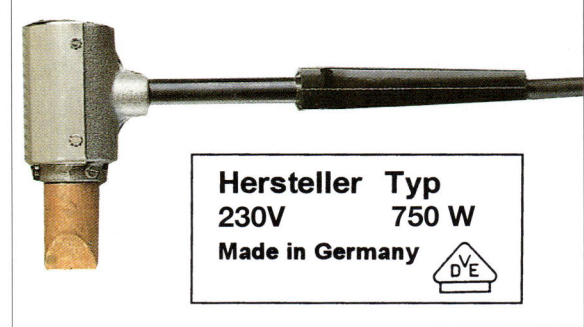

Bild 1 Elektrolötkolben und sein Leistungsschild

Aufgabe 2: Der oben genannte Elektrolötkolben wird an seiner Nennspannung (230 V) betrieben. Seine Leistungsaufnahme beträgt 750 W.
Berechnen Sie die Stromstärke des Gerätes.

Lösung:

$$P = U \cdot I \Rightarrow I = \frac{P}{U}$$

$$I = \frac{750 \text{ W}}{230 \text{ V}}$$

$$I = 3,26 \text{ A}$$

Der Lötkolben nimmt an seiner Nennspannung 230 V einen Strom von 3,26 A auf.

Anmerkung: Das in Aufgabe 2 verwendete Gesetz gilt bei Wechselstrom nur, wenn es auf Elektrowärmegeräte angewendet wird. Für die Daten z. B. der Handbohrmaschine (Bild 3, Seite 197) geht eine entsprechende Berechnung nicht auf.

5.3.2 Wirkungsgrad

Bei längerer Arbeit mit der Trennschleifmaschine wird deren Gehäuse spürbar warm. Im Elektromotor der Trennschleifmaschine entsteht bei der Wandlung von (zugeführter) elektrischer Leistung in (abgegebene) mechanische Leistung auch unerwünschte Wärmeleistung (z. B. in der Motorwicklung). Im Blick auf die geplante Leistung wird sie als Verlustleistung bezeichnet. Der Anteil der abgegebenen Leistung an der zugeführten Leistung heißt **Wirkungsgrad**. Er wird als Dezimalbruch oder als Prozentzahl angegeben und ist immer kleiner als 1 bzw. 100%.
Gesetze und Beispiele vgl. Tabelle S. 210.
Der Wirkungsgrad eines Elektromotors soll berechnet werden (vgl. folgende Aufgabe 3). Die erforderlichen Angaben nennt das **Leistungsschild**. Es ist als Blechschild, Aufkleber oder Aufdruck ausgeführt und trägt alle Angaben, die für den Einsatz des betreffenden Elektrogerätes bedeutsam sind.

[1] Watt, englischer Ingenieur, 1736 bis 1819

5.3 Elektrische Leistung und Arbeit　　　　5.3.2 Wirkungsgrad

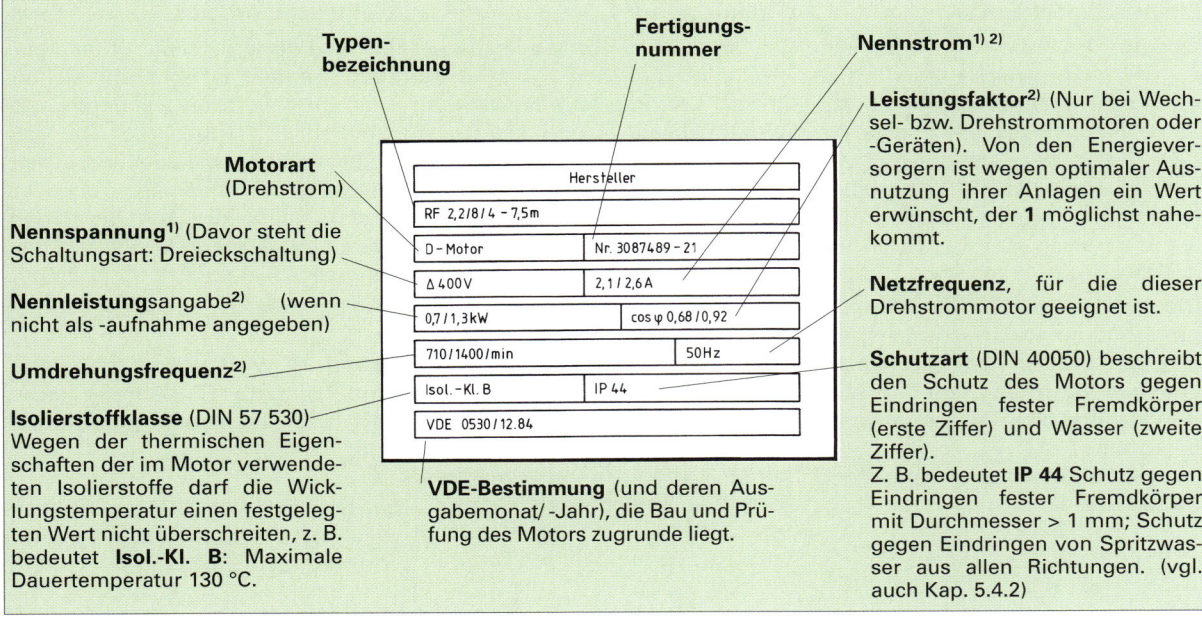

Bild 1 Leistungsschild an einem Drehstrommotor

Aufgabe 3:

Dem Leistungsschild (siehe unten) des Gleichstrommotors der Umwälzpumpe (Bild 2) werden folgende Daten entnommen: $U = 12$ V; $I = 0{,}27$ A; $P = 3{,}2$ W. Messungen haben einen Wirkungsgrad von 63 % ergeben.

1. Stellen Sie durch Berechnen fest, ob auf dem Leistungsschild die zugeführte oder die abgegebene Leistung genannt wird.
2. Berechnen Sie je nach Ergebnis von Aufgabenteil 1 entweder die zugeführte elektrische Leistung P_{zu} oder die an das umzuwälzende Wasser abgegebene Leistung P_{ab} der Pumpe.

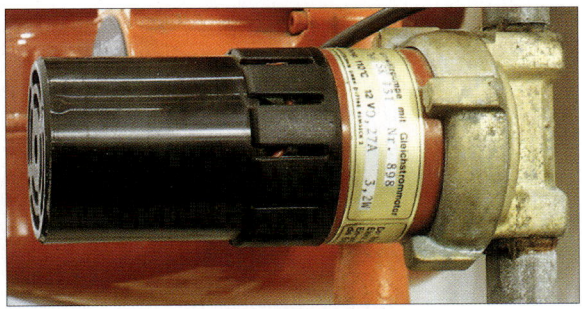

Bild 2 Umwälzpumpe für Gleichstrombetrieb in einer Heizungsanlage mit Sonnenkollektoren

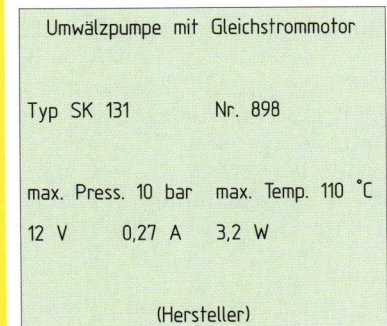

Lösung:

1. Wenn Leistungsaufnahme vorliegt, $P_{zu} = U \cdot I$;

$P_{zu} = 12\,\text{V} \cdot 0{,}27\,\text{A};\quad \underline{P_{zu} = 3{,}24\,\text{W}}$

Die Leistungsschildangabe entspricht (etwa) dem Ergebnis und ist somit die zugeführte elektrische Leistung des Pumpenmotors.

2. Berechnung der abgegebenen Leistung:

$\eta = \dfrac{P_{ab}}{P_{zu}};\quad P_{ab} = \eta \cdot P_{zu};\quad P_{ab} = 0{,}63 \cdot 3{,}2\,\text{W};\quad \underline{P_{ab} = 2\,\text{W}}$

---

[1] Nennspannung, Nennstrom usw. sind Größen, für die das Gerät (Motor) bei Normalbetrieb vorgesehen ist.

[2] Bei diesem Drehstrommotor zwei Werte, da er auf zwei Umdrehungsfrequenzen einstellbar ist.

5.3 Elektrische Leistung und Arbeit

Elektrische Leistung

Leistung ist Arbeit pro Zeit, also $P = W/t$. **Elektrische Leistung** ist demnach elektrische Arbeit pro Zeit. Dabei wird die elektrische Arbeit W von der Spannung U verrichtet, wenn sie die Ladungsträger im Leiter gegen dessen Widerstand R verschiebt. (Kap. 5.2.4.1).
Es gilt daher:
Die von einem Verbraucher aufgenommene elektrische Leistung ist umso größer, je größer die anliegende Spannung und je größer die Stromstärke (Ladungsträgerbewegung) ist.
In mathematischer Form lautet dieses Gesetz[1]:

$$P = U \cdot I$$

Spannung U in V
Stromstärke I in A
Leistung P in W

Dieses Gesetz sagt z. B. aus: Die Leistung 1 W liegt vor, wenn an einem Widerstand (z. B. Verbraucher) eine Spannung von 1 V auftritt und dabei in ihm ein Strom von 1 A fließt.
1 W = 1 V · 1 A = 1 N m/s = 1 J/s;
1 kW = 1000 W;
1 MW = 1 000 000 W = 1000 kW.

Beispiele für elektrische Leistungen:

Geräte bzw. Anlagen	Leistung (ungefähre Angaben)
Glühlampen	25 ...1000 W
Elektrische Lötkolben	15 ... 750 W
Mobile Heizgeräte (Heißluftgebläse, Heizlüfter)	1 ... 2 kW
Generatoren in Kraftwerken	500 kW ... 700 MW
Elektrische Steuerungen	1 mW...10 W

Wirkungsgrad

Das Verhältnis von abgegebener (geplanter) Leistung P_{ab} zu zugeführter Leistung P_{zu} nennt man **Wirkungsgrad**.

$$h = \frac{P_{ab}}{P_{zu}}$$

Abgegebene Leistung P_{ab} in W
Zugeführte Leistung P_{zu} in W
Wirkungsgrad η (in % oder als Dezimalzahl)

Weil die abgegebene Leistung wegen der Verlustleistung immer kleiner ist als die zugeführte Leistung, ergibt der Wirkungsgrad stets eine Zahl, die kleiner als 1 (bzw. 100 %) ist, im ungünstigsten Fall sogar zu null werden kann.

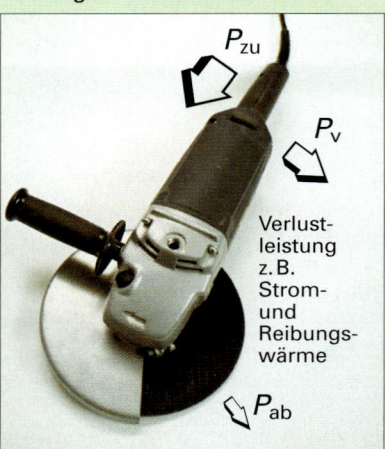

P_{zu}
P_v
Verlustleistung z. B. Strom- und Reibungswärme
P_{ab}

Beispiele für Wirkungsgrade elektrischer Geräte bzw. Anlagen:

Geräte bzw. Anlagen	Wirkungsgrad (ungefähre Angaben)
Elektromotoren	70 ... 95 %
Transformatoren	80 ... 99 %
Glühlampen	7 ... 12 %
Heizlüfter	99 %

Elektrische Arbeit

Ein Elektrogerät bestimmter Leistung wandelt umso mehr elektrische Energie in eine andere Energieform, je länger die Zeit ist, während der seine Leistung in Anspruch genommen wird.
Anders ausgedrückt: Das Gerät verrichtet aufgrund seiner Leistung umso mehr Arbeit, je länger es in Betrieb ist.

Arbeit W wird verrichtet, wenn eine Leistung P während einer Zeit t in Anspruch genommen wird.

Dieser Sachverhalt ergibt sich auch durch mathematische Umformung der Gleichung $P = W/t$ in

$$W = P \cdot t$$

Mit $P = U \cdot I$ erhält man für die **elektrische Arbeit**:

$$W = U \cdot I \cdot t$$

Spannung U in V
Stromstärke I in A
Zeit t in s
elektrische Arbeit W in W s
(W s = Wattsekunde)
1 W s = 1 V · 1 A · 1 s = 1 J = 1 N m

Die elektrische Arbeit 1 W s wird verrichtet, wenn z. B. eine Spannung von 1 V einen Strom von 1 A 1 s lang durch einen Stromkreis treibt.

Als elektrische Arbeitseinheiten sind außerdem üblich:
● die Wattstunde:
  1 W h = 3600 W s
● die Kilowattstunde:
  1 kWh = 1000 W h = 3 600 000 W s.

---
[1] Für Anlagen und Geräte, die an Wechselspannung betrieben werden, gilt dieses Gesetz nur mit Einschränkung.

5.3.3 Elektrische Arbeit

Ein elektrischer Lötkolben mit z. B. 750 W Leistungsaufnahme wandelt umso mehr elektrische Energie W in Wärmeenergie, je länger die Zeit t ist, während der seine Leistung in Anspruch genommen wird. Anders ausgedrückt: Der Lötkolben verrichtet umso mehr Arbeit, je länger er in Betrieb ist. Elektrische Arbeit wird z. B. in **Kilowattstunden (kW h)** gemessen.

Die Energieversorgungsunternehmen verkaufen die elektrische Arbeit oder Energie z. B. an Haushalte und Betriebe. Dort entstehen **Energiekosten** (keine Stromkosten!). Die Preise je Kilowattstunde liegen zur Zeit etwa zwischen 0,07 €/kWh und 0,30 €/kWh je nach Energieversorger und vereinbartem Abnehmertarif.

Elektrische Energie ist im Vergleich zu anderen Energieträgern (z. B. Kohle, Heizöl, Erdgas) teuer. Ihre trotzdem verbreitete Anwendung verdankt sie ihrer vielseitigen, einfachen und – auf Verbraucherseite – umweltfreundlichen Anwendbarkeit bei meist großem Wirkungsgrad. Elektrische Raumheizung ist allerdings nur mit Sondertarifen wirtschaftlich. Aber für Beleuchtungs- und Antriebszwecke sowie für die Steuerungs- und Kommunikationstechnik ist elektrische Energie unentbehrlich.

Elektrische Arbeit wird mit dem **Kilowattstunden-Zähler** („Zähler") gemessen. Aufgrund seiner Messung rechnen die Energieversorgungsunternehmen mit ihren Kunden ab.

Gesetze und Beispiele vgl. Tabelle Seite 210.

5.4 Unfallgefahr durch elektrischen Strom

5.4.1 Schutzmaßnahmen gegen elektrischen Schlag

Hinweis- oder Warnschilder an elektrischen Anlagen (z. B. Bild 1), Warnhinweise an Elektrogeräten (wie z. B. „Vor Entfernung der Abdeckung unbedingt Netzstecker ziehen!") oder eigene üble Erfahrung in Form eines elektrischen Schlages bei unachtsamem (vielleicht unerlaubtem) Hantieren an elektrischen Anlagen oder Geräten machen deutlich:

Durch den menschlichen Körper fließt Strom, wenn er elektrische Anlage- oder Geräteteile durch Berühren überbrückt, zwischen denen eine elektrische Spannung besteht.

Wechselspannungen über 50 V (Gleichspannungen über 120 V) gelten als lebensgefährlich.

In Elektrogeräten gibt es Bauteile, die im Betriebszustand unter Spannung stehen müssen (z. B. Heizleiter, Motorwicklungen), aber auch solche, die keine Spannung führen dürfen (z. B. Eisenkern von Wicklungen, Gehäuse).

Wenn nun (z. B. wegen durchgescheuerter Isolation) trotzdem Spannung auf den „Körper" (z. B. Metallgehäuse) des Elektrogerätes gelangt (Seite 213), nennt man diesen Fehlerfall **Körperschluss**. Dabei entsteht eine **Berührungsspannung** (z. B. zwischen Gehäuse und Erde). Wenn diese 50 V oder mehr beträgt bzw. die bewirkte Stromstärke 50 mA oder darüber ist, besteht Lebensgefahr.

Bild 1 Warnhinweis zur Verhinderung einer Unfallgefährdung durch elektrischen Strom

Zeichen	Benennung und erteilende Stelle	Bedeutung
VDE	**VDE-Zeichen** Erteilung durch VDE-Prüfstelle	Gerät ist entsprechend den VDE Bestimmungen gebaut.
GS	Zeichen für **Geprüfte Sicherheit** Erteilung durch eine vom Bundesarbeitsministerium benannte Prüfstelle, z. B. TÜV oder VDE	Das Gerät entspricht den sicherheitstechnischen Anforderungen des Gesetzes für technische Arbeitsmittel (GTA).
F N	**Funkschutzzeichen** Erteilung durch VDE-Prüfstelle	Gerät ist funkentstört: G Grob N Normal K Kleinstörgrad

Bild 2 Kennzeichen auf zugelassenen Elektrogeräten

5.4 Unfallgefahr durch elektrischen Strom

Schutz durch:

Schutzisolierung

Schutzklasse II;
Kennzeichen am Gerät: ▢

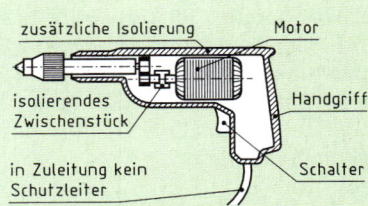

a) Beispiel der Realisierung bei einer Handbohrmaschine

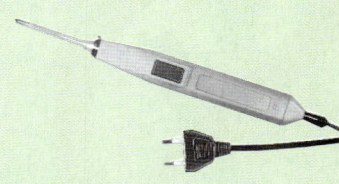

b) Kleinlötkolben mit Stecker **ohne** Schutzkontakt (hier Flachstecker)

Alle Geräteteile, die im Fehlerfall Spannung gegen Erde führen können, sind zusätzlich mit Isolierstoff abgedeckt.

Die Zuleitung darf **keinen Schutzleiter** enthalten und muss bei ortsveränderlichen Geräten mit einem **Profilstecker** (Form eines Schukosteckers, aber ohne Schutzkontakt) oder mit einem **Flachstecker** versehen sein.

Schutzkleinspannung

Schutzklasse III;
Kennzeichen am Gerät:

a) Beispiel für die Erzeugung (PELV)

b) Trenntransformator für Schutzkleinspannung

Die Betriebsspannung für solche Geräte darf höchstens 50 V Wechselspannung bzw. 120 V Gleichspannung betragen. (Diese Spannungen gelten als Schutzkleinspannung aber nur, wenn sie von vorschriftsmäßigen speziellen Erzeugern bereitgestellt werden.)
Bei Geräten für Schutzkleinspannung sind nur Steckvorrichtungen zugelassen, die mit solchen für Niederspannung (50 V bis 1000 V) nicht zusammenpassen.

Anwendungsbeispiele:
Arbeiten mit Elektrowerkzeugen in Behältern, Elektrospielzeug

Schutztrennung

Kennzeichen am Gerät: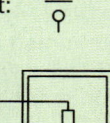

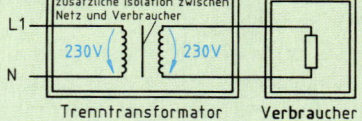

a) Funktionsprinzip

b) Anwendungsbeispiel

Ein **Trenntransformator** bewirkt, dass zwischen dem Niederspannungsnetz und dem Elektrogerät keine elektrisch leitende Verbindung besteht. (Die Energie überträgt der Transformator mit Hilfe magnetischer Wirkung.) Deshalb kann im Fehlerfall am Gehäuse des Verbrauchers keine Spannung gegen Erde auftreten.

Mobile Trenntransformatoren müssen schutzisoliert sein. Im Allgemeinen darf nur ein einziges Gerät mit maximal 16 A Nennstrom betrieben werden; gegebenenfalls mit Steckdose ohne Schutzkontakt.

Anwendungsbeispiel:
Arbeiten in beengter, elektrisch leitender Umgebung (z. B. in Metallbehältern), vor allem wenn Verbraucher (z. B. eine Trennschleifmaschine) wegen ihres großen Nennstromes nicht mit Kleinspannung betrieben werden können.

5.4 Unfallgefahr durch elektrischen Strom

Schutz durch automatische Abschaltung der Stromversorgung

Schutzmaßnahmen mit Schutzleiter

Schutzklasse I
Kennzeichen am Gerät:

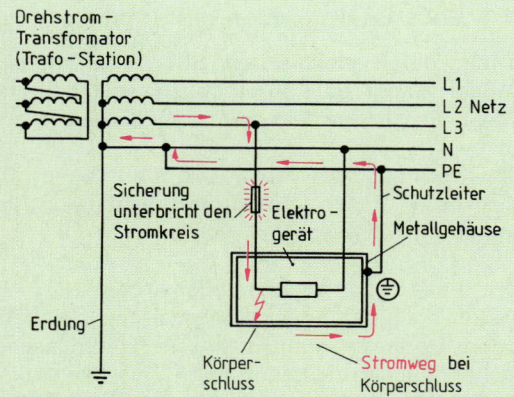

An (Metall-)Teile des Verbrauchers (Gehäuse), die nur im Fehlerfall (Körperschluss) an Spannung liegen, ist ein **Schutzleiter** angeschlossen (Kennzeichnung: Grüngelb; Bezeichnung: PE[1]). Dieser bildet bei Körperschluss neben dem Verbraucherstromkreis einen geschlossenen Fehlerstromkreis. Dessen Strom verursacht die Trennung des Verbraucherstromkreises vom Netz.
Dieses selbsttätige Abschalten übernehmen
- **Überstromschutzeinrichtungen**
 (Schmelzsicherungen, Leitungsschutzschalter) vgl. Seite 206, Bilder 2 und 3.

Der Fehlerstromkreis (rote Pfeile) stellt einen Kurzschluss dar.
Anwendungsbeispiele: Die meisten stationären Maschinen am Netz.
- **Fehlerstrom-Schutzeinrichtung (RCD- oder FI-Schutzschalter).**
 Während Überstromschutzeinrichtungen erst bei sehr großen Strömen (Kurzschlussstrom) im Fehlerstromkreis den Stromkreis unterbrechen, schalten RCD- oder FI-Schutzschalter schon bei Fehlerströmen im Bereich von 10 mA ... 500 mA in Sekundenbruchteilen ab.
 Wenn z. B. wegen eines schadhaften Gerätes 10 mA Fehlerstrom durch den Bediener fließen, ist dieser nicht gefährdet wegen des kleinen Stromes und zusätzlich wegen des fast augenblicklichen Abschaltens.
 Anwendung: RCD- oder FI-Schutzschalter sind vorgeschrieben z. B. in Baustellenverteilern, Schwimmbädern.

Im Zusammenhang mit netzabhängigen Schutzmaßnahmen sind Steckvorrichtungen mit Schutzkontakt vorgeschrieben. Ihre Schutzkontakte stellen eine durchgehende Verbindung des Schutzleiters vom Verbraucher bis zum Netz sicher.

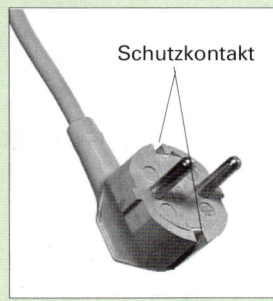

SCHUKO-Stecker für Einphasen-Wechselstrom

[1] PE: Englische Abkürzung für **p**rotection **e**arth = Schutzerde

5.4.2 Umgang mit Elektrogeräten - Unfallverhütung

Abhängig von Verwendung und Einsatzort müssen elektrische Geräte und Maschinen unterschiedlich geschützt sein: Bild 1

Symbol	Bezeichnung	Symbol	Bezeichnung
kein Zeichen	**Abgedeckt:** Nur für trockene Räume, z. B. Wohnräume, Büros, Flure, Dachböden usw.		**Strahlwassergeschützt:** Schutz gegen Wasserstrahlen aus allen Richtungen. Für Leuchten in Wasch- und Badeanstalten, Färbereien, Käsereien, Molkereien, Brauereien usw.
	Tropfwassergeschützt: Für feuchte Räume und im Freien unter Dach, z. B. Großküchen, Backstuben, Kühlräume, Gewächshäuser.	3 bar	**Druckwassergeschützt:** Mit Angabe des Druckes. Für nasse Räume wie Schwimmbäder.
	Regengeschützt: Für Leuchten und Geräte in feuchten Räumen und im Freien ohne Dach. Z. B. wie bei Tropfwassergeschützt.		**Staubgeschützt:** Leuchten in Räumen mit Staub aber ohne Explosionsgefahr. Z. B. Landwirtschaft, Holzbearbeitungswerkstätten.
	Schwallwassergeschützt: Schutz gegen Wassertropfen aus allen Richtungen. Für Motoren und Geräte in feuchten Räumen und im Freien. Z. B. Landwirtschaft und Baustellen.		**Staubdicht:** Schutz gegen Eindringen von Staub unter Druck. Für Leuchten in Räumen mit brennbaren Stäuben.

Bild 1 Kennzeichnung der Schutzart elektrischer Betriebsmittel

Diese Schutzarten und die Schutzmaßnahmen gegen gefährliche Körperströme gewährleisten nur dann Sicherheit, wenn mit elektrischen Anlagen und Geräten sorgfältig umgegangen wird.

So darf man einen Stecker nicht an der Leitung aus der Steckdose ziehen oder ein Gerät nicht an seiner Zuleitung anheben. Die Leitung zwischen Steckdose und Gerät darf nicht eingeklemmt (gequetscht) werden und auch keine Knoten bilden. Steckvorrichtungen soll man nicht gegen harte Gegenstände schlagen. Elektrogeräte dürfen nicht nass sein oder gar in Wasser getaucht werden, außer es handelt sich um geeignete Spezialgeräte.

Ist die Handhabung eines Elektrogerätes nicht bekannt, so muss vor der Anwendung eine sachkundige Unterweisung erfolgen oder die Bedienungsanleitung genau gelesen werden.

> Elektrische Geräte und Anlagen mit Schäden, z. B. an Isolation, Gehäusen, Steckvorrichtungen oder Schaltern, müssen sofort außer Betrieb gesetzt werden.

Schäden an elektrischen Geräten und Anlagen – und scheinen sie noch so geringfügig zu sein – darf ausschließlich eine Elektrofachkraft beheben. Diese Vorschrift dient nicht nur der eigenen Sicherheit, sondern bewahrt auch andere vor den Gefahren unsachgemäß instandgesetzter Geräte und Anlagen.

Schilder mit Anweisungen und Hinweisen auf Gefahren im Zusammenhang mit elektrischen Anlagen oder Geräten sind zu beachten; den Anweisungen ist unbedingt zu folgen. Das gilt auch für entsprechende Anweisungen von Fachleuten.

5.4.3 Sofortmaßnahmen bei Unfällen

Ob ein durch elektrischen Strom Verunglückter überlebt, hängt oft von rasch einsetzender erster Hilfe ab. Es ist sofort ein Arzt zu verständigen.

> Den Verunglückten nicht berühren, bevor die elektrische Anlage, mit der er in Verbindung ist, spannungsfrei geschaltet worden ist.

Man muss also gegebenenfalls den NOT-AUS-Schalter betätigen oder den Netzstecker des betreffenden Gerätes ziehen oder die Leitungsschutzschalter (Sicherungsautomaten) ausschalten, andernfalls besteht Lebensgefahr auch für den Helfer. Kann die Anlage nicht spannungsfrei geschaltet werden, sollte man versuchen, den Verunglückten z. B. mit Hilfe isolierender Gegenstände aus dem Gefahrenbereich herauszuholen.

Im übrigen sind die bei erster Hilfe üblichen Maßnahmen durchzuführen, wie Seitenlage des Verletzten und Atemspende bei Atemstillstand.

Übungen

Elektrizität als Energieform

1. Nennen Sie Beispiele für die Umwandlung von Elektrizität in andere Energieformen mit je einer technischen Anwendung.

Elektrischer Stromkreis

2. a) Welche Bestandteile muss ein elektrischer Stromkreis mindestens enthalten?
   b) Skizzieren Sie den Schaltplan dieses Stromkreises.
3. Nennen Sie Beispiele für Erzeuger und Verbraucher.
4. Zählen Sie einige elektrische Leiterwerkstoffe und Isolierwerkstoffe auf.
5. Erklären Sie, weshalb z. B. Kupfer ein guter elektrischer Leiter ist und weshalb Porzellan den elektrischen Strom nicht leitet.
6. Auf dem Leistungsschild einer Handbohrmaschine lesen Sie unter anderem den Aufdruck 230 V. Erklären Sie diese Angabe.
7. Welche beiden Spannungen stellt das Niederspannungsnetz in Ihrer Werkstatt bzw. in Ihrem Betrieb zur Verfügung?
8. Von einem Bohrschrauber wissen Sie, dass sein Akkumulator 9,6 V Spannung abgeben kann. Sie wollen diese Spannung messen.
   a) Ist versehentliches Berühren der Anschlüsse des Akkumulators lebensgefährlich? Begründen Sie Ihre Antwort.
   b) Zeichnen Sie den Schaltplan zu Ihrer Messung.
9. An ein Ladegerät ist eine Pkw-Batterie angeschlossen. Die Anschlussklemmen tragen die Kennzeichnung + und -.
   a) Erklären Sie deren Bedeutung für den Stromkreis.
   b) Welche Stromart liegt im Ladestromkreis vor?
10. Nennen Sie für jede Stromart einen typischen Verbraucher.

11. Sie messen in einem Stromkreis die Stromstärke zuerst in der Hinleitung (vor dem Verbraucher), dann in der Rückleitung (nach dem Verbraucher).
    a) Vergleichen Sie die Messergebnisse.
    b) Nehmen Sie Stellung zu dem Wort „Stromverbrauch".
12. Nennen Sie die Wirkungen des elektrischen Stromes und je zwei technische Anwendungen.
13. Nennen Sie zwei Beispiele für unerwünschte Wärmewirkung des elektrischen Stromes.
14. Welchen Einfluss hat eine Verlängerungsleitung auf den Widerstand eines Stromkreises?
15. Eine zu starke Erwärmung von Leitungen muss vermieden werden. Nennen Sie mindestens drei Möglichkeiten, um dies zu erreichen.
16. Begründen Sie den großen Kupferquerschnitt von Schweißleitungen.
17. Zeichnen Sie den Schaltplan eines vollständigen Stromkreises, in dem mit entsprechenden Messgeräten Strom und Spannung gemessen werden.
18. Zu Experimentierzwecken ist ein Stromkreis aufgebaut (Bild 2, Seite 204). Es werden 2 A gemessen. Nennen Sie zwei Möglichkeiten, diesen Strom auf 0,5 A zu verringern.
19. Welche Aufgabe haben Sicherungen (Überstromschutzeinrichtungen)?
20. Eine Sicherung „fliegt raus" (unterbricht den Stromkreis). Sie wollen wieder einschalten bzw. einen neuen Schmelzeinsatz einschrauben. Welche vorausgehende Maßnahme sollten Sie ergreifen?
21. Weshalb werden die meisten Verbraucher am Netz in Parallelschaltung betrieben?
22. Zwei Widerstände $R_1 = 45\ \Omega$ und $R_2 = 10\ \Omega$ bilden eine Parallelschaltung.

    Geben Sie – ohne zu rechnen – den Bereich an, in dem der Wert des Ersatzwiderstandes R liegt. Begründen Sie Ihre Schätzung.
23. Nennen Sie Beispiele für Reihenschaltungen von Widerständen (Verbrauchern) am Netz.
24. Ein Elektroheizgerät wird über eine Gummischlauchleitung („Gummikabel") von 50 m Länge betrieben. Eine Spannungsmessung an der Steckdose ergibt 230 V, am Heizgerät aber nur 220 V. Begründen Sie die unterschiedlichen Messergebnisse.

Elektrische Leistung und Arbeit

25. Wie lautet das Formelzeichen
    a) der Arbeit?
    b) der Leistung?
26. Nennen Sie Einheitennamen und Einheitenzeichen
    a) der Arbeit.
    b) der Leistung.
27. Ein elektrischer Lötkolben hat die Nenndaten 230 V, 400 W. An der Hälfte seiner Nennspannung betrieben, beträgt seine Leistung nur noch ca. 100 W. Erklären Sie diesen Sachverhalt.
28. Eine kleine Trennschleifmaschine nimmt bei Nennlast 1000 W elektrische Leistung auf und hat dabei einen Wirkungsgrad von 75 %.
    a) Welche Leistung gibt die Maschine bei Nennlast an der Trennscheibe ab?
    b) Wieviel Prozent – bezogen auf die Leistungsaufnahme – betragen in diesem Betriebszustand die Verluste der Maschine?
29. Stellen Sie den folgenden Satz fachlich richtig: „Im vergangenen Jahr hatte unser Betrieb sehr hohe Stromkosten."

Unfallgefahr durch elektrischen Strom

30. Ein Elektrogerät ist mit dem Zeichen ☐ versehen.
    a) Nennen Sie die Bedeutung des Zeichens.
    b) Woran sind so gekennzeichnete Geräte außerdem zu erkennen?
31. Ein Elektrogerät mit dem Zeichen ⏚ hat einen Körperschluss.
    a) Was versteht man unter diesem Fehler?
    b) Dieses Gerät wird an das Netz angeschlossen. Beschreiben Sie die Wirkung der mit diesem Symbol gekennzeichneten Schutzmaßnahme gegen gefährliche Körperströme.
32. Wozu dient der Schutzkontakt einer Schukosteckdose oder eines Schukosteckers?
33. Der Schukostecker einer Arbeitsplatzleuchte ist beschädigt. Ein Steckerstift liegt teilweise frei. Wie verhalten Sie sich,
    a) wenn die Lampe trotzdem noch „funktioniert"?
    b) wenn Sie aufgefordert werden, die Lampe mit einem neuen Stecker zu versehen? (Sie meinen, dies auch zu können.)
    Begründen Sie Ihr Verhalten.
34. Sie wollen einem durch elektrischen Strom Verunglückten Erste Hilfe leisten. Worauf müssen Sie besonders achten?

6 Maschinen- und Gerätetechnik

Die Entwicklung in allen Bereichen der Technik führt zum Gebrauch immer umfassenderer Maschinen, Geräte und Anlagen. Hierzu zählen im Handwerk z. B. Heizungs- und Warmwasseraufbereitungsanlagen, Elektro-Schweißgeräte, Verbrennungsmaschinen, Werkzeugmaschinen und Stahlkonstruktionen.

Als übergeordnete Bezeichnung für beliebige Maschinen, Geräte oder Anlagen ist der Begriff **System** vereinbart (Bild 1). Jedes System besitzt eine Umgebung, eine Funktion und eine Struktur.

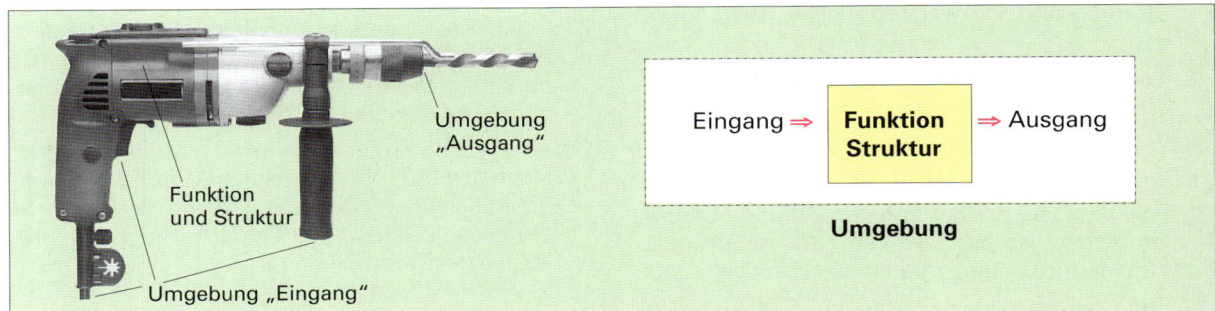

Bild 1 Bohrmaschine als System

- Die **Umgebung** ist durch die Anschlüsse, Bedienelemente wie z. B. Schalter und durch Befestigungen gekennzeichnet.
- Die **Funktion** beschreibt das Verhalten beim Einsatz des Systems und
- die **Struktur** stellt die jeweilige konstruktive Gestaltung des Systems dar.

Ein System besitzt eine **Umgebung** (Systemgrenze). Sie beschreibt die **Verbindung** zu den angrenzenden Systemen.	Ein System besitzt eine **Funktion**. Sie beschreibt das **Wirkprinzip** des Systems.	Ein System besitzt eine **Struktur**. Sie beschreibt die **Konstruktion** des Systems.
	Die Funktion **Wandeln der zugeführten elektrischen Energie** erfüllt z. B. der Elektromotor.	**Elektromotoren,** z. B. mit **Wellen, Lager, Rotor, Stator** und **Wicklungen,** wandeln elektrische Energie in mechanische Energie (Drehenergie).
	Die Funktion **Übersetzen von Kraft und Weg** erfüllen z. B. unterschiedliche Hebel.	**Hebel,** z. B. mit **Lager** und **unterschiedlichen Hebellängen,** übersetzen die Kraft und den Weg (kleinere Kraft erfordert größeren Weg).
	Die Funktion **Speichern von Stoffen** (z. B. Gase oder Flüssigkeiten) erfüllen z. B. Druckkessel.	**Druckkessel,** z. B. druckfester Behälter mit Ventilen, Zu- und Ableitungen, speichert Luft für Pneumatikanlagen.
	Die Funktion **Leiten von Informationen** erfüllen z. B. Druckschläuche.	**Druckschlauch,** z. B. aus **faserverstärkten Kunststoffen, flexibel** und **druckfest,** leitet das Drucksignal vom Signaltaster zum Ventil.

Bild 2 Merkmale ausgewählter Systeme

6.1 Hauptgruppen und Betrachtungsebenen

Bild 1, Seite 216, und Bild 1 machen deutlich, dass z. B. die Funktion „**Übersetzen**" durch unterschiedliche Konstruktionen verwirklicht werden kann. Die Konstruktion wird danach ausgewählt, welches technische Problem zu lösen ist.

Beispiel	Struktur/Konstruktion
Der **Hebel** einer Dachrinnenaufrichtzange übersetzt die Handkraft.	
Das **Stirnradgetriebe** übersetzt die Drehfrequenz und das Drehmoment.	
Die **losen Rollen des Flaschenzugs** übersetzen die Kraft und den Weg.	
Durch die **unterschiedlichen Kolbenquerschnitte** wird der Hydraulikdruck übersetzt	

Bild 1 Ausgewählte Beispiele zur Funktion „Übersetzen".

Jede Maschine, jede Anlage oder jedes Gerät erfüllt eine bestimmte **Hauptfunktion**.

- Eine Bohrmaschine **wandelt Energie**,
- ein Computer dient der **Informationsverarbeitung** und
- eine Sanitäranlage ermöglicht den **Stofffluss**.

Der Geselle oder Facharbeiter montiert, nutzt, wartet oder repariert diese Systeme. Dazu benötigt er Kenntnisse über den inneren Aufbau (Funktion und Struktur), um z. B. defekte Bauteile zu erkennen und auszutauschen. Der Geselle oder Facharbeiter trifft an den unterschiedlichsten Maschinen mit unterschiedlichen Hauptfunktionen immer wieder auf ähnliche **Konstruktionen** (z. B. Wellen, Schrauben, Fittings, Gasbrenner, Verbindungsstücke, Getriebe, Schalter, Motoren).

- Wellen **leiten** Drehenergie,
- Schrauben **übertragen** Kräfte,
- Rohrleitungen **leiten** Flüssigkeiten, oder
- Motoren **wandeln** die zugeführte Energie in andere Energieformen.

Zum besseren Verständnis technischer Systeme (Maschinen und Geräte) ist es hilfreich, sie in die drei **Hauptgruppen** Energiefluss, Stofffluss und Informationsfluss zu unterteilen (Bild 2).

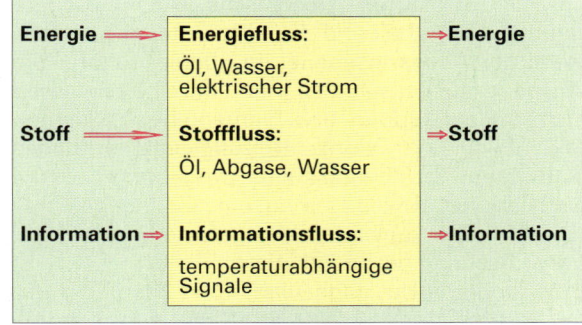

Bild 2 System einer Heizungsanlage

Das ganze System oder jede der Hauptgruppen kann als einfacher **Block** dargestellt werden. Er enthält die **Funktion** und die **Struktur** des Systems und steht stellvertretend für eine beliebige Maschine, z. B. für eine Heizungsanlage. Die bauliche Ausführung ist damit nicht festgelegt. Die Anschlusslinien kennzeichnen **die Umgebung des Systems**.

Ist z. B. der Energiefluss einer Maschine gestört, reicht zur Fehlersuche folglich die Überprüfung der Baugruppen und Bauteile, die am Energiefluss beteiligt sind. Gleiches gilt für die Hauptgruppen „Stofffluss" oder „Informationsfluss".

6 Maschinen- und Gerätetechnik
6.1 Hauptgruppen und Betrachtungsebenen

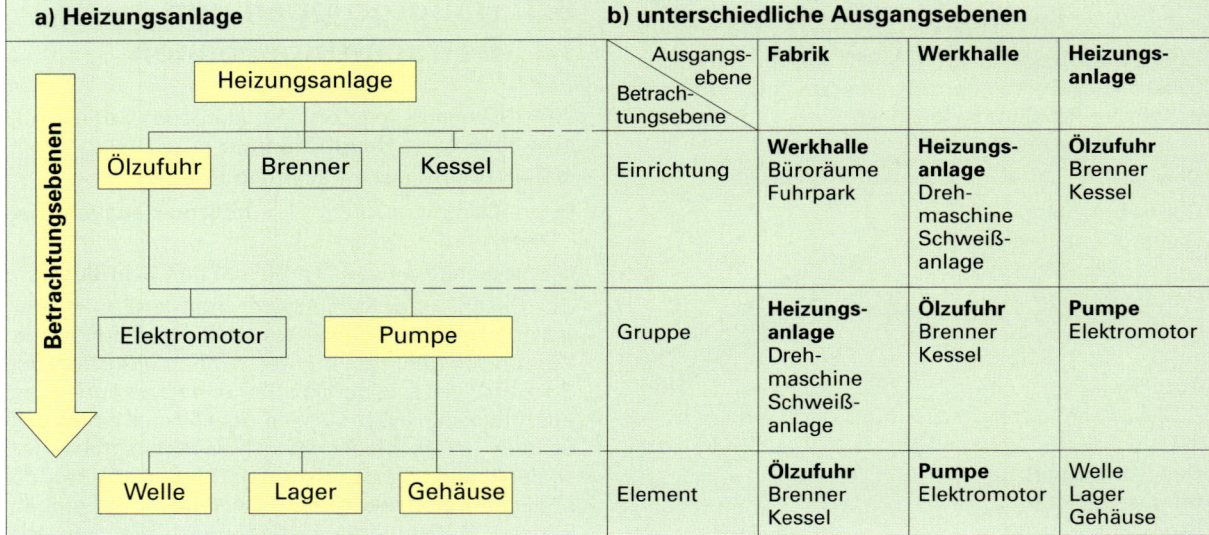

Bild 1 Aufteilung in Untersysteme (Subsysteme)

Zur Fehlersuche muss die Struktur des Systems häufig weiter **unterteilt** werden. Gleiches gilt für die Untersuchung des Funktionsprinzips. Das betrachtete System wird in **Untersysteme (Subsysteme)** untergliedert. Um z. B. den Energiefluss einer Heizungsanlage zu untersuchen, hilft die Aufteilung in **Betrachtungsebenen** (Bild 1). Damit verfeinert sich die Struktur des Systems. Der Fehler ist näher einzugrenzen. Es werden neben der **Hauptfunktion** auch wesentliche **Unterfunktionen** und entsprechende Strukturen (technische Ausführungen) deutlich. Entscheidend für die Einteilung ist die Wahl der **Ausgangsebene**. Je überschaubarer die Ausgangsebene ist, umso mehr Einzelheiten lassen sich auf der Gruppen- bzw. Elementebene erkennen (vgl. Bild 1 b Fabrik, Heizungsanlage). Jedes Subsystem hat ebenfalls eine Umgebung (weitere Subsysteme) auf die es wirkt, eine eindeutige Funktion und die konstruktiv festgelegte Struktur zur Verwirklichung dieser Funktion.

Eine moderne Heizungsanlage (Bild 2) soll die Unterteilung in den Energie-, Stoff- und Informationsfluss verdeutlichen.

Bild 2 Ausschnitt einer Heizungsanlage

Energiefluss
Die Hauptaufgabe einer Heizung ist der **Transport von Energie** (Wärmeenergie) in entsprechende Räume/Hallen (Bild 3).

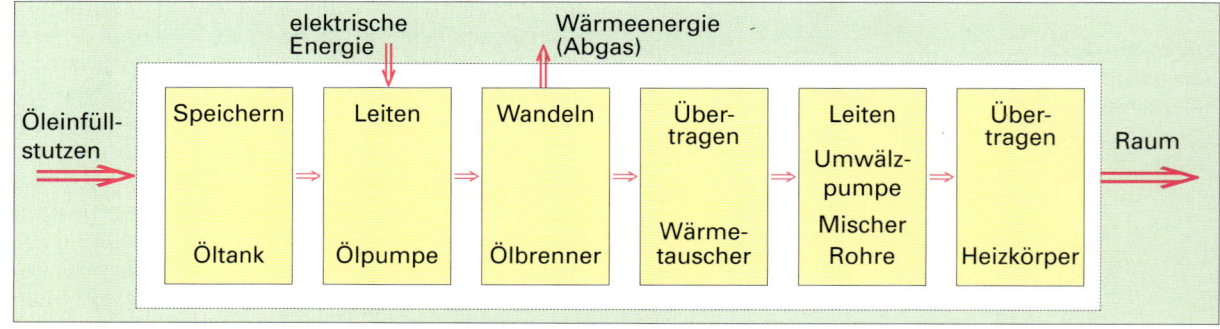

Bild 3 Energiezufluss einer Heizungsanlage (Funktion und Struktur)

6 Maschinen- und Gerätetechnik

6.1 Hauptgruppen und Betrachtungsebenen

- Die in Öltanks gespeicherte chemische Energie (Heizöl) wird durch Zuleitungen und Pumpen in den Brenner transportiert.
- Im Brenner erfolgt die Wandlung von chemischer Energie in Wärmeenergie. Zur Energiewandlung im Heizungsbau zählen z. B. **Gas-/Öl-/Kohlebrenner, Elektroöfen, Wärmepumpen**. Die gewandelte Energie liegt sodann als Wärmeenergie vor.
- Der **Wärmetauscher** bewirkt die **Übertragung** dieser Energie auf Wasser, Öl oder Luft (Übertragungsmedium).
- Durch den **Transport** dieses Mediums mit Hilfe von **Pumpen** gelangt z. B. das Wasser (und damit die Wärme) durch Rohrleitungen zu den Heizkörpern.
- Die **Rohrleitungen führen** die Energie in die beheizbaren Räume. Hier zeigt sich die enge Verknüpfung von Energie- und Stofffluss.
- Die **Heizkörper übertragen** die Wärmeenergie des Wassers an die Luft in dem beheizten Raum.

Damit ist der Energiefluss der Heizungsanlage festgelegt (Bild 3, Seite 218).

> Der Energiefluss erfasst die beteiligten Funktions- und Baugruppen zwischen Eingangsenergie und Ausgangsenergie eines Systems.

Stofffluss

Im wesentlichen sind in der Heizung zwei Stoffflüsse zu beobachten:

- Der Öl- oder Gastransport bis zum Brenner und
- der Transport des erwärmten Wassers in die Heizkörper der Räume.

Der oben beschriebene Energiefluss ist ohne fließendes **Wasser/Öl/Luft (Stofffluss)** undenkbar. Somit ist eine weitere Aufgabe einer Heizungsanlage die **Sicherstellung des Stoffflusses**. Eine Umwälzpumpe pumpt das im Wärmetauscher erwärmte Wasser durch die Leitungen der Heizungsanlage. Dabei erfolgt die **Leitung** des Stoffes in **Heizungsrohren**, durch Ventile und Mischer sowie Heizkörper (Bild 1b). Mit Hilfe eines vergrößerten/verkleinerten Stoffflusses ist gleichzeitig der Energiefluss veränderbar. Hierzu dienen am Stofffluss beteiligte Maschinen. Jede übernimmt für den geforderten Stofffluss eine bestimmte Funktion. So beeinflusst z. B. der Mischer die Wassertemperatur (Vorlauftemperatur) im Wasserkreislauf zum Heizkörper. Das Thermostatventil am Heizkörper verändert die Durchflussmenge im Heizkörper. Beide Systeme wirken somit auf die Raumtemperatur.

> Der Stofffluss erfasst die beteiligten Funktions- und Baugruppen zwischen Stoffeingang und Stoffausgang eines Systems.

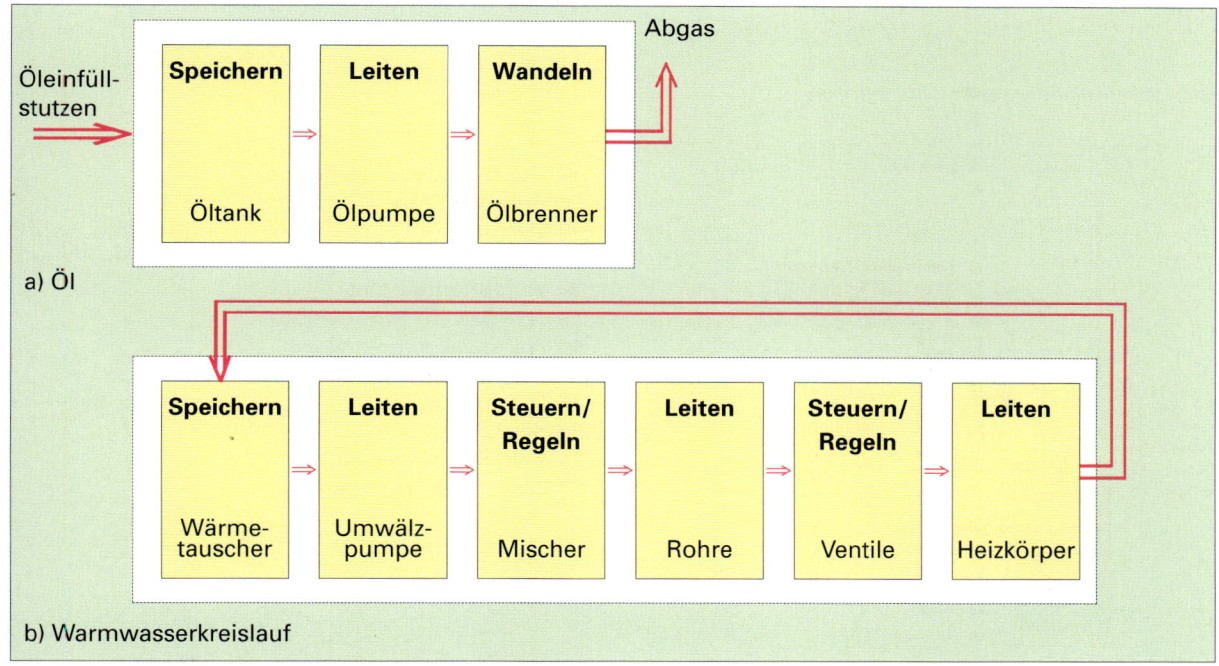

Bild 1 Stofffluss einer Heizungsanlage (Funktion und Struktur)

6.1 Hauptgruppen und Betrachtungsebenen

Informationsfluss

Die Stellung am Thermostatventil bzw. am Mischer (z. B. geöffnet, geschlossen) hängt von der Voreinstellung für diese Baugruppen ab. Das bedeutet, daß beide Baugruppen **Informationen** über die geforderten und die augenblicklichen Temperaturen benötigen (Bild 1). Dazu **erfassen** entsprechende **Sensoren** (vgl. Kap. 4.4.1) die augenblicklichen Wasser-, Außen- und Raumtemperaturen. Sie nehmen also eine **Information** über **Temperaturen** auf. Diese Informationen werden z. B. in Form von elektrischen Signalen an die Verarbeitungseinheit **übertragen**. Diese gibt, je nach gemessener Temperatur, **Stellsignale** an den Mischer bzw. an den Brenner. Somit ist ihre **Hauptaufgabe** die Sicherstellung des **Informationsflusses**. Wird z. B. die Raumtemperatur unterschritten, so sorgt die entsprechende Information am Thermostatventil für das Öffnen. Damit erhöht sich der Stofffluss und gleichzeitig der Energiefluss.

> Der Informationsfluss erfasst die beteiligten Funktions- und Baugruppen zwischen Informationseingang und Informationsausgang eines Systems.

Maschinen und Geräte als technisches System

Die Unterteilung der Heizungsanlage in den Energie-, Stoff- und Informationsfluss und in Betrachtungsebenen zeigt Bild 2 für eine Gastherme. Für den Monteur, der z. B. ein Thermostatventil warten oder reparieren muss, reicht diese Unterteilung nicht. Er benötigt mehr Informationen über die Struktur der Baugruppe. Für diesen Fall ist das **Thermostatventil die oberste Betrachtungsebene** (vgl. Bild 1 Seite 218).

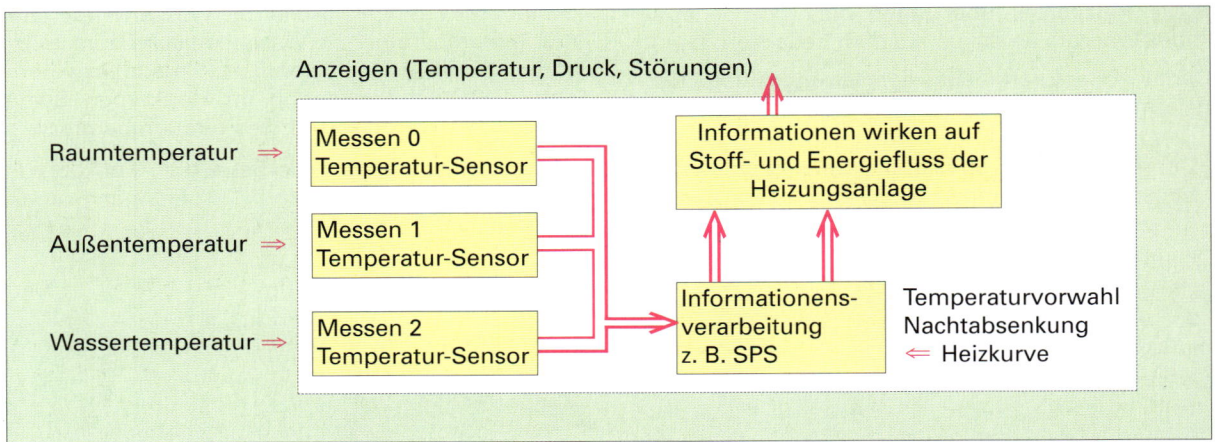

Bild 1 *Informationsfluss einer Heizungsanlage*

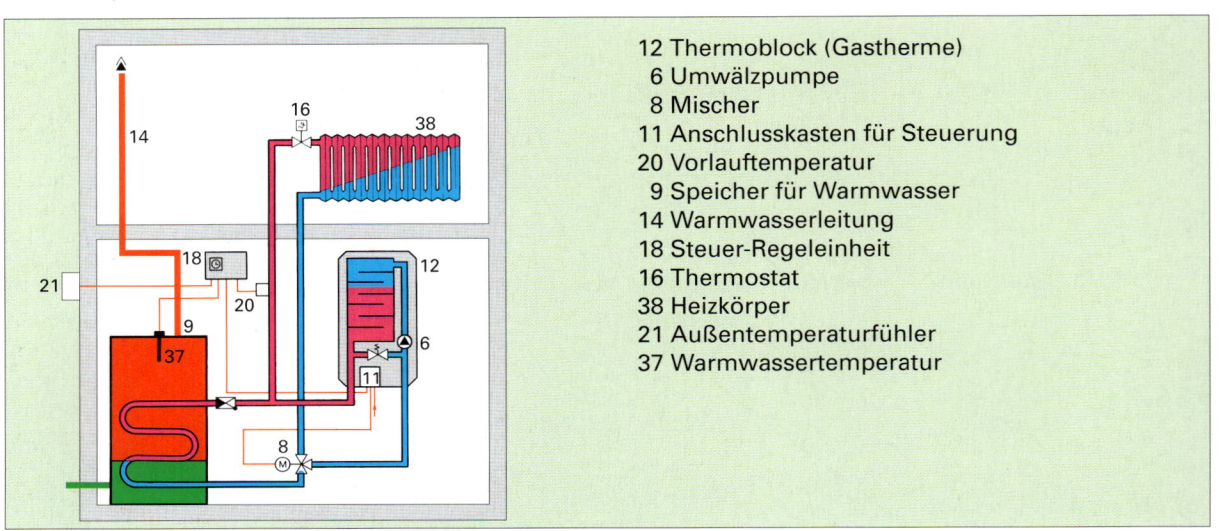

Bild 2 *Schematische Darstellung einer Gasheizung mit Speicher-Wassererwärmer*

6 Maschinen- und Gerätetechnik — 6.1 Hauptgruppen und Betrachtungsebenen

Funktion	Praktische Anwendung	
Richtung erhalten/ Richtung verändern	Energie: Stoff: Information:	Drehrichtung bei Getrieben, biegsame Wellen Rohre, Schläuche Elektrische Schalter
Übersetzen	Energie: Information:	Hebel, Getriebe, Transformator Relais, pneumatische Ventile
Speichern	Energie: Stoff: Information:	Kraftstofftank, Schwungscheibe Lager, Öltank Disketten, Schlüssel
Wandeln	Energie: Stoff: Information:	Motoren, Kurbeltrieb, Bremsen, Brenner Schweißbrenner Schalter
Leiten	Energie: Stoff: Information:	Wellen, Seile, Rohre Rinnen, Schläuche Leitungen, Schalter
Tragen/Führen	Energie: Stoff: Information:	Gerüst, Aufzug, mechanische Führungen Leitungen, Schläuche Elektrische Leitungen, Pneumatikleitungen

Bild 1 Ausgewählte Funktionen

Mit einer überschaubaren Anzahl von **Funktionen** sind auch komplexe Maschinen erklärbar (Bild 1).
Um die Struktur bzw. die Funktion eines Systems eindeutig zu erfassen, kann es in möglichst **bekannte Baueinheiten** bzw. **Funktionseinheiten** unterteilt werden. Hierzu zählen z. B. Motoren, Absperrventile, Getriebe, Pumpen, Wellen, Lager, Kupplungen, Schraubenverbindungen. Die **unterschiedlichsten Maschinen** (Systeme) bestehen aus aus einer Vielzahl **gleicher Funktions- und Baueinheiten,** und trotzdem erfüllen sie vollkommen **verschiedene Hauptfunktionen**, wie z. B. Personentransport bei Aufzügen, Energiewandlung bei Werkzeugmaschinen oder automatisches Schließen und Öffnen von Türen. Die Kenntnisse wesentlicher Funktions- und Baueinheiten erleichtern dem Monteur z. B.:

- die fachlich begründete **Eingrenzung** bei der Fehlersuche,
- die gezielte **Fehlerzuordnung** bei Reparaturen,
- das Umsetzen von **Wartungsvorschriften** auf neue Maschinen,
- das Festlegen von Schritten bei der **Montage oder Demontage** oder
- die **selbständige Erarbeitung** von Maschinenfunktionen.

Um die grundlegenden Funktionen näher kennen zu lernen, werden im folgenden Abschnitt Maschinen und Geräte mit deren baulichen Einrichtungen, Baugruppen und Bauelementen näher betrachtet. Dabei kommt den unterschiedlichen technischen Ausführungen bei ähnlicher Funktion besondere Bedeutung zu.

Überlegen Sie:
1. Im Betrieb und auf der Baustelle arbeiten Sie mit den unterschiedlichsten Maschinen und Geräten.
   a) Nennen Sie einfache Maschinen und Geräte.
   b) Benennen Sie Eingangs- und Ausgangsgrößen zum Energie-, Stoff- und Informationsfluss entsprechend Bild 2, Seite 217.
2. Zeichnen Sie ein Blockdiagramm des Energieflusses für ein Kraftfahrzeug. Verwenden Sie dabei die Begriffe Getriebe, Benzinpumpe, Verbrennungsraum, Rad, Kurbelwelle, Kupplung, Kraftstofftank, Vergaser, Antriebswelle, Kolben.
3. Unterteilen Sie einen Pneumatikzylinder in unterschiedliche Betrachtungsebenen. Beschreiben Sie die Funktion folgender Bauelemente: Dichtung, Kolben, Kolbenstange, Zylinder.
4. Wie wirkt der Informationsfluss auf den Brenner einer Heizungsanlage?
5. Versuchen Sie für ausgewählte Systeme (z. B. Motorrad, Wasserspülung, Wasseraufbereitung, Bohrmaschine, elektrische Klingel, Raumbeleuchtung) ein ähnlich allgemeines Blockdiagramm zu zeichnen. Legen Sie vorher die Hauptaufgabe aus den Bereichen Energie-, Stoff- oder Informationsfluss fest.
6. Beschreiben Sie allgemein die Ein- und Ausgangsgrößen für folgende Maschinen bzw. Geräte: Schweißbrenner, Getriebe, Elektromotor, Pumpe, Sprinkleranlage, Zange, Elektro-Schutzgasschweißgerät, Spülkasten, Druckluftanlage, Feuermelder, NOT-AUS-Schalter. Unterteilen Sie Ihre Zuordnungen farbig nach Energie-, Stoff- und Informationsfluss.

6.2 Energiefluss

Die Energie beschreibt das **Arbeitsvermögen** eines Systems. Jedes Bewegen, Verformen, Zerspanen, Schweißen usw. erfordert Energie. Sie muss an den Wirkort **geleitet**, in vielen Fällen in die notwendige Energieform **umgewandelt** und, falls erforderlich, zwischenzeitlich **gespeichert** werden. Die genannten Funktionen (leiten, wandeln, speichern) lassen sich durch geeignete Konstruktionen (Struktur) unterschiedlich verwirklichen. Am Beispiel der Bohreinrichtung (Bild 1) wird der Energiefluss erarbeitet.

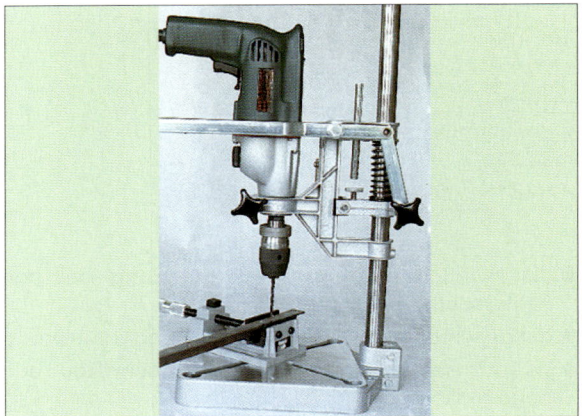

Bild 1 Bohreinrichtung

Auf der obersten Betrachtungsebene lässt sich die Bohreinrichtung durch ein einfaches **Blocksymbol** darstellen (Bild 2).

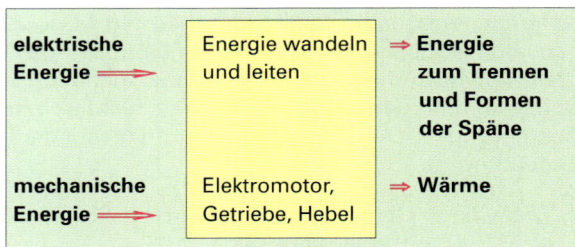

Bild 2 Blocksymbol der Bohreinrichtung

Die Hauptfunktion ist eindeutig die **Energiewandlung** und der **Energietransport** zum Zerspanen beim Bohren. Als **Eingangsgrößen** sind der Elektroanschluss (elektrische Energie) und die Handkraft für den Vorschub (mechanische Energie) erkennbar. Die konstruktive Lösung bleibt zunächst unberücksichtigt. Auf der **Ausgangsseite** gibt das System an die **Umgebung Wärmeenergie** und die **Energie zum Abtrennen und Verformen der Späne** ab, d. h., dass durch das System aus elektrischer und mechanischer Energie durch eine geeignete Konstruktion Späne abgetrennt werden und hierbei als Folgeerscheinung auch Wärme abgegeben wird.

Energiefluss beim Bohren

Bei genauerer Betrachtung zeigt sich, dass zur Sicherstellung des Energietransports und der Energiewandlung weitere Funktionen (Unterfunktionen) erforderlich sind. Diese beschreiben nicht den vollständigen Bohrständer, sondern einzelne Unterfunktionen zum Energiefluss.

6.2.1 Übersetzen von Kräften

Die mechanische Energie für den Vorschub wird über den **Hebel** eingeleitet (Bild 3). Die Handkraft F_H (z. B. 30 N) wirkt auf einen **einseitigen Hebel** (siehe Technische Mathematik Seite 311). Somit bleibt die Wirkrichtung der Kraft erhalten. Diese Handkraft wird durch den Hebel **vergrößert/übersetzt,** z. B. auf 150 N (vgl. Beispielrechnung in Bild 4).

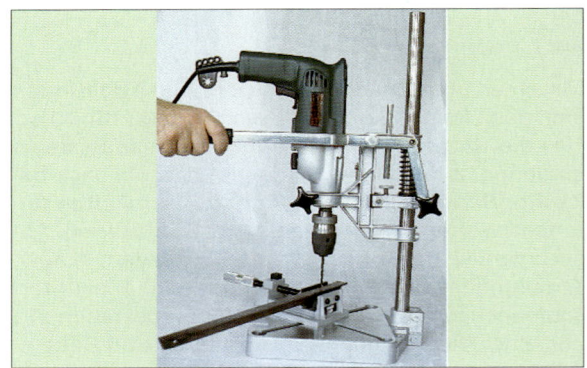

Bild 3 Hebel für den Vorschub

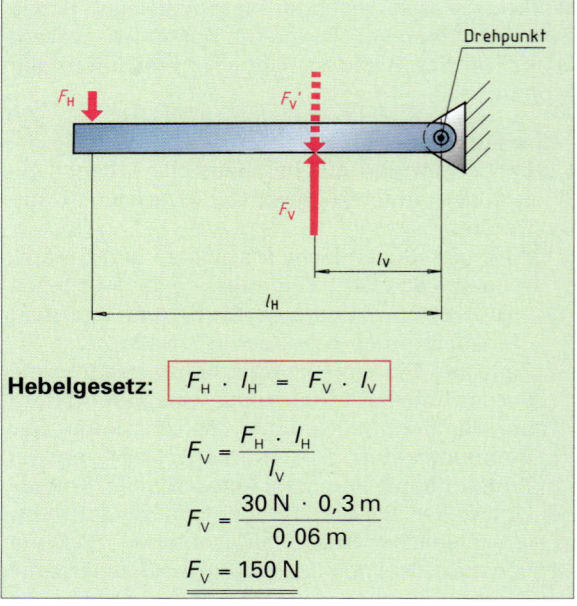

Hebelgesetz: $\boxed{F_H \cdot l_H = F_V \cdot l_V}$

$$F_V = \frac{F_H \cdot l_H}{l_V}$$

$$F_V = \frac{30\,N \cdot 0{,}3\,m}{0{,}06\,m}$$

$$F_V = 150\,N$$

Bild 4 Einseitiger Hebel

6.2 Energiefluss　　　　　　　　　　　　　　　　　　　　6.2.1 Übersetzen von Kräften

Die vergrößerte Kraft F_V drückt die Halterung, die eingespannte Bohrmaschine und den Bohrer in Richtung Werkstück. Gleichzeitig wird die eingebaute Druckfeder elastisch zusammengedrückt. Der **einseitige Hebel** erfüllt die Unterfunktionen **Richtung erhalten und Kraft übersetzen** (Bild 1).

Weitere Konstruktionen zum Übersetzen zeigt Bild 2.

> **Überlegen Sie:**
> - Skizzieren Sie den Bohrständer so um, dass ein zweiseitiger Hebel genutzt werden kann.
> - Welche Unterfunktion übernimmt dann der zweiseitige Hebel?
> - Wie verändert sich die Bewegungsrichtung der Kraft F_H?

$F_H \longrightarrow$ [F_H übersetzen / Kraftrichtung erhalten] $\longrightarrow F_V$

Bild 1 Untersystem einseitiger Hebel

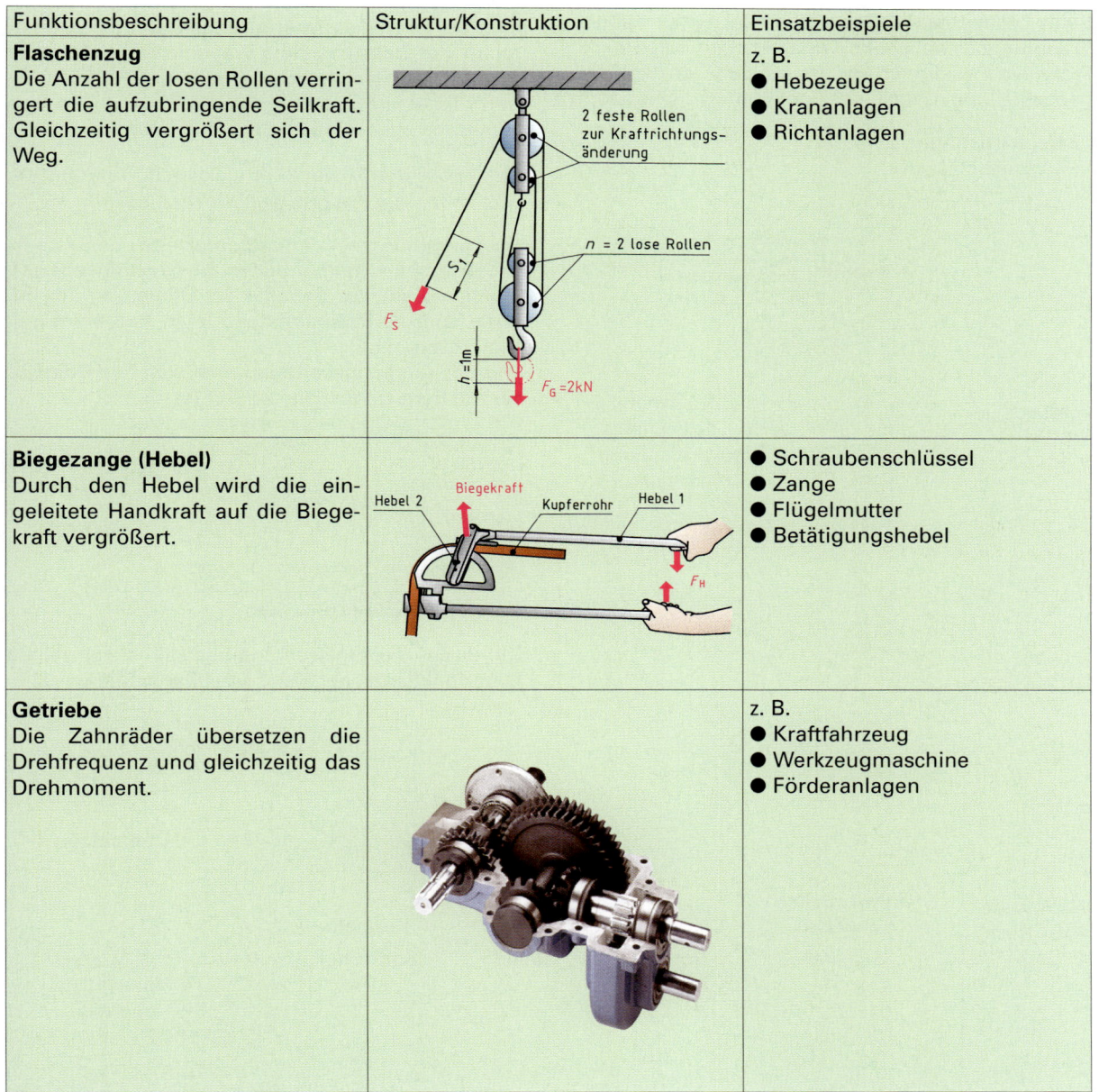

Funktionsbeschreibung	Struktur/Konstruktion	Einsatzbeispiele
Flaschenzug Die Anzahl der losen Rollen verringert die aufzubringende Seilkraft. Gleichzeitig vergrößert sich der Weg.	2 feste Rollen zur Kraftrichtungsänderung; $n = 2$ lose Rollen; S_1; F_S; $h = 1m$; $F_G = 2kN$	z. B. ● Hebezeuge ● Krananlagen ● Richtanlagen
Biegezange (Hebel) Durch den Hebel wird die eingeleitete Handkraft auf die Biegekraft vergrößert.	Hebel 2, Biegekraft, Kupferrohr, Hebel 1, F_H	● Schraubenschlüssel ● Zange ● Flügelmutter ● Betätigungshebel
Getriebe Die Zahnräder übersetzen die Drehfrequenz und gleichzeitig das Drehmoment.		z. B. ● Kraftfahrzeug ● Werkzeugmaschine ● Förderanlagen

Bild 2 Untersysteme zum Übersetzen

6.2.2 Wandeln von Energie

Pneumatik-/Hydraulikzylinder

Soll der Arbeitsablauf für das Bohren automatisiert werden, wird die Handkraft z. B. durch pneumatische/hydraulische Zylinder ersetzt. Mit diesen Zylindern können größere Vorschubkräfte aufgebracht werden, und die körperliche Belastung des Bedieners, besonders an größeren Bohrmaschinen, verringert sich. Pneumatik- oder Hydraulikzylinder **wandeln Druck in Kraft** (siehe Technische Mathematik Seite 328). Die Vorschubkraft wird dabei vom Kolbendurchmesser d_K des Zylinders bestimmt (vgl. Berechnungsbeispiel in Bild 1).

Beim einfachwirkenden Zylinder (vgl. Kapitel Steuerungstechnik Seite 173) übernimmt die Druckfeder die Positionierung des Kolbens in die Ausgangsstellung. Die gleiche Funktion wird beim doppeltwirkenden Zylinder dadurch erfüllt, dass der Stofffluss auf die Kolbenstangenseite umgesteuert wird. Die Hauptfunktion der **Zylinder** aus der Hydraulik und Pneumatik liegt in der **Wandlung von Drücken in Kräfte** (Bild 2). Die Kräfte sind die Ursache für die Aus- und Einfahrbewegungen.

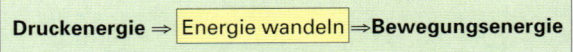

Bild 2 Untersystem einfachwirkender Pneumatikzylinder

Elektromotor

Zum Bohren des Loches ist, neben der Vorschubenergie, Drehenergie erforderlich. Der Elektromotor in der Bohrmaschine wandelt die **elektrische Energie** in **mechanische Drehenergie**. Anschließend leitet die angetriebene Welle diese Energie zum Bohrfutter mit dem eingespannten Bohrer.

> Elektromotoren wandeln elektrische Energie in mechanische Energie (Drehbewegung).

Die **Umgebung** auf der **Eingangsseite** des Systems Bohrmaschine (Bild 3) bilden die **Steckdose** (Energieanschluss), der **Schalter** zur Steuerung der Energie und die **Einspannstelle** (z. B. Aufnahme mit Klemmschraube).

Auf der **Ausgangsseite** befindet sich das **Bohrfutter** mit dem eingespannten Bohrer.

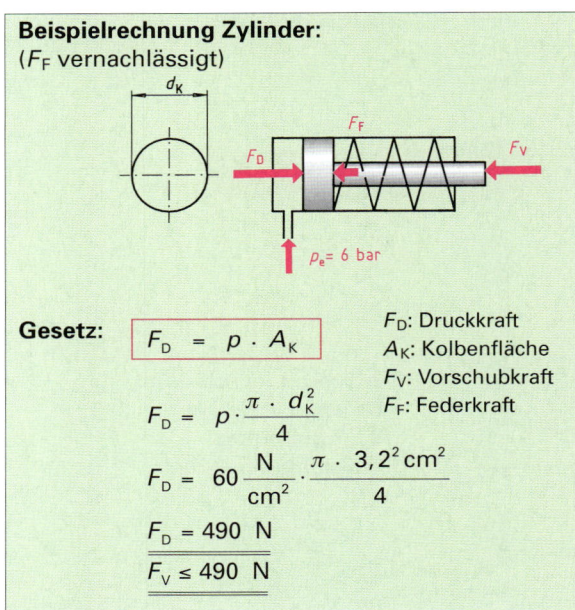

Bild 1 Pneumatikzylinder

Bild 3 Untersystem Bohrmaschine

Mit diesen Kenntnissen ergeben sich die einzelnen Unterfunktionen der Bohrmaschine in Bild 4.

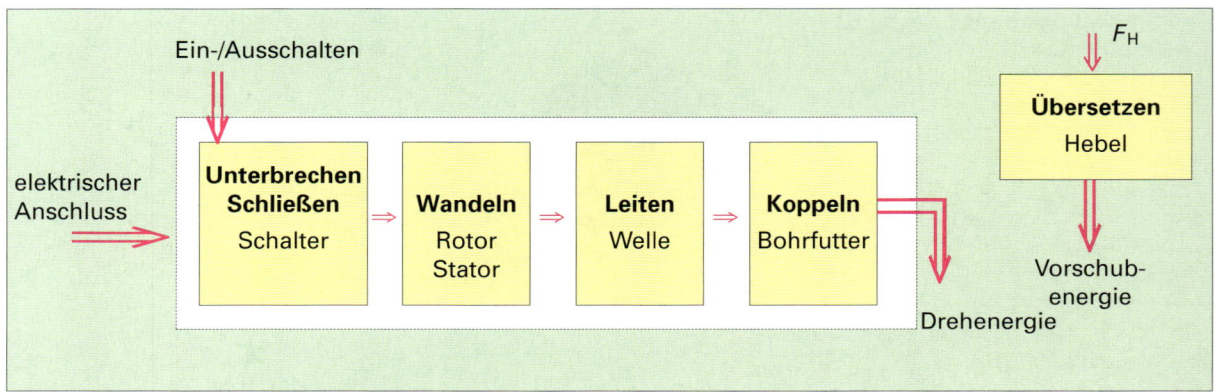

Bild 4 Funktions- und Baugruppen der Bohrmaschine

Funktionsbeschreibung	Struktur/Konstruktion	Einsatzbeispiele
Zylinder Der einstellbare Druck auf den verschiebbaren Kolben bewirkt die Kolbenkraft für die Betätigung.	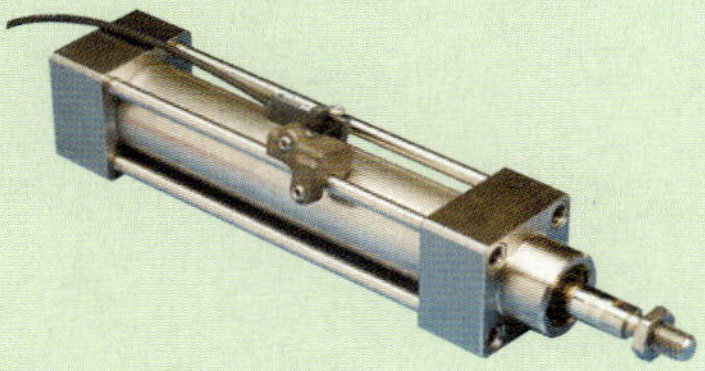	z. B. ● Spannvorrichtungen ● Richten ● Biegevorrichtungen ● Hubanlagen
Der **Kurbeltrieb** wandelt die hin- und hergehende Kolbenbewegung in eine Drehbewegung (Drehenergie).	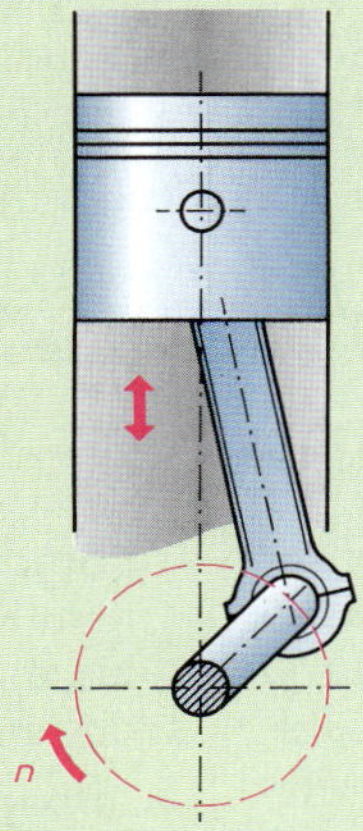	z. B. ● Motoren ● abgewandelt in Werkzeugmaschinen ● Spannvorrichtungen
Pumpe Die Antriebsenergie wird durch Verdrängen der Flüssigkeit in Druckenergie umgewandelt.	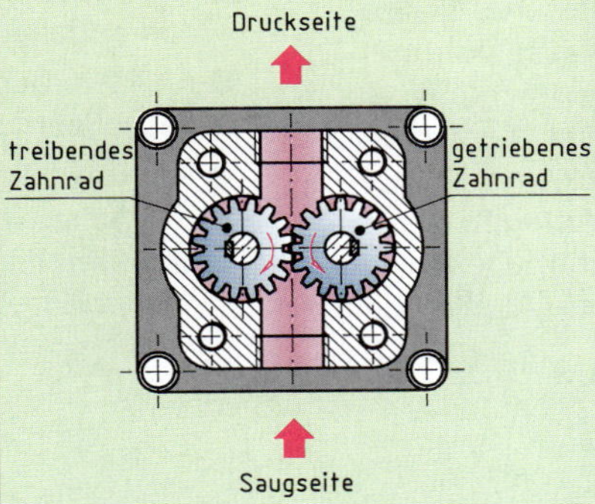	z. B. ● Schmier- und Kühlkreislauf ● hydraulische Anlagen ● Heizungskreislauf ● Wasserversorgung

Bild 1 Untersysteme zum Wandeln

6.2.3 Speichern von Energie

Druckfeder

Zur Erzeugung des Vorschubes wird der Hebel nach unten gedrückt. In der dadurch elastisch verformten Druckfeder ist **mechanische Energie gespeichert**. Nach dem Bohren nimmt der Bediener die Handkraft zurück. Dabei entspannt sich die Druckfeder und gibt ihre gespeicherte Spannenergie wieder ab. Die Druckfeder verschiebt die Bohrmaschine und die Halterung wieder an den Anschlag, so dass sich die Druckfeder in ihrer Ausgangslage befindet.
Die Bestimmung der Federkraft und der gespeicherten Energie zeigt beispielhaft Bild 1, Seite 226.

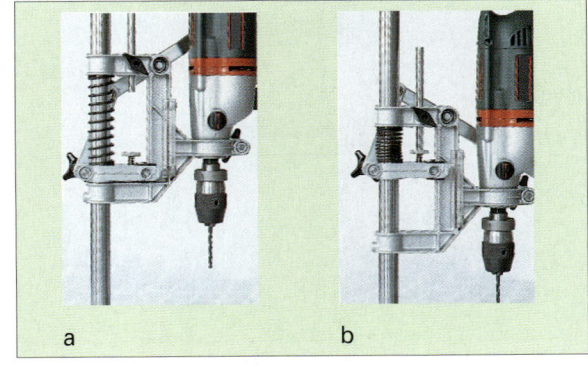

Bild 2 Untersystem Druckfeder

6.2 Energiefluss   6.2.3 Speichern

Die Federkraft ist z. B. abhängig von der Verformung der Druckfeder. In der Endlage ist sie am größten.

Die Druckfeder erfüllt die Unterfunktionen „Energie **speichern**" und „Bauteile **positionieren**" (Bild 2, Seite 225). Für die eindeutige Positionierung ist allerdings zusätzlich der Anschlag sinnvoll.

> **Überlegen Sie:**
> Skizzieren Sie eine Lösung, wenn eine Zugfeder als Energiespeicher eingebaut werden soll.

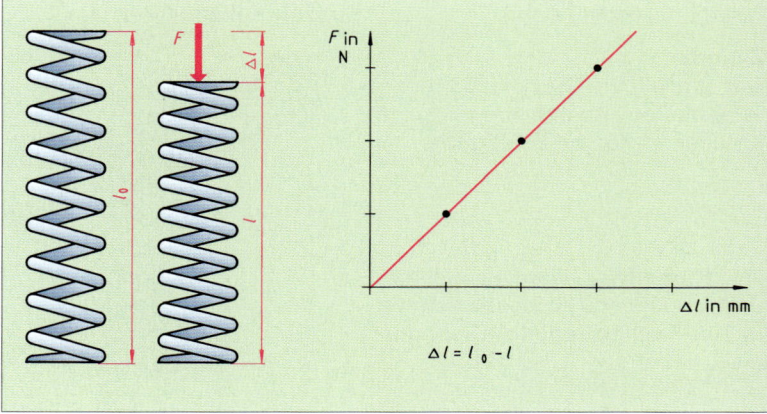

Bild 1 Druckfeder als Speicher

Druckkessel

In pneumatischen Anlagen fördert der Kompressor die Luft in einen Druckkessel (vgl. Kap. Steuerungstechnik). Somit muss der Kompressor nur in Betrieb sein, wenn der Luftdruck im Kessel unter einen bestimmten Wert sinkt. Der Druckkessel wirkt in diesem System als **Energiespeicher**. Das gespeicherte Luftvolumen (siehe Technische Mathematik Seite 336) ist abhängig vom Kesselvolumen und dem Druck (Temperatur wird vernachlässigt). Ein Berechnungsbeispiel in Bild 2 lässt die zahlenmäßigen Zusammenhänge von Druck und Kesselvolumen erkennen. Pneumatische Anlagen besitzen grundsätzlich einen Energiespeicher (Druckkessel). Daher ist ein Weiterarbeiten bei Ausfall der Kompressoren je nach Kesselgröße und vorhandenem Kesseldruck zeitlich begrenzt möglich. Weiterhin muss der Kompressor nur beim Unterschreiten des einstellbaren Mindestdrucks arbeiten.

> **Überlegen Sie:**
> - Nennen Sie weitere Energiespeicher für unterschiedliche Energieformen.
> - Beschreiben Sie den Energiefluss vom Druckkessel zum Zylinder.
> - Warum belastet ein einfachwirkender Zylinder das gespeicherte Luftvolumen des Druckkessels beim Verfahren geringer als ein doppeltwirkender Zylinder?

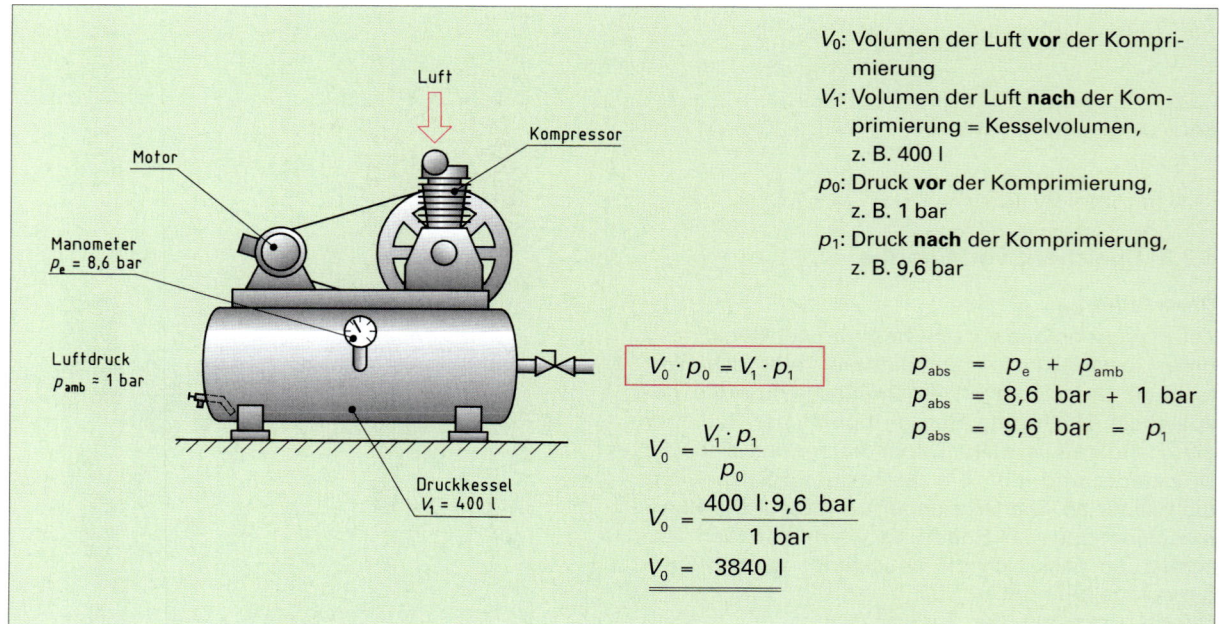

Bild 2 Luftvolumen eines Druckkessels

6.2 Energiefluss 6.2.4 Wirkungsgrad

Funktionsbeschreibung	Struktur/Konstruktion	Einsatzbeispiele
Schwungrad Die rotierende Masse der Schwungscheibe speichert Drehenergie und sorgt damit für einen gleichmäßigeren Motorlauf.	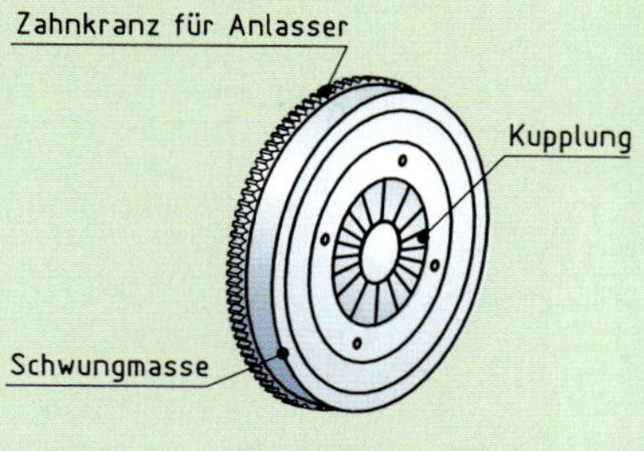 Zahnkranz für Anlasser, Kupplung, Schwungmasse	z. B. • Motoren • Pressen • abgewandelt bei Einspritzpumpen
„Ausgleichsmasse" Beim Absenken des Fahrstuhls wird eine Gegenmasse angehoben. Die gespeicherte Energie wird beim Hochfahren des Fahrstuhls genutzt.	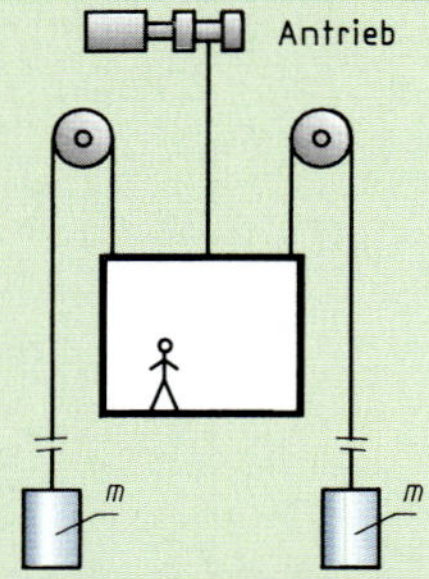 Antrieb, m, m	z. B. • Fahrstuhl • Krananlagen • Fördereinrichtungen
Akku Die gespeicherte elektrische Energie im Akku wird zum Antrieb z. B. einer Bohrmaschine genutzt.	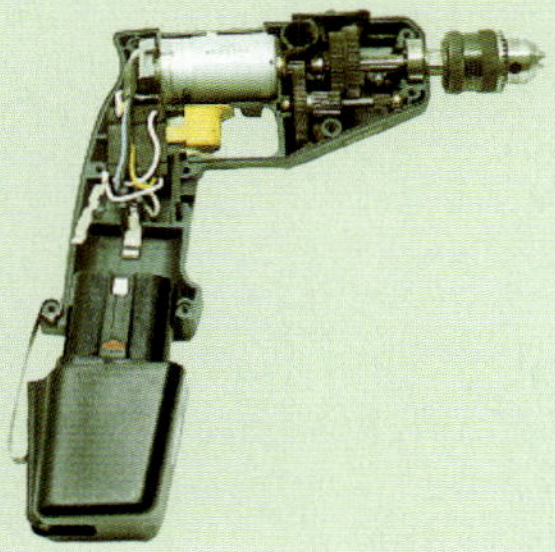	z. B. • Kraftfahrzeug • Taschenlampen • Akkuschrauber • Videokamera

Bild 1 Untersysteme zum Speichern

6.2.4 Wirkungsgrad

Grundsätzlich gilt, daß bei allen Energiewandlungen keine Energie verlorengeht. Dieses physikalische Gesetz beschreibt der **Energieerhaltungssatz**. Er besagt:

> Die Summe der Energien in einem abgeschlossenen System bleibt konstant.

Somit kann bei technischen Prozessen weder Energie verlorengehen noch kann Energie gewonnen werden. In der Technik bewirken eine Vielzahl von unterschiedlichen Maschinen und Geräten (Systemen) den Energietransport und die Energiewandlung. Dabei entsteht z. B. durch Reibung Wärme, die technisch nicht nutzbar ist. Es wird von **„Verlusten"** gesprochen (Bild 2). Diese sogenannten Verluste in technischen Systemen beschreibt der Wirkungsgrad, mit dem die Maschine arbeitet (siehe Technische Mathematik Seite 322).

> Der Wirkungsgrad beschreibt das Verhältnis von abgegebener Leistung zur zugeführten Leistung.

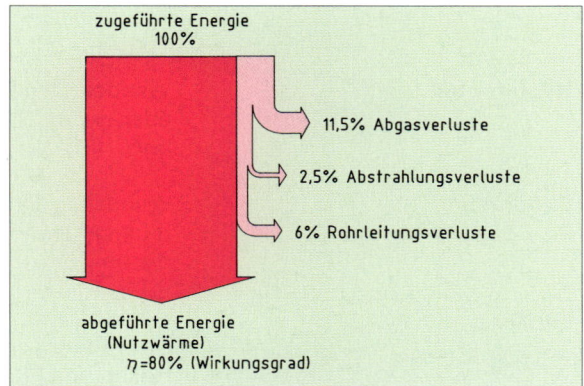

Bild 2 Wirkungsgrad einer Heizungsanlage

Da die Leistung die Energie pro Zeit beschreibt (vgl. Kap. 5.3.1), kann für die Bestimmung des Wirkungsgrads statt mit Leistungen auch mit Energien gerechnet werden. Mit einem einfachen Versuch lassen sich Wirkungsgrade z. B. für Elektromotoren (am Beispiel einer Handbohrmaschine) ermitteln (Bild 1, Seite 228).

6.2 Energiefluss — 6.2.4 Wirkungsgrad

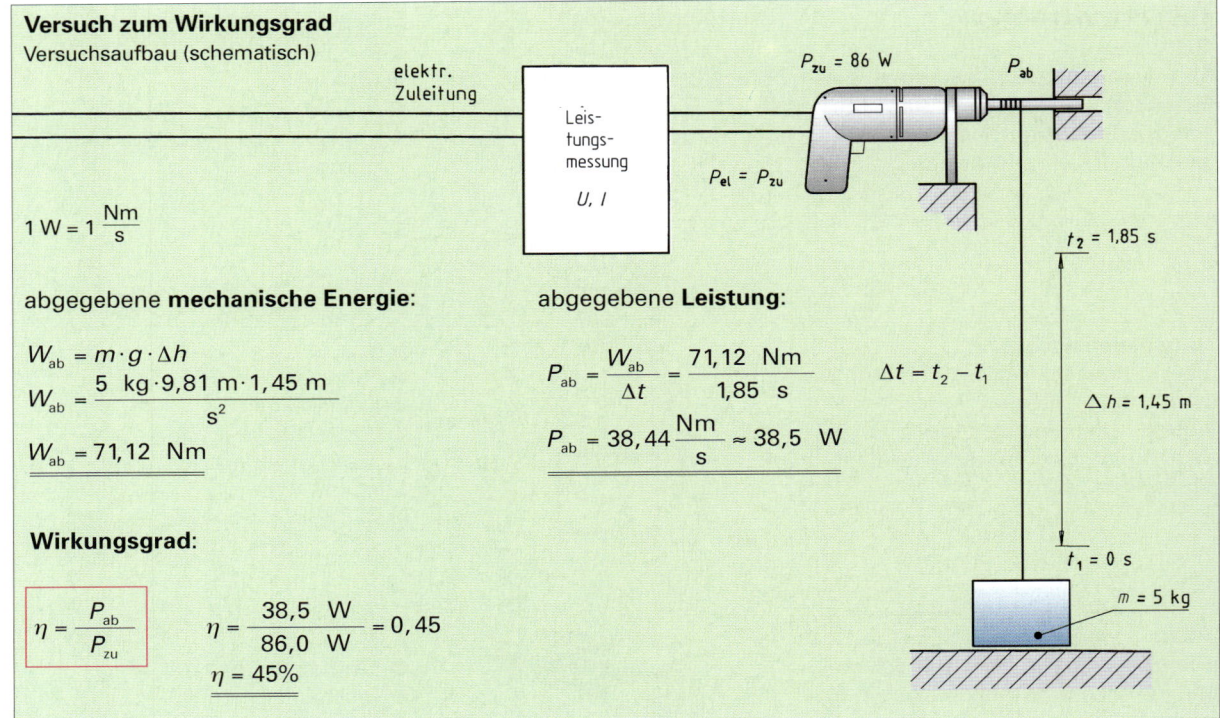

Versuch zum Wirkungsgrad
Versuchsaufbau (schematisch)

$1\,W = 1\,\dfrac{Nm}{s}$

abgegebene **mechanische Energie**:

$W_{ab} = m \cdot g \cdot \Delta h$

$W_{ab} = \dfrac{5\,kg \cdot 9{,}81\,m \cdot 1{,}45\,m}{s^2}$

$\underline{\underline{W_{ab} = 71{,}12\,Nm}}$

abgegebene **Leistung**:

$P_{ab} = \dfrac{W_{ab}}{\Delta t} = \dfrac{71{,}12\,Nm}{1{,}85\,s}$

$\underline{\underline{P_{ab} = 38{,}44\,\dfrac{Nm}{s} \approx 38{,}5\,W}}$

$\Delta t = t_2 - t_1$

Wirkungsgrad:

$\boxed{\eta = \dfrac{P_{ab}}{P_{zu}}}$

$\eta = \dfrac{38{,}5\,W}{86{,}0\,W} = 0{,}45$

$\underline{\underline{\eta = 45\,\%}}$

Bild 1 Ermittlung eines Wirkungsgrades

System	Funktion	Anwendung/Wirkungsgrad
Verbrennungsmotor	Wandelt im Kraftstoff gespeicherte chemische Energie in mechanische Energie um.	Kraftfahrzeuge Notstromaggregat 20 ... 35 %
Elektromotor	Wandelt elektrische Energie in mechanische Energie um.	Maschinenantrieb Positionieren von Schiebern 60 ... 90 %
Hydromotor	Wandelt Druck- und Strömungsenergie in mechanische Energie um.	Fahrzeugantriebe Werkzeugmaschinenantrieb 70 ... 90 %
Generator	Wandelt Drehenergie (Bewegungsenergie) in elektrische Energie um.	● Dynamo, Lichtmaschine ● Schweißanlage 70 ... 95 %
Pumpe	Wandelt mechanische Energie in Strömungs- und Druckenergie von Gasen und Flüssigkeiten um.	● Zahnradpumpe ● Kolbenpumpe 65 ... 90 %

Bild 2 Wirkungsgrade von Untersystemen

Überlegen Sie:
- Führen Sie den skizzierten Versuch (Bild 1) mit unterschiedlichen Massen und Drehfrequenzen durch.
- An welchen Stellen des Versuchs geht Energie „verloren"?
- Berechnen Sie für die Versuchsreihe den jeweiligen Wirkungsgrad und diskutieren Sie das Ergebnis.
- Wie verändert sich ein Wirkungsgrad, wenn zwischen Elektromotor und Bohrer noch ein Getriebe vorgesehen ist?

6.3 Stofffluss

Der betrachtete **Stoff** kann **fest**, **flüssig** oder **gasförmig** sein. Je nach Aggregatzustand sind entsprechende Maschinen und Geräte zum Transport erforderlich. Am Beispiel eines Kühlschmierstoffsystems sollen die wesentlichen Funktionen und konstruktiven Lösungen (Strukturen) erarbeitet werden.

Dies können z. B. sein:
- Wasserumwälzung bei Heizungssystemen,
- Kalt- und Warmwassersysteme bei der Hausversorgung,
- Abwassersysteme,
- Kraftstofftransport im Kfz,
- Kühlsysteme im Kfz oder
- Be- und Entlüftungssysteme von Arbeitsräumen.

Bild 1 Hubsäge

Beim Sägen der Stahlprofile (Bild 1) können die Zähne des Sägeblattes durch den Zerspanvorgang sehr heiß werden (vgl. Kap. 2.3.1.1). Durch einen geringeren Vorschub oder durch **Kühlung** kann die Temperatur gemindert werden. Zur Kühlung während des Trennens besitzen viele Hubsägen und auch andere Werkzeugmaschinen einen **Kühlschmierstoffkreislauf**. Die **Hauptfunktion** dieses Kreislaufs ist die Sicherstellung des Kühlschmierstoffumlaufs, also des **Stoffflusses**. Der zum Kühlen ebenfalls nötige Energiefluss beginnt beim Elektromotor an der Kühlschmierstoffpumpe.
Die Kühlschmierstoffanlage kann als Block dargestellt werden (Bild 2).

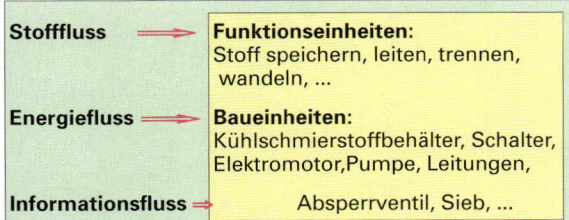

Bild 2 Blockdiagramm einer Kühlschmierstoffanlage

Das Prinzip des Stoffflusses wird an diesem Kreislauf mit den notwendigen **Unterfunktionen** stellvertretend für andere Anwendungen entwickelt.

6.3.1 Speichern von Stoffen

Voraussetzung für den **Stofffluss** ist der im **Kühlschmierstoffbehälter gespeicherte** Kühlschmierstoff. Je mehr Wärme beim Zerspanen entsteht, desto mehr Kühlschmierstoff wird benötigt. Die Behältergröße legt der Hersteller aufgrund der ermittelten Kühlschmierstoffmenge fest. Volumen und Masse der eingefüllten Kühlschmierstoffmenge können berechnet werden (Bild 3).

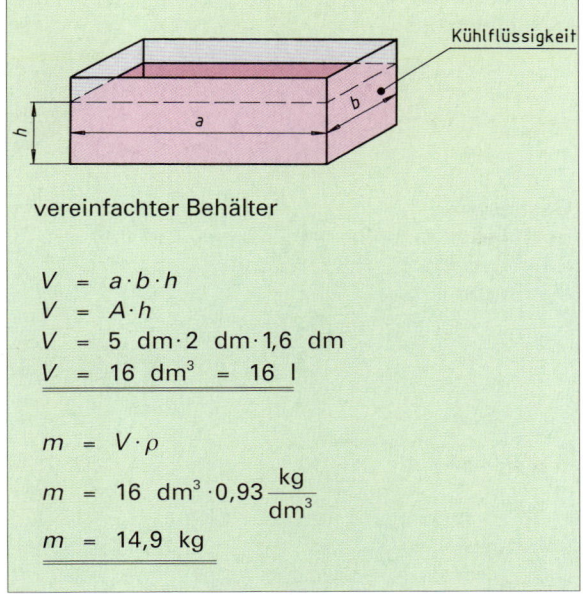

vereinfachter Behälter

$V = a \cdot b \cdot h$
$V = A \cdot h$
$V = 5 \text{ dm} \cdot 2 \text{ dm} \cdot 1{,}6 \text{ dm}$
$\underline{V = 16 \text{ dm}^3 = 16 \text{ l}}$

$m = V \cdot \rho$
$m = 16 \text{ dm}^3 \cdot 0{,}93 \dfrac{\text{kg}}{\text{dm}^3}$
$\underline{m = 14{,}9 \text{ kg}}$

Bild 3 Beispielrechnung zur Ermittlung von Volumen und Masse

Um **Verunreinigungen des Kühlschmierstoffs** von außen zu vermeiden, sollte der Behälter abgedeckt sein. Drei **Behälteranschlüsse** mit folgenden Aufgaben gehören zu seiner **Umgebung**:
- Ein- und Nachfüllen des Kühlschmierstoffs,
- Anschluss der Pumpe und
- Rückfluss des Kühlschmierstoffs nach dem Kühlen in den Behälter.

6.3 Stofffluss 6.3.1 Speichern

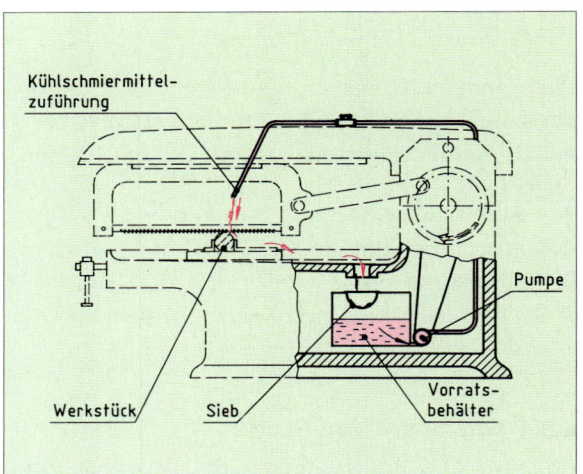

Bild 1 Kühlschmiermittelbehälter und Pumpanlage

Eine mögliche Konstruktion zeigt Bild 1. Andere konstruktive Lösungen können z. B. alle Anschlüsse durch einen abnehmbaren Deckel führen oder den Behälter und die Pumpe getrennt vorsehen. Dann ist eine Zuleitung aus dem Kühlschmierstoffbehälter zur Pumpe erforderlich. Der Kühlschmierstoffbehälter hat die Hauptfunktion, **Stoff** zu **speichern**; eine Nebenfunktion ist, den durch die Zerspanung erwärmten zurückfließenden Kühlschmierstoff abzukühlen.

> **Überlegen Sie:**
> - Unterteilen Sie bekannte Speicher (z. B. Kraftstofftank, Regal) nach den Aggregatzuständen der gespeicherten Stoffe (fest, flüssig, gasförmig).
> - Wie werden die von Ihnen genannten Speicher gefüllt bzw. nachgefüllt?

Funktionsbeschreibung	Struktur/Konstruktion	Einsatzbeispiele
Druckkessel Die Pumpe fördert Wasser in den Kessel. Die eingeschlossene Luft wird verdichtet und bewirkt den Wassertransport zu den Entnahmestellen.		z. B. • Hauswasseranlagen • Hydraulikspeicher • Sprinkleranlage
Gasflaschen Beim Füllen entsteht der Flaschendruck, der bei geöffnetem Ventil für den Stofffluss sorgt.		z. B. • Sauerstoffflasche • Schutzgasflasche • Beatmungsgeräte
Schüttgut Das geförderte Schüttgut (z. B. Kunstdünger) wird im Behälter zwischengespeichert. Das Eigengewicht bewirkt bei geöffnetem Schieber den Stofffluss.	Behälter z. B.	z. B. • Kiesabbau • Hochofen • Düngerstreuer • Silo

Bild 2 Untersysteme zum Speichern

6.3.2 Leiten von Stoffen

Die Kühlschmierstoffpumpe **fördert** den Kühlschmierstoff zum Sägeblatt (Werkzeug). Die Energie des Elektromotors wirkt auf die Pumpenwelle und wird durch die Pumpe in Druckenergie innerhalb der Flüssigkeit gewandelt. Somit übernimmt die Pumpe die Funktion der **Energiewandlung** (vgl. Kap. 6.2.1.2) und gleichzeitig den **Stofftransport** (Bild 2). Beim Druckabbau fließt die Flüssigkeit in Richtung des niedrigeren Drucks.

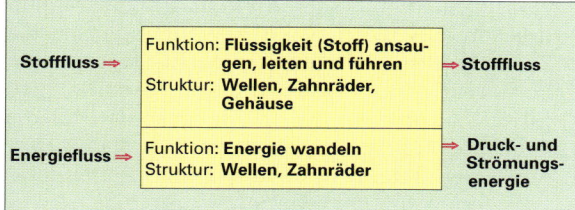

Bild 1 Untersystem Pumpe

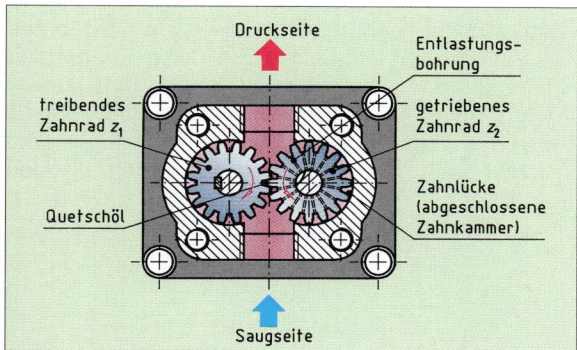

Bild 2 Zahnradpumpe (Struktur)

An einer einfachen Zahnradpumpe soll deren **Funktion** und die **Struktur** erfasst werden.

Jede Pumpe besitzt eine Saug- und eine Druckseite. Auf der **Saugseite** tritt die Flüssigkeit ein und auf der **Druckseite** aus. Da Flüssigkeiten inkompressibel sind (sich nicht zusammendrücken lassen), ist das ein- und ausströmende Volumen trotz Druckunterschied gleich (vgl. Technische Mathematik Kap. 2.12). Die **Zahnradpumpe leitet die Flüssigkeit** zwischen den Zahnlücken und der Pumpenwandung von der Saugseite zur Druckseite. Durch den entstehenden Unterdruck auf der Saugseite strömt Flüssigkeit aus dem Kühlschmierstoffspeicher in das Pumpengehäuse (Bild 2). Dadurch wird ein fortwährender Flüssigkeitstransport sichergestellt. Durch das Ineinandergreifen der Zähne auf der Druckseite wird der Rückfluss zur Saugseite verhindert. Die fortwährend nachtransportierte Flüssigkeit verdrängt die bereits vorhandene Flüssigkeit und bewirkt den **Stofffluss im Leitungssystem**. Der Druckaufbau auf der Druckseite entsteht:

- durch **Arbeitsmaschinen**, die durch die strömende Flüssigkeit angetrieben werden. Hierzu zählen **Zylinder** und **Hydraulikmotoren**; und
- durch die **Strömungswiderstände im Leitungssystem**. Hierzu zählen z. B. Rohre, Schläuche, Winkel, Verzweigungen, Ventile, Siebe/Filter.
- durch **Höhenunterschiede** zwischen Pumpenaustritt und Wirkort der Flüssigkeit.

Für die einzelnen Anforderungen stehen entsprechende Leitungssysteme zur Verfügung. Eine Auswahl mit unterschiedlichen konstruktiven Lösungen zeigt Bild 3.

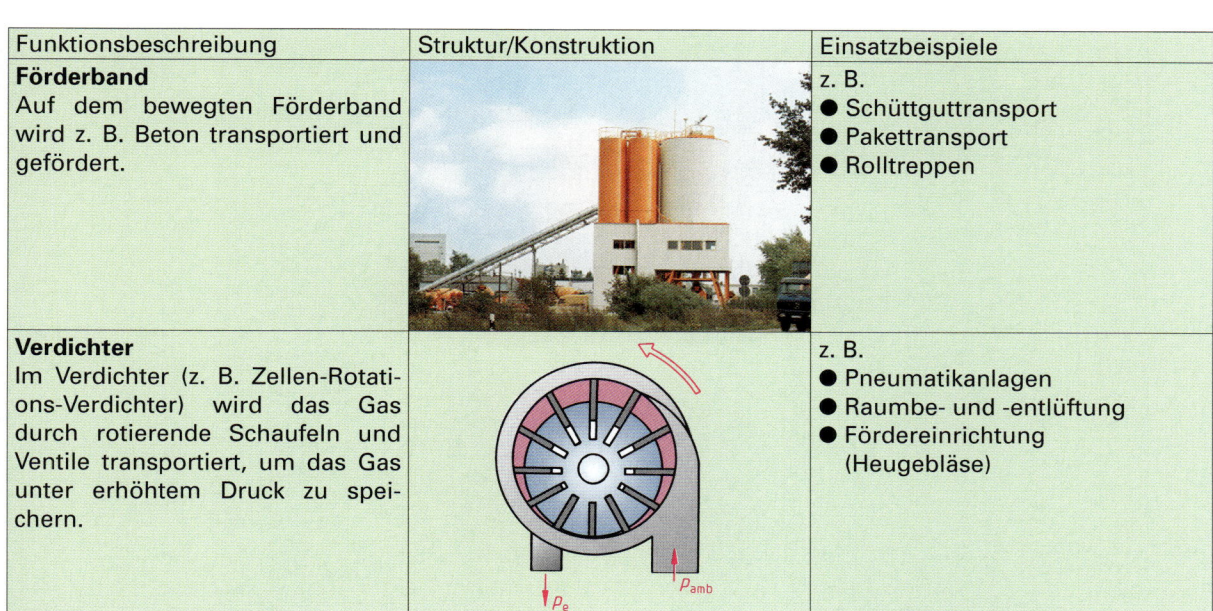

Bild 3 Untersysteme zum Leiten

Funktionsbeschreibung	Struktur/Konstruktion	Einsatzbeispiele
Förderband Auf dem bewegten Förderband wird z. B. Beton transportiert und gefördert.		z. B. • Schüttguttransport • Pakettransport • Rolltreppen
Verdichter Im Verdichter (z. B. Zellen-Rotations-Verdichter) wird das Gas durch rotierende Schaufeln und Ventile transportiert, um das Gas unter erhöhtem Druck zu speichern.		z. B. • Pneumatikanlagen • Raumbe- und -entlüftung • Fördereinrichtung (Heugebläse)

6.3 Stofffluss — 6.3.3 Führen/Leiten

Überlegen Sie:
- Was passiert, wenn die Zahnradpumpe in die entgegengesetzte Drehrichtung angetrieben wird?
- Wie wirkt sich eine Erhöhung der Drehfrequenz der Pumpe auf den Stofffluss aus?

6.3.3 Führen/Leiten von Stoffen

Die Flüssigkeit wird durch **flexible Leitungen** oder durch **Rohre** zum Sägeblatt geleitet. Damit die Fließgeschwindigkeit nicht zu groß wird, müssen entsprechende Rohrdurchmesser festgelegt werden. Andernfalls wäre die Austrittsgeschwindigkeit der Flüssigkeit an der Säge auch zu groß. Die Folge wäre ein starkes „Spritzen", das den Arbeitsplatz mit Kühlschmierstoff verschmutzen würde. Weiterhin ergäbe sich dadurch ein erhöhter Kühlschmierstoffverbrauch. **Insbesondere treten Umweltgefahren durch unkontrolliert ins Erdreich gelangenden Kühlschmierstoff auf** (vgl. Kap. 1.1.3). Zur Ermittlung des erforderlichen Rohrdurchmessers gelten die folgenden Gesetzmäßigkeiten:

Physikalische Grundlagen von Flüssigkeiten

Drei wesentliche Erkenntnisse über das Verhalten von Flüssigkeiten sind bei der Betrachtung des Stoffflusses zu berücksichtigen.

1. Wird eine Flüssigkeit durch einen Kolben unter Druck gesetzt, so ist dieser Druck an allen Stellen des Systems in gleicher Größe wirksam (**Druckfortpflanzung**). Der Druck errechnet sich aus der Gleichung $p = F/A$ (vgl. Technische. Mathematik Seite 328). In Bild 1 wird einsichtig, dass bei konstantem Druck die Kraft F_1 kleiner als F_2 sein muss, weil der Querschnitt A_1 kleiner als A_2 ist.

2. Im Gegensatz zu gasförmigen Stoffen lassen sich Flüssigkeiten nur sehr geringfügig zusammendrücken. Für die meisten Anwendungen ist die Zusammendrückbarkeit vernachlässigbar (**Inkompressibilität**). Somit müssen Förderanlagen für Flüssigkeiten mit Sicherheitsventilen für die Druckbegrenzung versehen werden. Damit können überhöhte Drücke, die Zerstörungen hervorrufen, vermieden werden.

3. Durch die Druckfortpflanzung und die Inkompressibilität fließen in hydraulischen Systemen durch die unterschiedlichsten Querschnitte gleiche Volumen pro Zeiteinheit (**Kontinuität**). Daher kann über das Fördervolumen der Pumpe die Strömungsgeschwindigkeit in den unterschiedlichen Leitungsquerschnitten ermittelt werden (Bild 2).

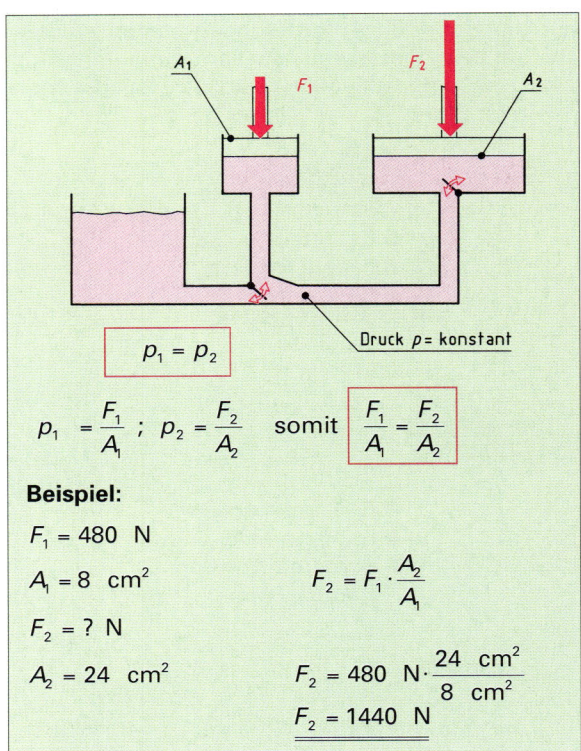

Bild 1 Druckfortpflanzung

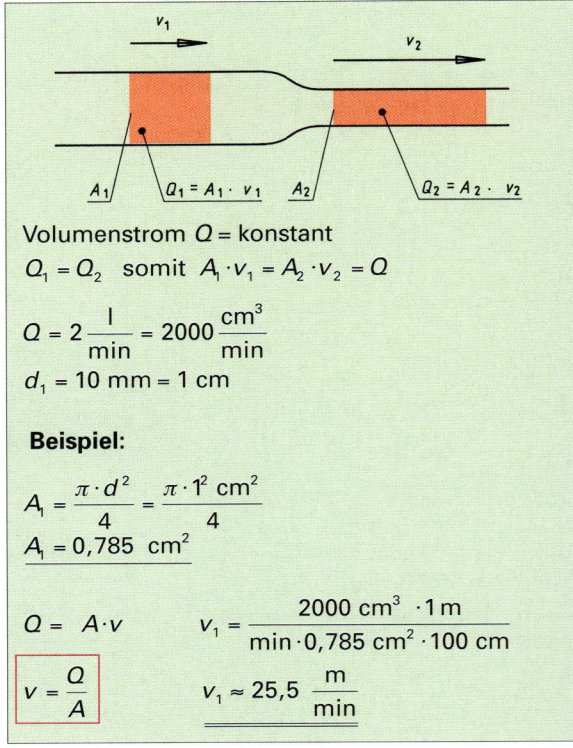

Bild 2 Strömungsgeschwindigkeit in Rohren

6.3.3 Führen/Leiten

Die Leitungsquerschnitte müssen in Abhängigkeit vom **Fördervolumen** festgelegt werden. Sind sie zu gering, ist die Strömungsgeschwindigkeit im Rohr und damit auch die Ausströmgeschwindigkeit des Kühlschmierstoffs zu hoch. Bei zu großen Durchmessern muss die Austrittsöffnung zu nahe an den Wirkort, was störend sein kann. Die Beispielrechnung zeigt den Zusammenhang (Bild 2, Seite 232).

Funktionsbeschreibung	Struktur/Konstruktion	Einsatzbeispiele
Rohre Rohre leiten/führen Stoffe an den Einsatzort. Sie sind starre Systeme für überwiegend flüssige und gasförmige Stoffe.		z. B. ● Heizungen ● Wasserversorgung ● Gasversorgung ● chemische Anlagen
Schläuche Schläuche gewährleisten flexible Verbindungen für den Stofffluss.		z. B. ● Hydraulikleitungen ● Schweißgasschläuche ● Duschgarnituren
Rinnen Dachrinnen leiten das anfallende Wasser unter Nutzung der Schwerkraft (Gefälle) in die Fallrohre. Die Leitungen sind offen.		z. B. ● Dachentwässerung ● Abwasseranlagen ● Rüttelförderer

Bild 1 Untersysteme zum Führen/Leiten

Überlegen Sie:
- Wie lassen sich die Strömungsgeschwindigkeiten von Flüssigkeiten in den Leitungen verringern?
- Welchen Nachteil haben Rinnen gegenüber Schläuchen und Rohren bei erhöhtem Stofffluss?
- Welchen Vorteil haben Schläuche gegenüber Rohren beim Stofftransport?

6.3.4 Koppeln/Fügen

Damit möglichst wenig **Leckverluste** entstehen, müssen die Verbindungsstellen z. B. zwischen Rohrleitungen, Schläuchen, Ventilen, Pumpen dicht sein. Dazu sind Baugruppen erforderlich, die z. B. Rohre und Schläuche miteinander verbinden. Ebenso müssen Schläuche und Pumpen oder Rohre und Zylinder gekoppelt werden. Hierzu dienen **Kupplungen und Flansche** (Bild 1) als lösbare sowie **Schweiß-** und **Lötverbindungen** als unlösbare Systeme. Sie erfüllen die Funktion **Koppeln** und **Fügen**.

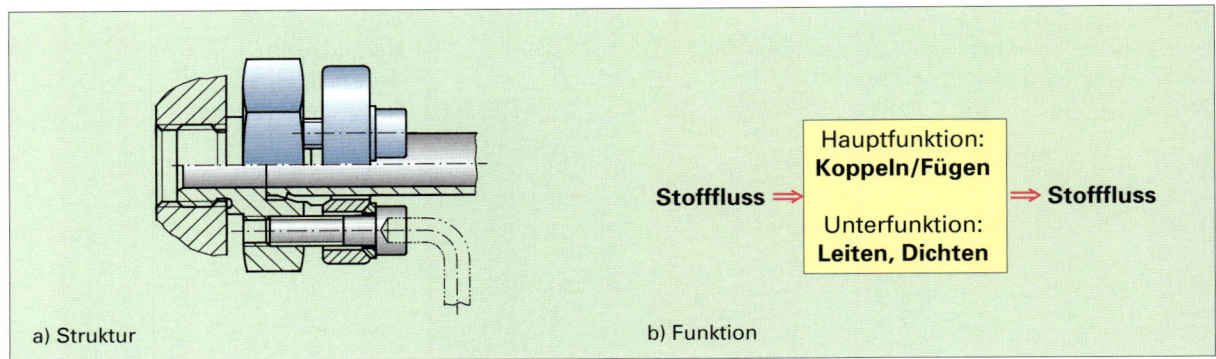

a) Struktur b) Funktion

Bild 1 Untersystem für Flansch

Funktionsbeschreibung	Struktur/Konstruktion	Einsatzbeispiele
Kupplungen Flexible Anschlüsse erleichtern die Montage und Demontage von Verbindungen. Damit können Verbindungen leichter verändert werden.	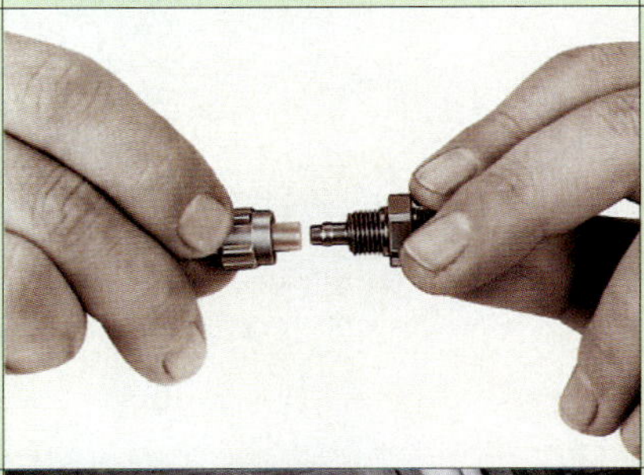	z. B. ● Pneumatikanlagen ● Hydraulikanlagen ● Löschschläuche bei Feuerwehren
Flansche Flansche sind meistens verschraubte Verbindungen. Sie sind eine belastbare und sichere Fügestelle.		z. B. ● chemische Anlagen ● Hochdruckrohre ● Wasser- und Gasversorgung
Feste Fügestelle Sind Demontagen nicht gefordert, werden Rohre durch Löten oder Schweißen gefügt.	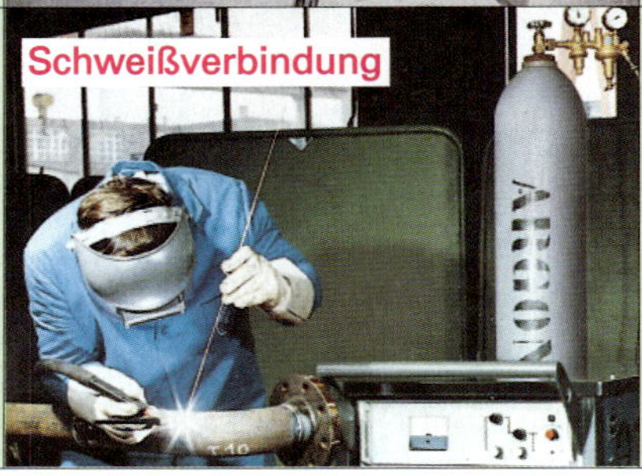 Schweißverbindung	z. B. ● Heizungsanlagen ● chemische Anlagen ● Hydraulikanlagen

Bild 2 Untersysteme zum Koppeln/Fügen

6.3 Stofffluss — 6.3.5 Steuern/Regeln

> **Überlegen Sie:**
> - Suchen Sie jeweils für Kupplungen, Flansche sowie Schweiß- und Lötverbindungen Beispiele aus Ihrem Betrieb.
> - Welchen Vorteil besitzen flexible Anschlüsse und wo werden sie daher eingesetzt (Beispiele)?
> - Warum werden z. B. Manometer oder Thermostate überwiegend mit einer lösbaren Verbindung eingebaut?

6.3.5 Steuern/Regeln des Stoffflusses

Bei eingeschalteter Sägemaschine ist oftmals auch der Pumpenantrieb aktiv. Damit fördert die Pumpe Kühlschmierstoff. Soll beim Sägen bestimmter Werkstoffe (z. B. Grauguss) oder kleiner Querschnitte der **Stofffluss unterbrochen** werden, ist eine entsprechende Baueinheit erforderlich, die den Stofffluss **steuert**. Sehr einfach ist diese Funktion durch ein **Absperrventil** zu erreichen, das den Stofffluss **öffnet** bzw. **unterbricht**. Bei Unterbrechung fördert die Pumpe gegen den geschlossenen Rohrquerschnitt. Um Schädigungen der Pumpe zu verhindern, ist z. B. ein Überdruckventil eingebaut.

> Ein Überdruckventil begrenzt den Druck im Leitungssystem auf einen zulässigen Höchstdruck.

Beim Überschreiten dieses Druckes fließt der Kühlschmierstoff durch das geöffnete Überdruckventil in den Kühlschmierstoffbehälter.

Je nach Stellung des Absperrventils verändert sich der Öffnungsquerschnitt. Je kleiner dieser Querschnitt ist, umso größer sind die Strömungswiderstände. Gleichzeitig erhöht sich die Strömungsgeschwindigkeit (vgl. Kap. 6.3.3).

> Ventile steuern und regeln den Stofffluss.

Funktionsbeschreibung	Struktur/Konstruktion	Einsatzbeispiele
Ventile Ventile steuern den Stofffluss in Prozessen. Sie können den Stofffluss unterbrechen, die Richtung ändern oder die Stoffmenge pro Zeit ändern.		z. B. ● Freistromventil ● Thermostatventil ● Schweißbrenner ● Dieselmotor ● Steuerungsanlagen ● Absperrventil
Druckminderer Der Druckminderer regelt den vorhandenen Flaschendruck z. B. einer Sauerstoffflasche auf den eingestellten Arbeitsdruck.		z. B. ● Schweißgasanlage ● Wasserdruck im Haushalt
Drosselrückschlagventil Das Drosselrückschlagventil steuert den Luftstrom in einer Richtung. Die Pneumatikzylinder können einstellbar langsam verfahren.		z. B. ● pneumatische Steuerungen ● hydraulische Steuerungen

Bild 1 Untersysteme zum Steuern/Regeln

6.3 Stofffluss | **6.3.6 Trennen**

Überlegen Sie:
- Warum verursacht ein halb geschlossenes Absperrventil höhere Ausströmgeschwindigkeiten?
- Wie lässt sich mit einem Ventil die Richtung des Stoffflusses ändern? Skizzieren Sie eine technische Lösung.

6.3.6 Trennen von Stoffen

Der Kühlschmierstoff kühlt das Werkstück und das Werkzeug. Gleichzeitig hat er einen Einfluss auf die Zerspankräfte (vgl. Kap. 2.3). Er verringert die Reibkräfte an der Span- und Freifläche der Schneide (schmierende Wirkung). Zusätzlich transportiert der abfließende Kühlschmierstoff die **Späne** ab. Da der Kühlschmierstoff zur erneuten Verwendung in den Speicher zurückfließt, ist eine **Trennung** der Flüssigkeit von den Spänen unbedingt erforderlich. **Siebe** und/oder **Filter** verhindern den Rücktransport der Späne in den Kühlschmierstoffkreislauf. Durch die Schwerkraft fließt der Kühlschmierstoff in den Behälter zurück. Die Querschnitte für den Rückfluss müssen größer sein als für den Zufluß, weil die Fließgeschwindigkeit kleiner ist.

Überlegen Sie:
Begründen Sie kurz den Einsatz von Filtern etc. für die Funktion folgender Systeme: Kraftstofffilter und Luftfilter im Kraftfahrzeug, Ölfilter in Hydraulikanlagen, Ölfilter bei Ölheizungsanlagen, Wasserfilter in der Wasserversorgung, Luftfilter beim Kompressor.

Funktionsbeschreibung	Struktur/Konstruktion	Einsatzbeispiele
Filter/Sieb Filter trennen vermischte Stoffe durch feinporige Kanäle voneinander. Sie müssen gewechselt bzw. gereinigt werden.	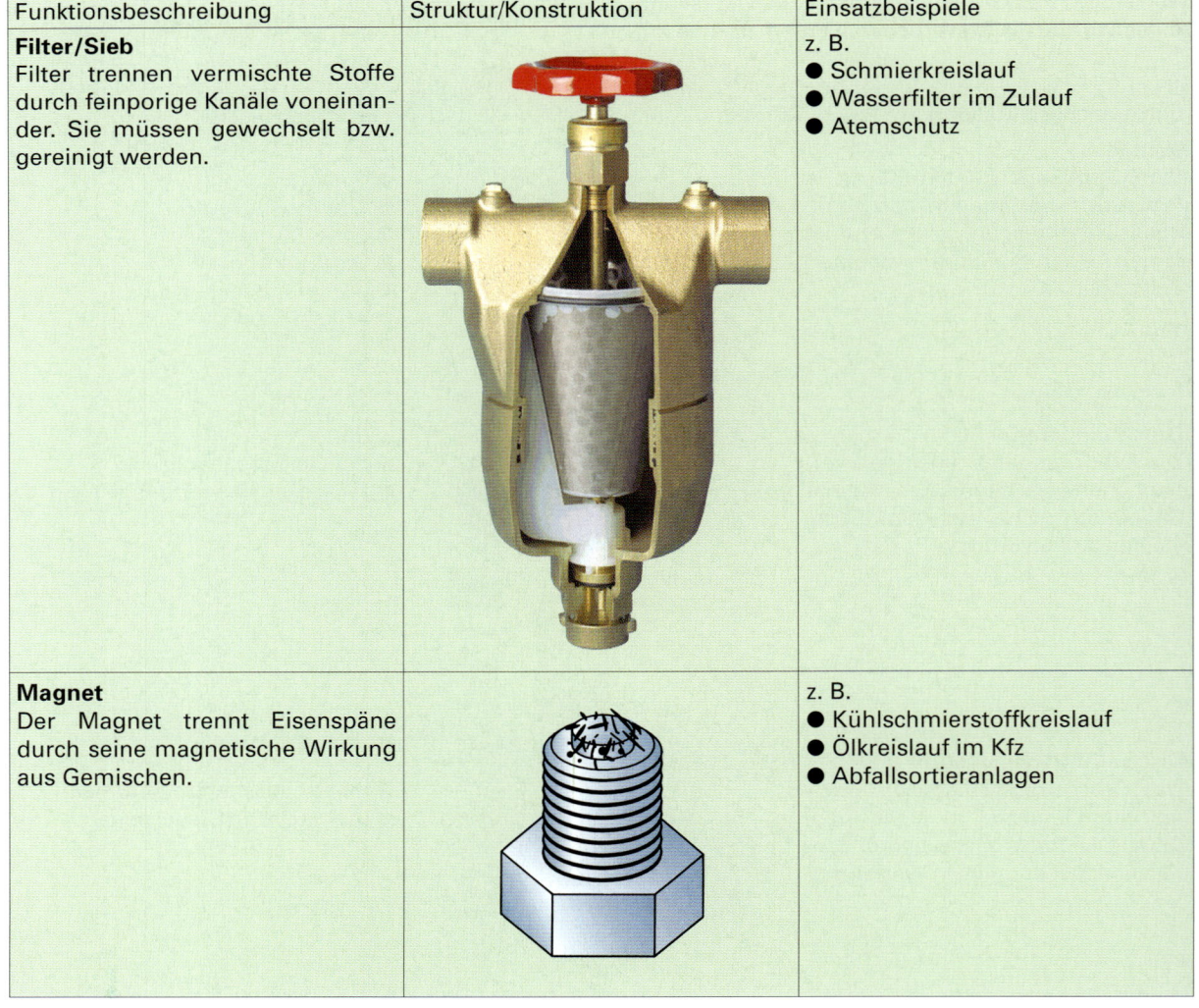	z. B. ● Schmierkreislauf ● Wasserfilter im Zulauf ● Atemschutz
Magnet Der Magnet trennt Eisenspäne durch seine magnetische Wirkung aus Gemischen.		z. B. ● Kühlschmierstoffkreislauf ● Ölkreislauf im Kfz ● Abfallsortieranlagen

Bild 1 Untersysteme zum Trennen

6.3.7 Wandeln von Stoffen

Bei einer Vielzahl technischer Prozesse werden **Stoffe gewandelt**. Hierbei können umweltschädigende Stoffe entstehen. Einige Beispiele sind:

- beim Gasschmelzschweißen verbrennt ein Acetylen-Sauerstoffgemisch,
- der Einsatz von Kühlschmierstoffen bei der Zerspanung setzt aufgrund hoher Temperaturen schädliche Stoffe frei, oder
- beim Kleben entstehen beim Aushärten gesundheitsgefährdende Gase.

Somit müssen zum **Schutz der Gesundheit** bzw. **Atmungsorgane** des Bedieners **Absaugvorrichtungen** für die entstehenden gesundheitsschädlichen **Prozessgase** vorgesehen werden (Bild 1). Mit Kühlschmierstoffen sollte grundsätzlich vorsichtig umgegangen werden. Es sollten die Unfallverhütungsvorschriften der Berufsgenossenschaften beachtet werden, z. B.:

- direkte Hautkontakte möglichst vermeiden oder gering halten,
- auf Spritzer achten, um Hautkontakte zu verhindern (Gefahr von Ekzemen und Allergien),
- Abdeckhaube für den Speicher kontrollieren, um unnötige Verunreinigungen zu verringern (z. B. Geruchsbelästigung, biologische Zersetzungen).

Bild 1 Absaugvorrichtung beim Schweißen

> **Überlegen Sie:**
> - Warum darf ein Kraftfahrzeugmotor ohne besondere Maßnahmen nie in einem geschlossen Raum getestet werden?
> - Wodurch können beim Löten schädliche Stoffe entstehen?

Funktionsbeschreibung	Struktur/Konstruktion	Einsatzbeispiele
Absaugvorrichtung Die Gase bei der Tankfüllung werden durch das Absaugsystem abgepumpt und in Kraftstoff zurückgewandelt.	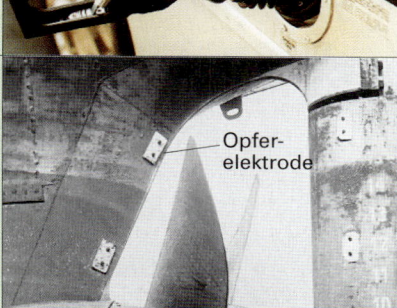	z. B. • Tankeinrichtungen • Kühlschmierstoff • Schweißanlagen • Staub absaugen
Opferelektrode Statt der Korrosion des gefährdeten Systems wird die Opferelektrode zersetzt (gewandelt). Sie ist austauschbar.	Opfer-elektrode	z. B. • Erdtank • Schiffsanlagen

Bild 2 Untersysteme zum Wandeln

6.4 Informationsfluss

Technische Informationen sind Angaben über Drücke, Temperaturen, betätigte Schalter, Umdrehungsfrequenzen, Weglängen usw. Für den Informationsfluss (Informationsübermittlung) werden sie in Form von **Signalen erfasst** und je nach Anforderung **gewandelt**, **gespeichert** oder **weitergeleitet**. Signale können in unterschiedlicher Form vorliegen (Bild 1), z. B. als:

- **elektrisches Signal** (z. B. Schalter ein- oder ausgeschaltet),
- **pneumatisches/hydraulisches Signal** (z. B. Stellglied betätigt),
- **Lichtsignal** (z. B. Lichtstrahl unterbrochen) oder
- **mechanisches Signal** (z. B. Nocken betätigt Einlassventil)

Jede Maschine verfügt über gespeicherte Informationen, die der Bediener zum Teil verändern oder abrufen kann (Bild 2). Dies geschieht durch die an allen Maschinen vorhandenen **Bedienelemente**. Durch deren Betätigung ruft der Bediener Informationen auf, stellt Verbindungen her und leitet die Signale an die entsprechende Wirkstelle. Signale verknüpfen den Energie- und Stofffluss einer Maschine und bewirken damit erst ihre **Gesamtfunktion**. Daher können Maschinen mit gleichen oder ähnlichen Baueinheiten durch unterschiedliche Informationssysteme vollkommen andere Hauptfunktionen bewirken.

Signalart	Signal entspricht 0	Signal entspricht 1
elektrisches Signal	Schalter	
pneumatisches Signal	3/2-Wegeventil	
optisches Signal	Lichtschranke	
konstruktives Signal	Nockenwelle	

Bild 1 Signale als technische Information

a) EIN/AUS-Schalter als Signal für Energiefluss

b) Umschalter als Signal für Motordrehfrequenz

c) NOT-AUS-Schalter als Signal für Energie und Informationsfluss

Bild 2 Bedienelemente einer Maschine

6.4 Informationsfluss

6.4.1 Verbinden/Trennen

Schalter liefern Signale, die den Informations-, Energie- und Stofffluss z. B. der Bohrmaschine steuern oder regeln.

Zunächst setzt der **EIN-/AUS-Schalter** die Gesamtfunktion der Bohrmaschine in Gang. Über einen weiteren **NOT-AUS-Schalter** erfährt dieser eine zusätzliche übergeordnete Kontrolle (Bild 2, Seite 238). Erst wenn beide Schalter geschlossen sind, also der elektrische Stromkreis geschlossen ist, läuft der Elektromotor an. Die Schalter **trennen** den Elektromotor vom elektrischen Netz oder sie **verbinden** ihn damit. Bei geschlossenen Schaltern läuft der Elektromotor mit der konstruktiv festgelegten Umdrehungsfrequenz an.

Bei vielen Bohrmaschinen kann zwischen zwei und mehr Umdrehungsfrequenzen gewählt werden. Dazu wird über einen zusätzlichen Schalter die gewünschte **Umdrehungsfrequenz des Motors** gewählt (Bild 2, Seite 238). Auch diese Drehfrequenzen im Motor sind konstruktiv festgelegt und lediglich durch Schaltsignale abrufbar. Die Information gelangt über eine elektrische Leitung an die Informationsauswertung im Elektromotor. Damit können die **Umdrehungsfrequenzen** der Bohrspindel den ermittelten **Schnittdaten** (vgl. Kap. 2.3.1) für die Zerspanung besser angepasst werden.

> **Überlegen Sie:**
> - Nennen Sie Beispiele aus Ihrem Betrieb und aus Ihrer Umgebung, in denen Baugruppen zum Verbinden bzw. Trennen genutzt werden (z. B. Heizung, Kraftfahrzeug, Schweißanlage).
> - Versuchen Sie die Funktion einer automatisch öffnenden bzw. schließenden Tür zu ergründen.

Funktionsbeschreibung	Struktur/Konstruktion	Einsatzbeispiele
Lichtschranke Bei Unterbrechung des Lichtstrahls sendet der Empfänger (Sensor) ein Signal. Dieses wird ausgewertet und führt z. B. zum Öffnen einer Tür.		z. B. • automatische Türöffnung • Füllstandsüberwachung • berührungslos gesteuerte Armaturen an Waschbecken • Zählen von Passanten
NOT-AUS-Schalter Bei Gefahr kann über den NOT-AUS-Schalter die Maschine (das System) abgeschaltet werden.		z. B. • mechanische Schalter • Überwachungssensoren • Endschalter bei Gefahren
Schließeinrichtungen Die gespeicherte Information im Schließsystem muss mit der eingegebenen Information übereinstimmen.		z. B. • Schlüssel • Lochkarte • Magnetkarte • Tastatur

Bild 1 Untersysteme zum Verbinden/Trennen

6.4 Informationsfluss

6.4.2 Speichern von Informationen

6.4.2 Speichern von Informationen

Getriebe ermöglichen z. B. bei Bohrmaschinen die Anpassung der Umdrehungsfrequenz.

> Getriebe sind mechanische Informationsspeicher.

Ein sehr einfaches Beispiel sind die **Keilriemengetriebe** (Bild 1). Hier liegt die Informationsspeicherung fest in den gepaarten Durchmessern der Riemenscheiben und ist nicht veränderbar. Die Anzahl der Paarungen der Riemenscheiben begrenzt die Anzahl der möglichen Umdrehungsfrequenzen. Es gibt auch Getriebe mit **stufenlos** einstellbaren Umdrehungsfrequenzen. Mit Hilfe eines Hebels verändert der Bediener die wirksamen Durchmesser der Riemenscheiben und kann so die Umdrehungsfrequenz am Abtrieb stufenlos einstellen.

> Die Information durch den Bediener wird über Hebel an das Getriebe weitergeleitet.

Bild 1 Keilriemengetriebe an einer Bohrmaschine

In den meisten Fällen dienen bei diesen Bohrmaschinen Frequenzaufnehmer zur Erfassung der Umdrehungsfrequenz. Sie wird über Anzeigen optisch dargestellt (Seite 243).

Funktionsbeschreibung	Struktur/Konstruktion	Einsatzbeispiele
Nockenwelle In der Nockenwelle ist durch die Form der Nocken das Öffnungsverhalten der Ventile mechanisch gespeichert.	Nockenwelle	z. B. ● Steuerung des Gaswechsels beim Verbrennungsmotor ● Kopierschneiden ● Schablonen
Wegeventile Das 5/2-Wegeventil speichert seine Stellung so lange, bis ein neues Signal es umschaltet. Damit bleibt ebenfalls die Zylinderstellung erhalten.	Stellung 2 / Stellung 1	z. B. ● 5/3-Wegeventil ● elektrisches Relais
Massenspeicher (z. B. **EPROM**) Das EPROM stellt z. B. Steuerungs- oder Regelungsanlagen gespeicherte Daten für die weitere Verarbeitung zur Verfügung. Daten können z. B. sein: ● Systemprogramme (siehe Bild) für Computer oder ● Temperaturkennlinien für Heizungsanlagen.	EPROM	z. B. ● RAM (flüchtiger Speicher) ● EPROM (Festwertspeicher) ● Diskette

Bild 2 Untersysteme zum Speichern

6.4 Informationsfluss

6.4.3 Wandeln von Signalen

> **Überlegen Sie:**
> - Welche Informationen sind in den folgenden Baugruppen gespeichert: Zahnradgetriebe, Gewindebohrer, Stellschraube, Pneumatikzylinder, Festplatte eines Computers, Zündschlüssel für einen Pkw, Schraubenschlüssel, Drehmomentschlüssel, Druckminderer.
> - Beschreiben Sie, wie die jeweilige Information gespeichert ist.

6.4.3 Wandeln von Signalen

Typisch für die Informationsverarbeitung an Maschinen ist der **Wandel der unterschiedlichen Energieträger**, z. B. die Wandlung eines **Druck**signals in ein **elektrisches** Signal. Die Signale, die z. B. das Spannen eines Werkstücks auslösen, können sehr unterschiedlich sein. Eine einfache Möglichkeit bieten handbetätigte pneumatische oder hydraulische Schalter. Nach der Umwandlung der **Betätigungskraft** in ein **Drucksignal,** z. B. durch ein 3/2-Wegeventil, gelangt das Drucksignal über Schlauchleitungen zum Stellglied des Spannzylinders (Bild 1). Auf der Eingangsseite des Stellgliedes wird das **Drucksignal** wieder in eine **Kraft** umgewandelt. Sie verschiebt den Steuerkolben im Stellglied und gibt die entsprechenden Arbeitsleitungen zum Spannzylinder frei. Der Zylinder fährt aus und positioniert und spannt das Werkstück für die Zerspanung (vgl. Kap. 4).

In vielen Fällen dienen **elektrische Signale** zur Informationsübertragung:
- Der Informationsfluss erfolgt schneller.
- Die Signalleitungen sind billiger.
- Die Wartung elektrischer Informationsanlagen ist kostengünstiger.

Nach Betätigen des elektrischen Schalters gelangt das Signal über einen elektrischen Leiter an den Magneten des Stellgliedes (Bild 1, Seite 242). Dort wird der **elektrische Strom** durch ein **Magnetfeld** in eine **Kraft** gewandelt (Prinzip des Relais). Die Kraft des Magnetfeldes verschiebt den Steuerkolben im Stellglied (vgl. Kap. 4) und schaltet dadurch die Arbeitsleitung durch. Der Druck in den Arbeitsleitungen verschiebt den Kolben im Pneumatikzylinder.

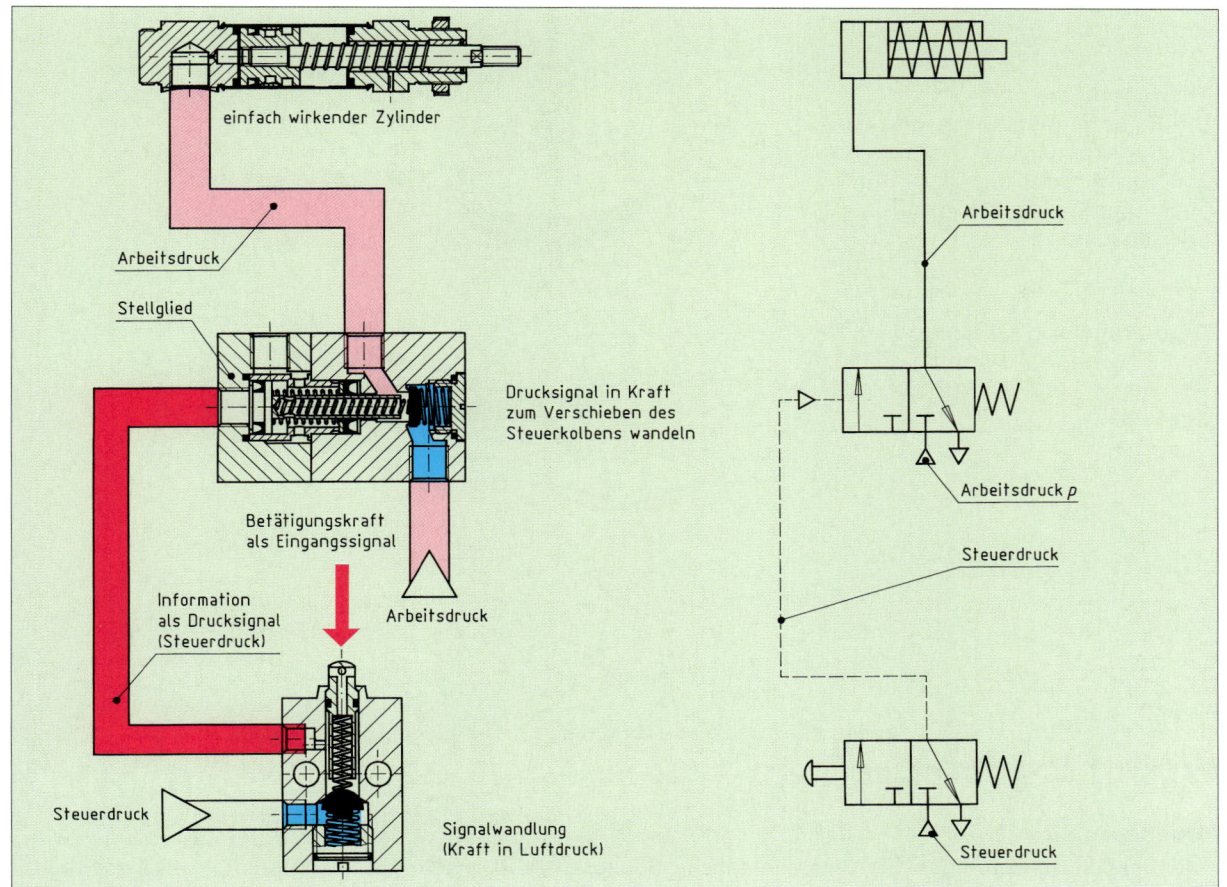

Bild 1 Informationsfluss mit Informationswandlung

6.4 Informationsfluss 6.4.3 Wandeln von Signalen

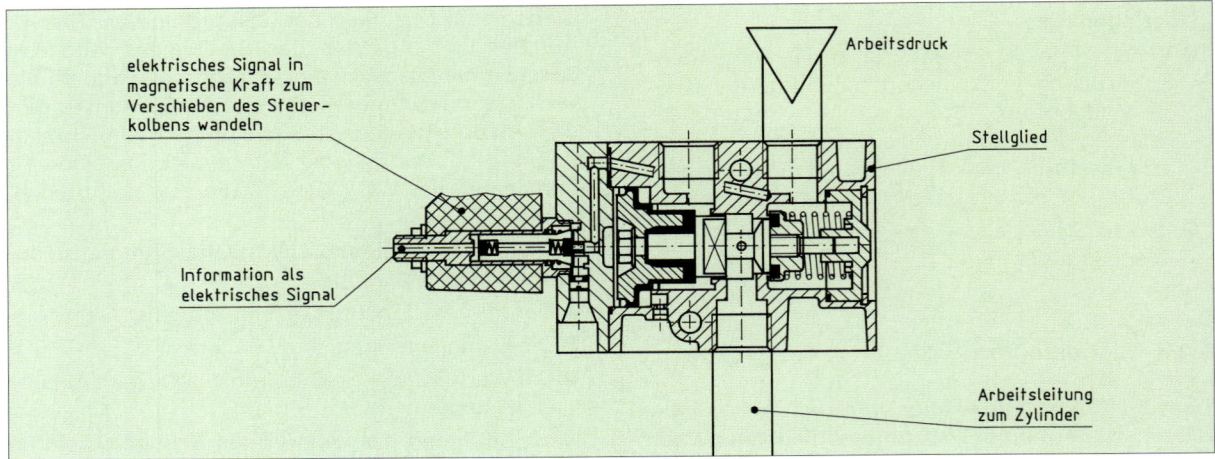

Bild 1 Informationswandlung

Funktionsbeschreibung	Struktur/Konstruktion	Einsatzbeispiele
Temperaturfühler Der Temperaturfühler wandelt den Temperaturwert in ein entsprechendes elektrisches Signal (Spannung).		z. B. ● Wasserkühlung im Kfz
Thermostat Die Raumtemperatur bewirkt eine Längenveränderung. Diese ändert den Querschnitt für den Durchfluss und damit den Stoff- und Energiefluss.		z. B. ● Thermostat ● Bimetallthermometer ● Sicherungsautomat
Druckwandler (PE-Wandler) Das Drucksignal wird im Druckwandler in ein elektrisches Signal gewandelt.		z. B. ● elektropneumatische Anlagen

Bild 2 Untersysteme zum Wandeln

Überlegen Sie:
Nennen und beschreiben Sie unterschiedliche Sensoren (z. B. im Kraftfahrzeug), die physikalisch-technische Eingangssignale (z. B. Temperatur, Druck) in elektrische Signale wandeln.

6.4.4 Anzeigen

Für viele technische Maschinen, Geräte und Anlagen sind zur Kontrolle **Anzeigeeinheiten** erforderlich. Damit lassen sich die **Prozesskenngrößen** darstellen. Die Anzeigegeräte sind mit Sensoren verbunden, die die technischen Größen messen und das Messergebnis an die Anzeigeeinheit weiterleiten.

Die einfachste Anzeigeeinheit ist das **Schauglas** zur Kontrolle von **Füllstandshöhen**, z. B. Ölstand in einem Getriebe (Bild 1) oder Wasserstand in einem Druckkessel. Mindest- und Maximumstände im Schauglas erhöhen die Information und vereinfachen die Entscheidung, ob der augenblickliche Stand zulässig ist.

Die Druckanzeige in einer Schweißanlage ist aufwendiger (Bild 2). Im **Manometer** wird der gemessene Druck (Kraft pro Fläche) in einen Weg gewandelt. Dieser Weg wird über ein einfaches Getriebe in eine Drehbewegung gewandelt. Die Anzeige erfolgt mit Hilfe eines Zeigers, der mit dem drehbaren Getriebeteil (z. B. Zahnrad) verbunden ist. Geeichte Skalierungen – je nach Manometer – ermöglichen das Ablesen des jeweiligen Gasdruckes.

Bild 1 Schauglas

Bild 2 Druckanzeige mit Informationswandlung

Funktionsbeschreibung	Struktur/Konstruktion	Einsatzbeispiele
Manometer Die Flüssigkeit drückt auf eine Fläche im Manometer und verschiebt z. B. einen Kolben. Diese Bewegung wird mechanisch auf einen Zeiger übertragen.		z. B. ● Manometer ● Messuhr
Thermometer Die Längenänderung durch Temperaturänderung wird mechanisch auf einen Zeiger übertragen. Mit einer geeichten Skala kann die Temperatur abgelesen werden.		z. B. ● Bimetallthermometer ● Sicherungsautomat
Drehfrequenzmesser Ein Dynamo wird mit der zu messenden Drehfrequenz angetrieben. Die Spannung am Dynamo entspricht der Drehfrequenz und wird zur Anzeige gebracht.		z. B. ● Motorenprüfstände ● Werkzeugmaschinen

Bild 3 Untersysteme zum Anzeigen

> **Überlegen Sie:**
> Nennen Sie Beispiele für unterschiedliche Anzeigeeinrichtungen in Ihrem Betrieb und Ihrer Umgebung. Welche technischen Größen werden angezeigt?

6.5 Stützen/Tragen

Die **Stütz- und Trageinheiten** von Maschinen und Anlagen (Systemen) unterstützen sowohl den **Energiefluss** (z. B. Aufnehmen von Gewichts-, Bearbeitungs- und Beschleunigungskräften), den **Stofffluss** (z. B. Aufnehmen der Baugruppen wie Pumpen, Rohrleitungen und Ventile) und den **Informationsfluss** (z. B. Aufnehmen der Baugruppen für Wegbegrenzungen, Positionierung einzelner Sensoren, Festlegung von Führungen oder Sicherstellung von Messungen bei Verfahrbewegungen). Durch die Stütz- und Trageinheiten erhalten Maschinen und Anlagen ihr äußeres **Erscheinungsbild** und ihre **Funktionalität**.

An der Bohreinrichtung (Bild 1) sind z. B. folgende tragende Baugruppen erkennbar:

- **Bohrmaschinengehäuse**: Durch seine **Stabilität** kann die Antriebsenergie des Motors an den Bohrer abgegeben werden. **Dabei stützt sich das Gehäuse an der Einspannstelle ab**. Gleichzeitig übernimmt das Gehäuse die Positionierung der Schalter, die Aufnahme der elektrischen Zuleitung, die Positionierung der Lager für die Welle usw.

- Die **Rundführung** nimmt alle wirksamen **Kräfte** und **Momente** auf und leitet sie in den Aufstellfuß. Damit die Bohrung den geforderten Durchmesser erhält, ist neben dem Bohrerdurchmesser die senkrechte Bewegung des Bohrers notwendig. Hierzu muss die Halterung bei der Abwärtsbewegung geführt werden. In diesem Fall ist für die **Abwärtsbewegung eine Rundführung** festgelegt. Damit erhält die Vorschubkraft die geforderte senkrechte Richtung

- Da Rundführungen Drehbewegungen zulassen, ist zusätzlich das Verdrehen bei der Abwärtsbewegung zu verhindern. Dieses wird durch die festgeklemmte Halterung erreicht, weil sie eine **Flachführung** (Bild 1) besitzt. Die Flachführung gewährleistet eine verdrehsichere Abwärtsbewegung. Sie erfüllt die Unterfunktion **Führen**.

Stützende und tragende Baugruppen sind die Voraussetzung für alle technischen Maschinen und Geräte. Hierzu zählen z. B. Drehmaschinenbetten, Baugerüste, Gehäuse, Lagerungen und Karosserien von Kraftfahrzeugen.

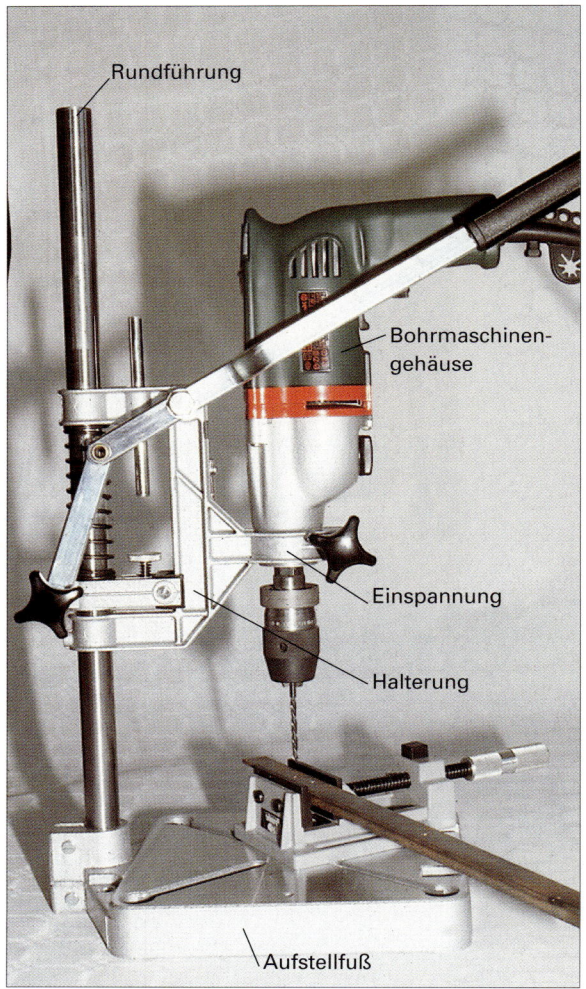

Bild 1 Bohreinrichtung

> **Überlegen Sie:**
> - Welche Belastungen muss ein Baugerüst bei Benutzung aufnehmen?
> - Benennen Sie die unterschiedlichen Baugruppen, die am Ständer einer Ständerbohrmaschine befestigt sind. Welche Funktion übernimmt in den einzelnen Fällen der Ständer (z. B. Stützen, Tragen, Führen, Kräfte leiten)?
> - Welchen Einfluss hat eine zu schwache Auslegung der tragenden und stützenden Baugruppen einer Säulenbohrmaschine (z. B. Säule) auf das Bohrergebnis? Denken Sie dabei an die Vorschubkräfte.

6.5 Stützen/Tragen

Funktionsbeschreibung	Struktur/Konstruktion	Einsatzbeispiele
Montageschienen Die Vorwandinstallation eines Badezimmers wird von einem System aus Montageschienen getragen.		z. B. ● Montagearbeiten im oder am Haus ● Hausbau ● Aufstellen großer Maschinen
Ständerbohrmaschine Werkzeugmaschinen besitzen stabile Maschinenbetten, um elastische Verformungen zu verringern.	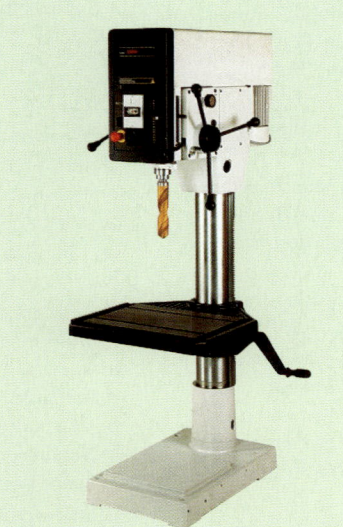	z. B. ● Drehmaschinenbett ● Säule der Säulenbohrmaschine
Rohrbefestigung Rohrbefestigungen positionieren Rohre.		z. B. ● Fallrohre bei Dachentwässerungen ● Unterstützung hängender Rohre unter der Decke
Autokarosserie Autokarosserien nehmen Kräfte auf und leiten sie auf die Straße. Sie schützen den Innenraum bei Unfällen.	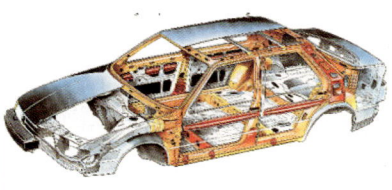	z. B. ● selbsttragende Karosserie ● Seitenaufprallschutz

Bild 1 Untersystem zum Tragen und Führen

Übungen

Kapitel 6.2

1. Bohrmaschinen besitzen teilweise mechanisch umschaltbare Umdrehungsfrequenzen (Getriebe). Verändern Sie das Blockschaltbild (Seite 224 Bild 4) entsprechend.
2. Für einen einfachwirkenden Zylinder ist in Bild 1, Seite 224 die Kolbenkraft berechnet worden. Wie verändert sich die wirksame Kraft F_V, wenn die Federkraft und die Reibung(en) an den Dichtungen berücksichtigt wird?
3. Beschreiben Sie den Energiefluss einer Pneumatikanlage vom Elektromotor des Kompressors bis zu den Entnahmestellen. An welchen Stellen wird durch „Energieverluste" der Wirkungsgrad der Anlage verringert (Energieverluste z. B. Wärmeabstrahlung, Reibung, Kühlung)?
4. Ein Maschinenschraubstock positioniert mit Hilfe von Energie das Werkstück.
   a) Beschreiben Sie den Energiefluss beim Maschinenschraubstock von der Handkraft bis zu den Spannbacken. Benennen Sie dabei die beteiligten Baugruppen bzw. Bauelemente.
   a) Benennen Sie die Stellen, an denen „Energie für die technische Nutzung verlorengeht".
5. Ordnen Sie den folgenden Baugruppen die Hauptfunktion Übersetzen, Wandeln und Speichern zu:
   a) Autobatterie, Lichtmaschine, Schweißbrenner, Luftpumpe, Regal, Zange, Gaskartusche, Maschinenschraubstock, Lenkrad, Flaschenzug, Wagenheber, elektrische Heizplatte.
   b) Welche Unterfunktionen erkennen Sie bei den einzelnen Baugruppen?
   c) Beschreiben Sie für die einzelnen Baugruppen die erkennbaren „Energieverluste", die den Wirkungsgrad herabsetzen.

Kapitel 6.3

1. Welche Möglichkeiten kennen Sie, den Stofffluss zu steuern oder zu regeln?
2. Bei welchen Arbeiten in Ihrem Betrieb werden Stoffe gewandelt? Welche Vorsichtsmaßnahmen werden getroffen?
3. Nennen Sie vier Möglichkeiten um Rohre zu koppeln/fügen. Unterteilen Sie diese nach lösbaren und unlösbaren Verbindungen.
4. Beschreiben Sie die Funktion des Speicherns am Beispiel des Druckkessels.
   a) Nennen Sie je zwei Baugruppen zum Speichern von festen, flüssigen und gasförmigen Stoffen.
5. Ordnen Sie folgende Baueinheiten die Hauptfunktionen Speichern, Leiten, Koppeln/Fügen, Steuern/Regeln und Trennen zu:
   a) Auspuff, Vergaser, hydraulische Bremsleitung, Reifen, Kraftstofftank, Schwimmer-Nadel-Ventil, pneumatische Wartungseinheit, Spülkasten, Wasserhahn, Thermostat.
   b) Welche Unterfunktionen erkennen Sie bei den angeführten Baueinheiten.
6. Beschreiben Sie den Stofffluss einer Gasschmelz-Schweißanlage durch Bennenung der beteiligten Baugruppen.
   a) zeichnen Sie ein entsprechendes Blockdiagramm
   b) Ordnen Sie den Blöcken der Aufgabe 6a Funktionen innerhalb des Gesamtsystems zu.

Kapitel 6.4

1. Beschreiben Sie den Informationsfluss bei der Ansteuerung des Zylinders (Bild 1, Seite 241). Nutzen Sie die Kenntnisse der Steuerungstechnik.
2. Welche Funktionen übernimmt der **NOT-AUS**-Schalter bei Werkzeugmaschinen, pneumatischen oder hydraulischen Steuerungsanlagen?
3. Ein einfacher Schlüssel für ein Schloss stellt einen Informationsspeicher dar.
   a) Beschreiben Sie, wie die Information in einem einfachen Schlüssel gespeichert ist.
   b) Wie kann die gespeicherte Information in einem Schlüssel vergrößert werden. Skizzieren und beschreiben Sie mögliche Lösungen.
4. Glühlampen und Leuchtdioden dienen vielfach als Signal für Betriebszustände und Prozesskenngrößen (z. B. NOT-AUS wurde betätigt, Tankanzeige in Kraftfahrzeugen).
   a) Nennen Sie weitere bekannte Beispiele zum Anzeigen von Betriebszuständen und Prozesskenngrößen.
   b) Wie kommt es zu einem Lichtsignal bei einer Glühlampe? Beschreiben Sie die Art der Signalwandlung (eventuell Erklärung mit einfachem Schaltplan unterstützen).
5. Zeigen Sie an einfachen Beispielen aus Ihrem Betrieb und Ihrer Umwelt, dass nahezu jeder Informationsfluss mit einem Energiefluss gekoppelt ist.
6. Anzeigeeinheiten geben dem Bediener Informationen über Prozesskenngrößen wie z. B. Druck, Temperatur, Längenmaße.
   a) Nennen Sie Beispiele für Anzeigeeinheiten aus Ihrer betrieblichen Praxis.
   b) Welche physikalisch-technischen Größen werden erfasst und angezeigt?
7. Beschreiben Sie den Informationsfluss innerhalb der Steuerung von Seite 241 mit den Funktionen: Speichern, Wandeln, Koppeln/Trennen und Anzeigen.

TECHNISCHE MATHEMATIK

1 Grundlagen für technische Berechnungen

1.1 Umformen von Bestimmungsgleichungen

Befindet sich die gesuchte Größe nicht allein auf einer Seite, so muss die Gleichung nach dieser Größe aufgelöst werden. Hierzu wird die Bestimmungsgleichung umgeformt.

Dabei werden die Rechenregeln für das Addieren, Subtrahieren, Multiplizieren, Dividieren, Potenzieren oder Wurzelziehen (vgl. Tabellenbuch) angewendet.

Beispiele 1:

gesucht: l
gegeben: $A = 200$ mm²; $b = 20$ mm

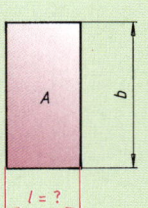

Modell einer Waage:

Gleichung: $A = l \cdot b$

Ziel: Die Gleichung ist so umzuformen, dass l auf der linken Seite alleine steht.

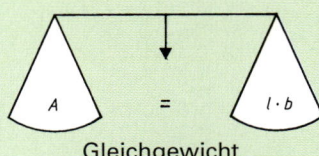
Gleichgewicht

Umformung $l \cdot b = A$ $|:b$

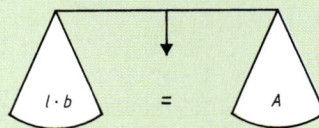

$$\frac{l \cdot b}{b} = \frac{A}{b}$$

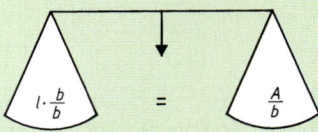

$$l = \frac{A}{b} = \frac{200 \text{ mm}^2}{20 \text{ mm}}$$

$\underline{l = 10 \text{ mm}}$

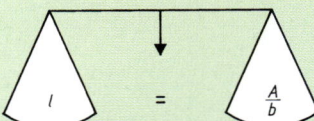

1.1 Umformen von Bestimmungsgleichungen

Beispiel 2:

gesucht: d
gegeben: $h = 500$ mm; $V = 10000$ mm³

Gleichung: $\quad V = \dfrac{\pi}{4} \cdot h \cdot d^2$

Ziel: Die Gleichung ist so umzuformen, dass d auf der linken Seite alleine steht.

Umformung: Vertauschen der Seiten

$\dfrac{\pi}{4} \cdot h \cdot d^2 = V \qquad |:h$

$\dfrac{\pi}{4} \cdot \dfrac{h}{h} \cdot d^2 = \dfrac{V}{h} \qquad |\cdot \dfrac{4}{\pi}$

$\dfrac{\pi}{4} \cdot \dfrac{4}{\pi} \cdot d^2 = \dfrac{V}{h} \cdot \dfrac{4}{\pi} \qquad$ (Quadrat)-Wurzel ziehen

$d = \sqrt{\dfrac{10000 \text{ mm}^3}{500 \text{ mm}} \cdot \dfrac{4}{\pi}}$

$d = \sqrt{20 \text{ mm}^2 \cdot \dfrac{4}{\pi}}$

$d = \sqrt{\dfrac{80 \text{ mm}^2}{\pi}}$

$\underline{d = 5{,}05 \text{ mm}}$

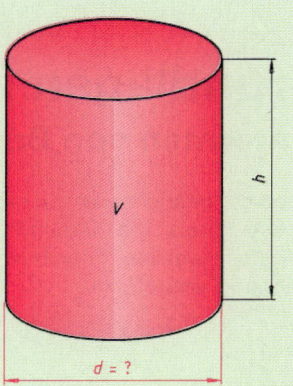

Übungen

Stellen Sie die Bestimmungsgleichung nach der rot gekennzeichneten Größe um.

1. $L = l_1 + l_2$
2. $L = l_1 + l_2 + l_3$
3. $F = F_1 - F_2$
4. $F = F_1 - F_2$
5. $A = A_1 - A_2 - A_3 + A_4$
6. $F_G = m \cdot g$
7. $W = P \cdot t$
8. $W = U \cdot I \cdot t$
9. $F_1 \cdot s_1 = F_2 \cdot s_2$
10. $v = \dfrac{s}{t}$
11. $v = \dfrac{s}{t}$
12. $n = \dfrac{v}{d \cdot \pi}$
13. $P = \dfrac{m \cdot g \cdot s}{t}$
14. $P = \dfrac{m \cdot g \cdot s}{t}$
15. $l_m = \dfrac{l_1 + l_2}{2}$
16. $A = \dfrac{\pi \cdot d^2}{4}$
17. $A = \dfrac{\pi \cdot d^2}{4}$
18. $\eta = \dfrac{P_{zu} - P_v}{P_{zu}}$
19. $\dfrac{1}{R} = \dfrac{1}{R_1} + \dfrac{1}{R_2}$
20. $V = \dfrac{\pi}{4} \cdot \dfrac{h}{2} \cdot d^2$
21. $l = l_0 + \alpha \cdot l_0 \cdot \Delta\vartheta$
22. $A = \dfrac{\pi}{4} \cdot \left(D^2 - d^2\right)$
23. $A = \pi \cdot \left(2 \cdot r_1^2 + h^2\right)$
24. $c^2 = a^2 + b^2$
25. $a = \dfrac{m \cdot z_1 + m \cdot z_2}{2}$

1.2 Größenwert, Zahlenwert, Einheit

1.2.1 Umgang mit Zahlenwert, Einheit und Größenwert

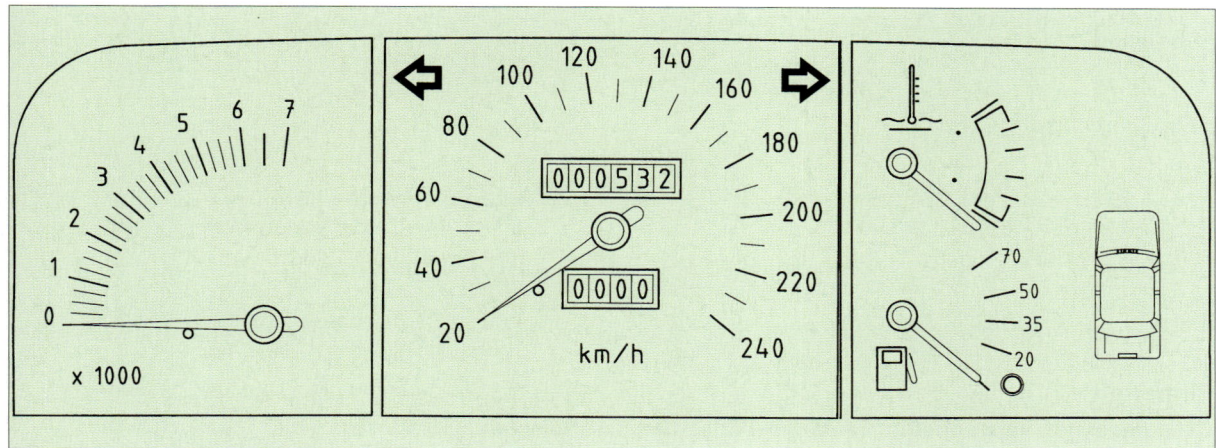

Bild 1 Geschwindigkeitsanzeige im Pkw

Beim Tachometer eines Pkws wird die gemessene Geschwindigkeit in der **Einheit** km/h (Kilometer pro Stunde) angezeigt. Die Geschwindigkeit ist eine **physikalische Größe** und hat das Formelzeichen v.
Beim Rechnen mit physikalischen Größen und Einheiten sind die nachfolgenden Zusammenhänge zu beachten:

- Physikalische Größen werden durch **Formelzeichen** abgekürzt. Hierfür werden lateinische oder griechische Buchstaben verwendet, z. B.:
l für Länge, h für Höhe, F für Kraft, A für Fläche, s für Weg, t für Zeit α, β, γ für Winkel, η für Wirkungsgrad usw.
- In Büchern werden Formelzeichen meist *kursiv* (schräg) geschrieben.

- Physikalische Größen können aus anderen physikalischen Größen zusammengesetzt sein, z. B.:

$$\text{Geschwindigkeit} = \frac{\text{Weg}}{\text{Zeit}}$$
$$v = \frac{s}{t}$$

- Als **Einheitenzeichen** werden lateinische Buchstaben oder Sonderzeichen verwendet, z. B.: m für Meter, km für Kilometer, m² für Quadratmeter, s für Sekunde, A für Ampere, N für Newton, V für Volt, " für Zoll (Inch), ° für Grad usw.
- Für die physikalische Größe gilt:

Größenwert = Zahlenwert · Einheit

$$v = 100 \ \frac{\text{km}}{\text{h}}$$

Beispiel 1:
An einem Drehmomentschlüssel wirkt die Kraft $F = 100$ N bei einer Hebellänge von $s = 0{,}4$ m. Wie groß ist das Drehmoment?

Größengleichung: $\boxed{M = F \cdot s}$

$M = 100$ N $\cdot 0{,}4$ m
$M = 100 \cdot 0{,}4$ Nm
$M = 40$ Nm

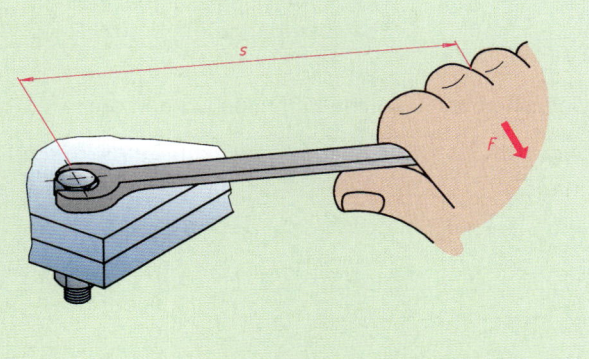

Es ergibt sich ein Drehmoment von 40 Nm (Newton-Meter).

1.2.1 Umgang mit Zahlenwert, Einheit und Größenwert

Beispiel 2:
Aus der nebenstehenden Bauzeichnung sind die mit l_M und l_R bezeichneten Teillängen zu berechnen. Dabei muss beachtet werden, dass für die einzelnen Zahlenwerte unterschiedliche Einheiten vorliegen.

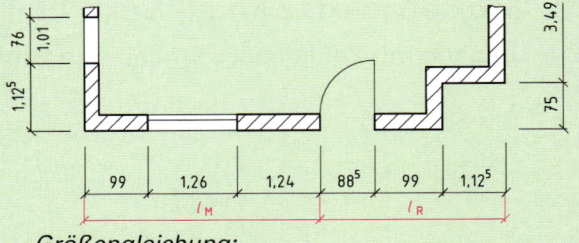

Größengleichung:

$l_M = l_1 + l_2 + l_3$

$l_M = 99\text{ cm} + 1{,}26\text{ m} + 1{,}24\text{ m}$
$l_M = 0{,}99\text{ m} + 1{,}26\text{ m} + 1{,}24\text{ m}$
$l_M = (0{,}99 + 1{,}26 + 1{,}24)\text{ m}$
$l_M = 3{,}49\text{ m}$

Größengleichung:

$l_R = l_4 + l_5 + l_6$

$l_R = 88{,}5\text{ cm} + 99\text{ cm} + 1{,}125\text{ m}$
$l_R = 0{,}885\text{ m} + 0{,}99\text{ m} + 1{,}125\text{ m}$
$l_R = (0{,}885 + 0{,}99 + 1{,}125)\text{ m}$
$l_R = 3\text{ m}$

Einheiten

Grundlage der verwendeten Einheiten bildet das durch ein Gesetz erlassene Internationale Einheitensystem (SI-System). Es beruht auf insgesamt sieben **Basiseinheiten**, von denen alle übrigen Einheiten abgeleitet sind.

Die folgende Tabelle zeigt einige Basiseinheiten. Die Beschreibungen sind in dieser Form im normalen Berufs- oder Alltagsleben jedoch kaum von Bedeutung.

Beispiel:

Basiseinheit: 1 m

Basiseinheit: 1 s

Zusammengesetzte Einheit: $1\,\dfrac{m}{s}$

Basiseinheit	Beschreibung
1 Meter = 1 m	Länge der Strecke, die Licht im Vakuum während der Dauer von 1/299792458 Sekunden durchläuft.
1 Kilogramm = 1 kg	Masse des internationalen Kilogrammprototyps in Paris.
1 Sekunde = 1 s	9192631770faches der Periodendauer der beim Übergang zwischen den beiden Hyperfeinstrukturniveaus des Grundzustandes von Atomen des Nuklids ^{133}Cs entsprechenden Strahlung.
1 Kelvin = 1 K	273,16tes Teil der thermodynamischen Temperatur des Tripelpunktes des Wassers.
1 Ampere = 1 A	Stärke eines konstanten elektrischen Stromes, der, durch zwei im Vakuum parallel im Abstand 1m voneinander angeordnete, geradlinige, unendlich lange Leiter von vernachlässigbar kleinem Querschnitt fließend, zwischen diesen Leitern je 1m Leiterlänge die Kraft $0{,}2 \cdot 10^{-6}$ N hervorrufen würde.

Vielfache oder Teile von Einheiten können durch Vorsätze abgekürzt werden.

Vorsatz	Kurzzeichen	Faktor für die Multiplikation mit der Einheit		Beispiel	
Mega	M	1000000	$= 10^6$	Megawatt	MW
Kilo	k	1000	$= 10^3$	Kilometer	km
Hekto	h	100	$= 10^2$	Hektoliter	hl
Deka	da	10	$= 10^1$	kaum verwendet	
Dezi	d	0,1 = 1/10	$= 10^{-1}$	Dezimeter	dm
Zenti	c	0,01 = 1/100	$= 10^{-2}$	Zentimeter	cm
Milli	m	0,001 = 1/1000	$= 10^{-3}$	Milligramm	mg
Mikro	µ	0,000001 = 1/1000000	$= 10^{-6}$	Mikrometer	µm

1.2.1 Umgang mit Zahlenwert, Einheit und Größenwert

Damit Vorsätze und Einheiten nicht falsch verwendet werden, sollten die nachfolgenden Hinweise unbedingt beachten werden:

- Das Vorsatzzeichen und die Einheit werden ohne Zwischenraum geschrieben.
  Vorsatz: m für Milli
  Einheit: m für Meter
  zusammengesetzt: mm für Millimeter
- Es ist jeweils nur ein Vorsatz erlaubt:
  100 mm = 100 · 0,001 m = 0,1 m = 10 cm
- Damit die Werte besser lesbar sind, wird grundsätzlich so auf die nächst kleinere oder größere Einheit umgerechnet, dass die Zahlenwerte zwischen 0,1 und 1000 liegen:

  0,02 m = 2 cm
  1500 m = 1,5 km
  10000 N = 10 kN
  0,001 m = 1 mm

- Das Vorsatzzeichen muss **immer** vor dem Einheitenzeichen stehen. Bei Zeichen, die sowohl als Vorsatz als auch als Einheit benutzt werden, ist die Bedeutung deshalb aus der Position erkennbar:

  kNm → Kilo-Newton · Meter
  mN   → Milli-Newton
  mNm → Milli-Newton · Meter
  Nm   → Newton · Meter (ohne Vorsatz)

- Um eine Einheit im Nenner zu vermeiden, wird diese mit negativem Exponenten (Hochzahl) im Zähler geschrieben:

$$\frac{1}{\min} = \min^{-1}$$

Umrechnung für Längen-, Flächen- und Volumeneinheiten

Beispiel 1:
Die Länge eines Mastes betrage 5430 mm. Wie groß ist seine Länge in m?

5430 mm = 5,430 · 1000 mm
5430 mm = 5,430 · 1 m
5430 mm = 5,430 m

Beispiel 2:
Die Fläche eines Bleches betrage A = 1 m² (Quadratmeter).
Wie groß ist die Fläche in mm² (Quadratmillimeter)?

$1 m^2 = 1 m \cdot 1 m$
$1 m^2 = 1000 \cdot 1 mm \cdot 1000 \cdot 1 mm$
$1 m^2 = 1000 \cdot 1000 \cdot 1 mm \cdot 1 mm$
$1 m^2 = 1000000 \cdot 1 mm^2$
$\underline{1 m^2 = 1000000 \; mm^2}$

Beispiel 3:
Das Volumen eines Quaders betrage $V = 1 m^3$ (Kubikmeter).
Wie groß ist das Volumen in dm³ (Kubikdezimeter)?

$1 m^3 = 1 m \cdot 1 m \cdot 1 m$
$1 m^3 = 10 \cdot 1 dm \cdot 10 \cdot 1 dm \cdot 10 \cdot 1 dm$
$1 m^3 = 10 \cdot 10 \cdot 10 \cdot 1 dm \cdot 1 dm \cdot 1 dm$
$1 m^3 = 1000 \cdot 1 dm^3$
$\underline{1 m^3 = 1000 \; dm^3}$

Quadratmeter   **Kubikmeter**

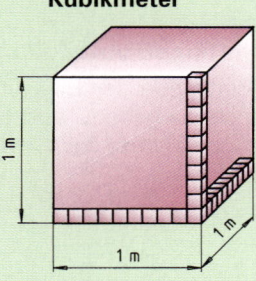

$1 m^2 = 1 m \cdot 1 m$ $1 m^3 = 1 m \cdot 1 m \cdot 1 m$

1.2.1 Umgang mit Zahlenwert, Einheit und Größenwert

Umrechnung für Zeiteinheiten

Es gelten die Beziehungen:

$$1\,h = 60\,min$$
$$1\,min = 60\,s$$

Beispiel 1:
Die Zeit $t = 1\,h$ ist in der Einheit s anzugeben.
$1\,h = 60\,min$
$1\,h = 60 \cdot 1\,min$
$1\,h = 60 \cdot 60\,s$
$1\,h = 3600 \cdot 1\,s = 3600\,s$

Beispiel 2:
Die Zeit $t = 100\,s$ ist in der Einheit h anzugeben.

$100\,s = 100 \cdot 1s \quad 60s = 1min \Rightarrow 1s = \frac{1}{60}min$

$100\,s = 100 \cdot \frac{1}{60}\,min$

$100\,s = \frac{10}{6} \cdot 1min \quad 60\,min = 1h \Rightarrow 1min = \frac{1}{60}h$

$100\,s = \frac{10}{6} \cdot \frac{1}{60}\,h$

$100\,s = \frac{10}{360}\,h = \frac{1}{36}\,h = 0{,}028\,h$

Umrechnung für Winkelwerte

Als 1 Grad = 1° wird der 360te Teil des Vollkreises mit 360° bezeichnet.
Es gilt: $1° = 60'$ (1 Grad = 60 Gradminuten)
$1' = 60''$
(1 Gradminute = 60 Gradsekunden)

Die Umrechnung zwischen Grad, Gradminute und Gradsekunde entspricht der Umrechnung für Stunde, Minute und Sekunde.

Beispiele:

1. Bei der Berechnung des Freiwinkels eines Sägeblattes ergibt sich ein Wert von 38,46°.
Wie groß ist der Winkel in Grad und Gradminuten?

$\alpha = 38{,}46°$
$\alpha = 38° + 0{,}46°$
$\alpha = 38° + 0{,}46 \cdot 60'$
$\alpha = 38° + 27{,}6'$
$\alpha = 38° + 27' + 0{,}6'$
$\alpha = 38° + 27' + 0{,}6 \cdot 60''$
$\underline{\alpha = 38°27'36''}$

2. Beim Prüfen eines Winkels wurde der Winkelwert 10° 20′ 30″ bestimmt. Wie groß ist der Winkel als Dezimalzahl?.

$\alpha = 10°20'30''$
$\alpha = 10° + 20' + 30''$
$\alpha = 10° + 20' + \frac{30}{60}'$
$\alpha = 10° + 20' + 0{,}5'$
$\alpha = 10° + 20{,}5'$
$\alpha = 10° + \frac{20{,}5}{60}°$
$\alpha = 10° + 0{,}3417°$
$\underline{\alpha = 10{,}3417°}$

Umrechnungen von Zoll in Millimeter

In den Bereichen der Gas- und Wasserinstallation und des Heizungsbaus wird häufig die Einheit Zoll mit dem Einheitenzeichen ″ verwendet.
Es gilt:

$$1'' = 25{,}4\,mm$$

Beispiel:

Welches Maß in mm hat ein Durchmesser $\frac{3}{8}''$?

$d = \frac{3}{8}''$

$d = \frac{3}{8} \cdot 1''$

$d = \frac{3}{8} \cdot 25{,}4\,mm$

$\underline{d = 9{,}525\,mm}$

1.2.2 Umrechnen von Einheiten

Für das Umrechnen von Einheiten in Bestimmungsgleichungen bietet sich unter anderem die Vorgehensweise an, die umzurechnende Einheit durch die geforderte Einheit zu ersetzen, z. B.:

$1\ \text{km} = 1000\ \text{m}$
$1\ \text{m} = 0{,}001\ \text{km}$
$1\ \text{h} = 3600\ \text{s}$
$1\ \text{s} = \dfrac{1}{3600}\ \text{h} = 0{,}0002778\ \text{h}$

Beispiel 1:
Ein Auto legt in einer Stunde eine Strecke von 50 Kilometern zurück.

Welche Geschwindigkeit v in $\dfrac{\text{m}}{\text{s}}$ hat das Auto?

gegebene Einheit: $\dfrac{\text{km}}{\text{h}}$

gesuchte Einheit: $\dfrac{\text{m}}{\text{s}}$

Lösung:

$v = 50\ \dfrac{\text{km}}{\text{h}} = 50 \cdot \dfrac{1\ \text{km}}{1\ \text{h}}$

Es gilt: $1\ \text{km} = 1000\ \text{m}$ und
$1\ \text{h} = 60\ \text{min} = 60 \cdot 60\ \text{s} = 3600\ \text{s}$

$v = 50 \cdot \dfrac{1000\ \text{m}}{3600\ \text{s}} = 50 \cdot \dfrac{1000}{3600} \cdot \dfrac{\text{m}}{\text{s}} = \dfrac{50 \cdot 1000}{3600} \cdot \dfrac{\text{m}}{\text{s}}$

$v = 13{,}889\ \dfrac{\text{m}}{\text{s}}$

Beispiel 2:
Sprinter benötigen für die Strecke von 100 Metern etwa 10 Sekunden.

Welche Geschwindigkeit v in $\dfrac{\text{km}}{\text{h}}$ haben sie dabei?

gegebene Einheit: $\dfrac{\text{m}}{\text{s}}$

gesuchte Einheit: $\dfrac{\text{km}}{\text{h}}$

Lösung:

$v = \dfrac{s}{t}$

$v = \dfrac{100\ \text{m}}{10\ \text{s}} = 10\ \dfrac{\text{m}}{\text{s}} = 10 \cdot \dfrac{1\ \text{m}}{1\ \text{s}}$

Es gilt:
$1\ \text{km} = 1000\ \text{m}$ und somit
$1\ \text{m} = 0{,}001\ \text{km}$
$1\ \text{h} = 3600\ \text{s}$ und somit
$1\ \text{s} = \dfrac{1}{3600}\ \text{h} = 0{,}0002778\ \text{h}$

$v = 10 \cdot \dfrac{0{,}001\ \text{km}}{0{,}0002778\ \text{h}}$

$v = \dfrac{10 \cdot 0{,}001}{0{,}0002778} \cdot \dfrac{1\ \text{km}}{1\ \text{h}}$

$v = 36 \cdot \dfrac{1\ \text{km}}{1\ \text{h}} = 36\ \dfrac{\text{km}}{\text{h}}$

Übungen

1. Rechnen Sie in die geforderten Längen-, Flächen- oder Volumeneinheit um.

$l = 550\ \text{mm} \Rightarrow l = ?\ \text{m}$

$d = 0{,}5\ \text{m} \Rightarrow d = ?\ \text{mm}$

$U = 33{,}5\ \text{cm} \Rightarrow U = ?\ \text{dm}$

$b = 12\ \text{dm} \Rightarrow b = ?\ \text{mm}$

$A = 0{,}345\ \text{dm}^2 \Rightarrow A = ?\ \text{mm}^2$

$S = 25\ \text{mm}^2 \Rightarrow S = ?\ \text{cm}^2$

$A = 1{,}25\ \text{m}^2 \Rightarrow A = ?\ \text{dm}^2$

$A = 251\ \text{mm}^2 \Rightarrow A = ?\ \text{dm}^2$

$V = 3{,}71\ \text{m}^3 \Rightarrow V = ?\ \text{dm}^3$

$V = 7235\ \text{mm}^3 \Rightarrow V = ?\ \text{cm}^3$

1.2.2 Umrechnen von Einheiten

2. Rechnen Sie die Zeiten in die vorgegebenen Einheiten um.

$t = 36$ min 12 s $\Rightarrow$ $t = ?$ h
$t = 1{,}52$ h $\Rightarrow$ $t = ?$ min $?$ s

$t = 12$ min $+ 0{,}57$ h $+ 123$ s $\Rightarrow$ $t = ?$ min
$t = 35$ s $\Rightarrow$ $t = ?$ min

3. a) Rechnen Sie die folgenden Winkel in Dezimalschreibweise um.

$\alpha = 30° + 20'$
$\alpha = 5° + 1° + 4'$
$\alpha = 4° + 10' + 5'$
$\alpha = 2° + 10' + 10''$
$\alpha = 5° + 50' + 10' + 10'$
$\alpha = 1° + 20' + 30''$

$\alpha = 5° + 3° + 10' + 4' + 30'' + 10''$
$\alpha = 10° - 2° + 10' - 3' + 30'' - 10''$
$\alpha = 12°53'50''$
$\alpha = 22°17'$
$\alpha = 17°2'20''$

b) Geben Sie die folgenden Winkel in Grad, Minuten und Sekunden an.

$\alpha = 15{,}2528°$ $\Rightarrow$ $\alpha = ?°?'?''$
$\alpha = 375'$ $\Rightarrow$ $\alpha = ?°?'$
$\alpha = 8{,}2083°$ $\Rightarrow$ $\alpha = ?°?'?''$

$\alpha = 17{,}7556°$ $\Rightarrow$ $\alpha = ?°?'?''$
$\alpha = 22{,}9278°$ $\Rightarrow$ $\alpha = ?°?'?''$
$\alpha = 31{,}0917°$ $\Rightarrow$ $\alpha = ?°?'?''$

4. Rechnen Sie die Einheiten innerhalb der vorgegebenen Bestimmungsgleichungen so um, dass das Ergebnis die angegebene Einheit besitzt.

$v = \dfrac{25 \text{ km}}{2 \text{ h}} = ? \dfrac{\text{m}}{\text{s}}$

$v = \dfrac{0{,}3 \text{ m}}{1{,}35 \text{ s}} = ? \dfrac{\text{km}}{\text{h}}$

$M = 2000 \text{ N} \cdot 0{,}4 \text{ m} = ?$ kNm

$l = 38{,}2$ m $+ 12{,}5$ dm $- 480$ cm $+ 8252$ mm $= ?$ dm

$V = 0{,}32 \text{ m}^3 - 120 \text{ dm}^3 + 2553 \text{ cm}^3 - 65000 \text{ mm}^3 = ?$ dm^3

$M = 0{,}8$ N $\cdot 2{,}5$ dm $= ?$ mNm

$A = 5$ m $\cdot 35$ mm $= ?$ dm^2

$A = \dfrac{\pi}{4} \cdot \left[(20 \text{ cm})^2 - (12 \text{ cm})^2 \right] = ?$ dm^2

5. Rechnen Sie die in der Einheit Zoll gegebenen Maße in mm-Angaben um.

$d = 2''$ $\Rightarrow$ $d = ?$ mm
$d = \dfrac{3}{4}''$ $\Rightarrow$ $d = ?$ mm

$d = \dfrac{1}{4}''$ $\Rightarrow$ $d = ?$ mm
$d = 2\dfrac{3}{4}''$ $\Rightarrow$ $d = ?$ mm

6. Stellen Sie die Gleichungen nach der gekennzeichneten Größe um.
Berechnen Sie die gesuchte Größe in der geforderten Einheit.

$U = 2 \cdot (l + b)$ $l = 100$ mm; $U = 3$ dm $b = ?$ cm

$A = \dfrac{n \cdot l \cdot d}{4}$ $A = 1$ dm^2; $n = 20$; $l = 420$ mm $d = ?$ cm

$M = F \cdot \dfrac{d}{2}$ $d = 975$ mm; $M = 14{,}625$ Nm $F = ?$ N

1.3 Taschenrechner

Alle Taschenrechner, die für den Berufsschulunterricht oder für die Aufgaben eines Gesellen oder Facharbeiters geeignet sind, sind im Prinzip wie der Taschenrechner von Bild 1 aufgebaut.

Sie besitzen neben den Grundrechenarten auch die häufig benötigten mathematische Funktionen wie z. B. Quadrieren oder Winkelfunktionen.

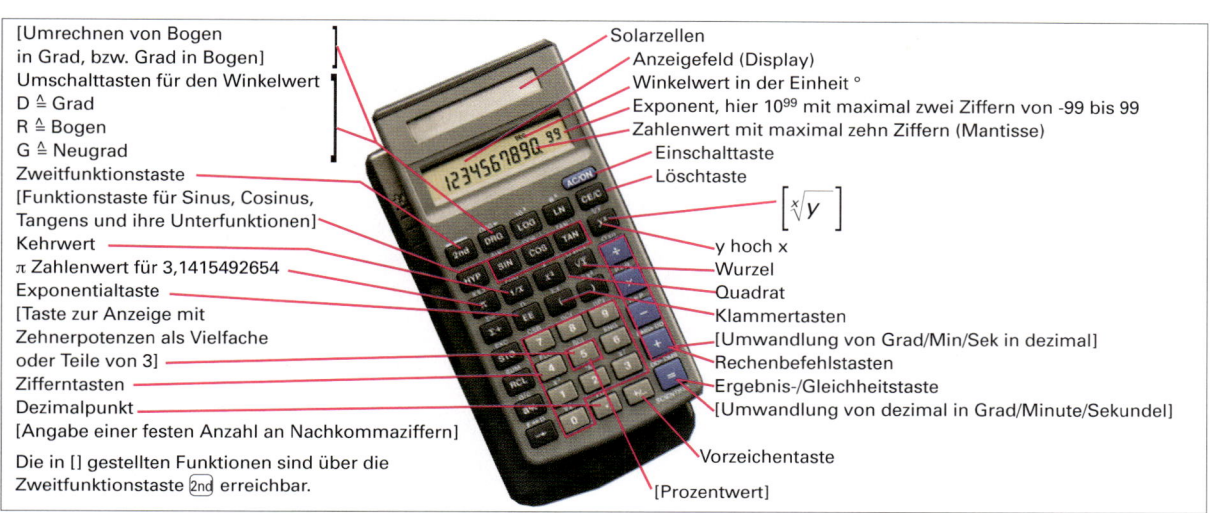

Bild 1 Wissenschaftlicher Taschenrechner

Beim Einsatz des Taschenrechners sollten einige grundsätzliche Handhabungsregeln beachtet werden.

- Die Bedienungsanleitung ist ein wichtiges Hilfsmittel. Sie sollte deshalb stets im Zugriff sein.

- Taschenrechner verwenden statt des Dezimalkommas ⟨,⟩ den in der amerikanischen Schreibweise üblichen Punkt ⟨.⟩.

- Steht nur eine ⟨0⟩ vor dem Punkt, so kann z. B. statt ⟨0⟩⟨.⟩⟨1⟩⟨2⟩
  auch ⟨.⟩⟨1⟩⟨2⟩
  eingegeben werden.

- Die Eingabe der mathematischen Rechenoperationen Addition, Subtraktion, Multiplikation, Division ist grundsätzlich mit der Ergebnistaste abzuschließen:
  ⟨2⟩⟨+⟩⟨5⟩⟨=⟩ Ausgabe: 7

- Es gilt: Punkt- vor Strich-Rechnung, z. B.:
  ⟨2⟩⟨+⟩⟨5⟩⟨*⟩⟨9⟩⟨=⟩ Ausgabe: 47

- Ausdrücke in Klammern werden vorrangig berechnet, z. B.:
  ⟨(⟩⟨2⟩⟨+⟩⟨5⟩⟨)⟩⟨*⟩⟨9⟩⟨=⟩ Ausgabe: 63

- Taschenrechner rechnen mit 10 bis 12 Ziffern. Da technisch sinnvolle Ergebnisse im allgemeinen eine geringere Anzahl an Ziffern besitzen, muss das Ergebnis des Taschenrechners unter Berücksichtigung der Aufgabenstellung sinnvoll gerundet werden.

- Bei Aufgaben der fachbezogenen Mathematik sind die Einheiten zunächst geeignet festzulegen. Erst dann kann das Ergebnis mit dem Taschenrechner ermittelt werden.
  $l = 2{,}5$ cm $+ 12$ mm $= 25$ mm $+ 12$ mm
  Eingabe: ⟨2⟩⟨5⟩⟨+⟩⟨1⟩⟨2⟩⟨=⟩

- Die jeweils letzte Eingabe kann mit Taste ⟨C⟩ gelöscht werden. (Korrekturtaste)

- Ausdrücke mit Brüchen müssen zunächst für die Eingabe aufbereitet werden. Hierbei sind die Rechenregeln zu beachten:

  $$\frac{10{,}01 - 10}{10 \cdot 0{,}00002} + 20 = (10{,}01 - 10)/(10 \cdot 0{,}00002) + 20$$

  Eingabe: ⟨(⟩⟨1⟩⟨0⟩⟨.⟩⟨0⟩⟨1⟩⟨−⟩⟨1⟩⟨0⟩⟨)⟩⟨÷⟩⟨(⟩⟨1⟩⟨0⟩⟨*⟩⟨.⟩⟨0⟩⟨0⟩⟨0⟩⟨0⟩⟨2⟩⟨)⟩⟨+⟩⟨2⟩⟨0⟩⟨=⟩
  Ausgabe: 70

- Bei doppelt belegten Tasten wird die zweite Funktion aufgerufen, indem zuerst die Zweitfunktionstaste betätigt wird.
  ⟨.⟩⟨5⟩⟨2nd⟩⟨sin⟩ Ausgabe: 30

1.4 Lösen von Textaufgaben

Unabhängig von der konkreten Aufgabenstellung beschreibt das folgende allgemeine Schema eine sinnvolle Methode (Algorithmus) zum systematischen Lösen von Textaufgaben.

1. **Ermittlung aller Zusammenhänge aus dem Text**
   a) Die Aufgabenstellung wird untersucht. Falls es erforderlich sein sollte, ist eine Skizze anzufertigen
   b) Die Unbekannten werden aus dem Text ermittelt.
      > Welche Größe ist gesucht?
   c) Aus dem Text werden die gegebenen Größen bestimmt.
      > Welche Größen sind gegeben?
   d) Die Bestimmungsgleichungen werden z. B. aus dem Tabellenbuch entnommen.
      > Wie ist die gesuchte Größe mit den gegebenen Größen verknüpft?
   e) Aus den Bestimmungsgleichungen wird ermittelt, welche der gegebenen Größen nicht benötigt werden.

2. **Lösen der Aufgabe**
   a) Eine Überschlagsrechnung schätzt das zu erwartende Ergebnis ab.
   b) Die Bestimmungsgleichungen werden nach den gesuchten Größen umgestellt.
   c) Zahlenwerte und Einheiten der gegebenen Größen sind in die Bestimmungsgleichungen einzusetzen.
   d) Das Ergebnis wird ausgerechnet. Dabei ist die für das Ergebnis geforderte Einheit zu beachten.
   e) Die Einheiten des Ergebnisses werden kontrolliert.

3. **Auswertung des Ergebnisses**
   a) Der Schätzwert und das berechnete Ergebnis werden miteinander verglichen.
   b) Das Ergebnis wird fachlich ausgewertet.

> **Beispiel:**
> Ein quaderförmiger Öltank hat eine Grundfläche von 4,6 m² und eine Höhe von 1,6 m. Er fasst maximal 7000 l Heizöl. Mit einem Peilstab wird ein Ölstand von h = 86 cm gemessen. Wie viel Liter Öl befinden sich noch im Tank?

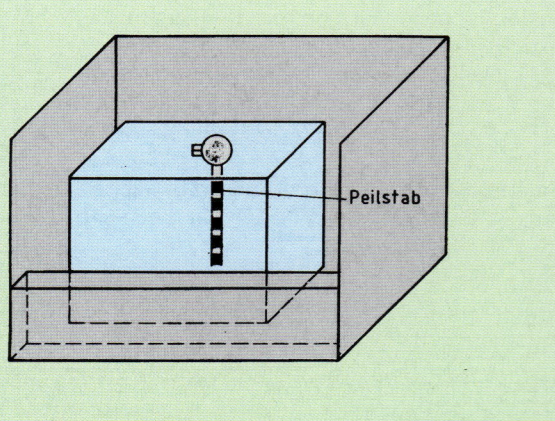

1.4 Lösen von Textaufgaben

1. **Ermittlung aller Zusammenhänge aus dem Text**
   Sinnvoll ist das Anfertigen einer Skizze. In ihr sollten die gegebenen Größen eingezeichnet werden.

   Welche Größe ist gesucht?

   Das Volumen des Heizöls: $V_Ö = ?\ l$

   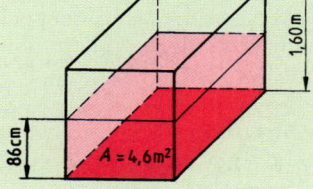

   Welche Größen sind gegeben?
   - Das Gesamtvolumen des Tanks: $V_T = 7000\ l$
   - Die Grundfläche des Tanks: $A_T = 4{,}6\ m^2$
   - Die Höhe des Öltanks: $h_T = 1{,}6\ m$
   - Die Höhe des Ölstands: $h_Ö = 86\ cm$

   Wie ist die gesuchte Größe mit den gegebenen Größen verknüpft?
   - Die Form des Tanks wird als quaderförmig angegeben.
   - Damit ist laut Tabellenbuch die Bestimmungsgleichung für Quader anwendbar:

   $$\boxed{V = A \cdot h}$$

   Hier gilt: $V_Ö = A_T \cdot h_Ö$

   Welche Angaben sind zusätzlich und werden für die Berechnung nicht benötigt?
   - Die Gesamthöhe des Tanks: $h_T = 1{,}60\ m$.
   - Das Fassungsvermögen des Tanks: $V_T = 7000\ l$.

2. **Lösen der Aufgabe**

   Überschlagsrechnung

   2·86 cm ergeben ungefähr 1,6 m. Also muss die Hälfte mit etwa 3500 Liter Öl vorhanden sein.

   Gleichung auflösen

   Die gesuchte Größe $V_Ö$ steht bereits allein auf einer Seite der Bestimmungsgleichung. Also ist keine Umstellung erforderlich.

   Zahlenwerte und Einheiten werden in die Bestimmungsgleichung eingesetzt

   $V_Ö = 4{,}6\ m^2 \cdot 86\ cm$
   Für die Einheit Liter ist die Berechnung in dm^3 erforderlich, da $1\ l = 1\ dm^3$.

   Die gegebenen Einheiten sind umzurechnen

   $V_Ö = 4{,}6 \cdot 100\ dm^2 \cdot 86 \cdot 0{,}1\ dm$ $1\ m^2 = 1\ m \cdot 1\ m = 10\ dm \cdot 10\ dm = 100\ dm^2$
   $V_Ö = 460\ dm^2 \cdot 8{,}6\ dm$ $1\ dm = 10\ cm \Rightarrow 1\ cm = 0{,}1\ dm$
   $V_Ö = 3956\ dm^3$ und mit $1\ dm^3 = 1\ l$
   $\underline{V_Ö = 3956\ l}$

3. **Auswertung des Ergebnisses**
   Der Wert des Ergebnisses liegt in dem Bereich, der sich bereits durch die Abschätzung ergeben hatte. Im Tank befinden sich noch 3956 l Heizöl.

Lösen Sie die folgende Aufgabe nach dem vorgegebenen Schema.

Die von Norddeutschland in das Ruhrgebiet verlegte Rohölleitung ist ca. 363 km lang. Die Stahlrohre haben einen Innendurchmesser $d_i = 750\ mm$ und einen Außendurchmesser $d_a = 800\ mm$. Wegen Reparaturarbeiten muss auf einem 16 km langen Teilstück das Rohöl in Tanks umgefüllt werden. Wieviel l oder m^3 Rohöl müssen diese mindestens aufnehmen?

1.5 Dreisatz, Verhältnis

1.5.1 Gleiche Verhältnisse

Von einer Rolle kaltgewalzten Bleches (allgemeiner Baustahl) mit einer Dicke von 0,35 mm werden 4 m² mit einer Masse von 11 kg herausgeschnitten. Welche Masse hat ein Blech von der gleichen Rolle mit einer Fläche von 7 m²?

Lösungsvermutung

Das Blech mit der gesuchten Masse m_2 hat die Fläche $A_2 = 7$ m². Diese Fläche ist etwas kleiner als die doppelte Fläche von $A_1 = 4$ m² des Bleches mit der bekannten Masse m_1:

7 m² ist kleiner als 2 · 4 m² = 8 m²   **7 m² < 8 m²**

Deshalb ist zu vermuten, dass die gesuchte Masse m_2 etwas kleiner ist als die doppelte Masse von $m_1 = 11$ kg:

m_2 ist kleiner als 2 · 11 kg = 22 kg   **m_2 < 22 kg**

Diese Lösungsvermutung nutzt die Kenntnisse über gleiche Verhältnisse.

Für **gleiche Verhältnisse** gilt:

„Je mehr..., desto mehr..."

Das nebenstehende Diagramm zeigt das Verhältnis von Fläche zu Masse für das hier verwendete Blech. Die Darstellung von **gleichen Verhältnissen** in einem Diagramm ergibt immer eine **Gerade**.

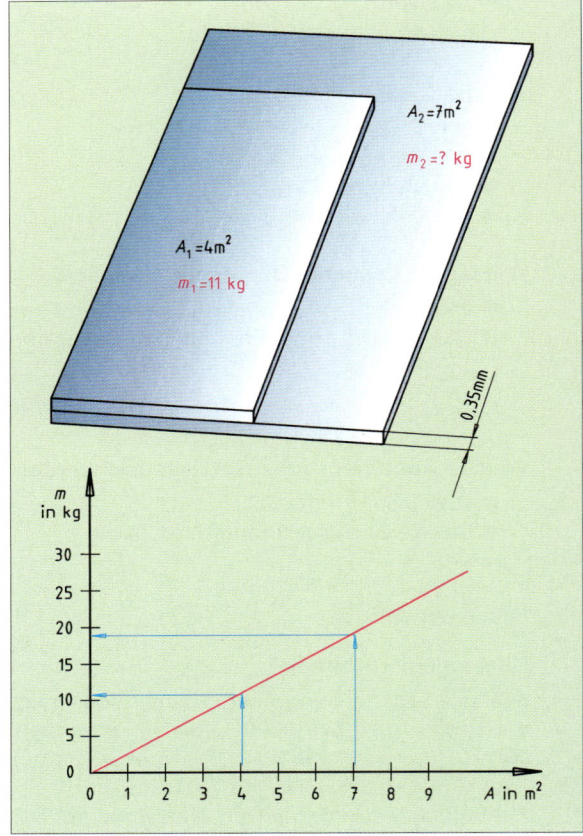

Bild 1 Gleiche Verhältnisse von Masse und Fläche

Lösung mit Dreisatz

gesucht: Masse m_2 in kg für 7 m² Blech.		gegeben: Ein Blech mit einer Fläche von 4 m² hat eine Masse von 11 kg.
4 m² haben die Masse 11 kg	⇒	**Im 1. Satz** die Behauptung aufstellen.
1 m² hat die Masse $\dfrac{11 \text{ kg}}{4 \text{ m}^2}$	⇒	**Im 2. Satz** vom Vielfachen auf das 1fache schließen.
7 m² haben die Masse $\dfrac{11 \text{ kg} \cdot 7 \text{ m}^2}{4 \text{ m}^2} = 19,25$ kg	⇒	**Im 3. Satz** vom 1fachen auf das Vielfache schließen.
7 m² haben die Masse m = 19,25 kg		

Auswertung des Ergebnisses

Das Ergebnis der Dreisatzrechnung bestätigt die Lösungsvermutung: Mit zunehmender Fläche des Bleches nimmt seine Masse im gleichen Verhältnis zu.

„Je größer die Fläche des Bleches, desto größer ist auch seine Masse."

1.5 Dreisatz, Verhältnis

1.5.1 Gleiche Verhältnisse

Wenden Sie diesen Lösungsweg der vorherigen Seite für das folgende Beispiel an:

Ein Stahlblech mit 3 mm Dicke hat bei 1 m² Fläche eine Masse von 23,60 kg. Welche Masse haben 3 Stahlbleche gleicher Dicke, die jeweils eine Fläche von 2,4 m² haben?

Übungen

1. Vier Meter Stahlrohr haben eine Gewichtskraft von F_G = 12 N. Welche Gewichtskraft haben 24 m Stahlrohr?

2. 250 Schrauben kosten 22,50 €. Was kostet ein Paket mit einem Inhalt von 50 Schrauben?

3. Eine Kiste mit Schrauben hat eine Masse m = 25 kg. Wie viele Schrauben sind in der Kiste, wenn 50 Schrauben 1 kg wiegen und die Kiste eine Masse von 1 kg hat?

4. Kaltgezogener Stahldraht mit 4 mm Durchmesser hat eine Masse von ca. 100 kg pro 1000 m. Welche Länge hat eine Stahldrahtrolle mit einer Masse von 16 kg?

5. 150 Spiralspannstifte für Zahnräder kosten 48,00 €. Für eine Kundenrechnung ist der Preis für 50 Stifte zu berechnen.

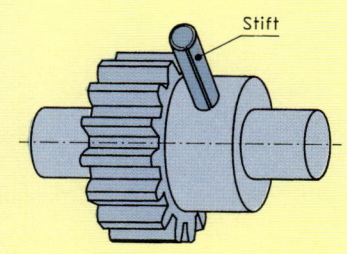

6. 55 m Rohr (DN 25) haben eine Masse von m = 134,2 kg. Welche Masse haben 30 m Rohr?

7. Aus 4 m Bandstahl lassen sich 16 Befestigungsschellen herstellen. Im Lager sind noch 40 m Bandstahl vorrätig. Wie viele Schellen können daraus gefertigt werden?

8. 1 m Winkelstahl mit L-Profil (50 x 6) hat eine Gewichtskraft von 44 N. Welche Gewichtskraft haben 12 Winkelstähle mit je 6 m Länge?

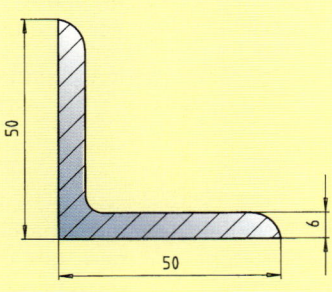

9. Ein Automat presst in 1 Minute 50 Schraubenköpfe. Wie viele Minuten werden zum Pressen von a) 25; b) 75 und c) 30000 Schraubenköpfen benötigt?

10. Stahlblech mit 3 mm Dicke hat bei 2,4 m² Fläche eine Masse von 56,54 kg. Welche Masse haben 1,7 m² Stahlblech?

11. Aus 3,6 m Rundstahl werden 45 Bolzen gefertigt. Wieviel Rundstahl wird für 56 Bolzen benötigt?

12. Vier Meter kaltgezogene Präzisionsstahlrohre mit 12 mm Außendurchmesser und 1 mm Wanddicke haben eine Gewichtskraft F_G = 10,64 N.
Welche Gewichtskraft haben 26 m Rohr?

13. Der Dieselkraftstoffverbrauch von zwei Lieferwagen wird verglichen. Wagen 1 verbraucht 7,5 l/100 km bei einer Geschwindigkeit von 90 km/h. Bei 110 km/h ist mit 18 % Mehrverbrauch zu rechnen. Wagen 2 verbraucht 9,1 l/100 km bei 110 km/h. Welcher Wagen hat bei 110 km/h den günstigeren Verbrauch?

1.5 Dreisatz, Verhältnis

1.5.2 Umgekehrte Verhältnisse

1.5.2 Umgekehrte Verhältnisse

Mit zwei Schweißmaschinen zum Widerstandsrollennahtschweißen (Bild 1) werden in 12 Stunden für eine Lüftungsanlage 240 m Rohrlänge aus Dünnblech geschweißt. Wie viele Stunden benötigen drei Schweißmaschinen für die gleiche Rohrlänge?

Lösungsvermutung

Mehr Maschinen bewirken kürzere Produktionszeiten. Um die gleiche Anzahl von Rohrlängen zu schweißen, benötigen drei Schweißmaschinen deshalb weniger als 12 Stunden.
Diese Lösungsvermutung nutzt die Kenntnisse über umgekehrte Verhältnisse.

Für **umgekehrte Verhältnisse** gilt:

> „Je mehr..., desto weniger..."

Das nebenstehende Diagramm zeigt, dass mit drei Schweißmaschinen ca. 8 Stunden benötigt werden.

gesucht: Produktionszeit t in h von 3 Schweißmaschinen für 240 m Rohrlänge.

gegeben: Produktionszeit t = 12 h von 2 Schweißmaschinen für 240 m Rohrlänge.

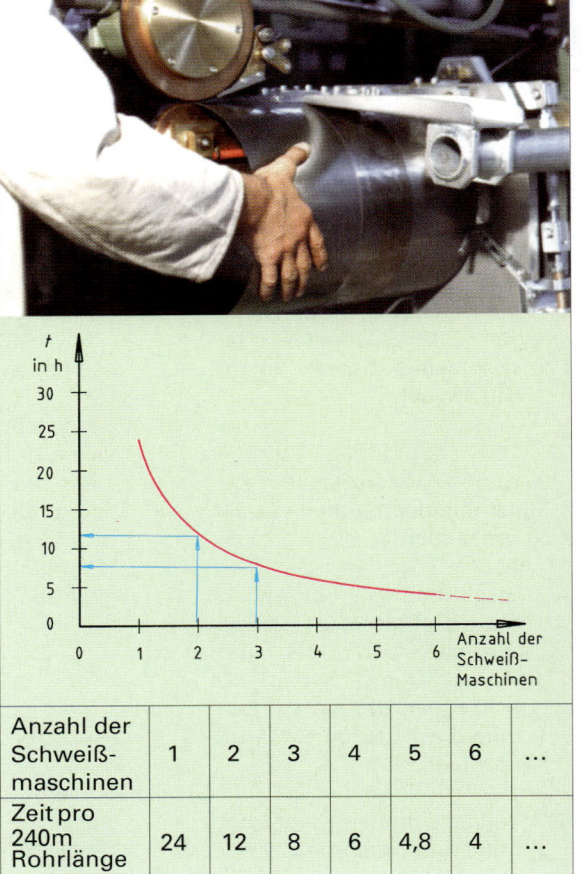

Anzahl der Schweiß-maschinen	1	2	3	4	5	6	...
Zeit pro 240m Rohrlänge	24	12	8	6	4,8	4	...

Bild 1 Umgekehrtes Verhältnis

Lösung mit Dreisatz

2 Schweißmaschinen benötigen 12 h ⇒	Im 1. Satz die Behauptung aufstellen.
1 Schweißmaschine benötigt 2 · 12 h ⇒	Im 2. Satz vom Vielfachen auf das 1fache schließen.
3 Schweißmaschinen benötigen $\frac{2 \cdot 12\,h}{3} = 8\,h$ ⇒	Im 3. Satz vom 1fachen auf das Vielfache schließen.

Drei Schweißmaschinen schweißen 240 m Rohrlänge in 8 Stunden.

Auswertung des Ergebnisses

Mit zunehmender Anzahl an Schweißmaschinen nimmt die Produktionszeit für die gleiche Rohrlänge ab, d. h., je größer die Anzahl der Schweißmaschinen ist, desto weniger Produktionszeit ist zu erwarten.

Nur für eine ganzzahlige Anzahl (1, 2, 3, ...) von Schweißmaschinen ist eine Betrachtung der Produktionszeiten sinnvoll. „Halbe Schweißmaschinen" gibt es nicht.

Wirtschaftliche Überlegungen, wie z. B. Maschinenkosten und Personalkosten begrenzen den sinnvollen Einsatz von Maschinen. Rein rechnerisch würden 100 Schweißmaschinen die Arbeit in wenigen Minuten schaffen, technisch wäre dieser Einsatz unsinnig.

1.5 Dreisatz, Verhältnis — 1.5.2 Umgekehrte Verhältnisse

Wenden Sie diesen Lösungsweg der vorhergehenden Seite für das folgende Beispiel an:

Eine mit Regenwasser gefüllte Baugrube kann mit zwei Pumpen in 30 Stunden geleert werden. In welcher Zeit ist die Baugrube mit fünf gleichen Pumpen zu leeren.

Übungen

1. Mit zwei Handbrennern lassen sich in sechs Stunden 64 Stützen brennschneiden.
   Auf welche Zeit lässt sich der Fertigungsvorgang verkürzen, wenn ein dritter Handbrenner eingesetzt wird?

2. Für die Montage einer Heizungsanlage eines Zweifamilienhauses sind vier Installateure 80 Stunden beschäftigt.
   Wie viele Installateure sind einzusetzen, wenn die Montage einer gleichen Heizungsanlage in mindestens 64 Stunden bewältigt werden soll?

3. Die vier Lüfter einer Werkshalle tauschen in 6 Stunden 192000 m³ Luft aus.
   In welcher Zeit wird die gleiche Luftmenge ausgetauscht, wenn zusätzlich zwei Lüfter gleicher Leistung eingesetzt werden?

4. Eine Gruppe von 6 Konstruktionsmechanikern benötigt für das Aufstellen einer Werkshalle 12 Tage bei einer Arbeitszeit von 8 Stunden pro Tag. Zum Aufstellen einer gleichen Halle wird die Gruppe um zwei Facharbeiter verstärkt. In welcher Zeit ist die Montage der Werkshalle durchzuführen?

5. In einem Handwerksbetrieb werden Spulen für Elektromotoren mit Hilfe von Wickelmaschinen hergestellt. In 8 Stunden fertigen drei Wickelmaschinen 264 Spulen.
   Wie viele Spulen können noch gefertigt werden, wenn für 8 Stunden eine Maschine ausfällt?

6. Zwei Biegeautomaten fertigen in 9 Stunden 3600 Stahlwinkel.
   Wie viele Maschinen müssten eingesetzt werden, wenn in 5 Stunden 5000 Stahlwinkel gefertigt werden sollen?

7. Zum Ausheben eines Grabens für eine Erdgasrohrleitung werden zwei Spezialbagger eingesetzt. Ein Bagger hebt 16 m Rohrgraben in einer Stunde aus.
   Wieviel Zeit benötigen die beiden Bagger für einen 800 m langen Rohrgraben?

8. Drei Installateure haben 240 m Deckenschienen für die Aufhängung von Rohrleitungen in 28 Stunden befestigt. Für einen vergleichbaren Auftrag werden vier Installateure eingesetzt.
   In welcher Zeit können sie die Installation ausführen.

9. Eine mit Regenwasser gefüllte Baugrube einer Werkshalle könnte mit 3 Pumpen in 20 Stunden geleert werden.
   Kontrollieren Sie, ob der Einsatz von 5 Pumpen gleichen Typs das Entleeren in einer Nacht (12 Stunden) ermöglicht.

10. Für ein freistehendes Gitter werden 120 Stäbe bei einem Abstand von 100 mm gebraucht.
    Wie viele Stäbe sind bei einem Abstand von 150 mm nötig?

11. Durch eine Wasserleitung mit 1257 cm² Querschnitt fließen bei einer Wassergeschwindigkeit von 1,1 m/s in der Stunde 497,8 m³ Wasser.
    Wieviel m³ Wasser fließen in einer Stunde durch eine Rohrleitung mit 240 cm² Querschnitt, wenn die Wassergeschwindigkeit 1,6 m/s beträgt?

12. Ein Wärmeofen mit 12 kW Leistung braucht zwei Stunden, um den Einsatz auf die geforderte Temperatur zu erwärmen.
    Welche Zeit braucht ein Ofen mit 18 kW Leistung?

13. Laut Auftrag sind 1104 Rohrschellen zu fertigen. Die erste Gruppe mit 4 Gesellen fertigt in 6 Stunden 600 Rohrschellen. Die zweite Gruppe mit 3 Gesellen fertigt in 7 Stunden den Rest.
    Vergleichen Sie die Leistung je Geselle und Stunde der beiden Gruppen.

14. 2 m² Stahlblech mit einer Dicke von 4 mm haben die Masse von 62,8 kg.
    Welche Masse haben 7 m² Stahlblech mit einer Dicke von 5,5 mm?

1.6 Prozentrechnung

Für eine Kreissägemaschine ist beim Großhändler ein Gesamtpreis (Bruttopreis) von 2445,00 € angegeben. Bei Mitnahme und Barzahlung durch den Kunden werden 4% Preisnachlass (Rabatt) gewährt. Welcher tatsächliche Preis (Nettopreis) in € ist in diesem Fall für die Kreissägemaschine zu bezahlen?

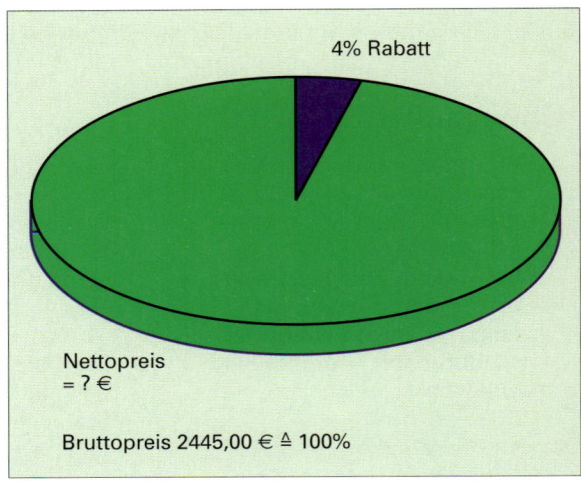

Bruttopreis 2445,00 € ≙ 100%

Lösungsvermutung:

Da der Rabatt mit 4 % angegeben ist, d. h. des $\frac{4}{100}$ Bruttopreises beträgt, ist mit einem Preisnachlass kleiner

$\frac{4}{100}$ von 2500,00 € = 100,00 € zu rechnen.

gesucht: Nettopreis = ? €

gegeben: Bruttopreis = 2445,00 €
Rabatt = 4 %

Zuordnungen bei der Prozentrechnung

| 100 % ≙ dem Ganzen (Grundwert) |
| x % ≙ dem Teil vom Ganzen (Prozentwert) |
| 1 % ≙ $\frac{1}{100}$ des Grundwertes |

Für dieses Beispiel gilt:

- Der Bruttopreis ≙ 100 %
- Der Rabatt ≙ 4 %
- Der Nettopreis ≙ 96 %

Lösung mit Prozentrechnung

Der **Behauptungssatz** sagt aus:	⇒	100 % ≙ 2445,00 €
Vom Grundwert 100 % auf 1 % schließt der **Mittelsatz**:	⇒	1 % ≙ $\frac{2445,00\ €}{100\ \%}$
Von 1 % auf 96 % (Prozentwert) folgert der **Schlusssatz**:	⇒	96 % ≙ $\frac{2445,00\ €\ \cdot\ 96\ \%}{100\ \%}$ = 2347,20 €

Der Nettopreis beträgt 2347,20 €

Auswertung des Ergebnisses

Der Rabatt verringert den Bruttopreis um 97,80 €. Der Kunde braucht bei Barzahlung und Mitnahme der Kreissägemaschine nur noch den Nettopreis von 2347,20 € zu bezahlen.

1.7 Der Satz des Pythagoras

Übungen

1. Der Barpreis eines Heißluftgebläses zum Kunststoffschweißen beträgt 294,50 €. Wie groß ist der Anteil der 16 % Mehrwertsteuer in €?

2. Eine elektronische Handbohrmaschine kostet 330,00 €. Das Spannbackenfutter ist mit 8 % in diesem Preis enthalten. Welchen Preis hat das Spannbackenfutter?

3. Ein Elektromotor hat bei Nennbelastung eine Umdrehungsfrequenz von 2850/min. Bei kurzzeitiger Überlastung sinkt die Umdrehungsfrequenz um 18 %. Welche Umdrehungsfrequenz stellt sich ein?

4. Beim Kauf von 50 Absperrventilen gewährt der Großhändler 6 % Mengenrabatt. Welcher Preis ist zu bezahlen, wenn das einzelne Absperrventil 9,95 € kostet?

5. Die Mitarbeiter eines metallverarbeitenden Handwerksbetriebes erhalten jährlich 20 % Gewinnbeteiligung. Wie hoch war der Gewinn des Betriebes, wenn jedem der 12 Mitarbeiter 446,00 € ausbezahlt wurden?

6. Der Anteil der Montagekosten für ein komplettes Lagergehäuse beträgt 41 %. Wie viel € sind das, wenn das fertige Lagergehäuse 72,00 € kostet?

7. Eine Klimaanlage für den Computerraum eines Ingenieurbüros wird mit 21500,00 € Gesamtkosten veranschlagt. Die elektronische Steuer- und Regeleinrichtung der Klimaanlage sollte 9 % der Gesamtkosten nicht überschreiten. Wie teuer darf die Steuer- und Regeleinrichtung höchstens sein?

8. Beim Kauf eines auslaufenden Typs einer Ständerbohrmaschine erhält der Inhaber der Bauschlosserei 28 % Preisnachlass, das sind 973,50 €. Wie hoch war der empfohlene Richtpreis für die Ständerbohrmaschine?

9. Der Barpreis einer drehzahlgeregelten Schlagbohrmaschine beträgt 244,50 €. Bei Teilzahlung in drei Raten wird ein Aufschlag von 21,50 € berechnet. Wie viel Prozent beträgt der Aufschlag?

10. Der Werkstoffverlust (Verschnitt) bei der Fertigung von Frontplatten für Elektroschaltschränke aus Feinblech beträgt 21,4 %. Wie viel € sind für den Verschnitt zu berechnen, wenn pro Serie Feinblech für 7223,00 € benötigt wird?

1.7 Der Satz des Pythagoras

In einer Bauschlosserei soll aus Vierkantrohr (40 mm) eine Gartentür mit nebenstehenden Maßen gefertigt werden. Zur Stabilisierung ist eine Querstrebe einzuschweißen. Der Geselle muss die Länge der Querstäbe ermitteln. In der Praxis bieten sich ihm hierfür mehrere Möglichkeiten:

1. Zuerst wird der Rahmen gefertigt. Dann wird die Querstrebe an den Rahmen angepasst.

2. Der Geselle zeichnet den Rahmen in einem geeigneten Maßstab. Die für die Querstrebe erforderliche Länge wird aus der Zeichnung ermittelt.

3. Die Länge der Querstrebe wird berechnet.

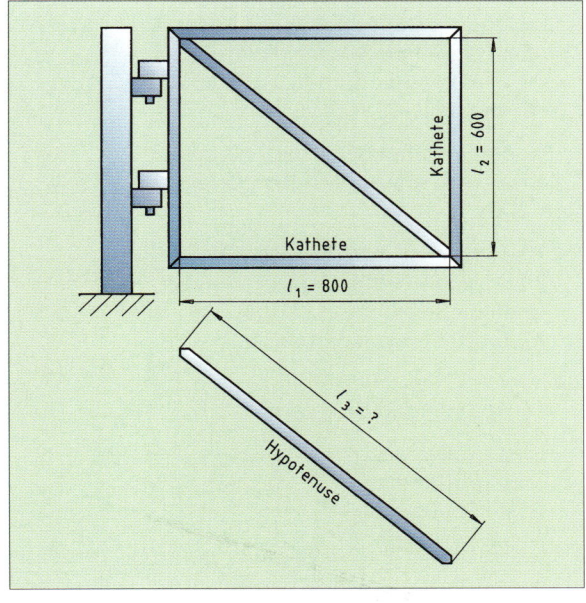

1.7 Der Satz des Pythagoras

Die Länge der Querstrebe lässt sich mit Hilfe der Bestimmungsgleichung für **rechtwinklige Dreiecke** berechnen, die auch als **Satz des Pythagoras** bezeichnet wird.

Nach diesem Satz gilt:

Die Summe der Quadrate der beiden Katheten ist gleich dem Quadrat der Hypotenuse.

$a^2 + b^2 = c^2$ und damit $l_1^2 + l_2^2 = l_3^2$

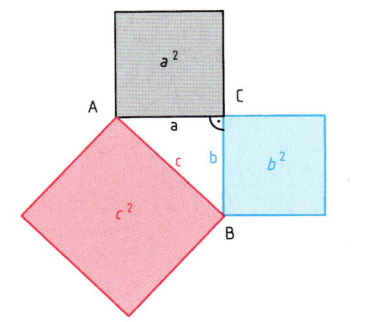

Umgeformt ergibt sich:

$l_3 = \sqrt{l_1^2 + l_2^2}$

$l_2 = \sqrt{l_3^2 - l_1^2}$

$l_1 = \sqrt{l_3^2 - l_2^2}$

Die Querstrebe kann nun berechnet werden:

gesucht: Hypotenuse l_3

gegeben: Kathete l_1 = 800 mm

Kathete l_2 = 600 mm

Lösung

$l_3 = \sqrt{l_1^2 + l_2^2}$

$l_3 = \sqrt{(800 \text{ mm})^2 + (600 \text{ mm})^2}$

$l_3 = \sqrt{640000 \text{ mm}^2 + 360000 \text{ mm}^2}$

$l_3 = \sqrt{1000000 \text{ mm}^2}$

$\underline{l_3 = 1000 \text{ mm}}$

Auswertung des Ergebnisses

Das Vierkantrohr ist auf 1000 mm abzulängen. Damit die Querstrebe in den Rahmen eingepasst werden kann, müssen die Enden noch auf Gehrung geschnitten werden.

Für die Ergebniskontrolle bieten sich verschiedene Möglichkeiten an, z. B.:

- Es wird eine maßstäbliche Freihandskizze angefertigt und anschließend die Länge der Querstrebe l_3 ausgemessen.
- Wegen der Beziehungen im rechtwinkligen Dreieck gilt:

  l_3 ist größer als l_1 $l_3 > l_1$
  l_3 ist größer als l_2 $l_3 > l_2$
  l_3 ist kleiner als $l_1 + l_2$
  $l_3 < l_1 + l_2$

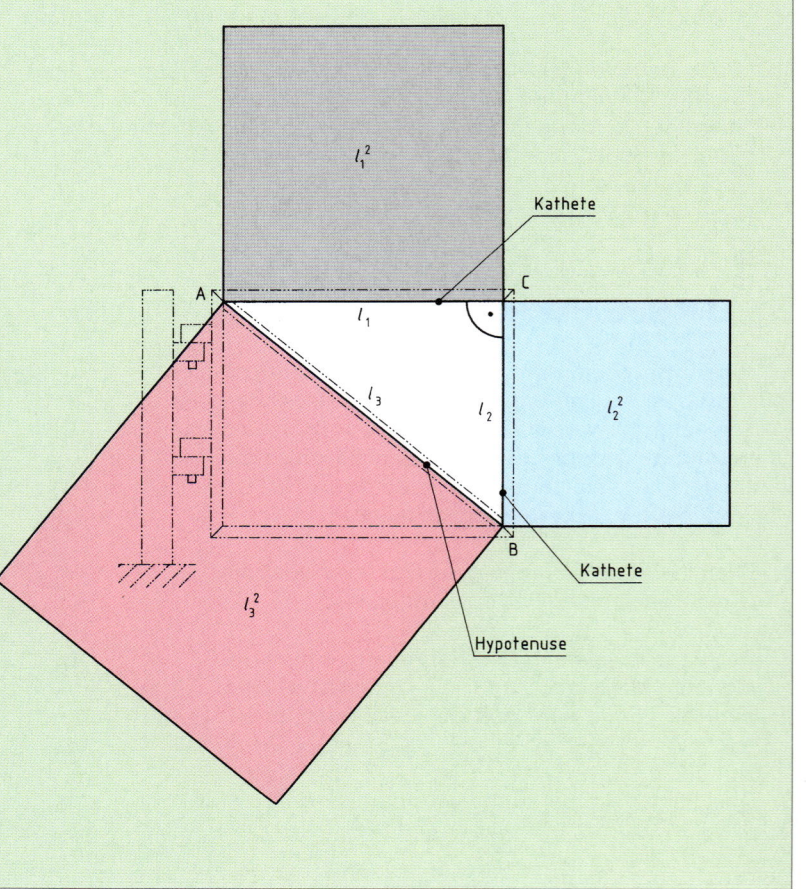

1.7 Der Satz des Pythagoras

Bei fast allen Anwendungen des Satzes des Pythagoras ist das Entdecken des rechtwinkligen Dreiecks das eigentliche Problem.

Übungen

1. Bestimmen Sie die Länge von l.

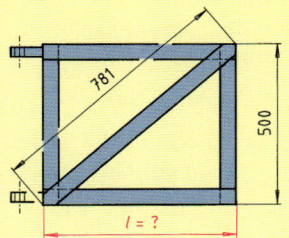

2. In einer Bauschlosserei soll aus 40 mm Vierkantrohr für eine Gartentür die Querstrebe l gefertigt werden.
   a) Berechnen Sie die Länge der Querstrebe l in mm.
   b) Kontrollieren Sie Ihr Ergebnis.
   c) Warum ist der Zahlenwert für die Querstrebe abzurunden?

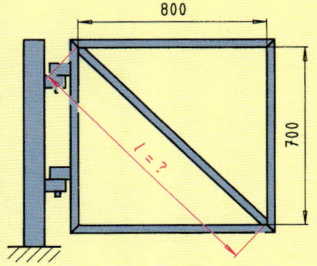

3. Berechnen Sie für die Treppe die Länge von Handlauf und Füllstäben zwischen zwei senkrechten Stäben Ro 48,3 x 3,2.

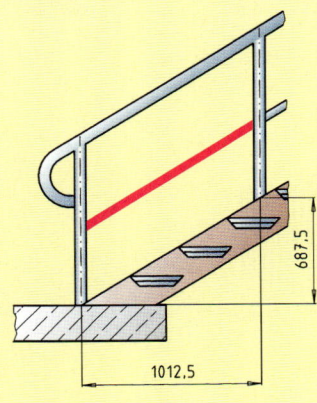

4. Finden Sie die rechtwinkligen Dreiecke. Bestimmen Sie die Seitenlängen (Profile selbst wählen).

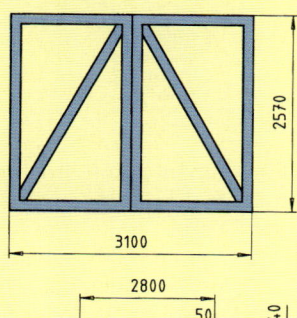

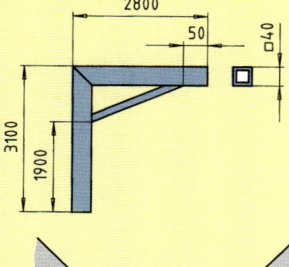

5. Ein Mast soll durch vier Seile in seiner Position gehalten werden. Die Seile werden 5 m vom Mast entfernt am Boden befestigt. Wie lang muss jedes Seil mindestens sein?

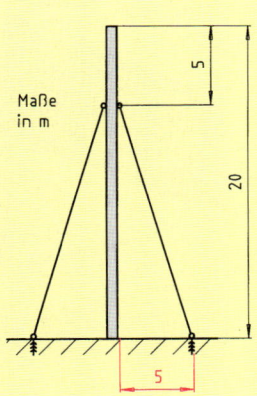

6. Für ein Gewächshaus ist eine Aluminiumkonstruktion mit 40 mm T-Profilen herzustellen. Auf welche Länge sind die Streben l zu sägen?

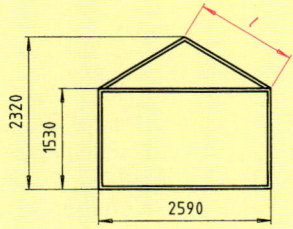

7. Ein Ausleger soll vom Drehgestell aus eine Förderhöhe von 1,5 m haben. Wie lang müssen die Streben l_1 und l_2 sein?

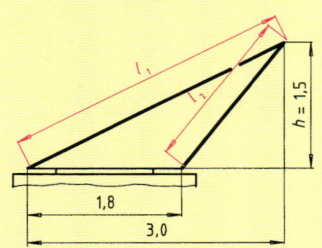

8. Eine Innenwand in einem Reihenhaus soll zwischen Keller und Erdgeschoss für die Durchführung einer Leitung mit einem Durchmesser von 20 mm durchbohrt werden.
Wie lang muss der Steinbohrer mindestens sein?

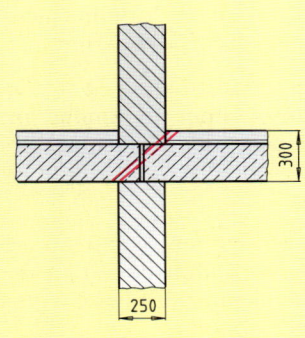

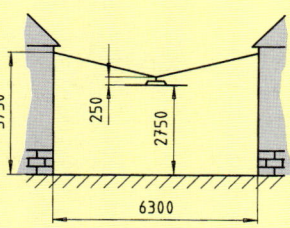

1.8 Winkelfunktionen

9. Der Ausleger wird durch eine Druckstrebe mit $l = 3{,}30$ m gestützt.
   Wie groß ist der Abstand x der beiden Lager?

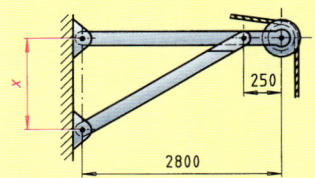

10. Eine Platte dient zur Befestigung eines Flanschlagers. In diese Platte sind 4 Bohrungen für Schrauben M12 zu bohren.
    Wie groß ist der Lochmittenabstand x?

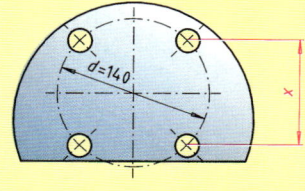

11. Berechnen Sie den Mindestdurchmesser des Rohmaterials für eine Sechskantmutter M30 mit der Schlüsselweite $s = 44$ mm (Sonderanfertigung).

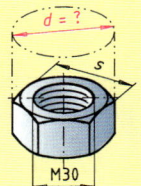

12. Für einen Einfülltrichter gelten die Abmessungen der Skizze.
    a) Berechnen Sie die Länge x der Seitenwände.
    b) Wie lang ist die Schweißnaht der Kante s?

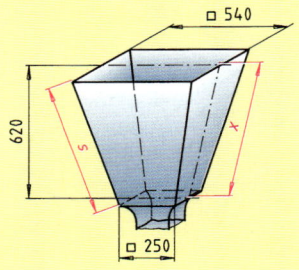

13. Das pyramidenförmige Dach einer Kirchturmspitze soll neu mit Kupferblech gedeckt werden. Für die Berechnung der 4 Dreiecksflächen wird die Länge der Kante s und die Höhe einer Dreiecksseite h_s benötigt.

    Berechnen Sie

    a) die Länge der Diagonalen d der Grundseite der Pyramide,
    b) die Länge der Kante s und
    c) die Länge der Höhe h_s.

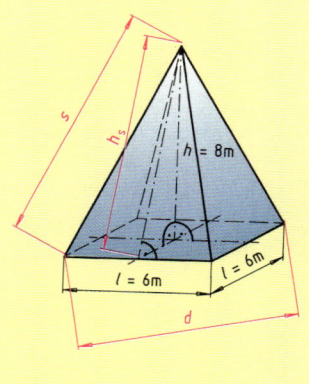

1.8 Winkelfunktionen

Tore müssen bei steigenden Einfahrten den besonderen Bedingungen entsprechen. Beim Öffnen muss sich der Torflügel der Einfahrtssteigung anpassen. Diese Forderung erfüllt ein schräg aufgehendes Tor.

Der Steigungswinkel beträgt $\alpha = 8°$ und der Torflügel hat eine Länge von $L = 3000$ mm.

Zur Konstruktion der Drehpunkte und Torbänder muss zunächst der Höhenunterschied H rechnerisch bestimmt werden.

Diese Aufgabe kann mit Hilfe der Winkelfunktionen im rechtwinkeligen Dreieck gelöst werden.

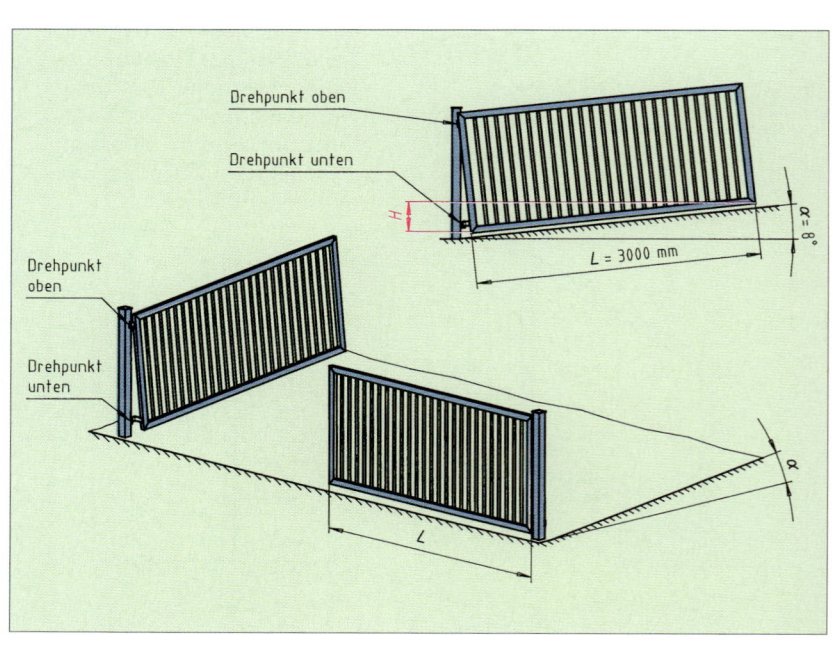

1.8 Winkelfunktionen

Allgemeine Aussagen zum rechtwinkligen Dreieck

Ähnliche Dreiecke	Seitenabhängigkeit	Bezeichnung	Schreibweise
	$\dfrac{\text{Gegenkathete}}{\text{Hypotenuse}}$	Sinusfunktion	$\sin \alpha = \dfrac{a}{c} = \dfrac{a'}{c'} = \dfrac{a''}{c''} = \ldots$
	$\dfrac{\text{Ankathete}}{\text{Hypotenuse}}$	Cosinusfunktion	$\cos \alpha = \dfrac{b}{c} = \dfrac{b'}{c'} = \dfrac{b''}{c''} = \ldots$
	$\dfrac{\text{Gegenkathete}}{\text{Ankathete}}$	Tangensfunktion	$\tan \alpha = \dfrac{a}{b} = \dfrac{a'}{b'} = \dfrac{a''}{b''} = \ldots$
	$\dfrac{\text{Ankathete}}{\text{Gegenkathete}} = \dfrac{1}{\tan}$	Cotangensfunktion	$\cot \alpha = \dfrac{b}{a} = \dfrac{b'}{a'} = \dfrac{b''}{a''} = \dfrac{1}{\tan \alpha}$

Für die gestellte Aufgabe ist nun das rechtwinkelige Dreieck zu finden, auf das eine der Winkelfunktionen angewendet werden kann.

gesucht: Höhenunterschied H
gegeben: Länge des Torflügels $L = 3000$ mm
Steigungswinkel $\alpha = 8°$

Lösung

$\sin \alpha = \dfrac{\text{Gegenkathete}}{\text{Hypotenuse}}$

$\sin \alpha = \dfrac{H}{L}$

$H = L \cdot \sin \alpha \qquad \sin 8° \approx 0{,}14$ (Taschenrechner)

$H = 3000 \text{ mm} \cdot \sin 8°$

$H = 3000 \text{ mm} \cdot 0{,}14$

$\underline{H = 420 \text{ mm}}$

Auswertung des Ergebnisses:

- Eine Vergrößerung (Verkleinerung) des Steigungswinkels α hat eine Vergrößerung (Verkleinerung) des Höhenunterschiedes H zur Folge.

- Eine Vergrößerung (Verkleinerung) der Länge L des Torflügels hat eine Vergrößerung (Verkleinerung) des Höhenunterschiedes H zur Folge.

Steigungen oder **Gefälle** werden meist durch das Verhältnis von **Gegenkathete** zu **Ankathete**, also von H zu l angegeben. Laut obiger Tabelle ist dies der **Tangens** des Anstiegswinkels α.

Beispiel:

$H = 25$ cm
$L = 125$ cm

$\tan \alpha = \dfrac{25 \text{ cm}}{125 \text{ cm}} = 0{,}2$

In der Praxis wird eine Steigung oder ein Gefälle auch häufig durch das **Verhältnis** $1 : n$ angegeben. Die Höhe H wird dabei als 1 gesetzt und n gibt die Länge l als Vielfaches der Höhe H an.

$\dfrac{H}{L} = \dfrac{25 \text{ cm}}{125 \text{ cm}} = \dfrac{1}{5} = 1 : 5$

Eine andere Möglichkeit ist, die Höhe H als **Prozentwert** der Länge l anzugeben. Die Länge l wird als 100 % gesetzt. Die Angabe einer Steigung oder eines Gefälles in Prozent besagt dann, um wie viele cm (oder m) eine Neigung auf einer Länge l von 100 cm (oder 100 m) steigt bzw. fällt.

125 cm $\; \widehat{=} \;$ 100 %

1 cm $\; \widehat{=} \; \dfrac{100 \text{ \%}}{125 \text{ cm}}$

25 cm $\; \widehat{=} \; \dfrac{100 \text{ \%} \cdot 25 \text{ c}}{125 \text{ cm}}$

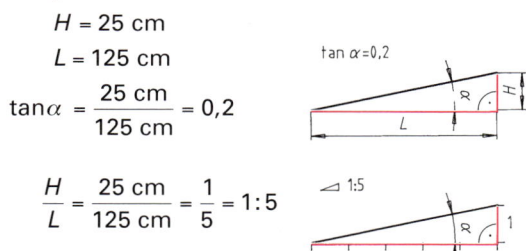

1.8 Winkelfunktionen

Übungen

1. Für das obige Beispiel ist für die Hinterkante des Torflügels der Versatz x vom oberen Drehpunkt zum unteren Drehpunkt zu bestimmen. Die Drehpunkte haben den Abstand $a = 950$ mm. Der Neigungswinkel beträgt $\alpha = 8°$.

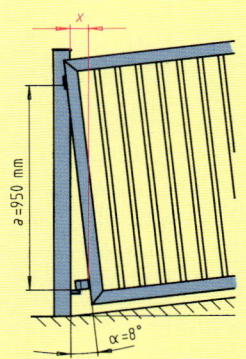

2. Der Ausleger einer Beleuchtungsanlage hat die Länge $L_1 = 1600$ mm. Welchen Abstand haben die beiden Befestigungspunkte von der Wand?

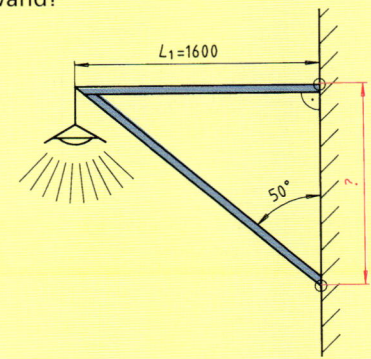

3. Für eine Entwässerungsanlage ist ein Anschlusskanal nach folgendem Gefälleplan mit einem Neigungswinkel $\alpha = 3°$ herzustellen. Welcher Höhenunterschied H ergibt sich auf der 16 m langen Gefällestrecke?
Geben Sie das Gefälle in Prozent an.

Pos.	Bauteil
1	Mischwasserkanal
2	Mischwasserleitung
3	Regenwasserleitung
4	Schmutzwasserleitung
5	Regenwasserablauf
6	Ablauf mit Rückstauverschluss
7	Entwässerungsrinne mit Geruchsverschluss
8	Reinigungsrohr

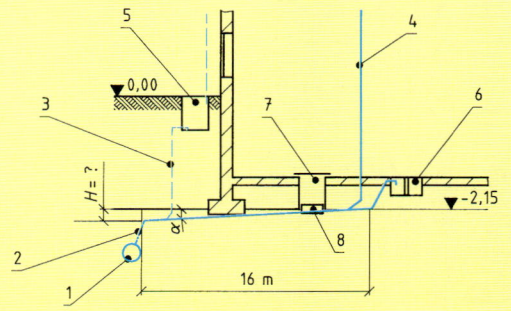

4. Das Mindestgefälle für liegende Leitungen in Gebäuden sollte 2 % nicht unterschreiten. Die Fallleitung für die Anschlussleitung der Sanitärinstallation erfordert daher ein Mindestgefälle von 5,35 cm. Berechnen Sie den Gefällewinkel α.

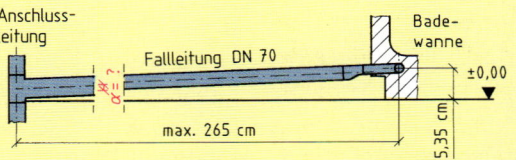

5. Welcher Kontrollabstand b ergibt sich für die Freitreppe bei einem Steigungswinkel $\alpha = 30°$?

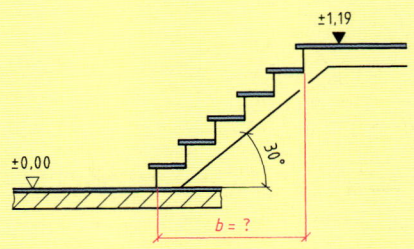

6. Die beste Begehbarkeit von Treppen liegt bei einem Steigungswinkel $\alpha = 25°...30°$. Die geradläufige Stahltreppe erreicht bei einer Lauflänge von $L = 8$ m eine Geschosshöhe von $H = 4,07$ m. Überprüfen Sie rechnerisch, ob der Steigungswinkel innerhalb dieser Werte liegt.

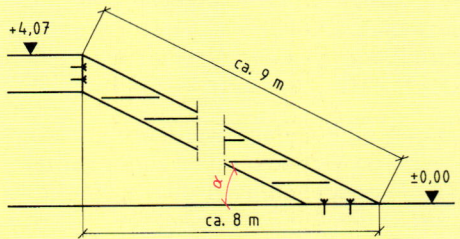

7. Auf dem Werkstattdach soll ein Sonnenkollektor aufgestellt werden. Welche Schattenlänge wirft das 3,70 m höhere Bürogebäude, wenn die Sonne im Winter mit minimal 30° einstrahlt?

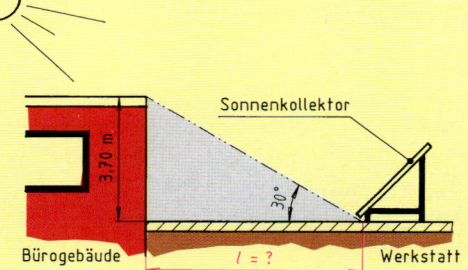

1.9 Graphische Darstellungen
1.9.1 Entwicklung einer graphischen Darstellung

Zur Klärung von technischen Fragestellungen werden, wie in den Naturwissenschaften (Physik, Chemie), häufig Versuche genutzt. Sie müssen geplant, durchgeführt und ausgewertet werden. Während der Versuchsdurchführung werden oftmals Messwerte (Messdaten) festgehalten.

Versuchsbeispiele

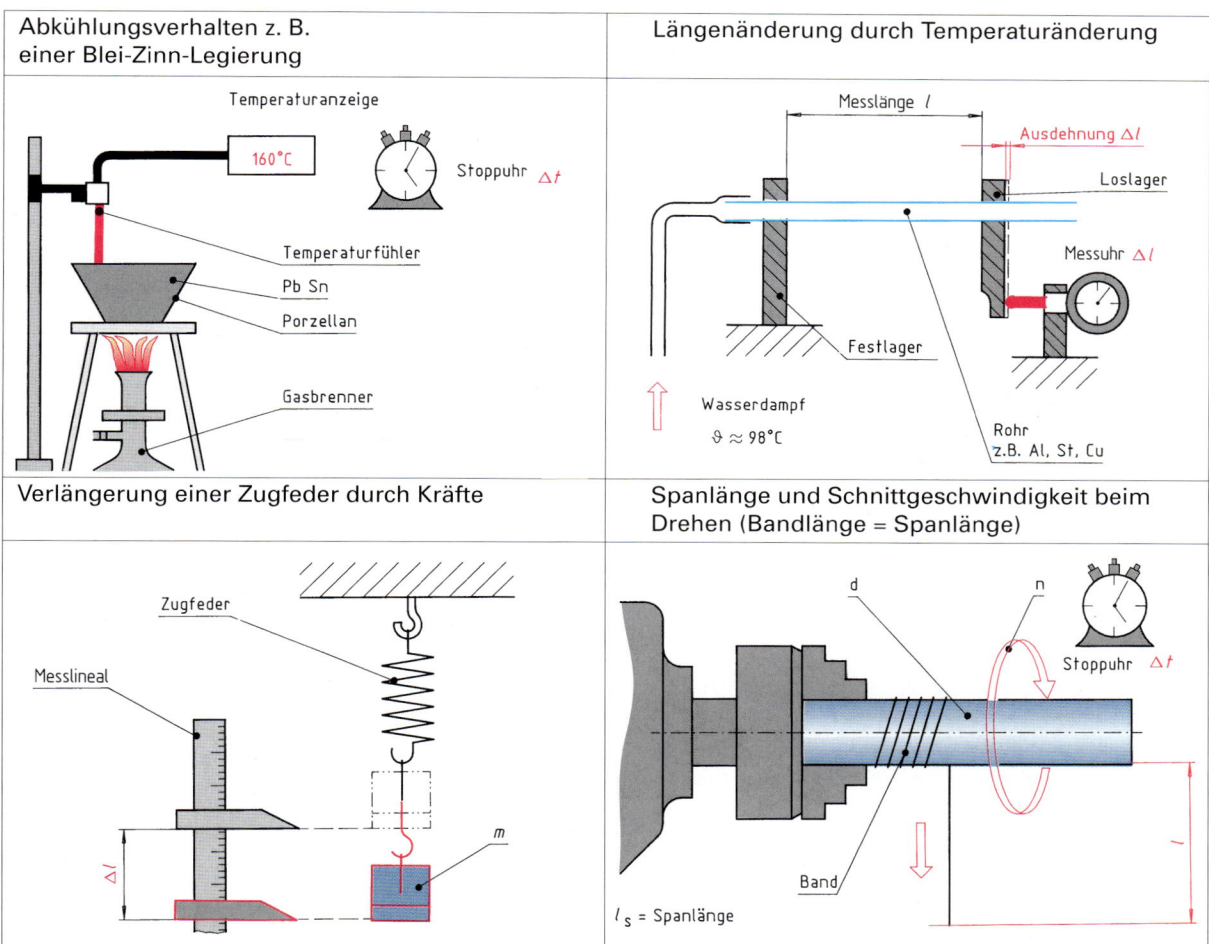

Um die Abkühlungskurve einer Blei-Zinn-Legierung aufzunehmen, wird z. B. alle 60 Sekunden die Temperatur der Schmelze gemessen. Dabei ergibt sich die nebenstehende Messwerttabelle (vgl. auch Technologie Seite 10 zum Versuch: Abkühlungsverhalten von Zinn).

Wertetabellen sind in vielen Fällen nur schwer zu deuten. Die zeichnerische (graphische) Darstellung ist oft anschaulicher.

Für graphische Darstellungen von Wertepaaren wird in der Technik häufig das **Koordinatensystem** nach DIN 461 verwendet.

Messwert Nr.	Zeit t in min	Temperatur ϑ in °C
0	0,0	346
1	1,0	283
2	2,0	256
3	3,0	223
4	4,0	201
5	5,0	182
6	6,0	182
7	7,0	182
8	8,0	182
9	9,0	180
10	10,0	141

Bild 1 Messwerttabelle

1.9 Graphische Darstellungen

1.9.2 Lesen einer graphischen Darstellung

Zunächst müssen die Achsenbezeichnungen festgelegt werden. Die Zeit ist **nicht beeinflussbar**, sie wird auf der waagerechten Achse abgetragen. Die Temperatur **ändert** sich mit fortschreitender Zeit, sie wird auf der senkrechten Achse abgetragen.

Die Aufteilung (Maßstab) der Zeit- und der Temperaturachse hängt vom Format der Darstellung und von der Größenordnung der gemessenen Werte ab. Hier steht ein Format von 7,5 cm · 7,5 cm zur Verfügung. Damit ergeben sich folgende Maßstäbe:

Zeitachse: 1 min ≙ 0,5 cm
Temperaturachse: 100 °C ≙ 1,5 cm

Jedes gemessene „Zeit - Temperatur" Wertepaar ergibt im Koordinatensystem einen Messpunkt (vgl. Bild 1).

Um die Messpunkte zu verbinden, muss sichergestellt sein, dass alle Zwischenwerte ebenfalls messbar sein könnten. Für diesen Versuch trifft dies zu. Das Ergebnis ist die Abkühlungskurve der Blei-Zinn-Legierung (vgl. Bild 2).

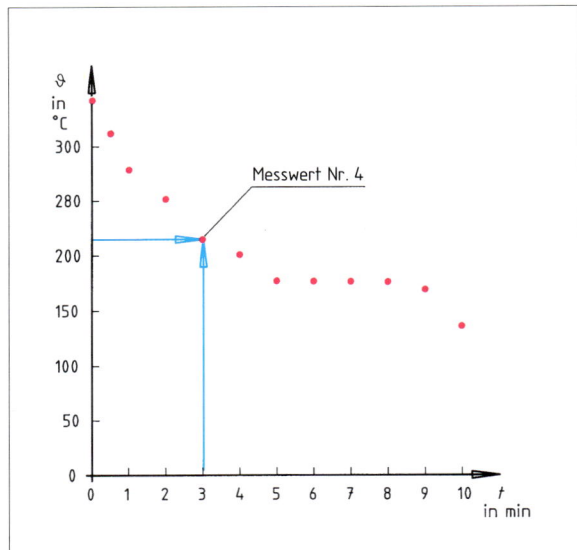

Bild 1 Messwertpaare

1.9.2 Lesen einer graphischen Darstellung

Welche Informationen können nun aus der graphischen Darstellung der Abkühlungskurve herausgelesen werden?

- Die Temperatur sinkt in bestimmten Bereichen in gleichen Zeitabschnitten um gleiche Werte. Zwischen der Zeit und der Temperatur besteht ein **direktes Verhältnis**, die Kurve hat einen annähernd geraden Verlauf (vgl. TECHNISCHE MATHEMATIK Kap. 1.5.1).

- Die Temperatur sinkt bis zum Wert $\vartheta = 182\,°C$ gleichmäßig (direktes Verhältnis). Anschließend bleibt sie eine bestimmte Zeit konstant auf diesem Wert und fällt dann wieder gleichmäßig.

- Für den gesamten Messbereich kann zu jeder Zeit der Temperaturwert und zu jedem Temperaturwert eine Zeit abgelesen werden:
  a) Zur Zeit $t = 1,8$ min beträgt $\vartheta = 265\,°C$.
  b) Die Temperatur $\vartheta = 186\,°C$ ist nach $t = 4,5$ min erreicht.

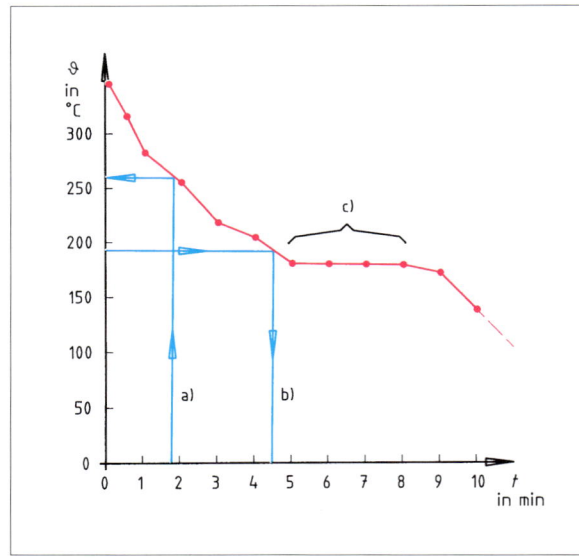

Bild 2 Abkühlungskurve der Zinn-Blei-Legierung

- Das langsamere Absinken der Temperatur und das Verharren bei 182 °C im Bereich c) muss technologisch gedeutet werden.
Vergleichen Sie hierzu TECHNOLOGIE Kap. 1.2.1. 182° C ist die Temperatur, bei der die Schmelze der hier untersuchten Blei-Zinn-Legierung erstarrt.

1.9.3 Beispiele für graphische Darstellungen

Torten- oder Kreisdiagramm

Legierungsbestandteile des Sonderlots LAg 49

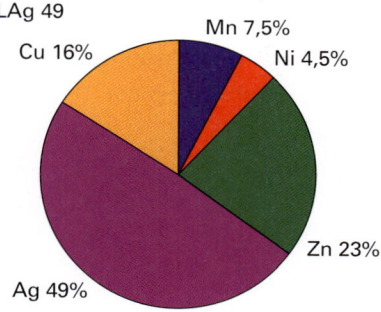

Zur Aufteilung von 100 % steht der Vollkreis mit 360° zur Verfügung. Damit entspricht

1 % einem Winkel von $\dfrac{360° \cdot 1\,\%}{100\,\%} = 3{,}6°$.

Für die jeweiligen Prozentanteile werden die entsprechenden Winkel berechnet, z. B. Winkel φ für Kupfer mit einem Anteil von 16 %:

$$\varphi = \dfrac{360° \cdot 16\,\%}{100\,\%} = 57{,}6°.$$

Anwendungsbeispiele
- Leistungsbilanz (Motoren, Heizung usw.)
- Gewinnaufteilung
- Sitzverteilung im Parlament

Sankey[1]-Diagramm

Leistungsbilanz eines Ottomotors

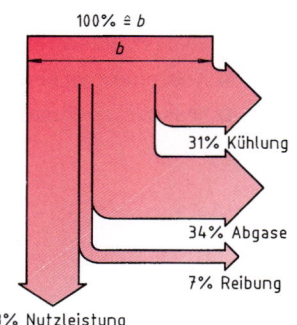

Zur Darstellung der gesamten zugeführten Energie mit 100 % steht die Ausgangsbreite $b = 25$ mm zur Verfügung. Die einzelnen Anteile der abgegebenen Energie können prozentual aufgeteilt und in der entsprechenden Breite gezeichnet werden.

Für die Darstellung von 31 % abgegebener Kühlenergie ergibt sich eine Breite von

$$b_{\text{Kühl}} = \dfrac{25\text{ mm} \cdot 31\,\%}{100\,\%} = 7{,}75 \text{ mm}.$$

Anwendungsbeispiele
- Energiebilanz von Motoren und Heizungen
- Gewinnaufteilung
- Berufsgliederung der Mitarbeiter

Balkendiagramm

Stückzahlen

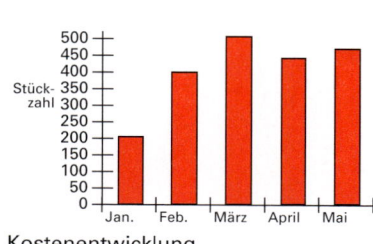

Kostenentwicklung

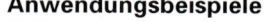

Dargestellt werden sollen die **Stückzahlen** einer Fertigung pro Monat. Die senkrechte Achse wird gemäß der höchstens zu erwartenden Stückzahl und des vorhandenen Formates aufgeteilt.

Auf der waagerechten Achse werden z. B. Tage, Wochen, Monate oder Jahre aufgetragen.

Die ermittelte Stückzahl wird im Maßstab auf eine Länge umgerechnet und als Balken gezeichnet.

Bei der Darstellung der **Kostenentwicklung** ist die **Nulllinie** des Diagramms zu beachten. Sie markiert die Bezugsgröße, auf die sich alle anderen Angaben beziehen.

Anwendungsbeispiele
- Stromverbrauch pro Monat
- Lehrstellenentwicklung
- Gewinn und Verlust
- Auslastung einer Werkzeugmaschine
- Wahlanalysen

---

[1] Irischer Ingenieur (1853–1921)

1.9 Graphische Darstellungen

1.9.3 Beispiele für graphische Darstellungen

Stabdiagramm

Elektrochemische Spannungsreihe

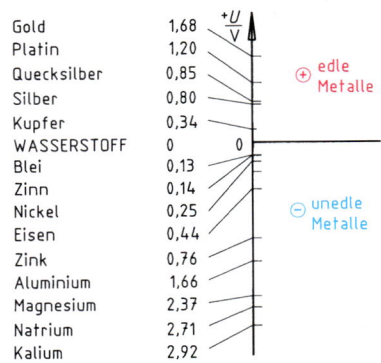

Aus der elektrochemischen Spannungsreihe kann die abgegebene Spannung eines Elements (Batterie, Akkumulator) rechnerisch mit Hilfe der Einzelspannungen ermittelt werden.

Beispiel:
Kupfer-Zink-Element

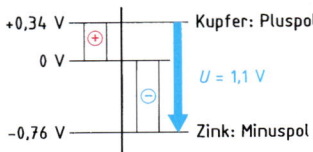

Anwendungsbeispiele
- Histogramm in der Prüftechnik
- Skaleneinteilung
- Vermessungstechnik
- Rechenstäbe

Qualitatives Liniendiagramm

Auswertung einfacher Werkstattversuche

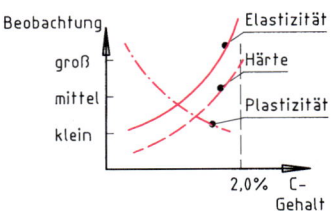

Mit einer Versuchsreihe kann die Abhängigkeit z. B. von Härte, Elastizität und Plastizität vom Kohlenstoffgehalt qualitativ (ohne genaue Zahlenwerte) ermittelt werden.
Die Versuchsergebnisse sind nur mit „je...desto"-Aussagen beschreibbar, z. B.:
„Je größer der Kohlenstoffgehalt, desto größer ist die Härte."

Anwendungsbeispiele
- Werkstoffkennwerte
- Kostenentwicklung
- Maschineneinsatz

Quantitatives Liniendiagramm

Kennlinie einer Druckfeder

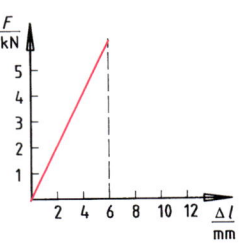

Ähnlich wie in Kap. 1.9.1 beschrieben, wird eine Feder mit zunehmender Kraft belastet und die jeweilige Verlängerung der Feder gemessen.
Nach Wahl geeigneter Maßstäbe werden die Wertepaare zu Kraft - Verlängerung eingetragen und es kann der Graph gezeichnet werden.

Anwendungsbeispiele
- Weg-Zeit-Diagramm
- Ohmsches Gesetz
- Stückpreis

Nomogramm

Ermitteln der Federkraft

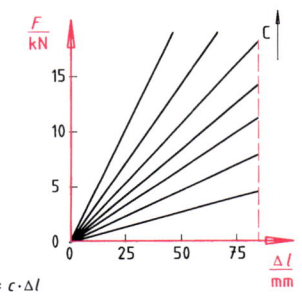

Das Nomogramm ist ein Schaubild zum graphischen Rechnen.
Für unterschiedliche Kräfte auf eine Feder sind die jeweiligen Längenänderungen festgehalten.
Mit diesem Nomogramm können für einen bestimmten Bereich die Längenänderungen bei gegebenen Kräften (und umgekehrt) ermittelt werden.
Die schnelle optische Information zeichnet das Nomogramm gegenüber einer Zahlentafel aus.

Anwendungsbeispiele
- Kolbenkraftermittlung
- Ermittlung der Umdrehungsfrequenz (Drehzahl)
- Lohnsteuerermittlung

1.9 Graphische Darstellungen   1.9.3 Beispiele für graphische Darstellungen

Übungen

1. Zeichnen Sie das Tortendiagramm für folgende Zusammensetzung eines Betriebes:
   Facharbeiter: 239; Angestellte: 196; Außendienstmitarbeiter: 56; Lehrlinge: 52.

2. Zeichnen Sie für die Wertetabellen von a) Zugfeder und b) Spanlänge die graphischen Darstellungen und erläutern Sie den Graphen.

a) Zugfeder

Mess-Nr.	m in kg	Feder 1 Δl in mm	Feder 2 Δl in mm
0	0,2	10	3
1	0,4	19	6
2	0,6	30	8
3	0,8	40	11
4	1,0	49	14
5	1,2	59	17
6	1,8		26
7	2,4		34
8	2,8		39
9	3,6		51
10	4,0		57

b) Spanlänge

1. Versuch:

Mess-Nr.	d_1 in mm	s in m	t in s
0	50	2	8
1	50	3	11
2	50	4	15
3	50	6	22
4	50	8	30
5	50	10	37
			n = 100/min

2. Versuch:

Mess-Nr.	d_2 in mm	s in m	t in s
0	75	2	5
1	75	3	8
2	75	4	10
3	75	6	15
4	75	8	20
5	75	10	26
			n = 100/min

3. Welche Aussagen über die Längenausdehnung der einzelnen Werkstoffe bei Erwärmung lässt das folgende Diagramm zu?

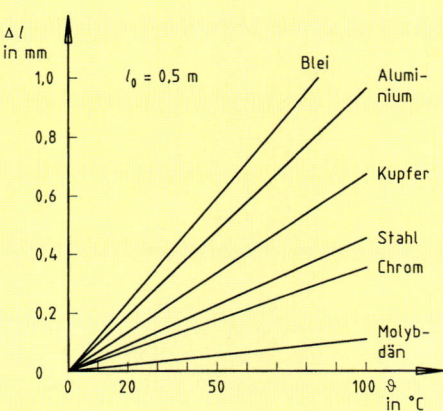

4. Beschreiben Sie das Verhalten der drei unterschiedlichen Federn bei Krafteinwirkung.

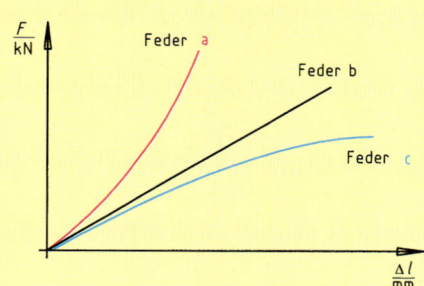

5. Ermitteln Sie aus dem Zustandsdiagramm für eine Kupfer-Nickel-Legierung
   a) die Schmelztemperatur für reines Kupfer und reines Nickel.
   b) die Schmelz- und Erstarrungstemperatur für CuNi25.

   Welche Versuchsreihe ermöglicht die Darstellung dieses Zustandsschaubildes?

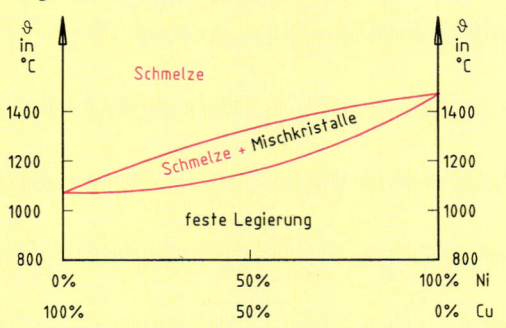

2 Berechnung fertigungs- und prüftechnischer Größen
2.1 Längen
2.1.1 Gestreckte Längen

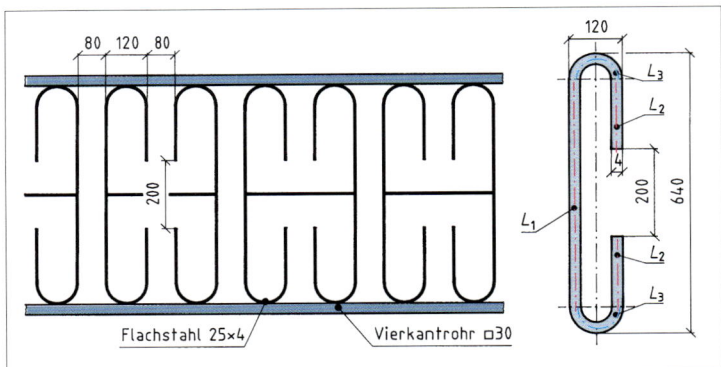

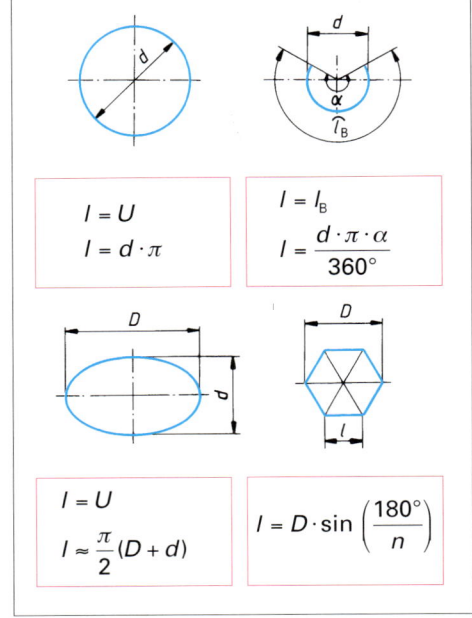

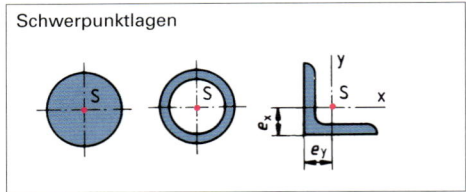

Für das dargestellte Geländer sind die Flachstähle abzusägen und zu biegen. Die Länge der waagerechten Stäbe ist aufgrund der Zeichnungsmaße recht einfach zu bestimmen. Sie beträgt:

120 mm + 80 mm + 120 mm − 2 · 4 mm = 312 mm.

Für die zu biegenden Stäbe gilt:

> Gestreckte Länge des Biegeteils = Länge der neutralen Zone [1]
> Die neutrale Zone liegt auf der Schwerpunktachse

[1] vgl. TECHNOLOGIE Kapitel 2.2.1 Biegen

Für den gebogenen Geländerstab aus Flachstahl 25 x 4 mm ist die neutrale Zone zu bestimmen. Sie liegt im Schwerpunkt des rechteckigen Profils und ist farblich als Mittellinie gekennzeichnet. Die Schwerpunktlagen verschiedener Profile sind dem Tabellenbuch zu entnehmen. Somit ergibt sich für die Berechnung der gestreckten Länge folgender Rechenweg:

Schwerpunktlagen

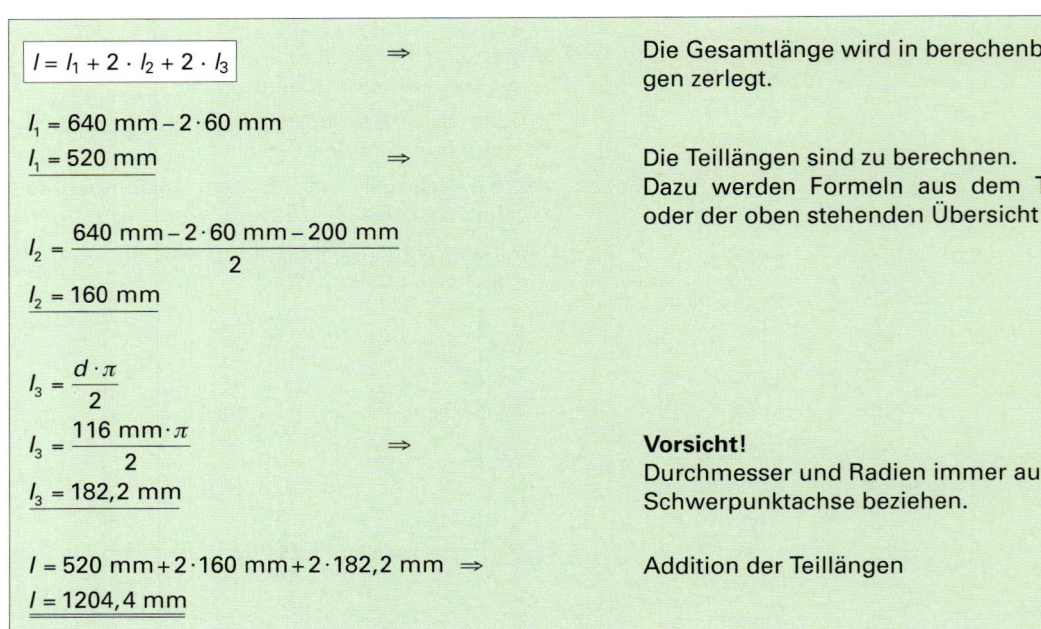

$l = l_1 + 2 \cdot l_2 + 2 \cdot l_3$ ⇒ Die Gesamtlänge wird in berechenbare Teillängen zerlegt.

$l_1 = 640$ mm $- 2 \cdot 60$ mm
$l_1 = 520$ mm ⇒ Die Teillängen sind zu berechnen. Dazu werden Formeln aus dem Tabellenbuch oder der oben stehenden Übersicht verwendet.

$l_2 = \dfrac{640 \text{ mm} - 2 \cdot 60 \text{ mm} - 200 \text{ mm}}{2}$

$l_2 = 160$ mm

$l_3 = \dfrac{d \cdot \pi}{2}$

$l_3 = \dfrac{116 \text{ mm} \cdot \pi}{2}$ ⇒ **Vorsicht!**
Durchmesser und Radien immer auf die Schwerpunktachse beziehen.

$l_3 = 182{,}2$ mm

$l = 520$ mm $+ 2 \cdot 160$ mm $+ 2 \cdot 182{,}2$ mm ⇒ Addition der Teillängen
$l = 1204{,}4$ mm

2.1 Längen

2.1.1 Gestreckte Längen

Die Funktion des Geländers ist nicht beeinträchtigt, wenn das Maß 200 mm nicht genau eingehalten wird. Daher wird der Stab nicht auf 1204,4 mm, sondern auf 1200 mm abgelängt. Das 200er-Maß vergrößert sich dadurch zwar auf 204,4 mm, aber 1200 mm lassen sich mit Hilfe des Gliedermaßstabs einfacher anreißen, und aus dem 6 m langen Ausgangsmaterial lassen sich auf diese Weise 5 statt 4 Stäbe herstellen.

Je nach den gegebenen Einbaubedingungen müssen die berechneten gestreckten Längen genau eingehalten, mit einer Zugabe oder einer Minderung versehen werden. Die Entscheidung darüber muss der Geselle treffen.

Übungen

1. Wie groß ist die gestreckte Länge für den gebogenen Bügel einer Aufhängevorrichtung?

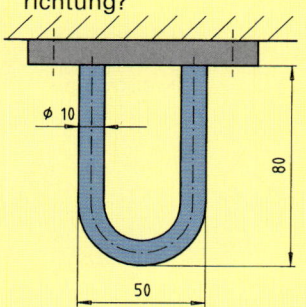

2. a) Wie groß ist die gestreckte Länge des Hakens?
   b) Wie viele Haken können aus einem 2 m langen Stab hergestellt werden, wenn die Einzelstücke abgeschert werden?

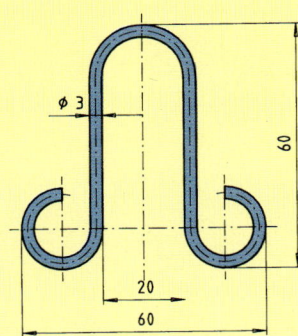

3. Welche Ausgangslänge wird für die Öse benötigt?

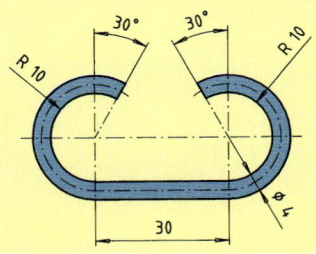

4. a) Wie groß ist die gestreckte Länge des Bügels?
   b) Wie viele Bügel können aus einer 2 m langen Stange gefertigt werden, wenn für das Absägen jeweils 3 mm für den Sägeschnitt erforderlich sind?

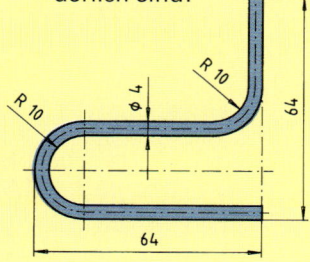

5. Wie groß ist die gestreckte Länge für den Rohrbügel?

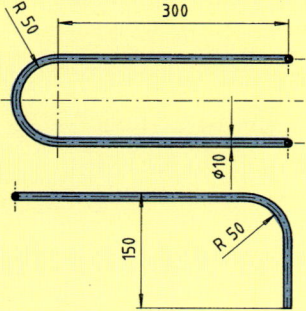

6. Welche gestreckte Länge wird beim Biegen des Blechprofils benötigt?

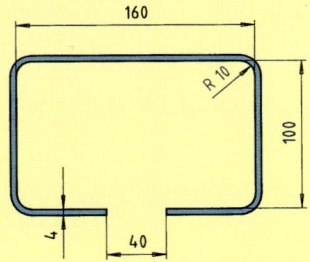

7. Wie groß ist die gestreckte Länge für die Halteöse?

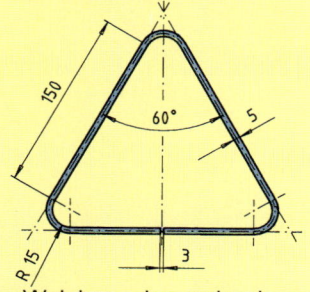

8. Welcher Innendurchmesser d wird erreicht, wenn ein Stab von 157 mm Länge zu einem Kreisring gebogen wird?

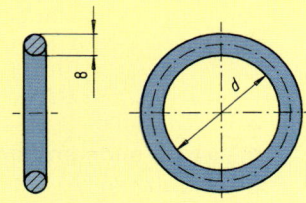

9. Der Kreisbogen wird aus einem Stab von 130,9 mm Länge hergestellt. Wie groß ist der Öffnungswinkel α?

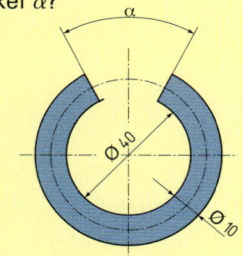

10. Wie groß muss die Ausgangslänge des Profils DIN 1028-L40 x 5 S235JR für den Kreisring sein?

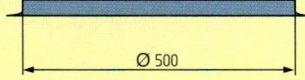

1.1.2 Umfänge an Blechteilen

Für Lüftungskanäle sind zwei gleichartige Rohrbögen aus Blechtafeln herzustellen. Sie bestehen jeweils aus vier Einzelteilen, die durch Eckfalze verbunden werden.

Die Einzelteile sind mit der Elektroblechschere auszuschneiden.

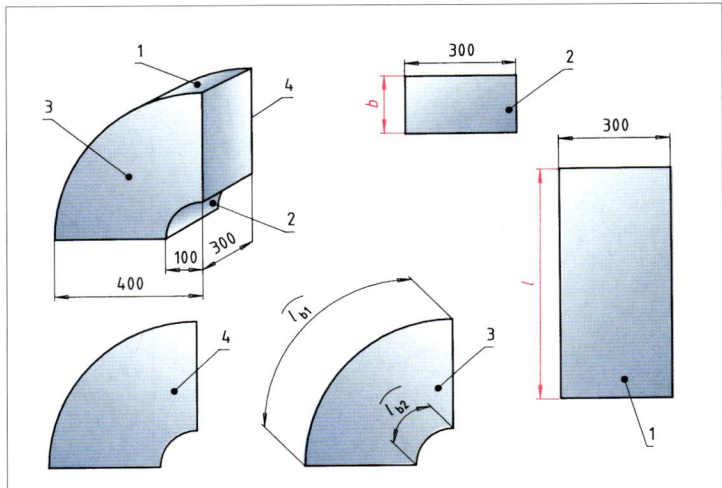

1. Wie groß ist die Länge l von Pos. 1 und die Breite b von Pos. 2?
2. Wie groß ist die Summe der Schnittkanten zur Herstellung des Rohrbogens?

gegeben: Rohrbogen $r_a = 400$ mm; $r_i = 100$ mm
Breite des Bogens $B = 300$ mm

gesucht: 1. l von Pos. 1
b von Pos. 2
2. Länge U_{ges} aller Schnittkanten für **zwei** Rohrbögen

---

1. Pos 1 ist am **äußeren Bogen** $\widehat{l_{b1}}$ von Pos. 3 und Pos. 4 anzulegen.

   Die Länge l von Pos 1 entspricht deshalb der Bogenlänge $\widehat{l_{b1}}$ von Pos. 3 und Pos. 4.

   $l = \widehat{l_{b1}} = \dfrac{d \cdot \pi \cdot \alpha}{360°}$

   $l = \widehat{l_{b1}} = \dfrac{800 \text{ mm} \cdot \pi \cdot 90°}{360°}$

   $\underline{l = \widehat{l_{b1}} = 628 \text{ mm}}$

   Pos. 2 ist am **inneren Bogen** $\widehat{l_{b2}}$ von Pos. 3 und Pos. 4 anzulegen.

   Die Breite b von Pos. 2 entspricht deshalb der Bogenlänge $\widehat{l_{b2}}$ von Pos. 3 und Pos. 4.

   $b = \widehat{l_{b2}} = \dfrac{d \cdot \pi \cdot \alpha}{360°}$

   $b = \widehat{l_{b2}} = \dfrac{200 \text{ mm} \cdot \pi \cdot 90°}{360°}$

   $\underline{b = \widehat{l_{b2}} = 157 \text{ mm}}$

2. $U_{ges} = 2 \cdot (2 \cdot U_{Pos.3 \text{ u. } 4} + U_{Pos.1} + U_{Pos.2})$

   $U_{Pos. 3 \text{ u. } 4} = \widehat{l_{b1}} + \widehat{l_{b2}} + 2\,B$
   $U_{Pos. 3 \text{ u. } 4} = 628 \text{ mm} + 157 \text{ mm} + 2 \cdot 300 \text{ mm}$
   $\underline{U_{Pos. 3 \text{ u. } 4} = 1385 \text{ mm}}$

   $U_{Pos. 1} = 2 \cdot (l + 300 \text{ mm})$
   $U_{Pos. 1} = 2 \cdot (628 \text{ mm} + 300 \text{ mm})$
   $\underline{U_{Pos. 1} = 1856 \text{ mm}}$

   $U_{Pos. 2} = 2 \cdot (b + 300 \text{ mm})$
   $U_{Pos. 2} = 2 \cdot (157 \text{ mm} + 300 \text{ mm})$
   $\underline{U_{Pos. 2} = 914 \text{ mm}}$

   $U_{ges} = 2 \cdot (2 \cdot 1385 \text{ mm} + 1856 \text{ mm} + 914 \text{ mm})$
   $\underline{U_{ges} = 11080 \text{ mm}}$

2.1.2 Umfänge an Blechteilen

Übungen

1. Aus einer Blechtafel ist ein oben offener Behälter anzufertigen.
   a) Bestimmen Sie die Seitenlängen der Blechtafel.
   b) Welches Elektroschneidwerkzeug ist vorteilhaft einzusetzen?
   c) Welche Schnittkantenlänge muss mit dem Werkzeug durchfahren werden?

2. Ein Schütttrichter mit jeweils zwei gleichen Seitenteilen ist aus einer Blechtafel herzustellen. Die eingesetzte Elektroschere zerteilt in einer Minute 4 m Werkstoff.
   a) Berechnen Sie die Zeit für das Ausschneiden der vier Teile.
   b) Warum ist die Elektroschere hierbei nicht sinnvoll einzusetzen?

   c) Welches Schneidwerkzeug schlagen Sie statt dessen vor?

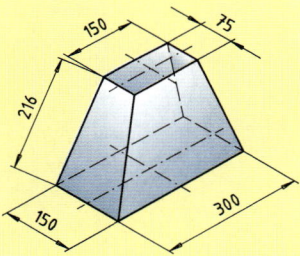

3. Mit einer Kapsel ist eine Kaminhülse zu verschließen. Der Innendurchmesser der Hülse beträgt 120 mm. Welche Seitenlänge hat der Zuschnitt der Kapsel vor dem Runden?

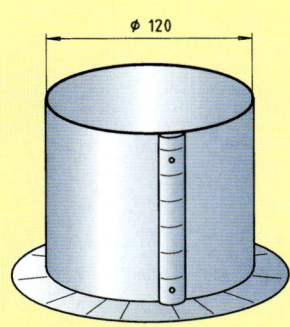

Hülse

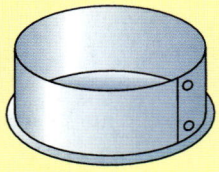

Kapsel

4. Zwischen zwei Rohren mit den Durchmessern Ø 100 und Ø 160 ist ein Verbindungsrohr einzubringen. Welche Bogenlängen l_{b1} und l_{b2} hat der Zuschnitt?

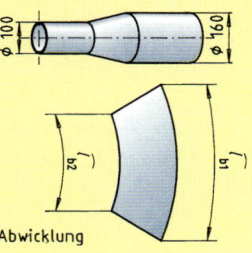

Abwicklung

5. Berechnen Sie die Schnittkantenlänge der Blechschablone.

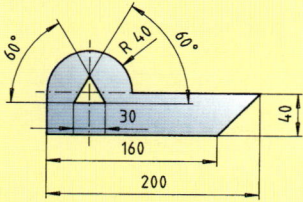

6. Welche Zeit benötigt eine Brennschneidmaschine zum Ausschneiden des Abdeckbleches, wenn sie pro 1 m Schnittfuge 1,5 min braucht?

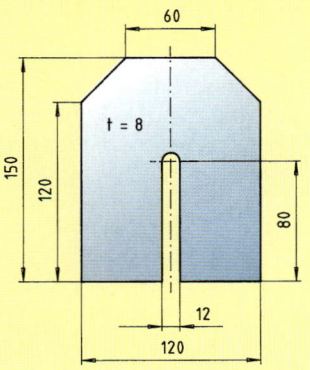

2.1 Längen — 2.1.3 Rand-, Mitten- und Lochabstände

2.1.3 Rand-, Mitten- und Lochabstände

Beispiel 1: Gleichmäßige Teilung

An den Rahmen des Gartentores sind sieben schmiedeeiserne Gitterstäbe in **gleichem Abstand** anzunieten. Für das Anreißen der Bohrungsmittelpunkte sind die Abstände (Teilung) der Stäbe zu ermitteln.

1. In wie viele gleiche Abstände ist die Gesamtlänge L aufzuteilen?

2. Wie viel mm Abstand haben die Stäbe zueinander?

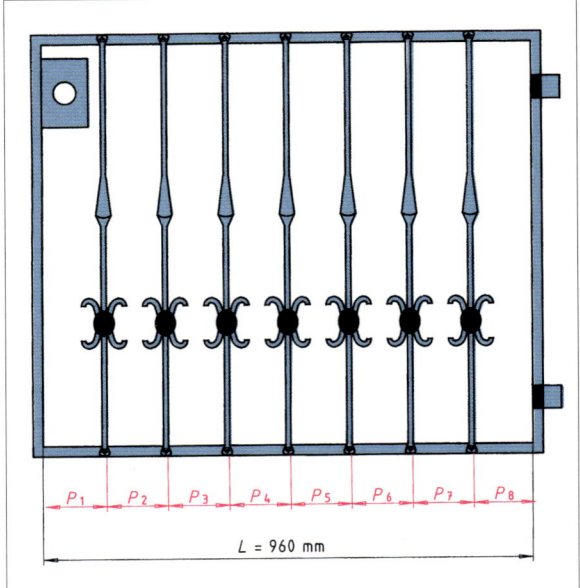

gegeben: aufzuteilende Gesamtlänge L = 960 mm
Anzahl der Stäbe n = 7

gesucht: Teilung P

Lösung

Die Gesamtlänge L ist einschließlich der **beiden Endstücke** P_1 und P_8 in **gleiche Abstände** P aufzuteilen.

Es gilt:

| Anzahl der Teilungen z = Anzahl n der Stäbe + 1 |

1. $z = n + 1$
   $z = 7 + 1$
   $\underline{z = 8}$

$z = n + 1$ z: Anzahl der Teilungen
              n: Anzahl der Stäbe, Bohrungen usw.

Die Gesamtlänge L = 960 mm des Rahmens ist in 8 gleiche Abstände aufzuteilen.

Die Teilung P errechnet sich somit aus:

| Gesamtlänge L geteilt durch Anzahl z der Teilungen. |

2. $P = \dfrac{L}{z}$

   $P = \dfrac{960 \text{ mm}}{8}$

   $\underline{P = 120 \text{ mm}}$

$P = \dfrac{L}{z}$ P: Teilung in mm
                    L: Gesamtlänge in mm

Die Stäbe haben 120 mm Abstand zueinander.

wird z durch $n + 1$ ersetzt, dann ergibt sich:

$$P = \dfrac{L}{n + 1}$$

2.1 Längen   2.1.3 Rand-, Mitten- und Lochabstände

Beispiel 2: Gleichmäßige Teilung mit Randabstand

Der Kunde wünscht zwar gleiche Teilung der Gitterstäbe, jedoch einen bestimmten Abstand des ersten und des letzten Gitterstabes zum Rahmen.

1. In wie viele gleiche Abstände ist die Teilungslänge L_1 aufzuteilen?

2. Wie viel mm Abstand haben die Stäbe zueinander?

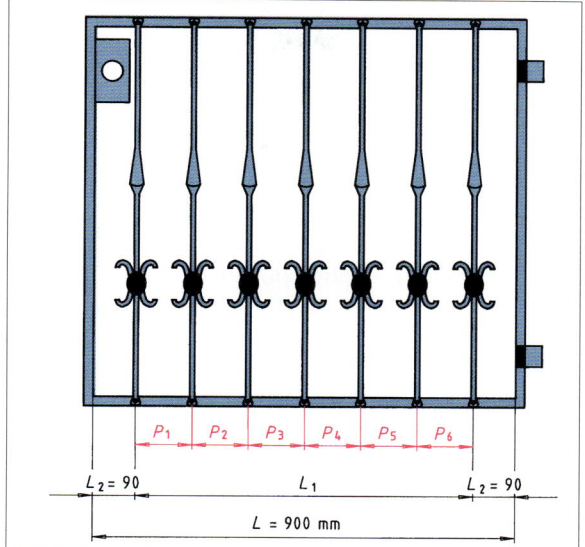

gegeben: aufzuteilende Gesamtlänge L = 900 mm
Randabstände L_2 = 90 mm
Anzahl der Stäbe n = 7

gesucht: Teilung P

Lösung

$L = L_1 + 2 \cdot L_2$ ⇒

$L_1 = L - 2 \cdot L_2$

$L_1 = 900 \text{ mm} - 2 \cdot 90 \text{ mm}$

$\underline{L_1 = 720 \text{ mm}}$

Die Gesamtlänge L verringert sich um die beiden Randabstände $2 \cdot L_2$ auf die Teilungslänge L_1.

$L = L_1 + 2 \cdot L_2$ L: Gesamtlänge in mm
$L_1 = L - 2 \cdot L_2$ L_1: Teilungslänge in mm
                          L_2: Randabstand in mm

1. $z = n - 1$ ⇒

$z = 7 - 1$

$\underline{z = 6}$

Die Teilungslänge L_1 = 720 mm ist in 6 gleiche Abstände aufzuteilen.

Die verbleibende **Restlänge** ist die **Teilungslänge** L_1. Sie ist in gleiche Abstände aufzuteilen.

Anzahl der Teilungen z = Anzahl n der Stäbe – 1

$z = n - 1$ z: Anzahl der Teilungen
              n: Anzahl der Stäbe (Bohrungen)

2. $P = \dfrac{L_1}{z}$ ⇒

$P = \dfrac{720 \text{ mm}}{6}$

$\underline{P = 120 \text{ mm}}$

Die Stäbe haben 120 mm Abstand zueinander.

Die Teilung P errechnet sich somit aus:

Teilungslänge L_1 geteilt durch Anzahl z der Teilungen

$P = \dfrac{L_1}{z}$ P: Teilung in mm

wird z durch $n - 1$ ersetzt, dann ergibt sich:

$P = \dfrac{L_1}{n - 1}$

2.1 Längen — 2.1.3 Rand-, Mitten- und Lochabstände

Übungen

1. Ein Fenstergitter mit einer Rahmenlänge von 660 mm soll 5 schmiedeeiserne Gitterstäbe in gleichem Abstand erhalten.
   a) Welche Teilung P ist einzumessen?
   b) Welche Teilung P ist dann vorzunehmen, wenn der Randabstand links und rechts jeweils $L_2 = 60$ mm sein soll?

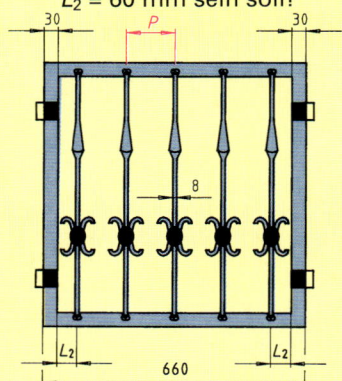

2. An einem Winkelstahl sind 6 Bohrungsmittelpunkte gleicher Teilung anzureißen.
   Berechnen Sie ihre Teilung P.

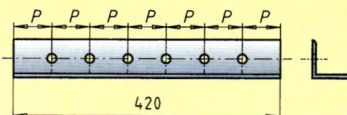

L-Profil DIN 1028-L60×6-USt37-2K

3. Verbindungslaschen für Trägeranschlüsse sollen 5 Bohrungen erhalten. Die Teilungen betragen je 60 mm.
   In welcher Länge sind die Laschen abzusägen?

4. In einen Winkelstahl der Länge $L = 325$ mm sind 4 Bohrungen mit gleicher Teilung einzubringen.
   Welche Teilung P ist anzureißen?

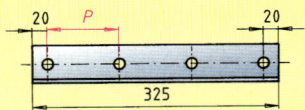

L-Profil DIN 1028-L50×5-S235JRG1

5. T-Träger sollen jeweils 25 Bohrungen erhalten.
   Berechnen Sie ihre Länge.

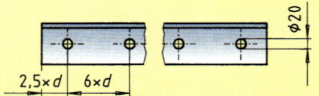

T-Profil DIN 1024-T80-S235JRG1

6. Eine Verbindungslasche aus Flachstahl der Länge $l = 870$ mm soll 16 Bohrungen erhalten. Die Teilung P ist mit 50 mm vorgegeben. Die verbleibenden Randlängen dürfen dabei nicht kleiner als jeweils 40 mm sein.
   Überprüfen Sie diese Forderung.

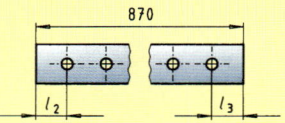

Flach EN 10278-20×10×870 S235JRG1

7. Für das Anschweißen von 6 Füllstäben (mit gleicher Teilung) in einen Stahlrahmen ist eine Schablone anzufertigen.
   Welche Länge muss sie haben?

8. Eine Stirnplatte erhält Bohrungen Ø 12 mm.
   a) Berechnen Sie die Teilung P der Bohrungen in der Länge.
   b) Ermitteln Sie die notwendige Breite des Bleches.

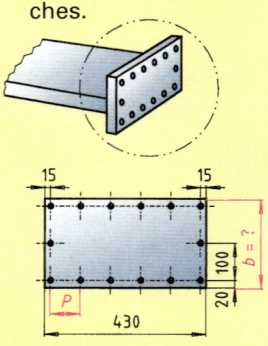

9. Für ein Treppengeländer ist der Abstand der Gittereinsätze L_{a1} und L_{a2} zu berechnen.

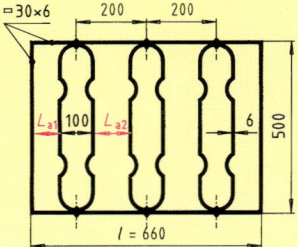

10. Die Stäbe eines Fenstergitters sind diagonal angeordnet. Die waagerechte Teilung ist $P = 150$ mm.
    a) Welche Teilung muss der Diagonalstab haben?
    c) Wie viele Verbindungsstellen müssen an dem Stab angelegt werden, wenn das Gitter ca. 1050 mm hoch ist?

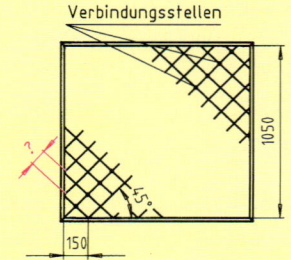

2.1 Längen — 2.1.3 Rand-, Mitten- und Lochabstände

Kreisteilungen

Das Kiesfanggitter soll eine Abdeckung erhalten, damit weder Kies noch Schmutz in das Kanalisationssystem gelangen können. Der zusätzlich anzufertigende Deckel soll ebenfalls Lochungen erhalten. Die Kreisteilung der Lochungen ist nach Vorgabe auszuführen.

1. Bestimmen Sie den Arbeitsablauf zur Herstellung der Lochungen.
2. In welchem Abstand zueinander sind die Lochungen anzureißen?

gegeben:
- Lochkreisdurchmesser 120 mm bei 6 Lochungen
- Lochkreisdurchmesser 60 mm bei 3 Lochungen

gesucht:
- Lochabstand s_1 bei 6 Lochungen
- Lochabstand s_2 bei 3 Lochungen

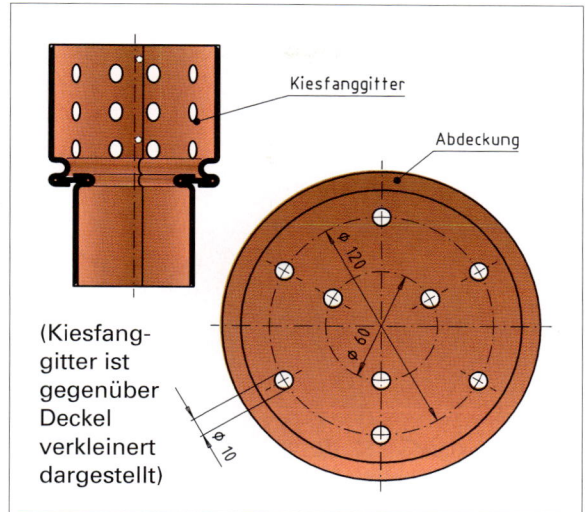

(Kiesfanggitter ist gegenüber Deckel verkleinert dargestellt)

Lösung

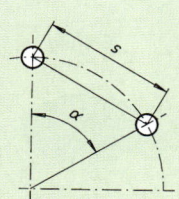

Mit dem Stechzirkel kann der Abstand der Lochungen lediglich als Sehnenlänge abgetragen werden.

Sehnenlänge und Lochkreisdurchmesser stehen in einem bestimmten Verhältnis zueinander, das durch einen **Multiplikator** ausgedrückt werden kann. Hierbei ist die Anzahl der Lochungen zu berücksichtigen.

Es gilt:

Sehnenlänge s = Lochabstand = Lochkreisdurchmesser d · Multiplikator M

$s_1 = d_1 \cdot M$
$s_1 = 120 \text{ mm} \cdot 0{,}5$
$s_1 = 60 \text{ mm}$

$s = d \cdot M$	s und d in mm

$s_2 = d_2 \cdot M$
$s_2 = 60 \text{ mm} \cdot 0{,}866$
$s_2 = 52 \text{ mm}$

Kreislöcher	Multiplikator	Kreislöcher	Multiplikator
3	0,866	7	0,434
4	0,707	8	0,383
5	0,588	9	0,342
6	0,500	10	0,309

Übungen

1. Ein kreisförmiger Deckel (Außendurchmesser 180 mm, 10 mm dick) soll 5 Bohrlöcher mit 9 mm Durchmesser erhalten. Der Lochkreisdurchmesser beträgt 150 mm.
   a) Skizzieren Sie das anzufertigende Teil.
   b) Beschreiben Sie den Arbeitsablauf zur Herstellung der Bohrung.
   c) Errechnen Sie die Sehnenlänge bzw. den Lochabstand der Bohrungen.
   d) Welche Aussagen kann man hinsichtlich der Genauigkeit dieser Anreißmethode machen?

2. In eine kreisförmige Abdeckplatte sind 6 Lochungen einzubringen. Der Abstand (Sehnenlänge) der Lochungen soll 150 mm betragen. Welcher Lochkreisdurchmesser ist vorzusehen?

3. Ein Knotenblech ist mit Bohrungen zu versehen. Der Lochkreis für die Befestigungsbohrungen beträgt 200 mm, die Abstände der Bohrungen (Sehnenlängen) dürfen 40 mm nicht unterschreiten.
   Bestimmen Sie die Anzahl der möglichen Bohrungen.

2.2 Flächen

Knotenbleche werden z. B. im Stahlbau zum Verbinden von Stahlprofilen eingesetzt. Aus einer Stahlplatte von 400 mm Breite und 12500 mm Länge können vier Knotenbleche hergestellt werden.
Wie groß ist der Verschnitt?

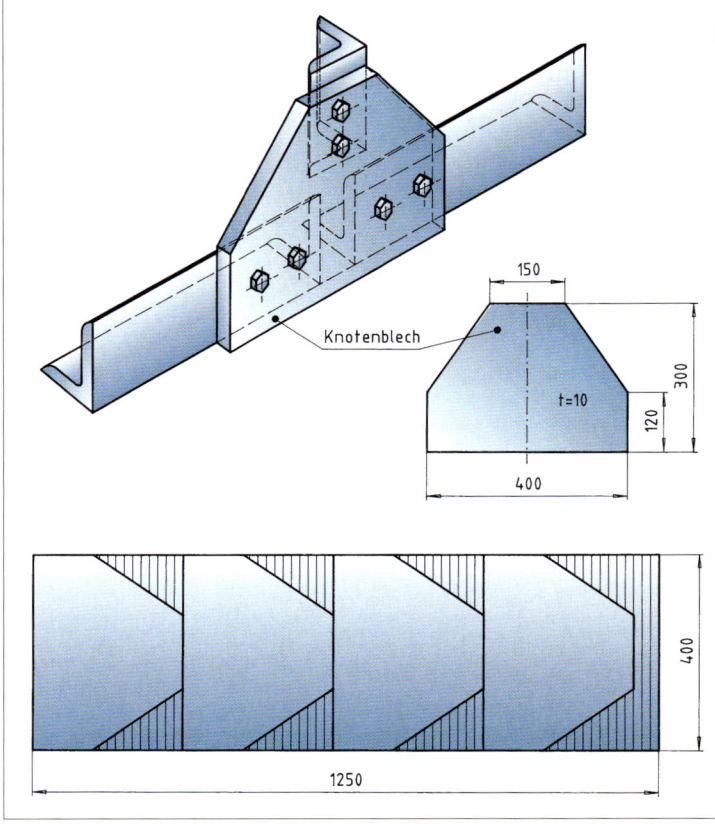

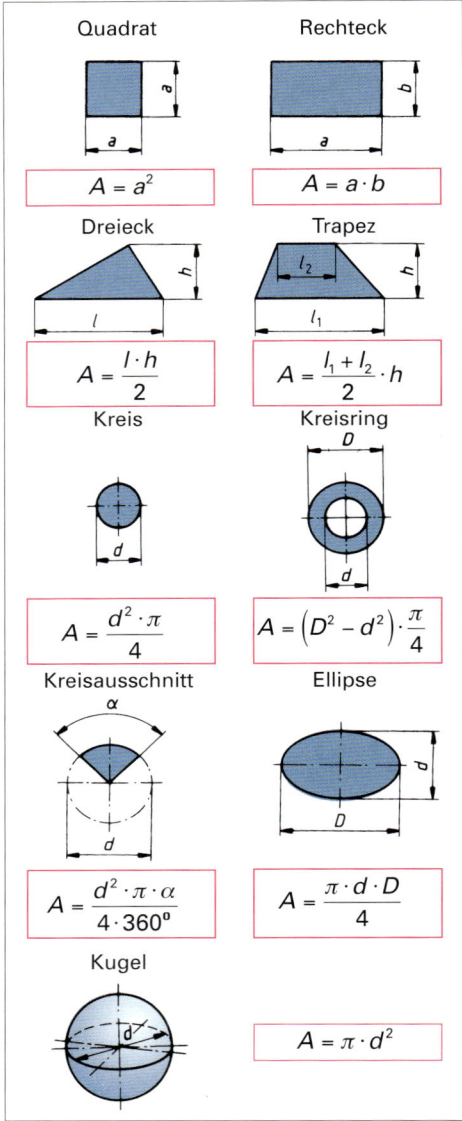

Um den Verschnitt bestimmen zu können, muss zunächst die Fläche eines Knotenbleches berechnet werden:

1. Möglichkeit: Gesamtfläche ist die Summe der Teilflächen

$A = A_1 + A_2$ ⇒ Gesamtfläche in berechenbare Teilflächen (Rechteck und Trapez) zerlegen

$A_1 = a \cdot b$
$A_1 = 40 \text{ cm} \cdot 12 \text{ cm}$ ⇒ Teilflächen mit Hilfe der oben stehenden Formeln oder aus dem Tabellenbuch berechnen.
$A_1 = 480 \text{ cm}^2$

$A_2 = \dfrac{l_1 + l_2}{2} \cdot h$

$A_2 = \dfrac{40 \text{ cm} + 15 \text{ cm}}{2} \cdot 18 \text{ cm}$

$A_2 = 495 \text{ cm}^2$

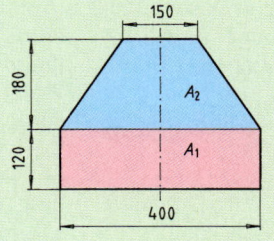

Hinweis:
Sinnvolle, d. h. überschaubare Einheiten wählen. Im vorliegenden Fall für cm oder dm entscheiden.

$A = 480 \text{ cm}^2 + 495 \text{ cm}^2$ ⇒ Die Gesamtfläche ergibt sich aus der Summe der Teilflächen
$A = 975 \text{ cm}^2$

2.2 Flächen

2. Möglichkeit: Gesamtfläche ist die Differenz der Teilflächen

$\boxed{A = A_1 - 2 \cdot A_2}$ ⇒ Gesamtfläche in berechenbare Teilflächen (Rechtecke und Dreiecke) zerlegen.

$A_1 = 40 \text{ cm} \cdot 30 \text{ cm}$
$A_1 = 1200 \text{ cm}^2$

$A_2 = \dfrac{l_1 \cdot h}{2}$

$A_2 = \dfrac{12{,}5 \text{ cm} + 18 \text{ cm}}{2}$

$A_2 = 112{,}5 \text{ cm}^2$

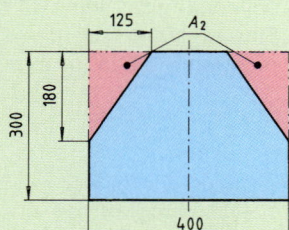

$A = 1200 \text{ cm}^2 - 2 \cdot 112{,}5 \text{ cm}^2$ ⇒ Die Gesamtfläche ergibt sich aus der Differenz der Teilflächen.
$\underline{A = 975 \text{ cm}^2}$

Berechnung des Verschnitts

Verschnitt A_V = Ausgangsblechfläche A_{Blech} - Werkstückfläche A_{ges}

Ausgangsblechfläche A_{Blech}

$A_{Blech} = a \cdot b$
$A_{Blech} = 40 \text{ cm} \cdot 125 \text{ cm}$
$\underline{A_{Blech} = 5000 \text{ cm}^2}$

Werkstückfläche A_{ges}

Aus einem Stahlblech können vier Knotenbleche hergestellt werden. Daher gilt in diesem Fall:

$A_{ges} = 4 \cdot A$
$A_{ges} = 4 \cdot 975 \text{ cm}^2$
$\underline{A_{ges} = 3900 \text{ cm}^2}$

Verschnitt
$A_V = 5000 \text{ cm}^2 - 3900 \text{ cm}^2$
$\underline{A_V = 1100 \text{ cm}^2}$

Prozentualer Verschnitt

Bei der Berechnung des prozentualen Verschnitts kann von zwei Bezugsgrößen ausgegangen werden. Entweder von der **Ausgangsblechfläche A_{Blech}** oder von der **Werkstückfläche A_{ges}**:

Bezogen auf die Ausgangsfläche

$5000 \text{ cm}^2 \mathrel{\hat{=}} 100 \%$
$1100 \text{ cm}^2 \mathrel{\hat{=}} \ ? \ \%$

$1 \text{ cm}^2 \mathrel{\hat{=}} \dfrac{100 \%}{5000 \text{ cm}^2}$

$1100 \text{ cm}^2 \mathrel{\hat{=}} \dfrac{100 \% \cdot 1100 \text{ cm}^2}{5000 \text{ cm}}$

$\underline{1100 \text{ cm}^2 \mathrel{\hat{=}} 22 \%}$

Der Verschnitt beträgt 22% der Ausgangsblechfläche.

Bezogen auf die Werkstückfläche

$3900 \text{ cm}^2 \mathrel{\hat{=}} 100 \%$
$1000 \text{ cm}^2 \mathrel{\hat{=}} \ ? \ \%$

$1 \text{ cm}^2 \mathrel{\hat{=}} \dfrac{100 \%}{3900 \text{ cm}^2}$

$1100 \text{ cm}^2 \mathrel{\hat{=}} \dfrac{100 \% \cdot 1100 \text{ cm}^2}{3900 \text{ cm}^2}$

$\underline{1100 \text{ cm}^2 \mathrel{\hat{=}} 28{,}2 \%}$

Der Verschnitt beträgt 28,2% der Werkstückfläche.

2.2 Flächen

Übungen

1. Welche Fläche hat das Knotenblech?

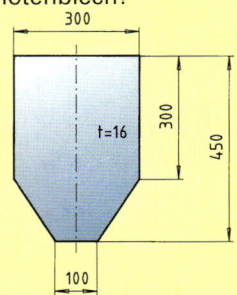

2. Aus einem Stahlblech von 300 mm Breite und 1250 mm Länge sind Knotenbleche herzustellen.
   a) Berechnen Sie die Fläche eines Knotenbleches.
   b) Wie viele Knotenbleche lassen sich aus dem Stahlblech schneiden?
   c) Berechnen Sie den prozentualen Verschnitt
   – bezogen auf die Ausgangsfläche.
   – bezogen auf die Werkstückfläche.

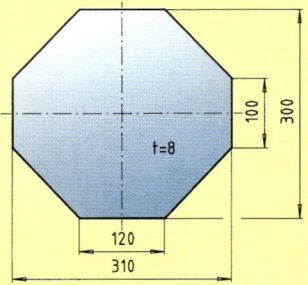

3. Wieviel Quadratmeter Kupferblech sind erforderlich, um die Dachfläche zu decken, wenn für Verschnitt und Überlappungen ein Zuschlag von 7 % der Dachfläche angenommen wird?

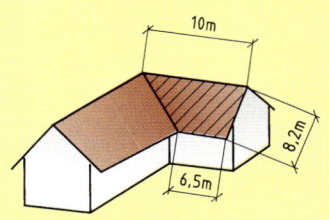

4. Die beiden Abzweigquerschnitte des Hosenrohrs sollen so groß sein wie der Eingangsquerschnitt. Berechnen Sie d in mm.

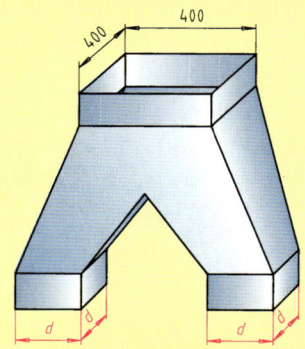

5. Wie groß ist die Fläche des Aluminiumbleches und wie viel Kilogramm wiegt es, wenn 1 m² eine Masse von 5,4 kg hat?

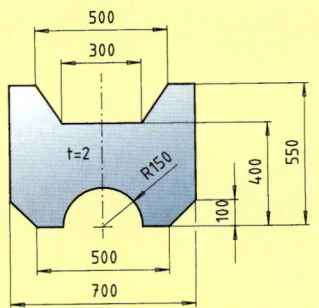

6. Aus einer 3 mm dicken quadratischen Gummiplatte von 500 mm · 500 mm sollen Dichtungen ausgeschnitten werden. Wie groß ist der prozentuale Verschnitt in Bezug auf die Werkstückfläche?

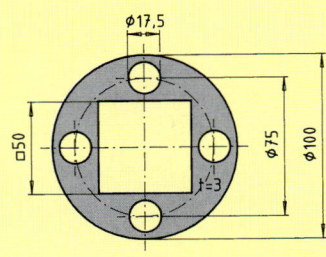

7. Welchen Strömungsquerschnitt hat ein Gewinderohr DIN 2440 - DN 25 mit einem Außendurchmesser d_1 = 33,7 mm und einer Wanddicke s = 3,25 mm?

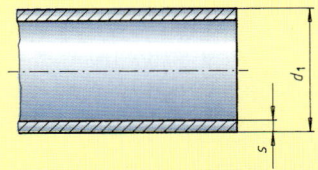

8. Wie viele Isolierungen können aus einem 0,3 mm dicken Kunststoffstreifen von 60 mm Breite und 300 mm Länge ausgeschnitten werden und wie groß ist der prozentuale Verschnitt in Bezug auf die Ausgangsfläche?

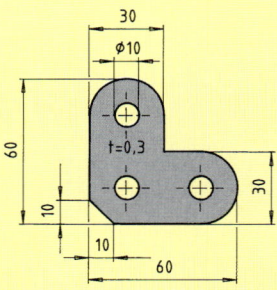

9. In den in der Bauzeichnung dargestellen Raum soll eine Fußbodenheizung verlegt werden. Je Quadratmeter Fußbodenfläche werden 4,5 m Heizungsrohr kalkuliert. Welche Rohrlänge wird für den Raum benötigt?

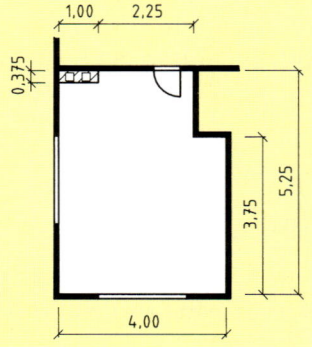

2.2 Flächen

10. Ein Zugstab mit quadratischem Querschnitt von 50 mm · 50 mm soll durch einen gleich großen rechteckigen Querschnitt mit einer Breite von 60 mm ersetzt werden. Welche Höhe muss der rechteckige Querschnitt erhalten?

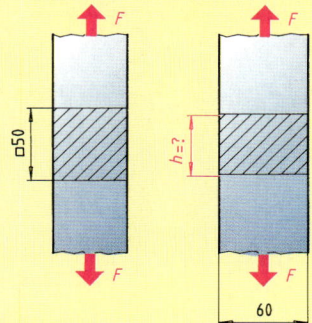

11. Welchen Durchmesser muss ein kreisförmiger Querschnitt haben, der den quadratischen aus Aufgabe 10 ersetzen kann?

12. Wie groß ist die Fläche des Trittblechs?

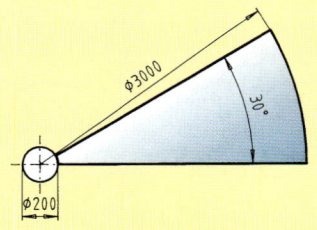

13. Wie groß ist der Blechbedarf für die Schleifscheibenabdeckung (zwei Seiten- und eine Mantelfläche), wenn mit 22 % Verschnitt in Bezug auf die Ausgangsfläche gerechnet wird?

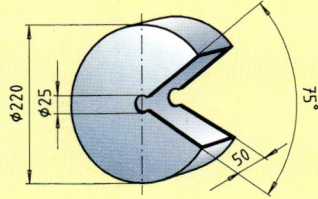

14. Wie viel Prozent der Ausgangsfläche sind Verschnitt?

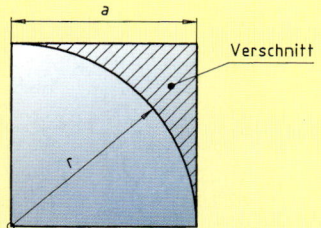

15. Bestimmen Sie die Fläche der Dichtung.

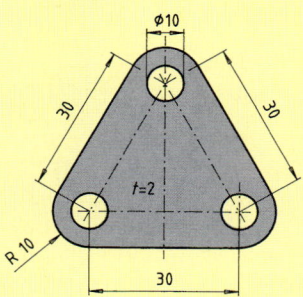

16. Ein Drahtseil besteht aus 144 Einzeldrähten mit jeweils 1 mm Durchmesser.
a) Wie groß ist die auf Zug beanspruchte Fläche des Seils?
b) Welchen Durchmesser muss der Einzeldraht haben, wenn die tragende Fläche verdoppelt werden soll?

17. Das Ende eines Rohres soll so gestaltet werden, dass sich die Strömungsgeschwindigkeit vom Eintritt bis zum Austritt des Konus verdoppelt. Um dies zu erreichen, muss der Austrittsquerschnitt halb so groß sein wie der Eintrittsquerschnitt. Wie groß muss der Austrittsdurchmesser sein?

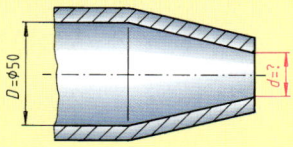

18. Ein Absaugrohr mit 60 mm Innendurchmesser soll in einen 5mal so großen Rechteckquerschnitt mit 60 mm Breite übergehen. Wie lang muss die Öffnung werden? Wie groß ist das Seitenblech?

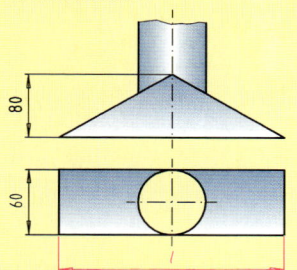

19. Welche Masse hat die Schutzhaube? 1m² des Bleches wiegt 6,28 kg.

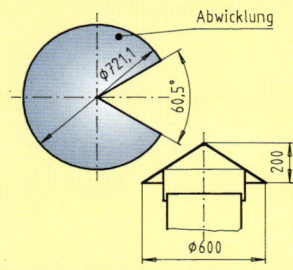

20. Wie schwer ist das Teil, wenn 1 dm² des Bleches 392,5 g wiegt?

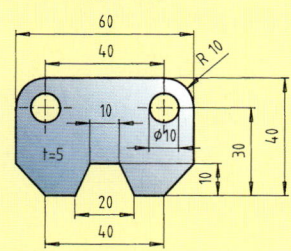

21. Berechnen Sie den Blechbedarf für die Windschutzhaube in dm² bei 8 % Verschnitt.

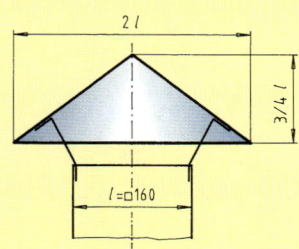

2.3 Volumen

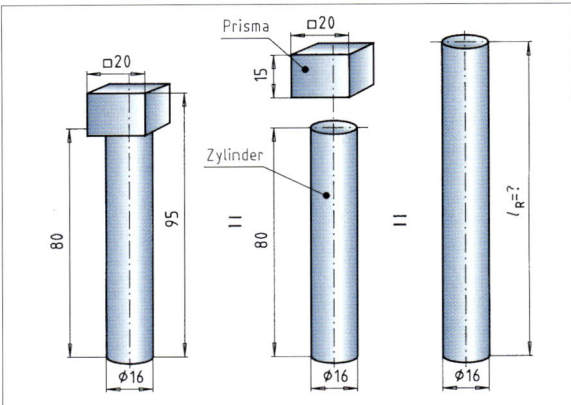
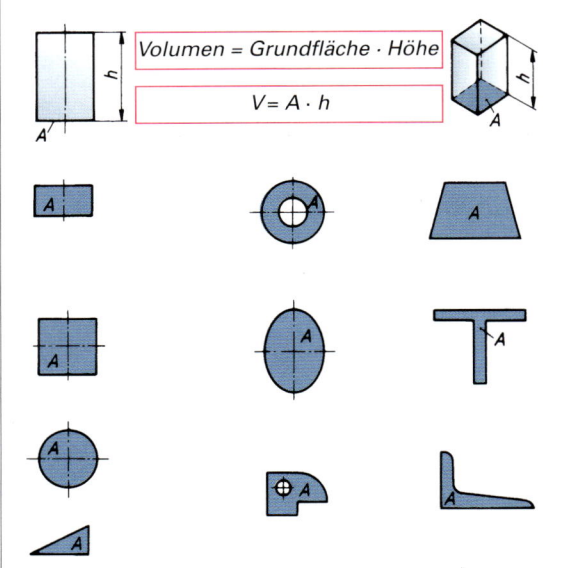

Der Bolzen wird aus einem Rundstahl von 16 mm Durchmesser geschmiedet. Welche Länge l_R muss der Rohling haben, wenn

Volumen des Rohlings = Volumen des Werkstückes[1]

$\underline{V_{Rohling} = V_{Werkstück}}$

$V_{Rohling} = V_{Zylinder} + V_{Prisma}$ ⇒ Schmiedeteile in berechenbare Einzelvolumen zerlegen.

$V_{Prisma} = a^2 \cdot h$ ⇒ Volumenberechnungen mit Hilfe obenstehender Formeln oder dem Tabellenbuch.

$V_{Prisma} = 2^2 \text{ cm} \cdot 1{,}5 \text{ cm}$

$\underline{V_{Prisma} = 6 \text{ cm}^3}$

Einzelvolumen aufgrund der gegebenen Maße berechnen.
Hinweis:
Sinnvolle, d. h. überschaubare Einheiten wählen, im vorliegenden Beispiel cm.

$V_{Zylinder} = \dfrac{d^2 \cdot \pi}{4} \cdot h$

$V_{Zylinder} = \dfrac{1{,}6^2 \text{ cm}^2 \cdot \pi}{4} \cdot 8 \text{ cm}$

$\underline{V_{Zylinder} = 16{,}08 \text{ cm}^3}$

$V_{Werkstück} = 6 \text{ cm}^3 + 16{,}08 \text{ cm}^3$ ⇒ Addition der Einzelvolumen

$\underline{V_{Werkstück} = 22{,}08 \text{ cm}^3}$

$V_{Rohling} = \dfrac{d^2 \cdot \pi}{4} \cdot l_{Rohling}$ ⇒ Grundformel für die zylindrische Rohlingsform Tabelle entnehmen und nach der gesuchten Größe umstellen.

$l_{Rohling} = \dfrac{4 \cdot V_{Rohling}}{d^2 \cdot \pi}$

In der Praxis wird der Stahlstab nicht auf das genaue Maß abgelängt, sondern in diesem Fall erfolgt eine Zugabe von 5 mm, um mit Sicherheit den Kopf formen zu können. Der Stab wird auf 115 mm abgesägt.

$l_{Rohling} = \dfrac{4 \cdot 22{,}08 \text{ cm}^3}{1{,}6^2 \text{ cm}^2 \cdot \pi}$

$\underline{l_{Rohling} = 10{,}98 \text{ cm} = 109{,}8 \text{ mm}}$

[1] siehe Schmieden, Kap. 2.2.3 Technologie

2.3 Volumen

Kegelige und pyramidenförmige Körper

$$\text{Volumen} = \frac{\text{Grundfläche} \cdot \text{Höhe}}{3}$$

$$V = A \cdot \frac{h}{3}$$

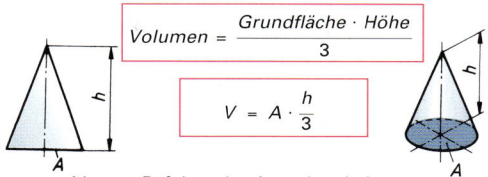

A kann z.B. folgendes Aussehen haben:

Kegelstumpf- und pyramidenstumpfförmige Körper

$$V = \frac{h}{3}\left(A_1 + A_2 + \sqrt{A_1 \cdot A_2}\right)$$

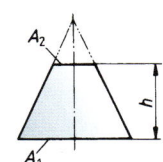 

Die Deckflächen A_2 und Grundflächen A_1 können z.B. folgendes Aussehen haben:

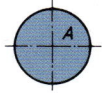
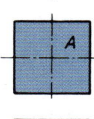
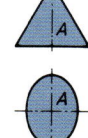
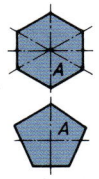

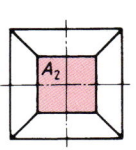
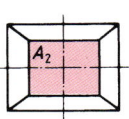

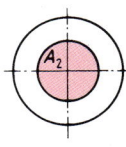
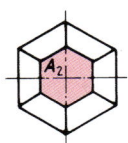

Guldinsche Regel

$$\text{Volumen} = \text{Querschnittfläche} \cdot \text{Schwerpunktweg}$$

$$V = A \cdot s$$

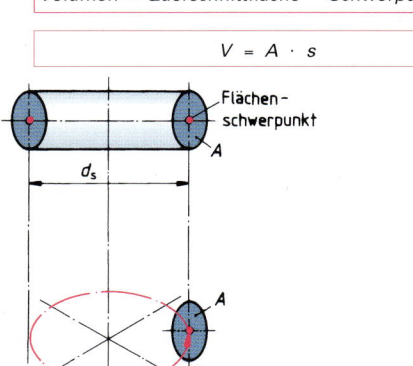

Kugel

$$V = \frac{d^3 \cdot \pi}{6}$$

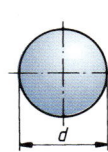

Übungen

1. Wie lang muss l_R gewählt werden, wenn an einen Quadratstahl von 32 mm Kantenlänge ein quadratischer Bund geschmiedet wird?

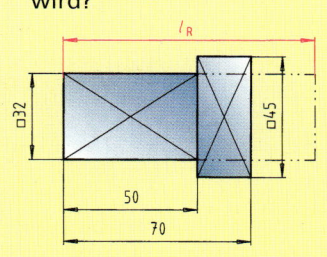

2. An einem Rundstahl ist durch Gesenkformen ein Bund herzustellen. Wie lang sind l_R und l_{ges} zu wählen?

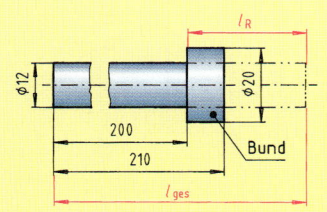

3. Bei einem Schraubenrohling wird der Sechskantkopf durch Formpressen aus Rundstahl mit Ø12 mm geschmiedet.

Welche Rohlänge muss der Rundstahl erhalten?

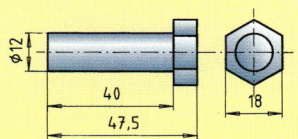

2.3 Volumen

4. An eine Flachstumpffeile wird eine Feilenangel geschmiedet. Wie lang muss für die Angel die Zugabe l_R sein, wenn 6 % ihres Volumens für Abbrand zugegeben werden müssen?

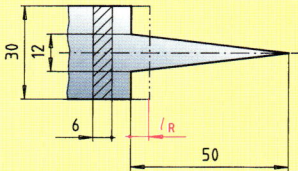

5. Wie lang muss die Rohlänge l_R für die pyramidenförmige Spitze sein, wenn für Abbrand eine Zugabe von 3 mm erforderlich ist?

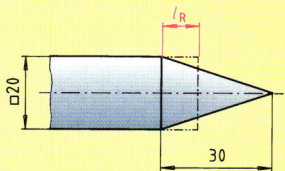

6. Durch Formpressen mit Grat wird aus Rundstahl mit Ø 70 mm ein Flansch mit kegelstumpfförmigem Ansatz geschmiedet. Welche Rohlänge muss der Rundstahl haben, wenn für Grat und Abbrand 12 % des Schmiedevolumens verloren gehen?

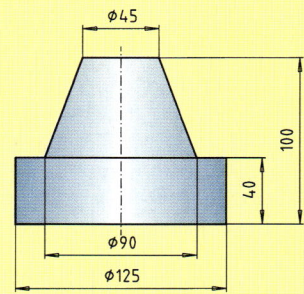

7. Welche Länge muss ein Stahlblock von quadratischem Querschnitt mit 250 mm Kantenlänge haben, wenn daraus 4000 m Stahldraht von 5 mm Durchmesser gewalzt werden sollen?

8. Aus einem Stahlblock von 800 mm · 300 mm · 1250 mm wird Stahlband von 2 mm Dicke und 600 mm Breite gewalzt. Welche Länge erhält das Stahlband?

9. Aus einem zylindrischen Aluminiumblock mit Ø 250 mm und 1250 mm Länge wird durch Strangpressen das dargestellte Profil hergestellt. Welche Länge erhält der Profilstab?

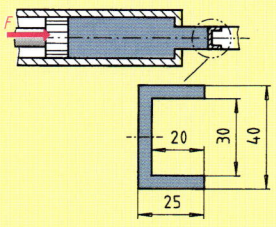

10. Bei einem Vierzylindermotor beträgt der Zylinderdurchmesser 75 mm und die Hublänge 80 mm. Wie groß ist der gesamte Hubraum?

11. Der Hubraum eines Sechszylindermotors beträgt 2,8 Liter. Welche Durchmesser müssen die Zylinder haben, wenn der Hub 88 mm beträgt?

12. Ein Würfel besitzt eine Kantenlänge von 250 mm. Welchen Durchmesser muss eine Kugel mit dem gleichen Volumen haben?

13. Die Oberfläche einer Kugel beträgt 1 dm². Wie groß ist ihr Volumen?

14. Wie groß ist das Volumen?

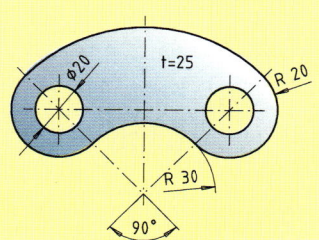

15. Ein prismatischer Behälter ist mit Öl gefüllt. Nachdem 1200 Liter entnommen wurden ist der Ölspiegel von 1,60 m auf 0,70 m gefallen. Wieviel Liter Öl sind noch im Behälter?

16. Ein kegelstumpfförmiger Plastikbecher soll ein Volumen von $1/4$ Liter aufnehmen. Welche Höhe h muss der Becher erhalten?

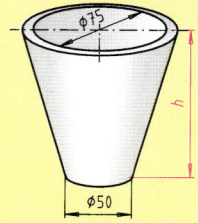

17. Wieviel Liter Flüssigkeit kann der Behälter aufnehmen?

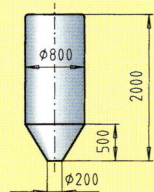

18. Bei Reparaturarbeiten muss ein Wasserleitungsrohr aus Kupfer mit 22 mm Außendurchmesser, einer Wanddicke von 1 mm und einer Länge von 12,5 m entleert werden. Wie viel Liter Wasser enthält das Rohr?

19. Eine Pumpe fördert in der Minute 400 Liter Kühlwasser in den leeren Behälter. Wie lange dauert es, bis der Behälter voll ist?

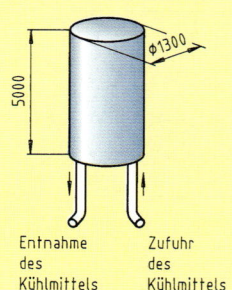

Entnahme des Kühlmittels — Zufuhr des Kühlmittels

2.4 Masse

Eine Fassadenkonstruktion, die bisher aus Stahl ausgeführt wurde, wird nun aus Aluminium gebaut. Hierbei ist ein Distanzstück aus Baustahl durch eines aus einer Aluminiumlegierung zu ersetzen. Damit die Stabilität des Aluminiumwerkstückes gewährleistet ist, wird es in seinen Querschnitten größer ausgeführt. Durch die Verwendung von Aluminium verringert sich sowohl die Korrosionsgefahr als auch die **Masse** der Fassade.

Wie groß war die Masse m des Stahl-Distanzstückes?

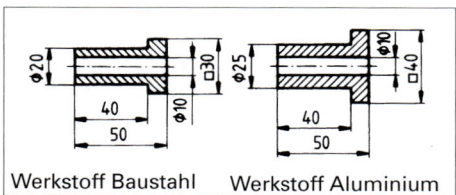

Werkstoff Baustahl   Werkstoff Aluminium

Jeder Körper besitzt eine bestimmte **Masse**, die sich auf einer Waage durch Vergleich mit einem Gewichtsstück bestimmen lässt.

- Die Einheit der Masse ist das **Kilogramm** (kg).

Je nach Anwendungsfall werden auch die folgenden Einheiten verwendet:

- **Gramm** (g): 1 kg = 1000 g oder
- **Tonne** (t): 1 t = 1000 kg = 1 Mg

Ein Vergleich der beiden Werkstücke macht deutlich, daß die Masse abhängig ist:

- vom Volumen V des Körpers und
- von seiner Dichte ρ (Rho).

$$\text{Masse} = \text{Volumen} \cdot \text{Dichte} \qquad m = V \cdot \rho$$

Die **Dichte** ist ein werkstoffspezifischer Wert:

$$\text{Dichte} = \frac{\text{Masse}}{\text{Volumen}} \qquad \rho = \frac{m}{V}$$

Die Dichte von Stoffen kann Tabellenbüchern oder nebenstehender Tabelle entnommen werden.

Um überschaubare Zahlenwerte zu erhalten, ist es sinnvoll, die Wahl der Einheit der jeweiligen Aufgabenstellung anzupassen. Bei kleineren Werkstücken wird als Einheit $\frac{g}{cm^3}$ gewählt, bei mittleren die Einheit $\frac{kg}{dm^3}$ und bei sehr großen $\frac{kg}{m^3}$.

$m = V \cdot \rho$ ⇒ Allgemeine Formel für die Massenberechnung.

$m_{St} = V_{St} \cdot \rho$ ⇒ Formel für die Masse des Distanzstücks aus Stahl.

$V_{St} = V_{1\,St} + V_{2\,St} - V_{3\,St}$ ⇒ Volumen des Werkstückes bestimmen. Bei zusammengesetzten Körpern die einzelnen Teilvolumen bestimmen.

$V_{1\,St} = \frac{d^2 \cdot \pi}{4} \cdot h$

$V_{1\,St} = \frac{(2\,cm)^2 \cdot \pi}{4} \cdot 4\,cm$

$\underline{V_{1\,St} = 12{,}57\,cm^3}$

$V_{2\,St} = a^2 \cdot h$

$V_{2\,St} = (3\,cm)^2 \cdot 1\,cm$

$\underline{V_{2\,St} = 9\,cm^3}$

$V_{3\,St} = \frac{d^2 \cdot \pi}{4} \cdot h$

$V_{3\,St} = \frac{(1\,cm)^2 \cdot \pi}{4} \cdot 5\,cm$

$\underline{V_{3\,St} = 3{,}93\,cm^3}$

$V_{St} = 12{,}57\,cm^3 + 9\,cm^3 - 3{,}93\,cm^3$

$\underline{V_{St} = 17{,}64\,cm^3}$

$m_{St} = 17{,}64\,cm^3 \cdot 7{,}85\,\frac{g}{cm^3}$ ⇒ Stahlmasse berechnen. Wert für ρ aus Tabelle entnehmen.

$\underline{m_{St} = 138{,}5\,g}$

Werkstoff	Dichte in $\frac{kg}{dm^3}$ bzw. $\frac{g}{cm^3}$	Werkstoff	Dichte in $\frac{kg}{dm^3}$ bzw. $\frac{g}{cm^3}$
Aluminium	2,7	PVC	ca. 1,35
Blei	11,3	Quecksilber	13,6
Cu-Al-Legierung	ca. 7,5	Stahl	ca. 7,85
Cu-Sn-Legierung	ca. 8,2	Zink	7,13
Cu-Zn-Legierung	ca. 8,5	Zinn	7,29
Gusseisen	ca. 7,25	Petroleum	ca. 0,8
Kupfer	8,96	Schmieröl	ca. 0,9
Magnesium	1,74		

1 m³ Stahl hat eine Masse von 7850 kg

$\rho = 7850\,\frac{kg}{m^3}$

Durch Umrechnen ergibt sich:

$\rho = \frac{7850\,kg}{m^3} \cdot \frac{1\,m^3}{1000\,dm^3} = 7{,}85\,\frac{kg}{dm^3}$

$\rho = \frac{7{,}85\,kg}{dm^3} \cdot \frac{1000\,g}{1\,kg} \cdot \frac{1\,dm^3}{1000\,cm^3} = 7{,}85\,\frac{g}{cm^3}$

2.4 Masse

Berechnung der Masse mit Hilfe von Tabellen

Ein Kupferrohr hat eine Länge von 2,88 m, einen Außendurchmesser von 30 mm und eine Wanddicke von 3 mm.
Welche Masse hat das Kupferrohr?

Bei **Rohren**, **Profilen** und **Drähten** ist die **Querschnittsfläche** über der gesamten Länge gleich bleibend. Ein doppelt so langes Profil aus dem gleichen Werkstoff und mit dem gleichen Querschnitt hat auch die doppelte Masse.

In Halbzeugtabellen ist die **längenbezogene Masse** m' angegeben. Das ist die auf den jeweiligen Werkstoff und Querschnitt bezogene Masse pro 1 m Länge.

Für die Berechnung der Masse ergibt sich damit:

Masse = längenbezogene Masse · Länge
$m = m' \cdot l$

Bei **Blechen** ist die **Blechdicke** über der gesamten Fläche gleich bleibend. Eine doppelte Fläche ergibt damit eine doppelte Masse (vgl. TECHNISCHE MATHEMATIK Kap. 1.5.1). Tabellen für Bleche enthalten Werte für die **flächenbezogene Masse** m''. Das ist die auf den jeweiligen Werkstoff und die Blechdicke bezogene Masse pro 1 m² Fläche.

Masse = flächenbezogene Masse · Fläche
$m = m'' \cdot A$

$m = m' \cdot l$	$\Rightarrow$	allgemeine Formel für längenbezogene Masse.
$m = 2{,}26\ \dfrac{\text{kg}}{\text{m}} \cdot 2{,}88\ \text{m}$	$\Rightarrow$	Wert für m' aus Tabelle entnehmen
$m = 6{,}5\ \text{kg}$		

Stabstahl

$d = a = s$	m' in kg/m		
	⌀ d	▨ a	⬡ s
6	0,222	0,283	0,245
10	0,617	0,785	0,680
16	1,58	2,01	1,74
22	2,98	3,80	3,29

Rohre aus Kupfer nahtlos gezogen

Außen ⌀ in mm	m' in kg/m				
	Wanddicke s in mm				
	1	1,5	2	3	4
10	0,25	0,36	0,45	–	–
20	0,53	0,78	1,01	1,43	1,79
25	0,67	–	1,29	1,85	2,35
30	0,81	–	1,75	**2,26**	2,91

Stahlblech

Blechdicke mm	m'' in kg/m²	Blechdicke mm	m'' in kg/m²	Blechdicke mm	m'' in kg/m²
0,50	3,92	2,0	15,70	3,0	23,55
1,00	7,85	2,5	19,60	4,0	31,40

Übungen

1. Bestimmen Sie mit Hilfe Ihres Tabellenbuches die längenbezogene Masse m' für folgende blanke Flachstähle:
   a) 10 mm × 6 mm
   b) 20 mm × 10 mm
   c) 32 mm × 4 mm
   d) 40 mm × 20 mm

2. Ermitteln Sie die Masse mit Hilfe Ihres Tabellenbuches.
   a) U-Profil DIN 1026 - S235JR - U 80 500 mm lang
   b) L-Profil DIN 1028 - S235JR - L50 × 5 200 mm lang
   c) I-Profil DIN 1025 - S235JR - I 220 5,5 mm lang

3. Bestimmen Sie mit Hilfe Ihres Tabellenbuches die längenbezogene Masse m' für folgende Stabstähle bzw. Rohre aus Stahl:

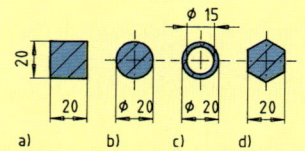

4. Wie groß ist in der Beispielaufgabe von S. 289 die Masse des Distanzstückes aus Aluminium und wie groß ist die Massenersparnis gegenüber der Stahlausführung?

5. Eine Spule mit ⌀ 1 mm Kupferdraht hat eine Masse von 4,5 kg. Wie lang ist der Draht?

6. Welche Masse hat der Stahlrahmen aus Hohlprofil? (m' = 5,67 kg/m)

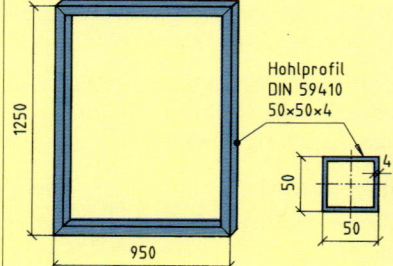

2.4 Masse

7. Welche Masse haben 20 Aluminiumblechtafeln von 2,5 m Länge, 1,25 m Breite und 1,5 mm Dicke?

8. Die Gleitlagerbuchse besteht aus Kunststoff (Polytetrafluorethylen) mit einer Dichte von 2,2 kg/dm³. Welche Masse hat sie?

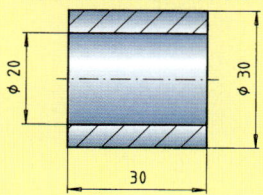

9. Das Gegengewicht mit einer Masse von 50 kg soll aus Gusseisen hergestellt werden. Welche Höhe h muss das Teil haben?

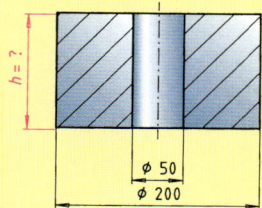

10. In einen zylindrischen Behälter mit 500 mm lichtem Durchmesser werden 100 kg (200 kg, 250 kg) Schmieröl gepumpt. Wie hoch steht das Öl jeweils im Behälter?

11. Welche Höhe muss der zylindrische Teil des Gewichtsstückes aus Gusseisen erhalten, wenn der Griff 500 g wiegt und der Durchmesser 100 mm beträgt?

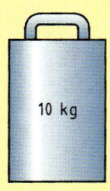

12. Ein mit Benzin gefüllter Tank hat eine Masse von 5,6 kg. Wieviel Liter Benzin sind im Tank, wenn der leere Behälter 850 g wiegt?

13. Welche Masse hat der Zinnring? (Guldinsche Regel beachten!)

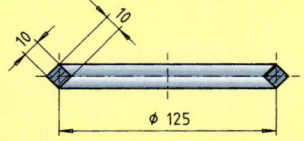

14. Ein zylindrischer Warmwasserspeicher von 450 mm Außendurchmesser und 1500 mm Höhe soll allseitig mit einer 150 mm dicken Isolationsschicht aus Polyurethanschaum (ρ = 0,04 kg/dm³) ummantelt werden. Welche Masse besitzt die Isolation?

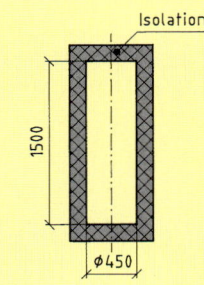

15. Welche Masse hat die Zentrierspitze aus Stahl?

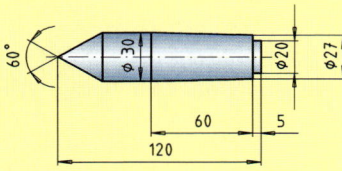

16. Wie schwer ist eine Stahlkette aus 55 Kettengliedern?

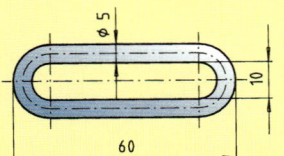

17. Welche Masse hat der Krümmer aus Stahl?

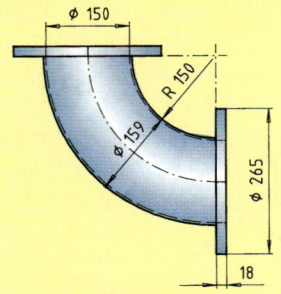

18. Berechnen Sie die Masse des Abschrots (Stahl).

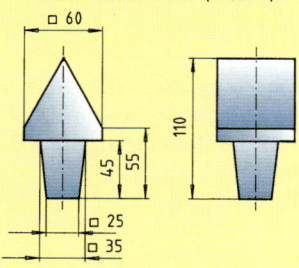

19. Eine Tafel aus Stahlblech 1000 mm · 2000 mm wiegt 54,95 kg. Wie dick ist das Blech?

20. Die Rauchhaube wird aus Stahlblech, 2,5 mm dick, gefertigt. Berechnen Sie:
    a) Die Längen der Brennschnitte.
    b) Den Blechbedarf in m² bei 8 % Verschnitt.
    c) Die Masse.

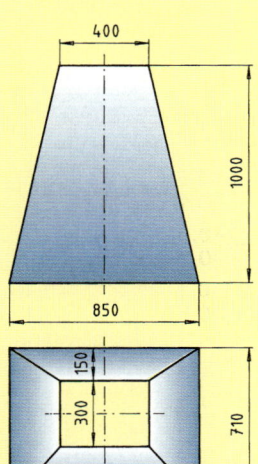

2.5 Höchstmaß, Mindestmaß, Toleranz

Das Gartentor ist in die vorgesehenen Mauerkloben des Türpfostens einzuhängen. Damit dies und das Drehen des Tores leicht möglich ist, muss die Bohrung im Halseisen mit einer vorgegebenen Toleranz gefertigt werden.

Zwischen welchen Grenzmaßen muss das Istmaß liegen?

Die geduldete Maßabweichung (Abmaße) der Längenmaße vom Nennmaß ist im Zeichnungsmaß vermerkt oder als **Allgemeintoleranz** nach DIN ISO 2768 (vgl. TECHNOLOGIE Kap. 2.5.1) ausgewiesen. Da der Schlosser meist größere Teile wie Geländer, Stahlkonstruktionen usw. handwerklich fertigt, sind seine Toleranzen im **Genauigkeitsgrad mittel**, vielfach jedoch **grob** bis **sehr grob** gehalten.

Das gefertigte Maß des Teils muss dann in einem durch die Abmaße bestimmten Bereich liegen. Die obere und untere Grenze des Bereichs kann berechnet werden.

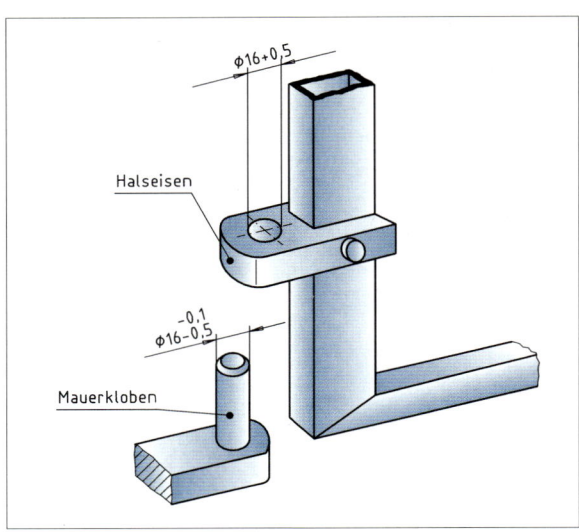

gesucht: Höchstmaß und Mindestmaß der Bohrung

gegeben: Fertigungsmaß der Bohrung Ø 16+0,5 mm

Toleranz: $T = es - ei$ N: Nennmaß in mm
Höchstmaß: $G_s = N + es$ es: oberes Abmaß in mm
Mindestmaß: $G_i = N + ei$ ei: unteres Abmaß in mm

$G_s = N + es$ ⇒ Das Nennmaß mit Abmaß ist der Fertigungszeichnung zu entnehmen.
$G_s = 16$ mm $+ 0,5$ mm
$\underline{G_s = 16,5\text{ mm}}$

$G_i = N + ei$ ⇒ In der Fertigungszeichnung ist für das untere Abmaß kein Wert angegeben. Es wird deshalb von $ei = 0$ mm ausgegangen.
$G_i = 16$ mm $+ 0$ mm
$\underline{G_i = 16\text{ mm}}$

Übungen

1. Eine Zeichnung enthält folgende Maße:

   a) $40^{+0,5}_{+0,2}$ b) $30 + 0,15$
   c) $50^{+0,3}_{-0,2}$ d) $45 - 0,4$
   e) $60^{-0,1}_{-0,5}$ f) $55^{+0,15}_{+0,1}$
   g) $60 + 0,4$ h) $90^{+0,15}_{-0,15}$
   i) $35 - 0,2$ j) $65^{-0,1}_{-0,2}$

   Berechnen Sie Höchstmaß, Mindestmaß und die Toleranz.

2. a) Ermitteln Sie für die angegebenen Nennmaße nach den Allgemeintoleranzen die Abmaße und ermitteln Sie Höchstmaß, Mindestmaß und die Toleranz.

Nennmaß	Genauigkeitsgrad
120	mittel
120	sehr grob
1200	mittel
1200	sehr grob

   b) Welche Erkenntnisse lassen sich aus den Ergebnissen von a) ableiten?

3. Ermitteln Sie für das Stahlgelenk (vgl. TECHNOLOGIE Kap. 2.3.1.3) das größte und das kleinste Spiel.

   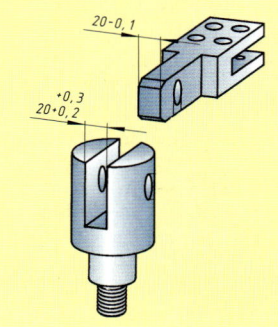

2.6 Bewegungen — 2.6.2 Kreisförmige Bewegung

Bestimmen der Umdrehungsfrequenz

Welche Umdrehungsfrequenz n ist an einer Bohrmaschine bei folgenden Angaben zu wählen?

Werkstoff: S235JRG1; Schneidstoff: HSS; Bohrerdurchmesser: $d = 20$ mm; Kühlschmiermittel ist vorhanden.

gesucht: Umdrehungsfrequenz n

Aus der Schnittgeschwindigkeitstabelle (Tabellenbuch) wird $v_c = 27$ m/min gewählt.

1. Rechnerische Lösung

$v_c = d \cdot \pi \cdot n$

$$\boxed{n = \frac{v_c}{d \cdot \pi}}$$

$n = \dfrac{27 \,\frac{\text{m}}{\text{min}}}{20 \text{ mm} \cdot \pi}$

$n = \dfrac{27 \text{ m} \cdot 1000 \text{ mm}}{\text{min} \cdot 20 \text{ mm} \cdot \pi \cdot 1 \text{ m}}$

$n = \underline{\underline{\dfrac{430}{\text{min}}}}$

2. Lösung mit Hilfe des v_c - d - Nomogramms

Der mathematische Zusammenhang zwischen Schnittgeschwindigkeit v_c, Durchmesser d und Umdrehungsfrequenz n kann in einem Nomogramm dargestellt werden.

Zur Bestimmung der Umdrehungsfrequenz mit Hilfe des Nomogramms sind folgende **Lösungsschritte** erforderlich:

- Durchmesser 20 mm aufsuchen und senkrecht nach oben gehen.
- Schnittgeschwindigkeit 27 m/min suchen und eine waagerechte Linie ziehen.
- Mit Hilfe des Schnittpunktes A die Umdrehungsfrequenz festlegen. Meistens wird die nächst niedrigere Umdrehungsfrequenz gewählt (in diesem Beispiel $n = 400$/min), weil die Standzeit stark zurückgeht, wenn die Schnittgeschwindigkeit den angegebenen Wert übersteigt.

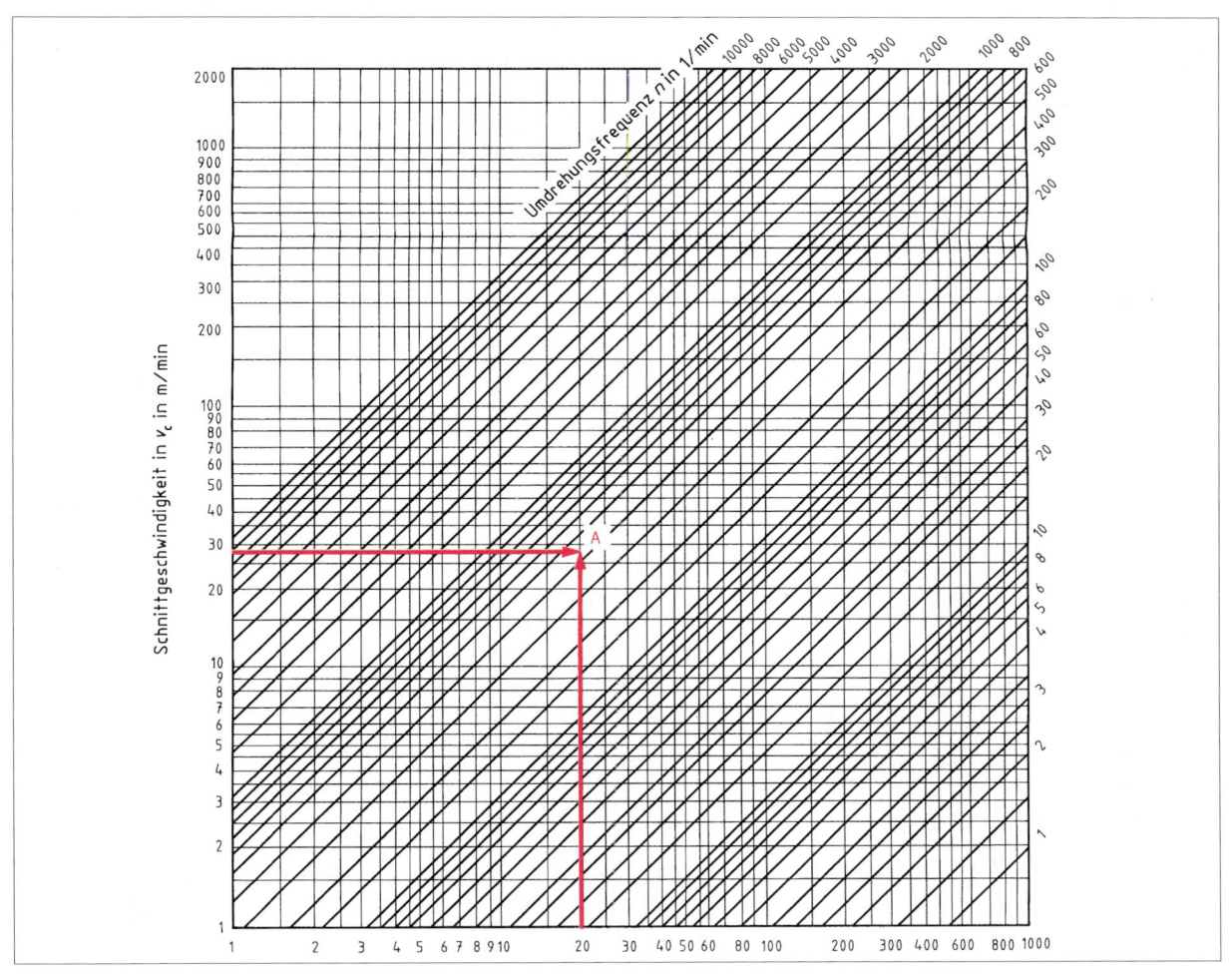

Übungen

1. Eine 4-Gang-Bohrmaschine führt eine Schnittgeschwindigkeit von 18 m/min aus.
   Folgende Umdrehungsfrequenzen können eingestellt werden:
   $n_1 = 140/min$; $n_2 = 220/min$; $n_3 = 360/min$; $n_4 = 500/min$
   Bestimmen Sie die einzustellende Umdrehungsfrequenz für eine Bohrung mit 15 mm Durchmesser.

   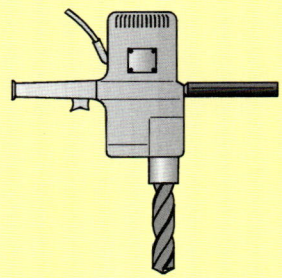

2. Bestimmen Sie die fehlenden Werte der Tabelle.

	a	b	c	d	e
n	?	500	200	?	500
d	15	120	?	50	320
v_c	40	?	160	300	?

3. Eine Trennscheibe von 180 mm Durchmesser soll in einem Winkelschleifer mit einer Umdrehungsfrequenz von max. 8400/min eingesetzt werden.
   Die zulässige Umfangsgeschwindigkeit der Scheibe beträgt $v = 80$ m/s.
   Darf diese Scheibe für dieses Gerät verwendet werden?

   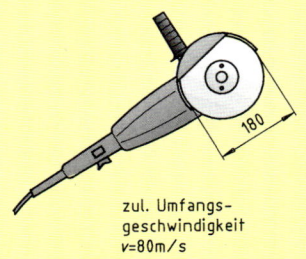

   zul. Umfangsgeschwindigkeit $v = 80$ m/s

4. Winkelstähle aus S235 JRG1 sind zu bohren.
   a) Erstellen Sie hierzu einen Arbeitsplan.
   b) Bestimmen Sie die Umdrehungsfrequenzen der Bohrer, wenn die Schnittgeschwindigkeit 25 m/min betragen soll.

   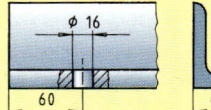 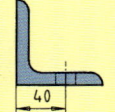

5. An einer Fräsmaschine sollen Werkstücke aus S235 JRG1 mit einem Scheibenfräser aus HSS bearbeitet werden.
   Der Fräser hat einen Durchmesser $d = 100$ mm.
   a) Legen Sie v_c fest.
   b) Ermitteln Sie die Umdrehungsfrequenz aus dem v_c-d-Nomogramm.

6. Eine Bohrmaschine wird für folgende Arbeit vorbereitet:
   Werkstoff: S235 JRG1; Bohrer aus HSS
   Durchmesser: a) 8 mm; b) 15 mm; c) 25 mm.
   Kühlschmiermittel vorhanden.
   a) Ermitteln Sie v_c.
   b) Legen Sie die Umdrehungsfrequenz n nach dem v_c-d-Nomogramm fest.

7. In eine Platte aus E295 ist eine Nut einzufräsen. Welche Umdrehungsfrequenz ist an der Maschine einzustellen, wenn eine Schnittgeschwindigkeit $v_c = 20$ m/min vorgegeben wird?

   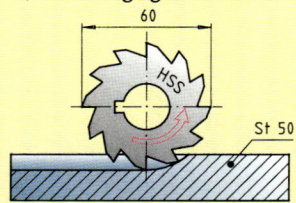

8. Für das Längsrunddrehen eines Rundstahles aus S235 JRG1 mit einem Ø von 40 mm wurde eine Umdrehungsfrequenz von 530/min an der Maschine eingestellt. Drehmeißelwerkstoff HSS.
   Bestimmen Sie mit Hilfe des Nomogramms (S. 297) die Schnittgeschwindigkeit.

   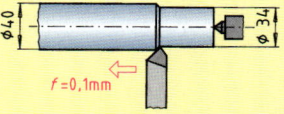

9. In Flachstähle sind Bohrungen mit Ø 14 mm einzubohren. Die Umdrehungsfrequenz beträgt dabei $n = 600/min$.
   Kontrollieren Sie, ob die zulässige Schnittgeschwindigkeit v_c überschritten wird.

   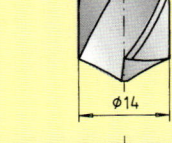

10. Das Werkstück wird aus S235 JRG1 hergestellt.
    a) Wählen Sie die Werkzeuge (Bohrer, Gewindebohrer) für das Werkstück aus.
    b) Legen Sie die Schnittgeschwindigkeit v_c und die Vorschübe fest.
    c) Ermitteln Sie die Umdrehungsfrequenz aus dem v_c-d-Nomogramm.

    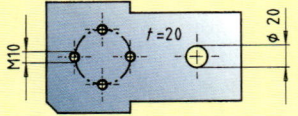

2.6.3 Ungleichförmige Bewegung

Mittlere Geschwindigkeit beim Kurbeltrieb

Für ein Treppengeländer werden 20 Stahlrohrstücke mit einem Durchmesser von 40 mm und einer Länge von 800 mm benötigt.
Sie müssen von einer Rohrstange abgetrennt werden. Hierzu wird eine Hubsägemaschine eingesetzt.
An der Maschine können verschiedene Umdrehungsfrequenzen eingestellt werden:

$n_1 = 20$/min; $n_2 = 36$/min; $n_3 = 48$/min; $n_4 = 85$/min

Welche Umdrehungsfrequenz ist für eine vorgegebene Schnittgeschwindigkeit von 30 m/min einzustellen?

Der Kurbeltrieb wandelt die gleichförmige Drehbewegung der Scheibe in eine geradlinige Hubbewegung des Sägebügels um. Diese Bewegung erfährt eine Beschleunigung bis etwa Hubmitte, dann eine Verzögerung bis zum Ende des Hubes. Dort kehrt sich die Richtung um.

Da sich bei diesem Vorgang die Geschwindigkeit ständig ändert, geht man von einer **mittleren Geschwindigkeit** aus.

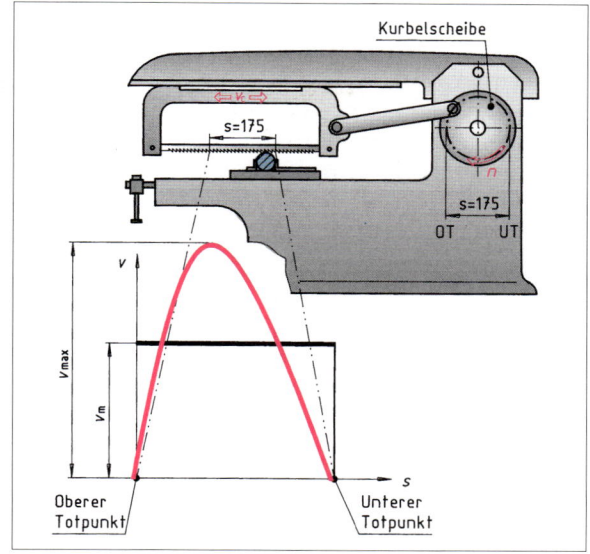

gesucht: Einzustellende Umdrehungsfrequenz n.

gegeben: $v_c = v_m = 30$ m/min
$s = 175$ mm

$v_m = 2 \cdot s \cdot n$

$n = \dfrac{v_m}{2 \cdot s}$

$n = \dfrac{30 \, \frac{m}{min}}{2 \cdot 175 \, mm}$

$n = \dfrac{30 \, \frac{m}{min} \cdot \frac{1000 \, mm}{1 \, m}}{2 \cdot 175 \, mm}$

$\underline{n = 85{,}7 \, / min}$

Die mittlere Geschwindigkeit der Hubbewegung ist gleich der Geschwindigkeit der Drehbewegung:

$v_m = \dfrac{s}{t} = d \cdot \pi \cdot n$

1 Umdrehung der Scheibe	⇒	2 Hublängen des Sägeblattes (Vor- und Rückhub)
$d \cdot \pi$		$2 \cdot s$
n Umdrehungen der Scheibe	⇒	$n \cdot 2$ Hublängen des Sägeblattes
Umdrehungsfrequenz der Scheibe je Minute	=	Anzahl der Doppelhübe je Minute
$n_{Scheibe}$	=	$n_{Doppelhübe}$

$\boxed{v_m = 2 \cdot s \cdot n}$

s: Durchmesser der Kurbelscheibe = Hublänge des Sägebügels in mm
n: Umdrehungsfrequenz der Kurbelscheibe = Anzahl der Doppelhübe je Minute in $\frac{1}{min}$.

Übungen

1. Die mittlere Geschwindigkeit einer Maschinenhubsäge beträgt 32 m/min. Sie hat eine Hublänge von 160 mm.
Bestimmen Sie die Anzahl der Doppelhübe je Minute.

2. Eine Hubsägemaschine besitzt einen Hub von 250 mm. Die Umdrehungsfrequenz der Kurbelscheibe beträgt 70/min.
Berechnen Sie die mittlere Geschwindigkeit des Sägebügels.

3. Der Kolben eines Rennwagenmotors bewegt sich mit 10600 Doppelhüben je Minute. Der Kolbenhub beträgt dabei 50 mm.
Berechnen Sie die mittlere Kolbengeschwindigkeit.

2.7 Kräfte
2.7.1 Beschleunigungs- und Gewichtskräfte

4. Welche Umdrehungsfrequenz müsste an einer Stichsäge mit einem Hub von 27 mm eingestellt werden, um überstehende Stahlrohrstücke von einem Treppengeländer abzutrennen. Die mittlere Geschwindigkeit sollte 30 m/min betragen.

5. Eine Stichsäge führt eine Hublänge 20 mm aus. Ihre Umdrehungsfrequenz lässt sich von 500 bis 3000/min einstellen.
In welchem Bereich liegen die Schnittgeschwindigkeiten?

6. Die Kurbel hat einen Radius von 80 mm und eine Umdrehungsfrequenz von 50/min.

   a) Berechnen Sie die Hublänge des Schlittens.
   b) Wie groß ist die mittlere Geschwindigkeit v_m?

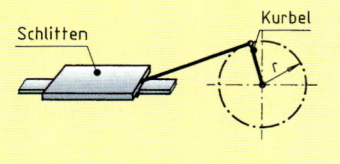

2.7 Kräfte
2.7.1 Beschleunigungs- und Gewichtskräfte

Kräfte können ruhende Körper **verformen**, dies kann man z. B. sehr anschaulich beim Schmieden oder auch bei einer Zug- oder Druckfeder beobachten. Die eingetretene Verformung des Körpers lässt Rückschlüsse auf die einwirkende Kraft zu. Kräfte selbst sind nicht sichtbar, sondern nur ihre Wirkungen. Wenn Zug- oder Druckfedern innerhalb ihres elastischen Bereiches beansprucht werden (durch plastische Verformung werden sie unbrauchbar), verhalten sich die einwirkende Kraft F und die dadurch entstehende Längenänderung $\triangle L$ proprtional[1]. Eine Verdoppelung der Kraft verdoppelt die Längenänderung. Federn können deshalb zur Kraftmessung verwendet werden (Federwaage, Bild 2).

Kräfte sind auch die Ursache für **Bewegungsänderungen** von Körpern. Um ein Auto anzuschieben braucht man Kraft. Je größer (schwerer) das Auto ist, umso mehr Kraft wird benötigt.

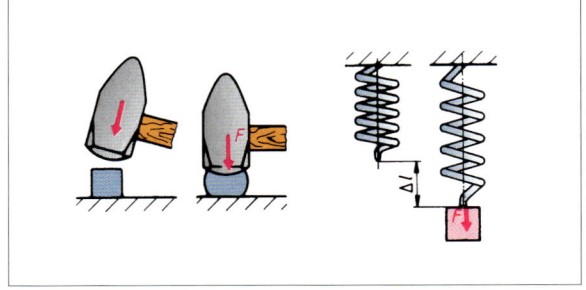

Bild 1 Verformung durch Krafteinwirkung

> Je größer die zu beschleunigende Masse m ist, umso größer muss die einwirkende Kraft F sein.

Um ein Auto in der Zeit $t = 10$ s von 0 auf 4 m/s zu beschleunigen braucht man mehr Kraft, als es von 0 auf 3 m/s zu beschleunigen.

> Je mehr ein Körper beschleunigt werden soll, umso größer ist die hierzu erforderliche Kraft.

Die **Beschleunigung** a ist die Änderung der Geschwindigkeit v pro Zeiteinheit t.

$$\text{Beschleunigung} = \frac{\text{Geschwindigkeit}}{\text{Zeit}} \qquad a = \frac{v}{t}$$

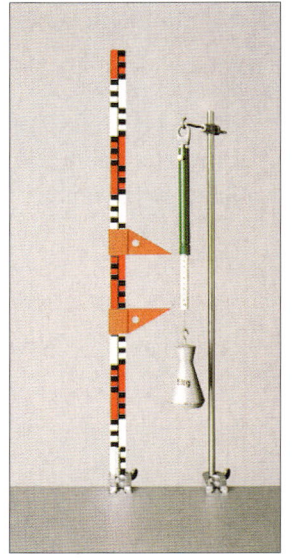

Bild 2 Federwaage

Bild 3 Anschieben von Pkw

[1] vgl. Zugversuch TECHNOLOGIE Kap. 1.1.1

2.7 Kräfte
2.7.1 Beschleunigungs- und Gewichtskräfte

1. Fall
$t = 10$ s
$v = 3\frac{m}{s}$
$a = \frac{v}{t}$
$a = \frac{3\frac{m}{s}}{10\,s}$
$a = \frac{3\,m}{s \cdot 10\,s}$
$a = 0,3\frac{m}{s^2}$

2. Fall
$t = 10$ s
$v = 4\frac{m}{s}$
$a = \frac{v}{t}$
$a = \frac{4\frac{m}{s}}{10\,s}$
$a = \frac{4\,m}{s \cdot 10\,s}$
$a = 0,4\frac{m}{s^2}$

Die Erkenntnis, dass die erforderliche Kraft mit steigender Beschleunigung und größerer Masse zunimmt, kann mit folgender Formel beschrieben werden:

$$\text{Kraft} = \text{Masse} \cdot \text{Beschleunigung}$$

$$F = m \cdot a$$

Dieser Zusammenhang ist von so großer Bedeutung, dass er als **Grundgesetz der Dynamik** bezeichnet wird. Es wurde von Isaak Newton (1643–1727) entdeckt.

Nach ihm wurde das „Newton" (Einheitenzeichen N) als Einheit für die Kraft benannt:

$$1\,N = 1\,kg \cdot 1\frac{m}{s^2} = 1\frac{kg \cdot m}{s^2}$$

Aufgabe:

Welche Kraft ist erforderlich, wenn ein 800 kg schweres Auto mit $0,3\frac{m}{s^2}$ beschleunigt werden soll (Reibung wird vernachlässigt)?

$F = m \cdot a$
$F = 800\,kg \cdot 0,3\frac{m}{s^2}$
$F = 240\frac{kg \cdot m}{s^2}$
$\underline{F = 240\,N}$

Fällt ein Körper im luftleeren Raum nach unten, so erfährt er in unseren Breitengraden eine Beschleunigung von $9,81\frac{m}{s^2}$. Diese Größe wird **Erdbeschleunigung g** genannt. Nach dem Grundgesetz der Dynamik lässt sich damit die **Gewichtskraft F_G** eines Körpers berechnen:

$$F_G = m \cdot g \qquad g = 9,81\frac{m}{s^2}$$

Die Gewichtskraft eines Körpers ist immer senkrecht nach unten zum Erdmittelpunkt hin gerichtet.

Aufgabe:

An der Kette eines Krans hängt ein Stahlblock mit einer Masse von 500 kg. Mit welcher Kraft wird die Kette auf Zug beansprucht?

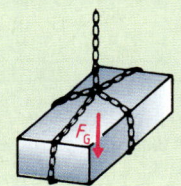

$F_G = m \cdot g$
$F_G = 500\,kg \cdot 9,81\frac{m}{s^2}$
$F_G = 4905\,N$
$\underline{F_G = 4,9\,kN}$

Übungen

1. Welche Gewichtskraft hat eine Masse von 5,4 kg?

2. Ein Werkstück hat eine Gewichtskraft von 100 N. Wie groß ist seine Masse?

3. Ein Stahlträger hat eine Masse von 0,5 t. Welche Gewichtskraft hat er?

4. Ein Stahlträger IPB 200 DIN 1025 hat eine Gewichtskraft von 3007 N. Ermitteln Sie mit Hilfe des Tabellenbuches die Länge des Trägers.

5. Welche Kraft wird zum Beschleunigen bzw. Abbremsen eines 15 kg schweren Wagens mit 2,5 m/s² benötigt?

6. Welch Kraft ist erforderlich, um einen Pkw mit 800 kg in 10 Sekunden von 0 auf 100 km/h zu beschleunigen? (Reibung bleibt unberücksichtigt)

7. Welche Beschleunigung erfährt beim Kegeln eine Kugel mit 2 kg, wenn sie mit 100 N gestoßen wird?

8. Zum Beschleunigen eines Wagens wird eine Kraft von 500 N wirksam. Wie groß ist die Masse des Körpers, wenn die Beschleunigung 2 m/s² beträgt?

9. Das Werkstück hat eine Gewichtskraft von 2,96 N. Wie groß ist seine Dichte?

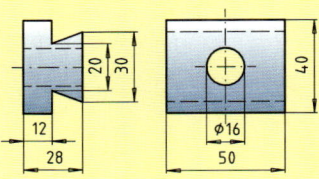

10. Welche Masse hat ein Aluminiumteil mit einer Dichte von 2,7 kg/dm³, das eine Gewichtskraft von 1250 N ausübt?

11. Wie viele Liter Kraftstoff sind in einem Tank, der mit Füllung eine Gewichtskraft von 120 N hat, wenn der Tankbehälter eine Masse von 1,5 kg besitzt und die Dichte des Kraftstoffs 0,75 kg/dm³ beträgt?

2.7.2 Kräfte sind gerichtete Größen

Die Wirkungen einer Kraft, die z. B. auf einen Wagen ausgeübt wird, sind von verschiedenen Umständen abhängig:

Größe der Kraft

Kräfte werden zeichnerisch als **Pfeile** dargestellt. Die **Länge** des Kraftpfeils entspricht dabei der **Größe** der Kraft. Zum Zeichnen eines Kraftpfeils ist ein geeigneter **Kräftemaßstab** KM festzulegen. KM: 5 mm ≙ 1 kN bedeutet, dass z. B. eine Kraft von 3 kN als ein 15 mm langer Kraftpfeil zu zeichnen ist.

Richtung der Kraft

Die **Richtung** des Kraftpfeils gibt die Richtung der einwirkenden Kraft an. Nebenstehendes Bild zeigt die unterschiedlichen Auswirkungen von Kräften gleicher Größe aber unterschiedlicher Richtung. Die Kraft ist eine **gerichtete Größe**.
Die **Wirkungslinie** WL ist die gedachte Gerade, auf der eine Kraft wirkt. Die Kräfte können auf ihrer Wirkungslinie verschoben werden, ohne dass sich dadurch ihre Wirkung ändert.

Angriffspunkt der Kraft

Trotz gleicher Größe von 750 N und gleicher Richtung senkrecht nach unten ergeben sich unterschiedliche Wirkungen durch die jeweiligen Angriffspunkte der Kräfte.

Kräfte sind auf ihrer Wirkungslinie verschiebbar. Sie sind bestimmt durch:
- Größe,
- Richtung und
- Angriffspunkt.

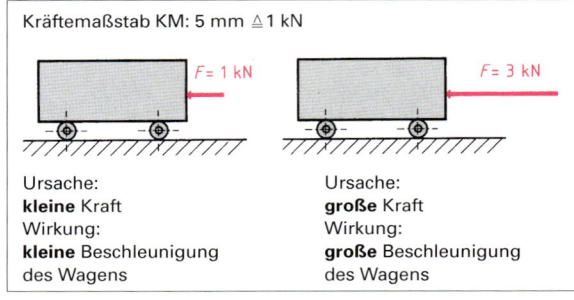

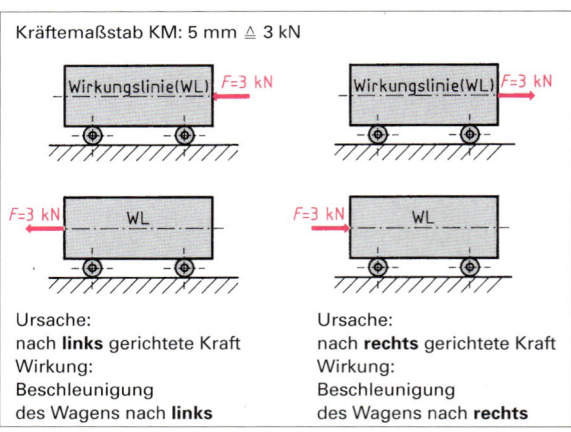

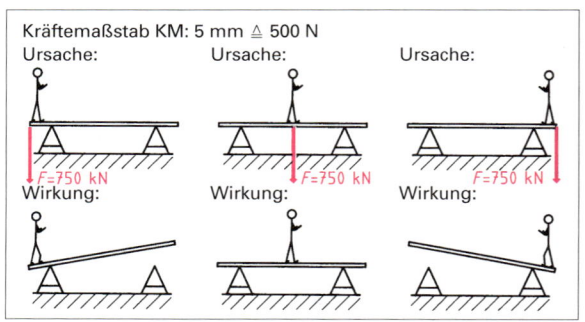

2.7 Kräfte — 2.7.3 Zusammensetzung von Kräften

Gleichgewicht der Kräfte

Das Spannschloss wird durch das linke Seil mit der Kraft F belastet. Gleichzeitig übt das rechte Seil eine Gegenkraft F' auf das Spannschloss aus. Diese liegt auf der gleichen Wirkungslinie und besitzt die gleiche Größe wie die Kraft F, ist jedoch entgegengerichtet.

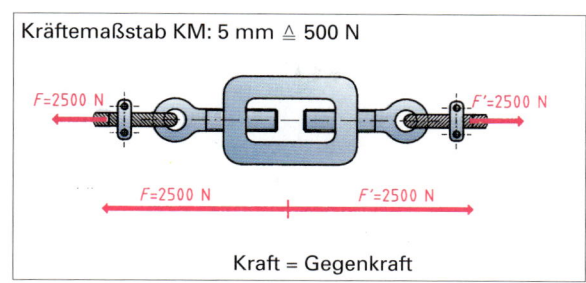

Kraft = Gegenkraft

> Wenn Kraft und Gegenkraft gleich groß sind, stehen die Kräfte im Gleichgewicht. Das betrachtete System bleibt in Ruhe.

Übungen

1. Ein Aufzug hat eine Gewichtskraft von 9500 N. Skizzieren Sie den Aufzug und zeichnen Sie maßstäblich die auf ihn einwirkende Kraft und Gegenkraft ein.

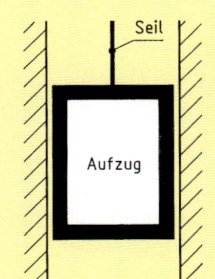

2. Auf die Kolbenstange eines Pneumatikzylinders wirkt eine Spannkraft von 1600 N. Skizzieren Sie Kolben und Kolbenstange und zeichnen Sie für den ruhenden Zustand die wirkenden Kräfte maßstäblich ein.

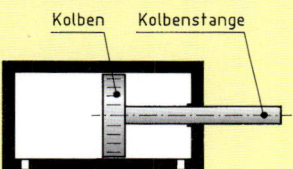

3. Wie verhält sich bei einem Pkw in den folgenden drei Fällen die Antriebskraft F_A der Räder zu der Widerstandskraft F_W, die der Pkw durch den Luftwiderstand und den Rollwiderstand erfährt?
   a) Der Pkw fährt mit konstanter Geschwindigkeit von 100 km/h.
   b) Der Pkw vermindert seine Geschwindigkeit von 100 km/h auf 80 km/h.
   c) Der Pkw erhöht seine Geschwindigkeit von 80 km/h auf 100 km/h.

2.7.3 Zusammensetzung von Kräften

Kräfte auf einer Wirkungslinie

Beim Tauziehen wirken z. B. vier Kräfte auf einer Wirkungslinie. Welche der beiden Guppen die stärkere ist, lässt sich zeichnerisch ermitteln, indem die Summe der Einzelkräfte gebildet wird. Dazu sind die Kräfte in beliebiger Reihenfolge aneinanderzureihen, wobei unbedingt die **Richtung** der Einzelkräfte zu beachten ist.

> Die Summe der Kräfte ergibt sich vom Angriffspunkt des ersten bis zur Spitze des letzten Kraftpfeils.

Sie hat die gleiche Wirkung wie die vier Kräfte zusammen. Sie wird Ersatzkraft oder **Resultierende** F_R genannt. In unserem Beispiel beträgt die waagerecht nach links gerichtete Resultierende 100 N. Die linke Gruppe ist also stärker.

> Bei $F_R = 0$ herrscht Gleichgewicht.

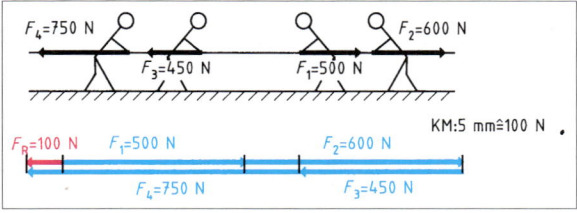

Wenn alle Kräfte auf einer gemeinsamen Wirkungslinie liegen, kann die Resultierende auch durch Addition bzw. Subtraktion der Einzelkräfte ermittelt werden. Das Vorzeichen berücksichtigt die Richtung der jeweiligen Kraft. In unserem Beispiel werden alle nach rechts wirkenden Kräfte mit positivem und die nach links wirkenden Kräfte mit negativem Vorzeichen versehen.

2.7 Kräfte 2.7.3 Zusammensetzung von Kräften

Übungen

1. Ermitteln Sie rechnerisch und zeichnerisch die resultierende Kraft, die ein Aufzug auf das Seil ausübt, wenn die Gewichtskraft des Aufzugs 3200 N beträgt und sich fünf Personen mit einer durchschnittlichen Gewichtskraft von 750 N im Aufzug befinden.

2. Wie groß ist die resultierende Kraft, die zum Beschleunigen des Zuges dient, wenn die Zuglok mit einer Kraft von 200 kN durch eine Schiebelok mit 180 kN unterstützt wird und der Fahrwiderstand für den Zug 350 kN beträgt?

3. Bestimmen Sie rechnerisch und zeichnerisch, mit welcher Druckkraft F_D die Kolbenstange des Pneumatikzylinders mit Federrückstellung beansprucht wird. Wählen Sie einen geeigneten Kräftemaßstab.

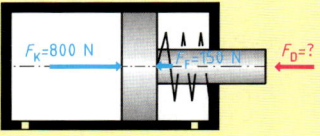

Zwei Kräfte auf sich schneidenden Wirkungslinien

Die Umlenkrolle wird durch die Seilkräfte $F_1 = 40$ kN und $F_2 = 40$ kN belastet. Wie groß ist die resultierende Kraft, die die Achse der Seilrolle aufnehmen muss und wie ist sie gerichtet?

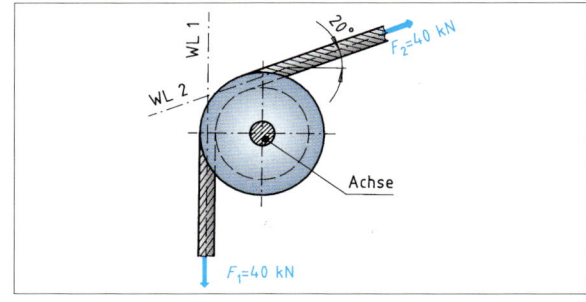

Kräfteparallelogramm

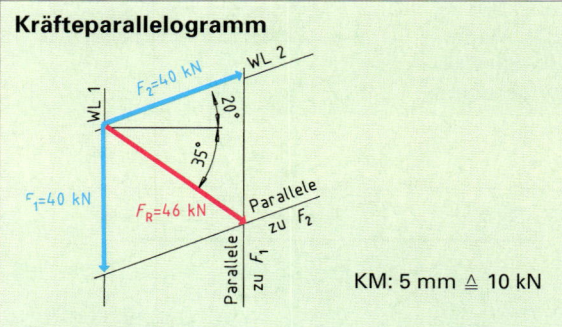

Lösungsschritte:
- Kräftemaßstab festlegen.
- Wirkungslinien der beiden Kräfte unter den vorgegebenen Richtungen so einzeichnen, dass sie sich schneiden.
- Kräfte im Schnittpunkt der Wirkungslinien beginnend in Größe und Richtung einzeichnen.
- Parallelen zu den beiden Kräften so durch die Pfeilspitzen zeichnen, dass ein Kräfteparallelogramm entsteht.
- Die resultierende Kraft F_R als Diagonale vom gemeinsamen Angriffspunkt der beiden Kräfte beginnend einzeichnen.
- Resultierende in Größe und Richtung abmessen.

Krafteck

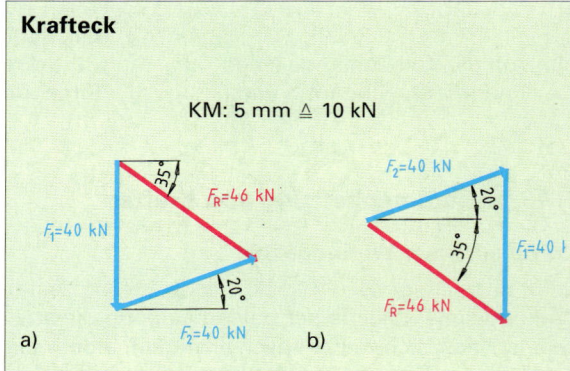

Lösungsschritte:
- Kräftemaßstab festlegen.
- Erste Kraft in Größe und Richtung einzeichnen.
- Zweite Kraft an die Pfeilspitze der ersten zeichnen, wobei unbedingt die Richtung der Kraft einzuhalten ist.
- Die Resultierende Kraft F_R wird vom Angriffspunkt der ersten bis zur Spitze des zweiten Kraftpfeils eingezeichnet.
- Resultierende in Größe und Richtung abmessen.

Die Achse der Seilrolle muss eine Kraft von 46 kN unter einem Winkel von 35° aufnehmen.

2.7.3 Zusammensetzung von Kräften

Übungen

1. Welche resultierende Kraft wird durch die beiden Seilkräfte auf die Rolle ausgeübt und unter welchem Winkel greift sie an?

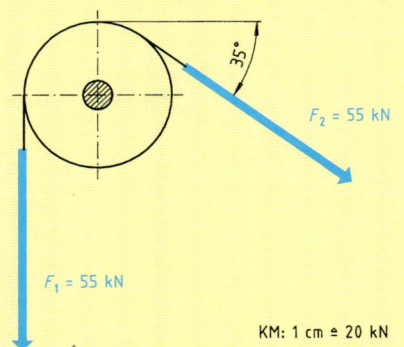

2. An einem Mauerhaken sind zwei Spannseile befestigt. Mit welcher resultierenden Kraft wird der Haken belastet und unter welchem Winkel wirkt die Kraft?

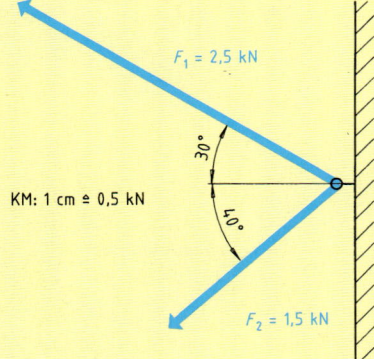

3. Zwei Traktoren sollen einen Baum umziehen. Bestimmen Sie die resultierende Kraft auf den Baum in Größe und Richtung.

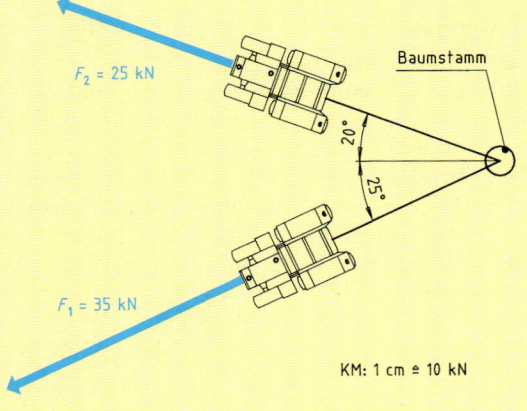

4. Ermitteln Sie die Resultierende in Größe und Richtung mit Hilfe des Kraftecks und des Kräfteparallelogramms.

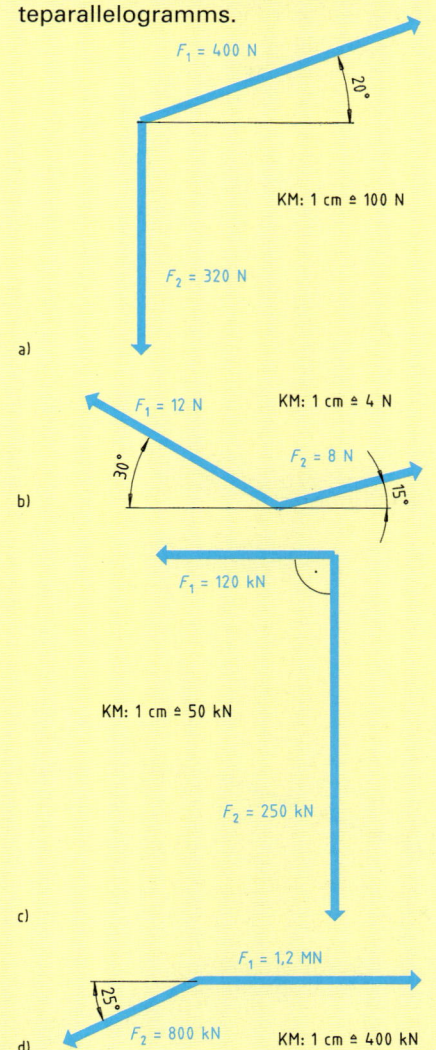

5. In welcher Größe und in welcher Richtung wirkt die Resultierende auf die Lagerung des Winkelhebels, die sich aus den Kräften F_1 und F_2 ergibt?

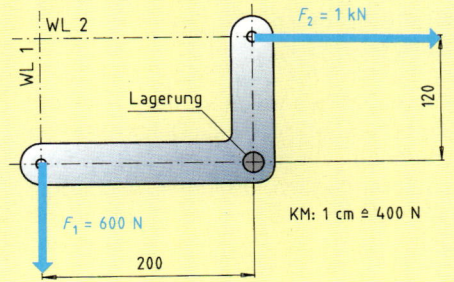

2.7 Kräfte — 2.7.3 Zusammensetzung von Kräften

Mehrere Kräfte auf sich schneidenden Wirkungslinien

An einen Mast sind vier Seile gespannt. Wie groß ist die resultierende Kraft, die die vier Seilkräfte ausüben, und in welcher Richtung wirkt sie?

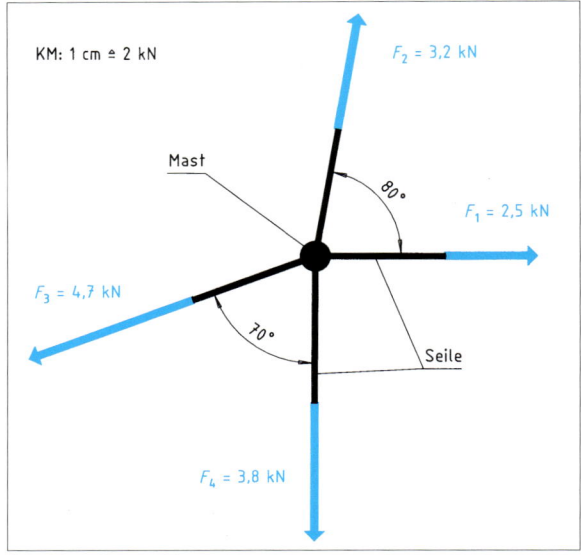

Kräfteparallelogramm

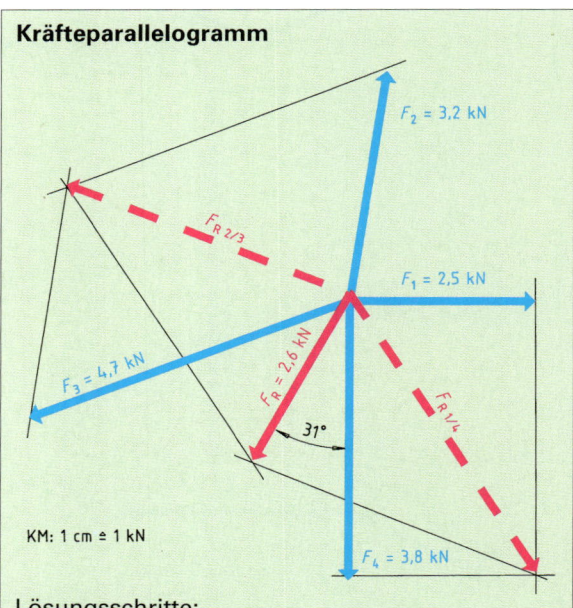

Lösungsschritte:
- Kräftemaßstab festlegen.
- Je zwei beliebige Kräfte zu einer Ersatzkraft (Teilresultierenden) zusammenfassen. Z. B. werden die Kräfte F_1 und F_4 zusammengefasst zu $F_{R\,1/4}$.
- Mit den beiden Ersatzkräften $F_{R\,1/4}$ und $F_{R\,2/3}$ ein weiteres Kräfteparallelogramm zeichnen.
- Die resultierende Kraft F_R als Diagonale vom gemeinsamen Angriffspunkt der beiden Teilresultierenden beginnend einzeichnen.
- Resultierende in Größe und Richtung abmessen.

Krafteck

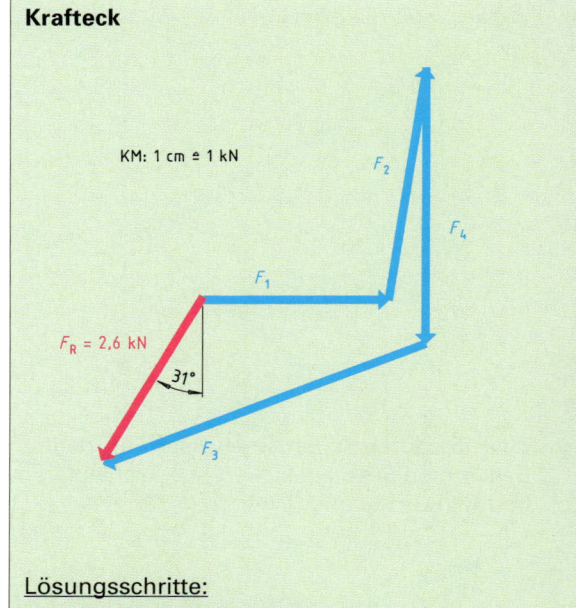

Lösungsschritte:
- Kräftemaßstab festlegen.
- Kräfte in beliebiger Reihenfolge aneinanderreihen, wobei unbedingt die gegebenen Kraftrichtungen einzuhalten sind.
- Die resultierende Kraft F_R wird vom Angriffspunkt des ersten Kraftpfeils bis zur Spitze des letzten Kraftpfeils eingezeichnet.
- Resultierende in Größe und Richtung abmessen.

Die resultierende Kraft von 2,6 kN greift unter einem Winkel von 31° zur Kraft F_4 an.

Übungen

1. Bestimmen Sie Größe und Richtung der Resultierenden der an einem Pfeiler angreifenden Seilkräfte.

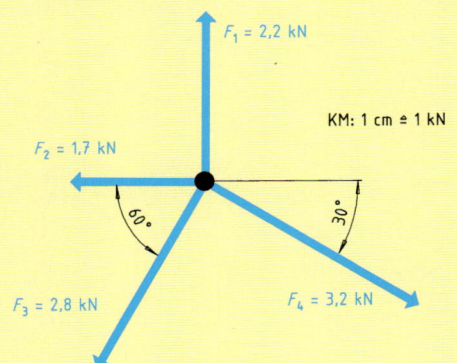

2. Bestimmen Sie Größe und Richtung der resultierenden Kräfte.

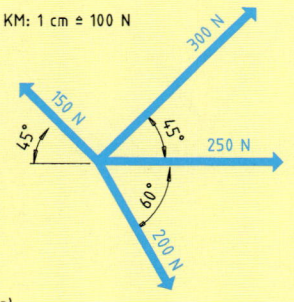

a)

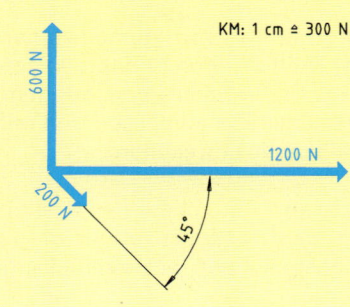

b)

3. Am Knotenblech einer Stahlkonstruktion sind drei Stäbe angeschweißt.
   a) Bestimmen Sie die resultierende Kraft.
   b) Welche Bedeutung hat das Ergebnis von a) für das Knotenblech?

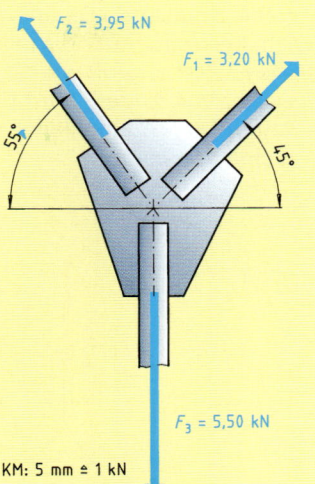

4. Bestimmen Sie für die drei im rechten Winkel zueinander im Raum stehenden Kräfte die Resultierende F_R.

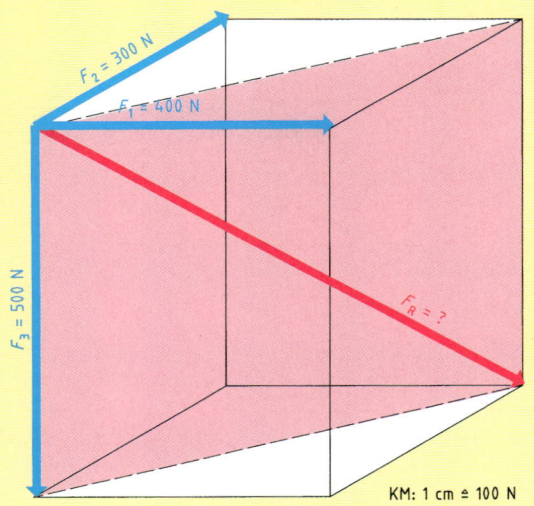

2.7.4 Kräftezerlegung

Eine Kiste mit einer Gewichtskraft von 5 kN hängt an einer Krankette. Da in dem System Gleichgewicht herrscht, muss die in Kette 3 nach oben gerichtete Kraft F so groß wie die Gewichtskraft F_G der Kiste sein. Von Kette 3 wird die Gewichtskraft F in die Ketten 1 und 2 eingeleitet, die einen Winkel von 70° zueinander bilden.

Wie groß sind die Kräfte F_1 und F_2 in den Ketten 1 und 2?

Um dies zu ermitteln muss die gegebene Kraft $F = 5$ kN in die zwei Teilkräfte (Komponenten) F_1 und F_2 zerlegt werden.

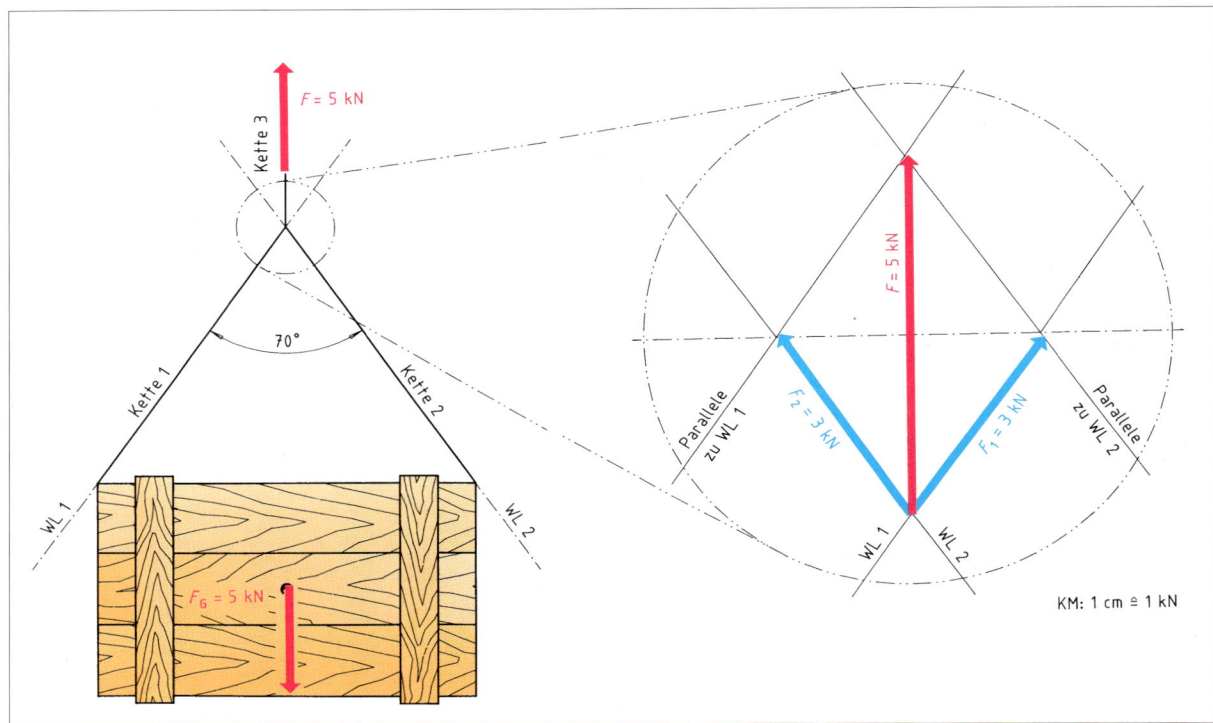

Lösungsschritte:

- Kräftemaßstab festlegen.
- Gegebene Kraft F in Größe und Richtung einzeichnen.
- Die Wirkungslinien der Teilkräfte WL 1 und WL 2 durch den Angriffspunkt der gegebenen Kraft F eintragen.
- Parallelen zu den Wirkungslinien durch die Pfeilspitze von F konstruieren.
- Teilkräfte F_1 und F_2 vom gemeinsamen Angriffspunkt der Kräfte zu den Schnittpunkten von Wirkungslinie mit der Parallelen eintragen.
- Größe der Teilkräfte abmessen und mit Hilfe des Kräftemaßstabes umrechnen.

> Jede Kraft kann mit Hilfe eines Kräfteparallelogramms in zwei Teilkräfte zerlegt werden, wenn die Wirkungslinien der Teilkräfte bekannt sind.

Übungen

1. Wie verändern sich im Eingangsbeispiel die Kräfte in den Ketten 1 und 2, wenn sie statt 70° einen Winkel von 45° bzw. 130° einschließen?

2. Welche Zugkräfte wirken in den Stangen der Zuggabel?

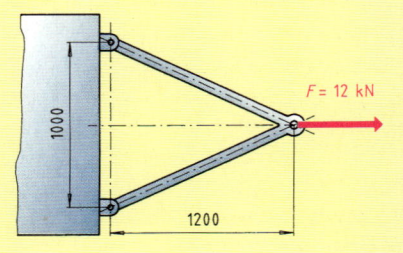

2.7 Kräfte — 2.7.4 Kräftezerlegung

3. Wie groß sind die Kräfte in den beiden Seilen, die eine Straßenlaterne mit einer Gewichtskraft von 150 N halten?

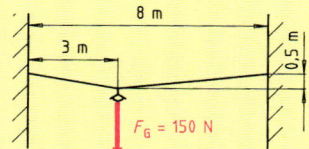

4. Bestimmen Sie die Größe der waagerechten Zugkraft, mit der der Wagen nach rechts gezogen wird.

5. Wie groß sind die Normalkräfte F_1 und F_2, die rechtwinkelig auf die Flächen der unsymmetrischen V-Führung wirken?

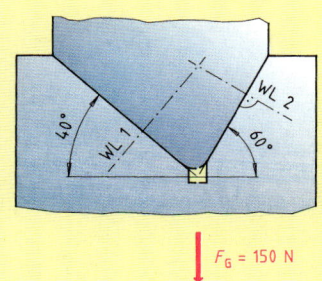

6. a) Wie groß sind jeweils die Normalkräfte F_N, die beim Trennen mit den beiden Keilwinkeln entstehen?
   b) Vervollständigen Sie in Ihrem Heft folgenden Merksatz: "Je kleiner der Keilwinkel, desto ... die Trennkräfte F_N."

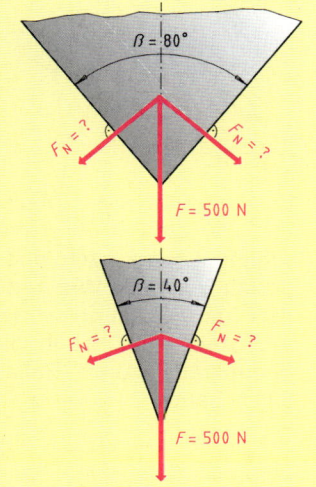

7. Wie groß sind die Kräfte F_1 und F_2 im Druck- bzw. Zugstab des Drehkrans?

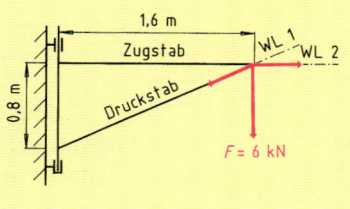

8. Bei einem Verbrennungsmotor beträgt die Kolbenkraft $F_K = 4{,}2$ kN. Wie groß ist in der gezeichneten Position die Druckkraft im Pleuel F_P und die waagerecht gegen die Zylinderwand gerichtete Kraft F_W.

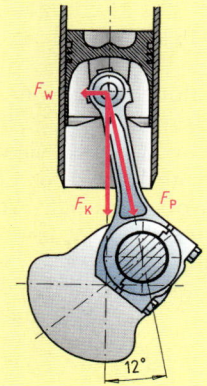

9. Bei einem schrägverzahnten Zahnrad beträgt die Umfangskraft $F_U = 250$ N. Bestimmen Sie die Normalkraft F_N und die Axialkraft F_a.

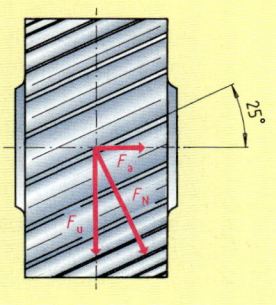

Kräfte an der schiefen Ebene

Bei einem Schrägaufzug wird ein Wagen mit der Gewichtskraft $F_G = 20$ kN mit einem Seil schräg nach oben gezogen. Wenn sich der Wagen mit konstanter Geschwindigkeit bewegt und die Reibung vernachlässigt wird, muss die Seilkraft F_S so groß sein wie die Hangabtriebskraft F_H.

Die Hangabtriebskraft F_H wird durch Kräftezerlegung bestimmt. Die im Schwerpunkt des Wagens senkrecht nach unten gerichtete Gewichtskraft F_G wird in die Hangabtriebskraft F_H und die Normalkraft F_N zerlegt.

F_H wirkt parallel zur schiefen Ebene, F_N steht im rechten Winkel dazu.

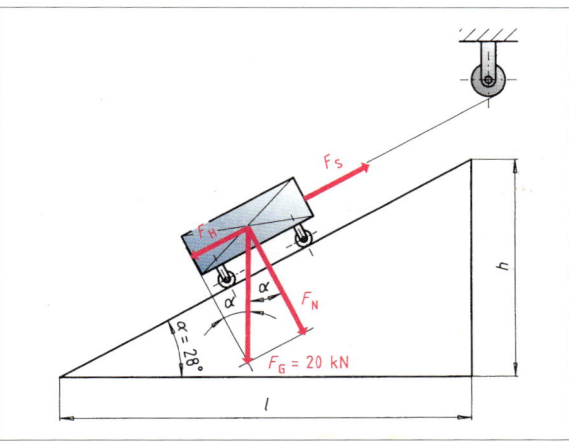

2.7.4 Kräftezerlegung

Übungen

1. Bestimmen Sie im Eingangsbeispiel S. 309 die Zugkraft des Seiles, wenn die schiefe Ebene mit einem Winkel von 35° geneigt ist und die Gewichtskraft des Schrägaufzugs F_G = 15 kN beträgt.

2. Ein Rohr mit einer Gewichtskraft von 3,75 kN wird von zwei Gesellen über eine schiefe Ebene nach oben gerollt. Welche Schubkraft F müssen sie aufbringen?

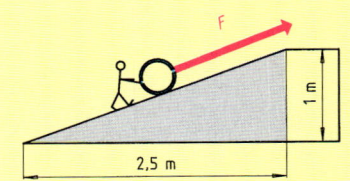

3. Mit einem unter 25° geneigten Förderband wird ein Werkstück nach oben befördert. Welche Gewichtskraft darf das Werkstück höchstens haben, wenn die Zugkraft im Förderband 3 kN nicht überschreiten darf.

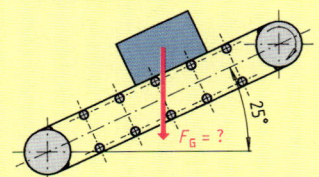

4. Ein Fass mit einer Masse von 250 kg soll über eine schiefe Ebene nach oben gerollt werden. Wie groß darf der Steigungswinkel höchstens sein, wenn die Schubkraft zum Rollen 500 N beträgt?

5. Welche Kraft F muss der Schrägaufzug aufbringen, um die Last von 1,8 t zu heben?

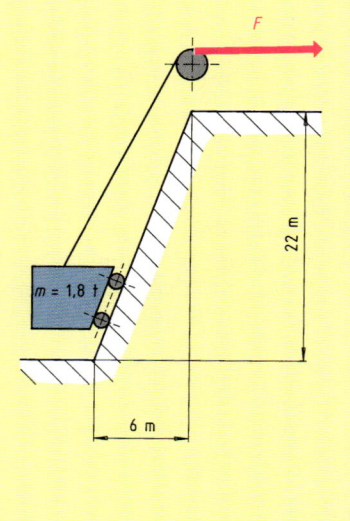

Kräfte am Keil

Bei einer Hubvorrichtung verschiebt eine Schraube einen Keil auf einer schiefen Ebene nach rechts. Dadurch wird die senkrechte Stütze angehoben.

Wie groß muß die Schraubenkraft $F_S = F_1$ sein, damit sie die auf der Stütze lastende Gewichtskraft $F_G = F_2$ = 25 kN anheben kann.

Im Gegensatz zur Hangabtriebskraft bei der schiefen Ebene greift die Kraft F_1 nicht parallel zur schiefen Ebene an, sondern waagerecht in Richtung der Schraube.

$$\frac{F_1}{F_2} = \frac{h}{l}$$

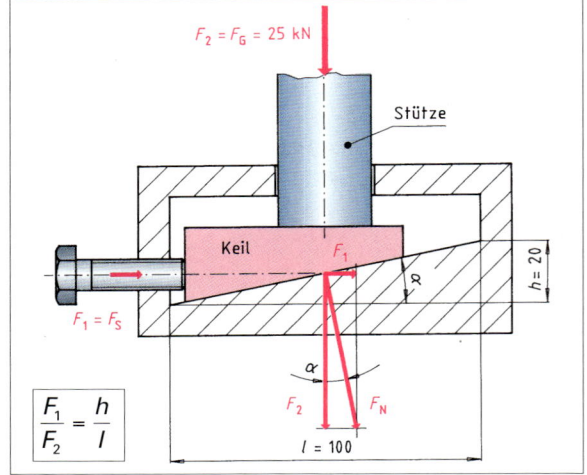

Übungen

1. Welche Kraft kann mit der Hubvorrichtung des Eingangsbeispiels gehoben werden, wenn die Schraubenkraft 4 kN beträgt und der Neigungswinkel 8° besitzt.

2. Bestimmen Sie für die Kraftübersetzung die Druckkraft F_2. Die Reibung bleibt unberücksichtigt.

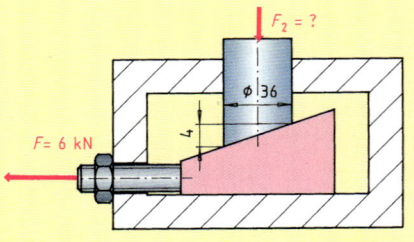

3. Eine Kiste mit einer Masse von 2 t soll mit vier Keilen angehoben werden. Welche Kraft F muss auf jeden Keil einwirken, wenn die Reibung vernachlässigt wird?

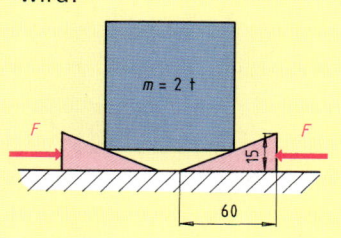

4. Ein Nasenkeil verbindet eine Welle mit einer Nabe. Der Keil hat ein Neigungsverhältnis von 1:100, d. h., auf 100 mm Länge steigt er um 1 mm an. Mit welcher Kraft muss der Keil eingetrieben werden, damit zwischen Welle und Nabe eine Anpresskraft von 15 kN entsteht?

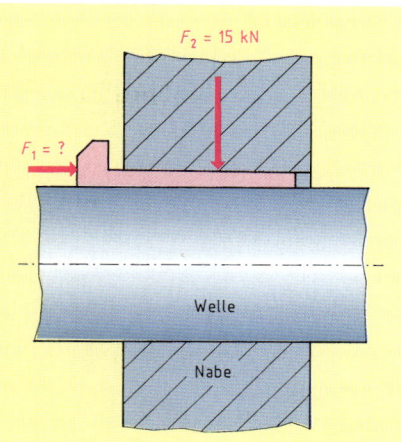

2.8 Berechnungen an einfachen Maschinen

2.8.1 Hebel

Der Hebel wird seit Jahrtausenden zur Vergrößerung der Handkraft benutzt.

Jeder Hebel besitzt zwei **Hebelarme** und einen **Drehpunkt**. Der Hebelarm wird jeweils vom Drehpunkt bis zum Kraftangriffspunkt gemessen.

Zu unterscheiden sind **einseitige Hebel** und **zweiseitige Hebel**.

Der Hebel ist in vielen einfachen Baugruppen und Arbeitsmaschinen zu entdecken.

Mit einfachen physikalischen Versuchen (siehe nächste Seite) lassen sich die Hebelgesetze beweisen. Die Messungen im Versuch erfolgen, wenn der Hebel ruht (keine Drehbewegung). Dann ist das Produkt aus Kraft mal Hebelarm gleich. Es gilt das Hebelgesetz:

$$F_1 \cdot l_1 = F_2 \cdot l_2 \qquad \begin{array}{l} F \text{ in N} \\ l \text{ in m} \end{array}$$

Das Produkt aus Kraft F mal Hebelarm l heißt **Moment** oder auch **Drehmoment**:

$$M = F \cdot l$$

Somit lässt sich das Hebelgesetz auch folgendermaßen schreiben:

$$M_1 = M_2 \qquad M \text{ in Nm}$$

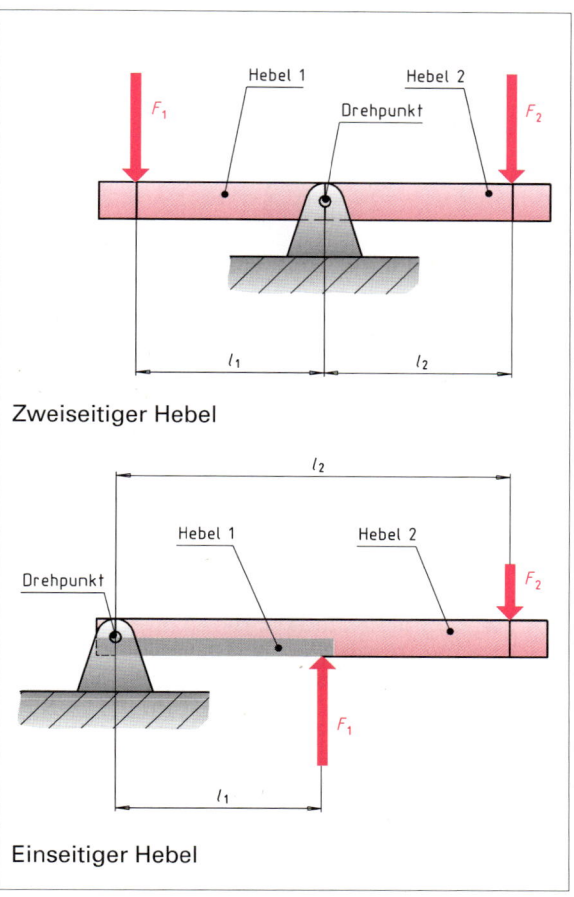

Zweiseitiger Hebel

Einseitiger Hebel

2.8 Berechnungen an einfachen Maschinen
2.8.1 Hebel

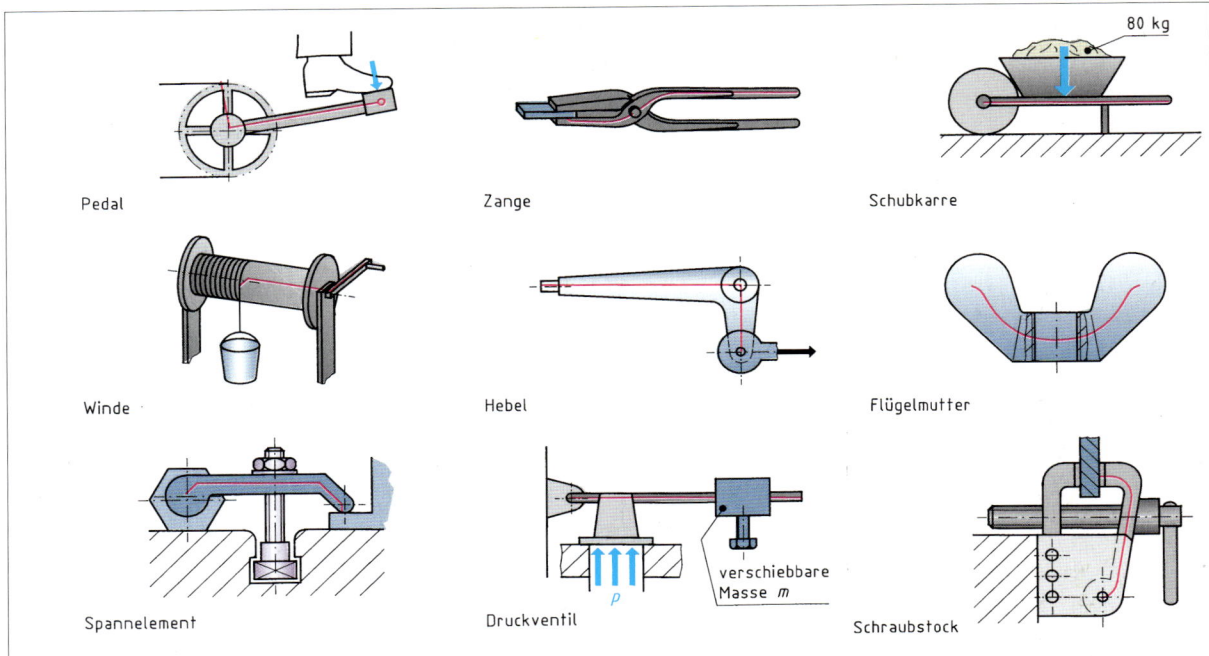

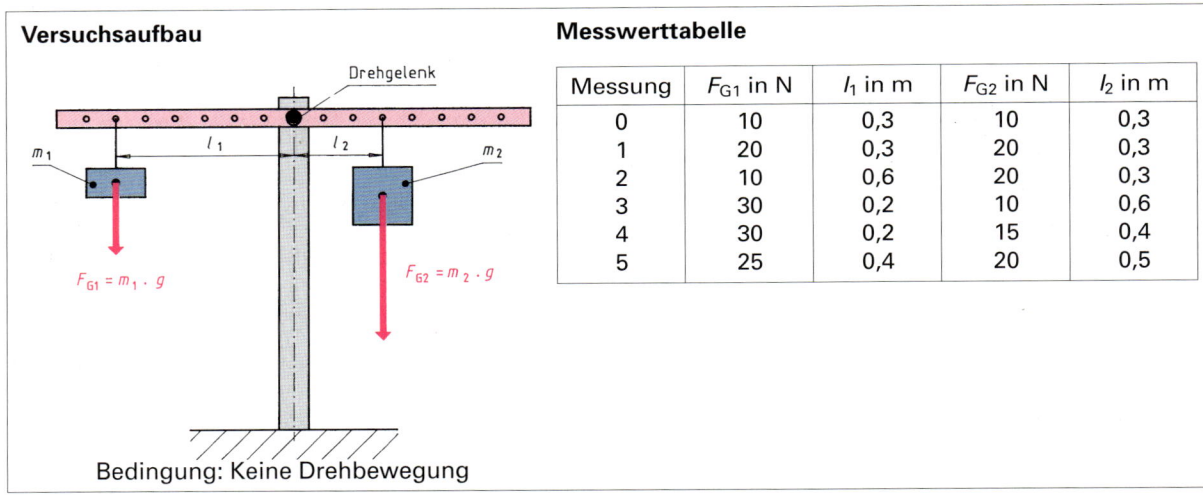

Messung	F_{G1} in N	l_1 in m	F_{G2} in N	l_2 in m
0	10	0,3	10	0,3
1	20	0,3	20	0,3
2	10	0,6	20	0,3
3	30	0,2	10	0,6
4	30	0,2	15	0,4
5	25	0,4	20	0,5

Übungen

1. Suchen Sie in obigem Bild für die einzelnen Beispiele den Drehpunkt und die Hebelarme. Nutzen Sie dafür die eingezeichneten roten Linien.

2. Überprüfen Sie das Hebelgesetz mit obigen Messwerten oder eigenen Versuchswerten.

3. Ein Handwerker benutzt die Beißzange zum Trennen von Stahldraht. Die größte Handkraft ist auf F_H = 300 N begrenzt.
   a) Welche Kraft F_S wirkt an den Schneiden auf den Stahldraht?
   b) Welcher Drahtquerschnitt kann getrennt werden, wenn pro mm² eine Trennkraft von 500 N erforderlich ist?
   c) Welcher maximale Drahtdurchmesser kann noch getrennt werden?

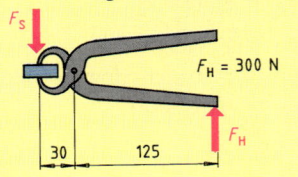

2.8 Berechnungen an einfachen Maschinen — 2.8.1 Hebel

4. a) Bei dem Sicherheitsventil eines Druckkessels wird der Maximaldruck über eine Feder und einen Hebel eingestellt. Wie groß muss die Federkraft F_F sein, wenn bei einem Maximaldruck von 12 bar eine Kraft $F_1 = 377$ N am Ventil wirkt?

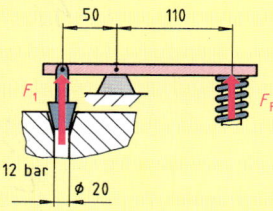

b) Wie groß ist die erforderliche Kraft, wenn statt des zweiseitigen der einseitige Hebel mit gleichen Abmessungen genutzt wird?

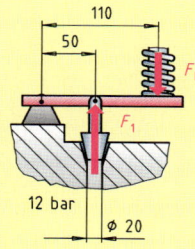

5. Eine Schubkarre ist leichter anzuheben, wenn die Masse weiter zur Radnabe geladen wird. Begründen Sie diese Erfahrung mit Hilfe einer Skizze und den Hebelgesetzen (Hinweis: Schwerpunkt der Masse beachten).

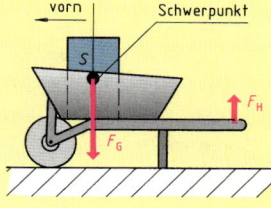

6. Ein 135°-Winkelhebel mit den angegebenen Abmessungen wird durch die Federkraft $F_F = 250$ N und durch die Kraft $F_2 = 850$ N belastet.
a) Wie groß muss die Kraft F_1 mindestens sein?
b) Wie groß muss die Kraft werden, wenn F_1 senkrecht nach oben wirkt? (Hinweis: Kräftezerlegung oder senkrechten Abstand beachten)

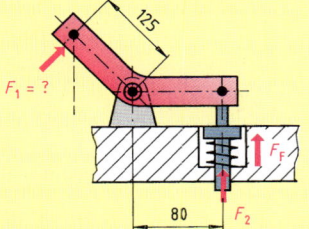

7. Bestimmen Sie die Handkraft F_H für den Hydraulikheber mit $l_1 = 20$ mm, $l_H = 320$ mm und $F_1 = 1260$ N.
Wie verändert sich die Kraft F_1, wenn der Hebelarm auf $l_H = 240$ mm verkleinert wird?

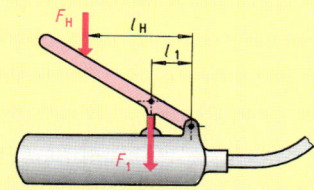

8. Zum Biegen des Rohres ist ein Moment von $M = 180$ Nm erforderlich. Die maximale Handkraft wird mit $F_H = 350$ N angenommen. Wie groß muss der Hebelarm mindestens gewählt werden?

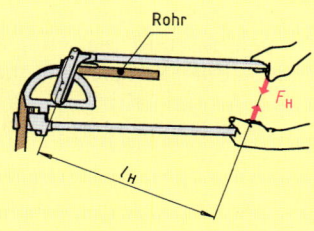

9. Mit einer Seilwinde soll eine Masse von $m = 60$ kg angehoben werden.
a) Welches Moment wirkt auf die Welle durch die Seiltrommel?
b) Welche Länge muss der Hebel der Handkurbel l_H mindestens haben, damit die Masse mit der Handkraft $F_H = 280$ N gehoben werden kann?
c) Wie verändert sich die erforderliche Handkraft, wenn der Durchmesser der Seiltrommel vergrößert oder verkleinert wird?

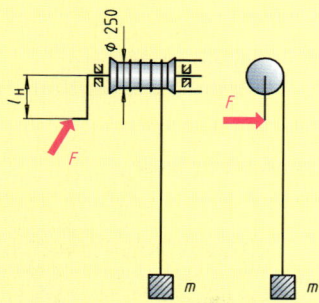

10. Mit welcher Zugkraft muss bei der Haustür gerechnet werden, wenn die Tür eine Gewichtskraft von $F_G = 500$ N besitzt? (Hinweis: Drehpunkt suchen, wenn die obere Verankerung entfallen würde).

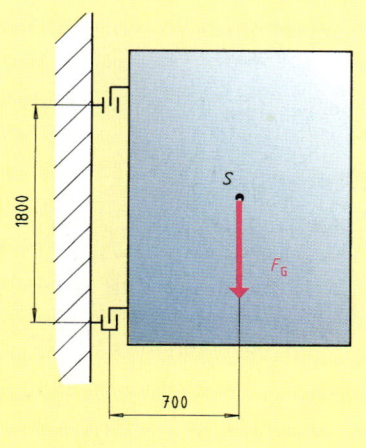

2.8 Berechnungen an einfachen Maschinen

2.8.1 Hebel

In vielen Fällen wirken an einem Hebelarm mehrere Kräfte. Sie versuchen, den Hebel um den Drehpunkt zu drehen. Die Drehrichtungen sind abhängig von der Kraftrichtung und dem Kraftangriffspunkt. Damit sich der Hebel durch die angreifenden Momente nicht dreht, müssen sich die Wirkungen der Drehmomente aufheben. Daher muss die Summe Σ aller linksdrehenden Drehmomente (gegen Uhrzeigersinn) genau so groß sein wie die der rechtsdrehenden Drehmomente (im Uhrzeigersinn). Somit gilt allgemein:

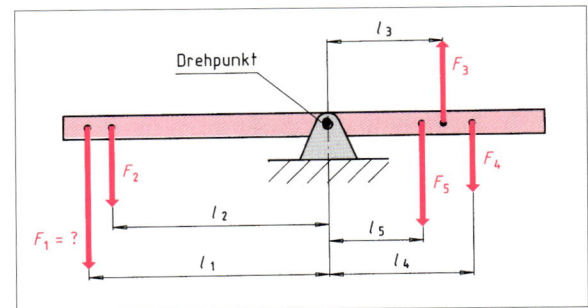

$\sum M_{links} = \sum M_{rechts}$
$M_1 + M_2 + M_3 = M_4 + M_5$ oder $M_1 + M_2 + M_3 - M_4 - M_5 = 0$
linksdrehend   rechtsdrehend

Beispiel:
Für obiges Bild gelten folgende Werte:

$F_2 = 360$ N,	$F_3 = 210$ N,	$F_4 = 390$ N,	$F_5 = 640$ N,	$l_1 = 0{,}50$ m.
$l_2 = 0{,}45$ m;	$l_3 = 0{,}30$ m;	$l_4 = 0{,}38$ m;	$l_5 = 0{,}24$ m und	

a) Bestimmen Sie alle Einzelmomente M_2, M_3 M_4 und M_5
b) Wie groß ist M_1?
c) Bestimmen Sie die Kraft F_1.

gegeben: Kräfte außer F_1 und alle Hebellängen
gesucht: Einzelmomente, M_1 und F_1

---

a) $M_2 = 360$ N $\cdot$ 0,45 m = 162 Nm
$M_3 = 210$ N $\cdot$ 0,30 m = 63 Nm
$M_4 = 390$ N $\cdot$ 0,38 m = 148,2 Nm
$M_5 = 640$ N $\cdot$ 0,24 m = 153,6 Nm

b) $M_1 + M_2 + M_3 = M_4 + M_5$ ⇒ Gleichung für links- und rechtsdrehende Momente aufstellen.
$M_1 = M_4 + M_5 - (M_2 + M_3)$ Gleichung nach M_1 umstellen.
$M_1 = M_4 + M_5 - M_2 - M_3$ Vorzeichen bei negativer Klammer berücksichtigen.
$M_1 = 148{,}2$ Nm + 153,6 Nm − 162 Nm − 63 Nm
$\underline{M_1 = 76{,}8 \text{ Nm}}$

c) $M_1 = F_1 \cdot l_1$ ⇒ Bestimmungsgleichung für Moment nach F_1 umstellen
$F_1 = \dfrac{M_1}{l_1}$
$F_1 = \dfrac{76{,}8 \text{ Nm}}{0{,}5 \text{ m}}$
$\underline{F_1 = 153{,}6 \text{ N}}$

Übungen

1. Wie verändert sich die aufzubringende Kraft F_1 aus der Beispielaufgabe, wenn der Hebelarm auf $l_1 = 0{,}60$ m verlängert wird?

2. Wie verändern sich das Moment M_1 und die Kraft F_1 aus der Beispielaufgabe, wenn die Kraft F_3 auf $F_3 = 90$ N verringert wird?

3. a) Unter bestimmten Voraussetzungen kann in der Beispielaufgabe die Kraft $F_1 = 0$ N werden. Wie kann dieser Fall eintreten? (Hinweis: Größe der links- und rechtsdrehenden Momente betrachten)

2.8 Berechnungen an einfachen Maschinen   2.8.2 Rolle und Flaschenzug

b) Unter welchen Bedingungen muss die Kraft F_1 nach oben wirken?

4. Der Handhebel wird mit einer Kraft F_1 = 320 N betätigt. Die Kraft der Zugfeder ist mit F_F = 125 N angegeben. Wie groß ist die Kraft F_2 in der Druckstange?

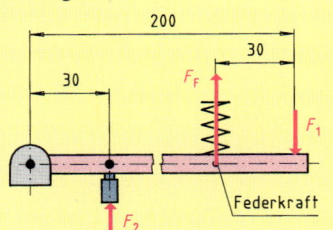

5. Stellen Sie für den Hebel mit mehreren angreifenden Kräften die Gleichung für die Gleichgewichtsbedingung auf.

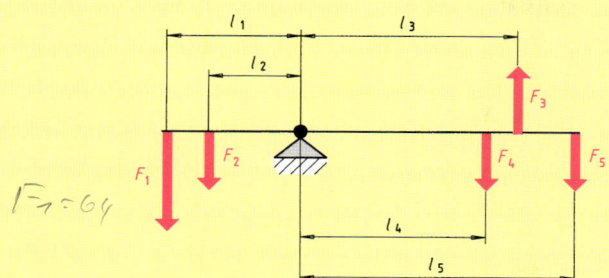

a) Stellen Sie die Gleichung nach den Kräften F_1, F_2 und F_3 um.
b) Stellen Sie die Gleichung nach den Längen l_3, l_4 und l_5 um.
c) Berechnen Sie die Kraft F_4, wenn F_1 = F_2 = 200 N; F_3 = F_5 = 800 N und l_1 = l_3 = 800 mm; l_2 = l_4 = 600 mm; l_5 = 1200 mm. Wie ist das Ergebnis zu deuten?

2.8.2 Rolle und Flaschenzug

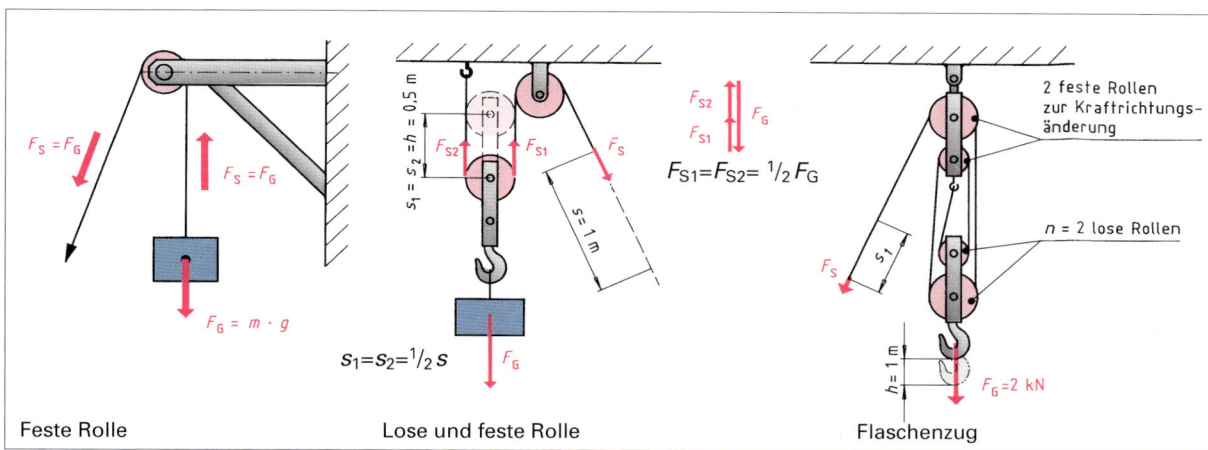

Feste Rolle   Lose und feste Rolle   Flaschenzug

Die feste Rolle dient zum Umlenken der Kraftrichtung. Daher ist die Zugkraft F_S im Seil so groß wie die Gewichtskraft der anzuhebenden Masse. Die Reibkräfte werden vernachlässigt. Sie würden beim Anheben die erforderliche Zugkraft im Seil erhöhen.

Mit einer losen Rolle lässt sich die Zugkraft im Seil F_S halbieren. Auf jedes Seilstück wirkt $\frac{F_G}{2}$, so dass sich die aufzubringende Zugkraft F_S halbiert.

Wird das Seil um die Seillänge s = 1 m nach unten gezogen, bewegt sich die Masse allerdings nur um den Hub h = 0,5 m nach oben. Die Seillänge teilt sich auf die beiden Seile zur losen Rolle auf.
Für die **lose Rolle** gilt somit:

Seilkraft: $\boxed{F_S = \dfrac{F_G}{2}}$ Seillänge: $\boxed{s = 2 \cdot h}$

Diese Gesetzmäßigkeiten der losen Rolle werden beim Flaschenzug mehrfach genutzt. Je nach Anzahl der losen und entsprechenden festen Rollen verringert sich die aufzubringende Zugkraft im Seil. Die erforderliche Weglänge am Seil erhöht sich entsprechend. Damit ergeben sich für einen beliebigen **Flaschenzug** folgende Bestimmungsgleichungen für die Seillänge s und die Seilkraft F_S:

$\boxed{s = n \cdot (2 \cdot h)}$ n = Anzahl der losen Rollen
s = Seillänge

$F_s = \dfrac{\frac{F_G}{2}}{n}$

$\boxed{F_s = \dfrac{F_G}{2 \cdot n}}$ F_S = Seilkraft

2.8 Berechnungen an einfachen Maschinen — 2.8.2 Rolle und Flaschenzug

Beispiel:
Mit der losen Rolle und dem Flaschenzug soll die Masse $m = 100$ kg um $h = 2{,}10$ m angehoben werden. Bestimmen Sie jeweils die erforderliche Zugkraft im Seil F_S und die Seillänge s.

gegeben: $m = 100$ kg, $h = 2{,}10$ m
Flaschenzug: $n = 2$

gesucht: F_S und s

a) Lose Rolle

$F_S = \dfrac{F_G}{2}$ $F_G = m \cdot g$ $\Rightarrow$ Gleichung für Seilkraft F_S der losen Rolle aufstellen. Zwischenrechnung zur Bestimmung von F_G.

$F_S = \dfrac{981\ \text{N}}{2}$ $F_G = 100\ \text{kg} \cdot 9{,}81\,\dfrac{\text{m}}{\text{s}^2}$

$F_S = 490{,}5\ \text{N} \approx 491\ \text{N}$ $F_G = 981\ \text{N}$

$s = 2 \cdot h$ $\Rightarrow$ Gleichung für Seillänge s der losen Rolle aufstellen.

$s = 2 \cdot 2{,}10\ \text{m}$

$s = 4{,}20\ \text{m}$

b) Flaschenzug

$F_S = \dfrac{F_G}{2 \cdot n}$ $\Rightarrow$ Gleichung für Seilkraft F_S des Flaschenzuges aufstellen. Wert für F_G aus obiger Rechnung übernehmen.

$F_S = \dfrac{981\ \text{N}}{2 \cdot 2}$

$F_S = 245{,}25\ \text{N} \approx 245\ \text{N}$

$s = n \cdot (2 \cdot h)$ $\Rightarrow$ Gleichung für Seillänge s des Flaschenzuges aufstellen.

$s = 2 \cdot (2 \cdot 2{,}10\ \text{m})$

$s = 8{,}40\ \text{m}$

Übungen

1. Wie groß wird die Seilkraft in der Beispielaufgabe, wenn die Masse $m = 75{,}4$ kg beträgt?

2. Bestimmen Sie die Seillänge s der Beispielaufgabe für einen Hub $h = 1{,}75$ m.

3. Wie groß ist der Hub in der Beispielaufgabe, wenn die gezogene Seillänge $s = 3{,}8$ m beträgt?

4. Bestimmen Sie die maximal anzuhebende Masse m, wenn die maximale Zugkraft im Seil $F_S = 350$ N nicht überschritten werden soll.

5. Mit einem Flaschenzug mit 2 losen Rollen soll eine Masse mit der Gewichtskraft $F_G = 1800$ N gehoben werden.
   a) Bestimmen Sie die erforderliche Seilkraft.
   b) Welche Seillänge muss für einen Hub von 1,2 m gezogen werden?

6. Wie verändern sich die Seilkraft F_S und die Seillänge aus Aufgabe 5, wenn ein Flaschenzug mit 4 losen Rollen genutzt wird? Skizzieren Sie den Flaschenzug.

7. Bestimmen Sie die erforderliche Zugkraft im Seil und die Seillänge für den Flaschenzug.

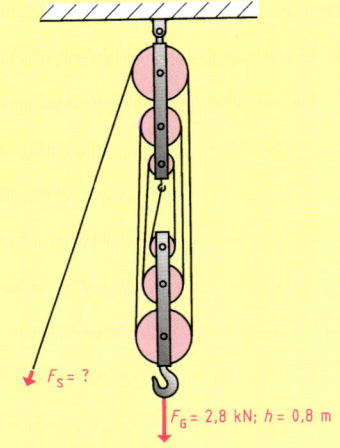

$F_S = ?$
$F_G = 2{,}8$ kN; $h = 0{,}8$ m

8. Ermitteln Sie für den auszuwählenden Flaschenzug die Anzahl der erforderlichen losen Rollen, wenn in Aufgabe 7 die maximale Zugkraft $F_S = 350$ N betragen darf.

2.9 Reibung und Reibkraft

Jede Bewegung erfordert zusätzliche Kräfte zur Überwindung der Reibkräfte. Reibkräfte wirken z.B. in Lagern, Führungen, Bremsen, Kupplungen oder beim Verschieben von Körpern. Die aufgewendete Arbeit zur Überwindung der Reibung wird in Reibungswärme gewandelt. Diese Reibungswärme verringert den Wirkungsgrad technischer Anlagen beträchtlich (siehe Kap. 2.11).

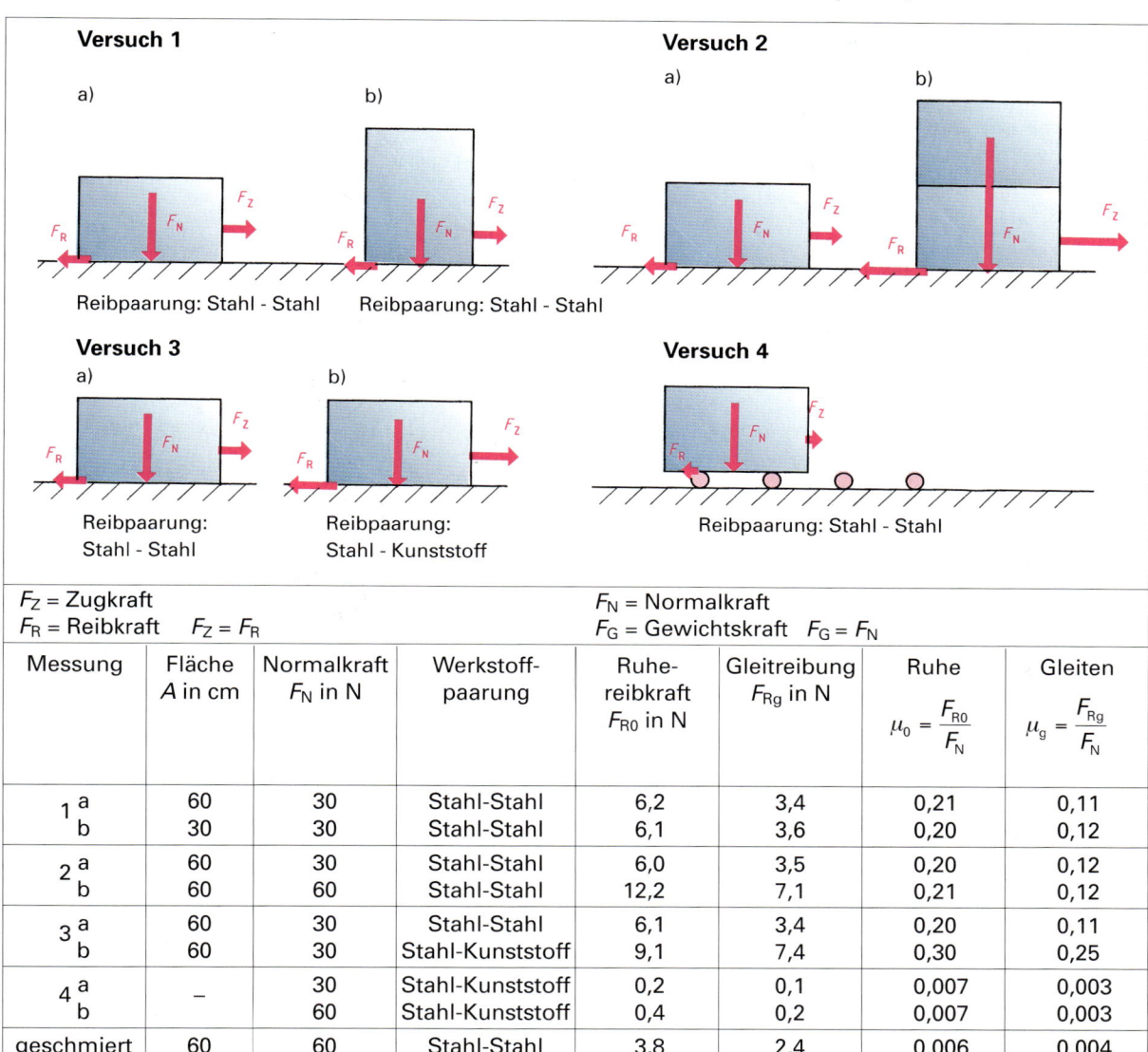

F_Z = Zugkraft
F_R = Reibkraft $F_Z = F_R$
F_N = Normalkraft
F_G = Gewichtskraft $F_G = F_N$

Messung	Fläche A in cm	Normalkraft F_N in N	Werkstoffpaarung	Ruhereibkraft F_{R0} in N	Gleitreibung F_{Rg} in N	Ruhe $\mu_0 = \dfrac{F_{R0}}{F_N}$	Gleiten $\mu_g = \dfrac{F_{Rg}}{F_N}$
1 a	60	30	Stahl-Stahl	6,2	3,4	0,21	0,11
1 b	30	30	Stahl-Stahl	6,1	3,6	0,20	0,12
2 a	60	30	Stahl-Stahl	6,0	3,5	0,20	0,12
2 b	60	60	Stahl-Stahl	12,2	7,1	0,21	0,12
3 a	60	30	Stahl-Stahl	6,1	3,4	0,20	0,11
3 b	60	30	Stahl-Kunststoff	9,1	7,4	0,30	0,25
4 a	–	30	Stahl-Kunststoff	0,2	0,1	0,007	0,003
4 b	–	60	Stahl-Kunststoff	0,4	0,2	0,007	0,003
geschmiert	60	60	Stahl-Stahl	3,8	2,4	0,006	0,004

Mit Hilfe einfacher Versuche können die Einflussgrößen für Reibkräfte ermittelt werden. Der Versuchsaufbau erlaubt die Untersuchung des Einflusses:
- der Größe der Berührungsflächen (Versuch 1),
- der Größe der Kraft zwischen den Berührungsflächen (Versuch 2),
- der Werkstoffpaarung (Versuch 3),
- von Schmiermitteln (Versuche 1, 2, und 3),
- des Bewegungszustandes (alle Versuche aus der Ruhe, beim Gleiten und beim Rollen in Versuch 4).

Die Auswertung der Versuche zeigt:
- dass die Reibkraft direkt von der Normalkraft abhängig ist ($F_R \sim F_N$).
- dass die Reibkraft unabhängig von der Größe der Berührungsfläche ist.
- dass die Reibkraft abhängig von der Werkstoffpaarung ist (Reibzahl μ; $F_R \sim \mu$).
- dass die Reibkraft abhängig vom Bewegungszustand ist (Reibzahl μ; $F_R \sim \mu$).

2.9 Reibung und Reibkraft

Die Einflussgrößen Werkstoffpaarung und Bewegungszustand werden durch Versuche ermittelt und mit der Reibzahl erfasst. Sie kann Tabellen entnommen werden.

Die Reibkraft errechnet sich:

$$F_R = F_N \cdot \mu$$

Zur Bestimmung der Reibkraft müssen daher die Normalkraft und die jeweilige Reibzahl (siehe Tab.) ermittelt werden.

Reibzahlen (Auswahl)				
Paarung	Haft-reibung μ_0	Gleit-reibung trocken μ_g	Gleit-reibung geschmiert μ_g	Roll-reibung μ_r
Stahl-Stahl	0,20	0,12	0,04	0,001
Gusseisen-Stahl	0,22	0,15	0,05	0,001
Beton-Stahl	0,42	0,30	–	–
Holz-Stahl	0,50	0,35	–	–
Kunststoff-Stahl	0,30	0,35	0,05	0,005
Gummi-Asphalt	0,85	0,80	–	0,015

Beispiel:
Ein Heizkessel einschließlich Verpackung in einer Holzkiste besitzt eine Masse von 315 kg. Die Kiste soll auf einem Steinfußboden waagerecht verschoben werden. Hierzu können auch Rollen genutzt werden.

Welche Kräfte sind erforderlich, wenn folgende Reibzahlen zutreffen:
a) Haftreibung: $\mu_0 = 0{,}32$
b) Gleitreibung: $\mu_g = 0{,}24$
c) Rollreibung: $\mu_r = 0{,}06$

gegeben: $m = 315$ kg
    Tabelle mit Reibzahlen
gesucht: Reibkräfte F_R

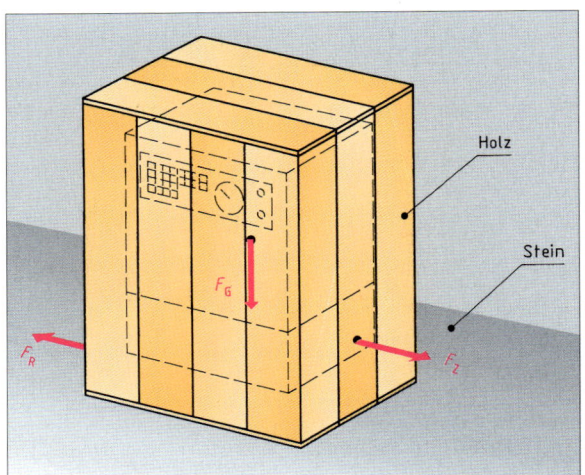

$F_R = F_N \cdot \mu$ $F_N = F_G$ ⇒ Gleichung zur Berechnung der Reibkraft F_R aufstellen.
$F_G = m \cdot g$ Zwischenrechnung zur Bestimmung von $F_N = F_G$.
$F_G = 315$ kg $\cdot 9{,}81 \frac{m}{s^2}$
$F_G = 3090{,}15$ N

a) Haftreibkraft   ⇒ Berechnung der Haftreibung.
$F_R = F_N \cdot \mu_0$ Reibzahl aus obiger Übersicht einsetzen.
$F_R = 3090$ N $\cdot 0{,}32$ Wert für F_N aus Zwischenrechnung einsetzen.
$F_R = 988{,}8$ N

b) Gleitreibkraft   ⇒ Berechnung der Gleitreibung, entsprechende
$F_R = F_N \cdot \mu_g$ Reibzahl einsetzen.
$F_R = 3090$ N $\cdot 0{,}24$
$F_R = 741{,}6$ N

b) Rollreibkraft   ⇒ Berechnung der Rollreibung.
$F_R = F_N \cdot \mu_r$ Die Rollreibung verursacht, wie in den meisten
$F_R = 3090$ N $\cdot 0{,}06$ technischen Anwendungen, die geringsten Reibkräfte.
$F_R = 185{,}4$ N

2.9 Reibung und Reibkraft

Übungen

1. Ermitteln Sie die Reibkräfte aus der Beispielaufgabe, wenn die Masse auf 500 kg vergrößert wird.

2. Wie verändern sich die Reibkräfte in der Beispielaufgabe S. 318 bei einer Werkstoffpaarung Stahl auf Stahl? (siehe Tabelle)

3. Bei einem Versuch zur Rutschfestigkeit einer Materialpaarung Gummi-Asphalt ergeben sich beim Übergang ins Gleiten folgende Kräfte: F_N = 120 N, F_R = 102 N.
   a) Bestimmen Sie die Reibzahl für Haftreibung.
   b) Welche Reibkraft ergibt sich, wenn die Reibzahl für das Gleiten mit 0,80 angegeben ist?

4. Überprüfen Sie die Werte in der Versuchstabelle Seite 317 durch eigene Versuche.

5. Das Werkstück soll für die Bearbeitung fest eingespannt sein. Wie groß muss die Spannkraft der Spannbacken mindestens sein, wenn die Reibzahl mit μ_0 = 0,25 angenommen werden kann?

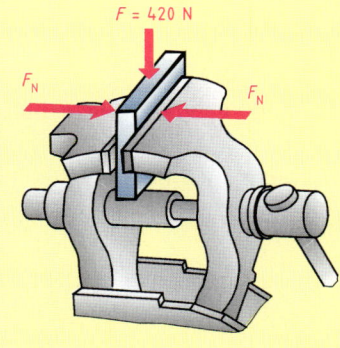

6. Ein gummibereifter Karren mit m = 800 kg soll aus dem Stillstand angeschoben werden (Haftrollreibzahl auf Asphalt: μ_{r0} = 0,018).
   a) Welche Schubkraft ist zum Anschieben erforderlich?
   b) Welche Schubkraft ist zum Weiterschieben gefordert? (siehe Tab.)

7. Bestimmen Sie die erforderliche Handkraft F_H, damit das Werkstück während der Bearbeitung nicht aus der Schmiedezange gezogen wird (zunächst Hebelgesetz anwenden). Reibzahl für die Werkstoffpaarung Stahl - Stahl anwenden.

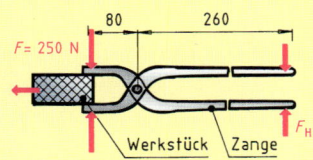

8. Die Laschenverbindung wird durch eine kraftschlüssige Schraubenverbindung gehalten (vgl Technologie Kap. 2.4.3). Sie verhindert, dass die Schrauben scherend (Querschnitt der Schrauben wird abgeschert) beansprucht werden. Die beiden Flachstähle übertragen eine Zugkraft von F_Z = 4,2 kN.
Durch die Spannkraft der Schraube werden die Flachstähle mit der Normalkraft F_N zusammengepresst. Dadurch kommt es zur Reibkraft zwischen den Flachstählen.
   a) Begründen Sie die Zuordnung der Reibkraft und der Normalkraft.
   b) Wie groß muss die Spannkraft der Schrauben mindestens sein, damit eine Scherbeanspruchung der Schrauben nicht auftritt? (Materialpaarung Stahl - Stahl)
   c) Durch welche Maßnahmen kann die Scherbeanspruchung auch bei auftretenden Stößen verhindert werden?

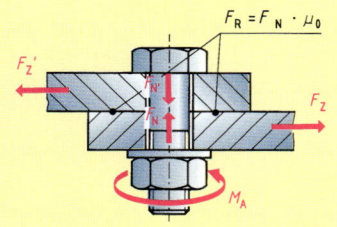

9. An einem Schleifstein wird ein Stück Flachstahl auf Länge geschliffen. Der Geselle drückt den Flachstahl mit F_N = 150 N gegen die Schleifscheibe. Dabei wirkt auf die Auflage eine Kraft von 110 N.
   a) Welche Reibungsart besteht zwischen Flachstahl und Schleifscheibe?
   b) Wie groß ist die Reibungszahl?

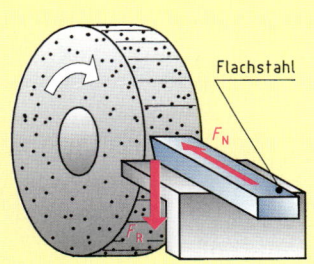

2.10 Arbeit

Um ein Kraftfahrzeug mit der Masse *m* anzuheben, ist die Überwindung der Gewichtskraft F_G erforderlich. Beim Heben dieser Masse auf die Höhe *h* wird Arbeit verrichtet (Fall a).

Je nach Gegebenheit wird z. B. zwischen **Hubarbeit**, **Reibarbeit**, **Federspannarbeit** usw. unterschieden.

Die technische Arbeit errechnet sich aus der Kraft mal dem zurückgelegten Weg.

$$\boxed{Arbeit = Kraft \cdot Weg} \quad W \text{ in Nm}$$

$$\boxed{W = F \cdot s}$$

$$1 \text{ Nm} = 1 \text{ J (Joule)}$$

Die Kraft bzw. der Kraftanteil (siehe Kräftezerlegung Kap. 2.7.4) muss in Wegrichtung oder entgegen der Wegrichtung zeigen. Somit erfordert das waagerechte Bewegen einer Masse (z. B. Tragen, Fahren) von einem Ort zu einem anderen aus technischer Sicht keine Arbeit (wenn Reibkräfte unberücksichtigt bleiben). In diesem Fall bilden die Richtungen von Weg und Kraft einen rechten Winkel (Fall b). Mit der Schiefen Ebene wird der Kraftanteil in Wegrichtung verringert. Im gleichen Maße vergrößert sich allerdings der Weg (Fall c). Nach der Definition ist zum Anheben der Masse *m* die Arbeit $W = F_G \cdot h$ aufzubringen. Die Gewichtskraft F_G berechnet sich mit $F_G = m \cdot g$.

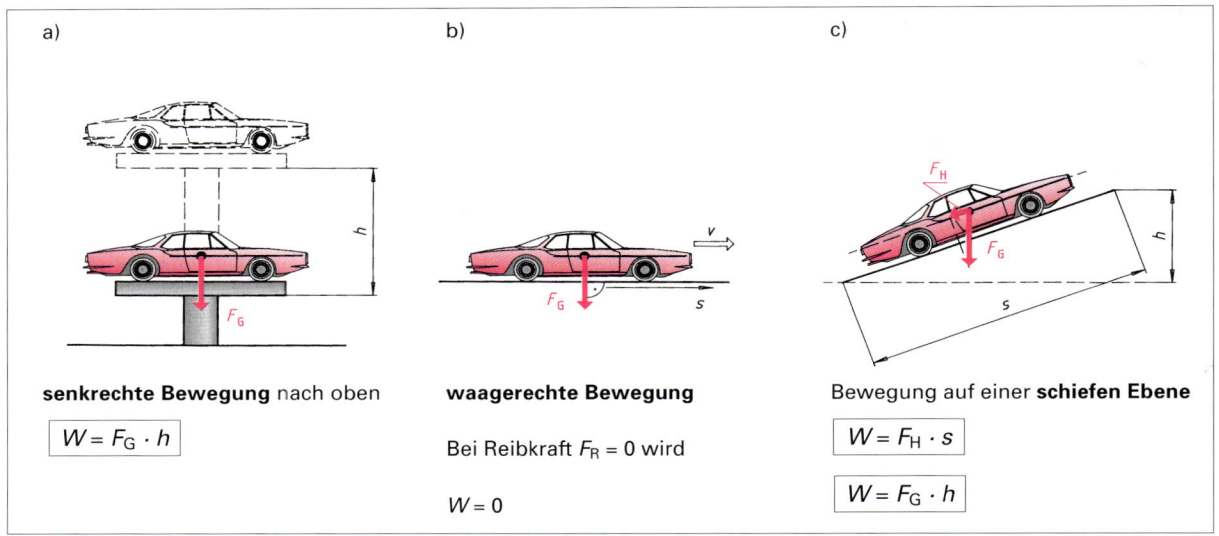

a) **senkrechte Bewegung** nach oben

$$\boxed{W = F_G \cdot h}$$

b) **waagerechte Bewegung**

Bei Reibkraft $F_R = 0$ wird

$$W = 0$$

c) Bewegung auf einer **schiefen Ebene**

$$\boxed{W = F_H \cdot s}$$

$$\boxed{W = F_G \cdot h}$$

Beispiel:

Auf einer Hebebühne soll ein Kraftfahrzeug mit $m = 1650$ kg um $h = 1{,}65$ m angehoben werden. Wie groß ist die Arbeit in Nm und kJ?

gegeben: $m = 1650$ kg
$h = s = 1{,}65$ m

gesucht: W in Nm und kJ

$W = F \cdot s = F_G \cdot h \qquad \Rightarrow$	Bestimmungsgleichung zur Berechnung der Arbeit aufstellen.
$F_G = m \cdot g \qquad \Rightarrow$	Zwischenrechnung zur Berechnung der Gewichtskraft.
$F_G = 1650 \text{ kg} \cdot 9{,}81 \dfrac{\text{m}}{\text{s}^2}$	
$F_G = 16186{,}5$ N	
$W = 16186{,}5$ N $\cdot 1{,}65$ m	
$\underline{W = 26707{,}7 \text{ Nm}}$	
$\underline{W \approx 26{,}7 \text{ kJ}}$	

Übungen

1. Bestimmen Sie die erforderliche Arbeit, wenn sich in der Beispielaufgabe S. 320
   a) der Hub auf $h = 1{,}80$ m erhöht.
   b) die Kraft auf $F_G = 12000$ N verringert.

2. a) Wie wirkt sich ein kleinerer Weg (Hub) auf die erforderliche Arbeit aus, wenn die Kraft konstant bleibt?
   b) Wie wirkt sich eine größere Kraft auf die erforderliche Arbeit aus, wenn der Weg konstant bleibt?

3. Auf Baustellen dienen Kräne zum Transport von Baumaterialien. Welche Hubarbeit ist erforderlich, um Rohre mit $m = 640$ kg auf die Höhe $h = 16{,}5$ m anzuheben?

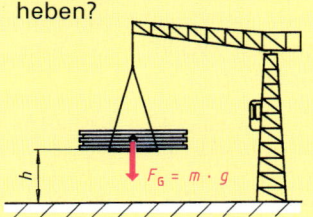

4. Mit Hilfe einer Seiltrommel ($d = 250$ mm Durchmesser) soll eine Last mit $m = 120$ kg um 6 m angehoben werden. Wie groß ist die Hubarbeit? Wie viele Umdrehungen der Seiltrommel sind erforderlich?

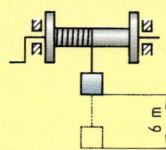

5. Auf einer Drehmaschine wird Rundmaterial mit $d = 80$ mm Durchmesser zerspant. Welche Schneidarbeit pro Umdrehung wird verrichtet, wenn die Zerspanungskraft $F = 4300$ N beträgt? (Hinweis: Der Weg entspricht hier dem Umfang)

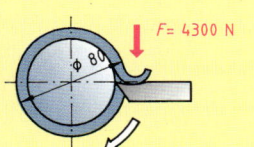

6. Mit dem Flaschenzug wird eine Masse von 200 kg um 2,5 m angehoben. Dabei muss das Seil um insgesamt 15 m verkürzt werden. Wie groß ist die Zugkraft? (Hinweis: Arbeit an der Masse = zugeführte Arbeit)

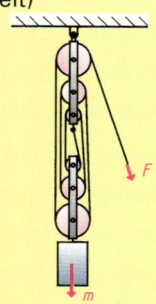

7. Welche Arbeit haben die Pumpen verrichtet, wenn 30000 m³ Wasser in den Wasserspeicher gepumpt wurden? ($g = 9{,}81$ m/s², $\rho = 1$ kg/dm³)

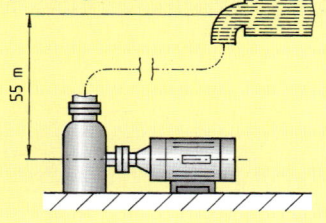

2.11 Leistung und Wirkungsgrad

2.11.1 Leistung

Bei nahezu allen Maschinen ist die Zeit wichtig, in der die Arbeit verrichtet wird. Die Arbeit pro Zeit wird als Leistung P bezeichnet. Je weniger Zeit das Hubwerk braucht, um das Zahnrad anzuheben, desto größer muss seine Antriebsleistung sein.

Für die Leistungsberechnung gilt allgemein:

$$\boxed{\text{Leistung} = \frac{\text{Arbeit}}{\text{Zeit}}} \qquad P \text{ in W (Watt)} \quad 1\,\text{W} = 1\,\frac{\text{Nm}}{\text{s}} = 1\,\frac{\text{J}}{\text{s}}$$

$$\boxed{P = \frac{W}{t}} \quad \text{mit } W = F \cdot s \text{ gilt:}$$

$$\boxed{P = \frac{F \cdot s}{t}} \quad \text{und mit } v = \frac{s}{t} \text{ gilt:}$$

$$\boxed{P = F \cdot v}$$

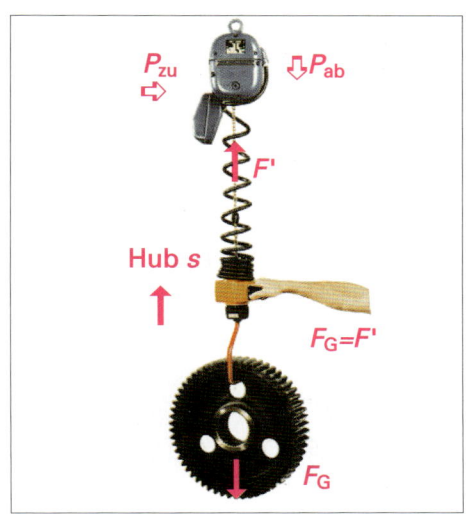

2.11.2 Wirkungsgrad

Da bei jeder Bewegung Reibung auftritt, jede Energieumwandlung und jeder Energietransport verlustbehaftet ist, müssen diese Einflüsse berücksichtigt werden. Die Verluste verringern die zugeführte Leistung P_{zu} um einen bestimmten Betrag $P_{Verlust}$. Diese Verlustleistung $P_{Verlust}$ bleibt für den Prozess ungenutzt. Das Verhältnis zwischen abgegebener Leistung P_{ab} zur zugeführten Leistung P_{zu} wird als Wirkungsgrad η einer Maschine bezeichnet.

$$Wirkungsgrad = \frac{abgegebene\ Leistung}{zugeführte\ Leistung}$$

$$\eta = \frac{P_{ab}}{P_{zu}} = \frac{P_{zu} - P_{Verlust}}{P_{ab}}$$

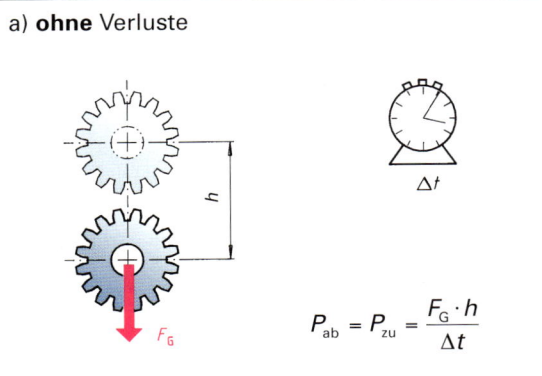

a) **ohne** Verluste

$$P_{ab} = P_{zu} = \frac{F_G \cdot h}{\Delta t}$$

b) **mit** Verlusten durch Reibung, Wärme usw.
$P_{zu} = P_{ab} + P_{Verluste}$

Beispiel:
Zum Anheben von Massen bis $m = 350$ N soll ein Hebezeug beschafft werden. Es stehen unterschiedliche Elektromotoren für den Antrieb zur Verfügung. Der Hub von $s = 2{,}50$ m soll in $t = 8$ s erfolgen.

a) Welche Leistung ist für das Anheben mindestens erforderlich?
b) Der Wirkungsgrad des Hebezeuges ist mit $\eta = 0{,}69$ angegeben (elektrischer und mechanischer Wirkungsgrad). Welche Leistung P_{zu} wird dem Elektromotor zugeführt?

a) $P = \dfrac{W}{t} = \dfrac{F \cdot s}{t} = \dfrac{F_G \cdot s}{t}$ ⇒ Bestimmungsgleichung zur Berechnung der Leistung aufstellen.

$F_G = m \cdot g$
$F_G = 350\ \text{kg} \cdot 9{,}81\ \dfrac{\text{m}}{\text{s}^2}$
$\underline{F_G = 3433{,}5\ \text{N}}$

Zwischenrechnung zur Bestimmung der Gewichtskraft.

$P = \dfrac{3433{,}5\ \text{N} \cdot 2{,}50\ \text{m}}{8\ \text{s}}$

$P = 1072{,}97\ \dfrac{\text{Nm}}{\text{s}} = 1072{,}97\ \text{W}$

$\underline{P \approx 1{,}1\ \text{kW}}$ ⇒ Die Leistung muss wegen Reibung usw. größer als 1,1 kW sein.

b) $\eta = \dfrac{P_{ab}}{P_{zu}}$ ⇒ Bestimmungsgleichung zur Berechnung des Wirkungsgrades aufstellen.

$P_{zu} = \dfrac{P_{ab}}{\eta}$

Gleichung zur Berechnung der zugeführten Leistung umstellen.

$P_{zu} = \dfrac{1{,}1\ \text{kW}}{0{,}69}$

$P_{zu} = 1{,}59\ \text{kW}$

$\underline{P_{zu} \approx 1{,}6\ \text{kW}}$

2.11 Leistung und Wirkungsgrad — 2.11.2 Wirkungsgrad

Übungen

1. Wie verändert sich die zugeführte Leistung P_{zu}, wenn sich bei sonst gleichbleibenden Größen
   a) die zu hebende Masse auf $m = 550$ kg erhöht?
   b) die Hubzeit auf $t = 11$ s vergrößert?
   c) der Hub auf $s = 2$ m verringert?
   d) der Wirkungsgrad auf $\eta = 0{,}74$ verbessert?

2. Stellen Sie die Bestimmungsgleichung für die Leistung nach der Kraft F, dem Weg s, der Zeit t und der Geschwindigkeit v um.

3. Ein Förderkorb soll Lasten von $m = 200$ kg in $t = 15$ s auf 3,4 m Höhe transportieren.
   a) Welche Leistung ist mindestens erforderlich?
   b) Welche Leistung muss der Elektromotor abgeben, wenn ein Wirkungsgrad für die mechanischen Baugruppen von 75 % angenommen wird?

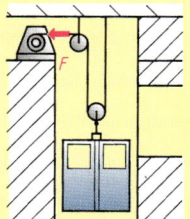

4. Welche Leistung gibt die Pumpe ab, wenn die 30000 m³ Wasser in 30 min in den Wasserspeicher gepumpt wurden?
   ($g = 9{,}81$ m/s², $\rho = 1$ kg/dm³)

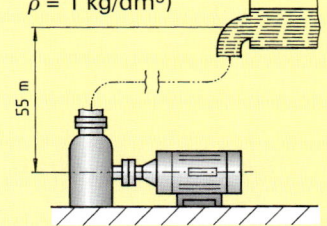

5. Die Seilwinde soll eine Masse von $m = 1{,}5$ t um $s = 5$ m anheben. Die Leistung des Elektromotors ist mit 2 kW angegeben. Wie lange dauert der Hubvorgang, wenn mit einem Wirkungsgrad von 0,65 gerechnet wird?

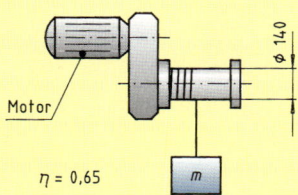

$\eta = 0{,}65$

6. Ein Kran hebt in 14,5 s eine Last mit einer Gewichtskraft von $F_G = 21{,}0$ kN um 6,3 m hoch. Der Motor des Krans gibt eine Leistung von $P = 13{,}5$ kW ab. Bestimmen Sie den Wirkungsgrad in %.

7. Ein Förderband wird von einem Elektromotor mit einer Leistung $P = 2{,}2$ kW angetrieben. In welcher Zeit könnten 6,5 t Schüttgut 2,5 m hoch gefördert werden? ($g = 9{,}81$ m/s²)

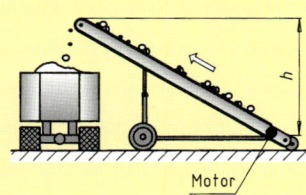

8. Ein Gabelstapler hebt eine Palette von Heizungsarmaturen 9,8 m in 60 s hoch. Die Palette hat eine Gesamtmasse von 450 kg. Dem Elektromotor wird eine Leistung von $P = 3{,}2$ kW zugeführt. Bestimmen Sie die Arbeit W, die Leistung P und den Wirkungsgrad η des Gabelstaplers.

9. Die zugeführte elektrische Leistung für den Motor eines Baukrans ist mit 13 kW angegeben. Der Wirkungsgrad beträgt insgesamt 60 %. Berechnen Sie die maximale Gewichtskraft, die noch mit der Hubgeschwindigkeit $v = 0{,}6$ m/s angehoben werden kann.

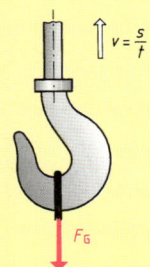

10. Ein Monteur zieht mit einem Seil ein Rohr mit einer Masse $m = 22{,}4$ kg in 23 s auf eine Höhe von 18,5 m. Bestimmen Sie die Arbeit und die Leistung des Monteurs.

11. Die Planierraupe besitzt einen Motor mit $P = 46$ kW. Sie muß eine Kraft von $F = 10000$ N aufbringen. Mit welcher Geschwindigkeit v kann sich die Raupe maximal bewegen?

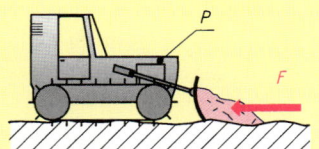

12. Welche Leistung im physikalisch/technischen Sinn vollbringt ein 80 kg schwerer Sprinter, der die 100 m in 9,95 s läuft? Welche Leistung vollbringt er, wenn er in der gleichen Zeit 50 Treppenstufen von jeweils 18 cm Höhe überwindet?

2.12 Druckwirkungen

2.12.1 Flächenpressung

Steht eine Leiter, ein Gerüst oder eine Maschine auf einem Untergrund, der nicht genügend Festigkeit (Härte) besitzt, drücken sich die Aufstellfüße in den Boden (Bild 1). Das Eindrücken kann durch einen Boden mit erhöhter Bodenfestigkeit oder durch Vergrößerung der Aufstellfläche verhindert werden. Die Gewichtskraft F_G ist meist nicht zu beeinflussen.

Die Einflussgrößen auf die Bodenbelastung (Druck) sind die Gewichtskraft F_G und die Aufstellfläche A.

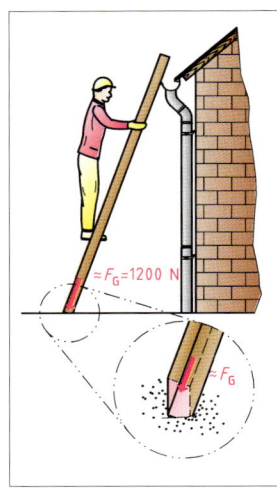

Bild 1 Bodenbelastung

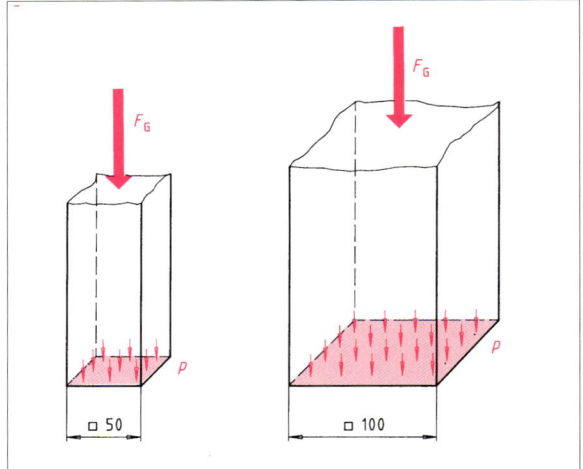

Bild 2 Druckeinflussgrößen

Der Einfluss lässt sich mit Bild 2 einfach beschreiben:

- Je größer die Aufstellfläche, umso kleiner ist die Eindrucktiefe im Boden.
- Je kleiner die Gewichtskraft, umso kleiner ist die Eindrucktiefe im Boden.

Der Druck ist festgelegt (definiert) als

$$\text{Druck} = \frac{\text{Normalkraft}}{\text{Fläche}}$$

$$p = \frac{F_N}{A}$$

p z. B. in $\frac{N}{cm^2}$

F_N z. B. in N

A z. B. in cm^2

Mit **Normalkraft** wird die senkrecht auf die Fläche wirkende Kraft bezeichnet. Die oben definierte Druckangabe erhält in der Technik oftmals die Bezeichnung **Flächenpressung**.

Einheiten:
Die SI-Einheit des Drucks ist das **Pascal** mit dem Einheitenzeichen Pa.

Die sehr kleine Druckeinheit Pascal wird in der Technik selten angewendet. Üblich sind die Einheiten $\frac{N}{cm^2}$, bar und hPa (Hektopascal). Ausgewählte Druckeinheiten und deren Umrechnungen zeigt die folgende Tabelle:

	Pa	hPa	kPa	bar	mbar
1 Pa=	1	$\frac{1}{100}$	$\frac{1}{1000}$	$\frac{1}{100000}$	$\frac{1}{100}$
1 hPa=	100	1	$\frac{1}{10}$	$\frac{1}{1000}$	1
1 kPa=	1000	10	1	$\frac{1}{100}$	10
1 bar=	100000	1000	100	1	1000
1 mbar=	100	1	$\frac{1}{10}$	$\frac{1}{1000}$	1
$1\frac{N}{cm^2}=$	10000	100	10	$\frac{1}{10}$	100

Beispielaufgabe:
Wie verändert sich die Flächenpressung (Druck), wenn die Aufstellfläche von $A_1 = 25\ cm^2$ durch eine Stahlplatte auf $A_2 = 100\ cm^2$ vergrößert wird?

Bestimmen Sie die Flächenpressung (Druck) in $\frac{N}{cm^2}$ und bar bei $F_N = 1200\ N$.

gesucht: p_1 und p_2 ⇒ gesuchte Größen aus dem Text entnehmen.

gegeben: $F_N = 1200$ N, ⇒ gegebene Größen aus dem Text
$A_1 = 25$ cm², $A_2 = 100$ cm² (eventuell Einheiten umrechnen)

$p_1 = \dfrac{F_N}{A_1}$ Formel z.B. aus Tabellenbuch
gegebene Werte mit Einheit einsetzen

$p_1 = \dfrac{1200 \text{ N}}{25 \text{ cm}^2}$

$p_1 = 48 \dfrac{\text{N}}{\text{cm}^2} = 4{,}8$ bar   Einheit umrechnen

$p_2 = \dfrac{F_N}{A_2}$ Wie bei Berechnung von p_1

$p_2 = \dfrac{1200 \text{ N}}{100 \text{ cm}^2}$

$p_2 = 12 \dfrac{\text{N}}{\text{cm}^2} = 1{,}2$ bar

Ergebnis: Eine Verdoppelung der Kantenlänge führt zu einem Viertel der Flächenpressung.

Übungen

1. Bestimmen Sie für die Beispielaufgabe die Flächenpressung, wenn sich die Gewichtskraft auf $F = 2350$ N erhöht.

2. Beschreiben Sie mit Worten die Auswirkungen auf die Flächenpressung (Druck),
   a) wenn die Fläche bei konstanter Kraft verkleinert wird.
   b) wenn die Kraft bei konstanter Fläche verkleinert wird.

3. Die Spannbacken eines Maschinenschraubstocks haben als Spannfläche die Maße 180 mm · 60 mm. Welche Flächenpressung (Druck) wirkt auf das eingespannte Werkstück, wenn die Spannkraft 18000 N beträgt?

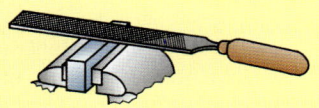

4. Eine Bohrmaschine mit der Masse $m = 460$ kg steht auf vier Aufstellfüßen mit jeweils einer Standfläche von $A = 20$ cm². Welche Flächenpressung muss der Werkstattboden mindestens aushalten?

5. Wie groß muss die Fläche der einzelnen Aufstellfüße aus Aufgabe 4 jeweils sein, wenn für den Werkstattboden eine Flächenpressung von maximal $p = 30$ N/cm² zulässig ist?

2.12.2 Druck durch Gewichtskraft

Flüssigkeiten (hydrostatischer Druck)

Der Wasserdruck in mehrstöckigen Häusern muss trotz der Höhenunterschiede auch in den oberen Stockwerken sichergestellt sein. Bei kleinen Betriebsdrücken und großen Höhenunterschieden muss das Eigengewicht der Flüssigkeit bei der Druckbestimmung berücksichtigt werden. Eine Flüssigkeitssäule (z.B. Wasserleitung in die oberen Stockwerke) hat aufgrund der Masse die Gewichtskraft F_G (Bild 1). Sie verursacht somit den Druck $\dfrac{F_G}{A}$. Um diesen Druck verringert sich der wirksame

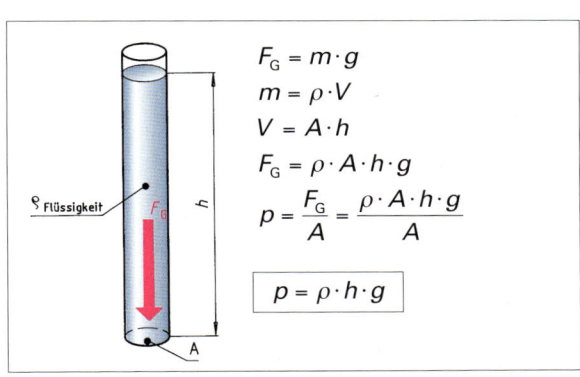

$F_G = m \cdot g$
$m = \rho \cdot V$
$V = A \cdot h$
$F_G = \rho \cdot A \cdot h \cdot g$
$p = \dfrac{F_G}{A} = \dfrac{\rho \cdot A \cdot h \cdot g}{A}$

$\boxed{p = \rho \cdot h \cdot g}$

Bild 1 Höhendruck (hydrostatischer Druck)

2.12 Druckwirkungen 2.12.2 Druck durch Gewichtskraft

Druck an der Entnahmestelle gegenüber dem Förderdruck am Hausanschluss. Je höher die Flüssigkeitssäule ist, desto größer wird die Druckverringerung. Nach Bild 1, Seite 325 entsteht bei einer Flüssigkeitshöhe h und der Flüssigkeitsdichte ρ ein Druck von:

> Druck = Flüssigkeitsdichte · Höhenunterschied · Erdbeschleunigung

$p = \rho \cdot h \cdot g$

Beispielaufgabe:
Wie groß ist die Druckverringerung für ein Hochhaus, in dem die Höhe für die oberste Entnahmestelle $h = 44$ m beträgt $\left(\rho_{Wasser} = 1\,\dfrac{kg}{dm^3}\right)$.

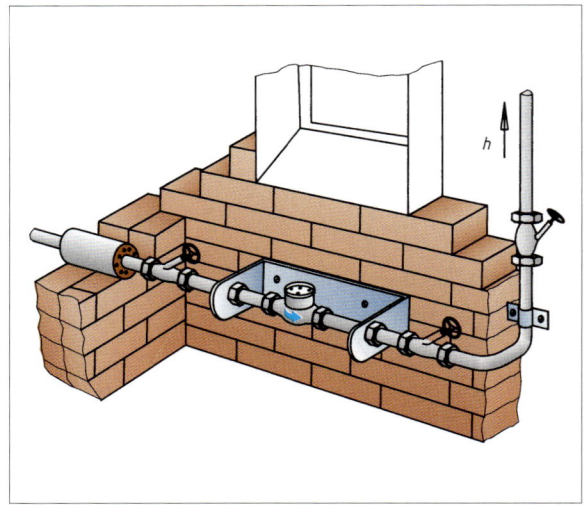

gesucht: p	⇒ gesuchte Größe aus dem Text entnehmen
gegeben: $h = 44$ m $\quad \rho_{Wasser} = 1\,\dfrac{kg}{dm^3} = 1000\,\dfrac{kg}{m^3}$	⇒ gegebene Größen aus dem Text entnehmen Einheiten umrechnen
$p = \rho \cdot h \cdot g$	⇒ Formel z. B. aus Tabellenbuch
$p = 1000\,\dfrac{kg}{m^3} \cdot 44\text{ m} \cdot 9{,}81\,\dfrac{m}{s^2}$	⇒ Größen mit Einheiten einsetzen
$p = 431640\,\dfrac{kg \cdot m}{m^2 \cdot s^2} = 431640\,\dfrac{N}{m^2} = 431640\text{ Pa}$	⇒ Ergebnis mit Einheit, evtl. Einheit umrechnen
$\underline{p \approx 4{,}3\text{ bar}}$	Der Druck verringert sich um 4,3 bar

Übungen

1. Wie verändert sich der Druckabfall in der Beispielaufgabe für eine Entnahmestelle, die sich in der Höhe $h = 32$ m befindet?

2. Bestimmen Sie entsprechend der Beispielaufgabe den Druckabfall in einer Ölraffinerie für eine Ölleitung. $\left(\rho_{Öl} = 0{,}79\,\dfrac{kg}{dm^3}\right)$

3. Am Hausanschluss einer Wasserleitung wird der Druck p mit 4,3 bar gemessen. Welcher Druck ist im 2. Stock mit einer Höhe von 7,30 m noch wirksam?

4. An der Entnahmestelle in 26 m Höhe soll noch ein Wasserdruck von 3,5 bar herrschen. Welcher Druck muss am Hausanschluss eingestellt werden?

5. Der Wasserdruck an der Entnahmestelle beträgt 2,8 bar. Der eingestellte Versorgungsdruck ist auf 4,2 bar eingestellt. In welcher Höhe befindet sich die Entnahmestelle?

6. Zur genauen Messung kleiner Drücke dient das Flüssigkeitsmanometer. Welchen Überdruck zeigt das Manometer an, wenn der Unterschied zwischen beiden Wasserspiegeln 25,3 mm beträgt?
$\left(\rho_{Wasser} = 1\,\dfrac{kg}{dm^3}\right)$

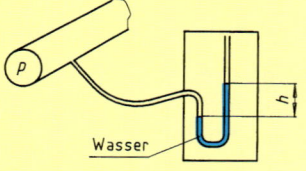

7. Welcher Flüssigkeitsdruck in $\dfrac{N}{cm^2}$ wirkt auf einen Taucher in 2,80 m Tauchtiefe? $\left(\rho_{Wasser} = 1\,\dfrac{kg}{dm^3}\right)$

2.12 Druckwirkungen 2.12.2 Druck durch Gewichtskraft

Luftdruck

Die Lufthülle der Erde bewirkt auf der Erdoberfläche infolge der Luftmasse und der Erdanziehung einen Druck (**atmosphärischer Druck** = p_{amb}). Dieser Druck ist abhängig von der Ortshöhe (geographische Höhe, Bild 1). In einer Höhe von z. B. 5000 m (Montblanc) herrscht lediglich noch die Hälfte des Luftdrucks in Meereshöhe. Mit einem **Quecksilberbarometer** (Bild 2) lässt sich der jeweilige atmosphärische Luftdruck messen. Er beträgt auf Meereshöhe ca.

p_{amb} = 1,013 bar = 1013 mbar.

Die Wirkung des Luftdrucks wird bei vielen technischen Anwendungen genutzt. Eine Saugpumpe (Bild 3) pumpt zunächst die Luft aus dem Ansaugraum. Der äußere Luftdruck drückt die Flüssigkeit nach oben in die Pumpe. Daher begrenzt der Luftdruck die maximale Ansaughöhe auf theoretisch ungefähr 10 m Wassersäule. Weitere Anwendungen sind: Vergaser, Zerstäuber, Druckmessgeräte.

Bei Berechnungen z. B. für pneumatische Anlagen muss der Luftdruck berücksichtigt werden. An einem Druckkessel für Druckluft sollen die unterschiedlichen Drücke verdeutlicht werden. Als Umgebungsdruck des Kessels wirkt der Luftdruck p_{amb}. Wird der Kessel durch einen Kompressor mit zusätzlicher Luft gefüllt, so entsteht im Kessel ein **Überdruck**, der als **effektiver Druck** p_e bezeichnet wird. Die meisten Druckmessgeräte, z. B. **Manometer** (Bild 5), zeigen den effektiven Druck an. Der **absolute Druck** p_{abs} ergibt sich aus diesen beiden Drücken (Bild 4). Damit wird

$p_{abs} = p_{amb} + p_e$

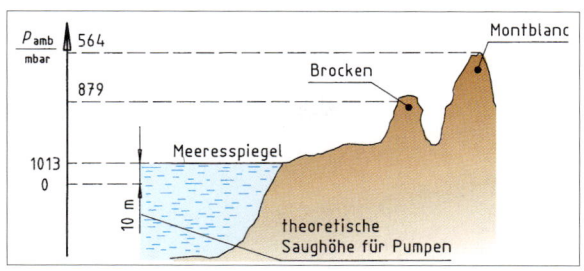

Bild 1 Luftdruck

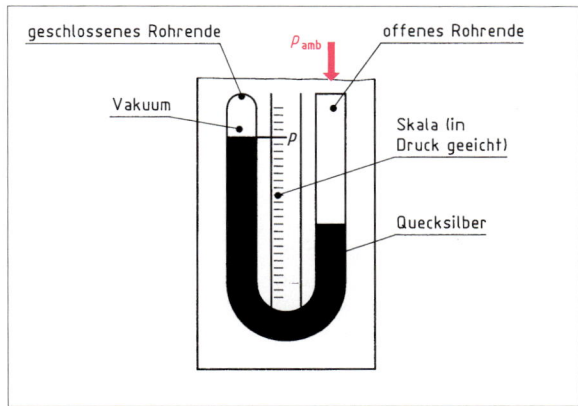

Bild 2 Quecksilberbarometer

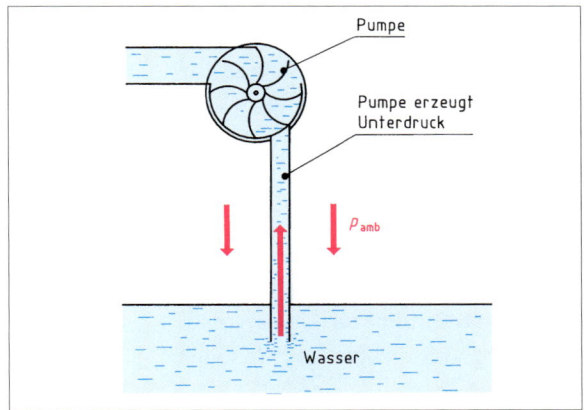

Bild 3 Saugpumpe

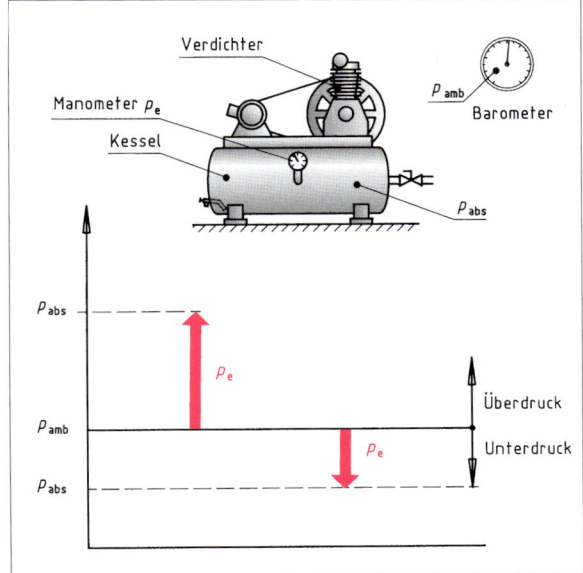

Bild 4 Druckermittlung

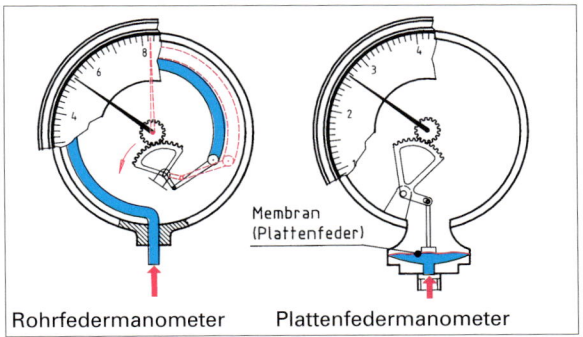

Bild 5 Manometer

2.12 Druckwirkungen — 2.12.3 Hydraulik/Pneumatik

Beispielaufgabe:

Das Manometer eines Druckkessels zeigt einen Druck $p_e = 9{,}8$ bar an. Der atmosphärische Luftdruck beträgt $p_{amb} = 1031$ mbar. Welcher absolute Druck p_{abs} herrscht im Kessel?

gesucht: p_{abs}	⇒	gesuchte Größe aus dem Text entnehmen
gegeben: $p_e = 9{,}8$ bar, $\quad p_{amb} = 1031$ mbar $= 1{,}031$ bar	⇒	gegebene Größen aus dem Text entnehmen, Einheit umrechnen
$p_{abs} = p_e + p_{amb}$ $p_{abs} = 9{,}8$ bar $+ 1{,}031$ bar $\underline{p_{abs} = 10{,}831 \text{ bar} \approx 10{,}8 \text{ bar}}$	⇒	Formel z.B. aus Tabellenbuch Werte mit gleichen Einheiten einsetzen Der absolute Druck beträgt ungefähr 10,8 bar

Übungen

1. Bestimmen Sie den absoluten Druck aus der Beispielaufgabe, wenn sich der Druck im Kessel auf 8,64 bar verringert hat.

2. Welcher absolute Druck herrscht im Kessel (Beispielaufgabe und Übungsaufgabe Nr. 1), wenn sich der Kessel auf dem Brocken befindet (siehe Bild 1, Seite 327)?

3. Für eine Druckmessung wird ein absoluter Druck $p_{abs} = 16{,}4$ bar erwartet. Welchen effektiven Druck muss das Manometer mindestens anzeigen können, wenn der atmosphärische Luftdruck mit 1000 mbar angenommen wird?

4. Am Manometer wird ein Überdruck von $p_e = 1{,}3$ bar abgelesen. Rechnen Sie diese Messung in den absoluten Druck p_{abs} in bar und Pa um. (Atmosphärendruck 1 bar)

5. Der absolute Druck im Ansaugrohr eines Benzinmotors wird mit $p_{abs} = 650$ mbar angegeben. Wie groß ist der Unterdruck (effektive Druck p_e) in bar, wenn der Atmosphärendruck 1033 mbar beträgt?

2.12.3 Hydraulik/Pneumatik
Druck und Kolbenkraft

Auch für Flüssigkeiten und Gase gilt:

$$\text{Druck} = \frac{\text{Kraft}}{\text{Fläche}} \qquad p = \frac{F}{A}$$

Wirkt auf den Kolben in Bild 1 die Kraft F, so entsteht im Zylinder der Druck p. Dabei ist durch Messungen nachweisbar, dass dieser Druck an allen Stellen eines Systems (z.B. Zylinder, Leitungen, Ventile usw.) gleich ist. Dieses gilt für Flüssigkeiten ebenso wie für Gase. Im Gegensatz zur Luft wird die **Flüssigkeit** durch Druckeinwirkung **nicht** zusammengepresst (vgl. Kap. 2.12.6). Flüssigkeiten sind **inkompressibel**. Maschinen zur Druckerzeugung sind Kompressoren, Verdichter und Pumpen. Sie liefern den erforderlichen Druck für die angeschlossenen Arbeitsmaschinen (z. B. Zylinder, Hydraulik- und Luftmotoren).

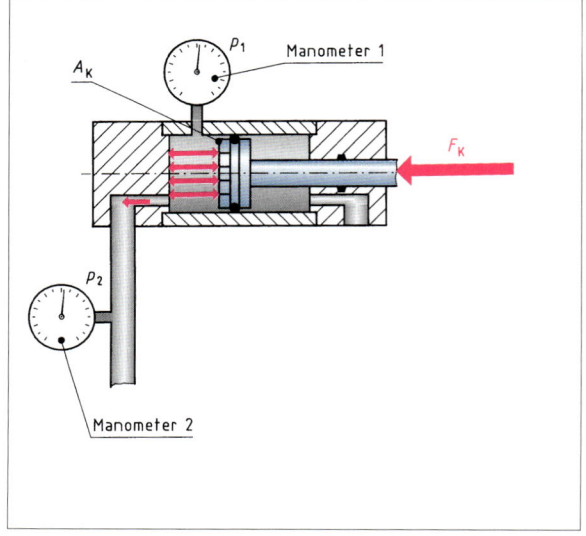

Bild 1 Druckausbreitung in Flüssigkeiten und Gasen

2.12 Druckwirkungen 2.12.3 Hydraulik/Pneumatik

Der erforderliche Druck für eine bestimmte Kolbenkraft lässt sich somit auch hier mit dem bereits gefundenen Gesetz berechnen (Bild 1):

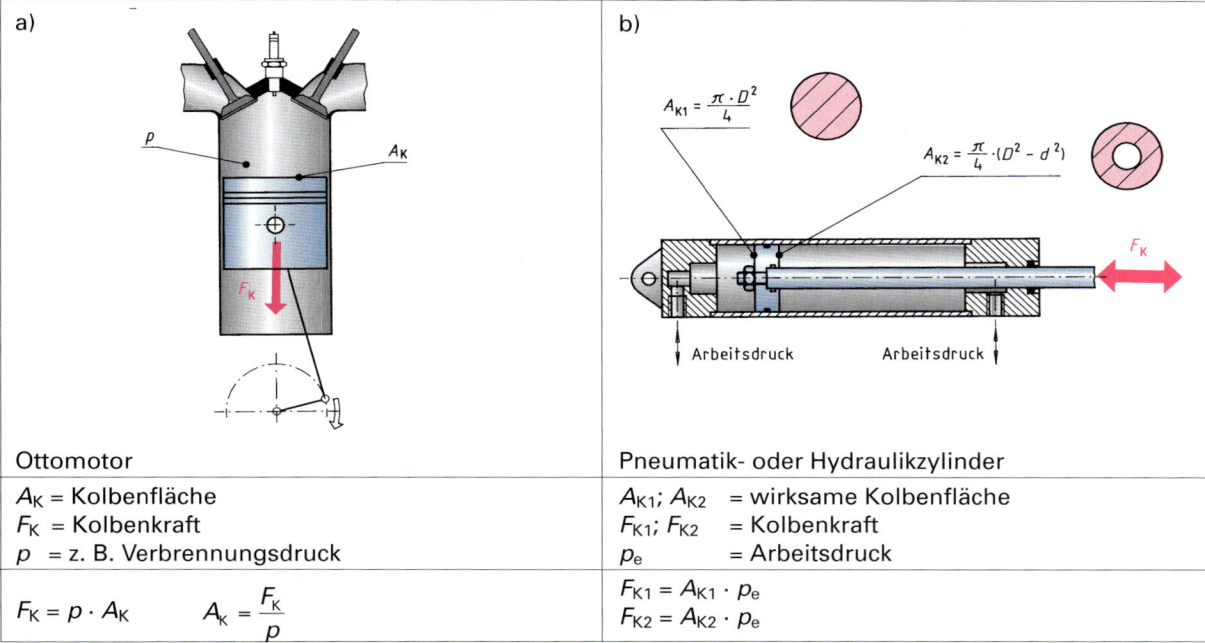

a) Ottomotor	b) Pneumatik- oder Hydraulikzylinder
A_K = Kolbenfläche F_K = Kolbenkraft p = z. B. Verbrennungsdruck	A_{K1}; A_{K2} = wirksame Kolbenfläche F_{K1}; F_{K2} = Kolbenkraft p_e = Arbeitsdruck
$F_K = p \cdot A_K \qquad A_K = \dfrac{F_K}{p}$	$F_{K1} = A_{K1} \cdot p_e$ $F_{K2} = A_{K2} \cdot p_e$

Bild 1 Berechnung von Druck und Kraft

Hydraulik

Der Hydraulikzylinder in Bild 1b spannt ein Werkstück mit einer Kraft von F_{K1} = 10000 N. Die Kolbenfläche A_{K1} des Zylinders beträgt 15 cm². Welcher Druck herrscht im Hydrauliksystem (p_e in N/cm² und bar)?

gesucht: p_e

gegeben: F_{K1} = 10000 N, A_{K1} = 15 cm²

$$p_e = \frac{F_{K1}}{A_{K1}}$$

$$p_e = \frac{1000\ \text{N}}{15\ \text{cm}^2}$$

$$\underline{p_e = 666{,}7\ \frac{\text{N}}{\text{cm}^2} = 66{,}7\ \text{bar}}$$

Übungen

1. Bestimmen Sie den einzustellenden Druck für die Beispielaufgabe, wenn eine Spannkraft von 14000 N gefordert wird.

2. Eine hydraulisch betriebene Rohrbiegemaschine mit einem Hydraulikkolben von A_K = 8 cm² benötigt eine Biegekraft von 42000 N. Welchen Arbeitsdruck muss die Zahnradpumpe mindestens erzeugen?

3. Beschreiben Sie, wie sich die Reibung des ausfahrenden Kolbens und der Kolbenstange auf die Biegekraft der Aufgabe 2 auswirken. Welchen Einfluss hat die Reibung bei der Beispielaufgabe?

4. Für ein Biegewerkzeug ist eine Kraft von 43,5 kN erforderlich.
   a) Welchen Druck muss die Hydraulikpumpe mindestens erzeugen, wenn der Kolbendurchmesser des Hydraulikzylinders 150 mm misst?
   b) Wie verändert sich der erforderliche Druck bei einer Verdoppelung des Kolbendurchmessers?

5. Auf den Kolben eines Hydraulikzylinders mit dem Durchmesser d_K = 45 mm wirkt eine Kraft von F_K = 225 N. Wie hoch ist der effektive Druck im Zylinderraum in bar?

2.12 Druckwirkungen — 2.12.3 Hydraulik/Pneumatik

Pneumatik

Welcher effektive Druck muss in dem doppelt wirkenden Zylinder herrschen?

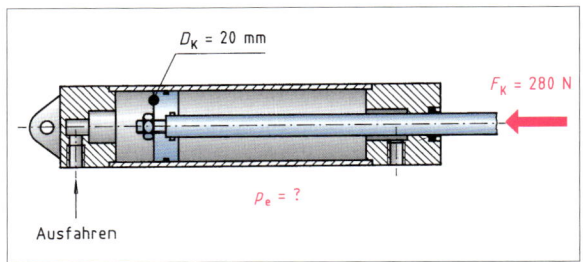

gesucht: p_e
gegeben: $F_K = 280$ N, $D_K = 20$ mm

$$p_e = \frac{F_K}{A_K}$$

$$A_K = \frac{\pi \cdot D_K^2}{4}$$

$$A_K = \frac{3{,}14 \cdot 20^2 \, mm^2}{4}$$

$$A_K = 314 \, mm^2 = 3{,}14 \, cm^2$$

$$p_e = \frac{280 \, N}{3{,}14 \, cm^2}$$

$$p_e = 89{,}2 \, \frac{N}{cm^2} \approx 8{,}9 \, bar$$

Übungen

1. Bestimmen Sie für die Beispielaufgabe den erforderlichen effektiven Druck im Zylinder, wenn eine Kraft von 215 N wirken soll.

2. Welcher effektive Druck müsste in Übungsaufgabe 1 wirken, wenn ein Kolben mit einer Kolbenfläche von 2,5 cm² eingesetzt wird?

3. Beschreiben Sie mit eigenen Worten, wie sich der Druck ändert,
   a) wenn die Kolbenfläche bei konstanter Kraft vergrößert wird.
   b) wenn die Kraft bei konstanter Kolbenfläche vergrößert wird.

4. Der Kolben eines Verdichters besitzt einen Durchmesser $D = 70$ mm.

   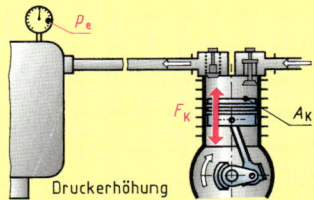

   a) Welcher effektive Druck p_e in N/cm², bar und Pa wird am Manometer des Verdichters gemessen, wenn die wirksame Kolbenkraft $F = 3800$ N beträgt?
   b) Wie groß ist der absolute Druck bei einem Luftdruck von 1,05 bar?

5. Auf den Kolben eines Dieselmotors wirkt beim Arbeitshub eine maximale Kolbenkraft von $F_N = 32500$ N.

   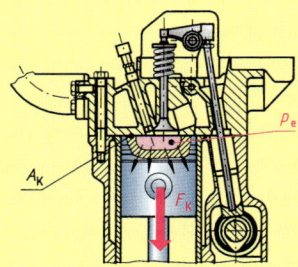

   a) Wie groß ist der maximale Verbrennungsdruck p_e in N/cm², und bar, wenn die Kolbenfläche $A_K = 40{,}7$ cm² beträgt?
   b) Wie verändert sich der Druck, wenn sich der Kolben nach unten bewegt?

6. Die Kolbenstange eines Pneumatikzylinders überträgt beim Ausfahren eine Kraft $F_K = 15{,}5$ kN. Welcher Druck wirkt auf den Kolben, wenn der Kolbendurchmesser $D_K = 65$ mm beträgt?

7. Bei der Verdichtung in einem Verbrennungskraftmotor wirkt auf den Kolben eine Kraft von 8400 N. Welcher Verdichtungsdruck herrscht im Motor, wenn der Kolbendurchmesser 84,6 mm beträgt?

8. Ein Pneumatikzylinder soll zerbrechliches Material mit einer maximalen Kraft von 800 N spannen. Der Kolbendurchmesser ist mit 50 mm angegeben.
   a) Auf welchen maximalen Druck (Überdruck) muss das Druckbegrenzungsventil eingestellt werden?
   b) Welchem absoluten Druck entspricht dieser Wert bei $p_{amb} = 1$ bar?

9. Ein Transportzylinder benötigt zum Verschieben eines Stückgutes eine Kraft von 1800 N. Welcher Druck muss auf den Kolben mit einem Durchmesser von 60 mm wirken, wenn durch Abluftdrosselung ein Gegendruck von 0,8 bar entsteht?

2.12 Druckwirkungen — 2.12.3 Hydraulik/Pneumatik

Nomogramm zur Bestimmung von Kolbenkraft, Kolbendurchmesser und Druck

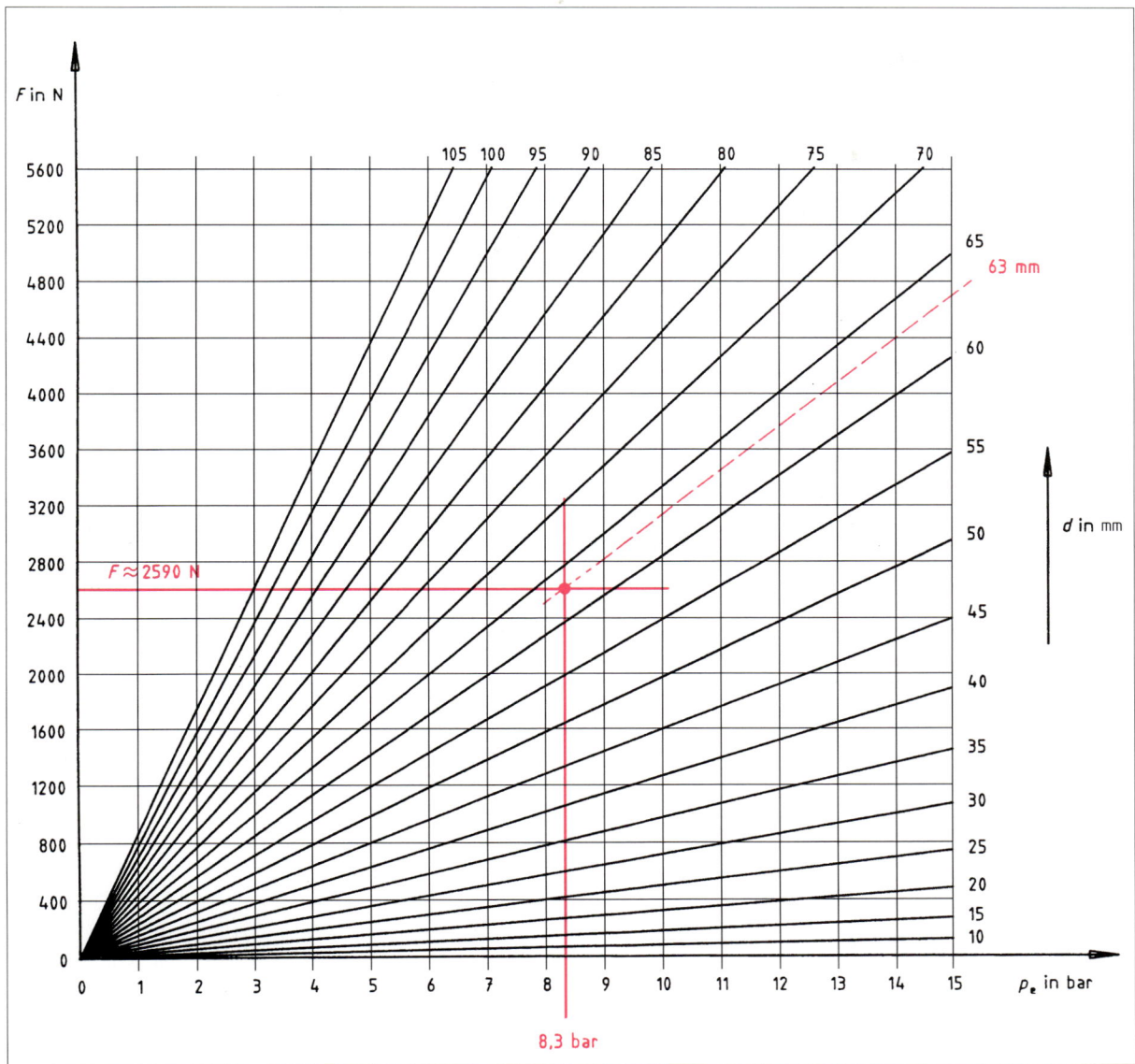

Zur Vermeidung von Berechnungsfehlern und zur Vereinfachung der Bestimmung von Kolbenkräften, Kolbendurchmessern und Drücken eignen sich Nomogramme:

- Druck auf der waagerechten Achse festlegen,
- Senkrechte nach oben bis zum Schnittpunkt mit der Durchmesserlinie ziehen (evtl. mitteln),
- Gerade vom Schnittpunkt waagerecht bis zur Kraftachse ziehen und
- Kraft maßstabsgerecht ablesen.

Zur Ermittlung von Durchmesser und Druck gilt eine entsprechende Vorgehensweise.

Beispielaufgabe

Der pneumatische Spannzylinder besitzt für das Ausfahren einen wirksamen Kolbendurchmesser von $D_K = 63$ mm. Mit welcher Kraft wird das Werkstück gespannt, wenn ein Druck $p_e = 8{,}3$ bar eingestellt ist? Die wirkliche Kraft wird geringer sein, da die Reibung noch nicht berücksichtigt wurde.

Lösung:

Aus obigem Nomogramm ergibt sich bei der beschriebenen Vorgehensweise:
$F \approx 2590$ N.

2.12 Druckwirkungen — 2.12.3 Hydraulik/Pneumatik

Gemischte Übungen

1. Wie verändert sich in der Beispielaufgabe die Kraft F, wenn durch einen Druckabfall nur noch ein Druck von $p_e = 7{,}4$ bar wirkt?

2. Mit welcher Kraft kann der Zylinder in der Beispielaufgabe und in Übungsaufgabe 1 einfahren, wenn die Kolbenstange einen Durchmesser von $d_K = 24$ mm hat?

3. In einer hydraulischen Spannvorrichtung wirkt ein Überdruck von 9,6 bar.
   a) Wie groß ist die Spannkraft des Zylinders bei einer Kolbenfläche im Druckzylinder von 200 cm²?
   b) Welchen Einfluss hat die Reibung auf diese errechnete Kraft?

4. Mit einer pneumatischen Schnellspannvorrichtung wird der Kolben mit einem Überdruck $p_e = 6{,}2$ bar beaufschlagt.
   a) Wie groß ist die Kolbenkraft F_{K1} zum Ausfahren? ($d_K = 35$ mm)
   b) Wie groß ist die Kolbenkraft F_{K2} zum Einfahren? ($d_{St} = 10$ mm)

5. Auf den Kolben eines Ottomotors mit dem Kolbendurchmesser von 76 mm wirkt ein Verbrennungshöchstdruck von $_e = 52$ bar. Welche Kolbenhöchstkraft wirkt im Motor?

6. a) Berechnen Sie für einen doppelt wirkenden Hydraulikzylinder die maximale Kolbenkraft auf der Kolbenseite und der Kolbenstangenseite bei einem Arbeitsdruck von 6500 kPa. ($d_K = 50$ mm; $d_{St} = 15$ mm)
   b) In welche Endlage verfährt der Kolben, wenn auf beide Seiten derselbe Druck wirkt (mathematisch begründen)?

7. Der Arbeitskolben einer hydraulischen Hubanlage muss eine Kraft von $F = 32$ kN erzeugen.
   a) Bestimmen Sie bei einem Arbeitsdruck von 72 bar den erforderlichen Kolbendurchmesser.
   b) Welchen Einfluss hat die Reibung auf die Auswahl des tatsächlichen Kolbendurchmessers? Wählen Sie den erforderlichen genormten Zylinder:
   Zylinderdurchmesser nach DIN 24334 in mm: 40; 50; 65; 100; 125; 160; 200.

8. Für eine pneumatische Vorrichtung ist eine Spannkraft von 4200 N erforderlich. Bestimmen Sie den kleinstmöglichen Durchmesser bei einem Überdruck von 6,5 bar und Reibungsverlusten von 15 %.
   Wählbare genormte Zylinder in mm: 35; 50; 70; 100; 140.

9. Auf die Spannfläche 90 mm · 40 mm soll eine Flächenpressung von maximal 20 N/mm² zugelassen werden. Mit welcher Kraft darf der Hydraulikzylinder ausfahren?

10. Zur Begrenzung der Spannkraft eines Hydraulikzylinders ist ein Druckbegrenzungsventil eingebaut.
    a) Welche maximale Spannkraft ist bei einem Kolbendurchmesser von 70 mm und einem eingestellten Grenzdruck von 42 bar möglich?
    b) Welche Federkraft muss auf den Kolben im Druckbegrenzungsventil wirken? (Ventil ø = 8 mm)

11. Der effektive Druck in einer Lkw-Druckluftbremse beträgt 6,5 bar.
    a) Berechnen Sie die Kolbenkraft bei einer Kolbenfläche von 38,5 cm².
    b) Welche Bremsbetätigungskraft ergibt sich, wenn durch die Rückholfeder und die Reibung ca. 26 % der Kolbenkraft nicht wirksam werden?

12. An einer kleinen Fräsmaschine werden die Werkstücke für die Bearbeitung durch einen einfach wirkenden Pneumatikzylinder mit $D = 50$ mm Kolbendurchmesser gespannt. Welche Spannkraft wirkt auf das Werkstück bei einem Druck von $p_e = 5{,}8$ bar und einem Wirkungsgrad von 80 %?

2.12.4 Kraftübersetzung

Ähnlich wie beim Hebel können Kräfte in der Pneumatik und Hydraulik übersetzt werden. Dabei verändern sich die Wege (Hübe) entsprechend. Wirkt die Kraft auf eine kleine Kolbenfläche (Bild 1), entstehen z. B. in der Hydraulikflüssigkeit große Drücke. Diese wirken auf Kolben mit entsprechend größerer Fläche. Damit erhöht sich die Kraft und verringert sich der Weg (Hub) des Kolbens. Die hydraulische und pneumatische Kraftübersetzung wird in der Technik vielfältig genutzt. Bekannte Anwendungen sind z. B. die Bremskraftanlage beim Pkw oder der Hydraulikheber.

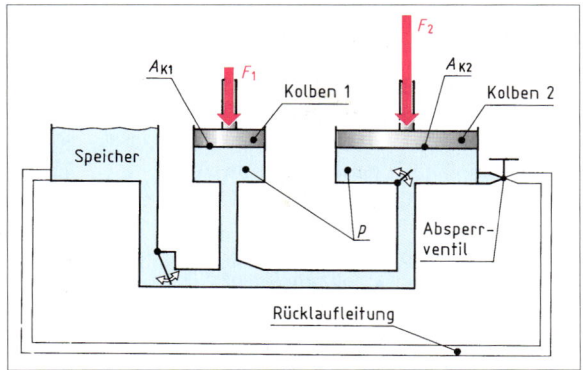

Bild 1 Prinzip der hydraulischen Kraftübersetzung

Beschreibung

- Durch die Kraft F_1 auf den Kolben 1 entsteht im Hydrauliköl der Druck

$$p_1 = \frac{F_1}{A_{K1}}$$

- Dieser Druck breitet sich im gesamten System gleichmäßig aus. Damit gilt für den Druck p_2 in Kolben 2: $p_2 = p_1 = p$.
- Auf den Kolben 2 mit der größeren Kolbenfläche A_{K2} wirkt damit die die Kraft
$F_2 = p \cdot A_{K2}$

Für die Kraftübersetzung in hydraulischen und pneumatischen Anlagen gilt damit folgender Zusammenhang:

$$\boxed{\frac{F_1}{A_{K1}} = \frac{F_2}{A_{K2}}}$$

Beispielaufgabe:

Zum Richten der Querstrebe ist eine Kraft von 6000 N erforderlich. Der Pumpkolben hat eine Fläche von 8,6 mm² und der „Arbeitskolben" 31 mm². Welche Kraft muss mindestens auf den Pumpkolben wirken?

gesucht: F_1

gegeben: F_2 = 6000 N
A_1 = 8,6 mm²
A_2 = 31 mm²

Lösung

$$\frac{F_1}{A_{K1}} = \frac{F_2}{A_{K2}}$$

$$F_1 = F_2 \cdot \frac{A_{K1}}{A_{K2}}$$

$$F_1 = 6000 \text{ N} \cdot \frac{8,6 \text{ mm}^2}{31 \text{ mm}^2}$$

$$\underline{F_1 = 1664,5 \text{ N}}$$

Bild 2 Hydraulische Kraftübersetzung

Die berechnete Handkraft kann von einem Bediener nicht aufgebracht werden. Daher findet zusätzlich bei nahezu allen einfachen Hydraulikhebern das Hebelgesetz Anwendung (Bild 3).

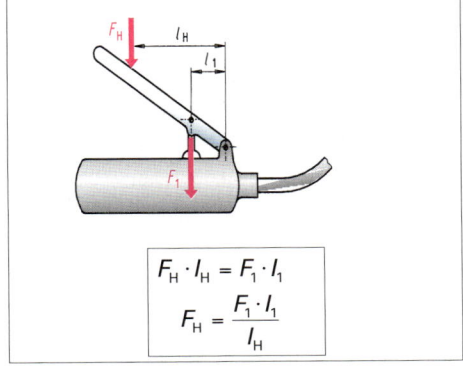

$$F_H \cdot l_H = F_1 \cdot l_1$$
$$F_H = \frac{F_1 \cdot l_1}{l_H}$$

Bild 3 Anwendung des Hebelgesetzes

Übungen

1. Ermitteln Sie entsprechend der Beispielaufgabe die erforderliche Kraft F_1, wenn
   a) eine Kraft von $F_2 = 4000$ N erforderlich wird.
   b) die Fläche des Arbeitskolbens $A_2 = 42$ mm² beträgt.
   c) die Fläche des Pumpkolbens $A_1 = 4,3$ mm² beträgt.

2. Beschreiben Sie allgemein die Veränderung von F_1, wenn sich jeweils eine der folgenden Einflussgrößen auf die Kraft vergrößert: A_1, A_2, F_2.

3. Der Pumpkolben wird mit einer Kraft von $F_1 = 120$ N betätigt. Die Flächen der Kolben sind mit $A_1 = 25$ cm² und $A_2 = 144$ cm² konstruktiv festgelegt. Welche Kraft F_2 erzeugt der Hydraulikheber?

4. In einer hydraulischen Presse wird der Druckkolben (Druckfläche $A_1 = 10$ cm²) mit der Handkraft $F_1 = 480$ N betätigt. Welche Druckfläche A_2 muss der Presskolben für die Presskraft $F_2 = 15000$ N haben?

5. a) Bei der Betätigung der Fußbremse wirkt eine Kraft von 160 N. Mit welcher Kraft F_2 werden die Bremsbacken gegen die Bremstrommel gedrückt?

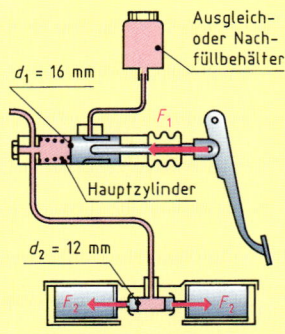

Trommelbremse (Hinterachse)

b) Mit welcher Kraft F_1 muss der Kolben im Hauptzylinder betätigt werden, wenn die Bremsbacken mit $F_2 = 225$ N gegen die Bremstrommeln gedrückt werden sollen?

c) Welchen Durchmesser d_2 muss der Kolben für die Betätigung der Bremsscheiben besitzen, wenn bei einer Kraft von $F_1 = 160$ N auf den Kolben im Hauptzylinder die Betätigungskraft von $F_2 = 225$ N gefordert wird?

6. Eine hydraulische Presse ist mit den Kolbendurchmessern $d_1 = 35$ mm und $d_2 = 240$ mm ausgelegt. Wie groß muss die Kraft F_1 mindestens sein, damit am Arbeitskolben die erforderliche Presskraft von 25 kN genutzt werden kann?

7. Bestimmen Sie die Kraft F_1 zum Anheben der Masse $m = 2,4$ t. Die Kolbendurchmesser betragen $d_1 = 30$ mm und $d_2 = 320$ mm. Auf welchen Betrag verändert sich die Kraft F_1, wenn mit einem Wirkungsgrad von $\eta = 0,83$ gerechnet werden muss?

8. Mit Druckwandlern können in Druckluftanlagen und hydraulischen Anlagen hohe Drücke p_2 trotz geringer Eingangsdrücke erzeugt werden. Der erhöhte Druck wirkt auf den Arbeitskolben.
(beachte: $F_1 = F_2$ am Druckwandler)

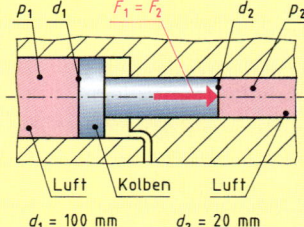

$d_1 = 100$ mm $\quad d_2 = 20$ mm

a) Bestimmen Sie für einen Arbeitsdruck von 6,5 bar die Kräfte F_1 und F_2, den erhöhten Druck p_2 und die Kraft F am Arbeitskolben bei einem Kolbendurchmesser von $d = 80$ mm.

b) Beschreiben und begründen Sie die Veränderungen von F_1, F_2, p_2 und F, wenn der Arbeitsdruck p_1 erhöht wird.

c) Welchen Durchmesser d_1 müsste der Druckwandler haben, wenn der Druck $p_2 = 104$ bar betragen soll?

2.12.5 Kolbengeschwindigkeit

In hydraulischen Anlagen bleibt bis auf geringfügige Leckverluste die Masse und somit auch das Volumen des strömenden Hydrauliköls konstant (Bild 1). Das bedeutet, dass der zugeführte **Volumenstrom Q** (Volumen pro Zeiteinheit) den beweglichen Kolben durch Verdrängung mit der Kraft $F = p \cdot A_K$ verschiebt. Die Zeit, in der das Hydrauliköl den Zylinder füllt, hängt vom Zylinderquerschnitt, dem Hub und dem Volumenstrom Q ab. Bleibt der Volumenstrom konstant, nimmt somit die Ausfahrgeschwindigkeit des Kolbens bei größeren Kolbendurchmessern ab. Für den Volumenstrom sorgt die eingebaute Hydraulikpumpe mit entsprechenden Fördermengen.

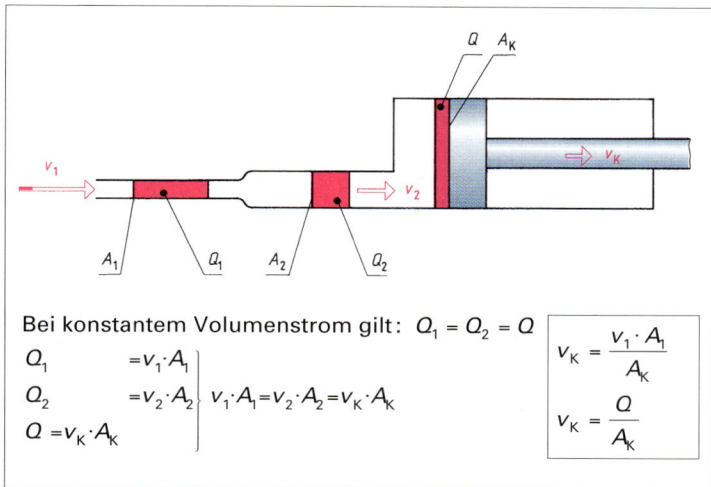

Bei konstantem Volumenstrom gilt: $Q_1 = Q_2 = Q$

$Q_1 = v_1 \cdot A_1$
$Q_2 = v_2 \cdot A_2$
$Q = v_K \cdot A_K$

$v_1 \cdot A_1 = v_2 \cdot A_2 = v_K \cdot A_K$

$$v_K = \frac{v_1 \cdot A_1}{A_K}$$

$$v_K = \frac{Q}{A_K}$$

Bild 1 Bestimmung der Strömungsgeschwindigkeit

Beispielaufgabe:

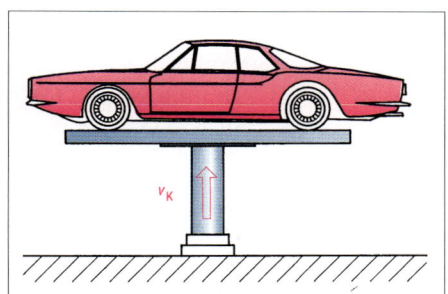

Beim Heben eines Kraftfahrzeugs auf einer hydraulischen Hebebühne werden $Q = 188{,}5$ l/min Hydrauliköl in den Arbeitszylinder gepumpt. Der Kolbendurchmesser des Zylinders ist mit $d_K = 200$ mm angegeben. Mit welcher Geschwindigkeit wird das Kraftfahrzeug angehoben (v_K in $\frac{dm}{min}$ und $\frac{m}{s}$)?

gesucht: v_K in $\frac{dm}{min}$ und $\frac{m}{s}$

gegeben: $Q = 188{,}5 \frac{l}{min} = 188{,}5 \frac{dm^3}{min}$

$d_K = 200$ mm $= 2$ dm

$$v_K = \frac{v_1 \cdot A_1}{A_K} = \frac{Q}{A_K}$$

$$A_K = \pi \cdot \frac{d_K^2}{4}$$

$$A_K = 3{,}14 \cdot \frac{2^2 \, dm^2}{4}$$

$$A_K = 3{,}14 \, dm^2$$

$$v_K = \frac{188{,}5 \, dm^3}{3{,}14 \, dm^2 \, min}$$

$$v_K = 60{,}03 \frac{dm}{min}$$

$$v_K = 0{,}1 \frac{m}{s}$$

Übungen

1. Auf welchen Betrag verändert sich die Verfahrgeschwindigkeit v_1 der Beispielaufgabe, wenn
   a) der Kolbendurchmesser des Hubzylinders auf $d = 240$ mm vergrößert wird?
   b) die Fördermenge der Pumpe auf $Q = 220$ l/min erhöht wird?

2. Für einen Zylinder mit den gegebenen Abmessungen ist die Ausfahrgeschwindigkeit zu bestimmen. Der Volumenstrom ist auf $Q = 10$ l/min eingestellt.

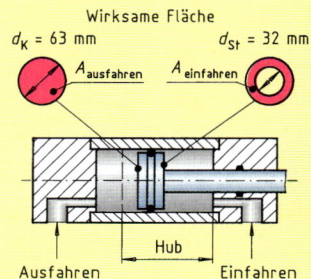

3. Für den Zylinder von Übungsaufgabe 2 ist bei einem Kolbenstangendurchmesser von $d_{St} = 32$ mm die Einfahrgeschwindigkeit zu ermitteln.

4. Berechnen Sie die Verfahrgeschwindigkeit eines Hydraulikzylinders ($d=30$ mm) in m/min, wenn der Volumenstrom auf $Q = 420$ cm³/min eingestellt ist. Wie beeinflussen Leckverluste die Verfahrgeschwindigkeit?

5. Der Hydraulikzylinder einer automatischen Zuführeinrichtung besitzt einen Kolbendurchmesser von 80 mm und einen Kolbenstangendurchmesser von 35 mm. Über die Zahnradpumpe ist ein Volumenstrom von 8 dm³/min sichergestellt.
   a) Berechnen Sie für den Vor- und Rücklauf des Kolbens die jeweilige Kolbengeschwindigkeit.
   b) Wie groß ist die Zeit für einen Doppelhub, wenn Vorlaufweg und Rücklaufweg jeweils 1,2 m lang sind?

6. Berechnen Sie den einzustellenden Volumenstrom für den Vorschub an einer Bohrmaschine mit 85 mm/min. Der Kolbendurchmesser ist auf $d = 50$ mm festgelegt.

7. Über eine Zahnradpumpe ist ein Volumenstrom von $Q = 41$ l/min vorgegeben.

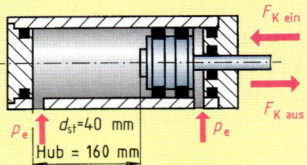

   a) Mit welchem Zylinderdurchmesser ist die Verfahrgeschwindigkeit von 4500 mm/min für das Ausfahren gerade noch erreichbar?
   b) Welchen Einfluss hat eine Verdopplung des Kolbendurchmessers auf die Verfahrgeschwindigkeit?

8. Eine Zahnradpumpe fördert pro Umdrehung 45 cm³. In welcher Zeit erfolgt ein Doppelhub (Aus- und Einfahren) des Hydraulikzylinders von Übungsaufgabe 7, wenn die Pumpe mit einer Umdrehungsfrequenz von 960/min angetrieben wird?

2.12.6 Luftverbrauch

Ein einfacher Versuch lässt die Zusammenhänge zwischen dem Volumen einer Gasmenge und dem entsprechenden Druck erkennen (Bild 1). Durch Vergrößern der Wassermenge im Zylinder verkleinert sich das eingeschlossene Luftvolumen von $V_0 = 4$ l auf V_1. Mit V_0 ist das Ausgangsvolumen bei normalem Luftdruck $p_0 = p_{amb}$ gemeint. Gleichzeitig vergrößert sich der Luftdruck im Behälter von p_0 auf p_1. Das Manometer erfasst den effektiven Druck p_e (vgl. Seite 327). Die Auswertung der Messwerttabelle zeigt, dass mit Verkleinerung des Luftvolumens eine entsprechende Druckvergrößerung verbunden ist.

Genauer:

$$p_0 \cdot V_0 = p_1 \cdot V_1$$

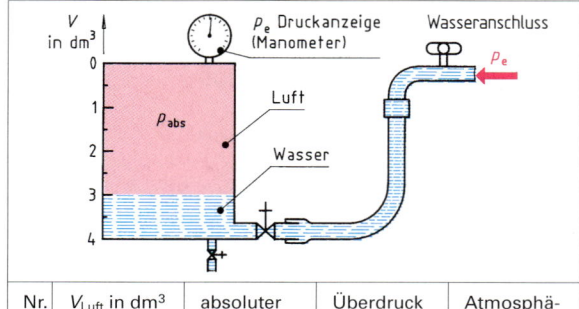

Nr.	V_{Luft} in dm³	absoluter Druck p_{abs} in bar	Überdruck p_e in bar	Atmosphärendruck p_{amb} in bar
0	4	1	0	1
1	3,5	1,1	0,1	1
2	3,0	1,3	0,3	1
3	2,5	1,6	0,6	1
4	2,1	1,9	0,9	1
5	1,5	2,7	1,7	1

Bild 1 Versuch zum Gesetz von Boyle-Mariotte

2.12 Druckwirkungen — 2.12.6 Luftverbrauch

Bei jedem Kolbenhub z. B. eines doppelt wirkenden Zylinders wird dem Kessel ein Luftvolumen V_1 entnommen. Beim Folgehub presst der Kolben dieses Luftvolumen in die Umwelt. Das Volumen V_1 nimmt sein ursprüngliches Volumen V_0 bei $p_{amb} \approx 1$ bar ein. Es expandiert auf V_0. Dieses ausgestoßene Zylindervolumen V_1 bei einem Zylinderdruck p_1 lässt sich berechnen. Dazu wird es auf das Luftvolumen V_0 bei normalem Luftdruck p_0 umgerechnet. Bleibt die Lufttemperatur unberücksichtigt, kann die Bestimmungsgleichung $p_0 \cdot V_0 = p_1 \cdot V_1$ genutzt werden.

Beispielaufgabe:

Berechnen Sie das Luftvolumen, das zum Ausfahren des doppelt wirkenden Zylinders erforderlich ist, wenn das Manometer einen Druck von $p_e = 8$ bar anzeigt (Luftdruck $p_{amb} = 1$ bar).

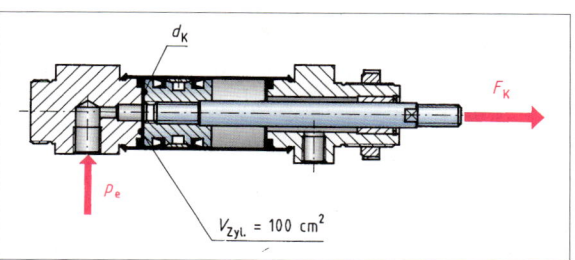

gesucht: V_0 ⇒ gesuchte Größen aus dem Text heraussuchen

gegeben: $p_e = 8$ bar, $V_{Zyl} = V_1 = 100$ cm³   gegebene Werte aus dem Text heraussuchen

$p_{amb} = 1$ bar

Lösung:

$p_0 = p_{amb} = 1$ bar ⇒ Luftdruck berechnen $p_0 = p_{amb}$

$p_1 = p_{abs} = p_e + p_{amb}$ Zylinderdruck als absoluten Druck berechnen

$p_1 = 8$ bar $+ 1$ bar

$p_1 = 9$ bar

$p_0 \cdot V_0 = p_1 \cdot V_1$ ⇒ Formel z. B. aus Tabellenbuch

$V_0 = \dfrac{p_1 \cdot V_1}{p_0} = \dfrac{9 \text{ bar} \cdot 100 \text{ cm}^3}{1 \text{ bar}}$ Formel nach gefragter Größe, dem Luftvolumen V_0 bei p_0 umstellen

$V_0 = 900$ cm³ $= 0{,}9$ l V_0 beträgt pro Ausfahrhub ca. 0,9 l

Beim Einfahrhub muss wie bei den Kolbenkräften die Kolbenstange berücksichtigt werden.

Übungen

1. Welche Luftmenge V_0 ist in der Beispielaufgabe erforderlich,
   a) wenn das Zylindervolumen auf $V_1 = 140$ cm³ vergrößert wird?
   b) wenn der Druck der Pneumatikanlage auf $p_e = 6$ bar abgesenkt wird?

2. Beschreiben Sie mit „Je.., desto" - Sätzen den Einfluss folgender Größen auf den Luftverbrauch: Druck im Zylinder, Zylinderdurchmesser d, Zylinderhub h, Kolbenfläche A, Luftdruck p_0.

3. Welche Luftmenge muss der Kolbenverdichter in den Druckkessel mit $V_1 = 120$ l der Pneumatikanlage pumpen, bis ein Überdruck von $p_e = 10$ bar gemessen werden kann. Wie groß ist das gesamte Luftvolumen, wenn $p_{amb} = 1040$ mbar beträgt?

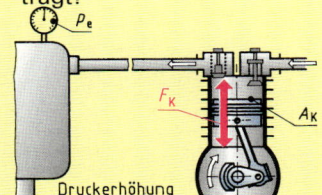

4. Der Druckkessel ($V = 400$ l) einer pneumatischen Anlage wird von einem Luftverdichter mit einem Überdruck von $p_e = 14{,}5$ bar gefüllt.
   a) Bestimmen Sie die nutzbare Luftmenge (normaler Luftdruck $p_{amb} = 1$ bar) bis zum Erreichen des Mindestkesseldrucks (Arbeitsdruck) von 6 bar (Verdichter füllt wieder auf).
   b) Bestimmen Sie das gesamte Luftvolumen im Kessel beim Erreichen des Enddruckes.

2.12 Druckwirkungen — 2.12.6 Luftverbrauch

5. Ermitteln Sie für einen einfach wirkenden Pneumatikzylinder das Luftvolumen, das pro Hub an die Umwelt abgegeben wird. Der Arbeitsdruck p_e ist auf 7,5 bar eingestellt, der Kolbendurchmesser beträgt 140 mm, der Hub 80 mm. (Luftdruck p_{amb} = 1 bar)

6. Das Manometer einer vollen Sauerstoff-Normalflasche zeigt einen Druck von p_e = 200 bar an. Das Flaschenvolumen beträgt 50 l. Wie groß ist die Gasmenge in l, die bei Normaldruck (p_{amb} = 1 bar) zur Verfügung steht?

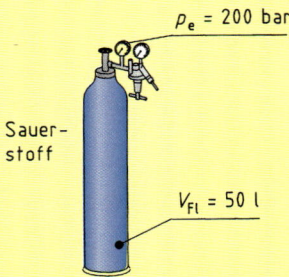

7. Beim Hartlöten werden der Sauerstoffflasche (V = 40 l) 800 l Sauerstoff entnommen. Welchen Druck zeigt das Manometer nach der Arbeit an, wenn der Anfangsdruck p_{e1} = 95 bar betrug?

8. Ein doppelt wirkender Zylinder mit einem Kolbendurchmesser d = 80 mm und einem Hub von 45 mm arbeitet 22 mal in der Minute (z. B. Werkstück biegen). Der Durchmesser der Kolbenstange beträgt 12 mm. Die Anlage wird mit einem Arbeitsdruck p_e = 8 bar betrieben. (p_{amb} = 1 bar)

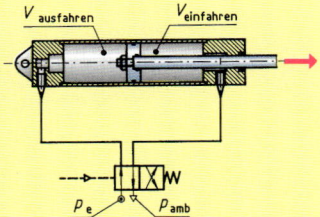

a) Wie groß ist der Luftverbrauch beim Ausfahren des Zylinders?
b) Wie groß ist der Luftverbrauch beim Einfahren des Zylinders?
c) Wie hoch ist der stündliche Luftverbrauch, wenn der Zylinder mit einem Luftdruck von p_e = 8 bar betrieben wird?

9. Ein einfach wirkender Pneumatikzylinder transportiert aus einem Fallmagazin 64 Werkstücke pro Minute. Der Kolbendurchmesser beträgt 80 mm und der Kolbenhub 120 mm.

a) Welche Luftmenge (p_{amb} = 1 bar) entnimmt der Zylinder der Pneumatikanlage pro Stunde bei p_e = 6,0 bar?

b) Um wie viel Prozent erhöht sich der Luftverbrauch, wenn stattdessen ein doppelt wirkender Zylinder mit einem Kolbenstangendurchmesser von 20 mm verwendet wird?

c) Wie viele solcher Zylinder könnten theoretisch an einen Verdichter mit einem Volumenstrom von 9 m³/min Ansaugluft angeschlossen werden?

10. Aus einer undichten Pneumatikkupplung entweichen ca. 0,016 m³ Luft je Minute.
a) Welchen Druckabfall bewirkt dieses Leck nach einer Stunde in einem Kessel mit 160 l und einem Druck p_e = 8,0 bar?

b) Wie viel € Verlust entstehen pro Tag an dieser einen Leckstelle, wenn die Erzeugung von 1 m³ Druckluft 0,02 € kostet und die Leitung dauernd unter Druck steht?

3 Berechnen elektrischer Größen

3.1 Der elektrische Stromkreis

3.1.1 Das Ohmsche Gesetz

Die Heckscheibenheizung eines Pkw hat einen elektrischen Widerstand $R = 0{,}6\ \Omega$. Sie ist an die elektrische Spannung $U = 12\ V$ angeschlossen.

Für welche Stromstärke I muss die zugehörige Schmelzsicherung vorgesehen sein?

> Im elektrischen Stromkreis ist das Verhältnis der elektrischen Spannung U zur Stromstärke I immer gleich. Diese Konstante heißt **elektrischer Widerstand**.

$$\text{Widerstand} = \frac{\text{Spannung}}{\text{Stromstärke}} \qquad R = \frac{U}{I}$$

$$1\ \Omega = \frac{1\ V}{1\ A} = 1\ \frac{V}{A}$$

R in Ω
U in V
I in A

Aus dem Ohmschen Gesetz ergibt sich für die Stromstärke:

> In einem elektrischen Stromkreis ist die Stromstärke umso größer, je größer die elektrische Spannung und je kleiner der elektrische Widerstand ist.

$$\text{Stromstärke} = \frac{\text{Spannung}}{\text{Widerstand}} \qquad I = \frac{U}{R}$$

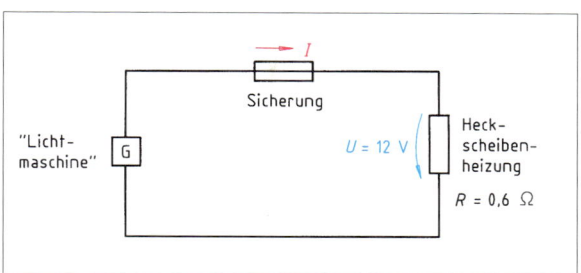

gesucht: I in A
gegeben: $R = 0{,}6\ \Omega$
$U = 12\ V$

$$I = \frac{U}{R}$$

$$I = \frac{12\ V}{0{,}6\ \Omega}$$

$$I = 20\ \frac{V}{\frac{V}{A}} = 20\ \frac{V \cdot A}{V} \qquad 1\ \Omega = 1\ \frac{V}{A}$$

$\underline{I = 20\ A}$

Übungen

1. Eine als Kfz-Zubehör erhältliche Sitzheizauflage ist für $U = 12\ V$ Betriebsspannung vorgesehen. Der elektrische Widerstand dieses Verbrauchers beträgt $R = 2{,}6\ \Omega$.
Für welche Stromstärke I muss die im Stecker der Heizauflage eingebaute Schmelzsicherung mindestens vorgesehen sein?

2. Ein Kleintauchsieder (Kfz-Zubehör) für 12 V Spannung hat 0,8 Ω Widerstand. Darf er an die Steckdose in einem Pkw angeschlossen werden, wenn sie mit 12 V Spannung betrieben wird und mit 20 A abgesichert ist?

3. Auf dem verschlissenen Typenschild der Sitzheizauflage für einen Pkw ist nur noch erkennbar: 4,7 A. Eine Widerstandsmessung ergibt 2,6 Ω.
Darf dieses Gerät in einem Pkw mit 12 V - Anlage betrieben werden?

4. Zwei Stahlblechteile von je 0,4 mm Dicke werden durch Widerstandspressschweißen miteinander verbunden.
Wieviel Ohm Widerstand hat die Schweißstelle, wenn sie von 800 A durchflossen wird und eine Spannung von 1 V anliegt?

5. Berechnen Sie den elektrischen Widerstand der Hinleitung zur Schweißzange (Elektrodenhalter) eines Lichtbogenschweißgerätes. Die Stromstärke in der Leitung beträgt 160 A, die an den Enden der Leitung (zwischen Anschlussstecker und Zange) gemessene Spannung 48 mV.

3.1 Der elektrische Stromkreis — 3.1.2 Mehrere Verbraucher im Stromkreis

6. Die Stromstärke beträgt zunächst 10 A.

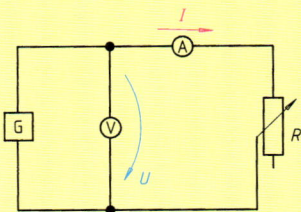

Auf welche Größe ändert sie sich
a) bei Verdoppelung des Widerstandes, aber unveränderter Anschlussspannung?
b) bei Verkleinerung des Widerstandes auf ein Drittel seines ursprünglichen Wertes (Anschlussspannung nicht verändert)?
c) bei 1,3facher Anschlussspannung und ursprünglicher Einstellung des Widerstandes?

7. Im Stromkreis von Übungsaufgabe 6 beträgt die Stromstärke zunächst 6 A. Welche Größe nimmt die Stromstärke an, wenn – jeweils von den ursprünglichen Einstellungen ausgehend -

a) die Anschlussspannung und der Widerstand verdoppelt werden?
b) die Anschlussspannung auf ein Drittel, der Widerstand auf das Vierfache eingestellt wird?
c) die Anschlussspannung 100fach so groß wird wie anfangs, der Widerstand aber eine Unterbrechung aufweist (defekt ist)?

3.1.2 Mehrere Verbraucher im Stromkreis

Parallelschaltung

Die Heckscheibenheizung (vgl. Seite 339) hat $R_2 = 0{,}6\ \Omega$ Widerstand, der Zigarettenanzünder $R_1 = 1{,}7\ \Omega$. Beide Verbraucher werden in Parallelschaltung an $U = 12\ V$ Spannung betrieben.

Berechnen Sie den Ersatzwiderstand (Gesamtwiderstand) dieser Schaltung.

Gesetze der Parallelschaltung

Die Spannung ist an allen Widerständen (Verbrauchern) gleich.
$U = U_1 = U_2 = \ldots$

Die Summe der Ströme in den Einzelwiderständen ist gleich dem Gesamtstrom (in der Hin- bzw. Rückleitung)
$I = I_1 + I_2 + \ldots$

Die Summe der Kehrwerte der Einzelwiderstände ist gleich dem Kehrwert des Ersatzwiderstandes.
$\dfrac{1}{R} = \dfrac{1}{R_1} + \dfrac{1}{R_2} + \ldots$

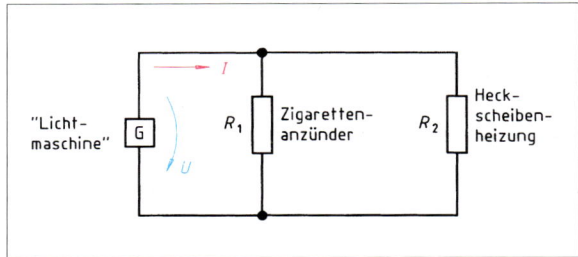

Herleitung der Bestimmungsgleichung für den Ersatzwiderstand mit Hilfe des Ohmschen Gesetzes

$I = I_1 + I_2 + \ldots$

$\dfrac{U}{R} = \dfrac{U}{R_1} + \dfrac{U}{R_2} + \ldots \quad | :U$

$\dfrac{1}{R} = \dfrac{1}{R_1} + \dfrac{1}{R_2} + \ldots$

gesucht: R in Ω
gegeben: $R_1 = 0{,}6\ \Omega$
$R_2 = 1{,}7\ \Omega$

$\dfrac{1}{R} = \dfrac{1}{R_1} + \dfrac{1}{R_2}$

$\dfrac{1}{R} = \dfrac{1}{0{,}6\ \Omega} + \dfrac{1}{1{,}7\ \Omega}$

$\dfrac{1}{R} = 2{,}25\ \dfrac{1}{\Omega}$

$\underline{R = 0{,}44\ \Omega}$

Lösungsvermutung:

In einer Parallelschaltung ist der Ersatzwiderstand stets kleiner als der kleinste Einzelwiderstand (vgl. TECHNOLOGIE Kap. 5.2.7.1)
Deshalb ist ein Ergebnis $R < 0{,}6\ \Omega$ zu erwarten.

Der Ersatzwiderstand dieser Parallelschaltung beträgt $R = 0{,}44\ \Omega$. Er ist gemäß obiger Lösungsvermutung kleiner als der kleinste Einzelwiderstand.

Also: $R < R_1$; $0{,}44\ \Omega < 0{,}6\ \Omega$

3.1 Der elektrische Stromkreis — 3.1.2 Mehrere Verbraucher im Stromkreis

Übungen

1. An eine Zweifachsteckdose sind zwei Elektrolötkolben mit $R_1 = 70\ \Omega$ bzw. $R_2 = 118\ \Omega$ angeschlossen. Berechnen Sie den Ersatzwiderstand dieser Parallelschaltung.

2. Bei kühler Witterung soll ein Heizlüfter mit den Daten 230 V; 26,5 Ω die Werkstatt erwärmen. An der gleichen Zweifachsteckdose mit 230 V Netzspannung liegt parallel ein Elektrolötkolben 230 V; 3,3 A. Berechnen Sie
   a) den Widerstand des Lötkolbens.
   b) die Stromstärke des Heizlüfters.
   c) den Ersatzwiderstand der Parallelschaltung.
   d) die Stromstärke, mit der die Steckdose insgesamt belastet wird. (Hierfür gibt es zwei Lösungswege)

3. Zur Parallelschaltung zweier Widerstände $R_1 = 27,4\ \Omega$ und $R_2 = 5\ \Omega$ wird ein dritter Widerstand $R_3 = 15,2\ \Omega$ parallelgeschaltet.
   a) In welchem Zahlenwertbereich **vermuten** Sie den Ersatzwiderstand? (Begründung!)
   b) Berechnen Sie den Ersatzwiderstand.
   c) In dieser Parallelschaltung fließt im Einzelwiderstand R_1 ein Strom von $I_1 = 1$ A. Berechnen Sie die Spannung an diesem Widerstand.
   d) An welcher Spannung liegt die gesamte Schaltung?

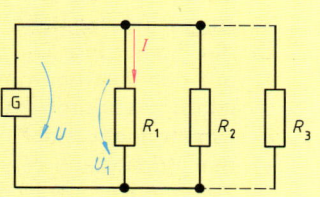

Reihenschaltung

Die Heckscheibenheizung mit $R_2 = 0,6\ \Omega$ Widerstand bildet zusammen mit ihrer Zuleitung mit einem Widerstand von $R_1 = 0,06\ \Omega$ eine Reihenschaltung.
Berechnen Sie den Gesamtwiderstand dieser Schaltung.

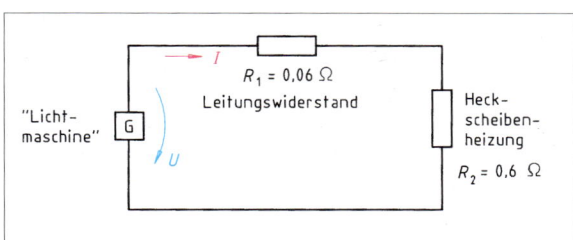

R_1 ersetzt gedanklich die gezeichnete Hin- und Rückleitung

Gesetze der Reihenschaltung

Die Stromstärke ist in allen Widerständen (Verbrauchern) gleich.
$I = I_1 = I_2 = \ldots$

Die Summe der Spannungen an den Einzelwiderständen (Verbrauchern) ist gleich der Gesamtspannung (z. B. Spannung am Erzeuger).
$U = U_1 + U_2 + \ldots$

Die Summe der Einzelwiderstände ist gleich dem Gesamtwiderstand der Schaltung.
$R = R_1 + R_2 + \ldots$

gesucht: R in Ω
gegeben: $R_1 = 0,6\ \Omega$
$R_2 = 0,06\ \Omega$
$R = R_1 + R_2$
$R = 0,6\ \Omega + 0,06\ \Omega$
$\underline{\underline{R = 0,66\ \Omega}}$

Übungen

1. Die Glühlampe eines Flutlichtstrahlers hat im Betriebszustand $R_2 = 53\ \Omega$ Widerstand. Sie wird über die insgesamt $R_1 = 1,2\ \Omega$ der Leitung einer Kabeltrommel angeschlossen. Berechnen Sie den Gesamtwiderstand R dieser Reihenschaltung.

2. Ein Heißluftgebläse bildet zusammen mit der Zuleitung eine Reihenschaltung. Diese wird von einer Steckdose mit $U = 230$ V Spannung über eine Verlängerungsleitung versorgt. Dabei fließt ein Strom von $I = 7,4$ A. Der Widerstand des Heißluftgebläses beträgt $R_2 = 29\ \Omega$.

   Berechnen Sie
   a) die Spannung U_2, die am Ende der Verlänge-

rungsleitung am eingeschalteten Gerät noch zur Verfügung steht,
b) die Spannung U_1, die auf der Verlängerungsleitung verloren geht (Spannungsverlust),
c) den Widerstand R_1 der Zuleitung zwischen Steckdose und Gebläse.

3. Beim Einschalten einer Trennschleifmaschine älterer Bauart lässt der große Anlaufstrom des Motors fast jedesmal die Sicherung „rausfliegen". Eine Elektrofachkraft baut deshalb zur Anlaufstrombegrenzung einen Widerstand von 0,7 Ω in Reihe zum Motor der Maschine ein. (Ein so verwendeter Widerstand heißt Vorwiderstand.) Im Widerstand fließen bei Anlauf der Maschine 30 A.
Welche Stromstärke fließt dabei im Motor.

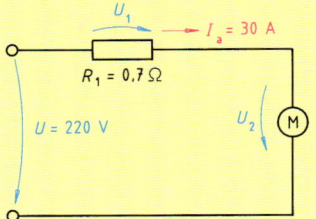

4. Leuchtdioden sind Halbleiterbauelemente. Sie dienen z. B. als Betriebs- oder als Warnanzeige an Elektrogeräten. Leuchtdioden dürfen nur mit Vorwiderstand betrieben werden.

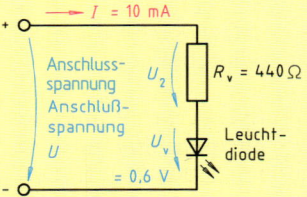

Berechnen Sie die Spannung, die
a) am Vorwiderstand auftritt,
b) die Anschlussspannung der Schaltung.

3.2 Elektrische Leistung und Arbeit

3.2.1 Elektrische Leistung

Das Leistungsschild eines Elektrolötkolbens ist beschädigt; nur noch die Spannungsangabe „230 V" ist lesbar. Eine Elektrofachkraft misst eine Stromstärke von 3,25 A, wenn das Gerät an 230 V Spannung angeschlossen ist.
Berechnen Sie die Leistungsaufnahme des Gerätes. Welche gerundete Leistungsangabe dürfte aufgrund von Fertigungstoleranzen auf dem Leistungsschild gestanden haben?

Die elektrische Leistung ist umso größer, je größer die Spannung und je größer die Stromstärke ist.

Leistung = Spannung · Stromstärke

$P = U \cdot I$

P in W
U in V
I in A

gesucht: P in W
gegeben: $U = 230$ V
$I = 3{,}25$ A
$P = U \cdot I$
$P = 230$ V $\cdot 3{,}25$ A
$P = 747{,}7$ W
$P \approx 750$ W

Die Leistungsaufnahme des Elektrolötkolbens beträgt 747,5 W.
Die nicht mehr lesbare Angabe auf dem Leistungsschild dürfte unter Berücksichtigung von Fertigungstoleranzen „750 W" gelautet haben.

Übungen

1. Die Heizauflage für einen Pkw-Sitz trägt einen verschlissenen Textilaufkleber. Darauf ist noch zu lesen: 12 V -. Eine Strommessung an 12 V ergibt 4,6 A.
Berechnen Sie die elektrische Leistung der Heizauflage.
Welche gerundete Leistungsangabe dürfte aufgrund von Fertigungstoleranzen auf dem Schild gestanden haben?

2. Eine Steckdose an 230 V Netzspannung ist mit einem 16 A - Leitungsschutzschalter abgesichert. Darf ein Heißluftgebläse mit den Daten 230 V; 2 kW an dieser Steckdose auf Dauer betrieben werden?

3. Ein Elektrogerät belastet die Leitung einer Kabeltrommel mit 9 A. Der Widerstand der Leitung (Hin- und Rückleitung) beträgt 1,2 Ω.
a) Berechnen Sie die Spannung, die an der Leitung auftritt (Spannungsverlust).

3.2 Elektrische Leistung und Arbeit

3.2.1 Elektrische Leistung

b) Welche Verlustleistung tritt in der Leitung auf?
c) Welche Folge hat diese Verlustleistung für die Leitung, und dies vor allem, wenn sie größtenteils auf der Trommel aufgewickelt ist?

4. Eine Lichtbogenschweißarbeit muss in Eile ausgeführt werden. Ein Geselle stellt deshalb die Verbindung des Werkstücks zur Schweißrückleitung am danebenstehenden Schweißtisch durch „Überbrücken" mit einem Stahlprofil her.

Im Gegensatz zur Schweißleitung mit insgesamt 0,6 mΩ hat das Stahlprofil 9 mΩ Widerstand.

Berechnen Sie die unnötige Verlustleistung in der „Überbrückung", wenn

a) mit einer Schweißstromstärke von 250 A gearbeitet wird.
   Anmerkung: Berechnen Sie zuerst den Spannungsverlust am Stahlprofil.
b) die Schweißelektrode vorübergehend mit dem Werkstück kurzgeschlossen ist und dabei 400 A fließen (siehe Anmerkung zu a).
c) Beurteilen Sie die in dieser Aufgabe dargestellte Arbeitsweise.

5. Aus $P = U \cdot I$ für die Berechnung der elektrischen Leistung lassen sich durch Ersetzen von U bzw. I mit Hilfe des Ohmschen Gesetzes zwei weitere Bestimmungsgleichungen herleiten:

$$\boxed{P = I^2 \cdot R} \quad \text{und} \quad \boxed{P = \frac{U^2}{R}}.$$

Führen Sie diese Herleitung aus.

6. Eine Kfz - Glühlampe mit $U_1 = 6$ V; $P_1 = 10$ W wird versehentlich in einen Pkw mit einer Betriebsspannung $U_2 = 12$ V eingebaut. Die Lampe wird nach kurzer Zeit zerstört.

a) Welche unzulässig große Leistung hat die Glühlampe an 12 V bis zu ihrer Zerstörung aufgenommen? Nennen Sie zunächst eine Lösungsvermutung und berechnen Sie danach diese Leistung.
   Anmerkung: Berechnen Sie zuerst den Widerstand der Lampe (vgl. auch Übungsaufgabe 5). Der Widerstand der Lampe wird als konstant angenommen.
b) Vergleichen Sie das Rechenergebnis mit Ihrer Lösungsvermutung und begründen Sie ggf. den Unterschied.
   Anmerkung: Diese Aufgabe ist auch mit Hilfe einer Gleichung aus Aufg. 5 lösbar.

3.2.2 Elektrische Arbeit

In einer Werkstatt ist die Raumbeleuchtung mit $P = 2000$ W monatlich $t = 190$ h in Betrieb.

Der Arbeitspreis wird mit $k = 0{,}13 \frac{€}{kWh}$ kalkuliert.
Berechnen Sie
a) die monatlich aufgenommene elektrische Arbeit W in kWh.
b) die monatlich entstehenden Energiekosten K in €.

Die elektrische Arbeit ist umso größer, je größer die Spannung, je größer die Stromstärke und je länger die Betriebsdauer ist.

$$\boxed{\text{Arbeit} = \text{Spannung} \cdot \text{Stromstärke} \cdot \text{Zeit}}$$

$\boxed{W = U \cdot I \cdot t}$

oder mit $U \cdot I = P$

$\boxed{W = P \cdot t}$

W in Ws; U in V; I in A; t in s
P in W

1 Ws = 1 V · 1 A · 1 s = 1 J = 1 Nm
1 kWh = 3600000 Ws = 3600000 Nm

gesucht: a) W in kWh
a) K in €
gegeben: $P = 2000$ W; $t = 190$ h
a) $P = 2000$ W = 2 kW
  $W = P \cdot t$
  $W = 2$ kW · 190 h
  $\underline{W = 380\ \text{kWh}}$
b) $K = k \cdot W$
  $K = 0{,}13 \frac{€}{kWh} \cdot 380\ \text{kWh}$
  $\underline{K = 49{,}40\ €}$

$\boxed{K = k \cdot W}$
K: Arbeitskosten in €
k: Arbeitspreis in €/kWh
W: Elektrische Arbeit in kWh

3.2 Elektrische Leistung und Arbeit — 3.2.1 Elektrische Leistung

Übungen

1. Eine Werkstatt wird in der warmen Jahreszeit von vier Ventilatoren mit zusammen $P = 400$ W Leistungsaufnahme belüftet.
   Die monatliche Betriebsdauer beträgt $t = 120$ h.
   Der Arbeitspreis wird mit $k = 0{,}11 \dfrac{€}{\text{kWh}}$ kalkuliert.
   Berechnen Sie
   a) die monatlich aufgewendete elektrische Arbeit W in kWh.
   b) die monatlich entstehenden Energiekosten K in €.

2. Wie lange lässt sich ein Elektrolötkolben von 450 W Leistungsaufnahme betreiben, wenn ihm 1 kWh elektrische Energie zugeführt wird?

3. Der Durchgang zwischen den Kellergeschossen zweier Gebäudeteile eines Betriebes wird aus Sicherheitsgründen ununterbrochen von 18 Lampen beleuchtet.

   Wieviel kWh elektrische Arbeit erfordert die Beleuchtung in 25 h, wenn
   a) Glühlampen mit je 100 W,
   b) „Energiesparlampen" (Klein-Leuchtstofflampen für Glühlampenfassungen) gleicher „Helligkeit" mit nur je 20 W verwendet werden?

4. Eine Kompressoranlage wird täglich durchgehend 24 h betrieben. Der Antriebsmotor hat eine Leistungsaufnahme von 11,2 kW. Seine durchschnittliche Einschaltdauer beträgt 60 %.
   a) Berechnen Sie den monatlichen Bedarf an elektrischer Arbeit. (30 Tage pro Monat)
   b) Welche monatlichen Kosten für elektrische Energie entstehen durch den Betrieb der Anlage bei $0{,}13 \dfrac{€}{\text{kWh}}$?

5. Die Batterie (Akkumulator) eines elektrisch betriebenen Gabelstaplers wird nachgeladen. Bei einer mittleren Ladespannung von 80 V und einem mittleren Ladestrom von 40 A werden der Batterie 28,8 kWh zugeführt.
   Anmerkung: Verluste werden nicht berücksichtigt.
   Wie lange ist die Batterie nachzuladen?

Gemischte Übungen

1. Berechnen Sie die gesuchten Größen.

Nr.	Spannung			Stromstärke			Widerstand			Leistung	Zeit	Arbeit	Bemerkung
	U	U_1	U_2	I	I_1	I_2	R	R_1	R_2	P	t	W	
1.1	5 V			? A			25 Ω						
1.2	? V			25 A			3 Ω						
1.3	230 V			5 A			? Ω						
1.4	12 V			22 A						? W			
1.5	230 V			? A						3 kW			
1.6	? V			3 mA						5 mW			
1.7										25 kW	6 h	? kWh	
1.8										? kW	9 min	1 kWh	
1.9	230 V			? A			23 Ω			? W	5 h	? kWh	
1.10	? V	5 V	3 V	2 A			? Ω	? Ω	? Ω				Reihenschaltung
1.11	20 V	? V	? V	5 A			? Ω	3 Ω	? Ω				Reihenschaltung
1.12	230 V			23 A	? A	? A	? Ω	15 Ω	? Ω				Parallelschaltung
1.13	? V	? V	? V	? A	1 A	2 A	? Ω	5 Ω	? Ω	? W			Parallelschaltung

2. Mit der Lösung dieser Aufgabe sollen Sie sich die Arbeits- bzw. Energieeinheit 1 kWh veranschaulichen: Wie viele Personen mit je 720 N Gewichtskraft können unter Aufwand von 1 kWh mit einer Seilbahn um einen Höhenunterschied von 1000 m transportiert werden?
   Anmerkung: Die Gewichtskraft der Kabine ist ausgeglichen durch die talwärts fahrende leere Kabine. Verluste in der Anlage bleiben unberücksichtigt.

TECHNISCHE KOMMUNIKATION – ARBEITSPLANUNG

1 Grundlagen der Technischen Kommunikation

1.1 Technische Unterlagen (Überblick)

Die Technische Kommunikation beinhaltet den Umgang mit technischen Unterlagen. Sie bedient sich hierbei der **Fachsprache** und des **Technischen Zeichnens**.

Technische Unterlagen dienen als Grundlage für die Herstellung, für die Montage und für die Bedienung eines Gerätes. Sie beschreiben immer den Endzustand eines Werkstücks oder eines Produkts.

Ein Geselle muss alle für seinen Beruf typischen Unterlagen lesen, verstehen und anwenden können. Er muß in der Lage sein, Skizzen zu erstellen und mit Zeichnungen, Tabellen, Normen, Anweisungen umzugehen. Außerdem soll er Bedienungs- und Sicherheitsvorschriften den Kunden verständlich erklären können.

1.2 Fotografische Darstellung

Das Foto der Rollenblechschere[1] zeigt lediglich die äußere Form und die Farbgestaltung. Es vermittelt einen Gesamteindruck. Die Abbildung zeigt die Blechschere im Einsatz. Deutlich wird ein besonderes Merkmal dargestellt: Die Rollenblechschere ermöglicht einen gekrümmten Schnittverlauf.

1.3 Produktbeschreibung

Eine Produktbeschreibung enthält die für den Fachmann erforderlichen Informationen, die einen gefahrlosen, technisch richtigen Einsatz des Produkts sicherstellen.

Bei der Rollenblechschere sind dies Angaben über die Werkstoffe und die Blechdicken, die bearbeitet werden können:

- Stahlblech   bis 1,6 mm Dicke
- VA-Blech   bis 1,2 mm Dicke
- Aluminiumblech   bis 1,6 mm Dicke

Hinzu kommt eine kurze Funktionsbeschreibung, die die wesentlichen Einsatzmerkmale enthält. Durch den Einsatz der Rollenmesser ergibt sich am Blech eine kurze Schnittfläche. Dadurch können leicht gekrümmte Kurvenschnitte und gerade Längsschnitte ausgeführt werden. Das Obermesser und das Untermesser laufen gegeneinander und ziehen das Blech gleichmäßig in die Schere. Beim Trennen entsteht ein Grat. **Schützen Sie Ihre Hände.**

Aufgaben:
1. Für welche Schneidarbeiten ist die Rollenschere besonders geeignet?
2. Welche Materialien und welche Blechdicken können getrennt werden?
3. Welche Drehrichtung haben die Messer beim Trennen?
4. Welche Informationen muss eine Produktbeschreibung enthalten?

---
[1] Die Schere ist für ca. 100,00 € im Fachhandel erhältlich.

1.4 Explosionsdarstellung – Montage und Demontage

Explosionsdarstellungen[1] sind bei der Montage, bei Reparaturen und bei Wartungsarbeiten gut zu gebrauchen. Sie zeigen alle Teile in ihrer Lage zueinander und somit auch die Position der Teile innerhalb eines Gerätes. Meist sind die Teile räumlich abgebildet, sodass ihre Form eindeutig zu erkennen ist.

Explosionsdarstellungen werden auch als **Anordnungszeichnungen** bezeichnet.

Die Explosionszeichnung ermöglicht eine genaue Vorgabe der Reihenfolge der Arbeitsschritte bei der Montage.

Sie ist auch immer dann von Bedeutung, wenn der Handwerker eine Vielzahl von Modellen verschiedener Hersteller einzubauen und zu warten hat. So zeigt der Plan die Form und die Lage der Wartungselemente an. Zusätzlich können dem Plan Hinweise für das Auswechseln dieser Teile entnommen werden.

Mit Hilfe von Strich-Punkt-Linien werden Fügestellen und Fügeteile miteinander verbunden. Dadurch werden einzelne Montagegruppen hervorgehoben. Auch Funktionsgruppen können so veranschaulicht werden.

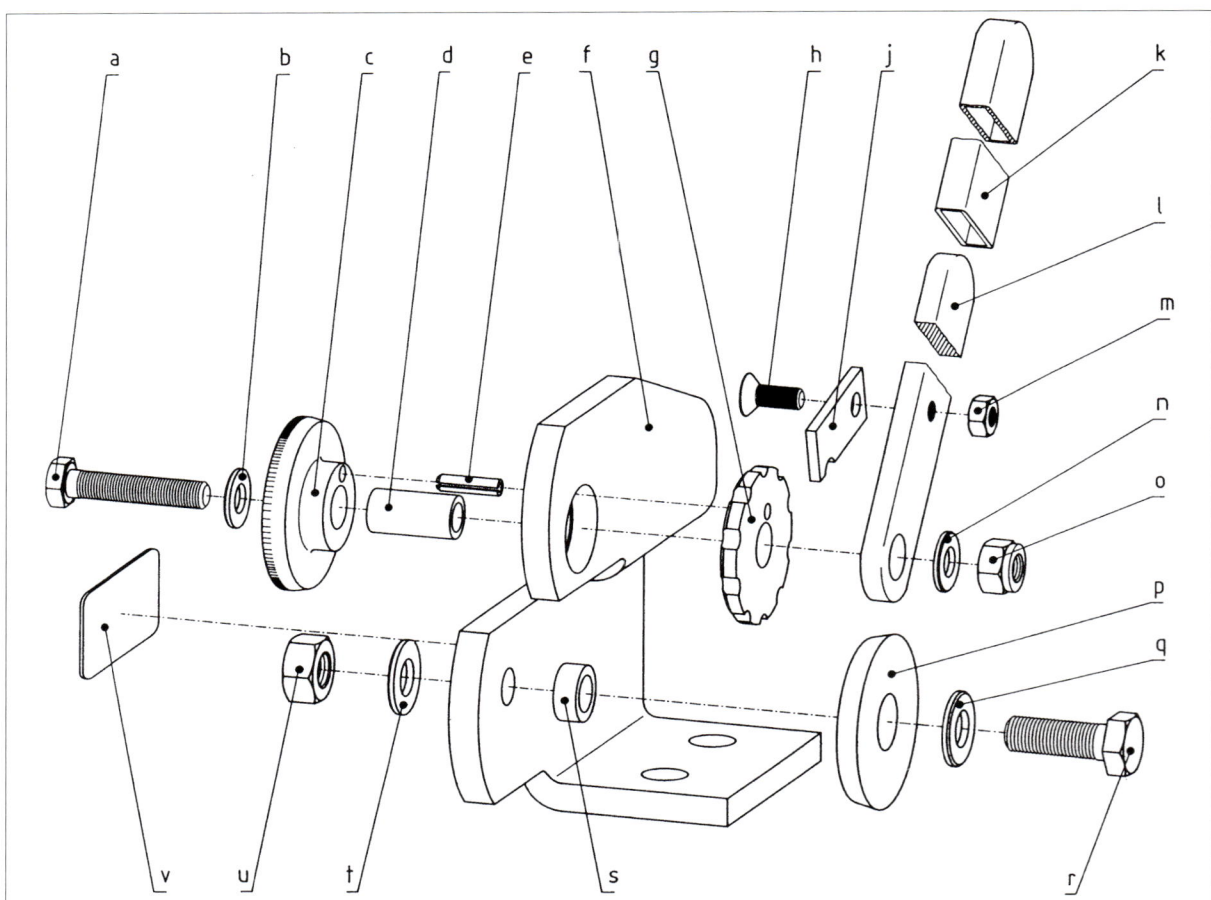

Aufgaben:

1. Welchen Vorteil hat der Anordnungsplan bei der Montage eines Gerätes?
2. Welche Hilfe bietet der Anordnungsplan bei der Demontage eines Gerätes?
3. Welche Informationen bietet ein Anordnungsplan bei der Wartung eines Gerätes, z. B. bei einem Ölwechsel?
4. Inwieweit ist ein Anordnungsplan hilfreich bei der Begrenzung der Teilevielfalt?
5. Welche Bedeutung haben die Strich-Punkt-Linien?
6. Welche Aussagen über die Einzelteile können aus dem Anordnungsplan entnommen werden?

---

[1] DIN ISO 5456-1: 1998-04: Projektionsmethoden

1.5 Gesamtzeichnung – Montage und Demontage

Die Gesamtzeichnung zeigt den Aufbau eines Gerätes. Mit ihrer Hilfe kann die Wirkungsweise, z. B. die der Rollenblechschere, in allen Einzelheiten beschrieben werden.

> Gesamtzeichnungen dienen als Grundlage für die Montage und die Demontage.

Gleiche Teile, wie z. B. Schrauben und Durchgangslöcher, werden häufig nur einmal zeichnerisch im Ausbruch (das ist eine Darstellung im Schnitt) dargestellt und an anderen Stellen nur durch Strich-Punkt-Linien angedeutet.

Aus einer Gesamtzeichnung können die Form, die Lage und die Funktion der Einzelteile und des Gerätes oder der Baugruppe entnommen werden.

Zu einer Gesamtzeichnung gehört eine **Stückliste** (vgl. Kap. 1.6), aus der weitere Informationen über die Einzelteile entnommen werden können. Im Zusammenhang mit der Montage und Demontage eines Gerätes ist die Anzahl der Teile und die Anzahl jeweils gleicher Teile wichtig. Aus diesem Grund erhalten alle Teile eine **Positionsnummer**. In der Gesamtzeichnung und in der Stückliste müssen die Teile jeweils die gleiche Nummer erhalten. Dies ermöglicht eine Identifizierung der Teile und erleichtert, die Einzelteile in einer Gesamtzeichnung aufzufinden. Alle Positionsnummern dürfen nur einmal in eine Gesamtzeichnung eingetragen werden. Damit wird vermieden, dass bei späteren Ergänzungen oder Änderungen eine Position übersehen wird.

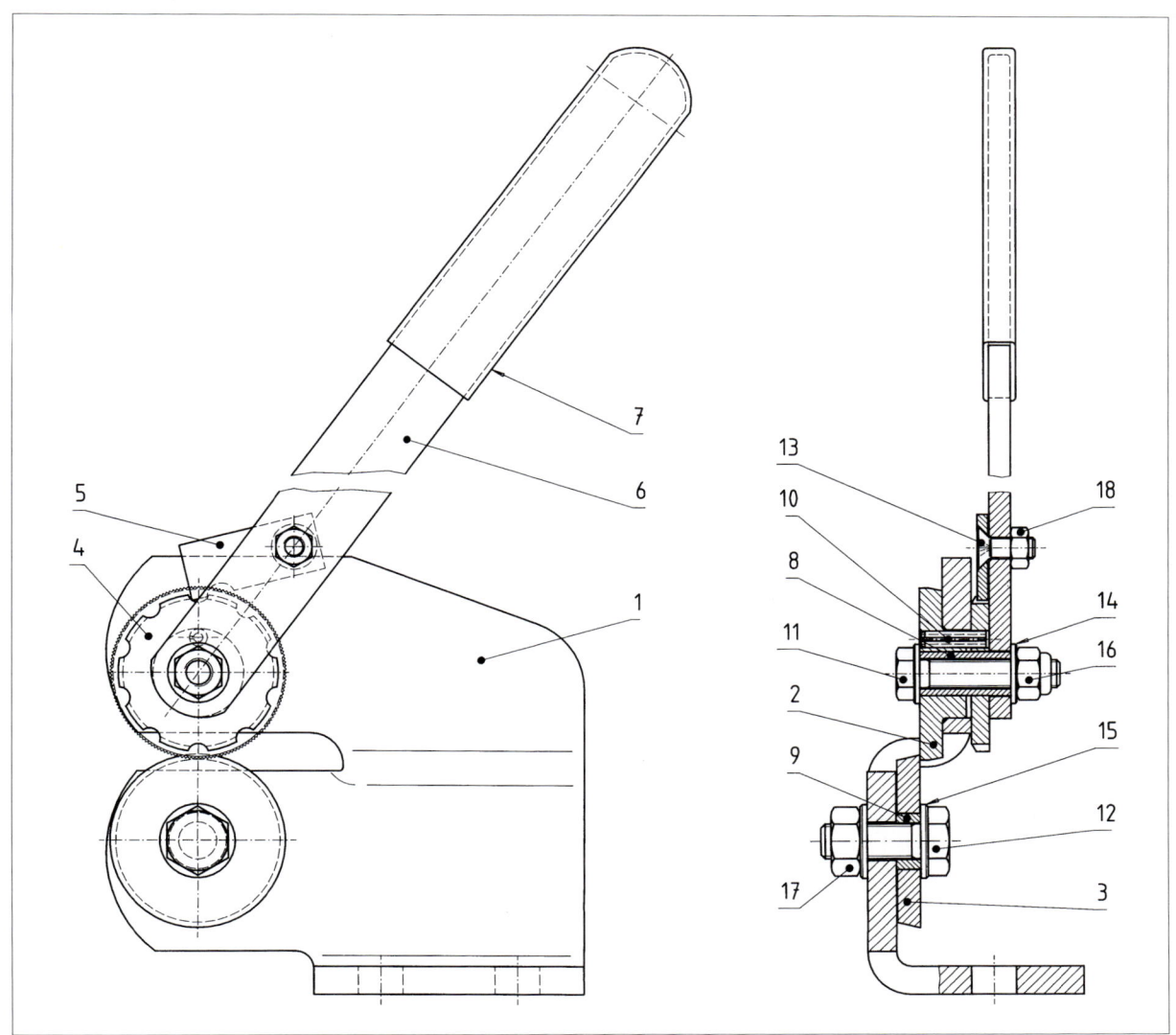

Aufgaben:

1. Skizzieren Sie eine Tabelle nach folgendem Muster:

Positionsnummer	1	2 18
Kennbuchstabe	f	. . . .

und ordnen Sie die Kennbuchstaben des Anordnungsplans Seite 346 den Positionsnummern Seite 347 zu.

2. Welche Informationen über die Einzelteile sind in einer Gesamtzeichnung enthalten?
3. Warum dürfen alle Positionsnummern nur einmal eingetragen werden?
4. Welche Funktion hat Pos. 5?
5. a) Wie muss diese Verbindung ausgeführt werden, damit ihre Funktion gewährleistet ist?
   b) In welches Bauteil ist das Gewinde geschnitten?

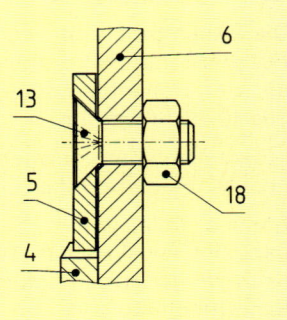

1.6 Stückliste – Teileübersicht

Zu einer Gesamtzeichnung gehört immer eine Stückliste. In ihr sind alle Einzelteile aufgeführt.

Die Einzelteile werden in **Fertigungsteile** (sie werden im Betrieb selbst hergestellt) und in **Fremdteile** (dies sind Kaufteile und Normteile) unterschieden. Weiter enthält die Stückliste Informationen, die für die Fertigung, Lagerhaltung, Wartung usw. der Einzelteile von Bedeutung sind[1].

18	1	Sechskantmutter	ISO 4032 – M6 – 4	
17	1	Sechskantmutter	ISO 4032 – M10 – 8	
16	1	Sechskantmutter	ISO 10511 – M8 – 8	
15	2	Scheibe	ISO 7090 – 10 – 200 HV	
14	2	Scheibe	ISO 7090 – 8 – 200 HV	
13	1	Senkschraube	ISO 7046-1 – M6 x 16 – 4.8 – H	
12	1	Sechskantschraube	ISO 4014 – M10 x 30 – 8.8	
11	1	Sechskantschraube	ISO 4014 – M8 x 40 – 8.8	
10	1	Spannstift	ISO 8752 – 5 x 18 – A – St	
9	1	Buchse	Rund EN 10278 – 16 h8	S235JRG1 + C
8	1	Lagerbuchse	Rund EN 10278 – 13 h8	S235JRG1 + C
7	1	Griff		Kunststoff
6	1	Hebel	Flach EN 10278 – 25 x 6 x 301	S235JRG1 + CR
5	1	Mitnehmerplatte	Flach EN 10278 – 16 x 3 x 40	S235JRG1 + CR
4	1	Rastscheibe	Rund EN 10278 – 45 h9	S235JRG1 + C
3	1	Untermesser	Rund EN 10278 – 50 h9	S235JRG1 + C
2	1	Obermesser	Rund EN 10278 – 50 h9	S235JRG1 + C
1	1	Grundkörper	Blech DIN 1623 – 2 – 8 x 200 x 135	S235JRG1
Position	Menge	Benennung	Sach.-Nr./Norm	Bemerkung/Werkstoff

Fremdteile (Pos. 10–18)
Fertigungsteile (Pos. 1–9)

— Platz für zusätzliche Angaben, z. B. Bestellnummer, Hinweise für die Fertigung oder auch Werkstoffangaben.

— Kennzeichnung eines Fremdteils. Norm-Kurzbezeichnungen enthalten die DIN-Nummer[2] und für die Fachkraft wichtige Angaben über die Form, die Abmessungen und die Festigkeit des Normteils.

— Name eines Teils, der auch in der Teilzeichnung verwendet wird. Die Benennungen werden grundsätzlich in der Einzahl angegeben.

— Anzahl der gleichen Teile einer Position.

— Die Einzelteile werden fortlaufend nummeriert. An dieser Stelle können auch Identnummern oder Bestellnummern stehen.

Die Teile innerhalb der Stückliste sind nach Fertigungs- und Fremdteilen geordnet. Fertigungsteile erhalten dabei die niedrigen und Fremdteile die höheren Positionsnummern.

---

[1] Der Aufbau einer Stückliste ist in DIN 6771 genormt.
[2] DIN: **D**eutsches **I**nstitut für **N**ormung

1.7 Teilzeichnung – Fertigung

Die Abbildung zeigt die Mitnehmerplatte der Rollenblechschere als Teilzeichnung.

> In einer Teilzeichnung wird das Einzelteil mit allen für die Fertigung erforderlichen Maßeintragungen und Angaben gezeichnet.

Maße und Angaben werden von der Verwendung bzw. der Funktion eines Einzelteils bestimmt und müssen bei dessen Herstellung genau beachtet und eingehalten werden.

Die Angaben werden häufig mit Hilfe von **Symbolen** gemacht, z. B. für die Kennzeichnung von Mittelpunkten und Schnitten. Mit Hilfe von Wortangaben können besondere Fertigungsverfahren, z. B. „verzinkt", „bei Montage gebohrt" usw. vermerkt werden.

Alle Angaben müssen von **unten** und von **rechts** zu lesen sein. Das Schriftfeld bestimmt die Leselage einer Zeichnung (siehe Kap. 1.13). Das Schriftfeld liegt immer am unteren Blattrand.

1.8 Schriftfeld

Im Schriftfeld[1] sind Angaben enthalten, die in der zeichnerischen Darstellung **nicht** eingetragen sind, wie z. B. die Zeichnungs- und die Teilenummer, die Benennung, Herstellungsangaben usw.

Toleranzangaben, Halbzeug- und Werkstoffangaben sowie Oberflächenbeschaffenheiten stehen nur im Schriftfeld einer **Teilzeichnung**, aber nicht im Schriftfeld einer **Gesamtzeichnung**.

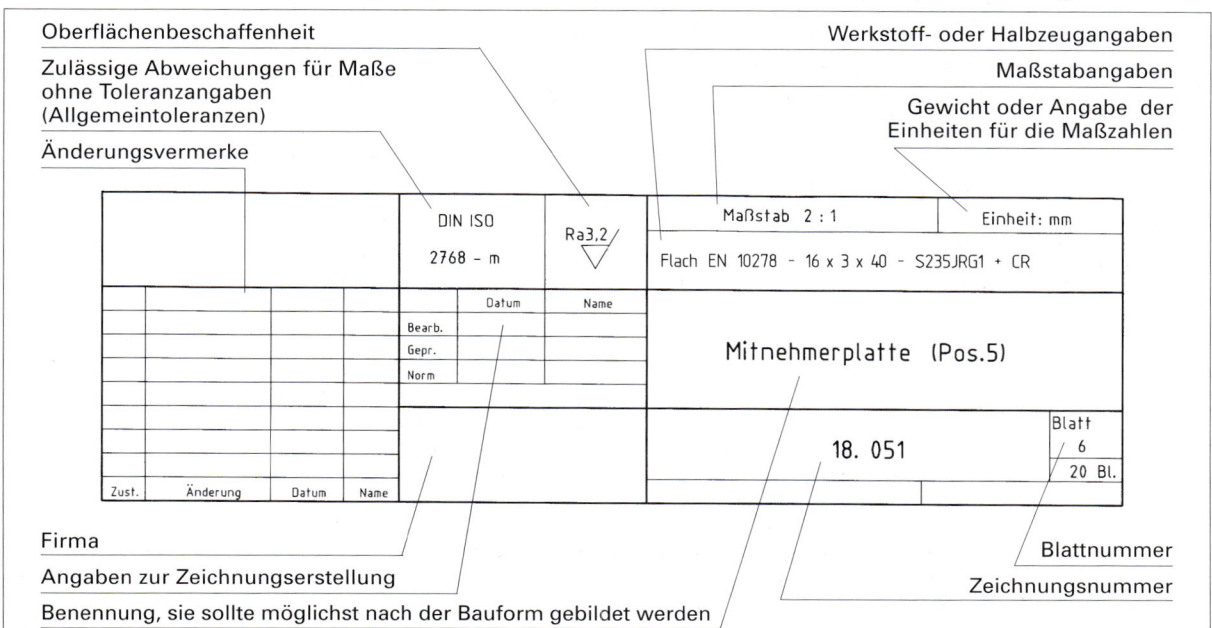

[1] Das Grundschriftfeld für Zeichnungen ist in DIN 6771 genormt

1.9 Linienarten und Linienbreiten

Die Linienarten sind bestimmten Anwendungen zugeordnet (siehe Übersicht). Im Unterricht zur Technischen Kommunikation wird die Liniengruppe 0,5 verwendet. Die **Körperkanten** werden **0,5 mm** und die **Hilfs- und Mittellinien 0,25 mm** breit gezeichnet[1].

Linienarten	Linienbreiten für die Liniengruppen		Benennung	Anwendung
	0,5	0,7		
———	0,5	0,7	Volllinie, breit	sichtbare Kanten und Umrisse, Gewindeabschlusslinien
———	0,25	0,35	Volllinie, schmal	Maßlinien, Maßhilfslinien, Schraffuren, Lichtkanten, Bezugslinien, Umrisse eingeklappter Querschnitte, Gewindegrund, Diagonalkreuze, Biegelinien
∿∿	0,25	0,35	Freihandlinie, schmal Zickzacklinie, schmal	Begrenzung von abgebrochenen oder unterbrochenen Ansichten und Schnitten
– – –	0,25	0,35	Strichlinie, schmal	verdeckte Kanten und Umrisse
–·–·–	0,25	0,35	Strichpunktlinie, schmal	Mittellinien, Symmetrielinien, Teilkreise von Verzahnungen
–·–·–	0,5	0,7	Strichpunktlinie, breit	Kennzeichnungen von Schnittebenen und geforderten Behandlungen
–··–··–	0,25	0,35	Strich-Zweipunkt-Linie, schmal	Umrisse angrenzender Teile, Umrisse vor der Verformung, Grenzstellungen, Schwerlinien
	0,35	0,5		Maßzahlen, Maßbuchstaben, Oberflächensymbole

1.10 Normschrift

Die Beschriftung einer Zeichnung sollte so ausgeführt werden, dass die Zahlen und die Wortangaben eindeutig zu lesen sind[2]. Fehler aufgrund unleserlich geschriebener Angaben sollten nicht vorkommen. Beschriftet wird mit einer Mine des Härtegrades F oder HB. Zahlen und Wortangaben werden 3,5 mm hoch geschrieben bei 0,5 mm Strichbreite.

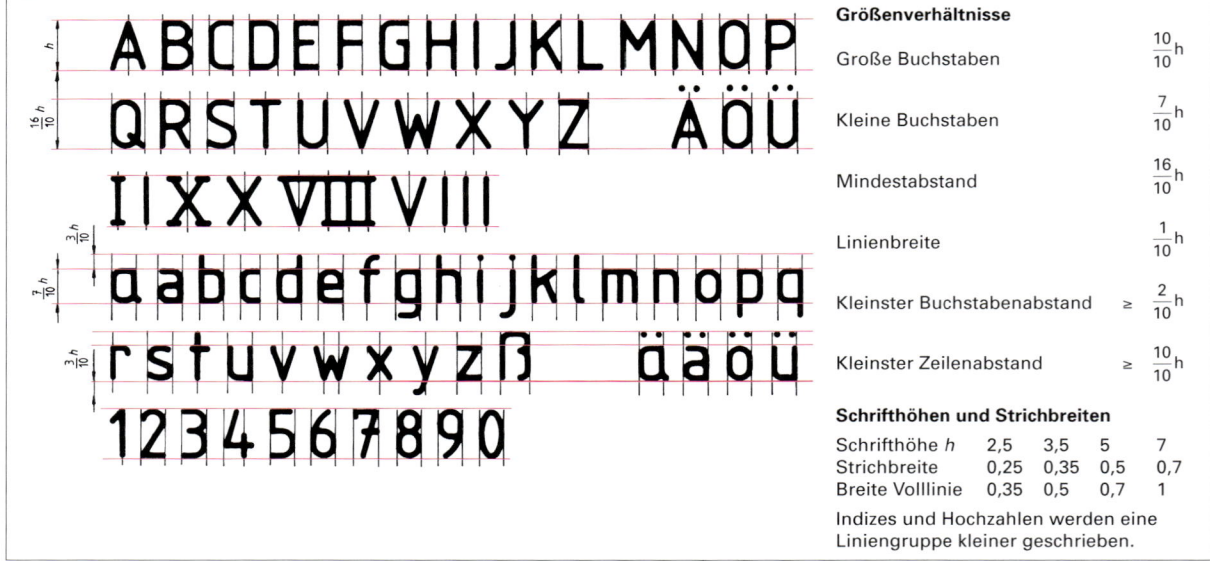

Größenverhältnisse	
Große Buchstaben	$\frac{10}{10}h$
Kleine Buchstaben	$\frac{7}{10}h$
Mindestabstand	$\frac{16}{10}h$
Linienbreite	$\frac{1}{10}h$
Kleinster Buchstabenabstand	$\geq \frac{2}{10}h$
Kleinster Zeilenabstand	$\geq \frac{10}{10}h$

Schrifthöhen und Strichbreiten

Schrifthöhe h	2,5	3,5	5	7
Strichbreite	0,25	0,35	0,5	0,7
Breite Volllinie	0,35	0,5	0,7	1

Indizes und Hochzahlen werden eine Liniengruppe kleiner geschrieben.

---

[1] Linienarten und Linienbreiten sind in DIN ISO 128-24 genormt
[2] Die Form und die Größe der Schriftzeichen ist in DIN 6776 genormt

1.11 Zeichengeräte und ihre Anwendung

Zum Vorzeichnen ist eine Mine mit dem Härtegrad 2H zu empfehlen. Nur wenn die Mine hart genug ist, wird die Linie dünn und der Schnittpunkt zweier Linien wird präzise.

Härtegrade der Bleistiftminen

Zum Nachziehen von Linien und Körperkanten wird eine Mine mit dem Härtegrad F oder HB verwendet. Mit dem Härtegrad F können Linien bis zu 0,5 mm Breite in ausreichender Schwärze nachgezogen werden. Darüber hinaus sollte der Härtegrad HB gewählt werden. **Vorsicht**: Je weicher die Mine, desto leichter kann beim Verschieben von Lineal und Dreieck die Zeichnung „verschmiert" werden.

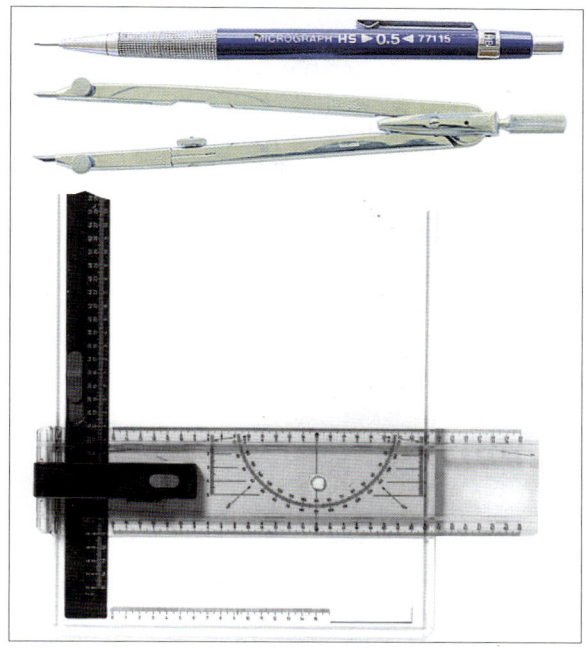

Härtegrad	Bedeutung engl./deutsch	Anwendung	Schulstiftnummer
2H	hard/hart	Vorzeichnung	4
H			
F	firm/fest	fertige Zeichnung	3
HB	hard-black/ hart-schwarz		

1.12 Maßstäbe

Zu jeder Zeichnung gehört eine Maßstabangabe. Sie wird entweder in das Schriftfeld oder unter die Positionsnummer geschrieben[1]).

Verkleinerung	Natürliche Größe	Vergrößerung
1:2	1:1	2:1
1:5		5:1
1:10		10:1
1:20		20:1
usw.		usw.

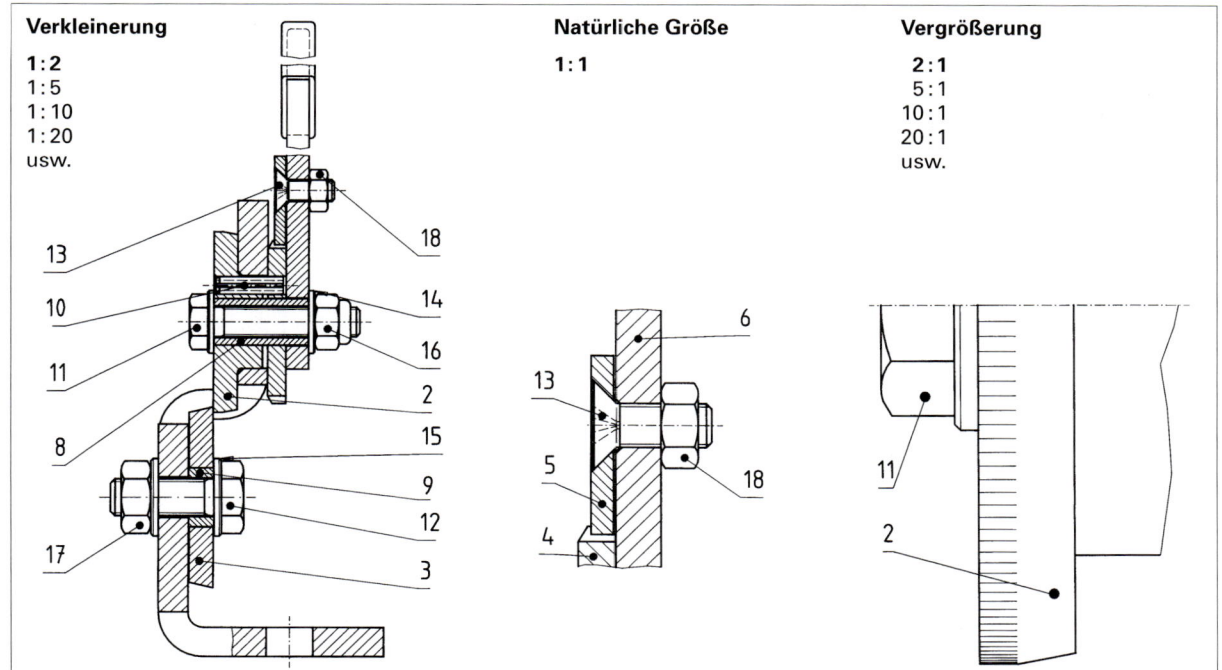

[1]) Die Maßstäbe sind in DIN ISO 5455 genormt.

1.13 Papierformate

Das Zeichenblatt A4 hat die Abmessungen 297 mm · 210 mm. Es kann als Hochformat und als Querformat verwendet werden.

Das Schriftfeld bleibt dabei immer an der gleichen Stelle, so dass es bei einer abgehefteten Zeichnung immer **waagerecht** zu lesen ist. Diese Leselage des Schriftfeldes bestimmt auch die Leselage aller eingetragenen Zahlen und Wortangaben.

Das Ausgangsformat der A-Reihe hat die Abmessungen 1189 mm · 841 mm. Das ergibt eine Fläche von 1 m². Jeweils durch Halbierung senkrecht zur langen Seite entsteht das nächst kleinere Format.

Zeichenmappen, Schnellhefter und Umschläge gibt es in den Formaten B und C, die in ihren Größen so bemessen sind, dass die A-Formate hineinpassen.

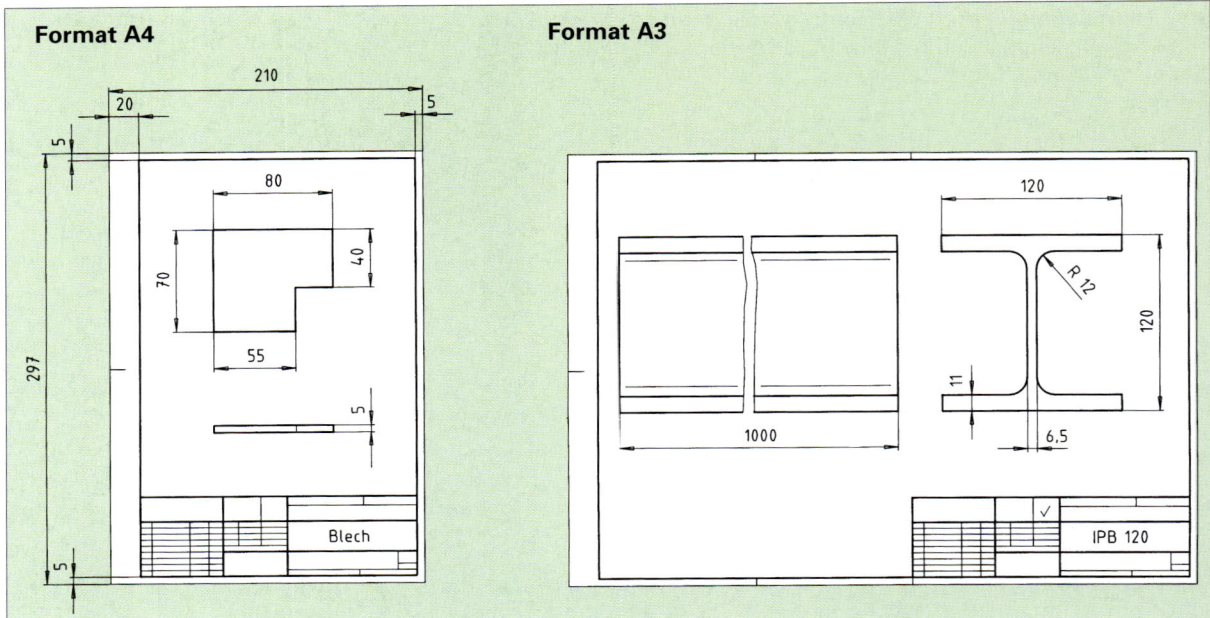

Aufgaben:
1. Welche Abmessungen hat ein A3-Blatt?
2. Wie viele A4 Blätter passen in ein A0-Blatt?

2 Darstellung in Ansichten

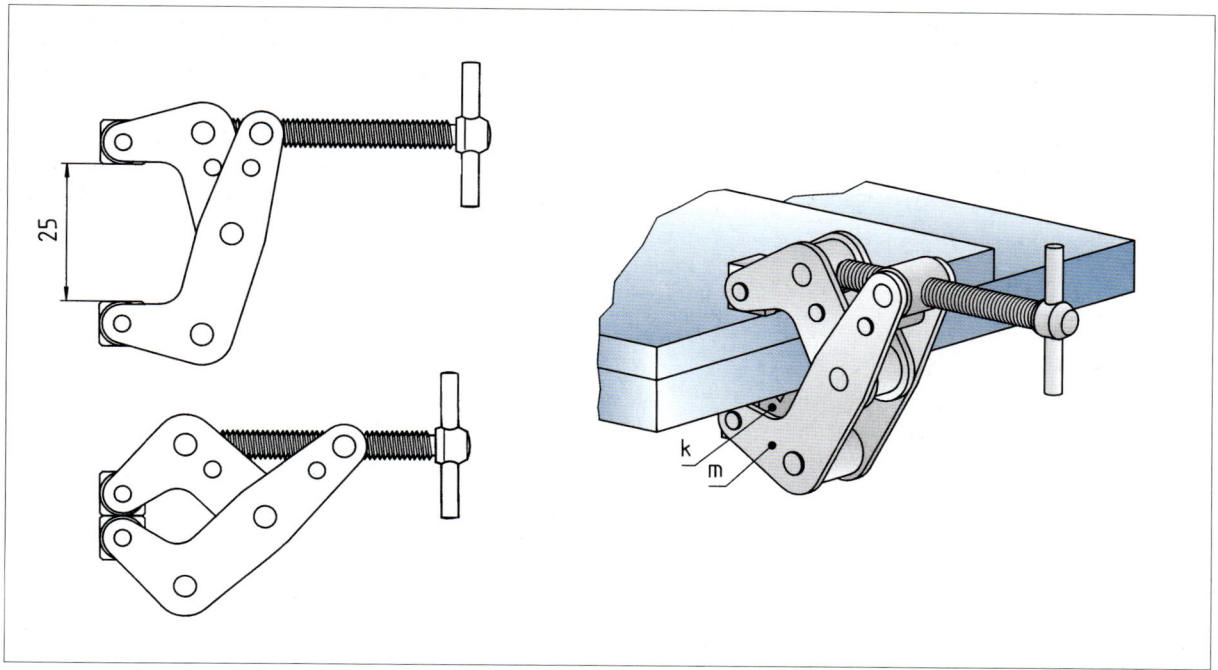

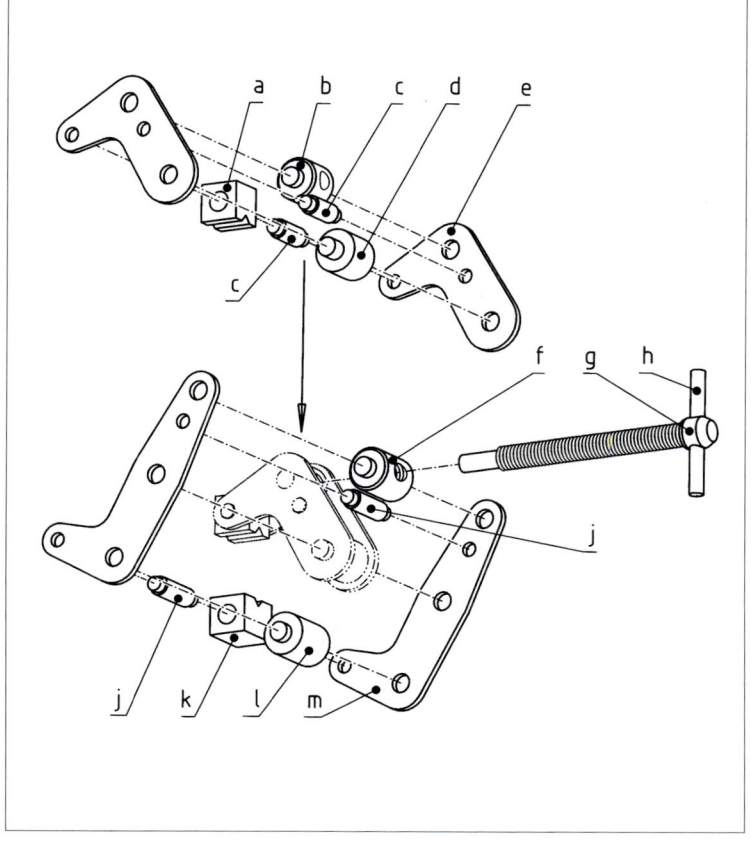

Aufgaben:

1. Beschreiben Sie die Funktion der Klemmzwinge. Unterscheiden Sie dabei zwischen festen und beweglichen Teilen.

2. Erstellen Sie eine Stückliste nach folgendem Muster:

Pos.	Kennbuchst.	Menge	Benennung
1	m	2	Halteblech

Verwenden Sie dabei folgende Pos.-Nummern mit den Benennungen:

1 Halteblech
2 Spannblech
3 Gegenhalter
4 Spannklotz
5 kleine Aufnahme
6 große Aufnahme
7 Hauptachse
8 Distanzstück
9 Achse mit Bohrung
10 Achse mit Gewinde
11 Knebel
12 Gewindestange

3. Erstellen Sie eine Produktbeschreibung (vgl. Kap. 1.3)

2.1 Projektionsmethoden

Als **Vorder-** oder **Hauptansicht** muss die aussagefähigste Ansicht eines Gegenstandes gewählt werden. Bei der Auswahl sind zusätzlich z. B. die Gebrauchslage, die Fertigungslage bzw. die Einbaulage zu berücksichtigen.

2.1.1 Pfeilmethode

Die Ansichten können in CAD-Systemen beliebig verschoben und platziert werden. Aus diesem Grund wird in der internationalen Norm[1)] die Pfeilmethode als bevorzugte Darstellungsform genannt. Jede Ansicht wird mit einem Großbuchstaben gekennzeichnet. Nur die Vorder- oder Hauptansicht erhält keinen Buchstaben. Mit einem Bezugspfeil wird die Betrachtungsebene angegeben. Rechts neben oder über dem Bezugspfeil steht der Buchstabe, der auch über der jeweiligen Ansicht angegeben ist. Die Leserichtung der Buchstaben entspricht der des Schriftfeldes. Die Ansichten können **beliebig** auf einer Zeichnung angeordnet werden.

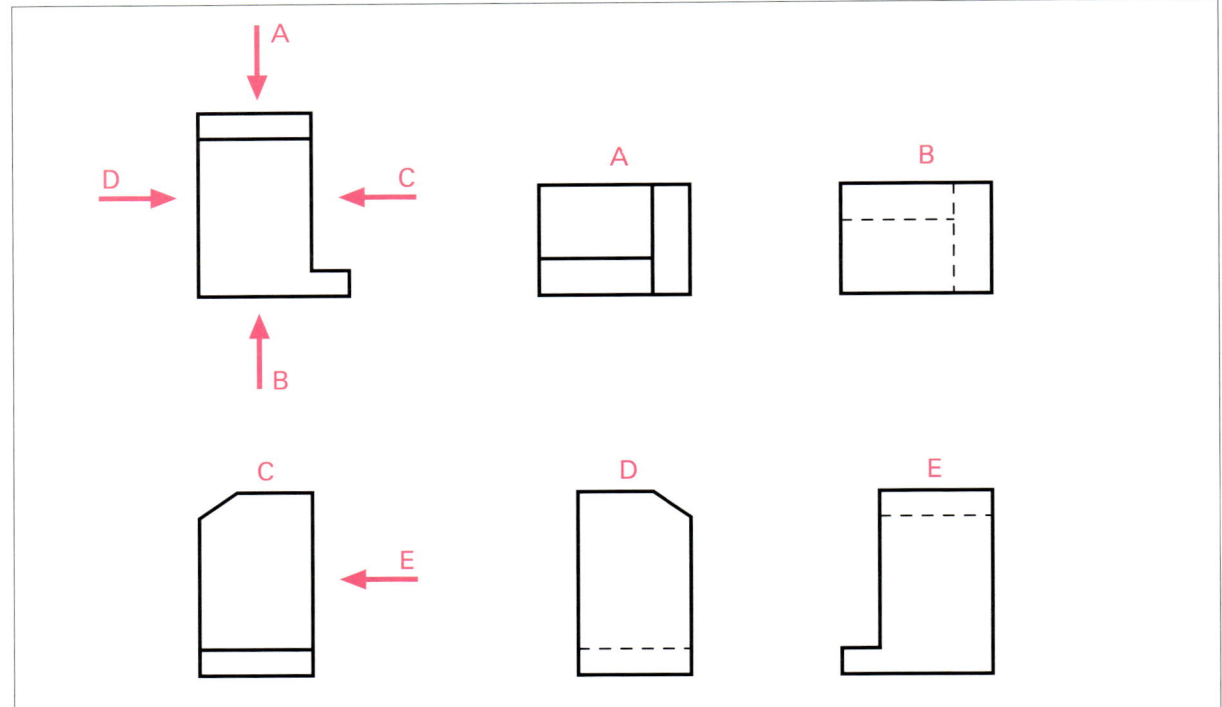

[1)] DIN ISO 128-30:2002-05 Grundregeln für Ansichten

2 Darstellung in Ansichten
2.1 Projektionsmethoden

2.1.2 Projektionsmethoden 1 und 3

In den Projektionsmethoden 1 und 3 sind jeweils die Lagen der Ansichten zur Vorder- bzw. Hauptansicht festgelegt. Die **Projektionsmethode 1** wird überwiegend in **Europa** verwendet und die Projektionsmethode 3 in Amerika.

Projektionsmethode 1

Bezogen auf die Vorderansicht (a) sind die anderen Ansichten wie folgt anzuordnen:
- die Draufsicht (b) liegt unterhalb
- die Unteransicht (e) liegt oberhalb
- die Seitenansicht von links (c) liegt rechts
- die Seitenansicht von rechts (d) liegt links
- die Rückansicht (f) darf beliebig links oder rechts liegen

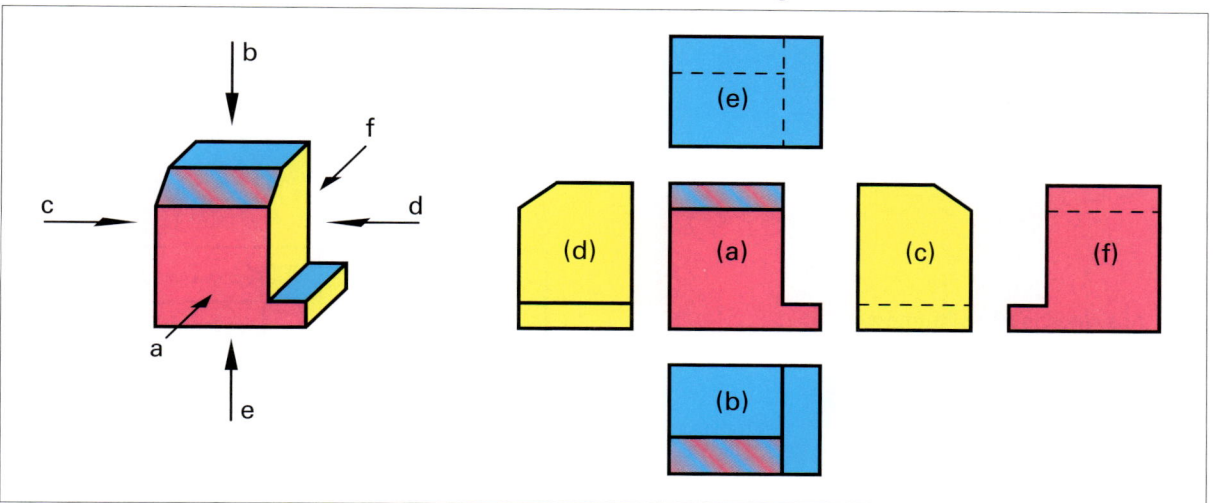

Projektionsmethode 3

Bezogen auf die Vorderansicht (a) sind die anderen Ansichten wie folgt anzuordnen:
- die Draufsicht (b) liegt oberhalb
- die Unteransicht (e) liegt unterhalb
- die Seitenansicht von links (c) liegt links
- die Seitenansicht von rechts (d) liegt rechts
- die Rückansicht (f) darf beliebig links oder rechts liegen

Sinnbild im Schriftfeld bei **Projektionsmathode 1**:

Sinnbild im Schriftfeld bei **Projektionsmathode 3**:

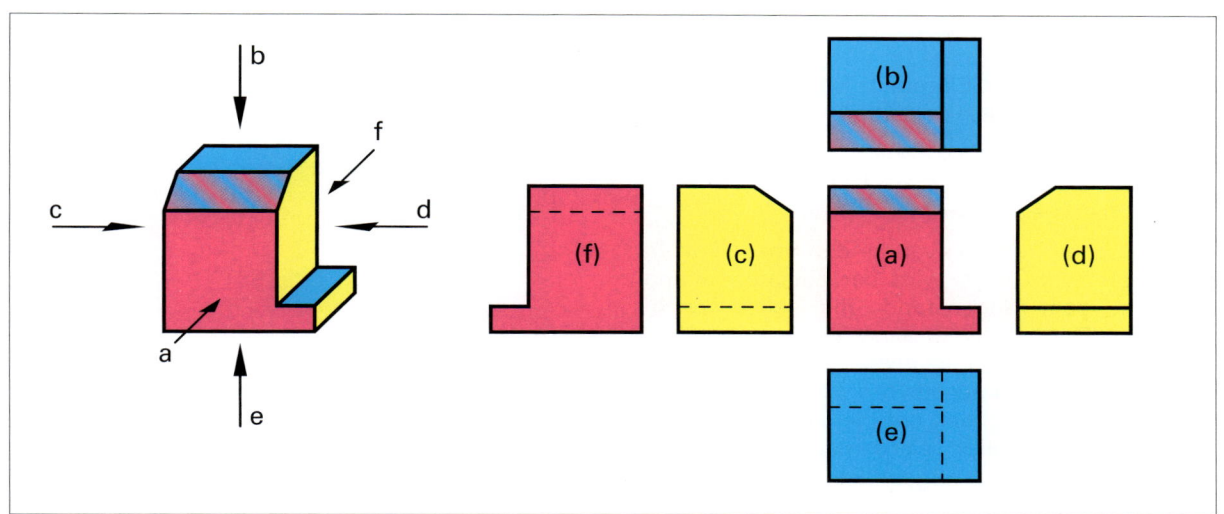

2.2 Entwicklung der Ansichten in der Projektionsmethode 1

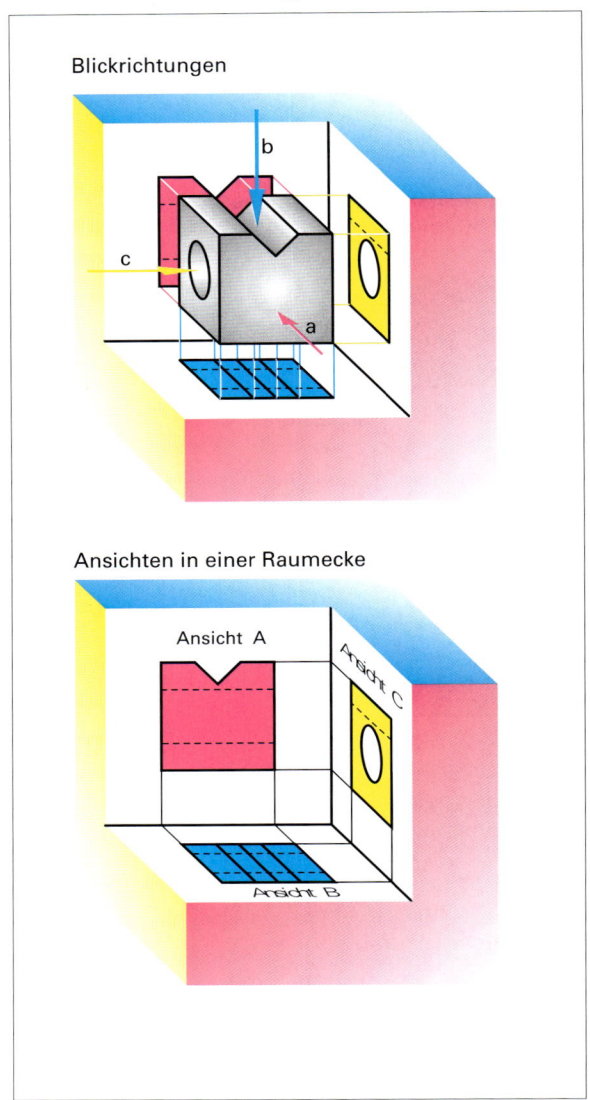

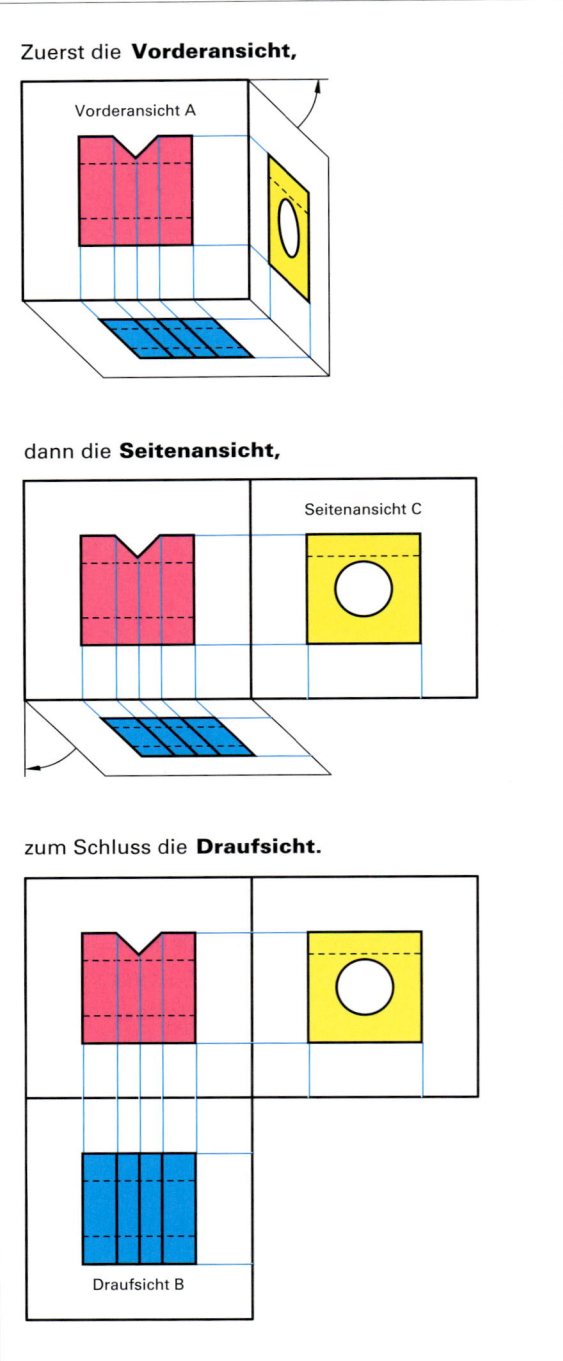

Zur Herstellung der Einzelteile werden für jedes Teil Angaben über die Form, die Größe und besondere Beschaffenheiten benötigt.

Der Spannklotz Pos. 4 soll als Einzelteil in drei Ansichten dargestellt werden.

Mit Hilfe einer Perspektive, die den Spannklotz in einer Raumecke zeigt, wird der Zusammenhang zwischen dem Gegenstand und seiner zeichnerischen Darstellung in **Ansichten** verdeutlicht. Als Ansichten werden die flächenhaften Abbildungen der verschiedenen Seiten eines Werkstücks bezeichnet. So, wie man auf die einzelnen Seiten des Spannklotzes blickt, werden diese hinter dem Raumbild als Flächen abgebildet – wie auf einem Foto.

- Die rote Fläche kennzeichnet die **Vorderansicht A**.
- Die gelbe Fläche kennzeichnet die **Seitenansicht C**.
- Die blaue Fläche kennzeichnet die **Draufsicht B**.

2 Darstellung in Ansichten
2.2 Entwicklung der Ansichten in der Projektionsmethode 1

Geometrische Besonderheiten

- Vorderansicht A und Seitenansicht C liegen auf gleicher Höhe zwischen zwei parallelen Konstruktionslinien.
- Vorderansicht A und Draufsicht B liegen übereinander zwischen zwei parallelen Konstruktionslinien.

Hinweis: Die Konstruktionslinien können waagerecht bzw. senkrecht von einer Ansicht zur anderen gezogen werden.

- Zwischen der Seitenansicht und der Draufsicht können die Konstruktionslinien an einer Geraden unter 45° gespiegelt werden.

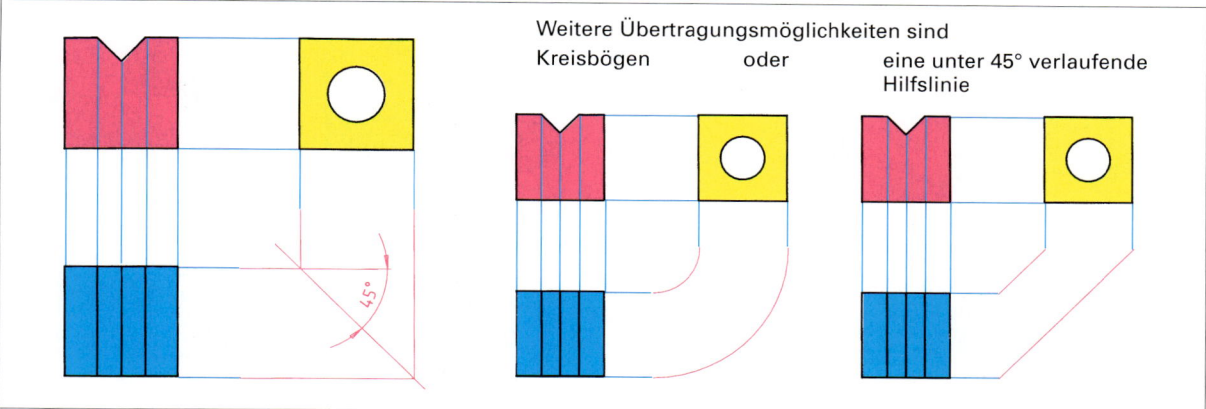

Weitere Übertragungsmöglichkeiten sind Kreisbögen oder eine unter 45° verlaufende Hilfslinie

Körperkanten

In einer Technischen Zeichnung wird die Außenkontur einer Ansicht von Kanten (breiten Volllinien) begrenzt. Innerhalb der Kontur liegende Kanten zeigen dem Betrachter, aus wie vielen Flächen eine Ansicht besteht.

Die dargestellte Draufsicht z. B. besteht aus vier Einzelflächen. Alle so abgegrenzten Einzelflächen liegen auf unterschiedlicher Höhe oder sind gegeneinander geneigt.

Aufgaben:

1. Der Hammer wurde aus Material mit quadratischem Querschnitt hergestellt.
   Die Perspektive und die Ansichten lassen mehrere schräge Flächen erkennen.
   - Wie viele schräge Flächen hat der Hammer?
   - Wie viele schräge Flächen zeigt die Draufsicht?

2. Das Übergangsstück aus einem Steckschlüsselsatz zeigt in der Vorderansicht drei Flächen.
   - Welche dieser Flächen sind eben, welche gebogen?
   - Beschreiben Sie, wo die beiden Flächen der Seitenansicht in der Perspektive, in der Vorderansicht und in der Draufsicht liegen.

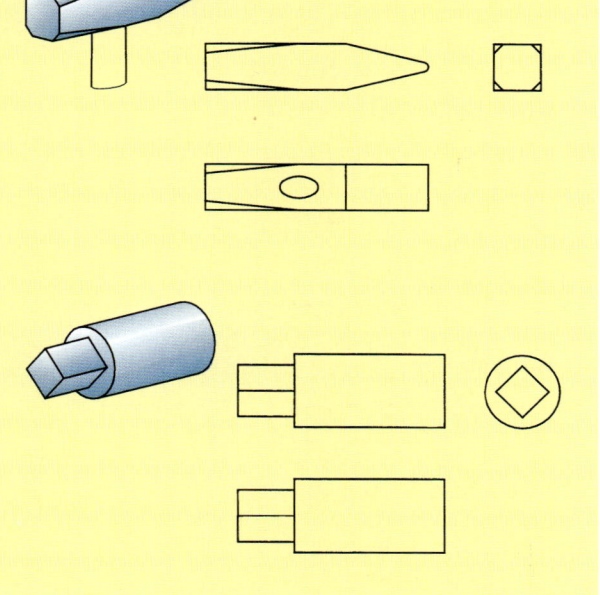

3. Ordnen Sie den Perspektiven 1 bis 8 die jeweiligen Ansichten zu.

Perspektiven

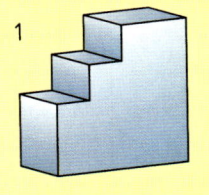 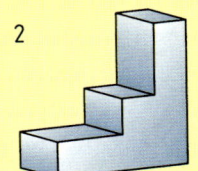

Vorderansichten A

 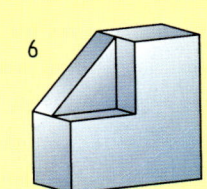 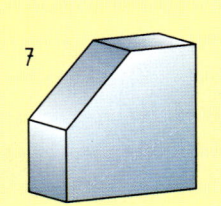 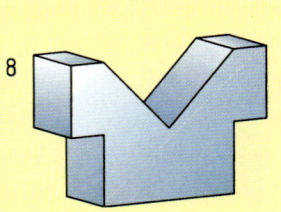

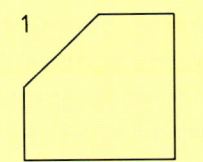 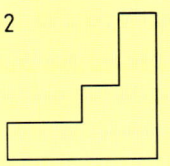 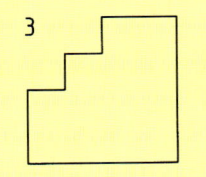 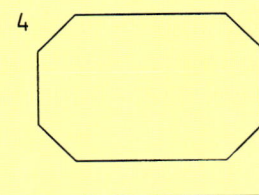

Seitenansichten C

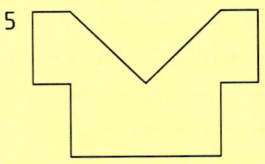 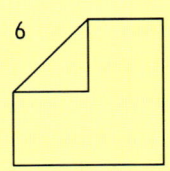 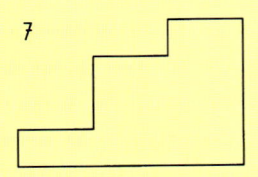 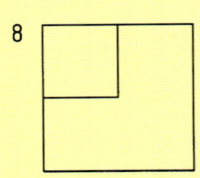

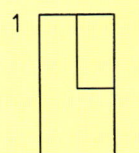 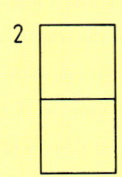 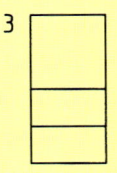 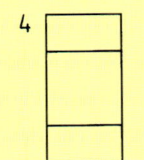 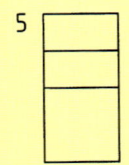 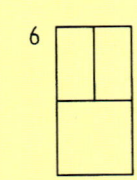

Draufsichten B

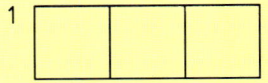 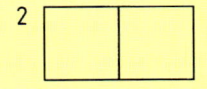 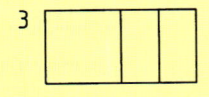 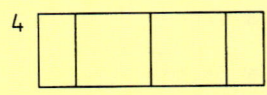

 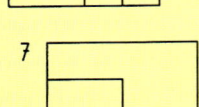

2.3 Zeichnen in Ansichten

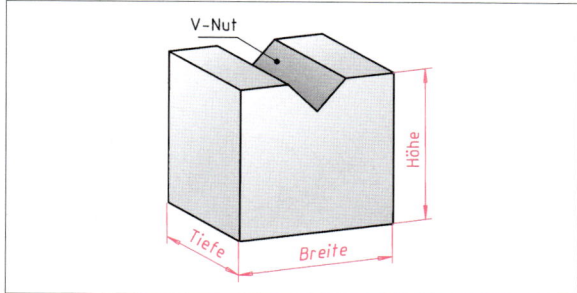

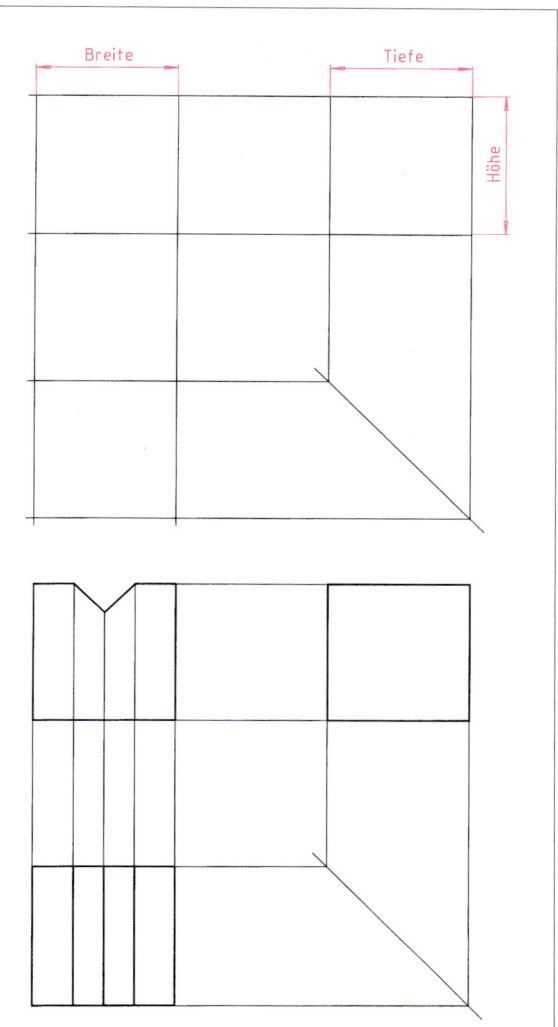

Die Anfertigung einer Zeichnung erfordert, ebenso wie die Herstellung eines Werkstücks, eine sinnvolle Reihenfolge der Arbeitsschritte.

In das Raumbild des Gegenhalters Pos. 3 sind die drei Hauptmaße eingetragen. Sie bestimmen den Platzbedarf. Sie werden zuerst gezeichnet. In den folgenden Arbeitsschritten können die drei Ansichten gezeichnet werden.

Arbeitsschritte:

1. Zunächst werden zwei waagerechte und zwei senkrechte parallele Konstruktionslinien gezeichnet, so, wie sie sich aus den Außenmaßen von **Breite** und **Höhe** ergeben.
   Es entsteht die **Hüllfläche der Vorderansicht**.
2. Eine **Spiegelachse** wird als Gerade unter 45° eingezeichnet.
3. Das dritte Hauptmaß, die **Tiefe**, wird in die Seitenansicht und die Draufsicht eingezeichnet.
   Es entstehen die **Hüllflächen der Seitenansicht** und der **Draufsicht**.
4. Die V-Nut wird in die Vorderansicht und in die Draufsicht eingetragen.
   Es entsteht die **tatsächliche Gestalt** des Werkstücks in drei Ansichten. In der Seitenansicht ist die V-Nut nicht zu sehen.

Aufgaben:

Zeichnen Sie eines der Werkstücke in drei Ansichten A, B und C nach Projektionsmethode 1 (Bild 3 im Maßstab 1:2).

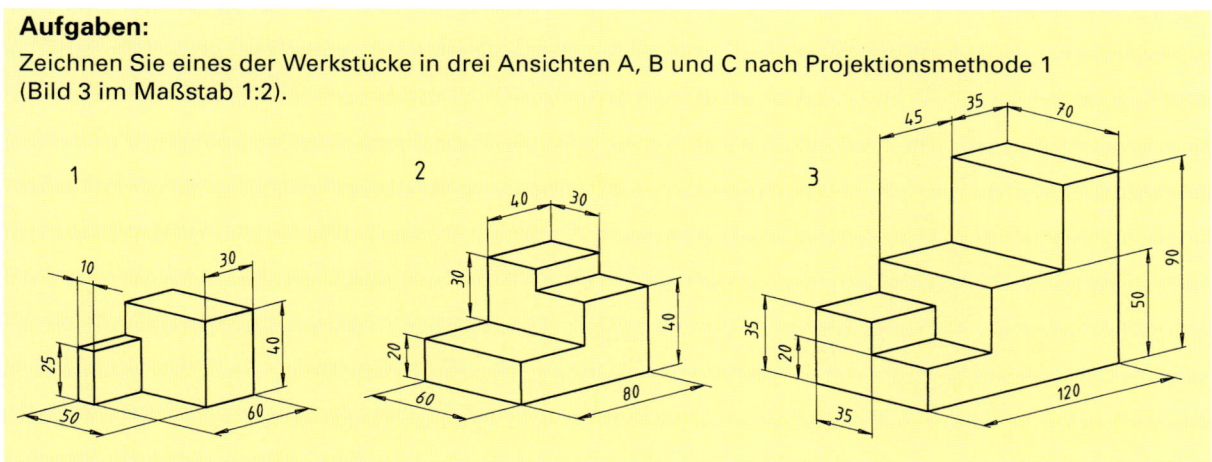

2 Darstellung in Ansichten — 2.3 Zeichnen in Ansichten

Verdeckte Kanten

Körperkanten, die in einer Ansicht nicht zu erkennen sind, wie z. B. im Spannklotz Pos. 4 die V-Nut und die Bohrung, heißen verdeckte Kanten. Sie werden als **schmale Strichlinien** (vgl. Kap. 1.9) gezeichnet.

Verdeckte Kanten werden eingetragen, wenn sie zum Verständnis der Zeichnung beitragen.

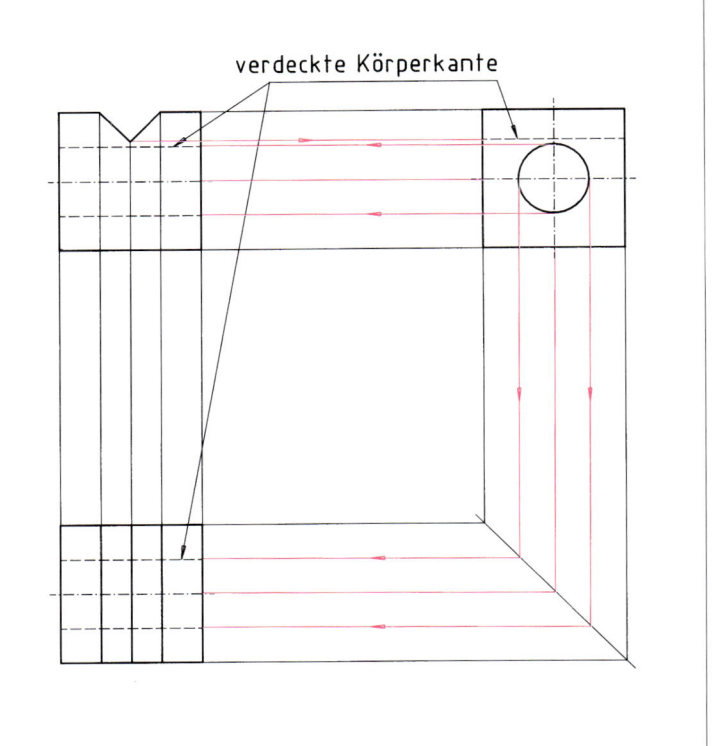

Aufgaben zu nebenstehender Abbildung:

1. Aus wie vielen Flächen besteht jeweils die Vorderansicht, die Seitenansicht und die Draufsicht?
2. Aus wie vielen Flächen besteht das Werkstück insgesamt?
3. Wie werden die einzelnen Flächen innerhalb einer Ansicht gegeneinander abgegrenzt?
4. Was sind verdeckte Kanten?
5. In welchem Fall werden verdeckte Kanten eingetragen?
6. Wie viele Maße des Hüllkörpers sind pro Ansicht zu erkennen?

Zeichenaufgabe:

Zeichnen Sie eines der Werkstücke in drei Ansichten A, B und C nach Projektionsmethode 1.

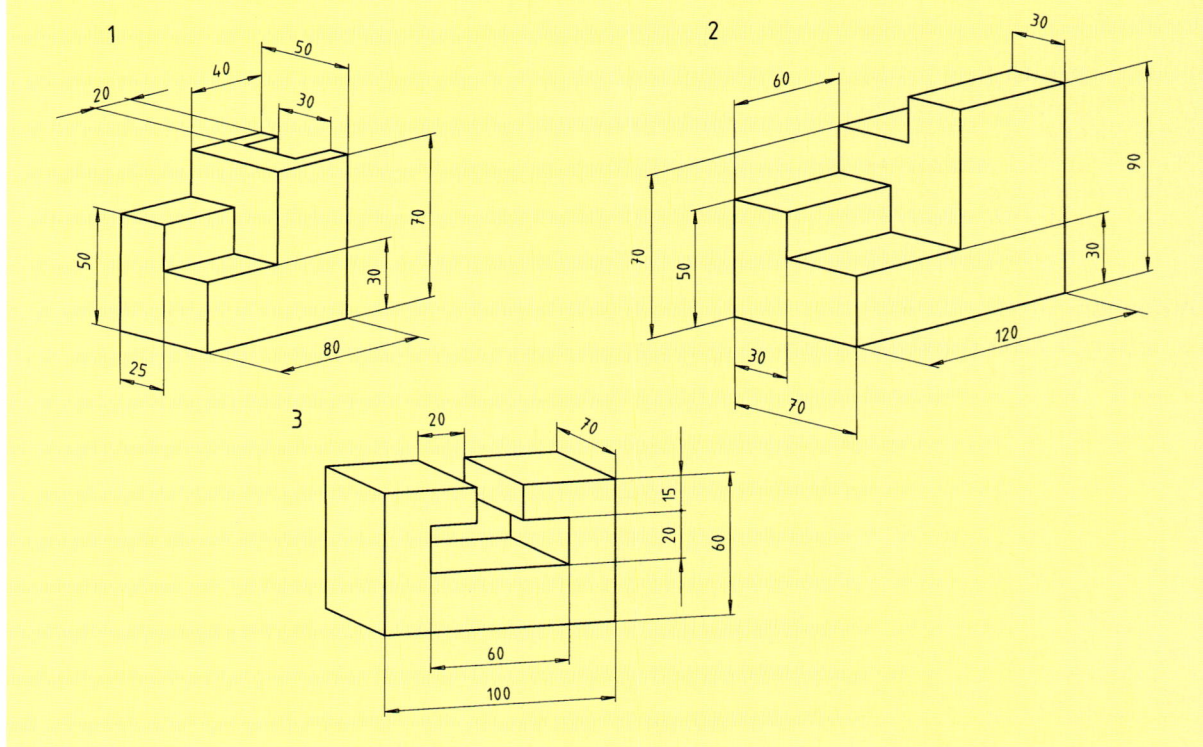

2 Darstellung in Ansichten — 2.3 Zeichnen in Ansichten

Aufgabe:
Ordnen Sie den Vorderansichten A die Seitenansichten C und die Draufsichten B zu.

Vorderansicht A	1	2	3	4	5	6
Seitenansicht C	■	■	■	■	■	■
Draufsicht B	■	■	■	■	■	■

Vorderansichten A

1 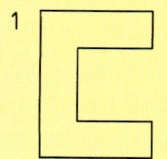 2 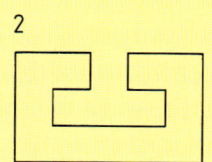 3 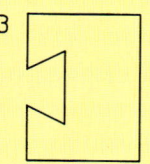 4 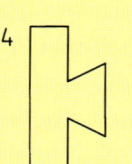 5 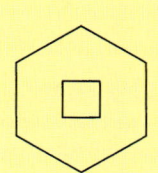 6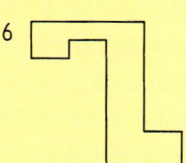

Seitenansichten C

1 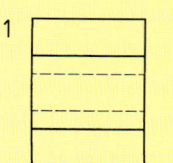 2 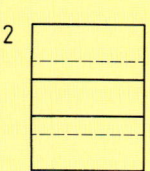 3 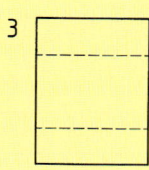 4 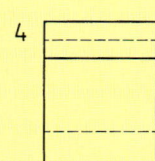 5 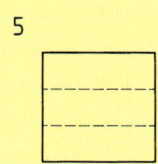 6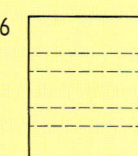

Draufsichten B

1  2 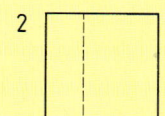 3 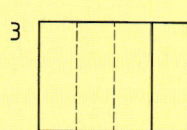 4 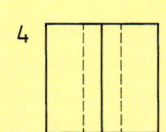 5 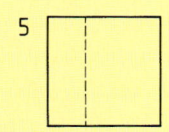 6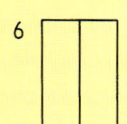

Aufgaben zur Fehlersuche und Fehlerbeschreibung:
Die folgenden Aufgaben bestehen aus je zwei Zeichnungen A und B, von denen eine jeweils einen Fehler enthält. Im Vergleich der beiden Zeichnungen sollen Sie den Fehler erkennen.
Notieren Sie in Ihrem Heft die Zeichnungsnummer und beschreiben Sie den Fehler.

1A / 1B 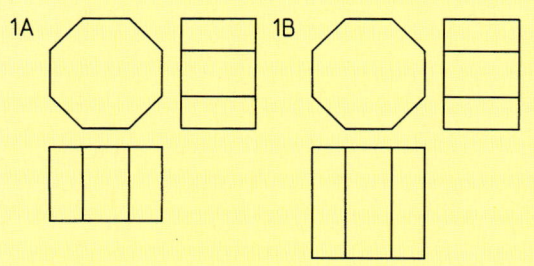   2A / 2B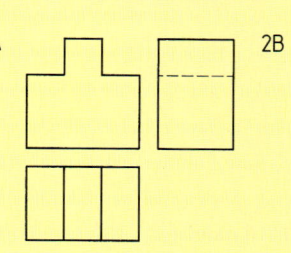

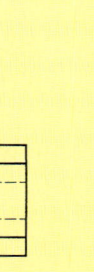

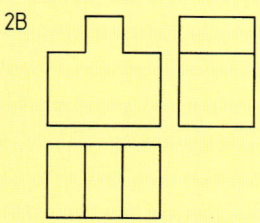

3A / 3B 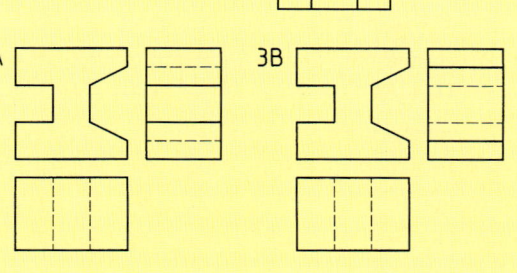   4A / 4B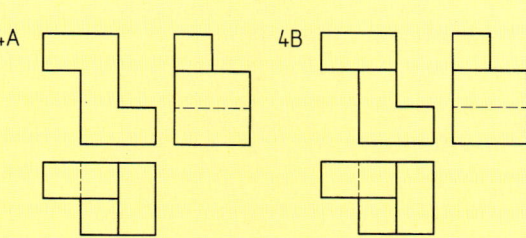

2 Darstellung in Ansichten
2.4 Übungen zur Raumvorstellung

2.4 Übungen zur Raumvorstellung

Beim Umgang mit technischen Zeichnungen muss der Zusammenhang zwischen der Darstellung in Ansichten und dem Werkstück gedanklich immer wieder nachvollzogen werden. Dabei muss man sich das Werkstück als Zeichnung in Ansichten vorstellen können. Umgekehrt muss man sich mit Hilfe der Ansichten ein Werkstück als räumlichen Gegenstand vorstellen können.

Aufgaben:

1. Skizzieren Sie die Perspektive und die Ansichten vergrößert auf ein Blatt und tragen Sie alle Ziffern in jede Ansicht ein. Verdeckt liegende Ziffern werden in Klammern geschrieben.
   a) Warum ist in der Vorderansicht die Ziffer 5 verdeckt?
   b) Wie wird in der Seitenansicht die Kante 2 – 3 abgebildet?
   c) In welcher Ansicht liegt die Ziffer 11 vor der Ziffer 12?

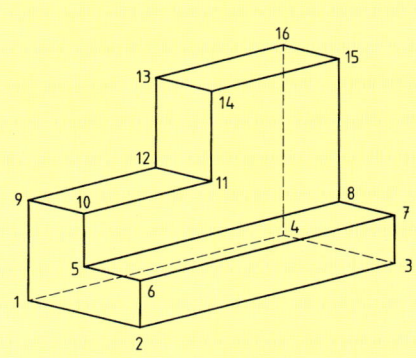
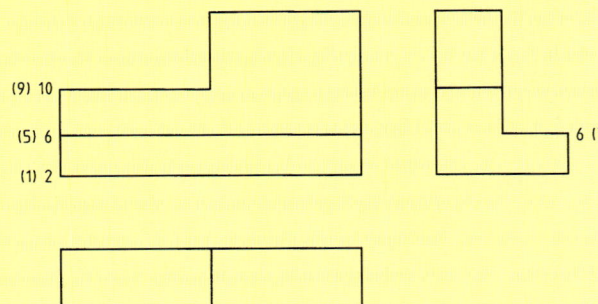

2. Übertragen Sie die Perspektive auf ein Extrablatt. Skizzieren Sie die drei Ansichten A, B und C.
   Tragen Sie an allen Ecken Kennziffern ein.

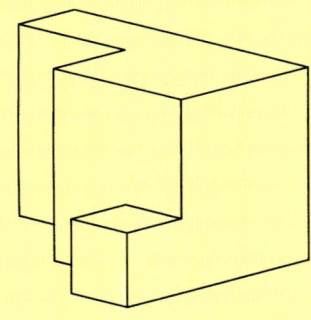

3. Übertragen Sie die Ansichten auf ein Extrablatt. Tragen Sie an allen Ecken Kennziffern ein. Skizzieren Sie die Perspektive und tragen Sie die Kennziffern ein.

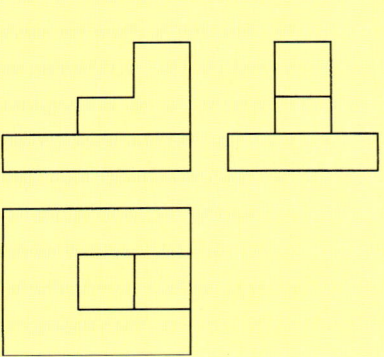

2.5 Geometrische Grundkörper, Halbzeuge, Profile

Werkstücke können als **Summe** oder **Differenz geometrischer Grundkörper** betrachtet werden.

Aus der Mathematik wissen Sie, dass das Volumen eines Körpers aus der Summe oder aus der Differenz einzelner Körper berechnet werden kann.

In der Technik werden Baugruppen und Werkstücke bei der Montage durch **Fügen zusammengesetzt**. Oder es werden Werkstücke z. B. durch **Spanen** gefertigt bzw. Baugruppen bei der Wartung **zerlegt**.

Zu den geometrischen Grundkörpern gehören auch die Formen einfacher **Profile** und **Halbzeuge**.

Die Kenntnis der Grundkörper und ihrer Darstellung in drei Ansichten erleichtert das Zeichnungslesen und das Verständnis für die räumliche Form eines in Ansichten gezeichneten Werkstücks.

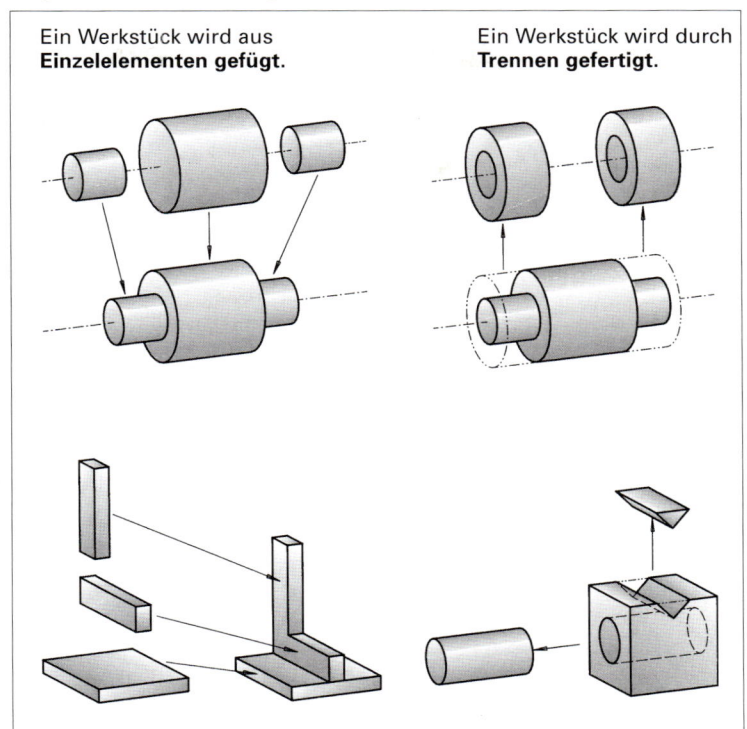

Ein Werkstück wird aus **Einzelelementen gefügt.**

Ein Werkstück wird durch **Trennen gefertigt.**

Aufgaben:
1. Benennen Sie die abgebildeten Grundkörper und Profile.
2. Skizzieren Sie die fehlenden Perspektiven.

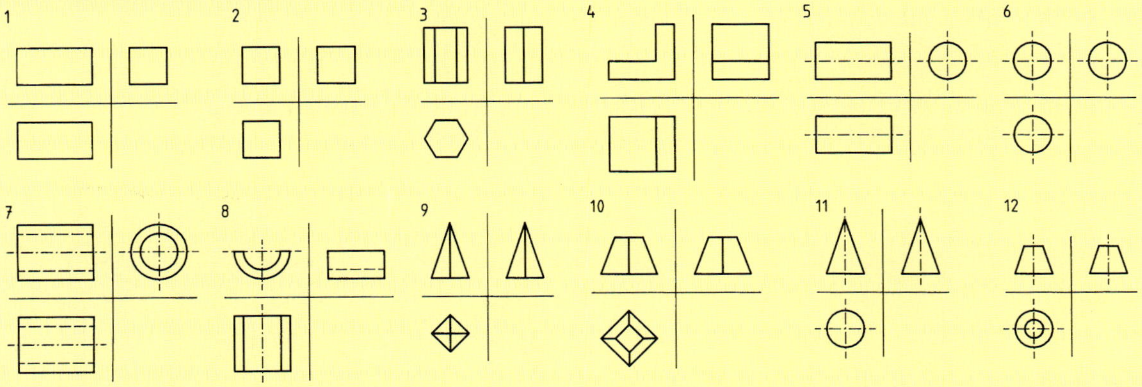

3. Die abgebildeten Werkstücke sollen aus Grundkörpern zusammengesetzt bzw. in Grundkörper zerlegt werden.
   a) Skizzieren Sie ein Werkstück als Summe von Grundkörpern.
   b) Skizzieren Sie ein Werkstück als Differenz von Grundkörpern.

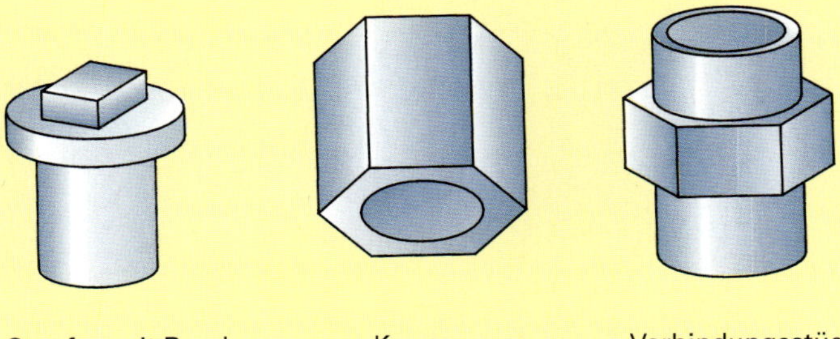

Stopfen mit Rand   Kappe   Verbindungsstück

2.6 Prismatische Werkstücke

Aufgaben:

1. Welche der Profile haben gleiche Seitenansichten C oder Draufsichten B?

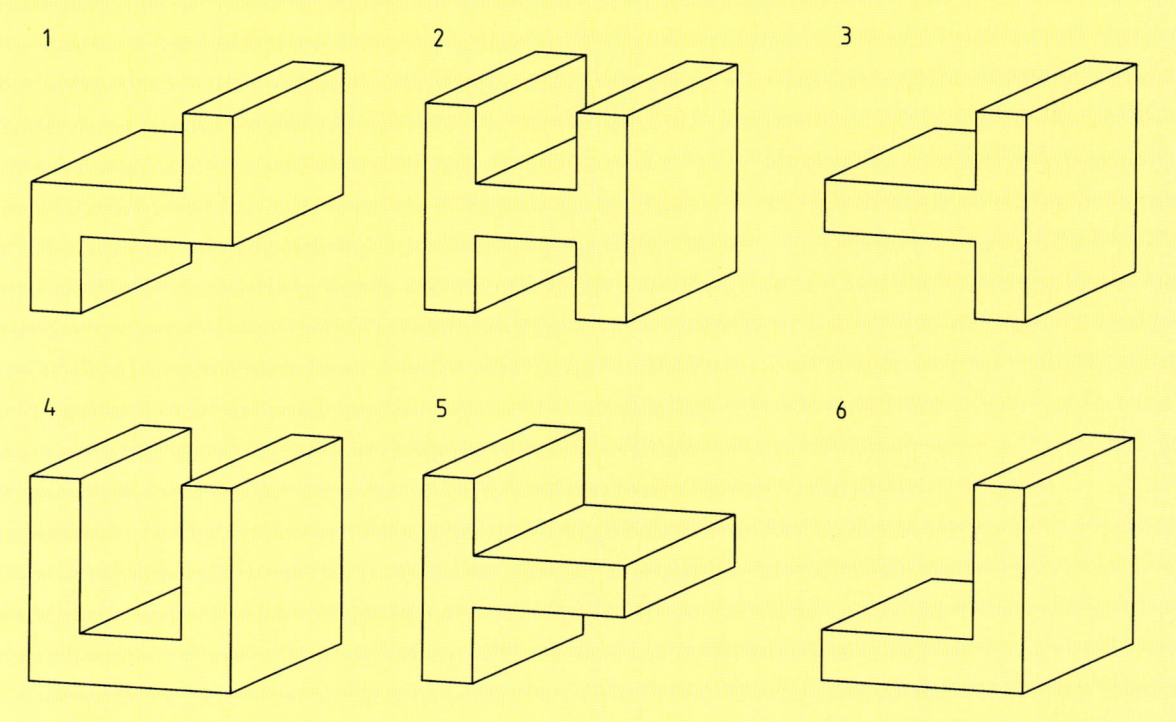

2. Zeichnen oder skizzieren Sie die Profile von Aufgabe 1 in drei Ansichten A, B und C ohne Bemaßung. Die Außenmaße sind: 40 mm · 40 mm · 60 mm, die Wandstärken sind $s = 10$ mm.

3. Zeichnen Sie die Profile a), b) und c) in drei Ansichten A, B und C ohne Bemaßung. Die Vorderansicht A soll jeweils die Querschnittsform des Profils zeigen.

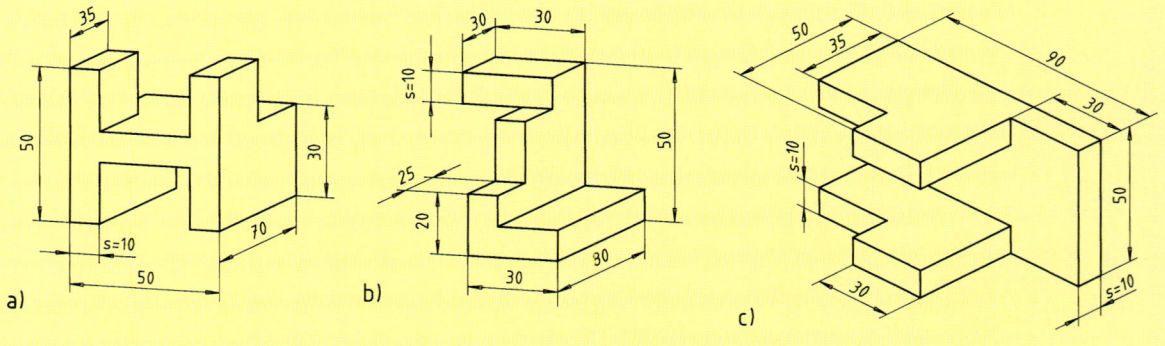

3 Maßeintragungen

Für die Herstellung eines Werkstückes kann eine Zeichnung erst dann verwendet werden, wenn sie alle erforderlichen Maße enthält.

3.1 Grundlagen

Maßlinien (a)
- werden parallel zur Körperkante gezeichnet,
- werden deutlich vom Werkstück entfernt gezeichnet,
- haben auf einer Zeichnung untereinander gleiche Abstände,
- sollen sich mit anderen Linien und untereinander nicht schneiden,
- Mittellinien und Körperkanten dürfen nicht als Maßlinien benutzt werden.

Maßhilfslinien (b)
- beginnen direkt an der Körperkante,
- werden senkrecht zur Körperkante herausgezogen, nur im Ausnahmefall können sie schräg herausgezogen werden,
- ragen 1 bis 2 mm über die Maßlinie hinaus.

Maßlinienbegrenzungen (c)
- sind geschlossene Pfeile (Regelfall) und bei Platzmangel auch Punkte,
- können in Bauzeichnungen auch Schrägstriche und offene Kreise sein.

Maßzahlen (d)
- werden in Normschrift geschrieben (vgl. Kap. 1.10),
- dürfen nicht durch Linien getrennt werden.

Maßeinheiten (e)
- werden im Schriftfeld vermerkt,
- werden in der Metalltechnik stets in mm angegeben,
- werden in Bauzeichnungen auch in m, cm und mm angegeben.

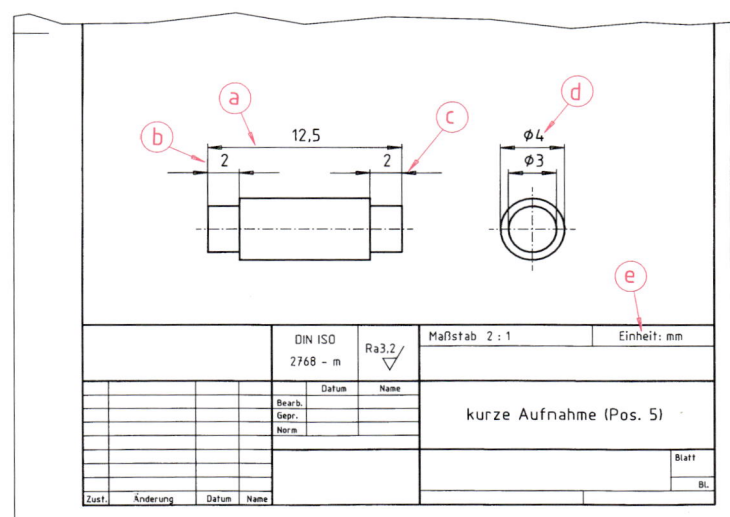

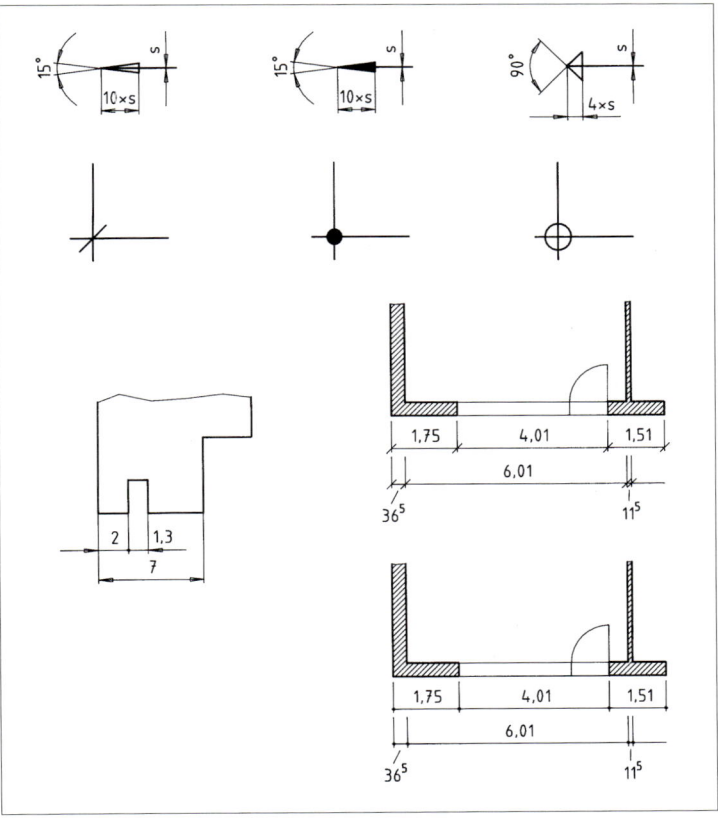

3.2 Kennzeichen

Die Kennzeichen sind zusätzliche Angaben über Werkstückformen. In Verbindung mit der Bemaßung erleichtern sie das Erkennen besonderer Formelemente. Kennzeichen müssen immer **vor die Maßzahl** geschrieben werden.

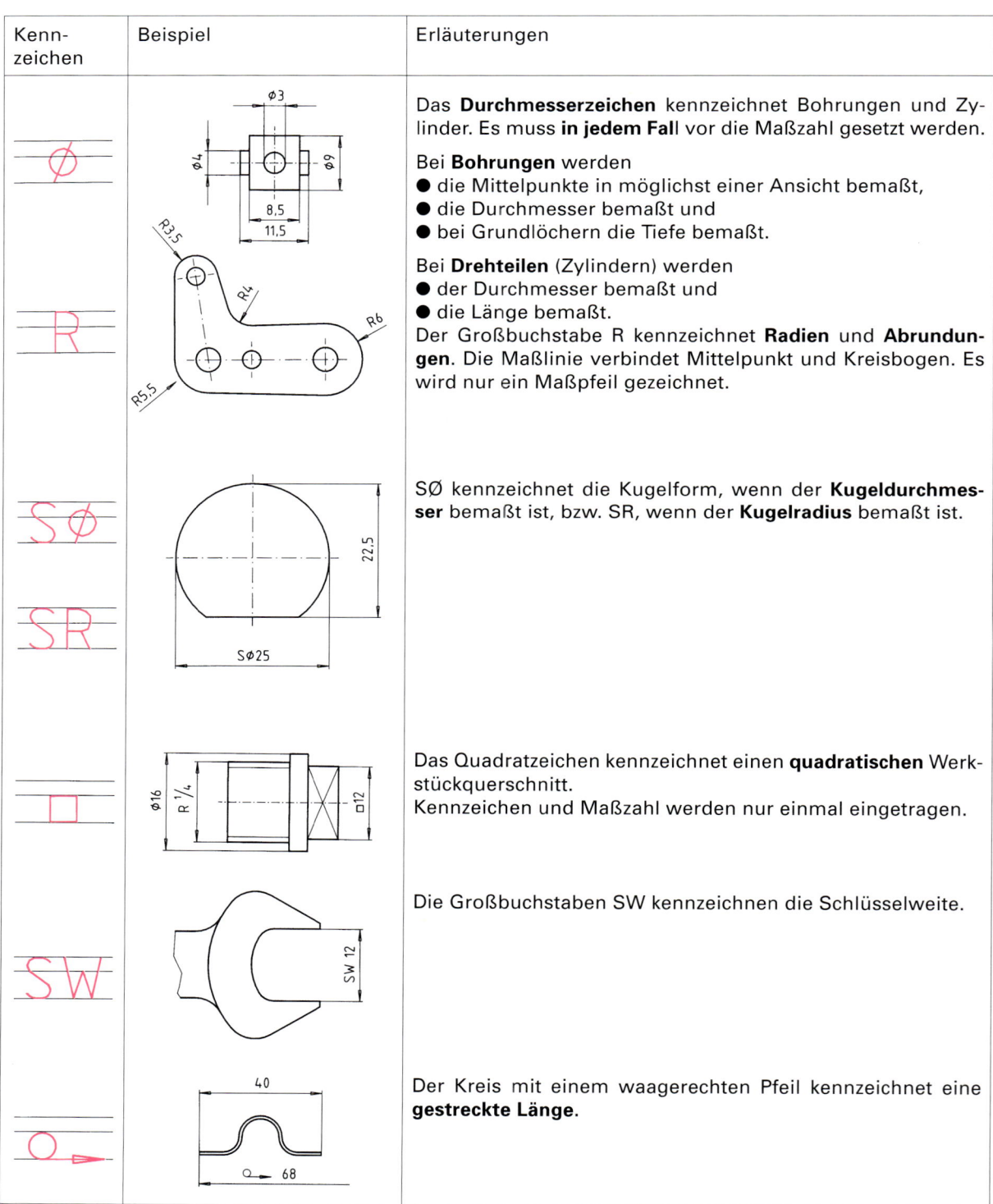

Kennzeichen	Beispiel	Erläuterungen
Ø		Das **Durchmesserzeichen** kennzeichnet Bohrungen und Zylinder. Es muss **in jedem Fall** vor die Maßzahl gesetzt werden. Bei **Bohrungen** werden • die Mittelpunkte in möglichst einer Ansicht bemaßt, • die Durchmesser bemaßt und • bei Grundlöchern die Tiefe bemaßt. Bei **Drehteilen** (Zylindern) werden • der Durchmesser bemaßt und • die Länge bemaßt.
R		Der Großbuchstabe R kennzeichnet **Radien** und **Abrundungen**. Die Maßlinie verbindet Mittelpunkt und Kreisbogen. Es wird nur ein Maßpfeil gezeichnet.
SØ		SØ kennzeichnet die Kugelform, wenn der **Kugeldurchmesser** bemaßt ist, bzw. SR, wenn der **Kugelradius** bemaßt ist.
SR		
□		Das Quadratzeichen kennzeichnet einen **quadratischen** Werkstückquerschnitt. Kennzeichen und Maßzahl werden nur einmal eingetragen.
SW		Die Großbuchstaben SW kennzeichnen die Schlüsselweite.
⌒→		Der Kreis mit einem waagerechten Pfeil kennzeichnet eine **gestreckte Länge**.

3.3 Anordnung der Maße

Die Leserichtung der Maße ist vorgeschrieben. Sie sollen von **unten** und von **rechts** zu lesen sein.

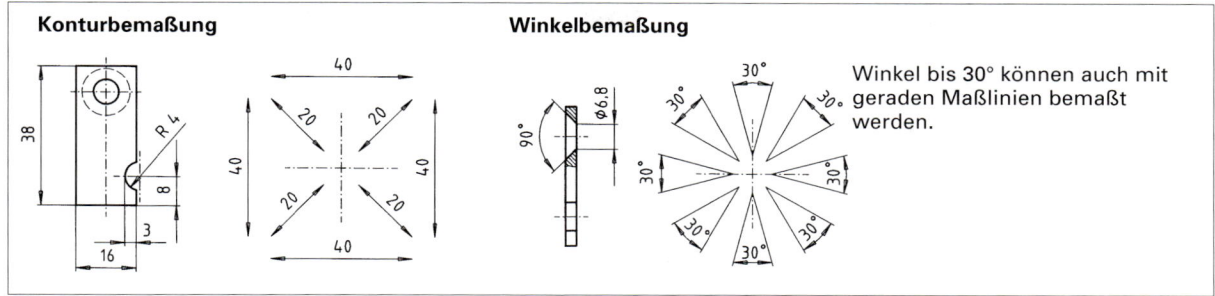

Die in die Ansichten eingetragenen **Mittellinien** sind Symmetrielinien. Sie brauchen nicht bemaßt zu werden. Die Maße für die Mittenlage der V-Nut und für den Mittelpunkt der Bohrung können entfallen.

Jedes Maß darf nur **einmal** eingetragen werden. Bei Änderungen kann sonst leicht eine Maßangabe übersehen werden.

Die Maße sollen möglichst aus dem Werkstück **herausgezogen** werden. Die **Form** des Werkstücks muss immer deutlich zu erkennen sein.

Die **zusammengehörenden Maße** gehören in **eine Ansicht**; z. B. die Mittelpunktsmaße von Bohrungen. Die Maße werden in die Ansicht eingetragen, in der die Form am besten zu erkennen ist, bzw. wie es für die Herstellung am übersichtlichsten ist.

Maßlinien und Maßhilfslinien sollen an **sichtbaren** Kanten bzw. an Mittellinien beginnen.

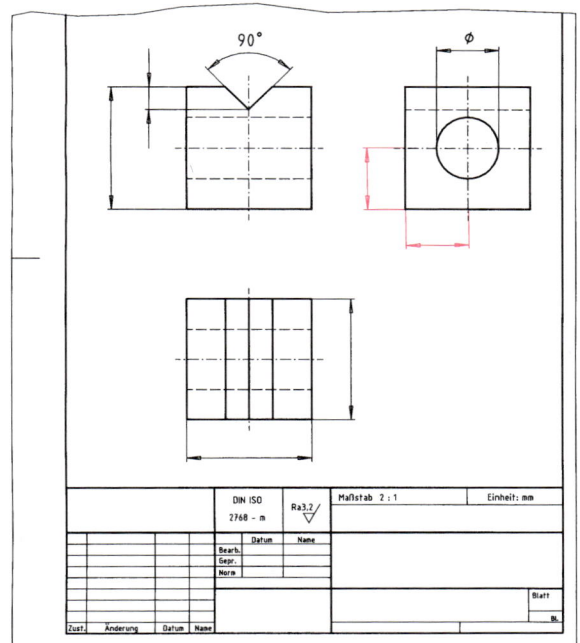

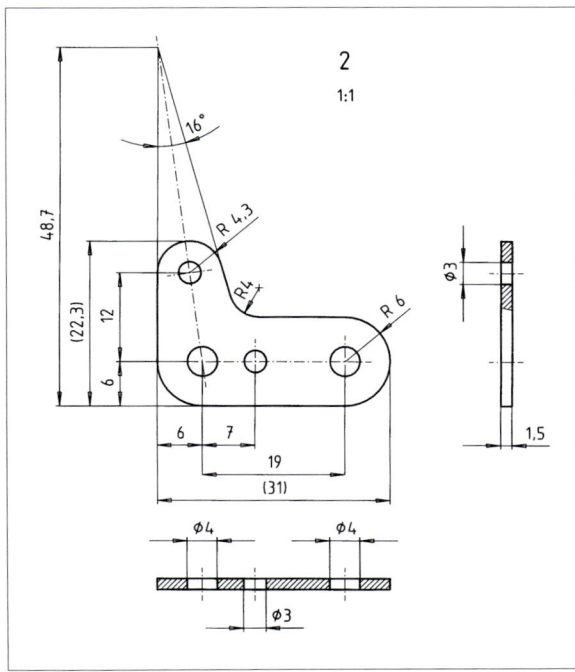

Überbemaßungen, wie z. B. die Maße 22,3 und 31, müssen eingeklammert werden. Eingeklammerte Maße sind **Hilfsmaße**, die nicht zur Kontrolle benutzt werden dürfen.

Dickenmaße können im Werkstück oder auf einer abgeknickten Hinweislinie eingetragen werden.

Es ist erlaubt, alle Maße in nur einer **Leserichtung** einzutragen. Die senkrechten Maßlinien erhalten dann Lücken für die Maßzahlen.

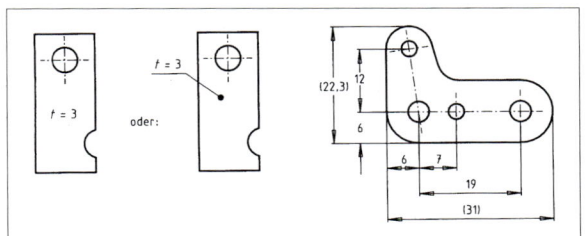

3 Maßeintragungen   3.3 Anordnung der Maße

Aufgaben zur Fehlersuche und Fehlerbeschreibung:

Darstellung A oder B ist jeweils falsch, die andere ist richtig. Suchen und beschreiben Sie den Fehler und wählen Sie die richtige Darstellung aus.

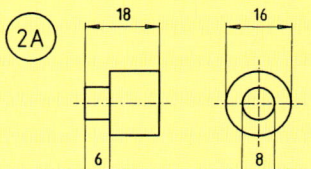
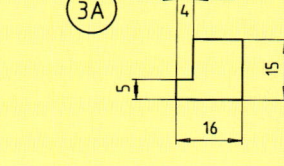
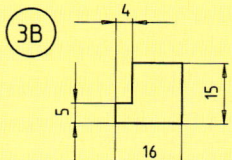
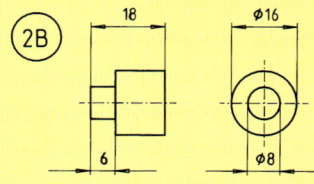
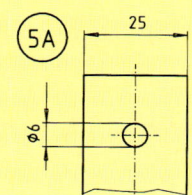
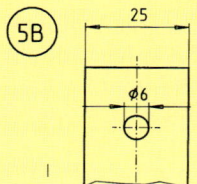
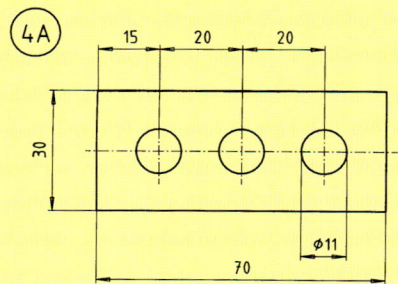
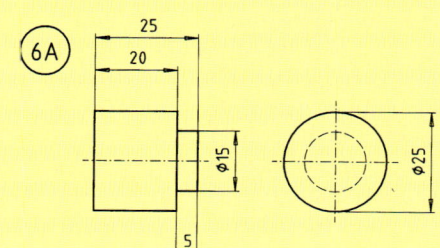
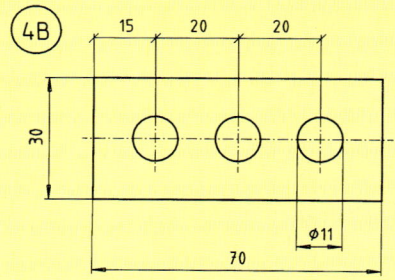
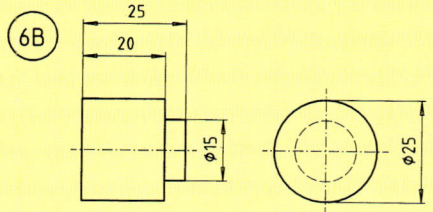

3.4 Maßbezugsebenen und Maßbezugslinien

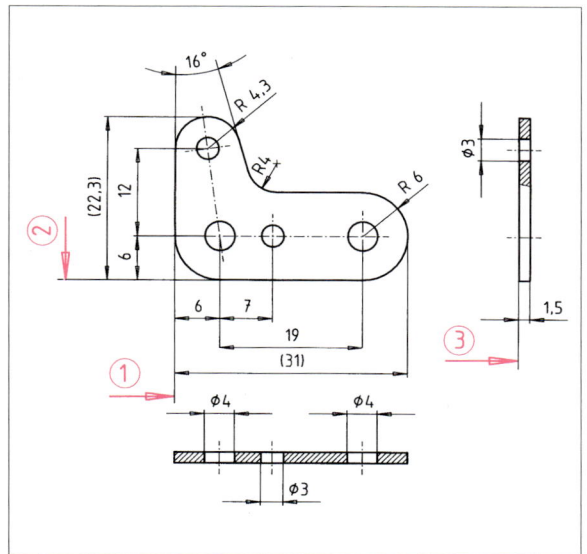

① Maßbezugslinie für die **Breitenmaße**
② Maßbezugsebene für die **Höhenmaße**
③ Maßbezugsebene für die **Tiefenmaße**

Drehteile benötigen als Maßbezugsebene bzw. als Maßbezugslinie
- die **Rotationsachse** (Symmetrielinie) und
- die **Planflächen**.

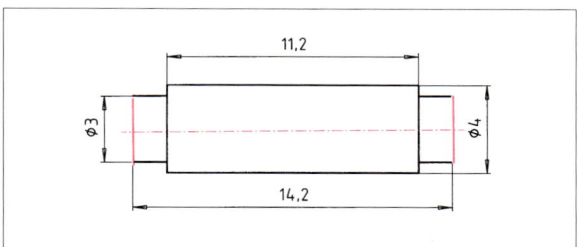

Wenn eine **Mittellinie** Maßbezugslinie ist, werden symmetrische Konturen nur einmal bemaßt.

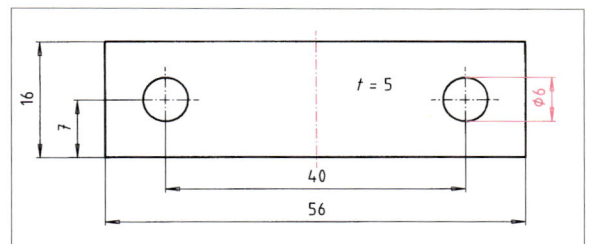

Für die Funktion und die Qualität eines Gerätes ist neben der Einhaltung der Toleranzen auch die Anordnung der Maße von Bedeutung. **Anlage-** und **Funktionsflächen** sind häufig Maßbezugsebenen. Bei symmetrischen Konturen werden die **Mittellinien** als Maßbezugslinien verwendet.
Jedes Werkstück hat mindestens drei Maßbezugsebenen (MBE) oder Maßbezugslinien (MBL):

Aufgaben:

1. Zeichnen und bemaßen Sie den Hebel Pos. 6 der Rollenblechschere in Ansicht A im Maßstab 1 : 2.

2. Zeichen und bemaßen Sie den Haltebügel im Maßstab 1 : 2 in gestreckter Länge.
Die Gesamtlänge ist 388,3 mm und der Abstand der Bohrungen ⌀ 25 ist 308,3 mm.

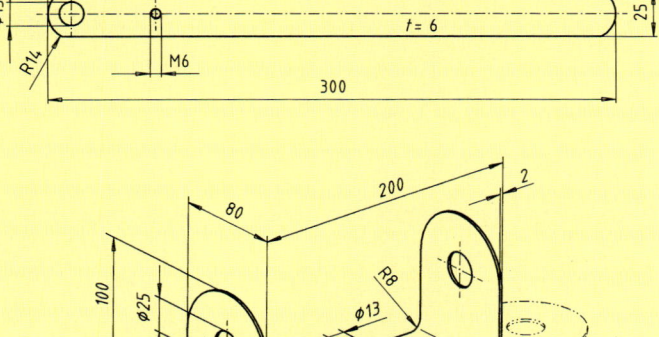

3. a) Fertigen Sie für das Scharnier eine Stückliste an.
   b) Bestimmen Sie die Bohrungsdurchmesser für die Aufnahme des Bolzens Pos. 3. Begründen Sie Ihre Wahl.
   c) Zeichnen und bemaßen Sie den Bock Pos. 1 im Maßstab 2 : 1 in den Ansichten A und C.

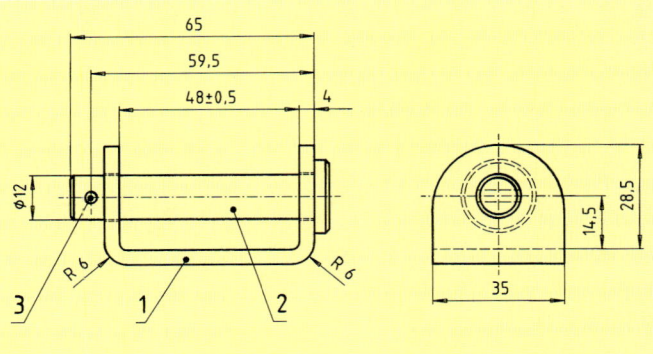

4. Zeichnen und bemaßen Sie eines der Werkstücke in den Ansichten A und C. Maßbezugsebenen sind die beiden Stirnflächen, Maßbezugslinie ist die Drehachse.

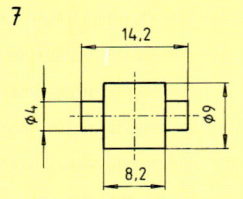 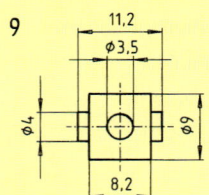

5. Zeichnen oder skizzieren Sie die Schelle in den Ansichten A und B. Kennzeichnen Sie die Maßbezugsebenen in Ihrer Zeichnung mit MBE.

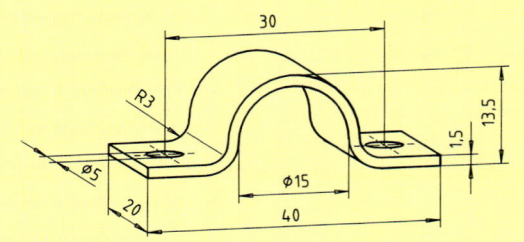

6. Zeichnen und bemaßen Sie die Welle eines Exzentertriebs in Ansicht A im Maßstab 2 : 1.
   Die Absätze sind von der rechten Maßbezugsebene zu bemaßen.

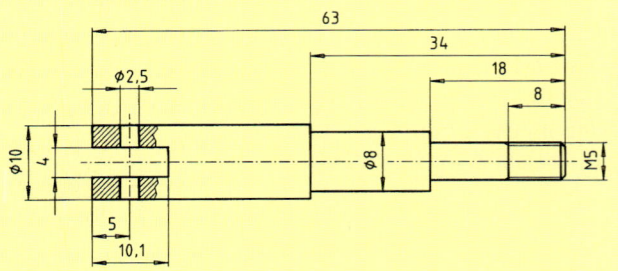

7. Zeichnen Sie das Spanneisen in den drei Ansichten A, B und C und bemaßen Sie es.

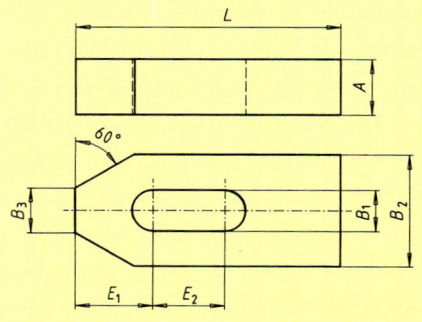 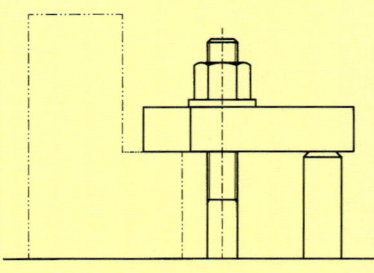

L	A	B_1	B_2	B_3	E_1	E_2
50	10	7	20	8	10	20
60	12	9	25	10	13	22
80	15	11	30	12	15	30
100	20	14	40	14	21	40
125	20	14	40	14	21	50
125	25	18	50	18	26	45

3 Maßeintragungen 3.5 Zylindrische Werkstücke

3.5 Zylindrische Werkstücke

Zusätzliche Informationen und Kennzeichen vereinfachen die Darstellung der Werkstücke. Ansichten können eingespart werden.

Zylinder, Rohre, Kugeln usw. erhalten Mittellinien. Die **Mittellinien** kennzeichnen die **Drehachse**. Sie werden als schmale Strich-Punkt-Linie gezeichnet. Die Kreisfläche wird mit einem **Durchmesserzeichen** vor der Maßzahl bemaßt. Die Angabe des Durchmesserzeichens an zylindrischen Teilen **erspart** häufig eine Ansicht.

Alle Teile sind in **Fertigungslage**, d. h. mit waagerechter Mittellinie zu zeichnen.

> Drehachsen werden mit Mittellinien gekennzeichnet.

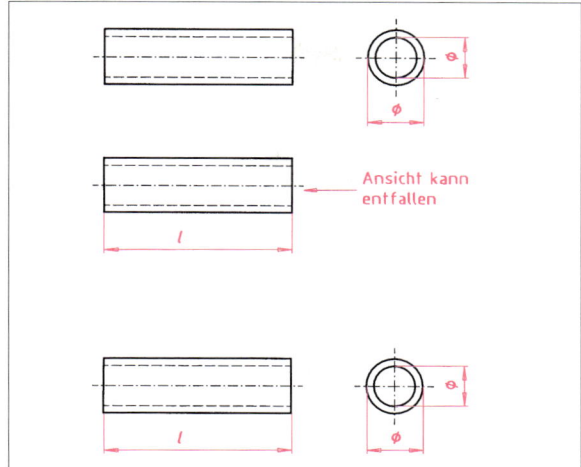

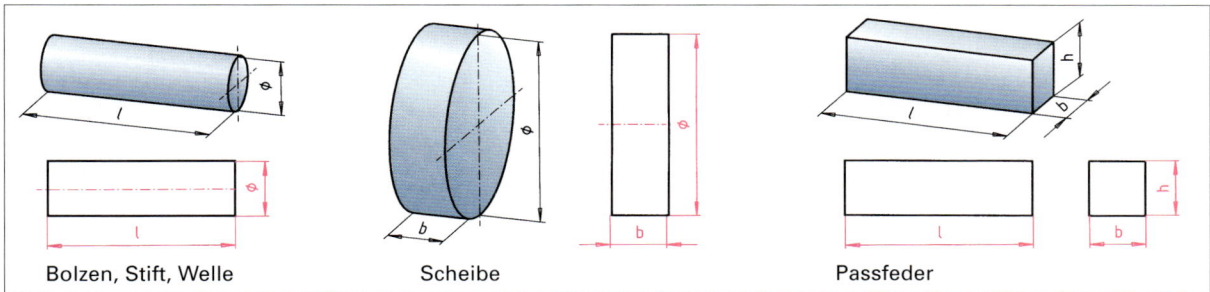

Bolzen, Stift, Welle Scheibe Passfeder

Aufgabe:
Die Werkstücke sind in nur einer Ansicht A zu zeichnen und zu bemaßen. Wählen Sie für die einzelnen Werkstücke einen Maßstab aus, der eine übersichtliche Bemaßung zulässt.

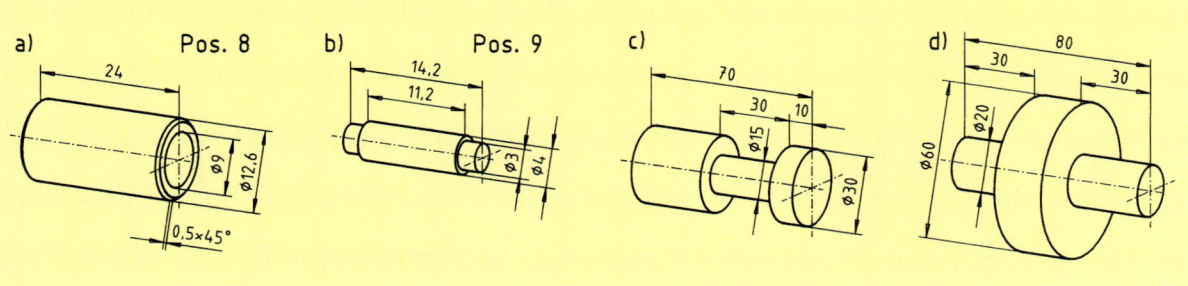

Haben Werkstücke mit zylindrischer Grundform ebene Flächen, die parallel zu deren Mittellinie verlaufen, z. B. Schlüsselflächen, so ist oft eine zweite Ansicht erforderlich. In zwei Ansichten können beim Verschlussstück die Lage der Fläche und die Tiefe dargestellt und bemaßt werden. Solche ebenen Flächen werden an zylindrischen Teilen mit Hilfe eines **Diagonalkreuzes** besonders gekennzeichnet.

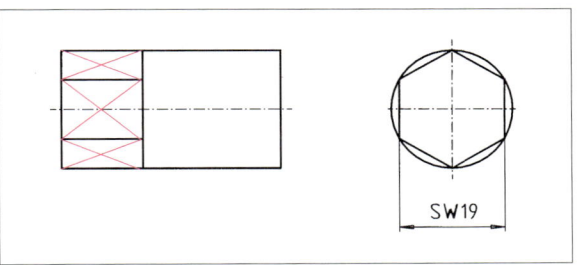

3 Maßeintragungen

3.5 Zylindrische Werkstücke

Es gibt grundsätzlich drei Möglichkeiten für achsparallele Ausnehmungen an zylindrischen Körpern.

Sie können a) **vor**, b) **auf** und c) **hinter** der **Mittellinie** liegen. In Abhängigkeit von ihrer Lage kann sich die äußere Form des Zylinders verändern. Dies zeigt die nebenstehende Übersicht.

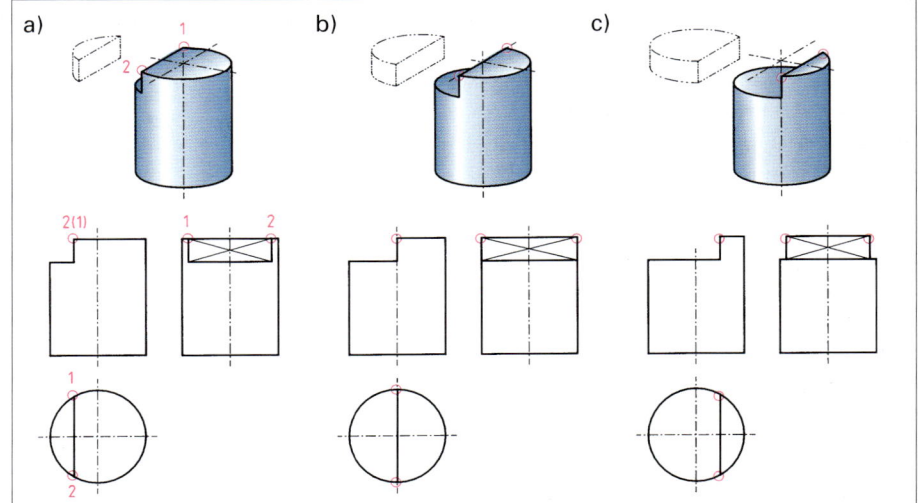

Aufgaben:
1. Ordnen Sie die jeweiligen Vorderansichten der zylindrischen Körper ihren Projektionen zu.
2. Zeichnen Sie eines der Werkstücke in den erforderlichen Ansichten. Die Hauptabmessungen sind: $\varnothing$ = 60 mm und h = 100 mm. Alle anderen Maße sind frei wählbar, sollen aber ganzzahlig durch 5 teilbar sein.

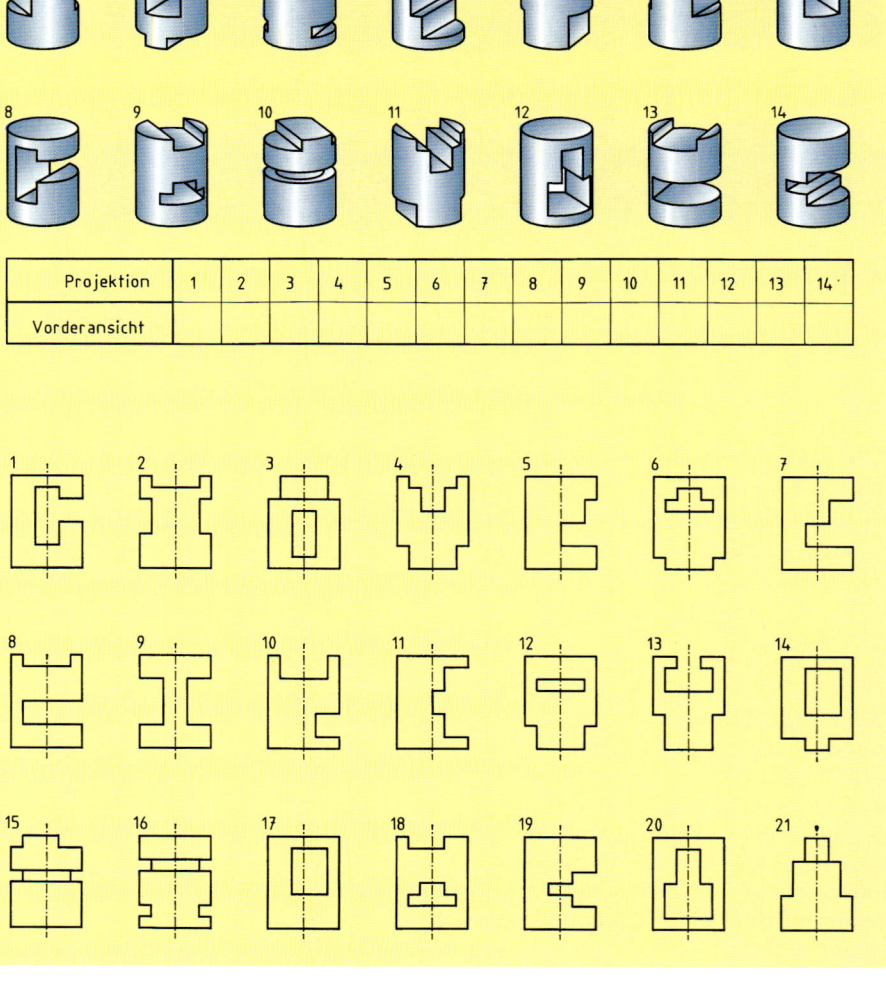

Projektion	1	2	3	4	5	6	7	8	9	10	11	12	13	14
Vorderansicht														

3.6 Werkstücke mit schiefen Flächen und Rundungen

Bei der Herstellung durch Trennen, Umformen oder Urformen entstehen an den Werkstücken immer wieder ähnliche Bearbeitungskonturen.

Es werden **Kanten** und **Formelemente** unterschieden.

Die Kontur einer Bearbeitung ist häufig nur in mehreren Ansichten zu erkennen. In einer Ansicht ist die Form, z. B. eine Fase, ein Radius, eine Nut usw. dargestellt. Einer weiteren Ansicht ist dann z. B. die Breite zu entnehmen.

Konturen von unterschiedlichen Kanten und Formelementen können zu ähnlichen Darstellungen führen. Aus diesem Grund ist es wichtig, in umfangreichen Zeichnungen immer in mehreren Ansichten nachzusehen.

Die Bemaßung ist immer dort einzutragen, wo die Form eindeutig zu erkennen ist.

Die folgende Übersicht zeigt die wichtigsten Konturen, ihre Darstellung in drei Ansichten und ihre Bemaßung.

Kanten

Formelemente

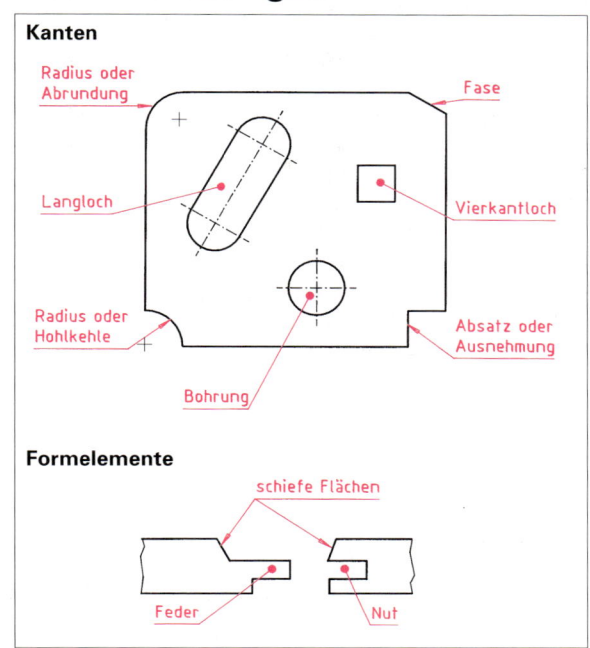

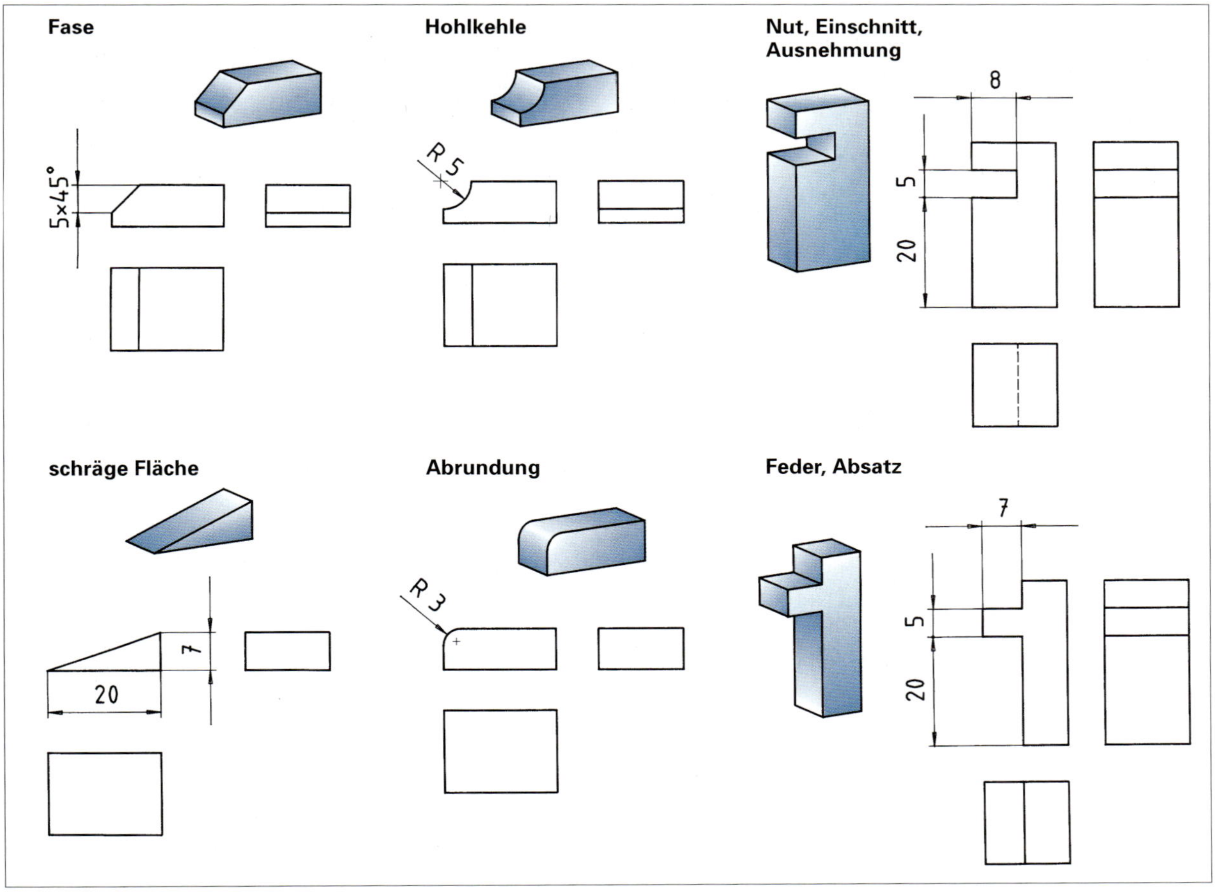

3 Maßeintragungen

3.6 Werkstücke mit schiefen Flächen und Rundungen

Aufgaben:

1. Die Einzelteile der Eckverbindung sind jeweils in den Ansichten A, B und C zu zeichnen. Die Verbindung soll aus gleichschenkligem Material L 30 x 3 hergestellt werden. Der Eckwinkel soll 90° betragen.

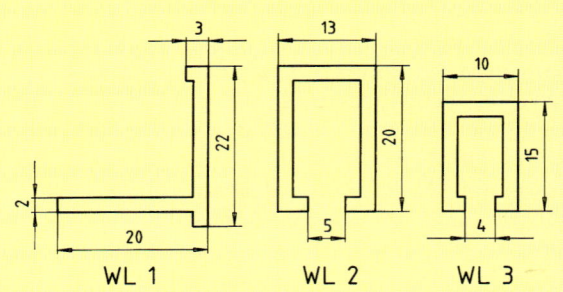

2. Zeichnen Sie eines der Profile in den Ansichten A und C mit einem Gehrungsschnitt von 135° und einer Gesamtlänge l = 600 mm. Die Wanddicke ist s = 2 mm. Wählen Sie einen Maßstab.

3. Zeichnen/skizzieren und bemaßen Sie eines der Werkstücke in den erforderlichen Ansichten.

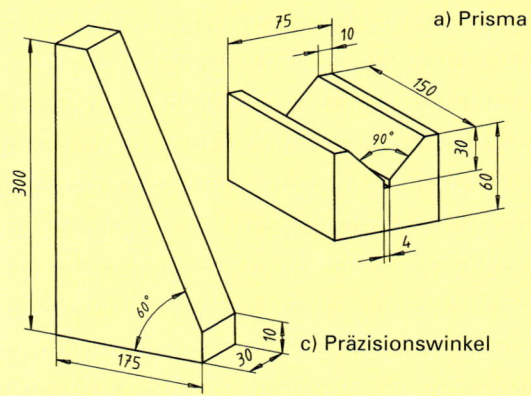

a) Prisma

c) Präzisionswinkel

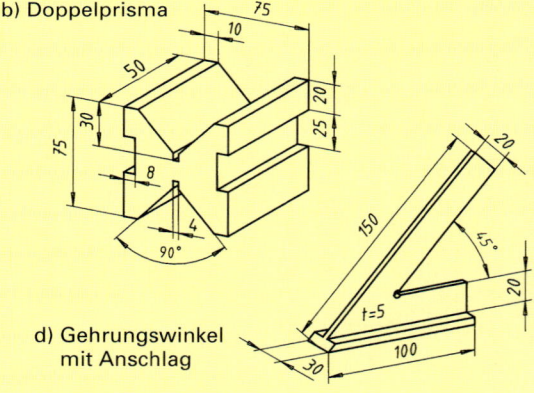

b) Doppelprisma

d) Gehrungswinkel mit Anschlag

4. Für die Befestigung eines Lautsprechers an einem Rohrmast wird ein Zwischenstück benötigt. Erstellen Sie nach der Skizze eine Fertigungszeichnung mit Bemaßung.

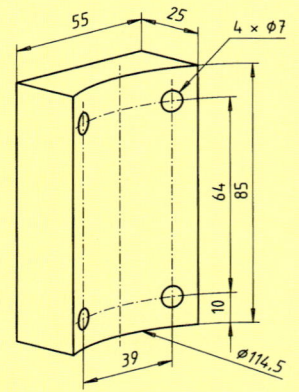

4 Geometrische Grundkonstruktionen

Diese Konstruktionen werden für die Lösung von Zeichenaufgaben, besonders bei der Darstellung von Einzelteilen benötigt.

4.1 Streckenteilung

In eine Abdeckleiste sollen 12 Löcher mit gleichen Abständen gebohrt werden. Dazu muss die Strecke l = 1720 mm der Abdeckleiste nach Aufmaß in 11 **gleiche Abschnitte** eingeteilt werden. Dafür fertigt der Mitarbeiter eine Papierschablone an.

Im spitzen Winkel zur Strecke l = 1720 mm wird eine **Hilfsgerade g** gezeichnet. Auf dieser Geraden wird die Anzahl der gewünschten Abschnitte mit dem Zirkel abgetragen. Der Radius R ist dabei beliebig, aber immer gleich. Den letzten Punkt P verbindet man mit dem Endpunkt der Strecke. Durch alle anderen Punkte auf der Hilfsgeraden werden Parallelen dazu gezogen.

Diese Konstruktion ist am genauesten, wenn die Abstände auf der Hilfsgeraden ungefähr dem geforderten Abstandsmaß entsprechen.

> **Aufgaben:**
> 1. Erklären Sie das Maß 11 x 156,4 (= 1720,4).
> 2. Teilen Sie die Strecke l = 1350 mm in 11 gleiche Abschnitte.

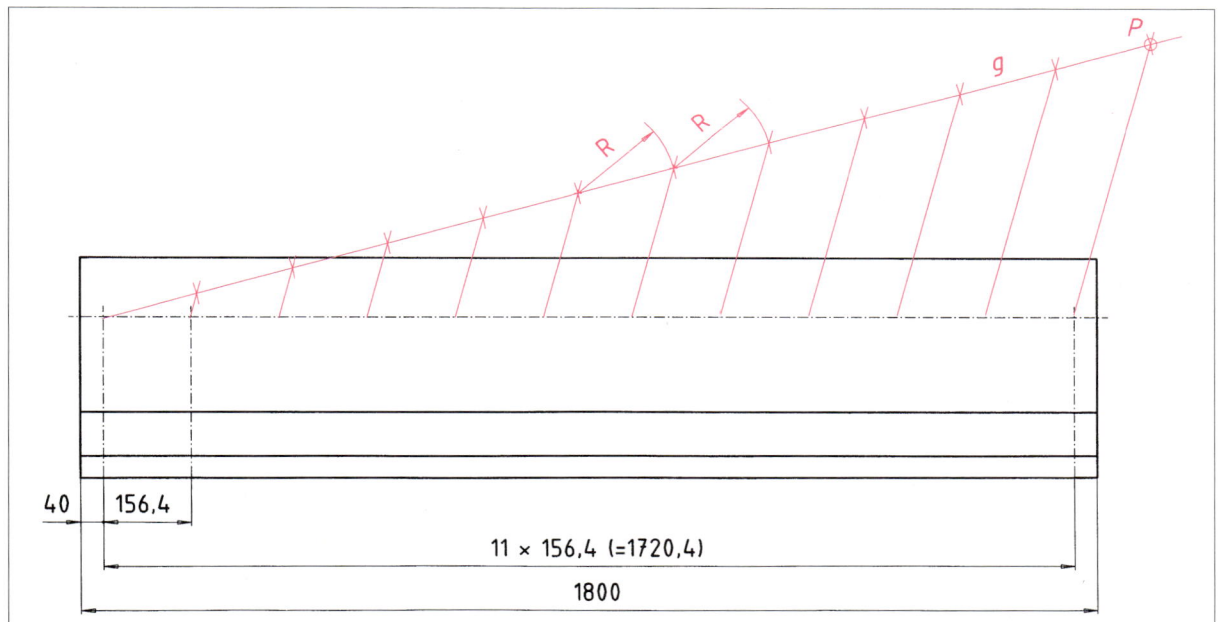

4.2 Lot

Ein Lot soll von einem vorgegebenen Punkt P auf eine Gerade gefällt werden.

- Um den Punkt P wird ein Kreisbogen mit dem Radius R geschlagen, der die Gerade in den Punkten A und B schneidet.
- Mit dem Radius R_1 wird jeweils um Punkt A und B ein Kreisbogen geschlagen. Das ergibt den Schnittpunkt C.
- Die Verbindung PC ist das gesuchte Lot.

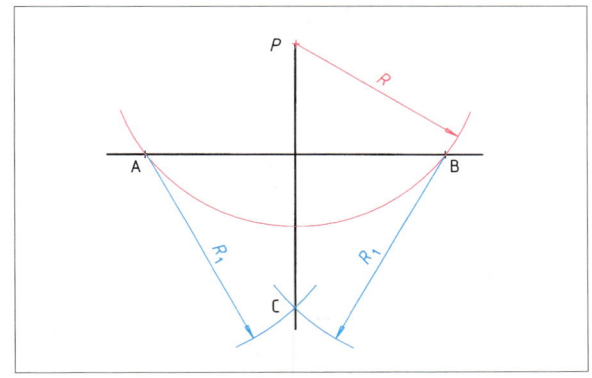

4.3 Winkel- und Kreisteilungen

Teilung eines Winkels

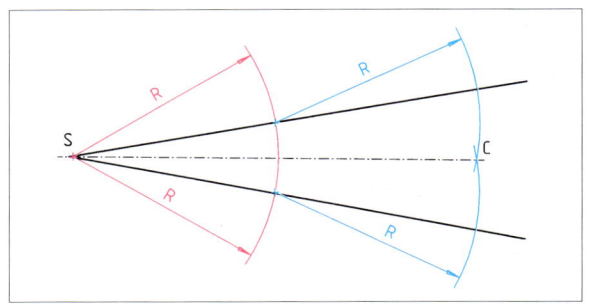

- Um den Scheitelpunkt S schlägt man einen Kreisbogen mit beliebigem Radius R und erhält die Schnittpunkte A und B.
- Mit beliebigem, aber gleichem Radius R_1 schlägt man um die Punkte A und B jeweils einen Kreisbogen. Sie schneiden sich im Punkt C.
- Die Verbindung SC ist die gesuchte Winkelhalbierende.

Kreisteilungen

Die Rastscheibe der Rollenblechschere (vgl. Kap 1) hat auf ihrem Umfang 12 Bohrungen, in die die Mitnehmerplatte hineingreift. Die Einteilung des Kreises in gleiche Abschnitte ist eine Winkelteilung am Vollkreis.

Beginnend im Punkt 1 wird der Radius R des Kreises 6 mal auf dem Umfang abgetragen. Der Kreis und der Vollwinkel sind dann in 6 gleiche Teile unterteilt.

Beginnt man im Punkt 7, so erhält man eine zweite 6er Teilung, die um 30° gedreht ist. Insgesamt sind Kreis und Vollwinkel jetzt in 12 gleiche Teile geteilt. Mit Hilfe dieser Konstruktion lassen sich folgende Teilungen zeichnen:

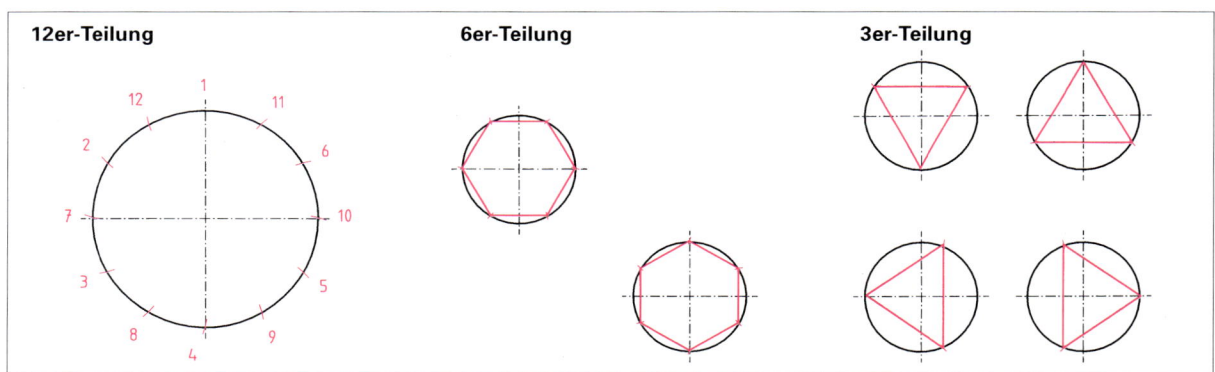

Aufgaben:

1. Zeichnen Sie die Rastscheibe in Ansicht A im Maßstab 2 : 1 ohne Bemaßung.

2. Zeichnen Sie das Sechskantprofil in den Ansichten A, B und C.

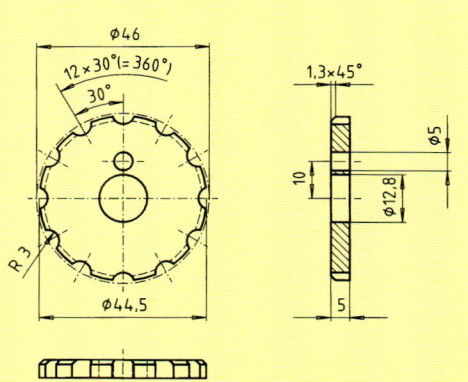

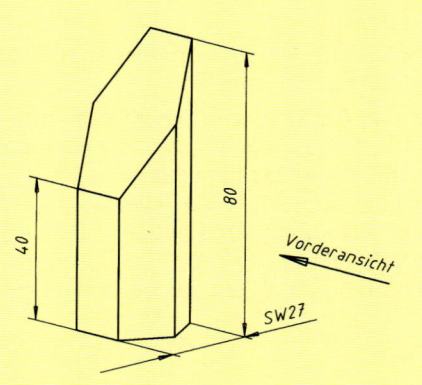

4.4 Kreisanschlüsse und Tangenten

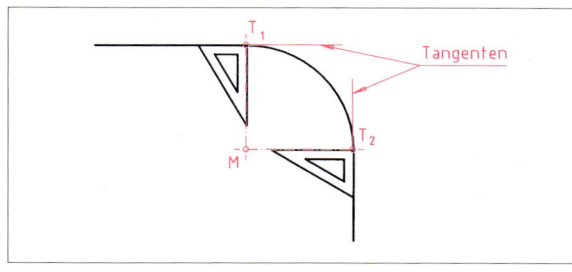

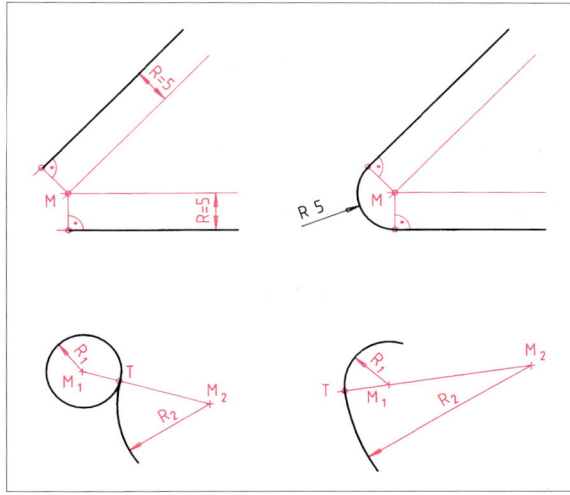

Um die Kontur des Spannblechs der Klemmzwinge zeichnen zu können, werden Kenntnisse über Kreisanschlüsse und Tangentenkonstruktionen benötigt.

Für die Darstellung gerundeter Ecken ist die genaue Lage der Übergangspunkte T_1 und T_2 wichtig. Im Übergangspunkt geht der Kreisbogen in die gerade Körperkante über.

Im Übergangspunkt Gerade/Kreisbogen ist die Gerade die Tangente an den Kreis. Die Tangente steht senkrecht auf dem Berührradius. Der Berührradius ist die Verbindung vom Übergangspunkt zum Kreismittelpunkt.

Verbindung zweier Körperkanten mit einer Rundung

Die Außenkontur eines Werkstücks bestimmt die Lage der geraden Körperkanten. Im Abstand R (R = Radius der Rundung) werden zu den Körperkanten parallele Linien gezogen. Sie schneiden sich im Mittelpunkt M. Die Senkrechten auf den Körperkanten durch den Punkt M ergeben die Übergangspunkte. Zuerst werden die Kreisbögen gezeichnet, danach erst die Körperkanten.

Begründung:
Die Körperkanten können nacheinander mit dem Lineal an den Kreisbogen angepasst werden. Der Kreisbogen müsste beide Kanten gleichzeitig treffen. Bei der Verbindung zweier Kreisbögen liegt der Übergangspunkt T immer auf der Verbindungslinie der beiden Mittelpunkte.

Aufgaben:

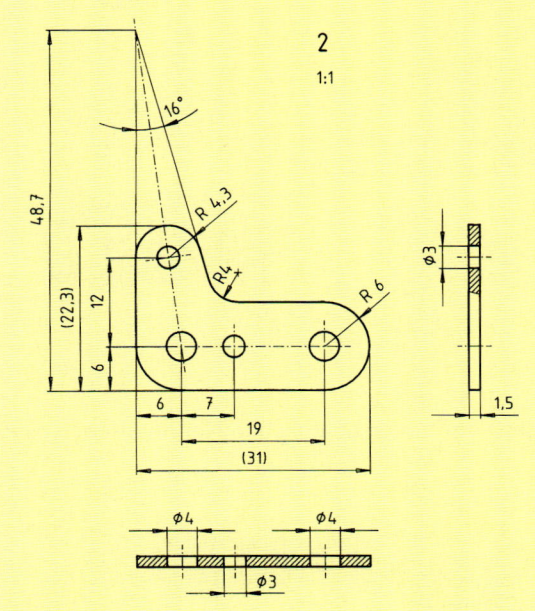

1. Konstruieren Sie die Kontur der Vorderansicht A des Spannblechs. Die Zeichnung ist mit allen Hilfslinien, aber ohne Maße anzufertigen.

2. Zeichnen und bemaßen Sie den Haltebügel in den Ansichten A, B und C im Maßstab 1 : 2.

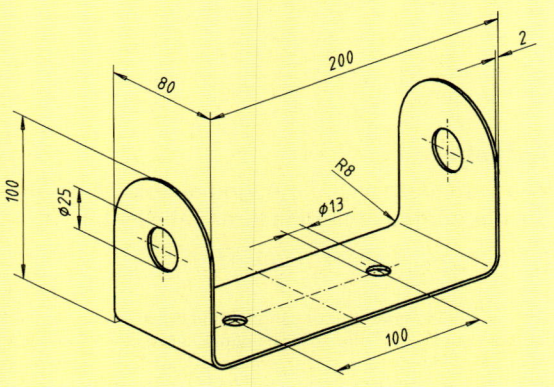

5 Besondere Angaben in Teilzeichnungen

5.1 Toleranzangaben

Allgemeintoleranzen

Die Einzelteile der Klemmzwinge lassen sich nur dann montieren, wenn ihre Maße aufeinander abgestimmt sind. Außerdem müssen die Fertigungsgrenzen festgelegt sein, weil die **Istmaße** immer von den **Nennmaßen** abweichen.

Damit diese Abweichungen nicht zu groß werden, sind alle Maße ohne besondere Angaben mit **Allgemeintoleranzen**[1] versehen (vgl. TECHNOLOGIE Kap. 2.5.1).

Häufig wird der Genauigkeitsgrad **mittel** verwendet.

Der Hinweis auf die Allgemeintoleranzen wird immer im Schriftfeld (vgl. Kap. 1.7) eingetragen.

Die Toleranzen sind den Längen- und Winkelmaßen fest zugeordnet. Die jeweiligen Werte stehen im Tabellenbuch.

Die **Toleranz T** ist der Bereich, innerhalb dessen das Istmaß liegen muss. Das **obere Abmaß es**[2] und das **untere Abmaß ei**[3] geben die größtmöglichen Abstände vom Nennmaß an.

Beispiel

Für die Funktion der Klemmzwinge ist es erforderlich, dass der Spannklotz Pos. 4 auf der Aufnahme Pos. 5 beweglich ist.

Das Maß 8 hat nach DIN ISO[4] 2768-m (früher DIN 7168-m) die Grenzabmaße +/-0,2 mm. Folgende Einzelmaße können unterschieden werden:

- das Nennmaß: $N = 8$ mm
- das obere Abmaß: $es = 0{,}2$ mm
- das Höchstmaß: $G_s = N + es$
  $G_s = 8$ mm $+ 0{,}2$ mm
  $\underline{G_s = 8{,}2 \text{ mm}}$
- das untere Abmaß: $ei = -0{,}2$ mm
- das Mindestmaß: $G_i = N + ei$
  $G_i = 8$ mm $+ (-0{,}2)$ mm
  $\underline{G_i = 7{,}8 \text{ mm}}$
- die Toleranz: $T = G_s - G_i$
  $T = 8{,}2$ mm $- 7{,}8$ mm
  $\underline{T = 0{,}4 \text{ mm}}$
- das Istmaß: Das tatsächlich gemessene Maß.

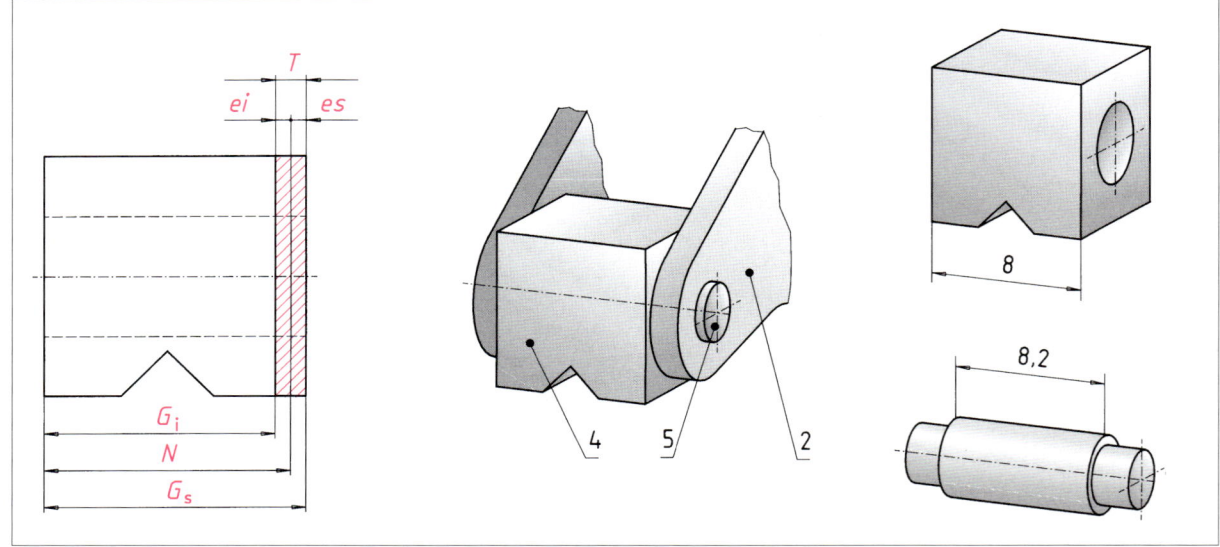

Aufgabe:
Wie verändern sich die Allgemeintoleranzen in Abhängigkeit von unterschiedlichen Nennmaßen? Lösen Sie die Aufgabe mit Hilfe Ihres Tabellenbuchs.

---

[1] Die Allgemeintoleranzen für Längen- und Winkelmaße sind in DIN ISO 2768 genormt.
[2] **es**: **é**cart **s**upérieur (französisch) = oberes Abmaß. Oberes Abmaß einer Bohrung: *ES*
[3] **ei**: **é**cart **i**nférieur (französisch) = unteres Abmaß. Unteres Abmaß einer Bohrung: *EI*
[4] ISO: **I**nternational **O**rganization for **S**tandardization (englisch) = Internationale Organisation für Normung

5.1 Toleranzangaben

Frei gewählte Toleranzen

Das Untermesser (Pos. 3) der Rollenblechschere (vgl. Seite 347) ist nur dann frei drehbar, wenn es geringfügig schmaler ist als die Buchse (Pos. 9). Um dies sicherzustellen, müssen in diesem Fall die Toleranzen besonders angegeben werden. Jedes Maß erhält seine eigenen Toleranzen, die direkt an die Maßzahl geschrieben werden.

Eintragen der Abmaße:

- Sie stehen hinter dem Nennmaß (a)
- Sie werden in der gleichen Schrifthöhe wie das Nennmaß ausgeführt (a), (b)
- Wenn ein Abmaß Null ist, kann die Ziffer '0' angegeben werden (b)
- Wird nur ein Abmaß aufgeführt, ist das zweite immer Null
- Wenn das obere und das untere Abmaß gleich sind, so wird das Abmaß mit dem +/− Zeichen nur einmal eingetragen (a)

Beispiel:
N = 6,5 mm

Untermesser (Pos. 3): G_s = 6,5 mm − 0,1 mm
$\underline{G_s = 6{,}4 \text{ mm}}$

G_i = 6,5 mm − 0,2 mm
$\underline{G_i = 6{,}3 \text{ mm}}$

Buchse (Pos. 9): G_s = 6,5 mm + 0,1 mm
$\underline{G_s = 6{,}6 \text{ mm}}$

G_i = 6,5 mm + 0 mm
$\underline{G_i = 6{,}5 \text{ mm}}$

Das Untermesser (Pos. 3) mit der größten zulässigen Breite G_s = 6,4 mm ist in jedem Fall schmaler als die Buchse (Pos. 9), die das Maß G_i = 6,5 mm nicht unterschreiten darf.

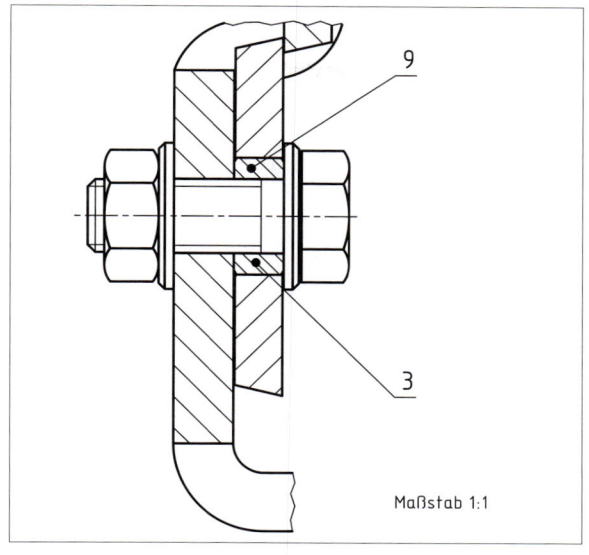

Maßstab 1:1

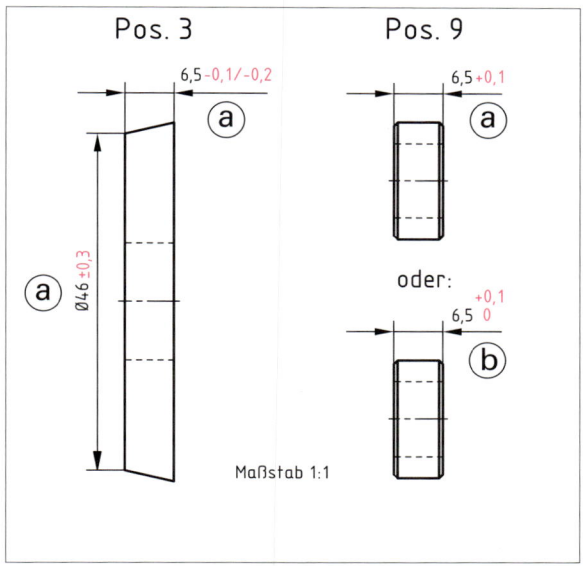

Maßstab 1:1

5 Besondere Angaben in Teilzeichnungen

5.1 Toleranzangaben

ISO-Toleranzen

Das Untermesser (Pos. 3) muss auf der Buchse (Pos. 9) drehbar gelagert sein. Für den geforderten Sitz werden ISO-Toleranzen gewählt.

ISO-Toleranzen werden mithilfe von Buchstaben und Zahlen angegeben. Die zugehörigen Werte in μm (Mikrometer) können dem Tabellenbuch entnommen werden.

Die **Buchstaben** wie z. B. **g** oder **H** bilden das **Grundabmaß**. Dies ist der Wert für das **untere Abmaß**.

Die **Zahlen** wie z. B. **6** oder **7** bilden den **Toleranzgrad**. Dies ist der Wert für das **obere Abmaß**.

Grundabmaß und Toleranzgrad bilden gemeinsam die **Toleranzklasse** wie z. B. **g6** oder **H7**.

Eintragen der ISO-Toleranzen:
- Sie stehen hinter dem Nennmaß
- Sie werden in der gleichen Schrifthöhe wie das Nennmaß ausgeführt
- Bohrungen und Innenmaße erhalten große Buchstaben
- Wellen und Außenmaße erhalten kleine Buchstaben

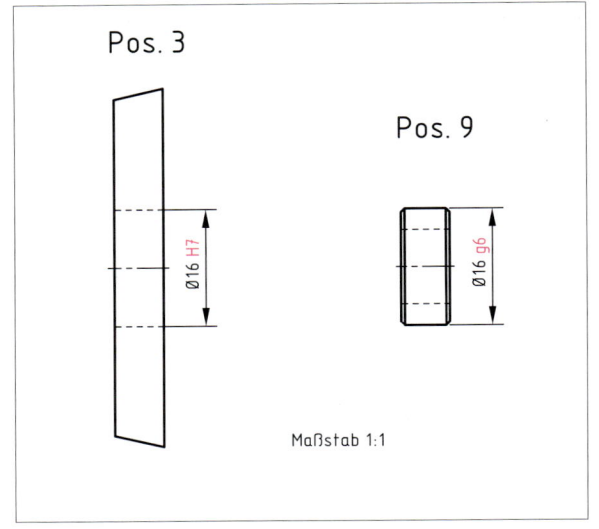

Aufgaben:

1. Bestimmen Sie für die Bohrung von Pos. 3 (Nennmaß ⌀16H7) die Abmaße, das Höchstmaß, das Mindestmaß und die Toleranz.
   Lösen Sie die Aufgabe mithilfe Ihres Tabellenbuches.

2. Bestimmen Sie für das Außenmaß von Pos. 9 (Nennmaß ⌀16g6) die Abmaße, das Höchstmaß, das Mindestmaß und die Toleranz.
   Lösen Sie die Aufgabe mithilfe Ihres Tabellenbuches.

3. Zeichnen und bemaßen Sie eines der Werkstücke der Rollenblechschere in den erforderlichen Ansichten.

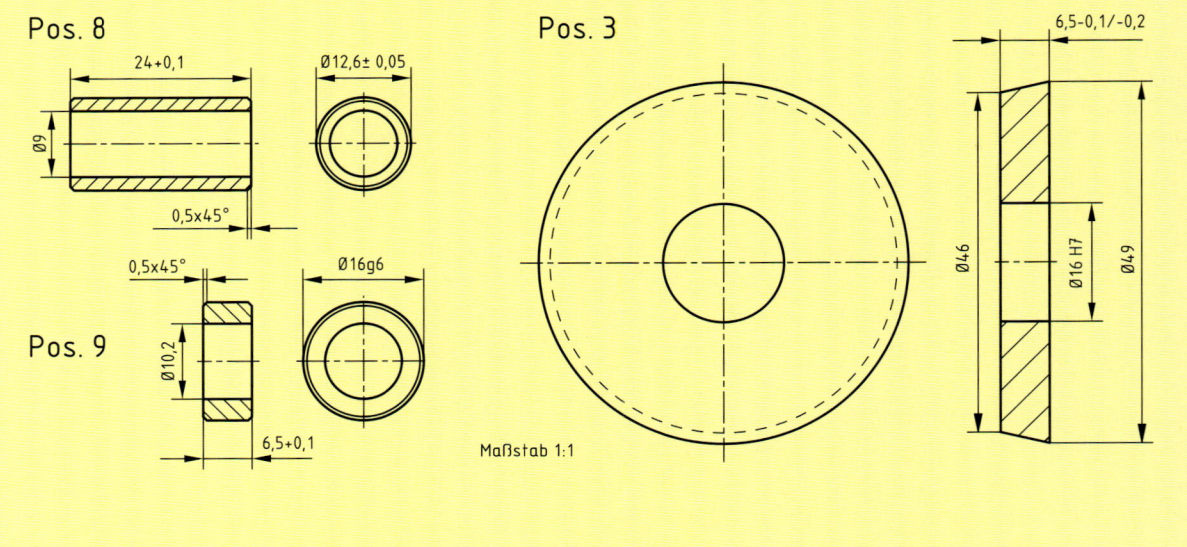

5.2 Systeme der Maßeintragung

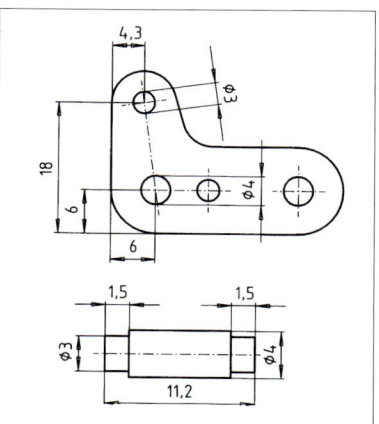

Die Bemaßung eines Werkstücks kann fertigungsbezogen, prüfbezogen oder funktionsbezogen ausgeführt werden. Auf einer Zeichnung können auch gleichzeitig mehrere Systeme der Maßeintragung vorkommen.

Fertigungsbezogene Bemaßung
Die Maßbezugsflächen sind Auflageflächen beim Anreißen oder Auflageflächen bei der maschinellen Spanabhebung.

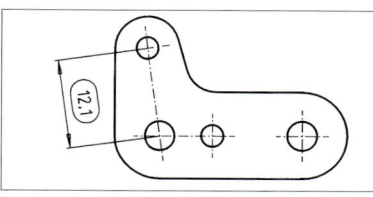

Prüfbezogene Bemaßung
Meistens sind die Fertigungsmaße auch die Prüfmaße. Bei Bohrungen z. B. können zusätzliche Prüfmaße erforderlich sein. Im Beispiel wird der Abstand der Bohrungen über die Prüfmaße kontrolliert. Prüfmaße werden in einen **Rahmen** geschrieben.

Funktionsbezogene Bemaßung
Diese Art der Bemaßung orientiert sich an der Funktion eines Teils. Für die Fertigung müssen eventuell besondere Abstände bestimmt werden. Im Beispiel ist dies die Lage der Ausnehmung im Werkstück.

5.3 Maßketten, Hilfsmaße

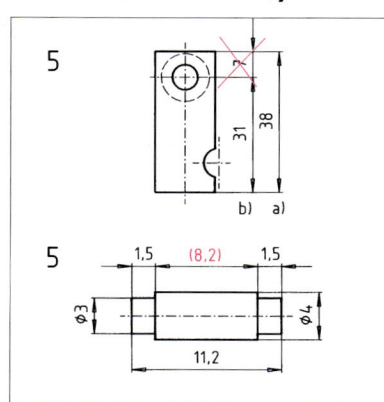

Alle Maße sind mit Grenzabmaßen versehen (vgl. Kap. 5.1). Alle Istmaße können daher geringfügig vom Nennmaß abweichen. Aus diesem Grund ist es nicht sinnvoll, zu viele Einzelmaße als **Maßkette** aneinander zu hängen. Besser ist es, die Maße immer wieder von der Maßbezugsebene oder von der Maßbezugslinie ausgehend einzutragen.
Nicht erlaubt sind **Doppel-Tolerierungen**.
Sie entstehen, wenn eine Gesamtlänge a) angegeben ist, aber auch aus der Summe mehrerer Einzelmaße b) berechnet werden kann. Zur Vermeidung von Doppel-Tolerierungen muss die Kette der Einzelmaße gegenüber dem Gesamtmaß immer eine Lücke haben.
Bei durchgehenden Maßketten muss ein Einzelmaß als **Hilfsmaß** geschrieben werden. Hilfsmaße werden immer in Klammern gesetzt. Sie haben keine Abmaße. Sie dienen nur zur Kennzeichnung von Zusammenhängen.

Aufgaben:
Berechnen Sie die Summe der Einzeltoleranzen (rot) und die Toleranz des Gesamtmaßes 100 (blau).
Begründen Sie den Unterschied.

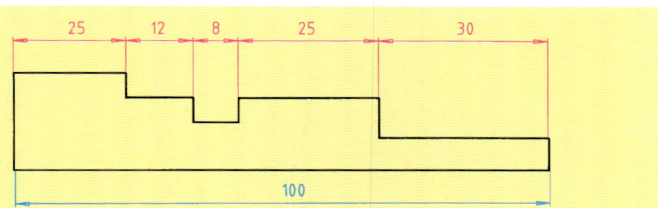

5.4 Teilungen

Bei regelmäßig wiederkehrenden Abständen können diese als **Teilungen** bemaßt werden. Formelemente wie z. B. Bohrungen, die in gleichen Abständen mehrfach vorkommen, können auf diese Weise vereinfacht bemaßt werden.

- Bohrungsdurchmesser werden nur einmal eingetragen. Auf einer Hinweislinie wird zusätzlich eingetragen, wie oft diese Bohrung vorkommt.

- Auch die Bohrungsabstände werden nur einmal zwischen zwei Bohrungen bemaßt. Auf einer zweiten Maßlinie wird angegeben, wie oft der Abstand vorkommt. Die Gesamtlänge aller Abstände wird als Hilfsmaß zusätzlich eingetragen.

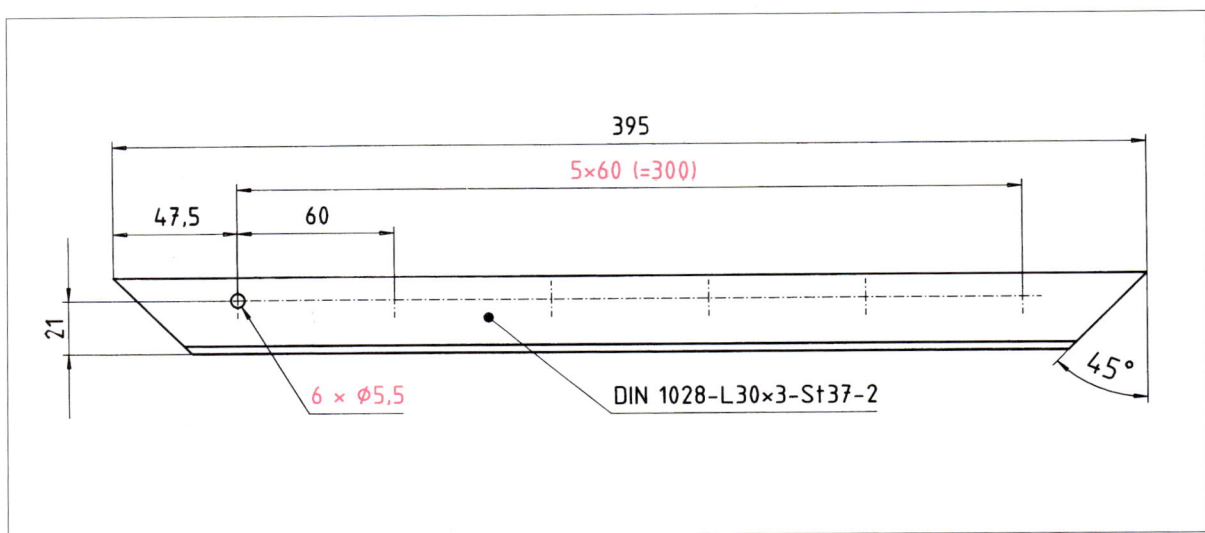

5.5 Bemaßung von Fasen und Senkungen

Verlaufen die Fasen oder Senkungen unter einem Winkel von 45° zur Werkstückfläche, dann werden sie in vereinfachter Form bemaßt.

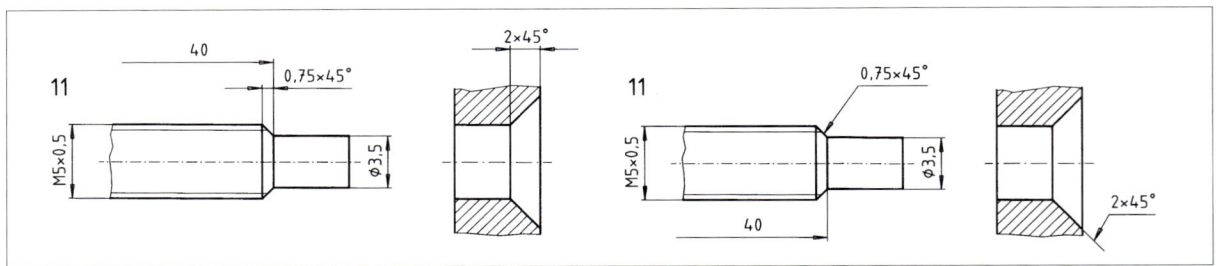

Alle anderen Fasen oder Senkungen müssen zwei Maße erhalten.

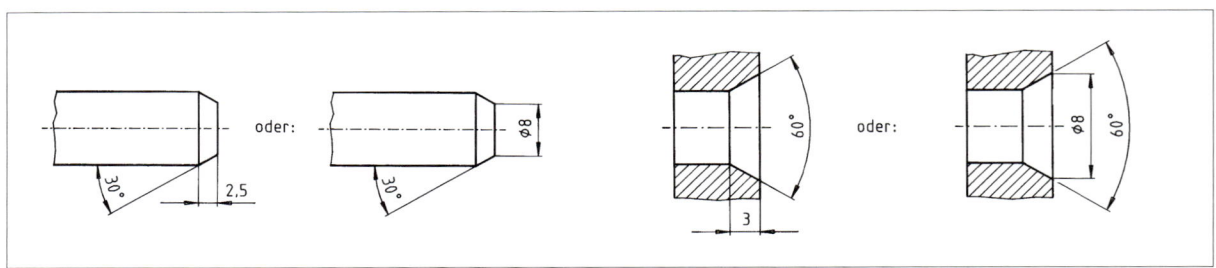

5.6 Eintragung von Oberflächenbeschaffenheiten

Durch eine zusätzlich Angabe von **Rauheitswerten** wird die erforderliche Oberflächenbeschaffenheit bemaßt[1].

Grundsymbol	Symbole mit besonderer Bedeutung			
Oberfläche, die behandelt wird.	Die Oberfläche wird **materialabtrennend bearbeitet**.	Materialabtrennende Bearbeitung **nicht zugelassen**. oder Im Zustand des **vorhergehenden Fertigungsvorgangs belassen**.	Für zusätzliche **Angaben**. Zulässig für **alle** Fertigungsverfahren.	Gleiche Oberflächenbeschaffenheit auf **allen** Oberflächen rund um die **Kontur** (z. B. 4 Würfelflächen)

Die Oberflächenbeschaffenheit kann als **Mittenrauheit** R_a oder als **gemittelte Rauhtiefe** R_z angegeben werden. Beide Kennzeichnungen stehen am Symbol an der gleichen Stelle.

Mittenrauheit R_a

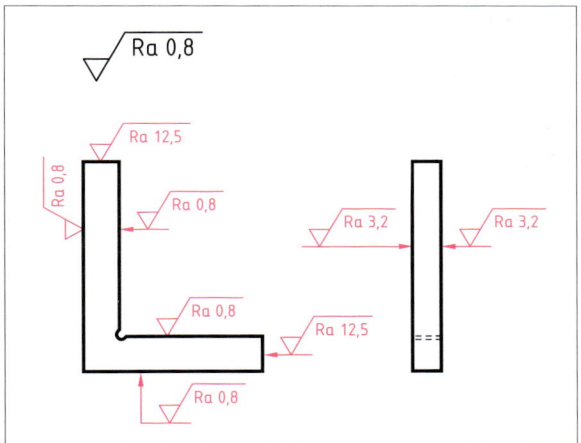

Gemittelte Rauhtiefe R_z

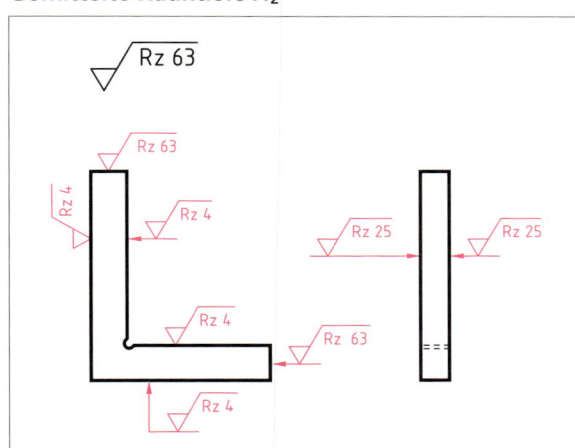

- Das Symbol kann immer mit der Spitze an die Körperkante gezeichnet werden.
- Bei der Eintragung der Zahlen und Angaben ist die Leserichtung zu beachten.
- Bei der Verwendung von Hilfslinien ist die Leserichtung zu beachten.

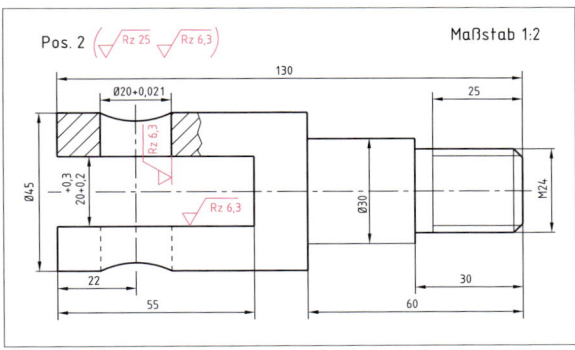

Alle nicht gekennzeichneten Flächen werden spanend bearbeitet und erhalten eine Oberflächenbeschaffenheit Rz 25.

---
[1] vgl. DIN EN ISO 1302, Ausgabe Juni 2002

5.7 Eintragung von Schweißsymbolen

Schweißnähte werden in Zeichnungen mit Hilfe von Symbolen[1] gekennzeichnet. Sie enthalten Aussagen über
- die Form,
- die Verarbeitung und
- die Ausführung

der jeweiligen Naht.

Grundsymbole		
Benennung	Darstellung	Symbol/Nahtart
V-Naht		V
Y-Naht		Y
Kehlnaht		△

Grundsymbol:

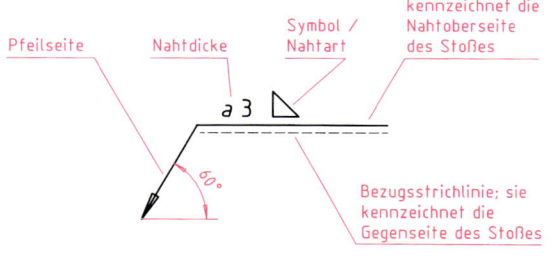

Ergänzende Angaben:
Ringsumnaht

Baustellennaht

Beispiel:

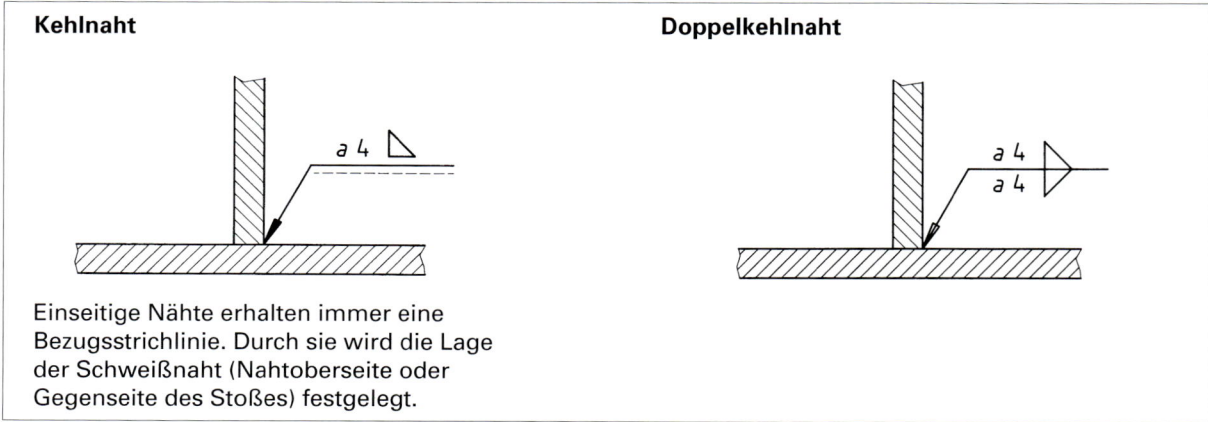

Einseitige Nähte erhalten immer eine Bezugsstrichlinie. Durch sie wird die Lage der Schweißnaht (Nahtoberseite oder Gegenseite des Stoßes) festgelegt.

---

[1] vgl. DIN EN 22553, Ausgabe August 1994

6 Perspektivische Darstellungen

Für einen Handlauf sollen Konsolen gefertigt werden (siehe TECHNOLOGIE Kap. 2.2.1). Ein Mitarbeiter hat von der Konsole eine perspektivische Skizze angefertigt. Dabei hat er die Konsole in der Lage skizziert, in der sie auch eingebaut werden soll. Bei der Bemaßung sind die bauseitigen Vorgaben zu beachten.

6.1 Erstellung einer Perspektive

Die folgenden Arbeitsschritte sollen die Vorgehensweise des Mitarbeiters beim Erstellen der perspektivischen Skizze erläutern.
Beim Herstellen einer Perspektive als Technische Zeichnung würde man die gleiche Reihenfolge der Arbeitsschritte einhalten.

1. Zuerst wird ein **Hüllkörper** gezeichnet, in den das Werkstück (die Konsole) hineinpasst.
   Bei der Wahl des Hüllkörpers ist darauf zu achten, dass dieser das Bauteil möglichst eng umschließt.
   Der Hüllkörper hat somit das größte Maß der **Breite** (der Breite des Flachstahls), das größte Maß der **Höhe** (wird bauseitig aufgemessen als Unterschied zwischen dem Handlauf und der Befestigung am Mauerwerk) und das größte Maß der **Tiefe** (Abstand von der Wand).

2. In eine der Flächen des Hüllkörpers wird zweidimensional die Form der Konsole eingezeichnet.

3. Danach werden die Breite und die Bohrung eingezeichnet.

4. Abschließend wird die Perspektive bemaßt.

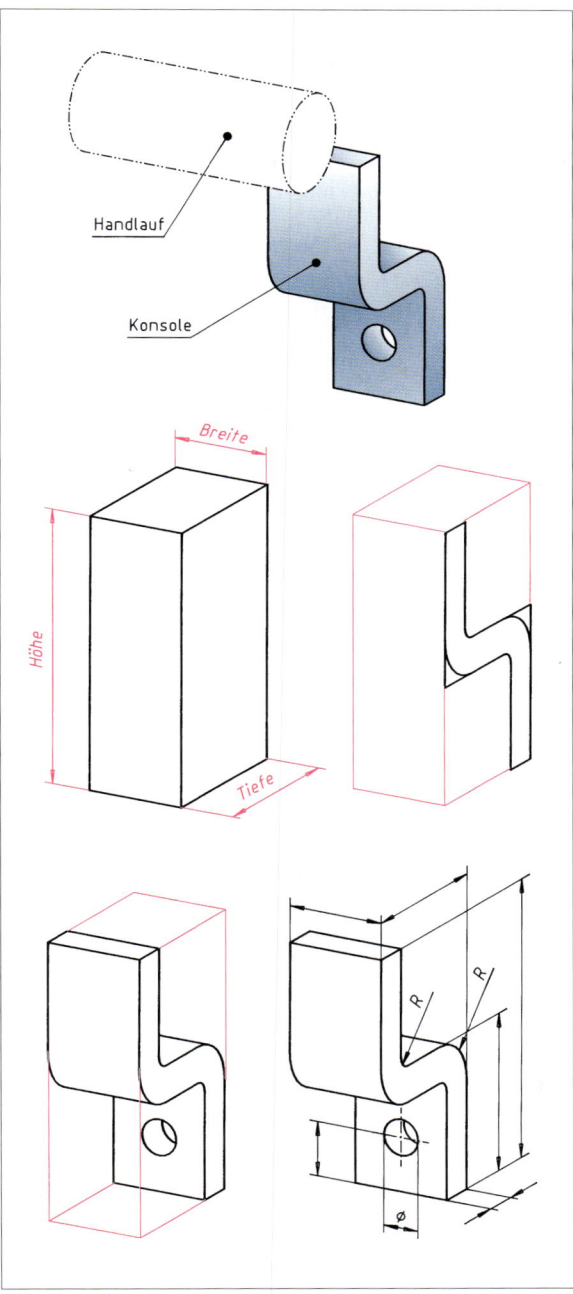

6.2 Unterschiedliche Perspektiven

Perspektiven werden in Montageanleitungen, in Beschreibungen für Wartungsarbeiten und Reparaturen verwendet. Mit ihrer Hilfe werden Aufbau und Funktion von Geräten und Baugruppen anschaulich erläutert (siehe Anordnungsplan Kap. 1.4).

Auf einem Foto laufen nach hinten führende Linien in einem „Fluchtpunkt" zusammen. Anders dagegen in perspektivischen Darstellungen (Projektionen[1]). Dort verlaufen die nach hinten führenden Linien **parallel**. Dies ist sinnvoll, weil so die Teile montagegerecht oder herstellungsgerecht dargestellt und bemaßt werden können. Zum Anfertigen von Perspektiven gibt es Vordrucke mit entsprechenden Liniennetzen.

Isometrische Projektion

Isometrische Perspektiven sind in der Installationstechnik und im Rohrleitungsbau weit verbreitet.

Ihre Besonderheit ist, dass alle Maße für Breite, Höhe und Tiefe **ohne Verkürzung** abgebildet werden. Dadurch werden Umrechnungsfehler vermieden und die Darstellung für die Vorfertigung wird erleichtert.

- Die Achsen verlaufen unter den Winkeln 30° bzw. 90° zur Waagerechten.
- Rechtwinklige Ecken kommen nicht vor.
- Breiten : Höhen : Tiefen = 1 : 1 : 1.
- Alle Kanten werden in ihrer wahren Länge gezeichnet.

Dimetrische Projektion

Diese Darstellungsart entspricht am ehesten den Abbildungen auf einem Foto. Sie wird in Anordnungsplänen und Montageplänen verwendet.

- Die Achsen verlaufen unter den Winkeln 7°, 42° und 90° zur Waagerechten.
- Breiten : Höhen = 1 : 1
- Die Tiefen werden verkürzt im Verhältnis 1 : 2 dargestellt.

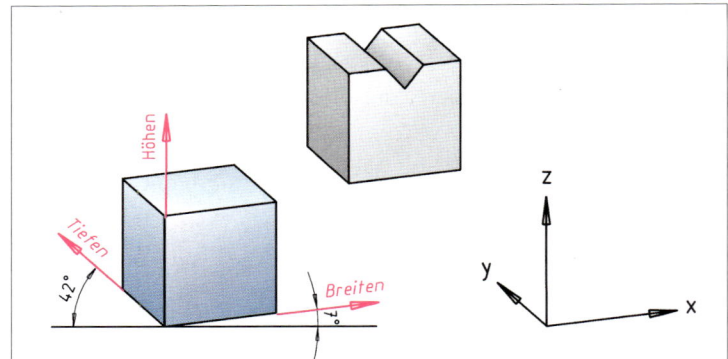

Kabinett-Projektion

Diese Perspektive eignet sich für Freihandskizzen, da die Achsen waagerecht, senkrecht bzw. unter einem Winkel von 45° verlaufen.

- Breiten : Höhen = 1 : 1
- Die Tiefen werden verkürzt im Verhältnis 1 : 2 dargestellt.

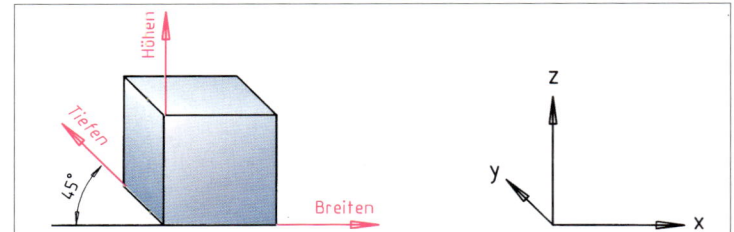

---

[1] Axonometrische Projektionen nach DIN ISO 5456-3

Aufgaben:

1. Skizzieren Sie die Werkstücke als Perspektiven und tragen Sie die Maße ein.

Nutenstein DIN 508 – M 12 × 14

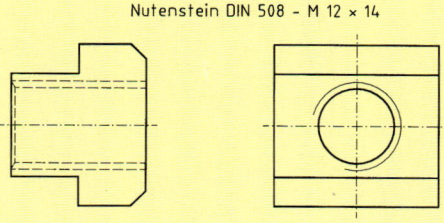
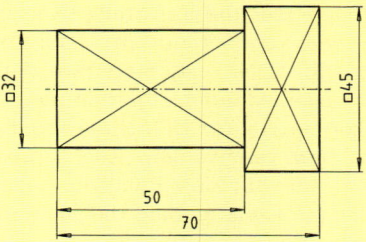

2. Skizzieren und bemaßen Sie die Werkstücke in den erforderlichen Ansichten.

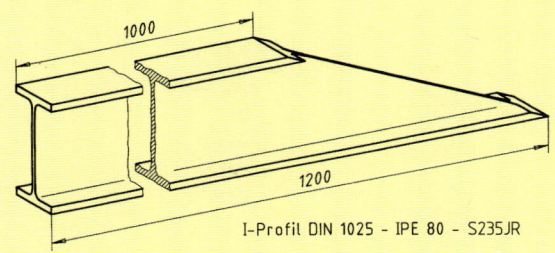

I-Profil DIN 1025 – IPE 80 – S235JR

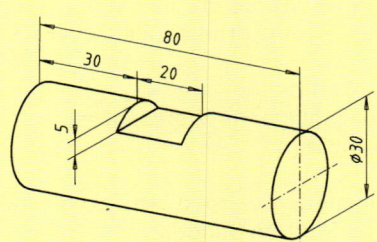

3. Skizzieren Sie die Gelenklasche und die Gelenkgabel als Perspektiven. Vergleichen Sie Ihre Skizze mit Seite 72, Bild 1 und Seite 73, Bild 2.

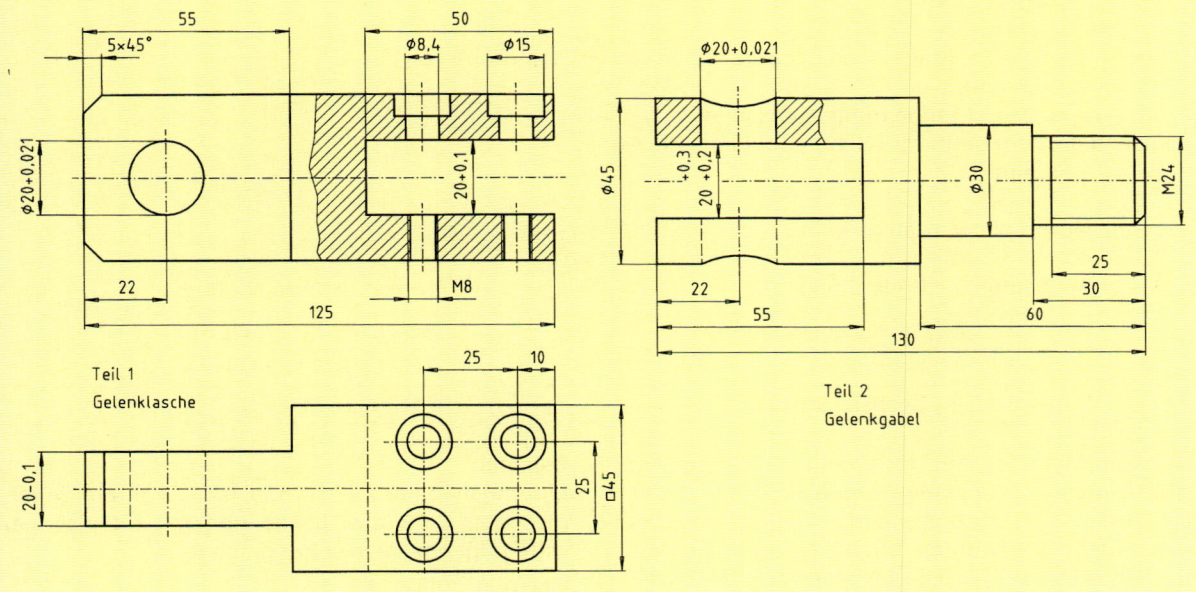

Teil 1 Gelenklasche

Teil 2 Gelenkgabel

7 Auswahl von Normteilen

Für einen Betrieb sind alle nicht selbst hergestellten Teile **Fremdteile**. Eine besondere Gruppe innerhalb der Fremdteile bilden die **Normteile**. Dies sind standardisierte Teile, die es nur in bestimmten Abmessungen gibt. Das erleichtert ihre Austauschbarkeit und vereinfacht die Lagerhaltung.

Normteile können Sie mit Hilfe Ihres Tabellenbuchs bestimmen bzw. auswählen. Die Angaben im Tabellenbuch sind für den Benutzer gedacht. Sie enthalten die Größenangaben, die für den Einbau der Normteile von Bedeutung sind.

Beispiel:
Die Rollenblechschere soll mit zwei Schrauben M 12 auf einer Werkbank befestigt werden. Das Material des Grundkörpers der Schere hat eine Dicke von
$t_1 = 8$ mm
und die Arbeitsplatte der Werkbank ist
$t_2 = 40$ mm
dick.
Für die Befestigung werden zusätzlich zwei Scheiben und zwei Muttern benötigt.

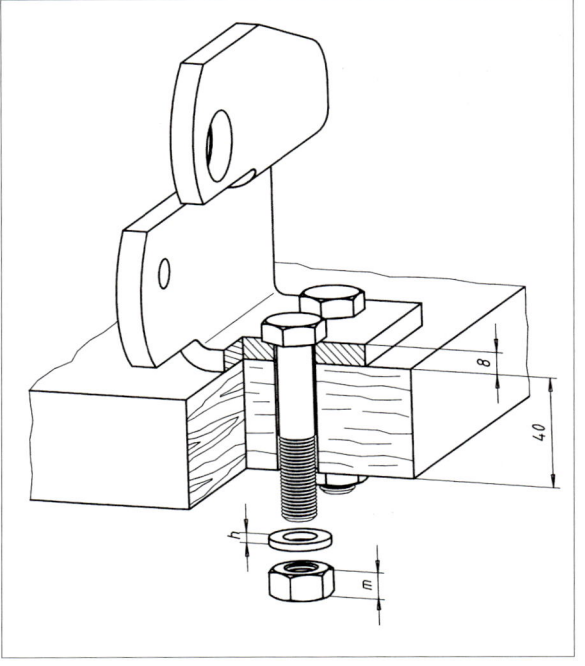

Lösung:
Mit Hilfe des Tabellenbuchs werden die Höhe der Mutter und der Scheibe bestimmt.
$m = 10$ mm
$h = 2{,}5$ mm
Schere, Arbeitsplatte, Mutter und Scheibe haben eine Gesamthöhe von
$H = 60{,}5$ mm.
So lang muss die Schraube mindestens sein.
Die nächstgrößere genormte Schraubenlänge beträgt
$l = 65$ mm.

Folgende Normteile werden gewählt:

Pos.	Menge	Benennung	Norm-Kurzbezeichnung
1	2	Sechskantschraube	ISO 4014 - M12 x 65 - 8.8
2	2	Scheibe	ISO 7089 - 12 - 200 HV
3	2	Sechskantmutter	ISO 4032 - M12 - 5

Im Zusammenhang mit der Vereinheitlichung von internationalen und nationalen Normen und der fortschreitenden europäischen Einigung werden immer mehr DIN-Normen durch internationale ISO-Normen oder europäische EN-Normen ersetzt, die häufig neue Bezeichnungen mit sich bringen.

Bis sich die neuen Bezeichnungen durchgesetzt haben, bedeutet dies, dass an vielen Stellen doppelte Bezeichnungen notwendig sind.

Beispiel:
Ein ungehärteter Zylinderstift mit $d = 6$ mm Durchmesser, $l = 28$ mm Länge und mit Kegelkuppen kann folgende Bezeichnungen haben:

Norm bis 1992-10:
Zylinderstift DIN 7 - 8m6 x 28 - St50K

Norm bis 1998-02:
Zylinderstift ISO 2338 - B - 8 x 28 - St

Norm ab 1998-02:
Zylinderstift ISO 2338 - 8m6 x 28 - St

7 Auswahl von Normteilen

Eine Scheibe für eine Schraube mit M12-Gewinde kann folgende Bezeichnungen haben:
Norm bis 2000-10:
Scheibe **ohne** Fase:
Scheibe DIN 125 – A 8,4 – 140 HV
Scheibe **mit** Fase:
Scheibe DIN 125 – B 8,4 – 140 HV

Norm ab 2000-11:
Scheibe **ohne** Fase (vgl. Seite 388):
Scheibe ISO 7089 – 12 – 200 HV
Scheibe **mit** Fase (vgl. Seite 348):
Scheibe ISO 7090 – 12 – 200 HV

Aufgaben:

1. Mit Hilfe des Tabellenbuchs sind die Benennungen der abgebildeten Teile zu bestimmen.
   In einer Tabelle sind Positionsnummern, Benennungen und Norm-Nummern einander zuzuordnen.

   Normteile:
   Federring, Kronenmutter, Mutter, Scheibe, selbstsichernde Mutter, Sicherungsring, Spannstift, Splint, Sechskantschraube, Zylinderschraube mit Innensechskant.

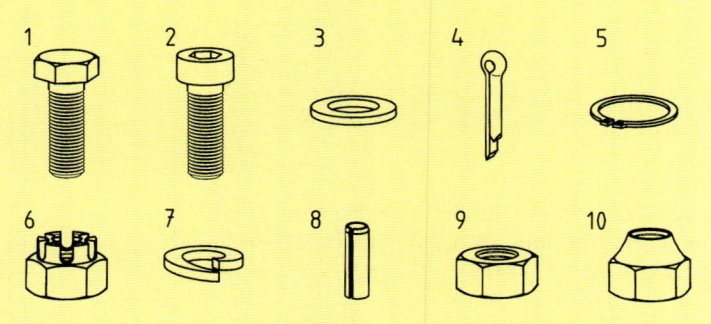

Pos.	Benennung	DIN-Nummer	ISO-Nummer
1	■	■	■
2	■	■	■
-	-	-	-
-	-	-	-
10	■	■	■

2. a) Schreiben Sie die vollständige Benennung und die Norm-Kurzbezeichnung auf.
   b) Bestimmen Sie die Gewindelänge.

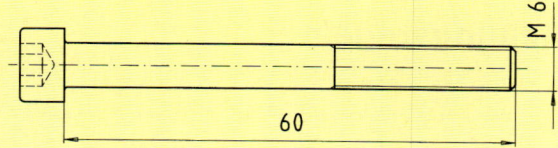

3. a) Schreiben Sie die vollständige Benennung und die Norm-Kurzbezeichnung auf.
   b) Bestimmen Sie die Schlüsselweite.

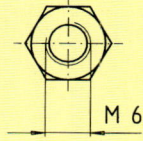

4. a) Schreiben Sie die vollständige Benennung und die Norm-Kurzbezeichnung auf.
   b) Wo werden diese Normteile verwendet?

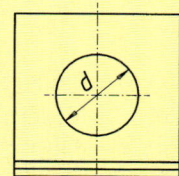 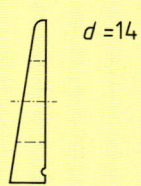

5. Für eine Verbindung mit t = 80 mm Gesamtdicke sind die Elemente Sechskantschraube, Scheibe, selbstsichernde Mutter zu bestimmen.

8 Darstellung im Vollschnitt

8.1 Grundlegendes

Die Rohrverbindung ist zeichnerisch auf zwei Arten dargestellt. Die **Schnittzeichnung** zeigt gegenüber der **Ansicht** wesentlich mehr Einzelheiten. Es ist nicht nur das **Äußere**, sondern auch das **Innere** der Verbindung zu erkennen. Gleichzeitig ist ersichtlich, dass sich zwischen der Muffe und den Rohrenden ein weiterer „Stoff" befindet. Es handelt sich dabei um Klebstoff.

Bei Baugruppen- oder Gesamtzeichnungen erleichtern Schnittzeichnungen das Erkennen der einzelnen Bauteile und deren Funktionen.

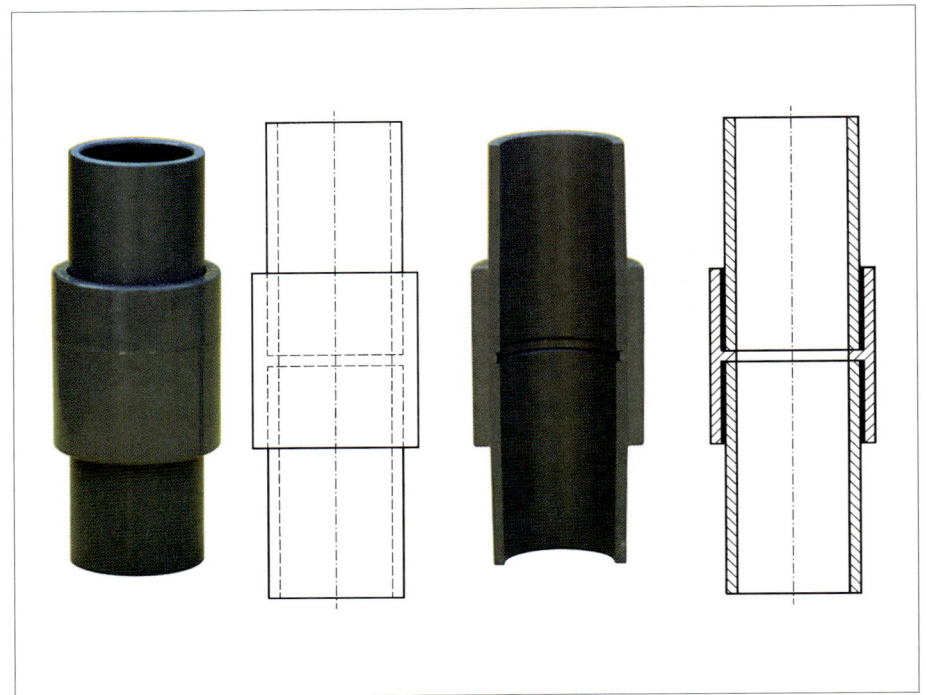

8.2 Darstellungsregeln

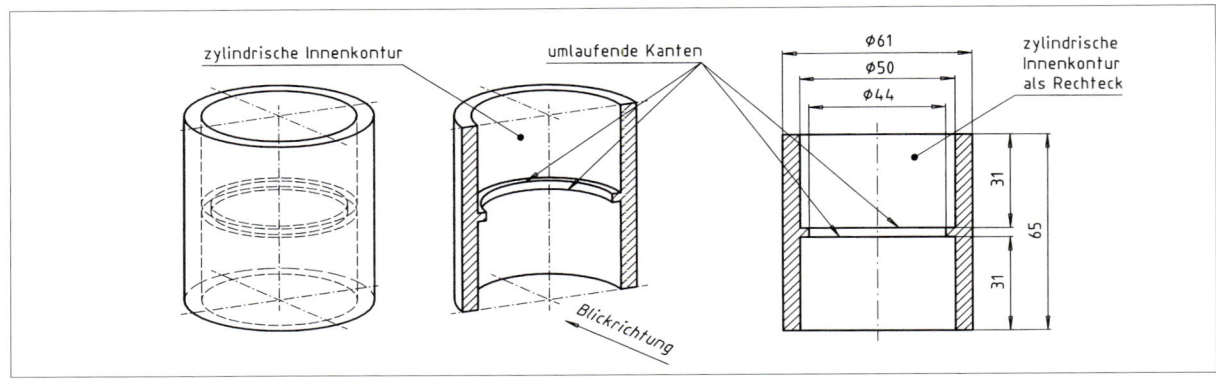

Beim **Vollschnitt** wird das Bauteil (z. B. Muffe) gedanklich „durchgeschnitten". Die Ebene, in der dieser Schnitt erfolgt, heißt **Schnittebene**. Sie liegt bei symmetrischen Werkstücken meist auf der Symmetrieachse (Mittellinie).

Die **Schnittfläche**, die beim Schneiden der Werkstücke entstehen würde, ist zu **schraffieren**. Es muss also die Fläche schraffiert werden, auf der beim tatsächlichen Auseinandersägen des Bauteils die Sägeriefen entstünden. Die Schraffur erfolgt unter einem Winkel von 45° zur Achse (Mittellinie) oder zu den Hauptumrissen (Körperkanten) des Bauteils. Alle Schnittflächen desselben Teiles sind in der gleichen Richtung zu schraffieren. Die Schraffurlinien werden als schmale Volllinien ausgeführt.

Bei der Muffe werden durch das Schneiden **innere Kanten** sichtbar. Bei runden Teilen heißen sie „umlaufende Kanten". Diese Kanten sind als breite Volllinien zu zeichnen.

Durch die Blickrichtung werden die tatsächlich vorhandenen zylindrischen Innenkonturen bei der Muffe und bei anderen Teilen im Schnitt als Rechtecke gezeichnet.

8 Darstellung im Vollschnitt

8.2 Darstellungsregeln

Der **Abstand** der Schraffurlinien richtet sich in erster Linie nach der **Größe der Schnittfläche**.
Je größer die Schnittfläche, desto größer ist der Linienabstand zu wählen. Besonders schmale Schnittflächen dürfen geschwärzt werden.

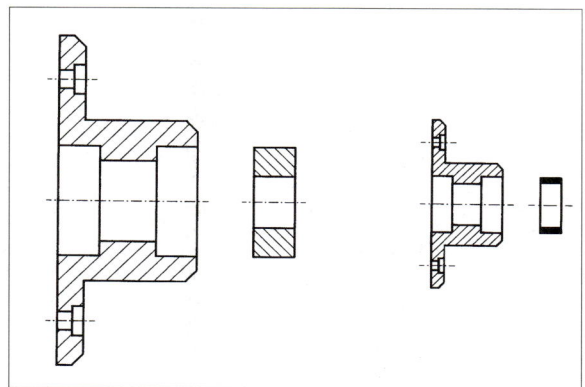

Bei Baugruppen oder Gesamtzeichnungen sind die Schnittflächen der Einzelteile in **verschiedenen Richtungen** schraffiert. Das erleichtert das Erkennen der Einzelteile.

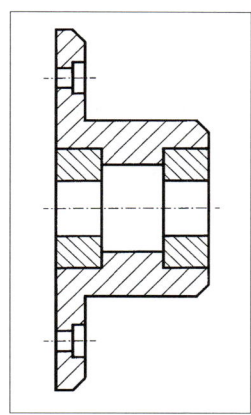

Rippen werden in Längsrichtung nicht geschnitten, weil sie sich von der Grundform abheben sollen. In untenstehender Abbildung ist durch die nicht schraffierte Rippe die Grundform des Lagerbocks besser zu erkennen.

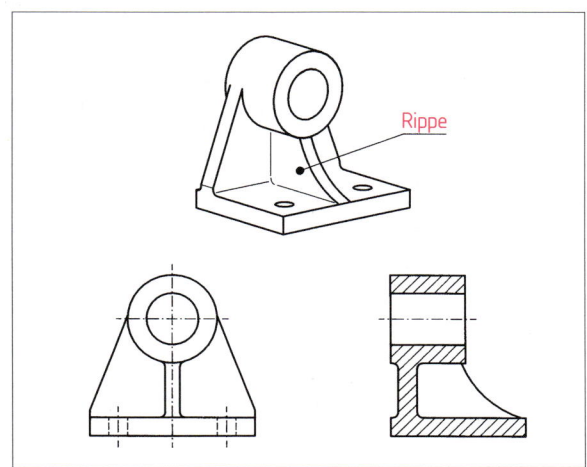

Normteile werden nicht geschnitten. Dies gilt z. B. für Muttern, Unterlegscheiben, Passfedern, Keile, Bolzen, Nieten usw. Ihre Schnittdarstellung liefert keine zusätzlichen Informationen, sondern die Schraffur macht die Zeichnung nur unübersichtlicher. **Schrauben** und **Stifte** werden in Längsrichtung nicht geschnitten. Ist dagegen der Querschnitt abgebildet, erhält er eine Schraffur. Zusätzlich kann das genaue Aussehen dieser Teile Normblättern, Tabellen und Katalogen entnommen werden.

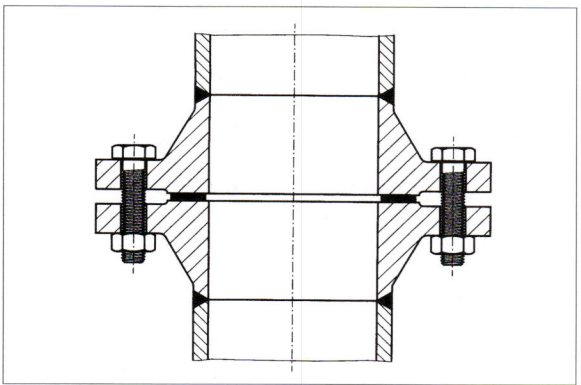

Nicht genormte Vollteile ohne Hohlräume oder verdeckte Einschnitte werden **nicht geschnitten**, wenn sie in ihrer **Längsrichtung** dargestellt sind, (z. B. untenstehende Welle). Auch hier würde die Zeichnung durch die zusätzliche Schraffur unübersichtlicher und einen größeren Arbeitsaufwand erfordern.

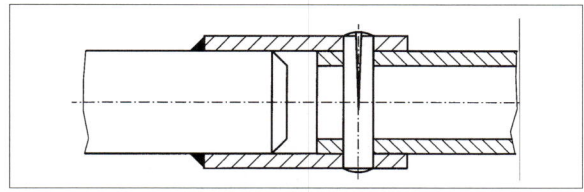

Die Schraffur ist in verschiedenen Schnitten desselben Bauteils in **gleicher Richtung und gleichem Abstand** darzustellen.

Verdeckte Kanten werden in Schnittzeichnungen **nicht gezeichnet** (z. B. Senkbohrungen in der Seitenansicht).

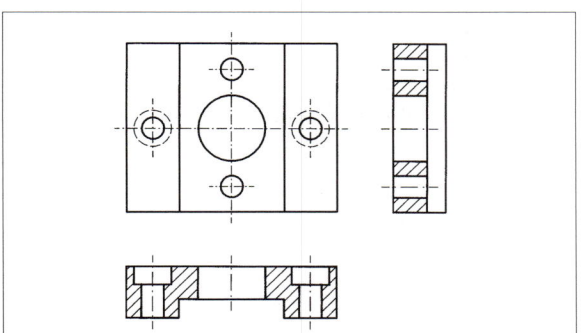

8 Darstellung im Vollschnitt   8.2 Darstellungsregeln

Aufgaben:

1. Darstellung A oder B ist jeweils falsch, die andere ist richtig. Wählen Sie die richtige Darstellung aus und beschreiben Sie den Fehler.

2. Die Zeichnungen A und B zeigen das gleiche Reduzierstück. Welche Darstellung bietet Vorteile? Nennen Sie die Gründe für Ihre Entscheidung.

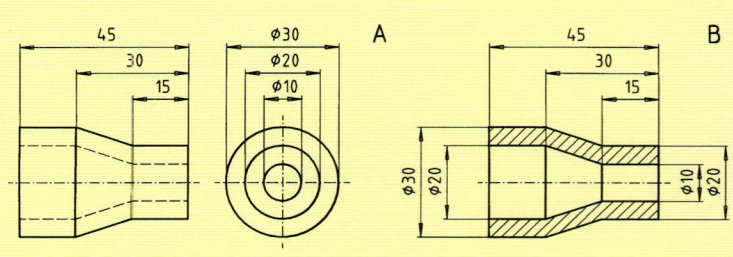

8 Darstellung im Vollschnitt 8.2 Darstellungsregeln

Auf der Doppelseite sind die verschiedensten Werkstücke und Baugruppen im Vollschnitt dargestellt.

1. Ordnen Sie die folgenden Bezeichnungen den jeweiligen Bildern auf dieser Doppelseite zu: Fügen von Kanalrohren, Eckventil mit Quetschverschraubung, Klemmringverschraubung, Kugelhahn, Absperrventil, Lötverbindung, Flansch zum Anschweißen, Flansch zum Anschrauben, Hubkolbenmotor, Gleitlagerbuchse, L-Profil und T-Profil, Flanschlager mit Gleitlagerbuchsen und Abdeckhaube aus Blech.
2. Wie viele Teile sind im Bild 5 dargestellt und woran sind sie zu erkennen?
3. Warum ist im Bild 6 keine Schraffur angebracht?
4. Wie viele Teile können im Bereich X des Bildes 7 vom Eckventil gelöst werden?
5. Wie funktionieren die in den Bildern 8 und 12 dargestellten Baueinheiten?
6. Auf welche Weise wirkt die Klemmringverschraubung im Bild 11?
7. Skizzieren Sie die Profile (Bild 3 und 4) in der Seitenansicht von links.
8. Wie könnten die Einzelteile von Bild 10 miteinander verbunden sein?
9. Wodurch sind die Rohre in Bild 1 abgedichtet?
10. Wie werden die Einzelteile in den Bildern 9 und 13 miteinander verbunden?

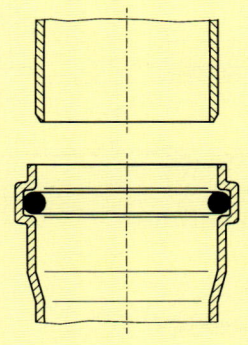

Bild 1

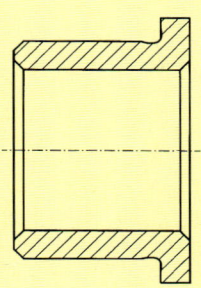

Bild 2

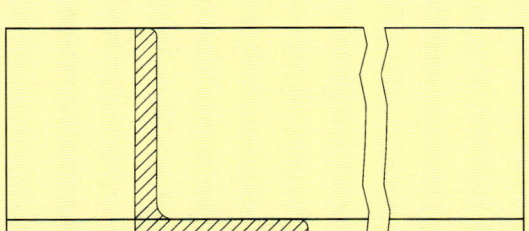

Bild 3

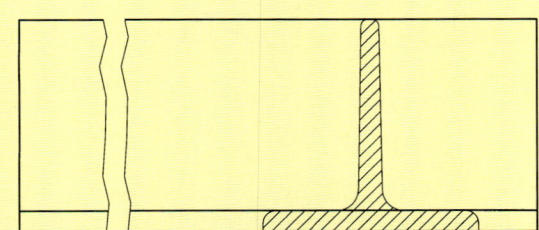

Bild 4

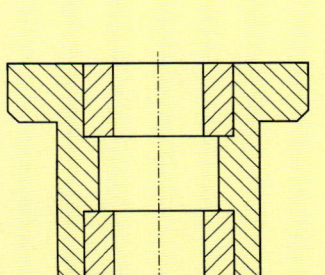

Bild 5

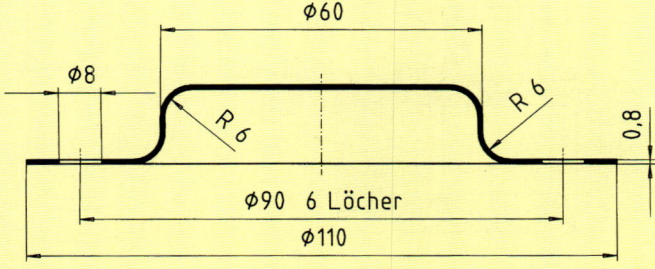

Bild 6

393

8 Darstellung im Vollschnitt 8.2 Darstellungsregeln

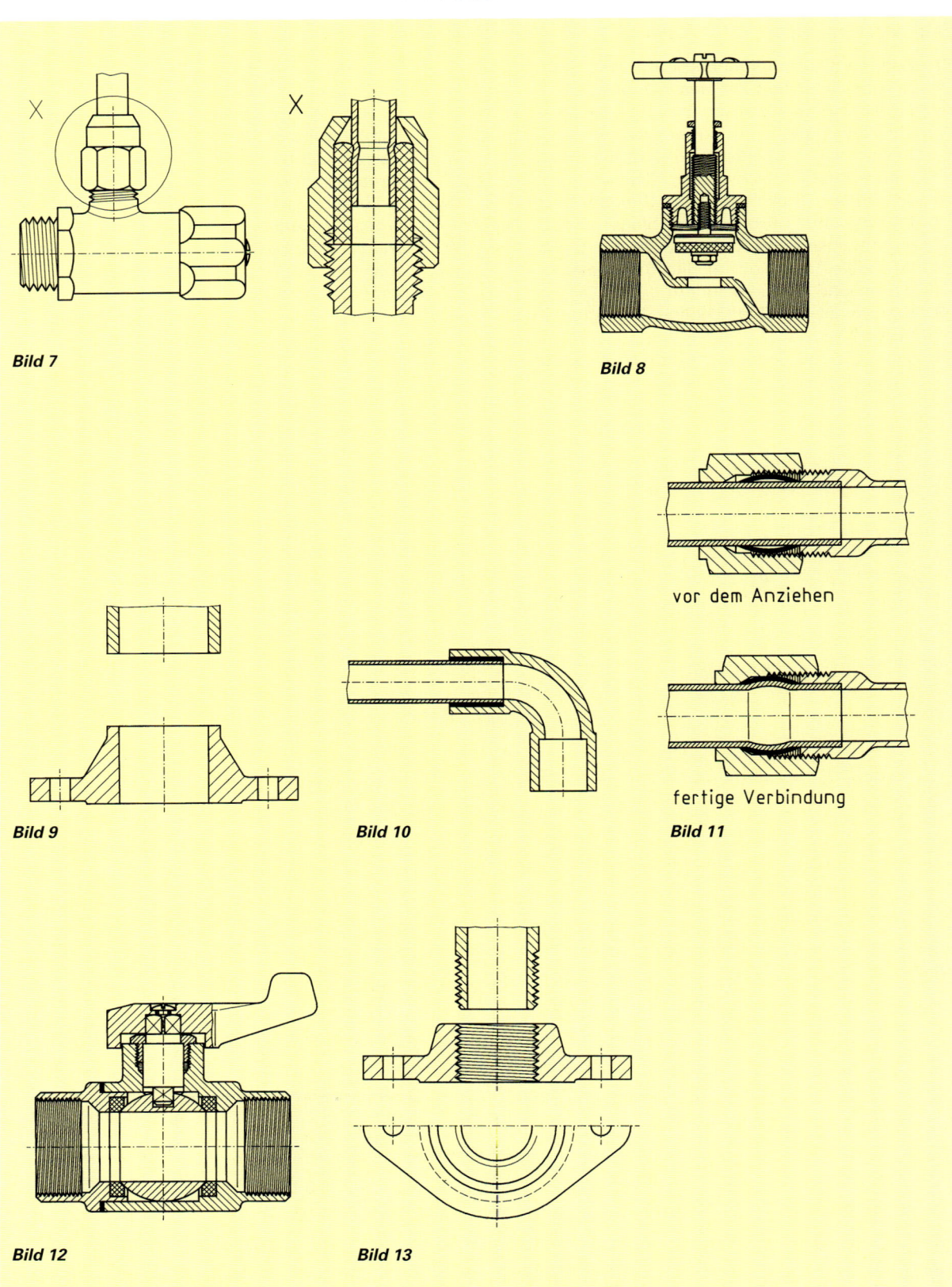

Bild 7

Bild 8

vor dem Anziehen

fertige Verbindung

Bild 9 Bild 10 Bild 11

Bild 12 Bild 13

8.3 Werkstücke, die mit einer Schnittdarstellung eindeutig dargestellt sind

Bei **symmetrischen** Werkstücken reicht oft nur **eine Schnittdarstellung** aus, um ihre Form eindeutig zu beschreiben. Die Schnittebene liegt dann auf einer Symmetrieachse. Mit Hilfe der **Durchmesser- und Quadratzeichen** wird angegeben, ob die entsprechenden Flächen gekrümmt oder eben sind.

Drehteile mit Innenkonturen werden im Schnitt dargestellt. **Eine** Schnittdarstellung reicht aus, um die Maße für die äußere und innere Kontur an sichtbaren Kanten einzutragen.

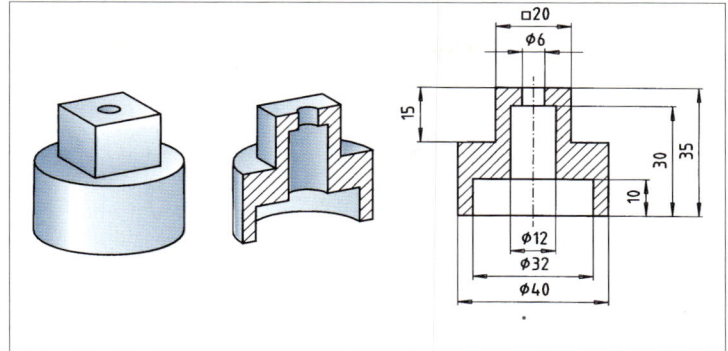

Aufgaben:

1. Zeichnen Sie von den dargestellten Drehteilen mindestens zwei im Schnitt mit der erforderlichen Bemaßung. Die Drehteile sind 70 mm lang und ihr größter Durchmesser bzw. die Kantenlänge des größten Vierkants beträgt 60 mm. Alle anderen Maße können frei gewählt werden. Die gerundeten Kanten (Lichtkanten) sind als dünne Volllinien dargestellt. Sie enden vor den Körperkanten.

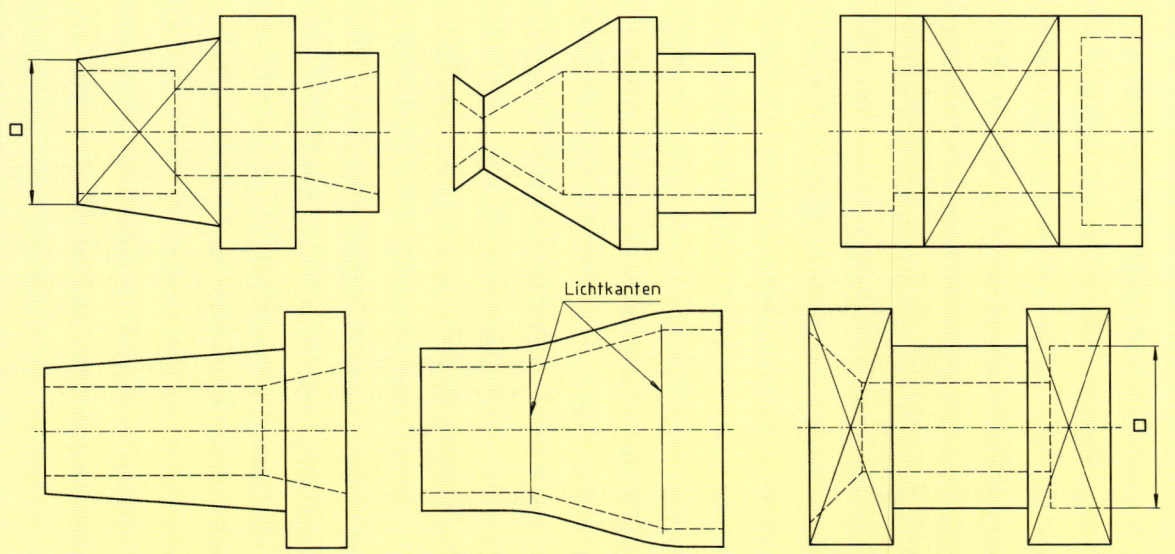

Lichtkanten

2. Fertigen Sie von einem Reduzierstück eine Einzelteilzeichnung an. Entnehmen Sie die erforderlichen Maße der Tabelle. Wenn Sie ein Reduzierstück auswählen, dessen Maß d kleiner als 63 mm ist, dann ist es im Maßstab 2:1 zu zeichnen.

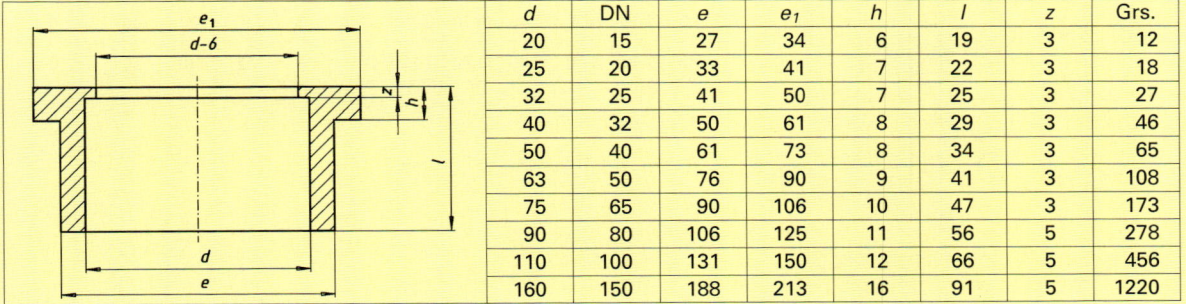

d	DN	e	e_1	h	l	z	Grs.
20	15	27	34	6	19	3	12
25	20	33	41	7	22	3	18
32	25	41	50	7	25	3	27
40	32	50	61	8	29	3	46
50	40	61	73	8	34	3	65
63	50	76	90	9	41	3	108
75	65	90	106	10	47	3	173
90	80	106	125	11	56	5	278
110	100	131	150	12	66	5	456
160	150	188	213	16	91	5	1220

8 Darstellung im Vollschnitt   8.3 Werkstücke, die mit einer Schnittdarstellung eindeutig dargestellt sind

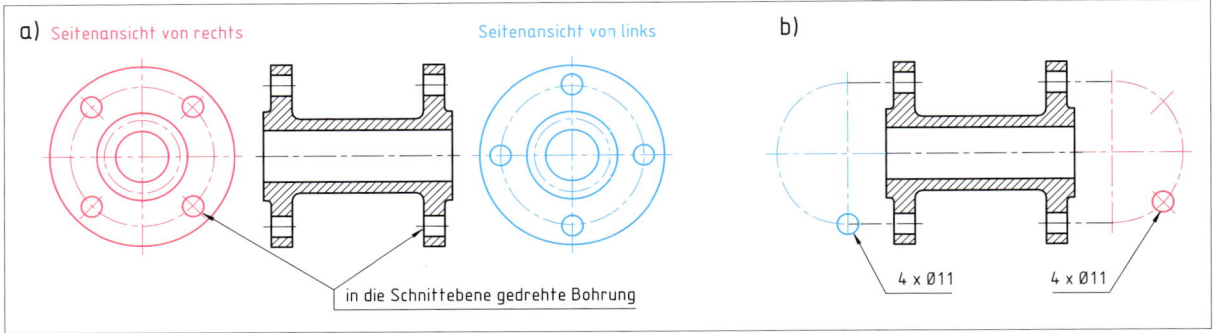

Durch **ergänzende Angaben** können Bauteile eindeutig in nur **einer Ansicht** dargestellt werden.
Die **Seitenansichten** (Bild a) sind **nicht** erforderlich, wenn stattdessen **eingeklappte Lochkreise** (Bild b) gezeichnet werden. Die **Lage der Bohrungen** ist auf den Lochkreisen durch **dünne Strichlinien** angegeben.
Die **Lochkreise** sind als **dünne Strich-Punkt-Linien** auszuführen.
In den Seitenansichten von links und rechts ist die Lage der Durchgangsbohrungen zu erkennen. Auch die Bohrungen des rechten Flansches werden in die Schnittebene geklappt, damit die Bohrungsformen erkennbar sind und im Schnitt keine Verzerrungen auftreten.

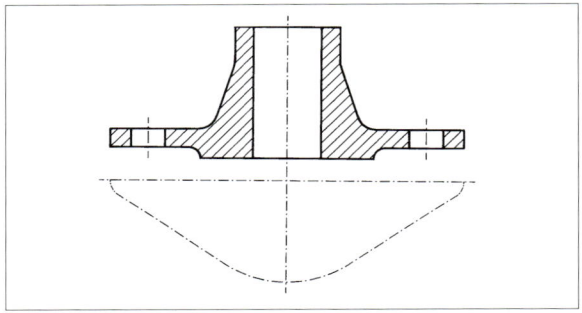

Statt die Form des Flansches als weitere Ansicht zu zeichnen, kann sie in die **Schnittebene geklappt** werden.
Die Flanschform wird als dünne Strich-Punkt-Linie gezeichnet.

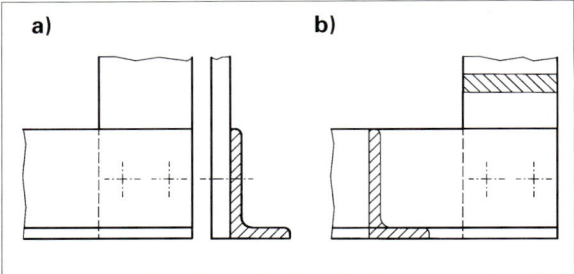

Um eine Ansicht der linken Darstellung a) einzusparen, werden die Querschnitte der verwendeten Profile in **eine Ansicht** eingezeichnet (rechte Darstellung b)).
Das Profil (Profilschnitt) wird mit dünnen Volllinien gezeichnet und mit einer Schraffur versehen.

Aufgaben:

1. Zeichnen Sie einen Flansch im Vollschnitt mit eingeklapptem Lochkreis.

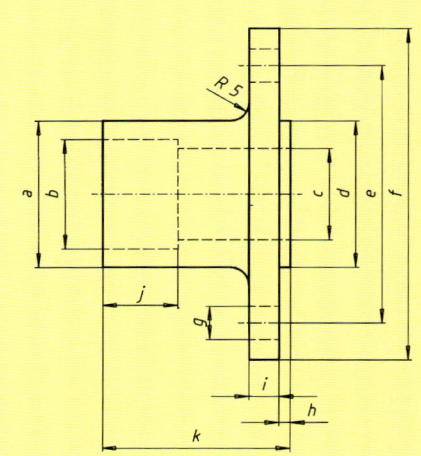

a	b	c	d	e	f	g	h	i	j	k	Anzahl der Flanschbohrungen
Ø 30	Ø 25	Ø 20	Ø 32	Ø 55	Ø 70	Ø 6,5	2	6	16	35	4
Ø 40	Ø 30	Ø 25	Ø 40	Ø 70	Ø 90	Ø 9	3	8	20	50	6
Ø 65	Ø 40	Ø 30	Ø 65	Ø 90	Ø 120	Ø 11	4	12	30	70	8

2. Aus welchen Profilen besteht die Wandkonsole und welche Abmessungen würden Sie für die Stahlprofile wählen?

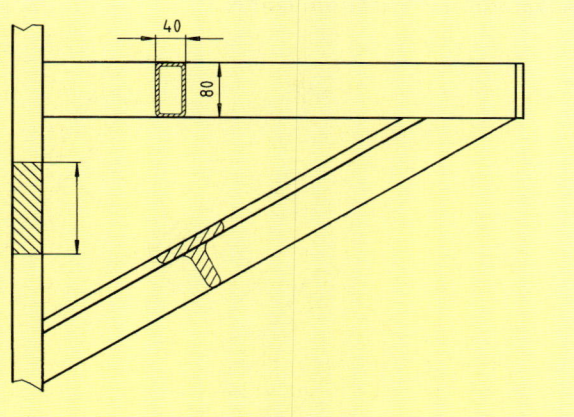

8.4 Analyse von Schnittzeichnungen als Grundlage für Arbeitsplanungen

Hohlraumdübelmontage

Im Bild a) ist ein Hohlraumdübel (Pos. 1) aus Kunststoff in eine dünne Platte aus Gipskarton (Pos. 2) eingesetzt. Die Leiste (Pos. 3) wird in Bild b) mit einer Senkschraube (Pos. 4) an der Platte befestigt.

1. Planen Sie schrittweise die Herstellung und Montage der Schraubenverbindung und geben Sie die dafür erforderlichen Werkzeuge an.
2. Welche Länge L muss die Schraube mindestens besitzen?
3. Beschreiben Sie das Funktionsprinzip des Hohlraumdübels.
4. Begründen Sie, ob sich der Hohlraumdübel zum Aufhängen von Wandbildern eignet, wobei der Schraubenkopf wie in Bild c) um die Länge l von der Wand entfernt sein muss.

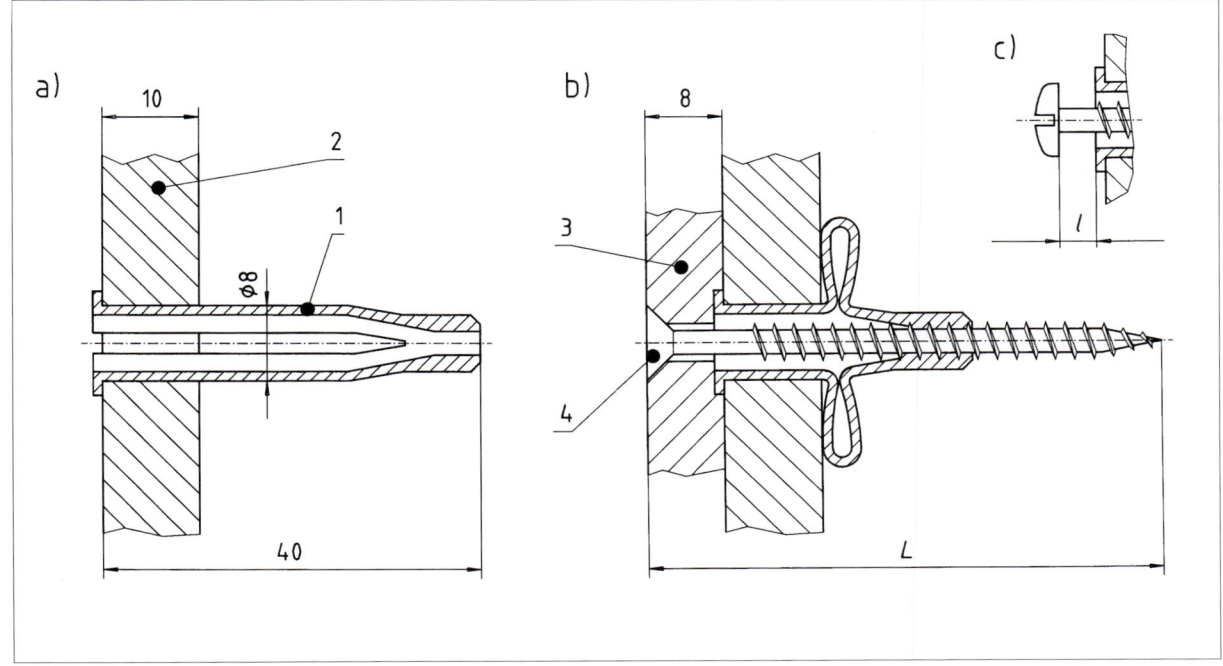

Reparatur des Freistromventils

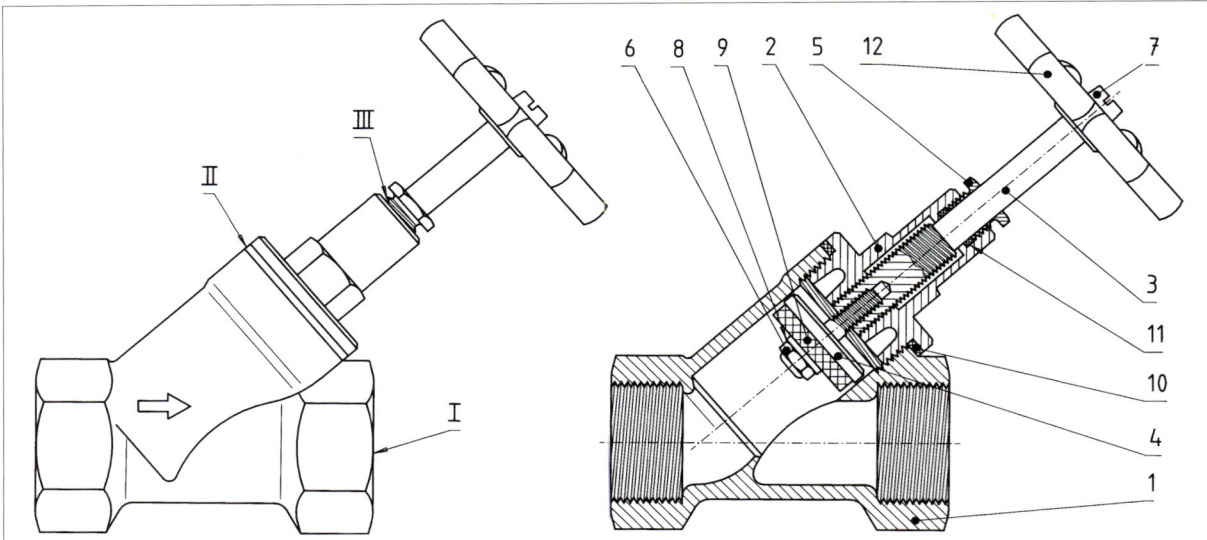

Das Freistromventil wird z.B. in Wasserversorgungen eingebaut, um damit einzelne Bereiche absperren zu können.

Es kann aus verschiedenen Gründen undicht werden, von denen drei Möglichkeiten im Folgenden aufgezeigt werden:

1. Das Ventil ist geschlossen und trotzdem tropft Wasser aus der Ventilaustrittseite (Stelle I).
2. Das Ventil ist geöffnet und Wasser tropft an der Stelle II.
3. Das Ventil ist geöffnet und Wasser tropft an der Stelle III.

Pos	Benennung	Werkstoff
1	Gehäuse	CuZn40Pb2
2	Kopfstück	CuZn40Pb2
3	Spindel	CuZn40Pb2
4	Ventilkegel	CuZn40Pb2
5	Stopfbüchse	CuZn40Pb2
6	Kegelmutter	CuZn40Pb2
7	Handradschraube	CuZn40Pb2
8	Unterlegscheibe	CuZn40Pb2
9	Dichtscheibe	PTFE
10	O-Ring	PTFE
11	Stopfbüchspackung	Baumwolle graphitiert
12	Handrad	Alu-Druckguss, grün lackiert

Aufgaben:

1. Ermitteln Sie die Gründe für die drei geschilderten Undichtigkeiten.
2. Welche Maßnahme ist jeweils durchzuführen, um die Undichtigkeit zu beseitigen?
3. Beschreiben Sie für jeden Fall die Arbeitsschritte zum Abdichten des Ventils, und geben Sie die dafür erforderlichen Werkzeuge an.

9 Gewindedarstellung und Senkungen
9.1 Außen- und Innengewinde bzw. Bolzen- und Muttergewinde

Aufgaben:
1. Wie viele Innen- und Außengewinde sind in dem Freistromventil gezeichnet?
2. Wo müssen aufgrund der Funktion noch weitere Innen- und Außengewinde vorhanden sein?

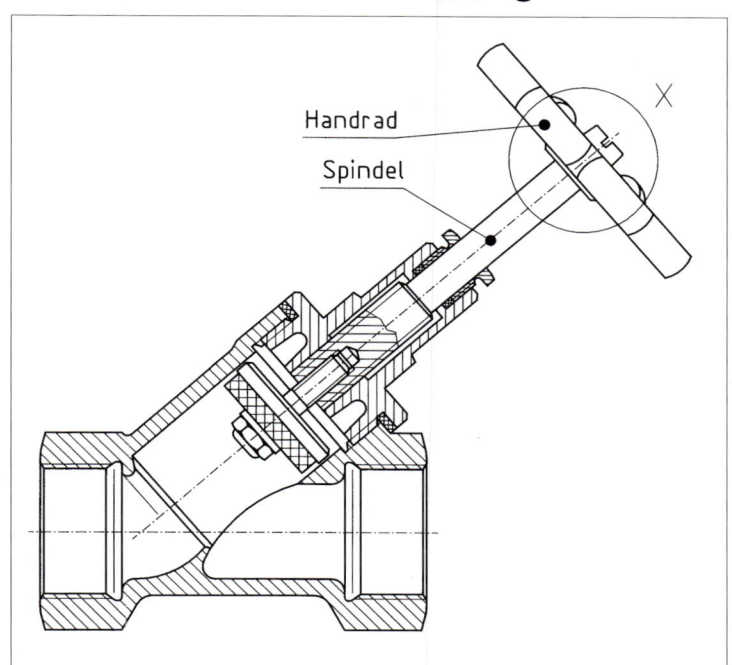

Im unteren Bild ist die Befestigung des Handrades (Einzelheit X) auf der Spindel des Freistromventils mit einer Schlitzschraube dargestellt.

In der linken Abbildung sind sowohl beim Innen- wie beim Außengewinde die Gewindespitzen gezeichnet. In der rechten werden die Gewinde im Schnitt und in der Ansicht **symbolisch nach Norm** dargestellt.

- Beim Außen- bzw. Bolzengewinde in der Ansicht wird die äußere Kontur des Gewindebolzens als breite Volllinie gezeichnet. Der Außendurchmesser entspricht dem Nenndurchmesser des Gewindes (z. B. Außendurchmesser).
- Der Kerndurchmesser des Gewindes wird durch schmale Volllinien symbolisiert, deren Abstand z.B. beim Gewinde M12 laut Tabellenbuch 9,8 mm beträgt.
- Beim Außengewinde in der Draufsicht wird der Kerndurchmesser durch einen 3/4-Kreis[1)] mit schmaler Volllinie dargestellt.
- Beim Innen- bzw. Muttergewinde im Schnitt wird der Kerndurchmesser des Gewindes mit breiter Volllinie gezeichnet, während der Nenndurchmesser mit schmaler Volllinie symbolisiert wird.
- Beim Muttergewinde in Draufsicht wird der Kerndurchmesser als Vollkreis mit breiter Volllinie und der Nenndurchmesser als 3/4-Kreis mit schmaler Volllinie dargestellt.

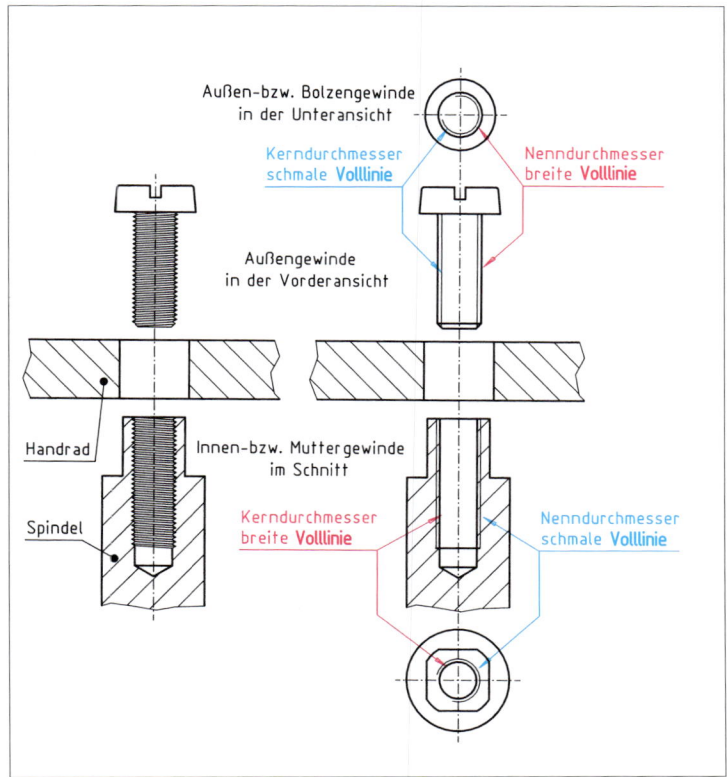

[1)] vgl. DIN ISO 6410, Ausgabe Dezember 1993

9 Gewindedarstellung und Senkungen   9.1 Außen- und Innengewinde bzw. Bolzen- und Muttergewinde

Zeichnen von Gewinden im Vergleich zur Gewindeherstellung

Das Gewinde wird in der gleichen Reihenfolge gezeichnet, in der es gefertigt wird.

Außengewinde

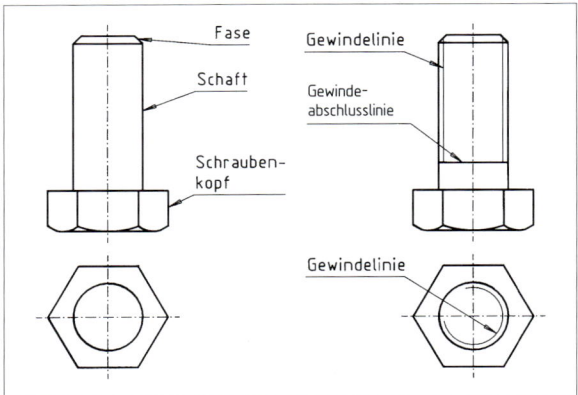

Zuerst wird die **äußere Form** des Schraubenrohlings (Kopf, Schaft und Fase) mit breiten **Volllinien** in Vorderansicht und Draufsicht gezeichnet.

Mit der **Gewindeabschlusslinie**, die als **breite Volllinie** zu zeichnen ist, wird die nutzbare Gewindelänge bestimmt. Die **Gewindelinien** sind als **schmale Volllinen** darzustellen. In der Draufsicht wird die Gewindelinie als **3/4-Kreis** gezeichnet.

Innengewinde

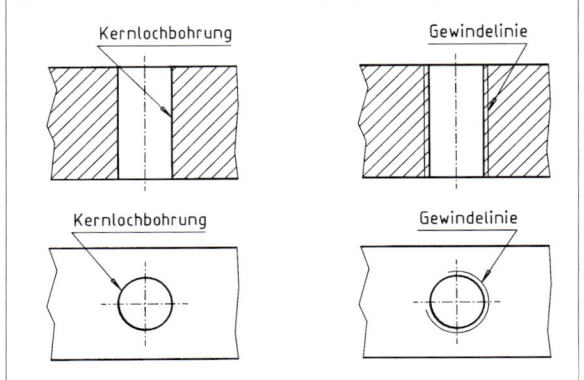

Zunächst wird die **Kernlochbohrung** im Schnitt bzw. in der Draufsicht mit breiten **Volllinien** gezeichnet. In der Schnittdarstellung sind die Schraffurlinien bis an die Kernlochwandung zu ziehen.

Sowohl in der Schnittdarstellung als auch in der Draufsicht werden die **Gewindelinien** als **dünne Volllinien** gezeichnet. Die Gewindelinie in der Draufsicht ist als **3/4-Kreis** darzustellen.

Gewindegrundloch

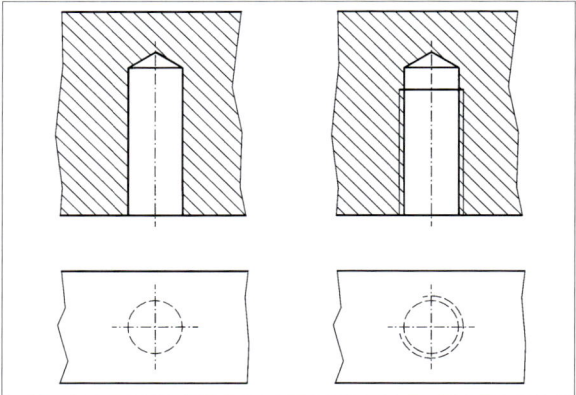

Zeichnen des Grundloches im Schnitt als breite Volllinie und in der Draufsicht als verdeckte Kante. Anbringen der Schraffur im Schnitt.

Im Schnitt ist die Gewindeabschlusslinie als breite Volllinie und die Gewindelinien als schmale Volllinien zu zeichnen. Das Gewinde ist in der Draufsicht als verdeckter 3/4-Kreis darzustellen.

Verdeckte Gewinde

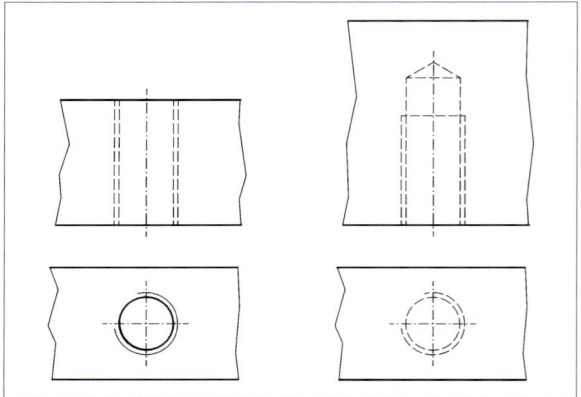

Die Darstellung verdeckter Gewinde erfolgt nach den gleichen Regeln wie oben, jedoch mit dem Unterschied, daß alle Linien als schmale Strichlinien dargestellt werden.

9 Gewindedarstellung und Senkungen

9.2 Bemaßung von Gewinden

Rohrgewinde

Das Rohr wird zunächst im Schnitt gezeichnet.
- Die Gewindeabschlusslinie wird im Schnitt beim **Außengewinde** als **schmale Strichlinie** und beim **Innengewinde** als **breite Volllinie** dargestellt.
- Abschließend sind die Gewindelinien als schmale Volllinien einzutragen.

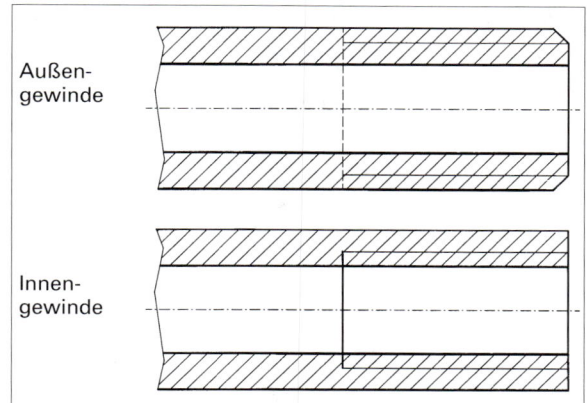
Außengewinde
Innengewinde

9.2 Bemaßung von Gewinden

- Es **muss** immer das **Kurzzeichen des Gewindes** und sein **Nenndurchmesser** angegeben werden (z.B. **M20** für metrisches Gewinde mit 20 mm Nenndurchmesser oder **R2** für Rohrgewinde mit 2 Zoll Nenndurchmesser).
- Außerdem **kann** z.B. die **Steigung** angegeben werden (z.B. **M10x1** für metrisches Gewinde mit 10 mm Nenndurchmesser und 1 mm Steigung).
- Bei **Linksgewinden** wird die Gangrichtung angegeben (z.B. **M16-LH**, wobei LH für left hand, d.h. Linksgewinde steht).
- Die **Längen** oder **Tiefen des Gewindes** werden in den Ansichten bemaßt, in denen sie zu sehen sind.
- Beim **Gewindegrundloch** ist noch die **Tiefe des Gewindekernloches** anzugeben.
- Die **Mindestlänge des Gewindeauslaufs**, das ist die Differenz zwischen der Gewindekernlochtiefe und der nutzbaren Gewindelänge, kann **Tabellen** (DIN 76) entnommen werden.

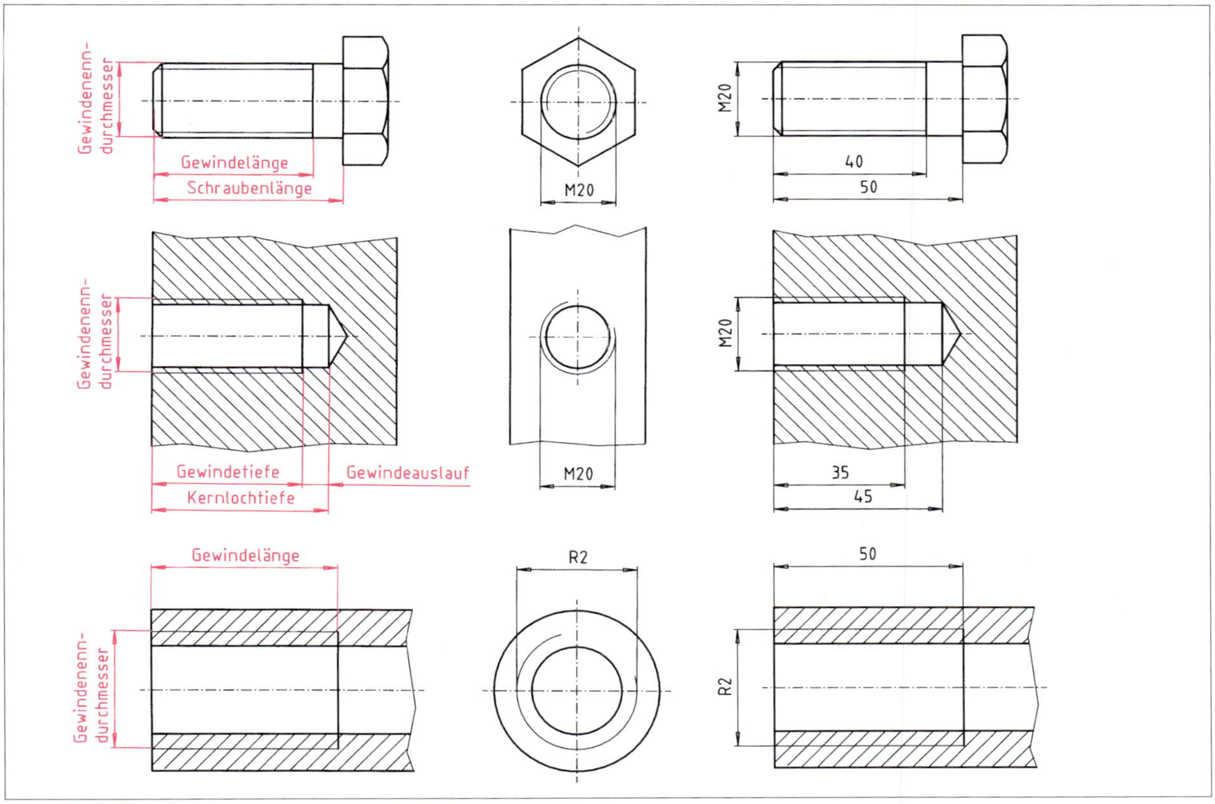

401

9 Gewindedarstellung und Senkungen

9.3 Verschraubungen und Senkungen

Aufgaben:
1. Darstellung A oder B ist jeweils falsch, die andere richtig. Wählen Sie die richtige Darstellung aus und beschreiben Sie den Fehler.

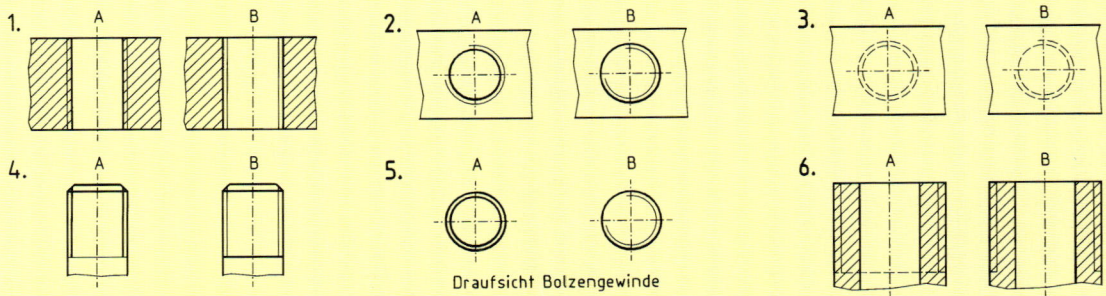

2. Wählen Sie aus der Tabelle ein Reduzierstück aus und zeichnen und bemaßen Sie es im Schnitt in der Vorderansicht A und in der Draufsicht B auf einem DIN-A4-Blatt im optimalen Maßstab. Das Reduzierstück besteht aus Cu Zn 40 Pb 2.

Nennweite DN[1]	DIN ISO 228 G1	DIN ISO 228 G2	D	t1	t2	L	SW Sechskant
8 x 10	G 1/4	G 3/8	23	9	12	24	-
10 x 15	G 3/8	G 1/2	27	10	12	25	10
10 x 20	G 3/8	G 3/4	32	10	16	30	10
15 x 20	G 1/2	G 3/4	32	11	16	31	12
20 x 25	G 3/4	G 1	39	13	18	35	17

9.3 Verschraubungen und Senkungen

Im nebenstehenden Bild ist für das Freistromventil (siehe Seite 399) die Verschraubung des Handrades dargestellt.

Aufgaben:
1. Wie viele Teile sind im Schnitt gezeichnet?
2. Durch welche Maßnahmen wird erreicht, dass das Handrad in axialer Richtung fest auf der Spindel sitzt?

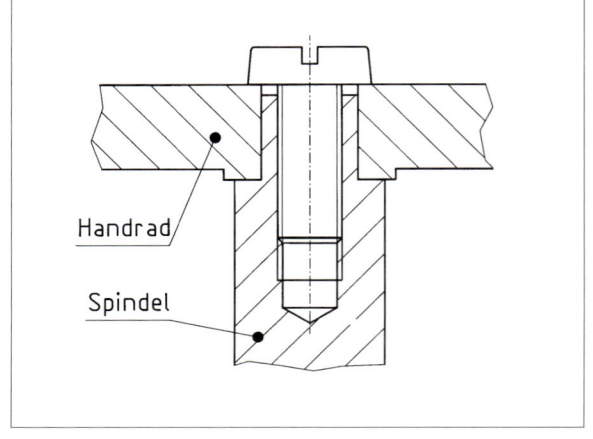

[1] Rohre, Fittings und Armaturen mit gleicher Nennweite DN passen innerhalb eines Rohrleitungssystems maßlich zueinander.

9 Gewindedarstellung und Senkungen

9.3 Verschraubungen und Senkungen

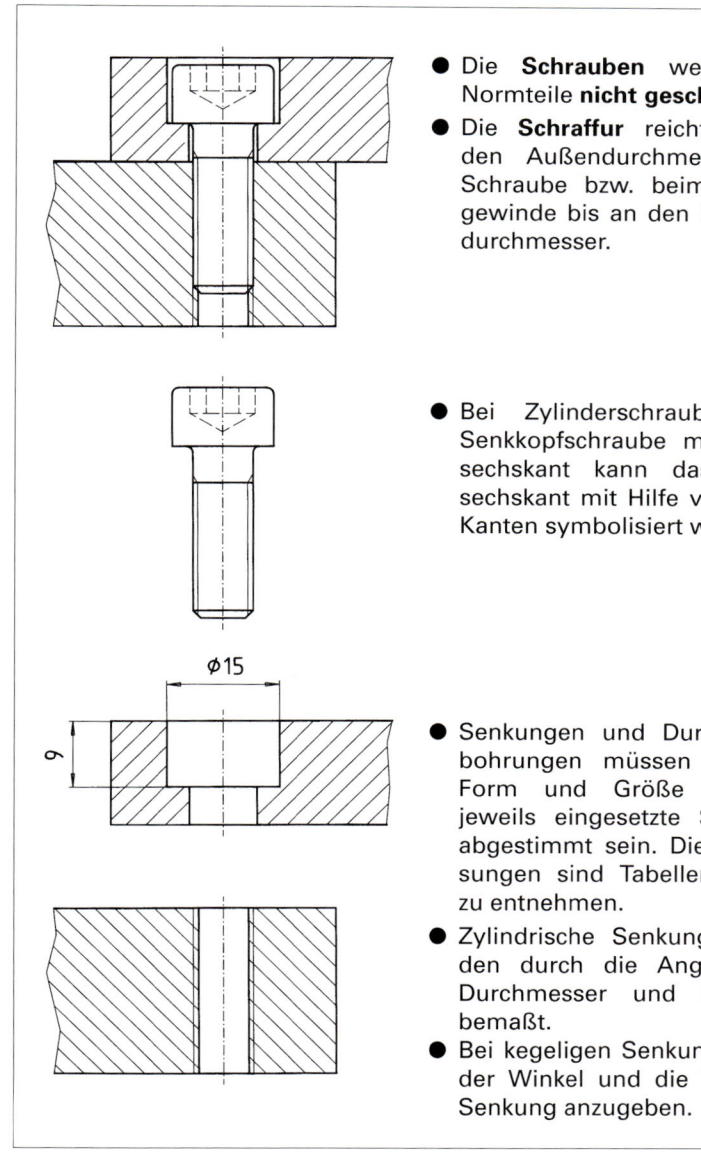
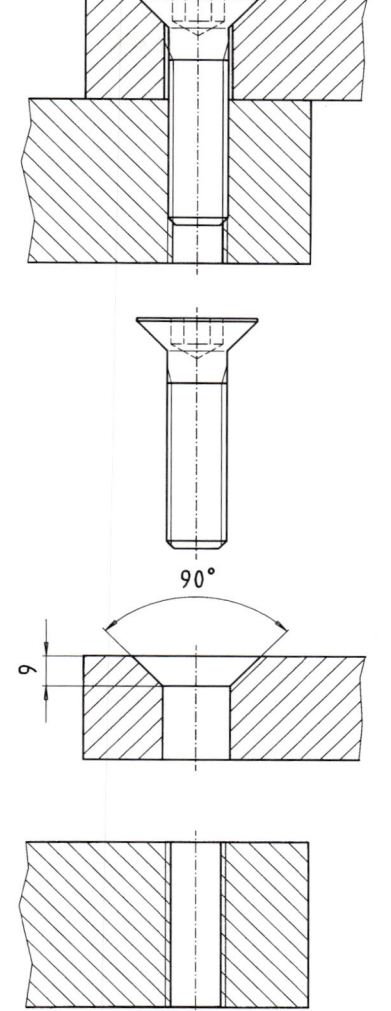

- Die **Schrauben** werden als Normteile **nicht geschnitten**.
- Die **Schraffur** reicht bis an den Außendurchmesser der Schraube bzw. beim Muttergewinde bis an den Kernlochdurchmesser.
- Bei Zylinderschrauben und Senkkopfschraube mit Innensechskant kann das Innensechskant mit Hilfe verdeckter Kanten symbolisiert werden.
- Senkungen und Durchgangsbohrungen müssen in ihrer Form und Größe auf die jeweils eingesetzte Schraube abgestimmt sein. Die Abmessungen sind Tabellenbüchern zu entnehmen.
- Zylindrische Senkungen werden durch die Angabe von Durchmesser und Senktiefe bemaßt.
- Bei kegeligen Senkungen sind der Winkel und die Tiefe der Senkung anzugeben.

Aufgaben:

1. Darstellung A oder B ist jeweils falsch, die andere richtig. Wählen Sie die richtige Darstellung aus und beschreiben Sie den Fehler.

1.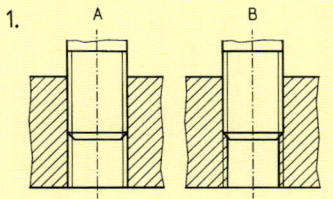
2.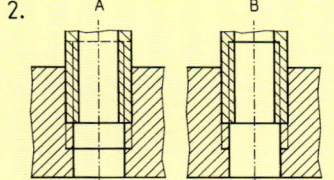
3.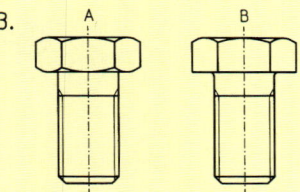

2. Zeichnen Sie auf einem DIN-A4-Blatt die Flanschverbindung mit selbst gewählten Maßen. Ersetzen Sie dabei die Sechskantschrauben durch Zylinderschrauben mit Innensechskant. Zeichnen Sie die Senkungen normgerecht nach den Angaben Ihres Tabellenbuches.

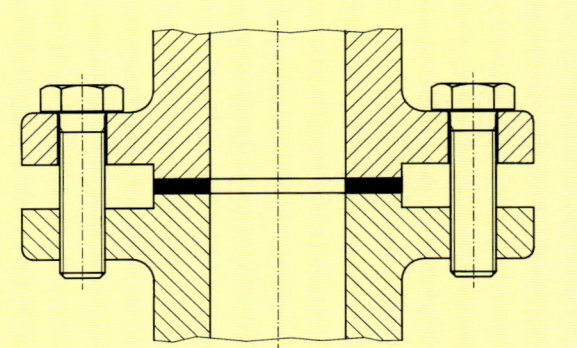

3. Wählen Sie aus der Tabelle einen Doppelnippel aus und zeichnen Sie auf einem DIN-A4-Blatt
   a) im oberen Bereich des Blattes den Doppelnippel im Schnitt mit Bemaßung.
   b) im unteren Bereich die Verschraubung des Doppelnippels mit zwei passenden Rohren mit je 70 mm Länge im Schnitt ohne Bemaßung. (Die Gewindeabmessungen sind dem Tabellenbuch zu entnehmen.)

Nennweite DN	DIN ISO 228 G	l	L	SW 6kant	8kant
6	1/8	6	18	10	
8	1/4	8	20	14	
10	3/8	9	25	17	
15	1/2	11	28	24	
20	3/4	16,5	40	27	
25	1	19,5	47	36	
32	5/4	21,5	52	46	
40	6/4	21,5	52	50	
50	2	26	62		62
65	2 1/2	31	78		78
80	3	34	86		

4. Mit dem Rohrverbinder können z.B. Rohre, die sich unter 90° kreuzen, kraftschlüssig miteinander verbunden werden. Dazu sind die Zylinderschrauben so fest anzuziehen, dass sich die Rohre in den Bohrungen verklemmen.
Zeichnen Sie die Vorderansicht A im Schnitt, die Draufsicht B und die Seitenansicht C mit allen verdeckten Kanten und bemaßen Sie den Rohrverbinder.

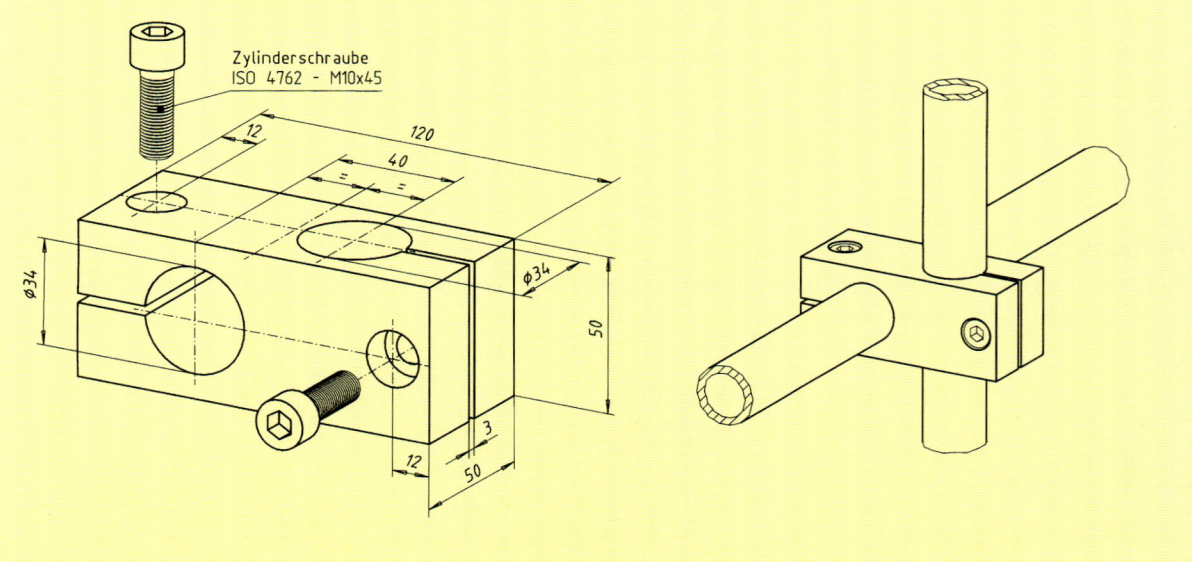

9 Gewindedarstellung und Senkungen
9.3 Verschraubungen und Senkungen

5. Schraubenverbindung

Zeichnen Sie eine Schraubenverbindung mit einer Sechskantschraube M30 x 60 nach nebenstehendem Muster. Entnehmen Sie die Maße für Schraube, Mutter, Unterlegscheibe und Bohrung dem Tabellenbuch.
Es ist auch möglich, die Verbindung in der vereinfachten Darstellungsform (siehe Tabellenbuch) zu zeichnen.

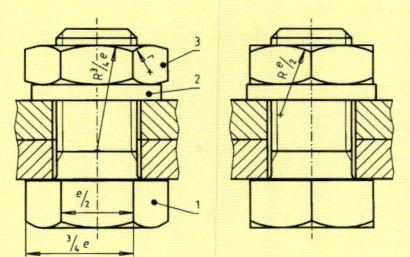

6. Verlängerung mit Stopfen

Wählen Sie aus den Tabellen jeweils eine Verlängerung und den passenden Stopfen aus. Zeichnen Sie im optimalen Maßstab auf ein DIN-A4-Blatt Verlängerung und Stopfen im verschraubten Zustand im Schnitt. Fehlende Maße sind selbständig festzulegen.

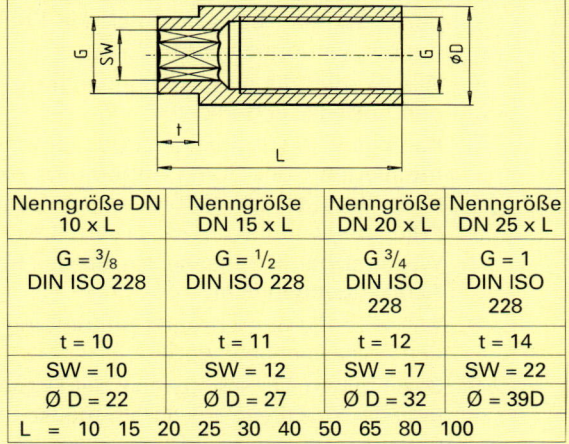

Nenngröße DN 10 x L	Nenngröße DN 15 x L	Nenngröße DN 20 x L	Nenngröße DN 25 x L
G = 3/8 DIN ISO 228	G = 1/2 DIN ISO 228	G 3/4 DIN ISO 228	G = 1 DIN ISO 228
t = 10	t = 11	t = 12	t = 14
SW = 10	SW = 12	SW = 17	SW = 22
Ø D = 22	Ø D = 27	Ø D = 32	Ø = 39D
L = 10 15 20 25 30 40 50 65 80 100			

Nennweite DN	DIN ISO 228 G	Ø D	l	L	SW 6kant
8	1/4	-	7	10,5	17
10	3/8	-	8	12	21
15	1/2	26	8	15,5	19
20	3/4	35	10,5	20	27
25	1	39,5	10	21	24
32	1 1/4	49	11,5	24	27
40	1 1/2	56	12,5	26	32
50	2	68	14	29	36

7. Spannschloss

Die dargestellten Einzelteile ergeben im zusammengebauten Zustand ein Spannschloss, das zum Spannen eines Seiles genutzt wird. Das Spannschloss wird wie folgt montiert:

- Jeweils richtige Sechskantmutter auf Augenschraube schrauben (Vorsicht, Links- bzw. Rechtsgewinde).
- Augenschrauben in Spannmutter einschrauben.
- Mit den Sechskantmuttern Augenschrauben gegen Spannmutter verspannen (kontern).

Fertigen Sie eine Gesamtzeichnung des Spannschlosses im Schnitt an, bei der die Augenschrauben 30 mm tief in die Spannmutter eingeschraubt sind.

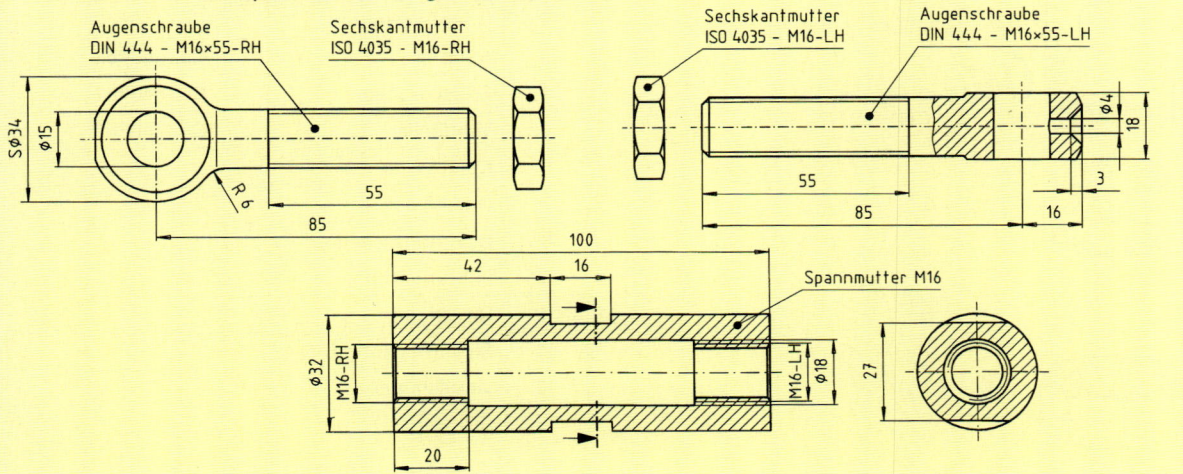

9 Gewindedarstellung und Senkungen
9.3 Verschraubungen und Senkungen

8. Rückflussverhinderer
Der Rückflussverhinderer ist ein Ventil, das den Durchfluss der Flüssigkeit nur in einer Richtung zulässt.

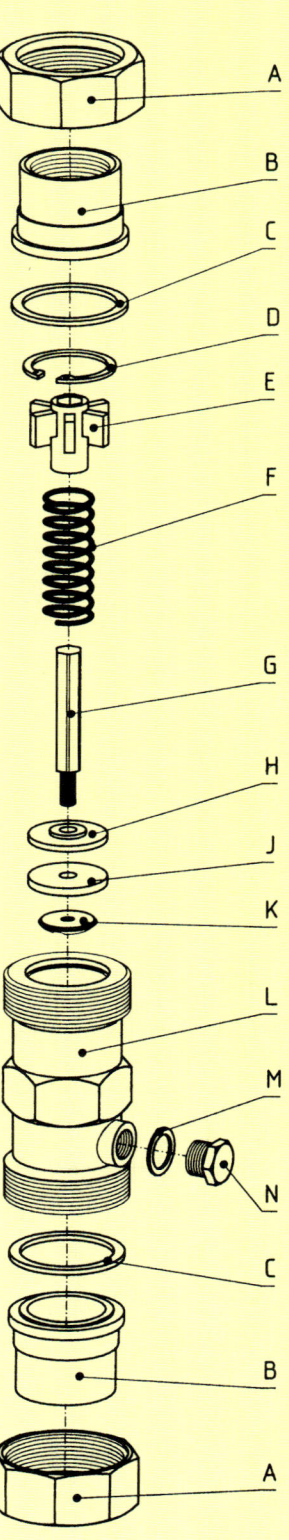

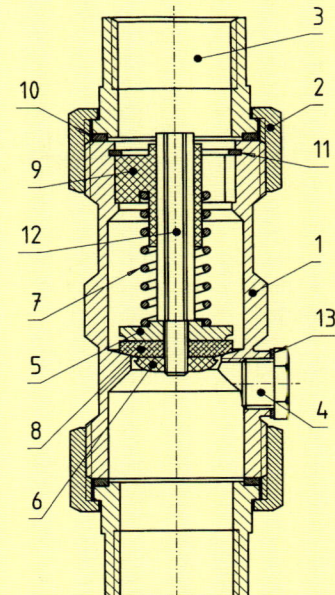

1. Ordnen Sie in einer Tabelle die Buchstaben im Anordnungsplan den Ziffern in der Gesamtzeichnung zu.
2. Beschreiben Sie die Funktion des Rückflussverhinderers, wenn
   a) der Druck oberhalb
   b) der Druck unterhalb
   des Ventils größer ist.
3. Welche Teile werden bewegt, wenn Flüssigkeit das Ventil durchströmt?
4. Welche Auswirkungen hat es für den Durchfluss, wenn der Drahtdurchmesser der Druckfeder bei sonst gleichen Bedingungen verdoppelt wird?
5. Wie werden die an das Ventil angrenzenden Auslasse abgedichtet?
6. Kann das Ventil aus der auf der Wand montierten Rohrleitung entfernt werden, ohne dass an der Verbindung zwischen Wand und Leitung etwas verändert wird?
7. Wozu ist beim Gehäuse ein Sechs- bzw. Achtkant angebracht?
8. Wie wird die angrenzende Rohrleitung in den Auslassen befestigt?
9. Beschreiben Sie schrittweise die Demontage der Einzelteile aus dem Gehäuse und geben Sie die dazu erforderlichen Werkzeuge an.
10. Beschreiben Sie den schrittweisen Zusammenbau der Einzelteile in das Gehäuse und die nötigen Werkzeuge.

Pos.	Benennung	Werkstoff
1	Gehäuse	CuZn40Pb2
2	Überwurfmutter	CuZn40Pb2
3	Auslass	CuZn40Pb2
4	Prüfschraube	CuZn40Pb2
5	Ventilteller	CuZn40Pb2
6	Kontermutter	
7	Druckfeder	
8	Dichtungsscheibe	
9	Führungskreuz	
10	Dichtringe	
11	Sicherungsring DIN 472	
12	Ventilstange	
13	Dichtring	

10 Halbschnitt, Teilschnitt und besonderer Schnittverlauf

10.1 Halbschnitt

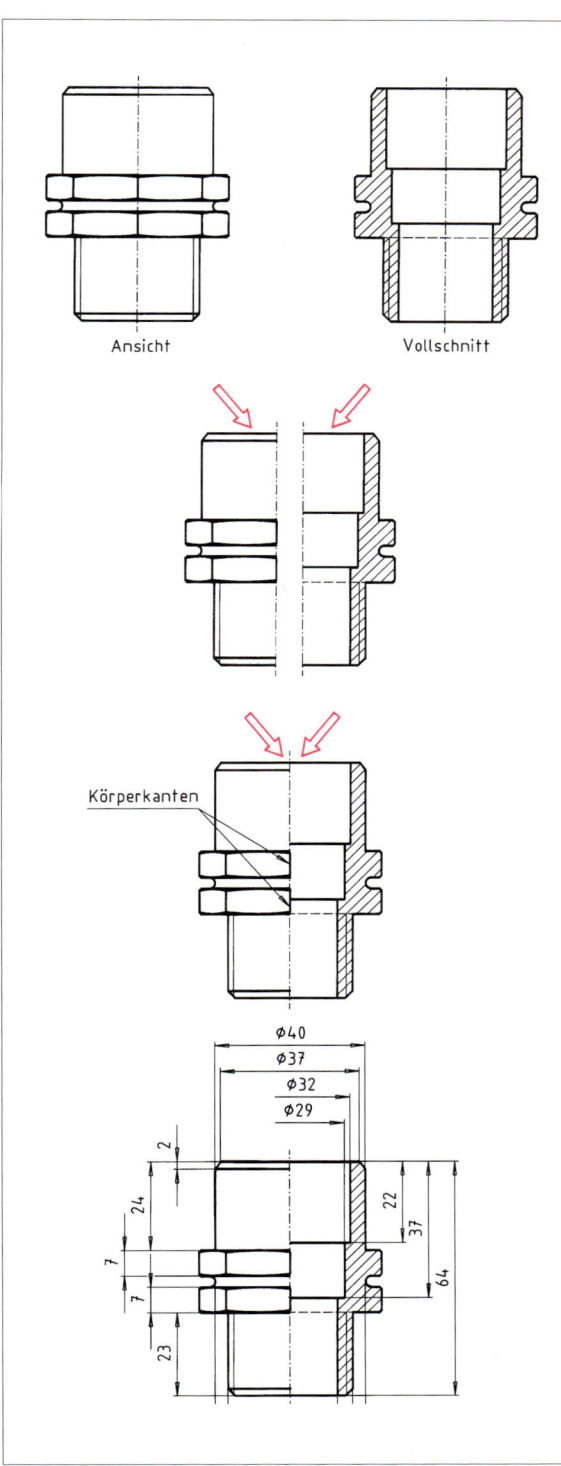

Im **Halbschnitt** werden oft **symmetrische Werkstücke mit Innenkonturen** dargestellt. Der Halbschnitt entsteht dadurch, dass eine **Ansichthälfte** und eine **Vollschnitthälfte** des Werkstückes zusammengesetzt werden. Die Mittellinie trennt die beiden Hälften.

Das ist beispielhaft für die Übergangsmuffe dargestellt.

> Der Halbschnitt zeigt sowohl die äußere als auch die innere Kontur eines symmetrischen Werkstückes.

Beim Halbschnitt ist somit gedanklich ein **Viertel** des Werkstückes entfernt worden, wie das im Foto der Übergangsmuffe zu sehen ist.

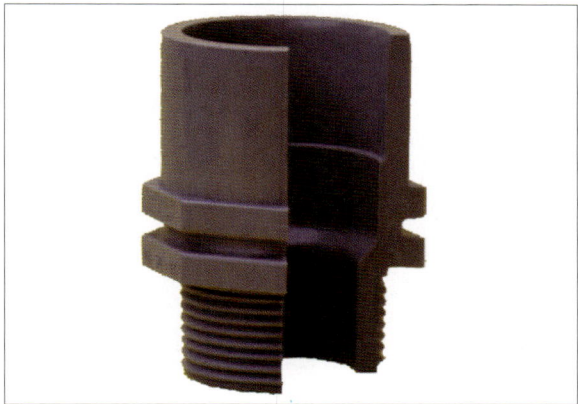

- Bei **senkrechter** Lage der **Mittellinie** (Übergangsmuffe) wird die **rechte Hälfte** des Werkstückes im Schnitt gezeichnet.
- Bei **waagrechter** Lage der **Mittellinie** (Bundbuchse, Seite 408, Aufgabe 1) wird gewöhnlich die **untere Hälfte** im Schnitt dargestellt.
- Körperkanten, die im Halbschnitt **auf** der Mittellinie liegen (Kante des Achteckes bei der Übergangsmuffe) müssen gezeichnet werden.

Besonderheiten bei der Bemaßung der Halbschnitte

- Die Maße für die Innenkontur werden auf der „Schnittseite" angeordnet (z.B. 22 und 37), während die Maße für die Außenkontur auf der „Ansichtseite" einzutragen sind (z.B. 23 und 24).
- Die Maßlinien für die Innendurchmesser (z. B. ⌀32, ⌀29 und ⌀25) können im Halbschnitt nur mit jeweils **einem Pfeil** gezeichnet werden, weil an der gegenüberliegenden Seite die Kante verdeckt ist. Die Maßlinie ist etwas über die Mittellinie hinaus zu zeichnen.

10 Halbschnitt, Teilschnitt und besonderer Schnittverlauf

10.1 Halbschnitt

Aufgaben:

1. Wählen Sie aus der Tabelle die Maße für eine Bundbuchse aus. Zeichnen und bemaßen Sie die Bundbuchse auf einem DIN-A4-Blatt im optimalen Maßstab.

d	DN	e	e_1	h	l	z	Grs.
20	15	27	34	6	19	3	12
25	20	33	41	7	22	3	18
32	25	41	50	7	25	3	27
40	32	50	61	8	29	3	46
50	40	61	73	8	34	3	65
63	50	76	90	9	41	3	108
75	85	90	106	10	47	3	173
90	80	108	125	11	56	5	276
110	100	131	150	12	66	5	456
160	150	188	213	16	91	5	1220

2. Darstellung A oder B ist jeweils falsch, die andere richtig. Wählen Sie die richtige Darstellung aus und beschreiben Sie den Fehler.

3. In den beiden folgenden Halbschnitten sind Klemmringverschraubungen zum Verbinden von Kupferrohren dargestellt.

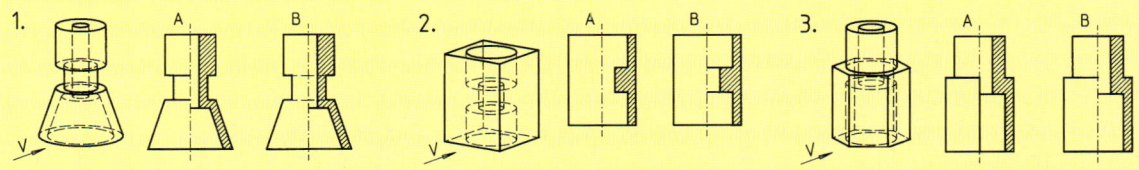

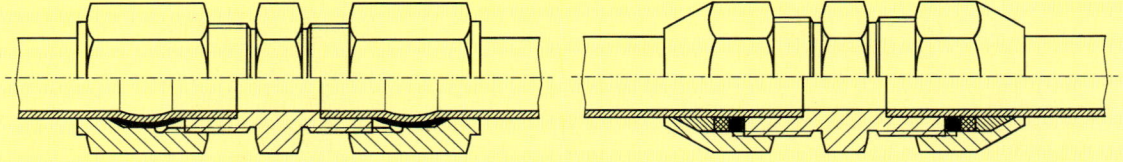

Klemmringverschraubung - metallisch dichtend   Klemmringverschraubung - weich dichtend

a) Wie viele Einzelteile sind jeweils in den Klemmringverschraubungen dargestellt?
b) Beschreiben Sie schrittweise die Montage der beiden Verschraubungen und die dazu erforderlichen Werkzeuge.

4. Legen Sie die Maße für die Seilrolle fest. Zeichnen und bemaßen Sie die Seilrolle im Halbschnitt.

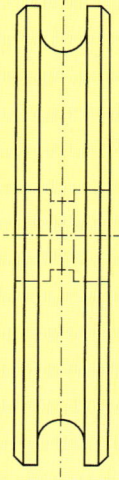

5. Skizzieren Sie den Schraubbock auf einem karierten DIN-A4-Blatt maßstäblich im Halbschnitt.

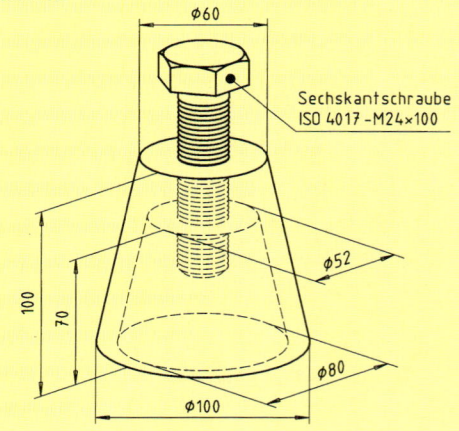

10.2 Teilschnitt

Beim Teilschnitt wird nur ein Teilbereich im Schnitt dargestellt, um verdeckte Einzelheiten sichtbar zu machen. Mögliche Teilschnitte sind der **Ausbruch** und der **Teilausschnitt**.

Ausbruch

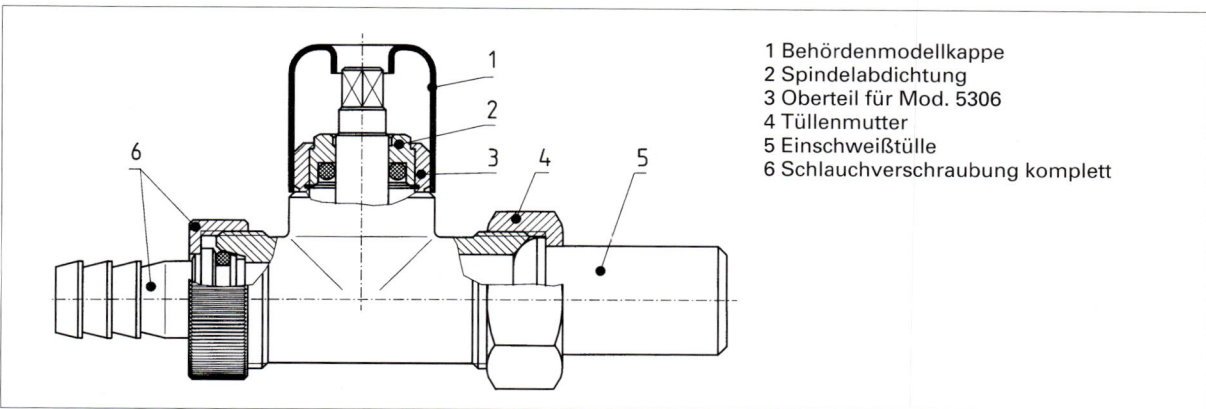

1 Behördenmodellkappe
2 Spindelabdichtung
3 Oberteil für Mod. 5306
4 Tüllenmutter
5 Einschweißtülle
6 Schlauchverschraubung komplett

Das Füll- und Entleerungsventil ist mit drei Ausbrüchen gezeichnet.

Überlegen Sie, welche Einzelheiten durch die Ausbrüche hervorgehoben werden sollen.
Überprüfen Sie, ob die nebenstehenden Regeln beim oben dargestellten Ventil eingehalten wurden.

- Die **Begrenzungslinie** für den Ausbruch darf sich nicht mit Umrissen oder Kanten decken. Sie wird als **Freihandlinie** ausgeführt.
- Werden am gleichen Bauteil mehrere Ausbrüche gezeichnet, ist darauf zu achten, dass das gleiche Teil immer die gleiche Schraffur erhält.

Teilausschnitt

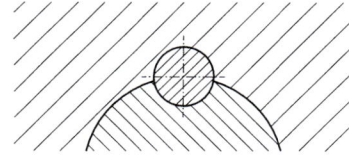

Der Teilausschnitt ist vollkommen aus seiner Umgebung herausgelöst. Oft werden Einzelheiten im vergrößerten Maßstab auf diese Weise dargestellt.
- Beim Teilausschnitt ist es **nicht erforderlich,** die Schnittfläche mit einer **Bruchlinie** zu umgrenzen.

Aufgaben:

1. Zeichnen Sie aufgrund der Tabellenmaße einen Führungsbolzen aus E 360 mit den Ausbrüchen.

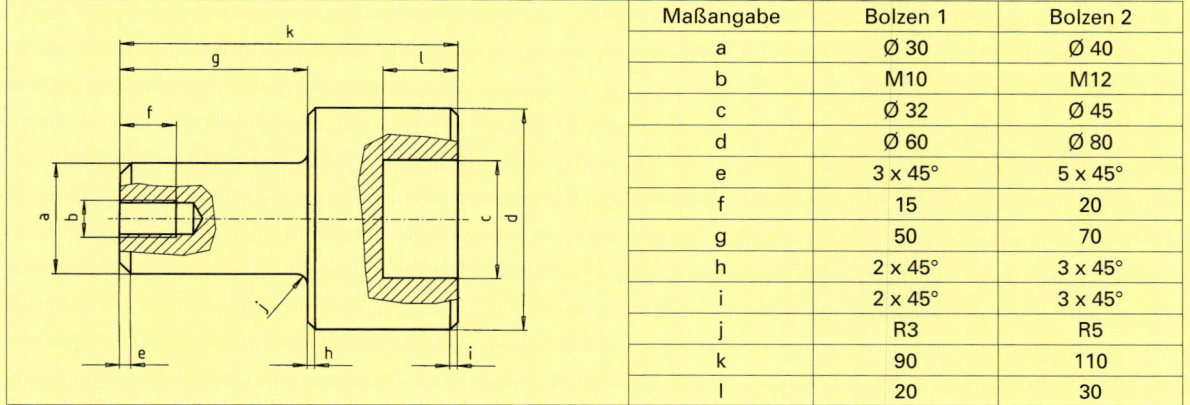

Maßangabe	Bolzen 1	Bolzen 2
a	Ø 30	Ø 40
b	M10	M12
c	Ø 32	Ø 45
d	Ø 60	Ø 80
e	3 x 45°	5 x 45°
f	15	20
g	50	70
h	2 x 45°	3 x 45°
i	2 x 45°	3 x 45°
j	R3	R5
k	90	110
l	20	30

10 Halbschnitt, Teilschnitt und besonderer Schnittverlauf

10.2 Teilschnitt

2. Skizzieren Sie die Sechskantführung mit selbst gewählten Maßen auf einem karierten Blatt in Vorderansicht A und Seitenansicht C.
   Die Vorderansicht soll zwei Ausbrüche enthalten. Der markierte Bereich ist als Teilausschnitt im Maßstab 2 : 1 zu skizzieren.
   Die Zeichnung soll fertigungsgerecht bemaßt werden.

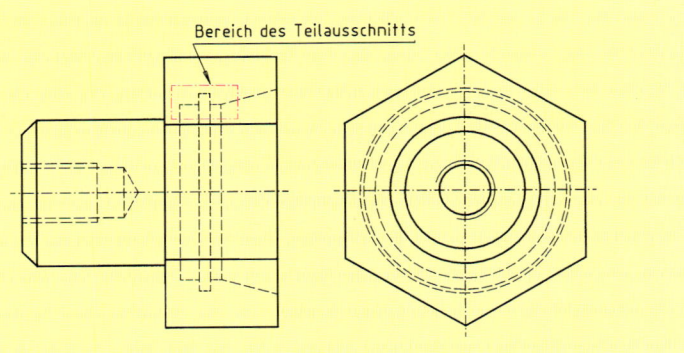

10.3 Besonderer Schnittverlauf

Mehrere Schnitte am gleichen Werkstück

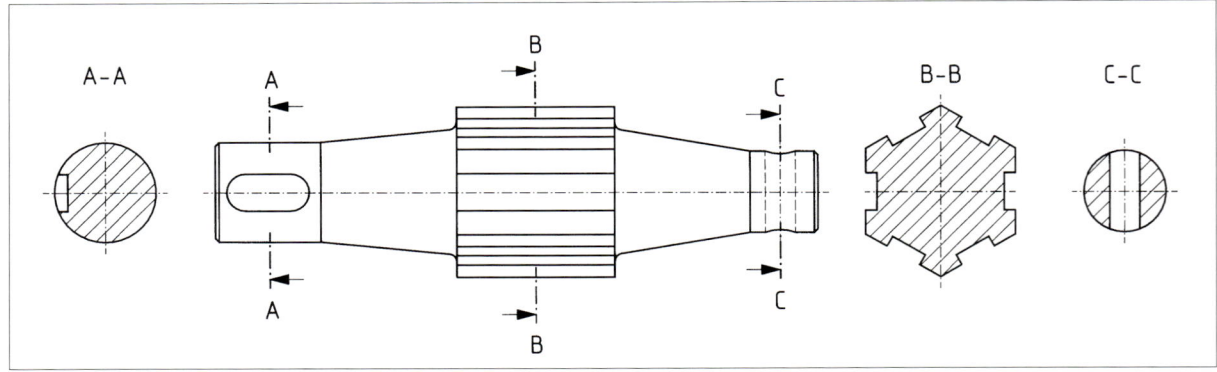

Bei den bisherigen Schnitten lag die Schnittebene immer auf der Mittellinie und brauchte wegen der eindeutigen Lage nicht besonders angegeben zu werden.
Wenn sich die Schnittebenen nicht eindeutig zuordnen lassen, sind zusätzliche Kennzeichnungen erforderlich, wie dies bei der obigen Welle zu sehen ist.

- Die **Lage der Schnittebene** wird durch zwei **breite Strich-Punkt-Linien** (Schnittlinien) bestimmt. Die Schnittlinien werden nur im Bereich der Außenkontur dargestellt.
- Die **Blickrichtung** auf die Schnittebene wird durch **Pfeile** festgelegt. Die Pfeile sind 1,5fach so groß wie die Maßpfeile und werden als breite Volllinie ausgeführt.
- Bei mehreren Schnitten durch ein Werkstück werden sowohl die **Schnittverläufe** als auch die Schnitte mit **Großbuchstaben** (z. B. A-A) gekennzeichnet.

10 Halbschnitt, Teilschnitt und besonderer Schnittverlauf
10.3 Besonderer Schnittverlauf

Geknickte Schnittebenen

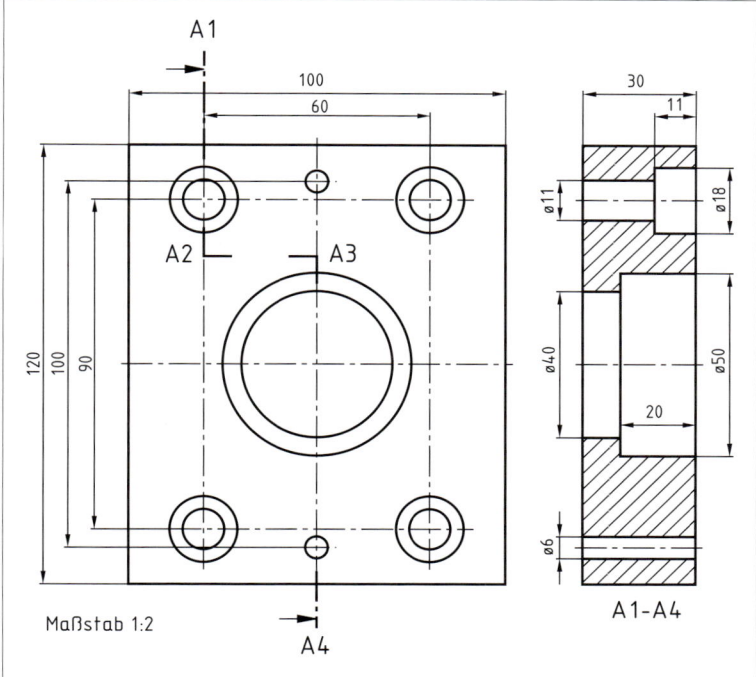

Um bei der Lochplatte alle Bohrungen in einem Schnitt darstellen zu können, wird der Schnittverlauf geknickt.

- Anfang, Knickstellen und Ende des Schnittverlaufs werden durch **breite Strich-Punkt-Linien** markiert.
- Auch bei nur einem Schnitt am Werkstück können zur Kennzeichnung des Schnittverlaufes Großbuchstaben in alphabetischer Reihenfolge eingetragen werden.
- Der Schnitt wird so gezeichnet, als läge der Schnitt in einer Ebene, d. h., an den Knickstellen entstehen im Schnitt keine Kanten.

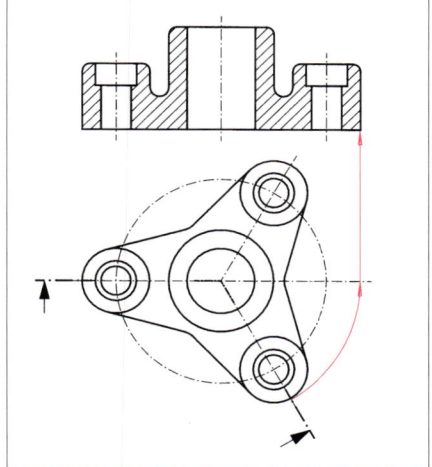

- Liegen die Schnittebenen in einem Winkel zueinander, dann wird der Schnitt so gezeichnet, als lägen die Schnittflächen in einer Ebene.
Die Schnittfläche wird in die Projektionsebene geklappt. Beim Augenlager ist dies durch die farblich hervorgehobenen Pfeile verdeutlicht.

Aufgaben:

1. Die folgenden Werkstücke sind jeweils zweifach im Schnitt bzw. Teilschnitt dargestellt. Darstellung A oder B ist jeweils falsch, die andere richtig. Wählen Sie die richtige Darstellung aus und beschreiben Sie den Fehler.

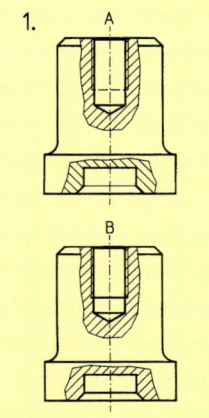
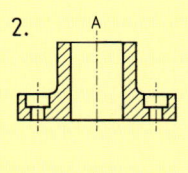
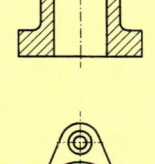
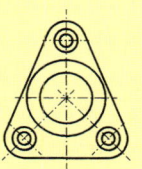
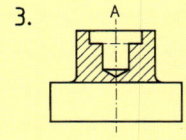
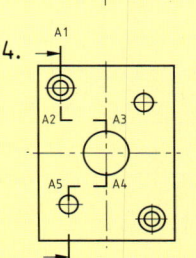
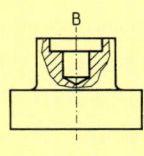
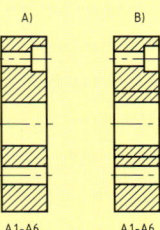

411

2. Zeichnen und bemaßen Sie die Gewindeanschlussplatte aus S235JRG1 in der dargestellten Vorderansicht A und im Schnitt B oder C. In der Vorderansicht sind die Bohrungen und Gewinde vollständig darzustellen. Dabei sind die Gewindebohrungen (M10 x 15) sichtbar und besitzen eine nutzbare Gewindetiefe von 15 mm. Alle anderen Bohrungen und Gewinde sind Durchgangsbohrungen. Die geknickte Schnittebene ist so zu legen, dass jeder Bohrungs- und Gewindetyp geschnitten wird.

3. Zeichnen und bemaßen Sie das Flanschlager aus EN-GJL-200 in der Vorderansicht A im Schnitt und in der Draufsicht B.

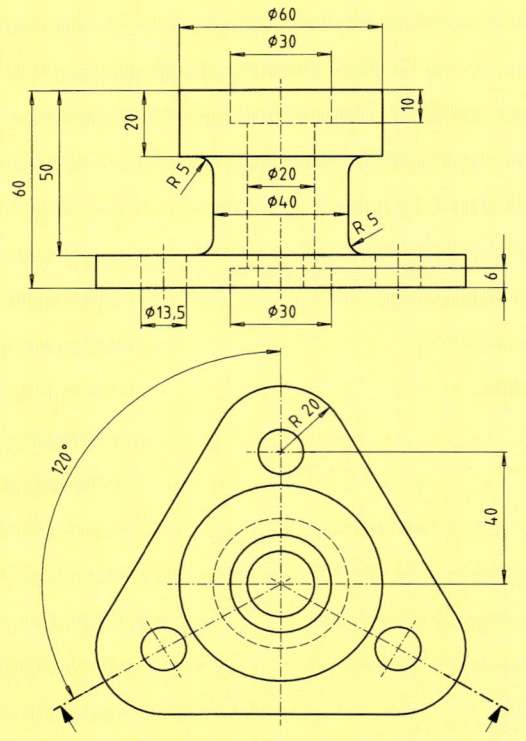

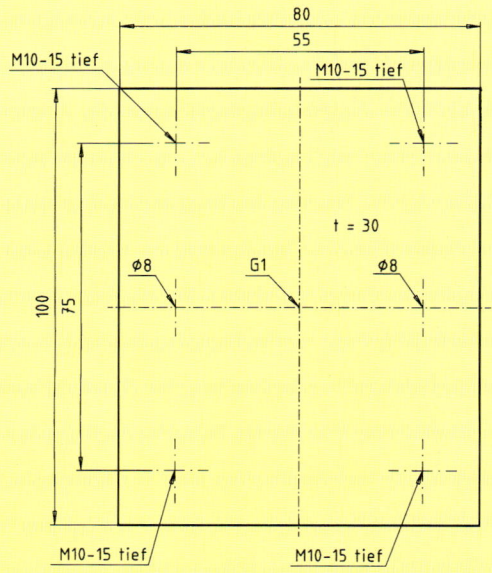

4. Das Zapfenlager aus S235JRG1 ist in der Vorderansicht A und in der Seitenansicht C zu zeichnen und zu bemaßen. In der Vorderansicht sollen die drei markierten Bereiche als Teilschnitte ausgeführt werden.

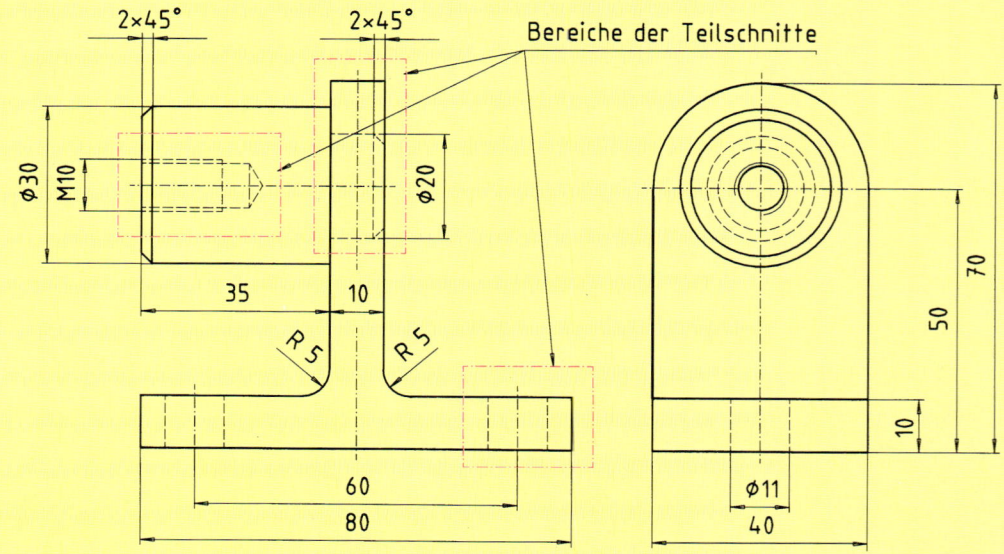

11 Skizzen

Skizzen erfüllen vielfältige Aufgaben in der Technik. So lassen sich z. B. Wirkungszusammenhänge, Werkstückdarstellungen und Reparaturhinweise mit Freihandskizzen darstellen. Bei der Gestaltung der Skizze kann das Wesentliche hervorgehoben werden, so dass der Betrachter Wichtiges schnell erfassen kann. Da Skizzen sowohl auf der Baustelle als auch in der Werkstatt zu erstellen sind, haben Strichstärke, Maßstab und Bemaßungsregeln untergeordnete oder keine Bedeutung.

11.1 Werkstücke

Für Einzelanfertigungen oder Änderungen lohnt oftmals die Erstellung aufwendiger technischer Zeichnungen nicht. Vielfach genügt die Anfertigung einer **Handskizze**.

Eine Wandhalterung für eine Parabolantenne ist anzufertigen. Der Antennenmonteur liefert eine nach den baulichen Gegebenheiten auf der Baustelle gefertigte Skizze. Sie ist die Grundlage für die Fertigung in der Werkstatt.

Beschreiben Sie anhand der Skizze:
- Welche Arbeitsschritte zu planen sind.
- Welches Material benötigt wird.
- Welche Werkzeuge und Maschinen für die Fertigung einzusetzen sind.
- Welche Spannmittel benötigt werden.
- Welche Prüfmittel erforderlich sind.
- Welche Möglichkeiten für den Korrosionsschutz bestehen.

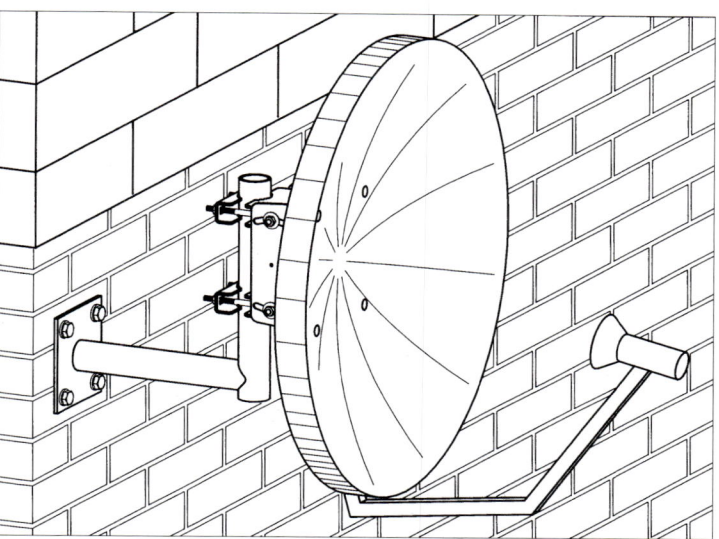

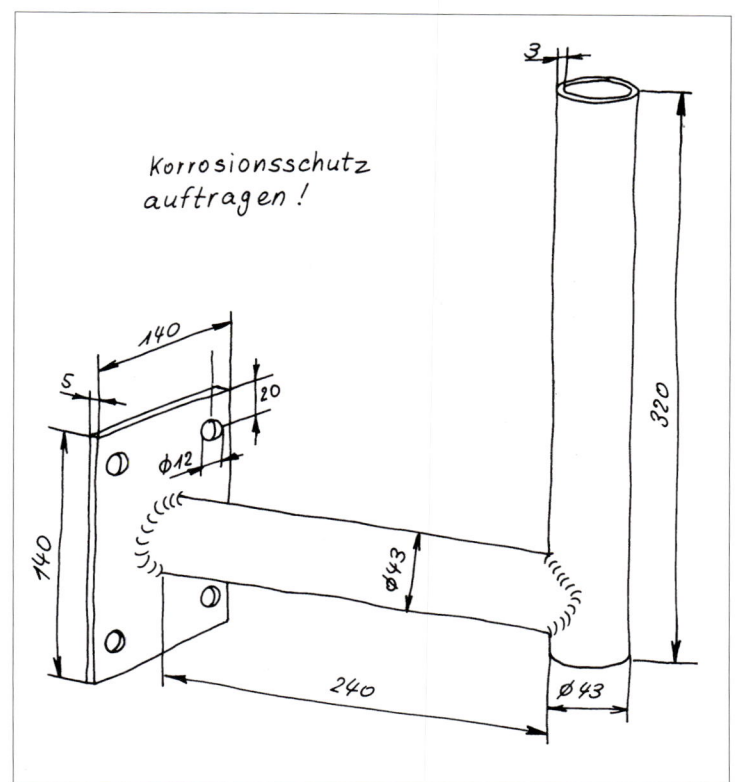

11.2 Unterstützende Erläuterung

Mitunter können Texte allein den Wirkungszusammenhang nicht eindeutig beschreiben. Daher wird begleitend zum Text eine unterstützende Skizze oder eine Folge von Bildern als Anwenderinformation hinzugefügt.

Hersteller von Maschinen, Geräten und Bauelemente nutzen die ergänzende Form der schriftlichen Erläuterung zur Skizze. Sie versuchen damit Missverständnisse, Fehlbedienungen und Zeitverluste bei der Handhabung oder Montage zu unterbinden.

Die sinnvolle Ergänzung von Skizze und Erläuterung zeigt das nebenstehende Beispiel für wiederverwendbare Transportverschläge für Maschinen- und Geräteteile und Werkstücke.

Der sparsame Einsatz von Verpackungsmaterialien dient der Umwelt und spart dem Betrieb Kosten.

Die hochreißfesten Kunstoffbänder und -schnallen sind eingesetzt, um einen sicheren Transport der Güter zu gewährleisten.

Der Skizze zum Gebrauch der Kunststoffschnallen ist eine Beschreibung hinzugefügt.

● Vergleichen Sie den Text mit den jeweiligen Skizzen und
● versuchen Sie, die Erläuterung für die Skizze d) zu formulieren.

a) Mit dem Kunststoffband (1) eine Schleife bilden, freies Ende nach oben.

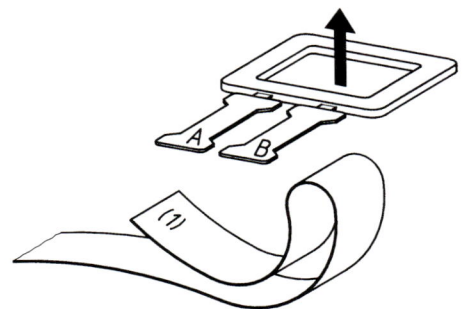

b) Steg A in die Schlaufe einklappen.

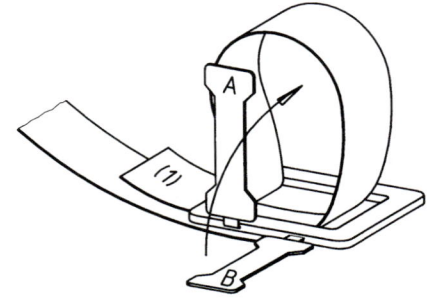

c) Band (1) straff ziehen.

d)

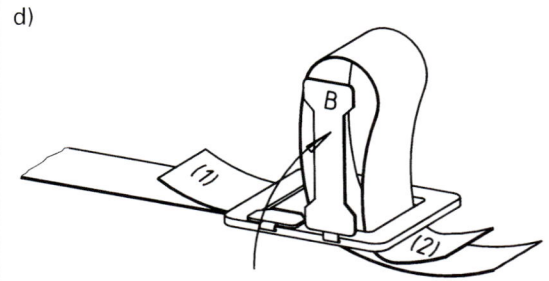

e) Band (2) straff ziehen.

11.3 Darstellungen und Berechnungen

Technische Berechnungen lassen sich oftmals leichter durchführen, wenn das Problem oder die Aufgabenstellung durch eine zusätzliche Skizze deutlicher wird. Erscheinen zudem die technischen Größen (z. B. Kräfte, Längen, Querschnitte, Temperaturen usw.) in der Skizze, erhöht sich die Anschaulichkeit weiter. Dieses höhere Maß an Verständlichkeit durch eine Skizze soll am Beispiel des Hebelgesetzes (vgl. auch TECHNISCHE MATHEMATIK Kap. 2.8.1) verdeutlicht werden.

Die Skizze eines Bohrständers zeigt die Zuordnung von Last- und Kraftarm, die Wirkungslinien und die Richtungen der Kräfte.

Zugleich ist durch die unterstützende Wirkung der Skizze z.B. deutlich, welche Folge eine

- Veränderung der Längen der Hebelarme,
- eine Vergrößerung der Kraft am Hebel oder
- eine Änderung der Lage des Drehpunktes

zur Folge hätte.

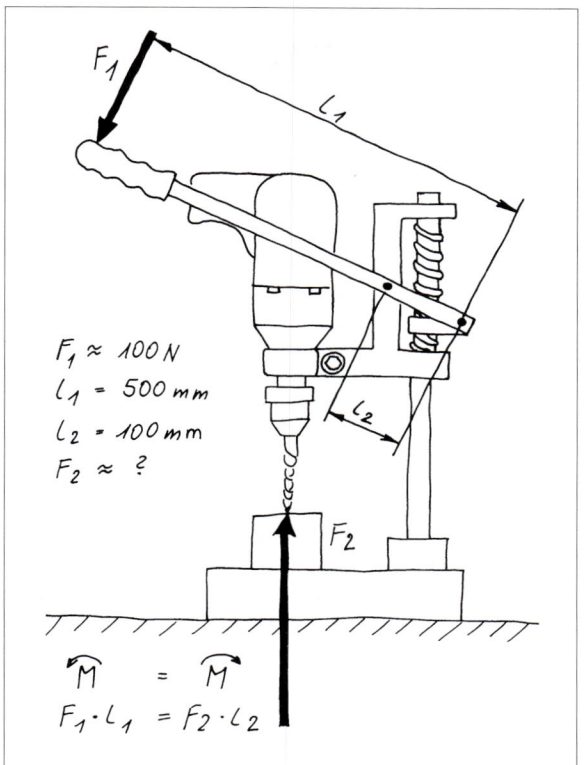

> **Überlegen Sie:**
> Wie müsste die Skizze verändert werden, wenn der Kraftarm verlängert wird?
> Wie ist die Skizze so weit zu vereinfachen, dass nur die Längen, die Kräfte und der Drehpunkt dargestellt werden?

> **Aufgaben:**
> 1. Für den Versorgungsschacht ist der Rahmen für die Abdeckung zu fertigen. Erstellen Sie eine Skizze für den Rahmen
>   (Winkelstahl L-Profil 50 x 40 x 5).
>
> 2. Skizzieren Sie einen Halter für den Blumenkasten.
>   Zu verwenden ist Flachstahl 50 x 6.

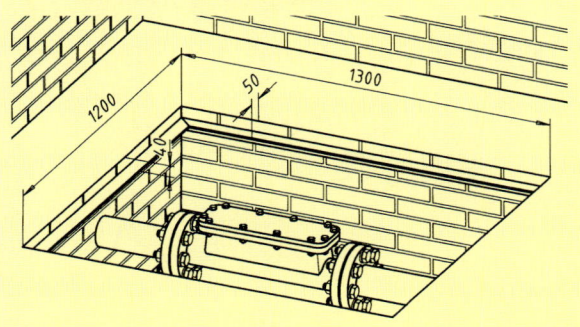
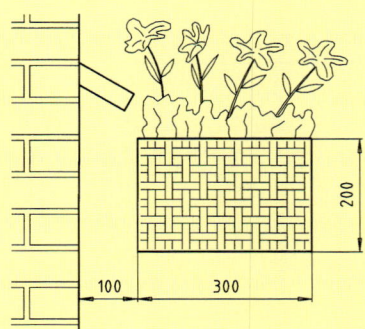

3. Für den Einbau einer Umwälzpumpe liegt folgende Skizze vor. Was besagt die Skizze? Wie lautet die deutsche Beschreibung?

- (GB) The motor shaft must be horizontal.
- (D) ■■■■■■■■■■■■■■■■■■■■■■■■■■■ ?
- (F) L'arbre-moteur doit être horizontal.
- (I) L'albero motore deve essere orizzontale.
- (E) El eje del motor debe estar horizontal.
- (NL) De pomp dient te worden geinstalleerd met de motoras horizontaal.
- (S) Motoraxeln skall vara horisontal.
- (SF) Moottoriakselin pitää aina olla vaaka-asennossa.
- (DK) Motorakslen skal være horisontal.

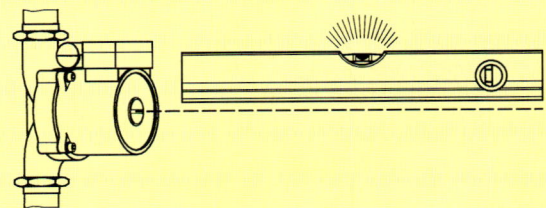

4. Welchen physikalischen Zusammenhang zeigt die Skizze?

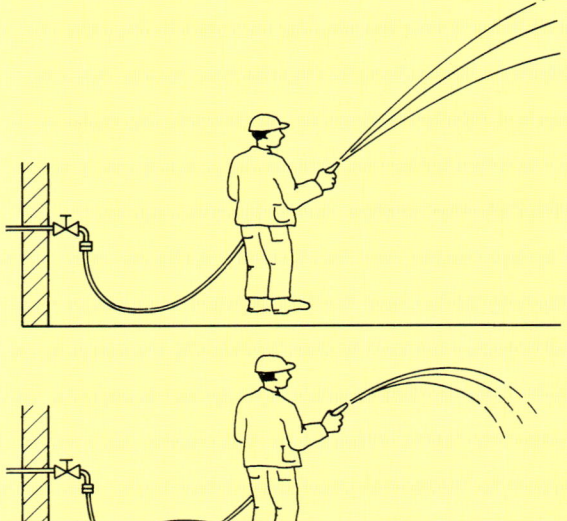

5. Stellen Sie anhand eines selbst gewählten praktischen Beispiels eine Skizze für das hydraulische Prinzip her und übertragen Sie die Größen in das selbst gewählte Beispiel.

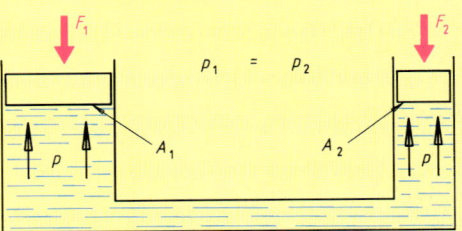

6. Leiten Sie aus der Skizze das Hebelgesetz ab und benennen Sie die Kräfte, Hebellängen und den Drehpunkt.

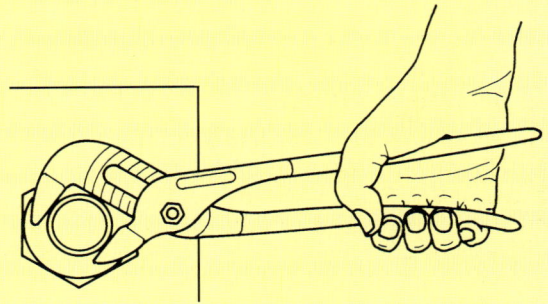

7. Formulieren Sie eine Beschreibung für die Montageanleitung der Wärmedämmung eines Kleinverteilers.

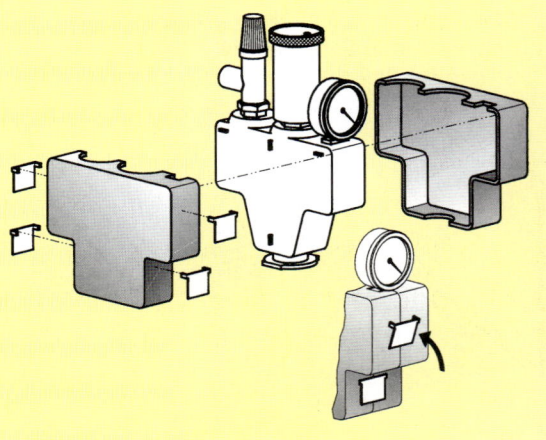

12 Graphische Darstellungen

In der Technik, in den Naturwissenschaften und in der Wirtschaft haben graphische Darstellungen eine große Bedeutung. Sie sind eine Grundlage der Technischen Kommunikation.
Graphische Darstellungen ermöglichen einen schnellen Überblick über einen Sachzusammenhang. Sie lassen Größenvergleiche zu, zeigen Veränderungen oder Entwicklungen auf und sind als Abbildung oft einprägsamer als Texte und Zahlenreihen.
Dies soll am Beispiel der Gegenüberstellung der Schmelzpunkte einiger Metalle gezeigt werden.
Die absoluten Zahlen der Schmelzpunkte erscheinen eher unverständlich. Sie müssen gelernt werden. Die graphische Darstellungsform erleichtert das Erfassen der Größenverhältnisse.

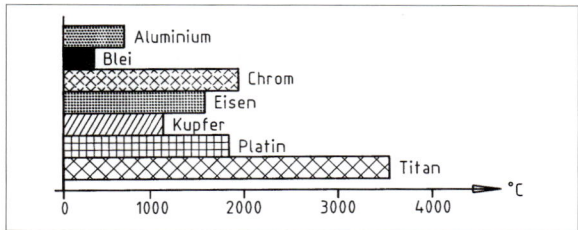

Aluminium	660 °C
Blei	327 °C
Chrom	1900 °C
Eisen	1535 °C
Kupfer	1083 °C
Platin	1796 °C
Titan	3535 °C

12.1 Diagramme

Das Diagramm (Bild 1) stellt in **Säulen** dar, wie groß die tägliche Sonneneinstrahlung im Verlauf eines Jahres ist. Die Säulen für die einzelnen Monate zeigen dem Betreiber einer Solaranlage z.B., wann und welche Energiemenge aus anderen Energiequellen bereitzustellen ist. Für die unterschiedlichen Regionen in Deutschland sind diese Informationen von den Energieversorgungsunternehmen zu erhalten. Sie sind Grundlage für die Entscheidung für den Bau von Solaranlagen.

Das Säulendiagramm kann in der **räumlichen Darstellungsform** noch anschaulicher und übersichtlicher weitergehende Zusammenhänge erfassen. Im Bild 2 wird der Zeitaufwand in Stunden pro Kraftfahrzeug für die Endmontage im Vergleich Europa, USA und Japan aufgezeigt.

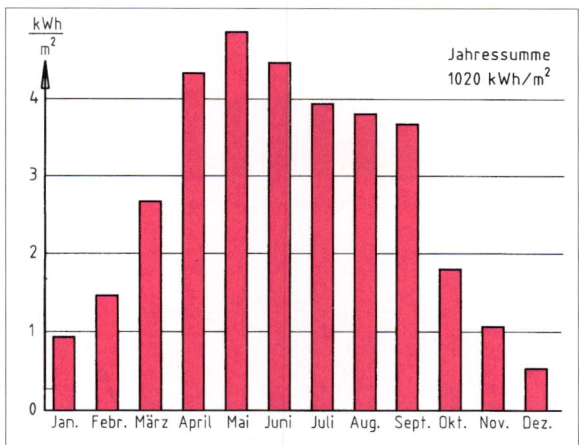

Bild 1 Durchschnittswerte der täglichen Sonneneinstrahlung in Hamburg

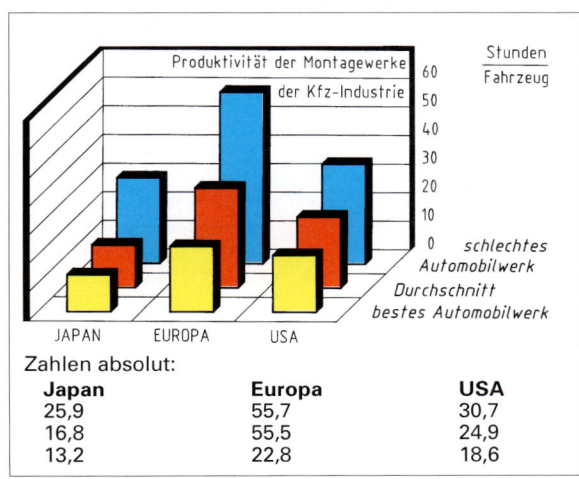

Bild 2 Produktivitätsvergleich

Oft lassen sich in den Darstellungen die Angaben **prozentual** auf die Gesamtmenge 100 % beziehen. Im Bild 1, Seite 418, ist für Deutschland die Elektrizitätserzeugung prozentual erfasst. Es kann z.B. der Anteil der Steinkohle an der Elektrizitätserzeugung in Westdeutschland mit 31,9 % und in Ostdeutschland mit 0,4 % entnommen werden.
Wird die Gesamtmenge 100 % auf eine Kreisfläche bezogen, so lassen sich prozentuale Teilmengen als Kreisabschnitte erfassen. Diese **Kreisflächendarstellungen** haben in der Technik weite Verbreitung. Bild 2, Seite 418, erfasst den Wärmeverlust einer Heizungs-Umwälzpumpe. Wärmedämmschalen verringern die Verluste.

12 Graphische Darstellungen   12.1 Diagramme

Die Energiebilanz des Elektromotors der Heizungs-Umwälzpumpe Energiebilanz zeigt ein **(Sankey-) Diagramm** (Bild 3). In dieser Art wird z.B. überwiegend die Energiebilanz von Motoren, Turbinen, Heizungen usw. erfasst.

Auch lassen sich in Diagrammen Funktionen/Prozesse (Bild 4) oder technische Entwicklungen in bestimmten Zeiträumen (Bild 5) veranschaulichen.

Bild 1 Anteile an der Elektrizitätserzeugung

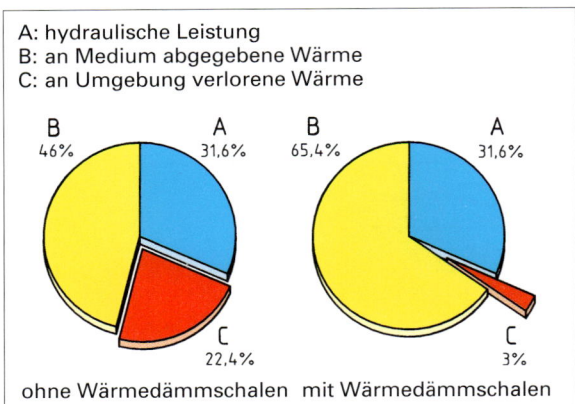

Bild 2 Wärmeverluste

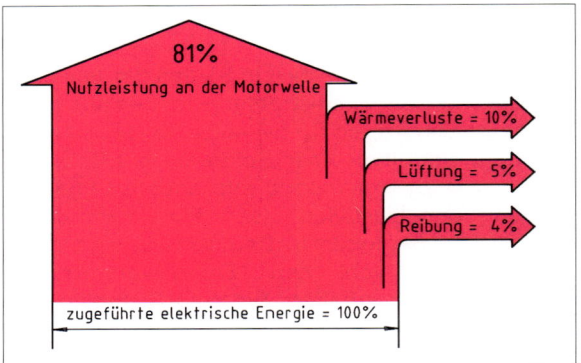

Bild 3 Energiebilanz

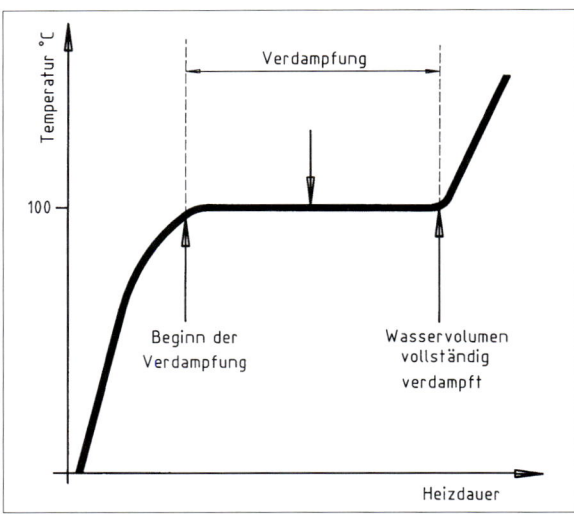

Bild 4 Temperaturverlauf beim Aufheizen von Wasser

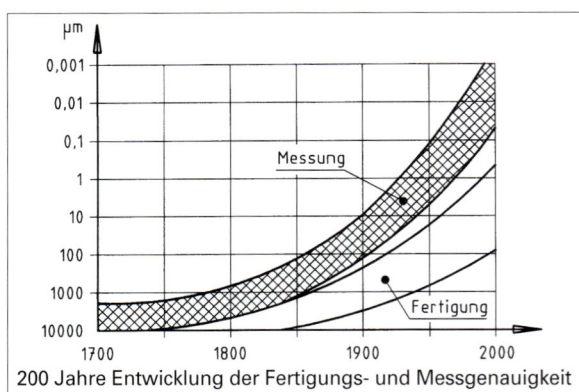

Bild 5 Entwicklung der Fertigungs- und Messgenauigkeit

Die Übersicht in Bild 1, Seite 419, zeigt eine weitere Auswahl von Diagrammen. Wichtig ist:

Größen und **Größenpaare ohne Zahlenangabe** zeigen im Liniendiagramm einen grundsätzlichen Verlauf auf, den sogenannten **qualitativen Zusammenhang**.

Zahlen oder **Zahlenpaare** lassen eine eindeutige Bestimmung eines Kurvenpunktes im Liniendiagramm zu, sie zeigen den sogenannten **quantitativen Zusammenhang**.

12 Graphische Darstellungen

12.1 Diagramme

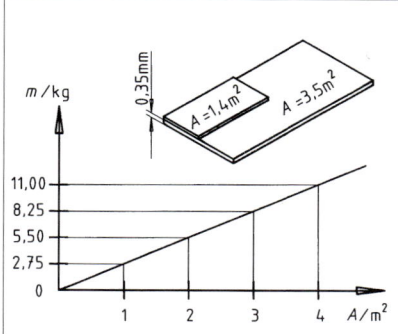

Die Masse des Feinbleches (Kennzeichnung 1.0333-03-g, Blechdicke 35 mm) lässt sich in Abhängigkeit von der Fläche erfassen. Da die Größen Masse und Fläche **verhältnisgleich** steigen, heißt dieser Zusammenhang **direkte Proportionalität**.

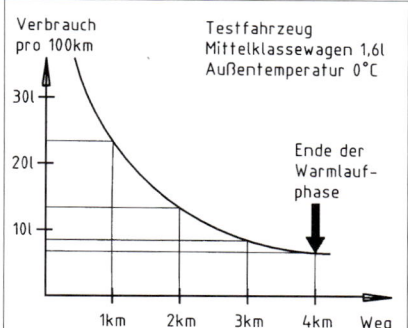

Der Kraftstoffverbrauch eines Kraftfahrzeuges nimmt nach dem Kaltstart mit zunehmender Wegstrecke ab. Dieser Zusammenhang heißt **umgekehrte Proportionalität**, weil eine Größe in Abhängigkeit zur zunehmenden zweiten abnimmt.

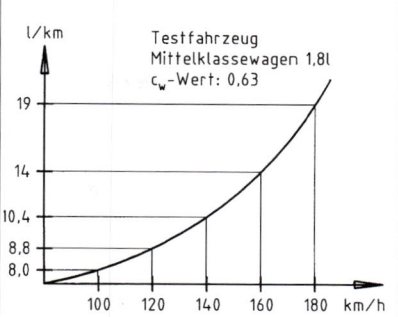

Der Kraftstoffverbrauch eines Kraftfahrzeuges nimmt umso stärker zu, je größer die Geschwindigkeit wird. Dieser Zusammenhang heißt **Überproportionalität**.

Aufgaben:

1. In der Technik sind Computer zum Konstruieren, zum Zeichnen und Berechnen eingesetzt. In Deutschland werden 46 % in der Mechanik, 31 % in der Elektrotechnik, 9 % in der Architektur und 2 % in der Landvermessung genutzt. Der Rest teilt sich auf sonstige Anwendungsgebiete auf. Erstellen Sie ein Kreisflächendiagramm.

2. In Deutschland sind Telefax (Fernkopierer) anteilig bei 37 % Dienstleistungsbereich, 25 % Handel, 16 % Industrie und Handwerk, 6 % Bau, 5 % Nachrichten und Verkehr, 3 % Banken, 3% Private und 5 % Sonstige eingesetzt. Entwickeln Sie aus diesen Angaben ein Kreisflächendiagramm.

3. Erstellen Sie ein Liniendiagramm, in dem für Rundstahl die Abhängigkeit des Durchmessers von der Kreisfläche dargestellt wird. Berechnen Sie für die Durchmesser 2, 4, 6, 8, 10 und 12 mm die Kreisfläche und entwickeln Sie daraus das Liniendiagramm. Welche Aussage können Sie aus dem Diagramm ableiten?

4. Erstellen Sie ein Säulendiagramm für die Luftbelastung durch Stickoxide NO_X, wenn die Kraftwerke 28 %, die Industrie 14 %, die Haushalte 4 % und der Straßenverkehr 54 % in die Umwelt abgeben.

5. Erstellen Sie ein Diagramm, in dem die Gewindenenndurchmesser (M10 bis M30) über der Schlüsselweite eingetragen sind.

6. Beschreiben Sie, welche wesentlichen Aussagen die folgenden Diagramme enthalten.

12.2 Pläne

Bei allen Wartungs-, Montage- und Reparaturarbeiten und in der Fertigung müssen vorgegebene Arbeitsschritte eingehalten werden. Das ist notwendig, um das angestrebte Arbeitsziel zu erreichen. Die Betriebsangehörigen müssen diese Arbeitsschritte beherrschen. Dabei helfen ihnen in vielen Fällen:

- **Pläne** Schaltpläne, Funktionspläne, Logikpläne, Wartungspläne, Schmierpläne,
- **Anleitungen** Montageanleitungen, Reparaturanleitungen, Bedienungsanleitungen
- **Zeichnungen** Einzelteilzeichnungen, Gesamtzeichnungen, Anordnungspläne.

12.2.1 Schalt- und Funktionsplan
12.2.1.1 Pneumatischer Schaltplan

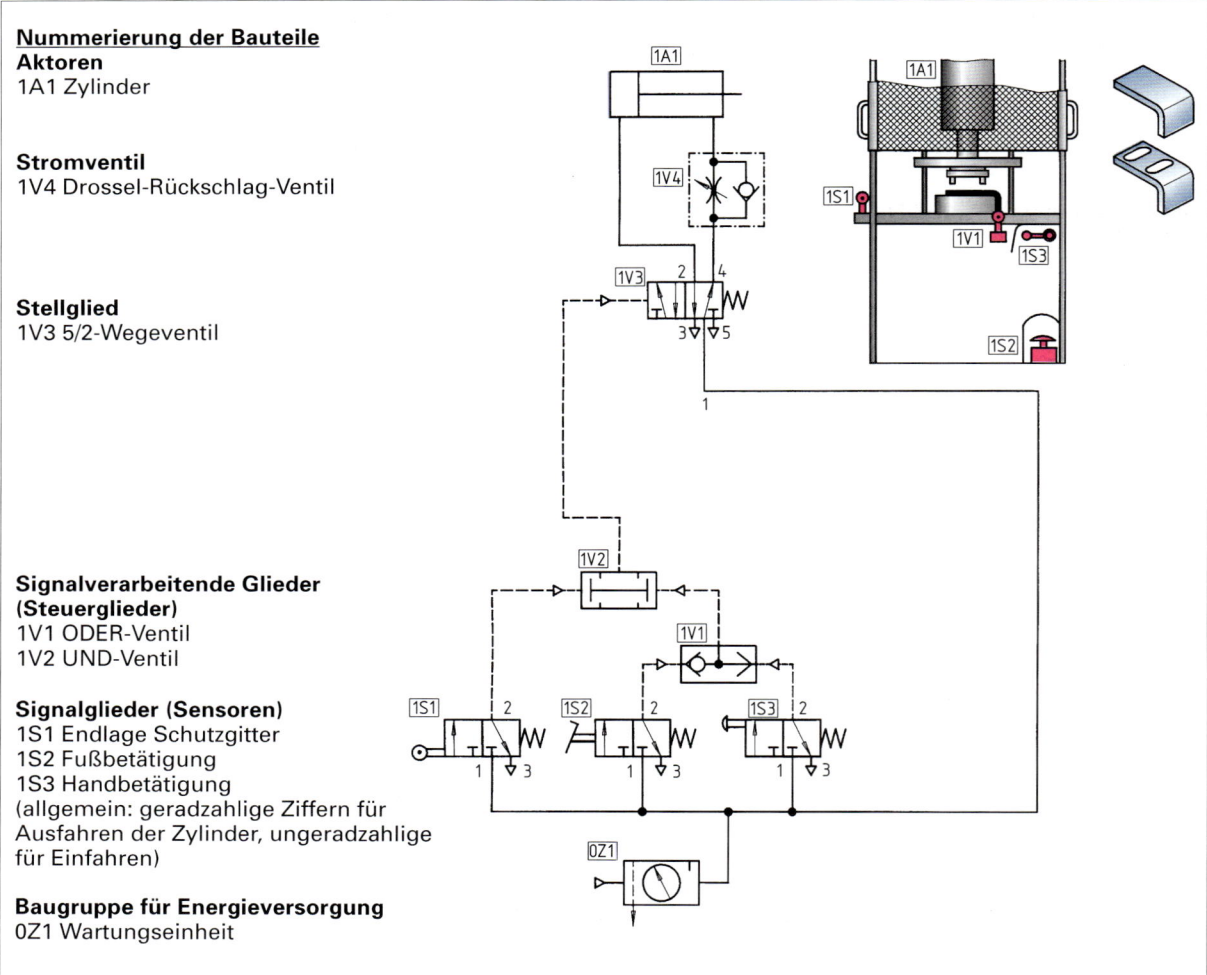

In die Steuerung der pneumatischen Stanzvorrichtung ist eine zusätzliche Werkstückkontrolle einzubauen. Das schiefe bzw. verkantete Einlegen der Werkstücke soll damit verhindert werden. Eine Verminderung von Ausschuss ist das Ziel. Die bisherige Kurzbeschreibung der Schaltungsfunktion, die **Bedienungsanleitung**, besagt:

Stanzbetrieb:
Nach Einlegen des Werkstückes ist das Schutzgitter zu schließen. Der Endlagensensor 1S1 erfasst den Zustand „Schutzgitter geschlossen". Nur dann ist über die Fußbetätigung 1S2 oder die Handbetätigung 1S3 der Kolben des Zylinders 1A1 einstellbar langsam auszufahren. Das Stromventil 1V4 erlaubt das Einstellen der Verfahrgeschwindigkeit. Erfolgt keine Fuß- oder Handbetätigung mehr, bewirkt die Federrückstellung die Bewegung des Kolbens in die Ruhestellung.

12.2 Pläne

Beschreibung der Steuerungsfunktion
Der bestehende pneumatische Schaltplan soll so verändert werden, dass

- eine Fuß- **oder** eine Handbetätigung

und

- die Endlage „Schutzgitter geschlossen" **und** „die Werkstückkontrolle betätigt",

erfolgen muss, damit der Stanzzylinder ausfährt.

Erkennbar ist, dass die Handbetätigung 1S3 und die Fußbetätigung 1S2 auf das ODER-Ventil 1V1 wirkt. Wenn also Hand- oder Fußbetätigung erfolgt, dann steht am Ausgang vom ODER-Ventil 1V1 ein Drucksignal an. Dieses Signal wird an einen der beiden Eingänge des UND-Ventils geführt. Der zweite Eingang des UND-Ventils erhält sein Drucksignal von dem Endlagensensor 1S1 „Schutzgitter geschlossen". Nur dann also, wenn das Schutzgitter geschlossen ist, wird das Signal zum 5/2-Wegeventil 1V4 weitergeführt und der Zylinder 1A1 fährt aus.

Maßnahmen zur Veränderung der Steuerungsfunktion
Die zusätzliche Forderung der Werkstückkontrolle soll die bestehende Steuerungsfunktion ergänzen. Das Drucksignal des UND-Ventils 1V2 ist daher vom 5/2-Wegeventil 1V3 abzutrennen und auf einen Eingang eines weiteren zusätzlichen UND-Ventils 1V5 zu führen. Das Signal des zu installierenden Schalters ‚Werkstückkontrolle' 1S4 wird dann am zweiten Eingang dieses UND-Ventils angeschlossen. Vom Ausgang dieses UND-Ventils ist eine Verbindung zum 5/2-Wegeventil 1V3 herzustellen. Unter Beibehaltung der ursprünglichen Steuerungsfunktion ist die Werkstückkontrolle als zusätzliche Funktion in die bestehende Steuerung eingebaut worden.

Nummerierung der Bauteile
Aktoren
1A1 Zylinder

Stromventil
1V4 Drossel-Rückschlag-Ventil

Stellglied
1V3 5/2-Wegeventil

Signalverarbeitende Glieder (Steuerglieder)
1V1 ODER-Ventil
1V2 UND-Ventil
1V5 UND-Ventil

Signalglieder (Sensoren)
1S1 Endlage Schutzgitter
1S2 Fußbetätigung
1S3 Handbetätigung
1S4 Werkstückkontrolle
(allgemein: geradzahlige Ziffern für Ausfahren der Zylinder, ungeradzahlige für Einfahren)

Baugruppe für Energieversorgung
0Z1 Wartungseinheit

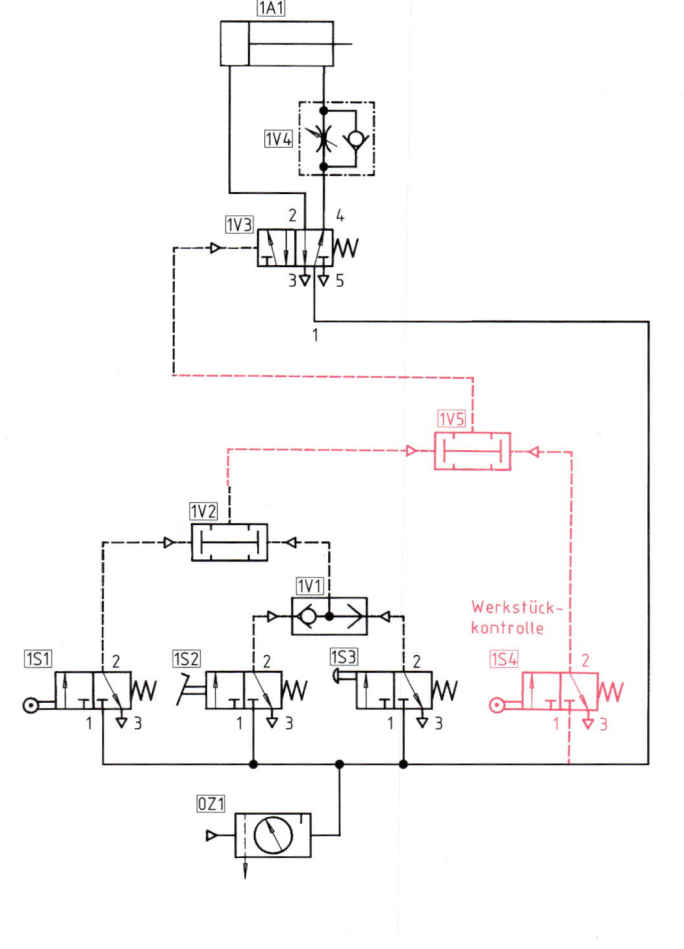

12 Graphische Darstellungen — 12.2 Pläne

Logikplan

Um gegebenenfalls die Steuerung der gesamten Stanzvorrichtung auch in einer anderen technischen Ausführungsform auszustatten, ist der pneumatische Schaltplan in einen allgemeinen Logikplan umzuwandeln. Unter Zuhilfenahme der Tabelle von Seite 185 wird die Änderung erstellt. Die ODER- und die UND-Verknüpfungen sind durch die bekannten Logiksymbole zu ersetzen. Dieser Logikplan ist die Grundlage, um z.B. einen elektropneumatischen Schaltplan zu erstellen (vgl. Kap. 12.2.1.2).

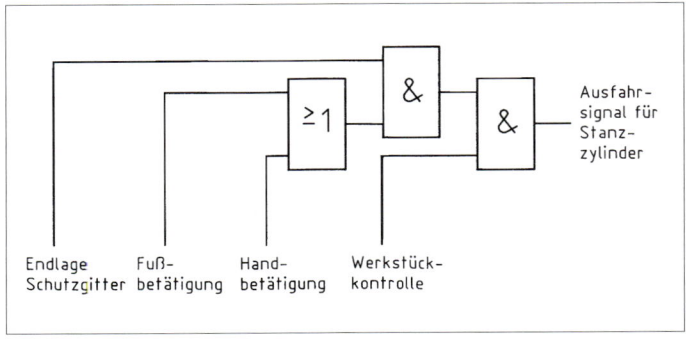

Aufgaben:

1. Wie viele Schlauchverbindungen und welche Bauteile sind für die auf Seite 421 beschriebene Ergänzung der Steuerungsaufgabe zusätzlich erforderlich?

2. Untersuchen Sie den Schaltplan in Bild 1 und beschreiben Sie, ob diese Schaltungsergänzung ebenfalls die geforderte zusätzliche Funktion erfüllt.

3. Vergleichen Sie die Lösung der geänderten Steuerungsfunktion von Seite 421 mit der Lösung in Bild 1 und beschreiben Sie den jeweiligen Aufwand (Verschlauchungen und Bauteile) der Veränderung.

4. Der Schaltplan in Bild 2 beschreibt eine Steuerung. Kontrollieren Sie, unter welchen Bedingungen der Zylinder 1A1 ausfährt.

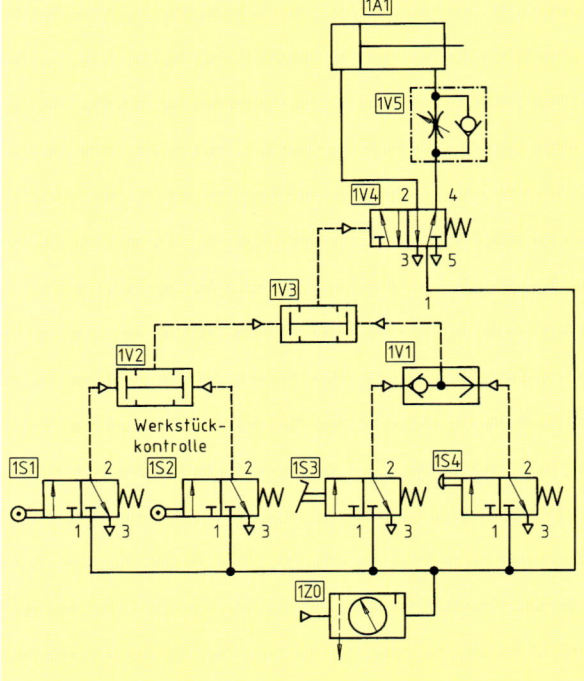

Bild 1 zu Aufgabe 2

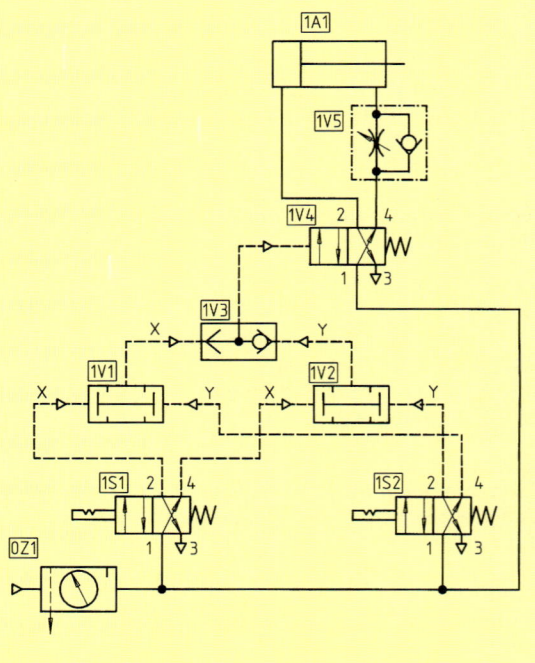

Bild 2 zu Aufgabe 4

12.2.1.2 Elektrischer Schaltplan

Elektrische Schaltpläne stellen die elektrischen Bauteile, wie Kontakte, Relais, Signalleuchten usw. und deren elektrische Verbindungen (Leitungen) dar. Unter Verwendung von Symbolen (Schaltzeichen, vgl. Tab. Seite 196) erfasst der **Stromlaufplan** die steuerungstechnische Verknüpfung.

Elektropneumatischer Schaltplan

Der Logikplan der Stanzvorrichtung soll in einen elektropneumatischen Schaltplan überführt werden.

Die **Eingabebauteile**:
- Schalter 1S1 Handbetätigung,
- Schalter 1S2 Fußbetätigung,
- Schalter 1S3 Endlage Schutzgitter und
- Schalter 1S4 Werkstückkontrolle

sind gemäß Logikplan zu verdrahten.

Die Tabelle von Seite 185 dient als Hilfe bei der Umwandlung.

Die Schalter 1S1 und 1S2 sind ODER-verknüpft, d.h., sie sind vom L+-Anschluss der 24 V Gleichspannung in **parallelen** Stromwegen darzustellen.

UND-verknüpft mit den beiden Schaltern 1S1 und 1S2 ist der Schalter 1S3 „Schutzgitter Endlage", d.h., er wird **in Reihe** mit diesen Schaltern gezeichnet.

Zu diesem bisherigen Stromlaufplan ist laut Logikplan die Werkstückkontrolle 1S4 UND-verknüpft, d.h., 1S4 wird **in Reihe** zu der bestehenden Schaltung dazugeschaltet.

Vom Schalter 1S4 aus ist dann der +Anschluss des Magnetventils 1K1 anzusteuern. Vom −Anschluss des Magnetventils aus ist eine Verbindung zum L−Anschluss der 24 V Gleichspannung herzustellen. Der elektrische Stromlaufplan ist nun vollständig.

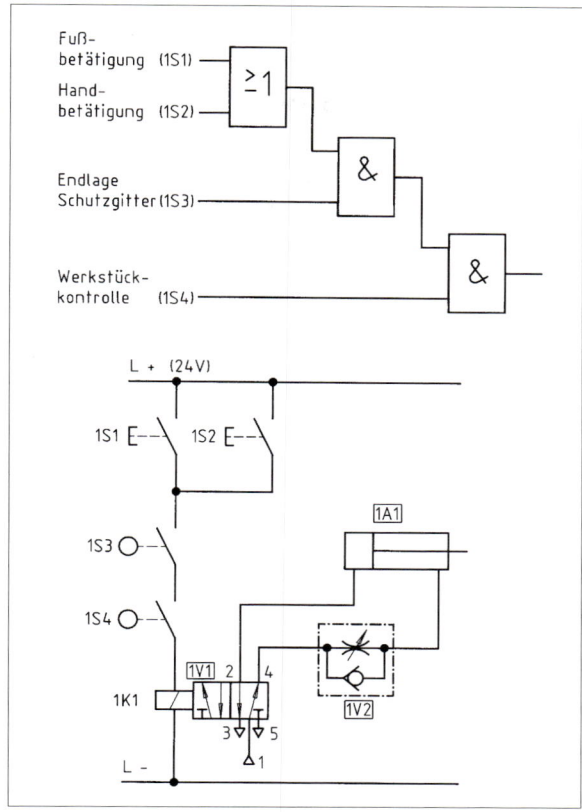

Die pneumatische Leitungsverbindung ist von der Druckluftversorgung über das 5/2-Wegeventil zum Zylinder und über das Stromventil zum 5/2-Wegeventil zurück herzustellen. Dieser Teil des Planes umfasst den pneumatischen Arbeitskreis.

Aufgaben:

1. Welche Ergänzung müsste in obigem Schaltplan vorgenommen werden, wenn unabhängig von der Gesamtschaltung ein zusätzlicher Prüftaster 1S5 (Schlüsselschalter) direkt auf das Magnetventil 1K1 wirken soll?

2. Beschreiben Sie die Steuerungsfunktion des elektropneumatischen Schaltplanes in Bild 1.

3. Wie müsste der Schaltplan in Bild 2 ergänzt werden, wenn ein Hauptschalter einzufügen ist? Bedingung: Die Schalter 1S1, 1S2 und 1S3 sollen im ausgeschalteten Zustand des Hauptschalters stromlos sein.

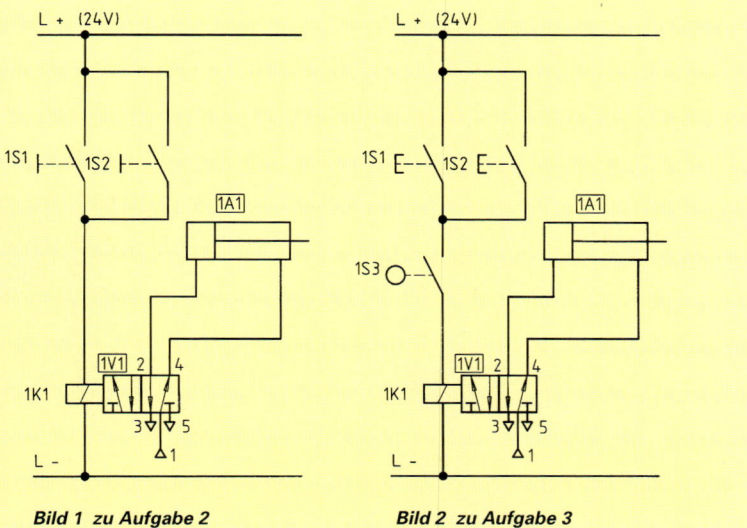

Bild 1 zu Aufgabe 2   **Bild 2** zu Aufgabe 3

12 Graphische Darstellungen — 12.2 Pläne

Stromlaufplan einer Kfz-Beleuchtungsanlage

Das linke Abblendlicht eines Kundendienstfahrzeuges leuchtet nicht. Die Kontrolle der Glühfäden der Glühlampe im Scheinwerfer zeigt, dass die Lampe in Ordnung ist. Der Blick in den Sicherungskasten hilft nicht weiter, da einige Anschlüsse unterschiedliche Sicherungen haben bzw. eine mögliche „durchgebrannte" Sicherung nicht eindeutig zu erkennen ist. In der Betriebsanleitung des Fahrzeuges ist ein elektrischer Schaltplan/Geräteliste der Beleuchtungsanlage abgebildet. Dieser elektrische Schaltplan soll zusammen mit der Sicherungstabelle zur eindeutigen Bestimmung der Abblendlicht-Sicherung genutzt werden.

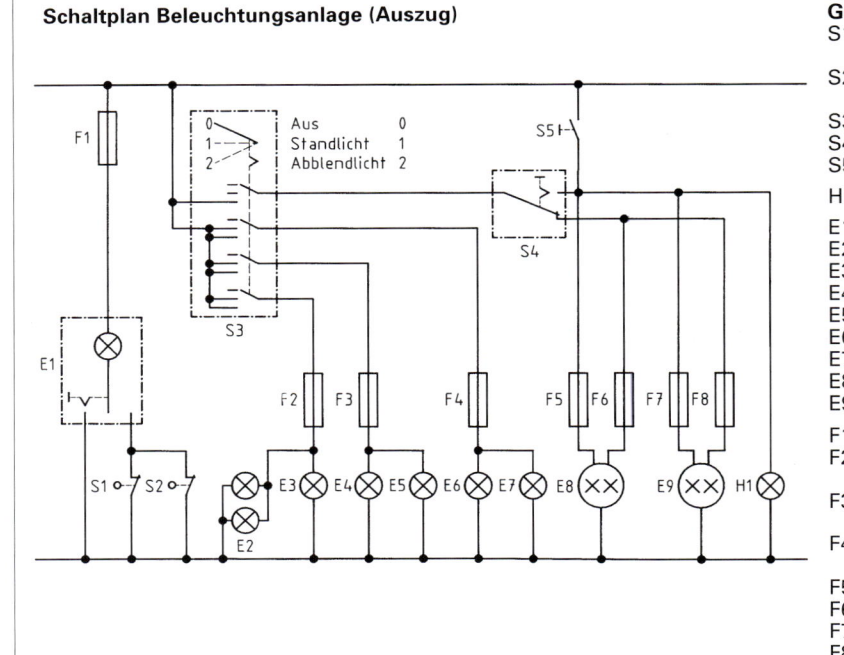

Geräteliste
- S1 Türkontaktschalter links Innenleuchte
- S2 Türkontaktschalter rechts Innenleuchte
- S3 Lichtschalter
- S4 Abblendschalter
- S5 Lichthupentaster
- H1 Fernlichtanzeigeleuchte
- E1 Innenleuchte mit Umschalter
- E2 Instrumentenbeleuchtung
- E3 Kennzeichenleuchte
- E4 Begrenzungsleuchte links
- E5 Schlussleuchte links
- E6 Begrenzungsleuchte rechts
- E7 Schlussleuchte rechts
- E8 Fern-Abblendscheinwerfer links
- E9 Fern-Abblendscheinwerfer rechts
- F1 Sicherung Innenleuchte
- F2 Sicherung Instrumenten- und Kennzeichenbeleuchtung
- F3 Sicherung Begrenzungs- und Schlussleuchte links
- F4 Sicherung Begrenzungs- und Schlussleuchte rechts
- F5 Sicherung Fernlicht links
- F6 Sicherung Abblendlicht links
- F7 Sicherung Fernlicht rechts
- F8 Sicherung Abblendlicht rechts
- F9 Sicherung Fernlichtanzeigeleuchte

Lesen des Schaltplans/Geräteliste

In dem Schaltplan/Geräteliste sind die verwendeten Bauteile als Symbole gezeichnet und mit Kennbuchstaben und Ordnungszahlen versehen.

Kennzeichen der Symbole sind z.B.:

Schalter	Buchstabe S mit Ordnungszahl
Sicherung	Buchstabe F mit Ordnungszahl
Leuchte	Buchstabe E mit Ordnungszahl
Anzeige	Buchstabe H mit Ordnungszahl

Da laut Schaltplan/Geräteliste der Schalter S3 der Lichtschalter ist, muss hier das Abblendlicht angeschlossen sein. Zudem ist aus der Geräteliste zu entnehmen, dass der Fern-Abblendscheinwerfer „links" die Kennzeichnung E8 hat. Im Schaltplan der Beleuchtungsanlage sind dem linken Scheinwerfer E8 zwei Sicherungen, F5 und F6, vorgeschaltet. Aus der Geräteliste lässt sich die eindeutige Zuordnung der Sicherungen für das Fern- bzw. das Abblendlicht entnehmen: Das Abblendlicht „links" ist durch die Sicherung F6 geschützt.

Nr.	Sicherung	Verbraucher	Ampere[1]
1	F6	E8	10
2	F8	E9	10
3	F2	E2/E3	10
4	F3	E4/E5	10
5	F4	E6/E7	10
6	F5	E8	10
7	F7	E9	10
8	F9	H1	10
9	F1	E1	10

Sicherungsbelegung (Auszug) von links nach rechts

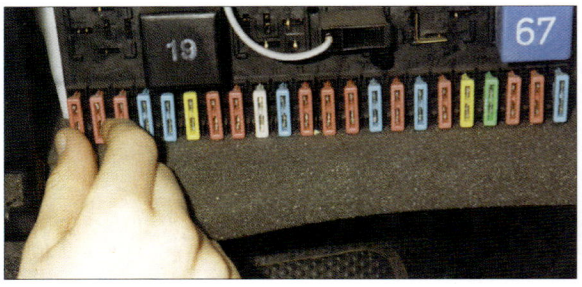

---

[1] Farbkennzeichnung der Sicherungen: rot: 10 Ampere; blau: 15 Ampere; gelb: 20 Ampere; grün: 30 Ampere.

Fehlerbeseitigung

Die Information, dass die Sicherung für das Abblendlicht „links" die Kennzeichnung F6 hat, ist notwendig, um aus der Sicherungstabelle die Sicherungsbelegung festzustellen. Die Sicherungstabelle ordnet den Sicherungssockeln, von links nach rechts geordnet, eine bestimmte Sicherung zu. Die Sicherung F6 befindet sich laut Sicherungstabelle im ersten Sockel des Sicherungskastens. Zudem wird der Hinweis auf die Stromstärke 10 Ampere, Farbe rot, gegeben.

Das Auswechseln der Sicherung F6 zeigt beim genaueren Hinsehen eine Unterbrechung. Durch Einsatz einer neuen Sicherung 10 A, rot, ist die Funktion des Abblendlichts wieder hergestellt.

Aufgaben:

1. Welche Funktion hat der Schalter 1S5?
2. Welche Leuchten sind laut Schaltplan eingeschaltet, wenn der Lichtschalter S3
   a) in Standlichtschaltung und
   b) in Abblendlichtschaltung
   eingeschaltet ist?
3. Welche Funktion haben die beiden Schalter 1S1 und 1S2?

Regeln für das Erstellen von pneumatischen und elektrischen Schaltplänen

Schaltpläne sind notwendige Unterlagen, um Steuerungen herzustellen, in Betrieb zu nehmen, zu warten, Fehler zu suchen, Reparaturen auszuführen oder den notwendigen Service vorzunehmen. Um eine einheitliche Darstellung von Schaltplänen zu ermöglichen, gelten allgemeine Regeln für das Erstellen von Schaltplänen. Damit ist eine Grundlage für den technischen Informationsaustausch, die technische Kommunikation, gegeben.

Pneumatische Schaltpläne	Elektrische Schaltpläne
● Sinnbilder und Schaltzeichen werden **waagerecht** dargestellt.	● Schaltpläne sind grundsätzlich im **stromlosen** Zustand und Schalter im mechanisch **nicht betätigten** Zustand darzustellen.
● Die Steuerungselemente sind dem Signalfluss entsprechend **von unten nach oben** anzuordnen.	● Schaltzeichen und Schaltelemente sind **senkrecht** angeordnet darzustellen.
● Steuerleitungen werden durch **Strichlinien** dargestellt.	● Die Geräte und Bauteile sind im Schaltplan zu kennzeichnen (DIN EN 61082).
● Arbeitsleitungen werden durch **Volllinien** dargestellt.	● Hauptstromkreis und Steuerstromkreis werden **getrennt** dargestellt.
● Ventile werden in ihrer **Ausgangsstellung** dargestellt, d. h., die beweglichen Teile der Ventile haben die Stellung eingenommen, die sie in einer **eingeschalteten** Steuerung einnehmen.	● Die Stromwege sind geradlinig und im Verlauf parallel zu zeichnen und von links nach rechts fortlaufend zu nummerieren.
● Die gleiche Druckquelle kann mehrfach dargestellt werden.	● Für Elemente eines Gerätes, z.B. Schließer, Öffner oder Schütz sind die gleichen Gerätebezeichnungen vorzusehen.
● Die Nummerierung der Steuerungselemente setzt sich aus der Nummer der Steuerkette und einer angefügten Ordnungszahl zusammen (vgl. Seite 420).	

12.2.1.3 Funktionsplan

Der Funktionsplan beschreibt eine Steuerung ähnlich wie der Logikplan (vgl. Seite 422). In Abwandlung zum Logikplan müssen vorgegebene Darstellungsregeln beachtet werden (DIN 19239 und DIN 40719-6).

Am Beispiel einer kombinatorischen Steuerung soll ein einfacher Funktionsplan erklärt werden. Grundsätzlich entspricht der Funktionsplan dem E - V - A - Prinzip (Eingabe - Verarbeitung - Ausgabe):

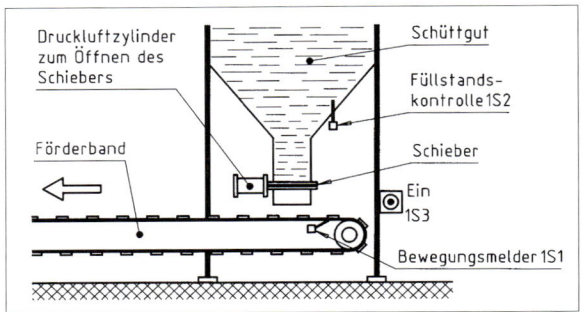

Funktionsplan			
1S2	1S1	EIN	Zylinder 1A1
0	0	0	0
0	0	1	0
0	1	0	0
0	1	1	0
1	0	0	0
1	0	1	0
1	1	0	0
1	1	1	1

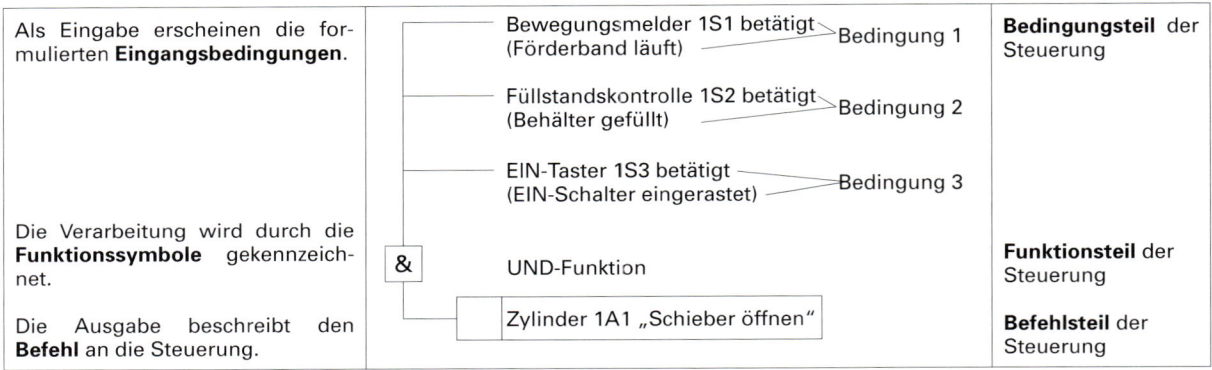

Diese Darstellungsart im Funktionsplan ermöglicht die graphische Konstruktion (z. B. graphische Programmierung) von kombinatorischen Steuerungen und Ablaufsteuerungen.

Aufgaben:

1. Zeichnen Sie für eine ODER-Verknüpfung den Funktionsplan.
2. Welche Bezeichnungen müssen in den Feldern des Funktionsplans für den Bedingungs-, Funktions- und Befehlsteil der Steuerung in der nebenstehenden Abbildung ergänzt werden?

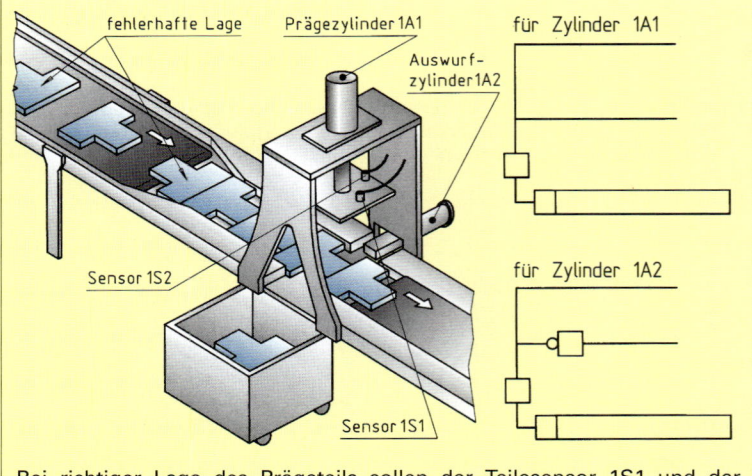

Bei richtiger Lage des Prägeteils sollen der Teilesensor 1S1 und der Lagesensor 1S2 den Prägevorgang mit Zylinder 1A1 auslösen. Bei fehlerhafter Lage des Prägeteils soll der Auswurfzylinder 1A2 ausgelöst werden.

12 Graphische Darstellungen 12.2 Pläne

Verknüpfungselemente

Bezeichnung und Logiksymbol	Ausführungsform			Anmerkung
	pneumatisch	elektromechanisch	elektronisch	
UND (1S1, 1S2 → & → A)	Zweidruckventil; **Alternativen**: 3/2-Wegeventile in Reihe	Zwei Schalter in Reihe (1S1, 1S2)	IC z.B. 7408	Alle logischen Schaltungsverknüpfungen können mit diesen Ausführungsformen realisiert werden.
ODER (1S1, 1S2 → ≥1 → A)	Wechselventil; **Alternativen**: 3/2-Wegeventile parallel	Zwei Schalter parallel (1S1, 1S2)	IC z.B. 7432	
NICHT (1S1 → 1 → 1̄S̄1̄)	3/2-Wegeventil (Öffner)	Öffner-Schalter 1S1	IC z.B. 7404	

Pneumatische Bauelemente

Symbol	Bezeichnung	Wirkung	Symbol	Bezeichnung	Wirkung
(3/2-Symbol)	3/2-Wegeventil mit Federrückstellung in Sperr-Nullstellung	Schaltet bei Betätigung Druck p auf Anschluss A.	(Zweidruckventil-Symbol)	Zweidruckventil (UND-Ventil)	Leitet nur Drucksignal an A, wenn an 1S1 **UND** an 1S2 ein Signal anliegt.
(4/2-Symbol)	4/2-Wegeventil mit Federrückstellung	Schaltet bei Betätigung Druck p auf Anschluss A und entlüftet Anschluss B.	(Drossel-Rückschlag-Symbol)	Drossel-Rückschlag-Ventil	Drosselt den Volumenstrom und damit z.B. die Zylinderverfahrgeschwindigkeit in einer Richtung
(5/2-Symbol)	5/2-Wegeventil mit Federrückstellung	Schaltet bei Betätigung Druck p auf Anschluss A und entlüftet Anschluss B.	(Zylinder-Symbol)	Einfach wirkender Pneumatikzylinder	Fahrt durch Druck aus und durch Federkraft zurück.
(Wechselventil-Symbol)	Wechselventil (ODER-Ventil)	Leitet Drucksignal 1S1 **ODER** 1S2 an A und versperrt 2. Anschluss.	(Zylinder-Symbol)	Doppelt wirkender Pneumatikzylinder	Fahrt durch Druck aus und ein.

12 Graphische Darstellungen — 12.2 Pläne

Schaltzeichen (Auswahl)

Pneumatische Schaltzeichen

- Hydraulikdruckquelle
- Pneumatikdruckquelle
- Elektromotor
- Arbeitsleitung, Rücklaufleitung
- Steuerleitung
- elektrische Leitung
- Leitungsverbindung
- nicht verbundene Leitungskreuzung
- Druckbehälter
- Filter, Sieb
- Öler
- Aufbereitungseinheit (Symbol)
- Verdichter

Elektrische Schaltzeichen

- Generator
- Gleichrichtergerät
- Wechselstrommotor
- Netzeinspeisung (230 V) — L1/N/PE
- Leitung mit Angabe der Leiterzahl
- Leitungsverbindung
- Leitungskreuzung
- Akkumulator, Batterie
- Sicherung
- Widerstand
- veränderbarer Widerstand

Betätigungsarten (Auswahl)

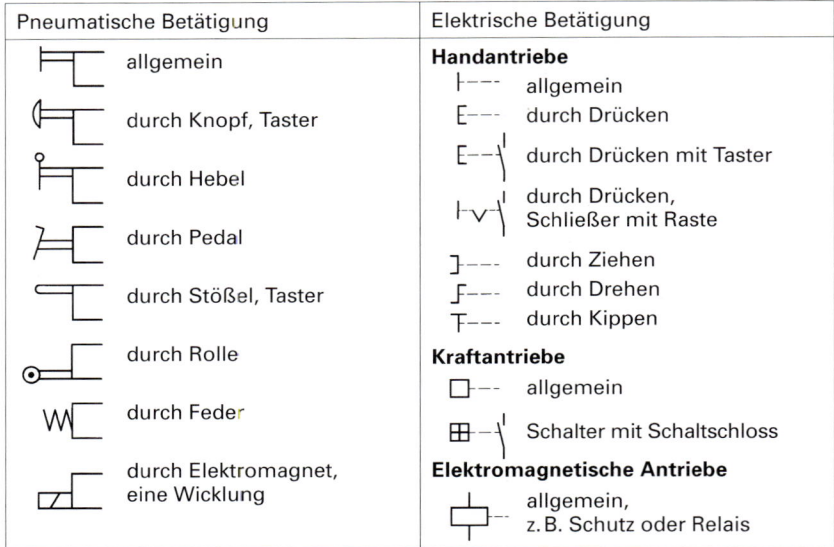

Pneumatische Betätigung: allgemein; durch Knopf, Taster; durch Hebel; durch Pedal; durch Stößel, Taster; durch Rolle; durch Feder; durch Elektromagnet, eine Wicklung

Elektrische Betätigung
- **Handantriebe**: allgemein; durch Drücken; durch Drücken mit Taster; durch Drücken, Schließer mit Raste; durch Ziehen; durch Drehen; durch Kippen
- **Kraftantriebe**: allgemein; Schalter mit Schaltschloss
- **Elektromagnetische Antriebe**: allgemein, z. B. Schutz oder Relais

Schaltpläne mit vergleichbarer Funktion

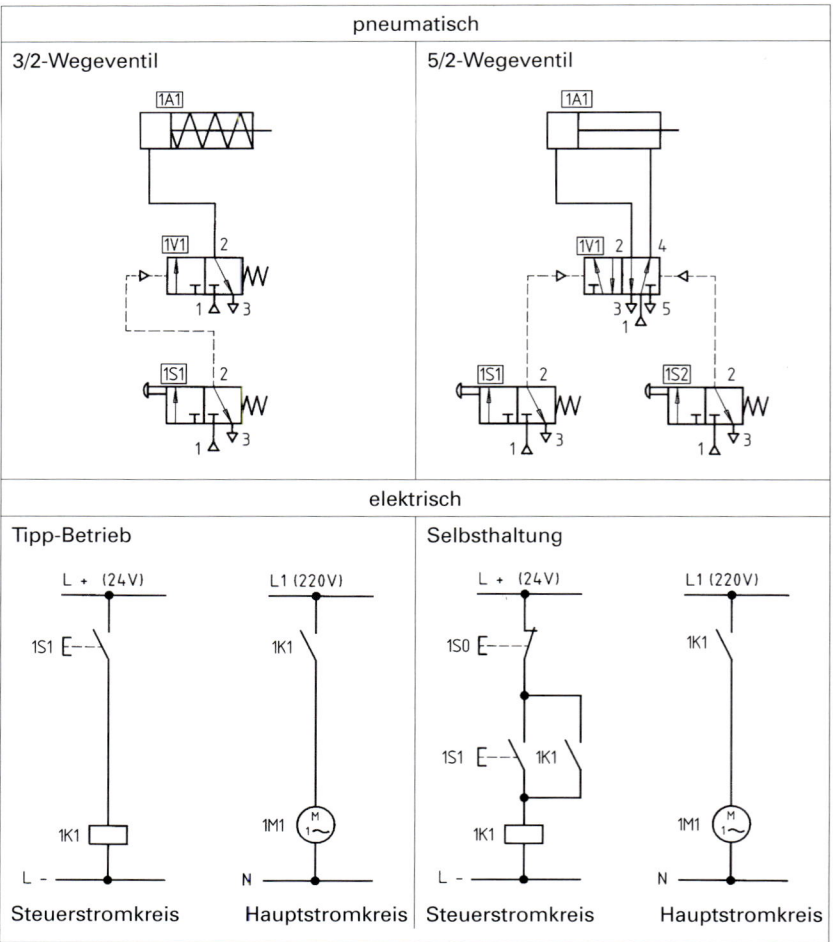

pneumatisch: 3/2-Wegeventil, 5/2-Wegeventil

elektrisch: Tipp-Betrieb (Steuerstromkreis, Hauptstromkreis); Selbsthaltung (Steuerstromkreis, Hauptstromkreis)

12.3 Darstellungen von Handlungsanweisungen

In der Technik sind weitere, nicht an Normen oder Vorschriften gebundene Pläne gebräuchlich. Montage-, Wartungs- (Service-) und Zusammenbaupläne sind den Geräten, Maschinen und Bauelementen beigefügt. Zu diesen Plänen gehören häufig auch Bedienungsanleitungen, vorgeschriebene Arbeitsschritte und Handlungsanweisungen. Diese Unterlagen sollen am Arbeitsort, z.B. auf der Baustelle, für den Handwerker einen reibungslosen Arbeitsablauf möglich machen.

12.3.1 Montageanleitung und Anwenderinformation

In einem Metallhandwerksbetrieb werden in Kleinserie Masthalterungen für Parabolantennen mit über 1,20 m Durchmesser zum Satellitenempfang hergestellt. Um dem Monteur bzw. Installateur vor Ort eine schnelle, fehlerfreie Montage zu ermöglichen, wird in dem beigefügten Montageplan Wert auf eine genaue Darstellung des planmäßigen Vorgehens gelegt.

Das Beispiel zeigt, dass nur die enge Verbindung von Text und Bild ein planmäßiges Vorgehen möglich macht.

(Auszug)

Montieren Sie die Masthalterung mittels der 4 Muttern, Schrauben und Unterlegscheiben (Teile E+D+A) an die beiden Haltebügel der Parabolantenne.

Mit den 4 langen Schrauben F, den beiden Mastklammern und 4 Muttern mit Unterlegscheiben (G+H) befestigen Sie die Masthalterung mit der Parabolantenne am Antennenmast.

Diese Muttern sollen Sie aber nicht sofort fest anziehen, da die Parabolantenne noch in die exakte Richtung gedreht werden muss.

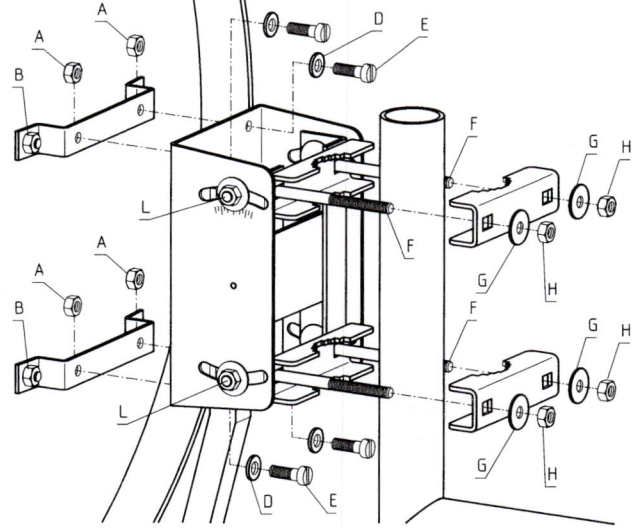

12 Graphische Darstellungen
12.3 Darstellungen von Handlungsanweisungen

Aufgaben:
1. Überlegen Sie, welche Funktion die Langlöcher in der Masthalterung haben.
2. Ist es sinnvoll, die Schrauben L während der Montage schon fest anzuziehen?
3. Erstellen Sie einen Text zur Anwenderinformation, der beschreibt, wie der Höhenwinkel der Parabolantenne justiert wird.
4. Überlegen Sie, welche Funktion die Aussparungen der Mastklammer haben.
5. Welchen Hinweis müsste die Anwenderinformation zu den Muttern G+H enthalten, wenn die Parabolantenne vollständig ausgerichtet ist?

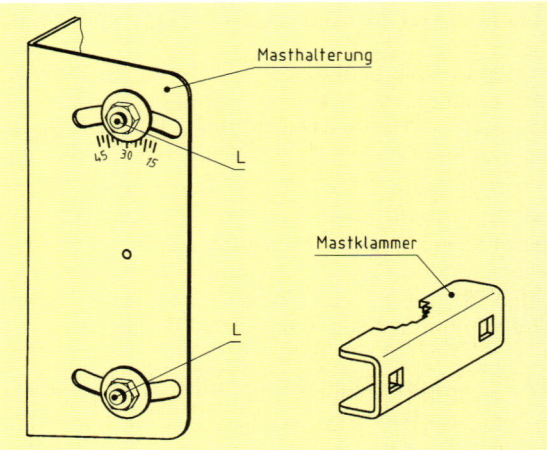

Die bildhafte Montageanleitung und die Funktionsbeschreibung liefern zusammen erst die vollständige Information. Auch bei anderen Maschinen, Anlagen oder Geräten führt die gemeinsame Bild- und Textinformation zu den erforderlichen Arbeitsschritten und damit zur fehlerfreien und schnellen Montage.

12.3.2 Verstehen und Erläutern von technischer Anwenderinformation

Wenn der Bewegungsraum der Parabolantenne nicht ausreicht, ist eine weitere Befestigungsmöglichkeit zu planen und zu erstellen. Die schon vorhandene Masthalterung soll bei dieser Konstruktion weiterhin benutzt werden.

Mit einer U-förmigen Rohrkonstruktion mit Wandhalterung lässt sich eine Lageänderung einfach erreichen. Der lageabhängige Einstellbereich des Parabolspiegels wird größer, Beeinträchtigungen z.B. durch Bäume, Schornsteine oder Antennen sind einfacher auszuschließen.

Die technische Anwenderinformation für diese Wandhalterung ist zu erstellen bzw. zu verändern.

Der Montageplan auf der folgenden Seite enthält einen Auszug des zugehörigen Textes.

Nach der Montage des U-förmigen Befestigungsrohres (F) ist an seinem freien Ende die Masthalterung der Parabolantenne zu befestigen. Hierfür kann unverändert die technische Anwenderinformation von Kap. 12.3.1 dienen.

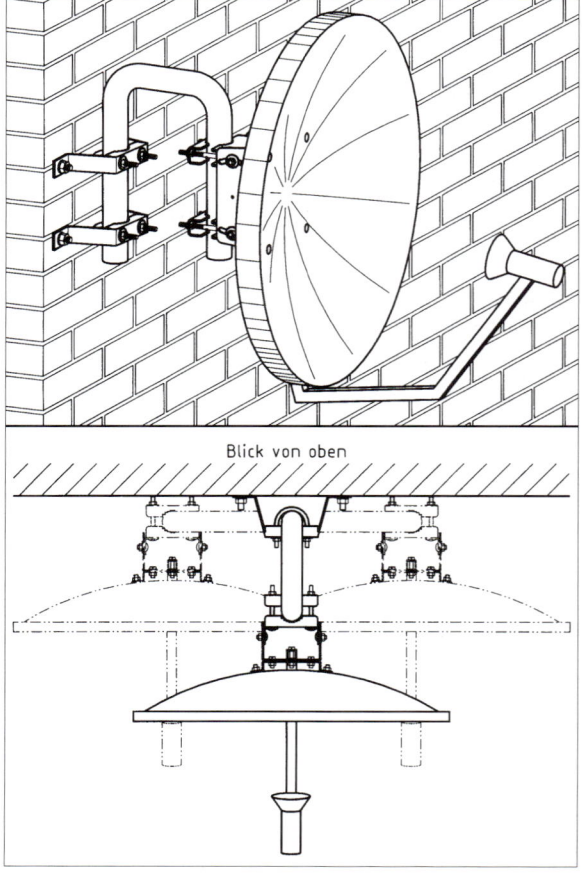

12 Graphische Darstellungen

12.3 Darstellungen von Handlungsanweisungen

Die Wandhalterung besteht aus folgenden Einzelteilen:

A 2 Stück U-förmig gebogene Befestigungsbolzen
B 4 Stück Muttern M10
C 4 Stück Unterlegscheiben 10,5
D 4 Stück Metalldübel (mit Befestigungsbolzen M10, Unterlegscheiben, Federscheiben und Muttern)
E 2 Stück Wandhalter
F 1 Stück U-förmiges Befestigungsrohr

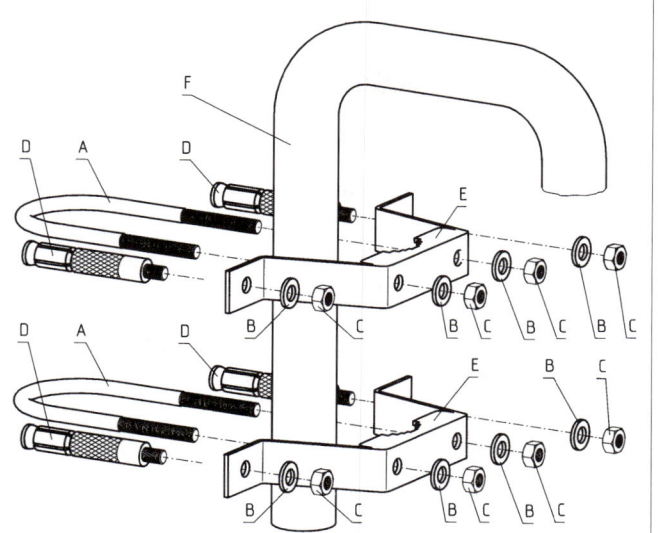

Montage

> Bohren Sie die 4 Löcher (10 mm Durchmesser) lotrecht bzw. waagerecht im Abstand von 140 mm (Wasserwaage verwenden). Die Lochtiefe sollte ca. 50 mm betragen.

> Drücken Sie die Metalldübel mit den Befestigungsbolzen (D) in die Bohrlöcher. Das Ende der Metalldübel sollte mit der Oberfläche abschließen, so dass nur das Schraubengewinde des Befestigungsbolzens hervorsteht.

Überlegen Sie:
Wie sollte die Beschreibung lauten

- zur Befestigung des Wandhalters (E) mit dem Befestigungsbolzen (D)?

- zur Befestigung des U-förmigen Befestigungsrohrs (F) mit Hilfe der beiden U-förmigen Befestigungsbolzen (A) am Wandhalter (E)? (Berücksichtigen Sie die Lage des Befestigungsrohres.)

Aufgaben:

1. Eine Montageanleitung für den Zusammenbau eines kleinen Gewächshauses soll auch dem Hobbyhandwerker ein problemloses Montieren ermöglichen. Daher wird neben dem Zusammenbau auch in einer Skizze die richtige Auswahl der Werkzeuge dargestellt. Formulieren Sie eine Beschreibung zur Unterstützung der Bildaussage.

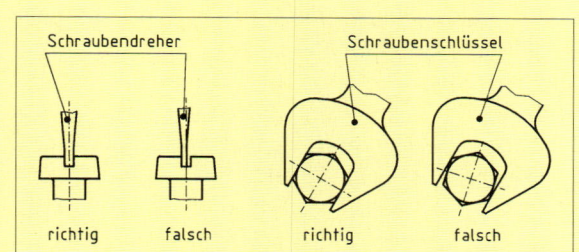

2. Ordnen Sie die drei Handlungsanweisungen (a, b und c), die beim Wechseln eines Sägeblattes einer Stichsäge durchzuführen sind, den drei Bildern (1, 2 und 3) richtig zu.

Sicherheitshinweis beim Wechseln des Sägeblattes:
Vor allen Arbeiten an der Stichsäge stets den Stecker aus der Steckdose ziehen. Die Stichsäge nur bei eingesetztem Sägeblatt laufen lassen.

a) *Sägeblatt quer zur Schnittrichtung in die Hubstange einstecken und Sägeblattzahnung in Schnittrichtung drehen.*

b) *Schraubendreher von oben in die Hubstange einführen und die Klemmschraube etwa 3 bis 4 Umdrehungen lösen.*

c) *Sägeblatt unter leichtem Zug einrasten lassen und mit Schraubendreher die Klemmschraube festziehen.*

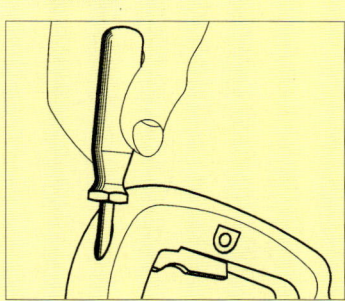
Bild 1

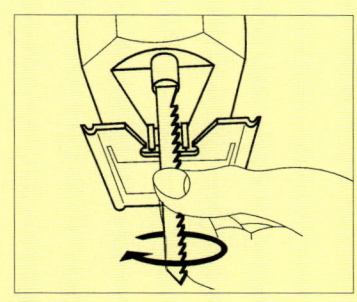
Bild 2

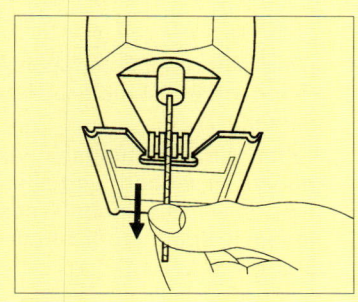
Bild 3

431

3. Die Handbohrmaschine ist mit einer Moment- und einer Dauerschaltung ausgestattet.
   Es ist eine **Schalttaste a** und ein **Feststellknopf b** vorhanden.
   Erstellen Sie eine Beschreibung
   a) zum Einschalten und Ausschalten der **Momentschaltung**.
   b) zum Einschalten und Ausschalten der **Dauerschaltung**.

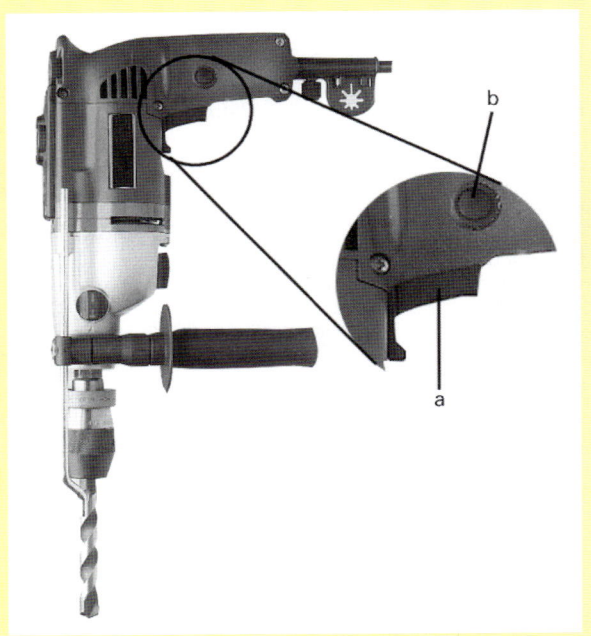

4. Der Klemmenkasten einer Umwälzpumpe kann jeweils um 90° gedreht werden. Erstellen Sie für die Folge der Arbeitsschritte eine Handlungsanweisung.

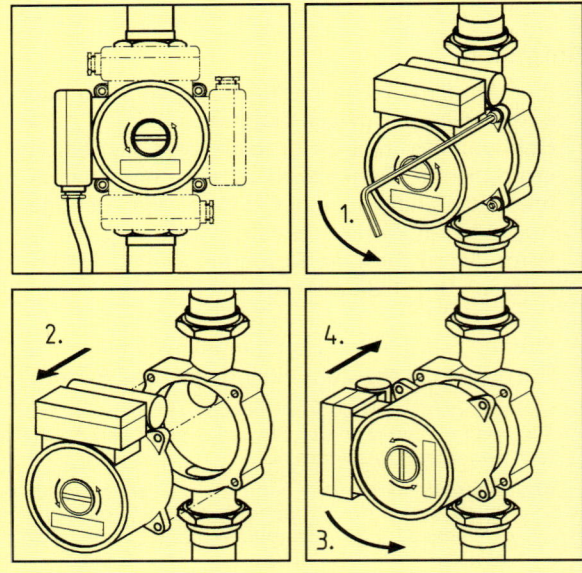

5. In den Wartungsunterlagen einer Maschine mit Kettenantrieb ist die nebenstehende Skizze enthalten.

   Neben dem Wartungshinweis, die Kette alle 6 Monate zu säubern und anschließend zu fetten, folgt ein nicht mehr lesbarer Hinweis zum richtigen Spannen der Kette. Welche Aussage lässt die Skizze zu?

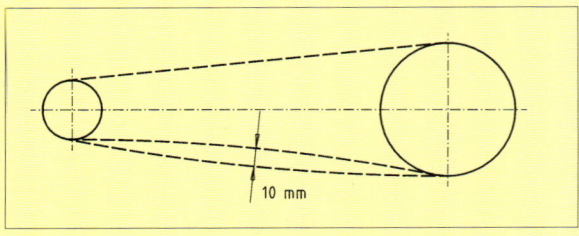

6. a) Die Montageanweisung für eine Heizkreis-Verteilung zeigt den Zusammenbau in Text und Zeichnung. Ordnen Sie die Bildnummern den entsprechenden Textstellen zu. Tragen Sie die Lösung in Ihr Heft.

Montage

Achtung!
Kugelhähne mit Teflonlagerung. Beim Eindichten am oberen Sechskant gegenhalten.
Am Anschluss der Kugelhähne nicht löten und schweißen.

Die Heizkreis-Verteilung kann wahlweise rechts oder links am Heizkessel montiert werden.
Im Anlieferungszustand ist der Mischer für den Rechtsanbau vorgefertigt.
Die Kugelhähne und die Pumpe können links oder rechts angebaut werden.

1. Dichtung ① zwischen Heizungsvorlaufanschluss und Kesselvorlaufanschluss legen und Verbindung verschrauben.
2. Falls erforderlich, Überwurfmutter ② an der Verstelleinrichtung lösen.
3. Verstellrohr ③ so verschrauben, bis sich beide Rücklaufanschlüsse decken.
4. Dichtung ④ zwischen Heizungsrücklaufanschluss und Kesselrücklaufanschluss legen und Verbindung verschrauben.
5. Überwurfmutter an der Verstelleinrichtung wieder anziehen (Sechskant am Verstellrohr gegenhalten).
6. Dichtung ◯ auf Kugelhahn ◯ legen und mit Pumpe ◯ verschrauben (Einbaumaß 180 mm beachten).
7. Dreiwegkugelhahn ⑧ mit Rückschlagklappe zusammen mit Überwurfmutter ⑨ und Dichtung ⑩ auf Pumpe legen und verschrauben.
8. Dreiwegkugelhahn ⑪ mit Dichtung ⑫ auf Heizungsrücklaufrohr ◯ legen und mit Überwurfmutter ◯ verschrauben.

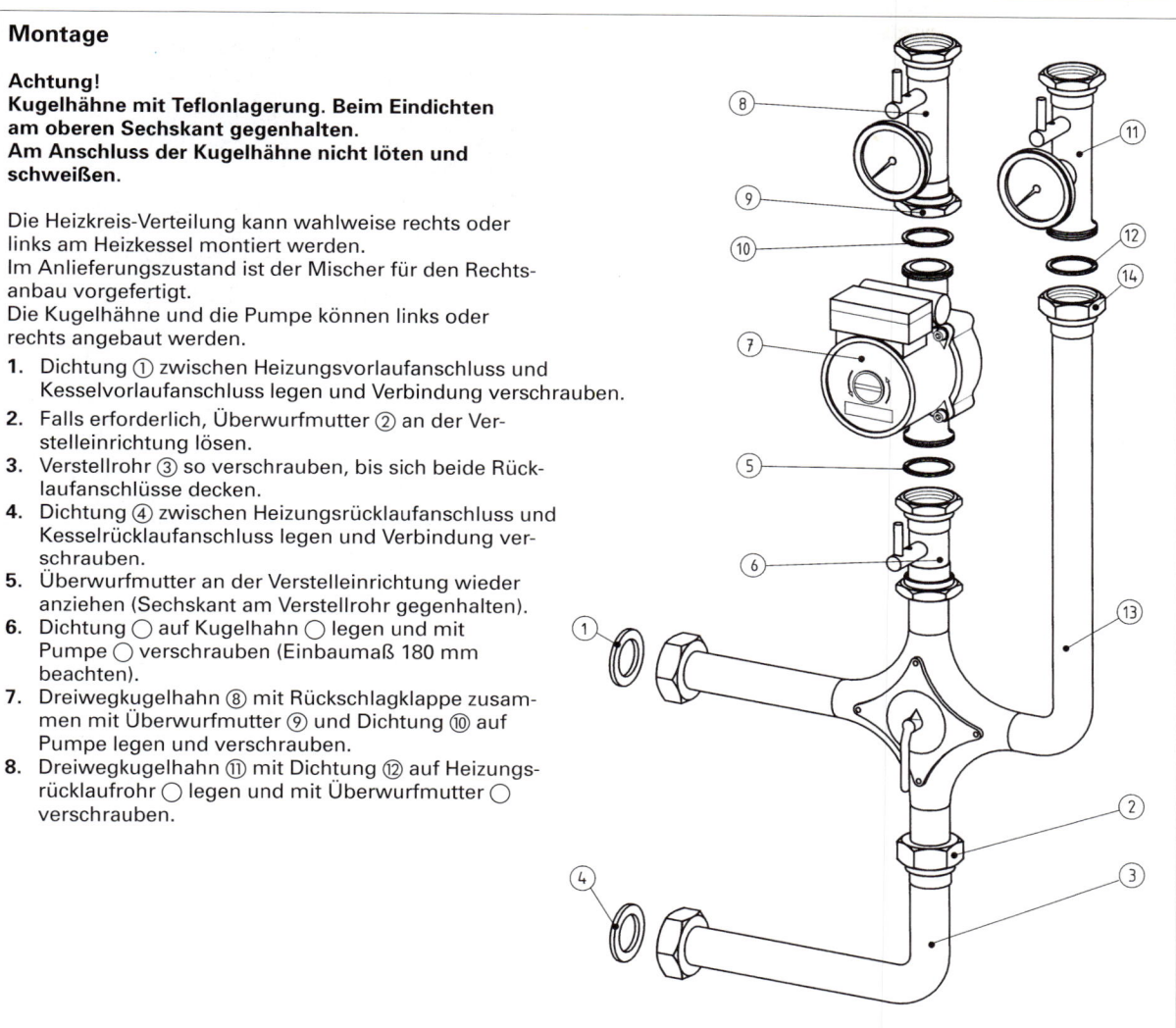

12 Graphische Darstellungen — 12.3 Darstellungen von Handlungsanweisungen

b) Für den Anbau der Wärmedämmung einer Heizkreisverteilung liegt die nachfolgende Montageanweisung vor.
Ordnen Sie die Zahlen des Textes den entsprechenden Bildpositionen zu.

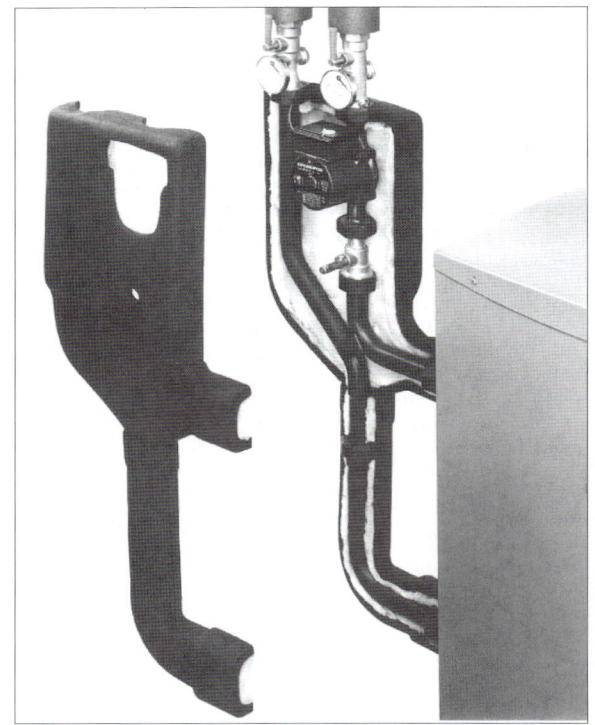

Anbau der Wärmedämmung

1. Je nach Einbaurichtung und Ausführung der Heizkreisverteilung, die vorgestanzten Ausschnitte auf den oberen Halbschalen ① sowie der einliegenden Wärmedämmmatten von Hand vorsichtig ausbrechen. Dabei mit der flachen Hand an den auszubrechenden Stellen (insbesondere im Bereich des Mischers/Mischer-Motors) gegenhalten, damit die Halbschalen nicht durchbrechen.
2. Roten Hebel ② des Kugelhahns unter der Pumpe am Heizungsvorlaufrohr demontieren.
3. Obere Halbschalen ① an die Heizkreis-Verteilung anbauen. Dabei die Pumpenleitung durch den Ausschnitt der Wärmedämmung ziehen. Wärmedämmschale zuerst unter den Mischerhebel schieben und dann über die Pumpe stecken.
Die Halbschalen mit den beiliegenden Federklammern ③ verbinden.
4. Untere Halbschalen ④ entsprechend der Kesselgröße an den vorgeprägten Stellen abschneiden. Im Bereich der Überwurfmutter die einliegende Wärmedämmmatte wegschneiden.
5. Untere Halbschalen ④ an die Heizkreis-Verteilung anbauen und mit den beiliegenden Federklammern ③ verbinden.
6. Hebel ② des Kugelhahns wieder an die Heizkreisverteilung montieren.

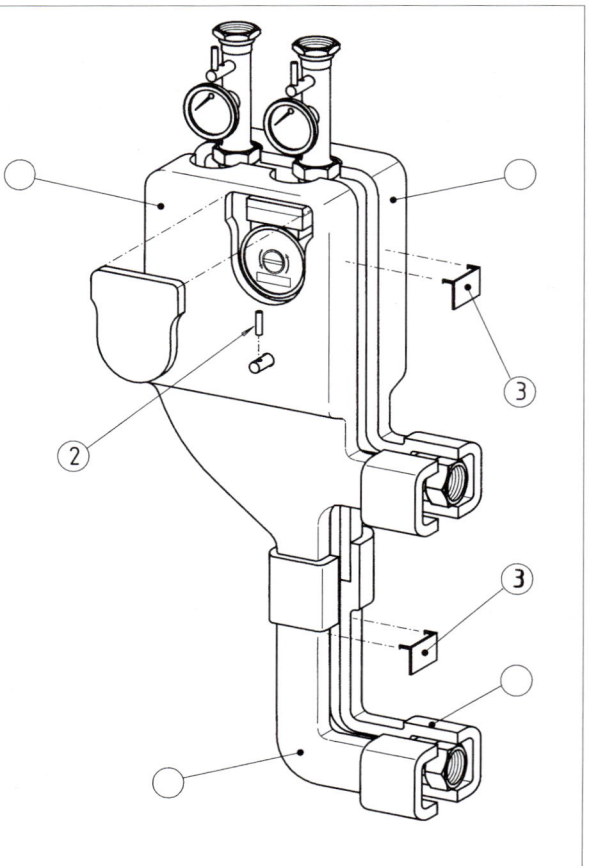

Sachwortverzeichnis

A

Abkanten 48
Abkühlungverhalten 11
Ablaufsteuerung 188
Abluft 175
Abluftdrosselung 175
Abmaß 116, 292, 378
Abrundung 373
Absaugvorrichtung 237
Abschneiden 82
Abschrot 51
Abschroten 53
Absetzen 53, 55
absoluter Druck 327, 336
Absperrventil 235
Acetylen 107
Acetylen-Sauerstoff-Brenner 103
Acetylenflasche 108
Adressbus 145
Aggregatzustand 229
Aktor 177, 185
akustische Störmeldung 190
Algorithmus 152
Allgemeiner Baustahl 21, 22
Allgemeintoleranz 117, 125, 292, 378
Aluminium 7, 15
Aluminiumguss-legierung 16
Aluminiumknet-legierung 16
Amboss 51
Ampere 200, 250
analoge Anzeige 198
analoge Steuerung 167
Anfasen 137
Ankathete 267
Anlassen 32
anodisches Oxidieren 202
Anordnungsplan 346
Anreißen 67
Anschlagwinkel 127
Anschnitt 34
Ansichten in Zeichnungen 356
Ansteuerung 174
Antriebsglied 173
Anweisungsliste 186
Anwenderinformation 429, 430
Anwenderprogramm 149, 150
Anzeige 243
Anzeigeeinheit 243
Arbeit 320
-, elektrische 208, 210, 211, 342, 343
Arbeitskreis 174
Arbeitsleitung 175
Arbeitsplanung 135, 345
Arbeitstemperatur 102

Arbeitsvermögen 222
Assemblersprache 155
asynchrone Steuerung 167
Atmosphärendruck 336
atmosphärischer Druck 327
Atommodell, Bohrsches 197
Aufnehmer 179
Ausbördeln 46, 49
Ausbreitprüfung 5
Ausgabebauteil 173, 185
Ausgabeeinheit 141, 144, 146
Ausgangsebene 218
Ausgleichsmasse 226
Ausklinken 82
Ausnehmung 373
Außengewinde 399, 400
Außenmessung 121
Ausspitzen 65
Austenit 31
Auswahl 154
Autokarosserie 245
AWL 186

B

Balkencode-Handleser 143
Balkendiagramm 271
Bänder 21
Bandlaufwerk 164
Bandsägemaschine 61
Bandschleifmaschine 137
bar 324
BASIC 156
Basiseinheit 250
Baueinheit 221
Bauklempnerei 105
Bauxit 15
Beanspruchungsarten von Werkstoffen 2
Bedieneroberfläche 149
Bedienungsaufnehmer 179
Beißschneiden 87, 89
Bemaßung,
-, fertigungsbezogene 381
-, funktionsbezogene 381
-, prüfbezogene 381
Benzophenon 9
Berührungsspannung 211
Beschleunigung 300
Beschleunigungskraft 300
Beschneiden 82
Bestandsdaten 152
Bestimmungsgleichung 247
Betrachtungsebene 217, 218

betriebliche Daten 163
Betriebssystem 148, 149
Bewegung, geradlinige 293
-, gleichförmige 293
-, kreisförmige 296
-, ungleichförmige 299
Bewegungsdaten 152
Biegefestigkeit 3
Biegen 40, 55, 137
- von Formstahl 44
- von Rohren 42
Biegeprüfung 5
Biegeradius 41
Biegeumformen 55
Biegewinkel 41
Biegezange 223
binäre Steuerung 167
Bit 145
Bleche 21
Blechlehre 128
Blechschälbohrer 65
Blechschere 84
Blechschraube 95
Blei 7, 17
Bohren 64, 138
- von Blech 65
- von Holz- und Kunststoffplatten 65
Bohreranschliff 64
Bohrerspitze 64
Bohrertyp 64
Bohrsches Atommodell 197
Bolzengewinde 399
Bolzenschneider 89
Bördeln 49
Bördelnaht 106
Boyle-Mariotte, Gesetz von 336
Brandschutz 105
Breiten 53
Brenner 108
Bronze 16
Bruchdehnung 4
Bruchfestigkeit 1
Bügelmessschraube 123
Bundesdatenschutz-gesetz 167
Bussystem 145
Byte 145

C

C 156
C++ 156
CD-Brenner 147
CD-Laufwerk 147
CD-R 147
CD-ROM-Laufwerk 147
CD-RW 147
CEE-Steckvorrichtung 199
chemische Werkstoff-eigenschaften 7

chemische Wirkung des elektrischen Stromes 202
Chrom 17
CNC-Maschine 74
Codeschloss 143
Codieren 190
Compact-Disk 146
Compiler 156
Computer 140
Computeranlage 144
Computerviren 164
Cosinus 267
Cotangens 267
Cu-Sn-Legierung 7
Cu-Zn-Legierung 7

D

Data Cartridge 146
Daten 163, 164, 165
Datenbus 145
Datenkommunikation, weltweite 158
Datenmissbrauch 163
Datenschutz 165
Datensicherung 163
Datenspeicher 146
Datenverlust 164
Datenverwaltung 152
Decklage 112
Dehnbarkeit 7
Demontage 346, 347
Diagramm 271, 272, 417
Dichte 1, 7, 289
Dichtungsmittel 95
Dickenmaß 367
Diffusion 100
digitale Anzeige 198
digitale Steuerung 167
Digitalisieren 190
Dimetrische Perspektive (Projektion) 386
DIN-Norm 21
direkte Ansteuerung 174
Direktreduktionsanlage 13
Diskette 147
Diskettenlaufwerk 147
Doppelkehlnaht 384
Doppelmaulschlüssel 92
Doppel-T-Stoß 106
doppeltwirkender Zylinder 173
Doppel-V-Naht 106
DOS 149
Drahteinlage 45
Draufsicht 356
Drehachse 371
Drehen 70, 71, 72, 74, 139
Drehfrequenzmesser 243
Drehmaschine 74

Sachwortverzeichnis

Drehmeißel 73, 75
Drehmoment 92, 311
Drehstrom 199
Drehstrommotor 185
Dreieck, rechtwinkliges 264, 267
Dreikant 45
Dreisatz 258
Drosselrückschlagventil 175, 235
Drosselventil 175
Druck 224, 324, 325, 328, 331
-, absoluter 327, 336
-, atmosphärischer 327
-, effektiver 327
-, hydrostatischer 325
Druckanschluss 175
Druckausbreitung 328
Druckbehälterstahl 24
Drücken 55
Drucker 146
Druckfeder 225
Druckfestigkeit 3
Druckfortpflanzung 232
Druckgießen 37
Druckkessel 226, 230
Druckknopf 170
Druckluft 168
Druckluftaufbereitung 169
Druckluftversorgung 169
Druckminderer 108, 235
Druckumformen 55
Druckwandler 242
Druckwirkung 324
Durchdrücken 55
Durchlaufschere 82
Durchsetzen 48, 55
Durchziehen 55
Duroplaste 8, 18
DVD 148
Dynamik, Grundgesetz der 301

E

Eckenwinkel 75
Eckstoß 106
E-Commerce 159
Edelstahl 22, 23
effektiver Druck 327
EIN-/AUS-Schalter 239
Einbördeln 46, 49
Eindrücken 55
einfachwirkender Zylinder 173
Eingabebauteil 170, 179
Eingabeeinheit 141, 143
Einguss 34
Einheit 249, 250, 253
Einheitenzeichen 249
Einhiebfeile 62
Einkomponentenkleber 97
Einrichtung 218
Einschneiden 82
Einschnitt 373

einseitiger Hebel 311
Einstellwinkel 75
Eisen 7
Eisen-Kohlenstoff-Diagramm 30, 31
Eisen-Kohlenstoff-Legierung 14
Eisenmetalle 8, 13
Eisenschwamm 13
Elaste 8, 18
elastisch 1
elastische Verformung 41
elastisches Verhalten von Werkstoffen 3
Elastizität 7
elektrische Arbeit 208, 210, 211, 342, 343
elektrische Energie 195
elektrische Leistung 208, 210, 342
elektrische Leitfähigkeit 1, 7
elektrische Spannung 197
elektrische Steuerung 168, 179
elektrischer Leiter 196
elektrischer Magnetschalter 174
elektrischer Nichtleiter 196
elektrischer Schaltplan 184, 423, 425
elektrischer Strom 199
elektrischer Stromkreis 339
elektrischer Widerstand 203, 339
elektrisches Signal 238
elektrisches Widerstandslötgerät 103
Elektrizität 195
Elektro-Handwerkzeuge 84
Elektro-Lichtbogen-Verfahren 15
elektrochemische Korrosion 17
Elektrode 112
Elektrolyse 15
Elektrolyseofen 15
Elektrolyt 197
Elektromagnet 170
elektromechanischer Kontakt 181
Elektromotor 202, 224, 228
Elektron 197
, freies 11, 197
elektronischer Logikbaustein 183
elektropneumatische Steuerung 179, 182
elektropneumatischer Schaltplan 182, 423
Elektrotechnik 195
Element 218
Eloxieren 202

E-Mail 158
Emulsion 19
EN-Norm 21
Endlagenschalter 179
Energie, elektrische 195
Energie, mechanische 225, 228
Energieerhaltungssatz 227
Energiefluss 217, 218, 222
Energiekosten 211
Energiespeicher 226
Energietransport 218
ENIAC 144
Entfernungsmesser 133
Entgraten 137
EPROM 145, 240
Erdbeschleunigung 301
Erstarrungsschrumpfung 34
Erzeuger 195
Esse 51
eutektoider Stahl 30
E-V-A-Prinzip 142
Explosionsdarstellung 346

F

Falzen 46, 47, 49
Falzhammer 47
Falzmeißel 47
Falzverbindung 91
Falzzange 45
Fase 373, 382
Feder 170, 373
Federrückstellung 173
Federwaage 300
Fehlerstrom-Schutzeinrichtung 213
Feile, einhiebige 62
-, gefräste 62
-, gehauene 62
Feilen 62
Feinbleche, handwerkliches Umformen der 44
Feinsäge 60
Feinschlichtfeile 63
Ferrit 31
Fertigung 349
fertigungsbezogene Bemaßung 381
Fertigungstechnik 31
feste Rolle 315
Festigkeit 2, 7
Festplatte 146
Festplattenlaufwerk 147
Feuerschüssel 51
FI-Schutzschalter 213
Filter 236
Fitting 94
Fläche 282
flächenbezogene Masse 290
Flächeneinheit 251
Flächenpressung 324

Flachführung 244
Flachsenker 67
Flachstecker 212
Flachzange 51
Flansch 234
Flaschenzug 217, 223, 315
Fließspan 73
Floppy-Disk 146, 147
Floppy-Disk-Laufwerk 147
Flüssigkeitsschrumpfung 34
Flussmittel 101
-, Normung der 102
Förderband 231
Formatieren 147
Formelzeichen 249
Formsand 31
formschlüssige Verbindung 91
Formstahl 21
Fräsen 70, 71, 72, 75
Fräsmaschine 76
Frässpindel 76
freie Daten 167
Freiformen 52, 55
Freiformschmieden 52
Freischneiden 59
Freistromventil 398
Freiwinkel 57, 58, 64, 74, 79
Fuchsschwanz 60
Fügen 90, 234
Fühler 180
Fühllehre 128
Führen 221, 232
Fülldruck, kapillarer 100
Funktion 216, 217, 221
funktionsbezogene Bemaßung 381
Funktionseinheit 221
Funktionsgleichung 177, 178, 186
Funktionsplan 186, 420, 426
Funktionstabelle 177, 185
FUP 186

G

Galvanisieren 202
Gasflasche 107, 230
Gasschmelzschweißen 106, 107
gefährlicher Körperstrom 211
Gefahrstoff 6
Gefälle 267
Gefällerichtwaage 132
Gefüge 10
Gegenkathete 267
Gegenlauffräsen 73
Gehrungswinkel 126
gemittelte Rautiefe 383
Genauigkeitsgrad 117, 292

Sachwortverzeichnis

Generator 228
geometrische Grundkonstruktionen 375
geometrische Grundkörper 363
gerade Schere 82
geradlinige Bewegung 293
Geräteliste 424
Gerüst 245
Gesamtzeichnung 347
Geschwindigkeit 295
-, mittlere 299
Gesenkbiegen 55
Gesenkformen 54, 55
Gesetz von Boyle-Mariotte 336
gestreckte Länge 42, 274
Getriebe 223
Gewichtskraft 300, 325
Gewindeanschluss 94
Gewindebemaßung 401
Gewindebohrer 69
Gewindedarstellung 399
Gewindegrundloch 400
Gewinderohrverbindung 94
Gewindeschneidapparat 70
Gewindeschneiden 69
Gewindeschneidkluppe 69
Gewindeschneidmaschine 70
Gewindestift 95
gezogenes Profil 21
Gießbarkeit 5
Gießereischachtofen 13
gleiches Verhältnis 258
gleichförmige Bewegung 293
Gleichgewicht der Kräfte 303
Gleichlauffräsen 73
Gleichspannung 199
Gleichstrom 199
Gleichstrommotor 185
Gleitreibung 317
Gliedermaßstab 118
Glühen 30
Glühlampe 201
Gradmesser 126
graphische Darstellung 269, 417
Grenzgehalt 23
Grenzlehrdorn 128, 129
Grenzrachenlehre 128, 129
Grenztaster 179
Grobplanung 134
Größe, physikalische 249
Größenwert 249
Grundgesetz der Dynamik 301
Grundkörper, geometrische 363
Grundstahl 22
Gruppe 218
Guldinsche Regel 287
Gusseisen 7, 13, 14, 22, 26

H

Haarlineal 127
Hakenschlüssel 92
Halbschnitt 407
Halbzeug 20, 135, 363
Halbzeugnormung 20, 21
Haltepunkt 11
Handblechschere 78
Handbohrmaschine 66
Handbügelsäge 59
Handhammer 51
Handkreissäge 60
Handlochzange 86
Handlungsanweisung 429
Handsäge 60
-, elektrisch betriebene 60
Handsägeblatt 58
Handschneidwerkzeuge 83
Handskizze 413
Hangabtriebskraft 309
Hard-Disk 146, 147
Hardware 141, 142
hart 2
Härte 7
Härtegrad 351
Härten 31
Hartlöten 103, 105
Hartlötflussmittel 101
Hauptfunktion 217, 218
Hauptgruppe 217
Hebel 170, 217, 222, 311
-, einseitiger 222, 311
-, zweiseitiger 311
Hebelarm 311
Hebelgesetz 80, 222, 311, 333
Hebelschere 85
Hebeltafelschere 85
Hebelvorschneider 89
Heizungsanlage 218, 219, 220
Heizungssteuerung, programmierte 186
Hieb mit Spanteiler 62
Hiebteilung 63
Hiebzahl 63
Hilfsmaß 381
Hilfsstoffe 19
Hochofenanlage 13
Hochsprache 156
Höchstmaß 116, 292, 378
Hohlkehle 373
Hohlraumdübelmontage 397
Hohlschliff 79
Holzhammer 47
Hublänge 299
Hubsägemaschine 61
Hüllkörper 385
Hutmutter 93
Hydraulik 328, 329
Hydraulikzylinder 185, 224
hydraulische Kraftübersetzung 333
hydraulische Steuerung 168
hydraulisches Signal 238
Hydromotor 228
hydrostatischer Druck 325
Hypotenuse 264

I

ideale Schere 82
I-Naht 106
Inch 119
indirekte Ansteuerung 174
Individualprogramm 150
Individualsoftware 153
Informationsfluss 217, 220, 238
Informationsverarbeitung 140
Informationswandlung 241, 242
Injektorbrenner 108
Inkompressibilität 232
Innengewinde 399, 400
Innenmessschraube 124
Innenmessung 121
Innensechskantschraube 95
Innentaster 123
Installationstechnik 105
Interface 142
Internet 158, 159
Interpreter 156
ISDN-Karte 148
ISDN-Terminaladapter 148
ISO-Norm 21
Isolierstoff 196
Isometrische Perspektive (Projektion) 386
ISO-Toleranz 380
Istmaß 116, 378

J

JAVA 149
Joule 320
Joystick 143

K

Kabinett-Perspektive (Projektion) 386
Kalibrierdorn 100
Kalibrierring 100
Kalibrierung 100
Kaltkammerverfahren 37
Kaltschrotmeißel 89
Kante, sichtbare 367
-, verdeckte 360
Kanten 44, 45
kapillarer Fülldruck 100
Kapillarlötfitting 100
Kapillarwirkung 100
Kathete 264
Kegelsenker 67
Kegelstift 96
Kegelverbindung 91
Kehlnaht 384
Keil, Kräfte am 310
Keilriemengetriebe 240
Keilverbindung 96
Keilwinkel 57, 58, 64, 74, 79
Keimwachstum 10
Kelvin 250
Keramik 19
Kerbstift 96
Kerbwinkel 79
Kilogramm 250
Kilowattstunden 211
Kippfehler 122
Klebstoffarten 97
Klebverbindung 97
Kleinsäge 60
Klemmverbindung 91
Kneifzange 89
Knickbauchen 55
Kohlenstoffgehalt 24
Kokillengießen 36
Kokillenguss 14
Kolbendurchmesser 331
Kolbengeschwindigkeit 335
Kolbenkraft 328, 331
kombinatorische Steuerung 176, 188
Kommunikation, technische 345
Kommunikationsgerät 148
Konstruktion 217
Kontakt, elektromechanischer 181
Kontaktkorrosion 17
Kontaktplan 186
Kontinuität 232
Konturbemaßung 367
KOP 186
Koppeln 224, 234
Körnen 67
Kornsickenhammer 47
Körperkante 357
Körperschluss 211
Körperstrom, gefährlicher 211
Korrosion, elektrochemische 17
Korrosionsbeständigkeit 7
Korrosionsverhalten 5
Kraft 224, 300
Kraft-Verlängerungs-Diagramm 3

Sachwortverzeichnis

Kräfte am Keil 310
- an der schiefen Ebene 309
-, Gleichgewicht der 303
-, Zusammensetzung von 303
Krafteck 304, 306
Kräftemaßstab 302
Kräfteparallelogramm 304, 306
Kräftezerlegung 308
kraftschlüssige Verbindung 91
Kraftübersetzung 333
Kraftübertragung 90, 91, 93
Kragenziehen 55
Kreisanschluss 377
Kreisdiagramm 271
kreisförmige Bewegung 296
Kreissägemaschine 61
Kreisschneiden 82
Kreisteilung 281, 375
Kreuzhiebfeile 62
Kreuzlochmutter 93
Kristall 10
Kristallbaufehler 29
Kristallbildung 10
Kristallgemisch 11
Kristallisation 9
Kristallkeim 10
kubisch 10
Kugelgraphit 14
Kühlschmiermittel 19
Kühlschmierstoffkreislauf 229
Kühlschmierung 73
Kühlstoffe 19
Kühlung 229
Kunststoff 8, 18, 196
Kunststoffrohr 18
Kupfer 7, 16
Kupfer-Zink-Legierung 16
Kupfer-Zinn-Legierung 16
Kupfer-Zinn-Zink-Gusslegierung 16
Kupfergusslegierung 16
Kupferknetlegierung 16
Kupplung 234
Kurbeltrieb 225, 299

L

Ladungsträger 197
Lamellengraphit 14
Landesdatenschutzgesetz 167
Länge 274
-, gestreckte 42, 274
Längen 55
Längenausdehnungskoeffizient 7
längenbezogene Masse 290
Längeneinheit 251

Längsrunddrehen 72, 75
Lauf 31
legierter Stahl 22
Lehre 127
Lehren 127
Leistung 321
-, elektrische 208, 210, 342
Leistungsschild 208
Leiten 217, 219, 221 224, 231, 232
Leiter, elektrischer 196
Leitfähigkeit, elektrische 1, 7
Leitung 195
Leitungsschutzeinrichtung 213
Leuchtdiode 201
Leuchtstofflampe 201
Lichtbogenhandschweißen 106, 110
Lichtbogenschweißgerät 201
Lichtschranke 180, 239
Lichtsignal 238
Lichtwirkung des elektrischen Stromes 201
Linienarten 350
Linienbreiten 350
Liniendiagramm 272
Liniengruppen 350
LINUX 149
Lochabstand 278
Locheisen 87
Lochen 53
Lochlehre 127
Lochschere 82
Lochschneiden 82
Lochstanze 86
Logikbaustein 181, 183
Logikplan 177, 178, 186, 422
Logiksymbol 427
lösbare Verbindung 90
lose Rolle 217, 315
Lot 102, 133, 375
Lötbarkeit 4
Löten 100
Lötkolben 103
Lötspalt 100
Löttemperatur 104
Lötverbindung 91
Luftdruck 327
Luftverbrauch 336
Luftvolumen 226

M

Magnet 236
magnetische Wirkung des elektrischen Stromes 201
Magnetkartenleser 143
Magnetschalter 174
Magnetventil 201
Manometer 243, 327
Martensit 31, 32
Maschinenbaustahl 24

Maschinen- und Gerätetechnik 216
Maschinengewindebohrer 70
Maschinensägeblatt 58
Maschinenscheren 83
Maßbezugsebene 369
Maßbezugslinie 369
Maßbezugstemperatur 122, 124
Masse 289, 300
-, flächenbezogene 290
-, längenbezogene 290
Maße, Anordnung der 367
Maßeintragung 365, 381
Massenspeicher 240
Maßhilfslinie 365
Maßkette 381
Maßlinie 365
Maßlinienbegrenzung 365
Maßstab 351
Maßtoleranz 116
Maus 143
mechanische Energie 225, 228
mechanisches Signal 238
Mehrbereichsmessgerät 198
Messerkopf 75, 76
Messerschneiden 87
Messfehler 122, 124
Messing 16
Messschieber 118
Messschieberauswahl 120
Messschraube 123
Messuhr 125
Messwert 118
Metalle 8
Metallsäge 60
Meter 250
Mindestbiegeradius 41
Mindestmaß 116, 292, 378
Mindestzugfestigkeit 4
Minuspol 197
Mischkristall 11
Mittellinie 369, 371
Mittenabstand 121, 278
Mittenrauhheit 383
mittlere Geschwindigkeit 299
Modell 34
Modellmaß 35
Modem 148
Molybdän 17
Monitor 146
Montage 346, 347
Montageanleitung 429
Montagelift 168
Montagenaht 384
Müllvermeidung 6
Multiplikatoren für niedriglegierte Stähle 24
Muttergewinde 399
Muttern 93

N

Nabe 96
Nabenverbindung 91
Nachlinksschweißen 109
Nachrechtsschweißen 109
Näherungssensor 179
Nahtformen 106
Naturstoffe 8
Nennmaß 116, 378
Netzwerkkarte 148
neutrale Zone 42, 274
News 158
Nibbler 84
NICHT 187, 427
Nichteisenmetalle 8, 15, 17
-, Normung der 27
Nichtleiter, elektrischer 196
Nichtmetalle 8, 17
Nickel 17
Nietzange 51
Nivelliergerät 132
Nockenwelle 240
Nomogramm 272, 297, 331
Nonienwert 120
Nonius 119
Normalglühen 31
Normalkraft 93, 309, 324
Normschrift 350
Normteile 388
Normung der Flussmittel 102
Normung der Lote 102
Normung von Eisenwerkstoffen 22
Normung von Nichteisenmetallen 27
NOT-AUS 190
NOT-AUS-Schalter 239
Nut 373
Nutfräsen 76
Nutmutter 93

O

oberes Abmaß 116, 292, 378
Oberflächenbeschaffenheit 383
Oberkasten 31
ODER 187, 427
ODER-Ventil 172
ODER-Verknüpfung 172
Öffner 181
Öffnungswinkel 80
Ohm 203
Ohmsches Gesetz 204, 339
ökologische Werkstoffeigenschaften 7
Opferelektrode 237
optische Störmeldung 190
optisches Signal 238

Sachwortverzeichnis

P

Papierformat 352
Parallaxe 122
Parallelschaltung 207, 340
PASCAL 156
Pascal 324
Passfederverbindung 96
Passwort 164
PE-Wandler 242
Pedal 170
Perlit 30
personenbezogene Daten 163, 165
Perspektive 385
Pfeilmethode 354
physikalische Größe 249
physikalische Werkstoffeigenschaften 7
Plan 420
plastisch 1
plastische Verformung 41
plastisches Verhalten von Werkstoffen 3
Plattenfedermanometer 327
Plattenschere 84
Plexiglas 7
Pluspol 197
Pneumatik 328, 330
Pneumatikzylinder 185, 224
pneumatische Steuerung 168
pneumatischer Schaltplan 420, 425
pneumatisches Signal 238
Polierstock 49
Porzellan 7
Pressdichtung 94
Pressverbindung 96
prismatische Werkstücke 364
Produktbeschreibung 345
Produkthaftung 6
Profil 21, 363
Profilstahlschere 85
Profilstecker 212
Programmablaufplan 154, 155
Programmieren 152
Programmiersprache 153, 155
programmierte Steuerung 186
Programmtest 157
Projektion 386
Projektionsmethode 354, 355
Propan-Luft-Brenner 103
Prozentrechnung 262
prozessabhängige Ablaufsteuerung 188
Prozessor 145
prüfbezogene Bemaßung 381
Prüftechnik 31, 114
Pumpe 225, 228
Pythagoras, Satz des 263

Q

Qualitätsstahl 22
Quecksilberbarometer 327
Querplandrehen 72, 75
Querschneide 65

R

RAM 145
Randabstand 278
Randversteifung 45
Raspel 62
Raste 180
Raumvorstellung 362
Rautiefe, gemittelte 383
rechtwinkliges Dreieck 264, 267
Recyclingverhalten 6
Reduktion 13
Regelgröße 191
Regelkreis 191, 192
Regeln 191
Reibahle 68
Reiben 64, 67
Reibkraft 93, 317
Reibung 317
Reibzahl 317, 318
Reihenschaltung 207, 341
Reißspan 73
Reitstock 74
Relais 185, 202
Richtscheit 131
Richtungsprüfgerät 130
Richtwaage 131
Ringschlüssel 92
Rinne 233
Rissbildung 42
Roheisen 13
Rohlängenberechnung 52
Rohr 233
Rohrabschneider 88
Rohrbefestigung 245
Rohrbiegemaschine 43
Rohrbiegen 43
Rohrfedermanometer 327
Rohrgewindeschneiden 69
Rohrsäge 60
Rohrstange 47
Rollbandmaß 118
Rolle 217 315
Rollenstößel 170
Rückfederung 42
Rückflussverhinderer 406
Rückmeldeaufnehmer 179, 180
Runden 45, 47
Rundführung 244
Rundhorn 51
Rundlaufprüfung 125
Rundungslehre 127
Rundzange 51

S

Sägeblatt 57
Sägefuge 59
Sägen 57, 136
- von Hand 59
- von Rohren 59
Sandgießen 31
Sankey-Diagramm 271
Satz des Pythagoras 263
Sauerstoff 107
Sauerstoffblasverfahren 14
Säulenbohrmaschine 66
Schablone 128
Schaftfräser 75, 76
Schaltplan 420
-, elektrischer 184, 423, 425
-, elektropneumatischer 182, 423
-, pneumatischer 420, 425
-, verbindungsprogrammierter 176
Schaltsignal 171
Schaltzeichen 428
Schaumstoffe 19
Scheren 81
Scheren, Arten von 82
Scherfestigkeit 79
Scherschneiden 78
- mit Maschinen 83
- von Hand 78
Scherspan 73
Scherwiderstand 79
schiefe Ebene 309
Schlagbohrmaschine 66
Schlauch 233
Schlauchwaage 130, 132
Schleiffehler 65
Schleiflehre 65, 127
Schlichtfeile 63
Schließeinrichtung 239
Schließen 224
Schließer 181
Schlitzmutter 93
Schmelzpunkt 7
Schmelzsicherung 201, 206
Schmiedbarkeit 4
Schmiedeeinrichtung 51
Schmieden 50
Schmiege 126
Schmierstoffe 19
Schneideisen 69
Schneidenspiel 79
Schneidkeil 58, 62, 79
Schnellarbeitsstahl 25
Schnittbewegung 70, 71
Schnittebene 410, 411
Schnittgeschwindigkeit 70, 296
Schnittstelle 142
Schnittverlauf 407, 410
Schnittzeichnung 390
Schrägstoß 106
Schränken 59
Schraubensicherung 94
Schraubenverbindung 92, 93, 95, 405
- im Rohrleitungsbau 94
Schriftfeld 349
Schrumpfung 34
Schruppfeile 63
Schubumformen 55
SCHUKO-Stecker 213
Schütz 202
Schutzarten elektrischer Betriebsmittel 213
Schutzgasschweißen 106
Schutzisolierung 212
Schutzklasse 212
Schutzkleinspannung 212
Schutzleiter 212, 213
Schutzmaßnahmen gegen gefährliche Körperströme 211
Schutztrennung 212
Schweifen 46, 49
Schweißbarkeit 4
Schweißen 106, 138
Schweißerschutzhelm 113
Schweißflamme 109
Schweißgas 107
Schweißgleichrichter 111
Schweißmaschine 111
Schweißrichtung 109
Schweißsymbole 384
Schweißtransformator 111, 202
Schweißumformer 112
Schweißverbindung 91
Schweißvorrichtung 138
Schwenkbiegen 55
Schwermetalle 8
Schwerpunktlage 274
Schwindmaße 35
Schwindung 34
Schwungrad 226
Sechskantmutter 93
Sechskantschraube 92
Seitenansicht 356
Seitenschneider 89
Sektor 147
Sekunde 250
Semantik 157
Senken 64, 67
Senkung 382, 399, 402
Sensor 177, 179
Sequenz 154
sichtbare Kanten 367
Sicken 46
Sickenhammer 47
Sickenstock 47
Sieb 236

Sachwortverzeichnis

Siedepunkt 7
Signal 238
Signalanschluss 175
Signalfluss 171
signalverarbeitendes Glied 172
Sintern 37
Sinterverbundwerkstoffe 19
Sinterwerkstoffe 8
Sinus 267
SI-System 250
Skalenanzeige 198
Skalenhülse 124
Skalenteilungswert 120
Skalentrommel 124
Skelettbauweise 14
Skizze 413
Software 141, 142
Sonnenkollektor 176
Sortennummer 22
Soundausgabe 146
Spalten 53
Spanen 57
Spannschloss 405
Spannstift 96
Spannung, elektrische 197
Spannungsarmglühen 31
Spannungserzeuger 197
Spannungsmesser 198
Spannungsmessung 198
Spannungsquelle 197
Spannzylinder 168
Spanraum 58
Spanteiler 62
Spanwinkel 57, 58, 64, 74
-, negativer 62
-, positiver 62
Speicherbaustein 145
Speicherkapazität 147
Speichern 190, 219, 221, 225, 229, 240
speicherprogrammierbare Steuerung 161, 186
Speiser 31
Sperrhaken 47
Sperrhorn 51
Spießkantenmaulzange 51
Spindelsteigung 124
Spiralbohrer 64
Spitzenwinkel 64
Spitzstöckel 51
Sprachausgabe 146
Spracheingabe 161
spröde 2
SPS 186
Spur 147
Stabdiagramm 272
Stabelektrode 110
Stahl 7, 8, 14, 22
-, hochlegierter 25
-, legierter 22
-, unlegierter 22, 23, 24
Stahlguss 22, 25
Stahlmaßstab 118
Stahlskelettbauweise 14

Stammdaten 152
Standardprogramm 150
Ständerbohrmaschine 66, 245
Standzeit 58
Stauchen 46, 53, 81
Stauchklotz 51
Steigung 267
Stellglied 167, 173
Stellwiderstand 204
Steuerbus 145
Steuerglied 172
Steuerkette 166, 167
Steuerkreis 174
Steuerleitung 175
Steuern 166
Steuern/Regeln 219, 235
Steuerstrecke 167
Steuerung, analoge 167
-, asynchrone 167
-, binäre 167
-, digitale 167
-, elektrische 168, 179
-, elektropneumatische 179, 182
-, hydraulische 168
-, kombinatorische 176, 188
-, pneumatische 168
-, programmierte 186
-, speicherprogrammierbare 161, 186
-, synchrone 167
-, verbindungsprogrammierte 168
Steuerungstechnik 166
steuerungstechnische Ausführungsformen 190
Stichsäge 60
Stiftschraube 95
Stiftverbindungen 95
Stirnfräsen 72, 75, 76
Stirnradgetriebe 217
Stirn-Umfangs-Fräsen 75, 76
Stoffluss 217, 218, 229
stoffschlüssige Verbindung 91
Störmeldung 190
Stoßarten 106
Strangguss 14, 15
Strecken 46, 53
Streckenteilung 375
Streckgrenze 4
Streckgrenzenspannung 4
Strichmaßstab 118
Strom, elektrischer 199
Stromkreis, elektrischer 195, 339
Stromlaufplan 181, 186, 424
Strommesser 200
Strommessung 200
Stromrichtung 199
Stromstärke 200, 339
Strömungsgeschwindigkeit 232

Stromventil 175
Stromwirkungen 201
Struktogramm 154, 155
Struktur 216, 217
Stückliste 347, 348
Stumpfstoß 106
Stützen 244
Stütz- und Trageinheit 244
Subsystem 218
Suchmaschine 159
Symmetrielinie 369
synchrone Steuerung 167
Syntax 156, 157
System 216

T

Tabellenkalkulation 150, 156
Tafelschere 85
Taktgeber 145
Tangens 267
Tangente 377
Taschenrechner 255
Tastatur 143
Taster 123, 170, 180
Technische Kommunikation 345
technisches System 220
technologische Werkstoffeigenschaften 7
Teilkräfte 308
Teilausschnitt 409
Teileübersicht 348
Teilschnitt 407, 409
Teilung 278, 279, 382
Teilungslänge 279
Teilzeichnung 349
Temperaturfühler 242
Textaufgabe 256
Textverarbeitung 150
Thermometer 243
Thermoplaste 8, 18
Thermostat 242
Tiefen 55
Tiefenmessung 121
Tiefziehen 55
Titanzink 17
Toleranz 116, 292, 378
Tonerde 15
Torsieren 53
Tortendiagramm 271
Tragen 221, 244
Transformator 202
Transistor 183
Trennen 57
Trennen 81, 236, 239
Trinkwasserinstallation 102
Trinkwasserleitung 102
T-Stoß 106

U

Überbemaßung 367

Überdruck 327, 336
übereutektoider Stahl 30
Überlappstoß 106
Übersetzen 217, 221, 222, 224
Überstromschutzeinrichtung 206
Übertragen 217
Umdrehungsfrequenz 66, 295, 297
Umdrehungsgeschwindigkeit 295
Umfang 276
Umfangsfräsen 72
Umformbarkeit 40
Umformen 40
Umgebung 216, 217
umgekehrtes Verhältnis 260
Umkanten 48, 49
Umschlag 45
UND 187, 427
UND-Ventil 172
UND-Verknüpfung 172
ungleichförmige Bewegung 299
unlegierter Stahl 22
unlösbare Verbindung 90
Unterbrechen 224
unteres Abmaß 116, 292, 378
untereutektoider Stahl 30
Unterfunktion 218
Untergesenk 51
Unterkasten 31
Unterlegscheibe 93
Untersystem 218
Urformen 31

V

Ventil 235
Verarbeitungsbauteil 171, 172
Verarbeitungseinheit 141, 144, 145, 181
Verbinden 239
Verbindung, formschlüssige 91
-, kraftschlüssige 91
-, lösbare 90
-, stoffschlüssige 91
-, unlösbare 90
verbindungsprogrammierte Steuerung 168
verbindungsprogrammierter Schaltplan 176
Verbraucher 195, 195
Verbrennungsmotor 228
Verbundwerkstoffe 8, 19
verdeckte Kanten 360
verdecktes Gewinde 400
Verdichter 169, 231
Verdrehen 53, 55
Verformbarkeit 4
Vergüten 32

Sachwortverzeichnis

Verhältnis 258
-, gleiches 258
-, umgekehrtes 260
Verknüpfungselemente 185
Verknüpfungssteuerung 188
Verlustwärme 201
Verschieben 55
Verschnitt 283
Verschraubung 402
Verstärker 185
Verursacherprinzip 6
Vierkanthorn 51
Vierkantmutter 93
Virenprogramm 164
Visual BASIC 149
V-Naht 106, 384
Vollschnitt 390
Volt 198
Volumen 286
Volumeneinheit 251
Volumenstrom 232, 335
Vorbohren 65
Vorderansicht 356
Vorsatz 250
Vorschlaghammer 51
Vorschub 66, 70, 295
Vorschubbewegung 70, 71
Vorschubgeschwindigkeit 70, 295

W

Walzen 55
Walzenstirnfräsen 75
Walzenstirnfräser 76
Walzprofil 21
Walzrunden 55
Wandeln 217, 219, 221, 224, 237, 241
Wärmebehandlungsverfahren 30
Wärmeenergie 195
Wärmewirkung des elektrischen Stromes 201
Warmschrotmeißel 89
Warm- und Kaltschroter 51
Wartungseinheit 170
Wasserwaage 131
Watt 208, 321
Wechselspannung 199
Wechselstrom 199
Wechselstrommotor 185
Wechselventil 172
Weg-Schritt-Diagramm 188
Wegeventil 171, 240
weich 2
Weichglühen 31
Weichlöten 103
Weichlötflussmittel 101
Weichlötverbindung 100
Weiten 55
Welle 96
Wellen 59
Werkstoffe 8
-, Aufbau und Gewinnung der 9
-, Einteilung der 8, 9
Werkstoffeigenschaften 7
-, Ändern von 29
Werkstoffnormung 20
Werkstoffnummer 22
Werkstofftechnik 1
Werkstücke, prismatische 364
-, zylindrische 371
Werkstücktisch 76
Werkzeugschlitten 74
Werkzeugschneide 57, 64
Werkzeugwinkel 57
Widerstand, elektrischer 203, 339
Widerstandsmesser 203
Wiederholung 154
WINDOWS 149
Winkelbemaßung 367
Winkelfunktion 266
Winkelmesser 125, 126
Winkelschleifer 137
Winkelteilung 375
Winkelwert 252
Wirkungsgrad 208, 210, 227, 228, 321, 322
Wolfram 17
World Wide Web 158
Wulsten 44, 45
Wurzellage 112
WWW 158

Y

Y-Naht 384

Z

zäh 2
Zähigkeit 7
Zahlenwert 249
Zahnradpumpe 231
Zahnteilung 58, 60
Zeichengeräte 351
Zeichnen in Ansichten 359
Zeit-Temperatur-Diagramm 10, 12
Zeiteinheit 252
zeitgeführte Ablaufsteuerung 188, 189
Zementit 30, 31
Zentrumsanschliff 65
Zerspanbarkeit 5
Zerteilen 78
ziehender Schnitt 81
Ziffernanzeige 146, 198
Ziffernschrittwert 120
Zink 7, 16
Zinn 7, 10
Zoll 119, 252
Zugdruckumformen 55
Zugfestigkeit 3, 79
Zugkraft 93
Zugumformen 55
Zugversuch 2, 3
Zuordnungsliste 186
Zusammensetzung von Kräften 303
Zuschnittliste 136
Zustandsdiagramm 12
Zustellbewegung 70, 71
Zustellung 70
Zweidruckventil 172
Zweikomponentenkleber 97
Zweilochmutter 93
zweiseitiger Hebel 311
Zylinder 225
-, doppeltwirkender 173
-, einfachwirkender 173
Zylinderstift 96
zylindrische Werkstücke 371